中国医院感染细菌

Bacteria of Hospital Infection in China

房 海 陈翠珍 编著

科学出版社

北京

内 容 简 介

本书共包括 8 篇 53 章内容,详细记述了在我国已有报道引起医院感染的细菌 31 个菌科 (Family)、49 个菌属 (genus)、117 个菌种 (species) 及亚种 (subspecies);另外还简要介绍了医院感染的真菌与病毒,涉及在我国引起医院感染的真菌 4 个属、20 个种及病毒 11 个属、9 个种。

第 1 篇包括"病原细菌的发现与致病作用""医院感染细菌与医院细菌感染"两章。第 2 ~ 7 篇(共六篇)以菌属独立为章(共 49 章),均分别记述了菌属的主要生物学性状与特征(菌属定义)、按伯杰氏 (Bergey) 细菌分类系统的分类位置(含属内包括的菌种、亚种);对引起医院感染的重要菌种(亚种),均较系统记述了发现历史简介、主要生物学性状、病原学意义(以医院感染为主体)及微生物学检验等方面的内容。第 8 篇包括"医院感染真菌简介""医院感染病毒简介"两章,简要记述了在我国引起医院感染的相应真菌与病毒。本书集理论性与实践性为一体,知识系统性比较强。

本书可供从事细菌性医院感染及医院感染细菌研究与实践工作,疾病预防与控制、预防医学、流行病学、医学病原菌检验、公共卫生、环境微生物学等学科领域的医务人员和科技工作者使用;同时,也可作为医学院校相关学科专业师生的参考用书。

图书在版编目(CIP)数据

中国医院感染细菌 / 房海,陈翠珍编著 . —北京:科学出版社,2018.5
ISBN 978-7-03-057177-9

Ⅰ.①中… Ⅱ.①房… ②陈… Ⅲ.①医院-感染-细菌-介绍-中国 Ⅳ.① Q939.1

中国版本图书馆 CIP 数据核字 (2018) 第 073824 号

责任编辑:董 林 戚东桂 / 责任校对:张小霞
责任印制:肖 兴 / 封面设计:陈 敬

科学出版社
北京东黄城根北街 16 号
邮政编码:100717   出版
http://www.sciencep.com

三河市春园印刷有限公司 印刷
科学出版社发行 各地新华书店经销

*

2018 年 5 月第 一 版   开本:787×1092 1/16
2018 年 5 月第一次印刷   印张:55 3/4
字数:1 282 000

定价:398.00 元
(如有印装质量问题,我社负责调换)

编著者简介

房 海 (Fang Hai) 男，1956 年生，河北省玉田县人。河北科技师范学院教授，学术带头人。曾先后被评选为河北省优秀教师、河北省中青年骨干教师、河北省"十百千人才工程"百名人才，曾宪梓教育基金会高等师范院校教师奖获得者。

长期以来，从事微生物学与免疫学的教学与科研工作，曾获河北省普通高等学校优秀教学成果奖。主要研究方向：病原微生物及其生物学性状，侧重于病原细菌学。已多次主持承担国家自然科学基金、河北省自然科学基金、河北省科技厅及河北省教育厅等科研项目，已取得科研成果 20 余项，已获省级科技进步奖及科技发明奖 10 余项；主编出版《大肠埃希氏菌》《人及动物病原细菌学》《水产养殖动物病原细菌学》《肠杆菌科病原细菌》《人兽共患细菌病》《中国食物中毒细菌》《病原细菌科学的丰碑》等著作 10 余部；在多种学术期刊发表论文 100 余篇。

陈翠珍 (Chen Cuizhen) 女，1955年生，河北省滦南县人。河北科技师范学院教授，学术带头人。河北省秦皇岛市优秀教师，秦皇岛市专业技术拔尖人才。

长期以来，从事微生物学和免疫学的教学与科研工作。主要研究方向：病原微生物与免疫，侧重于病原细菌学。多次主持或主研国家自然科学基金、河北省自然科学基金、河北省科技厅及河北省教育厅等科研项目，取得科研成果20余项，获省级科技进步奖及科技发明奖10余项；主编或副主编出版《大肠埃希氏菌》《水产养殖动物病原细菌学》《人及动物病原细菌学》《肠杆菌科病原细菌》《人兽共患细菌病》《中国食物中毒细菌》《病原细菌科学的丰碑》等著作10余部；在多种学术期刊发表论文80余篇。

前　　言

　　地球上最早的医院 (hospital)，是在哪个国家 (或地区)、什么时间建立的? 是哪家医院? 这些问题真的难以考证。不过，自出现了医院的那一天起，医院感染 (hospital infection，HI) 就一定存在了，这一点是毋庸置疑的，因为病原体 (pathogens) 及其致病性 (pathogenicity)，远在医院出现以前就存在。

　　下面几个可能虽然不确切，但可以说是相对比较客观的比喻，或许能够说明一定的问题。一是医院 - 医院感染就如同一株分蘖类植物，它们同源、同生，同长、同在。二是医院感染的病原体，如同 "潜伏的敌特" 那般，虽然大多缺乏像霍乱弧菌 (*Vibrio cholerae*)、伤寒沙门氏菌 (*Salmonella typhi*)、痢疾志贺氏菌 (*Shigella dysenteriae*) 等那样 "凶神恶煞" 般的凶猛实战力，但它们无处不在、伺机破坏，且难以察觉和掌控; 也像是 "魑魅魍魉" 那般，虽然大多没有像鼠疫耶尔森氏菌 (*Yersinia pestis*)、炭疽芽孢杆菌 (*Bacillus anthracis*)、破伤风梭菌 (*Clostridium tetani*) 等那样 "虎豹鲸鳄" 般的凶残攻击力，但它们形形色色、诡计多端，且难以提防和捕获。另外，它们还不时在 "强化武装" 自身，其中的强有力 "撒手锏" 之一就是抗药机制的迅速适应性调整，以及抗药性的不断增强。例如，产生超广谱 β- 内酰胺酶 (extended-spectrum β-lactamases，ESBLs) 的肺炎克雷伯氏菌 (*Klebsiella pneumoniae*) 及大肠埃希氏菌 (*Escherichia coli*)、耐万古霉素肠球菌 (vancomycin-resistant *Enterococci*，VRE)、耐甲氧西林金黄色葡萄球菌 (methicillin-resistant *Staphylococcus aureus*，MRSA) 等，且常常会出现具有多重耐药性 (multi-drug resistant，MDR) 的菌株。"撒手锏" 之二是组建 "上阵亲兄弟" 的 "家族特战队"，不时在唤醒更多休眠 "潜伏者" 加入医院感染序列，如葡萄球菌属 (*Staphylococcus* Rosenbach 1884) 的金黄色葡萄球菌 (*Staphylococcus aureus*)，不仅自始至今都居医院感染细菌 "头号杀手" 的霸位，而且在近些年来还加盟了表皮葡萄球菌 (*Staphylococcus epidermidis*) 等多种凝固酶阴性葡萄球菌 (coagulase-negative *staphylococci*，CNS)，它们纷纷 "粉墨登场、充分表演"。三是从人们科学认知医院感染的那一天到现在的多少年来，医学科学的进步还未能从根本上解决医院感染问题。无论是对医务人员、还是对住院患者来讲，医院感染就如同挥之不去、抹之不掉的 "阴霾" 一般，极其令人烦恼。医院感染对住院患者，就像是对视着痛苦不堪的患者，在已有创口上残忍地大把撒盐、揉抓; 对无辜在场相关人群，就像是窥视着这些原本健康者，恶毒地徒手撕裂他们正常完好的肌肤，使之淌血。

　　人类抗御医院感染似是 "胶着战" 态势，一直在持续着且永无穷期; 似乎任何一方的 "胜负"，都是阶段性的，或是暂时的。就医院感染的科学认知与防控来讲，在历史上有诸多医学及相关学科领域的科学家、医务工作者们，他们不懈地研究和探索，做出了卓越的贡献，其中许多人堪称 "医院感染斗士" (hospital infection fighter)。例如，积极倡导并全力推进医生洗手消毒和产科器械消毒预防产褥热 (puerperal fever) 的美国诗人和作家、医生、生理学家奥利弗·温德尔·霍姆斯 (Oliver Wendell Holmes，1809 ~ 1894); 匈牙利产科医学家、现代产科消毒方法创始人之一的伊格纳茨·菲利普·塞梅尔维斯 (Ignaz Philipp Semmelweis，1818 ~ 1865)；护士学和感染控制护理先驱，意大利的妇女护士职业创始人、现代护理教育的奠基人、统计学家弗洛伦斯·南丁格尔 (Florence Nightingale，1820 ~ 1910)；外科消毒技术创始人，英国医学家约瑟夫·利斯特男爵 (Joseph Baron Lister，1827 ~ 1912) 等。他们通过大量临床实践与早期的系统研究工作，不仅逐渐完善了医院感染的科学内涵，更重要的是，还明确了医院感染的类型、主要病原体、有效预防与控制的方法等。

　　近些年来，随着对医院感染的不断研究与进一步认识，也相应促进了病原细菌学 (pathogenic bacteriology)、病原微生物学 (pathogenic microbiology)、感染病学 (infectious diseases) 等学科的发展，以及病原微生物学与预防医学 (preventive medicine) 的学科交叉。为不断总结我国对医院感染的研究成果，相对比较集中地反映细菌性医院感染 (bacterial hospital infection) 及相应病原细菌 (pathogenic bacterium) 的主要内容，以及为从事预防医学、流行病学 (epidemiology)、感染病学、病原细菌学、环境微生物学 (environmental microbiology)、公共卫生 (public health) 等学科研究与实践的科技工作者提供参考，作者在尽力广泛收集参考相关文献资料的基础上，本着"统筹与归纳、凝炼与评价"的原则和"严肃与严密、严谨与严格"的要求，编写了《中国医院感染细菌》。衷心希望此书的出版，能为广大致力于从事医院感染及相应病原细菌学的教学、科研、检验、评估，以及对医院感染防治 (制) 事业的科技工作者带来有益的帮助；同时，也愿能在促进医院感染病学 (nosocomial infectious diseases) 学科领域的不断发展中，发挥一定的作用。值此，也对一些相关的共同事项，作以下简要记述。

　　● **此书特点**　此书所体现的一些特点，主要表现在以下几个方面。①紧紧围绕"医院感染细菌"这一主题，比较系统地归纳了多年来明确记载和公开发表的我国引起医院感染的病原细菌和相应医院感染情况，共涉及 31 个菌科 (Family) 中 49 个菌属 (genus) 的 117 个菌种 (species)、亚种 (subspecies)；在此基础上以菌属为单元 (章)，分别按菌种 (亚种) 记述了相应医院感染的情况，从某种意义上讲是以病原细菌的种 (亚种) 为主体构建了医院感染与病原菌体系；同时在每个菌属 (章) 开始，均首先记述菌属的主要生物学性状与特征 (菌属定义)、按伯杰氏 (Bergey) 细菌分类系统的分类位置及菌属内所包括的菌种 (亚种)，以便于读者对相应菌属的了解；另外，为使读者了解医院感染真菌 (fungi)、病毒 (virus) 的情况，专门编写了第 8 篇"医院感染真菌与病毒简介"，涉及在我国已有明确报告引起医院感染的真菌 4 个属、20 个种，病毒 11 个属、9 个种 (有的病毒是以病毒属名义记述的)。②将我国细菌性医院感染与相应病原性细菌融为一体，进行了相对比较集中的描述；不仅对比较系统地认识细菌性医院感染与相应病原性细菌提供了便捷，还为学科间的交叉融合与发展升华搭建了桥梁，并丰富了各自的学科内涵。③在每个菌属中，为便于对相应的细菌性医院感染有概要的了解，均首先列出了一些相应报告文献，更有利于读者对相应细菌医院感染的整体认识。④在每种 (亚种) 引起医院感染的病原细菌中，比较系统记述了细菌的生物学性状、病原学意义及微生物学检验内容，特别注重对相关重点内容的描述；在病原学意义中，主体是医院感染，包括了在医院的主要科室分布、主要感染部位特点等；另外，简要记述了在人身上发生的其他感染病 (infectious diseases) 类型，以及对动物的致病作用等，力求尽可能做到对知识介绍的相对系统化；为使读者比较系统了解引起医院感染细菌的相关科学史料，还专门记述了一些重要细菌的相应发现历史简介，也有助于启迪我们的科学思维与猜想、推论。⑤既具有比较丰富的基础理论，又保证了密切联系实际，努力做到融研究工作的参考与实践应用为一体；同时特别注重内容的全面性和系统性，力争使此书可读、可用。

● **文献使用**　对每种(亚种)细菌引起医院感染的记述，均特别注重且尽力做到全面、系统；所引用医院感染报告文献，均为公开发表且为明确报告到菌种(亚种)的。值此需要说明的是，虽已较广泛地收集和汇总了相关文献资料并尽力将其融为一体，但尚有对文献理解不到位或使用不当现象，或因检索范围的限制对一些重要文献有所遗漏；另外，作者力争使此书的理论与实践并重，以求尽力使读者能对我国的医院感染病原细菌及相应细菌性医院感染有较全面的了解和认识。但因作者学术水平所限，以及学识积淀浅薄，难免使书中存在不足之处，以致难以收到理想的预期效果，恳请从事病原细菌学、医院感染病学、公共卫生学、预防医学等学科领域的专家学者及广大读者不吝赐教，以增作者所学及再版此书时予以充实、修正和完善，作者将非常感激。

● **编写规范**　书中各章节的编写体例与风格，均尽量做到了相对统一。主要体现在如下方面。①篇章结构与章次排列，是将引起医院感染的革兰氏阴性肠杆菌科(Enterobacteriaceae)细菌、革兰氏阴性非发酵型细菌(nonfermentative bacteria)、革兰氏阴性其他细菌、革兰氏阳性球菌、革兰氏阳性杆菌、革兰氏阳性厌氧梭菌各分别组成一篇，再按菌属为章；另外，独立一篇(第8篇)为医院感染真菌与病毒简介，包括医院感染真菌简介、医院感染病毒简介两章内容。②在每个菌属(章)中记述的菌属定义与分类位置、菌属与菌种(亚种)名称、细菌DNA的G＋C mol%和模式株(type strain)及GenBank登录号(16S rRNA)等，均主要是引用了《伯杰氏系统细菌学手册》(*Bergey's Manual of Systematic Bacteriology*)第二版。③所涉及的微生物学名词，均采用了全国科学技术名词审定委员会公布、第二届微生物学名词审定委员会编写的《微生物学名词》第二版(科学出版社，2012)。④菌科、菌属及菌种(亚种)的中文名称，主要采用了杨瑞馥、陶天申、方呈祥、张利平主编的《细菌名称双解及分类词典》(化学工业出版社，2011)，赵乃昕、苑广盈主编的《医学细菌名称及分类鉴定》第三版(山东大学出版社，2013)；对有的已被人们所熟知且又习惯使用的中文名称，或按《伯杰氏系统细菌学手册》第二版已重新分类归属及命名的菌种(亚种)，均在相应内容中做了说明。另外，书中图片除标注了出处的，均是本书作者提供的。

《中国医院感染细菌》的出版，与科学出版社的领导和编辑，以及作者所在单位(河北科技师范学院)领导和同事们的大力支持与协助密不可分；同时，还得到了河北科技师范学院"学术著作出版基金"的资助。值此，作者特别向科学出版社的领导与编辑、向被引作参考文献的各位作者、向作者所在单位的领导和同事、向所有关怀与支持此书编写和出版的各位领导及同道，致以最诚挚的谢意。如果《中国医院感染细菌》的出版真的能为促进我国医院感染病学、病原细菌学及相关学科的发展尽其绵薄之力，作者将会受到莫大的鼓舞。

编著者
2017 年 7 月

目　　录

第 6 篇　医院感染革兰氏阳性杆菌

第 7 篇　医院感染革兰氏阳性厌氧梭菌

第 8 篇　医院感染真菌与病毒简介

第1篇 病原细菌与医院感染

本篇共记述了"病原细菌的发现与致病作用"和"医院感染细菌与医院细菌感染"两章内容。

在第1章"病原细菌的发现与致病作用"中，主要涉及法国化学家、微生物学家、免疫学家路易斯·巴斯德 (Louis Pasteur) 建立感染病 (infectious diseases) 的病因论 (pathogeny generation)，德国医生、细菌学家罗伯特·科赫 (Robert Koch) 确证病原细菌 (pathogenic bacterium) 与建立科赫法则 (Koch's postulates)，重要病原细菌的相继检出；细菌感染的发生条件，病原细菌的致病因素，病原细菌感染的建立等内容。

在第2章"医院感染细菌与医院细菌感染"中，主要涉及医院感染 (hospital infection) 细菌的种类与特点，细菌感染的类型，细菌感染病的流行形式与病程发展阶段，细菌感染病的传播途径；医院细菌感染研究历史简介，细菌感染病的确证，细菌感染病的监测与控制，细菌感染病的量度等内容。

第1章　病原细菌的发现与致病作用

追溯历史，人类对微生物 (microorganism) 作用的感性认知和利用，可至少追溯到 8000 年以前。例如，据考古学的推测，我国在 8000 年以前就已经出现曲蘖酿酒了。但对于微生物在真正意义上的认知与研究，最早还是从荷兰生物学家、显微镜学家安东尼·范·列文虎克 (Antony van Leeuwenhoek，1632 ～ 1723) 首先发现和描述细菌 (bacterium；复数：bacteria) 开始的。

早在 1676 年，列文虎克用自己磨制的镜片创制了一个能放大约 260 倍的显微镜 (microscope)。这种原始的显微镜，与我们现在熟知的普通光学显微镜 (light microscope) 相像之处很少，其个体也较小，被后人称为单式显微镜 (simple microscope)。列文虎克在当时用这种显微镜，先后对雨水、井水、污水、河水、海水、血液、体液、灌入干胡椒中的水、腐败物质、有机物质水浸液、酒、醋、黄油、人及动物的粪便、从铁水桶底吸出的积

图 1-1　列文虎克

水、牙垢等多种样品进行了观察，看到各种微小的生物，当时列文虎克称它们为"微动物"(animalcule)。图 1-1 显示列文虎克手持一个由他制作的单式显微镜。

现早已明了细菌的概念，在广义上包括真细菌 (eubacteria)、古细菌 (archaebacteria) 两大类群的所有原核微生物 (prokaryotic microorganism)。真细菌包括通常所指的细菌，以及立克次氏体 (Rickettsia)、支原体 (Mycoplasma)、衣原体 (Chlamydia)、螺旋体 (Spirochaeta)，还有放线菌 (Actinomycetes)、蓝细菌 (Cyanobacteria)。古细菌又称为古生菌、古菌 (archaea)，是一群

具有独特基因结构或系统发育生物大分子序列的单细胞原核生物 (prokaryote)，是由美国微生物学家、进化学家卡尔·理查德·沃斯 (Carl Richard Woese，1928 ～ 2012) 在 1977 年发现和命名的[1]。

1　病原细菌的发现

在庞大的细菌类群中，就病原细菌 (pathogenic bacterium) 或称致病细菌来讲，其在历史上给人类带来的灾难，简直是不堪回首。自从列文虎克用自制的单式显微镜，于 1676 年首先发现和描述细菌等微动物，便开启了一个崭新的生命科学领域。

在至今 340 多年的历史进程中，法国化学家、微生物学家、免疫学家路易斯·巴斯德 (Louis Pasteur，1822 ～ 1895) 于 1861 年实验建立起了微生物 (细菌) 引起感染病 (infectious diseases) 的病因论 (pathogeny generation)；德国医生、细菌学家罗伯特·科赫 (Robert Koch，1843 ～ 1910) 发明了一系列的细菌学技术方法，并于 1884 年实验建立起了确证病原细菌的科赫法则 (Koch's postulates)。巴斯德和科赫及其所领导的团队卓越的研究成就直接开创了病原细菌学 (pathogenic bacteriology) 研究领域的新纪元，也极大地推动了整个微生物学 (microbiology)，尤其是病原微生物学 (pathogenic microbiology) 的学科建立与发展。

由于巴斯德和科赫两位伟大科学家在细菌学 (bacteriology)、微生物学领域做出了具有划时代意义的杰出贡献，自然成为这些学科当之无愧的奠基人，也享有微生物学之父的美誉[1]。

1.1　巴斯德建立感染病的病因论

巴斯德 (图 1-2) 在病原微生物学的科学领域，贡献是多方面的。其贡献主要包括首先证实微生物的活动和否定微生物自然发生学说 (spontaneous generation)、建立了感染病的病因论、发明疫苗 (vaccine) 和免疫预防接种、创立巴氏消毒法 (pasteurization) 等[1]。

1.1.1　微生物起源的学术争议

在列文虎克阐明了自然界中存在着众多的微动物之后，科学家们便开始议论它们的起源问题。在当时有一派学者认为这些所谓的微动物，是从无生命的物质自然发生的；另一派学者 (包括列文虎克) 则认为它们是从微动物的种子或胚形成的，并认为这种种子或胚存在于空气中。前一种见解称为自然发生

图 1-2　巴斯德

学说或无生源说 (abiogenesis)，这种学说很古老，在古时候人们就认为很多种植物和动物都是在特殊条件下自然发生的，并认为这种见解是理所当然的，且在早期比较有影响和代表性的科学家还是不少的。例如，比利时化学家、医学家约翰内斯·巴普蒂斯塔·范·赫尔蒙特 (Johannes Baptista van Helmont，1580 ～ 1644) 曾说过：就拿老鼠来讲，如果将一

些破布和一片奶酪放置容器内，便可产生出一只小鼠来，也能从肮脏的小米中生出小鼠来。

赫尔蒙特（图1-3）是一位在历史上也很有名气的实验科学家，他著名的"柳树生长实验"，使他成为第一位用定量的方法来研究有关生物学问题的科学家，也是首位以现代科学的正确含义使用气体 (gas) 一词的；还专门研究过燃烧木头所产生的气体并将其称为"gas sylvestre"（来自于木头的气体），就是我们现在所称的二氧化碳 (CO_2)，这也使他自然成为二氧化碳的首位发现者。也正是因为这些，有时也将赫尔蒙特称为"生物化学之父"。显然，像赫尔蒙特那样著名的科学家在当时都相信并坚持自然发生学说，这也从某种意义上说明了自然发生学说在那个时代的广泛影响力。

图 1-3　赫尔蒙特

1.1.2　巴斯德的曲颈瓶实验

随着关于生命知识的不断丰富，人们逐渐发觉植物和动物从来也没有自然发生过。尤其是经过一些科学家的实验证明，到了 1850 年前后已使微生物自然发生学说不能被大多数科学家所接受。同时逐渐开始认为微生物在有机物质水浸液内发育，可能与有机物质的发酵或腐败有关系。巴斯德是在这些方面进行科学研究的先驱者，他通过大量的实验证实，在空气中确实含有微生物，微生物的生长发育可引起有机物质的腐败，以及通过微生物的活动引起物质的化学变化。巴斯德在前人如德国生物学家特奥多尔·施旺 (Theodor Schwann，1810 ~ 1882) 等科学家研究工作的基础上，进行了大量试验，并在 1860 年制备了一个具有细长且弯曲颈的玻瓶——"retort"（曲颈瓶），在瓶内装入有机物水浸液，水浸液经加热煮沸灭菌后，虽与空气接触但仍能一直保持无菌状态，因为弯曲的瓶颈阻挡了外面空气中微生物直达有机物水浸液中，一旦将瓶颈打碎使水浸液与空气直接接触或倒流染菌，瓶内水浸液中就有了微生物，有机质发生腐败，这就是巴斯德著名的"曲颈瓶实验"(retort test)。图 1-4 为曲颈瓶实验的示意图，显示：上图为烧瓶内容物灭菌；中图为若烧瓶保持朝上就无微生物出现；下图为若微生物进入瓶颈内

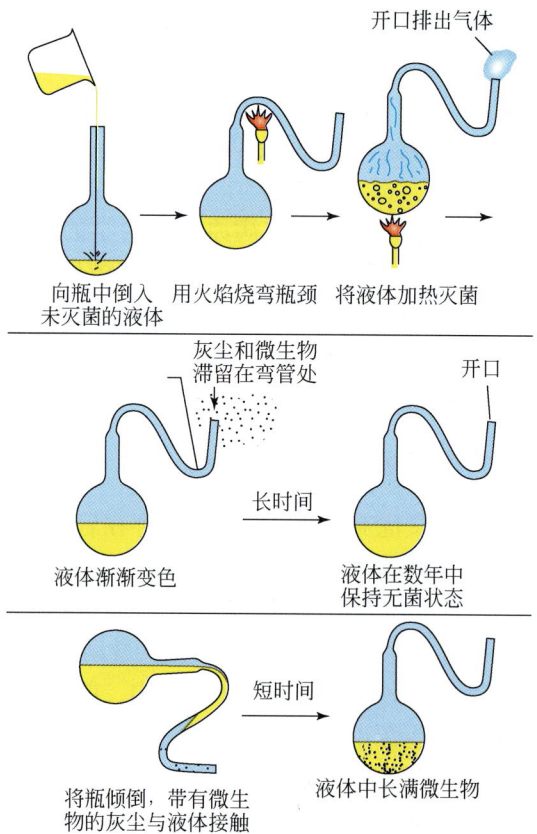

向瓶中倒入　　用火焰烧弯瓶颈　　将液体加热灭菌
未灭菌的液体

灰尘和微生物
滞留在弯管处　　　　开口

液体渐渐变色　　　液体在数年中
　　　　　　　　　保持无菌状态

将瓶倾倒，带有微生　　液体中长满微生物
物的灰尘与液体接触

图 1-4　曲颈瓶实验示意图

与灭菌液接触就会很快生长。用此巧妙的方法，既满足了自然发生学说要求的有新鲜空气，又使空气中的微生物被阻止于细长弯曲的瓶颈之中。

巴斯德通过这一实验，科学否定了微生物的自然发生学说。根据这一实验结果，巴斯德在 1861 年发表了《关于大气中的有机体的研究报告》，也从此建立了病原学说即病因论，帮助了研究者正确认识微生物的活动，推动了微生物学的发展。可以说巴斯德对自然发生学说否定所带来的伟大历史贡献，无论如何评价都似乎是不过分的。如果自然发生学说再在生物学领域处于统治地位，那么真不知又将会导致微生物科学停滞多少年，人类对微生物的活动所付出的代价也不知会有多么沉重。

1.2 科赫确证病原细菌与建立科赫法则

科赫（图 1-5）毕生的研究成果极为丰富，尤为突出的可归纳在两个方面：一是建立了研究微生物学的基本操作技术；二是证实感染病的病原体学说。科赫的研究几乎都是开创性的，他被誉为细菌学及微生物学的奠基人之一、近代细菌学之父 [1]。

1.2.1 确证病原细菌

最早被科学确证的病原细菌，是能够引起人及多种动物炭疽 (anthrax) 的炭疽芽孢杆菌 (*Bacillus anthracis*)。巴斯德及其他一些科学家，也曾对炭疽进行过研究；且由巴斯德于 1881 年首先发明了对炭疽的免疫预防接种法，使炭疽得到了控制。但具体证实

图 1-5 科赫

炭疽的病原是炭疽芽孢杆菌，并搞清炭疽芽孢杆菌的生活史及其形态、生态和其他特性则是由科赫完成的。

炭疽是一种古老的传染病，也是典型的人畜共患病 (zoonoses)。科赫从 1873 年开始借助于显微镜研究炭疽，他将病死于炭疽的牛、羊的血液滴在玻片上，置显微镜下仔细观察，发现有小的杆状物（即单个菌体），还连在一起呈线状（即多个菌体的链状排列）。为了能证明这些杆状物和线状物是炭疽的病原体 (pathogen)，他用小鼠进行了实验，在用病羊血液接种感染后死亡的小鼠血液中，发现也有同样的杆状物和线状物。以后他又做了无数次的重复，每次总能在显微镜下见到那种杆状物和线状物。可这些杆状物和线状物是怎样繁殖的呢？科赫便做了一个可观察它们繁殖的实验，他从感染死亡小鼠有杆状物和线状物的脾脏取一点标本，放于滴在玻板上的一小滴牛眼睛的浸出液里，再盖上一片玻片，周围涂上凡士林，将整个装置放在用油灯加热的培养箱里，培养一段时间后他发现这种杆状物和线状物果真繁殖起来了，原来少数的杆状物和线状物变成了无数个，他又将这样培养后的液滴对小鼠进行感染实验，结果发现死亡小鼠中也存在那种杆状物和线状物。从此，科赫认为在炭疽病死牛、羊病料中能见到细菌，将带有这种细菌的材料接种在实验动物体内可使其感染发病死亡，然后从发病死亡的实验动物体内取出的内脏材料能被培养出同样的细菌，且又能使小鼠致死，而且每次还都能从死亡小鼠检查出同样的细菌，因此可确证此细菌即为炭疽的病原菌。这样便证实了炭疽的病原菌，这个研究过程成为以后研究其他病原

菌的标准示范。

1876 年，科赫正式宣布发现了炭疽的病原菌（即炭疽芽孢杆菌），这也是人类首次通过严密实验确证的病原菌。尽管在此前有过一些科学家，曾分别对炭疽及炭疽芽孢杆菌进行过观察或研究，但真正科学地验证炭疽芽孢杆菌是炭疽病原菌的还是科赫。此外，还研究发现了炭疽芽孢杆菌的芽孢(spore)和芽孢萌发后发育成菌体，并证知芽孢的抵抗力极强，也是传播炭疽的主要存在形式等。科赫对炭疽芽孢杆菌的研究，是医学细菌学发展史上一个重要的里程碑。图1-6，是科赫在1877年拍摄的炭疽芽孢杆菌显微照片，左图为未经染色的培养物繁殖体，中图为未经染色的培养物芽孢，右图为经染色的感染小鼠的脾脏涂抹标本显示菌体和组织细胞。

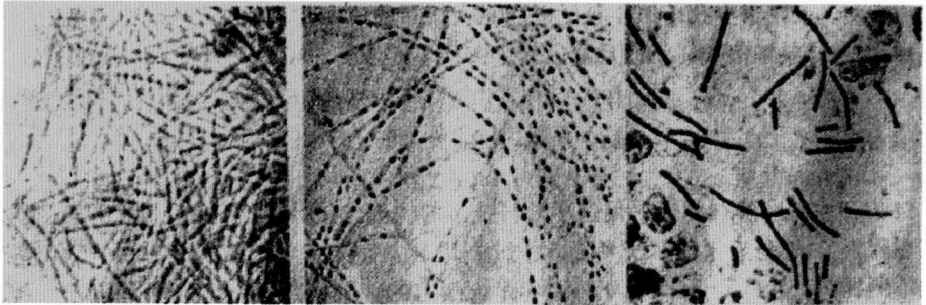

图 1-6　科赫拍摄的炭疽芽孢杆菌显微照片
资料来源：[美]Roger Y. Stanier 等著 . 1983. 微生物世界 . 微生物世界翻译组译

1.2.2　建立科赫法则

图 1-7　亨勒

科赫通过对炭疽芽孢杆菌、结核分枝杆菌 (*Mycobacterium tuberculosis*) 的研究，并在其前人德国病理学家、解剖学家、组织学创始人弗里德里希·古斯塔夫·雅各布·亨勒 (Friedrich Gustav Jakob Henle，1809 ~ 1885) 研究工作基础上，于 1884 年创立了确证病原细菌的基本准则——科赫法则。不仅对病原细菌的确认与研究提供了方便、可靠的有效途径，还直接引领了病原微生物研究领域的发展。

亨勒（图 1-7）是对微生物作为病因确切猜想的科学家，早在 1840 年就指出了疾病是因微生物活动引起的。可是亨勒在当时还拿不出有利于这一革命性概念的证据，因为缺乏必要的观察和实验结果作为根据，因而也只能算是个猜想。在 1848 年，亨勒还最早提出了证实特定微生物与特定疾病间关系所必须符合的一般准则：①在每一个病例中，都出现这种微生物；②要从寄主分离出这种微生物，并在培养基中培养起来；③用这种微生物的纯培养物接种健康的敏感寄主，会重复发生同样的疾病；④从实验发病的寄主中，能再分离培养出同一种微生物来。亨勒还在病理学领域有多种微观解剖上的发现，最著名的是肾小管的亨勒袢 (Henle's loop)。

科赫最先在实践中应用了亨勒确证特定病原微生物的这一准则，这就是对炭疽芽孢杆菌的病原学意义确认。科赫在对炭疽芽孢杆菌的研究中，还通过一系列实验来验证病原体的生物专一性，他用同样能形成芽孢的枯草芽孢杆菌 (*Bacillus subtilis*)，接种同样的动物，就不能引起炭疽。同时，他也将引起其他感染病的病原细菌与炭疽芽孢杆菌区分开来。根据研究结果，科赫对炭疽芽孢杆菌得到的结论是："只有一种细菌能引起这种特殊的疾病，而用其他细菌接种，或者不能致病，或者导致其他疾病。"于是，科赫通过对炭疽芽孢杆菌的研究，以及在确证其他病原菌方面的实践经验，在亨勒提出确定病原细菌的一般准则基础上，于 1884 年 (亨勒提出这个一般准则的 36 年之后) 建立了为证实病原细菌所必须条件的著名科赫法则，即：①特殊的病原细菌仅存在于同一种特定疾病的患者中，在健康个体中不存在；②该特殊的病原细菌可在体外人工培养基中生长，获得纯培养物；③以这种培养物接种健康的敏感实验动物，可产生特定的同样病症；④从人工感染发病的实验动物体内，能重新分离出该特殊的病原细菌获得纯培养物，且具有与原始菌株相同的性状。科赫法则的建立，对于传染病及其病原细菌的研究起到了重要的推动作用，因为它能指导研究工作者得到正确的结论。科赫法则是一套科学验证的方法，用以验证细菌与病害的关系，所以被后人奉为对传染病病原鉴定的金科玉律，也为对病原微生物学系统研究方法的建立奠定了基础 (图 1-8)。

尽管现在看来科赫法则存在一定的局限性，如多种病原菌存在健康带菌者或隐性感染，有的病原菌迄今尚不能在体外人工培养或缺乏易感实验动物，长期的体外人工培养会使某些病原细菌菌株发生毒力减弱的变异等，但它在当时仍是一种尚不可替代的法则被广泛采用，尤其是对于新病原菌的确证更显出其具有的重要应用价值，因为它在直接反映着病原细菌致病的本质。

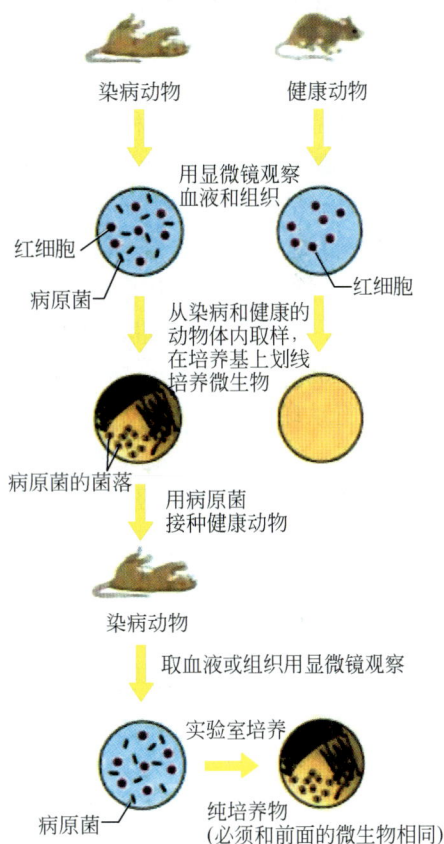

图 1-8　科赫法则示意图

1.3　重要病原细菌的相继检出

巴斯德实验建立感染病的病因论，科赫对炭疽芽孢杆菌等病原细菌的发现与研究，尤其是科赫法则的建立，这些，具体且有效指导了对病原菌的发现与病原学意义的确定，也直接影响了整个细菌研究领域，并随之开辟了以欧洲为中心的一场寻找各种传染病病原菌的"淘金热"，世界各地细菌学家们相继发现了多种严重危害人及动物的病原细菌。以下所列举的一些科学家对病原菌的检出，都是具有划时代意义的。

1.3.1 科赫及其合作者发现多种病原细菌

直到 20 世纪中叶之前，几千年来严重危害人类健康的最可怕细菌性传染病，如鼠疫 (plague)、结核 (tuberculosis)、伤寒 (typhoid fever)、霍乱 (cholera)、白喉 (diphtheria) 等恣意肆虐，人类处于束手待毙的境地。

科赫及其合作者用他们所发明的固体培养基和细菌染色等一整套细菌分离培养与检验技术，先后分离确证了在当时危害人类的多种严重传染病的病原菌，主要包括以下几种。

1.3.1.1 结核分枝杆菌

由结核分枝杆菌引起的结核，是一种危害人类健康历史久远的慢性传染病。在各种不同的结核病中，以肺结核 (pulmonary tuberculosis) 最为常见。科赫在 1882 年宣布发现了结核分枝杆菌，这也是第二种被科学确证的病原菌。

1.3.1.2 霍乱弧菌

有关霍乱的现代知识仅可追溯到 19 世纪初，那时的研究人员开始研究此病的病因和有效的控制方法，并取得了进展。近代第一次大流行，或称全球性的流行，是 1817 年从东南亚霍乱流行地区开始，随后蔓延到了世界多个地区。1817 ~ 1923 年，以印度恒河三角洲为发源地，共发生了 6 次世界性的霍乱大流行，分别为 1817 ~ 1823 年、1829 ~ 1851 年、1852 ~ 1859 年、1863 ~ 1879 年、1881 ~ 1896 年、1899 ~ 1923 年。1961 年第 7 次霍乱大流行从印度尼西亚开始，迅速传播至亚洲、欧洲、非洲的其他国家，并最终于 1991 年传播至一个多世纪一直无霍乱发生的拉丁美洲，并又迅速蔓延，那一年在美洲的 16 个国家造成了近 40 万病例报告和 4000 多人死亡。

1883 年，亚洲霍乱叩响了非洲和欧洲的大门，神秘地偷越海洋和沙漠到达埃及，在亚历山大港大暴发，有成千上万的患者一批批死亡，这是第 5 次霍乱世界性大流行。科赫和他的学生们先后在非洲、亚洲，特别是在印度投入"追捕霍乱凶手"的战斗，最后使霍乱的病原菌——霍乱弧菌 (Vibrio cholerae)，通过科赫所建立的细菌分离培养技术在埃及被"缉拿归案"了。

1.3.1.3 伤寒沙门氏菌

由伤寒沙门氏菌 (Salmonella typhi) 引起的人的伤寒，是一种急性传染病。1884 年，德国细菌学家格奥尔格·特奥多尔·奥古斯特·加夫基 (Georg Theodor August Gaffky，1850 ~ 1918)，首先从伤寒患者的脾脏分离获得了相应病原菌的纯培养。这是第一种被发现的沙门氏菌属 (Salmonella Lignières 1900) 细菌，就是现在的伤寒沙门氏菌。

加夫基 (图 1-9) 曾分别在 1883 年和 1884 年，随同科赫前往埃及、印度从事传染病调查研究，在 1884 年分离到伤寒沙门氏菌并确证了它就是伤寒的病原菌。

1.3.1.4 破伤风梭菌

日本细菌学家、免疫学家北里柴三郎 (Baron Shibasaburo Kitasato，1856 ~ 1931) 于 1889 年在柏林从一名死于破伤风 (tetanus) 的士兵体内分离获得了破伤风梭菌 (Clostridium tetani) 的纯培养菌。当时他认为这种引起破伤风的病原菌，是一种能形成芽孢的杆菌，属于厌氧菌 (anaerobe)，所以采用的分离方法是首先将标本材料在 80℃ 条件下热处理 45 ~ 60min 杀死非芽孢形成菌，然后接种于明胶平板培养基，置含氢气的厌氧条件下培养，结果获得了能使被感染实验动物发生破伤风的纯培养菌。同时，他还最终证实了德国学者阿图尔·尼古拉尔 (Arthur Nicolaier, 1862 ~ 1942) 关于此菌存在于最初伤口感染处，但其产生的破伤风毒素 (tetanus toxin) 可以遍布全身的论断。

北里柴三郎于 1855 年前往德国向科赫求学，1885 ~ 1891 年在科赫的指导下从事研究工作，1889 年因分离到破伤风梭菌，而成为学业最优秀学生的一员。图 1-10 是北里柴三郎和由他研制的细菌厌氧培养装置。

图 1-9　加夫基　　　　图 1-10　北里柴三郎

1.3.1.5　白喉棒杆菌

由白喉棒杆菌 (*Corynebacterium diphtheriae*) 引起的白喉，是一种急性呼吸道传染病，致病物质是由白喉棒杆菌产生的白喉毒素 (diphtheria toxin)。1884 年，科赫和德国细菌学家弗里德里希·奥古斯特·约翰内斯·吕弗勒 (Friedrich August Johannes Loeffler,1852 ~ 1915)，从白喉病尸体咽喉的白膜上取样作显微镜观察，证知了一种呈火柴杆形状的细菌，即白喉病的病原菌，也就是在后来分类命名的白喉棒杆菌。值得一提的是，在此前，德国医学家、细菌学家埃德温·特奥多尔·阿尔布雷西特·克莱布斯 (Edwin Theodor Albrecht Klebs，1834 ~ 1913；图 1-11) 在 1883 年，曾发现了引起白喉的这种白喉棒杆菌，所以在后来也曾称白喉棒杆菌为克莱布斯 - 吕弗勒杆菌 (Klebs-Loeffler bacillus)。

吕弗勒 (图 1-12) 是科赫的得意门生，突出的科学成就是首先发现了细菌生长的鞭毛 (flagellum)，以及确证了引起口蹄疫 (foot and mouth disease，FMD) 的口蹄疫病毒 (foot and mouth disease viruses，FMDV)。口蹄疫病毒是第一种被发现的动物病毒，口蹄疫也是第一种被发现的人畜共患病毒病。

1.3.1.6　鼻疽伯克霍尔德氏菌

由鼻疽伯克霍尔德氏菌 (*Burkholderia mallei*) 引起的鼻疽 (malleus)，是一种人畜共患病。自然情况下主要是引起马、骡、驴等马属动物发病，所以也称马鼻疽 (glanders)。人因接触病畜可被感染，表现为急性败血性疾病。

1882 年，德国细菌学家吕弗勒等，将一匹死于急性鼻疽的马的肝脏和脾脏组织接种于血清中，首次分离获得了相应病原菌，于 1885 年将其定名为鼻疽杆菌 (*Bacillus mallei*)，即现在分类命名的鼻疽伯克霍尔德氏菌。

1.3.1.7　鼠伤寒沙门氏菌

鼠伤寒沙门氏菌 (*Salmonella typhimurium*) 是人畜共患病的一种重要病原菌，也是在所有沙门氏菌属细菌感染中出现频率最高的，也是在细菌性食物中毒 (food poisoning) 中居重要位置的病原

图 1-11　克莱布斯　　　　图 1-12　吕弗勒

菌。在动物，已知能引起多种畜禽（尤其是猪、鸡、牛、羊等）及其他养殖和野生动物等发生感染且非常普遍。人及动物的鼠伤寒沙门氏菌感染病 (infectious diseases of *Salmonella typhimurium*) 均是呈世界性分布的。

1892 年，德国细菌学家吕弗勒从类似伤寒的病鼠粪便中，首先分离获得了一种新的沙门氏菌，当时命名为鼠伤寒杆菌 (*Bacterium typhimurium*)，即现在分类命名的鼠伤寒沙门氏菌。

1.3.1.8　猪红斑丹毒丝菌

猪红斑丹毒丝菌 (*Erysipelothris rhusiopathiae*) 是人畜共患病的一种病原菌，主要是引起人的类丹毒 (erysipeloid)、猪的猪丹毒 (swine erysipelas)。猪红斑丹毒丝菌最早由科赫于 1878 年在德国发现，他从实验室的一只实验用小鼠体内分离出了这种细菌，当时称之为小鼠败血症杆菌。

最早研究人的猪红斑丹毒丝菌感染病的，是德国医学家、微生物学家弗里德里希·尤里乌斯·罗森巴赫 (Friedrich Julius Rosenbach，1842 ~ 1923)，他在 1884 年将由其引起的皮肤损伤称为"类丹毒" (erysipeloid)，也以他的姓氏命名为 "罗森巴赫病" (Rosenbach's disease)；相继，罗森巴赫又在 1887 年对此病及其相应病原菌做了确切描述，还在自己的手臂上注射过这种细菌的纯培养物进行了试验，并复制了病变。1909 年，罗森巴赫将从猪丹毒、小鼠败血症和人的类丹毒病例中分离的细菌做了比较，发现它们在血清学和病原学上相同，但在当时认为它们在形态学和培养特性上有所不同。这些细菌最后于 1918 年，被鉴定为丹毒丝菌属 (*Erysipelothris* Rosenbach 1909) 的同一个种 (species)，即现在分类命名的猪红斑丹毒丝菌。

特别提出，科赫不仅是一位具有杰出才华的科学家，而且在研究工作中表现出了忘我的奉献精神和高尚的品德。只要听说哪里发生了传染病的流行，他就带领着他的学生们立即奔赴疫区，调查病原、病因和传播途径等流行病学情况，同时向人们宣传传染病的防治方法，治疗抢救患者，扑灭肆虐的瘟疫。因此，有人形象地将科赫和他的学生们，称为"传染病消防队"。科赫曾多次率队到亚洲、非洲、美洲等一些国家的传染病发生地，开展调查和防治工作。这是要冒很大风险的，因为有时他们在事先并不知道发生的是何种传染病，而且某些传染病的传播途径还尚未查明，很多传染病也还没有治疗的有效方法。在这种情况下深入疫区，与大量的传染病患者接触，往往有被传染甚至死亡的危险。但科赫和他的学生们，为了征服传染病，为了千百万人的健康，全然不顾这一切，忘我地投入到与瘟疫的战斗中。事实上，在 19 世纪末和 20 世纪初，确有多位科学家在调查传染病的工作中被感染死亡。正是因为有了像科赫这样一大批舍生忘死的科学家们，今天的人们才能免除多种传染病的威胁。即使是今天，仍然有着这么一批科学家，在为征服新发现的、再肆虐的瘟疫，忘我地工作着。图 1-13 显示的是科赫（桌后左三）带领的团队在非洲进行传染病调查。

图 1-13　科赫在非洲
资料来源：王渝生.百年诺贝尔科学奖启示录.2002

1.3.2　其他科学家发现的重要病原细菌

科赫及其合作者们对多种重要病原细菌的发现与研究，不仅在有效诊断和防止这些相应感染病中起到了关键性的作用，同时还为全世界的细菌学家们提供了空前有效的研究方法，使细菌性感染病的很多秘密很快被揭示了，直接推进了病原细菌学的学科建立与发展。以下简要记述其他科学家所发现的一些重要病原细菌。

1.3.2.1　鼠疫耶尔森氏菌

自公元前 3 世纪至 20 世纪初，人类有过 3 次毁灭性的鼠疫大流行 (其间有若干次小规模的流行)。第一次发生在公元 6 世纪的 520 ~ 565 年，估计死亡近 1 亿人；第二次发生在公元 14 世纪并一直持续到 17 世纪中叶的 1346 ~ 1665 年，再次带走了近 1 亿人的生命；第三次大流行于 1890 年在我国云南与缅甸交界处暴发，1894 年从广州开始传播，1894 年 5 月传至香港，波及欧、亚、非、美四大洲的 60 多个国家和地区，一直延续到 20 世纪 60 年代初方才止息，死亡 1500 多万人。

鼠疫耶尔森氏菌 (*Yersinia pestis*)，就是由日本细菌学家北里柴三郎、法国细菌学家亚历山大·约翰·埃米尔·耶尔森 (Alexandre John Émil Yersin，1863 ~ 1943)，分别在第三次大流行的初期 (1894 年)，在香港首次发现的。也有记述关于鼠疫病原体的发现史，还涉及医学界的一桩公案：究竟是北里柴三郎，还是耶尔森 (图 1-14)，首先发现了鼠疫耶尔森氏菌？在百余年后的今天，抛开其中的人事纷争，公平地讲的确是北里柴三郎先看到的鼠疫耶尔森氏菌。但当时北里柴三郎的培养基受到了污染，误将被污染的细菌当作了鼠疫的病原体，失去了鼠疫耶尔森氏菌发现者的历史地位。

1.3.2.2　痢疾志贺氏菌

由志贺氏菌属 (*Shigella* Castellani and Chalmers 1919) 细菌引起的志贺氏菌病 (shigellosis)，就是世界上最早发现的人的细菌性痢疾 (bacillary dysentery) 常简称菌痢，至今也仍是主要的感染类型并常可引起暴发流行。

在 19 世纪的后 10 年内，日本发生过猛烈且广泛的菌痢流行。在此期间，日本细菌学家志贺洁 (Shiga Kiyoshi，1871 ~ 1957) 在 1898 年，从菌痢患者分离到一种相同的细菌，在当时被其命名为痢疾杆菌 (*Bacillus dysenteriae* Shiga 1898)，即现在分类命名的 1 型痢疾志贺氏菌 (*Shigella dysenteriae*)，这是最早被明确的志贺氏菌属细菌。志贺洁 (图 1-15) 在 1897 年，发表了《赤痢病原体研究报告》。

1.3.2.3　马耳他布鲁氏菌

由布鲁氏菌属 (*Brucella* Meyer and Shaw 1920) 细菌引起的布鲁氏菌病 (brucellosis)，是一种典型且重要的人畜共患病。早在 1814 年，伯内特 (Burnet) 首先描述了发生在地中海地区的一种表现波浪热 (undulant fever) 的疾病，并确定不是疟疾。1860 年，英国医师马斯顿 (Marston) 对此病作了系统描述，又将该病与伤寒区别开来，

图 1-14　耶尔森　　　　图 1-15　志贺洁

图 1-16　布鲁斯

并根据临床特点和尸体解剖病变特征，将此病作为一个独立的传染病提了出来，称为"地中海弛张热"。以后，英国军队进驻地中海的马耳他 (Malta) 岛，在其驻军中发生了一种不明原因的发热性疾病，并很快在军队中传播开来，造成了不少士兵死亡，当时称其为"马耳他热"(Malta fever)、"地中海热"或"山羊热"等。

1886 年，作为军医随英军驻马耳他岛的英国医学家、细菌学家戴维·布鲁斯爵士 (Sir David Bruce，1855～1931)，在马耳他岛首先从病死于马耳他热的士兵脾脏染色切片标本中发现有大量纯一的微小细菌。相继在 1887 年，布鲁斯 (图 1-16) 又对死亡士兵的脾脏进行了细菌培养，分离到了一种微小的细菌，经对猴子的感染实验产生了波浪热症状，从而得到了可靠的证据，证明在士兵中传播的这种不明热疾病是由此微小细菌引起的，当时称其为马耳他微球菌 (*Micrococcus melitensis* Bruce 1893)，即现在被分类命名的马耳他布鲁氏菌 (*Brucella melitensis*)。

1.3.2.4　肉毒梭菌

对由肉毒梭菌 (*Clostridium botulinum*) 引起的肉毒中毒 (botulism)，在较早期就有所认识，主要是在食源性肉毒中毒 (foodborne botulism) 即食物中毒 (food poisoning) 方面，且至今仍是主要的致病类型与研究内容。后来，又相继认识并研究了伤口型肉毒中毒 (wound botulism)、婴儿型肉毒中毒 (infant botulism)、成人肠道毒血症肉毒中毒 (adult intestinal toxemin botulism) 等疾病类型。

肉毒中毒在医学史上早有记载，远在公元 10 世纪前的西欧，就已有记载吃腊肠能引起致命性食物中毒 (引起神经麻痹) 的事实，所以腊肠类食品的生产或食用均曾受到管制。在公元 10 世纪，罗马拜占庭君主圣利奥六世 (Emperor Leo Ⅵ) 在公元 886～912 年曾颁布法令，禁止食用血灌肠 (blood sausage)。

19 世纪末，比利时根特 (Ghent) 大学的细菌学家埃米尔·范·埃尔芒根 (Émile van Ermengen，1851～1932) 在 1896 年报告，于 1895 年 12 月，在比利时埃勒泽勒 (Ellezelles) 村的一次音乐会上，发生了一起因食用家庭自行盐腌的火腿导致 24 人中有 23 人发病、3 人死亡的中毒事件。埃尔芒根 (图 1-17) 从盐腌火腿食品及病死者脾脏中，分离到中毒的相应病原菌，即肉毒梭菌。

1.3.2.5　麻风分枝杆菌

由麻风分枝杆菌 (*Mycobacterium leprae*) 引起的麻风 (leprosy) 是一种慢性传染病。早期对麻风病原学的研究者是挪威细菌学家格哈德·亨里克·阿毛尔·汉森 (Gerhard Henrik Armauer Hansen，1841～1912)。汉森 (图 1-18) 于 1873 年在麻风病患者中发现了一种杆菌，当时称其为麻风杆菌 (*Bacillus leprae* Hansen 1880)，并确信麻风是由这种杆菌引起的。事实上就是这样，这种细菌即现在被分类命名的麻风分枝杆菌。这样，也使汉森成为第一位指出慢性病也有可能由微生物引起的科学家。

随后确认麻风分枝杆菌是麻风病原菌的工作是由德国皮肤病、性病医学家阿尔贝特·路德维希·西吉斯蒙德·奈瑟 (Albert Lüdwig Sigismund Neisser，1855～1916) 在挪威完成的。奈瑟自 1882 年起，在布雷斯劳皮肤病和性病医院任教授和院长。之后他去挪威旅行，在那里有机会观察到一些麻风患者，并验证了引起麻风病的这种病原菌。汉森似乎较奈瑟早几年发现这种杆菌，因此对于谁是首先发现者就有了一些不可避免的争论。不过，即使奈瑟的发现在后，但他仍然是第一位明确这种杆菌与麻风病有关的医学家。

图 1-17　埃尔芒根　　　图 1-18　汉森

1.3.2.6　恙虫病东方体

恙虫病 (tsutsugamushi disease) 是一种古老的自然疫源地疾病，在我国古代就已熟知，那时称其为沙虱热或沙虱毒。在 19 世纪初，日本学者描述了一种类似的疾病，称为"恙"；1819 年大友玄归在秋田县首先发现了类似沙虱热的流行，他还将当地的传播媒介定名为沙虱或毛壁虱。直到 1878 年，帕尔姆 (Palm) 等学者又具体描述了在日本本州一些河流冲积平原地区流行的一种疾病。此后，其他国家才知道了此病的存在。

1930 年，日本学者长与 (Nagayo) 在家兔前眼房内接种恙虫病的病原材料，结果在角膜内皮细胞中观察到大量的立克次氏体类微生物，首次确定了恙虫病的病原为立克次氏体，并命名为东方立克次氏体 (*Rickettsia orientalis*)。日本细菌学家绪方规雄 (Ogata Norio，1887 ~ 1970)，于 1925 年创造性地在家兔睾丸上接种恙虫病的病原体获得感染成功，从而确证了其病原学意义，又于 1927 年从患者血液中分离获得，这就是在 1931 年由绪方规雄命名的恙虫病立克次氏体 (*Rickettsia tsutsugamushi*)。现在分类将该病原体归属在了新建立的东方体属 (*Orientia* Tamura，Ohashi，Urakami and Miyamura 1995) 中，学名是恙虫病东方体 (*Orientia tsutsugamushi*)。另外，绪方规雄还发现小鼠对恙虫病立克次氏体的感染性很强，迄今为止小鼠仍然是研究恙虫病立克次氏体的常规实验动物。绪方规雄因在恙虫病及其病原体方面的研究成就，在 1932 年获浅川奖，1957 年获野口英世医学奖。

1.3.2.7　钩端螺旋体

由钩端螺旋体属 (*Leptospira* Noguchi 1917) 中不同血清型 (serovar) 的问号钩端螺旋体 (*Leptospira interrogans*) 引起的感染病，被统称为钩端螺旋体病 (leptospirosis)，是一种人畜共患病，但以动物为主，属于动物源性人畜共患病 (anthropozoonose) 的范畴。此病在人与动物中广泛流行，动物宿主众多，地理分布也很广，对人和动物的危害很大。

对钩端螺旋体病的认识，经历了临床学和细菌学的两个重要历史阶段。较早观察这种疾病临床体征的是德国医师阿道夫·魏尔 (Adolf Weil)，其在 1870 年和 1882 年进行观察，其观察结果在 1886 年发表。他观察的病例共 4 个，相隔了 12 年。其典型病例表现为发热、肝脾大、黄疸及肾损伤。戈尔德施密特 (Goldschmidt) 在 1887 年用"魏尔氏病"(Weil's disease) 一词指代这种疾病，后来成为表述钩端螺旋体病的专用名词。

1907 年，斯廷森 (Stimson) 在美国新奥尔良的一次黄热病 (yellow fever) 暴发流行中，从 1 例病死患者的肾小管中发现了一种在末端有钩的细螺旋状微生物，他准确测量了这种微生物的细胞长度、直径和螺距，不过没有留下图像，也未进行分离培养；由于这一微生

物在形态上与以前记载的任何螺旋体不同，不知应归于螺旋体属 (*Spirochaeta* Ehrenberg 1835) 的哪个种，故称其为问号螺旋体 (*Spirochaeta interrogans*)。为了纪念这一发现，在后来将由患者或动物分离的致病性钩端螺旋体，都称为问号钩端螺旋体，就是现在的问号钩端螺旋体。

1916 年，日本学者稻田 (Ryokichi Inada) 等用魏尔氏病患者的血液对豚鼠进行注射感染实验，在豚鼠的肝脏组织中查到了螺旋体，认为此螺旋体即是魏尔氏病的病原体，并命名为出血性黄疸钩端螺旋体 (*Leptospira icterohaemorrhagiae*)；他们在当时分离获得的黄疸出血菌株 1 号 (Ictero NO.1)，是至今保存最古老的钩端螺旋体菌株，也是钩端螺旋体属的模式种 (type species)，以及问号钩端螺旋体出血黄疸血清型 (*Leptospira interrogans* serovar icterohaemorrhagiae) 的代表菌株。

1.3.2.8　苍白密螺旋体

苍白密螺旋体 (*Treponema pallidum*) 是梅毒 (syphilis) 的病原体，因菌体不易被染色，所以被称为苍白密螺旋体。梅毒是一种临床表现极为复杂的性传染疾病，几乎可侵害全身，造成多种器官的损伤。

图 1-19　绍丁

德国医学家、细菌学家克莱布斯，于 1878 年首先发现在梅毒患者的病灶中存在一种螺旋状的生物体，将其接种于实验动物猴体，可使猴子患梅毒，这是对梅毒病原体的最早认知，这种螺旋状的生物体即苍白密螺旋体。此后，在 1905 年，德国原生动物学家、微生物学家弗里茨·理查德·绍丁 (Fritz Richard Schaudinn，1871 ~ 1906) 和德国医学家埃里希·霍夫曼 (Erich Hoffmann，1868 ~ 1959)，在梅毒患者的初期病灶中发现了苍白密螺旋体；同时，绍丁 (图 1-19) 和霍夫曼还发现苍白密螺旋体只自然感染人类，所以人是梅毒的唯一传染源。

1.3.2.9　副溶血弧菌

副溶血弧菌 (*Vibrio parahaemolyticus*) 是一种重要的食源性疾病 (foodborne diseases) 的病原菌，也称食源性病原菌 (foodborne pathogen)。在细菌性食物中毒方面，副溶血弧菌感染也一直占重要地位，尤其在我国和日本更为严重；另外，其常常表现出比较高的罹患率和较大的规模，但很少发生中毒死亡事件。

日本细菌学家、大阪大学的藤野恒三郎 (Fujino) 教授于 1951 年报道 1950 年 10 月在日本大阪市发生的一起由咸小沙丁鱼 (是一种用盐水煮熟后以半干燥状态食用的冷食品) 引起的食物中毒事件，共有 337 人食用了同一加工厂生产的冷食沙丁鱼，出现急性胃肠炎的发病患者 272 人 (罹患率 80.71%)，其中死亡 20 人 (病死率 7.35%)。藤野恒三郎从死者肠内容物及小沙丁鱼中分离到相应病原菌，即现在分类命名的副溶血弧菌。

1.3.2.10　立氏立克次氏体

立克次氏体是一类严格细胞内寄生的原核细胞型微生物，其生物学性状与细菌类似，主要作为斑疹伤寒 (typhus)、恙虫病、Q 热 (query fever) 等感染病的病原体。此类感染病常被统称为立克次氏体病 (rickettsiosis)，是指一组由各种不同立克次氏体所引起的急性感染病。

美国病理学家霍华德·泰勒·立克次 (Howard Taylor Ricketts，1871 ～ 1910)，是研究立克次氏体的先驱，并为此献出了年轻的生命。早在 1872 年，人们就已经知道在美国西北部落基山地区移民中有落基山斑点热 (Rocky Mountain spotted fever) 发生，但直到 1890 年，人们才认识到这是一种独立的疾病。1906 年，立克次 (图 1-20) 开始对这种疾病进行研究，他通过接种患者血液使实验用豚鼠和猴子感染获得成功，首次查明了相应的病原，发现这种病原体的个体比细菌小、比病毒大，只能在活的细胞中生长，是介于细菌与病毒之间的微生物，即现在的立克次氏体属 (*Rickettsia* da Rocha-Lima 1916) 微生物。另外，立克次还发现在自然界被立克次氏体感染了的蜱，证明了这种病原体能在蜱的变态期保存下来，被感染的雌蜱还可经卵传递给子代。基于这些研究结果，立克次推断此斑点热病原体必定与这种蜱的自然生活史存在密切关系。虽然立克次记载并描述了在蜱组织和蜱卵中"为数众多的微生物，它们是典型的呈两极着色的微小杆菌"，但他没有对其定名。在 1919 年，沃尔巴克 (Wolbach) 确认了这种微生物是一种新的病原体，建议定名为立氏蜱寄生体 (*Dermacentro xenus rickettsi*)，即现在分类命名的立氏立克次氏体 (*Rickettsia rickettsii*)。

图 1-20 立克次

1909 年，立克次赴墨西哥研究流行性斑疹伤寒 (epidemic typhus)，证实这种疾病也是由立克次氏体这类微生物引起的，是由人的体虱 (*Pediculus humanus corporis*) 传播的。1910 年在墨西哥，立克次在做这种斑疹伤寒实验时不慎被感染，卒于墨西哥城。在他逝世后，墨西哥为他举行了 3 日的悼念活动。为了纪念这位为科学勇于牺牲的青年医生，引致落基山斑点热和斑疹伤寒的这一类病原微生物，被命名为"立克次氏体"(Rickettsia)。

1.3.2.11 诺卡氏菌

法国兽医学家、生物学家埃德蒙·伊西多尔·艾蒂安·诺卡尔 (Edmond Isidore Étienne Nocard，1850 ～ 1903)，在 1888 年首先从法国瓜德罗普 (Goadeloupe) 岛发生"牛皮疽"的病牛中分离到一种需氧的放线菌类微生物，由特雷维桑 (Trevisan) 在 1889 年命名为皮疽诺卡氏菌 (*Nocardia farcinica*)。此后，埃平格 (Eppinger) 在 1891 年描述了一例人的脑脓肿病例，从病灶分离到一种放线菌类微生物，即现在命名的星状诺卡氏菌 (*Nocardia asteroides*)。在此后一段时间内，医学文献中经常报道的有 2 种诺卡氏菌：星状诺卡氏菌和巴西诺卡氏菌 (*Nocardia brasiliensis*)，作为人和动物局部及全身性感染的病因之一，引起的感染病常被统称为诺卡氏菌病 (nocardiosis)，是一类急性或慢性的化脓炎症性疾病。其中的巴西诺卡氏菌，是由林登堡 (Lindenberg) 在 1909 年发现的。

诺卡尔 (图 1-21) 一生主要从事兽医研究，并做出了许多重大贡献。他在研究结核的过程中，证明了禽类的分枝杆菌与哺乳动物的相同，还证明了健康人食用患有结核的病牛的奶或肉，也能被感染发病。另外，在 1901 年，诺卡尔从患结核性乳腺炎的奶牛分离到 1 株牛分枝杆菌 (*Mycobacterium bovis*)，即在后来用于制备预防结核的卡介苗 (Bacillus Calmette-Guérin，BCG) 的菌株。

1.3.2.12 沙眼衣原体

沙眼衣原体 (*Chlamydia trachomatis*) 除能引起呈世界范围流行的沙眼 (trachoma) 外，

图1-21　诺卡尔

图1-22　汤飞凡

资料来源：刘隽湘．医学科
学家汤飞凡．1999

也是性传播和新生儿围产期母婴传播的重要疾病之一。

对沙眼衣原体的成功分离与培养，是由我国学者完成的，并从此开辟了医学微生物学的一个新领域。在这个富具献身精神和创造力的科学研究团队中，做出了重要贡献的当首推我国第一代医学病毒学家、世界著名的微生物学家汤飞凡（1897～1958）。在1955年7月，汤飞凡（图1-22）及其助手黄元桐、李一飞等，首次用鸡胚卵黄囊接种培养方法分离到沙眼衣原体。

对沙眼衣原体的成功分离培养，使过去一直认为是不能人工培养且认为是病毒的一类新的病原微生物——衣原体被分离出来，并从此开辟了国内外对衣原体的研究之路，也使汤飞凡成为了世界上发现重要病原体的第一位中国科学家。

一些重要病原菌的相继发现，将对病原细菌学的研究引领到了黄金时代，用人工免疫和其他方法来预防许多传染病的方法也相继建立和发展起来了，这可能是人类历史上最伟大的医学革命。

2　病原细菌的致病作用

在庞大的细菌类群中，有些细菌种类是具有致病作用的。通常情况下，凡是能够引起人或动物、植物等发生感染病（infectious diseases）即感染性疾病的细菌，被统称为病原菌（pathogenic bacterium）或称致病菌。

在实践中，常常是根据病原菌的病原性（pathogenicity）或称为致病性，将其分为专性病原菌（obligate pathogen）或称为专性致病菌、条件病原菌（conditional pathogen）或称为条件致病菌两大类。专性病原菌指的是有些细菌，无论在任何情况下它对于易感宿主来讲都是具有致病性的，即通常所指的病原菌（致病菌）；另有些细菌在正常情况下并不致病，只有当在某些条件发生改变的特殊情况下才可致病，此类细菌被称为条件病原菌（致病菌），也称为机会病原菌（opportunistic pathogen）或机会致病菌，实践中更常用"opportunistic pathogen"表示条件病原菌（致病菌）或机会病原菌（致病菌）。相对于病原菌来讲，那些不能造成宿主感染、属于非致病性（nonpathogenicity）的细菌，则被称为非病原菌（nonpathogenic bacteria）或称非致病菌。实际上，非病原菌的概念并不是绝对的，如所谓的条件致病菌（机会致病菌）在正常情况下也可被列为非病原菌的范畴，但它们本质上是具有致病潜能的；另外，从易感宿主的角度来看致病菌与非致病菌，均可认为是相对的。

2.1　细菌感染的发生条件

感染 (infection) 与发病 (overt disease)，是两个在性质上有差异但又在过程上相关联的阶段区分概念。感染是指病原细菌在宿主 (host) 体内持续存在或增殖，是机体与病原体 (pathogen) 在一定条件下相互作用所引起的病理过程，但并不表现出明显的病理变化或临床病症；发病是指在病原细菌感染后，对宿主造成明显的损伤以致出现明显的病理变化或临床病症，此种情况即通常所指的感染病。感染的结局或是发病，或是持续性的感染，或是消除感染状态，或是成为带菌者 (carrier)；发病的结局或是转愈，或是病死，或是转为持续性感染，或是成为带菌者。无论是感染还是发病，其结局均取决于病原细菌本身 (病原细菌的种类、菌株的毒力强度、侵入机体的数量等) 和机体 (主要是易感程度) 及外界环境条件等多种因素。

感染也常与传染 (communication) 被视为同义语，事实上两者的含义并不完全相同，感染不一定具有传染性，但传染实属感染的范畴，反之则不能成立。再就感染病与传染病 (communicable disease, contagious disease) 来讲，由于常常会将感染与传染视为同义语，也从而将感染病定义为传染病。事实上，尽管传染病与感染病都是由病原体引起的，但两种还是存在明显区别的。感染病通常是指因各种病原体引起的，在正常或非正常人群中流行的，可传播和非传播疾病 (communicable and noncommunicable diseases)。作为病原体，主要指的是细菌 (bacteria)、病毒 (virus)、真菌 (fungi)、衣原体 (chlamydia)、支原体 (mycoplasma)、立克次氏体 (rickettsia)、螺旋体 (spirochaeta) 及放线菌 (actinomycetes) 等病原微生物 (pathogenic microorganism)，实际上也可包括能够引起寄生虫病 (parasitosis) 的原虫 (protozoon)、蠕虫 (worm) 等寄生虫 (parasite) 类。显然，感染病的含义包括了传染病，传染病属于具有传染性的感染病。

构成细菌感染发生的必要条件，主要包括病原细菌、易感的人群 (susceptible population)、适宜的外界环境因素等三个方面[2, 3]。

2.1.1　病原细菌

病原细菌的存在是感染发生的前提，这些病原菌还须具备一定强度的毒力 (virulence)、足够的数量、适当的侵入门户 (invasion door)，才有可能会导致机体发生感染，以致发病。

2.1.1.1　毒力

病原细菌能引起宿主感染或发病的性能，被称为致病性或病原性，它是一个质的概念。细菌的致病性是相对于特定宿主而言的，其中有的仅对人类有致病性，也被称为人的病原菌，如伤寒沙门氏菌能引起人的伤寒；有的仅对某种或某些动物有致病性，也被称为动物的病原菌，如副结核分枝杆菌 (*Mycobacterium paratuberculosis*) 能引起多种动物 (主要是牛) 发生副结核 (paratuberculosis)；有的则对人类、某种或某些动物均具有致病性，也被称为人、动物共患病的病原菌 (即人、动物共染病原菌)，如炭疽芽孢杆菌能引起人及多种动物 (牛、羊、马、骆驼、猪及多种野生动物) 发生炭疽；有的仅能引起植物发病，也被称为植物的病原菌，如胡萝卜软腐果胶杆菌 (*Pectobacterium carotovorum*) 能引起多种植物 (主要为大白菜、青菜等十字花科植物) 发生软腐病 (soft rot)。另外，不同种类的病原菌对同种宿主机体，或同种病原菌对不同的宿主机体，可引起不同的病理过程和不同的疾病。显然，致病性所描述的是细菌种 (species) 的特征。

相对于病原性（致病性）来讲，病原菌的病原性（致病性）强弱程度被称为毒力，它是一个量的概念，所描述的是细菌株 (strain) 的特征。一方面是在各种不同的病原菌间，其毒力常是不一致的；另一方面是在同种细菌甚至同菌型的病原菌，也会因菌株不同存在毒力上的差异，分为强毒、弱毒或无毒菌株。但并不是所有的病原菌均明确地存在强毒、弱毒、无毒菌株，且毒力也是随宿主和环境条件的不同存在差异的。病原菌所表现出来的这种毒力差异，主要是与构成毒力的物质基础的质和量的不同相关联的。一般情况下，细菌性感染的发生是由具有一定强度毒力的菌株所引起的，且可因具体的强度差异引起不同程度的感染，直接涉及感染的发展与结局；弱毒及无毒菌株不会引起感染发病，也常可作为对相应细菌感染特异免疫的疫苗使用。

2.1.1.2 数量

感染的发生，除病原菌必须具有一定的毒力外，还需要有足够的数量。所需数量的多少，一方面是与病原菌的毒力强弱有关的，一般是毒力越强则所需的菌数越小，反之则需菌数越大；另一方面取决于宿主的免疫功能状态，免疫力越强则所需菌数越大，反之则需菌数越小，因机体绝不似装有人工培养基的试管那样能允许病原菌任意生长繁殖，其免疫介质表现在多方面抗御病原菌的感染。

2.1.1.3 侵入门户

侵入门户亦即侵入部位，具有一定毒力和足够数量的病原菌，若侵入易感机体的部位不适宜则也不能引起感染。一般情况下，各种病原菌均有其特定的适宜侵入部位，这与病原菌生长繁殖需要一定的微环境有关；有的病原菌的合适侵入部位不止一个，能通过多个部位侵入机体引起感染。

2.1.2 易感人群

就病原菌与非病原菌来讲，除了上面所述及的外，从某种意义上也可以认为是相对于易感人群所界定的。另外，易感人群又可以被认为是相对于病原菌所界定的。

易感人群是对某种感染病易感染的人群整体，易感者 (susceptible person) 是对某种感染病缺乏特异性免疫力、容易被感染的人群整体中的某个体。易感者的抵抗力越低，则易感性 (susceptibility) 也就越强。当易感者的比例在人群中达到一定水平时，又存在感染源 (source of infection)、适宜的传播途径 (route of transmission) 和外界环境条件的情况下，就容易发生传染病的流行。易感者在某一特定人群中的比例，决定着该人群的易感性。

感染源即传染源，是指病原体已在体内生长繁殖并能将其排出到体外的人及动物，主要为患者 (patient)、隐性感染者 (latent infection)、病原携带者 (pathogen carriers) 或称为带菌者及被感染的动物。

2.1.3 外界环境因素

是否发生细菌感染或感染后的轻重程度，除了取决于病原菌和被感染人群的易感程度外，也直接受外界环境条件（如气候、季节、卫生状况等）的影响，同时也与生活条件有关，有时这些也在一定程度上关联到感染的发展与结局。

总体来讲，病原细菌和易感人群的并存，导致潜在细菌感染发生的可能，但也不是必然的，因至少仅病原菌方面还直接关联到毒力强度、数量、侵入门户（传播途径）等。适宜的外界环境条件，可促使细菌感染的发生。

2.2　病原细菌的致病因素

病原细菌的存在是感染 (infection) 发生的前提，但这些病原菌还须具备一定的致病因素，这也是病原菌（致病菌）与非病原菌（非致病菌）的本质区别。病原菌的致病因素，主要指的是病原菌所具有的毒力；直接影响病原菌毒力强弱的，是其表达毒力因子 (virulence factor) 的能力。

构成病原菌毒力的物质被称为毒力因子或称为致病因子 (pathogenicity factor)，主要包括侵袭力 (invasiveness) 和毒素 (toxin) 两个方面，是毒力基因 (virulence gene) 的表达产物。实际上，目前对有些病原菌致病物质的性质、功能等还尚未明确[3～9]。

2.2.1　侵袭力

病原菌突破宿主机体的防御功能，在体内定殖 (colonization)、内化作用 (internalization)、繁殖和扩散，这种能力被称为病原菌的侵袭力。侵袭力也被称为侵袭性，主要体现在病原菌对宿主组织细胞的黏附作用 (adherence) 和直接损伤的破坏作用。病原菌表达这种侵袭力，主要体现在以下几个方面。

2.2.1.1　定殖

定殖亦称定居，常常是病原菌感染的第一步。实现定殖的前提是细菌要黏附于某些特定组织细胞的表面，如消化道、呼吸道、泌尿生殖道等的黏膜上皮细胞，以免被呼吸道的纤毛运动、肠蠕动、黏液分泌等活动所排出；继之，在局部繁殖、积聚毒性产物或继续侵入细胞和组织，直至形成感染。凡具有黏附作用的细菌结构被统称为黏附因子 (adhesive factor)，相应的结构成分被称为黏附素 (adhesin)，但在实践中常将黏附因子与黏附素通用。已经明了的黏附因子，主要包括革兰氏阴性菌的菌毛 (fimbria，复数为 fimbriae)，其次是某些非菌毛类物质。

(1) 菌毛黏附素：菌毛作为某些细菌的一种细胞壁外结构，是一种重要的黏附因子，有些菌毛无宿主特异性及组织嗜性 (tissue tropism)，如 I 型菌毛能与细胞表面的 D-甘露糖残基结合，不论何种动物、何种组织细胞的 D-甘露糖均可。但大多数细菌的菌毛黏附素具有宿主特异性及组织嗜性，具有代表性的是在病原性大肠埃希氏菌 (*Escherichia coli*)，亦称大肠杆菌，属于定居因子抗原 (colonization factor antigens，CFA) 的 K88(F4) 菌毛仅能黏附于猪的小肠前段、987P(F6) 菌毛则仅黏附于猪的小肠后段，引起猪发生腹泻；CFA I (F2) 菌毛及 CFA II (F3) 菌毛仅黏附于人的小肠引起腹泻，P 菌毛仅黏附于人的尿道上段引起尿道感染 (urinary tract infection，UTI)。

(2) 非菌毛黏附素：具有黏附作用的非菌毛类物质，被统称为非菌毛黏附素 (afimbrial adhesin)，主要包括以下几类。

1) 鞭毛蛋白及血凝素：某些细菌的鞭毛蛋白 (flagellin)，具有黏附作用。例如，霍乱弧菌的鞭毛鞘蛋白，百日咳鲍特氏菌 (Bordetella pertussis)、空肠弯曲杆菌 (Campylobacter jejuni) 的鞭毛蛋白，它们可参与细菌的黏附作用。

某些细菌的血凝素 (hemagglutinin，HA)，具有黏附作用。例如，鼠伤寒沙门氏菌的甘露糖抗性血凝素，霍乱弧菌的血凝素 (包括甘露糖抗性和非抗性的、岩藻糖抗性和非抗性的、可溶性的)，也在细菌的黏附过程中起重要作用。

2) 表面蛋白及纤毛样物质：某些细菌的表面蛋白物质，具有黏附作用。例如，弗氏志贺氏菌 (Shigella flexneri)、脑膜炎奈瑟氏球菌 (Neisseria meningitidis)、某些肠致病性大肠埃希氏菌 (enteropathogenic Escherichia coli，EPEC) 的黏附作用，是由其外膜蛋白 (outer membrane protein，OMP) 所决定的；金黄色葡萄球菌 (Staphylococcus aureus) 可产生一种分子质量为 210kDa 的表面蛋白质，来介导其与纤维粘连蛋白 (fibronectin，FN) 简称纤连蛋白的黏附。

纤毛样物质是大多数革兰氏阳性菌的黏附素，其化学本质是糖脂，这与革兰氏阴性菌的菌毛蛋白质不同。例如，酿脓链球菌 (Streptococcus pyogenes)、金黄色葡萄球菌黏附到宿主上皮细胞时，菌细胞壁成分脂磷壁酸 (lipoteichoic acid，LTA) 起着黏附识别分子作用，脂磷壁酸的游离类脂在细菌表面形成微毛结构，构成细菌黏附过程中的配体部位。

3) 特殊糖类及脂多糖：某些细菌的特殊糖类，具有黏附作用。例如，藻酸盐是铜绿假单胞菌 (Pseudomonas aeruginosa) 的一种外多糖，由于能与颊部和气管细胞结合及与支气管黏蛋白结合，因而它在细菌与这些物质的黏附中起一定作用，抗藻酸盐抗体能抑制其与气管细胞的结合；口腔链球菌 (Streptococcus oralis) 是牙齿菌斑的主要成分，它附着在牙齿表面，是通过含有甘油己糖重复单位组成的一种多糖经磷酸二酯连接到 α- 吡喃半乳糖残基的 C-6 上，并通过吡喃半乳糖 -β(1 ~ 3) 与鼠李糖吡喃糖键相衔接。

许多研究指出，脂多糖 (lipopolysaccharide，LPS) 在空肠弯曲杆菌与上皮细胞的黏附中具有很重要的作用，此菌带有大量的负电荷，疏水性弱的菌株要比疏水性强的菌株与人肠细胞系结合的要多；岩藻糖和甘露糖可以部分抑制细菌对肠上皮细胞的黏附，细菌的脂多糖可完全抑制其黏附，岩藻糖能抑制空肠弯曲杆菌的脂多糖与细胞的结合，用过碘酸盐处理脂多糖也能抑制这种结合；其他细菌中脂多糖具黏附素功能的有幽门螺杆菌 (Helicobacter pylori)、铜绿假单胞菌、伤寒沙门氏菌、弗氏志贺氏菌和大肠埃希氏菌等。

表 1-1 所列的是细菌一些黏附素及其相应的特殊附着物 [9]。

表 1-1　细菌黏附素和与其结合的细胞或组织

细菌	靶细胞或组织	细菌黏附素或与黏附有关的结构
脆弱拟杆菌 (Bacteroides fragilis)	上皮细胞	菌毛
空肠弯曲杆菌 (Campylobacter jejuni)	M 细胞	外膜蛋白
	肠上皮细胞	脂多糖、外膜蛋白
铜绿假单胞菌 (Pseudomonas aeruginosa)	气管细胞	藻酸盐
	红细胞	疏水蛋白

续表

细菌	靶细胞或组织	细菌黏附素或与黏附有关的结构
	口腔上皮细胞	菌毛
	层粘连蛋白	外膜蛋白
缓症链球菌 (*Streptococcus mitis*)	口腔上皮细胞	表面蛋白
唾液链球菌 (*Streptococcus salivarius*)	口腔上皮细胞、羟磷灰石	纤丝蛋白
酿脓链球菌 (*Streptococcus pyogenes*)	上皮细胞	菌细胞壁脂磷壁酸
发酵乳杆菌 (*Lactobacillus fermentum*)	肠上皮细胞	菌细胞壁脂磷壁酸
淋病奈瑟氏球菌 (*Neisseria gonorrhoeae*)	尿上皮	菌毛、外膜蛋白
霍乱弧菌 (*Vibrio cholerae*)	肠上皮细胞	血细胞凝集素
伤寒沙门氏菌 (*Salmonella typhi*)	肠上皮细胞	菌毛
黏性放线菌 (*Actinomyces viscosus*)	羟磷灰石	菌毛
流感嗜血杆菌 (*Haemophilus influenzae*)	黏蛋白	菌毛
衣原体 (*Chlamydia*)	结肠上皮细胞	糖胺聚糖
肺炎支原体 (*Mycoplasma pneumoniae*)	呼吸上皮细胞	表面蛋白
脑膜炎奈瑟氏球菌 (*Neisseria meningitidis*)	鼻咽上皮细胞	菌毛
大肠埃希氏菌 (*Escherichia coli*)	肠上皮细胞	菌毛

4) 黏附受体：细胞或组织表面与黏附素相互作用的成分称为受体 (receptor)，多为细胞表面糖蛋白，其中的糖残基往往是黏附素直接结合部位，如大肠埃希氏菌 I 型菌毛结合 D- 甘露糖、霍乱弧菌的 IV 型菌毛结合岩藻糖及甘露糖、大肠埃希氏菌的 F5(K99) 菌毛结合唾液酸和半乳糖；部分黏附素受体为蛋白质，最有代表性的是细胞外基质 (extracellular matrix, ECM)，细胞外基质的成员有 I 型及 IV 型胶原蛋白 (collagen, CA)、层粘连蛋白 (laminin, LM)、纤维粘连蛋白等，如金黄色葡萄球菌的黏附素原结合蛋白受体为胶原蛋白。

2.2.1.2 内化作用

某些细菌黏附于宿主细胞表面之后，能进入吞噬细胞或非吞噬细胞内部的过程称为内化作用。属于严格的细胞内寄生菌 (intracellular parasites)，亦称专性细胞内寄生 (obligate intracellular parasites) 的结核分枝杆菌、李斯特氏菌 (*Listeria* Pirie 1940) 细菌、衣原体等，以及大肠埃希氏菌、沙门氏菌属细菌、耶尔森氏菌属 (*Yersinia* van Loghem 1944) 细菌等细胞外寄生菌 (extracellular parasites) 的感染，都离不开内化作用，这些细菌一旦丧失进入细胞的能力，则毒力显著下降。

内化作用对病原菌发挥致病作用的意义在于可通过这种移位作用进入深层组织或进入血液循环，病原菌借以从感染的原发病灶扩散至全身或较远的靶器官，宿主细胞为进入其内的细菌提供了一个增殖的小环境和庇护所，使病原菌逃避宿主免疫机制的杀灭作用。

2.2.1.3　体内生长

一旦病原菌定居于宿主表面或体内后，将依赖其自身的能力在此处持续性地进行生长和增殖。细菌可以应用的营养和物理化学条件通常依赖于侵入和定居的特殊部位，如组织黏膜表面、组织细胞间或细胞内、血流等部位为细菌的生长增殖提供不同部位的环境，但这与对细菌在体外培养时的生长繁殖条件不同，现在还很少知道细菌在体内生长时实际利用的营养物质，以及细菌是如何从宿主细胞及体液或分泌物中获得这些营养的，然而细菌表现出的组织趋向性已被证明部分是由宿主细胞产生的特殊分泌性产物所致，这些产物对某种细菌生长或刺激其生长是必需的，如在牛的布鲁氏菌性流产中，病原流产布鲁氏菌 (Brucella abortus) 局限于胎盘和绒毛膜中，主要是因为在这些部位存在的赤藓醇 (erythritol) 能刺激其生长。

从直接影响细菌在体内生存的金属离子方面来说，已被广泛研究的是铁对细菌生长和毒力的影响，以及细菌和宿主之间对这种重要物质的竞争。已知铁对细菌来讲是重复的微量营养，对绝大多数细菌的核苷酸还原酶、顺乌头酸酶，以及许多与电子转移和氧化分解代谢有关的酶的激活是必需的，同样也与许多细菌毒素的合成、调节是有关联的。宿主试图控制病原菌生长的一个重要的方式是通过形成铁与蛋白的复合物，如主要存在于血清中的转铁蛋白 (transferrin)、主要存在于乳汁中的乳铁蛋白 (lactoferrin)，还有铁蛋白 (iron-protein) 等，来限制游离铁的有效性以控制细菌的生长，但细菌已经进化了一些方式来逃避该防御机制，如有些致病菌可结合和降解乳铁蛋白，有些可通过从含铁复合物中提取与结合铁来获取铁，但细菌从这些含铁蛋白质中将铁转移和内化的机制尚不清楚。另外，一个比较明了的机制是某些细菌所产生的载铁体 (siderophore)，这是细菌在低铁条件下所产生的一类有机化合物，与 Fe^{3+} 有极强的亲和力。目前将铁载体分为两种类型，一种为异羟肟盐类 (hydroxamate)，具有单个或两个异羟肟酸功能团，气菌素 (aerobactin) 是其代表，能抵抗血清的灭活作用；另一种为酚盐类 (phenolate)，由 2,3- 二羟基苯甲酸与氨基酸偶联而成，肠菌素 (enterobactin) 是其代表，能被血清灭活。大肠埃希氏菌具有这两种载铁体，细菌通过摄取含铁蛋白所结合的 Fe^{3+}，形成含铁螯合物，然后通过特异的主动运输使 Fe^{3+} 进入菌体细胞。

2.2.2　毒素

由细菌在生长繁殖过程中所产生的，对宿主具有毒性作用的物质被归入细菌毒素的范畴。按细菌毒素来源、性质和作用等的不同，可分为外毒素 (exotoxin) 和内毒素 (endotoxin) 两大类，通常情况下一般是将外毒素简称为毒素。

2.2.2.1　外毒素

外毒素是病原菌在生长繁殖过程中所产生的、对宿主细胞具有毒性的可溶性蛋白质，因大多数外毒素是在菌体内合成后分泌于菌细胞外发挥毒性作用，所以被称为外毒素；但也有少数外毒素存在于菌体细胞的周质间隙，只有当菌体细胞裂解后才释放至胞外发挥作用。与"毒素"(toxin) 相对应的希腊词"箭毒"(toxikon)，生动地形容了毒素发挥作用必须是经释放后并作用于一定距离的靶细胞或组织。

外毒素主要由某些革兰氏阳性菌产生，如破伤风梭菌、肉毒梭菌、白喉棒杆菌、产

气荚膜梭菌 (*Clostridium perfringens*)、溶血性的酿脓链球菌、金黄色葡萄球菌等；某些革兰氏阴性菌，如痢疾志贺氏菌、霍乱弧菌、大肠埃希氏菌、铜绿假单胞菌、气单胞菌属 (*Aeromonas* Stanier 1943) 细菌等，亦能产生外毒素。

(1) 外毒素的作用特点：大多数外毒素由 A、B 两种亚单位组成，有多种合成和排列形式。A 亚单位为毒素的活性中心，称活性亚单位，决定毒素的毒性效应；B 亚单位称结合亚单位，能使毒素分子特异性地结合在宿主易感组织的细胞膜受体上，并协助 A 亚单位穿过细胞膜。A、B 亚单位单独均无毒性，A 亚单位必须在 B 亚单位的协助下，结合受体释放到细胞内才能发挥毒性作用，因此毒素结构的完整性是其致病的必备条件；B 亚单位可单独与细胞膜受体结合，刺激机体产生相应的抗体，从而阻断完整毒素结合细胞，可作为良好的亚单位疫苗。有的外毒素不具有典型 A、B 亚单位结构，如一些溶血毒素、金黄色葡萄球菌的毒素休克综合征毒素 -1(toxic shock syndrome toxin 1，TSST-1) 等。

外毒素的毒性作用很强，肉毒梭菌外毒素纯化结晶品 1mg 能杀死 2000 万只小鼠，毒性比氰化钾 (KCN) 强 1 万倍，Arnon(1978) 报告肉毒梭菌外毒素对人的致死量为 10^{-9}mg/kg，是目前已知的最剧毒物。外毒素的毒性一般具有高度的特异性，不同种病原菌所产生的不同的外毒素对机体组织器官具有一定的选择作用，并引发特征性的病症。例如，破伤风梭菌外毒素即破伤风毒素 (tetanus toxin) 中的破伤风痉挛毒素 (tetanospasmin) 能选择性地作用于脊髓前角运动神经细胞引起肌肉的强直性痉挛，肉毒梭菌外毒素即肉毒毒素 (botulinum toxin) 选择性地作用于眼神经和咽神经引起眼肌和咽肌麻痹；但也有一些外毒素具有相同的作用，霍乱弧菌、大肠埃希氏菌、金黄色葡萄球菌、气单胞菌属细菌等许多细菌均可产生作用类似的肠毒素 (enterotoxin)。

外毒素具有良好的免疫原性，可刺激机体产生特异性的抗体，使机体获得免疫保护作用，这种抗体称为抗毒素 (antitoxin)，可用于紧急治疗和预防相应毒素引起的中毒症。外毒素在 0.4% 甲醛溶液作用下，经过一段时间可以脱毒，但仍保留原有抗原性，称之为类毒素 (toxoid)。类毒素注入机体后，仍可刺激机体产生抗毒素，可作为疫苗进行免疫接种使用。多数外毒素不耐热，通常在 60 ~ 80℃温度下加热 10 ~ 80min 即可失去毒性；但也有少数例外，如葡萄球菌肠毒素及大肠埃希氏菌热稳定 (耐热) 肠毒素 (heat-stable enterotoxin，ST) 能耐 100℃达 30min。

(2) 外毒素的种类：根据外毒素对宿主细胞的亲合性及作用方式不同等，可将其分为神经毒素 (neurotoxin)、细胞毒素 (cell toxin) 和肠毒素三大类。神经毒素主要作用于宿主的神经系统，如破伤风毒素、肉毒毒素等；细胞毒素主要是破坏宿主细胞，如白喉棒杆菌产生的白喉毒素 (diphtheria toxin) 能抑制细胞蛋白质合成，A 群链球菌产生的致热外毒素能破坏毛细血管内皮细胞等；肠毒素主要作用于肠道，如霍乱弧菌、肠产毒性大肠埃希氏菌 (enterotoxigenic *Escherichia coli*，ETEC)、金黄色葡萄球菌等产生的肠毒素，能引起宿主的腹泻等。

2.2.2.2　内毒素

内毒素是革兰氏阴性菌细胞壁中的脂多糖组分，只有当细菌在死亡后破裂或用人工方法裂解菌体后才释放出来，所以也被称为内毒素。螺旋体、衣原体、立克次氏体，亦含有脂多糖；革兰氏阳性菌细胞壁中的脂磷壁酸，具有革兰氏阴性菌脂多糖的绝大多数活性，

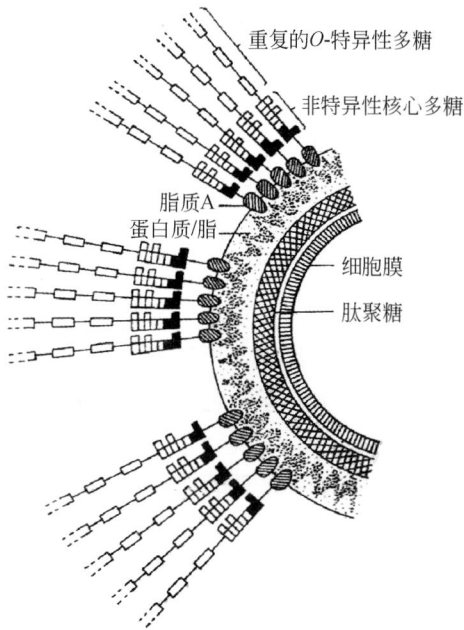

图 1-23　革兰氏阴性菌内毒素

但无致热功能。

（1）内毒素的基本组成：许多不同种的革兰氏阴性菌具有相同的脂多糖骨架，即由 O- 特异性多糖侧链 (O-specific side chain)、非特异性核心多糖 (core polysaccharide) 和脂质 A(lipid A) 三部分组成 (图 1-23)，也被称为内毒素复合物。O-特异性多糖位于菌细胞壁的最外层，由若干重复的寡糖单位组成，它不仅在血清学上决定了细菌的种、型抗原特异性，而且与细菌抗补体溶解作用密切相关。其中的脂质 A 是内毒素的主要毒性组分，脂质 A 由一个磷酸化的 N- 乙酰葡萄糖胺 (N-acetylglucosamine，NAG) 双体和 6 ～ 7 个饱和脂肪酸组成，是一种特殊的糖磷脂，它将脂多糖固定于革兰氏阴性菌的外膜上 [4]。

（2）内毒素的生物学活性：不同种革兰氏阴性菌的脂质 A 的化学组成虽有差异，但性质较相似，所以在不同种革兰氏阴性菌感染时由内毒素引起的毒性作用 (生物学活性) 都大致相似，主要包括以下几个方面 [4]。

1) 发热反应：极微量内毒素注射入人体 (1 ～ 5ng/kg 体重)，体温可于 2h 内上升，维持 4h 左右。其机制是内毒素作用于肝库普弗细胞 (Kupffer cell)、中性粒细胞等使其释放的内源性热原质刺激下丘脑体温调节中枢所致。

2) 白细胞反应：注射内毒素后，血循环中的中性粒细胞数骤减，这与其移动并黏附至组织毛细血管床有关。经 1 ～ 2h 后，脂多糖诱生的中性粒细胞释放因子 (neutrophil releasing factor) 刺激骨髓释放中性粒细胞进入血液，使其数量显著增多，且有左移现象。但伤寒沙门氏菌内毒素是例外，始终使血循环中的白细胞数减少，机制尚不清楚。

3) 内毒素血症与内毒素休克：当血液中细菌或病灶内细菌释放大量内毒素入血时，可导致内毒素血症 (endotoxemia)。内毒素作用于血小板、白细胞、补体系统、激肽系统等，形成和释放组胺 (histamine)、5- 羟色胺 (5-hydroxytrytamine)、激肽 (bradykinin) 等血管活性介质，使小血管收缩和舒张功能紊乱，以致微循环障碍，表现为血液淤滞于微循环、有效循环血量减少、血压下降、组织器官毛细血管灌注不足、缺氧、酸中毒等，严重时则形成以微循环衰竭和低血压为特征的内毒素休克。

4) 弥散性血管内凝血 (disseminated intravascular coagulation，DIC)：是指微血栓广泛沉着于小血管中，可发生于多种疾病的过程中，不是一种独立的疾病，而是一种病理过程或综合征。由细菌内毒素引起的弥散性血管内凝血，发生机制主要是：一是凝血系统被激活；二是血小板被激活并大量聚集；三是红细胞被破坏；四是白细胞释放促凝物质。

5) 施瓦茨曼反应 (Shwartzman reaction)：亦称内毒素出血性坏死反应，是内毒素引起弥散性血管内凝血的一种特殊表现，有局部和全身两种类型。若将革兰氏阴性菌培养物上清液或杀死的菌体注入家兔皮内，8 ～ 24h 后再以同种或另一种革兰氏阴性菌行静脉注射；

经约 10h 后，在第一次注射处局部皮肤可出现出血和坏死；如两次均为静脉注射，则动物两侧肾皮质呈现坏死，动物最终死亡，以上分别是局部和全身施瓦茨曼反应。该现象不是抗原抗体结合的免疫应答反应，因为两次注射间隔时间短，且两次注射的革兰氏阴性菌可为无抗原交叉者。

6) 其他活性：小量内毒素能激活 B 淋巴细胞产生多克隆抗体，促进 T 淋巴细胞的成熟，激活巨噬细胞和自然杀伤细胞 (natural killer cells，NK) 活性，诱生干扰素、肿瘤坏死因子 (tumor necrosis factor，TNF)、集落刺激因子 (colony stimulating factor，CSF)、IL-6 等免疫调节因子。因此，适量的内毒素有增强机体的非特异性免疫作用，包括抗辐射损伤、促进粒细胞生成、增强单核吞噬细胞功能和佐剂活性等。

内毒素的性质稳定、耐热，100℃下加热 1h 不被破坏，需 160℃下加热 2 ~ 4h 或用强碱、强酸、强氧化剂加热煮沸 30min 才被灭活。内毒素不能用甲醛脱毒成类毒素，以内毒素作为抗原注入机体可诱导产生针对其中多糖成分的特异性抗体，但该抗体不能中和内毒素的毒性作用。

2.2.2.3　外毒素与内毒素的区别特征

表 1-2 列出了内毒素与外毒素的主要特征区别点，可供对比参考。

表 1-2　细菌外毒素和内毒素的主要区别

主要区别	外毒素	内毒素
来源	主要由革兰氏阳性菌及部分革兰氏阴性菌产生并分泌，也有的为菌细胞裂解后放出	是革兰氏阴性菌的细胞壁成分，细胞裂解时放出
化学成分	蛋白质	脂多糖（脂质 A 是毒性部分）
稳定性	不稳定，不耐热 (60 ~ 80℃加热 30min 可被破坏)，也易被酸及消化酶破坏	较稳定，耐热 (160℃加热 2 ~ 4h 才被破坏)
毒性作用	强且多对组织有选择性毒害作用，各种外毒素常引发特征性的临床表现及病理变化	弱且对组织无选择性，不同种细菌内毒素的毒性作用大致相似，引起发热、白细胞数变化、休克、弥散性血管内凝血等
致热性	对宿主一般不致热	具有致热性，常致宿主发热
免疫原性	强，能刺激机体产生抗毒素	弱，能刺激机体产生抗菌性抗体
变为类毒素	经甲醛处理可脱毒成类毒素	不能经甲醛脱毒成类毒素

值此述及，动物、植物、微生物所产生的有毒物质统称为毒素，已知有数千种，可按化学本质分为蛋白毒素和非蛋白毒素两大类。毒理学 (toxicology) 的研究对象，是所有对生物有毒性的物质；毒素学 (toxinology) 仅是其中的一个分支，仅研究活微生物所产生的毒性物质。在已发现的 300 多种蛋白或多肽类的毒素中，革兰氏阳性菌和革兰氏阴性菌几乎各占一半。很多学者认为内毒素、外毒素的分类方法不是很恰当，容易引起误解，建议将内毒素称为菌内毒物 (endobacterial poison)，蛋白毒素则泛指细菌在对数生长期或裂解后所释放的对动物或宿主细胞有毒性的蛋白质。但目前，还是在广泛沿用内毒素与外毒素

这样的分类。

2.2.3 与细菌毒力相关的其他物质

如上有述，构成病原菌毒力因子的主要包括侵袭力和毒素，它们或是直接对宿主细胞造成损伤，或是介导病原菌与宿主组织细胞的紧密结合，或是具有保护病原菌免受宿主防御系统抵抗的作用。另外，还有一类毒力基因的产物，并不能直接发挥前述这些对宿主的效应，但却是其他一种或几种效应分子到达病原菌细胞外环境或直接进入宿主细胞所必需的，而且许多病原菌依靠一些通常认为不是毒力因子的分子伴侣 (molecular chaperone) 和蛋白折叠催化剂来合成它们的毒力决定簇。再者，细菌的超抗原 (superantigen，SAg) 和致病岛 (pathogenicity island，PAI，PI) 等，也均与病原细菌的毒力密切相关。

2.2.3.1 细菌的蛋白质折叠网络

对于病原菌来讲，其毒力因子如菌毛、黏附因子、侵袭因子及毒素等均为菌体表面或分泌性蛋白，这些毒力因子需要在胞质中折叠成熟后表达于细菌表面，或分泌到胞外发挥生物效应。毒力因子蛋白质的折叠，与在细菌胞质中存在的由多种因子组成的一套紧凑的胞质蛋白质折叠网络相关联，迄今已在多种病原菌中发现此网络，并证明对毒力有决定性作用，如二硫键催化酶 (disulfide bond formation，Dsb)、脯氨酸同体异构酶 (peptidyl-prolyl-cis/trans isomerase，PPI)、丝氨酸内切酶 tegP、转录因子 σ^E 和二元信息传导系统 CpxRA 等。

已知二硫键催化酶包括 DsbA、B、C、D、E、F、G 七个成员，它们的共同特征是含有一个—Cys—X—X—Cys—活性基团，其中两个半胱氨酸 (cys) 残基可自身形成二硫键，或将二硫键交给底物蛋白使后者得以氧化，因细菌表面蛋白或分泌性蛋白多具有二硫键，所以需要"氧化型折叠"，DsbA 具有较强的氧化作用和同体异构酶 (isomerase) 的功能，所以可识别并改正错误的二硫键。DsbA 是一种分子质量为 21kDa 的胞周间蛋白，具有催化一些输出蛋白二硫键形成的作用，已被证明是一些革兰氏阴性病原菌的毒素、表面结构 (如菌毛和其他一些黏附因子)，或Ⅲ型分泌系统 (type Ⅲ secretion system) 成分的生物合成所必需的，研究表明 DsbA 失活会导致霍乱 (肠) 毒素 (cholera enterotoxin，CT) 和大肠埃希氏菌不耐热肠毒素 (heat-labile enterotoxin，LT) 失活，因为此类毒素的 B 亚单位必须形成二硫键才具有活性；DsbA 失活时，泌尿道致病性大肠埃希氏菌 (uropathogenic *Escherichia coli*，UPEC) 产生无活性的 P 菌毛而失去毒力，其原因是菌毛蛋白亚单位和帮助菌毛蛋白亚单位装配的分子伴侣均需要形成二硫键才具有活性。总之，DsbA 与多种病原菌的致病性有关，它作为一个必需的催化剂，在启动一些分泌性蛋白或表面呈递因子 (如毒素、黏附因子、Ⅲ型分泌系统成分) 的正确折叠中具有重要作用。DsbA 还与肠道病原菌的弗氏志贺氏菌 5 型菌株在细胞内的存活及细胞间的扩散有关，其具体机制尚有待阐明。由于 DsbA 似乎存在于绝大多数病原菌中，所以针对该催化酶的特异性抑制剂，可能会对那些获得了多重耐药机制且用目前已有抗生素又难以治疗的病原菌感染的控制具有重要意义。

2.2.3.2 细菌的Ⅲ型分泌系统

细菌有许多分泌性蛋白 (secreted proteins) 和外露蛋白 (surface-exposed proteins)，如志贺氏菌属细菌的侵袭性蛋白 ipaBCD 就是分泌性蛋白细菌的菌毛等就属于外露蛋白。在革兰氏阴性细菌中，这些分泌性蛋白和外露蛋白必须要穿过细菌的内膜和外膜才能到达细菌的表面，这就需要细菌的分泌系统 (secretion system) 来完成。近年来的研究发现，病原菌中许多重要毒力物质的分泌，是与细菌的某些分泌系统有关的。

目前认为细菌的分泌系统有 3 个类型：Ⅰ型、Ⅱ型和Ⅲ型。由Ⅰ型分泌系统分泌的蛋白质直接从胞质到达细胞表面，如大肠埃希氏菌的 α- 溶血素；由Ⅱ型分泌系统分泌的蛋白质使用通用分泌通路 (general secretion pathway) 到达胞周间，然后再通过通道蛋白穿越外膜，在胞周间停留时分泌性蛋白的一部分 N- 端氨基酸序列被切除，所以分泌到细胞外的蛋白质和位于胞质内的蛋白质明显不同，区别就在于 N- 端氨基酸序列，肠致病性大肠埃希氏菌的束状菌毛 (bundle-forming pilis，BFP) 就是通过Ⅱ型分泌系统分泌的；与Ⅰ型分泌系统相似，Ⅲ型分泌系统也是一步性分泌，所分泌的蛋白质不在胞周间停留，也不被切割。与Ⅰ型分泌系统不同之处是Ⅲ型分泌系统具有较多的蛋白质参与。Ⅱ型分泌系统和Ⅲ型分泌系统的相同之处是它们都具有较多的蛋白质参与，共享一些外膜蛋白成分，但是Ⅱ型分泌系统分泌的蛋白质要在胞周间停留并被切割。

概括起来，Ⅲ型分泌系统具有以下几个特点：①需要能量，这是任何分泌系统都需要的；②是一种多成分分泌系统，在革兰氏阴性细菌中高度保守；③能够把效应分子 (effector molecules) 直接从胞质输送到细胞表面；④在与宿主细胞密切接触时，病原菌才启动Ⅲ型分泌系统，分泌效应分子，是接触依赖性分泌 (contact-dependent secretion)，如肠致病性大肠埃希氏菌的束状菌毛的黏附对激活此分泌系统起关键作用；⑤温度、盐浓度等环境因素可诱导分泌装置和效应分子的合成；⑥编码Ⅲ型分泌系统的许多成分的基因，与编码革兰氏阴性和阳性细菌的鞭毛输送装置的基因有一定的同源性；⑦Ⅲ型分泌系统包括效应分子、调节蛋白、结构蛋白、伴侣蛋白 (chaperones) 等；⑧编码Ⅲ型分泌系统的基因通常聚集在一起，DNA 片段较大，可位于细菌的质粒 (plasmid)、细菌噬菌体 (bacteriophage) 或染色体上；⑨编码Ⅲ型分泌系统的基因可在细菌间传递；⑩与细菌的致病性有关，获得Ⅲ型分泌系统基因的非致病性细菌，可成为致病性的。

Ⅲ型分泌系统是一个由多组分蛋白复合体形成的跨膜孔状通道，其功能是在多种病原菌用来分泌蛋白或把这些蛋白直接注入宿主细胞以启始生化信息传导的结构，与细菌的致病性有关，不同的病原菌之所以能够产生不同的疾病和症状，可能是因为它们分泌不同的蛋白质，作用于不同的宿主细胞和分子。例如，耶尔森氏菌属细菌可分泌大约 10 种效应分子，并将至少 3 种注入细胞，其中 YopE 和 YopH 可修饰巨噬细胞蛋白，破坏细胞的功能，使巨噬细胞不能够吞噬和杀伤细菌；志贺氏菌属、沙门氏菌属细菌都是侵袭性细菌，都具有侵袭上皮细胞的能力，但侵袭的机制和后果不同，志贺氏菌属、沙门氏菌属细菌都可通过Ⅲ型分泌系统分泌的效应分子的作用，侵入在通常情况下非吞噬性的细胞，志贺氏菌属细菌侵入大肠的黏膜上皮细胞并在其中繁殖，沙门氏菌属细菌可通过小肠的 M 细胞进入腹腔。有研究表明，缺失了Ⅲ型分泌系统的鼠伤寒沙门氏菌，不管感染途径如何，都不能引起全身性疾病。在耶尔森氏菌属细菌中，YscN 蛋白可水解三磷酸腺苷 (adenosine triphosphate，ATP) 产生能量，与内膜相关，可能是一种胞质蛋白；YopB 和 YopD 与外膜有关，在将效应分子输送到靶细胞的过程中发挥重要作用，它们可能是成孔蛋白 (pore-forming protein)，缺失了这两种蛋白的细菌，虽然也能够分泌效应分子，但是所分泌的效应分子对宿主细胞几乎没有什么活性。伴侣蛋白在Ⅲ型分泌系统中发挥着重要作用，它可能与胞质中的分子结合，将其输送到分泌装置，同时对效应分子的构象也可能具有作用。Ⅲ型分泌系统的一些关键性的结构蛋白在许多Ⅲ型分泌系统中都是存在的，耶尔森氏菌属细菌Ⅲ型分泌系统的一些结构蛋白和志贺氏菌Ⅲ型分泌系统的一些结构蛋白具有同源性；而且，它们的一些功能可能是互补的。

细菌的一部分产物是要分泌到细菌细胞外才能发挥作用，志贺氏菌属细菌的侵袭性蛋白质就属于这一类。志贺氏菌属细菌至少有 9 种蛋白可分泌到细胞外，包括 ipaBCDA 等。目前已知有两类基因参与侵袭性蛋白质的分泌，包括侵袭性质粒抗原膜表达系统 (membrane expression of invasion plasmid antigen,mxi)，主要有 *mxiA*、*mxiB*、*mxiC*、*mxiD*、*mxiE* 等，*mxi* 和 *spa* 基因均位于大质粒上，尽管已知它们和 ipa 蛋白的分泌有关，但详细机制仍不清楚；已知 *mxiB* 基因突变株的侵袭性蛋白不分泌到细胞外，细菌不能侵入上皮细胞，豚鼠角膜试验阴性。由此可见，侵袭蛋白的分泌对细菌的毒力是重要的。已知志贺氏菌属细菌的 *mxiD* 基因和耶尔森氏菌属细菌的 *YscC* 基因、肺炎克雷伯氏菌 (*Klebsiella pneumoniae*) 的 *PulD* 基因同源，属于 PulD 蛋白家族，而 PulD 是有代表性的分泌相关蛋白。

2.2.3.3 细菌的超抗原

超抗原的概念由 White 等于 1989 年首先提出，他们发现某些细菌或病毒的一些产物可使很高比例的 T 淋巴细胞被激活，由于此类物质具有对 T 淋巴细胞强大的激活能力，所以被称为超抗原。超抗原可与抗原提呈细胞 (antigen presenting cell，APC) 表面的主要组织相容性复合物 (major histocompatibility complex，MHC) Ⅱ类分子及 T 淋巴细胞受体 (T cell receptor，TCR) 的 Vβ 区结合，非特异性地刺激 T 淋巴细胞增殖并释放淋巴因子。

(1) 超抗原的种类：超抗原可分为 T 淋巴细胞超抗原和 B 淋巴细胞超抗原，其中的 T 淋巴细胞超抗原可分为 T 淋巴细胞受体的 $\alpha\beta$ 型超抗原和 TT 淋巴细胞受体的 $\gamma\delta$ 型超抗原，T 淋巴细胞受体的 $\alpha\beta$ 型超抗原又可被分为外源性超抗原和内源性超抗原。

1) 外源性超抗原：主要是某些细菌的毒素，包括葡萄球菌属细菌的葡萄球菌肠毒素 (staphylococcal enterotoxin，SE) 和毒性休克综合征毒素 -1、链球菌属细菌的 M 蛋白和致热外毒素 (pyrogenic exotoxin)、小肠结肠炎耶尔森氏菌 (*Yersinia enterocolitica*) 的膜蛋白等。其中葡萄球菌肠毒素有 A、B、C、D、E 5 种主要的血清型，葡萄球菌肠毒素 C 型又可以分为 C1、C2、C3 3 个亚型，所以也有人认为葡萄球菌肠毒素共有 7 个血清型，对葡萄球菌肠毒素 A 型的研究最为深入，在 1988 年即已报告了葡萄球菌肠毒素 A 基因的全序列。细菌性超抗原的共同特点是均为由细菌分泌的、水溶性的蛋白质，对靶细胞无直接伤害作用，可与主要组织相容性复合物的Ⅱ类分子结合，活化淋巴细胞分化群 (cluster of differentiation，CD) 的 CD4$^+$ 和 CD8$^+$ 的 T 淋巴细胞。

2) 内源性超抗原：主要是反转录病毒 (retroviridae) 感染机体后，病毒基因组单股 RNA 通过反转录酶 (reverse transcriptase，RT) 反向转录成双股 DNA，整合到宿主细胞染色体 DNA 的某个部位成为前病毒 (provirus) 并随细胞分裂持续存在于细胞 DNA 中，可产生内源性超抗原，如小鼠乳腺肿瘤病毒 (mouse mammary tumor virus，MMTV) 侵犯淋巴细胞，其反转录的 DNA 整合到淋巴细胞 DNA 中并在体内持续表达病毒蛋白质产物，即内源性抗原，亦被称为小鼠的次要淋巴细胞刺激抗原 (minor lymphocyte stimulating antigen，MLSA)。次要淋巴细胞刺激抗原在主要组织相容性复合物相同的小鼠间能产生强烈的混合白细胞反应 (mixed leukocyte reaction，MLR)，反应的细胞为 T 淋巴细胞，刺激细胞为 B

淋巴细胞，在 1988 年才证实了次要淋巴细胞刺激抗原的功能；T 淋巴细胞受体识别次要淋巴细胞刺激抗原，次要淋巴细胞刺激抗原活性的主要决定因素看来是表达特殊的 Vβ 的基因片段；次要淋巴细胞刺激抗原作为自身抗原被识别，因为与次要淋巴细胞刺激抗原反应的 T 淋巴细胞在胸腺成熟过程中已被清除。此外，热休克蛋白 (heat shock protein，HSP) 能强烈刺激 γδ T 细胞增殖，并激活其杀肿瘤活性。葡萄球菌 A 蛋白 (staphylococcal protein A，SPA) 及人类免疫缺陷病毒 (human immunodeficiency virus，HIV) 的 gp120(病毒特异糖蛋白) 能与某些亚型的 B 淋巴细胞结合并刺激其增殖，所以属于 B 淋巴细胞超抗原。

(2) 超抗原的作用特点：超抗原诱导机体免疫应答，与普通抗原相比具有其明显的特点 (表 1-3)，主要表现在：①强大的刺激能力；②被 T 淋巴细胞识别前无须经抗原提呈细胞处理；③与 T 细胞相互作用无主要组织相容性复合物限制性；④选择性识别 T 淋巴细胞受体 β 链 V 区；⑤不仅可激活 T 淋巴细胞，而且还可能诱导 T 淋巴细胞的耐受性；⑥激活 T 淋巴细胞时的免疫识别位包括主要组织相容性复合物结合位 (MHC binding site) 和与 T 淋巴细胞受体 Vβ 区结合的 T 淋巴细胞表位 (T cell epitope) 两类。在所谓强大的刺激能力方面，一般普通的多肽抗原刺激机体后，仅能刺激 $1/10^6 \sim 1/10^4$ 的 T 淋巴细胞，而超抗原在较低的浓度 (10^{-12}mol) 时就可刺激大部分具有 T 淋巴细胞受体 Vβ 或 T 淋巴细胞受体 Vγ 序列的 T 淋巴细胞增殖，被激活的 T 淋巴细胞可达总数的 5% ~ 20%，引起强烈的初次应答 (primary response)，且普通抗原必须在体内经引导和加强 (priming and boosting) 后才能在体外检测到 T 淋巴细胞增殖反应，正因此特点才产生超抗原的命名。

表 1-3　超抗原与普通抗原比较

特点	普通抗原	超抗原
化学性质	蛋白质、多糖	细菌外毒素、HIV
免疫识别部位	T 细胞表位，B 细胞表位	与 TCR-Vβ 结合的 T 细胞表位，MHC 结合位
提呈特点：APC 存在	+	+
APC 处理	+	−
与 MHC-Ⅱ结合部位	肽结合沟 (选位)	非多肽区
诱导应答的特点：识别	被 T 细胞识别	直接刺激 T 细胞
应答细胞	B 细胞，T 细胞	T 细胞
T 细胞反应频率	$1/10^6 \sim 1/10^4$	$1/20 \sim 1/5$
与 T 淋巴细胞受体结合部位	α 链 V、J 区，β 链 V、D、J 区	β 链 V 区
MHC 限制性	+	−

(3) 超抗原的生物学意义：在超抗原的生物学意义方面，集中表现在超抗原可参与多种病理或生理效应上，主要包括以下几个方面。①超抗原与某些病理过程：超抗原刺激大量 T 淋巴细胞活化，产生多种细胞因子并继之使巨噬细胞及其他免疫细胞激活，这种过强的应答可能产生毒性效应，引起发热、体重减轻、渗透压平衡失调等。亦发现多种细菌性食物中毒 (food poisoning)、某些类型的休克、获得性免疫缺陷综合征 (acquired

immunodeficiency syndrome，AIDS)、某些自身免疫病等疾病过程的发生和发展，均与超抗原的生物学作用有关。②超抗原与自身免疫应答：超抗原的强大刺激作用可能激活体内自身反应性 T 淋巴细胞，诱发某些自身免疫病；另外，超抗原可在 T 淋巴细胞的 TCR-Vβ 与 B 细胞表面的 MHC-Ⅱ类分子间发挥桥连作用，从而可能激活多克隆 B 淋巴细胞产生自身抗体。③超抗原与免疫抑制和免疫耐受：在超抗原的过强刺激下，T 淋巴细胞可能会因被过度激活所耗竭，导致 T 淋巴细胞功能或数量的失调，继发免疫抑制状态。另外，内源性超抗原作用于胸腺细胞并通过克隆选择，清除对超抗原的反应细胞，从而建立免疫耐受；对于外源性超抗原如葡萄球菌肠毒素 B，若将其注射给新生的小鼠亦可诱导免疫耐受，若给成年小鼠少量、多次注射有时也可诱导免疫耐受。④超抗原与免疫自稳和抗瘤效应：在胸腺细胞发育过程中，超抗原可能参与阳性选择过程，从而有利于免疫自身稳定。在超抗原的直接刺激下，细胞毒性 T 淋巴细胞 (cytotoxin T lymphocyte，CTL) 大量被激活，各亚类 T 淋巴细胞激活分泌多种细胞因子，从而对肿瘤细胞具有明显的杀伤作用，已有研究资料显示超抗原很有可能成为新一代抗癌效应分子。

通过对超抗原的研究，使我们对许多基本生物学问题有了新的认识。由于超抗原所具有的重要生物学活性，深入开展对超抗原的研究，将有助于进一步揭示和阐明某些免疫学现象和疾病过程的机制与本质。

2.2.3.4 细菌的致病岛

对于绝大多数的病原菌来讲，其致病是一个多因素综合作用的过程，一般需要两类基因的参与。一是参与基本生理过程的基因，为致病菌与非致病菌所共有；二是致病菌所特有的毒力基因 (virulence gene)，亦称致病基因，包括编码黏附素、侵袭素 (invasin)、毒素等毒力因子的一系列基因，这些毒力基因常位于转座子 [transposon，Tn，亦简称 Tn 因子 (Tn element)]、质粒和噬菌体等可移动的遗传物质上，另外则是它们常聚集成簇位于染色体的某些特定区域，被称为致病岛或毒力岛，通常也称为毒力块 (virulence block) 或毒力盒 (virulence cassette)。

对致病岛的研究最早始于 20 世纪 80 年代，Goebel 等在对尿道致病性大肠埃希氏菌的研究中发现，在此菌染色体上存在的所谓"溶血素岛"(haemolysin island)，除了编码 α-溶血素 (α-haemolysin) 等毒素外，还编码另外一些与此菌尿道致病性有关的毒力因子，如 P 菌毛 (P fimbriae)，因此溶血素岛就被重新命名为致病岛。随着对各种病原菌毒力基因和致病机制研究的不断深入，人们发现在许多病原菌中都存在致病岛，致病岛这一术语也得到了日益广泛的应用，且其定义也有了较大的改变。

目前，我们通常所说的致病岛是通过以下的主要特征来体现的。①携带一个或多个致病基因：致病岛能编码黏附因子、侵袭因子、铁摄取系统、Ⅲ型分泌系统等已知毒力相关因子，随着研究的深入还将可能发现致病岛编码的其他毒力因子。②存在于病原菌中：致病岛最初是在细菌染色体中发现的，在非病原菌或相关菌株中一般是不存在的。随着对侵袭性质粒的不断研究发现，在这些质粒的某些区域也具有典型的致病岛特征，为了区别则将它们称为"致病岛前体"(paiprocursors) 或"前致病岛"(pre-Pais)。③占据较大的基因组区域：致病岛往往占据较大的基因组区域，通常在 20 ～ 100kb(也有的近 200kb 或更大)；另外，在许多病原菌中常含有编码毒力因子的特异性 1 ～ 10kb 的 DNA 片段，相对于大的致病岛来讲它们被称为致病小岛 (islets)。④ G+C mol% 特殊性：致病岛 DNA 片段的 G+C mol% 往往不同于宿主菌 DNA(比宿主菌的明显高或明显低)，并且使用的密码子 (codon) 也不同。⑤形成一个独特的致密遗传单位：在一些致病岛这个遗传单位的两侧，通常与正向重复序列 (direct repeat sequence) 相连，这些重复序列可能是致病岛在插入宿主基因组时通过重组产生的。⑥边缘常与 tRNA 基因相界：致病岛往往位于细菌染色体的 tRNA 位点内或附近，或位于与质粒、噬菌体整合有关的位点。⑦携带其他基因：致病岛常携带有隐性或功能性移动因子，如插入序列 (insertion sequence，IS)、整合酶 (integrase，Int)、转座酶 (transposase) 等的编码基因。⑧不稳定性：致病岛通常具有不稳定性，致病岛的丢失常可通过两边的正向重复序列和内在的 IS 序列及可能存在的同源序列而发生。也有学者认为细菌的致病岛还应包括位于质粒和噬菌体上的与细菌的毒力有关的、其 G+C mol% 和密码的使用与宿主菌明显不同的 DNA 片段，并认为致病岛的获得与新出现的病原菌有一定的关系。

从尿道致病性大肠埃希氏菌中第一个致病岛的发现与命名以来，现已在多种病原菌中先后发现了十多个致病岛的存在，一种病原菌可同时具有一个或几个致病岛。

(1) 革兰氏阴性菌的致病岛：对致病岛进行广泛研究最早是从尿道致病性大肠埃希氏菌及肠致病性大肠埃希氏菌开始的，包括尿道致病性大肠埃希氏菌菌株 536 的致病岛 Ⅰ (PAI- Ⅰ) 和致病岛 Ⅱ (PAI- Ⅱ)、尿道致病性大肠埃希氏菌菌株 J96 的致病岛 I_{J96}(PAI-I_{J96}) 和致病岛 Ⅱ $_{J96}$(PAI- Ⅱ $_{J96}$)、尿道致病性大肠埃希氏菌菌株 CFT073 的致病岛等，还有大肠埃希氏菌 K1 的致病岛、肠致病性大肠埃希氏菌的一个由肠细胞消除位点 (locus of enterocyte effacement，LEE) 组成的致病岛等。在沙门氏菌中，最早被研究的两个致病岛分别为沙门氏菌致病岛 1(SPI-1) 和沙门氏菌致病岛 2(SPI-2)。志贺氏菌是一类引起细菌性痢疾的肠道致病菌，到目前为止已有两个致病岛被较为详细地研究，分别为志贺氏菌致病岛 1(SHI-1) 和志贺氏菌致病岛 2(SHI-2)。霍乱弧菌 O1 菌株和 O139 菌株中含有一个共同的 39.5kb 的致病岛即 VPI，据最新的研究表明 VPI 其实是一个丝状噬菌体 (VPIφ)。在耶尔森氏菌属的鼠疫耶尔森氏菌、假结核耶尔森氏菌 (Yersinia pseudotuberculosis)O1 血清型、小肠结肠炎耶尔森氏菌 1b 生物型等的众多菌株中，均有一个不稳定的染色体区，其丢失频率为 10^{-5}，被称为高致病性岛 (high pathogenicity island，HPI)；最近有研究表明高致病性岛其实在大肠埃希氏菌中也普遍存在，且不仅是在肠黏附性大肠埃希氏菌 (enteroadherent Escherichia coli，EAEC) 和尿道致病性大肠埃希氏菌等病原大肠埃希氏菌中，在机体排出的正常菌群中有 30% 的大肠埃希氏菌均含有高致病性岛。

(2) 革兰氏阳性菌的致病岛：近年来的研究发现，在革兰氏阳性菌中也存在致病岛，但总体上对其研究还没有像革兰氏阴性菌致病岛那样深入。已知在金黄色葡萄球菌 RN4282 菌株和 RW3984 菌株中分别存在相类似的致病岛 Ⅰ (SaPI- Ⅰ) 和致病岛 Ⅱ (SaPI-Ⅱ)，它们均编码毒素休克综合征毒素 -1，且后者可由葡萄球菌噬菌体编码。在艰难梭菌 (Clostridium difficile) 中存在一个 19kb 的致病位点 (pathogernicity locus，Paloc)，其具有致病岛的许多特征，特异性地存在于有毒菌株中，携带肠毒素基因 (enterotoxin，tcdA)、细胞毒素基因 (cytotoxin，tcdB) 和另外一些调控基因 tcdC ~ tcdE。

总体来讲，致病岛相对于病原微生物基因组而言是一个独特的遗传元件。实际上在非病原微生物中照样存在类似的外源 DNA 插入单位，一般通称为基因组岛 (genomic islands),针对基因组岛不同的功能,这些独特的遗传单元又可分别被命名为分泌岛(secretion islands)、抗性岛(resistance islands)、代谢岛(metabolic islands)等。而位于某些共生菌中的共生岛(symbiosis islands),是一类与致病岛在结构、功能方面极为相似的遗传物质,共生菌与致病菌能否通过基因水平转移交换遗传物质,共生岛在致病菌中能否成为一个致病岛等,尚有待进一步的研究明确。

对细菌致病岛的发现与研究,使我们在认识细菌的致病性方面更进了一步,并能通过掌握致病岛的水平转移机制来预测将来可能产生的新病原菌。致病岛在病原菌中普遍存在,以及其结构特点和水平转移可能性的存在,使我们认识到细菌在与人及其他生物进行生存竞争的进化过程中形成的毒力具有很复杂的特点,及时深入研究致病岛不但有利于我们认识复杂的微生物世界、了解新病原微生物出现的机制,而且也终将会为具有针对性地有效预防与控制感染性疾病提供可靠的依据。

2.2.4　病原菌毒力及毒力因子的测定

要了解供试病原菌菌株的毒力强度、所表达的主要毒力因子等,都需要进行相应的试验测定。通过对毒力的测定,能区分开强毒菌株、弱毒菌株及无毒菌株;对毒力因子的测定,不仅能了解其所产生的主要毒力因子,还能通过其所产生的毒力因子种类及其产量来推测其相应的毒力强度。

2.2.4.1　毒力的测定

通常在下述情况下,均需对病原菌菌株进行毒力的测定。①对所分离鉴定的某种细菌的菌株进行测定,通过毒力强度来确定其相应的病原学意义,尤其需要对原发感染菌、混合感染菌、继发感染菌进行确定;②所保藏的某种病原菌的模式菌株(type strain)、参考菌株(reference strain)等,需通过毒力测定后明确其相应的毒力强度,以作为对同种病原菌菌株研究的参照或攻毒试验的菌株;③在细菌疫苗的研究中,首先考虑的是毒力强度问题,弱毒株、无毒株可作为疫苗株使用,强毒株则用于对疫苗效力检验的攻毒用菌株。目前对于细菌毒力的测定,主要采用对供试动物的半数致死量(median lethal dose,LD_{50})或半数感染量(median infective dose,ID_{50})的方法,这些方法是较为实用的。

(1)半数致死量:指通过一定的接种途径、在一定的时限内、能使一定体重或年龄的某种实验动物发生半数死亡所需要的最小活细菌数或毒素量(其中的毒素量一般是专指用于测定某种细菌外毒素的)。

(2)半数感染量:因某些病原微生物只能使实验动物(当然也包括病毒对实验用鸡胚和细胞)发生感染,但并不一定能引起死亡,此时常用半数感染量来表示其毒力,其测定是与半数致死量相类似的,仅是在统计结果时以感染的实验动物代替死亡的实验动物。

这里需要说明的主要包括以下几点。①由于使用的是实验动物且接种途径又常是非自然感染途径,所以这类指标只能作为病原菌真实毒力强弱的参考,并应明确表达实验动物的种类、体重或年龄、接种途径、观察判定的时限、因接种病原菌致其死亡或感染的确定指标等。②通常使用的实验动物主要是小鼠,其次是豚鼠及家兔等。但这些实验动物并非对某种病原菌均是易感的,即使是易感也在程度上存在差异,因此导致了不宜对任何病原菌做毒力测定均直接使用某种实验动物来做出毒力的判断,应是对那些已研究确定了某种实验动物可作为该病原菌毒力指标测定的才有意义，这一点对水生动物的病原菌来讲更是不可忽视的，也因此导致了对某种病原菌毒力测定的实验动物模型研究成为一个重要的研究领域，目的在于明确某种实验动物在某种病原菌毒力测定中的可用性及其与实际毒力的相关性。③在分离和鉴定了某种动物的病原菌之后，要测定其毒力及病原学意义，最好使用本动物，但这对某些大动物或珍稀动物来讲还是有一定困难的，此时则可考虑使用实验动物，对一些常规的小动物最好使用本动物直接测定。④对从某种动物分离鉴定的病原菌做对本动物的人工感染试验，以复制自然发生的相应病害并借以确定其病原学意义。实际上从对病原菌本身来讲这也可列为毒力测定的范畴，这在水生动物的病原菌更是常用的，但它应列为一种定性实验的范畴。

2.2.4.2　毒力因子的测定

对病原菌某种毒力因子如黏附作用、毒素、侵袭性等的测定，常是在分离并经鉴定为某种病原菌后进行的。其主要包括：①对已知某种病原菌的某种毒力因子表达情况的测定；②研究某种病原菌的毒力因子（包括已知的和未知的）。对于毒力因子的测定常采用的是已被学术界公认或标准化的体外方法（包括直接测定毒力因子产物及毒力基因等），有时也需要做动物实验的体内法如对某种毒力因子（尤其是新发现的某种毒力因子）的毒性作用及作用机制的研究或测定，如用于细菌侵袭性测定的瑟林尼试验(Séreny test)就属于体内测定的范畴。

2.2.5　细菌毒力的增强与减弱

毒力是病原菌特有的一种生物学性状，不仅在不同的菌株间存在毒力的差异，即使在同一菌株处于不同的条件时也能表现出不同的毒力。尤其是毒力是可以发生变异的，这种变异可以是自然发生，也可以通过人工诱变发生。在实际工作中，常常由于特定的需要来人为地改变细菌的毒力，使毒力增强或使毒力减弱。

2.2.5.1　毒力增强的方法

在自然条件下回归易感动物是增强细菌毒力的最实用的方法，易感动物包括本动物及已被明确为易感动物的实验动物，接种后从一定时限内呈现典型感染发病或死亡的动物中重新分离回收的细菌，则为恢复其毒力的相应菌株。对于水生动物来讲，最好还是选用本动物。这种情况常被应用在实验室人工培养基上长期传代或冻干保存的菌种，包括模式（或参考）菌株或所分离鉴定的菌株，若维持其相应毒力则应在一定时间内进行一次毒力复壮，或在应用其作为对某分离鉴定的菌株毒力测定时的对照用菌株之前，也需做毒力复壮以保证其在试验中反映出其真实的毒力强度。需要注意的是，所用动物，接种途径与剂量 [菌落形成单位 (colony forming unit，CFU)] 所表现的临诊症状及病变、发病与死亡的时间，分离回收细菌所用的组织材料等，对不同的病原菌来讲均应有明确的相应指标，其原则是必须按公认的、经典的标准进行。

2.2.5.2　毒力减弱的方法

为了获得毒力减弱或无毒的某种病原菌的菌株，常需进行人工致弱毒力，这种情况最多被应用于对细菌疫苗用菌株的培育，而且要求其必须具有遗传稳定性，实际上属于毒力的人工诱变的范畴。根据细菌毒力变异的规律和特点，常被采用的有以下几种方法。

(1) 人工培养基上培养：病原菌在体外人工培养基上连续多次传代培养后，毒力一般都会逐渐减弱，甚至失去毒力。

(2) 改变培养条件：一是在高于该病原菌最适生长温度的温度条件下培养，常采用的方法是逐渐提高培养温度进行诱导；二是改变该病原菌最适培养的气体条件，如减少氧气、增加二氧化碳气体等；三是在该病原菌适宜生长的人工培养基中，加入某些不利于其正常生长繁殖的某种化学物质以诱导其变异。

(3) 通过非易感动物：强制性地对某种病原菌做对非易感动物的接种并在非易感动物中传代，则可使其发生毒力变异，而且常常是遗传稳定性的变异。

(4) 基因工程方法：采用现代基因工程方法，去除病原菌的毒力基因或用点突变 (point mutation) 即基因突变的方法使毒力基因失活，可获得无毒力或弱毒的相应菌株，但这种方法对于毒力因子表达是由多基因调控的菌株来讲是难于奏效的。

尽管致弱病原菌毒力的方法较多，但对于任何一种方法来讲都不是很容易做到的，仅仅是这些方法可以被采用。我们可以对每一种方法做一下分析，如长期的体外人工传代培养，只要该细菌能正常生长繁殖则一般不会很轻易地发生某种性状改变，若容易改变那么细菌种的特性也就很难界定，即使发生了毒力的变异，也常常会伴随其他某些性状的改变，若主要抗原成分随之发生了改变则也可能会失去了培养细菌疫苗用菌株的意义；当改变其适宜的培养条件进行细菌培养时，往往会带来细菌的非正常生长或根本不能生长，在非正常生长的情况下也不会仅仅是带来毒力的变异；通过非易感动物的方法更是比较困难的，因为某种病原菌即使毒力再强也不会很容易地就能在非易感动物体内生长繁殖，若容易的话则这种动物也就不是非易感动物；尽管现在已有较多的基因工程技术方法可以人为地改造细菌的基因，但任何一种方法对于活体细菌来讲都很难做到准确定位改变某种毒力基因，即使改变了某种毒力基因，那也是已知的，对于我们尚未能清楚地了解的毒力基因还是解决不了的问题。

不过，采用上述这些方法来致弱病原菌的毒力还是可以做到的，但它是一项需要长时间、耐心细致且工作量很大的工作，在培养过程中对其毒力强度的检查、筛选、是否遗传稳定的变异、毒力变异后的目的性状表达等都是任务很繁重的，需要科技工作者付出很大的努力。典型的例子如现在应用于制造预防结核病 (tuberculosis) 的卡介苗的菌株，是由法国巴斯德研究所的法国细菌学家阿尔贝·莱昂·夏尔·卡尔梅特 (Albert Léon Charles Calmette，1863 ~ 1933) 和卡米耶·介朗 (Camille Guérin，1872 ~ 1961) 将一株有毒力的牛分枝杆菌 (*Mycobacterium bovis*) 接种于 5% 甘油 - 胆汁 - 马铃薯培养基上使之生长繁殖，每隔 2 ~ 3 周传代一次，历时 13 年 (1907 ~ 1920) 经过 230 多代才育成的一株失去毒力但仍保留其相应抗原性的毒力变异株，1921 年将此株菌制成活疫苗并由韦尔·哈利 (Weil Hallé) 医生首次用于一名母亲死于结核病的婴儿，结果良好并由此逐渐开始使用，于 1924 年正式公布于世 (1922 ~ 1928 年在法国共有 50 000 多名儿童接种了该疫苗)，法国于 1928 年召开国家科学大会，值此由卡尔梅特 (图 1-24) 和介朗 (图 1-25) 给这株细菌取名为卡 - 介二氏杆菌 (Calmette and Guérin's Bacillus)(法文写作：Bacille de Calmette et Guérin，BCG)，用卡 - 介二氏杆菌制成的活疫苗称为卡介苗 (Bacille Calmette-Guérin，BCG)。卡 - 介二氏所用的牛分枝杆菌菌株，是法国生物学家诺卡尔从患结核病的牛乳房中分离获得的

(诺卡尔一生中主要从事兽医学的研究)。

2.3　病原细菌感染的建立

　　黏附对于病原菌和它的宿主来讲，除了使其保持在宿主的组织、细胞表面外，还能继之发生其他一系列后效应，最终将导致感染的发生，可以认为细菌与宿主细胞的黏附是引起疾病病理改变发生的一系列事件的前奏。

图 1-24　卡尔梅特　　　　图 1-25　介朗

2.3.1　细菌生物膜

　　很多研究显示，细菌一旦与附着物黏附，就有可能在那里形成一种被称为细菌生物膜 (bacterial biofilm) 的复杂结构，这是细菌的一种特殊存在形式，是细菌在生长过程中附着于固体表面形成的外观呈膜状的多细菌复合体。多细菌形成这种生物膜后其形态、生理就发生改变，个体间表现出相似的行为，相互协调，共同享有最经济合理的生存条件。细菌生物膜的结构复杂，对热、抗生素、射线等有较强的抵抗力，简单来讲生物膜是由细菌、真菌 (fungi)、藻类 (algae) 等生物细胞和由它们产生的细胞外生物高分子 (biopolymer) 物质构成的，生物膜可以是高度通透性的，可容许含有营养物质和废物的水流通。一般来讲，上皮细胞表面并不能承受这种类型的厚的生物膜 (一个可能的方式是单层膜的形成)，有关此膜对细菌黏附到宿主细胞的影响尚知之甚少，但有证据表明确实发生了细菌的黏附诱导性改变，如 Finlay 等报告伤寒沙门氏菌黏附到肠上皮细胞后产生了一些新的蛋白质，同时还发现在淋病奈瑟氏球菌黏附到 HeLa 细胞后其生长速度比未黏附的菌细胞明显加快。显然，这些都是与感染建立相关的。

2.3.2　抗吞噬作用

　　病原菌除了必须获得营养以生长、繁殖外，发生黏附或已侵入到体内的病原菌还需依赖其克服宿主广泛的防御机制才能生存，其中的抗宿主吞噬细胞的吞噬作用是一个很重要的方面，主要通过以下几个方面来实现。①不与吞噬细胞接触：如通过所产生的外毒素来破坏细胞骨架，以抑制吞噬细胞的作用，如链球菌属 (Streptococcus Rosenbach 1884) 细菌的溶血素 (hemolysim) 等。②抑制吞噬细胞的摄取：如某些病原菌所产生的荚膜 (capsule) 或大荚膜 (macrocapsule) 及微荚膜 (microcapsule)、A 群链球菌 (group A streptococci) 的 M 蛋白、伤寒沙门氏菌的 Vi 抗原等，具有抗吞噬和抗体液中杀菌物质的作用，或通过这些物质的释放来迷惑吞噬细胞，使病原菌在体内迅速繁殖。③在吞噬细胞内生存：如沙门氏菌属细菌的某些成分可抑制溶酶体与吞噬小体的融合，李斯特氏菌属细菌被吞噬后能很快从吞噬小体中逸出并直接进入细胞质，金黄色葡萄球菌所产生的大量过氧化氢酶能中和吞噬细胞中的氧自由基，这些是病原菌能在宿主吞噬细胞内生存的重要原因。④杀死或损伤吞噬细胞：病原菌可通过分泌外毒素或蛋白酶来破坏吞噬细胞的细胞膜，或诱导细胞凋亡

(apoptosis)，或直接杀死吞噬细胞。

2.3.3 抗体液免疫作用

抗宿主的体液免疫作用，属于克服宿主特异防御功能的范畴，主要通过以下几个方面来实现。①抗原伪装：主要是在细菌表面结合机体某些组织成分，如金黄色葡萄球菌通过细胞结合性凝固酶 (coagulase) 结合血纤维蛋白，或通过葡萄球菌 A 蛋白结合免疫球蛋白等来保护自身。②抗原变异：也是一种逃避机体特异免疫机制的重要方面，病原菌通过发生表面抗原的变异，以致机体内存在的原特异抗体不能识别，但这种变异多数并不是在病原菌进入体内后于短时间内即可发生的。也有些病原菌如淋病奈瑟氏球菌、大肠埃希氏菌、赫氏蜱疏螺旋体 (*Borrelia hermsii*) 和支原体，能持续产生一些新的免疫原性表面分子以迷惑和逃避体液免疫反应，前两种菌的有关抗原位于菌毛上，淋病奈瑟氏球菌黏附于宿主细胞是由菌毛介导的，其主要亚单位是一种 PilE 蛋白质，据估计此菌能产生多达 10^6 种的这种蛋白质的不同抗原变种，使其能持续地逃避抗体 (黏附性 SIgA) 的保护作用，赫氏蜱疏螺旋体的一种免疫显性脂蛋白的抗原变异是引起回归热 (relapsing fever) 的致病因子之一。③分泌蛋白酶降解免疫球蛋白：如嗜血杆菌属 (*Haemophilus*，Winslow，Broadhurst，Buchanan，Krumwiede，Rogers and Smith 1917) 细菌等可分泌 IgA 蛋白酶，破坏附着于黏膜表面的 IgA，以利于其侵入组织内。④逃避抗体的作用：病原菌可通过所产生的脂多糖、外膜蛋白、荚膜、表层 (surface, S 层) 等成分，与相应特异抗体结合后，保护自身免受抗体的攻击；另外，这种结合也有逃避补体、抑制抗体产生的作用。上述的抗原伪装或抗原变异，从某种意义上讲也属于逃避抗体作用的范畴。

2.3.4 体内扩散

细菌分泌的蛋白酶称为胞外蛋白酶 (extracellular proteinase，ECPase)，它们具有激活外毒素、灭活血清中的补体等多种致病作用，有的蛋白酶本身就是外毒素。此外，最主要的是蛋白酶作用于组织基质或细胞膜并造成损伤，增加其通透性，有利于细菌在体内的扩散。此类常见的有如下几种。①透明质酸酶 (hyaluronidase)：以前称为扩散因子 (spreading factor)，能分解结缔组织的透明质酸，葡萄球菌属 (*Staphylococcus* Rosenbach 1884)、链球菌属细菌等可产生。②胶原酶 (collagenase)：主要是分解细胞外基质 (extracellular matrix ECM) 中的胶原蛋白，见于梭菌属细菌、气单胞菌属细菌等。③神经氨酸酶 (neuraminidase)：主要是分解肠黏膜上皮细胞的细胞间质，霍乱弧菌、志贺氏菌属细菌可产生。④磷脂酶 (phospholipase)：又名 α- 毒素，可水解细胞膜的磷脂，产气荚膜梭菌 (*Clostridium perfringens*) 可产生。⑤卵磷脂酶 (lecithinase)：能分解细胞膜的卵磷脂，产气荚膜梭菌可产生。⑥激酶 (kinase)：能将血纤维蛋白酶原激活为血纤维蛋白酶，包括链球菌产生的链激酶 (streptokinase) 亦称链球菌纤维蛋白溶酶 (streptococcal fibrinolysin)、葡萄球菌等产生的葡激酶 (staphylokinase) 亦称纤维蛋白溶酶 (fibrinolysin)，以分解血纤维蛋白，防止形成血凝块。⑦凝固酶：细菌在体内的扩散也可通过内化作用完成，特别是细胞结合性凝固酶，可为细菌提供抗原伪装，使之不被吞噬或不被机体免疫机制所识别，见于致病性金黄色葡萄球菌。

（房　　海）

参 考 文 献

[1] 房海 , 陈翠珍 . 病原细菌科学的丰碑 . 北京 : 科学出版社 , 2015: 20-22, 48-50, 156-197,206-211.

[2] 王宇明 . 感染病学 . 2 版 . 北京 : 人民卫生出版社 , 2010: 1-2, 54-59.

[3] 贾辅忠 , 李兰娟 . 感染病学 . 南京 : 江苏科学技术出版社 , 2010: 47-52, 81-85.

[4] 陆德源 . 医学微生物学 . 4 版 . 北京 : 人民卫生出版社 , 2000: 58-79.

[5] 徐建国 . 分子医学细菌学 . 北京 : 科学出版社 , 2000: 104-165, 173-178, 197-229.

[6] 杨正时 , 房海 . 人及动物病原细菌学 . 石家庄 : 河北科学技术出版社 , 2003: 113-190.

[7] 韩文瑜 , 冯书章 . 现代分子病原细菌学 . 长春 : 吉林人民出版社 , 2003: 29-32, 91-136.

[8] 李梦东 . 实用传染病学 . 2 版 . 北京 : 人民卫生出版社 , 1998: 3-47.

[9] Henderson B, Poole S, Vilson M. 细胞微生物学 . 陈复兴 , 江学成 , 李玺 , 等译 . 北京 : 人民军医出版社 , 2001: 14-42.

第 2 章　医院感染细菌与医院细菌感染

医院感染 (hospital infection，HI)，与医院内感染 (nosocomial infection，NI)、医源性感染 (iatrogenic infection)、医院获得性感染 (hospital acquired infection，HAI) 可视为同义语使用；另外，HAI 也是医疗保健机构相关感染 (healthcare associated infection，HAI) 的缩写词。医院内感染的原意，是指由医疗护理工作引起的感染病 (infectious diseases)，从广义上讲，应当包括在任何医疗保健机构接受诊疗的患者、医务人员、医学生和探视者等由病原微生物 (pathogenic microorganism) 引起的感染病。

世界卫生组织 (World Health Organization，WHO) 在 1978 年哥本哈根会议上，将医院感染定义为：凡住院患者、陪护人员或医院工作人员，因医疗、护理工作而被感染所引起的任何临床显示症状的微生物性疾病，不管受害对象在医院期间是否出现症状，均视为医院感染。在由我国卫生部颁布、自 2006 年 9 月 1 日起施行的《医院感染管理办法》中，医院感染 (NI、HI 或 HAI) 定义如下。医院感染指住院患者在医院内获得的感染，包括在住院期间发生的感染和在医院内获得、出院后发生的感染，但不包括入院前已开始或者入院时已处于潜伏期的感染；医院工作人员在医院内获得的感染，也属于医院感染。

在医院感染中，由病原细菌 (pathogenic bacterium) 或称致病细菌引起的，可统一划归在医院细菌感染 (nosocomial bacterial infection) 的名义之下。需要注意的是，这里所讲的细菌是指所有的真细菌 (eubacteria)，包括通常所指的细菌 (bacteria)，以及立克次氏体 (*Rickettsia*)、支原体 (*Mycoplasma*)、衣原体 (*Chlamydia*)、螺旋体 (*Spirochaeta*)，还有放线

菌 (*Actinomycetes*)、蓝细菌 (*Cyanobacteria*)。

能够引起医院感染的病原细菌中的多种病原细菌已被明确，且一些新的病原菌（主要是以往未被认识到的一些病原细菌）也被陆续发现。由于一些医院细菌感染病常可表现为在一定范围内暴发 (outbreak) 或流行 (epidemic,epizootic)，加之细菌本身繁殖速度快，以及特定的环境条件易于散播，以致医院细菌感染病常呈发病急剧、一定的群体感染且发病率高等特征，常常会表现得比较严重。另外的一个重要方面是有的病原菌（致病菌），尤其是那些所谓的条件病原菌 (conditional pathogen) 或称为条件致病菌、机会病原菌 (opportunistic pathogen) 或称为机会致病菌，能够长时间栖息于医院环境、医疗器械等处，一旦条件（机会）具备则侵袭机体，尤其是存在基础疾病或机体免疫功能低下者。实践中，常是用"opportunistic pathogen"来表示机会病原菌（致病菌）或条件病原菌（致病菌）[1~6]。

1　医院感染细菌

在医院感染的病原微生物中，以细菌最为常见，且涉及的病原细菌种类很多，其中尤以肠杆菌科 (Enterobacteriaceae) 细菌、非发酵菌 (nonfermentative bacteria) 类的出现频率为高 [1~6]。

1.1　医院感染细菌的种类与特点

在医院感染方面，我国多有由细菌引起的记述和报告。初步统计通过中国知识资源总库 (CNKI) 学术文献总库等检出的细菌性医院感染 (bacterial hospital infection) 文献，我国已有报告的明确涉及了 31 个菌科 (Family) 的 49 个菌属 (genus)、117 个菌种 (species) 或亚种 (subspecies)。从这些文献来看，不同种类细菌的出现频率在不同医院存在一定的差异性；但总体上是以革兰氏阴性细菌表现突出，具有涉及细菌种类多、出现频率高的特点。

1.1.1　医院感染细菌的种类

为便于查阅，本书将在我国有报告引起医院感染的病原细菌，按其基本形态特征（球菌或杆菌）、革兰氏染色反应（阳性或阴性）、代谢的氧化 (oxidation) 或发酵 (fermentation) 类型、需氧菌 (aerobe) 或厌氧菌 (anaerobe) 等，分别以篇的形式进行了归类记述。鉴于在肠杆菌科细菌中，涉及了能够引起医院感染的多个菌属的多个菌种、亚种，则在篇（医院感染革兰氏阴性肠杆菌科细菌）的层面进行了独立记述。另外还对已有报告引起医院感染的真菌 (fungi)、病毒 (virus)，分别进行了简要记述。

按上面所述的记述方式，在医院感染细菌中共分为了 6 篇（第 2～7 篇）内容（表 2-1）。其中：医院感染革兰氏阴性肠杆菌科细菌（第 2 篇），包括了 12 个菌属的 35 个菌种及亚种；医院感染革兰氏阴性非发酵型细菌（第 3 篇），包括了 9 个菌科、14 个菌属的 27 个菌种及亚种；医院感染革兰氏阴性其他细菌（第 4 篇），包括了 8 个菌科、9 个菌属的 16 个菌种及亚种；医院感染革兰氏阳性球菌（第 5 篇），包括了 7 个菌科、8 个菌属的 25 个菌种及亚种；医院感染革兰氏阳性杆菌（第 6 篇），包括了 5 个菌科、5 个菌属的 12 个菌种及亚种；

医院感染革兰氏阳性厌氧梭菌（第 7 篇），仅包括了 1 个菌科、1 个菌属的 2 个菌种。

　　另外的独立 1 篇（第 8 篇）是医院感染真菌与病毒简介，包括医院感染真菌简介、医院感染病毒简介两章内容。在医院感染真菌简介章中，共记述了 4 个菌属、20 种真菌（其中有的真菌未明确到种）；在医院感染病毒简介章中，共记述了 11 个病毒属、9 种病毒（其中有的病毒未明确到种）。

表 2-1　医院感染病原细菌

章次	菌属	菌种（亚种）数量	菌种（亚种）名称
		第 2 篇　医院感染革兰氏阴性肠杆菌科细菌	
3	柠檬酸杆菌属 (Citrobacter)	8	弗氏柠檬酸杆菌 (Citrobacter freundii)，无丙二酸柠檬酸杆菌 (Citrobacter amalonaticus)，布氏柠檬酸杆菌 (Citrobacter braakii)，法氏柠檬酸杆菌 (Citrobacter farmeri)，科泽氏柠檬酸杆菌 (Citrobacter koseri)，塞氏柠檬酸杆菌 (Citrobacter sedlakii)，魏氏柠檬酸杆菌 (Citrobacter werkmanii)，杨氏柠檬酸杆菌 (Citrobacter youngae)
4	肠杆菌属 (Enterobacter)	1	阴沟肠杆菌 (Enterobacter cloacae)
5	埃希氏菌属 (Escherichia)	1	大肠埃希氏菌 (Escherichia coli)
6	哈夫尼菌属 (Hafnia)	1	蜂房哈夫尼菌 (Hafnia alvei)
7	克雷伯氏菌属 (Klebsiella)	5	肺炎克雷伯氏菌肺炎亚种 (Klebsiella pneumoniae subsp. pneumoniae)，肺炎克雷伯氏菌臭鼻亚种 (Klebsiella pneumoniae subsp. ozaenae)，运动克雷伯氏菌 (Klebsiella mobilis)，产酸克雷伯氏菌 (Klebsiella oxytoca)，植生克雷伯氏菌 (Klebsiella planticola)
8	摩根氏菌属 (Morganella)	1	摩氏摩根氏菌摩氏亚种 (Morganella morganii subsp. morganii)
9	泛菌属 (Pantoea)	1	成团泛菌 (Pantoea agglomerans)
10	变形菌属 (Proteus)	2	奇异变形菌 (Proteus mirabilis)，普通变形菌 (Proteus vulgaris)
11	沙门氏菌属 (Salmonella)	6	鼠伤寒沙门氏菌 (Salmonella typhimurium)，阿伯丁沙门氏菌 (Salmonella aberdeen)，阿哥纳沙门氏菌 (Salmonella agona)，布洛克兰沙门氏菌 (Salmonella blockley)，猪霍乱沙门氏菌 (Salmonella choleraesuis)，伤寒沙门氏菌 (Salmonella typhi)
12	沙雷氏菌属 (Serratia)	6	褪色沙雷氏菌 (Serratia marcescens)，液化沙雷氏菌 (Serratia liquefaciens)，居泉沙雷氏菌 (Serratia fonticola)，气味沙雷氏菌 (Serratia odorifera)，普城沙雷氏菌 (Serratia plymuthica)，深红沙雷氏菌 (Serratia rubidaea)
13	志贺氏菌属 (Shigella)	2	弗志贺氏菌 (Shigella flexneri)，鲍志贺氏菌 (Shigella boydii)
14	耶尔森氏菌属 (Yersinia)	1	小肠结肠炎耶尔森氏菌 (Yersinia enterocolitica)
		第 3 篇　医院感染革兰氏阴性非发酵型细菌	
15	无色杆菌属 (Achromobacter)	2	木糖氧化无色杆菌木糖氧化亚种 (Achromobacter xylosoxidans subsp. xylosoxidans)，木糖氧化无色杆菌反硝化亚种 (Achromobacter xylosoxidans subsp. denitrificans)

章次	菌属	菌种（亚种）数量	菌种（亚种）名称
16	不动杆菌属 (*Acinetobacter*)	6	鲍氏不动杆菌 (*Acinetobacter baumannii*)，乙酸钙不动杆菌 (*Acinetobacter calcoaceticus*)，溶血不动杆菌 (*Acinetobacter haemolyticus*)，约氏不动杆菌 (*Acinetobacter johnsonii*)，琼氏不动杆菌 (*Acinetobacter junii*)，鲁氏不动杆菌 (*Acinetobacter lwoffii*)
17	伯克霍尔德氏菌属 (*Burkholderia*)	1	洋葱伯克霍尔德氏菌 (*Burkholderia cepacia*)
18	金黄杆菌属 (*Chryseobacterium*)	2	产吲哚金黄杆菌 (*Chryseobacterium indologenes*)，黏金黄杆菌 (*Chryseobacterium gleum*)
19	伊金氏菌属 (*Elizabethkingia*)	1	脑膜脓毒伊金氏菌 (*Elizabethkingia meningoseptica*)
20	稳杆菌属 (*Empedobacter*)	1	短稳杆菌 (*Empedobacter brevis*)
21	黄杆菌属 (*Flavobacterium*)	1	嗜糖黄杆菌 (*Flavobacterium saccharophilum*)
22	莫拉氏菌属 (*Moraxella*)	1	黏膜炎莫拉氏菌 (*Moraxella catarrhalis*)
23	类香味菌属 (*Myroides*)	1	香味类香味菌 (*Myroides odoratus*)
24	苍白杆菌属 (*Ochrobacterum*)	1	人苍白杆菌 (*Ochrobactrum anthropi*)
25	假单胞菌属 (*Pseudomonas*)	7	铜绿假单胞菌 (*Pseudomonas aeruginosa*)，产碱假单胞菌 (*Pseudomonas alcaligenes*)，荧光假单胞菌 (*Pseudomonas fluorescens*)，浅黄假单胞菌 (*Pseudomonas luteola*)，类产碱假单胞菌 (*Pseudomonas pseudoalcaligenes*)，恶臭假单胞菌 (*Pseudomonas putida*)，施氏假单胞菌 (*Pseudomonas stutzeri*)
26	鞘氨醇杆菌属 (*Sphingobacterium*)	1	水田氏鞘氨醇杆菌 (*Sphingobacterium mizutaii*)
27	鞘氨醇单胞菌属 (*Sphingomonas*)	1	少动鞘氨醇单胞菌 (*Sphingomonas paucimobilis*)
28	寡养单胞菌属 (*Stenotrophomonas*)	1	嗜麦芽寡养单胞菌 (*Stenotrophomonas maltophilia*)
	第 4 篇	医院感染革兰氏阴性其他细菌	
29	气单胞菌属 (*Aeromonas*)	3	嗜水气单胞菌 (*Aeromonas hydrophila*)，豚鼠气单胞菌 (*Aeromonas caviae*)，温和气单胞菌 (*Aeromonas sobria*)
30	弯曲杆菌属 (*Campylobacter*)	1	空肠弯曲杆菌空肠亚种 (*Campylobacter jejuni* subsp. *jejuni*)
31	衣原体属 (*Chlamydia*)	2	肺炎衣原体 (*Chlamydia pneumoniae*)，沙眼衣原体 (*Chlamydia trachomatis*)
32	加德纳氏菌属 (*Gardnerella*)	1	阴道加德纳氏菌 (*Gardnerella vaginalis*)
33	嗜血杆菌属 (*Haemophilus*)	2	流感嗜血杆菌 (*Haemophilus influenzae*)，副流感嗜血杆菌 (*Haemophilus parainfluenzae*)
34	支原体属 (*Mycoplasma*)	2	肺炎支原体 (*Mycoplasma pneumoniae*)，人支原体 (*Mycoplasma hominis*)
35	奈瑟氏球菌属 (*Neisseria*)	3	淋病奈瑟氏球菌 (*Neisseria gonorrhoeae*)，灰色奈瑟氏球菌 (*Neisseria cinerea*)，干燥奈瑟氏球菌 (*Neisseria sicca*)
36	脲支原体属 (*Ureaplasma*)	1	解脲脲支原体 (*Ureaplasma urealyticum*)
37	弧菌属 (*Vibrio*)	1	霍利斯氏弧菌 (*Vibrio hollisae*)

续表

章次	菌属	菌种 (亚种) 数量	菌种(亚种)名称
		第5篇	医院感染革兰氏阳性球菌
38	气球菌属 (Aerococcus)	2	浅绿气球菌 (Aerococcus viridans),脲气球菌 (Aerococcus urinae)
39	皮生球菌属 (Dermacoccus)	1	西宫皮生球菌 (Dermacoccus nishinomiyaensis)
40	肠球菌属 (Enterococcus)	8	粪肠球菌 (Enterococcus faecalis),鸟肠球菌 (Enterococcus avium),铅黄肠球菌 (Enterococcus casseliflavus),耐久肠球菌 (Enterococcus durans),屎肠球菌 (Enterococcus faecium),鸡肠球菌 (Enterococcus gallinarum),小肠肠球菌 (Enterococcus hirae),棉籽糖肠球菌 (Enterococcus raffinosus)
41	皮肤球菌属 (Kytococcus)	1	坐皮肤球菌 (Kytococcus sedentarius)
42	微球菌属 (Micrococcus)	1	藤黄微球菌 (Micrococcus luteus)
43	红球菌属 (Rhodococcus)	1	马红球菌 (Rhodococcus equi)
44	葡萄球菌属 (Staphylococcus)	7	金黄色葡萄球菌金黄色亚种 (Staphylococcus aureus subsp. aureus),表皮葡萄球菌 (Staphylococcus epidermidis),溶血葡萄球菌 (Staphylococcus haemolyticus),人葡萄球菌人亚种 (Staphylococcus hominis subsp. hominis),里昂葡萄球菌 (Staphylococcus lugdunensis),解糖葡萄球菌 (Staphylococcus saccharolyticus),模仿葡萄球菌 (Staphylococcus simulans)
45	链球菌属 (Streptococcus)	4	肺炎链球菌 (Streptococcus pneumoniae),无乳链球菌 (Streptococcus agalactiae),中间链球菌 (Streptococcus intermedius),口腔链球菌 (Streptococcus oralis)
		第6篇	医院感染革兰氏阳性杆菌
46	马杜拉放线菌属 (Actinomadura)	1	马杜拉马杜拉放线菌 (Actinomadura madurae)
47	芽孢杆菌属 (Bacillus)	2	蜡样芽孢杆菌 (Bacillus cereus),枯草芽孢杆菌枯草亚种 (Bacillus subtilis subsp. subtilis)
48	棒杆菌属 (Corynebacterium)	4	假白喉棒杆菌 (Corynebacterium pseudodiphtheriticum),约 - 凯二氏棒杆菌 (Corynebacterium jeikeium),极小棒杆菌 (Corynebacterium minutissimum),水生棒杆菌 (Corynebacterium aquaticum)
49	李斯特氏菌属 (Listeria)	1	单核细胞增生李斯特氏菌 (Listeria monocytogenes)
50	分枝杆菌属 (Mycobacterium)	4	结核分枝杆菌 (Mycobacterium tuberculosis),脓肿分枝杆菌 (Mycobacterium abscessus),龟分枝杆菌 (Mycobacterium chelonae),偶发分枝杆菌偶发亚种 (Mycobacterium fortuitum subsp.fortuitum)
		第7篇	医院感染革兰氏阳性厌氧梭菌
51	梭菌属 (Clostridium)	2	产气荚膜梭菌 (Clostridium perfringens),艰难梭菌 (Clostridium difficile)
合计		117	

1.1.2　医院感染细菌的特点

作为医院感染细菌，与通常所谓的主要病原体 (major pathogen) 相比较，主要是潜在病原体 (potential pathogen)。通常情况下，主要病原体在机体防御系统完整的敏感个体中能够有规律地致病，如由鼠疫耶尔森氏菌 (*Yersinia pestis*) 引起的鼠疫 (plague)、霍乱弧菌 (*Vibrio cholerae*) 引起的霍乱 (cholera)、炭疽芽孢杆菌 (*Bacillus anthracis*) 引起的炭疽 (anthrax) 等；潜在病原体，通常在具有完整防御系统的人群中是不能致病的，但可导致机体免疫功能低下者，尤其是住院患者的感染。机会病原菌 (致病菌) 或条件病原菌 (致病菌)，就具有这种所谓潜在病原体的特征。总体来讲，医院感染细菌的特点主要体现在以下几个方面。

1.1.2.1　机会病原菌

从表 2-1 可以看出，在我国已有报告引起医院感染的细菌，绝大多数为通常所指的机会病原菌 (致病菌) 或条件病原菌 (致病菌)，且其中有不少都属于人体正常菌群 (normal flora) 的组成部分。这些细菌导致感染，常常是发生在抗感染免疫力低下的患者，尤其是长期住院患者，且多为年老体弱者或免疫力不很健全的婴幼儿，以及伴有严重基础疾病者，还有较长时间使用激素、免疫抑制剂、广谱抗生素、大剂量放疗和化疗、经受过较大的手术创伤等使机体免疫力降低，导致这种机会病原菌 (致病菌) 或条件病原菌 (致病菌) 得以大量生长繁殖或易位定殖，进而引起感染的发生。

就这些医院感染病原菌的种群来讲，以肠杆菌科细菌、非发酵菌类、主要引起化脓性感染的葡萄球菌属 (*Staphylococcus* Rosenbach 1884) 细菌表现突出。例如，肠杆菌科中埃希氏菌属 (*Escherichia* Castellani and Chalmers 1919) 的大肠埃希氏菌 (*Escherichia coli*)、克雷伯氏菌属 (*Klebsiella* Trevisan 1885 emend. Drancourt，Bollet，Carta and Roussselier 2001) 的肺炎克雷伯氏菌肺炎亚种 (*Klebsiella pneumoniae* subsp. *pneumoniae*) 即肺炎克雷伯氏菌 (*Klebsiella pneumoniae*)；非发酵菌类中假单胞菌属 (*Pseudomonas* Migula 1894) 的铜绿假单胞菌 (*Pseudomonas aeruginosa*)、不动杆菌属 (*Acinetobacter* Brisou and Prévot 1954) 的鲍氏不动杆菌 (*Acinetobacter baumannii*)；属于葡萄球菌属的金黄色葡萄球菌 (*Staphylococcus aureus*)、凝固酶阴性葡萄球菌 (coagulase-negative staphylococci，CNS) 等，都是一直排在医院感染病原菌前位的。

江苏省无锡市第四人民医院的黄朝晖等 (2013) 报道，回顾性总结该医院 5 年间 (2007 年至 2011 年)，从住院患者不同标本材料中分离获得的各种病原菌 38 037 株，其中明确菌种的共 12 种 32 390 株 (构成比 85.15%)。其中各菌种排列在前 5 位的依次为：铜绿假单胞菌 7486 株 (构成比 23.11%)、大肠埃希氏菌 6634 株 (构成比 20.48%)、金黄色葡萄球菌 5993 株 (构成比 18.50%)、鲍氏不动杆菌 4116 株 (构成比 12.71%)、肺炎克雷伯氏菌 2825 株 (构成比 8.72%)[7]。

江苏省中医院的孙慧等 (2014) 报道，回顾性总结该医院 3 年间 (2010 年 1 月 1 日至 2012 年 12 月 31 日)，从医院感染病例不同标本材料中分离获得的各种病原菌 15 028 株，其中明确菌种 (属) 的细菌共 11 个种 (属)13 649 株。各菌种 (属) 排列在前 5 位的，依次为：大肠埃希氏菌 2465 株 (构成比 18.06%)、铜绿假单胞菌 2211 株 (构成比 16.19%)、肺炎克雷伯氏菌 2134 株 (构成比 15.63%)、鲍氏不动杆菌及其他不动杆菌 (*Acinetobacter* spp.)1972 株 (构成比 14.45%)、金黄色葡萄球菌及其他葡萄球菌 (*Staphylococcus* spp.)1751

株（构成比 12.83%）[8]。

中国人民解放军第四军医大学西京医院全军临床检验医学研究所的陈潇等 (2014) 报道，回顾性总结该医院 11 年间 (2002 年 1 月至 2012 年 6 月)，从医院感染病例不同标本材料中共分离获得各种病原菌 32 472 株，其中明确菌种的细菌共 5 种 16 543 株。各菌种的出现频率，依次为：大肠埃希氏菌 3864 株（构成比 23.36%）、铜绿假单胞菌 3770 株（构成比 22.79%）、金黄色葡萄球菌 3400 株（构成比 20.55%）、肺炎克雷伯氏菌 3068 株（构成比 18.55%）、鲍氏不动杆菌 2441 株（构成比 14.76%）[9]。

1.1.2.2 集聚性存在

引起医院感染的病原菌，常可在医院内集聚性存在，包括存在于住院患者、医务人员、探视者携带、医院环境，以及被污染、未经彻底消毒处理的医疗器械或患者用品，患者的血液、体液等的病原菌。这些病原菌在医院内的集聚存在，一旦引起感染可在医院内迅速传播，以致集聚性发病，甚至可引起暴发流行。

吉林省卫生监测检验中心消毒所的刘晓杰等 (2013) 报道，对 2010 年 6 月至 2012 年 12 月两所三级甲等医院的血液透析科、重症监护室 (intensive care unit，ICU)、新生儿病房、感染科等重点科室的环境和物体 (处置台、床头柜、水龙头、电脑鼠标、呼吸机键盘等) 表面，进行了医院感染常见病原菌污染情况的回顾性调查分析。结果在所采集的 291 份样本中共检出病原菌 88 株（检出率 30.24%），其中革兰氏阴性杆菌 19 种 63 株（构成比 71.59%）；革兰氏阳性球菌 25 株（构成比 28.41%）[10]。

湖北省随州市中心医院的刘杨等 (2013) 报道，对该医院重症监护室住院患者使用的留置导尿管 (接口处内壁)、氧气湿化瓶 (内壁)、冷凝水集水瓶 (内壁)、呼吸机螺纹管 (接口处内壁)、中心供氧壁管出口、气管插管 (内壁)、呼吸机湿化罐 (内壁)、留置针连接管三通口、输液泵 (接口处内壁)、微量注射泵 (接口处内壁)、深静脉置管 (接口处内壁) 等 11 种医疗器具，采集使用 (48±2)h 的样本共 300 份进行了微生物学检验。结果其中 217 份阳性（阳性率 72.33%），共检出病原菌 19 种 (属)242 株。报告者认为对患者各种诊疗性侵入性操作的应用 (如气管插管、留置导尿、中心静脉置管、引流管留置等)，可破坏机体黏膜保护屏障，从而导致患者呼吸系统、泌尿系统、导管相关性血液感染的发生，造成医院感染率升高[11]。

1.1.2.3 耐药性特征

引起医院感染的病原菌，常常是具有多重耐药性 (multi-drug resistant，MDR) 的菌株。其中尤以革兰氏阴性杆菌，特别是肠杆菌科细菌表现突出。

浙江省宁海县妇幼保健院的杨央等 (2010) 报道，对 2008 年 4 月至 2010 年 3 月，从浙江省人民医院临床不同标本材料中分离的 1456 株肺炎克雷伯氏菌进行临床分布及耐药性分析，发现对供试的 14 种抗菌药物存在不同程度的耐药性（耐药率为 12.9% ~ 100%），其中产超广谱 β- 内酰胺酶 (extended-spectrum β-lactamases，ESBLs) 的菌株阳性率为 16.0%。各菌株对氨苄西林的耐药率为 100%，对头孢类药物中头孢哌酮 / 舒巴坦的耐药率为 100%，对其他头孢类药物的耐药率均 >40%[12]。

成都大学附属医院的王秋菊等 (2014) 报道，对 2011 年 1 月至 2013 年 12 月从该医院各临床科室不同临床标本材料中分离的 2162 株铜绿假单胞菌，进行了耐药性测定与分析。

结果以对头孢噻肟和头孢曲松的耐药率最高,分别为 67.30% 和 62.12%;其次为庆大霉素、氨曲南、哌拉西林和左氧氟沙星,耐药率为 46.58% ~ 50.42%。其中有 292 株为多重耐药性菌株 (构成比 13.51%),119 株为泛耐药性 (extensive-drug resistant,EDR) 菌株 (构成比 5.50%)[13]。

1.2 细菌感染的类型

在泛义上细菌感染的类型,并非仅仅是在细菌使被感染宿主发生感染后所表现出的某种病理变化或临床表现特征,也包括病原菌的种类数、侵害的部位及来源等方面内容。

通常情况下,在实践中对感染的类型划分,常按以下几个方面予以描述。需要注意的是,在各种不同的感染类型间,是存在一定关联性的 [1 ~ 6, 14 ~ 18]。

1.2.1 外源性感染与内源性感染

外源性感染 (exogenous infection) 与内源性感染 (endogenous infection) 是按病原菌的来源划分的,在医院感染的细菌,其来源包括外源性感染与内源性感染两种途径,也是泛义的细菌感染来源途径。

1.2.1.1 外源性感染

外源性感染也称为交叉感染 (cross infection),通常指的是病原菌来源于体外的自然生境,多可通过空气、土壤、食物、发病或带菌者、带菌的动植物或相关物品等传播。在医院感染的外源性感染源,主要是患者、医院环境、医院病原检验室、带菌的医疗器械、治疗制剂、医护人员等。

1.2.1.2 内源性感染

内源性感染也称为自身感染 (self infection),通常指的病原菌是来源于机体自身的体表或与外界相通的天然腔道 (如消化道、呼吸道等) 中。实际上,存在于体表、天然腔道中的有的是原本构成正常菌群的,有的则是以隐伏状态留居的病原菌,当机体抵抗力下降或这些细菌出现越位生存时,它们则能以寄生 (parasitism) 的形式大量生长繁殖并引起相应的感染。

通常的细菌感染病易出现的形式是外源性感染,内源性感染相对较少。但在医院感染,外源性感染、内源性感染几乎是处于同等重要的位置,这是与住院患者本身的生理功能密切相关联的。

1.2.2 单纯感染与混合感染及继发感染

细菌感染按在一起病例中所感染的病原菌种类数划分为单纯感染与混合感染及继发感染,若仅是由某一种病原细菌所引起的感染被称为单纯感染 (pure infection) 或单一感染 (single infection);由两种及以上的病原细菌同时参与的感染,被称为混合感染 (mixed infection);在感染了某种病原菌 (单纯感染) 或某几种病原菌 (混合感染) 之后,常常是在机体抵抗力减弱的情况下,又有另外的某种或某几种病原菌侵入或原来存在于机体 (体表、消化道内等的) 的某种细菌所引起的感染,被称为继发感染 (secondary infection)。在医院感染中,此 3 种感染类型均存在,尤其是常常会出现混合感染、继发感染的情况。

另外，对这些感染类型的划分也有其他的一些方法，如上述的混合感染，亦常被称为同时感染 (coinfection)；在先有病毒或细菌感染，又夹杂真菌感染者，常被称为双重感染 (double infection) 或混合感染；在两种病原菌先后感染时，称为迭加感染 (superinfection)；被某种病原菌感染尚未愈，又再次被其感染的，称为重复感染 (repeated infection)；被某种病原菌感染痊愈后，又再次被其感染的，称为再感染 (reinfection)。

一般情况下，混合感染和继发感染发生后，病情均比其中某一种病原细菌所引起的感染要表现得严重且复杂，同时会不同程度地增加准确诊断和有效防治的难度。在做病原细菌检验时，对于医院感染尤其要注意混合感染与继发感染。至于混合感染与继发感染的区分，主要是看不同种病原菌的检出情况，若在同一病例，被同时检出两种或两种以上的病原菌，且在初代分离时所出现的细菌数量（常以菌落数计）差异是不明显的，则可视为混合感染；若在同一病例，起初仅被检出同一种病原菌（单纯感染）或某几种病原菌（混合感染），相继又同时被检出另外的病原菌且常表现为细菌数量较少，此种情况则无论后者（病原菌）的致病力强弱，则均可被视为继发感染，前者为原发感染菌，后者为继发感染菌。另外，继发感染菌在一般情况下均要比原发感染菌的毒力弱，但这也是相对的，因其还与在发生感染时周围环境中及侵入时的数量、侵入部位及机体对该菌的易感程度、外界环境条件等因素有关。

1.2.3 显性感染与隐性感染

按在医院感染中发生某种病原菌感染后所表现出的临诊症状划分，若表现出相应病原菌感染所特有的明显临诊症状的感染过程，被称为显性感染 (apparent infection)；在感染后并不呈现明显临诊症状，仅呈隐蔽经过的被称为隐性感染 (inapparent infection)。隐性感染也被称为亚临床感染 (subclinical infection)，有的患者虽然外表看不到症状，但其体内可呈现一定的病理变化；有的患者则是既不表现症状又无明显可见的病理变化。发生隐性感染后能排出病原菌散播传染，一般仅能通过细菌学和免疫血清学的方法检查出来，当在机体抵抗力降低时也会转为显性感染。

另外，有时病原菌在其所致的显性感染或隐性感染后并未立即消失，可在体内继续留存一定时间，与菌体的免疫力处于相对平衡状态，此种情况被称为带菌状态，处于带菌状态的为带菌者，可经常或间歇排出病原菌，成为重要的传染源，并能导致感染症的再次发生，因此在细菌性感染病流行过后继续维持一定时间的用药治疗，对控制由此种情况所引发的再感染也是很重要的。再者，与带菌状态相类似的一种形式是潜伏感染，指当机体与病原菌在相互作用过程中处于一种暂时的平衡状态时，病原菌较长时间地潜伏在病灶内或某些特殊组织中，一般不出现在血液、分泌物或排泄物中，一旦机体免疫力下降，则潜伏的病原菌就能大量生长繁殖并引发疾病。

1.2.4 顿挫型感染与一过型感染及温和型感染

这也是按在感染后的临诊表现划分的，若在发病的开始时症状较轻，特征性临诊症状尚未出现即恢复的被称为一过型感染或消散型感染；在发病伊始则症状表现较重，但在特征性临诊症状尚未出现即很快消退并转为健康的被称为顿挫型感染 (abortive type infection)，常见于感染病流行的后期；还有一种情况是其临诊症状表现一直是比较轻缓的类型，这种类型一般被称为温和型感染。

1.2.5 局部感染与全身感染

这是按所感染的部位划分的，若病原菌仅局限于一定部位生长繁殖，并引起一定病理变化的称为局部感染 (local infection)；若感染发生后病原菌及其毒性代谢产物向全身扩散，并能使各主要组织器官发生不同程度的病理变化及全身症状，则称为全身感染 (generalized infection，systemic infection)。在全身感染中，其表现形式主要包括以下几个方面。

1.2.5.1 毒血症与脓毒败血症

毒血症 (toxemia) 是指病原菌在侵入的局部组织中繁殖后，只有其所产生的外毒素进入血液循环并常通过血流到达一定的易感组织器官引起相应的特殊毒性症状，其病原菌并不进入血液。典型的例子则是由破伤风梭菌 (*Clostridium tetani*) 所引起的人及某些动物的破伤风 (tetanus)。

脓毒败血症 (septicopyemia) 为败血症的情形之一，但多是指化脓性细菌侵入血液后在其中大量生长繁殖，并通过血流扩散到机体其他组织或器官，产生化脓性病灶，如由金黄色葡萄球菌所引起的多发性肝脓肿、皮下脓肿、肾脓肿等。或是存在原发性化脓性感染病灶的情况，病原菌尚未进入血液，此情况可称为脓毒症 (sepsis)，但其通常为短暂的过渡过程，将很快会因病原菌进入血液导致形成迁徙性化脓性病灶及演变为脓毒败血症。

1.2.5.2 菌血症与败血症

病原菌由局部侵入血液，但未在血液中生长繁殖，只是短暂地通过血液循环进入体内适宜部位后再生长繁殖并致病，此期可被称为菌血症 (bacteremia) 阶段。这种情况只是在病原菌浸染机体过程中的一个阶段，且多数病原菌在很多情况下进入血液后即行生长繁殖，其后果一般是引发败血症 (septicemia) 感染。

病原菌侵入血液后在其中大量生长繁殖，有的还产生毒性代谢产物，引起严重的全身症状，被称为败血症感染。实际上，病原菌还常常在全身各适宜的组织脏器中同样大量生长繁殖，并引起相应的病理损伤。多种病原细菌，均能引起机体发生败血症感染。

1.2.5.3 内毒素血症

内毒素血症 (endotoxemia) 是指由革兰氏阴性病原菌侵入血液并在其中大量生长繁殖、菌体崩解后释放出内毒素 (endotoxin) 致病的一种感染类型，它是某些革兰氏阴性菌的一个感染特征。

1.2.6 典型感染与非典型感染

这也是按临诊症状划分的，在某种病原菌感染的过程中，表现出该种病原菌感染的相应病害的特征性 (有代表性) 临诊症状的，称为典型感染；若感染发生后表现或轻或重，与典型症状有差异则被称为非典型感染。此两种感染类型，亦均属于显性感染的范畴。

1.2.7 良性感染与恶性感染

一般常以群体发病的病死率 (%) 作为判定感染病严重性的主要指标，若感染病发生后并不引起死亡，则可称之为良性感染；相反，若引起死亡则可称之为恶性感染。不同种细菌引发的感染病，表现既有良性感染也有恶性感染；即使是同一种细菌感染病，亦有时呈良性感染，有时呈恶性感染。发生良性感染或恶性感染，既取决于病原菌本身的毒力强度，又取决于机体的抵抗力。无论是在不同种细菌性感染病例间，还是同一种感染病的不同病例间，确切界定其良性感染与恶性感染的值 (%) 尚不是很明确的，常是按相对的印象值或大致的对比值来界定。

另外，尽管发病后的病死率不是很高，但却在体表或体内其组织器官出现严重的病变，此类型的感染亦应列入恶性感染的范畴。

1.2.8 急性感染与慢性感染

这是按发病后的病程划分的，急性感染 (acute infection) 的病程较短，从几天到 2 ~ 3 周不等，并伴有明显的典型症状；慢性感染 (chronic infection) 的病程一般发展缓慢，常在 1 个月以上，临诊症状常不明显，甚至不表现出来。在急性感染中，若表现病程短促，常在数小时或 1 天内突然死亡，症状和病变均不显著，此种类型被称为最急性感染，常发生于感染病的流行初期；若临诊表现不如急性感染那样显著，病程稍长些，与急性感染相比是一种比较缓和的形式，被称为亚急性感染。细菌感染病的病程长短，取决于机体的抵抗力和病原菌的致病力等因素，同一种细菌感染病的病程也不是经常不变的，在不同的人群间更可能会表现有差异，一种类型常易转变为另一种类型。

总体上看，各种不同的感染类型都是从某个侧面或某种角度进行划分的，因此上述各种类型也都是相对的，它们之间相互联系或重叠交叉，因此在具体描述时需加以不同情况的限定。

1.3 细菌感染病的流行形式与病程发展阶段

细菌性感染病能表现出在流行过程中的不同形式及病程发展阶段，也常具有一定的规律性，在作为流行病学资料、及时有效预防与治疗等方面都具有重要意义。

1.3.1 流行过程的表现形式

根据在一定的时间范围内，其发病率的高低和传染范围的大小 (即流行强度)，可将人群中细菌性感染病的表现分为以下几种形式，其表示的术语有散发流行 (sporadic)、地方流行 (endemic,enzootic)、流行、暴发、大流行 (pandemic,panzootic) 等。

1.3.1.1 散发流行

感染病表现随机发生、无明显规律性，局部地区病例或发病与死亡零星地散在发生 (无聚集性)，各病例或发病与死亡者在发病时间、地点上没有明显的关系，这种情况称为散发流行 (亦称散发性)。出现这种散发的形式，可能的主要原因包括：①人群对某种细菌感染的免疫水平较高，如天然免疫水平较高或通过人工免疫已使大部分个体获得有效保护等；②某种病原菌的隐性感染比例较大，偶尔在某些个体抵抗力下降时引起显性感染；③某种病原菌的感染需要特定的条件，即传播的条件不易实现或潜伏期较长。

1.3.1.2　地方流行

在一定的地区和群体中，带有局限性传播特征的，并且是比较小规模流行的细菌性感染病，可称为地方流行(亦称地方流行性)，或叫作感染病的发生，具有一定的地区性。地方流行性的含义一般认为有两个方面，一方面是表示在一个地区的一个较长时间里发病的数量稍超过散发性的；另一方面是除了表示一个相对的数量以外，有时还包含着地区性的意义。例如，炭疽芽孢杆菌形成芽孢污染了某个地区，则使该地区成了常在的疫源地，若防疫工作不良则每年都有可能会出现一定数量的炭疽患者或易感病畜。

1.3.1.3　流行

所谓发生流行是指在一定时间内、一定人群出现比寻常为多的发病或死亡个体，它没有一个发病或死亡的绝对数值界限，仅是指感染病发生频率较高的一个相对名词，亦称流行性。因此，任何一种感染病当其称为流行时，各地、各人群中所出现的发病或死亡数是很不一致的。流行性感染病的传播范围广、发病率高，此类情况往往是病原菌的毒力较强、能以多种方式传播，人群的易感性较高。

1.3.1.4　暴发

感染病暴发是一个不太确切的名词，大致可作为流行性的同义词。一般认为，某种细菌感染病在一定的人群或一定区域范围内，在短时间(该感染病的最长潜伏期内)突然出现很多发病或死亡个体，可称为暴发。暴发常常是患者多有相同的传染源或传播途径，如食物中毒、某种病原菌引起的医院感染等。

1.3.1.5　大流行

大流行是一种规模非常大的流行形式，波及很大的范围(如跨国界、省界、地界等)，被称为大流行(亦称大流行性)。历史上曾有过不少细菌性传染病的世界性大流行，如由鼠疫耶尔森氏菌引起的鼠疫、由霍乱弧菌引起的霍乱等。

上面所述及的几种流行表现形式，它们之间的界定又是相对的，并且对每一种形式来讲也不是固定不变的，因此需根据实际情况通过相对的比较做出流行形式的描述。

1.3.2　病程的发展阶段

由病原微生物所引起的感染病，其病程发展过程在大多数情况下具有比较严格的规律性，大致可以分为潜伏期(incubation period)、前驱期(prodromal period)、明显(发病)期(period of apparent manifestation) 和转归期 (convalescent period) 四个阶段。

1.3.2.1　潜伏期

从病原细菌侵入机体并进行生长繁殖时起，到感染病的临诊症状开始出现时止，此段时间称为潜伏期。不同的细菌性感染病潜伏期的长短常常是不相同的，即使是同一种细菌性感染病的潜伏期长短也存在较大的变动范围，这是由于不同的群体或个体的易感性是不一致的，病原菌的种类、数量、毒力和侵入途径及部位等情况有所不同所出现的差异性，但相对来讲还是具有一定的规律性。一般情况下，急性感染潜伏期的差异范围较小，慢性及症状不很显著的感染其潜伏期差异较大且常不规则。对同一种细菌性感染病来讲，潜伏期短时则一般表现为感染病经过较严重，潜伏期延长时则表现为感染病经过常较轻缓。从流行病学的观点来看，处于潜伏期中的群体或个体之所以值得注意，主要是因其可能是传染的来源。

潜伏期相当于病原细菌在体内定殖和转移，引起组织损伤和功能改变导致临床症状出现之前的整个过程。对感染病潜伏期的了解，有助于对感染病的诊断、检疫和流行病学调查及早期治疗与防控。

1.3.2.2 前驱期

前驱期是感染病的征兆阶段，其特点是临床症状开始表现出来，但该感染病的特征性症状仍不明显。从多数细菌性感染病来讲，这个时期仅可察觉到一般的症状，如表现出食欲减退、发热、疲乏和不愿活动等，为多种细菌性感染病所共有。各种细菌性感染病及各不同的病例所表现的前驱期长短不一，通常为数小时至一两天的时间。需要注意的是，前驱期并非所有细菌性感染病都具有，起病急剧者可无前驱期。

1.3.2.3 明显（发病）期

继前驱期之后，感染病的特征性症状逐步明显地表现出来，是感染病发展到高峰（临床症状由轻到重、由少到多）的阶段。这个阶段因相应感染病有代表性的特征性症状和体征相继表现出来，在临床诊断上比较容易识别。

1.3.2.4 转归期

感染病的进一步发展，最终进入转归期。若病原菌的致病性能增强或机体的抵抗力减弱或两者兼具，则感染病会加重；若机体的抵抗力得到改进和增强（也包括使用有效抗菌药物的治疗），则机体逐渐恢复健康，表现为临诊症状逐渐消退、体内的病理变化逐渐得到修复、正常的生理功能逐步恢复，此则是以恢复健康为转归。机体转为健康后，通常还能在一定的时间内保留特异免疫应答反应，以增强对病原菌再感染的抵抗力；另外，也有在转愈后的一定时间内还有带菌及向外界环境排菌的现象存在，但病原菌最终还是被消除。

需要指出的是，也有些细菌性感染病患者在病程中可能会出现再燃 (recrudescence)、复发 (relapse) 或后遗症 (sequela)。再燃是指当感染病患者的临床症状和体征逐渐减轻，但体温尚未完全恢复正常的缓解阶段，由于仍潜伏于血液或组织中的病原菌再度繁殖，使体温再次升高，初期发病的症状和体征再度出现的情形。复发是指当感染病患者进入恢复期后，已稳定退热一段时间，由于在体内残留的病原菌再度繁殖，以致使临床表现再度出现的情形。后遗症是指有些感染病患者在恢复期结束后，仍有某些组织器官的功能在长期未能恢复正常的情形。

1.4 细菌感染病的传播途径

病原菌从感染源（传染源）排出后，又经一定的方式再侵入其他易感者所经过的途径称为传播途径 (route of transmission)。从总体上，传播途径可分为水平传播 (horizontal transmission)、垂直传播 (vertical transmission) 两大类。其中的水平传播，主要包括空气传播 (airborne transmission)、水源传播 (waterborne transmission)、食物传播 (food-borne transmission)、接触传播 (contact transmission)、血液传播 (transmission via blood)、虫媒传播 (arthropod-borne transmission)、土壤传播 (soilborne transmission)、医源性传播 (iatrogenic transmission) 等。在医院感染的病原菌传播途径，主要是水平传播的医源性传播、空气传播、接触传播、血液传播等。

1.4.1　水平传播

水平传播指的是传染病在群体之间或个体之间，以水平形式横向平行传播。按传播方式，水平传播又可分为直接接触传播和间接接触传播。

直接接触传播是指病原菌通过被感染者 (传染源) 与易感者直接接触 (如咬伤) 所引起的传播方式；这种情况不是多见的，且常是在被感染的个体发生感染，不易造成广泛的流行，通过这种传播途径造成的感染也被称为直接接触感染。

间接接触传播，是指病原菌通过传播媒介使易感者发生传染的方式；从传染源将病原菌传播给易感者的各种外界环境因素被称为传播媒介，传播媒介可能是生物即媒介者 (vector)，也可能是无生命的物体即媒介物 (vehicle) 或称污染物 (fomite)。在人的感染病中，通过间接接触传播的途径较多，如通过空气、食物及饮水、土壤、节肢动物等的传播。

每一种感染病的传播途径不一定是相同的，就同一种感染病来讲，在每个具体病例中的传播途径也不一定是完全相同的，同一种感染病可以存在一种以上的传播途径。只有对某一种感染病的发生条件、传播途径和因素进行详细的了解后，才能做到有效地控制这种感染病的流行。

1.4.1.1　食物传播

摄入被病原菌污染的食物，则有可能通过消化道途径引起感染，这种途径也被称为消化道感染。

食物传播主要见于以消化道为主要侵入门户的感染病，最为常见的是由某些食源性病原菌 (foodborne pathogen) 引起的细菌性食物中毒 (bacterial food poisoning)。当动 (植) 物食品在储藏、运输或加工过程中被病原菌污染，或是患病动物的肉、蛋、奶及其制品，以及鱼、虾、蟹、蚶等水产品本身携带病原菌，当生吃或进食半熟 (病原菌未能全部被杀灭) 的这种带有病原菌的食物时被感染。另外的形式是通过患者的排泄物，或手带菌，或苍蝇带菌污染食物，也包括可能污染饮水、饮料或粮食等。这种通过食物传播形式的，也并非仅限于那些消化系统感染病；有些病原菌可通过胃肠道进入全身，引起某些特定组织器官或全身性的感染。

1.4.1.2　接触传播

接触传播也称为日常生活接触传播，包括直接接触传播 (direct contact transmission) 和间接接触传播 (indirect contact transmission) 两种途径，多种细菌性感染病均可通过接触传播。直接接触传播是指感染源 (传染源) 与易感者不经过任何外界因素直接接触所造成的传播，最为典型的是由狂犬病病毒 (rabies virus，RV) 引起的狂犬病 (rabies)，也称为恐水病 (hydrophobia)，当被患病犬咬伤后则可被感染发病。更多的情况是间接接触传播，即经被病原菌污染的手、公用餐具、公用医疗器械及卫生用具、儿童公用玩具等，经易感者接触后被感染造成传播，这种传播形式在肠道感染病中比较多见，在医院感染中表现尤为突出。

另外，完整的皮肤、黏膜对多种病原菌均是有效的屏障，一旦皮肤、黏膜发生损伤（裂隙或创伤等），原来附着于皮肤、黏膜的病原菌，则可通过这种损伤的部位侵入，引起局部感染，甚至侵入机体引起全身性感染，这种传播方式引起的感染也被称为创伤感染。

1.4.1.3 空气传播

空气传播主要包括通过飞沫、飞沫核、尘埃等传播因子引起的传播，主要见于以呼吸道为侵入门户的细菌性感染病，所以这种传播途径亦称为呼吸道传播，所有的呼吸道感染病均可通过空气传播，在医院环境显得尤为突出。多数情况是当患者大声讲话、咳嗽、打喷嚏时，可从鼻咽部喷散出含有病原菌的黏液飞沫悬浮于空气中，若被易感者吸入即可导致感染。凡是具有在外界自下而上力较强的病原菌，易感者也可通过吸入携带病原菌的尘埃被感染，比较典型的就是由结核分枝杆菌（*Mycobacterium tuberculosis*）引起的肺结核 (pulmonary tuberculosis)。

1.4.1.4 水源传播

水源传播主要见于以消化道为侵入门户的感染病，当水源受到病原菌污染，在未经消毒材料消毒的情况下饮用，常可发生相应感染病的流行。有不少肠道细菌性感染病都可经水源传播，比较典型的有由霍乱弧菌引起的霍乱，由志贺氏菌属（*Shigella* Castellani and Chalmers 1919）细菌即通常称的痢疾杆菌 (dysentery bacillus) 引起的细菌性痢疾 (bacillary dysentery) 简称菌痢等。也有的感染病是通过易感者与疫水接触传播的，由于在生产劳动或生活活动过程中与含有病原菌的疫水接触，病原菌通过皮肤或黏膜的损伤（裂隙或创伤等）造成感染，如由问号钩端螺旋体（*Leptospira interrogans*）引起的钩端螺旋体病 (leptospirosis) 简称为钩体病，常可通过这种途径传播，也是自然疫源性感染病。

1.4.1.5 血液传播

血液传播主要是指病原菌存在于携带者或患者的血液中，通过输血及血液制品、单采血浆、器官或骨髓移植等引起的传播。另外是未使用一次性或未经严格消毒处理的注射器，在医疗检查、治疗及手术器械和针灸等使用后未采取严格的消毒灭菌管理措施，将病原菌直接注入或经破损伤口侵入易感者体内的传播形式。通过血液传播的病原菌，在医院感染中表现尤为突出。

1.4.1.6 虫媒传播

虫媒传播是指以蚊、蚤、蝇、虱、蜱、螨等节肢动物为传播媒介进行病原体传播的形式。这些节肢动物媒介可以通过叮咬吸血传播某种感染病，通常此类感染病在无虫媒存在的前提下人-人间并不相互传染。有些病原体在虫媒体内不仅能生长繁殖，甚至可经卵传给后代，但节肢动物本身并非病原体发育繁殖的良好场所，且会受到外界环境影响的限制，所以虽是能起到感染源（传染源）的作用，但不能算作是感染源（传染源），仅是对病原体起到传播作用的媒介。

在细菌性感染病中，比较有代表性的是由鼠疫耶尔森氏菌引起的鼠疫。鼠疫的主要传染源是鼠类和其他啮齿类动物（自然界受感染的啮齿类动物已发现有 220 多种），主要为黄鼠属、旱獭属、大沙土鼠属及沙土鼠属等鼠类，家鼠中的黄胸鼠、褐家鼠和黑家鼠是人间鼠疫的重要传染源。动物和人间鼠疫的传播主要以鼠蚤为媒介，已发现至少有 30 种以上的蚤类能传播鼠疫（其中主要是开皇客蚤），"鼠→蚤→人"的传播是鼠疫的主要传播方式。

另外的重要传播途径之一是肺鼠疫 (pneumonic plague) 患者痰中的鼠疫耶尔森氏菌可通过飞沫构成"人 - 人"之间的传播。

1.4.1.7　土壤传播

有些病原菌可长期存在于土壤中，当易感者接触了这些土壤，则土壤就可成为这些细菌性感染病的传播途径。比较典型的是能够引起人及动物破伤风 (tetanus) 的破伤风梭菌 (*Clostridium tetani*) 芽孢、引起人及多种动物发生炭疽的炭疽芽孢杆菌芽孢，可在土壤中存活多年，构成土壤传播的重要传染源。

1.4.1.8　医源性传播

医源性传播是指在医疗、预防工作中，人为地造成某些感染病的传播。通常有两种类型：一类是指易感者在接受治疗、预防或检验时，由于所用器械受到医护人员或其他工作人员的手污染，或消毒灭菌处理不严格引起病原菌的传播，另一类是药厂或生物制品受到污染引起病原菌传播。

1.4.2　垂直传播

垂直传播指的是从母体至其后代的两代之间的传播，也称为母 - 婴传播。从广义上讲也属于间接接触传播的方式，包括宫内感染胎儿，主要是母体经胎盘血液将病原菌传播感染胎儿，或通过携带病原菌的卵细胞发育致使胚胎感染，或是经产道传播 (病原菌经阴道通过子宫颈口到达绒毛膜或胎盘引起胎儿感染)，属于产前的传播；另外是在产程中使新生儿受到感染，以及在生后通过哺乳感染婴幼儿。

感染病的传播途径比较复杂，每种感染病通常均有其特定的传播途径，有的可能仅有一种途径，有的则有多种途径。研究感染病传播途径的目的主要在于通过切断病原菌继续传播的途径，以防止易感者受到感染，这是有效防制感染病的一个重要环节。

2　医院细菌感染

凡是由病原细菌 (致病细菌) 引起的感染，统称为细菌感染。在医学临床实践中，常常会将感染 (infection) 与传染 (communication) 视为同义语。实际上，感染与传染在含义及表现形式上，都是存在一定差异的。通常情况下，感染并不一定具有传染性，但传染确实是属于感染的范畴。例如，在医院，经手术治疗的某患者，因患者手术部位或手术室环境消毒处理不彻底，或因手术器械灭菌不严格等原因，导致了该患者手术创口被某种细菌的感染，此种情况则不能视为细菌传染；相同的情况，如果是在一定的时限范围内，经同类手术治疗的多数患者，均发生了手术创口被某种细菌的感染，此种情况则可视为这种细菌的传染，但对任一受累患者来讲则仍是被某种细菌的感染。显然，感染与传染的共同要素是均必须有病原体和易感者的存在，但感染更侧重于患者，传染则更侧重于病原体。例如，在医院内的某住院患者因可能的某种原因发生了某种细菌的感染，某医院因可能的某种原因现正在发生着某种细菌的传染；对于患者来讲都是属于医院感染，这也不是简单的病例数量 (个体与群体) 问题[1 ~ 4,16, 19]。

2.1 医院细菌感染研究历史简介

可以推测认为在出现医院的时候，医院感染就已发生了。相关信息显示早在公元325年，世界上首次出现了类似于医院的医疗形式；在当时仅是简单的收容患者的场所，因此只能说是医院的雏形或为医院的萌芽，主要是用于收容传染病患者，以及为贫民提供医疗服务。由于在那个年代的医院条件很差、加之对感染还缺乏科学认知，难以避免经常有可能发生医院感染，甚至出现感染病的暴发流行。

由于近代科学的发展，带动了医学的发展。"文艺复兴"后的欧洲，在16～17世纪出现了近代医学和近代医院，对医院感染病的防治开始提到议事日程。历史上由医院感染造成的灾难，简直是不堪回首。例如，有记述在18世纪末，法国巴黎的 Hotel-Dieu 医院（建于8世纪并通过不断的建设和重建而扩大）是一所有20间大的开放病房、可容纳2500例患者（3～6个患者住一张大床），在通风不良的病房中没有卫生设备的大医院，在伤口换药时，只是用一块纱布连续为很多患者清洗伤口，结果使所有患者伤口发生感染，使该医院患者截肢后的病死率达60%，医务人员并没有意识到这一块纱布的危害。有关对 Hotel-Dieu 医院的记载："那是一个很大的医院，住着很多患者，同时也是一个最富有的和最可怕的医院。"可见当时医院感染，对医院的影响巨大。

历史上有多位医学科学家、医务人员，在对医院感染的认知和意识到其严重后果、有效预防和控制医院感染等方面做出了杰出的贡献。特别值得推崇的，主要有美国诗人和作家、医生、生理学家奥利弗·温德尔·霍姆斯 (Oliver Wendell Holmes，1809～1894)，主张医生洗手消毒预防产褥热 (puerperal fever)；匈牙利产科医学家、现代产科消毒方法创始人之一的伊格纳茨·菲利普·塞梅尔维斯 (Ignaz Philipp Semmelweis，1818～1865)，推行医生洗手和产科器械消毒预防产褥热；英国医学家约瑟夫·利斯特 (Joseph Baron Lister，1827～1912) 男爵，是外科消毒技术创始人；意大利的妇女护士职业创始人、现代护理教育的奠基人、统计学家弗洛伦斯·南丁格尔 (Florence Nightingale，1820～1910)，是护士学和感染控制护理先驱；法国化学家、微生物学家、免疫学家路易斯·巴斯德 (Louis Pasteur，1822～1895)，建立起了微生物（细菌）引起感染病的病因论 (pathogeny generation)；德国医生、细菌学家罗伯特·科赫 (Robert Koch，1843～1910)，发明了一系列细菌检验技术；英国细菌学家亚历山大·弗莱明爵士 (Sir Alexander Fleming，1881～1955)，发现了青霉素 (penicillin) 的抗菌作用。

2.1.1 霍姆斯

早期对医院感染的真正认知，主要是在手术后的创口感染及产褥热。最为敏捷、最为熟练的外科手术医生，使用最为灵巧的技术，也都常常会发现他们的工作因患者死于术后感染而成为泡影。外科医生用"住院病"一词来描述外科病房极为常见、可怕的手术后感染，包括丹毒 (erysipelas)、化脓、败血症、脓毒败血症等。医院感染中的产褥热更为常见，伦敦《泰晤士报》曾写"产科是引导产妇走向死亡之门"，死因是产褥热。由于恐惧心理，只有半数的产妇到医院去分娩，中产阶级以上的人宁愿在家里分娩也不肯去医院。在对产褥热研究中做出了卓越贡献科学家，主要是美国的霍姆斯、匈牙利的塞梅尔维斯。现在已清楚，早期医院感染中所描述的丹毒、化脓、败血症、脓毒败血症等这些感染病，其病原主要涉及链球菌属 (*Streptococcus* Rosenbach 1884)、葡萄球菌属细菌。病原体主要包括 A 群链球菌 (Group A streptococci，GAS)，尤其是属于 β- 型 (乙型) 溶血性链球菌 (β-hemolytic streptococci) 的酿脓链球菌 (*Streptococcus pyogenes*)；葡萄球菌属的金黄色葡萄球菌。

霍姆斯 (图 2-1) 出生于马萨诸塞州的坎布里奇，1829 年入哈佛大学，1836 年获医学学位。毕业后先是在新罕布什尔州汉诺佛大学达特默思学院任解剖学教授，从 1847 年起到哈佛大学任解剖学和生理学教授，后升任哈佛大学医学院院长至 1882 年，卒于波士顿。

霍姆斯早在 1842 年就发现了产褥热具有传染性，并首次注意到产褥热是接触传染的。他认为：是那些医院里的护理人员，将感染从一张病床带到另外一张病床，就像捕鼠人将毒鼠药挨门逐户地送到家。他还指出：助产士的手经严格清洗消毒，可明显减少产褥热的发病率。霍姆斯在 1843 年底，即已证明了如果医生们用低浓度的石炭酸 (phenol) 水洗手，即可降低产褥热的死亡率。但他也不得不忍受因此而带来的非难，因为他的见解在当时遭到了强烈的反对，医生们认为这是在暗示着医生本身是不干净的。这与在后来塞梅尔维斯的遭遇一样，不过他还是比塞梅尔维斯幸运得多，因为他能于在世时见到自己的观点被公认为是正确的。霍姆斯于 1843 年在一个波士顿的医学协会上宣读了他的《产褥热的传染性》论文，并于 1844 年发表在医学期刊上，1855 年以题为《产褥热是一种神秘的瘟疫》的专著出版。

2.1.2　塞梅尔维斯

塞梅尔维斯 (图 2-2) 出生于布达佩斯，曾先后在布达佩斯大学和维也纳大学学习，1844 年在维也纳大学获医学博士学位 (匈牙利在当时是奥地利帝国的一部分)。1846 ~ 1849 年任维也纳总医院妇产科助教，1851 年任布达佩斯圣罗赫医院妇产科主任，1852 年后任妇产科教授。

在 19 世纪上半叶，由于术后感染所造成截肢的死亡率高达 45%，更有数不清的孕妇死于产后的分娩感染。可以说是产科医院的诞生，挽救了无数母子的生命，但同时也使有些人因产褥热死亡。困扰着外科医生们的伤口感染问题，使得本来可以成功治疗的外科手术，变成了一种灾难。在维也纳，当时就有大批母亲因产褥热死亡的阴影，长期笼罩着当地居民。直到 19 世纪中期，许多人认为这一切是由于在空气中存在"有毒蒸气"造成的。在当时支持这种"有毒蒸气"理论的，就包括维也纳第一妇产科医院的院长约翰·克莱因 (Johann Klein，1788 ~ 1856) 教授，在他们医院里的产褥热死亡率近 12%。

塞梅尔维斯在 1846 年进入维也纳总医院工作后的第一个月里，就发现 208 名孕妇中有 39 名死亡。塞梅尔斯注意到，产妇在维也纳的医院里生产，由受过高等教育的医生们接生，

图 2-1　霍姆斯　　　图 2-2　塞梅尔维斯

但死于产褥热的屡见不鲜，然而在家里生产的产妇由无知识的产婆接生，却大多是安全的。另外，他注意到，1846 年这家医院全年因产褥热死亡的情况，第一产科病房的死亡人数为 451 人，而第二产科病房仅有 90 人死亡（死亡率仅为 2%）。两个病房死亡产妇数量的极大差距，使他意识到这种死亡情况并非"有毒蒸气"造成的。塞梅尔维斯从此开始在维也纳总医院内部进行调查，发现此家医院虽然成立于 1794 年，但从 1822 年才开始允许学生们亲手解剖尸体，也就是从这一年开始医院里产妇的死亡率莫名其妙地上升。在 1840 年，医院又开始让男女生分开工作，男生都去了第一产科病房并负责接生工作，但他们每天早晨总是按照惯例先进行尸体剖检，然后再到病房工作；而在第二产科病房同样负责接生工作的女生们，却从来不参加尸体剖检。再者是于 1847 年 3 月，塞梅尔维斯在短期休假回医院后，得知他的好友和同事、法医学教授雅各布·柯勒什克（Jacob Kolletschka），由于在为一名因产褥热死亡的产妇尸检过程中，不慎用手术刀划伤了手指后被感染死亡。塞梅尔维斯在参加对柯勒什克的尸检时观察到他的伤口，与他在许多妇女产褥热病例中见到的伤口感染情况相一致，这使塞梅尔维斯意识到，是那把手术刀将"无形的毒素"从被剖检的尸体上传给了柯勒什克。还有一个重要的观察是一名医学生在检出了一例子宫癌患者后，又为 12 名产妇接生，结果其中的 11 例发生了产褥热。塞梅尔维斯提出："产褥热不但经尸体材料传播，也可以经活患者的坏死材料传播。"他还在实验室中将产褥热材料放置于刚刚产仔的家兔阴道和子宫内，结果引起了家兔死亡，这也是首次通过动物实验确证产褥热的传染性。图 2-3 是维也纳总医院的鸟瞰图。图 2-4 显示了维也纳总医院第一产科病房（红色曲线）和第二产科病房（蓝色曲线）在 1841 ~ 1846 年产褥热死亡率对比的曲线图。

图 2-3　维也纳总医院鸟瞰图

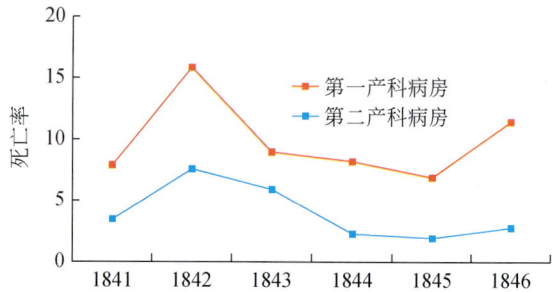

图 2-4　1841 ~ 1846 年产褥热死亡率

　　塞梅尔维斯经过这些细致的观察和分析后，断定是医生们将产褥热这种疾病带到了病房，并指出：夺走产妇生命的这种热性病，是因为不洁净的双手和手术器械所造成的，而这一切是可以通过清洁消毒的方法加以清除的。后来的研究也确实证实了他的论断。正因为如此，塞梅尔维斯在 1847 年就严格规定，他手下的医生们在接触患者之前必须先用强力化学药物（如石灰水）洗手，提倡用漂白粉溶液消毒接生人员的手和产科器械。这一规定的实施，使在他管理的病房中患者的病死率从 18% 降至 1%。但这也使医生们很反感，特别是那些以自己的"医院式"的双手自豪的医生，听到人家说是他们引起了这种病感到愤恨；同时也遭到了当时欧美医学界一些权威人士的强烈反对。

　　在塞梅尔维斯所在医院和其他也采用了这种措施的医院，产褥热的发病率大幅度下降，患者死亡显著减少。可是，当 1849 年匈牙利人起义反抗奥地利时，虽然反抗没成功，但是维也纳的医生们却赶走了塞梅尔维斯这位他们讨厌的匈牙利人。从此洗手消毒程序也被取消，结果使产褥热的发病率又上升到了创纪录的水平，但是维也纳的医生们为保住虚荣心，对此毫不介意。塞梅尔维斯在后来转到布达佩斯一所医院工作，继续实施他的消毒措施，使得产褥热几乎绝迹。1865 年，他在处理一个患者时不慎自己受了伤，感染上产褥热病原菌后卒于维也纳。塞梅尔维斯在 1861 年著有《产褥热的病因、实质和预防》，1941 年又被译成英文出版。遗憾的是他死得过早，没有看到他所提倡的消毒原则终获全胜，先是在英国，在利斯特的推动下，接着是法国，在巴斯德的推动下，最后连那些维也纳的医生们也不得不接受这种方法，在 19 世纪 70 年代，该方法逐渐得到了广泛的推广应用。

　　由于塞梅尔维斯在控制产褥热中的卓越贡献，被人们尊称为"母亲的救星"。为纪念塞梅尔维斯，奥地利共和国还发行了塞梅尔维斯纪念硬币。图 2-5 显示为塞梅尔维斯纪念硬币，正面图案（左）为塞梅尔维斯像，背面图案（右）为塞梅尔维斯曾经工作过的维也纳总医院鸟瞰图（右下方为一名医生与其助手正在进行术前洗手和消毒）。

　　塞梅尔维斯对产褥热的研究工作几乎包括了近代医院感染监测的全部内容，使他成为医院感染研究的先驱，并奠定了现代意义医院感染监测方法的基础。

图 2-5　塞梅尔维斯纪念币

2.1.3　利斯特

　　从严格意义上讲，消毒技术的创立者当是英国医学家利斯特（图 2-6）。利斯特出生于埃塞克斯郡，1848 年 10 月入伦敦大学医学院学习，1852 年毕业后任医学院附属医院住院外科医生。

　　利斯特作为外科医生，对乙醚麻醉技术很感兴趣，因其减轻了患者的手术痛苦。然而，利斯特同时也总是为一种事实感到不安，那就是患者经麻醉后实施手术可能是无痛和成功的，但患者仍不免死于手术后发生的感染。尤其是伤口化脓及引起并发症，给手术后的患者带来很大威胁。利斯特为解决这个难题，进行了长期的探讨。经过反复试验，发现了石炭酸这种有效的杀菌剂。利斯特选择低浓度的石炭酸溶液，于 1865 年 3 月第一次在一例下肢复合骨折患者的手术中使用消毒技术，并获成功。他先后进行了 11 例经石炭酸消毒的外科手术，仅 1 例发生感染死亡。这无疑是一个巨大的成就，也是外科学史上一个里程碑。此后于 1865 年 8 月 12 日其又进行了首次实践应用试验（利斯特时任爱丁堡医院的外科医生），方法是在手术室、手术台、医生的双手、手术器械、包扎绷带、手术部位和整个手术过程中不断喷洒稀释的石炭酸溶液进行消毒，收到了很好的效果。采用这种消毒方法后，使手术后的伤口化脓及并发症显著减少、死亡率大为降低。

　　利斯特于 1867 年发表了这一重要成果，很快就被德国和法国的许多医院采用。从此，利斯特创立了外科消毒新技术，并征服了医学界一些保守势力对他的发现的最初反抗。在后来虽相继发现了对组织刺激轻微和杀菌更有效的化学药品，但利斯特和他使用石炭酸创立的防腐外科的开创性贡献永载史册。当然，他也不得不面对来自各方面的批评，他的理论和技术虽被世界许多地方接受和采用，但当时伦敦是个例外。于是在 1877 年，他辞去在爱丁堡大学的教授职务，到伦敦谋职，他认为自己有责任到伦敦，去向人们表明，如果不使用消毒技术，外科手术就永远不是安全的，结果他成功了。他在 1912 年以 85 岁高龄去世（卒于肯特郡）时，亲眼看到了他的技术已在世界范围内被广泛采用了。图 2-7 是利斯特在给患者进行手术治疗及喷洒稀释的石炭酸溶液进行消毒的场景。

图 2-6　利斯特

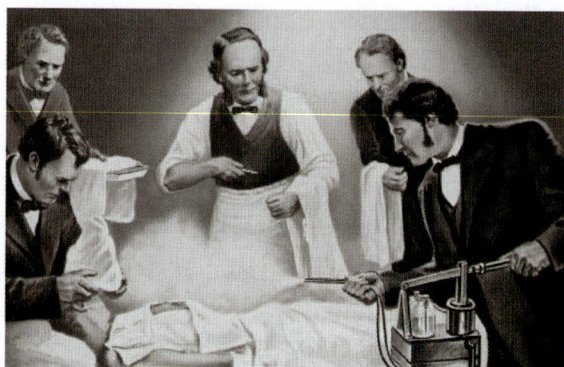

图 2-7　利斯特进行手术和消毒的场景

2.1.4　南丁格尔

南丁格尔（图 2-8）于 1820 年 5 月 12 日出生于意大利佛罗伦萨的一个英国上流社会的家庭，在德国学习护理后，曾往伦敦的医院工作，于 1853 年成为伦敦慈善医院的护士长。由于南丁格尔的努力，让昔日地位低微的护士，社会地位与形象都大为提高，成为崇高的象征，南丁格尔成为了护士精神的代名词。她是世界上第一位真正的女护士，开创了护理事业。1912 年，国际护士理事会倡议世界各国医院和护士学校以南丁格尔的生日（5 月 12 日）为国际护士节，就是以此纪念这位英国护理学先驱、人类护理事业的创始人。图 2-9 显示南丁格尔的誓言。

在克里米亚战争期间，南丁格尔在土耳其斯库台的老式军队医院中，亲眼目睹了由医院发热引起的高死亡率和发病率，从而使她成为改变医院建筑结构、促进医院改善医疗环

图 2-8　南丁格尔

图 2-9　南丁格尔誓言

境的热情倡导者，提出了卫生条件与术后感染的关系和科学的护理理论，特别强调医院卫生条件在减少患者死亡中的作用。南丁格尔一生撰写了《护理札记》《医院札记》《健康护理与疾病札记》等多部专著。最著名的是《护理札记》，阐述了护理工作应遵循的指导思想和原理，详细论述了病房卫生对患者的影响，被称为护理工作的经典著作。南丁格尔认为护理学的概念是"担负保护人们健康的职责，以及护理患者使其处于最佳状态"。南丁格尔建议病房护士应该负责记录医院死亡病例和执行上报制度，这可能是当时最早建立的医院感染管理制度。

南丁格尔通过在前线医院护理伤病员的过程中对部队医院死亡率的研究认为，伤病员的高死亡率与医院的卫生状况有关。她因此特别强调医院卫生条件对减少伤病员死亡的重要性，并通过改善卫生条件，采取对感染患者隔离、病房通风、戴手套的措施，仅用 4 个月的时间，就使伤病员的死亡率从 42% 下降到 2.3%。在 1863 年时，英国的疾病命名与分类还是混淆不清，各地医院各自为政。南丁格尔制定了医疗统计标准模式，被英国各医院相继采用，被公认为一件了不起的贡献。南丁格尔是视觉表现和统计图形的先驱，她所使用的饼图，在当时是一个新颖的显示数据的方法。她发展出饼图的形式（或称为南丁格尔玫瑰图）以说明在她管理的野战医院内，患者死亡率在不同季节的变化。

1912 年在华盛顿举行的第 9 届国际红十字大会上批准设立南丁格尔奖章，是国际护理界的最高荣誉奖。

2.1.5 巴斯德

在消毒 (disinfection) 与灭菌 (sterilization) 的原理和技术方面，历史上做出了重大突破性贡献的，当首推在第 1 章"病原细菌的发现与致病作用"中有记述的法国化学家、微生物学家、免疫学家巴斯德。巴斯德在 1860 年设计与实施的著名曲颈瓶实验 (retort test)，不仅科学否定了微生物的自然发生学说 (spontaneous generation)，也从此建立起了感染病的病原学说（病因论），并同时为微生物学中的消毒与灭菌技术的创立和发展奠定了坚实的理论基础。在消毒技术中，最为著名的是巴氏消毒法 (pasteurization)。

就医院感染来讲，巴斯德在法国与普鲁士战争期间，对法国当时野战医院的乱象印象很深。他以他的威望要求医生们将使用的工具煮沸，将绷带熏蒸，以杀灭细菌，避免传染造成的死亡，结果极为出色。但这在当时是很难被遵照执行的，因为当时巴斯德没有医师执照，他的话可听可不听。1873 年，巴斯德成为了法国医学科学院的会员，尽管他还是没有医学学位，但人们越来越觉得他是历史上最伟大的医生，今天更是坚信无疑。

由于巴斯德在细菌学、微生物学领域创造了具有划时代意义的杰出贡献，自然成为了这些学科当之无愧的奠基人，也享有微生物学之父的美誉。

2.1.6 科赫

在第 1 章"病原细菌的发现与致病作用"中有记述的德国医生、细菌学家科赫，毕生的研究成果极为丰富。其主要的研究成果可归纳为两个方面：一是创立了细菌学研究的基本操作技术；二是证实传染病的病原体学说。科赫的研究几乎都是开创性的，被誉为细菌学（微生物学）的奠基人之一、近代细菌学之父。

科赫首先创立了细菌固定标本染色和细菌显微照相技术，发明了培养细菌用的肉汁胨培养液和营养琼脂培养基。发明了一系列的细菌形态特征检查与细菌分离培养方法，最先科学确证了炭疽芽孢杆菌为炭疽的病原体，并于 1884 年建立了确证病原细菌的科赫法则 (Koch's postulates)。因首先发现结核分枝杆菌和相继对结核 (tuberculosis) 研究的巨大贡献，获 1905 年诺贝尔生理学或医学奖。

在消毒灭菌方面，科赫和他的同事们通过研究发表两篇论文，明确阐述了用热空气和热蒸汽对各种物品灭菌所需要的温度和最短时间。发表文章指出，用热空气灭菌时的温度至少要达到 160℃，并且需要在此温度下保持 1h；在题为"热蒸汽消毒效果的观察"文章中报告了他们对在灭菌锅中的布包内部所达到的温度，以及装载物品的大小对升温的影响进行了定量研究，指出当容器内达到 120℃经 30min 后，布包中心的温度只有 80℃。此两篇论文，奠定了实验室和医院灭菌操作的理论与应用基础。160℃的干热灭菌和 120℃的高压蒸汽灭菌技术，至今仍被广泛采用。

科赫创立了对病原细菌检验与确认的科学方法，开创了病原细菌学的新纪元，也自然为医院感染检验、确定病原提供了最为直接、有效的手段。

2.1.7 弗莱明

英国细菌学家弗莱明 (图 2-10)，出生于艾尔郡洛克菲尔德，1906 年毕业于伦敦大学圣玛丽医学院并在该学院细菌系工作，对细菌进行研究，并于 1908 年获医学博士学位。在 1914 ~ 1918 年的第一次世界大战期间，在英国皇家军医团担任上尉，复员后成为了英国病理学家、细菌学家、免疫学家阿尔姆罗斯·爱德华·赖特爵士 (Sir Almroth Edward Wright，1861 ~ 1947) 的助手。1919 年任伦敦大学圣玛丽医学院细菌学教授，1943 年当选为英国皇家学会会员，1944 年被封为爵士，1948 年任赖特 - 弗莱明微生物研究所的所长至逝世 (卒于伦敦)。

1928 年，弗莱明在伦敦圣玛丽医院 (St. Mary's Hospital) 任职期间，在研究金黄色葡萄球菌时，发现在一个培养了金黄色葡萄球菌的平皿培养基中，生长出了点青霉 (*Penicillium notatum*)，在其周围的葡萄球菌被杀死了或抑制了正常生长。通过一系列的研究，弗莱明证实了这种点青霉产生对葡萄球菌和许多其他种细菌的菌落都有裂解作用的物质，他将这种能抗菌的物质命名为青霉素 (penicillin)。

1939 ~ 1945 年第二次世界大战期间，有大批伤员的伤口感染，急切需要治疗化脓细菌的治疗药物，也因而使对青霉素的研究与应用发生了急剧的变化。也正是在这种情况下，澳大利亚裔英国病理学家、牛津大学病理学教授霍华德·沃尔特·弗洛里男爵 (Baron Howard Walter Florey，1898 ~ 1968)，以及德裔英国生物化学家厄恩斯特·鲍里斯·钱恩爵士 (Sir Ernst Boris Chain，1906 ~ 1979)，推动了青霉素的产业化，并从此开创了抗生素工业时代。

青霉素问世以后果然身手不凡，并出师大捷。在第二次世界大战盟军浴血的战场上，青霉素更是大显神威，挽救了大批伤员，为盟军夺取胜利立下了汗马功劳。例如，在美国陆军医院里有许多患有败血症、心内膜炎、心包炎等感染病的伤员，当时被认为是不可治愈的绝症，在试用青霉素治疗后痊愈，于是使青霉素也被誉为"神药"轰动了医学界，也使控制医院感染进入了抗生素时代。当时人们在评价青霉素时，把它和原子弹、雷达一起，并列为二战中的"三大发明"。另外，曾有人做过统计，在 20 世纪 50 年代，每年全世界有 1000 万患有肺炎等细菌感染病的人，因使用青霉素治疗后免于死亡。

1945 年，弗莱明、弗洛里 (图 2-11)、钱恩 (图 2-12)，共同获得了当年的诺贝尔生理学或医学奖。在颁奖大会上，主持人在致词中称赞青霉素是"现代医学上最有价值的贡献"。

图 2-10　弗莱明　　　　　图 2-11　弗洛里　　　　　图 2-12　钱恩

2.2　细菌感染病的确证

对于细菌感染病的确证，直接涉及的至少包括以下两个方面的问题：一是如何确定所分离到的细菌，即为被检患者的相应病原菌；二是如何确定被检患者，即为所检出病原菌引发的细菌感染病。这对确定病原及感染病的性质、有效的防治等，都是至关重要的。如此，则需要以科学、规范的方法，获得大量且科学有效的试验数据、资料作为结论的支持，其根本在于决不可漏检，更不能误判，客观、真实地反映出所检感染病的相应病原菌种类。整个过程严守如科研工作那样的"四严"作风，即"严肃的态度、严密的方法、严谨的结论、严格的要求"，确保结果的真实、可靠。另外，这里所记述的细菌感染病确证为泛义的，包括医院感染。

2.2.1　病原菌方面

这里所述的病原菌方面，主要指的是准确、有效地从被检标本材料中检出某种或某些种相应病原菌，并不仅仅在于从被检标本材料中分离、鉴定了某种病原菌。因此，必须在以下几个方面严格要求。

2.2.1.1　被检标本材料的选定

用于做细菌分离的病料，其选定原则通常是根据感染病特点选择其具有代表性的被检材料，如呼吸系统感染病的痰液、呼吸道分泌物，消化系统感染病的呕吐物、胃液、粪便，泌尿系统感染病的尿液、尿道分泌物，脑神经系统感染病的脑脊髓穿刺液，皮肤、黏膜等局部感染病的病变组织及分泌物等，疑为食物中毒的残留食物，医院感染中被怀疑污染带菌的医疗器械、直接接触物、治疗剂、环境物品等。

2.2.1.2　严格的无菌操作

无菌操作贯穿于细菌检验工作的始终，它是保证结果可靠性的一个重要内容。此处所强调的无菌操作，主要指的是对分离细菌用病变组织（标本材料），包括对所用病变组织（标本材料）的采集与处理，目的在于排除一切可能会带来污染的细菌。

2.2.1.3　使用的培养基与培养条件

结合对病料做直接抹（涂）片染色后镜检细菌的结果，在已圈定为某种或某几种可疑病原菌的情况下，选择这些病原菌适宜生长发育的培养基用于细菌分离，且最好是同时使用几种培养基（含选择性培养基），以便于在分离后对菌落做对比观察，这有助于发现其分离的规律性和准确性。对于在确实难以圈定可疑菌种范围的情况下，更宜做多方面的考虑来决定培养基的选用，此时应以宜多不宜少为原则。对于增菌培养，在一般的情况下是不宜使用的，一是增菌培养的一般是仅利于某种特定细菌的生长、不利于或能抑制其他细菌生长的液体培养基，此种情况完全处于目的性分离，尽管这种培养基的选择性再强也难于使其他细菌均不生长；二是若为液体培养，其他细菌在材料中再少也将容易生长繁殖扩大数量，直接影响增菌后再进行固体培养基的分离。

在培养条件方面，医院感染的病原菌多为好氧菌，因此在非特殊需要进行厌氧培养或CO_2培养的情况下，均需进行好氧培养。对于培养温度，一般采用37℃培养条件即可，在特殊需要的情况下采用其他适宜培养温度（如$22 \sim 28$℃）。

2.2.1.4　形态特征的对比

在对细菌分离培养后，对于是否还有其他可能在这些培养基上均不生长（或培养条件不宜等）细菌的疑问，可通过在被检组织材料中发现同所分离菌纯培养在形态特征、染色反应相同的细菌来判定。其中需要注意的是有多数病原菌在人工培养基上的纯培养菌一般比在病变组织材料中的稍小些，或容易出现形态不甚规则的菌体（如长丝状菌体等），但最基本的形态特征、染色反应（常用革兰氏染色）是一致的。

2.2.1.5　病原菌的分类鉴定

对于病原菌的有效分类鉴定，直接决定了病原菌的种类判定。一般情况下，若仅仅是出于对细菌常规鉴定的目的（非研究工作的特别需要），其内容主要包括对分离后做纯培养的细菌做形态特征检查、培养及生化特性检查、免疫血清学检验、动物实验的致病作用检查等。

特别提示，对所测项目内容均必须使用具有明确记载的、学术界公认的、标准的、规范的方法，对结果的判定时也是如此，切忌随便操作，对所测项目的可疑结果需认真分析原因并进行重复试验、尊重客观结果。对一项内容具有多种方法的，常常有的方法是专门用于对某种或某些种细菌检验的，此时必须予以明确，即使是泛义的方法也常会因方法不同出现不同的结果，所以在这种情况下需注明所用方法，以避免可能会导致在他人应用另外方法时所测结果的不一致性。此外，就同一种细菌、同一项指标及同一种测定方法来讲，也会因所使用的培养基、培养条件（如气体或温度等）的不同，而表现出不同的结果，此时则需标注相应的测定条件。

2.2.2　感染病方面

这里所述的感染病方面，主要指的是所检出的病原菌必须是所检感染病的相应病原菌，并不仅仅是从被检材料中分离鉴定了某种病原菌后即可确定。因此，必须在以下几个方面严格要求。

2.2.2.1　确证感染病的基本指征

对于已经明确的由某种病原菌所引起的某种细菌性感染病，当表现出特征的临床表现与病理变化、发病与流行规律等，又有规律地检出相应病原菌时，即可作为这种感染病的基本指征予以确证。但在某些细菌性感染病尤其是与其他病原体的混合感染症中，有不少的情况下是缺乏经典的发病与流行规律及特征的临床表现与病理变化，所检出的病原菌有时也并非单一种，或分离结果不规律，此时则需对群体的主要发病特点与流行规律、较多个体所表现出的主要临床表现与病理变化特征进行详细的归纳与总结描述；对病原体的检验，需取具有代表性的病例的病变组织材料，至少进行以下几个方面的检验和确认。

(1) 病原体"优势理论"的使用：细菌分离中的"优势理论"指的是对于同一种及不同种的被检材料，在使用同一种及不同种培养基上，某种细菌均表现为优势生长 (菌落数量大) 状态。此种细菌最大的可能是被检目的菌，且最大的可能为原发病原菌。此时需要考虑到的问题是在不可避免且为严重污染的被检材料，或在所使用的培养基中有不适宜该种细菌生长的培养基，这些情况则应认真核对、辨别。

(2) 确认病原体的特殊条件：在特殊需要的情况下 (尤其是出于研究的目的)，对病原体的确认，还需要对被检标本材料进行特殊处理后，通过实验动物的感染检验。通常情况下，对医院细菌性感染来讲这是不需要的。

1) 甲醛处理材料及检验：无菌操作将病料称重后 (液体材料可直接使用)，加适量无菌生理盐水 (一般 W/V 为 1/5 左右)，用玻璃组织研磨器充分磨细后装于适量玻瓶中，按 0.5% 量加入甲醛溶液并充分摇匀，置 37℃感作 24h(其间摇动 3 ~ 5 次)，取出用普通营养肉汤 (瓶或管) 和普通营养琼脂 (平板) 接种各 2 份 (或使用可疑病原菌适宜生长的培养基)，置 37℃ (或可疑病原菌所需适宜生长温度) 培养 24 ~ 72h，无菌生长为合格。以此作为供试材料，分别接种医用实验动物 (如常用的小鼠)，同时以同数量、同批实验动物做接种生理盐水的对照，统一隔离饲养观察，试验组和对照组均应在试验观察期内正常存活。

2) 过滤除菌材料及检验：同上方法中的研磨悬液，用细菌过滤器过滤除菌后 (最好是再加入青霉素和链霉素的双抗处理) 作为供试材料，同上所述方法做接种感染动物实验。若接种感染组出现发病、死亡 (对照组需正常存活)，对被检材料做细菌检验为无菌生长，则可初步判定为非细菌感染，最常见的可能性是存在病毒的感染，需进一步做病毒学的检验予以明确；若感染组和对照组均无发病与死亡情况 (正常存活)，则可初步排除可能存在的病毒感染，但也不可忽视所用实验动物对其中的病原不敏感。

3) 不处理材料及检验：同上方法中的研磨悬液，不做任何处理直接作为供试材料，同上所述方法做接种感染动物实验。若接种感染组出现发病、死亡 (对照组需正常存活)，对发病、死亡实验动物做细菌检验能有规律地检出细菌，且与从被检材料中直接做细菌检验所检出的细菌相同，则可初步判定为相应的细菌感染病，再对检出的细菌予以鉴定明确；

若感染组和对照组均无发病与死亡情况（正常存活），则可初步排除为病原微生物所引起的感染症，但这种情况则需对被检材料做直接的细菌检验，其结果也应是无菌检出的，若从被检材料做直接的细菌检验曾经检出，则需进一步研究这种细菌在离体环境条件下的生存能力，以及其他方面的可能因素等，不宜简单地做出非细菌感染的结论。

2.2.2.2 科赫法则的运用

在第 1 章"病原细菌的发现与致病作用"和在前面有述及的科赫，在 1884 年创立了确证病原细菌的科赫法则。尽管科学发展至今业已显示出了科赫法则的某些不足之处，但在实践中还是在体现着它的实用性和有效性，并一直作为确证病原体（尤其是细菌）、感染病（尤其是细菌性感染病）的"金标准"，其在对病原体新致病类型、新病原体的发现中的价值更为突出。

通常以检出细菌对实验动物进行的感染试验，其本质就是对科赫法则的扩大应用。另外，由于如上述及的某些病原菌，在机体组织中与纯培养菌在形态特征上可能会表现出某些差异，此时则可通过在被检材料、纯培养菌、动物感染实验中的细菌形态特征（含染色反应）对比予以核证。

2.3 细菌感染病的监测与控制

对感染病做好经常性的监测 (surveillance) 和有效的预防 (prevention) 与控制 (control)，是预防医学、健康保障的重要内容。通过监测，不仅仅在于较系统地掌握某种细菌感染病的发生规律、分布及其程度等，更直接的目的在于指导与及时、有效的预防与控制，使相应细菌感染病不发生或不能引起流行，将其所造成的危害降低到最小值。

2.3.1 监测

对细菌感染病的监测，主要指的是对某种或某些细菌感染病进行系统、完整、连续和定期观察，对病原菌检测，调查细菌感染病的分布、动态及影响因素等，以便及时采取行之有效的防制对策。无论哪一方面的内容，其基本的环节主要包括资料收集、资料处理与利用。

2.3.1.1 资料收集

资料收集是一项长期、连续性的工作，也是监测的基础工作。主要涉及的资料包括发病与死亡情况、暴发与流行情况、病原菌的分布与规律、隐性或慢性感染、抗菌药物或疫苗的使用及其效果等。

(1) 发病与死亡情况：主要是调查、统计某种或某些种细菌感染病的发病率 (incidence rate，IR) 及死亡率 (mortality rate，death rate)，以明确相应感染病的发生规律、危害程度，指导与制订相应的防制措施。在进行发病与死亡情况的调查、统计时，需要注意的是要明确相应感染病的病原菌种类，不可将可能是由于其他非由病原微生物引起的某种原因导致的个体（甚至群体）不正常或死亡列为细菌感染病引起。

(2) 暴发与流行情况：对一些细菌感染病做暴发或流行情况的调查与统计，有助于掌握这种感染病发生的一般规律，同时通过对引起暴发或流行原因的分析与判断，可以做出相应细菌感染病发生的预测，提前指导与及时、有效采取相应的防制措施。

(3) 病原菌的分布与规律：对于细菌感染病来讲，其病原菌的分布与规律，主要涉及对病原菌分离与鉴定、环境及食物中病原菌的测定。

分离病原菌时，一定要保证在无菌操作的前提下，从被检材料中有规律地检出某种 (或混合或继发感染的某几种) 病原菌，并应与通过发病情况、病理变化、动物感染实验确证所检出的细菌为相应感染病病原菌的综合判定相结合，以确立其相应病原学意义，不可在分离获得了某种细菌后即做出为相应感染病病原菌的结论，因为至少还要考虑到是否存在混合感染或继发感染的问题，更何况还需对所分离细菌做病原学意义的确立。另外是某些抗生素的使用，会直接影响到细菌检验的结果。

(4) 隐性感染或慢性感染：对怀疑存在某种病原细菌隐性感染或慢性感染的人群，主要是采用测定血清中是否存在相应特异抗体的方法来判断。如果知道某人群从未发生过某种病原菌的显性感染，若在该人群若干个体中检出了某种病原菌的相应抗体，则可判断其一定是经受了或正在经受着相应病原菌的隐性或不显症状的慢性感染，应及时采取控制措施。

(5) 抗菌药物或疫苗的使用及其效果：对患者使用抗菌类药物治疗，需要有使用抗菌类药物种类、次数、剂量、使用方法及使用效果等方面资料的完整记录，这样有助于指导选择用药、分析用药的效果和制订切实可行的用药方案。在人群使用了某种细菌疫苗后，要定期进行血清抗体的检测，主要是检测抗体在个体间形成的均一性及群体的几何平均滴度，也包括消长规律，用以判定相应的保护作用。

2.3.1.2　资料处理与利用

对经上述监测获得的数据资料，要及时进行信息处理，包括具体的整理与归纳、分析、判断，整理要全面、归纳要清晰、分析要科学、判断要客观。对国家规定需按时向上级主管部门报告的内容，要严格按要求及时上报。对需要采取防制措施的，要及时做出相应的信息反馈，并尽可能地指导防制措施的制订与实施。需要注意的是，凡国家规定的保密内容，要严格遵守保密条例和相应的规定。

2.3.2　控制

控制也常被称为防制，主要是指采取各种有效防治措施降低已出现于群体中的感染病的发病数和死亡数，并将感染病限制在最小的局部范围内。实际上，也应包括对未发病群体的有效预防等内容。

2.3.2.1　防治

防与治是两个方面的内容，防是通过采取有效的预防方法，以防止新病例的出现和向易感人群的蔓延扩散，主要方法包括采取对环境、生活用品等的消毒处理，减少病原菌的数量；将发病者与未发病者隔离开，并对发病者进行治疗、对尚未发病者进行相应的预防；核证与消除传染源，彻底切断传播途径。治是通过使用有效药物对发病者进行治疗，其中最为重要的是选择使用对病原菌敏感的抗菌类药物，并注意交替用药以防抗药性的产生。

2.3.2.2　预防

预防实际上属于上述防的内容，但常常是指对健康群体或已受到威胁但尚未发病的群体，采取有效的措施以防止感染病的发生，主要包括以下几种方法。一是使用疫苗接种的方法，在使用了某种细菌疫苗后，需要定期进行免疫保护效果的监测，不可认为在使用了某种细菌疫苗后就不会再被相应病原菌感染发病。一经检测发现抗体效价在低于有效保护水平的情况下，则需再接种免疫或采取其他措施预防。二是使用抗菌药物的预防，在某种细菌感染病的发病高峰期前和期中，或在受到某种病原菌威胁（如可能有某种病原菌的污染或周围有感染病发生）等情况下，要做好相应的用药预防。三是做好平时的卫生、消毒等工作，以防止病原菌的富集与传播。

上述对细菌病害监测与控制内容，仅是一般性的、原则性的、泛义的。在实践中，需根据具体的细菌感染病种类、危害程度、流行性等，具体制订相应的监测与控制措施。

2.4 细菌感染病的量度

在临床流行病学 (clinical epidemiology) 调查分析及研究中，常常需要对感染病（疾病）进行一些指标（流行病学指标）的测量。按这些指标的用途可以分为两类：一是测量感染病（疾病）发生（含感染）频率和死亡频率的指标；二是测量危险因素与感染病（疾病）联系强度的指标。前者主要用于描述感染病（疾病）的分布情况，如发病率、患病率 (prevalence rate，PR)、死亡率等，通过对这些指标的统计，能够确切地展示某种或某些感染病（疾病）在不同时间、区域、人群中的分布规律；后者主要用于对病因的推断，如相对危险度 (relative risk，RR)、人群归因危险度 (population attributable risk，PAR) 等。以下所述内容，主要是测量感染病（疾病）发生（含感染）频率、死亡频率及治疗效果的指标 [14～18,20]。

2.4.1 比值和比例及率

在统计学中，测量指标有绝对数和相对数之分。流行病学研究是基于人群开展的，更注重的是感染病（疾病）在人群中发生、预后的全貌。因此，流行病学所用的测量指标多是相对数，其计算方法主要包括比值 (ratio)、比例 (proportion) 和率 (rate)。

2.4.1.1 比值

比值指的是一个统计值 A 与另一个不包括 A 的统计值 B 的比值 (A ∶ B 或 A/B)，是比较特定时间两个独立事件数量大小关系的指标。所谓独立事件，是指互不包含或不为对方的一部分。比值无时间单位，通常是用比 (A ∶ B 或 A/B) 或百分数 (100%) 来表示。例如，在某人群中患病者与健康者之比为 1 ∶ 20(或 1/20) 或记作 5%(即有患病者 1 人、健康者 20 人)。比值的分子不包含在分母中，分子和分母分别代表不同的事件。

2.4.1.2 比例

比例是指一个统计值 A 与另一含 A 的统计值 (A + B) 的比值 A/(A + B)，用来表示某特定时间某特定事件在总体事件数中所占的比例，比例的分子是分母中的一部分。比例无时间单位，通常用百分数 (100%) 来表示，如某地、某时间发病人数占总人口的 0.5%(即在每 200 人中平均有 1 人发病)。

2.4.1.3 率

率是指在一定的时间范围内，总体中出现某事件的频数或强度。设某事件的数量为 A，

在总体中非 A 的数量为 B，则率为 $A/(A+B)\times100\%$，表示总体与局部的关系，如总暴露者中发病者的比值，这时发病数为 A，健康数为 B。

率有时间单位，因观察时间的长短不同，所见到的事件数 (分子部分) 多少会不同，以致率的大小也会是不等的，所以在表达率时应注明时间单位。在流行病学中的率是比例频数，通常用百分率 (最常用)、千分率、万分率等表示。

2.4.2　测量感染病频率的指标

通常用来测量感染病 (疾病) 频率的指标，主要包括发病率、罹患率 (attack rate，AR)、患病率、感染率 (infection rate)、续发率 (secondary attack rate，SAR) 等。

2.4.2.1　发病率

发病率又称疾病发生率，表示在一定期间内，在特定人群中某种疾病新发生病例(个体)的出现频率。观察时间的单位可根据具体疾病种类及相应问题特点和需要决定，但通常多以年度表示 (一般为 1 年)，即某年某疾病的发病率。计算的公式为 (以百分率为例)

$$发病率 = \frac{一定期间内某人群中某感染病的新病例数量}{同期内可能发生该感染病的暴露人口数量} \times 100\%$$

发病率是群体中健康个体到患病个体变化频率的动态指标，是一项比较重要和常用的指标 (对死亡率很低的疾病来讲尤为重要)，主要用来描述感染病分布、探讨感染病决定因素和评价防制措施效果。其中：①计算公式中的分子是在一定期间内的新发患者数，若在观察期间内的一个人有多次发病的情况，则应分别计为新发病例数；②分母中所规定的暴露 (exposure) 人口是指观察区域内可能发生此病的人群，对那些不可能发生 (如正在患病或因曾患病或接种疫苗获得了免疫力) 的，理论上不应计入，但在实际工作中不易做到。当描述某区域的某种疾病发病率时，分母多是用该区域在该时间内的平均人口数量，这时应注明分母用的是平均人口数量；如果观察时间以年度为单位时，可为年初人口与年终人口之和除以 2，或是以当年年中 (7 月 1 日零时整) 的人口数量表示。发病率可按疾病种类、年龄、性别、职业、民族、种族、婚姻状况等特征，分别统计计算获得发病专率。

在对细菌感染病进行统计时，发病率不是很常应用的，更多的是应用累计发病率 (cumulative incidence，CI)。

$$累计发病率 = \frac{在特定时期内变为发病的总数}{在该观察期开始时群体中的健康者数} \times 100\%$$

2.4.2.2　罹患率

罹患率与发病率一样，也是人群新发生病例数量的指标，但通常指在某一局限范围、短时间内的发病率，观察时间单位可以是日、周、旬、月等。计算的公式为 (以百分率为例)

$$罹患率 = \frac{一定观察期间的新病例数量}{同期内的暴露人口数量} \times 100\%$$

罹患率更适用于在局部区域疾病的暴发描述，如食物中毒、感染病及职业中毒等暴发情况。其优点是可根据人群暴露程度精确地测量发病概率，在对医院感染的某种感染病描述中更常被采用。

罹患率和上述的发病率，都是用来表示群体中在一定时期内新病例（个体）的发生频率，因此有时也将罹患率泛称为发病率。

2.4.2.3　患病率

患病率又称现患率或流行率，是指在某个特定期间内，在一定的人群中某种感染病的新、旧病例（不管这些病例的发生时间）所占的比例（不含此时间前已痊愈或已死亡的病例）。患病率与上述的发病率密切相关，但两者的含义不同，不可混淆。计算的公式为（以百分率为例）

$$某病患病率 = \frac{某期间现有某病的病例数量}{同期内的平均人口数量} \times 100\%$$

患病率是经现况调查得出的频率，做疾病普查时得出的即是此率。因是现况调查，所以调查的时间不能拖得太长，应在尽可能短的时限内完成。如果是患病率按一定时刻计算时，则称为时点患病率 (point prevalence rate)；若按一段时间计算时，则称为期间患病率 (period prevalence rate)。通常用百分率、千分率、万分率等表示。计算的公式分别为（以百分率为例）

$$时点患病率 = \frac{某一时点在一定人口中现患某种疾病的所有病例数}{该时点的人口数（被观察人数）} \times 100\%$$

$$期间患病率 = \frac{某观察期间在一定人口中现患某种疾病的所有病例数}{同期的平均人口数（被观察人数）} \times 100\%$$

患病率的时点在理论上通常是无区间长度限制的，但实际调查或检查时一般不超过 1 个月；期间患病率指的是特定的一段时间，通常多是超过 1 个月。所谓的期间患病，实际上是等于某一特定期间开始时的时点患病率与在该期间内的发病率之和，即患病率和发病率的结合，是对确定的调查时期内存在病例（个体）总数的量度，以 Pp 代表期间患病率、P 代表调查期间开始时的时点患病率、Ip 代表调查期间的发病率，则 $Pp = P + Ip$；期间患病率的实际意义不是很大，因为调查者通常需要区分旧、新病例，因此通常所说患病率一般均是指的时点患病率。

患病率的统计对病程短的疾病来讲价值不大，因病程短的只有在疾病明显的短期内进行现况调查才能检出；对于病程长的疾病则有较大价值，因病程长的疾病比病程短的疾病更容易在现况调查期间被检查出来。患病率是在对疾病横断面研究中常用的指标，通常是用来反映病程较长的慢性病的流行情况，以及对人群健康的影响程度，如冠心病、肺结核等。另外是也可为医疗设施规划、估计医院床位周转、卫生设施及医务人员的需要量、医疗费用的投入预算等，提供具有参考价值的依据。

2.4.2.4　感染率

感染率 (infection rate) 是指在某个期间内能够检查的整个人群样本中，某种感染病现有被感染人数所占的比例。感染率可分为现状感染率和新发感染率，现状感染率的性质与患病率相似，新发感染率则是类似于发病率。计算的公式为

$$感染率 = \frac{检出被感染的（阳性）人数}{受检人数} \times 100\%$$

感染者包括带有临诊症状和不带临诊症状的、检出带有病原体和检不出来带有病原体但有曾感染过该病原体证据 (如免疫学反应阳性) 的。因感染的检验方法和判定标准对感染率影响很大，所以在分析比较时应特别注意。感染率的用途比较广泛，是评价人群健康状况常用的指标，多用于研究感染病的感染情况，推论感染病的流行态势，也可为制订防制对策提供依据，尤其常应用于一些慢性感染病的流行病学研究中。

2.4.2.5　携带率

携带率 (carrier rate) 是与上述感染率相近似的概念，计算公式中的分子为群体中携带某种病原体的人数，分母为受检者的总人数。如果检查的是某种病原菌、病毒、寄生虫，则分别称为带菌率、带毒率、带虫率等。

$$携带率 = \frac{检出携带某种病原体 (阳性) 的人数}{受检者的总人数} \times 100\%$$

2.4.2.6　续发率

续发率也称为二代发病率，是指在一个单元 (家庭、病房、集体宿舍、托儿所及幼儿园班组等) 中第 1 个病例 (首发病例或称原发病例) 出现后，在该感染病最短潜伏期至最长潜伏期之间，在易感接触者中因受其感染后发病的续发病例、占所有易感接触者总数的百分率。在进行续发率 (SAR) 的计算时，应注意不包括原发病例在内。对那些在同一单元中来自单元外感染，或短于最短潜伏期，或长于最长潜伏期的患者，也不应计入续发病例。计算的公式为

$$续发率 = \frac{在一个潜伏期内易感接触者中的发患者数}{易感接触者的总人数} \times 100\%$$

续发率是反映某种感染病感染能力强弱的指标，可用于分析某种感染病的流行因素，包括不同因素 (年龄、性别、家庭中的儿童数量和人口数量及经济条件状况等) 对这种感染病传播的影响，也可用来评价卫生防疫措施的效果，如对免疫接种、隔离观察治疗、消毒等措施的效果评价。

2.4.3　测量死亡频率的指标

通常用来测量因发生感染病 (疾病) 后死亡频率的指标，主要包括死亡率、死亡专率 (specific death rate)、病死率 (case fatality rate)、生存率 (survival rate) 等。

2.4.3.1　死亡率

死亡率表示在一定期间内，一定的人群中死亡于某种感染病 (或所有原因) 的频率或强度。死亡率是用于衡量在某一时期内 (一般为 1 年)，一个区域人群死亡危险性大小的一个常用指标，它可反映一个区域不同时期人群的健康状况和卫生保健工作的水平，也可为该区域卫生保健工作的需要和规划提供科学依据。计算的公式为 (以百分率为例)

$$死亡率 = \frac{某期间内死亡人数}{同期该人群的平均人口数量} \times 100\%$$

计算公式中的分子为死亡人数，分母为可能发生死亡事件的总人口数量 (若以 1 年计

算则通常是以年中的人口数量计，或以年初人口与年终人口之和除以 2 计)，通常多以年为单位，多用千分率、万分率表示，计算时应注意分母必须是与分子相对应的人口。某感染病死亡率是该感染病分布的一项重要指标，对病死率高的感染病的流行病学研究很有价值，因其可以代替发病水平且不易搞错，但对于症状轻微且致死率很低或不致死的感染病来讲，进行死亡率分析是不合适的。

2.4.3.2　死亡专率

通常按上面公式计算的疾病死亡率，是粗死亡率 (crude mortality rate)。在对不同区域或不同年代的某种疾病死亡率进行比较时，则不宜直接采用粗死亡率来比较，因为各区域人口的年龄、性别构成不同，以致在不同区域或人群间的死亡率不具有可比性，需要加以调整，一般是以标化死亡率进行比较。

死亡率统计可按不同病种、性别、年龄、职业等特征分别加以计算，此时计算公式中的分母人口应与产生分子的人口相对应，这样计算的死亡率称为死亡专率。计算的公式分别为 (以百分率为例)

$$年龄死亡专率 = \frac{某年某年龄组死亡人数}{同年该年龄组人口总数} \times 100\%$$

$$性别死亡专率 = \frac{某年某性别死亡人数}{同年该性别人口总数} \times 100\%$$

$$死因死亡专率 = \frac{某年因某疾病死亡人数}{同年人口总数} \times 100\%$$

死亡专率是一种常用指标，因其可以反映在不同区域或年代、不同性别或年龄某疾病的死亡率。对一些严重的疾病，其死亡专率大体上能够反映出该病的发病情况。但对于某些非致命的疾病或病程长的慢性病来讲，死亡专率不能充分反映出发病情况，但用此指标在不同的区域或国家间进行比较还是很有意义的。死亡专率可提供在不同人群、时间或区域某疾病的死亡的信息，可用于探讨病因和评价防治措施。

2.4.3.3　病死率

病死率 (fatality rate) 是表示在一定时期内，在患某种疾病的全部患者中因该疾病死亡者所占的比例。一定时期对于病程较长的感染病来讲可以是 1 年，病程较短的可以是月、天。计算的公式为

$$病死率 = \frac{某时期内因某种疾病死亡的人数}{同期内患该疾病的人数} \times 100\%$$

理论上计算公式的分母中应该是每个患者都已经发生明确的结局 (转归)，然后计算其中发生死亡结局的患者所占的比例，但在实际中对于病程短的感染病可以做到每个成员都已经发生明确的结局后计算，在病程长的感染病是难以做到的。如果是某种感染病的发病和病程处于稳定状态时，则病死率可按以下公式用该感染病的死亡率和发病率推算。

$$病死率 = \frac{某种感染病的死亡率}{某种感染病的发病率} \times 100\%$$

病死率表示确诊的某种感染病的死亡概率，因此可反映该感染病的严重程度，也可反映诊治的医疗水平。病死率通常多用于急性感染病，较少用于慢性感染病的统计分析。

2.4.3.4　生存率

生存率也称为存活率，是指接受了某种治疗措施的患者，或是在某种疾病患者中，经若干年随访 (通常为 1 年、3 年、5 年) 后，尚存活的患者数量所占的比例。

$$生存率 = \frac{随访满 \ n \ 年尚存活的病例数}{随访的病例数} \times 100\%$$

生存率反映了相应感染病对生命的危害程度，也可用于评价某种治疗措施的远期疗效 (时效性)，常用于慢性疾病的研究中。

2.4.4　测量治疗效果频率的指标

通常用来测量感染病 (疾病) 患者在经采取治疗措施后，反映治疗效果频率的指标，主要包括有效率 (effective rate)、治愈率 (cure rate)、缓解率 (remission rate)、复发率 (recurrence rate) 等。

2.4.4.1　有效率

有效率是指某种疾病的患者经治疗后，治疗有效人数占接受治疗总人数的百分比。计算的公式为

$$有效率 = \frac{经治疗有效的患者人数}{接受治疗的患者总人数} \times 100\%$$

2.4.4.2　治愈率

治愈率是指某种疾病的患者经治疗后，被治愈人数占接受治疗总人数的百分比。常用于病程短且不易引起死亡的疾病统计，计算的公式为

$$治愈率 = \frac{经治疗后被治愈的患者人数}{接受治疗的患者总人数} \times 100\%$$

2.4.4.3　缓解率

缓解率是指某种疾病的患者经治疗后，进入疾病临床证据消失期的人数占接受治疗总人数的百分比。有完全缓解率、部分缓解率和自发缓解率之分，计算的公式为

$$缓解率 = \frac{经治疗后进入疾病临床证据消失期的病例数}{接受该方法治疗的总病例数} \times 100\%$$

2.4.4.4　复发率

复发率是指某种疾病经过一段时间的缓解或痊愈后，又出现疾病临床证据的患者人数占接受观察患者总人数的百分比。计算的公式为

$$复发率 = \frac{疾病复发的病例数}{接受观察的总病例数} \times 100\%$$

（房　海）

参 考 文 献

[1] 申正义，田德英.医院感染病学(上册).北京：中国医药科技出版社，2007: 1-5, 39-40, 159-164.

[2] 贾辅忠，李兰娟.感染病学.南京：江苏科学技术出版社，2010: 81-85, 95-97, 955-965.

[3] 居丽雯，胡必杰.医院感染学.上海：复旦大学出版社，2011: 1-4.

[4] 徐秀华.临床医院感染学(修订版).长沙：湖南科学技术出版社，2005: 1-5,61-66.

[5] 王鸣，杨智聪.医院感染控制技术.北京：中国中医药出版社，2008: 1-25.

[6] 王宇明.感染病学.2版.北京：人民卫生出版社，2010: 54-59.

[7] 黄朝晖，范晓玲，胡瑜.2007—2011年医院感染主要病原菌的耐药趋势分析.中华医院感染学杂志，2013: 23(8):1911-1913.

[8] 孙慧，吴荣华，胡钢，等.医院感染病原菌分布及耐药性分析.疾病监测与控制杂志，2014: 8(1):4-6.

[9] 陈潇，徐修礼，杨佩红，等.2002—2012年医院感染主要病原菌耐药性分析.中华医院感染学杂志，2014: 24(3):557-559.

[10] 刘晓杰，孙利群，王艳秋，等.医院环境表面病原菌分布调查.中华医院感染学杂志，2013, 23(18):4454-4455.

[11] 刘杨，张秋莹，殷玉华.重症监护室常用医疗器具使用中病原菌携带情况.中国感染控制杂志，2013: 12(1):64-65.

[12] 杨央，吕火祥，胡庆丰，等.1456株连续分离的肺炎克雷伯菌临床分布及耐药性分析.中国卫生检验杂志，2010: 20(9):2232-2234.

[13] 王秋菊，秦进，袁飞.2162株铜绿假单胞菌医院感染的临床分布及耐药性分析.疾病监测，2014: 29(6): 454-457.

[14] 胡永华.实用流行病学.2版.北京：北京大学医学出版社，2010: 7-11.

[15] 李立明.流行病学.6版.北京：人民卫生出版社，2010: 15-21, 241-247.

[16] 郑全庆.流行病学.西安：西安交通大学出版社，2010: 15-29, 309-329.

[17] 王素萍.流行病学.2版.北京：中国协和医科大学出版社，2009: 14-20, 194-205.

[18] 谭红专.现代流行病学.北京：人民卫生出版社，2008: 37-54, 517-532.

[19] Richard P.Wenzel医院内感染的预防与控制.4版.李德淳，汤乃军，李云，译.天津：天津科技翻译出版公司，2005: 3-11.

[20] 刘爱忠，黄民主.临床流行病学.2版.长沙：中南大学出版社，2010: 36-39.

第2篇　医院感染革兰氏阴性肠杆菌科细菌

作为医院感染 (hospital infection，HI) 的革兰氏阴性病原肠杆菌科 (Enterobacteriaceae) 细菌，在我国已有明确报告的涉及了 12 个菌属 (genus)、35 个菌种 (species) 或亚种 (subspecies)。为便于一并了解，将其各自名录记述于此表 (按各菌属学名的字母顺序排列) 中。

医院感染病原肠杆菌科细菌的各菌属与菌种（亚种）

章次	菌属	菌种（亚种）数	菌种（亚种）名称
3	柠檬酸杆菌属 (Citrobacter)	8	弗氏柠檬酸杆菌 (Citrobacter freundii)，无丙二酸柠檬酸 (Citrobacter amalonaticus)，布氏柠檬酸杆菌 (Citrobacter braakii)，法氏柠檬酸杆菌 (Citrobacter farmeri)，科泽氏柠檬酸杆菌 (Citrobacter koseri)，塞氏柠檬酸杆菌 (Citrobacter sedlakii)，魏氏柠檬酸杆菌 (Citrobacter werkmanii)，杨氏柠檬酸杆菌 (Citrobacter youngae)
4	肠杆菌属 (Enterobacter)	1	阴沟肠杆菌 (Enterobacter cloacae)
5	埃希氏菌属 (Escherichia)	1	大肠埃希氏菌 (Escherichia coli)
6	哈夫尼菌属 (Hafnia)	1	蜂房哈夫尼菌 (Hafnia alvei)
7	克雷伯氏菌属 (Klebsiella)	5	肺炎克雷伯氏菌肺炎亚种 (Klebsiella pneumoniae subsp. pneumoniae)，肺炎克雷伯氏菌臭鼻亚种 (Klebsiella pneumoniae subsp. ozaenae)，运动克雷伯氏菌 (Klebsiella mobilis)，产酸克雷伯氏菌 (Klebsiella oxytoca)，植生克雷伯氏菌 (Klebsiella planticola)
8	摩根氏菌属 (Morganella)	1	摩氏摩根氏菌摩氏亚种 (Morganella morganii subsp.morganii)
9	泛菌属 (Pantoea)	1	成团泛菌 (Pantoea agglomerans)
10	变形菌属 (Proteus)	2	奇异变形菌 (Proteus mirabilis)、普通变形菌 (Proteus vulgaris)

章次	菌属	菌种(亚种)数	菌种(亚种)名称
11	沙门氏菌属 (Salmonella)	6	鼠伤寒沙门氏菌 (Salmonella typhimurium)，阿伯丁沙门氏菌 (Salmonella aberdeen)，阿哥纳沙门氏菌 (Salmonella agona)，布洛克兰沙门氏菌 (Salmonella blockley)，猪霍乱沙门氏菌 (Salmonella choleraesuis)，伤寒沙门氏菌 (Salmonella typhi)
12	沙雷氏菌属 (Serratia)	6	褪色沙雷氏菌 (Serratia marcescens)，液化沙雷氏菌 (Serratia liquefaciens)，居泉沙雷氏菌 (Serratia fonticola)，气味沙雷氏菌 (Serratia odorifera)，普城沙雷氏菌 (Serratia plymuthica)，深红沙雷氏菌 (Serratia rubidaea)
13	志贺氏菌属 (Shigella)	2	弗氏志贺氏菌 (Shigella flexneri)，鲍氏志贺氏菌 (Shigella boydii)
14	耶尔森氏菌属 (Yersinia)	1	小肠结肠炎耶尔森氏菌 (Yersinia enterocolitica)
合计		35	

第3章　柠檬酸杆菌属 (*Citrobacter*)

柠檬酸杆菌属 (*Citrobacter* Werkman and Gillen 1932) 的多个种 (species)，均具有医学临床意义。其中尤以弗氏柠檬酸杆菌 (*Citrobacter freundii*) 的检出频率高，能在一定条件下引起人的某些组织器官 (尤其是尿道和呼吸道) 炎性感染以至败血症等感染病 (infectious diseases)，也是食物中毒 (food poisoning) 的病原菌 [1~3]。

柠檬酸杆菌属是肠杆菌科 [Enterobacteriaceae(Rahn 1937)Ewing Farmer and Brenner 1980] 细菌的成员。作为医院感染 (hospital infection，HI) 的病原肠杆菌科细菌，在我国已有明确记述和报告的共涉及了 12 个菌属 (genus)、35 个菌种或亚种 (subspecies)。为便于一并了解，以表格 "医院感染病原肠杆菌科细菌的各菌属与菌种 (亚种)" 的形式，记述在了第 2 篇 "医院感染革兰氏阴性肠杆菌科细菌" 扉页中。

在我国由柠檬酸杆菌属细菌引起的医院感染，已有明确记述和报告的涉及 8 个种，其中主要是弗氏柠檬酸杆菌。根据相关资料分析，柠檬酸杆菌属细菌也属于在医院感染中检出频率较高的革兰氏阴性细菌。

● 中国人民解放军第三医院 (陕西宝鸡) 的韩雪玲等 (2006) 报告，回顾性总结该医院在 2004 年 1 ~ 12 月间，12 个临床科室 7057 例住院患者发生医院感染情况，结果为发生医院感染共 217 例 (构成比 3.07%)。分离到 15 种 (类) 病原菌共 433 株，其中细菌 14 种 (类) 共 419 株 (构成比 96.77%)、真菌 (fungi)14 株 (构成比 3.23%)。明确菌种 (属) 的细菌共 13 个种 (属)402 株，其中革兰氏阴性细菌 10 个种 (属)299 株 (构成比 74.38%)、革兰氏阳性细菌 3 个种 (属)103 株 (构成比 25.62%)。各菌种 (属) 的出现频率，依次为：克雷伯氏菌属 (*Klebsiella* Trevisan 1885 emend. Drancourt，Bollet，Carta and Roussselier 2001) 细菌 74 株 (构成比 18.41%)、血浆凝固酶阴性葡萄球菌 (coagulase negative staphylococci，CNS)59 株 (构成比 14.68%)、聚团肠杆菌 (*Enterobacter agglomerans*)50 株 (构成比 12.44%)、金黄色葡萄球菌 (*Staphylococcus aureus*)37 株 (构成比 9.20%)、弗氏柠檬酸杆菌 37 株 (构成比 9.20%)、铜绿假单胞菌 (*Pseudomonas aeruginosa*)33 株 (构成比 8.21%)、大肠埃希氏菌 (*Escherichia coli*)31 株 (构成比 7.71%)、洋葱假单胞菌 (*Pseudomonas cepacia*)28 株 (构成比 6.97%)、其他假单胞菌 (*Pseudomonas* spp.)18 株 (构成比 4.48%)、科泽氏柠檬酸杆菌 (*Citrobacter koseri*)14 株 (构成比 3.48%)、其他肠杆菌 (*Enterobacter* spp.)9 株 (构成比 2.24%)、粪肠球菌 (*Enterococcus faecalis*)7 株 (构成比 1.74%)、阴沟肠杆菌 (*Enterobacter cloacae*)5 株 (构成比 1.24%)，弗氏柠檬酸杆菌居第 5 位、科泽氏柠檬酸杆菌居第 10 位。在 10 个种 (属)299 株革兰氏阴性细菌中，各菌种 (属) 的出现频率依次为：克雷伯氏菌属细菌 74 株 (构成比 24.75%)、聚团肠杆菌 50 株 (构成比 16.72%)、弗氏柠檬酸杆菌 37 株 (构成比 12.37%)、铜绿假单胞菌 33 株 (构成比 11.04%)、大肠埃希氏菌 31 株 (构成比 10.37%)、洋葱假单胞菌 28 株 (构成比 9.36%)、其他假单胞菌 18 株 (构成比 6.02%)、科泽氏柠檬酸杆菌 14 株 (构成比 4.68%)、其他肠杆菌 9 株 (构成比 3.01%)、阴沟肠杆菌 5 株 (构成比 1.67%)，弗氏柠檬酸杆菌居第 3 位、科泽氏柠檬酸杆菌居第 8 位[4]。

本书作者注：①文中记述的聚团肠杆菌也称为成团肠杆菌，即现在已分类于泛菌属 (*Pantoea* Gavini Mergaert，Beji et al 1989 emend. Mergaert Verdonck and Kersters 1993) 的成团泛菌 (*Pantoea agglomerans*)；②洋葱假单胞菌，即现在已分类于伯克霍尔德氏菌属 (*Burkholderia* Yabuuchi，Kosako，Oyaizu et al 1993 emend. Gillis，Van，Bardin et al 1995) 的洋葱伯克霍尔德氏菌 (Burkholderia cepacia)。

● 宁夏回族自治区银川市第一人民医院的赵舒斌等 (2010) 报告，回顾性总结该医院在 2008 年 1 月至 2009 年 7 月间，从住院患者不同标本材料中分离获得的各种病原革兰氏阴性细菌 10 种 (属)637 株。各菌种 (属) 的出现频率，依次为：大肠埃希氏菌 214 株 (构成比 33.59%)、阴沟肠杆菌 94 株 (构成比 14.76%)、柠檬酸杆菌属细菌 93 株 (构成比 14.59%)、乙酸钙不动杆菌 (*Acinetobacter calcoaceticus*)/ 鲍氏不动杆菌 (*Acinetobacter baumannii*)78 株 (构成比 12.24%)、铜绿假单胞菌 66 株 (构成比 10.36%)、产气肠杆菌 (*Enterobacter aerogenes*)64 株 (构成比 10.05%)、肺炎克雷伯氏菌肺炎亚种 (*Klebsiella pneumoniae subsp. pneumoniae*)9 株 (构成比 1.41%)、嗜麦芽寡养单胞菌 (*Stenotrophomonas maltophilia*)9 株 (构成比 1.41%)、变形菌属 (*Proteus* Hauser 1885) 细菌 7 株 (构成比 1.09%)、褪色沙雷氏菌 (*Serratia marcescens*)3 株 (构成比 0.47%)，柠檬酸杆菌属细菌居第 3 位[5]。

本书作者注：文中记述的产气肠杆菌，即现在已分类于克雷伯氏菌属的运动克雷伯氏

菌 (Klebsiella mobilis)。

● 山东省青岛大学医学院附属医院的刘广义 (2011) 报告，回顾性总结该医院在 2008 年 10 月至 2010 年 5 月间，从住院及门诊患者不同标本材料中分离获得各种病原菌 11 种 (属)447 株。其中革兰氏阴性细菌 10 种 (属)436 株 (构成比 97.54%)、革兰氏阳性的金黄色葡萄球菌 11 株 (构成比 2.46%)。各菌种 (属) 的出现频率，依次为：弗氏柠檬酸杆菌 156 株 (构成比 34.89%)、大肠埃希氏菌 105 株 (构成比 23.49%)、沙门氏菌属 (Salmonella Lignières 1900) 细菌 73 株 (构成比 16.33%)、乙酸钙不动杆菌 51 株 (构成比 11.41%)、肺炎克雷伯氏菌 (Klebsiella pneumoniae)25 株 (构成比 5.59%)、金黄色葡萄球菌 11 株 (构成比 2.46%)、布氏柠檬酸杆菌 (Citrobacter braakii)8 株 (构成比 1.79%)、变形菌属细菌 7 株 (构成比 1.57%)、杨氏柠檬酸杆菌 (Citrobacter youngae)6 株 (构成比 1.34%)、魏氏柠檬酸杆菌 (Citrobacter werkmanii)4 株 (构成比 0.89%)、塞氏柠檬酸杆菌 (Citrobacter sedlakii)1 株 (构成比 0.22%)，弗氏柠檬酸杆菌居第 1 位、布氏柠檬酸杆菌居第 7 位、杨氏柠檬酸杆菌居第 9 位、魏氏柠檬酸杆菌居第 10 位、塞氏柠檬酸杆菌居第 11 位 [6]。

1　菌属定义与分类位置

柠檬酸杆菌属亦被称为枸橼酸杆菌属、柠檬酸细菌属等，它们是一群能利用柠檬酸盐的杆菌。

Werkman 和 Gillen 在 1932 年，首先描述了一群能利用柠檬酸钠并产生三亚甲基二醇 (trimethylene glycol) 的革兰氏阴性杆菌，此即现在分类命名的柠檬酸杆菌属的细菌。近些年来，菌属内菌种的变动 (包括合并及新增加的) 较大。菌属名称"Citrobacter"为现代拉丁语阳性名词，指能利用柠檬酸的杆菌 (a citrate-utilizing rod)[7]。

1.1　菌属定义

柠檬酸杆菌属的细菌，为大小多为 1.0μm × (2.0 ~ 6.0)μm 的革兰氏阴性直杆状，单个或成双存在，通常不产生荚膜 (capsule)，以周生鞭毛 (peritrichous flagella) 运动。兼性厌氧，有机化能营养，具有呼吸和发酵两种代谢方式，最适生长温度为 37℃；能在普通营养培养基上生长，在普通营养琼脂 (nutrient agar，NA) 培养基上生长的菌落呈圆形、边缘整齐、稍隆起、灰白色、半透明或不透明、直径多在 2.0 ~ 4.0mm 的光滑型 (smooth，S)，也偶可见黏液型 (mucoid，M) 或粗糙型 (rough，R) 的菌落。

柠檬酸杆菌属的细菌可使 D- 葡萄糖和其他多种碳水化合物发酵产酸、产气，氧化酶阴性，过氧化氢酶阳性，甲基红试验 (methyl red test，MR)、柠檬酸盐利用试验阳性，伏 - 波试验 (Voges-Proskauer test，V-P)、赖氨酸脱羧酶阴性，能还原硝酸盐，分解 L- 阿拉伯糖、纤维二糖、甘油、麦芽糖、D- 甘露醇、L- 鼠李糖、D- 山梨醇、海藻糖、D- 木糖等多种碳水化合物。

柠檬酸杆菌属的细菌存在于人及一些动物的粪便中，或许是肠道内的正常栖居菌；但也时常可作为机会病原菌 (opportunistic pathogen) 或称为条件病原菌，被分离于医学临床样品，也常见于土壤、水、污水和食物中。

柠檬酸杆菌属细菌 DNA 的 G+C mol% 为 50 ~ 52(T_m)；模式种 (type species)：弗氏柠檬酸杆菌 [*Citrobacter freundii*(Braak 1928)Werkman and Gillen 1932] [7]。

1.2 分类位置

按伯杰氏 (Bergey) 细菌分类系统，在第二版《伯杰氏系统细菌学手册》(*Bergey's Manual of Systematic Bacteriology*) 第 2 卷 (2005) 的 B 部分中，柠檬酸杆菌属分类于肠杆菌科，也是肠杆菌科细菌较早的成员。

肠杆菌科内共记载了 42 个菌属 144 个种，另是在种下有 23 个亚种及 8 个血清型 (serovar)；在有的种内，还分有不同的生物群 (biogroup) 及生物型 (biovars)。

肠杆菌科内 42 个菌属，依次为：埃希氏菌属 (*Escherichia* Castellani and Chalmers 1919)、交替球菌属 (*Alterococcus* Shieh and Jean 1999)、杀雄菌属 (*Arsenophonus* Gherna，Werren，Weisburg et al 1991)、布伦纳氏菌属 (*Brenneria* Hauben，Moore，Vauterin et al 1999)、巴克纳氏菌属 (*Buchnera* Munson，Baumann and Kinsey 1991)、布戴约维采菌属 (*Budvicia* Bouvet，Grimont，Richard et al 1985)、布丘氏菌属 (*Buttiauxella* Ferragut，Izard，Gavini，Lefebvre and Leclerc 1982)、鞘杆菌属 (*Calymmatobacterium* Aragão and Vianna 1913)、西地西菌属 (*Cedecea* Grimont，Grimont，Farmer and Asbury 1981)、柠檬酸杆菌属、爱德华氏菌属 (*Edwardsiella* Ewing and McWhorter 1965)、肠杆菌属 (*Enterobacter* Hormaeche and Edwards 1960)、欧文氏菌属 (*Erwinia* Winslow，Broadhurst，Buchanan，Krumwiede，Rogers and Smith 1920)、爱文氏菌属 (*Ewingella* Grimont，Farmer，Grimont，Asbury，Brenner and Deval 1984)、哈夫尼菌属 (*Hafnia* Møller 1954)、克雷伯氏菌属、克吕沃尔氏菌属 (*Kluyvera* Farmer，Fanning，Huntley-Carter 1981)、勒克氏菌属 (*Leclercia* Tamura，Sakazaki，Kosako and Yoshizaki 1987)、勒米诺氏菌属 (*Leminorella* Hickman-Brenner，Vohra，Huntley-Carter et al 1985)、米勒氏菌属 (*Moellerella* Hickman-Brenner，Huntley-Carter，Saitoh et al 1984)、摩根氏菌属 (*Morganella* Fulton 1943)、肥杆菌属 (*Obesumbacterium* Shimwell 1963)、泛菌属、果胶杆菌属 (*Pectobacterium* Waldee 1945 emend.Hauben，Moore，Vauterin et al 1999)、韧皮杆菌属 (*Phlomobacter* Zreik，Bové and Garnier 1998)、光杆菌属 (*Photorhabdus* Boemare，Akhurst and Mourant 1993)、邻单胞菌属 (*Plesiomonas* Habs and Schubert 1962)、布拉格菌属 (*Pragia* Aldová Hausner，Brenner Kocmoud et al 1988)、变形菌属 (*Proteus* Hauser 1885)、普罗威登斯菌属 (*Providencia* Ewing 1962)、拉恩氏菌属 (*Rahnella* Izard，Gavini，Trinel and Leclerc 1981)、糖杆菌属 (*Saccharobacter* Yaping，Xiaoyang and Jiaqu 1990)、沙门氏菌属 (*Salmonella* Lignières 1900)、沙雷氏菌属 (*Serratia* Bizio 1823)、志贺氏菌属 (*Shigella* Castellani and Chalmers 1919)、和睦菌属 (*Sodalis* Dale and Maudlin 1999)、塔特姆氏菌属 (*Tatumella* Hollis Hickman and Fanning 1982)、特拉布斯氏菌属 (*Trabulsiella* McWhorter，Haddock，Nocon et al 1992)、威格尔斯沃思氏菌属 (*Wigglesworthia* Aksoy 1995)、致病杆菌属 (*Xenorhabdus* Thomas and Poinar 1979 emend.Thomas and Poinar 1983)、耶尔森氏菌属 (*Yersinia* Van Loghem 1944)、预研菌属 (*Yokenella* Kosako Sakazaki and Yoshizaki 1985)。

肠杆菌科细菌 DNA 的 G+C mol% 为 38 ~ 60；模式属 (type genus)：埃希氏菌属。

柠檬酸杆菌属内记载了 11 个种，依次为：弗氏柠檬酸杆菌、无丙二酸柠檬酸杆菌 (Citrobacter amalonaticus)、布氏柠檬酸杆菌、法氏柠檬酸杆菌 (Citrobacter farmeri)、吉氏柠檬酸杆菌 (Citrobacter gillenii)、科泽氏柠檬酸杆菌、穆氏柠檬酸杆菌 (Citrobacter murliniae)、腐蚀柠檬酸杆菌 (Citrobacter rodentium)、塞氏柠檬酸杆菌、魏氏柠檬酸杆菌、杨氏柠檬酸杆菌 [7]。

需要注意的是，在《伯杰氏鉴定细菌学手册》(Bergey's Manual of Determinative Bacteriology) 第八版 (1974) 中记载的中间柠檬酸杆菌 (Citrobacter intermedius)，已被归入弗氏柠檬酸杆菌；在第九版《伯杰氏鉴定细菌学手册》(1994) 中记载的差异柠檬酸杆菌 (Citrobacter diversus)，已被归为科泽氏柠檬酸杆菌。曾被归于莱文氏菌属 (Levinea Young et al 1971) 的丙二酸莱文氏菌 (Levinea malonatica)，为科泽氏柠檬酸杆菌的同物异名 (synonym)；另外是无丙二酸莱文氏菌 (Levinea amalonatica)，为无丙二酸柠檬酸杆菌的同物异名。中间柠檬酸杆菌、差异柠檬酸杆菌、丙二酸莱文氏菌、无丙二酸莱文氏菌等这些名称，在一些文献中还时有出现。

2　弗氏柠檬酸杆菌 (Citrobacter freundii)

弗氏柠檬酸杆菌 [Citrobacter freundii(Braak 1928)Werkman and Gillen 1932] 亦被称为弗劳地柠檬酸杆菌、弗氏柠檬酸细菌、弗氏枸橼酸杆菌等。曾由 Braak 在 1928 年将其归于杆菌属 (Bacterium Ehrenberg 1828)，名为弗氏杆菌 (Bacterium freundii Braak 1928)；还曾被归于埃希氏菌属，名为弗氏埃希氏菌 [Escherichia freundii(Braak 1928)Yale 1939]。菌种名称 "freundii" 为现代拉丁语属格名词，是根据细菌学家弗劳地 (A. Freund) 的姓氏 (Freund) 命名的；是 Freund 首先观察到此菌能利用柠檬酸钠、并以三亚甲基二醇 [即 1，3- 丙二醇 (1，3-propanediol)] 作为发酵的产物。

细菌 DNA 的 G+C mol% 为 50 ~ 51(T_m)；模式株 (type strain)：ATCC 8090，DSM 30039，IFO 12681，NCTC 9750。GenBank 登录号 (16S rRNA)：AJ233408[7]。

2.1　生物学性状

在柠檬酸杆菌属细菌的生物学性状方面，对弗氏柠檬酸杆菌的研究相对较多，这是与其对人及动物 (已明确的主要是多种水生动物) 所具有的病原学意义相关联的。本书作者陈翠珍等 (2006) 也曾对分离于中华绒螯蟹 (Eriocheir sinensis) 的病原弗氏柠檬酸杆菌，进行了主要生物学性状检验 [8]。现综合一些相关资料，作如下的简要记述。

2.1.1　形态与培养特征

弗氏柠檬酸杆菌在普通营养琼脂培养基斜面经 28℃培养 18h，为革兰氏阴性、短杆状 (有的近似球状)、散在、个别的成双 (也有个别的为 3 ~ 6 个不规则短链状排列)、两端钝圆、无芽孢 (spore)、大小多在 (0.4 ~ 0.7) μm×(0.5 ~ 1.6) μm 的杆菌 (图 3-1)。做磷

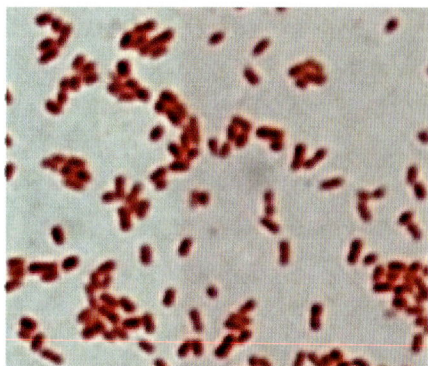

图 3-1 弗氏柠檬酸杆菌基本形态

钨酸负染色标本，置透射电子显微镜 (transmission electron microscope，TEM) 下观察可见菌体杆状、表面似皱褶状、周生鞭毛 (图 3-2)；另外，可见有类似于荚膜样结构 (图 3-3)。

弗氏柠檬酸杆菌为兼性厌氧菌，对营养的要求不高，在常用的普通营养培养基、肠道菌选择培养基上均可良好生长。涂布接种在普通营养琼脂培养基斜面，分别置 28℃ 和 37℃ 条件下需氧培养，其生长情况基本一致 (28℃ 的更优些)，菌苔不透明、灰白色，生长丰盛。以下是在不同的常用培养基上，经 28℃ 需氧培养的生长情况及菌落特征。

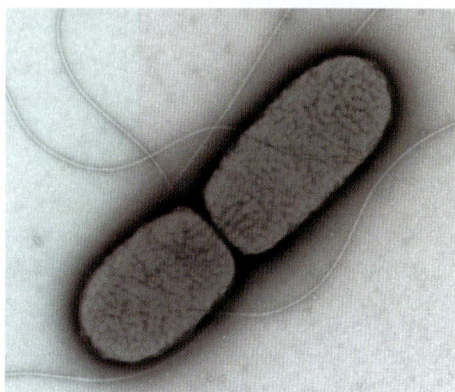

图 3-2 弗氏柠檬酸杆菌周生鞭毛
资料来源：显示杆状菌体及周生鞭毛，原 ×7000

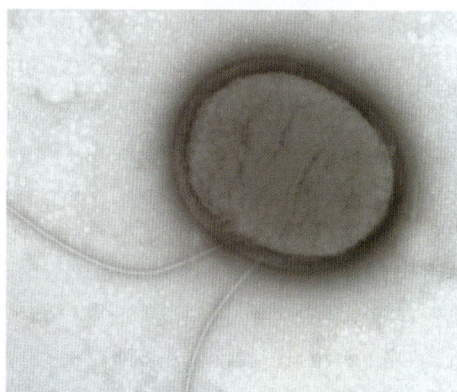

图 3-3 弗氏柠檬酸杆菌荚膜样结构
资料来源：显示杆状菌体及周生鞭毛与荚膜样结构，原 ×8000

2.1.1.1 普通营养琼脂培养基

在普通营养琼脂培养基上生长的菌落，呈圆形光滑、边缘整齐、稍隆起、浅灰白色，培养 24h 的直径多在 1.2mm 左右 (半透明)、48h 的多在 2.0mm 左右 (不透明且较扁平)，生长丰盛 (图 3-4)。

2.1.1.2 血液营养琼脂培养基

弗氏柠檬酸杆菌在含 7% 家兔脱纤血液的血液营养琼脂 (blood nutrient agar，BNA) 培养基上，与在普通营养琼脂培养基上的菌落特征、生长情况基本一致；不溶血但刮下菌落后可见很弱的 β- 溶血迹象，室温放置后有轻度 β- 溶血现象 (图 3-5)。

2.1.1.3 木糖赖氨酸去氧胆酸盐琼脂培养基

弗氏柠檬酸杆菌在木糖赖氨酸去氧胆酸盐琼脂 (xylose lysine deoxycholate agar，XLD) 培养基上，形成圆形光滑、边缘整齐、较扁平、黄白色、同心圆的脐状菌落，培养 24h 的直径多为 1.2mm 左右、培养 48h 的多为 1.5 ~ 2.0mm，刮下菌落 (苔) 呈黏块状、不易涂开，并留下黄白色的痕迹，菌落 (苔) 处的培养基亦变成黄色且向周围扩散，生长中度 (图 3-6)。

2.1.1.4 沙门氏菌 - 志贺氏菌琼脂培养基

弗氏柠檬酸杆菌在沙门氏菌 - 志贺氏菌琼脂 (Salmonella-Shigella agar，SS) 培养基上，

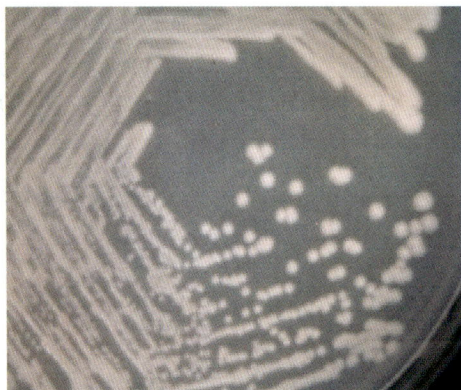

图 3-4　弗氏柠檬酸杆菌菌落 (NA)

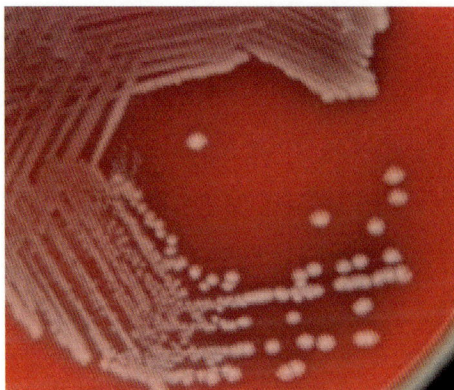

图 3-5　弗氏柠檬酸杆菌菌落 (BNA)

培养 24h 形成圆形光滑、边缘整齐、较扁平、红色的菌落，直径多在 1.5mm 左右；培养 48h 的直径多在 2.0mm 左右，呈同心圆状，在孤立菌落中心生长有小黑点 (产生 H_2S)，刮下菌落 (苔) 呈黏胶状、不易涂开，生长丰盛 (图 3-7)。

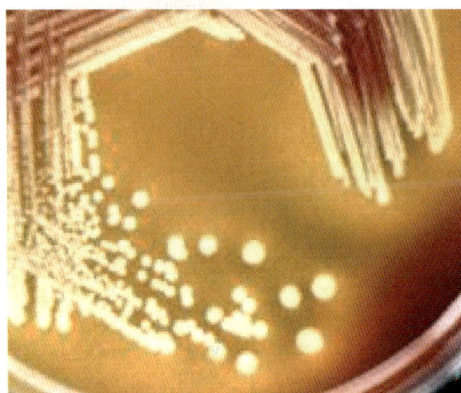

图 3-6　弗氏柠檬酸杆菌菌落 (XLD)

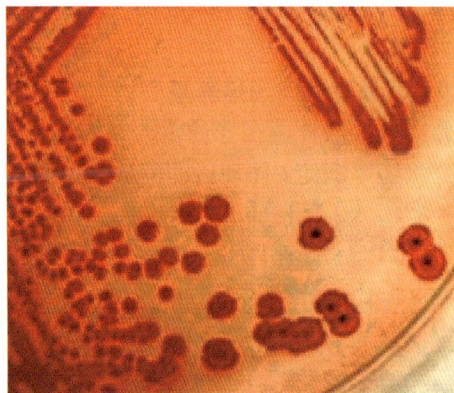

图 3-7　弗氏柠檬酸杆菌菌落 (SS)

2.1.1.5　伊红亚甲蓝琼脂培养基

弗氏柠檬酸杆菌在伊红亚甲蓝琼脂 (eosin methylene blue agar，EMB) 培养基上，培养 24h 形成圆形光滑、边缘整齐、稍隆起、同培养基本底色 (紫黑色) 的菌落，直径多在 1.5mm 左右；培养 48h 的直径多在 1.8mm 左右 (较扁平)，生长较丰盛。

2.1.1.6　麦康凯琼脂培养基

弗氏柠檬酸杆菌在麦康凯琼脂 (MacConkey agar) 培养基上，培养 24h 形成圆形光滑、边缘整齐、稍隆起的红色菌落，直径多在 1.5mm 左右；培养 48h 的直径多在 2.0mm 左右，刮下菌落 (苔) 呈黏胶状不易涂开，生长较丰盛。

2.1.1.7　胰蛋白胨大豆胨琼脂培养基

在胰蛋白胨大豆胨琼脂 (tryptone soytone agar，TSA) 培养基上，菌落呈圆形光滑、边缘整齐、稍隆起、浅灰白色、不透明，培养 24h 的直径多在 1.2mm 左右、培养 48h 的多在 2.0mm 左右，生长丰盛 (图 3-8)。

2.1.1.8 Rimler-Shotts 培养基

在 Rimler-Shotts 培养基 (Rimler-Shotts medium，RS) 上，菌落呈圆形光滑、边缘整齐、深绿色，培养 24h 的直径多在 1.0mm 左右 (稍隆起)、培养 48h 的多在 1.5mm 左右 (较扁平)，刮下菌落呈发黏态、不易涂开、并留下黄绿色菌落痕迹，生长较丰盛 (图 3-9)。

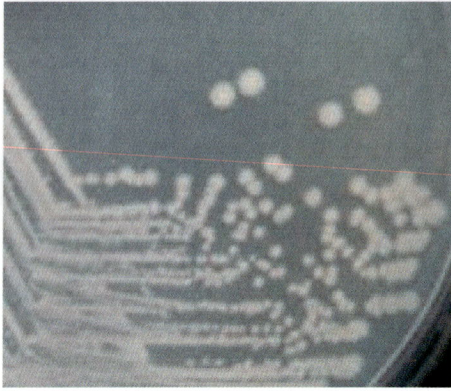

图 3-8 弗氏柠檬酸杆菌菌落 (TSA)

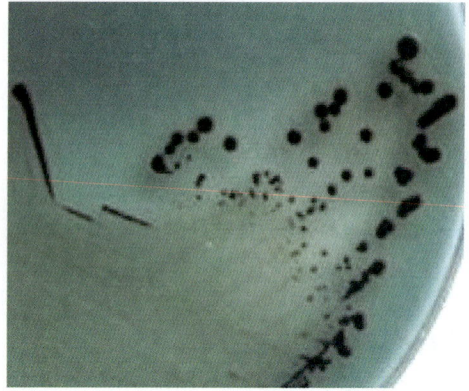

图 3-9 弗氏柠檬酸杆菌菌落 (RS)

2.1.1.9 普通营养肉汤培养基

弗氏柠檬酸杆菌在普通营养肉汤培养基中，培养 24h 检查呈均匀混浊生长，管底形成小圆点状菌体沉淀 (摇动后即消散)，可形成轻度菌环 (摇动后易消散)。

2.1.2 生化特性

弗氏柠檬酸杆菌的主要生化特性，表现为发酵葡萄糖产酸、产气，能发酵山梨醇、海藻糖、蜜二糖、纤维二糖、半乳糖、蔗糖、鼠李糖、乳糖、阿拉伯糖、甘露醇、糊精、甘油、麦芽糖、木糖、甘露糖、果糖等多种碳水化合物，不能发酵棉子糖、菊糖、水杨苷、肌醇、阿拉伯醇、卫茅醇、木糖醇、苦杏仁苷、松三糖、山梨糖、侧金盏花醇、α- 甲基 -D-葡萄糖苷、赤藓醇、松二糖等。过氧化氢酶、产生 H_2S、硝酸盐还原、甲基红试验、尿素酶、乙酸盐利用、β- 半乳糖苷酶、西蒙氏 (Simmons) 柠檬酸盐利用等试验阳性，氧化酶、明胶液化、伏 - 波试验、吲哚产生、七叶苷利用、苯丙氨酸脱氨酶、丙二酸盐利用、酒石酸盐利用等试验阴性。

为简便区分属内各菌种，将在第二版《伯杰氏系统细菌学手册》第 2 卷 (2005)B 部分中的"柠檬酸杆菌属内种间特征鉴别表"列出 (表 3-1) 供参考 [7]。

表 3-1 柠檬酸杆菌属内种间特征鉴别 [a]

项目	弗氏柠檬酸杆菌	无丙二酸柠檬酸酸杆菌	布氏柠檬酸杆菌	法氏柠檬酸杆菌	吉氏柠檬酸杆菌	科泽氏柠檬酸杆菌	穆氏柠檬酸杆菌	腐蚀柠檬酸杆菌	塞氏柠檬酸杆菌	魏氏柠檬酸杆菌	杨氏柠檬酸杆菌
吲哚产生	d[b]	+	d	+	−	+	+	−	+	−	d
柠檬酸盐 (Simmons)	d	+	d[c]	d[c]	d[c]	+	+	−[c]	d[c]	+	d[c]

续表

项目	弗氏柠檬酸杆菌	无丙二酸柠檬酸杆菌	布氏柠檬酸杆菌	法氏柠檬酸杆菌	吉氏柠檬酸杆菌	科泽氏柠檬酸杆菌	穆氏柠檬酸杆菌	腐蚀柠檬酸杆菌	塞氏柠檬酸杆菌	魏氏柠檬酸杆菌	杨氏柠檬酸杆菌
H$_2$S 产生	d[b]	d[d]	d	−	d	−	d	−	−	+	d
鸟氨酸脱羧酶	−	+	+	+	−	+	−	+	+	−	−
KCN 中生长	d[c]	+	+	+	+	+	−	+	+	+	+
丙二酸盐利用	d	d[d]	−	−	+	+	−	−	−	−	−
发酵产酸：蔗糖	+	d	−	d	d	−	d	−	−	+	d
蜜二糖	+		d[c]		+	d					
棉子糖	d[c]				+		d				
卫茅醇	d		d			d	+		+		d
侧金盏花醇						+					
D- 阿拉伯糖						+					

注：上角标的 a 表示结果来源于 Breenner 等 (1993)；b 表示根据 Ewnig(1986) 的资料，多数菌株为吲哚阴性 (阳性菌株的构成比仅为 2.1%)、H$_2$S 阳性 (构成比为 93.1%)；c 表示有少数的阳性菌株，但反应迟缓；d 表示根据 Young 等 (1971) 的资料，H$_2$S 和丙二酸盐阴性。表中符号的 + 表示阳性，− 表示阴性，d 表示 26% ~ 75% 的菌株为阳性。

2.1.3　抗原结构与免疫学特性

柠檬酸杆菌属细菌具有菌体 (ohne hauch，O) 抗原 (O 抗原)、鞭毛 (hauch，H) 抗原 (H 抗原)、表面 (kapsel，K) 抗原 (K 抗原)。在早期是由 West 和 Edwards(1954) 首先建立了 Bethesna-Ballerup 群细菌的抗原体系，此群细菌即现在的弗氏柠檬酸杆菌，抗原体系包括了 32 个 O 抗原和 87 个 H 抗原。相继一些研究者的研究结果，使 O 抗原的总数增加到了 42 个、H 抗原超过了 90 个，进一步扩充了该抗原体系。相关研究表明：弗氏柠檬酸杆菌中有许多血清型 (serovars) 菌株的抗原，分别与同属于肠杆菌科的沙门氏菌属 (*Salmonella* Ligniéres 1900)、埃希氏菌属细菌的抗原有关系，也与蜂房哈夫尼菌 (*Hafnia alvei*) 之间的 O 抗原有关系。弗氏柠檬酸杆菌的 H 抗原，表现为单相的。弗氏柠檬酸杆菌的 O5 群、O29 群的一些菌株，与伤寒沙门氏菌 (*Salmonella typhi*) 的毒力 (virulence，Vi) 抗原间，可能存在血清学上相同的抗原性；与伤寒沙门氏菌相反，弗氏柠檬酸杆菌中毒力抗原的量的变化是可逆的，且这种毒力抗原的存在与菌种的毒力无关。

在弗氏柠檬酸杆菌与其他细菌间的抗原交叉方面，还主要是在大肠埃希氏菌 (*Escherichia coli*)。例如，北京市疾病预防控制中心的刘桂荣等 (2005) 报告在 1998 ~ 2004 年间，从医院肠道门诊就医的腹泻患者粪便标本检出的 38 株弗氏柠檬酸杆菌，均与肠出血性大肠埃希氏菌 (enterohemorrhagic *Escherichia coli*，EHEC) 的 O157:H7 血清存在交叉凝集反应，认为区分此两种细菌必须进行比较系统的生化特性鉴定 [9]。

2.1.4 基因型

在弗氏柠檬酸杆菌的基因型方面，明确的研究报告还相对不多见。中国人民解放军济南军区总医院的叶明亮等 (2005) 报告对从临床分离的 116 株弗氏柠檬酸杆菌，采用随机扩增多态性 DNA(randomly amplified polymorphic DNA，RAPD) 进行基因分型 (随机引物为 5'-AGC AGG TGG A-3')，并按指纹图上的 DNA 条带数、片段大小绘制基因分型图谱。结果为 116 株的均可经随机扩增多态性 DNA 分型，指纹图上的 DNA 片段长度为 250 ~ 4000bp 不等，共分得随机扩增多态性 DNA 型 78 种，其中 DNA 条带数为 2、3、4、5、6、7、8、9、10、11、12、13、14、15、16、17 条的分别占随机扩增多态性 DNA 型的 5、4、4、8、9、10、10、6、5、5、3、2、1、1、3、2 种 [10]。

2.1.5 生境与抗性

柠檬酸杆菌属细菌在自然界广泛分布，也是比较多见的污染菌。在对抗菌类药物的敏感性方面，弗氏柠檬酸杆菌也是比较容易产生耐药性的。

2.1.5.1 生境

弗氏柠檬酸杆菌是构成人和多种动物 (包括哺乳类、鸟类、爬行类、两栖类等) 肠道正常菌群的细菌，常见于粪便材料或被粪便污染的环境，也常见于土壤、水、污水和食物中。由于其常在粪便中检出，所以此菌也被列在了大肠菌群 (coliform group，coliform) 的范畴，即作为了环境及食品等粪源性污染的卫生细菌学指标内容。

Nawaz 等 (2008) 报告，对从鲇鱼中分离的 52 株柠檬酸杆菌进行鉴定，其中包括弗氏柠檬酸杆菌 38 株 (构成比 73.08%)、无丙二酸柠檬酸杆菌 7 株 (构成比 13.46%)、布氏柠檬酸杆菌 7 株 (构成比 13.46%)。这一结果显示，柠檬酸杆菌属细菌在鱼类也具有不同程度的自然分布，也是与其在水环境的分布相关联的 [11]。

2.1.5.2 抗性

在对常用抗菌类药物的耐药性方面，多有报告显示弗氏柠檬酸杆菌在不同菌株间存在一定的差异性，且临床耐药性菌株有上升的趋势。

中国医科大学附属第一医院的褚云卓等 (2008) 报告，对在 2001 ~ 2006 年间，从中国医科大学附属第一医院住院及门诊患者主要来源于痰、尿、分泌物、血液、胆汁、脑脊液、腹腔积液等标本材料分离的 87 株弗氏柠檬酸杆菌，进行了对临床常用抗菌类药物耐药性的情况统计分析，结果是其对供试的哌拉西林、头孢唑林、庆大霉素、头孢呋辛、复方磺胺甲噁唑的耐药率较高 (均在 50% 以上)，均对亚胺培南敏感,对阿米卡星、头孢吡肟、哌拉西林 / 他唑巴坦的敏感率均在 80% 以上，有 8 株菌产生超广谱 β- 内酰胺酶 (extended-spectrum β-lactamases，ESBLs)[12]。

四川大学华西医院的刘义刚等 (2009) 报告，对在 2003 ~ 2006 年间，从四川大学华西医院从临床分离的 254 株弗氏柠檬酸杆菌进行了药物敏感性测定，发现其对多数抗菌类药物的耐药率均在 50% 以上，对头孢曲松和头孢噻肟的耐药率呈逐年上升趋势，对哌拉西林 / 三唑巴坦、亚胺培南和阿米卡星等较敏感 (在 80% 以上)[13]。

在前面有记述山东省青岛大学医学院附属医院的刘广义 (2011) 报告，回顾性总结该医院在 2008 年 10 月至 2010 年 5 月间，从住院及门诊患者不同标本材料中分离获得各种病原菌 11 种 (属)447 株。其中弗氏柠檬酸杆菌 156 株 (构成比 34.89%)，药物敏感性测定结果显示，其对供试的 15 种临床常用抗菌类药物均有不同程度的耐药性 (耐药率为 3.21% ~ 100%)。其中对氨苄西林的耐药率为 100%，对头孢西丁、氨苄西林 / 舒巴坦、头孢噻肟、头孢唑啉的耐药率为 69.23% ~ 91.03%[6]。

2.2　病原学意义

弗氏柠檬酸杆菌不仅可在适宜的条件下引起人的感染发病，也能引起多种鱼类发生病害。从某种意义上讲，此菌亦可被列为人及鱼类共染病原菌的范畴，在公共卫生学方面具有重要意义。

2.2.1　人的弗氏柠檬酸杆菌感染病

弗氏柠檬酸杆菌在人的感染病，主要是引起某些组织器官或系统 (尤其是尿道及呼吸道系统) 的炎性感染，亦可导致败血症感染，在医院感染方面更为突出。另外，在我国近年来也有作为食物中毒病原菌检出的报告。

2.2.1.1　胃肠道外感染

柠檬酸杆菌属细菌作为人的条件 (机会) 病原菌，可在社区或医院内发生感染，大多数感染部位是泌尿道和呼吸道，也常可在一些存在慢性疾病 (如白血病、自身免疫性疾病等) 的患者，以及患者经医疗插管术后的泌尿道及呼吸道中检出。该菌属细菌可引起败血症、创面感染、腹泻、胆囊炎、脑膜炎、骨髓炎、中耳炎、心内膜炎等多种类型的感染病，常是在适宜的条件下引发感染 [1, 2]。

Samonis 等 (2009) 报告分析了 1994 ~ 2006 年间，70 例成人柠檬酸杆菌感染病例的情况，发现以弗氏柠檬酸杆菌感染最为普遍 (构成比为 71.8%)；其次为科泽氏柠檬酸杆菌 (构成比 23.1%)；再次为布氏柠檬酸杆菌 (构成比 3.8%)；大部分病例以泌尿道感染为主 (构成比 52.6%)，也有在腹内、手术部位、皮肤和软组织及呼吸道的感染 [14]。

也有一些感染类型，相对来讲是不多见的，举例如下。①浙江省金华市中心医院的孙晓春 (1997) 报告了由弗氏柠檬酸杆菌所致新生儿 (25 天) 脑膜炎并阻塞性脑积水 1 例。经对脑脊液及血液做细菌培养，均分离到了弗氏柠檬酸杆菌，被诊断为新生儿弗氏柠檬酸杆菌败血症、脑膜炎、脑室管膜炎、阻塞性脑积水 [15]。②湖北省丹江口市汉江医院的刘旭忠等 (2007) 报告一名 10 岁男性儿童由于右膝关节摔伤导致了弗氏柠檬酸杆菌感染引起的关节炎 [16]。③贵州省人民医院的王秀蓉等 (1989) 报告了 2 例弗氏柠檬酸杆菌败血症病例 [17]。④ Trinidade 等 (2010) 报告了一例由弗氏柠檬酸杆菌引起的咽后脓肿伴发膈肌延长，认为弗氏柠檬酸杆菌可作为头颈部感染和咽后脓肿的病原菌 [18]。

2.2.1.2　胃肠道感染

由柠檬酸杆菌引起的胃肠道感染，主要指的是食物中毒，但其并非明确的食源性病原菌 (foodborne pathogen)，在细菌性食物中毒 (bacterial food poisoning) 中所占份额也是较小的。近年来在我国有一些因柠檬酸杆菌引起食物中毒事件发生的报告，其中主要是弗氏柠檬酸杆菌，有个别事件涉及布氏柠檬酸杆菌；中毒发生缺乏明显的区域特征，与其他细菌性食物中毒事件相比，发生规模常常表现不是很大，但通常罹患率都比较高；主要发生在集体就餐的场所（食堂、酒店、饭店、餐厅等），中毒相关食物主要是蛋白含量高的食品（主要是猪肉、牛肉等肉类食品）；通常潜伏期较短，主要临床表现为呕吐、恶心、腹痛、腹泻（多为水样便）等消化道症状，有的伴有发热、头晕、头痛、乏力等[3]。

在已有由柠檬酸杆菌引起的食物中毒报告文献中，中国人民解放军第四○五医院的王光华等(1995)报告1起由弗氏柠檬酸杆菌污染猪肉引起的事件，是中毒规模最大的。报告在1994年8月26日，某部三个食堂的170人就餐后发病103人（罹患率60.59%），潜伏期50min ~ 4h(高峰期在餐后1.5h)；均有呕吐、腹部阵发性绞痛、腹泻（黄色稀水便）等症状，发热（体温为38 ~ 39.6℃）的16例（构成比15.53%），潜伏期在1h内的7例（构成比6.79%)患者有四肢麻木、活动失灵表现；经治疗，在2 ~ 3天痊愈[19]。

2.2.1.3 医院感染特点

由柠檬酸杆菌属细菌引起的医院感染，所表现的特点是感染缺乏区域特征、感染部位比较宽泛、感染类型比较复杂、感染发生频率还是相对比较高的。

(1)科室分布特点：综合一些相关的文献分析，由柠檬酸杆菌属细菌引起的医院感染，主要分布于内科、外科、重症监护室(intensive care unit,ICU)。以下记述的一些报告，是具有一定代表性的。

在前面有记述中国医科大学附属第一医院的褚云卓等(2008)报告，从住院及门诊患者不同标本材料中分离获得的弗氏柠檬酸杆菌87株，在各科室的分布依次为：内科41株（构成比47.13%)、外科31株（构成比35.63%)、门诊患者11株（构成比12.64%)、急诊科2株（构成比2.29%)、重症监护室1株（构成比1.15%)、妇科1株（构成比1.15%)[12]。

在前面有记述山东省青岛大学医学院附属医院的刘广义(2011)报告的弗氏柠檬酸杆菌156株，在各科室的分布依次为：呼吸内科61株（构成比39.10%)、神经内科24株（构成比15.38%)、综合重症监护室(ICU)19株（构成比12.18%)、肿瘤科13株（构成比8.33%)、血液内科10株（构成比6.41%)、急症内科6株（构成比3.85%)、普通外科5株（构成比3.21%)、神经外科4株（构成比2.56%)、其他科室14株（构成比8.97%)[6]。

浙江省新昌县人民医院的俞锡灿和朱美英、青田县人民医院的张德忠(2009)报告，回顾性总结他们所在医院于2004年7月至2008年10月间，从不同病房患者各类标本材料中分离获得的柠檬酸杆菌7种147株（非重复分离菌株），在各科室的分布依次为：外科43株（构成比29.25%)、内科42株（构成比28.57%)、重症监护室(ICU)37株（构成比25.17%)、儿科16株（构成比10.88%)、妇科5株（构成比3.40%)、骨科4株（构成比2.72%)[20]。

(2)感染部位特点：综合一些相关的文献分析，由柠檬酸杆菌引起的医院感染，主要分布于呼吸道和泌尿道。以下记述的一些报告，是具有一定代表性的。

在上面有记述中国医科大学附属第一医院的褚云卓等(2008)报告的弗氏柠檬酸杆菌87株，在各感染部位的分布依次为：痰液31株（构成比35.63%)、尿液23株（构成比26.44%)、分泌物13株（构成比14.94%)、血液4株（构成比4.59%)、腹腔积液4株（构成比4.59%)、胆汁3株（构成比3.45%)、脑脊液2株（构成比2.29%)、其他标本材料7株（构成比8.05%)[12]。

在上面有记述山东省青岛大学医学院附属医院的刘广义 (2011) 报告的弗氏柠檬酸杆菌156 株，在各感染部位的分布依次为：痰液 94 株 (构成比 60.26%)、脓液 33 株 (构成比21.15%)、尿液 11 株 (构成比 7.05%)、脑脊液 8 株 (构成比 5.13%)、血液 5 株 (构成比 3.21%)、分泌物 3 株 (构成比 1.92%)、胆汁 2 株 (构成比 1.28%)[6]。

在上面有记述浙江省新昌县人民医院的俞锡灿和朱美英、青田县人民医院的张德忠(2009) 报告的柠檬酸杆菌 7 种 147 株，在各感染部位的分布依次为：尿液 52 株 (构成比35.37%)、痰液 50 株 (构成比 34.01%)、分泌物 16 株 (构成比 10.88%)、胸腹腔积液 8 株 (构成比 5.44%)、血液 7 株 (构成比 4.76%)、脑脊液 5 株 (构成比 3.44%)、胆汁 5 株 (构成比3.44%)、其他标本材料 4 株 (构成比 2.72%)[20]。

2.2.2　动物的弗氏柠檬酸杆菌感染病

弗氏柠檬酸杆菌对动物的致病性，已有明确记述的主要是在水生动物。Sato 等 (1982)报告，此菌为日本水族箱中翻车鲀 (Linnaeus, *Mola mola*) 的病原菌，这也是弗氏柠檬酸杆菌作为鱼类病原菌的最早报告。相继在西班牙、美国、印度、英国等国家均有报告，涉及的鱼类有鲑、虹鳟及鲤等[21]。

在我国，已有由弗氏柠檬酸杆菌对多种鱼类及其他水生动物引起感染发病的记述和报告。例如，养殖乌鳢、河蟹、鳖、红螯螯虾、鲤等，其发病率和死亡率均较高[22]。

2.2.3　主要毒力因子与致病机制

对弗氏柠檬酸杆菌的主要毒力因子与致病机制，相对来讲还是研究比较少的。已知弗氏柠檬酸杆菌的鞭毛和菌毛 (pilus)，具有一定的黏附素 (adhesin) 功能，有助于在侵入机体后黏附于宿主细胞表面，定居、繁殖引起发生感染。弗氏柠檬酸杆菌的菌细胞壁脂多糖(lipopolysaccharide，LPS) 成分，具有内毒素 (endotoxin) 的活性。已有研究表明，从动物分离的弗氏柠檬酸杆菌能携带定居因子抗原 (colonization factor antigens，CFA) 的 *cfa* 基因；从腹泻患者分离的弗氏柠檬酸杆菌，可能携带志贺氏菌样毒素 (Shiga-like toxins，SLTs) 基因或耐热性肠毒素 (heat-stable enterotoxin，ST) 基因，可能是引起腹泻的主要致病因素[23]。

淮海工学院的阎斌伦等 (2012) 报告，对从三疣梭子蟹分离的病原弗氏柠檬酸杆菌，经利用特异性引物进行定居因子抗原基因 (*cfa*) 的 PCR 检测，扩增出了大小在 100bp 的特异性基因片段[24]；江西省水产技术推广站的田飞焱等 (2013) 报告，从中华鳖分离的病原弗氏柠檬酸杆菌，经利用特异性引物进行定居因子抗原基因 (*cfa*) 的 PCR 检测，扩增出了大小在 100bp 的特异性基因片段[25]。这些研究结果初步表明，被检测菌株具有黏附素毒力因子。

2.3　微生物学检验

对柠檬酸杆菌的微生物学检验，目前仍主要是从事对其做分离与鉴定的细菌学检验。虽已明确弗氏柠檬酸杆菌具有菌体、表面、鞭毛抗原并能进行血清学分型，但相应的免疫血清学检验在目前尚无规范的方法应用。

2.3.1 细菌分离与鉴定

对弗氏柠檬酸杆菌的分离，通常可使用普通营养琼脂或一些肠道菌选择性培养基，直接取病料做划线分离，置25～37℃培养24h左右后，挑选纯一的或呈优势生长的菌落；移接于普通营养琼脂斜面，做成纯培养供鉴定用。对其鉴定，主要是依据形态与培养特征、生化特性进行相应的检验。

在进行与肠杆菌科内其他菌属的细菌、柠檬酸杆菌属内不同种间的鉴别检验中，主要包括以下内容。

2.3.1.1 柠檬酸杆菌属与肠杆菌科生化特性相近菌属间的鉴别

在肠杆菌科细菌中，柠檬酸杆菌属、肠杆菌属、埃希氏菌属、哈夫尼菌属、克雷伯氏菌属、变形菌属、沙门氏菌属、耶尔森氏菌属细菌，在生化特性方面相近。为进行简便的鉴别，将在第二版《伯杰氏系统细菌学手册》第2卷(2005)B部分中的"肠杆菌科细菌生化特性相近菌属间鉴别特征表"列出(表3-2)以供参考[7]。

表3-2 肠杆菌科细菌生化特性相近菌属间鉴别特征表 [a]

项目	耶尔森氏菌属	柠檬酸杆菌属	肠杆菌属	埃希氏菌属	哈夫尼菌属	克雷伯氏菌属	变形菌属	沙门氏菌属
伏-波试验	−	−	+ [b]	−	（+）	d	d	−
柠檬酸盐利用 (Simmons)	−	+	+	（−）	−	d	d	+
产生 H_2S	−	d					d	+
苯丙氨酸脱氨酶							+	
赖氨酸脱羧酶	− [c]		（−）[d]	（+）	+	（+）		
动力：37℃培养	−	+	+ [b]	（+）	（+）	−	+	+
25℃培养	+ [e]	+	+ [b]	（+）	（+）		+	+
在 KCN 培养基中生长	− [c]	d	+ [f]	− [g]	+	+	+	− [h]
丙二酸盐利用	−	d	+ [i]	d	d	+ [j]		d
发酵 D-葡萄糖产气	−或 w	+	+ [k]	+	+	（+）	（+）	
发酵产酸：L-阿拉伯糖	+ [l]	+	+	+	+	+		+
D-甘露醇	+ [m]	+	+	+	+ [n]	+		+
黏液酸盐	−	+	d	d	−	+ [o]	−	+ [p]

注：上角标的 a.表中符号的−表示0～10%菌株阳性，（−）表示11%～25%菌株阳性，d表示26%～75%菌株阳性，（+）表示76%～89%菌株阳性，+表示90%～100%菌株阳性，w表示弱阳性反应；b.阿斯肠杆菌(Enterobacter asburiae)除外；c.鲁氏耶尔森氏菌(Yersinia ruckeri)的一些菌株除外；d.产气肠杆菌(Enterobacter aerogenes)、日勾维肠杆菌(Enterobacter gergoviae)为阳性；e.鼠疫耶尔森氏菌(Yersinia pestis)、鲁氏耶尔森氏菌的一些菌株除外；f.日勾维肠杆菌、成团肠杆菌(Enterobacter agglomerans)的一些菌株除外；g.赫氏埃希氏菌(Escherichia hermannii)、伤口埃希氏菌(Escherichia vulneris)的少量菌株除外；h.邦戈尔沙门氏菌(Salmonella bongori)、猪霍乱沙门氏菌豪顿亚种(Salmonella choleraesuis subsp. houtenae)的一些菌株除外；i.阿氏肠杆菌、阪崎氏肠杆菌(Enterobacter sakazakii)除外；j.臭鼻克雷伯氏菌(Klebsiella ozaenae)除外；k.成团肠杆菌除外；l.鲁氏耶尔森氏菌、阿氏耶尔森氏菌(Yersinia aldovae)的一些菌株、克氏耶尔森氏菌(Yersinia kristensenii)、假结核耶尔森氏菌(Yersinia pseudotuberculosis)除外；m.阿氏耶尔森氏菌的一些菌株除外；n.蟑螂埃希氏菌(Escherichia blattae)除外；o.臭鼻克雷伯氏菌、鼻硬结克雷伯氏菌(Klebsiella rhinoscleromatis)除外；p.猪霍乱沙门氏菌双亚利桑那亚种(Salmonella choleraesuis subsp. diarizonae)、猪霍乱沙门氏菌豪顿亚种除外。

本书作者注：其中的产气肠杆菌，即现在分类于克雷伯氏菌属的运动克雷伯氏菌；成团肠杆菌，即现在分类于泛菌属的成团泛菌；猪霍乱沙门氏菌豪顿亚种，即原来的豪顿沙门氏菌 (*Salmonella houtenae*)，现在分类命名的肠沙门氏菌豪顿亚种 (*Salmonella enterica* subsp. *houtenae*)；臭鼻克雷伯氏菌，即现在分类命名的肺炎克雷伯氏菌臭鼻亚种 (*Klebsiella pneumoniae* subsp. *ozaenae*)；鼻硬结克雷伯氏菌，即现在分类命名的肺炎克雷伯氏菌鼻硬结亚种 (*Klebsiella pneumoniae* subsp. *rhinoscleromatis*)；猪霍乱沙门氏菌双亚利桑那亚种，即原来的双亚利桑那沙门氏菌 (*Salmonella diarizonae*)，现在分类命名的肠沙门氏菌双亚利桑那亚种 (*Salmonella enterica* subsp. *diarizonae*)。

通常情况下可根据苯丙氨酸脱氨酶、葡萄糖酸盐利用试验，将肠杆菌科内一些比较常见、具有致病性的不同菌属鉴别开 (表 3-3)。其中主要涉及变形菌属、普罗威登斯菌属、摩根氏菌属、克雷伯氏菌属、肠杆菌属、沙雷氏菌属、哈夫尼菌属、埃希氏菌属、志贺氏菌属、沙门氏菌属、柠檬酸杆菌属、爱德华氏菌属 (*Edwardsiella* Ewing and McWhorter 1965)、耶尔森氏菌属的细菌[26]。

表 3-3　根据苯丙氨酸脱氨酶和葡萄糖酸盐利用试验的各菌属间鉴别特征

菌属	苯丙氨酸脱氨酶	葡萄糖酸盐利用	菌属	苯丙氨酸脱氨酶	葡萄糖酸盐利用
变形菌属	+	−	埃希氏菌属	−	−
普罗威登斯菌属	+	−	志贺氏菌属	−	−
摩根氏菌属	+	−	沙门氏菌属	−	−
克雷伯氏菌属	−	+	柠檬酸杆菌属	−	−
肠杆菌属	− *	+ *	爱德华氏菌属	−	−
沙雷氏菌属	−	+	耶尔森氏菌属	−	−
哈夫尼菌属	−	+			

注：表中符号的＋表示阳性，−表示阴性，上角标的 * 表示有例外。

另外，在进行生化特性鉴定中，苯丙氨酸脱氨酶、葡萄糖酸盐利用试验均为阴性的肠杆菌科细菌，除了柠檬酸杆菌属细菌以外，还涉及埃希氏菌属、志贺氏菌属、沙门氏菌属、爱德华氏菌属、耶尔森氏菌属的细菌。表 3-4 所列，是这些菌属间的主要鉴别特征[26]。

表 3-4　苯丙氨酸脱氨酶和葡萄糖酸盐利用阴性的各菌属间鉴别特征

项目	埃希氏菌属	志贺氏菌属	沙门氏菌属	柠檬酸杆菌属	爱德华氏菌属	耶尔森氏菌属
产生 H_2S	−	−	+ / −	+ / −	+	−
动力	+	−	+	+	+	−
柠檬酸盐利用	−	−	+ / −	+	−	−
产生吲哚	+	− / +	−	− / +	+	− / +
赖氨酸脱羧酶	+ / −	−	+	−	+	+ / −
尿素酶	−	−	−	+ / −	−	+ / −

注：表中符号的＋表示阳性，−表示阴性，＋/−表示阳性或阴性，−/＋表示阴性或阳性；其中的耶尔森氏菌属细菌，有的种在 30℃以下培养具有动力。

2.3.1.2 柠檬酸杆菌属细菌的种间鉴别

柠檬酸杆菌属细菌的种间鉴别特征,主要如在前面表3-1中的记述.需要特别注意的是,弗氏柠檬酸杆菌有时会出现尿素酶阴性及卫茅醇、棉子糖、山梨糖阳性的菌株。

2.3.2 分子生物学检验

本书作者陈翠珍等 (2006) 报告,以从病死河蟹中分离的病原弗氏柠檬酸杆菌HQ010516B-1 株为代表菌株,进行了 16S rRNA 基因序列测定与系统发育学分析。所扩增出的 16S rRNA 基因序列长度为 1413bp(在 GenBank 中登录号为 DQ010114);做系统发育学分析,结果与柠檬酸杆菌属等肠杆菌科细菌的 16S rRNA 基因序列自然聚类,与它们的同源性为 96% ~ 99%[8]。

3 其他致医院感染柠檬酸杆菌 (*Citrobacter* spp.)

除弗氏柠檬酸杆菌外,还有检出无丙二酸柠檬酸杆菌、布氏柠檬酸杆菌、法氏柠檬酸杆菌、科泽氏柠檬酸杆菌、塞氏柠檬酸杆菌、魏氏柠檬酸杆菌、杨氏柠檬酸杆菌等的报告,但相对来讲都是少见的。

3.1 无丙二酸柠檬酸杆菌 (*Citrobacter amalonaticus*)

无丙二酸柠檬酸杆菌 [*Citrobacter amalonaticus* (Young,Kenton,Hobbs and Moody 1971)Brenner and Farmer 1982],亦被称为非丙二酸柠檬酸杆菌、非丙二酸盐柠檬酸杆菌、丙二酸盐阴性枸橼酸杆菌、无丙二酸盐枸橼酸杆菌等。在前面有记述,无丙二酸柠檬酸杆菌在起初归在了莱文氏菌属,名为无丙二酸莱文氏菌 (*Levinea amalonatica* Young,Kenton,Hobbs and Moody 1971),现此菌名亦为无丙二酸柠檬酸杆菌的同物异名。种名 "*amalonaticus*" 为现代拉丁语形容词,指不能利用丙二酸盐 (not pertaining to malonate)。

细菌 DNA 的 G+C mol% 为 51 ~ 52(T_m);模式株:ATCC 25405,NCTC 10805[7]。

3.1.1 生物学性状

无丙二酸柠檬酸杆菌的一些主要生物学性状,可见在前面表3-1中的相应记述。无丙二酸柠檬酸杆菌常见于人和其他动物的粪便及土壤、水和污水中,也见于人的各种各样临床样品材料。在前面有记述,Nawaz 等 (2008) 报告从鲇鱼中分离的 52 株柠檬酸杆菌中,包括无丙二酸柠檬酸杆菌 7 株 (构成比 13.46%),结果显示柠檬酸杆菌属细菌在鱼类也具有不同程度的自然分布,也是与其在水环境的分布相关联的 [11]。

3.1.2 病原学意义

无丙二酸柠檬酸杆菌可在适宜条件下引起人的感染病 (主要是引起尿道感染),但其出现频率是比较低的。Suwansrinon(2005) 报告,无丙二酸柠檬酸杆菌可引起人的肠道类热性疾病 (enteric fever-like illness)[27]。

在引起医院感染方面，近年来也有检出无丙二酸柠檬酸杆菌的报告，但相对来讲还是比较少见的。以下记述的一些报告，是具有一定代表性的。

在前面有记述浙江省新昌县人民医院的俞锡灿和朱美英、青田县人民医院的张德忠 (2009) 报告，从不同病房患者各类标本材料中分离获得的柠檬酸杆菌 7 种 147 株 (非重复分离菌株)，分别为：弗氏柠檬酸杆菌 102 株 (构成比 69.39%)、无丙二酸柠檬酸杆菌 20 株 (构成比 13.61%)、杨氏柠檬酸杆菌 9 株 (构成比 6.12%)、科泽氏柠檬酸杆菌 (文中记为：合适柠檬酸杆菌)6 株 (构成比 4.08%)、布氏柠檬酸杆菌 5 株 (构成比 3.40%)、魏氏柠檬酸杆菌 3 株 (构成比 2.04%)、塞氏柠檬酸杆菌 2 株 (构成比 1.36%)，无丙二酸柠檬酸杆菌居第 2 位 [20]。

浙江省新昌县人民医院的石叶夫等 (2013) 报告，为了解柠檬酸杆菌在医院感染中的临床分布及耐药性情况，对在 2007 年 1 月至 2011 年 12 月从临床分离的 5 种 97 株柠檬酸杆菌进行了检验分析。分别为：弗氏柠檬酸杆菌 68 株 (构成比 70.10%)、科泽氏柠檬酸杆菌 13 株 (构成比 13.40%)、法氏柠檬酸杆菌 10 株 (构成比 10.31%)、布氏柠檬酸杆菌 4 株 (构成比 4.12%)、无丙二酸柠檬酸杆菌 2 株 (构成比 2.06%)。2 株无丙二酸柠檬酸杆菌的临床分布，分别为来源于尿液、脓液标本材料的各 1 株 (构成比各 50.0%)[28]。

3.1.3　微生物学检验

对无丙二酸柠檬酸杆菌的微生物学检验，目前还是依赖于对分离菌株进行理化特性等方面的鉴定。与其他种柠檬酸杆菌的鉴别，主要特征如表 3-1 所示。

3.2　布氏柠檬酸杆菌 (*Citrobacter braakii*)

布氏柠檬酸杆菌 (*Citrobacter braakii* Brenner，Grimont，Steigerwalt et al 1993) 亦被称为布拉克柠檬酸杆菌，菌种名称 "*braakii*" 为现代拉丁语属格名词，是由 Brenner 等 (1993) 以荷兰微生物学家布拉克 (Hendrik R.Braak) 的姓氏 (Braak) 命名的。

细菌 DNA 的 G+C mol% 尚不清楚；模式株：ATCC 51113，CDC 80-58。GenBank 登录号 (16S rRNA)：AF025368[7]。

3.2.1　生物学性状

布氏柠檬酸杆菌的主要特性为柠檬酸盐利用、鸟氨酸脱羧酶阳性，多数菌株发酵卫茅醇、α- 甲基葡糖苷、蜜二糖产酸，能利用香豆酸盐、龙胆酸盐、甘油、3- 羟苯甲酸盐、5- 酮葡糖酸盐、蜜二糖、1-*O*-CH$_3$-α- 半乳糖苷、3-*O*-CH$_3$-D- 葡萄糖、3-*O*-CH$_3$-D- 葡萄糖、3- 羟基戊二酸盐等作为碳源，通常不发酵蔗糖、棉籽糖、水杨素，不能水解七叶苷，不能利用苯甲酸盐、4- 羟苯甲酸盐、*myo*- 肌醇、原儿茶酸盐、棉子糖、山梨糖、蔗糖、D- 酒石酸盐作为碳源[7]。

3.2.2　病原学意义

布氏柠檬酸杆菌在早期被发现于人类的粪便，也相继从动物中分离获得。作为病原菌的检出，相对来讲还是不多见的。

3.2.2.1 人的布氏柠檬酸杆菌感染病

在前面的弗氏柠檬酸杆菌中有述，Samonis 等 (2009) 分析成人柠檬酸杆菌感染病例的情况，发现亦存在布氏柠檬酸杆菌，但感染率较低 [14]。Gupta 等 (2003) 报告，由布氏柠檬酸杆菌引起了肾移植接受者的败血症 [29]。Carlini 等 (2005) 报告，布氏柠檬酸杆菌曾引起了帕金森病 (Parkinson's disease，PD) 患者的急性腹膜炎 [30]。

布氏柠檬酸杆菌在作为食物中毒的病原菌方面，还是罕见的。哈尔滨医科大学附属第一医院的刘岚等 (2008) 报告了 1 起由布氏柠檬酸杆菌引起的食物中毒事件。在报告中，共同进食未煮熟羊肉 (涮羊肉) 的 5 人中 4 人发病，临床表现发热、寒战、多汗、乏力、恶心、呕吐、水样腹泻等症状 [31]。

在引起医院感染方面，近年来也有检出布氏柠檬酸杆菌的报告，但相对来讲还是比较少见的。以下记述的一些报告是具有一定代表性的。

在前面有记述浙江省新昌县人民医院的俞锡灿和朱美英、青田县人民医院的张德忠 (2009) 报告从不同病房患者各类标本材料中分离获得的柠檬酸杆菌 7 种 147 株 (非重复分离菌株)，其中有布氏柠檬酸杆菌 5 株 (构成比 3.40%) 居第 5 位 [20]。

在前面有记述山东省青岛大学医学院附属医院的刘广义 (2011) 报告，回顾性总结该医院在 2008 年 10 月至 2010 年 5 月间，从住院及门诊患者不同标本材料中分离获得各种病原菌 11 种 (属)447 株。其中革兰氏阴性细菌 10 种 (属)436 株 (构成比 97.54%)、革兰氏阳性的金黄色葡萄球菌 11 株 (构成比 2.46%)。在 10 种 (属) 革兰氏阴性细菌 436 株中，有柠檬酸杆菌 5 种 175 株 (构成比 40.14%)，分别为：弗氏柠檬酸杆菌 156 株 (构成比 89.14%)、布氏柠檬酸杆菌 8 株 (构成比 4.57%)、杨氏柠檬酸杆菌 6 株 (构成比 3.43%)、沃氏柠檬酸杆菌 4 株 (构成比 2.29%)、塞氏柠檬酸杆菌 1 株 (构成比 0.57%)，布氏柠檬酸杆菌居第 2 位 [6]。

在前面有记述浙江省新昌县人民医院的石叶夫等 (2013) 报告，在从临床分离的 5 种 97 株柠檬酸杆菌中，布氏柠檬酸杆菌 4 株 (构成比 4.12%) 居第 4 位。4 株布氏柠檬酸杆菌的临床分布，分别为来源于尿液标本材料的 2 株 (构成比 50.0%)、血液及脓液标本材料的各 1 株 (构成比各 25.0%)[28]。

3.2.2.2 动物的布氏柠檬酸杆菌感染病

布氏柠檬酸杆菌在对动物的致病作用方面，还是罕见的。广东省东莞市水产研究所的李本旺等 (2000) 报告，在珠江三角洲及邻近地区的养殖鳖常发生口咽腔溃烂症，细菌学检验结果为维氏气单胞菌 (Aeromonas veronii) 和布氏柠檬酸杆菌感染所致 [32]。

在前面有记述，Nawaz 等 (2008) 报告从鲇鱼中分离的 52 株柠檬酸杆菌中，包括布氏柠檬酸杆菌 7 株 (构成比 13.46%)，结果显示柠檬酸杆菌属细菌在鱼类也具有不同程度的自然分布，也是与其在水环境的分布相关联的 [11]。

3.2.3 微生物学检验

对布氏柠檬酸杆菌的微生物学检验，目前还是依赖于对分离菌株进行理化特性等方面的鉴定。与其他种柠檬酸杆菌的鉴别，主要特征如表 3-1 所示。

3.3　法氏柠檬酸杆菌 (*Citrobacter farmeri*)

法氏柠檬酸杆菌 (Citrobacter farmeri Brenner，Grimont，Steigerwalt et al 1993) 亦称法默柠檬酸杆菌。菌种名称"farmeri"为现代拉丁语属格名词，是以美国细菌学家法默 (J. J. Farmer) 的姓氏 (Farmer) 命名的。

细菌 DNA 的 G+C mol% 尚不清楚；模式株：ATCC 51112，CDC 2991-81；GenBank 登录号 (16S rRNA)：AF025371[7]。

3.3.1　生物学性状

法氏柠檬酸杆菌的一些主要生物学性状，可见在前面表 3-1 中的相应记述。

3.3.2　病原学意义

对法氏柠檬酸杆菌的病原学意义，还缺乏明确的认识。作为医院感染病原菌的检出，相对来讲还是很少见的。在前面记述浙江省新昌县人民医院的石叶夫等 (2013) 报告，在从临床分离的 5 种 97 株柠檬酸杆菌中，法氏柠檬酸杆菌 10 株 (构成比 10.31%) 居第 3 位。10 株法氏柠檬酸杆菌的临床分布，分别为来源于尿液标本材料的 3 株 (构成比 30.0%)、阴道 / 宫颈分泌物及痰液 / 咽拭子标本材料的各 2 株 (构成比各 22.0%)、血液和脓液及分泌物标本材料的各 1 株 (构成比各 10.0%)[28]。

3.3.3　微生物学检验

对法氏柠檬酸杆菌的微生物学检验，目前还是依赖于对分离菌株进行理化特性等方面的鉴定。

3.4　科泽氏柠檬酸杆菌 (*Citrobacter koseri*)

科泽氏柠檬酸杆菌 (*Citrobacter koseri* Frederiksen 1970) 亦被称为科氏柠檬酸杆菌、合适柠檬酸杆菌等，差异柠檬酸杆菌 (*Citrobacter diversus*) 是科泽氏柠檬酸杆菌的主观同物异名 (subjective synonym)。菌种名称"*koseri*"为现代拉丁语属格名词，是以美国细菌学家科泽 (Stewart A. Koser) 的姓氏 (Koser) 命名的。

细菌 DNA 的 G+C mol% 为 51 ~ 52(T_m)；模式株：ATCC 27028[7]。

3.4.1　生物学性状

科泽氏柠檬酸杆菌的一些主要生物学性状，可见在前面表 3-1 中的相应记述。

3.4.2　病原学意义

科泽氏柠檬酸杆菌常见于人及其他动物的粪便及土壤、水、污水和食物中，也见于人的各种各样临床样品材料。

3.4.2.1 人的科泽氏柠檬酸杆菌感染病

科泽氏柠檬酸杆菌常被分离于人的尿液、咽喉、鼻和痰液、伤口等临床标本材料，对人的致病作用，主要是可引起初生儿的感染（脑膜炎、败血症等）。在前面有记述的Samonis 等 (2009) 分析成人柠檬酸杆菌感染病例的情况，发现亦存在科泽氏柠檬酸杆菌，其感染率也较高 [14]。Doran 等 (1999) 报告曾对人的柠檬酸杆菌感染进行分析，发现有不少初生儿存在科泽氏柠檬酸杆菌的带菌或感染 [33]。Azrak 等 (2009) 报告了一例由科泽氏柠檬酸杆菌引起的 2 月龄女婴脑脓肿病例 [34]，Etuwewe 等 (2009) 也报告了由该菌引起的一对双胞胎脑脓肿病例 [35]；Dzeing-Ella 等 (2009) 报告，由科泽氏柠檬酸杆菌引起了具有免疫力的成人的感染性心内膜炎 [36]。

在引起医院感染方面，近年来也有检出科泽氏柠檬酸杆菌的报告，但相对来讲还是比较少见的。以下记述的一些报告，是具有一定代表性的。

在前面有记述浙江省新昌县人民医院的俞锡灿和朱美英、青田县人民医院的张德忠 (2009) 报告从不同病房患者各类标本材料中分离获得的柠檬酸杆菌 7 种 147 株（非重复分离菌株），其中有科泽氏柠檬酸杆菌（文中记为合适柠檬酸杆菌）6 株（构成比 4.08%）居第 4 位 [20]。

在前面有记述浙江省新昌县人民医院的石叶夫等 (2013) 报告，在从临床分离的 5 种 97 株柠檬酸杆菌中，科泽氏柠檬酸杆菌 13 株（构成比 13.40%）居第 2 位。13 株科泽氏柠檬酸杆菌的临床分布，分别为来源于尿液标本材料的 6 株（构成比 46.15%）、分泌物及其他标本材料的各 2 株（构成比各 15.38%）、阴道 / 宫颈分泌物及痰液 / 咽拭子和尿道分泌物标本材料的各 1 株（构成比各 7.69%）[28]。

3.4.2.2 动物的科泽氏柠檬酸杆菌感染病

在动物的致病作用，中国农业科学院特产研究所的阎新华等 (1993) 报告了以血便为主要临床症状、呈急性暴发死亡的梅花鹿的科泽氏柠檬酸杆菌感染症 [37]。

3.4.3 微生物学检验

对科泽氏柠檬酸杆菌的微生物学检验，目前还是依赖于对分离菌株进行理化特性等方面的鉴定。

3.5 塞氏柠檬酸杆菌 (*Citrobacter sedlakii*)

塞氏柠檬酸杆菌 (*Citrobacter sedlakii* Brenner，Grimont，Steigerwalt et al 1993) 亦被称为塞德拉克柠檬酸杆菌。菌种名称 "*sedlakii*" 为现代拉丁语属格名词，是以捷克斯洛伐克细菌学家塞德拉克 (Jiri Sedlák) 的姓氏 (Sedlák) 命名的。

细菌 DNA 的 G+C mol% 尚不清楚；模式株：ATCC 51115，CDC 4696-86。GenBank 登录号 (16S rRNA)：AF025364[7]。

3.5.1 生物学性状

塞氏柠檬酸杆菌的一些主要生物学性状，可见在前面表 3-1 中的相应记述。

3.5.2　病原学意义

塞氏柠檬酸杆菌的病原学意义，现在了解的还不多。已有的一些报告显示，在人及动物可能存在一定的致病作用。

3.5.2.1　人的塞氏柠檬酸杆菌感染病

对由塞氏柠檬酸杆菌引起的感染病，还缺乏明确的认识。在引起医院感染方面，近年来也有检出塞氏柠檬酸杆菌的报告，但相对来讲还是比较少见的。以下记述的一些报告，是具有一定代表性的。

在前面有记述浙江省新昌县人民医院的俞锡灿和朱美英、青田县人民医院的张德忠 (2009) 报告从不同病房患者各类标本材料中分离获得的柠檬酸杆菌 7 种 147 株 (非重复分离菌株)，其中有塞氏柠檬酸杆菌 2 株 (构成比 1.36%) 居第 7 位 [20]。

在前面有记述山东省青岛大学医学院附属医院的刘广义 (2011) 报告，回顾性总结该医院在 2008 年 10 月至 2010 年 5 月，从住院及门诊患者不同标本材料中分离获得各种病原菌 11 种 (属)447 株。其中革兰氏阴性细菌 10 种 (属)436 株 (构成比 97.54%)、革兰氏阳性的金黄色葡萄球菌 11 株 (构成比 2.46%)。在 10 种 (属) 革兰氏阴性细菌 436 株中，有柠檬酸杆菌 5 种 175 株 (构成比 40.14%)，其中的塞氏柠檬酸杆菌 1 株 (在柠檬酸杆菌的构成比为 0.57%) 居第 5 位 [6]。

3.5.2.2　动物的塞氏柠檬酸杆菌感染病

在动物的致病作用，广西渔业病害防治环境监测和质量检验中心的韦信贤等 (2010) 曾报道，塞氏柠檬酸杆菌在俗称山瑞的山瑞鳖 (*Palea steindachneri*) 中引起了致死性的传染病 [38]。

3.5.3　微生物学检验

对塞氏柠檬酸杆菌的微生物学检验，目前还是依赖于对分离菌株进行理化特性等方面的鉴定。

3.6　魏氏柠檬酸杆菌 (*Citrobacter werkmanii*)

魏氏柠檬酸杆菌 (*Citrobacter werkmanii* Brenner，Grimont，Steigerwalt et al 1993) 亦称沃克曼柠檬酸杆菌、沃氏柠檬酸杆菌。菌种名称 "*werkmanii*" 为现代拉丁语属格名词，是以美国细菌学家沃克曼 (Chester H. Werkman) 的姓氏 (Werkman) 命名的 (也常被译为魏氏)。

细菌 DNA 的 G+C mol% 尚不清楚；模式株：ATCC 51114，CDC 876-58。GenBank 登录号 (16S rRNA)：AF025373[7]。

3.6.1　生物学性状

魏氏柠檬酸杆菌的一些主要生物学性状，可见在前面表 3-1 中的相应记述。

3.6.2　病原学意义

对魏氏柠檬酸杆菌的病原学意义，还缺乏明确的认识。在引起医院感染方面，近年来也有检出魏氏柠檬酸杆菌的报告，但相对来讲还是比较少见的。以下记述的一些报告，是具有一定代表性的。

在前面有记述浙江省新昌县人民医院的俞锡灿和朱美英、青田县人民医院的张德忠 (2009) 报告从不同病房患者各类标本材料中分离获得的柠檬酸杆菌 7 种 147 株 (非重复分离菌株)，其中有魏氏柠檬酸杆菌 3 株 (构成比 2.04%) 居第 6 位 [20]。

在前面有记述山东省青岛大学医学院附属医院的刘广义 (2011) 报告，回顾性总结该医院在 2008 年 10 月至 2010 年 5 月，从住院及门诊患者不同标本材料中分离获得各种病原菌 11 种 (属)447 株。其中革兰氏阴性细菌 10 种 (属)436 株 (构成比 97.54%)、革兰氏阳性的金黄色葡萄球菌 11 株 (构成比 2.46%)。在 10 种 (属) 革兰氏阴性细菌 436 株中，有柠檬酸杆菌 5 种 175 株 (构成比 40.14%)，其中的魏氏柠檬酸杆菌 4 株 (在柠檬酸杆菌的构成比为 2.29%) 居第 4 位 [6]。

3.6.3　微生物学检验

对魏氏柠檬酸杆菌的微生物学检验，目前还是依赖于对分离菌株进行理化特性等方面的鉴定。

3.7　杨氏柠檬酸杆菌 (*Citrobacter youngae*)

杨氏柠檬酸杆菌 (*Citrobacter youngae* Brenner，Grimont，Steigerwalt et al 1993)，菌种名称"*youngae*"为现代拉丁语属格名词，是以美国细菌学家杨 (Viola M. Young) 的姓氏 (Young) 命名的。

细菌 DNA 的 G+C mol% 尚不清楚；模式株：ATCC 29935，CDC 460-61[7]。

3.7.1　生物学性状

杨氏柠檬酸杆菌的一些主要生物学性状，可见在前面表 3-1 中的相应记述。

3.7.2　病原学意义

对杨氏柠檬酸杆菌的病原学意义，还缺乏明确的认识。在引起医院感染 (HI) 方面，近年来也有检出杨氏柠檬酸杆菌的报告，但相对来讲还是比较少见的。以下记述的一些报告，是具有一定代表性的。

在前面有记述浙江省新昌县人民医院的俞锡灿和朱美英、青田县人民医院的张德忠 (2009) 报告从不同病房患者各类标本材料中分离获得的柠檬酸杆菌 7 种 147 株 (非重复分离菌株)，其中有杨氏柠檬酸杆菌 9 株 (构成比 6.12%) 居第 3 位 [20]。

在前面有记述山东省青岛大学医学院附属医院的刘广义 (2011) 报告，回顾性总结该医院在 2008 年 10 月至 2010 年 5 月，从住院及门诊患者不同标本材料中分离获得各种病原菌 11 种 (属)447 株。其中革兰氏阴性细菌 10 种 (属)436 株 (构成比 97.54%)、革兰氏阳性的金黄色葡萄球菌 11 株 (构成比 2.46%)。在 10 种 (属) 革兰氏阴性细菌 436 株中，有柠檬酸杆菌 5 种 175 株 (构成比 40.14%)，其中的杨氏柠檬酸杆菌 6 株 (构成比 3.43%) 居第 3 位 [6]。

3.7.3　微生物学检验

对杨氏柠檬酸杆菌的微生物学检验，目前还是依赖于对分离菌株进行理化特性等方面的鉴定。

（陈翠珍）

参 考 文 献

[1] 贾辅忠，李兰娟 . 感染病学 . 南京：江苏科学技术出版社，2010: 486~487.

[2] 房海，陈翠珍，张晓君 . 肠杆菌科病原细菌 . 北京：中国农业科学技术出版社，2011: 124~134.

[3] 房海，陈翠珍 . 中国食物中毒细菌 . 北京：科学出版社，2014: 268~280.

[4] 韩雪玲，华梅，胡斌 .7057 例住院患者医院感染调查分析 . 实用医技杂志，2006: 13(10):1643~1645.

[5] 赵舒斌，侯颖，马丽娟 . 医院感染常见革兰氏阴性杆菌的分布及耐药性分析 . 宁夏医学杂志，2010: 32(4):364~365.

[6] 刘广义 .156 株弗氏柠檬酸杆菌感染的分布与耐药性分析 . 中华医院感染学杂志，2011: 21(14): 3040~3041.

[7] George M. Garrity.Bergey's Manual of Systematic Bacteriology.Second Edition.Volume Two.Part B.Springer, New York. 2005: 651~656.

[8] 陈翠珍，张晓君，房海，等 . 中华绒螯蟹病原弗氏柠檬酸杆菌的鉴定 . 中国人兽共患病学报，2006: 22(2):136~141.

[9] 刘桂荣，刘园，严寒秋 . 弗氏柠檬酸杆菌与 EHEC O157:H7 的抗原交叉反应及生化鉴别的实验 . 中国卫生检验杂志，2005: 15(7):875~876.

[10] 叶明亮，黄象艳，吕波，等 . 弗氏柠檬酸杆菌随机扩增多态性 DNA 法基因分型 . 中华医院感染学杂志，2005: 15(10):1107~1109.

[11] Nawaz M, Khan A A, Khan S, et al.Isolation and characterization of tetracycline-resistant Citrobacter spp. from catfish.Food Microbiol, 2008: 25(1):85~91.

[12] 褚云卓，年华，欧阳金鸣 . 弗劳地柠檬酸杆菌在医院的分布及其药敏结果分析 . 中国感染控制杂志，2008: 7(1):51~52, 56.

[13] 刘义刚，陶传敏，陈知行，等 . 成都华西医院 2003~2006 年临床分离 254 株弗氏柠檬酸杆菌体外药敏 . 中国抗生素杂志，2009: 34(1):33.

[14] Samonis G, Karageorgopoulos D E, Kofteridis D P, et al.*Citrobacter* infections in a general hospital: characteristics and outcomes.Eur J Clin Microbiol Infect Dis, 2009: 28(1):61~68.

[15] 孙晓春 . 新生儿弗劳第枸橼酸杆菌脑膜炎并阻塞性脑积水 1 例 . 中国现代医学杂志，1997: 7(1):46.

[16] 刘旭忠，詹贞芳，宋智盛 . 弗氏柠檬酸杆菌引起关节炎 1 例 . 中华医院感染学杂志，2007: 17(9):1078.

[17] 王秀蓉，方永善 . 弗氏柠檬酸杆菌败血症 2 例 . 中国实用内科杂志，1989: 9(1):14.

[18] Trinidade A, Sekhawat V, Andreou Z, et al.*Citrobacter freundii* causing pharyngitis and secondary retropharyngeal abscess with intrathoracic extension to the diaphragm:minimally invasive management of a

rare case.J Laryngol Otol, 2010: 23:1~4.

[19] 王光华，曹方.一起枸橼酸杆菌引起的食物中毒.前卫医药杂志, 1995: 12(5):262.

[20] 俞锡灿，朱美英，张德忠.柠檬酸杆菌属医院感染特性与多药耐药分析.中华医院感染学杂志, 2009: 19(12):1603~1605.

[21] Austin B, Austin D A.Bacterial Fish Pathogens:Disease of Farmed and Wild Fish.Third(Revised)Edition. Praxis Publishing Ltd, Chichester, UK, 1999: 22, 324.

[22] 房海，陈翠珍，张晓君.水产养殖动物病原细菌学.北京：中国农业出版社, 2010: 224~236.

[23] 薛巧，赵战勤，刘会胜，等.弗氏柠檬酸杆菌对动物和人致病性研究进展.动物医学进展.2015: 36(7): 81~85.

[24] 阎斌伦，张晓君，梁利国，等.三疣梭子蟹病原弗氏柠檬酸杆菌的分离鉴定及定居因子抗原基因检测.水产学报, 2012: 36(3): 391~398.

[25] 田飞焱，欧阳敏，张晓燕，等.中华鳖弗氏柠檬酸杆菌的分离、鉴定及药物敏感性试验.水产学杂志, 2013: 26(4): 42~46.

[26] 叶应妩，王毓三，申子瑜.全国临床检验操作规程.第3版.南京：东南大学出版社, 2006: 801~821.

[27] Suwansrinon K, Wilde H, Sitprija V, et al.Enteric fever-like illness caused by infection with *Citrobacter amalonaticus*. J Med Assoc Thai, 2005: 88(6):837~840.

[28] 石叶夫，吕玉明.97株枸橼酸杆菌的临床分布及耐药性分析.中国卫生检验杂志, 2013: 23(4):958~959, 962.

[29] Gupta R, Rauf S J, Singh S, et al.Sepsis in a renal transplant recipient due to *Citrobacter braakii*.South Med J, 2003: 96 (8):796~798.

[30] Carlini A, Mattei R, Mazzotta L, et al. *Citrobacter braakii*, an unusual organism as cause of acute peritonitis in PD patients.Perit Dial Int, 2005: 25(4):405~406.

[31] 刘岚，兰英华，李用国.吃涮羊肉感染布氏柠檬酸杆菌1例.中国热带医学, 2008: 8(12):2184.

[32] 李本旺，李春枝，张邦杰，等.中华鳖口咽腔溃烂综合症病原的研究.水产科技情报, 2000: 27(5):210~213.

[33] Doran T I.The role of *Citrobacter* in clinical disease of children:reviem.Clin.Infect.Dis, 1999: 28:384~394.

[34] Azrak M A, D'Agustini M, Fernández Z, et al. *Citrobacter koseri* brain abscess in an infant:case report and literature review Arch Argent Pediatr.2009: 107(6):553~556.

[35] Etuwewe O, Kulshrestha R, Sangra M, et al.Brain abscesses due to *Citrobacter koseri* in a pair of twins. Pediatr Infect Dis J, 2009: 28(11):1035.

[36] Dzeing-Ella A, Szwebel T A, Loubinoux J, et al.Infective endocarditis due to *Citrobacter koseri* in an immunocompetent adult.J Clin Microbiol, 2009: 47(12):4185~4186.

[37] 阎新华，严忠诚，栾凤英.梅花鹿柯氏枸橼酸杆菌的分离鉴定及药敏测定.特产研究, 1993: (2):47~49.

[38] 韦信贤，童桂香，黎小正，等.山瑞鳖塞氏柠檬酸杆菌的分离鉴定及药物敏感性研究.淡水渔业: 2010, 40(2):47~52.

第4章 肠杆菌属 (*Enterobacter*)

肠杆菌属 (*Enterobacter* Hormaeche and Edwards 1960) 中明确具有医学临床意义的，主要是阴沟肠杆菌 (*Enterobacter cloacae*) 和阪崎氏肠杆菌 (*Enterobacter sakazakii*)。其中的阴沟肠杆菌是人及动物共染的一种重要病原菌，也属于人畜共患病 (zoonoses) 的病原菌范畴，能在一定条件下引起人的某些组织器官炎性感染以至败血症等感染病 (infectious diseases)，也偶有引起消化道感染发生腹泻的报告，也是食物中毒 (food poisoning) 的病原菌。阪崎氏肠杆菌主要是作为食源性疾病 (foodborne disease) 的病原菌，亦称食源性病原菌 (foodborne pathogen)，也是新生儿脑膜炎的重要病原菌[1~4]。

肠杆菌属是肠杆菌科 [Enterobacteriaceae(Rahn 1937)Ewing Farmer and Brenner 1980] 细菌的成员。作为医院感染 (hospital infection，HI) 的病原肠杆菌科细菌，在我国已有明确记述和报告的共涉及 12 个菌属 (genus)、35 个菌种 (species) 或亚种 (subspecies)。为便于一并了解，以表格"医院感染病原肠杆菌科细菌的各菌属与菌种 (亚种)"的形式，记述在了第 2 篇"医院感染革兰氏阴性肠杆菌科细菌"扉页中。

在我国由肠杆菌属细菌引起的医院感染，明确记述的仅涉及阴沟肠杆菌 1 个种。根据相关资料分析，由阴沟肠杆菌引起的医院感染，在所有医院感染细菌中一直居前 5 位左右。

● 重庆医科大学的张琳等 (2012) 报告，回顾性总结重庆市第九人民医院近 10 年 (2001 ~ 2010) 间从医院感染 (HI) 病例分离获得的各种病原菌 11 942 株，其中革兰氏阴性细菌 7289 株 (构成比 61.04%)、革兰氏阳性细菌 2582 株 (构成比 21.62%)，真菌 (fungi)2071 株 (构成比 17.34%)。10 年间分离菌株的平均检出率，排在前 10 位的依次为：大肠埃希氏菌 (*Escherichia coli*)1306 株 (构成比 10.94%)、属于真菌的白色念珠菌 (*Candida albican*)1275

株 (构成比 10.68%)、铜绿假单胞菌 (*Pseudomonas aeruginosa*)1270 株 (构成比 10.63%)、肺炎克雷伯氏菌 (*Klebsiella pneumoniae*)1061 株 (构成比 8.88%)、鲍氏不动杆菌 (*Acinetobacter baumannii*)870 株 (构成比 7.29%)、金黄色葡萄球菌 (*Staphylococcus aureus*)678 株 (构成比 5.68%)、阴沟肠杆菌 418 株 (构成比 3.50%)、表皮葡萄球菌 (*Staphylococcus epidermidis*)335 株 (构成比 2.81%)、粪肠球菌 (*Enterococcus faecalis*)177 株 (构成比 1.48%)、屎肠球菌 (*Enterococcus faecium*)134 株 (构成比 1.12%)，阴沟肠杆菌居第 7 位 [5]。

● 江苏省无锡市第四人民医院的黄朝晖等 (2013) 报告，回顾性总结该医院 5 年间 (2007 ~ 2011) 从住院患者送检标本材料中分离获得的各种病原菌 38 037 株，其中明确菌种的革兰氏阴性细菌共 8 种 23 995 株 (构成比 63.08%)、革兰氏阳性细菌共 4 种 8395 株 (构成比 22.07%)，其他的病原菌 5647 株 (构成比 14.85%)。在明确菌种的革兰氏阴性细菌和革兰氏阳性细菌共 12 种 32 390 株 (构成比 85.15%) 中，各菌种的出现频率依次为：铜绿假单胞菌 7486 株 (构成比 23.11%)、大肠埃希氏菌 6634 株 (构成比 20.48%)、金黄色葡萄球菌 5993 株 (构成比 18.50%)、鲍氏不动杆菌 4116 株 (构成比 12.71%)、肺炎克雷伯氏菌 2825 株 (构成比 8.72%)、阴沟肠杆菌 1164 株 (构成比 3.59%)、溶血葡萄球菌 (*Staphylococcus haemolyticus*)888 株 (构成比 2.74%)、表皮葡萄球菌 781 株 (构成比 2.41%)、屎肠球菌 733 株 (构成比 2.26%)、奇异变形菌 (*Proteus mirabilis*)626 株 (构成比 1.93%)、鲁氏不动杆菌 (*Acinetobacter lwoffii*)623 株 (构成比 1.92%)、产气肠杆菌 (*Enterobacter aerogenes*)521 株 (构成比 1.61%)，阴沟肠杆菌居第 6 位。在 8 种 (铜绿假单胞菌、大肠埃希氏菌、鲍氏不动杆菌、肺炎克雷伯氏菌、阴沟肠杆菌、奇异变形菌、鲁氏不动杆菌、产气肠杆菌)23 995 株革兰氏阴性细菌中，阴沟肠杆菌 1164 株 (构成比 4.94%) 居第 5 位 [6]。

本书作者注：文中记述的产气肠杆菌，即现在已分类于克雷伯氏菌属 (*Klebsiella* Trevisan 1885 emend. Drancourt，Bollet，Carta and Roussselier 2001) 的运动克雷伯氏菌 (*Klebsiella mobilis*)。

● 江苏省中医院的孙慧等 (2014) 报告，回顾性总结该医院 3 年 (2010 年 1 月 1 日至 2012 年 12 月 31 日) 间从医院感染病例分离获得的各种病原菌 15 028 株，其中革兰氏阴性细菌 11 698 株 (构成比 77.84%)、革兰氏阳性细菌 3092 株 (构成比 20.57%)，真菌 238 株 (构成比 1.58%)。明确菌种 (属) 的细菌共 11 个种 (属)13 649 株，其中革兰氏阴性细菌 7 个种 (属)10 683 株 (构成比 78.27%)、革兰氏阳性细菌 4 个种 (属)2966 株 (构成比 21.73%)。各菌种 (属) 的出现频率，依次为：大肠埃希氏菌 2465 株 (构成比 18.06%)、铜绿假单胞菌 2211 株 (构成比 16.19%)、肺炎克雷伯氏菌 2134 株 (构成比 15.63%)、鲍氏不动杆菌及其他不动杆菌 (*Acinetobacter* spp.)1972 株 (构成比 14.45%)、金黄色葡萄球菌及其他葡萄球菌 (*Staphylococcus* spp.)1751 株 (构成比 12.83%)、肠杆菌属细菌 987 株 (构成比 7.23%)、屎肠球菌 795 株 (构成比 5.82%)、嗜麦芽黄单胞菌 (*Xanthomonas maltophilia*)671 株 (构成比 4.92%)、粪肠球菌 272 株 (构成比 1.99%)、变形菌属 (*Proteus* Hauser 1885) 细菌 243 株 (构成比 1.78%)、链球菌属 (*Streptococcus* Rosenbach 1884) 细菌 148 株 (构成比 1.08%)，肠杆菌属细菌居第 6 位。在明确菌种 (属) 的 7 种 (大肠埃希氏菌、铜绿假单胞菌、肺炎克雷伯氏菌、鲍氏不动杆菌及其他不动杆菌、肠杆菌属细菌、嗜麦芽黄单胞菌、变形菌属细菌) 革兰氏阴性细菌 10 683 株中，肠杆菌属细菌 987 株 (构成比 9.24%) 居第 5 位 [7]。

本书作者注：文中记述的嗜麦芽黄单胞菌，即现在已分类于寡养单胞菌属 (*Stenotrophomonas* Palleroni and Bradbury 1993) 的嗜麦芽寡养单胞菌 (*Stenotrophomonas maltophilia*)。

1 菌属定义与分类位置

肠杆菌属是肠杆菌科细菌较典型的成员。肠杆菌属内包括多个种，但有的种现已易属，有的种是从其他菌属归入的，另外还有的种已合并；菌属名称"*Enterobacter*"为现代拉丁语阳性名词，指肠内的小杆菌 (intestinal small rod)[8]。

1.1 菌属定义

肠杆菌属细菌为大小在 $(0.6 \sim 1.0)\mu m \times (1.2 \sim 3.0)\mu m$ 的革兰氏阴性直杆菌，通常藉周生鞭毛 (peritrichous flagella) 运动 (通常多在 4 ~ 6 根)。兼性厌氧，有机化能营养，有呼吸和发酵两种代谢类型，适宜的生长温度为 30℃ (临床标本来源的为 37℃)，从环境分离的一些菌株在 37℃ 常会产生不稳定的生化反应。

发酵葡萄糖产酸、产气 (气体的 CO_2 ： H_2 为 2 ： 1)，但在 44.5℃ 不产气；在普通培养基上，能正常生长。吲哚阴性，硝酸盐还原试验阳性，大多数菌株伏 - 波试验 (Voges-Proskauer test，V-P) 阳性，西蒙氏 (Simmons) 柠檬酸盐利用阳性，甲基红试验 (methyl red test，MR) 的结果可变，除日勾维肠杆菌 (*Enterobacter gergoviae*) 外的赖氨酸阴性，鸟氨酸阳性，常能利用丙二酸盐，不产生 H_2S，不能水解玉米油、三丁酸甘油酯，不能水解明胶、DNA、吐温 80 或反应缓慢，所有或多数菌株能发酵多种碳水化合物。能利用 L- 阿拉伯糖、D- 纤维二糖、D- 果糖、麦芽糖、D- 半乳糖、D- 甘露醇、D- 甘露糖、水杨苷、D- 海藻糖、D- 木糖、D- 半乳糖醛酸盐、龙胆二糖、D- 葡糖酸盐、D- 葡糖胺、D- 葡萄糖、D- 葡糖醛酸盐、2- 酮葡糖酸盐、L- 苹果酸盐作为碳源产生能量。除阿氏肠杆菌 (*Enterobacter asburiae*) 外能利用 L- 鼠李糖，不能利用 L- 阿糖醇、乙醇胺、衣康酸盐、3- 苯丙酸盐、L- 山梨糖、D- 酒石酸盐、色胺、木糖醇，除日勾维肠杆菌的一些菌株外不能利用 *meso*- 赤藓醇、龙胆酸盐、戊二酸盐及丙三羧酸盐，除阪崎氏肠杆菌的一些菌株外不能利用 D- 松三糖。

在自然界广泛分布，存在于淡水、土壤、污物、植物、蔬菜和动物与人类的粪便中，阴沟肠杆菌、阪崎氏肠杆菌及日勾维肠杆菌是机会病原菌 (opportunistic pathogen) 或称为条件病原菌，能引起灼伤、损伤、尿道感染 (urinary tract infection，UTI) 及偶尔的败血症和脑膜炎。

肠杆菌属细菌 DNA 的 G+C mol% 为 52 ~ 60(Bd)；模式种 (type species)：阴沟肠杆菌 [*Enterobacter cloacae*(Jordan 1890)Hormaeche and Edwards 1960][8]。

1.2 分类位置

按伯杰氏 (Bergey) 细菌分类系统，在第二版《伯杰氏系统细菌学手册》(*Bergey's*

Manual of Systematic Bacteriology) 第 2 卷 (2005)B 部分中，肠杆菌属分类于肠杆菌科。

肠杆菌科内共记载了 42 个菌属 144 个种，另是在种下有 23 个亚种、8 个血清型 (serovar)。其中的 42 个菌属名录，已分别记述在了第 3 章 "柠檬酸杆菌属" (*Citrobacter*) 中。

肠杆菌科细菌 DNA 的 G+C mol% 为 38 ~ 60；模式属 (type genus)：埃希氏菌属 (*Escherichia* Castellani and Chalmers 1919)。

肠杆菌属内记载了 12 个种，依次为：阴沟肠杆菌、河生肠杆菌 (*Enterobacter amnigenus*)、阿氏肠杆菌、生癌肠杆菌 (*Enterobacter cancerogenus*)、考氏肠杆菌 (*Enterobacter cowanii*)、溶解肠杆菌 (*Enterobacter dissolvens*)、日勾维肠杆菌、霍氏肠杆菌 (*Enterobacter hormaechei*)、神户肠杆菌 (*Enterobacter kobei*)、超压肠杆菌 (*Enterobacter nimipressuralis*)、梨形肠杆菌 (*Enterobacter pyrinus*)、阪崎氏肠杆菌。

其中阴沟肠杆菌的菌株在分类学上是最复杂的，大量的研究显示阴沟肠杆菌的菌株间在 DNA 水平是遗传学上不一致的，可被划分为多个不同的生物种及基因种。在第二版《伯杰系统细菌学手册》第 2 卷 (2005)B 部分中，肠杆菌属内除了 12 个种外，还同时记载了阴沟肠杆菌复合体 (*Enterobacter cloacae* complex)，包括阴沟肠杆菌、阿氏肠杆菌、溶解肠杆菌、霍氏肠杆菌，以及多个不同的相应基因群 (genomic group) 或基因亚群 (genomic subgroup)、生物群 (biogroup) 等 [8]。

2 阴沟肠杆菌 (*Enterobacter cloacae*)

阴沟肠杆菌 [*Enterobacter cloacae*(Jordan 1890)Hormaeche and Edwards 1960] 最先由 Jordan 归入现在的芽孢杆菌属 (*Bacillus* Cohn 1872) 即在最初称为的杆菌属，名为阴沟杆菌 (*Bacillus cloacae* Jordan 1890)；相继，也曾有过另外一些不同的归属。种名 "*cloacae*" 为拉丁语属格名词，指阴沟 (sewer)。

细菌 DNA 的 G+C mol% 为 52 ~ 54(T_m)；模式株 (type strain)：ATCC 13047，CIP 60.85，DSM 30054，JCM 1232，LMG 2783，NCTC 10005。GenBank 登录号 (16S rRNA)：AJ417484[8]。

2.1 发现历史简介

国内外在早期对阴沟肠杆菌感染病的认识与研究，均主要是在人的感染方面，且至今也仍是如此；相对来讲，对动物阴沟肠杆菌感染病的研究尚缺乏比较系统的资料。总体来讲与肠杆菌科其他一些常见的病原菌相比，对阴沟肠杆菌及其相应感染病的认识与研究还都是相对较晚且不很深入的。

2.1.1 国外简况

肠杆菌科首先由德裔美国微生物学家 (German American microbiologist) 奥托·拉恩 (Otto Rahn) 于 1937 年建立，在当时只有一个包括了 112 个种的肠杆菌属。但当时的那个肠杆菌属并非现在意义上的肠杆菌属，也包括和描述了当今分类于埃希氏菌属、克雷伯氏菌属等多个菌属的细菌种类，在实际意义上涵盖了一群主要来源于肠道并在形态特征和生理生化特性方面相似的细菌。另外是最早被研究的肠杆菌属细菌，当是在后来被正式分类于沙雷氏菌属 (*Serratia* Bizio 1823) 的褪色沙雷氏菌 (*Serratia marcescens*)。

现在分类的肠杆菌属，在由 Hormaeche 和 Edwards 于 1960 年建立时，主要是为解决原被归入气杆菌属 (*Aerobacter* Beijerinck 1900) 的一些菌株在分类学上的不一致性；那时的气杆菌属包括有动力和无动力的两类菌株，但其中有不少菌株在表型上是无法与克雷伯氏菌属的肺炎克雷伯氏菌相区分的。随着对细菌生化试验 (尤其是氨基酸脱羧酶反应) 鉴定的发展，发现真正属于克雷伯氏菌属的细菌是无动力、鸟氨酸脱羧酶阴性的，气杆菌属的细菌是有动力、鸟氨酸脱羧酶阳性的；由于在当时的气杆菌属内涵盖了具有多个菌属特征的细菌，所以提出了肠杆菌属以免混淆，阴沟肠杆菌、产气肠杆菌 (即现分类于克雷伯氏菌属的运动克雷伯氏菌) 是最早被划入肠杆菌属的两个种，且阴沟肠杆菌一直是该菌属的模式种。

在国外有文献记载的一次最大规模肠杆菌感染病暴发，是发生在 1970 年中期至 1971 年春，此间在美国全国范围内至少有 378 人发生了由阴沟肠杆菌或产气肠杆菌 (即现在分类命名的运动克雷伯氏菌) 引起的败血症感染病；原因是被污染的螺纹瓶盖的弹性垫圈，瓶内装由一家制造商生产的肠外液，属于医院感染的范畴 [9]。

2.1.2　国内简况

在我国，近年来的一些报告显示由阴沟肠杆菌引起人的感染病涉及多种类型，尤其是在医院感染表现更为复杂，但其中主要为肺部感染，其次是尿道感染，另外则是食物中毒的暴发 [4]。

2.2　生物学性状

在肠杆菌属细菌中，对阴沟肠杆菌的理化特性研究是相对较多和比较清楚的。本书作者房海等 (2012)，也曾先后对分离于鸡的病原阴沟肠杆菌理化特性进行了检验 [10]。现结合有关研究资料，综合做如下的简要记述。

2.2.1　理化特性

尽管肠杆菌属细菌是最早被研究的肠杆菌科细菌，但与肠杆菌科其他一些常见的病原菌相比还是相对不尽完善的，这是与其病原学意义直接相关联的。肠杆菌属细菌生长繁殖对营养的要求不高，在普通营养琼脂及常用的肠道菌培养基上生长良好，通常是来自于环境的菌株在 20 ～ 30℃比在 37℃生长较好，来自于临床材料的菌株在 37℃生长较好。

2.2.1.1　形态与培养特征

阴沟肠杆菌具有肠杆菌属细菌的典型形态与培养特征，将阴沟肠杆菌接种于普通营养琼脂 (nutrient agar，NA) 培养基、血液营养琼脂 (blood nutrient agar，BNA) 培养基或肠杆菌科细菌的一些鉴别培养基，可良好发育并能形成典型菌落，且有的具有鉴别意义。

(1) 形态特征：在普通营养琼脂培养基 37℃培养 18h，表现为革兰氏阴性、散在、个别的成双、两端钝圆、无芽孢 (spore)、大小多在 (0.6 ～ 0.8)μm×(1.0 ～ 1.3)μm 的杆菌 (图 4-1)。

做磷钨酸负染色标本，置透射电子显微镜 (transmission electron microscope，TEM) 下观察菌体杆状、表面似有皱褶状、周生鞭毛和菌毛 (pilus)；图 4-2(原 ×8000) 显示周生鞭毛，图 4-3(原 ×12 000) 显示周生菌毛。做扫描电子显微镜 (scanning electron microscope，SEM) 喷镀标本观察，菌体表面不平整 (图 4-4，原 ×20 000)。

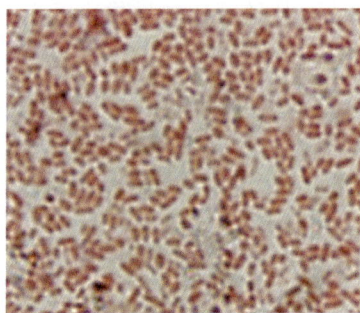

图 4-1　阴沟肠杆菌基本形态

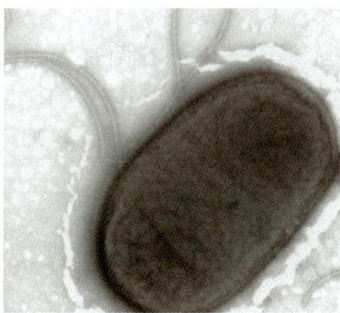

图 4-2　阴沟肠杆菌周生鞭毛

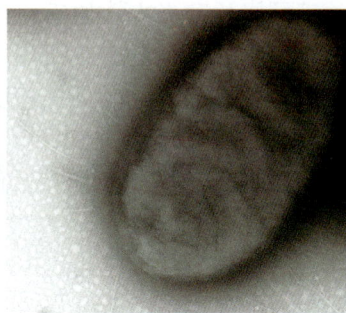

图 4-3　阴沟杆菌周生菌毛

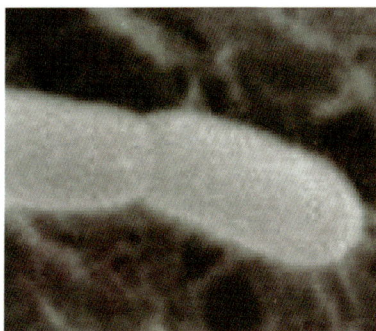

图 4-4　阴沟杆菌形态 (SEM)

(2) 培养特征：在普通营养琼脂培养基上 37℃ 培养，菌落圆形光滑、边缘整齐、灰白色、稍隆起，培养 24h 的直径多在 1.2 ～ 1.5mm(半透明)、培养 48h 的直径多在 2.0mm 左右 (不透明)，生长丰盛 (图 4-5)。

在血液 (含 7% 家兔脱纤血) 营养琼脂培养基上，生长情况与菌落特征同在普通营养琼脂上的，不溶血但有轻度 β- 溶血晕 (图 4-6)。

在沙门氏菌 - 志贺氏菌琼脂 (Salmonella-Shigella agar,SS) 培养基上，菌落较隆起、圆形光滑、边缘整齐、无色，培养 24h 的直径多在 1.5mm 左右、培养 48h 的直径多在 2.5mm 左右，孤立菌落边缘无色、中心浅橘红色，生长丰盛。

在麦康凯琼脂 (MacConkey agar) 培养基上，生长情况及菌落特征同在沙门氏菌 - 志贺氏菌琼脂培养基上的 (图 4-7)。

在伊红亚甲蓝琼脂 (eosin methylene blue agar，EMB) 培养基上，菌落较隆起、圆形光滑、

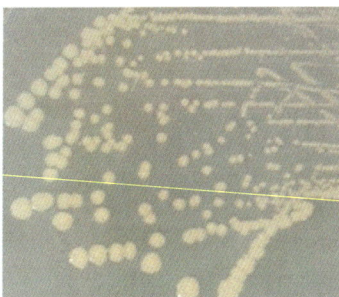

图 4-5　阴沟杆菌菌落 (NA)

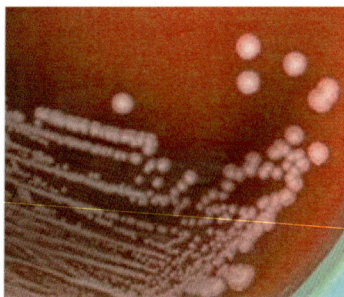

图 4-6　阴沟杆菌菌落 (BNA)

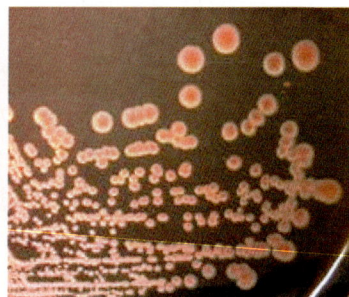

图 4-7　阴沟杆菌菌落 (麦康凯)

边缘整齐，培养 24h 的直径多在 1.5 ～ 2.0mm、培养 48h 的直径多在 2.5mm 左右，孤立菌落边缘无色、中心为灰褐色，生长丰盛。

在普通营养肉汤中呈均匀混浊生长，管底有小点状菌体沉淀 (摇动后易消散)，有轻微菌环 (摇动后易消散)。

2.2.1.2 生化特性

阴沟肠杆菌的特性为能发酵大多数碳水化合物并产气，发酵甘油或肌醇不产气，发酵乳糖可能缓慢，可利用或不能利用丙二酸盐作为碳源。在第二版《伯杰氏系统细菌学手册》第 2 卷 (2005)B 部分中，列出了阴沟肠杆菌复合体内基因群的表型特性，以及阴沟肠杆菌基因群 3 的各个生物群生化特性 (表 4-1、表 4-2)[8]。

表 4-1　阴沟肠杆菌复合体内基因群的表型特性 a

特性	基因群或基因亚群 b						
	1	2	3	4a	4b	4c	5
葡萄糖酸盐脱氢酶	−	−	+	−	−	−	−
动力试验	+	+	+	−	d	+	+
丙二酸盐试验	+	+	+	−	−	d	+
七叶苷水解	d	(d)	(d)	+	+	+	+
利用：侧金盏花醇	−	−	d	−	−	−	−
D- 阿拉伯糖醇	−	−	d	−	−	−	−
卫茅醇	−	d	d	−	−	d	+
岩藻糖	−	−	d	−	−	−	−
D- 半乳糖醛酸盐	+	d	+	+	+	+	+
myo- 肌醇	+	+	d	+	+	+	+
来苏糖	d	−	+	+	−	d	+
D- 蜜二糖	+	+	d	−	−	+	+
3- 甲基葡萄糖	−	−	d	−	−	−	−
苯乙酸盐	d	−	+	+	−	+	+
腐胺	d	+	−	+	−	+	−
D- 蜜三糖	+	+	d	d	d	+	+
L- 鼠李糖	+	+	+	−	d	−	+
D- 山梨糖	+	+	d	+	+	+	+
木糖醇	−	−	(d)	−	−	−	−

注：表中上角标的 a 指 + 表示对糖醇的利用试验培养 1 ～ 2 天或其他试验培养 1 天有 90% ～ 100% 的菌株呈阳性，b 指溶解肠杆菌的模式株和阴沟肠杆菌的现有模式株属于基因群 1，霍氏肠杆菌的模式株属于基因群 5，阿氏肠杆菌的模式株属于基因群 4 的 4a 亚群，(+) 表示培养 1 ～ 4 天有 90% ～ 100% 的菌株呈阳性，− 表示培养 4 天后有 90% ～ 100% 的菌株呈阴性，d 表示培养 1 ～ 4 天呈阳性或阴性不确定，(d) 表示培养 3 ～ 4 天呈阳性或阴性不确定。

表 4-2　阴沟肠杆菌复合体基因群 3 的各生物群底物利用特征[a]

利 用	生物群[b]						
	3a	3b	3c	3d	3e	3f	3g
侧金盏花醇	−	−	−	−	−	+	+
D- 阿拉伯糖醇	−	−	−	−	−	+	+
岩藻糖	d	+	+	−	+	+	+
α- D- 甲基半乳糖苷	−	+	+	+	−	+	+
3- 甲基葡萄糖	+	−	−	−	−	+	−
D- 蜜二糖	−b	+	+	+	−	+	+
D- 棉子糖	−	+	+	+	+	+	+
D- 山梨糖醇	−	+	+	+	+	+	+

注：上角标的 a 指 + 表示培养 1 ～ 2 天后所有菌株呈阳性，− 表示培养 4 天后呈阴性，d 表示培养 1 ～ 4 天呈阳性或阴性不确定；b 表示来自疾病预防与控制中心 (Center for Disease Control and Prevention，CDC) 的霍氏肠杆菌 5 个代表菌株 (包括其模式株) 与 3a 生物群相符合。

2.2.2　抗原结构与免疫学特性

阴沟肠杆菌具有菌体 (ohne hauch，O)、鞭毛 (hauch，H) 和表面 (kapsel，K) 三种抗原，但通常对阴沟肠杆菌抗原血清型的检定及机体的免疫应答，主要是对其菌体抗原的。

2.2.2.1　抗原与血清型

大多数阴沟肠杆菌的菌株培养物经 100℃煮沸 1h，能强烈地与同源菌体抗血清发生凝集，但活菌与其却凝集微弱或不凝集，这表明具有表面抗原；在菌体抗血清中不凝集的活菌培养物经 100℃煮沸 1h 或菌悬液经 50% 乙醇 (或 1mol/L 的 HCl) 处理 18h(37℃) 均能变为可凝集，但 60℃加热 1h 仍不能凝集，用煮沸加热菌悬液制备的抗血清不含有 K 凝集素。日本学者 Sakazaki 和 Namoika 已报告，阴沟肠杆菌有 53 个菌体抗原群 (1 ～ 53) 和 56 个 H 抗原群 (1 ～ 56)。

有的阴沟肠杆菌菌株会与肠杆菌科其他菌属的细菌发生血清学交叉反应，在我国已有报告检出的主要是与大肠埃希氏菌、志贺氏菌属 (*Shigella* Castellani and Chalmers 1919) 细菌、沙门氏菌属 (*Salmonella* Lignières 1900) 细菌等的抗原交叉菌株。以下记述的一些报告，是具有一定代表性的。

浙江省仙居县卫生监督所的王卫军 (2005) 报告，在食品从业人员的体检大便培养中发现 1 株阴沟肠杆菌与弗氏志贺氏菌 (*Salmonella flexneri*)4 型存在交叉凝集；同时具有特有的群抗原，表现为不但与志贺氏菌多价血清、弗氏志贺氏菌多价血清凝集，还与弗氏志贺氏菌群抗原 3，4、群抗原 6、群抗原 7 及弗氏志贺氏菌 4 型凝集，认为这种同时含有群抗原 3，4、群抗原 6、群抗原 7 的抗原模式还是首次遇到，此株阴沟肠杆菌的抗原性是比较特殊的[11]。

温州出入境检验检疫局的顿玉慧等 (2007) 报告从 2006 年温州某企业出口的冻黄鱼中检出的阴沟肠杆菌，与沙门氏菌 F 群的 O11 血清凝集，与 Vi 及其他相关菌体抗原因子和鞭毛抗原因子血清均不凝集[12]。

河北省秦皇岛市卫生防疫站的秦树民等 (1997) 报告在 1995 年 7 月，从河北省秦皇岛市某疗养院发生的一起食物中毒材料分离的病原阴沟肠杆菌，与肠侵袭性大肠埃希氏菌 (enteroinvasive *Escherichia coli*，EIEC) 诊断血清的多价 2 及 O136 ∶ K78 发生凝集[13]；安徽省马鞍山市卫生防疫站的陈道利等 (2000) 报告在 1997 年 10 月，从 1 起食物中毒材料中，也检出了具有肠侵袭性大肠埃希氏菌的 O136 ∶ K78 抗原的相应病原阴沟肠杆菌，且具有较强的致病力和一定的侵袭力[14]。

福建省厦门市思明区疾病预防控制中心的高亚色等 (2008) 报告在 2008 年 1 月，从一起食物中毒材料中分离的 3 株相应病原阴沟肠杆菌，均与肠致病性大肠埃希氏菌 (enteropathogenic *Escherichia coli*，EPEC) 诊断血清的 O 多价 3 及 O114 ∶ K90(B) 发生凝集[15]。

江苏省金坛市疾病预防控制中心的张卫军 (2010) 报告，在 2009 年 8 月从 1 起阴沟肠杆菌食物中毒分离的菌株，与志贺氏菌多价及痢疾志贺氏菌 (*Shigella dysenteriae*) 的 5 ~ 8 型血清凝集[16]。

山东省滕州市卫生防疫站的徐文杰等 (2006) 报告，在 2003 年 10 月从 1 起阴沟肠杆菌食物中毒分离的菌株，均与志贺氏菌存在交叉凝集现象[17]。

2.2.2.2　免疫学特性

阴沟肠杆菌抗原具有较好的抗原性 (尤其是菌体抗原)，机体被感染耐过后或免疫接种动物均可产生一定的免疫应答，主要是体液免疫反应。但由于阴沟肠杆菌的感染常是表现为呼吸道、泌尿道、创伤等的局部感染特征，因此常不能表现出良好的免疫保护。

2.2.3　生境与抗性

肠杆菌广泛分布于自然界的腐物、土壤、污物、植物、蔬菜、动物与人类的粪便、水和日常食品中，也存在于人及动物的皮肤、呼吸道、泌尿道等部位。在临床标本，常可从尿液、痰液、呼吸道分泌物、浓汁等材料中检出，也偶尔从血液和脑脊液分离到。在对抗生素类药物的敏感性方面，阴沟肠杆菌比较容易产生耐药性。

2.2.3.1　生境

在临床标本，肠杆菌常可从尿液、痰液、呼吸道分泌物、浓汁等材料中检出，也偶尔从血液和脑脊液分离到。阴沟肠杆菌更常见于人及其他动物的粪便、污水、土壤及水中等，也偶见于动物的尿液、脓汁及其他病理材料中。

中国海洋大学的王树峰等 (2010) 报告，从 40 份乳粉食品、10 份婴儿辅助食品 (骨泥、蔬菜泥)、22 份婴儿米粉、18 份婴儿磨牙棒类 (饼干)、5 份奶粉伴侣共 95 份婴儿食品中，检出了 10 种 (属)29 株细菌。分别为：阴沟肠杆菌 8 株 (构成比 27.59%)、非脱羧勒克氏菌 (*Leclercia adecarboxylata*)5 株 (构成比 17.24%)、阪崎氏肠杆菌 3 株 (构成比 10.34%)、屎肠球菌 3 株 (构成比 10.34%)、少动鞘氨醇单胞菌 (*Sphingomonas paucimobilis*)2 株 (构成比 6.89%)、鸡肠球菌 (*Enterococcus gallinarum*) 亦称为鹑鸡肠球菌 2 株 (构成比 6.89%)、泛菌属 (*Pantoea* Gavini，Mergaert，Beji et al 1989 emend. Mergaert Verdonck and Kersters 1993) 细菌 2 株 (构成比 6.89%)、产酸克雷伯氏菌 (*Klebsiella oxytoca*)2 株 (构成比 6.89%)、植生柔武氏菌 (*Raoultella planticola*)1 株 (构成比 3.45%)、解鸟氨酸柔武氏菌 (*Raoultella ornithinolytica*)1 株 (构成比 3.45%)，阴沟肠杆菌居第 1 位、阪崎氏肠杆菌居并列第 3 位 [18]。

本书作者注：现新分类于柔武氏菌属 (*Raoultella* Drancourt，Bollet，Carta et al 2001) 的植生柔武氏菌、解鸟氨酸柔武氏菌，分别为原分类于克雷伯氏菌属的植生克雷伯氏菌 (*Klebsiella planticola*)、解鸟氨酸克雷伯氏菌 (*Klebsiella ornithinolytica*)；且植生克雷伯氏菌、解鸟氨酸克雷伯氏菌 (现被认为与产酸克雷伯氏菌是相同的) 的菌名，还仍然是更常被采用的。

在医院内，肠杆菌属细菌更是环境及多种物体表面的普遍污染菌，以及医院内感染菌。以下记述的一些报告，是具有一定代表性的。

中国人民解放军广州军区武汉总医院的马珊等 (2009) 报告，为了解医院气管切开盘内盐水罐的细菌污染情况，采集在使用中的无菌盐水罐样品 71 份进行检验，其中合格的 45 份 (合格率 63.38%)。从 71 份无菌盐水罐内的盐水溶液中分离出细菌 56 株，分别为：铜绿假单胞菌 18 株 (构成比 32.14%)、枯草芽孢杆菌 (*Bacillus subtilis*)11 株 (构成比 19.64%)、肠杆菌属细菌 8 株 (构成比 14.29%)、奈瑟氏球菌属 (*Neisseria* Trevisan 1885) 细菌 7 株 (构成比 12.50%)、不动杆菌属 (*Acinetobacter* Brisou and Prévot 1954) 细菌 6 株 (构成比 10.71%)、其他细菌 6 株 (构成比 10.71%)。认为在气管切开盘中的无菌盐水罐易被污染，其罐内溶液是导致医院感染的危险因素，应对盘内各物品每天进行灭菌 [19]。

吉林省卫生监测检验中心消毒所的刘晓杰等 (2013) 报告，在 2010 年 6 月至 2012 年 12 月间，对两所三级甲等医院的血液透析科、重症监护室 (intensive care unit，ICU)、新生儿病房、感染科等重点科室的环境和物体 (处置台、床头柜、水龙头、电脑鼠标、呼吸机键盘等) 表面，进行了医院感染常见病原菌污染情况的回顾性调查分析。结果在所采集的 291 份样本中共检出病原菌 88 株 (检出率 30.24%)，其中革兰氏阴性细菌 19 种 63 株 (构成比 71.59%)；革兰氏阳性球菌 25 株 (构成比 28.41%)，主要为葡萄球菌属 (*Staphylococcus* Rosenbach 1884) 的一些种。在 63 株革兰氏阴性细菌中，阴沟肠杆菌和阪崎氏肠杆菌各 1 株 (构成比各 1.59%)[20]。

湖北省随州市中心医院的刘杨等 (2013) 报告，重症监护室由于收治病种多、患者病情危重，常采用多种医疗仪器设备进行生理功能的监测与生命支持。医疗器具在提高救治质量的同时，也可能成为环境病原菌的传播工具，造成医院感染的发生。因此，对使用中的医疗器具进行目标监测，及时准确地掌握使用中医疗器具的带菌情况，对降低重症监护室医院感染具有重要意义。报告者对该医院重症监护室住院患者使用的微量泵等 11 种医疗器具，采集使用 (48±2)h 的样本共 300 份，进行了微生物学检验，结果其中 217 份阳性 (阳性率 72.33%)。以留置导尿管 (接口处内壁) 阳性率最高，检验 19 份中 17 阳性 (阳性率 89.47%)；其他 10 种的检出依次为：氧气湿化瓶 (内壁)28 份中阳性的 25 份 (阳性率 89.29%)、冷凝水集水瓶 (内壁)42 份中阳性的 35 份 (阳性率 83.33%)、呼吸机螺纹管 (接口处内壁)42 份中阳性的 35 份 (阳性率 83.33%)、中心供氧壁管出口 28 份中阳性的 23 份 (阳性率 82.14%)、气管插管 (内壁)22 份中阳性的 17 份 (阳性率 77.27%)、呼吸机湿化罐 (内壁)42 份中阳性的 29 份 (阳性率 69.05%)、留置针连接管三通口 19 份中阳性的 11 份 (阳性率 57.89%)、输液泵 (接口处内壁)16 份中阳性的 9 份 (阳性率 56.25%)、微量注射泵 (接口处内壁)12 份中阳性的 5 份 (阳性率 41.67%)、深静脉置管 (接口处内壁)30 份中阳性的 11 份 (阳性率 36.67%)。在 217 份阳性样本中，共检出病原菌 19 种 (属)242 株，其中革兰氏阴性菌 11 种 184 株 (构成比 76.03)、革兰氏阳性菌 6 种 41 株 (构成比 16.94%)、真菌 2 个菌属 17 株 (构成比 7.02%)。各菌 (属) 的检出频率，依次为：铜绿假单胞菌 47 株 (构成比 19.42%)、鲍氏不动杆菌 36 株 (构成比 14.88%)、大肠埃希氏菌 22 株 (构成比 9.09%)、嗜麦芽寡养单胞菌 18 株 (构成比 7.44%)、洋葱伯克霍尔德氏菌 (*Burkholderia cepacia*)16 株 (构成比 6.61%)、金黄色葡萄球菌 13 株 (构成比 5.37%)、奇异变形菌 11 株 (构成比 4.55%)、阴沟肠杆菌 10 株 (构成比 4.13%)、毛霉属 (*Mucor* Micheli and Fries) 真菌 10 株 (构成比 4.13%)、表皮葡萄球菌 9 株 (构成比 3.72%)、粪肠球菌 9 株 (构成比 3.72%)、产气肠杆菌 (即现在已分类于克雷伯氏菌属的运动克雷伯氏菌)8 株 (构成比 3.31%)、普通变形菌 (*Proteus vulgaris*)8 株 (构成比 3.31%)、念珠菌属 (*Candida* Berkhout 1923) 真菌 7 株 (构成比 2.89%)、褪色沙雷氏菌 5 株 (构成比 2.07%)、屎肠球菌 4 株 (构成比 1.65%)、嗜水气单胞菌 (*Aeromonas hydrophila*)3 株 (构成比 1.24%)、溶血葡萄球菌 3 株 (构成比 1.24%)、木糖葡萄球菌 (*Staphylococcus xylosus*)3 株 (构成比 1.24%)，阴沟肠杆菌居第 8 位。报告者认为对患者各种诊疗性侵入性操作的应用 (如气管插管、留置导尿、中心静脉置管、引流管留置等)，可破坏机体黏膜保护屏障，从而导致患者呼吸系统、泌尿系统、导管相关性血流感染的发生，造成医院感染率升高[21]。

2.2.3.2　抗性

一些研究结果显示阴沟肠杆菌的临床分离菌株，存在着广泛的耐药性。阴沟肠杆菌可产生 AmpC β- 内酰胺酶 (AmpC β-lactamases) 和 (或) 超广谱 β- 内酰胺酶 (extended-spectrum β-lactamases，ESBLs) 等与耐药性相关的酶类，AmpCAmpC β- 内酰胺酶主要由染色体介导 (少数由质粒介导)，超广谱 β- 内酰胺酶由质粒介导。以下记述的一些报告，是具有一定代表性的。

广州市第一人民医院的叶惠芬等 (2011) 报告，为了解广州地区阴沟肠杆菌中由质粒介导的喹诺酮类耐药基因 *qnrA*、*qnrB*、*qnrS* 的流行情况，以 PCR 方法对在 2008 年 1 ~ 12 月间从广州市第一人民医院住院患者临床标本分离的、对环丙沙星耐药的 62 株阴沟肠杆菌，进行了基因 *qnrA*、*qnrB*、*qnrS* 的检测；结果为 *qnrA* 基因阳性的 30 株 (占 48.4%)、*qnrB* 基因阳性的 41 株 (占 66.1%)、*qnrS* 基因阳性的 7 株 (占 11.3%)，*qnrA* 和 *qnrB* 基因同时阳性的 16 株 (占 25.8%)，*qnrA* 和 *qnrS* 基因同时阳性的 1 株 (占 1.6%)，*qnrB* 和 *qnrS* 基因同时阳性的 2 株 (占 3.2%)[22]。

深圳市第六人民医院的吴创鸿等 (2008) 报告，为了解深圳地区阴沟肠杆菌中 *qnrA* 基因阳性菌株的分子流行病学特征，采用聚合酶链式反应 (polymerase chain reaction, PCR) 和产物直接测序方法，检测在 2003 ~ 2005 年间从深圳市第六人民医院及深圳市人民医院临床分离的 58 株阴沟肠杆菌的 *qnrA* 基因，以脉冲场凝胶电泳 (pulsed-field gel electrophoresis, PFGE) 进行菌株的 DNA 分型；结果在 11 株 (占 18.97%) 中检出了 *qnrA* 基因，携带 *qnrA* 基因阴沟肠杆菌的流行不仅存在散发模式，而且存在克隆株医院感染暴发的模式，认为应加强对阴沟肠杆菌医院感染的监控和分子流行病学研究[23]。

山西医科大学第一医院的李爱民等 (2010) 报告对山西医科大学第一医院在 2007 年 2 月至 2009 年 3 月间，从各种临床标本中分离的 84 株阴沟肠杆菌进行耐药性分析，结果在对供试的 21 种抗菌药物中，以对氨苄西林 / 舒巴坦和头孢西丁的耐药率最高 (93%)；对第三代头孢菌素 (头孢他啶、头孢噻肟、头孢曲松和头孢哌酮) 及氨曲南的耐药率为 30% ~ 35%，敏感率为 6% ~ 70%；对 β- 内酰胺酶抑制剂复合制剂 (哌拉西林 / 他唑巴坦和头孢哌酮 / 舒巴坦) 的耐药率分别为 17% 和 24%，敏感性高于第三代头孢菌素及氨曲南；对第四代头孢菌素 (头孢吡肟) 的敏感性显著高于第三代头孢菌素及氨曲南，耐药率为 14%；对碳青霉烯类抗生素 (亚胺培南、美洛培南、厄他培南) 显示出优越的抗菌活性，为 100% 敏感；对氨基苷类抗生素 (庆大霉素、阿米卡星、妥布霉素和奈替米星) 的耐药率分别为 39%、20%、35% 和 33%，其中以对阿米卡星的敏感性最高，阿米卡星抗菌活性最强；对喹诺酮类抗生素 (环丙沙星、氧氟沙星、左旋氧氟沙星、加替沙星) 的耐药率分别为 30%、33%、26% 和 18%，其中对加替沙星的敏感性高于其他喹诺酮类药物[24]。

首都医科大学附属北京友谊医院的陈玉娇等 (2013) 报告，回顾性分析在 2011 年 6 月至 2013 年 4 月间，从该院急诊和住院患者分离的 169 株阴沟肠杆菌 (非重复分离菌株)。经对 19 种抗菌类药物的耐药性测定，结果表现对头孢唑啉、氨苄西林、氨苄西林 / 舒巴坦、头孢替坦等多种药物明显耐药 (耐药率为 94.68% ~ 99.41%)[25]。

2.3 病原学意义

阴沟肠杆菌在人的感染，常见的是发生在组织器官的系统感染，尤其是呼吸系统和泌尿系统，另外则是发生食物中毒的胃肠道感染。在动物，已有的报告显示主要是发生胃肠道感染。

2.3.1 人的阴沟肠杆菌感染病

人的阴沟肠杆菌感染病，在近年来的报告有日益增多的趋势。从一些报告来看，主要表现为社区散发及医院内相对集中的发生。

2.3.1.1 胃肠道外感染病

阴沟肠杆菌是肠杆菌属中一种在临床出现频率最高的病原菌，主要是能引起呼吸道感染、败血症、尿道与伤口感染，有时亦可引起菌血症、心内膜炎、心室炎及脑膜炎、脓毒症等。

根据一些报告的资料分析，认为存在基础疾病、年老体弱、机体抵抗力低下者，容易发生由阴沟肠杆菌引起的感染。在医院内肺部感染，还常与机械通气存在一定的关联；医院内尿路感染，常与置留导尿管存在一定关联的。败血症感染，主要是发生在婴幼儿；且在细菌性败血症感染中占有较高的比例，尤其是医院内的感染。脑膜炎及化脓性脑膜炎，主要发生在婴幼儿，这可能是与婴幼儿的血脑屏障尚未发育健全有一定关联的。在国外，

Maheshwari 等 (2009) 报告一名 3 周龄婴儿由阴沟肠杆菌引起的脑膜炎，并认为阴沟肠杆菌是引起婴儿脑膜炎的重要病原菌 [26]。

在我国，安徽省阜阳市颍州区医院的宁莉萍 (2001) 报告在 1999 年 7 月一名 4 个月的男婴，临床表现发热，经检验诊断为由阴沟肠杆菌感染引起的脑膜炎 [27]；宣汉县妇幼保健院的张文勇等 (2008) 报告一名 26 天女婴患病，经诊断证实是由阴沟肠杆菌引起的化脓性脑膜炎 [28]。

2.3.1.2　胃肠道感染病

由阴沟肠杆菌引起的胃肠道感染，主要指的是食物中毒。由阴沟肠杆菌引起的食物中毒，相对来讲是不常见的。简要总结在我国发生的一些事件，潜伏期最短的 0.5h、最长的 20h；主要发生在 1 ~ 10 月份，多数在 7 ~ 10 月份。主要临床表现为呕吐、恶心、腹痛、腹泻 (以水样便为主) 等消化道症状，有的伴有发热、头晕、乏力等。发生场所主要是分食某种被阴沟肠杆菌污染食物的酒店 (饭店)，发生在食堂、聚餐、家庭的较少见；中毒相关食物主要是肉类食品，另外是快餐盒饭及鱼等。在已有由阴沟肠杆菌引起的食物中毒报告文献中，山东省滕州市卫生防疫站的徐文杰等 (2006) 报告的 2 起是中毒规模最大的。报告滕州市在 2003 年发生两起由阴沟肠杆菌引起的食物中毒事件，1 起为 10 月 2 日发生在某酒店举办的婚宴，进餐 85 人、发病 26 人 (罹患率 30.59%)，由食用阴沟肠杆菌污染的烧鸭引起；另 1 起发生在 9 月，某学校食堂集体食物中毒；两起共有 252 人中毒，均有腹痛、腹泻、恶心、呕吐、高热 (39 ~ 39.7℃) 等症状 [17, 29]。再者，安徽省泾县疾病预防控制中心的潘勇等 (2006) 报告在 2004 年 10 月，泾县某公司职工发生 1 起疑似食物中毒，经流行病学调查及实验室检验，证实为 1 起由阴沟肠杆菌污染水源引起的介水传播疾病暴发事件 (也当属于食物中毒的范畴)，71 名职工发病 37 名 (罹患率 52.1%)；临床表现恶心、呕吐、腹胀、腹泻 (多为水样便) 等急性胃肠炎症状 [30]。

中国人民解放军第一八〇医院的许正锯等 (2004) 报告在 2002 年 9 月一名 33 岁男性腹泻患者，表现无发热、稀水样便，经检验证实由阴沟肠杆菌感染引起，阴沟肠杆菌在人的感染引起腹泻还是不多见的 (食物中毒除外)[31]。

2.3.1.3　医院感染特点

由阴沟肠杆菌引起的医院感染，所表现的特点是感染缺乏区域特征、感染部位宽泛、感染类型复杂、感染发生频率比较高。在近年来由阴沟肠杆菌引起的医院感染，其感染率呈现逐年上升的趋势，越来越多的资料也显示出阴沟肠杆菌已成为一种重要的医源性病原菌。

(1) 科室分布特点：综合一些相关的文献分析，由阴沟肠杆菌引起的医院感染，在科室分布上具有广泛性的特征。以下记述的一些报告，是具有一定代表性的。

在上面有记述首都医科大学附属北京友谊医院的陈玉娇等 (2013) 报告，从该院急诊和住院患者分离的 169 株阴沟肠杆菌，在各科室的分布依次为：老年综合病房 41 株 (构成比 24.26%)、重症医学科 23 株 (构成比 13.61%)、儿科病房 21 株 (构成比 12.43%)、急诊科 13 株 (构成比 7.69%)、呼吸内科 11 株 (构成比 6.51%)、肿瘤科 10 株 (构成比 5.92%)、血管外科 7 株 (构成比 4.14%)、神经外科 6 株 (构成比 3.55%)、普通外科 6 株 (构成比 3.55%)、心内科 5 株 (构成比 2.96%)、消化内科 5 株 (构成比 2.96%)、血液内科 5 株 (构成比 2.96%)、其他科室 16 株 (构成比 9.47%)[25]。

山西省人民医院的张燕军等 (2012) 报告，回顾性分析在 2009 年 1 月至 2011 年 12 月间，从该院门诊和住院患者分离的 497 株阴沟肠杆菌，在各科室的分布依次为：神经外科 117 株 (构成比 23.54%)、呼吸科 60 株 (构成比 12.07%)、骨科 57 株 (构成比 11.47%)、普通外科 31 株 (构成比 6.24%)、神经内科 27 株 (构成比 5.43%)、消化科 14 株 (构成比 2.82%)、内分泌科 12 株 (构成比 2.41%)、中医科 7 株 (构成比 1.41%)、其他科室 172 株 (构成比 34.61%)[32]。

广西医科大学第四附属医院的蒙雨明等 (2013) 报告，回顾性分析在 2010 年 1 月至 2011 年 12 月间，从该院临床分离的 190 株阴沟肠杆菌 (非重复分离菌株)，在各科室的分布依次为：骨科 34 株 (构成比 17.89%)、耳鼻喉科 22 株 (构成比 11.58%)、神经外科 20 株 (构成比 10.53%)、神经内科 18 株 (构成比 9.47%)、重症监护室病房 16 株 (构成比 8.42%)、泌尿外科 13 株 (构成比 6.84%)、其他病区 67 株 (构成比 35.26%)[33]。

(2) 感染部位特点：综合一些相关的文献分析，由阴沟肠杆菌引起的医院感染，主要分布于呼吸道和泌尿道。以下记述的一些报告，是具有一定代表性的。

在上面有记述首都医科大学附属北京友谊医院的陈玉娇等 (2013) 报告的 169 株阴沟肠杆菌，在各感染部位的分布依次为：痰液 97 株 (构成比 57.39%)、血液 20 株 (构成比 11.83%)、伤口分泌物 17 株 (构成比 10.06%)、咽拭子 13 株 (构成比 7.69%)、尿液 13 株 (构成比 7.69%)、腹水 3 株 (构成比 1.78%)、支气管灌洗液 2 株 (构成比 1.18%)、引流液 2 株 (构成比 1.18%)、其他标本材料 2 株 (构成比 1.18%)[25]。

在上面有记述山西省人民医院的张燕军等 (2012) 报告的 497 株阴沟肠杆菌，在各感染部位的分布依次为：痰液 313 株 (构成比 62.98%)、伤口分泌物 65 株 (构成比 13.08%)、尿液 52 株 (构成比 10.46%)、血液 20 株 (构成比 4.02%)、胸腔积液和腹水及脓液 15 株 (构成比 3.02%)、其他标本材料 32 株 (构成比 6.44%)[32]。

在上面有记述广西医科大学第四附属医院的蒙雨明等 (2013) 报告的 190 株阴沟肠杆菌，在各感染部位的分布依次为：分泌物 46 株 (构成比 24.21%)、痰液 44 株 (构成比 23.16%)、脓液 25 株 (构成比 13.16%)、尿液 19 株 (构成比 10.00%)、胆汁 12 株 (构成比 6.32%)、血液 6 株 (构成比 3.16%)、其他标本材料 38 株 (构成比 20.00%)[33]。

2.3.2 动物的阴沟肠杆菌感染病

动物的阴沟肠杆菌感染病，还仅是在近些年才被引起关注。已有的一些报告显示主要是发生在鸡，也有在猪的报告，均主要是发生在幼龄期；其发病特征是主要表现为腹泻的胃肠道感染，但也常可出现全身性感染的变化[3, 34~36]。

另外是在养殖鱼类，Sekar 等 (2008) 报告阴沟肠杆菌在印度从患病鲻鱼上 (mullet, *Mugil cephalus*) 分离到，致病性试验结果显示其病原学意义是被确认的[37]。

2.3.3 毒力因子与致病机制

肠杆菌属细菌感染的发病机制问题，在近些年才被研究关注，这是与肠杆菌属细菌感染在近些年的不断出现相关的。总体来讲，对肠杆菌属细菌感染的发病机制尚有诸多问题还不清楚。

2.3.3.1 黏附作用

相关的研究显示肠杆菌属细菌，通常均能产生 I 型或 III 型甘露糖敏感的红细胞凝集 (mannose-sensitive hemagglutination，MSHA)，仅仅是偶尔产生甘露糖抗性的红细胞凝集 (mannose-resistant hemagglutination，MRHA)；甘露糖敏感的红细胞凝集 (MSHA) 的受体似乎是一个高甘露糖的寡聚糖，假定的菌毛是一种 35kDa 的蛋白质，其多肽与鼠伤寒沙门氏菌 (Salmonella typhimurium) 的一种甘露糖特异的黏附因子 (FimH) 具有 68% ~ 85% 的一致性。这些能使红细胞发生凝集的凝集素，可能是与在组织细胞的定植、并发生感染有关的。

2.3.3.2 毒素

有研究表明肠杆菌属细菌能产生几种毒素，Prada 等 (1991) 报告从一名 11 月龄男孩的粪便中检出 1 株具有溶血性的阴沟肠杆菌，BamH I 酶解的该菌株 DNA 能与大肠埃希氏菌 α- 溶血素特异性探针发生反应；阴沟肠杆菌的溶血素，对人的红细胞和白细胞具有细胞毒性作用。Paton 等 (1996) 报告从一名患溶血性尿毒综合征 (hemolytic uremic syndrom，HUS) 的婴儿体内分离到 1 株产生志贺毒素 (Shiga toxin，Stx) 的阴沟肠杆菌，该菌株与 stx2 特异性基因探针反应 (不能与 stx1 特异性基因探针反应)，但阴沟肠杆菌携带的 stx2 基因是不稳定的，其作用也尚未明了。

2.3.3.3 细胞侵袭及抗机体免疫作用

Stoorvogel 等 (1991) 报告，可能至今被确定的阴沟肠杆菌最重要的毒力因子是外膜蛋白 X(outer membrane protein X，OmpX)，这是一种由染色体基因编码的 17kDa 的外膜蛋白，是与致病过程中的侵袭作用相关的。另外，肠杆菌也很普遍地能产生各种铁载体，大多数阴沟肠杆菌的菌株能产生属于异羟肟酸铁载体的气杆菌素 (aerobactin)，一般是与引起侵袭性感染的菌株有关的。另外，Keller 等 (1998) 报告有许多的阴沟肠杆菌菌株具有血清抗性。

中国人民解放军成都军区疾病预防控制中心军事医学研究所的李刚山等 (2007) 报告对在 2002 年以来从云南战区部队感染性腹泻患者粪便中分离的 9 株阴沟肠杆菌，进行小肠结肠炎耶尔森氏菌 (Yersinia enterocolitica) 高致病性毒力岛 (high-pathogenicity island，HPI) 的 irp-2 基因检测，结果均为阳性，并证实是具有毒力的菌株，与致病性密切相关，认为在国内属首次从阴沟肠杆菌中检出这种 HPI 的 irp-2 基因，这在对阴沟肠杆菌的致病作用、分子流行病学等方面的研究具有重要意义 [38]。

2.4 微生物学检验

对阴沟肠杆菌的微生物学检验，目前仍主要是从事对其做分离与鉴定的细菌学检验。因其对营养要求不高，以常用的普通营养琼脂及肠道菌培养基分离即可。另外是在特定需要的情况下，也需进行血清学分型检定、免疫学检验等。

2.4.1 细菌分离与鉴定

阴沟肠杆菌可出现在多种临床标本材料中，可直接接种于普通营养琼脂或一些肠道菌选择性培养基等适宜的培养基，置 37℃培养 24h 左右后挑选纯一或优势生长的菌落，移接于普通营养琼脂斜面做成纯培养供鉴定用。对其鉴定，主要是依据形态与培养特征、生化特性进行相应的检验。

2.4.1.1　初步鉴定

在肠杆菌科细菌中，肠杆菌属、柠檬酸杆菌属 (*Citrobacter* Werkman and Gillen 1932)、埃希氏菌属、哈夫尼菌属 (*Hafnia* Mφller 1954)、克雷伯氏菌属、变形菌属 (*Proteus* Hauser 1885)、沙门氏菌属、耶尔森氏菌属 (*Yersinia* Van Loghem 1944) 细菌，在生化特性方面相近。为进行简便的鉴别，将在第二版《伯杰氏系统细菌学手册》第 2 卷 B 部分 (2005) 中的"肠杆菌科细菌生化特性相近菌属间鉴别特征表"列在了第 3 章"柠檬酸杆菌属" (*Citrobacter*) 中 (表 3-2)，可供参考[8]。

通常情况下，可根据苯丙氨酸脱氨酶、葡萄糖酸盐利用试验，将肠杆菌科内一些比较常见具有致病性的不同菌属 (包括肠杆菌属) 鉴别开，具体可见在第 3 章"柠檬酸杆菌属" (*Citrobacter*) 中表 3-3(根据苯丙氨酸脱氨酶和葡萄糖酸盐利用试验的各菌属间鉴别特征) 的记述[39]。

另外是葡萄糖酸盐利用阳性的肠杆菌科细菌，包括肠杆菌属、克雷伯氏菌属、沙雷氏菌属 (*Serratia* Bizio 1823)、哈夫尼菌属细菌。表 4-3 所列，是这些菌属间的主要鉴别特征[39]。

表 4-3　葡萄糖酸盐利用阳性的各菌属间鉴别特征

项目	克雷伯氏菌属	肠杆菌属	沙雷氏菌属	哈夫尼菌属
动力	−	+	+	+
山梨醇	+	+ / −	+	−
DNA 酶	−	−	+	
棉籽糖	+	+	+ / −	
柠檬酸盐利用	+[a]	+	+	−
鸟氨酸脱羧酶	−[b]	+	+[c]	+

注：+表示阳性，−表示阴性，+ / −表示阳性或阴性；上角标的 a 表示除肺炎克雷伯氏菌臭鼻亚种、肺炎克雷伯氏菌鼻硬结亚种的一些菌株外，b 表示鸟氨酸克雷伯氏菌 (*Klebsiella ornithinolytica*) 即现在分类命名的解鸟氨酸柔武氏菌 (*Raoultella ornithinolytica*) 为阳性，c 表示气味沙雷氏菌 (*Serratia odorifera*) 生物 2 型、普城沙雷氏菌 (*Serratia plymuthica*)、深红沙雷氏菌 (*Serratia rubidaea*) 阴性。

2.4.1.2　注意事项

对肠杆菌属细菌进行鉴定时，尤其应注意与哈夫尼菌属、沙雷氏菌属的细菌相鉴别，一些主要鉴别特征如表 4-4 所示[40]。

表 4-4 肠杆菌属与生化特性相似的其他菌属特征鉴别

项目	哈夫尼菌属	肠杆菌属	沙雷菌属	项目	哈夫尼菌属	肠杆菌属	沙雷菌属	项目	哈夫尼菌属	肠杆菌属	沙雷菌属
柠檬酸盐 (Simmons)	−[a]	+	+	DNA 酶	−	−	+[g]	myo-肌醇	−	D	D
明胶液化	−	−[b]	+[c]	产酸：棉子糖	−	D	D	D-山梨醇	−	D	D
赖氨酸脱羧酶	+	−[d]	D	蔗糖	−	+[h]	+[i]	对特异哈夫尼菌	+	−	−
精氨酸双水解酶	−	D	−[e]	乳糖	−	D	D	噬菌体的敏感性			
脂酶 (吐温 80)	−	−	+[f]	D-侧金盏花醇	−	D	D				

注：表中符号的＋表示 90% ~ 100% 的菌株阳性，−表示 90% ~ 100% 菌株阴性，D 表示属中不同的种呈现不同的反应；上角标的 a 表示约 50% 的哈夫尼菌株迟缓阳性反应，b 表示超压肠杆菌 (Enterobacter nimipressuralis) 除外，c 表示居泉沙雷氏菌 (Serratia fonticola) 除外，d 表示日勾维肠杆菌除外，e 表示葛氏沙雷氏菌 (Serratia grimesii) 除外，f 表示除嗜虫沙雷氏菌 (Serratia entomophila) 和居泉沙雷氏菌外的大多数菌株阳性，g 表示居泉沙雷氏菌除外，h 表示河生肠杆菌生物群 2(Enterobacter amnigenus biogroup 2)、超压肠杆菌、泰勒氏肠杆菌 (Enterobacter taylorae) 除外，i 表示居泉沙雷氏菌、气味沙雷氏菌生物群 2(Serratia odorifera biogroup 2) 除外。

2.4.2 血清型检定

通常情况下对阴沟肠杆菌是不做血清型检定的，如有特定需要时，需注意有的阴沟肠杆菌菌株能与某些大肠埃希氏菌、志贺氏菌及沙门氏菌等的血清型菌株发生血清学交叉反应，在对结果的判定时要有效鉴别；尤其对来源于临床腹泻及食物中毒标本材料的菌株，因大肠埃希氏菌、志贺氏菌及沙门氏菌都是这些来源的常见病原菌。

2.4.3 免疫学检验

在发生阴沟肠杆菌食物中毒后，患者血清凝集抗体效价在恢复期的可比发病初期的高 4 倍以上，可通过用分离的菌株制备抗原，对患者双份血清做凝集试验测定，具有诊断价值。

2.4.4 分子生物学检验

本书作者房海等 (2012) 对从鸡分离的病原阴沟肠杆菌 HQ040619-1 株、HC050612-1 株为代表菌株，分别提取菌株 DNA 作为模板进行 16S rRNA 基因 PCR 扩增及进行系统发育学分析。结果：所测 HQ040619-1 株的 16S rRNA 基因序列长度为 1421bp(在 GenBank 的登录号为 EU073021)，HC050612-1 株的 16S rRNA 基因序列长度为 1449bp(在 GenBank 的登录号为 EU047701)；系统发育学分析与肠杆菌属细菌的 16S rRNA 基因序列自然聚类，与阴沟肠杆菌聚为一族[10]。

（陈翠珍）

参 考 文 献

[1] 贾辅忠 , 李兰娟 . 感染病学 . 南京 : 江苏科学技术出版社 , 2010: 485.

[2] 房海 , 陈翠珍 , 张晓君 . 肠杆菌科病原细菌 . 北京 : 中国农业科学技术出版社 , 2011: 151~161.

[3] 房海 , 史秋梅 , 陈翠珍 , 等 . 人兽共患细菌病 . 北京 : 中国农业科学技术出版社 , 2012: 387~403.

[4] 房海 , 陈翠珍 . 中国食物中毒细菌 . 北京 : 科学出版社 , 2014: 281~294.

[5] 张琳 , 路晓钦 , 董志 , 等 . 我院 2001-2010 年医院感染常见致病菌分布及耐药变迁分析 . 中国药房 , 2012, 23(22):2039~2044.

[6] 黄朝晖 , 范晓玲 , 胡瑜 .2007-2011 年医院感染主要病原菌的耐药趋势分析 . 中华医院感染学杂志 , 2013, 23(8):1911~1913.

[7] 孙慧 , 吴荣华 , 胡钢 , 等 . 医院感染病原菌分布及耐药性分析 . 疾病监测与控制杂志 , 2014, 8(1):4~6.

[8] George M G. Bergey's Manual of Systematic Bacteriology.Second Edition.Volume Two.Part B.Springer, New York, 2005: 661~669.

[9] J M 让达 , S L 阿博特 . 肠杆菌科 . 2 版 . 曾明 , 王斌 , 李凤祥 , 等译 . 北京 : 化学工业出版社 , 2008: 145~167.

[10] 房海 , 陈翠珍 , 史秋梅 , 等 . 鸡病原肠杆菌的鉴定 . 中国预防兽医学报 , 2012, 34(5):384~387.

[11] 王卫军 . 一株阴沟肠杆菌与福氏志贺菌 4 型交叉凝集的报告 . 现代预防医学 , 2005, 32(7):789,800.

[12] 顿玉慧 , 刘飞兰 , 徐建设 , 等 . 一株与沙门菌 F 群交叉凝集的阴沟肠杆菌 . 中国卫生检验杂志 , 2007, 17(8):1492~1493.

[13] 秦树民 , 王翠荣 , 王震 , 等 . 具有 EIEC 相同抗原的阴沟肠杆菌引起的食物中毒 . 中国食品卫生杂志 , 1997, 9(5):42.

[14] 陈道利 , 高峥 , 霍开兰 , 等 . 从投诉食品中检出具有 EIEC 相同抗原的阴沟肠杆菌 . 中国卫生检验杂志 , 2000, 10(2):213.

[15] 高亚色 .1 株与肠致病性大肠埃希菌 O114:K90(B) 交叉凝集的阴沟肠杆菌调查 . 预防医学论坛 , 2008, 14(10):920~921.

[16] 张卫军 . 一起由阴沟肠杆菌引起的食物中毒的实验室检验分析 . 中国卫生检验杂志 , 2010, 20(2):425~426.

[17] 徐文杰 , 张娟 .1 起由阴沟肠杆菌引起食物中毒的实验室检测 . 预防医学论坛 , 2006, 12(4):506.

[18] 王树峰 , 雷质文 , 梁成珠 , 等 . 我国婴幼儿食品致病细菌的耐药性监测 . 食品安全质量检测学报 , 2010, 27(2): 73~78.

[19] 马珊 , 张瞿璐 . 医院气管切开盘细菌学调查 . 中国消毒学杂志 , 2009, 26(4):456~457.

[20] 刘晓杰 , 孙利群 , 王艳秋 , 等 . 医院环境表面病原菌分布调查 . 中华医院感染学杂志 , 2013, 23(18):4454~4455.

[21] 刘杨 , 张秋莹 , 殷玉华 . 重症监护室常用医疗器具使用中病原菌携带情况 . 中国感染控制杂志 , 2013, 12(1):64~65.

[22] 叶惠芬 , 陈惠玲 , 刘平 , 等 . 广州地区阴沟肠杆菌 Qnr 基因流行调查 . 中国热带医学 , 2011, 11(3):289~290.

[23] 吴创鸿 , 董琨 , 邓启文 , 等 . 携 qnrA 耐药基因阴沟肠杆菌的分子流行病学研究 . 中华医院感染学杂志 ,

2008, 18(2):167~170.

[24] 李爱民, 胡晓芸, 许建英, 等. 84 株阴沟肠杆菌耐药性分析. 山西医药杂志, 2010, 39(5):427~429.

[25] 陈玉娇, 任爱民, 王红, 等. 阴沟肠杆菌 169 株的临床分布及耐药性分析. 临床和实验医学杂志, 2013, 12(16):1320~1322.

[26] Maheshwari N, Shefler A. *Enterobacter cloacae*: an "ICU bug" causing community acquired necrotizing meningo-encephalitis.European journal of pediatrics, 2009, 168(4):503~505.

[27] 宁莉萍. 阴沟肠杆菌致化脓性脑膜炎 1 例报告. 职业与健康, 2001, 17(2):40.

[28] 张文勇, 王兆建, 侯雪勤, 等. 阴沟肠杆菌致新生儿化脓性脑膜炎 1 例. 实用医技杂志, 2008,15(1):135~136.

[29] 徐文杰, 张娟, 戴峰, 等. 阴沟肠杆菌所致食物中毒细菌学及防止对策研究. 中国卫生检验杂志, 2006,16(9):1132,1152.

[30] 潘勇, 樊群. 1 起水源污染引起疾病爆发的调查与实验分析. 安徽预防医学杂志, 2006,12(2):118~119.

[31] 许正锯, 张启华, 黄奇猛. 多重耐药阴沟肠杆菌致感染性腹泻一例. 中华传染病杂志, 2004,22(1):70.

[32] 张燕军, 郭慧芳. 阴沟肠杆菌 497 株的标本分布及耐药性分析. 山西医药杂志, 2012, 41(10):1069~1070.

[33] 蒙雨明, 韦柳华, 彭华. 阴沟肠杆菌的感染分布及耐药性分析. 中华医院感染学杂志, 2013, 23(17):4284~4285, 4288.

[34] 李智红, 徐国栋, 刘长辉, 等. 肉雏鸡阴沟肠杆菌感染的诊治. 动物科学与动物医学, 2002,19(10):42.

[35] 黄跃杰, 张秀萍. 肉雏鸡腹泻病原的分离与鉴定. 山东畜牧兽医, 2010, (12):3~4.

[36] 肖剑, 林时作. 仔猪腹泻阴沟肠杆菌的分离及鉴定. 浙江畜牧兽医, 2004, (4):33~34.

[37] Brian A, Dawn A A. Bacterial Fish Pathogens Disease of Farmed and Wild Fish.Sixth Edition.Springer International Publishing Switzerland. 2016: 347~348.

[38] 李刚山, 范泉水, 徐庆, 等. 国内首次发现携带耶尔森菌 HPI 毒力岛 irp^{-2} 基因的阴沟肠杆菌. 中国热带医学, 2007,7(4):502~503.

[39] 叶应妩, 王毓三, 申子瑜. 全国临床检验操作规程. 3 版. 南京: 东南大学出版社, 2006: 801~821.

[40] Holt J G, Krieg N R, Sneath P H A, et al.Bergey's Manual of Determinative Bacteriology.Ninth Edition. Baltimore, Williams and Wilkins, 1994: 180~181, 210, 234.

第 5 章　埃希氏菌属 (*Escherichia*)

　　埃希氏菌属 (*Escherichia* Castellani and Chalmers 1919) 的大肠埃希氏菌 (*Escherichia coli*) 简称大肠杆菌，也是人们熟悉和在文献中最常被采用的简称。大肠杆菌属于人畜共患病 (zoonoses) 的病原菌，能引起人及多种动物 (养殖及野生动物) 发生多种不同类型的感染病 (infectious diseases)。

　　大肠杆菌为食源性疾病 (foodborne diseases) 的病原菌，也称食源性病原菌 (foodborne pathogen)。在人的感染，最常引起的是包括食物中毒 (food poisoning) 的消化系统感染病；其次是尿道感染 (urinary tract infection，UTI)，再次是能在一定条件下引起其他一些组织器官的炎性感染，以及菌血症和败血症等。由大肠杆菌病引起的各类感染病，常被统称为大肠杆菌病 (colibacillosis)。

　　另外，阿氏埃希氏菌 (*Escherichia albertii*)、弗氏埃希氏菌 (*Escherichia fergusonii*)、赫氏埃希氏菌 (*Escherichia hermannii*)、伤口埃希氏菌 (*Escherichia vulneris*)，也均具有一定的医学临床意义。但相对于大肠杆菌来讲，都是比较少见的 [1 ~ 4]。

　　埃希氏菌属是肠杆菌科 [Enterobacteriaceae(Rahn 1937)Ewing Farmer and Brenner 1980] 细菌的成员。作为医院感染 (hospital infection，HI) 的病原肠杆菌科细菌，在我国已有明确记述和报告的共涉及 12 个菌属 (genus)、35 个菌种 (species) 或亚种 (subspecies)。为便于一并了解，以表格"医院感染病原肠杆菌科细菌的各菌属与菌种 (亚种)"的形式，记述在了第 2 篇"医院感染革兰氏阴性肠杆菌科细菌"扉页中。

　　在我国由埃希氏菌属细菌引起的医院感染，明确记述的仅涉及大肠杆菌 1 个种。根据相关资料分析，由大肠杆菌引起的医院感染，在所有医院感染细菌中一直占据着前几位的重要位置。就由革兰氏阴性细菌引起的医院感染来讲，大肠杆菌似乎是一直处于首位。

● 在第 4 章肠杆菌属 (*Enterobacter*) 中有记述，江苏省无锡市第四人民医院的黄朝晖等 (2013) 报告，回顾性总结该医院 5 年间 (2007 ～ 2011)，从住院患者不同标本材料中分离获得的各种病原菌 38 037 株，其中明确菌种的革兰氏阴性细菌共 8 种 23 995 株 (构成比 63.08%)、革兰氏阳性细菌共 4 种 8395 株 (构成比 22.07%)，其他的病原菌 5647 株 (构成比 14.85%)。在明确菌种的革兰氏阴性细菌和革兰氏阳性细菌共 12 种 32 390 株 (构成比 85.15%) 中，包括大肠杆菌 6634 株 (构成比 20.48%) 居第 2 位 [5]。

● 在第 4 章肠杆菌属 (*Enterobacter*) 中有记述，江苏省中医院的孙慧等 (2014) 报告，回顾性总结该医院 3 年间 (2010 年 1 月 1 日 ～ 2012 年 12 月 31 日)，从医院感染病例不同标本材料中分离获得的各种病原菌 15 028 株，其中革兰氏阴性细菌 11 698 株 (构成比 77.84%)、革兰氏阳性细菌 3092 株 (构成比 20.57%)，真菌 (fungi)238 株 (构成比 1.58%)。明确菌种 (属) 的细菌共 11 个种 (属)13 649 株，其中革兰氏阴性细菌 7 个种 (属)10 683 株 (构成比 78.27%)、革兰氏阳性细菌 4 个种 (属)2966 株 (构成比 21.73%)，其中包括大肠杆菌 2465 株 (构成比 18.06%) 居第 1 位 [6]。

● 中国人民解放军第四军医大学西京医院全军临床检验医学研究所的陈潇等 (2014) 报告，回顾性总结该医院 11 年间 (2002 年 1 月 ～ 2012 年 6 月)，从医院感染病例不同标本材料中共分离获得各种病原菌 32 472 株 (非重复菌种)，其中革兰氏阴性细菌 21 107 株 (构成比 65.0%)、革兰氏阳性细菌 9742 株 (构成比 30.0%)，真菌 (fungi)1623 株 (构成比 5.0%)。明确菌种的细菌共 5 种 16 543 株，其中革兰氏阴性细菌 4 种 13 143 株 (构成比 79.45%)、革兰氏阳性的金黄色葡萄球菌 (*Staphylococcus aureus*)3400 株 (构成比 20.55%)。各菌种的出现频率，依次为：大肠杆菌 3864 株 (构成比 23.36%)、铜绿假单胞菌 (*Pseudomonas aeruginosa*)3770 株 (构成比 22.79%)、金黄色葡萄球菌 3400 株 (构成比 20.55%)、肺炎克雷伯氏菌 (*Klebsiella pneumoniae*)3068 株 (构成比 18.55%)、鲍氏不动杆菌 (*Acinetobacter baumannii*)2441 株 (构成比 14.76%)，大肠杆菌居第 1 位 [7]。

1　菌属定义与分类位置

埃希氏菌属是肠杆菌科的模式属 (type genus)。菌属名称"*Escherichia*"为现代拉丁语阴性名词，是以在 1885 年首先分离获得大肠杆菌的德国儿科医师特奥多尔·埃希 (Theodor Escherich，1857 ～ 1911) 的姓氏 (Escherich) 命名的。在较长的一段时间内，属内仅包括大肠杆菌 1 个种，目前已明确扩大到 5 个种，并相继又有新种 (sp.nov.) 的报告 [8, 9]。

1.1　菌属定义

埃希氏菌属细菌为两端钝圆的革兰氏阴性直杆状，大小为 (1.1 ～ 1.5)μm×(2.0 ～ 6.0)μm，单个或成双存在，许多菌株具有荚膜 (capsules) 或微荚膜 (microcapsules)，以周生鞭毛 (peritrichous flagella) 运动或无动力。其兼性厌氧，化能异养，具有呼吸和发酵两种代谢类型，适宜生长温度为 37℃。

埃希氏菌属细菌发酵 D- 葡萄糖和其他碳水化合物产酸、产气 (也有不产气的菌株)。所有 (或大多数) 菌株能发酵 L- 阿拉伯糖、麦芽糖、D- 甘露醇、D- 甘露糖、L- 鼠李糖、海藻糖、D- 木糖等多种碳水化合物产酸并产气，不能利用 i- 肌醇，仅有弗氏埃希氏菌能利用 D- 侧金盏花醇。大肠杆菌的多数菌株发酵乳糖，蟑螂埃希氏菌 (Escherichia blattae)、弗氏埃希氏菌、赫氏埃希氏菌及伤口埃希氏菌发酵乳糖迟缓或不发酵。在含有 KCN 的培养基中不生长 (但赫氏埃希氏菌及少数的伤口埃希氏菌菌株除外)，邻硝基苯 -β-D- 半乳糖苷 (O-nitrophenyl-β-D-galactopyranoside，ONPG) 试验阳性；氧化酶阴性，接触酶阳性，甲基红试验 (methyl red test，MR) 阳性，伏 - 波试验 (Voges-Proskauer test，V-P) 阴性，柠檬酸盐利用试验通常为阴性，通常不产生 H_2S(但在温血动物肠道的大肠杆菌中有少数菌株能产生)，苯丙氨酸脱氨酶、明胶酶试验阴性，能还原硝酸盐为亚硝酸盐。

大肠杆菌核糖体 RNA 操纵子 (rrn operon) 和 16S rRNA、23S rRNA、5S rRNA 编码基因，位于染色体上。16S rRNA 基因序列分析，在大肠杆菌和伤口埃希氏菌与志贺氏菌属 (Shigella Castellani and Chalmers 1919) 细菌间、在赫氏埃希氏菌与沙门氏菌属 (Salmonella Ligniéres 1900) 细菌的一些种及弗氏柠檬酸杆菌 (Citrobacter freundii) 间，存在较强的同源性。

主要是同其他正常菌群一起存在于温血动物的后肠段内，蟑螂埃希氏菌分离于蟑螂 (cockroaches) 的后肠段中。

埃希氏菌属细菌 DNA 的 G+C mol% 为 48 ～ 59(T_m)；模式种 (type species)：大肠埃希氏菌 [Escherichia coli(Migula 1895)Castellani and Chalmers 1919][8]。

1.2 分类位置

按伯杰氏 (Bergey) 细菌分类系统，在第二版《伯杰氏系统细菌学手册》(Bergey's Manual of Systematic Bacteriology) 第 2 卷 (2005) 的 B 部分中，埃希氏菌属分类于肠杆菌科。

肠杆菌科内共记载了 42 个菌属 144 个种，另是在种下有 23 个亚种、8 个血清型(serovar)。其中的 42 个菌属名录，已分别记述在了第 3 章 "柠檬酸杆菌属"(Citrobacter) 中。

肠杆菌科细菌 DNA 的 G+C mol% 为 38 ～ 60；模式属：埃希氏菌属。

埃希氏菌属内记载了 5 个种，依次为：大肠杆菌、蟑螂埃希氏菌、弗氏埃希氏菌、赫氏埃希氏菌、伤口埃希氏菌，其中的大肠杆菌包括多个不同的血清型[8]。

Huys 等 (2003) 曾命名了阿氏埃希氏菌 (Escherichia albertii sp.nov.Huys，Cnockaert，Janda et al 2003) 这一个新种，但未被列入《伯杰氏系统细菌学手册》第二版中[9]。

2 大肠埃希氏菌 (Escherichia coli)

大肠杆菌 [Escherichia coli(Migula 1895)Castellani and Chalmers 1919] 首先由埃希 (图 5-1) 于 1885 年从婴儿粪便中分离到，并同时命名为大肠常见杆菌 (Bacterium coli commune Escherich 1885)；相继又有过大肠杆菌 [Bacillus coli Migula 1895；其中的芽孢杆菌属 (Bacillus Cohn 1872) 名，在 1937 年以前称杆菌属，所以 "Bacillus coli" 可译成大肠杆菌并非大肠芽孢杆菌]、大肠杆菌 [Bacterium coli(Migula 1895)Lehmann and Neumann 1896] 等的命名。

1919 年，Castellani 和 Chalmers 在将此菌的形态特征和生化性状，与当时亦为肠道细菌的伤寒杆菌 (*Bacillus typhi* Schroeter 1886) 即现分类于沙门氏菌属的伤寒沙门氏菌 (*Salmonella typhi*) 进行了比较之后，发现了两菌的明显不同点 (如乳糖的发酵等一些关键生化指标)；便提议以 Theodor Escherich 的姓氏 (Escherich) 建立了 "*Escherichia*"(埃希氏菌属)，以表示对 Escherich 的尊重，同时正式命名此菌为 "*Escherichia coli*"(大肠埃希氏菌) 并将其作为了属内的第一个种，且至今一直是埃希氏菌属的模式种。菌种名称 "*coli*" 为现代拉丁语属格名词，指大肠的 (coli of the colon)。

图 5-1　埃希

细菌 DNA 的 G+C mol% 为 48.5 ～ 52.1(T_m)；模式株 (type strain)：ATCC 11775，CCM 5172，CIP 54.8，DSM 30083，IAM 12119，NCDO 1989，NCTC 9001，Serotype O1:K1(L1):H7。GenBank 登录号 (16S rRNA)：X80725[8]。

2.1　发现历史简介

在国内外早期对大肠杆菌病的明确报告，均是发生在婴幼儿的肠炎病例，且一直到现在其也还仍然是主要的感染类型。

从 1945 年首先发现了病原性大肠杆菌 (pathogenic *Escherichia coli*) 至今虽仅有 70 年的历史，但通过医学及兽医学领域大量的临床实践与研究，早已明确了尽管有相当部分的大肠杆菌菌株是不致病的，并能作为构成肠道正常菌群的重要组成菌，同时发挥着对人及动物体有益的作用；但一些特定血清群 (serogroup) 或血清型的大肠杆菌，则毫无争议地被列入了病原性细菌 (pathogenic bacteria) 的行列。

2.1.1　国外简况

在德国医师 Escherich 于 1885 年首先发现大肠杆菌至 1945 年发现病原性大肠杆菌的 60 年间，大肠杆菌一直被作为肠道正常菌群的组成部分而认为是非致病菌 (nonpathogenic bacteria)。自从 Kauffmann 于 20 世纪中叶建立了对大肠杆菌抗原检定的血清学方法，并于 1947 年在他早期研究及他的同事 Knipschildt 和 Vahlne 的研究工作基础上，建立了一个包括 25 个菌体 (ohne hauch，O) 抗原 (O 抗原)、55 个表面 (kapsel，K) 抗原 (K 抗原)、20 个鞭毛 (hauch，H) 抗原 (H 抗原) 的抗原表，同时发现在英国的一些地方接连发生了数起在医院内由同一大肠杆菌血清 (群) 型菌株引起的暴发性婴儿肠炎流行，如 Giles 等记述 1947 流行在英国阿伯丁 (Aberdeen) 地区由同一血清 (群) 型菌株引起的婴儿肠炎、Taylor 等报告在几次婴儿肠炎暴发流行中几乎全部均可分离到同一血清群菌株并在当时定名为 D_{433}(这些菌株后来在 1950 年被 Kauffmann 和 Dupont 检定血清群为 O111) 等，此后才改变了人们对大肠杆菌的传统观点，并很快确立了病原大肠杆菌的概念。

早在 1945 年，Bray 报告了 51 例婴儿腹泻，并首次从 48 例患者腹泻粪便中分离到血清群 (型) 一致的大肠杆菌，当时命名为 "*Bacterium coli neapolitanum*，BCN"(那不勒斯大肠杆菌)，并认为这种那不勒斯大肠杆菌是在夏、秋季节儿童腹泻的病原菌 (后来在 1950 年被

Kauffmann 和 Dupont 检定血清群为 O111)，这就是最早的肠致病性大肠杆菌 (enteropathogenic *Escherichia coli*，EPEC)，显然从原始意义上讲这种肠致病性大肠杆菌包括了当时所有的病原性大肠杆菌。1955 年，Neter 首先正式提出了肠致病性大肠杆菌的概念，包括了当时所有与致腹泻相关的病原性大肠杆菌。但在后来 Ewing 等发现，此类菌株只包括致腹泻大肠杆菌的某些血清群 (型)。在 Taylor 和 Bettelheim(1966) 报告了大肠杆菌能产生肠毒素 (enterotoxin)，Smith 和 Gyles(1970) 的研究又证明大肠杆菌产生的肠毒素包括耐热肠毒素 (heat-stable enterotoxin，ST) 和不耐热肠毒素 (heat-labile enterotoxin，LT) 两类之后，则引起了一场学术争论，有部分学者认为肠毒素是肠致病性大肠杆菌的毒力因子，将肠致病性大肠杆菌与能够产生肠毒素的肠产毒性大肠杆菌 (enterotoxigenic *Escherichia coli*，ETEC) 的概念互用；另外一些学者则认为肠致病性大肠杆菌的菌株并不产生肠毒素，许多产肠毒素的菌株也不属于所谓的肠致病性大肠杆菌血清群 (型)。Levine 等将 3 株在数年前分离的、不产生肠毒素的肠致病性大肠杆菌，给志愿者口服后发生了腹泻；人们从此认识到肠致病性大肠杆菌与肠产毒性大肠杆菌是两类不同的致泻性大肠杆菌 (diarrheagenic *Escherichia coli*)，并从此正式建立了肠产毒性大肠杆菌的概念。现已明了，肠致病性大肠杆菌、肠产毒性大肠杆菌的致病机制亦各不相同，临床表现在肠致病性大肠杆菌主要是引起婴幼儿腹泻，肠产毒性大肠杆菌则主要是引起婴幼儿腹泻和旅游者腹泻 (diarrhea in travelers，DT)。

相继，又陆续发现了具有另外特性的一些致腹泻大肠杆菌，主要包括如下几种。①日本学者 Sakazakin 等在 1967 年首先报告了一部分大肠杆菌能引起酷似由志贺氏菌属细菌引起的细菌性痢疾 (bacillary dysentery) 样的腹泻，这就是现在的肠侵袭性大肠杆菌 (enteroinvasive *Escherichia coli*，EIEC)，主要是引起较大年龄儿童和成年人发病。② 1982 年，Riley 等在美国首次确认引起出血性肠炎 (hemorrhagic colitis，HC) 的相应病原大肠杆菌 O157:H7 菌株，并由 Levine(1987) 首先提出了肠出血性大肠杆菌 (enterohemorrhagic *Escherichia coli*，EHEC) 的概念 (在当时仅指的是大肠杆菌 O157:H7 这一特定菌株)，感染的临床表现多样，但以儿童和老年人较易发生的出血性肠炎最为常见。③ 1985 年，Mathewson 等首次分离到一类新的致腹泻大肠杆菌，相继由 Nataro 等 (1987) 正式将其定名为肠集聚性大肠杆菌 (enteroaggregative *Escherichia coli*，EAggEC)，致病的临床表现主要是小儿顽固性腹泻及旅游者腹泻 [3]。

1971 年在美国的 14 个州，因进口的奶酪被肠侵袭性大肠杆菌污染导致近 400 人发病，从而确定了大肠杆菌为食源性病原菌。实际上于 1971 年以前，在其他一些国家至少有 5 次像这种由大肠杆菌引起的食源性疾病暴发的报告，其中最早的一次是在 1947 年发生于英格兰。Neill 等 (2001) 曾报告早在 18 世纪，就有证据显示大肠杆菌可引起婴儿腹泻 [10]。

2.1.2　国内简况

在我国，湖南省长沙市工人医院的郑迈群 (1954) 较系统介绍了国外在病原大肠杆菌及其所致婴儿腹泻方面的情况，同时指出他们在临床所见的暴发型或中毒型肠炎的病原可能是大肠杆菌，这可能是最早将国外对人大肠杆菌病的研究资料介绍到国内并提出了对我国人大肠杆菌病的认识 [11]。相继，原上海第一医学院的陈仁溥 (1956)，也同样较系统介绍了国外在病原大肠杆菌及其所致婴儿腹泻方面的情况，并明确指出了 O111、O55、O26、O86 血清群菌株是婴儿腹泻的病原菌，同时记述在原上海第一医学院附属妇产科医院婴儿室于 1954 年秋、冬季节曾有过一次相当严重的婴儿腹泻流行，8 ～ 12 月间患病 91 人、病死 25 人 (病死率 27.5%)，具有很明显的传染性，但在当时未能明确相应病原[12]。同年，福建省卫生防疫站的吴开宇和福建省立医院的叶孝礼 (1956) 报告，指出省立医院在 1953 ～ 1955 年的 3 年内，收治小儿肠炎与痢疾患者共 250 例，其中粪便细菌培养阳性的 115 例 (构成比 46.0%)，在细菌培养阳性的 53 个小儿肠炎病例中以属于副大肠杆菌属 (*Paracolobactrum* Borman Stuart and Wheeler 1944) 的最多，共 28 例 (构成比 52.83%)，现在来看在当时鉴定的这种副大肠杆菌很有可能就是大肠杆菌，如果是这样则可以认为这是在我国首次从小儿肠炎检出相应病原性大肠杆菌[13]。

　　明确记述对人的病原大肠杆菌检出及对相应感染病的认识，当是原浙江医学院的王洪媛等 (1958)、原上海第一医学院的王增慧等 (1958)，分别首先报告了从杭州地区、上海市的婴儿腹泻病例中，检出了相应病原大肠杆菌[14, 15]。上海市卫生防疫站的司马蕙兰等 (1985) 报告，用自制的抗不耐热肠毒素血清及埃莱克试验 (Elek test)，于 1982 年在国内首次从金山县 1 例腹泻婴儿 (1 岁、男性) 粪便分离到能产生不耐热肠毒素的肠产毒性大肠杆菌菌株；相继又于 1983 年 7 ～ 9 月，从上海第一医学院儿科医院门诊 1 ～ 3 岁急性腹泻患者 109 例的粪便材料中，检出了能产生不耐热肠毒素或耐热肠毒素，以及不耐热肠毒素与耐热肠毒素的肠产毒性大肠杆菌共 17 株 (检出率 15.59%)，从该儿科医院儿保门诊正常婴儿粪便材料中检出产生不耐热肠毒素、耐热肠毒素或不耐热肠毒素与耐热肠毒素的肠产毒性大肠杆菌共 5 株 (检出率 6.33%)[16, 17]。

　　另外，中国预防医学科学院流行病学微生物学研究所的徐建国等 (1994) 报告，还首先提出了产志贺氏样毒素且具侵袭力的大肠杆菌 (entero-SLTs-producing and invasive *Escherichia coli*，ESIEC) 的概念，且已研究明确了独立作为人致泻性大肠杆菌的病原学意义[18, 19]。

　　在大肠杆菌作为食源性病原菌引起食物中毒方面，近些年来我国多有由致泻性大肠杆菌及其他病原性大肠杆菌引起的事件发生，有的事件是与其他病原菌混合引起的[4]。最早明确记述的事件，当是由济宁医学院的路步炎等 (1959) 报告发生在 1958 年 7 月的 1 起，报告山东省邹平县某村 160 人在分别食用了同一病牛肉后，相继发病 56 人 (罹患率 35.0%)，其中死亡 1 人 (病死率 1.79%)；检验证实，是由大肠杆菌、副大肠杆菌、某种变形菌 (*Proteus* sp.) 混合引起的[20]。

2.2　生物学性状

　　对大肠杆菌生物学性状的研究较多，也几乎是在所有病原细菌中研究的最为全面和系统的。本书作者房海、陈翠珍等，多年来曾先后对分离于多种养殖动物的病原大肠杆菌进行了主要生物学性状进行了检验，但尚未发现非典型及无动力的菌株[3]。现综合有关资料，作如下简要记述。

2.2.1 理化特性

大肠杆菌的理化特性，似乎是在所有细菌中最为全面和复杂的。同时，也是在肠杆菌科内具有代表性的。

2.2.1.1 形态与培养特征

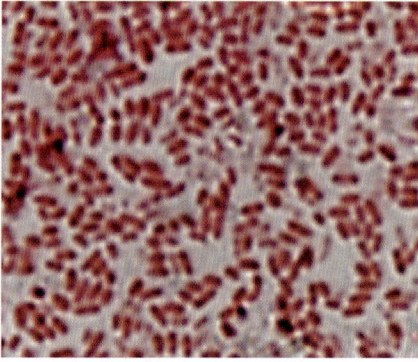

图 5-2 大肠杆菌形态

大肠杆菌为典型的革兰氏阴性杆菌，通常在进行细菌形态学描述时是以大肠杆菌为代表作为参照。大肠杆菌生长繁殖对营养的要求不高，在其他条件方面也是比较宽泛的。

(1) 形态特征：大肠杆菌为两端钝圆的革兰氏阴性短杆菌，在普通营养琼脂 (nutrient agar，NA) 培养基上经 37℃ 培养 18h 通常大小多在 (0.5 ~ 0.8)μm×(1.0 ~ 3.0)μm(图 5-2)；因环境条件不同，有时个别菌体呈近似球杆状，也有时出现个别长丝状的；多单独存在或有成双，但不形成长链排列；约有 50% 的菌株具有周生鞭毛而能运动，但多数菌体只有 1 ~ 4 根 (一般不超过 10 根)，所以动力较弱；有的菌株具有荚膜或微荚膜，不形成芽孢 (spore)；多数菌株生长有菌毛 (pilus)，其中有的为对宿主及其他一些组织细胞具有黏附作用的宿主特异性菌毛。

做磷钨酸负染色标本后，置透射电子显微镜 (transmission electron microscope，TEM) 下观察可见大肠杆菌的菌体杆状、表面似皱褶状、周生鞭毛 (图 5-3；显示杆状菌体及周生鞭毛，原 ×7000) 及周生菌毛 (图 5-4，显示杆状菌体及周生菌毛，原 ×10 000)。

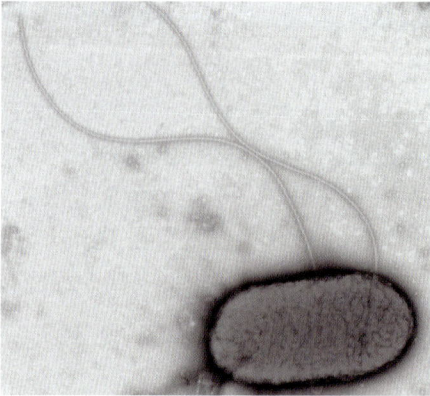

图 5-3 大肠杆菌及鞭毛

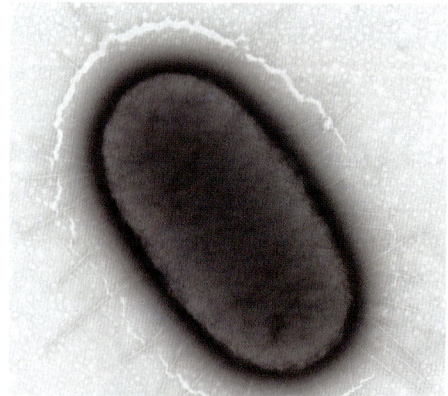

图 5-4 大肠杆菌及菌毛

(2) 培养特征：大肠杆菌为需氧或兼性厌氧菌，在有氧及无氧环境中均能良好生长发育，但在氧气充足条件下生长发育较好；在 15 ~ 45℃ 条件下均可生长发育，最适温度为 37℃；生长发育的适宜 pH 范围为 7.0 ~ 7.6，最适 pH 为 7.4。

大肠杆菌在普通营养琼脂培养基上能良好生长，多是形成光滑型 (smooth，S) 菌落，亦有的菌株能形成粗糙型 (rough，R) 菌落，还有的菌落为介于两者之间的中间型 (intermediate，I)，再有是罕见的黏液型 (mucoid，M)。

　　将大肠杆菌接种于普通营养琼脂培养基、血液营养琼脂 (blood nutrient agar，BNA) 培养基或在肠杆菌科细菌常用的一些鉴别培养基，37℃培养 24h 可形成良好发育的典型菌落，且有的具有鉴别意义。在普通营养琼脂培养基上，菌落灰白色、圆形光滑、边缘整齐、稍隆起、直径多为 2.0 ～ 3.0mm(图 5-5)；在加有绵羊 (或家兔) 脱纤血液的血液营养琼脂培养基上，与在普通营养琼脂培养基上的基本一致，具有溶血能力的菌株在菌落周围形成明显的 β 型溶血环 (图 5-6)，很少见有 α 型溶血的；在常用的麦康凯琼脂 (MacConkey agar) 及沙门氏菌 - 志贺氏菌琼脂 (Salmonella-Shigella agar,SS) 培养基上，菌落呈红色 (图 5-7)；在伊红亚甲蓝琼脂 (eosin methylene blue agar,EMB) 培养基上，形成紫黑色并带有金属光泽的菌落 (图 5-8)；在中国蓝琼脂 (China blue agar) 培养基上，形成蓝色的菌落。

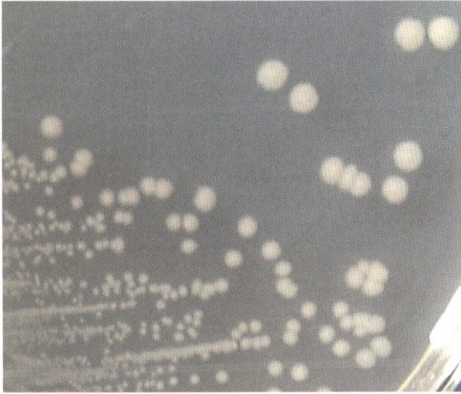

图 5-5　大肠杆菌菌落 (NA)

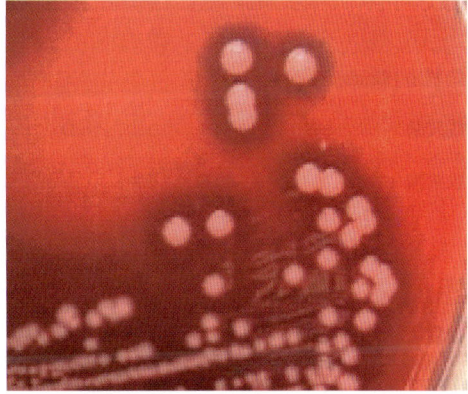

图 5-6　大肠杆菌菌落 (BNA)

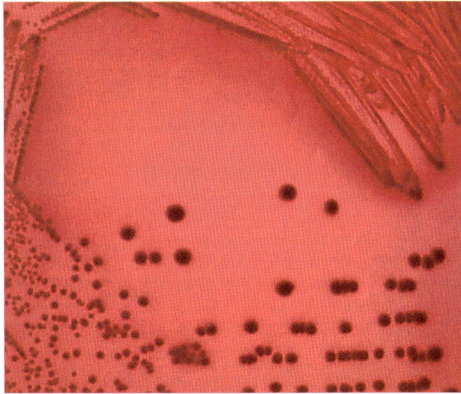

图 5-7　大肠杆菌菌落 (SS)

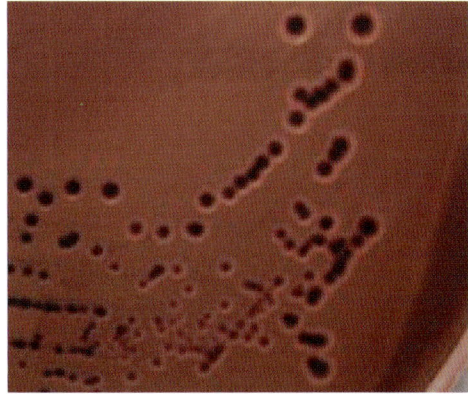

图 5-8　大肠杆菌菌落 (EMB)

　　在普通营养肉汤中呈均匀混浊生长，管底常有点状沉淀，有的菌株能形成轻度菌环。在半固体培养基中，能形成鞭毛 (具有动力) 的菌株沿接种穿刺线呈扩散生长。

2.2.1.2　生化特性

　　大肠杆菌的某些生化特性，在不同菌株间存在一定的差异性。有的生化特性，也与菌体抗原 (群) 型直接相关。

　　(1) 基本生化特性：大肠杆菌的生化代谢活跃，发酵葡萄糖产酸、产气 (有个别菌株不产气），能发酵多种碳水化合物和利用多种有机酸盐。在常用的生化特性检测项目中，甲基红试验阳性，能产生吲哚，乳糖发酵阳性（个别菌株阴性）；伏 - 波试验阴性，尿素酶和西蒙氏 (Simmons) 柠檬酸盐利用阴性（有极个别菌株阳性）；硝酸盐还原试验阳性，氧化酶阴性，氧化 - 发酵试验 (oxidation-fermentation test,O-F 试验) 为发酵 (F) 型。

为便于简便区分埃希氏菌属的种，将在第二版《伯杰氏系统细菌学手册》第 2 卷 (2005) B 部分中记载的"埃希氏菌属内 5 个种的鉴别表"列出（表 5-1)[8]。

表 5-1　埃希氏菌属内 5 个种的鉴别特征[a, b]

项目	大肠杆菌	大肠杆菌(低活性菌株)	蟑螂埃希氏菌	弗氏埃希氏菌	赫氏埃希氏菌	伤口埃希氏菌
吲哚产生	+	(+)	−	+	+	−
柠檬酸盐利用 (Simmons)	−	−	D	(−)	−[c]	−
赖氨酸脱羧酶	+	D	+	+	−[d]	(+)
鸟氨酸脱羧酶	D	(−)	+	+	+	
动力	+	−	−[e]	+	+	+
KCN 中生长					+	(−)
丙二酸盐利用	−		+	D		(+)
D- 葡萄糖产气	+		+	+		+
产酸：D- 侧金盏花醇	−	−	−	+		−
D- 阿拉伯糖醇	−	−	−	+		−
纤维二糖	−	−	−	+	+	+
卫茅醇	D	D		D	(−)	−
乳糖	+	(−)		−[f]	D	(−)[f]
D- 甘露醇	+	+		+		+
蜜二糖	(+)	D				+
D- 山梨醇	+	D				−
黏液酸盐	+	D	D	−	+	(+)
乙酸盐利用	+	D	−	+	(+)	D
产生黄色素					+	D

注：上角标的 a 表示这些反应资料源于 Farmer(1999)、Cowan 等 (1995)、Holt 等 (1994)、Richard(1989)，在弗氏埃希氏菌的吲哚反应、大肠杆菌的蜜二糖反应结果是不一致的，供参考；b 表示其符号的－为 0 ～ 10% 阳性，(－)为 11% ～ 25% 阳性，D 为 26% ～ 75% 阳性，(＋)为 76% ～ 89% 阳性，＋为 90% ～ 100% 阳性，阳性为 (36±1)℃ 培养 48h 的反应结果；c 表示赫氏埃希氏菌有迟缓阳性反应菌株；d 表示赫氏埃希氏菌有迟缓阳性反应菌株；e 表示蟑螂埃希氏菌有 75% 的菌株在培养超过 2 天后可变为有动力的；f 表示弗氏埃希氏菌、伤口埃希氏菌有迟缓阳性反应菌株。

(2) 特殊生化特性：需要特别指出的是，大肠杆菌中存在不产气的、无动力的非典型理化反应菌株，它们一般是属于特定的菌体抗原群，其中以 O1 尤为常见，其次是 O25；这些变异菌株常被误认为是志贺氏菌属的细菌，亦曾被划归为志贺氏菌属的细菌或称之为发碱 - 殊异菌 (alkalescens-dispar bacteria，A-D 菌)，事实上它们就是大肠杆菌，是大肠杆菌的不产气、乳糖阴性 (或迟缓) 和无动力的生物群 (biogroup)。在报告此类大肠杆菌时，应适当说明其所属于的 O 菌体抗原群及异常的生化特性。表 5-2 为其生化反应特征 [21]。

表 5-2　无动力不产气大肠杆菌抗原群 O1 和 O25 生化血清型的生化反应 (过去称 A-D) [a]

项目	O1 群			O25 群			项目	O1 群			O25 群		
	符号	% +	(% +)	符号	% +	(% +)		符号	% +	(% +)	符号	% +	(% +)
H₂S (三糖铁琼脂)	−	0.2 [b]		−	0		侧金盏花醇	−	0		−	0	
尿素酶	−	0		−	0		肌醇	−	0		−	0	
吲哚产生	+	98.8		+	100		山梨糖 (醇)	+ (+)	88.0	(9.5)	d	48.1	(32.1)
甲基红试验	+	100		+	100		阿拉伯糖	+ (+)	88.9	(9.5)	+	97.9	(1.0)
伏 - 波反应	−	0		−	0		棉子糖	−	0		−	0	
柠檬酸盐 (Simmons)	−	0 [b]		−	0		鼠李糖	d	63.2	(19.5)	d	18.7	(42.9)
KCN 中生长	−	0		−	0		丙二酸盐	−	0		−	0	
动力	−	0		−	0		黏液酸	d	29.5	(27.9)	nd		
明胶液化	−	0		−	0		柠檬酸盐 (Christensen)	d	75.0	(12.5)	nd		
明胶 (22℃)	−	0		−	0		乙酸钠	+ (+)	89.6	(4.7)	nd		
赖氨酸脱羧酶	d	78.7	(2.7)	d	47.7	(6.8)	脂酶 (植物油)	−	0		−	0	
精氨酸双水解酶	d	12.0	(44.7)	d	6.7	(62.2)	麦芽糖	+ (+)	88.5	(9.0)	+	94.5	(1.1)
鸟氨酸脱羧酶	−	3.3	(4.7)	− +	13.3		木糖	d	80.5	(3.8)	d	76.8	(5.4)
苯丙氨酸脱氨酶	−	0		−	0		纤维二糖	d	7.7	(5.1)	− +	33.0	
葡萄糖：产酸	+	100		+	100		甘油	+	91.7	(5.6)	d	50.0	(25.0)
产气	−	0		−	0		β- 半乳糖苷酶	−	0		− +	42.0	
乳糖	−	0		d	2.3	(33.1)	硝酸盐还原	+	100		+	100	
蔗糖	−	2.7	(2.4)	−	0.8	(4.6)	氧化 - 发酵 (O-F)	F	100		F	100	
甘露糖 (醇)	+	99.3		+	97.7		氧化酶	−	0		−	0	
卫茅醇	d	79.3	(6.6)	−	0	(7.4)	DNA 酶	−	0		−	0	
水杨苷	−	0.6	(1.3)	d	7.0	(539)	色素	−	0		−	0	

注：上角标的 a 表示据 418 个 O1 培养物和 131 株 O25 所得的结果，b 表示罕见菌株能产生少量 H₂S 或能在柠檬酸盐 (Simmons) 琼脂培养基上缓慢生长。表中符号的 + 示在 1 ~ 2 天内有 90% 以上的阳性反应；(+) 表示在 3 天以后呈阳性反应 (脱羧酶试验 3 天或 4 天)；− 表示在 30 天内无反应 (90% 以上)；+ − 表示大多数菌株阳性，少数菌株阴性；− + 表示大多数菌株阴性，少数菌株阳性；+ (+) 表示大多数在 1 ~ 2 天内出现反应，少数为迟缓反应；d 表示呈现 + 、(+)、− 的不同反应；F 表示发酵型；nd 表示无记载。

另外，与大肠杆菌典型生化反应的菌株相比较，O127a:NM 血清型菌株的生化反应不太典型，此血清型菌株属于肠致病性大肠杆菌。表 5-3 为其生化反应特征[21]。

表 5-3　大肠杆菌 O127a:NM 生化血清型的 194 株生化反应试验结果

项目	符号	% +	(% +)	项目	符号	% +	(% +)
H₂S 产生	−	0		鸟氨酸脱羧酶	− (+)	0	(47.2)
尿素酶	−	0		苯丙氨酸脱氨酶	−	0	
吲哚产生	+ −	86.6ʷ		葡萄糖：产酸	+	100	
甲基红试验 (37℃)	+	100		产气	+	100	
伏 - 波试验 (37℃)	−	0		乳糖	+	100	
柠檬酸盐 (Simmons)	−	0		蔗糖	− (+)	88.1	(7.1)
KCN 中生长	−	0		甘露糖 (醇)	+	100	
动力	−	0		水杨苷	−	0	
赖氨酸脱羧酶	−	0	(1.9)	侧金盏花醇	−	0	
精氨酸双水解酶	(+)	3.8	(90.6)	山梨糖 (醇)	−	0	

注：上角标的 w 表示弱阳性反应；其中符号的 − (+) 表示多数菌株阴性，少数菌株迟缓阳性；余各种符号表示内容同表 5-2 的。

还有则是属于肠侵袭性大肠杆菌的 O112a、112c:NM、O124 血清群（型）菌株，在人引起临床上类似于志贺氏菌属细菌那样的感染，也是生化反应不典型的。表 5-4 为其生化反应特征[21]。

表 5-4　O112a、112c:NM 和 O124 血清群大肠杆菌培养物的生化反应比较 ª

项目	O112a、112c:NM 群			O124 群		
	符号	% +	(% +)	符号	% +	(% +)
H₂S(三糖铁琼脂)	−	0		−	0	
尿素酶	−	0		−	0	
吲哚产生	+	100		+	100	
甲基红试验	+	100		+	100	
伏 - 波试验	−	0		−	0	
柠檬酸盐 (Simmons)	−	0		−	0	
KCN 中生长	−	0		−	0	

续表

项目	O112a、112c:NM 群			O124 群		
	符号	% +	(% +)	符号	% +	(% +)
动力	−	0		d	75	(15)
赖氨酸脱羧酶	−	0		− +	25	
精氨酸双水解酶	(+) −	0	(61)	d	17.9	(15.4)
鸟氨酸脱羧酶	−	0		d	10.2	(2)
苯丙氨酸脱氨酶	−	0		−	0	
葡萄糖产气	−	0		+	100	
乳糖	d	32	(64)	d	34.4	(46.5)
蔗糖	(+) −	0	(89)	d	12	(3)
甘露糖 (醇)	+	98.9		+	99	
卫茅醇	−	0		d	26	(39)
水杨苷	+ (+)	82	(11)	− +		24
侧金盏花醇	−	0		−	2.5	
肌醇	−	0			2	
山梨糖 (醇)	+	100		+	96	(2)
阿拉伯糖	+	100		+	96	
棉子糖	+	100		d	19	(7)
鼠李糖	+	100		d	48	(34)
麦芽糖	+ (+)	71	(29)	+	94	(2)
木糖	−	0		+ (+)	81	(12)
纤维二糖	− (+)	0	(11)	−	8	

注：上角标的 a 表示据作者及其同工的资料，28 个 O112a、112c 和 80 个 O124 培养物 (已知 O124 抗原与几个不同 H 抗原有关)；表中符号的 (+) −表示多数菌株迟缓阳性，少数菌株阴性；余各种符号所表示内容同表 5-2 的。

　　以上这些特殊的非典型理化反应菌株，曾被统一归属于低活性大肠杆菌 (*Escherichia coli* inactive) 的范畴，亦称不活泼或惰性大肠杆菌。所谓低活性也并不是专指不产气、无动力的，而是指常有数项性状同时为阴性。实际上这种低活性大肠杆菌就是大肠杆菌，并不是一个独立的分类单位[21]。

　　再者，是在近些年来还不断发现一些具有异常生化特性的大肠杆菌培养物，如通常大肠杆菌的吲哚、甲基红、伏 - 波反应、西蒙氏 (Simmons) 柠檬酸盐利用 (indole methyl red Voges-Proskauer and Simmons citrate, IMViC) 试验结果为 "＋、＋、－、－"，被称为典型

大肠杆菌 (亦称为大肠杆菌 I 型); IMViC 为 " － 、 ＋ 、 － 、 － " 的被称为大肠杆菌 II 型 (属于吲哚阴性的非典型菌株), 此型菌株在人和温血动物肠道中出现的频率比其他非典型大肠杆菌要多。还有 H_2S 阳性、尿素酶阳性、利用柠檬酸盐、液化明胶、不发酵乳糖等特殊菌株, 在世界不同地方也均有检出的报告 [22 ~ 27]。

基于上述情况, 在实际工作中进行大肠杆菌的鉴定时, 要特别注意那些生化反应非典型的菌株, 切不要因某项反应 (可能是主要指标) 异常则误判为其他种细菌。

2.2.2 抗原结构与免疫学特性

大肠杆菌具有菌体抗原、表面抗原、鞭毛抗原, 但其中除了菌体抗原外、并不一定在同一菌株上完全表达, 有的菌株具有菌体抗原、表面抗原、鞭毛抗原三种, 有的菌株则仅有菌体抗原、菌体抗原和表面抗原, 或菌体抗原和鞭毛抗原。此外, 即使是菌体抗原、表面抗原、鞭毛抗原的同种抗原 (如同是菌体抗原), 也由于化学组成及其结构等方面的差异, 导致了在免疫学方面所表现出来的不同抗原特异性, 如此又可将菌体抗原、表面抗原、鞭毛抗原分别区分为若干种不同的血清群, 其序号均以阿拉伯数字表示, 如 O1、O2、O3、…, K1、K2、K3、…, H1、H2、H3、…

2.2.2.1 抗原与血清型

鉴于不同大肠杆菌菌株间在抗原结构方面的差异, 在免疫血清学上可以将大肠杆菌划分为不同的血清型菌株, 且在实际工作中可以应用血清学反应将其血清型别确定出来, 即所谓的大肠杆菌血清型检定。

大肠杆菌血清型以抗原式 (antigenic formula) 的形式 (O:K:H) 表示, 如某株大肠杆菌的菌体抗原是 8、表面抗原是 25、鞭毛抗原是 9, 则此株大肠杆菌的血清型抗原式为 O8:K25:H9。其中菌体抗原是血清学分型的基础, 无表面抗原或鞭毛抗原的菌株则记为 O:K⁻:H 或 O:K:H⁻, 但也常常是省略 K(因有不少 K 抗原在病原大肠杆菌中是不重要的), 如 O8:K25:H9、O33:K⁻:H⁻、O38:K⁻:H26、O121:H⁻、O157:H7 等; 对 H⁻ 的菌株也常是直接记为 NM(nonmotile, NM) 表示无动力, 如 O55:NM、O9:K103, 987P:NM 等; 另外属于菌毛性质的 K 抗原也常常是直接列出, 如在人源肠产毒性大肠杆菌的肠道定居因子抗原 (colonization factor antigen, CFA) I 即 CFA/ I (F2)、CFA/ II (F3) 及动物源肠产毒性大肠杆菌 (ETEC) 的 K88(F4)、K99(F5)、987P(F6)、F41、F18 等菌毛抗原, 则直接写成 O78:CFA/ I :H11、O132:987P:H21、O101:K30、F41:H⁻、O64:987P 等。

(1) 菌体抗原: 大肠杆菌的菌体抗原耐热, 经 100℃ 或 121℃ 作用不被灭活。是一种多糖 -磷脂的复合体, 一般约含 60% 多糖、20% ~ 30% 脂类和 3.5% ~ 4.5% 氨基己糖。决定菌体抗原特异性的, 是多糖侧链上的糖类排列的顺序和末端化学基团 (被称为免疫显性糖基)。

菌体抗原与相应抗血清可以发生凝集反应, 但相对较慢, 呈颗粒状凝集。这种免疫凝集反应是特异的, 但在一些不同的菌体血清群之间存在着交叉反应, 即使同一菌体血清群之间有的也存在一定差异, 表现尤为突出的是有些菌体 (O) 抗原又可再分为部分 (因子) 抗原, 即菌体抗原因子 (如 O19a、O19ab 等), 因此在确定分离的大肠杆菌菌株菌体血清群时必须考虑到交叉反应问题。

自从在前面有记述 Kauffmann 于 20 世纪中叶建立了对大肠杆菌抗原检定的血清学

方法，并于 1947 年首先建立了第一个包括 25 个菌体抗原、55 个表面抗原、20 个鞭毛抗原的抗原表之后，有许多学者确定了大肠杆菌的血清型，使菌体抗原、表面抗原、鞭毛抗原的数目都增加了。迄今，大肠杆菌的标准菌体抗原已排列到 O181，其中的 O174 和 O175 为在当时由 Ewing(1986) 暂定名的 OX3 和 OX7，新增加的 6 个 (O176 ~ O181) 为产志贺毒素 (Shiga toxin，Stx) 大肠杆菌 (Shiga toxin-producing *Escherichia coli*，STEC)/ 产 VT(vero 细胞毒素) 大肠杆菌 (verotoxin producing *Escherichia coli*，VTEC) 的菌株。表 5-5 列出的，是 O1 ~ O171 大肠杆菌菌体抗原群及标准菌株等，以供在使用中的参考 [21]。

需要注意的是，尽管大肠杆菌菌体抗原排列序号上已有 181 个，实际上确为 174 个，其中的 O31、O67、O72、O94、O122 和 O93 已经被删除，因为 O31 抗原与 O1 抗原是相同的，O67、O72、O94 和 O122 的原始菌株是柠檬酸杆菌属 (*Citrobacter* Werkman and Gillen 1932) 细菌，O93 抗原现已并入 O8 抗原，还有则是 O47 抗原的原始标准菌株已丢失。

表 5-5　大肠杆菌标准 O 群菌株

O 群	K 抗原	H 抗原	菌株 No.	O 群	K 抗原	H 抗原	菌株 No.
1	1	7	U 5-41	18	(b)	14	F 10018-41
2	1	4	U 9-41	19a	·	·	F 8858-41
3	2a，2b	2	U 14-41	19ab	·	7	F 8188-41
4	3	5	U 4-41	20	17	NM	P 7a
5	4	4	U 1-41	21	20	NM	E 19a
6	2a，2c	1	Bi 7458-41	22	13	1	E 14a
7	1	NM	Bi 7509-41	23	18	15	E 39a
8	8	4	G 3404-41	24	AP(+)	NM	E 41a
9	9	12	Bi 316-42	25	19	12	E 47a
10	5	4	Bi 8337-41	26	(b)	11	H 311b
11	10	10	Bi 623-42	27	—	NM	F 9884-41
12	5	NM	Bi 626-42	28	—	NM	K 1a
13	11	11	Su 4321-41	29	—	10	Su 4338-41
14*	7	NM	Su 4411-41	30	—	NM	P 2a
15	14	4	F 7902-41	32	—	19	P 6a
16	1	NM	F 11119-41	33	—	NM	E 40
17	16	18	K 12a	34	—	10	H 304

O 群	K 抗原	H 抗原	菌株 No.	O 群	K 抗原	H 抗原	菌株 No.
35	—	10	E 77a	62	—	30	F 10524-41
36	—	9	H 502a18-41	63	—	NM	F 10598-41
37	—	10	H 510a	64	—	NM	K 6b
38	—	26	F 11621-41	65	—	NM	K 11a
39	—	NM	H 7	66	—	25	P 6a
40	—	4	H 316	68	—	4	P 7d
41	—	40	H 710c	69	—	38	P 9b
42	—	37	P 11a	70	—	38	P 9c
43	—	2	Bi 7455-41	71	—	12	P 10a
44	74	18	H 702c	73	—	31	P 12a
45	1	10	H 61	74	—	39	E 3a
46	—	16	P 1c	75	95	5	E 3b
48	—	NM	U 8-41	76	—	8	E 5d
49	AP(+)	12	U 12-41	77	96	NM	E 10
50	—	NM(4)	U	78	(b)	NM	E 38
51	—	24	U 19-41	79	—	40	E 49
52	—	10	U 20-41	80	—	26	E 71
53	—	3	Bi 7327-41	81	97	NM	H 5
54	—	2	Bi 3972-41	82	—	NM	H 14
55	(b)	NM	Su 3912-41	83	24	31	H 17a
56	AP(+)	NM	Su 3684-41	84	—	21	H 19
57	—	NM	F 8198-41	85	—	1	H 23
58	—	NM(27)	F 8962-41	86	—	25	H 35
59	—	19	F 9095-41	87	—	12	H 40
60	—	NM(33)	F 10167a-41	88	—	25	H 53
61	—	19	F 10167b-41	89	—	16	H 68

O 群	K 抗原	H 抗原	菌株 No.	O 群	K 抗原	H 抗原	菌株 No.
90	−	NM	H 77	117	98	4	W 30
91	−	NM	H 307b	118	−	NM	W 31
92	−	33	H 308a	119	(b)	27	W 34
95	AP(+)	NM(33)	H 311a	120	AP(+)	6	W 35
96	−	19	H 319	121	−	10	W 39
97	−	NM	H 320a	123	−	16	W 43
98	−	8	H 510d	124	(b)	32	227
99	−	33	H 504c	125	(b)	19	Canioni(2745-53)
100	−	2	H 509a	126	(b)	2	E 611(6021-50)
101	−	33	H 501a	127	(b)	NM	Holcomb(4932-53)
102	−	8	H 511	128	(b)	2	Cigleris(56-54)
103	AP(+)	8	H 515b	129	−	11	178-54(1986-54)
104	−	12	H 519	130	−	9	4866-53
105	−	8	H 520b	131	−	26	HW 27
106	−	33	H 521a	132	AP(+)	28	HW 30
107	98	27	H 705	133	−	29	HW 31
108	−	10	H 708b	134	−	35	4370-53
109	−	19	H 709c	135	−	NM	Colipecs
110	−	39	H 711c	136	(b)	NM	1111-55
111	(b)	NM	Stoke W	137	(b)	v	RVC 1787
112	(b)	18	1411-50	138	(b)	14	62-57
113	−	21	6182-50	139	(b)	1	63-57
114	−	32	W 26	140	−	43	149-51
115	−	18	W 27	141	88ab(L)	4	RVC 2907
116	AP(+)	10	W 28	142	(b)	6	C 771

续表

O 群	K 抗原	H 抗原	菌株 No.	O 群	K 抗原	H 抗原	菌株 No.
143	–	NM	4608-58	158	–	23	E 1020-72
144	–	NM	1624-56	159	–	20	E 2476-72
145	–	NM	E 1385(3)	160	–	34	E 110-69
146	–	21	2950-54	161	–	54	E 223-69
147	88ac(L)	19	G 1253	162	–	10	10B1/1
148	–	28	E 519-66	163	–	19	SN3B/1
149	(b)	10	D616(CS 1483)	164	–	NM	145/46
150	93	6	Ch S	165	–	NM	
151	–	10	880-67	166	–	4	3866-54(OX8)
152	–	NM	1184-68	167	–	–	E10702
153	–	7	14097	168	–	–	179-54(OX5)
154	94	4	E 1551-68	169	–	8	1792-54(OX2)
155	–	9	E 1529-68	170	–	1	745-54(OX7)
156	–	47	E 1585-68	171	–	–	244-55(OX6)
157	88ac(L)	19	A 2				

注：表中符号的·表示表面抗原或鞭毛抗原的性质未确定；NM 表示无动力，( ) 表示有动力的鞭毛抗原变种；－表示缺乏表面抗原或鞭毛抗原，AP(+) 表示酸性多糖，(b) 表示原称为 B 抗原。上角标的 * 表示 O14 的菌株不含有 S 脂多糖抗原，仅有 R 脂多糖。

在大肠杆菌的菌体抗原研究方面，中国食品药品检定研究院 (原卫生部药品生物制品检定所) 的杨正时做了大量并卓有成绩的工作，主要表现在研究了我国人源及动物源大肠杆菌的菌体抗原群菌株分布、菌体抗原血清群检定方法及与生化型间的关系等诸多方面。同时报告 (1985) 研究发现了 11 个新的菌体抗原群，分别记作：OX1、OX2、OX3、OX4、OX5、OX6、OX7、OX8、OX11、OX12 和 OX13[28]。

(2) 表面抗原：大肠杆菌的表面抗原存在于荚膜或被膜中 (也包括菌毛)，因此亦称荚膜抗原或被膜抗原，是大肠杆菌表面几种抗原的总称。从结构上看，由于其存在于菌体抗原外面，所以未经处理则可抑制菌株与相应菌体抗血清的凝集，故亦称为阻抑物质 (blocking substance)，这在具体检定菌体抗原群时是要特别注意的。

Kauffman(1947) 将表面抗原分为 L、A、B 三类，三者在物理、化学及生物学性质等方面均有一定差异。其中的 A、B 主要为荚膜或被膜成分，化学成分是酸性荚膜多糖 (capsular polysaccharide,CPS)；L 则主要指的是菌毛抗原，其化学本质是蛋白质，这种菌毛抗原如前有述常不是以 K ? 的形式表示，而是直接使用专有名称 [如 CFA/ Ⅰ (F2)、CFA/ Ⅱ (F3)、

K88(F4)、K99(F5)、987P(F6) 及 F41 等]。表面抗原同样具有良好的免疫原性，免疫动物可以获得相应的抗血清，多糖表面抗原亦由许多具有免疫显性糖基的重复单元所构成，但其中有的则免疫原性较差，表现尤为突出的是获得 K1 的抗血清是较难的。

表面抗原的序号，已排至 103。需要说明的是，有记述认为一些 K 抗原在鉴定大肠杆菌血清型中不再是必需的，仅有个别表面抗原是重要的；另外是在原序号中的表面抗原，有的属于菌体抗原 (如 K85 抗原其实就是 O141 抗原) 以致在新的抗原表中已将它们删除，还有则是原划为 B 抗原的除了证明是多糖抗原而保留的 K25、K56(与 K7 相同)、K57、K82、K83、K84 及 K87 等 7 种外，其他的 B 抗原号均删除，如此尽管 K 抗原序号至 103，但已删去的共 31 个，余有命名的 K 抗原 72 个 [21]。

(3) 鞭毛抗原：大肠杆菌鞭毛抗原的化学本质是不耐热的蛋白质，经水浴加热 60℃以上则逐渐被破坏，100℃煮沸 1h 后其免疫原性通常被破坏，欲破坏鞭毛抗原须进行煮沸 2.5h 的处理。酸类和乙醇能灭活鞭毛抗原，鞭毛抗原的特异性取决于鞭毛蛋白多肽链上氨基酸的排列顺序和空间构型。大肠杆菌有的菌株具有鞭毛 (H) 抗原 (H^+)，有的则无鞭毛抗原 (H^-)，但 H^+ 大肠杆菌的大多数菌株在初代分离时往往表现较差，与鞭毛抗血清的反应也不好，所以需在半固体培养基上传几代以丰富鞭毛的生长，在不同鞭毛抗原型株间也存在交叉反应。

表 5-6 所列，是已比较明确的大肠杆菌 H 抗原有 57 种。但其中的原 H13 和 H22 抗原菌株在后来被鉴定为柠檬酸杆菌又无替换菌株则被删除 [21]。

表 5-6 大肠杆菌标准 H 抗原菌株

H 抗原	O 抗原	菌株 No.	H 抗原	O 抗原	菌株 No.
1	2	Su1242	16	6	F8316-41
2	43	Bi7455-41	17	15	P12b
3	53	Bi7327-41	18	17	K12a
4	2	U9-41	19	9	A18d
5	4	U4-41	20	8	H3306
6	2	A20a	21	8	U11a-44
7	1	U5-41	23	45	HW23
8	2	AP320c	24	51	HW25
9	8	Bi7575-41	25	15	HW26
10	11	Bi623-42	26	131	HW27
11	13	Su4321-41	27	15	HW28
12	9	Bi316-42	28	132	HW30
14	18	F10018-41	29	133	HW31
15	23	E39a	30	38	HW32

续表

H 抗原	O 抗原	菌株 No.	H 抗原	O 抗原	菌株 No.
31	3	HW33	45	52	4106-54
32	114	HW34	46	26	5306-56
33	11	HW35	47	86	1755-58
34	86	BP12665	48	16	P4
35	132	4370-53	49	6	2147-59
36	86	5017-53	50	·	·
37	42	P11a	51	·	·
38	69	P9b	52	·	·
39	74	E3a	53	148	E408/68
40	79	E49	54	161	E223/69
41	137	RVC1787	55	·	·
42	70	P9c	56	·	·
43	140	149-51	57	·	·
44	3	781-55			

注：表中·为本书作者加注，表示在原文表中无记载。

2.2.2.2　免疫学特性

大肠杆菌的菌体、表面、鞭毛三种抗原，除了某些表面抗原外一般均具有良好的免疫原性，无论是接种免疫人及动物或被大肠杆菌感染后耐过，其机体均能产生一定的免疫应答，主要为体液免疫抗体反应。借此，可以通过强化免疫接种动物获得特异抗血清，亦可通过对人或动物的接种获得相应的免疫保护。

人及动物在被大肠杆菌感染后均可产生血清抗体，且对相同血清群（型）菌株的重复感染具有一定的免疫保护作用。在发生大肠杆菌食物中毒后，血清抗体会在一定的时限内出现和效价明显升高，也可作为辅助诊断的依据。例如，湖北省荆州市疾病预防控制中心的胡婕等（2007）报告于 2006 年 9 月 29 日，在荆州市某大酒店共同进餐的 85 人中有 26 人（罹患率 30.59%）发生由 O114:K90 型 EPEC 引起的食物中毒；以分离的 EPEC 菌株制备菌液为抗原，对 15 名患者在发病急性期及恢复期血清做凝集试验，结果相应抗体的凝集效价在急性期的均 ≤ 1 ： 10，在恢复期的 ≥ 1 ： 640，血清抗体滴度远远上升 4 倍以上 [29]。

2.2.3　噬菌体型

由于细菌噬菌体（bacteriophage）裂解细菌具有种的特异性，即一种噬菌体仅能裂解一种与其相应的细菌，所以可用相应噬菌体来鉴定未知细菌。噬菌体的作用除具有种的特异性外，还有型的特异性，即一种噬菌体有的仅能作用于此种细菌的某一菌型，因此可用噬菌体将该菌进行分型，即细菌的噬菌体型 (phagovar)。这种利用噬菌体对于细菌进行分型的方法，在流行病学调查方面，对追踪和分析这些细菌性感染的传染源很有帮助。

在对大肠杆菌的噬菌体分型 (bacteriophage typing) 方面，Gershman 在 1981 年建立了一套 (53 种) 对不同的大肠杆菌分型噬菌体，在 1983 年报告对从患乳腺炎的牛分离的 866 株大肠杆菌进行分型，用 32 个噬菌体可分为 178 个噬菌体型。在国内，江西省卫生防疫站的何晓青等于 1983 年报告在肠杆菌科分属诊断噬菌体的研究中，分离并筛选出大肠杆菌噬菌体四个组 (E-1、E-2、E-3、E-4) 及亦可用于大肠杆菌噬菌体分型的志贺氏菌噬菌体 Sh(或称 E-5)，四组噬菌体的溶菌谱互相交叉，许多菌株常同时被两组或三组噬菌体裂解，但被四组同时能裂解的极为罕见。

2.2.4　遗传物质与遗传学特征

大肠杆菌的遗传物质，除了染色体 (chromosome) 外，通常还均具有质粒 (plasmid)，它们决定着某些特殊性状的表达，尤其是有些质粒是与毒力密切相关的。

2.2.4.1　染色体

大肠杆菌的染色体由超螺旋的双链环状 DNA 分子所组成，电镜观察是一团具有许多环状结构超卷曲的 DNA 大分子，中央有一电子稠密的支架 (scaffold)，其周围附着有上百个超螺旋的环，环的长度约为 20nm。以较大量 DNA 酶处理，可使全部超螺旋环转变为开放的环，而使整个染色体成为一个开环的 DNA 大分子，周长约为 1100μm，相当其菌细胞长度 (约 3μm) 的约 400 倍，显然这样大的 DNA 分子必定要高度折叠和卷曲才能容纳在菌细胞中特定的区域。

大肠杆菌基因组 DNA 分子全序列测定由 Wisconsin 大学的 Blattner 等在 1997 年完成，约有 4700kb，G+C mol% 为 48 ～ 52(T_m)，有 4100 个基因；共有 2584 个操纵子，基因组测序推测出 2192 个操纵子，其中 73% 只含有一个基因、16.6% 含有 2 个基因、4.6% 含有 3 个基因、6.0% 含有 4 个或 4 个以上的基因，决定着大肠杆菌的所有 (除了质粒所决定外) 性状，除少数基因外的大多数基因排列顺序是高度保守的。所存在的 DNA 重复序列，其作用可导致基因重新排列，但这种情况在自然状态下是很少发生的。

2.2.4.2　质粒

对大肠杆菌的质粒研究较多，已知其至少包括有 F 因子 (F factor)、Col 因子 (Col factor)、毒力相关质粒等，其中的毒力相关质粒与大肠杆菌 (尤其是致泻性大肠杆菌) 的致病作用紧密相关。

(1) F 因子：即致育因子，是一种小的共价闭环质粒，亦称性质粒 (F plasmid)，是第一个被发现的细菌质粒 (在大肠杆菌中)，分子质量约 62×10^6Da(约 94.5kb)；其主要特征是发生细菌间的接合 (conjugation) 作用，向另外的菌株传递遗传物质，从而将遗传特征转移到另外的菌株中。

(2) Col 因子：即大肠杆菌素因子，决定着大肠杆菌素 (colicin) 的产生，亦称为大肠杆菌素质粒 (Col plasmid)。其分子质量从几百万到 60×10^6Da 不等，小的不能自我转移，只有在 F 因子的帮助下才能进行转移；大的具有独立的接合转移能力，但转移速率比 F 因子低。

(3) 毒力相关质粒：大肠杆菌的毒力相关质粒，主要包括 R 质粒 (resistance plasmid)、肠毒素质粒、黏附素 (adhesin) 或肠道定居因子抗原质粒等。

1) R 质粒：即抗性质粒，包括抗药性质粒及抗某些金属元素的质粒，其大小可从几个 kb 到几十个 kb 不等，质粒拷贝数也不同，有的是严紧型，有的则是松弛型。目前研究较多的是抗药性质粒，其由两部分组成，一部分为抗生素的抗性基因，它使宿主菌产生对某种抗生素的抗性；另一部分是使抗性质粒转移到另一细菌的基因，但这种转移不像 F 因子那样能插入到染色体中，而是以一种尚不太清楚的方式低效率地转移。

2) 肠毒素质粒：肠产毒性大肠杆菌能够产生耐热肠毒素和 (或) 不耐热肠毒素，是肠产毒性大肠杆菌的重要致病因子，均是由质粒编码的。

3) 黏附素或肠道定居因子抗原质粒：黏附素或定居因子是某些大肠杆菌尤其是肠产毒性大肠杆菌致病的先决条件，均为菌毛抗原，其中多数为质粒所编码。

本书作者房海、陈翠珍等 (1987) 在致貉腹泻的病原大肠杆菌中检出的一种新菌毛，暂定名为 F1987；经提取相应菌株的质粒做对受体菌 (DH5α) 的转化试验，表明该菌毛是由质粒编码、性菌毛控制传递的 [2]。

2.2.4.3 毒力基因

目前，比较公认的肠致病性大肠杆菌致病因子，包括有由质粒编码、能与宿主细胞发生远距离黏附的束状菌毛 (bundle-forming pilis，BFP)，由噬菌体编码的志贺氏样毒素 (Shige-like toxins，SLT) 及由染色体编码的 eae 基因。ae 是 attaching 和 effacing 的英文缩写，是指肠致病性大肠杆菌菌株能附着于肠上皮细胞表面的微绒毛上并发挥作用，将微绒毛破坏、抹平 (刷状缘脱落)，即附着抹平效应 (attaching and effacing，A/E) 亦称 A/E 损伤 (A/E lesion，AE)；eae 基因，位于染色体上一个 35kb 被称为肠细胞消除位点 (locus of enterocyte effacement，LEE) 的毒力岛 [亦称致病岛 (pathogenicity island，PAI)] 上。Baldini 发现肠致病性大肠杆菌对 HEp-2 细胞的黏附作用，是由一个 Mr 为 $(50 \sim 70) \times 10^6$ 的大质粒控制的，称为肠致病性大肠杆菌黏附因子 (enteroadhesive factor，EAF)。

肠出血性大肠杆菌由质粒编码的黏附因子 (菌毛)，可使菌体紧密黏附于盲肠和结肠上皮细胞膜的顶端，同样可以发生像由肠致病性大肠杆菌那样所致的损伤但并不侵入到细胞内，也是与 eae 基因相关联的。Baines 等 (2008) 报告在对肠出血性大肠杆菌的研究中，发现 O157:H7 菌株在牛的肠道中存在、并能导致肠黏膜的附着抹平损伤及水肿等病变。

2.2.5 生境与抗性

大肠杆菌广泛存在于自然界，主要栖息于人及恒温动物的肠道，虽在其他一些动物肠道中也有存在，但其数量相对较少。在水、土壤、空气中存在的数量，取决于被人及动物粪便污染的程度，所以人类和动物活动的广泛性直接决定了大肠杆菌分布的广泛性。大肠杆菌对外界不利因素的抵抗力不强，对抗生素类药物较易产生抗药性 (主要由 R 质粒决定)。

2.2.5.1 生境

大肠杆菌广泛存在于自然环境，以及人和多种动物 (尤其是哺乳类动物) 肠道中。婴儿在出生后的几个小时内，即可通过吞咽使大肠杆菌进入肠道，婴儿时期大肠杆菌在肠道中的数量不多也不恒定，在儿童期肠道中大肠杆菌的数量已与成人无别，每克粪便中有 $10^6 \sim 10^8$ 个，主要集中在回盲部，肠道上端很少。在蒸馏水中可生存 24 ~ 72 天，但在自然水源中的存活时间要受到多种因素的影响以致差异较大。在空气中时有大肠杆菌存在，主要来源于土壤和粪便。土壤中的大肠杆菌主要来源于粪便，由于土壤中固有微生物群对大肠杆菌的拮抗作用，加之土壤中常缺乏其生存的适宜条件，使得大肠杆菌在不同土壤中的存活时间差异较大。

从生理作用来讲，大肠杆菌是肠道正常菌群的组成部分。其意义一是维护肠道微生态平衡，因为大肠杆菌的生长繁殖消耗肠道中的氧，有利于对机体有利的厌氧菌生长，同时大肠杆菌的一些代谢产物还可供这些厌氧菌利用；二是对外袭菌的生物拮抗作用，主要是大肠杆菌所产生的大肠菌素，能拮抗某些病原细菌；三是能合成某些维生素尤其是维生素 K，并参与各种维生素 B 的合成，以供给人及动物的需要。另外，从生态病因论来看，当由于某种原因使肠道菌群失调或大肠杆菌发生了定位转移时，则可作为病原菌引起相应疾病，因此这些大肠杆菌在此时亦可看作是病原菌，再者则是在所谓正常菌群的大肠杆菌中本身即可能存在某种致病血清型大肠杆菌，仅是由于正常菌群的作用不能使其大量生长繁殖发挥致病作用。显然，维护正常菌群是非常重要的。

也正是由于大肠杆菌主要存在于人及动物肠道中，可随粪便排至体外污染环境，所以国际上是以大肠杆菌作为环境及食品等的粪源性污染的卫生细菌学指标，其中包括大肠杆菌、大肠菌群 (coliform group)、粪大肠菌群 (faecal coliform) 三类。

(1) 食品污染：大肠杆菌在食品中的污染情况，广东省疾病预防控制中心的王建等 (2007) 报告了对广东省食品中致泻性大肠杆菌污染状况的调查。报告在 2003 ~ 2006 年间，从湛江、韶关、汕头、深圳、广州 5 个地区随机采集了 706 份食品样品 (生猪肉、生牛肉、生鸡肉、生羊肉、非定型包装的熟肉制品、水产品、蔬菜、沙律、豆制品等)，结果检出 47 株致泻性大肠杆菌，检出率 6.7%(47/706)。各种样品的检出率依次为：生猪肉 16.9%(14/83)、生牛肉 11.1%(5/45)、生鸡肉 10.7%(9/84)、水产品 7.1%(5/70)、非定型包装的熟肉制品 5.2%(9/174)、生羊肉 4.3%(1/23)、豆制品 2.4%(2/84)、沙律 1.7%(1/60)、蔬菜 1.2%(1/83)。经血清型检定分属于 4 类致泻性大肠杆菌，各类的检出率依次为：肠产毒性大肠杆菌的 40.4%(19/47)、肠致病性大肠杆菌的 34.0%(16/47)、肠侵袭性大肠杆菌的 14.9%(7/47)、肠出血性大肠杆菌的 10.6%(5/47)。结果提示在广东多种食品中均可检出致泻性大肠杆菌，在经济相对落后的地区 (尤其是农村) 污染情况严重，应采取措施预防致泻性大肠杆菌的污染 [30]。

(2) 医院污染：在医院护理人员携带病原大肠杆菌方面，吉林大学第一医院的姜赛琳等 (2007) 报告在 2006 年 8 月，对该医院呼吸科、心内科、消化科、妇产科、胸外科、器官移植中心共 6 个科室 (中心) 的 27 名护理人员，在进行静脉输液操作过程中其手部携带病原菌检验，结果检出 12 种 (类)53 株，在不同科室 (中心) 均有检出。在 12 种 (类)53 株病原菌中，包括大肠杆菌 2 株 (构成比 3.77%) 居第 9 位。显然，病原大肠杆菌可以通过医护人员传播，并可能会导致医院感染的发生 [31]。

在第 4 章"肠杆菌属" (*Enterobacter*) 中有记述，湖北省随州市中心医院的刘杨等 (2013) 报告，对该医院重症监护室 (intensive care unit,ICU) 住院患者使用的留置导尿管 (接口处内壁)、氧气湿化瓶 (内壁)、冷凝水集水瓶 (内壁)、呼吸机螺纹管 (接口处内壁)、中心供氧壁管出口、气管插管 (内壁)、呼吸机湿化罐 (内壁)、留置针连接管三通口、输液泵

(接口处内壁)、微量注射泵 (接口处内壁)、深静脉置管 (接口处内壁) 等 11 种医疗器具，采集使用 (48±2)h 的样本共 300 份，进行了微生物学检验，结果其中 217 份阳性 (阳性率 72.33%)。其中以留置导尿管 (接口处内壁) 阳性率最高，检验 19 份中 17 份阳性 (阳性率 89.47%%)。在 217 份阳性样本中，共检出病原菌 19 种 (属)242 株，其中革兰氏阴性菌 11 种 184 株 (构成比 76.03)、革兰氏阳性菌 6 种 41 株 (构成比 16.94%)、真菌 2 个菌属 17 株 (构成比 7.02%)。在 19 种 (属)242 株病原菌中，包括大肠杆菌 22 株 (构成比 9.09%)，居第 3 位。报告者认为对患者各种诊疗性侵入性操作的应用 (如气管插管、留置导尿、中心静脉置管、引流管留置等)，可破坏机体黏膜保护屏障，从而导致患者呼吸系统、泌尿系统、导管相关性血流感染的发生，造成医院感染率升高 [32]。

2.2.5.2 抗性

大肠杆菌通常经加热到 60℃作用 15min 即可被杀灭，在干燥环境中也容易死亡；对低温具有一定的耐受力，但快速冷冻可使其死亡，如在 30min 内将温度从 37℃降至 4℃则对其有致死作用。对于要废弃的大肠杆菌材料，常采用高压蒸汽灭菌的方法处理，在 121℃ (1.05kg/cm^2) 湿热条件下作用 15 ~ 20min 可有效杀灭大肠杆菌。大肠杆菌对常用的化学消毒剂均比较敏感，如 5% ~ 10% 的漂白粉、3% 煤酚皂溶液、5% 石炭酸等水溶液均能迅速杀死大肠杆菌，对强酸、强碱也很敏感。

(1) 基本耐药性：大肠杆菌在通常情况下对多种常用抗菌类药物均敏感，如在临床常用的庆大霉素、卡那霉素、氯霉素、新霉素、先锋霉素、大观霉素、呋喃妥因、头孢吡肟等；一般多是表现对青霉素、红霉素、复方新诺明、四环素等耐药。但需注意的是在人及不同动物来源的或不同区域来源的，或不同致病型的菌株间，常表现出对某种 (或某类) 抗菌类药物的敏感性差异，其主要原因在于对抗菌类药物的不合理使用以致耐药菌株的不断增加，且常有同时对多种抗菌类药物表现耐药的多耐药性菌株出现。

(2) 医院感染菌株耐药性：对医院感染来源的菌株来讲，在各不同医院或同一医院不同年份的监测结果也存在一定的差异性，但总体上还是具有一定可参考价值的规律性特征。以下的记述，是具有一定代表性的。

在前面有记述中国人民解放军第四军医大学西京医院全军临床检验医学研究所的陈潇等 (2014) 报告，通过回顾性总结该医院在 11 年间 (2002 年 1 月至 2012 年 6 月) 从医院感染病例分离获得的大肠杆菌菌株的药物敏感性特征分析，大肠杆菌对环丙沙星、头孢曲松和头孢呋辛的耐药率一直处于比较高的水平，除了在 2002 年的分离菌株对头孢呋辛的耐药率为 42.76% 以外，其余均在 50.00% 以上。对头孢曲松和头孢呋辛的耐药性可能与这些菌株产生超广谱 β- 内酰胺酶 (extended-spectrum β-lactamases，ESBLs) 有关 [7]。

泸州医学院附属医院的张馨琢等 (2010) 为探讨本地区耐环丙沙星大肠杆菌临床分离株对氨基苷类药物的耐药表型与基因型的相关性，对从泸州医学院附属医院非肠道感染病例分离的 75 株大肠杆菌进行了测定，结果表明耐环丙沙星菌株多表现为同时对多种氨基苷类药物耐药 [33]。

河南科技大学附属黄河三门峡医院的赵智峰等 (2014) 报告，对在 2009 ~ 2013 年间，该医院检验科分离于痰液、尿液、分泌物、血液等标本材料的 1518 株大肠杆菌进行了耐药性测定与分析。结果为对供试的氨苄西林 / 舒巴坦、哌拉西林、阿洛西林、头孢唑林、头孢呋辛、头孢噻肟、头孢吡肟的耐药率，均在 70% 以上；对阿莫西林 / 克拉维酸钾、替卡西林 / 克拉维酸钾的耐药率，有下降的趋势；对哌拉西林 / 舒巴坦、头孢哌酮 / 舒巴坦，一直保持着较低的耐药率，但也有上升的趋势，尤其是对头孢哌酮 / 舒巴坦的耐药率在 2013 年高达 35.97%，认为与该医院临床使用此药广泛和剂量大存在直接关系；对环丙沙星和左氧氟沙星的耐药率没有明显变化，一直在 70% ～ 80% 徘徊；对阿米卡星的耐药率保持在较低水平，近几年维持在 10% 左右，认为与在临床不常使用有关；对阿奇霉素的耐药率有上升的趋势，近 3 年基本维持在 58% 左右；对呋喃妥因保持了较低的耐药率，认为与其主要是应用在了泌尿系感染有关；对氨曲南的耐药率，达到了 100%[34]。

2.3　病原学意义

对人及动物来讲，大肠杆菌病指的是所有由病原大肠杆菌引起的各种类型感染的总称；实际上对不同的感染，在临床上还常是根据相应的感染类型冠以疾病名称 (但其中有些疾病名称并非大肠杆菌感染所专用的)，如人的旅游者腹泻、出血性肠炎，以及动物的仔猪白痢 (white scour of piglets)、禽类的卵黄性腹膜炎等，且常常是与大肠杆菌不同的血清群 (型) 相关联的。

无论是人的还是动物的大肠杆菌病，在临床表现与病理变化方面均存在多种类型且比较复杂，但主要可以分为胃肠道感染和胃肠道外感染两大类。从某种意义上讲，病原性的大肠杆菌是一种多能性病原菌 (multipotent pathogen)。目前，病原大肠杆菌引起人及动物感染的新血清群 (型) 菌株、致病能力与范围等还仍在不断扩大及相继被发现，其病原学意义及致病与发病机制等也在被进一步认识与深化。

2.3.1　人的大肠杆菌病

尽管在人的大肠杆菌感染类型较多，但综合起来还是以由致泻性大肠杆菌引起的胃肠道感染最为普遍，且在有的情况下一旦发生感染还是很严重的；其他的感染类型，一般常是呈散发病例的形式存在。在我国，各种类型的感染多有报告，尤其是医院内感染已跃居到了所有细菌感染的首位；另外是作为食物中毒的病原菌，也是很常见的。

2.3.1.1　胃肠道感染病

由大肠杆菌引起的胃肠道感染，也包括食物中毒的暴发与流行，以临床主要表现腹泻为特征。根据毒力因子、致病机制、致病性、临床及流行病学特征等，目前国际上比较权威的意见是将人的致泻性大肠杆菌分为五类：即肠致病性大肠杆菌、肠产毒性大肠杆菌、肠侵袭性大肠杆菌、肠出血性大肠杆菌、肠集聚性大肠杆菌；尽管这些病原大肠杆菌在某些特性方面存在完全不同的差异性，但它们均具有一个共同的致腹泻作用特征，因此可统一归类在致泻性大肠杆菌的名义之下。此外，在一些文献中也常出现肠黏附性大肠杆菌 (enteroadherent Escherichia coli，EAEC)、产 VT 毒素 (vero 细胞毒素) 大肠杆菌 (verotoxin producing Escherichia coli，VTEC)、产志贺毒素 (Shiga toxin，Stx) 大肠杆菌 (Shiga toxin-producing Escherichia coli，STEC)、弥散黏附性大肠杆菌 (diffusely adhering Escherichia coli，DAEC) 等的名称，从这些名称中可以看出它们仅仅是反映了病原大肠杆菌在某方面与致病性相关的性状，因此尚不能被明确列入致泻性大肠杆菌的分类体系；另外是有相关资料显示，产志贺样氏毒素且具侵袭力的大肠杆菌已能归到了致泻性大肠杆菌的范畴（暂列为第六类）。无论如何，这些大肠杆菌均是以引起胃肠道感染（临床表现腹泻）为特征。

由大肠杆菌引起的食物中毒事件，在我国表现的地域分布广泛，也一直在细菌性食物中毒 (bacterial food poisoning) 事件中占据着重要地位。涉及肠致病性大肠杆菌、肠产毒性大肠杆菌、肠侵袭性大肠杆菌、产志贺样氏毒素且具侵袭力的大肠杆菌、肠出血性大肠杆菌等致泻性大肠杆菌，以及一些其他未明确分类的病原性大肠杆菌。另外是常常表现中毒规模较大，但罹患率通常不是很高和很少发生中毒死亡事件。主要涉及的中毒食物是被大肠杆菌污染的肉类（鸡肉、猪肉、牛肉、鸭肉、香肠等），另外为高淀粉类食品、水产品类、高蛋白类食品等。中毒发生有较明显的季节性，易流行于 4 ~ 10 月，高峰期多在 7 ~ 10 月份，此季节是此菌生长繁殖的适期，也是人们喜食冷凉食品的季节。中毒发生有较明显的场所特征，主要是发生在集体（聚）餐（宴）场所，如酒店（含宾馆和餐厅）、单位食堂、聚餐、快餐盒饭等，家庭发生的相对较少。在不同年龄、性别的均有发生，但以中青年为常见，这可能是与聚餐机会相关的；发病表现急骤，潜伏期多在 2 ~ 30h；临床表现几乎均有腹痛、腹泻、恶心、呕吐等消化道症状，有的伴有发热、头痛、头晕、全身不适等。病程有自限性，一般为 2 ~ 4 天，轻者数小时即症状消失；病后的免疫力不强，可重复感染[4]。在相关报告文献中，贵州省疾病预防控制中心的周亚娟等 (2007) 报告的 1 起，相对来讲是规模最大的。报告在 2003 年 8 月 22 日，贵州省某村村民举办生日酒宴发生一起由致泻性大肠杆菌引起的食物中毒，216 人进餐有 206 人发病（罹患率 95.37%）；潜伏期 9 ~ 48h，平均为 28h；临床主要表现为头昏、头痛、发热、恶心、腹痛、腹泻[35]。

2.3.1.2 胃肠道外感染病

大肠杆菌的胃肠道外感染，泛指那些所有由肠道外病原性大肠杆菌 (entraintestinal pathogenic *Escherichia coli*，ExPEC) 引起的非胃肠道感染类型，主要包括尿道感染及其他多种临床类型的感染[1, 2, 36]。

尿道致病性大肠杆菌 (uropathogenic *Escherichia coli*，UPEC) 是一群引起尿道感染最常见的病原菌，这些大肠杆菌能引起人的肾盂肾炎、膀胱炎等，或在泌尿道定居但不引起明显临床症状的感染。

另外是还有一些病原性大肠杆菌，能引起人的脑膜炎、伤口感染、溶血性尿毒综合征 (hemolytic uremic syndrom，HUS)、菌血症、败血症、肺炎、腹膜炎及其他的复合型感染，其中有的是属于某种感染类型的并发症。

2.3.1.3 医院感染特点

由大肠杆菌引起的医院感染，所表现的特点是感染缺乏区域特征、感染部位宽泛、感染类型复杂、感染发生频率高、有效预防与控制的难度大。

(1) 科室分布特点：综合一些相关的文献分析，由大肠杆菌引起的医院感染，主要的分布科室（住院病区）为内科和外科。以下记述的一些报告，是具有一定代表性的。

河南科技大学第一附属医院的王瑞丽等 (2011) 报告在 2009 年 7 月至 1010 年 6 月间，从该医院的医院感染病例分离的 2246 株病原菌中，大肠杆菌 434 株（构成比 11.94%) 居第 1 位。其中的 434 株大肠杆菌，分离于内科的 253 株（构成比 58.29%)、分离于外科的 181

株 (构成比 41.71%)。434 株大肠杆菌在各科室的分布，依次为：普通外科 87 株 (构成比 20.05%)、内分泌内科 64 株 (构成比 14.75%)、其他内科 48 株 (构成比 11.06%)、肾脏内科 34 株 (构成比 7.83%)、神经外科 30 株 (构成比 6.91%)、泌尿外科 30 株 (构成比 6.91%)、肿瘤内科 24 株 (构成比 5.53%)、呼吸内科 23 株 (构成比 5.29%)、小儿内科 21 株 (构成比 4.84%)、血液内科 20 株 (构成比 4.61%)、神经内科 19 株 (构成比 4.38%)、妇产外科 12 株 (构成比 2.76%)、烧伤外科 9 株 (构成比 2.07%)、骨外科 6 株 (构成比 1.38%)、肿瘤外科 4 株 (构成比 0.92%)、心胸外科 2 株 (构成比 0.46%)、显微外科 1 株 (构成比 0.23%)[37]。

温州医科大学附属第一医院的温鸿等 (2013) 报告在 2009 年 1 月至 1012 年 12 月间，从该医院的医院感染病例分离的 7750 株细菌中，大肠杆菌 925 株 (构成比 11.94%)，在所有革兰氏阴性细菌中居第 1 位。在各科室的分布，依次为：普通外科 175 株 (构成比 18.92%)、神经内科 161 株 (构成比 17.41%)、神经外科 138 株 (构成比 14.92%)、其他内科 106 株 (构成比 11.46%)、其他外科 94 株 (构成比 10.16%)、综合重症监护室 76 株 (构成比 8.22%)、创伤外科 65 株 (构成比 7.03%)、血液内科 44 株 (构成比 4.76%)、泌尿外科 37 株 (构成比 4.00%)、新生儿科 29 株 (构成比 3.14%)[38]。

山东大学附属省立医院的刘芸等 (2013) 报告在 2012 年，从该医院的医院感染病例分离到 3306 株病原菌，其中明确病原菌种类的 2804 株 (构成比 84.82%)。在 2804 株病原菌中大肠杆菌 657 株 (构成比 23.43%)，居所有病原菌的第 1 位。657 株大肠杆菌在各科室的分布，依次为：普通病房 541 株 (构成比 82.34%)、儿科病房 90 株 (构成比 13.69%)、ICU 病房 26 株 (构成比 3.96%)[39]。

(2) 感染部位特点：综合一些相关的文献分析，由大肠杆菌引起的医院感染，主要感染部位分布为泌尿道和呼吸道。以下记述的一些报告，是具有一定代表性的。

前面有记述温州医科大学附属第一医院的温鸿等 (2013) 报告的 925 株大肠杆菌，在各感染部位的分布依次为：泌尿道 399 株 (构成比 43.14%)、手术部位 212 株 (构成比 22.92%)、血液 144 株 (构成比 15.57%)、下呼吸道 120 株 (构成比 12.97%)、其他部位 50 株 (构成比 5.41%)[38]。

安徽省立医院的黄家祥等 (2014) 报告，对在 2011 年 1 月至 2012 年 12 月间，从该医院临床科室送检标本材料中分离的 2208 株病原菌资料进行回顾性分析。在明确细菌种类的 1512 株中，大肠杆菌 347 株 (构成比 22.95%) 居第 1 位。347 株大肠杆菌在各感染部位的分布，依次为：中段尿液 233 株 (构成比 67.15%)、痰液 45 株 (构成比 12.97%)、血液 31 株 (构成比 8.93%)、引流液 17 株 (构成比 4.89%)、脓液 15 株 (构成比 4.32%)、其他 6 株 (构成比 1.73%)[40]。

湖北省安陆市人民医院的王浩等 (2014) 报告，在 2010 年 1 月至 2012 年 12 月间，从该医院医院感染患者分离到 433 株大肠杆菌，在各感染部位的分布依次为：痰液和下呼吸道分泌物 165 株 (构成比 38.11%)、清洁中段尿液和导尿 143 株 (构成比 33.03%)、皮肤和黏膜分泌物 46 株 (构成比 10.62%)、脑脊液和胸腹水及胆汁 39 株 (构成比 9.01%)、血液 31 株 (构成比 7.16%)、其他标本材料 9 株 (构成比 2.08%)[41]。

2.3.2 动物的大肠杆菌病

动物的大肠杆菌病常是以新生和幼龄动物为主，通常以猪、鸡最为常发且危害相当严重，相对来讲在牛、羊的大肠杆菌病也较为常见；在其他动物如马、家兔、猫、虎、豹、水貂、貉、鹿、麝、大熊猫、孔雀、豺和狼及鱼类等，也均有发生大肠杆菌病的报告。在我国，动物的大肠杆菌病已涉及多种陆生动物（包括养殖和野生动物）及鱼类，且在当前仍是常见的细菌性疾病之一。

尽管动物大肠杆菌病的感染类型比较多样和复杂，但主要包括由类似于人肠产毒性大肠杆菌菌株引起的腹泻、由一些菌血性菌株引起的局部或全身败血性感染、由某些缺乏特征性血清型菌株引起的毒血症及牛的大肠杆菌乳腺炎等。另外是在起初认为 O157:H7 血清型菌株仅是引起人的感染，现已知猪、牛等也是其自然宿主并能在一定条件下发生感染 [2, 42, 43]。

2.3.3 毒力因子与致病机制

黏附 (adherence)、侵袭 (invasiveness)、对宿主细胞的破坏及毒素的作用，是病原细菌发挥致病作用的四个重要方面。这对病原大肠杆菌来讲，综合起来都是具备的。就致泻性大肠杆菌来讲，在进入消化道后常是首先黏附于肠黏膜上皮细胞上，大量生长繁殖，产生肠毒素和（或）其他毒素，也有的直接侵入细胞，发挥致病作用。机体受到感染，则会出现相应的一系列病理损伤及临床表征。

大量的研究工作表明大肠杆菌具有多种毒力因子，并通过不同的机制使大肠杆菌在机体特定部位异常增殖及引起相应的组织损伤，在临床上呈现出明显不同的感染类型及其发生相应的病理变化。

2.3.3.1 黏附作用

已知某些大肠杆菌可牢固黏附于某些组织细胞表面，这一作用主要是靠大肠杆菌的定居因子抗原（主要是菌毛）完成的。另外则是某些大肠杆菌表面所具有的非菌毛黏附素 (afimbrial adhesin)，如在前面肠致病性大肠杆菌中所述及的 eae 基因，能编码产生一种分子质量为 94kDa 被称为紧密素 (intimin) 的物质，属于细菌外膜蛋白，也曾被称为 EAE 蛋白；这种紧密素能与宿主细胞膜上的相应受体结合，也是肠致病性大肠杆菌近距离黏附和侵入宿主细胞的主要物质基础。大肠杆菌通过菌毛或其他黏附素与特定的细胞表面受体结合，使大肠杆菌固着于相应细胞表面，而且这种黏附作用常具有一定的宿主特异性，这一点在致泻性大肠杆菌感染中尤为重要，并构成了感染发生的先决条件，如人源肠产毒性大肠杆菌的 CFA/Ⅰ、CFA/Ⅱ 及动物源肠产毒性大肠杆菌的 K88、K99、987P、F41 等菌毛抗原，而且这些菌毛的表达还常与某些特定的 O 血清群菌株及产生肠毒素的类型相关联。此外，这种黏附作用有的还导致宿主细胞损伤，如肠致病性大肠杆菌靠紧密素与宿主细胞发生近距离黏附后，可致宿主细胞支架发生重排，在细菌黏附处形成一个致密的纤维样肌动蛋白垫，即"底座"(pedestal) 结构，细菌定居其上，此时则使被感染的细胞表现出在前面肠致病性大肠杆菌中所述的附着抹平 (A/E) 损伤，同时细菌侵入到宿主细胞内。

尿道致病性大肠杆菌菌株具有两种性质的菌毛，一是甘露糖敏感血凝 (mannose-sensitive hemagglutination, MSHA) 的Ⅰ型菌毛 (F1) 亦即普通菌毛；二是甘露糖抗性血凝

(mannose-resistant hemagglutination，MRHA) 的宿主特异性菌毛。具有宿主特异性菌毛的尿道致病性大肠杆菌，可黏附于泌尿道上皮细胞并引起病变，可与人类 P 血型红细胞发生凝集，与尿道致病性大肠杆菌的致病性有关。通过对引起肾盂肾炎的尿道致病性大肠杆菌菌株研究证明，人类 P 血型红细胞抗原成分是尿道致病性大肠杆菌菌株黏附的受体，此受体的化学本质为含有 1 个二半乳糖部分的糖脂，人工合成的二半乳糖部分亦可抑制尿道致病性大肠杆菌菌株对泌尿道上皮细胞的黏附，因此亦将具有这类性质的菌毛统称为肾盂肾炎相关菌毛并命名为 Pap 或称 P 菌毛 (也称为二半乳糖接合菌毛)。尿道致病性大肠杆菌中不具有上述性质的介导甘露糖抗性血凝的菌毛被称为 α 菌毛，其性质尚待进一步研究明确。从泌尿道感染患者分离的大肠杆菌，有 35% ~ 60% 的菌株能产生溶血素 (haemolysin)，这些菌株同时表现为甘露糖抗性血凝，并具有特定的菌体抗原、表面抗原、鞭毛抗原，尽管流行病学资料充分提示溶血素是尿道致病性大肠杆菌的致病因子，但其致病机制尚不太清楚，据信是破坏白细胞、损伤肾脏细胞，因溶血素对真核细胞有细胞毒作用。另外，多数尿道致病性大肠杆菌菌株能产生气杆菌素 (aerobactin)，尽管对气杆菌素的研究较多，基因也已被克隆，但其在致病过程中的作用尚待进一步研究证明。

2.3.3.2 毒素

病原性大肠杆菌可以产生多种毒素，主要包括肠毒素、溶血素、内毒素 (endotoxin) 等，发挥相应的致病作用。

(1) 肠毒素：大肠杆菌的肠毒素，最为重要且认识比较清楚的是由肠产毒性大肠杆菌产生的不耐热肠毒素及耐热肠毒素，其次是由肠致病性大肠杆菌、肠出血性大肠杆菌及产志贺氏样毒素且具侵袭力的大肠杆菌菌株产生的志贺氏样毒素 (SLT，亦即 VT)，这些毒素在致泻性大肠杆菌的感染发病中起着重要作用。不耐热肠毒素及耐热肠毒素的化学本质均为蛋白质，其中的不耐热肠毒素对热不稳定，经加热 60℃ 作用 30min 或 100℃ 作用 20min 即被破坏；耐热肠毒素对热稳定，经 100℃ 作用 30min 不被破坏。当肠产毒性大肠杆菌藉宿主特异性菌毛黏附于宿主小肠上皮细胞后，便大量生长繁殖并产生和释放肠毒素，刺激肠壁上皮细胞使细胞中的腺苷酸环化酶活性增强，促使细胞内环磷酸腺苷水平增高，导致肠腺上皮细胞分泌功能亢进，引起大量水和电解质进入肠腔，造成肠腔中大量液体蓄积，超过肠管重吸收能力，加之刺激肠蠕动加快，以致临床上出现腹泻。

(2) 溶血素：从泌尿道感染患者分离的大肠杆菌，有 35% ~ 60% 的菌株能产生溶血素，这些菌株同时表现为甘露糖抗性血凝活性，且一般均具有特定的菌体抗原、表面抗原、鞭毛抗原类型；尽管流行病学资料充分提示溶血素是尿道致病性大肠杆菌的致病因子，但其致病机制尚不太清楚，据信是破坏白细胞、损伤肾脏细胞，因溶血素对真核细胞有细胞毒作用。

Kausar 等 (2009) 报告从 200 例尿道感染患者检出的尿道致病性大肠杆菌，只有 42 例 (构成比 21.0%) 的产生溶血素，有 60 例 (构成比 30.0%) 的具有甘露糖抗性血凝活性。另外则是在动物源的很多菌株，溶血素很可能是作为一种辅助毒力因子。

(3) 内毒素：大肠杆菌在崩解后可释放出内毒素，其主要的活性成分是菌细胞壁脂多糖 (lipopolysaccharide, LPS) 中的类脂 A(lipid A)，因此也常将内毒素与脂多糖视为同义语。在细菌内毒素的致病作用方面，已知不同细菌来源的内毒素所致发病症状、病理变化等大致相同，主要是引起宿主产生非特异的病理、生理反应（即所谓的内毒素反应），包括发热、白细胞反应、弥散性血管内凝血 (disseminated intravascular coagulation，DIC)、低血压及休克等。

在对动物大肠杆菌病的研究中，有认为内毒素在幼龄猪水肿病的发生中起着重要作用。本书作者房海、陈翠珍等在对动物病原大肠杆菌致病作用研究中，曾用分离于家兔大肠杆菌病的相应病原 (O20) 菌株提取的内毒素感染家兔，引起了明显的腹泻并有类似于直接感染大肠杆菌样的病变，意味着大肠杆菌内毒素与家兔大肠杆菌病的病理发生密切相关[44]。

2.3.3.3 侵袭性

属于肠侵袭性的大肠杆菌具有侵袭性 (invasiveness)，能侵入肠黏膜上皮细胞并具有在其中生长繁殖的能力，从而导致病变形成并产生像志贺氏菌属细菌那样引起的痢疾样疾病；同样，产志贺氏样毒素且具侵袭力的大肠杆菌也具有这种侵袭性。

已有的研究表明，这种侵袭性的表达均是与一个大小为 20 ~ 250kb 的质粒有关的，质粒上的侵袭性基因 (invasive gene)inv 编码侵袭性蛋白——侵袭素 (invasin) 的产生，基因 inv 的活性受毒力基因 $virB$、$virF$、$virR$ 等的调控，基因 $virG$ 也与基因 inv 有关，在细菌依赖基因 inv 侵入肠上皮细胞后，基因 $virG$ 的存在与否，决定着细菌是否能向邻近细胞扩散，引起炎症反应。

2.3.3.4 致病岛

对在前面有提及的致病岛的研究始于 20 世纪 80 年代初，Goebel 等在对尿道致病性大肠杆菌的研究中发现，在此菌染色体上编码 α 溶血素的一簇基因占据了染色体的一段较大 DNA 区域，被命名为溶血素岛 (haemolysin island)；后来发现该岛除了编码 α 溶血素等毒素外，还编码另外一些与该菌尿路性致病有关的毒力因子（如 P 菌毛），因此将其重新命名为致病岛（亦称毒力岛）。

到目前为止已在细菌中发现了 90 多个致病岛，尤其在大肠杆菌中的研究为多，如尿道致病性大肠杆菌的 PAI Ⅰ、PAI Ⅱ、PAI Ⅲ；肠致病性大肠杆菌 (EPEC) 的 PAI$_{AL862}$、PAI$_{AL863}$；肠产毒性大肠杆菌的 LEE、TAI；肠出血性大肠杆菌的 SPLE1、SPLE2 等。致病岛编码的与细菌毒力有关的基因，主要包括：铁摄取系统，黏附素，孔形成毒素，二级载体通路毒素，超抗原，分泌性酯酶，分泌性蛋白酶，O- 抗原，由 Ⅰ、Ⅲ、Ⅳ、Ⅴ 型蛋白分泌途径分泌的蛋白，抗生素抗性等。致病岛的发现，在揭示病原细菌的致病机制方面发挥了重要作用。

2.3.3.5 其他致病活性

尿道致病性大肠杆菌的多数菌株属于一个有限范围的血清群（型），表面酸性多糖抗原 (N- 乙酰神经氨酸多聚体) 多为 K1、K2、K3、K12 和 K13 等（尤以 K1 常见），具有抵抗机体吞噬细胞吞噬的作用。K1 抗原还缺乏免疫原性，以致 K1 抗原（特别是大量存在时）的存在有助于细菌侵入肾脏。其次，是这些 K 抗原还具有一定的抗细胞内杀伤作用，这些在决定大肠杆菌引起机体深部组织感染中尤为重要。再次，K1 抗原与 B 群脑膜炎奈瑟氏球菌 (Neisseria meningitidis) 多糖的结构可能是一致的（两者间有抗原关系），其对脑膜具有器官趋向性。另外，在多数尿道致病性大肠杆菌菌株能产生气杆菌素 (aerobactin)，尽管对气杆菌素的研究较多，基因也已被克隆，但其在致病过程中的确切作用尚待进一步研究证明。

从动物全身性感染病例所分离的一些病原菌株，常带有产生大肠杆菌素 V(Col V) 的质粒，这种质粒与这些菌株引起败血症的能力有关。

以往更多认为鞭毛仅是作为细菌的运动器官，现在的研究表明鞭毛抗原与某些菌株的致病作用直接相关，至少有助于细菌的扩散。另外则是某些鞭毛抗原常限于一定的菌体血清群菌株，更多表现在致泻性大肠杆菌，尤其是肠出血性大肠杆菌上 (如 H7)，进一步表明了它与相应菌株致病的关联。

2.4　微生物学检验

大肠杆菌广泛存在，又有致病性与非致病性菌株之分，加之临床标本常见的是腹泻粪便 (或肛拭、动物肠内容物等)，在正常粪便中又存在大量的大肠杆菌，所以在确定大肠杆菌感染的诊断时，不仅需要检出有大肠杆菌的存在，更主要的是确定其是否为相应感染的病原大肠杆菌。

2.4.1　病原学检验

在对分离菌株的病原学意义确定方面，常是结合临床及病变特征检查其是否为相应常见的致病血清群 (型) 和 (或) 做相应毒力因子 (或基因) 检查。在实践中，常是根据菌株来源、致病作用特点及一些具体情况等择定进行。

2.4.1.1　细菌分离与鉴定

对大肠杆菌的分离，可采用待检标本材料直接接种于常用的普通营养琼脂、血液营养琼脂或肠道菌选择性培养基的方法，获得纯培养后进行鉴定。

(1) 初步鉴定：在肠杆菌科细菌中，埃希氏菌属、柠檬酸杆菌属 (*Citrobacter* Werkman and Gillen 1932)、肠杆菌属 (*Enterobacter* Hormaeche and Edwards 1960)、哈夫尼菌属 (*Hafnia* Møller 1954)、克雷伯氏菌属 (*Klebsiella* Trevisan 1885 emend.Drancourt，Bollet，Carta and Roussselier 2001)、变形菌属 (*Proteus* Hauser 1885)、沙门氏菌属、耶尔森氏菌属 (*Yersinia* Van Loghem 1944) 细菌，在生化特性方面相近。为进行简便的鉴别，将在第二版《伯杰氏系统细菌学手册》第 2 卷 B 部分 (2005) 中的"肠杆菌科细菌生化特性相近菌属间鉴别特征表"列在了第 3 章 "柠檬酸杆菌属"(*Citrobacter*) 中 (表 3-2)，可供参考[8]。

通常情况下，可根据苯丙氨酸脱氨酶、葡萄糖酸盐利用试验将肠杆菌科内一些比较常见的具有致病性的不同菌属 (包括埃希氏菌属) 鉴别开，具体可见在第 3 章 "柠檬酸杆菌属"(*Citrobacter*) 中表 3-3(根据苯丙氨酸脱氨酶和葡萄糖酸盐利用试验的各菌属间鉴别特征) 的记述[45]。

另外是在进行生化特性鉴定中，苯丙氨酸脱氨酶、葡萄糖酸盐利用均为阴性的肠杆菌科细菌，除了埃希氏菌属细菌以外，还涉及柠檬酸杆菌属、志贺氏菌属 (*Shigella* Castellani and Chalmers 1919)、沙门氏菌属、爱德华氏菌属 (*Edwardsiella* Ewing and McWhorter 1965)、耶尔森氏菌属的细菌。为进行简便的鉴别,将其一些主要鉴别特征,列在了第 3 章"柠檬酸杆菌属"(*Citrobacter*) 的表 3-4(苯丙氨酸脱氨酶和葡萄糖酸盐利用阴性的各菌属间鉴

别特征) 中 [45]。

(2) 注意事项：做生化特性检查，是鉴定大肠杆菌最可靠的方法，其中需要注意的如下所示。①在常规的鉴定中并不需要对所有项目内容分别进行试验，仅选取具有代表意义且为肠杆菌科细菌重要鉴别意义的项目内容进行试验即可；②要特别注意那些生化特性不典型的大肠杆菌，不可误检，更要注意多数大肠杆菌均分解乳糖及蔗糖，但也有的不分解，所以在使用三糖铁琼脂 (triple sugar iron agar, TSIA) 对大肠杆菌进行初筛时，对斜面呈红色的也不要即排除为大肠杆菌；③某种类型的大肠杆菌常有某种特殊生化性状，具有鉴别意义，如肠侵袭性大肠杆菌通常不分解或迟缓分解乳糖、赖氨酸脱羧酶，以及动力均阴性，肠出血性大肠杆菌的 O157:H7 不分解山梨醇，利用这一特点可将麦康凯琼脂培养基中的乳糖换为山梨醇 (1%)，挑选出不发酵山梨醇的菌株后再做进一步鉴定，但其缺点是不能发现 O157:H7 以外的肠出血性大肠杆菌，另外，目前已发现有发酵山梨醇的 O157:H7 菌株。

此外，大肠杆菌与肠杆菌科的其他一些细菌在生化特性上有相似之处。主要涉及爱德华氏菌属的保科爱德华氏菌 (*Edwardsiella hoshinae*)、鲇鱼爱德华氏菌 (*Edwardsiella ictaluri*)、迟钝爱德华氏菌 (*Edwardsiella tarda*)，沙门氏菌属细菌，志贺氏菌属的痢疾志贺氏菌 (*Shigella dysenteriae*)、宋内氏志贺氏菌 (*Shigella sonnei*)、鲍氏志贺氏菌 (*Shigella boydii*)、弗氏志贺氏菌 (*Shigella flexneri*)，但通过一系列完整的生化试验都能容易地区分开。为了简便区分这些细菌，现将在第九版《伯杰氏鉴定细菌学手册》(*Bergey's Manual of Determinative Bacteriology*)(1994) 中记载的 "大肠埃希氏菌与其他相似属 (种) 细菌的生化特性鉴别表" 列出 (表 5-7) 供用 [46]。

表 5-7　大肠埃希氏菌与其他相似属 (种) 细菌的生化特性鉴别表

项目	保科爱德华氏菌	鲇鱼爱德华氏菌	迟钝爱德华氏菌	大肠埃希氏菌	沙门氏菌	鲍氏志贺氏菌 痢疾志贺氏菌 弗氏志贺氏菌	宋内氏志贺氏菌
吲哚产生	（ － ）	－	＋	＋		d	
甲基红试验	＋	－	＋	＋	＋	＋	＋
柠檬酸盐 (Simmons)	－	－	－	－	＋		
H₂S 产生	－	－	＋	－	＋		
赖氨酸脱羧酶	＋	＋	＋	＋	＋		
鸟氨酸脱羧酶	＋	d	＋	d	＋		
动力	＋	－	＋	＋	＋		
丙二酸盐利用	＋	－	－	－	（ － ）		
D- 葡萄糖产气	d	d	＋	＋	＋	－	
L- 阿拉伯糖	（ － ）	－	－	＋	＋	d	＋
乳糖	－	－	－	＋	－		
D- 甘露醇	＋	－	＋	＋	＋	＋	＋

续表

项目	保科爱德华氏菌	鲶鱼爱德华氏菌	迟钝爱德华氏菌	大肠埃希氏菌	沙门氏菌	鲍氏志贺氏菌 痢疾志贺氏菌 弗氏志贺氏菌	宋内氏志贺氏菌
蜜二糖	−	−	−	（＋）	＋	d	（−）
L- 鼠李糖	−	−	−	（＋）	＋	−	（＋）
D- 山梨醇	−	−	−	＋	＋	d	−
蕈糖	＋	−	−	＋	＋	（＋）	＋
D- 木糖	−	−	−	＋	＋		
ONPG	−			＋	（−）		＋

注：表中符号的 ＋ 表示 90%～100% 菌株阳性，− 表示 90%～100% 菌株阴性，d 表示有 26%～75% 的菌株为阳性，（＋）表示 76%～89% 菌株阳性，（−）表示 11%～25% 菌株阳性，均为培养 48h 的结果；动力试验的鲶鱼爱德华氏菌阴性，是指在 (36±1)℃ 培养的结果，在 25℃ 培养时有动力。

在对分离菌株的病原学意义确定方面，常是结合临床特征检查其是否为相应常见的致病血清群（型）和（或）做相应毒力因子检查。下面所介绍的一些试验方法，是除了直接的动物感染发病试验外在明确致病性菌株方面较为常用的试验方法，可根据菌株来源、致病作用特点及一些具体情况等择定使用。

2.4.1.2　毒力因子与毒力基因检查

在对大肠杆菌的毒力因子检查中，需根据不同致病种类大肠杆菌的特点进行，其中较多检查的是宿主特异性菌毛、产肠毒素能力及侵袭性等，并以此可以做出相应肠产毒性大肠杆菌或肠侵袭性大肠杆菌的判定。目前对这些毒力因子的检查，常是采用直接检测相应基因的方法；在出于非研究目的的情况下，于临床检验实践中具有快速、简便等优点。

福建省疾病预防控制中心的陈爱平等 (2011) 报告目前对致泻性大肠杆菌常规 PCR 检测特异的诊断基因，分别包括肠产毒性大肠杆菌的耐热肠毒素和不耐热肠毒素基因、肠致病性大肠杆菌的紧密素附着抹平因子基因 (*eaeA*) 和束状菌毛因子基因 (*bfp*)、肠侵袭性大肠杆菌的质粒毒力基因 (*virA*) 和侵袭性质粒抗原基因 (*ipaH*)、肠出血性大肠杆菌的 *eaeA* 和志贺氏样毒素基因 (*stx*)、肠集聚性大肠杆菌的黏附聚集因子基因 (*aggR*) 等。通过实践应用，认为将检测毒力基因的分子生物学和传统的细菌性方法结合起来，是提高由致泻性大肠杆菌引起的食物中毒病原菌检验准确率的有力手段 [47]。

2.4.1.3　血清型检定

由于病原大肠杆菌常限于某些特定的血清群（型）菌株，而且在来自于人、不同动物及不同感染类型的菌株间也常存在一定差异。因此在进行病原大肠杆菌的检验时，对所分离鉴定的菌株进行血清学定型，无论是在确定其病原学意义方面，还是出于研究的目的，都是很重要的一项内容。

目前我国有人致泻性大肠杆菌的诊断血清及动物常见病原大肠杆菌菌体血清群诊断血清供用，可按使用说明对所分离的大肠杆菌进行检定，以确定其是否属于常见的相应致病血清型（群）菌株。人致泻性大肠杆菌的诊断血清包括如下几种。①15种一组——包括3种多价及其所包含的12种单价血清，主要供对肠致病性大肠杆菌菌株的检定用。②16种一组——包括3种OK多价及其所包含的13种OK单价血清，属于OK多价1和OK多价2范围的主要供对肠侵袭性大肠杆菌菌株的检定用，属于OK多价3的血清主要供对肠产毒性大肠杆菌菌株的检定用。③2种一组——包括O157和H7各1种，专供对肠出血性大肠杆菌的O157:H7菌株的检定用[48]。

　　动物常见病原大肠杆菌菌体血清群诊断血清，在目前尚未明确分组，主要包括用于对猪（牛和羊等）腹泻、属于肠产毒性大肠杆菌及禽类（主要是鸡）病原大肠杆菌的一些常见菌体血清群抗血清。

　　对菌体抗原、表面抗原、鞭毛抗原的血清型检定方法，常是以上述诊断用相应标准因子血清对待检菌株做玻板凝集试验，以呈现明显凝集（＋＋至＋＋＋＋）者判为相应抗原。由于在不同的菌体抗原、表面抗原、鞭毛抗原间，有不少存在交叉反应，为排除这种抗原交叉，需在玻片凝集反应基础上，再以相应抗血清及存在交叉反应的抗原相应抗血清对待检菌株做试管凝集反应，同时设有抗血清相应标准抗原菌株的对照，具体方法是在检定菌体抗原时，需经100℃或121℃湿热处理以消除可能存在的表面不凝集性作用，以此为抗原与做系列倍比稀释的抗血清等量混合（总量0.8ml/管）后置48～50℃水浴过夜（16～18h）判定结果；检定表面抗原（指的是多糖K抗原）时的试管凝集反应，是以经0.5%甲醛灭活处理的菌液为抗原，同上方法与抗血清混匀后于37℃水浴2h后再移至普通冰箱中过夜后判定结果；检查鞭毛抗原是以经0.3%甲醛灭活处理的菌液为抗原，同上方法与血清混匀后置48～50℃水浴中于15min、30min和1h、2h判定结果；均以出现明显凝集（＋＋）的血清最高稀释倍数为相应抗血清效价（凝集价），通常是以与抗血清对照用相应抗原的血清效价相同或相差一个滴度为相同血清型菌株。

　　对属于表面抗原（L型）的宿主特异性菌毛抗原的免疫血清学检定，主要是做玻片凝集反应及甘露糖抗性血凝试验等。

　　需要注意的是，现有供用的这些因子血清并不能覆盖所有的人致泻性大肠杆菌及动物病原大肠杆菌的菌株，所以不能仅以此来做出最终的判定，还应结合有关方面的检验内容予以综合判定。另外则是肠出血性大肠杆菌菌株也不仅限于O157:H7，需特别注意其与肠出血性大肠杆菌相关的血清型（群）菌株。再者是肠侵袭性大肠杆菌的大多数菌株，与志贺氏菌属细菌有密切的抗原相关性，表现为血清型一致或有遗传学关系。

2.4.2　分子生物学检验方法

　　在对分离的大肠杆菌进行病原性检查时，除了毒力因子、动物感染试验及血清学检查外，在条件允许的情况下，还应使用DNA探针或PCR诊断方法。实践中比较常用的，主要包括以下几项。

　　凡是与耐热肠毒素、不耐热肠毒素或耐热肠毒素和不耐热肠毒素探针杂交的菌株，或耐热肠毒素、不耐热肠毒素特异性PCR试验阳性的菌株都应诊断为肠产毒性大肠杆菌，这是因为所有的肠产毒性大肠杆菌菌株都含有耐热肠毒素、不耐热肠毒素或耐热肠毒素和不耐热肠毒素基因，目前尚无用于诊断肠产毒性大肠杆菌目的的CFA探针。

凡是与 eaf、eae 探针杂交或针对此两个基因的特异性 PCR 试验阳性的菌株，应诊断为肠致病性大肠杆菌菌株。

凡是具有 ipaBCD 基因的菌株都应诊断为肠侵袭性大肠杆菌，目前所用的肠侵袭性大肠杆菌的 DNA 探针有一种，但不是特异性的，即所谓的侵袭相关基因 ial。

凡是与肠出血性大肠杆菌特异性 DNA 探针杂交，或与肠出血性大肠杆菌特异性 PCR 反应阳性的菌株都应诊断为肠出血性大肠杆菌，肠出血性大肠杆菌的诊断不应只考虑 O157 抗血清，这是因为肠出血性大肠杆菌还包括非 O157:H7 血清型的菌株。

肠集聚性大肠杆菌的诊断从理论上讲应主要依靠 HEp-2 细胞黏附试验，凡是对 HEp-2 细胞呈集聚性黏附的菌株应看作是肠集聚性大肠杆菌，但实际上不能如此，根据现有的资料，凡是与肠集聚性大肠杆菌特异性 DNA 探针杂交的菌株都应诊断为肠集聚性大肠杆菌。

凡是与 ial 基因（即侵袭相关基因，其探针也被称为肠侵袭性大肠杆菌特异性 DNA 探针）和志贺氏样毒素 (SLT，亦即 VT)SLT2 基因探针杂交的菌株，应诊断为产志贺氏样毒素且具侵袭力的大肠杆菌，除此以外目前还无其他更为有效、实用的方法。应该说明，肠致病性大肠杆菌、肠出血性大肠杆菌的许多菌株产生 SLT1、SLT2 或 SLTv 等，因此在使用针对 SLT 基因的有关技术时应全面考虑。

2.4.3　免疫血清学检验

在对某些类型大肠杆菌感染（如食物中毒）的检验中，可取患者在发病初期（急性期）和恢复期的双份血清，以分离的菌株制备抗原做定量凝集试验；一般在恢复期的相应抗体效价可比在发病初期的高 4 倍以上，具有辅助性诊断价值。

（陈翠珍）

参 考 文 献

[1] 贾辅忠，李兰娟.感染病学.南京：江苏科学技术出版社，2010: 480~483.

[2] 房海，陈翠珍，张晓君.肠杆菌科病原细菌.北京：中国农业科学技术出版社，2011: 170~209.

[3] 房海，史秋梅，陈翠珍，等.人兽共患细菌病.北京：中国农业科学技术出版社，2012: 276~307.

[4] 房海，陈翠珍.中国食物中毒细菌.北京：科学出版社，2014: 188~220.

[5] 黄朝晖，范晓玲，胡瑜.2007-2011 年医院感染主要病原菌的耐药趋势分析.中华医院感染学杂志，2013，23(8):1911~1913.

[6] 孙慧，吴荣华，胡钢，等.医院感染病原菌分布及耐药性分析.疾病监测与控制杂志，2014,8(1):4~6.

[7] 陈潇，徐修礼，杨佩红，等.2002-2012 年医院感染主要病原菌耐药性分析.中华医院感染学杂志，2014，24(3):557~559.

[8] George M Garrity.Bergey's Manual of Systematic Bacteriology.Second Edition.Volume Two.Part B. Springer, New York, 2005: 607~624.

[9] Huys G, Cnockaert M, Janda J M, et al.*Escherichia albertii* sp nov., a diarrhoeagenic species isolated from stool specimens of Bangladeshi children.International Journal of Systematic and Evolutionary Microbiology, 2003, 53(3):807~810.

[10] Jay J M, Loessner M J, Golden D A. 现代食品微生物学. 7 版. 何国庆, 丁立孝, 宫春波, 等译. 北京: 中国农业大学出版社, 2008: 530~546.

[11] 郑迈群. 大肠菌属婴儿腹泻. 中华儿科杂志, 1954(第 3 号):188~190.

[12] 陈仁溥. 关于大肠杆菌在流行性婴儿腹泻中病原作用的文献综合报告. 中华儿科杂志, 1956 (第 4 号):309~315.

[13] 吴开宇, 叶孝礼. 福州所见夏秋季小儿肠炎与痢疾 115 例分析. 中华儿科杂志, 1956 (第 4 号):269~272.

[14] 王洪媛, 罗海波, 於振康, 等. 杭州地区小儿腹泻病原学之探讨. 中华寄生虫病传染病杂志, 1958 (第 3 号):159~161.

[15] 王增慧, 叶自儶, 谭世熹. 一年来上海市婴儿腹泻中所见之致病性大肠杆菌的型别与频率. 临床检验杂志, 1958 (第 6 号):1~5.

[16] 司马蕙兰, 谢梅雯, 沈建民, 等. 我国首次自腹泻婴儿中分离并鉴定的产肠毒素大肠菌. 医学研究通讯, 1985 (8):248.

[17] 司马蕙兰, 谢梅雯, 沈建民, 等. 上海地区婴幼儿产肠毒素大肠菌腹泻的初步报告. 上海医学, 1984, 7(6):320~322.

[18] 徐建国, 程伯鲲, 吴艳萍, 等. 首次发现一种产志贺样毒素且具侵袭力的大肠杆菌. 疾病监测, 1994, 9(10):271~272.

[19] 徐建国, 程伯鲲, 吴艳萍, 等. 产志贺样毒素且具侵袭力的大肠杆菌的研究. 中华流行病学杂志, 1994, 15(6):333~338.

[20] 路步炎, 刘曙光, 滕斌, 等. 大肠杆菌副大肠杆菌及变形杆菌食物中毒报告. 人民保健, 1959 (第 7 号):652~654.

[21] Ewing W H, Edwards and Ewings. Identification of Enterobacteriaceae. Fourth Edition. New York: Elsevier Science Publishing Co, 1986: 93~134.

[22] 杨正时, 辜清吾. 大肠杆菌生化反应特征的研究. 微生物学报, 1979, 19(3): 321~326.

[23] 杨正时, 王晓新, 朱焕成. 一株产生硫化氢的大肠杆菌. 中华医学检验杂志, 1985, 9(4): 198.

[24] 常虹, 薛镧. 粪便标本分离出 1 株产 H_2S 肠致病性大肠埃希菌. 预防医学情报杂志, 2004, 20(2): 206.

[25] 常宏伟, 赵俊, 丁业荣, 等. 17 株产 H_2S 致泻大肠埃希菌的微生物学研究. 中华疾病控制杂志, 2009, 13(3):320~323.

[26] 杨正时, 张振奎, 王晓新, 等. 产尿素酶大肠杆菌. 微生物学报, 1981, 21(3): 318~323.

[27] 王红宁, 何明清, 柳苹, 等. 鲤肠道正常菌群的研究. 水生生物学报, 1994, 18(4): 354~359.

[28] 杨正时, 王晓新, 马东光. 11 个新的大肠杆菌 O 抗原群. 微生物学报, 1985, 25(4): 294~297.

[29] 胡婕, 陈茂义, 石韬, 等. 一起由致病性大肠埃希菌 O114K90 引起的食物中毒实验研究. 公共卫生与预防医学, 2007, 18(3):78, 80.

[30] 王建, 杨冰, 严纪文, 等. 2003~2006 年广东省食品中致泻性大肠埃希菌污染状况调查分析. 中国卫生检验杂志, 2007, 17(8):1387~1389.

[31] 姜赛琳, 詹亚梅, 吴景芳. 综合医院护理人员手部病原菌调查分析. 中华医院感染学杂志, 2007, 17(11):1385~1386.

[32] 刘杨, 张秋莹, 殷玉华. 重症监护室常用医疗器具使用中病原菌携带情况. 中国感染控制杂志, 2013, 12(1):64-65.

[33] 张馨琢 , 黄永茂 , 陈庄 , 等 . 耐环丙沙星大肠埃希菌对氨基糖苷类药物的耐药性探讨 . 中国人兽共患病学报 , 2010, 26(5):459~462.

[34] 赵智峰 , 于丽 . 河南科技大学附属黄河三门峡医院 2009-2013 年大肠杆菌耐药分析及对策 . 中国医院用药评价与分析 , 2014, 14(8):763~765.

[35] 周亚娟 , 陈桂华 , 李忻 . 一起致泻性大肠埃希菌食物中毒调查分析 . 贵州医药 , 2007, 31(7): 658~659.

[36] Y Kausar, S K Chunchanur, S D Nadagir, et al.Virulence factors, Serotypes and Antimicrobial Suspectility Pattern of *Escherichia coli* in Urinary Tract Infections.Al Ameen J Med Sci, 2009, 2(1):47~51.

[37] 王瑞丽 , 梁建红 .2246 株病原菌耐药情况分析 . 山东医药 , 2011, 51(26):105~106.

[38] 温鸿 , 章虹霞 , 石娜 , 等 . 医药感染大肠埃希菌和肺炎克雷伯菌的临床分析及耐药监测 . 温州医学院学报 , 2013, 43(11):757~759, 763.

[39] 刘芸 , 张炳昌 , 尚旭明 , 等 . 医药感染病原菌分布及抗菌药物敏感性分析 . 中国卫生检验杂志 , 2013, 23(17):3449~3452.

[40] 黄家祥 , 叶书来 , 周馨 . 临床分离的 2208 株病原体分布及耐药性 . 中国感染控制杂志 , 2014, 13(1):36~39.

[41] 王浩 , 陈军平 , 黎小平 , 等 .2010-2012 年大肠埃希菌的耐药性变迁 . 中华医院感染学杂志 , 2014, 24(2):290~291, 297.

[42] Baines D, Lee B, McAllister T. Heterogeneity in enterohemorrhagic *Escherichia coli* O157:H7 fecal shedding in cattle is related to *Escherichia coli* O157:H7 colonization of the small and large intestine.Can J Microbiol, 2008, 54:984~995.

[43] Barman N N, Deb R, Ramamurthy T, et al.Molecular characterization of shiga toxin-producing *Escherichia coli*(STEC)isolates from pigs oedema.Indian J Med Res, 2008, 127:602~606.

[44] 房海 , 陈翠珍 , 王廷富 . 大肠杆菌内毒素对家兔致腹泻作用实验报告 . 中国兽医杂志 , 1990, 16(10):6~8.

[45] 叶应妩 , 王毓三 , 申子瑜 . 全国临床检验操作规程 .3 版 . 南京 : 东南大学出版社 , 2006: 801~821.

[46] Holt J G, Krieg N R, Sneath P H A, et al.Bergey's Manual of Determinative Bacteriology.Ninth Edition. Baltimore, Williams and Wilkins, 1994, 178, 203~222, 225.

[47] 陈爱平 , 陈建辉 , 杨劲松 , 等 . 分子生物学技术在肠致泻性大肠杆菌诊断中的应用 . 中国人兽共患病学报 , 2011, 27(9):808~811.

[48] 赵铠 , 章以浩 , 李河民 . 医学生物制品学 . 2 版 . 北京 : 人民卫生出版社 , 2007: 1016~1024, 1434~1435.

第 6 章　哈夫尼菌属 (*Hafnia*)

　　哈夫尼菌属 (*Hafnia* Mφller 1954) 的蜂房哈夫尼菌 (*Hafnia alvei*)，可在一定条件下引起人的某些组织器官炎性感染以至败血症等感染病 (infectious diseases)。在动物，已有引起某些养殖畜禽及鱼类感染病的报告 [1, 2]。

　　哈夫尼菌属是肠杆菌科 [Enterobacteriaceae(Rahn 1937)Ewing Farmer and Brenner 1980] 细菌认知较晚的成员。作为医院感染 (hospital infection，HI) 的病原肠杆菌科细菌，在我国已有明确记述和报告的共涉及 12 个菌属 (genus)、35 个菌种 (species) 或亚种 (subspecies)。为便于一并了解，以表格"医院感染病原肠杆菌科细菌的各菌属与菌种 (亚种)"的形式，记述在了第 2 篇"医院感染革兰氏阴性肠杆菌科细菌"的扉页中。

　　在我国由哈夫尼菌属的蜂房哈夫尼菌引起的医院感染，还是比较少见的。

　　● 中国人民解放军成都军区昆明总医院的张彦等 (2004) 报告，该医院历年均有由哈夫尼菌引起的医院感染病例，虽然数量不多，但给患者带来了痛苦，也增加了医疗费用。近年来从 21 例医院感染患者检出哈夫尼菌 21 株，其中的 15 例 (构成比 71.43%) 患者分别伴有肺炎双球菌 (*Diplococcus pneumoniae*)、奇异变形菌 (*Proteus mirabilis*)、铜绿假单胞菌 (*Pseudomonas aeruginosa*) 等不同病原菌的混合感染。21 例患者中的基础疾病，分别为恶性肿瘤患者 7 例 (构成比 33.33%)、呼吸系统疾病患者 5 例 (构成比 23.81%)、损伤和中毒患者 4 例 (构成比 19.05%)、血液及造血器官疾病患者 2 例 (构成比 9.52%)、泌尿生殖系统疾病患者 2 例 (构成比 9.52%)、结缔组织疾病患者 1 例 (构成比 4.76%)[3]。

　　本书作者注：文中记述的肺炎双球菌，即现在分类于链球菌属 (*Streptococcus* Rosenbach 1884) 的肺炎链球菌 (*Streptococcus pneumoniae*)。

　　● 中南大学湘雅医院的文细毛等 (2012) 报告，对在 2010 年 3 月 1 日至 12 月 31 日间，卫生部医院感染监测网医院上报的医院感染横断面调查资料中，病原体分布及其耐药性数据进行统计分析。结果为 740 所医院共调查住院患者 407 208 例，发生医院感染患者 14 674 例 (感染率 3.60%)、15 701 例次 (例次感染率 3.86%)。从下呼吸道、泌尿道、手术部位、皮肤软组织等标本材料中，检出医院感染细菌、厌氧微生物 (anaerobe)、真菌 (fungi)、病毒 (virus)、支原体 (Mycoplasma)、其他病原体 (pathogens) 等 6 类病原体 6965 株，其中细菌 22 种 (属)，以及其他未明确种 (属) 细菌共 6040 株 (构成比 86.72%)、哈夫尼菌 5 株 (在细菌的构成比仅为 0.08%)[4]。

1　菌属定义与分类位置

哈夫尼菌属自 1954 年建立以来，菌属内的种一直没有明确的变动。菌属名称 "*Hafnia*" 为拉丁语阴性名词，是以丹麦首都 Copenhagen(哥本哈根) 的老名称命名的 [5]。

1.1　菌属定义

哈夫尼菌属细菌为 $1.0\mu m \times (2.0 \sim 5.0)\mu m$ 的革兰氏阴性直杆菌，借周生鞭毛 (peritrichous flagella) 运动 (在 30℃ 培养的生长物)，存在无动力菌株。其兼性厌氧，有机化能营养型，具有呼吸和发酵两种代谢类型，适宜的生长温度为 30 ~ 37℃。

该菌属细菌发酵 D- 葡萄糖和其他一些碳水化合物产酸、产气，氧化酶阴性，过氧化氢酶阳性，吲哚和西蒙氏 (Simmons) 柠檬酸盐利用试验阴性，大多数菌株的甲基红试验 (methyl red test，MR) 和伏 - 波试验 (Voges-Proskauer test，V-P) 阳性，赖氨酸脱羧酶和鸟氨酸脱羧酶阳性，精氨酸双水解酶阴性，H_2S 和尿素酶阴性，在含有 KCN 的培养基中能生长，还原硝酸盐，能发酵 L- 阿拉伯糖、甘油、麦芽糖、D- 甘露醇、D- 甘露糖、L- 鼠李糖、海藻糖和 D- 木糖等。

该菌属细菌分布在人和动物 (包括鸟类) 的粪便中，也分布在污水、土壤、水和乳制品中，是人类的机会病原菌 (opportunistic pathogen，亦称为条件病原菌)，常存在于患者的血液、尿液或伤口，是潜在的疾病或易感因子。

细菌 DNA 中 G+C mol% 为 48 ~ $49(T_m)$；模式种 (type species)：蜂房哈夫尼菌 (*Hafnia alvei* Mφller 1954)[5]。

1.2　分类位置

按伯杰氏 (Bergey) 细菌分类系统，在第二版《伯杰氏系统细菌学手册》(*Bergey's Manual of Systematic Bacteriology*) 第 2 卷 (2005) 的 B 部分中，哈夫尼菌属分类于肠杆菌科。

肠杆菌科内共记载了 42 个菌属 144 个种，另是在种下有 23 个亚种、8 个血清型 (serovars)。其中的 42 个菌属名录，已分别记述在了第 3 章 "柠檬酸杆菌属" (*Citrobacter*) 中。

肠杆菌科细菌 DNA 的 G+C mol% 为 38 ~ 60；模式属 (type genus)：埃希氏菌属 (*Escherichia* Castellani and Chalmers 1919)。

哈夫尼菌属内一直仅有蜂房哈夫尼菌 (*Hafnia alvei* Møller 1954)1 个种，也仍是目前唯一的种 (only species)。

现在的分类信息显示，在蜂房哈夫尼菌中可能存在较大的遗传差异，目前至少存在 3 个不同的 DNA 群，其中的两个群可归于哈夫尼菌属，另一群可能属于其他的菌属 [5]。

2 蜂房哈夫尼菌 (*Hafnia alvei*)

蜂房哈夫尼菌 (*Hafnia alvei* Møller 1954) 也被称为蜂窝哈夫尼菌，其名是由 Møller(1954) 根据副伤寒 - 蜂房杆菌 (*Bacillus paratyphi-alvei* Bahr 1919) 这一名称提出的。菌种名称 "*alvei*" 为拉丁语属格名词，指蜂房 (alveus a beehive)。Ewing 和 Fife(1968) 发现蜂房哈夫尼菌的性状不是 Bahr(1919) 所描述的那样，因此 Møller(1954) 对此菌的命名可作为一个在以前没有描述过的新种 (sp.nov.) 名称。

细菌 DNA 的 G+C mol% 为 48.0 ～ 48.7(T_m)；模式株 (type strain)：ATCC 13337，DSM 30163，NCTC 8106。GenBank 登录号 (16S rRNA)：M59155[5]。

2.1 生物学性状

对蜂房哈夫尼菌生物学性状的研究报告相对较少，现将在一些资料中对该菌在理化特性、抗原结构与血清型等方面的描述内容列出供用。

2.1.1 理化特性

在《伯杰氏系统细菌学手册》第一版第 1 卷 (1984) 及第二版第 2 卷 (2005) 中，较详细地描述了哈夫尼菌属的特性 [5, 6]。

2.1.1.1 形态与培养特征

蜂房哈夫尼菌的菌体呈直杆状，直径约 1.0μm、长 2.0 ～ 5.0μm，无荚膜 (capsule)，革兰氏阴性；在 30℃以周生鞭毛运动，在 37℃常缺少动力，也偶有无动力菌株。其兼性厌氧，具有呼吸和发酵两种代谢类型，易在普通营养培养基上生长，在普通营养琼脂培养基上的菌落直径通常为 2.0 ～ 4.0mm，菌落光滑、湿润、半透明、灰色、表面有光泽、边缘整齐；也有极少的菌株，产生黏液型 (mucoid, M) 菌落。大多数的菌株，能在沙门氏菌 - 志贺氏菌琼脂 (Salmonella-Shigella agar,SS) 培养基上生长。

2.1.1.2 生化特性

蜂房哈夫尼菌的氧化酶阴性，过氧化氢酶阳性，有机化能营养，大多数菌株在 30℃培养 3 ～ 4 天后能利用柠檬酸盐、乙酸盐和丙二酸盐作为唯一碳源，还原硝酸盐为亚硝酸盐，在克氏双糖铁琼脂 (Kligler iron agar，KIA) 培养基上不产生 H_2S，不产生明胶酶、脂酶及 DNA 酶，不能利用藻酸盐，不能分解果胶酸盐，不产生苯丙氨酸脱氨酶，赖氨酸和鸟氨酸脱羧酶试验阳性，精氨酸双水解酶试验阴性，发酵葡萄糖产酸、产气，从 D- 山梨醇、棉子糖、蜜二糖、D- 侧金盏花醇、D- 阿拉伯糖醇和 *myo*- 肌醇不产酸，甲基红试验 (MR) 常是在 35℃为阳性（在 22℃为阴性），在 22 ～ 28℃常从葡萄糖产乙酰甲基甲醇（在 35℃

不产)。邻硝基苯 -β-D- 半乳糖苷 (*O*-nitrophenyl-β-D-galactopyranoside，ONPG) 试验通常为阳性，尤其是在 22℃ 条件下培养。一些主要的理化特征，如表 6-1 所示 [5,6]。

表 6-1 蜂房哈夫尼菌的特征

项目	结果	项目	结果	项目	结果	项目	结果
吲哚产生	−	精氨酸双水解酶	−	L- 阿拉伯糖	+	蔗糖	−
伏 - 波试验：22℃	+	鸟氨酸脱羧酶	+	麦芽糖	+	D- 阿东醇	−
35℃	d	KCN 中生长	+	L- 鼠李糖	+	卫茅醇	−
西蒙氏柠檬酸盐 :22℃	d	丙二酸盐利用	d	海藻糖	+	D- 山梨醇	−
35℃	−	七叶苷水解	−	D- 木糖	+	*myo*- 肌醇	−
H$_2$S(克氏铁琼脂)	−	脂酶 (吐温 80)	−	D- 甘露醇	+	黏液酸盐	−
脲酶	−	DNA 酶	−	甘油	+	水杨素	d
明胶水解	−	ONPG	d	乳糖	−	D- 酒石酸盐	−
苯丙氨酸脱氨酶	−	由葡萄糖产气	+	蜜二糖	−		
赖氨酸脱羧酶	+	产酸：D- 葡萄糖	+	棉子糖	−		

注：表中符号的 + 表示阳性，− 表示阴性，d 表示株间有差异；蔗糖约有 50% 的菌株为迟缓阳性反应，脲酶试验为 Christensen 方法，D- 酒石酸盐利用试验为 Kauffmann-Petersen 方法。

2.1.2 抗原结构与免疫学特性

蜂房哈夫尼菌具有菌体 (ohne hauch，O) 抗原和鞭毛 (hauch，H) 抗原，阪崎 (Sakazaki) 于 1961 年报告了此菌的 29 个菌体抗原群和 23 个鞭毛抗原，继之由松本 (Matsumoto，1963 和 1964) 将其增加到 68 个菌体抗原群和 34 个鞭毛抗原。大多数菌株，不论是经 100℃ 加热处理 1h 还是活菌，均能与同源菌体抗血清发生凝集反应；某些菌株存在菌体抗原不凝集性，有人认为其表面 (kapsel，K) 抗原可能是 A 型的，但 Sakazaki 没有证实并认为其表面抗原似乎是 M 抗原。

2.1.2.1 抗原与血清型

在一些菌体抗原中存在亚群 (即抗原因子)，这些菌体抗原亚群在原始的 Sakazaki(1961) 蜂房哈夫尼菌抗原表中是无记述的，具体为：O1 含 O1a、1b，O1a、1c；O2 含 O2a、2b，O2a、2c；O3 含 O3a、3b，O3a、3c；O4 含 O4a、4b，O4a、4c；O5 含 O5a、5b，O5a、5c；O6 含 O6a、6b，O6a、6c；O7 含 O7a、7b，O7a、7c。

蜂房哈夫尼菌不仅在一些菌体抗原间、一些鞭毛抗原间存在交叉反应，有些菌体抗原还与埃希氏菌属的大肠埃希氏菌 (*Escherichia coli*)、肠杆菌属 (*Enterobacter* Hormaeche and Edwards 1960) 的阴沟肠杆菌 (*Enterobacter cloacae*)、志贺氏菌属 (*Shigella* Castellani and Chalmers 1919) 细菌、沙门氏菌属 (*Salmonella* Ligniéres 1900) 细菌的某些菌体抗原间存在交叉反应。

近年来，我国也多有对蜂房哈夫尼菌抗原交叉反应的研究报告，主要涉及大肠埃希氏菌、志贺氏菌属细菌、沙门氏菌属细菌。

浙江省嘉兴市疾病预防控制中心的张建平等 (2008) 报告在 2006 年从肠道门诊肛拭分离的 1 株蜂房哈夫尼菌，与肠侵袭性大肠埃希氏菌 (enteroinvasive *Escherichia coli*，EIEC) O144 诊断血清具有交叉凝集 [7]。

云南省昆明市卫生防疫站的邱琴香等 (2002) 报告从生鲜牛奶中分离的 2 株蜂房哈夫尼菌，与肠出血性大肠埃希氏菌 (enterohemorrhagic *Escherichia coli*，EHEC)O157 诊断血清具有交叉凝集 [8]。

济南卫生检疫局的王远忠等 (1994) 报告从一名饮食服务工作人员粪便中分离的 1 株蜂房哈夫尼菌，与弗氏志贺氏菌 (*Shigella flexneri*) Ⅳ型诊断血清呈交叉凝集 [9]。

江苏省盐城市第一人民医院的陈宗宁等 (2011) 报告从临床腹泻患者粪便分离的 4 株蜂房哈夫尼菌,其中的 1 株与沙门氏菌 A ~ F 群多价血清、Vi 因子血清、Hd 因子血清发生凝集，1 株与沙门氏菌 A ~ F 群多价血清凝集，1 株与志贺氏菌 4 种多价、弗氏志贺氏菌多价及群因子 6 诊断血清凝集，1 株与志贺氏菌 4 种多价、痢疾志贺氏菌 (*Shigella dysenteriae*)2 型因子血清发生强凝集 [10]。

江苏省盐城市妇幼保健院的范艳霞等 (2011) 报告从健康体检门诊的正常人粪便分离的 1 株蜂房哈夫尼菌，与沙门氏菌多价血清及伤寒沙门氏菌 (*S.typhi*) 的 O9、Hd、Vi 因子血清凝集 [11]。

蜂房哈夫尼菌的血清型以 O:H 表示 (如 O1:H1、O1:H3 等)，根据 Sakazaki(1961) 及 Matsumoto(1963 和 1964) 报告的 68 个菌体抗原群、34 个鞭毛抗原，可构成 197 个血清型。在 1978 年 Baturo 和 Raginskaya 又发表了由 39 个菌体抗原和 35 个鞭毛抗原组成的血清型，但尚未对此两者作比较。

2.1.2.2　免疫学特性

蜂房哈夫尼菌抗原具有良好的免疫原性,被蜂房哈夫尼菌感染后耐过或接种免疫动物，其机体能产生相应的免疫应答，主要为体液免疫抗体反应。

在发生蜂房哈夫尼菌感染后，血清抗体能在一定的时限内出现，也可作为辅助诊断的依据。例如，福建省卫生防疫站的董新平等 (1995) 报告在 1995 年 6 月 6 日，福州市某小学 1 名 13 岁学生 (男性)，因吃街边小摊贩卖的卤肉在 6h 后出现以腹痛、腹泻 (8 次以上 / 天)，伴有恶心、呕吐、畏寒、高热 (体温 40.5℃) 等症状；从血液和粪便分离到蜂房哈夫尼菌，用患者血清与分离菌株进行的凝集试验为阳性；检验结果证实，是由蜂房哈夫尼菌引起的食物中毒 (food poisoning)[12]。

2.1.3　对常用抗菌类药物的敏感性

在前面有记述的中国人民解放军成都军区昆明总医院的张彦等 (2004) 报告，对从 21 例医院感染患者检出的哈夫尼菌 21 株，进行了对常用抗菌类药物的敏感性测定。结果为对供试的阿米卡星、头孢哌酮均敏感，对庆大霉素 (耐药率 42.86%)、头孢唑啉 (耐药率 85.71%)、氨苄西林 (耐药率 90.00%)、复方新诺明 (耐药率 80.00%)、氧氟沙星 (耐药率 10.00%)、四环素 (耐药率 100.00%)[3]。

2.2　病原学意义

蜂房哈夫尼菌可在一定条件下，引起人及某些动物感染发病；通常情况下，多呈散发病例的形式存在。

2.2.1　人的蜂房哈夫尼菌感染病

蜂房哈夫尼菌被认为是人的条件致病菌，其出现的频率也不很高，且常是容易与其他病原菌混合引起感染。

2.2.1.1　基本感染类型

蜂房哈夫尼菌曾被从多种临床标本材料中分离到，偶可致泌尿道感染、呼吸道感染、小儿化脓性脑膜炎与败血症等[12]；Janda 等 (2006) 记述，蜂房哈夫尼菌也是肠道病原菌[13]。Crandall 等 (2006)，报告了 1 例由产毒性的蜂房哈夫尼菌引起的溶血性尿毒综合征[14]；Liu 等 (2007)，报告了由蜂房哈夫尼菌引起的婴儿尿道感染和脓毒败血症[15]。

在我国，近年来已有从肠炎、败血症、化脓性脑膜炎、眼内炎、食物中毒等病例及脓性积液、血液、腹腔积液等临床材料中，检出相应病原蜂房哈夫尼菌的报告[12, 16 ~ 29]。

2.2.1.2　医院感染情况

由蜂房哈夫尼菌引起的医院感染，相对来讲还是罕见的。以下的记述，是具有一定代表性的。

在前面有记述中国人民解放军成都军区昆明总医院的张彦等 (2004) 报告，该医院在历年均有由哈夫尼菌引起的医院感染病例，虽然数量不多，但给患者带来了痛苦，也增加了医疗费用。近年来从 21 例医院感染患者检出哈夫尼菌 21 株，其标本材料来源分别为：痰液的 9 株 (构成比 42.86%)、手术切口分泌物的 5 株 (构成比 23.81%)、尿液的 3 株 (构成比 14.29%)、血液和大便的各 2 株 (构成比各 9.52%)[3]。

在前面有记述中南大学湘雅医院的文细毛等 (2012) 报告，对在 2010 年 3 月 1 日至 12 月 31 日间，卫生部医院感染监测网医院上报的医院感染横断面调查资料中，病原体分布及其耐药性数据进行统计分析。结果从下呼吸道、泌尿道、手术部位、皮肤软组织等标本材料中，检出 6 类病原体 6965 株，其中细菌 22 种 (属) 及其他细菌 6040 株 (构成比 86.72%)、哈夫尼菌 5 株 (在细菌的构成比仅为 0.08%)[4]。

2.2.2　动物的蜂房哈夫尼菌感染病

蜂房哈夫尼菌对动物的致病作用，目前已有的记述，还主要是能在一定条件下引起鸡和鱼类感染发病。

有记载蜂房哈夫尼菌可引起鸡病的暴发，病鸡表现食欲减退、产蛋率下降、卡他性肠炎、败血症等症状[30, 31]。另外，Kossowska 等 (2005) 报告蜂房哈夫尼菌也能作为牛乳腺炎的病原菌[32]。在鱼类，已分别有由蜂房哈夫尼菌在保加利亚引起虹鳟发病、在日本养殖的马苏大马哈鱼引起疾病暴发，以及引起海鲷、石斑鱼等发病的报告[33, 34]。

2.3 微生物学检验

对蜂房哈夫尼菌的微生物学检验，目前仍主要是对其进行分离与鉴定等的细菌学检验；在免疫血清学检验方面，包括对分离菌株的血清型检定及发病恢复期的血清抗体检测。

2.3.1 细菌学检验

分离与鉴定蜂房哈夫尼菌，是目前对此菌最直接和有效的检验方法。蜂房哈夫尼菌的主要特点是不利用柠檬酸盐 (35℃)、不水解明胶、无 DNA 酶、赖氨酸脱羧酶阳性，能被特异的哈夫尼菌噬菌体裂解。在对蜂房哈夫尼菌的动力 (鞭毛) 检查及部分生化特性测定时，要注意在不同的培养温度下可出现不同的结果。

2.3.1.1 初步鉴定

在肠杆菌科细菌中，哈夫尼菌属、柠檬酸杆菌属 (*Citrobacter* Werkman and Gillen 1932)、肠杆菌属、埃希氏菌属、克雷伯氏菌属 (*Klebsiella* Trevisan 1885 emend.Drancourt et al 2001)、变形菌属 (*Proteus* Hauser 1885)、沙门氏菌属、耶尔森氏菌属 (*Yersinia* Van Loghem 1944) 细菌，在生化特性方面相近。为进行简便的鉴别，将在第二版《伯杰氏系统细菌学手册》第 2 卷 B 部分 (2005) 中的"肠杆菌科细菌生化特性相近菌属间鉴别特征表"列在了第 3 章"柠檬酸杆菌属" (*Citrobacter*) 中 (表 3-2)，可供参考 [5]。

通常情况下，可根据苯丙氨酸脱氨酶、葡萄糖酸盐利用试验将肠杆菌科内一些比较常见具有致病性的不同菌属 (包括哈夫尼菌属) 鉴别开，具体可见在第 3 章"柠檬酸杆菌属" (*Citrobacter*) 中表 3-3(根据苯丙氨酸脱氨酶和葡萄糖酸盐利用试验的各菌属间鉴别特征) 的记述 [35]。

另外是葡萄糖酸盐利用阳性的肠杆菌科细菌，包括克雷伯氏菌属、肠杆菌属、沙雷氏菌属 (*Serratia* Bizio 1823)、哈夫尼菌属细菌。为进行简便的鉴别，将其一些主要鉴别特征，列在了第 4 章"肠杆菌属" (*Enterobacter*) 的表 4-3(葡萄糖酸盐利用阳性的各菌属间鉴别特征) 中 [35]。

2.3.1.2 注意事项

对蜂房哈夫尼菌进行鉴定时，尤其应注意与肠杆菌属和沙雷氏菌属的细菌相鉴别。为进行简便的鉴别，将其一些主要鉴别特征，列在了第 4 章"肠杆菌属" (*Enterobacter*) 的表 4-4(肠杆菌属与生化特性相似的其他菌属特征鉴别) 中 [36]。

2.3.2 血清型检定

对蜂房哈夫尼菌的菌体及鞭毛抗原的检定，均需使用相应吸收过的因子血清。对菌体抗原的检定常用玻板凝集反应，所用抗原为普通营养琼脂过夜培养物以生理盐水洗下并制备成菌悬液后经 100℃加热 1h，离心洗涤后按常规与稀释的菌体抗血清做凝集试验；尽管血清的效价为 1 ∶ (500 ~ 1000) 倍，但仍以 1 ∶ 10 稀释的用于试验；较好的是使用更高稀释度的抗血清，在数秒钟内能发生强反应，使交叉反应更少一些。

对鞭毛抗原的测定常用试管凝集反应，使用动力活泼的过夜肉汤培养物，培养基可使用含有 0.2% 葡萄糖的胰胨大豆胨肉汤 (tryptone soytone broth，TSB) 或肉浸液肉汤，在培养物中加入等量的含 0.6% 福尔马林的生理盐水使细菌灭活，未吸收的本菌效价 1 ∶ (10 000 ～ 20 000) 倍的血清通常可稀释 1 ∶ 1000 倍，0.1ml 的 1 ∶ 100 倍稀释的鞭毛抗血清置于小试管中后加入 0.9ml 灭活的细菌培养物，混匀后置 50℃ 水浴 1 ～ 2h 判定结果即可。

在对蜂房哈夫尼菌的血清型检定中，要特别注意与在前面有记述的此菌不仅在一些菌体、鞭毛抗原间存在交叉反应，有些菌体抗原还与肠杆菌科其他菌属细菌的某些菌体抗原间存在交叉反应。

2.3.3　免疫血清型检验

在发生蜂房哈夫尼菌感染（尤其是全身性感染及食物中毒等）后，患者恢复期的血清凝集抗体效价可比发病初期的明显增高；可通过用分离的菌株制备抗原对患者双份血清做凝集试验测定，具有一定的辅助诊断价值。

（陈翠珍）

参 考 文 献

[1] 唐珊熙 . 微生物学及微生物学检验 . 北京：人民卫生出版社，1998: 187.

[2] 房海，陈翠珍，张晓君 . 肠杆菌科病原细菌 . 北京：中国农业科学技术出版社，2011: 210～218.

[3] 张彦，张树荣 . 某医院感染哈夫尼亚菌属调查分析 . 西南军医，2004,6(3):27.

[4] 文细毛，任南，吴安华 .2010 年全国医院感染横断面调查感染病例病原分布及其耐药性 . 中国感染控制杂志，2012, 11(1):1～6.

[5] George M G. Bergey's Manual of Systematic Bacteriology.Second Edition.Volume Two.Part B.Springer, New York.2005: 681～685.

[6] Krieg N R, Holt J G.Bergey's Manual of Systematic Bacteriology.Volume 1.London:Williams and Wilkins, Baltimore, 1984: 484～486.

[7] 张建平，燕勇 . 一株与侵袭性大肠埃希菌 O144 诊断血清交叉凝集的蜂房哈夫尼亚菌 . 现代预防医学，2008, 35(20):4051～4052, 4055.

[8] 邱琴香，徐庆，侯敏，等 .2 株与 O157 诊断血清交叉凝集的蜂房哈夫尼亚菌 . 疾病监测，2002, 17(7):263～264.

[9] 王远忠，魏庆利，董海东 . 分离出一株与福氏Ⅳ型诊断血清呈交叉凝集的蜂房哈夫尼亚菌 . 中国国境卫生检疫杂志，1994, 17(专 5):154～155.

[10] 陈宗宁，胥琳琳，邵荣标 . 哈夫尼亚菌生物学特性研究 . 检验医学与临床，2011,8(16):1961～1962.

[11] 范艳霞，王海燕 . 一株与伤寒沙门菌呈血清学交叉反应的哈夫尼亚菌 . 中国卫生检验杂志，2011,21(3): 648, 651.

[12] 董新平，郭维植 . 蜂窝哈夫尼亚菌引起中毒 1 例报告 . 福建医药杂志，1995,17(6):67.

[13] Michael J J, Sharon L A. New Gram-negative enteropathogens:fact or fancy. Reviews in medical microbiology, 2006, 17(1):27～37.

[14] Crandall C, Abbott S L, Zhao Y Q, et al.Isolation of toxigenic *Hafnia alvei* from a probable case of hemolytic uremic syndrome.Infection, 2006, 34(4):227～229.

[15] Liu C H, Lin W J, Wang C C, et al.Young-infant sepsis combined with urinary tract infection due to *Hafnia alvei*. Journal of the Formosan Medical Association, 2007, 106(3):S39~43.

[16] 李悦庆 , 殷淑兰 , 李新 . 重症腹泻患者检出蜂房哈夫尼亚菌 84 株报告 . 山东医药 , 1999, 39(16):63.

[17] 姜桂梅 . 蜂房哈夫尼菌致肾盂脓性积液 . 实用医技 , 2000, 7(1):26.

[18] 丁汀 , 尹凤萍 , 严巧玲 , 等 . 骨髓检出蜂房哈夫尼菌 1 例 . 中华医院感染学杂志 , 2008, 18(12):1680.

[19] 洪我象 , 郜忠海 , 黄炳勇 . 蜂房哈夫尼亚菌致眼内炎一例报告 . 眼科研究 , 1987, (1):45.

[20] 张素兰 , 肖琦 . 婴儿 EB 病毒感染并蜂房哈夫尼菌败血症 1 例 . 中国医学文摘 (儿科学), 2007, 26(3):215.

[21] 公维国 . 泪囊脓液检出蜂房哈夫尼亚菌一例 . 实用医技 , 1999, 6(11):845.

[22] 于海涛 , 刘秀娜 . 化脓性关节腔炎中检出 1 株蜂房哈夫尼亚菌 . 医学理论与实践 , 2004, 17(9):995.

[23] 李豫英 , 赵玲 , 金虹光 . 蜂房哈夫尼亚菌致败血症一例 . 北华大学学报 (自然科学版), 2000, 1(6):510.

[24] 银平 , 刘超 . 蜂房哈夫尼亚菌性肠炎 1 例 . 四川医学 , 1993, 14(2):115.

[25] 姜天俊 . 蜂房哈夫尼亚菌败血症误诊为上呼吸道感染一例 . 临床内科杂志 , 2002, 19(6):465.

[26] 李相新 , 彭理年 , 肖瑜 . 蜂房哈夫尼亚菌败血症二例报道 . 临床检验杂志 , 1991, 9(3):163.

[27] 王霞 . 蜂房哈夫尼亚菌引起化脓性脑膜炎病例报告 . 实用医技杂志 , 2002, 9(12):920.

[28] 杨海 , 吴锻 . 从血液和腹腔积液中同时分离出蜂房哈夫尼亚菌 . 上海医学检验杂志 , 1993, 8(4):239.

[29] 周薇薇 , 朱焱 . 从化脓性胆管炎的引流液中分离蜂房哈夫尼菌 1 株 . 黑龙江医药科学 , 2000, 23(6):6.

[30] Real F, Fernández A, Acosta F, et al.Septicemia associated with *Hafnia alvei* in laying hens.Avian Dis.1997, 41:741~747.

[31] Patrizia C P, Fabrizio P, Maria P F, et al. *Hafnia alvei* infection in pullets in Italy.Avian Pathology, 2004, 33(2):200~204.

[32] Kossowska A, Malinowski E, Kuzma K.Relationship between somatic cell counts in cow quarter foremilk samples and etiological agents of mastitis.Medycyna Weterynaryjna, 2005, 61(1):53~57.

[33] Austin B, Austin D A.Bacterial Fish Pathogens:Disease of Farmed and Wild Fish.Third(Revised)Edition. Praxis Publishing Ltd, Chichester, UK, 1999, 23, 85~86.

[34] Padilla D, Real F, Gomez V, et al.Virulence factors and pathogenicity of *Hafnia alvei* for gilthead seabream, Sparus aurata L.Journal of Fish Diseases, 2005, 28(7):411~417.

[35] 叶应妩 , 王毓三 , 申子瑜 . 全国临床检验操作规程 . 第 3 版 . 南京 : 东南大学出版社 , 2006: 801~821.

[36] Holt J G, Krieg N R, Sneath P H A, et al.Bergey's Manual of Determinative Bacteriology.Ninth Edition. Baltimore, Williams and Wilkins, 1994: 180~181, 210, 234.

第7章　克雷伯氏菌属 (*Klebsiella*)

    克雷伯氏菌属 (*Klebsiella* Trevisan 1885 emend.Drancourt，Bollet，Carta and Roussselier 2001) 的多个种 (species) 及亚种 (subspecies)，均具有病原学意义。其中尤以肺炎克雷伯氏菌肺炎亚种 (*Klebsiella pneumoniae* subsp. *pneumoniae*) 即肺炎克雷伯氏菌 (*Klebsiella pneumoniae*) 为常见和重要，主要是能引起人及多种动物的呼吸系统感染病 (infectious diseases)，也属于人畜共患病 (zoonoses) 的病原菌。肺炎克雷伯氏菌肺炎亚种 (肺炎克雷伯氏菌) 还能在一定条件下，引起人的泌尿道及其他一些组织器官的炎性感染、败血症等感染病，也可作为食物中毒 (food poisoning) 的病原菌 [1, 2]。

    克雷伯氏菌属是肠杆菌科 [Enterobacteriaceae(Rahn 1937)Ewing Farmer and Brenner 1980] 细菌的成员。作为医院感染 (hospital infection，HI) 的病原肠杆菌科细菌，在我国已有明确记述和报告的共涉及 12 个菌属 (genus)、35 个菌种或亚种。为便于一并了解，以表格"医院感染病原肠杆菌科细菌的各菌属与菌种 (亚种)"的形式，记述在了第 2 篇"医院感染革兰氏阴性肠杆菌科细菌"扉页中。

    在我国多有由克雷伯氏菌属细菌引起医院感染的记述和报告，明确记述的涉及肺炎克雷伯氏菌肺炎亚种 (肺炎克雷伯氏菌)、肺炎克雷伯氏菌臭鼻亚种 (*Klebsiella pneumoniae* subsp.*ozaenae*)、 运动克雷伯氏菌 (*Klebsiella mobilis*)、 产酸克雷伯氏菌 (*Klebsiella oxytoca*)、植生克雷伯氏菌 (*Klebsiella planticola*) 等 5 个种及亚种，其中主要是肺炎克雷伯氏菌肺炎亚种 (肺炎克雷伯氏菌)。例如，广州医科大学附属第一医院国家呼吸病重点实验室的管婧等 (2014) 报告，中国 CHINET 细菌耐药监测网所属 15 所医院，在 2012 年 1 月 1 日至 12 月 31 日共收集克雷伯氏菌 9621 株 (非重复分离菌株)，其中肺炎克雷伯氏菌肺炎亚种 (肺炎克雷伯氏菌)8772 株 (构成比 91.18%)、产酸克雷伯氏菌 804 株 (构成比 8.36%)、肺炎克雷伯氏菌臭鼻亚种 43 株 (构成比 0.45%)、其他克雷伯氏菌 2 株 (构成比 0.02%)[3]。另外，根据相关资料分析，由肺炎克雷伯氏菌肺炎亚种 (肺炎克雷伯氏菌) 引起的医院感染，在所有医院感染细菌中也一直占据着前 5 位的重要位置。

　　值此提示为便于记述，在以下对肺炎克雷伯氏菌肺炎亚种均按肺炎克雷伯氏菌记述。

　　● 在第 4 章"肠杆菌属"(*Enterobacter*) 中有记述，江苏省无锡市第四人民医院的黄朝晖等 (2013) 报告，回顾性总结该医院在 5 年间 (2007 ~ 2011) 从住院患者送检标本材料中分离获得的各种病原菌 38 037 株，其中明确菌种的革兰氏阴性细菌共 8 种 23 995 株 (构成比 63.08%)、革兰氏阳性细菌共 4 种 8395 株 (构成比 22.07%)，其他的病原菌 5647 株 (构成比 14.85%)。在明确菌种的革兰氏阴性细菌和革兰氏阳性细菌共 12 种 32 390 株 (构成比 85.15%) 中，肺炎克雷伯氏菌 2825 株 (构成比 8.72%) 居第 5 位、产气肠杆菌 (*Enterobacter aerogenes*) 即现在已分类于克雷伯氏菌属的运动克雷伯氏菌 521 株 (构成比 1.61%) 居第 12 位。在 8 种 23 995 株革兰氏阴性细菌中，肺炎克雷伯氏菌 2825 株 (构成比 11.77%) 居第 4 位、产气肠杆菌 (运动克雷伯氏菌)521 株 (构成比 2.17%) 居第 8 位 [4]。

　　● 在第 4 章"肠杆菌属"(*Enterobacter*) 中有记述，江苏省中医院的孙慧等 (2014) 报告，回顾性总结该医院 3 年 (2010 年 1 月 1 日 ~ 2012 年 12 月 31 日) 从医院感染病例分离获得的各种病原菌 15 028 株，其中革兰氏阴性细菌 11 698 株 (构成比 77.84%)、革兰氏阳性细菌 3092 株 (构成比 20.57%)，真菌 (fungi)238 株 (构成比 1.58%)。明确菌种 (属) 的细菌共 11 个种 (属)13 649 株，其中革兰氏阴性细菌 7 个种 (属)10 683 株 (构成比 78.27%)、革兰氏阳性细菌 4 个种 (属)2966 株 (构成比 21.73%)。在明确菌种 (属) 的细菌共 11 个种 (属)13 649 株中，肺炎克雷伯氏菌 2134 株 (构成比 15.63%) 居第 3 位；在明确菌种 (属) 的 7 种革兰氏阴性细菌 10 683 株中，肺炎克雷伯氏菌 2134 株 (构成比 19.98%) 第 3 位 [5]。

　　● 在第 5 章"埃希氏菌属"(*Escherichia*) 中有记述，中国人民解放军第四军医大学西京医院全军临床检验医学研究所的陈潇等 (2014) 报告，回顾性总结该医院 11 年 (2002 年 1 月 ~ 2012 年 6 月) 从医院感染病例共分离获得各种病原菌 32 472 株 (非重复菌种)，其中革兰氏阴性细菌 21 107 株 (构成比 65.0%)、革兰氏阳性细菌 9742 株 (构成比 30.0%)，真菌 1623 株 (构成比 5.0%)。明确菌种的细菌共 5 种 16 543 株，其中革兰氏阴性细菌 4 种 13 143 株 (构成比 79.45%)、革兰氏阳性的金黄色葡萄球菌 3 400 株 (构成比 20.55%)。在明确菌种的细菌共 5 种 16 543 株中，肺炎克雷伯氏菌 3068 株 (构成比 18.55%) 居第 4 位；在 4 种 13 143 株革兰氏阴性细菌中，肺炎克雷伯氏菌 3068 株 (构成比 23.34%) 居第 3 位 [6]。

1　菌属定义与分类位置

克雷伯氏菌属亦称克雷白氏菌属、克氏杆菌属等，是肠杆菌科细菌古老的成员。菌属名称"*Klebsiella*"为现代拉丁语阴性名词，是以德国医学家、细菌学家埃德温·特奥多尔·阿尔布雷西特·克莱布斯 (Edwin Theodor Albrecht Klebs，1834～1913) 的姓氏"Klebs"（克莱布斯，也常译为克雷伯）命名的 [7]。也顺便提及，在第 1 章"病原细菌的发现与致病作用"中有记述，克莱布斯是于 1878 年首先在梅毒 (syphilis) 患者病灶中发现相应病原苍白密螺旋体 (*Treponema pallidum*)、在 1883 年首先发现白喉 (diphtheria) 相应病原白喉棒杆菌 (*Corynebacterium diphtheriae*) 的科学家。

1.1　菌属定义

克雷伯氏菌属细菌为 $(0.3～1.0)\mu m \times (0.6～6.0)\mu m$ 的革兰氏阴性直杆菌，以单个、成双或短链形式排列，通常有荚膜 (capsules)，除运动克雷伯氏菌外均无动力。其兼性厌氧，有机化能营养，具有呼吸和发酵两种代谢类型，最适生长温度为 37℃。除肉芽肿克雷伯氏菌 (*Klebsiella granulomatis*) 外，均能在普通肉浸液培养基中生长。因菌株及培养基成分不同，其菌落呈圆形、有光泽、不同厚度、黏稠等。

该菌属细菌发酵 D- 葡萄糖产酸、产气（气体的 CO_2 多于 H_2），但存在不产气菌株，主要终产物为 2,3- 丁二醇；氧化酶阴性，过氧化氢酶阳性；吲哚产生、甲基红试验 (methyl red test，MR)、伏 - 波试验 (Voges-Proskauer test，V-P)、西蒙氏 (Simmons) 柠檬酸盐利用试验等在种间或菌株间有差异，通常是赖氨酸脱羧酶阳性，除了解鸟氨酸克雷伯氏菌 (*Klebsiella ornithinolytica*)、运动克雷伯氏菌、少数肺炎克雷伯氏菌菌株外的鸟氨酸脱羧酶阴性，精氨酸双水解酶阴性，部分种水解尿素和 β- 半乳糖苷，能在 KCN 中生长，不产生 H_2S，还原硝酸盐，大多数种发酵除甜醇和赤藓糖醇外的所有试验常用碳水化合物。克雷伯属细菌可利用 L- 阿拉伯糖、D- 纤维二糖、D- 阿拉伯糖醇、柠檬酸盐、D- 果糖，D-半乳糖，D- 葡萄糖，2- 酮葡糖酸，麦芽糖，D- 甘露醇，D- 蜜二糖，D- 棉子糖，D- 海藻糖和 D- 木糖作为碳源；除肺炎克雷伯氏菌臭鼻亚种的一些菌株外，可利用 *myo*- 肌醇，L- 鼠李糖和蔗糖作为碳源；除肺炎克雷伯氏菌鼻硬结亚种 (*Klebsiella pneumoniae* subsp. *rhinoscleromatis*)、肺炎克雷伯氏菌臭鼻亚种的一些菌株外，还可利用乳糖和 D- 山梨醇作为碳源。不能利用甜菜碱、癸酸盐、辛酸盐、戊二酸盐、衣康酸盐、3- 苯丙酸盐和丙酸盐。不水解 β- 葡糖醛酸，对 L- 色氨酸和 L- 组氨酸不能脱氨基；一些菌株能固氮。

该菌属细菌存在于人类粪便、人及动物（马和猪及猴等）的临床标本、土壤、水、谷物、水果和蔬菜中。肺炎克雷伯氏菌、产酸克雷伯氏菌和偶尔的其他种，是机会病原菌 (opportunistic pathogen，亦称为条件病原菌)，能引起败血症、肺炎、泌尿道等类型的人类感染病，对泌尿系统患者、新生儿、强化监护患者和老年患者 (geriatric) 常引起医院感染。

克雷伯氏菌属细菌 DNA 的 G+C mol% 为 $53～58(T_m)$；模式种 (type species)：肺炎克雷伯氏菌 [*Klebsiella pneumoniae*(Schroeter 1886)Trevisan 1887] [7]。

1.2 分类位置

按伯杰氏 (Bergey) 细菌分类系统，在第二版《伯杰氏系统细菌学手册》(*Bergey's Manual of Systematic Bacteriology*)第 2 卷 (2005) 的 B 部分中,克雷伯氏菌属分类于肠杆菌科。

肠杆菌科内共记载了 42 个菌属 144 个种，另是在种下有 23 个亚种、8 个血清型 (serovars)。其中的 42 个菌属名录，已分别记述在了第 3 章 "柠檬酸杆菌属" (*Citrobacter*) 中。

肠杆菌科细菌 DNA 的 G+C mol% 为 38 ~ 60；模式属：埃希氏菌属 (*Escherichia* Castellani and Chalmers 1919)。

近年来克雷伯氏菌属内种及亚种的变更较大，包括增加的新种 (sp. nov.) 及易属等。

克雷伯氏菌属内共记载了 6 个正式的种、3 个亚种，以及 1 个位置未定的种 (species incertae sedis)。

6 个正式的种，依次为：肺炎克雷伯氏菌、肉芽肿克雷伯氏菌、运动克雷伯氏菌、产酸克雷伯氏菌、植生克雷伯氏菌、土生克雷伯氏菌 (*Klebsiella terrigena*)。

3 个亚种，分别为：肺炎克雷伯氏菌臭鼻亚种、肺炎克雷伯氏菌肺炎亚种、肺炎克雷伯氏菌鼻硬结亚种。

1 个位置未定的种：解鸟氨酸克雷伯氏菌 [7]。

近年来又有新种增加，分别为 Rosenblueth 等 (2004) 分离鉴定的一个新种：栖异地克雷伯氏菌 (*Klebsiella variicola* sp. nov.)；Li 等 (2004) 分离鉴定的一个新种：新加坡克雷伯氏菌 (*Klebsiella singaporensis* sp. nov.)。

需要注意的：①肉芽肿克雷伯氏菌，即原来鞘杆菌属 (*Calymmatobacterium* Aragão and Vianna 1913) 的肉芽肿鞘杆菌 (*Calymmatobacterium granulomatis*)；②运动克雷伯氏菌，为原来肠杆菌属 (*Enterobacter* Hormaeche and Edwards 1960) 的产气肠杆菌；③解鸟氨酸克雷伯氏菌，现被认为与产酸克雷伯氏菌是相同的。

另外，Drancourt 等 (2001) 提议建立一个新菌属——柔武氏菌属 (*Raoultella* Drancourt et al 2001)，将解鸟氨酸克雷伯氏菌、植生克雷伯氏菌、土生克雷伯氏菌归入了此属，分别为解鸟氨酸柔武氏菌 (*Raoultella ornithinolytica*)、植生柔武氏菌 (*Raoultella planticola*)、土生柔武氏菌 (*Raoultella terrigena*)[8]。

2 肺炎克雷伯氏菌肺炎亚种 (*Klebsiella pneumoniae* subsp. *pneumoniae*)

肺炎克雷伯氏菌 [*Klebsiella pneumoniae*(Schroeter 1886)Trevisan 1887] 亦称肺炎杆菌、肺炎克氏杆菌、肺炎荚膜杆菌等，种名 "*pneumoniae*" 为现代拉丁语属格名词，指肺炎 (pneumonia)。细菌 DNA 的 G+C mol% 为 56 ~ 58(T_m)；模式株 (type strain)：ATCC 13883，CIP 82.9，DSM 30104，JCM 1662。GenBank 登录号 (16S rRNA)：X87276，Y17656，AB004753，AF130981。

肺炎克雷伯氏菌肺炎亚种 [*Klebsiella pneumoniae* subsp. *pneumoniae*(Schroeter 1886) Trevisan 1887] 即通常所指的肺炎克雷伯氏菌，细菌 DNA 的 G+C mol% 及模式株、GenBank 登录号 (16S rRNA) 等与在上面肺炎克雷伯氏菌中的记述是相同的。

肺炎克雷伯氏菌臭鼻亚种 [*Klebsiella pneumoniae* subsp. *ozaenae*(Abel 1893)Φrskov 1984] 即通常所指的臭鼻克雷伯氏菌 [*Klebsiella ozaenae*(Abel 1893)Bergey，Harrison，Breed et al 1925]，曾在最初被命名为黏液臭鼻杆菌 (*Bacillus mucosus ozaenae* Abel 1893)、臭鼻杆菌 (*Bacillus ozaenae* Abel 1893)，相继又有臭鼻杆菌 [*Bacterium ozaenae*(Abel 1893) Lehmann Neumann 1896] 的命名。在 1925 年被归入克雷伯氏菌属，命名为臭鼻克雷伯氏菌 (*Klebsiella ozaenae*)。亚种名称 "*ozaenae*" 为拉丁语属格名词，指臭鼻症 (ozena)。细菌 DNA 的 G+C mol% 不清楚；模式株：ATCC 11296，CIP 52.211，JCM 1663，LMG 3113。GenBank 登录号 (16S rRNA)：Y17654, AF130982。

肺炎克雷伯氏菌鼻硬结亚种 [*Klebsiella pneumoniae* subsp. *rhinoscleromatis*(Trevisan 1887)Φrskov 1984] 即通常所指的鼻硬结克雷伯氏菌 (*Klebsiella rhinoscleromatis*)，最初由 Trevisan(1887) 命名为鼻硬结克雷伯氏菌，后又有过鼻硬结杆菌 [*Bacterium rhinoscleromatis*(Trevisan 1887)Migula 1900] 的命名。亚种名称 "*rhinoscleromatis*" 为现代拉丁语形容词，指关于鼻硬结病的 (pertaining to rhinoscleroma)。细菌 DNA 的 G+C mol% 不清楚；模式株：ATCC 13884，CIP 52.210，JCM 1664，LMG 3184。GenBank 登录号 (16S rRNA)：Y17657, AF130983[7]。

2.1 发现历史简介

国内外在早期对肺炎克雷伯氏菌 (即指肺炎克雷伯氏菌肺炎亚种) 感染的研究，均主要是在人的感染病方面，且至今也仍是如此。

2.1.1 国外简况

肺炎克雷伯氏菌首先由弗里德兰德 (Friedländer) 于 1883 年从患大叶性肺炎患者的肺组织中发现，因此也曾被称为 Friedländer 杆菌。此菌在早期曾被 Schroeter(1886) 列为透明球菌属 (*Hyalococcus* Schroeter 1886)，名为肺炎透明球菌 (*Hyalococcus pneumoniae*)；也包括曾被描述为气杆菌属 (*Aerobacter* Beijerinck 1900) 的成员，名为产气气杆菌 [*Aerobacter aerogenes*(Kruse)Beijerinck 1900]，列在了 1957 年出版的第七版《伯杰氏鉴定细菌学手册》(*Bergey's Manual of Determinative Bacteriology*) 的不运动细菌中；还曾被称为格鲁布 (croup，发生在婴儿的一种痉挛性喉头炎) 肺炎杆菌 (*Bacterium pneumoniae crouposae* Zopf 1885)、肺炎杆菌 [*Bacillus pneumoniae*(Schroeter 1886)Flügge 1886] 等。

1885 年，Trevisan 以克莱布斯的姓氏 (Klebs) 建立了克雷伯氏菌属，后将此菌归入了克雷伯氏菌属并命名为肺炎克雷伯氏菌，至今仍是克雷伯氏菌属细菌的模式种。相继，克雷伯氏菌属又增加了鼻硬结克雷伯氏菌及臭鼻克雷伯氏菌等菌种，它们的共同之处是在致病作用方面均主要是能引起人的呼吸系统感染；在 1974 年出版的第八版《伯杰氏鉴定细菌学手册》中，还仍是仅记载了此 3 个种。以后又有新种的增加，在第二版《伯杰氏系统细菌学手册》第 2 卷 B 部分 (2005) 中，属内共记载了 6 个明确的种及 1 个位置未定的种，其中的肺炎克雷伯氏菌、鼻硬结克雷伯氏菌、臭鼻克雷伯氏菌均是在肺炎克雷伯氏菌名义之下以亚种的形式记述的 [7]。

2.1.2 国内简况

在我国，近些年来多有在人及动物发生克雷伯氏菌感染病的报告，其病原均主要是肺炎克雷伯氏菌肺炎亚种。在人的感染类型方面，除了常见的呼吸系统感染外，肠炎、食物中毒及其他局部组织器官感染的报告也不断增多，尤其在医院感染的类型更是复杂。

在食物中毒方面，济南铁路局卫生防疫站的李万军等 (1999) 报告的 1 起克雷伯氏菌感染病是最早的。报告在 1998 年 7 月 14 ~ 16 日，在济南市某酒店开会的 455 人中，422 人食用了由会务人员从批发部购进的冰淇淋后发病 64 人 (罹患率 15.17%)，潜伏期 2 ~ 24h(平均 11h)；均表现有腹痛、腹泻 (稀水样便) 症状，8 例 (构成比 12.5%) 出现低热，5 例 (构成比 7.81%) 有轻度脱水；检验表明，是由肺炎克雷伯氏菌污染冰淇淋引起的 [9]。相继陆续有些报告，但总体上由克雷伯氏菌引起的食物中毒事件还是少见的 [10]。

2.2 生物学性状

对克雷伯氏菌属细菌的主要生物学性状研究，在肺炎克雷伯氏菌的相对较多，尤其是肺炎克雷伯氏菌肺炎亚种。本书作者房海等 (2005) 也曾对分离于绵羊的病原肺炎克雷伯氏菌肺炎亚种进行了主要理化特性检验 [11]。现结合一些相关资料，综合做如下的简要记述。

2.2.1 形态与培养特征

肺炎克雷伯氏菌 37℃培养 20h 的普通营养琼脂 (nutrient agar, NA) 培养物，为较粗的杆状、散在、个别成双排列，两端钝圆、无动力，多数菌株有菌毛 (pilus)、有较厚的荚膜，无芽孢，大小多为 (1.0 ~ 1.3)μm ×(1.3 ~ 2.8)μm(图 7-1)。做磷钨酸负染色标本，置透射电子显微镜 (transmission electron microscope, TEM) 下观察菌体杆状、表面不平整但较光滑、有荚膜 (图 7-2，显示菌体及荚膜，原 ×10 000) 和菌毛 (图 7-3，显示周生菌毛，原 ×12 000)。

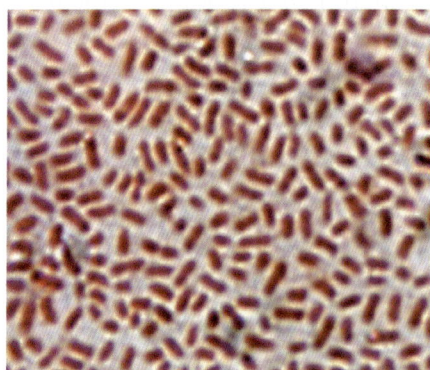

图 7-1　肺炎克雷伯氏菌的形态　　　　　图 7-2　肺炎克雷伯氏菌的荚膜

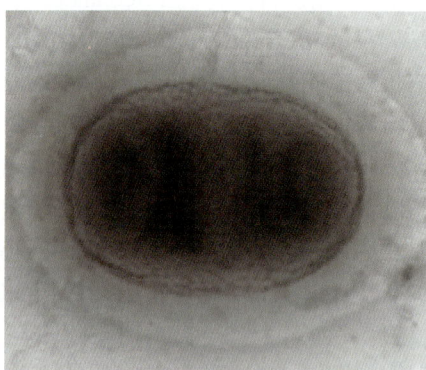

该细菌生长对营养要求不高，在普通营养肉汤中 37℃培养 24h 呈丰盛的均匀混浊生长，形成薄层菌膜在摇动后散开，一般有较宽厚的菌环，管底形成圆点状菌体沉淀。

在普通营养琼脂培养基上 37℃培养 24h 的菌落特征为圆形、隆起、湿润、闪光、边缘整齐、灰白色、不透明、易融合、黏稠 (以接种环挑起易拉成长丝)、生长丰盛的奶油状，直径在 1.8mm 左右 (图 7-4)；在含 7% 家兔脱纤血的血液营养琼脂 (blood nutrient agar, BNA) 培养基上的菌落特征，与在普通营养琼脂上的菌落特征相一致，无溶血现象，但在菌苔处常有 β- 型溶血晕 (图 7-5)；在麦康凯琼脂 (MacConkey agar) 培养基上，37℃ 培养 24h 的菌落特征为圆形、隆起、湿润、闪光、黏液状、红色、易融合、生长丰盛，直径在 3.0mm 左右 (图 7-6)；在伊红亚甲蓝琼脂 (eosin methylene blue agar,EMB) 培养基上，37℃ 培养 24h 的菌落特征为圆形、隆起、湿润、闪光、黏液状、灰黑色、易融合、生长丰盛，直径在 3.0mm 左右。

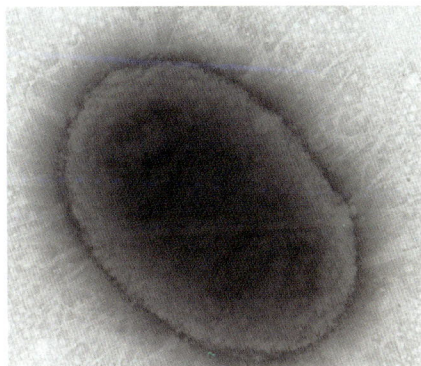

图 7-3　肺炎克雷伯氏菌的菌毛

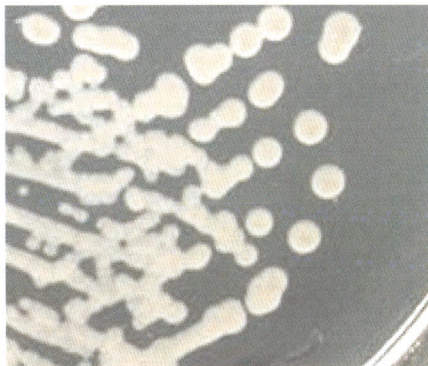

图 7-4　肺炎克雷伯氏菌菌落 (NA)

所有生长菌毛的菌株均有某些黏附特性，一类是具有甘露糖敏感血凝 (mannose-sensitive hemagglutination，MSHA) 型的，属于Ⅰ型菌毛的黏附素 (adhesin)；另一类是具有甘露糖抗性血凝 (mannose-resistant hemagglutination，MRHA) 型的，属于Ⅲ型菌毛的黏附素；具有这些菌毛的细菌并不能凝集新鲜红细胞，只能凝集经过鞣酸处理后的红细胞。

2.2.2　生化特性

肺炎克雷伯氏菌的主要生化特性，是能发酵山梨醇、蔗糖、鼠李糖、乳糖、核糖、侧金盏花醇、甘油、水杨苷、卫茅醇等，不发酵苦杏仁苷、山梨糖、糊精、甘露糖、肌醇、菊糖等。其不产生吲哚，甲基红试验 (MR) 阴性，伏 - 波试验 (V-P) 阳性，有的菌株鸟氨酸脱羧酶阳性、能产生 H_2S(纸条法)。

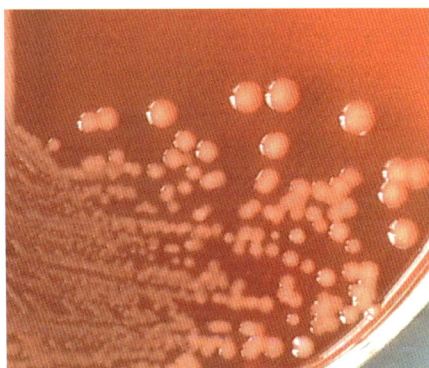

图 7-5　肺炎克雷伯氏菌菌落 (BNA)

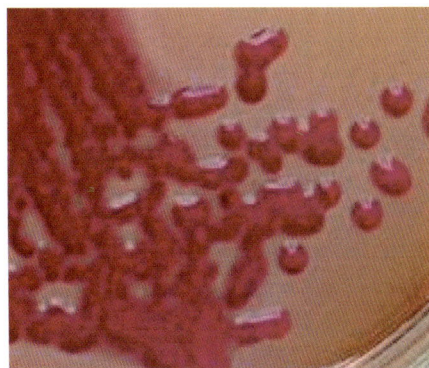

图 7-6　肺炎克雷伯氏菌菌落 (麦康凯)

为简便区分肺炎克雷伯氏菌 3 个亚种，将其主要鉴别特征列于表 7-1[12]。

表 7-1　肺炎克雷伯氏菌 3 个亚种的鉴别特征

项目	产酸克雷伯氏菌	植生克雷伯氏菌	肺炎克雷伯氏菌			土生克雷伯氏菌
			臭鼻亚种	肺炎亚种	鼻硬结亚种	
吲哚产生	+	(−)	−	−		−
甲基红试验	(−)	+	+	(−)	+	d
伏 - 波试验	+	+		+		+
柠檬酸盐 (Simmons)	+	+	d	+		d
尿素水解	+	+	−	+		−
赖氨酸脱羧酶	+	+	d	+	−	+
丙二酸钠利用	+	+		+	+	+
产酸：卫茅醇	d	(−)	−	d		(−)
β- 龙胆二糖	+	+	+	+		+
乳糖	+	+	d	+	−	+
D- 松三糖	d	−	−	−	−	+
黏多糖	+	+	(−)	+	−	+
利用：龙胆酸盐	+	−				+
m- 羟苯酸盐	+	−				+
10℃生长	+	+		−		+
乳糖产气 (44℃)	−	−	+	+	+	−
果胶酸盐水解	+	−	−	−	−	−

注：表中符号的 − 表示 0 ～ 10% 阳性，(−) 表示 11% ～ 25% 阳性，d 表示 26% ～ 75% 阳性，+ 表示 90% ～ 100% 阳性。

另外是 Reeve 和 Braithwaiter(1975) 曾指出，在克雷伯氏菌中存在对乳糖发酵强阳性表型菌株和弱阳性表型菌株两大类，并认为强阳性表型的菌株具有调节乳糖发酵质粒。

2.2.3　抗原与免疫学特性

对克雷伯氏菌抗原的研究，最早是 Toenniessen(1914 及 1921)，其首先证实了克雷伯氏菌有荚膜的菌株存在两种不同的抗原。其中的一种在荚膜中，即表面 (kapsel，K) 抗原，并发现其荚膜抗原的化学本质是多糖类 (polysaccharide)；另一种在菌体中，即菌体 (ohne hauch，O) 抗原 [13]。

2.2.3.1　抗原与血清型

Julianelle(1926) 建立了 3 个 (分别记作 A、B、C) 表面 (kapsel，K) 抗原型，此外还有

一个记作 X 的杂群；Goslings 和 Snijdes(1936) 又建立了 3 个表面抗原型，分别记作 D、E、F；Kauffmann(1949) 将 A ~ F 依次命名为 1 ~ 6，并建立了 8 个新的表面抗原型 (如此共 14 个)。现在已明确的表面抗原型共 82 个，但其中的 K73 和 K75 ~ K78 没有被 φrskov 等 (1977) 证实，因 K73 的相应菌株具有动力，不能归于克雷伯氏菌属，K75、K77 和 K78 分别与 K68、K39 和 K15 是一致的，K76 与 K43 其荚膜多糖在化学上确有一定的差异；各 K 型分别以阿拉伯数字表示 (如 K1、K2 等)，化学本质为酸性荚膜多糖。此菌的菌体抗原群是难以确定的，因细菌经除去荚膜物质的处理后常使其变为粗糙 (rough，R) 型；于含 50% 胆汁的营养肉汤中每周传代 1 ~ 2 次有时可以产生菌体抗原型菌，这种方法诱导出的菌体抗原型菌可用于菌体抗抗血清的制造；Kauffmann(1949) 最早定出了 O1、O2、O3 群菌体抗原群，现在已明确的共 12 个，亦分别以阿拉伯数字表示 (如 O1、O2 等)，其化学本质为脂多糖 (lipopolysaccharide，LPS)；其中 O2 为异源性的，至少可再分为 2a、2b、2c 等 3 个 O 因子，但有的 O 因子并不总是明确的；另外，由于 O1 与 O6 间在血清学和化学上的相似性已被合二为一，同样的 O8 和 O9 也被作为是属于 O2 的。

通常情况下克雷伯氏菌的菌体抗原并不具有表面抗原那样所显出的特异性，在对此菌血清分型中也不如表面抗原那样有用，加之菌体抗原群的数量比 K 型少且对菌体抗原的测定还受到热稳定表面抗原的妨碍 (一经加热处理又常使菌体抗原粗糙难于分型)，所以多年来对此菌的血清分型一直以表面抗原为基础，且至今仍是通常被采用的唯一方法。

2.2.3.2　免疫学特性

克雷伯氏菌的表面、菌体抗原均具有良好的免疫原性，在被感染后耐过或接种免疫动物，其机体能产生良好的免疫应答，主要为体液免疫抗体反应。这些免疫抗体，在保护机体抗感染中具有一定的作用。在发生克雷伯氏菌感染后，血清抗体会在一定的时限内出现和效价明显升高，也可作为辅助诊断的依据。

2.2.4　生境与抗性

肺炎克雷伯氏菌在自然界中广泛分布于土壤、水、谷物、水果及蔬菜中，也正常地见于人和动物的呼吸道、肠道及泌尿生殖道中，也有学者认为是人正常肠道栖息菌但其数量很少。

2.2.4.1　生境

在临床材料中，可见于痰液、咽拭子、尿液、分泌物、引流液、穿刺液、血液、脑脊液、脓汁、渗出液、胸腔积液及腹水、胆汁等。

在医院，肺炎克雷伯氏菌可见于多种临床材料、环境及物体表面。吉林省卫生监测检验中心消毒所的刘晓杰等 (2013) 报告，在 2010 年 6 月至 2012 年 12 月间，对两所三级甲等医院的血液透析科、重症监护室 (intensive care unit，ICU)、新生儿病房、感染科等重点科室的环境和物体 (处置台、床头柜、水龙头、电脑鼠标、呼吸机键盘等) 表面，进行了医院感染常见病原菌污染情况的回顾性调查分析。结果在所采集的 291 份样本中共检出病原菌 88 株 (检出率 30.24%)，其中革兰氏阴性细菌 19 种 63 株 (构成比 71.59%)；革兰氏阳性球菌 25 株 (构成比 28.41%)，主要为葡萄球菌属 (*Staphylococcus* Rosenbach 1884) 的一些种。在 63 株革兰氏阴性细菌中，肺炎克雷伯氏菌 12 株 (构成比 19.05%) 居第 1 位 [14]。

2.2.4.2 抗性

一些报告显示大部分从临床分离的克雷伯氏菌，尤其是来源于医院内感染患者的菌株，多含有决定药物抗性的 R 因子，如对 β- 内酰胺类、先锋霉素、氨基苷类、四环素、氯霉素、磺胺、甲氧苄啶等的抗性；通常均对青霉素有抗性，这种抗性可能由存在于染色体或质粒中的相应基因所介导。

肺炎克雷伯氏菌作为产超广谱 β- 内酰胺酶 (extended-spectrum β-lactamases，ESBLs) 的代表性细菌，产超广谱 β- 内酰胺酶的菌株日益增多，常表现出多重耐药性。以下记述的一些报告，是具有一定代表性的。

浙江省宁海县妇幼保健院的杨央等 (2010) 报告对在 2008 年 4 月至 2010 年 3 月间，从浙江省人民医院临床不同标本材料中分离的 1456 株肺炎克雷伯氏菌进行临床分布及耐药性分析，发现对供试的 14 种抗菌药物存在不同程度的耐药性 (耐药率为 12.9% ～ 100%)，其中产 ESBLs 的菌株阳性率为 16.0%。各菌株对氨苄西林的耐药率为 100%，对头孢类药物中头孢西丁的耐药率为 28.4%、头孢哌酮 / 舒巴坦的耐药率为 100%、其他头孢类药物的耐药率均 >40%，对碳青霉烯类药物中亚胺培南的耐药率为 24.5%、美罗培南的耐药率为 19.9%，对其他各种药物的耐药率为 12.9% ～ 32.6%[15]。

重庆医科大学附属第一医院的戴玮等 (2011) 报告对在 2009 年 8 月至 2010 年 8 月，对从重庆医科大学附属第一医院临床不同材料中分离的 726 株肺炎克雷伯氏菌进行超广谱 β- 内酰胺酶检测及药敏分析，检出产超广谱 β- 内酰胺酶的 286 株 (检出率 39.4%)[16]。

温州医科大学附属第一医院的温鸿等 (2013) 报告在 2009 年 1 月至 1012 年 12 月间，从该医院的医院感染病例分离的 7750 株细菌中，肺炎克雷伯氏菌 461 株 (构成比 5.95%)，在所有革兰氏阴性细菌中居第 3 位。在 461 株肺炎克雷伯氏菌中，产生超广谱 β- 内酰胺酶的 154 株 (构成比 33.41%)。所有这些菌株对头孢菌素类的耐药率均在 40% 以上，其中产生 ESBLs 的菌株对氨苄西林和头孢菌素类的耐药率在 90% 以上，提示头孢菌素类不能再推荐用于治疗由肺炎克雷伯氏菌引起的医院感染患者。另外是产生超广谱 β- 内酰胺酶的菌株对庆大霉素、左氧氟沙星的耐药率也较高，分别为 51.9% 和 19.5%，提示这些菌株除了产生超广谱 β- 内酰胺酶外，还携带有氨基苷类和喹诺酮类等抗菌类药物的耐药性基因，以致产生多重耐药性[17]。

2.3 病原学意义

肺炎克雷伯氏菌经常出现在人及某些动物 (尤其在哺乳动物) 的临床标本中，并在一定条件下能引起多种类型的感染病。发病特点主要表现为散发病例，很少呈现流行的形式；但在人的医院感染、婴幼儿肠炎、食物中毒，以及群体养殖畜 (禽) 中，也常可出现局部的群体暴发感染病。

在我国，近些年来多有由肺炎克雷伯氏菌引起人感染的报告。在动物，已有的记载和报告，涉及多种陆生及水生动物。

2.3.1　人的肺炎克雷伯氏菌感染病

人的肺炎克雷伯氏菌感染病，在临床表现与病理变化方面存在多种类型且比较复杂，但主要可以分为呼吸系统感染和呼吸系统外感染两大类。总体来讲，在近年来所表现出的感染特征：①感染类型更加多样化；②感染的严重程度有所增强；③临床耐药性菌株逐年有所增加；④已构成医源性感染的重要病原菌。

2.3.1.1　呼吸系统感染病

肺炎克雷伯氏菌一直是引起呼吸系统感染病的主要病原菌之一，从医学临床标本材料分离的肺炎克雷伯氏菌约有95%为肺炎亚种(即肺炎克雷伯氏菌)，主要是引起支气管炎和肺炎。

2.3.1.2　呼吸系统外感染病

肺炎克雷伯氏菌引起的呼吸系统外感染病，主要包括泌尿道感染 (urinary tract infections，UTI) 和创伤感染，也有时可导致严重的败血症、脑膜炎、骨髓炎、关节炎、心内膜炎、皮肤软组织感染、腹膜炎等，也可分离于婴儿肠炎病例。

另外是新疆维吾尔自治区乌鲁木齐市友谊医院的曲红光等 (2008) 报告，一名35岁患者表现为发热、便血，从血液、尿液、粪便中均检出了肺炎克雷伯氏菌，确诊为肺炎克雷伯氏菌肠炎引起出血性休克，这在肺炎克雷伯氏菌感染中还是比较少见的[18]。

2.3.1.3　食物中毒

近年来我国也有由肺炎克雷伯氏菌引起食物中毒事件发生的报告，但其并非明确的食源性病原菌 (foodborne pathogen)，在细菌性食物中毒 (bacterial food poisoning) 中所占份额也是较小的。不过，尽管现在看来肺炎克雷伯氏菌在细菌性食物中毒的出现频率不是很高，但从一些报告可以看出，肺炎克雷伯氏菌在食物中毒中也是一种不可忽视的病原菌。从这些报告分析，由肺炎克雷伯氏菌引起的食物中毒主要为食源性的；另外，也提示应在食物中毒中加强对肺炎克雷伯氏菌的检验，以防在对常见食物中毒病原菌的检验中漏检[10]。

在我国发生的由肺炎克雷伯氏菌引起的食物中毒事件，还缺乏具有流行病学的统计学意义。明确或可疑的中毒食物，包括被肺炎克雷伯氏菌污染的冰淇淋、猪肉、冷荤菜、豆腐、快餐盒饭等；主要发生在集体食堂、酒店 (餐厅) 等聚餐场所。其主要临床表现为呕吐、恶心、腹痛、腹泻等消化道症状，有的伴有发热、乏力等[10]。在已有由克雷伯氏菌引起的食物中毒事件中，在前面有记述济南铁路局卫生防疫站的李万军等 (1999) 报告的1起由肺炎克雷伯氏菌污染冰淇淋引起的事件，是最早和规模最大(按发生中毒人数计)的[9]。

2.3.1.4　医院感染特点

由肺炎克雷伯氏菌引起的医院感染，所表现的特点是感染缺乏区域特征、感染部位宽泛、感染类型复杂、感染发生频率高、有效预防控制难度大。

(1) 科室分布特点：综合一些相关的文献分析，由肺炎克雷伯氏菌引起的医院感染，主要分布于内科、外科、重症监护室。以下记述的一些报告，是具有一定代表性的。

重庆医科大学附属第一医院的周蓉等 (2013) 报告，在2008年1月至2011年12月间，从该医院门诊及住院患者临床分离的855株 (非重复分离菌株) 肺炎克雷伯氏菌中，源自重症监护室病房251株 (构成比29.36%)、呼吸内科147株 (构成比17.19%)、神经外科133株 (构成比15.56%)、其他普通内科117株 (构成比13.68%)、神经内科104株 (构成比12.16%)、其他普通外科80株 (构成比9.36%)、妇产科13株 (构成比1.52%)、其他10

株 (构成比 1.17%)[19]。

新疆维吾尔自治区第二济困医院的侯新月等 (2014) 报告，为了解肺炎克雷伯氏菌医院感染的临床分布及耐药性变迁情况，对在 2007 年 1 月至 2011 年 12 月间，从该医院各类临床标本材料分离的 1862 株 (非重复分离菌株) 肺炎克雷伯氏菌进行分析，结果为源自重症监护室病房 652 株 (构成比 35.02%)、呼吸内科 261 株 (构成比 14.02%)、肾病科 205 株 (构成比 11.01%)、神经外科 130 株 (构成比 6.98%)、肝胆外科 93 株 (构成比 4.99%)、综合内科 93 株 (构成比 4.99%)、感染科 56 株 (构成比 3.01%)、其他 372 株 (构成比 19.98%)[20]。

山东省泰安市中心医院的赵书平等 (2014) 报告，为了解肺炎克雷伯氏菌医院感染的临床分布及耐药情况，对在 2012 年 1 月至 12 月间，从该医院住院患者 (各病房) 分离的 764 株 (非重复分离菌株) 肺炎克雷伯氏菌进行分析，结果为源自儿科内科 224 株 (构成比 29.32%)、神经外科 74 株 (构成比 9.69%)、重症监护室病房 74 株 (构成比 9.69%)、神经内科 57 株 (构成比 7.46%)、老年病科 49 株 (构成比 6.41%)、急诊科 31 株 (构成比 4.06%)、心脏内科 31 株 (构成比 4.06%)、呼吸重症监护科 29 株 (构成比 3.79%)、泌尿内科 23 株 (构成比 3.01%)、血液科 23 株 (构成比 3.01%)、其他 149 株 (构成比 19.50%)[21]。

(2) 感染部位特点：综合一些相关的文献分析，由肺炎克雷伯氏菌引起的医院感染，主要分布于呼吸道和泌尿道。以下记述的一些报告，是具有一定代表性的。

在前面有记述广州医科大学附属第一医院国家呼吸病重点实验室的管婧等 (2014) 的报告，中国 CHINET 细菌耐药监测网所属 15 所医院，在 2012 年 1 月 1 日至 12 月 31 日共收集克雷伯氏菌 9621 株 (非重复菌株)，其中肺炎克雷伯氏菌 8772 株 (构成比 91.18%)。在其中明确记述了感染部位来源的 9166 株 (构成比 95.27%) 克雷伯氏菌中，源自呼吸道 5498 株 (构成比 59.98%)、尿液 1495 株 (构成比 16.31%)、血液 829 株 (构成比 9.04%)、分泌物 601 株 (构成比 6.56%)、无菌体液 424 株 (构成比 4.63%)、排泄物 218 株 (构成比 2.38%)、导管 101 株 (构成比 1.10%)[3]。

上面有记述周蓉等 (2013) 报告的 855 株肺炎克雷伯氏菌中，源自痰液 589 株 (构成比 68.89%)、尿液 69 株 (构成比 8.07%)、血液 48 株 (构成比 5.61%)、脓液 36 株 (构成比 4.21%)、分泌物 53 株 (构成比 6.19%)、导管引流液 23 株 (构成比 2.69%)、脑脊液和胆汁及胸腹水 15 株 (构成比 1.75%)、其他 22 株 (构成比 2.57%)[19]。

在上面有记述侯新月等 (2014) 报告的 1862 株肺炎克雷伯氏菌中，源自痰液 1508 株 (构成比 80.99%)、尿液 144 株 (构成比 7.73%)、血液 70 株 (构成比 3.76%)、脓液及分泌物 60 株 (构成比 3.22%)、胸腹水 29 株 (构成比 1.56%)、脑脊液 11 株 (构成比 0.59%)、其他 40 株 (构成比 2.15%)[20]。

2.3.2 动物的肺炎克雷伯氏菌感染病

一般认为肺炎克雷伯氏菌在正常情况下很少侵害家畜等动物，只有在动物机体免疫功能低下或长期使用抗菌类药物等特殊情况下，肺炎克雷伯氏菌能致动物的肺炎、子宫炎、乳腺炎，以及其他化脓性炎症，偶尔还能引发败血症。但在近些年来由肺炎克雷伯氏菌引起陆生动物感染病例的报告明显增多，如对鸡、猪、羊、牛、家兔、水貂、大熊猫、猴、猿、狐、熊、鹿等多种动物的感染，或是其单独引发感染，或是与其他病原菌的混合感染，其致病作用的类型也是多样的。其中以幼龄动物最易感，以牛、羊、家兔、水貂、猪等为常见。肺炎克雷伯氏菌在水生动物的致病，较多的记述主要是引起养殖鳖的感染，另外是也有引起石龟、白鲢、鳗等感染发病的报告 [2]。

2.3.3　毒力因子与致病机制

目前对克雷伯氏菌毒力因子与致病机制研究的还不很清楚，其中研究较多的是肺炎克雷伯氏菌荚膜多糖 (capsular polysaccharide，CPS) 及菌毛，这些结构物与肺炎克雷伯氏菌在宿主体内的移居、黏附和增殖有关，被认为是肺炎克雷伯氏菌的重要毒力因子。

2.3.3.1　黏附作用

黏附于宿主细胞表面是病原细菌发生感染的第一步 (也是关键的一步)，病原细菌常是借助于表面黏附蛋白成分与宿主细胞受体的作用达到附着目的。已知肺炎克雷伯氏菌的黏附因子主要有 I 型和Ⅲ型菌毛，以及非菌毛的黏附蛋白 CF29K 和 KPF28，越来越多的研究结果表明菌毛在此菌的致病过程中发挥了重要的作用，是与细菌的黏附定植直接相关的 [22]。

I 型菌毛能凝集豚鼠红细胞，能与宿主糖蛋白中含甘露糖的三糖结合，因此为甘露糖敏感血凝的。在致病过程中，I 型菌毛能使细菌与黏膜或泌尿生殖道、呼吸道、肠道的上皮细胞相结合，尽管 I 型菌毛主要与泌尿道感染的致病机制有关，但也涉及肾盂肾炎的致病机制，已表明 I 型菌毛能与近曲小管细胞结合，能与尿中含甘露糖的可溶性蛋白 (如 Tamm-Horsfall 蛋白质) 结合，由此表明 I 型菌毛介导泌尿生殖道的细菌移植；I 型菌毛介导的细菌移植，首先与宿主黏膜表面发生非特异性结合，只有当在黏膜上皮的细菌侵入到深部组织才能发生感染，此后的菌毛便不再发生作用，因为随之即启动了调理素 (opsonin) 依赖性白细胞活性，即调理素吞噬作用。Ⅲ型菌毛只能凝集经鞣酸处理过的红细胞，能耐甘露糖，属于甘露糖抗性血凝的；表达Ⅲ型菌毛的肺炎克雷伯氏菌能黏附于内皮细胞和呼吸道、泌尿生殖道的上皮细胞上，在肾脏能介导肺炎克雷伯氏菌黏附到肾小管基膜、肾小球囊即鲍曼囊 (Bowman's capsule) 和肾小管上。总体来讲，I 型菌毛主要黏附在尿道上皮细胞，Ⅲ型菌毛主要黏附在呼吸道上皮细胞 [23, 24]。

在医源性克雷伯氏菌感染中，最常见的感染部位是泌尿道与呼吸道。由于这两个部位的免疫机制存在很大的不同，因此引起泌尿道感染的克雷伯氏菌株毒力因子与呼吸道感染所分离出的菌株毒力因子亦存在差异。北京大学人民医院的杨朵等 (2008) 报告，对 2006 年 2 ~ 12 月北京大学人民医院临床分离的 150 株肺炎克雷伯氏菌，进行了体外生物膜 (biofilm) 形成能力及生物膜相关黏附因子基因 *mrkD* 的测定，结果为 67 株能形成生物膜 (构成比 44.7%)；14 株的 *mrkD* 阳性，均分离于痰标本，占总阳性率的 9.3%(14/150)，占分离于痰标本菌株的 12.4%(14/113)，*mrkD* 的大小为 1087bp。这一数据提示在肺炎克雷伯氏菌感染的同时如伴有医用器械 (如导尿管及气管插管等) 的使用，将极易导致生物膜的形成；已知菌毛在生物膜形成中起着重要作用，有试验证实肺炎克雷伯氏菌须有Ⅲ型菌毛的存在，才能在植入性医用材料表面和人细胞基质表面形成生物膜；Ⅲ型菌毛主要由亚单位蛋白 mrkA 和末端黏附因子 mrkD 构成，Sebqhati 等 (1999) 研究发现黏附因子 mrkD 可介导细菌与人细胞基质的直接黏附，促进生物膜的形成。不存在医用器械时，在体内有上皮细胞受损使细胞间基质暴露的情况发生, mrkD 即能介导细菌与上皮的黏附, 促进生物膜的形成[25]。

中国人民解放军第三军医大学的方立超等 (2010) 报告在 2007 年 7 月至 2008 年 7 月间, 分别从重庆市西南医院和新桥医院收集的 158 株肺炎克雷伯氏菌采用 PCR 方法、血凝及血凝抑制试验方法, 进行了产生 I 型、III 型菌毛的检测, 结果表明此两家医院主要感染的是产生 III 型菌毛的肺炎克雷伯氏菌, 主要是造成呼吸道感染[26]。

2.3.3.2 荚膜多糖与毒素

肺炎克雷伯氏菌的荚膜多糖形成的纤维结构, 以多层方式覆盖 (厚包裹) 在菌体表面, 从而保护肺炎克雷伯氏菌免受多形核中性粒细胞的吞噬, 还具有抑制巨噬细胞的分化及其吞噬功能的发挥; 荚膜这些作用的分子机制是抑制补体 (complement, C) 的活性, 特别是补体 C3b 的活性。

已知肺炎克雷伯氏菌可产生多种毒素, 其中一种相对分子质量为 5000 的酸稳定耐热性肠毒素 (heat-stable enterotoxin, ST), 致病作用与大肠埃希氏菌 (Escherichia coli) 的耐热性肠毒素相似, 可激活鸟苷酸环化酶系统; 分子质量为 26kDa 的不耐热肠毒素 (heat-labile enterotoxin, LT), 可能具有导致组织损伤并能协助细菌进入血流的作用。

综合克雷伯氏菌的毒力是多因素且复杂的, 主要包括菌毛黏附素 (fimbrial adhesin) 或非菌毛黏附素 (afimbrial adhesin)、铁载体系统、荚膜多糖、脂多糖、毒素等。克雷伯氏菌可通过黏附素吸附于细胞, 铁摄取系统可使细菌在宿主的铁限制环境中生长增殖, 荚膜多糖、脂多糖等具有抵抗机体的血清杀菌及白细胞吞噬作用, 毒素及其他菌细胞外成分可对宿主细胞产生损伤并能协助细菌进入血流。

2.4 微生物学检验

对肺炎克雷伯氏菌的微生物学检验, 仍主要是进行细菌学检验, 近年来也有采用免疫血清学方法的报告。对从动物分离的菌株, 还常需进行对同种动物的相应感染试验, 以明确其病原学意义。

2.4.1 细菌学检验

对肺炎克雷伯氏菌的细菌学检验, 除了对细菌的有效分离与鉴定外, 还常需进行血清型的检定, 有助于对流行病学的分析。通常所采用的荚膜肿胀试验 (capsule swelling test), 亦属于血清定型的范畴。

2.4.1.1 细菌分离与鉴定

取病变组织或分泌物 (渗出物) 等材料接种于普通营养琼脂或肠道菌选择性鉴别培养基, 置 37℃ 培养 24h 左右, 取灰白色较大且具有黏性、在肠道菌选择性鉴别培养基上发酵乳糖的菌落, 移接于普通营养琼脂斜面做成纯培养供鉴定用。

(1) 初步鉴定: 在肠杆菌科细菌中, 克雷伯氏菌属、柠檬酸杆菌属 (Citrobacter Werkman and Gillen 1932)、肠杆菌属 (Enterobacter Hormaeche and Edwards 1960)、埃希氏菌属、哈夫尼菌属 (Hafnia Møller 1954)、变形菌属 (Proteus Hauser 1885)、沙门氏菌属 (Salmonella Ligniéres 1900)、耶尔森氏菌属 (Yersinia Van Loghem 1944) 细菌, 在生化特

性方面相近。为进行简便的鉴别，将在第二版《伯杰氏系统细菌学手册》第 2 卷 B 部分 (2005) 中的 "肠杆菌科细菌生化特性相近菌属间鉴别特征表" 列在了第 3 章 "柠檬酸杆菌属" (*Citrobacter*) 中 (表 3-2)，可供参考 [7]。

通常情况下，可根据苯丙氨酸脱氨酶、葡萄糖酸盐利用试验将肠杆菌科内一些比较常见具有致病性的不同菌属 (包括克雷伯氏菌属) 鉴别开，具体可见在第 3 章 "柠檬酸杆菌属" (*Citrobacter*) 中表 3-3(根据苯丙氨酸脱氨酶和葡萄糖酸盐利用试验的各菌属间鉴别特征) 的记述 [27]。

另外需注意葡萄糖酸盐利用阳性的肠杆菌科细菌，包括克雷伯氏菌属、肠杆菌属、沙雷氏菌属 (*Serratia* Bizio 1823)、哈夫尼菌属细菌。为进行简便的鉴别，将其一些主要鉴别特征，列在了第 4 章 "肠杆菌属" (*Enterobacter*) 的表 4-3(葡萄糖酸盐利用阳性的各菌属间鉴别特征) 中 [27]。

(2) 主要表型指征鉴定：在对克雷伯氏菌属细菌的主要表型指征鉴定中，若经染色镜检为有荚膜、革兰氏阴性杆菌 (应同时取病料染色镜检且应与纯培养物相同)，氧化酶阴性，则可移接于克氏铁琼脂 (Kligler's iron agar，KIA)、动力 - 吲哚 - 脲酶 (motility-indor-urease，MIU) 琼脂、葡萄糖蛋白胨水和柠檬酸盐利用培养基等，先按表 7-2 做初步鉴定，然后再依据此菌的形态与培养特征、生化特性等进行鉴定 [28]。

表 7-2　克雷伯氏菌属内一些种的初步鉴定

菌种	KIA 培养基				MIU 培养基			葡萄糖蛋白胨水		柠檬酸盐利用	氧化酶	氧化发酵试验
	斜面	柱层	产气	H$_2$S	动力	吲哚	脲酶	甲基红试验	伏 - 波试验			
肺炎克雷伯氏菌	A/K	A	+	−	−	−	+	−	+	+	−	F
产酸克雷伯氏菌	A/K	A	+	−	−	+	+	−	+	+	−	F
土生克雷伯氏菌	A/K	A	+	−	−	−	+	+	+	+	−	F
植生克雷伯氏菌	A/K	A	+	−	−	d	+	d	+	−	−	F

注：表中符号的 A 表示产酸，K 表示产碱，F 表示发酵型，+ 表示 90% 以上菌株阳性，− 表示 90% 以上菌株阴性，d 表示株间有差异。

对克雷伯氏菌属细菌的鉴定，主要是动力 (运动克雷伯氏菌除外) 和鸟氨酸脱羧酶均阴性 (运动克雷伯氏菌、解鸟氨酸克雷伯氏菌、少数肺炎克雷伯氏菌的菌株除外)；肺炎克雷伯氏菌和产酸克雷伯氏菌具有宽大的多糖类荚膜，使其能产生大且黏液样菌落 (尤其在含糖类丰富的培养基上更明显)。

肺炎克雷伯氏菌与产酸克雷伯氏菌的主要区别点是前者吲哚阴性和不能在 10℃生长，后者吲哚阳性和能在 10℃生长；肺炎克雷伯氏菌 3 个亚种间的鉴别关键点是吲哚、甲基红试验、伏 - 波试验、柠檬酸盐利用 (indole methyl red Voges-Proskauer and citrate，IMViC) 试验，肺炎亚种为 −、−、+、+，臭鼻亚种为 −、+、−、d，鼻硬结亚种为 −、+、−、−，臭鼻亚种和鼻硬结亚种的丙二酸盐利用试验为前者阴性、后者阳性。

2.4.1.2　血清型检定

现在对克雷伯氏菌的菌体抗原尚不很明确，所述对克雷伯氏菌进行的血清型检定仍指的是对其表面抗原的型别检查；所用表面抗原检查方法较多，包括玻片和试管凝集试验、沉淀试验等。由于肺炎克雷伯氏菌产生大量的可溶性特异物质，所以能通过使用普通营养肉汤培养物或生理盐水菌悬液的离心上清液作为抗原与相应抗血清做沉淀试验检定；同样，荚膜菌可以与用相应菌制备的抗血清做凝集反应检定，在试管凝集试验中的凝集特征为盘状凝集物，摇动试管时亦不易分散开；在常规检定中主要是进行玻片凝集试验，在此基础上的进一步确定尚需进行荚膜肿胀试验及吸收试验。

荚膜肿胀试验亦称荚膜肿胀反应 (capsule swelling reaction) 或荚膜肿胀现象 (quellung phenomenon)，是检定细菌荚膜抗原的传统血清学技术；当将特异性抗体加到待检菌株荚膜多糖上时，其荚膜则明显肿胀增大，即为荚膜肿胀试验阳性。鉴于在不同的荚膜型中存在许多抗原关系，所以为了证实出现凝集反应的特异性则需进行吸收试验，以能全部吸收掉相应抗体者才被视为同 K 型菌株。具体方法是取在适应于克雷伯氏菌荚膜形成的培养基中的新鲜培养物并制备成淡菌液 (如 1×10^8 个 / 毫升)，取此淡菌液两接种环 (或两小滴) 分置于同一张载玻片上，于其中 1 滴加入等量印度墨汁做成用于荚膜检查的湿覆盖物作对照 (亦可用生理盐水代替墨汁与菌液混合为对照)、另 1 滴中加入等量 K 抗血清并充分混匀后覆以盖玻片，置普通光学显微镜 (或相差显微镜) 下用油镜检查，同 K 型的特异性反应 (阳性) 可见在菌体周围的空白圈明显大于对照的，特异抗血清与荚膜结合后的沉淀反应使荚膜更具高度折光性以致可在荚膜边缘见有一细的暗色线状轮廓；试验中的对照主要是用于探明实际荚膜大小的，淡菌液的应用主要是为避免抗血清与浓厚黏液的结合以致可能出现的假阴性结果。其中适宜荚膜形成的培养基，常用的是华 - 弗二氏培养基 (Worfel-Ferguson medium) 简称 W-F 培养基，制备方法为：酵母浸膏 2g、蔗糖 20g、NaCl 为 2g、硫酸钾 1g、硫酸镁 0.25g、蒸馏水 1000ml，各成分混合后加热溶解，不必调 pH，分装试管经 121℃ 高压蒸气灭菌 15min 备用；此为华 - 弗二氏于 1951 年设计的原配方，对于促进克雷伯氏菌的荚膜产生是极佳的；亦可在此液体培养基的基础上，按 1.5% 的量加入琼脂制备成相应固体培养基供用。

经过上述的试验检定，若某被检菌株仍是与两个或更多个的表面抗原型抗血清发生反应，则在报告时应注明与抗血清发生反应的所有相应表面抗原型。通常情况下，肺炎克雷伯氏菌的肺炎亚种多属于表面抗原型的 1 型、2 型和 3 型，臭鼻亚种大多属于 4 型 (少数分布于 5 型和 6 型)，鼻硬结亚种基本属于 3 型的。

2.4.2 分子生物学检验

本书作者房海等 (2005) 报告，择分离鉴定的羊病原肺炎克雷伯氏菌肺炎亚种 1 个代表菌株 (SKp-1) 提取 DNA 后进行 PCR 扩增，结果所扩增的 16S rRNA 基因序列长度为 1415bp(在 GenBank 登录号：AY963633)，将其与 GenBank 核酸数据库进行同源性检索，结果与检索出的肺炎克雷伯氏菌的 16S rRNA 基因序列自然聚类，并与登录号为 AF453251 的 1 株肺炎克雷伯氏菌聚为一个分支；在检索出的克雷伯氏菌属细菌序列中，SKp-1 株与它们的同源性为 98% ～ 99%[11]。

3 其他致医院感染克雷伯氏菌 (*Klebsiella* spp.)

作为医院感染的病原克雷伯氏菌，除了最为常见的肺炎克雷伯氏菌外，还有相对比较少见的肺炎克雷伯氏菌臭鼻亚种、运动克雷伯氏菌、产酸克雷伯氏菌、植生克雷伯氏菌。

3.1 肺炎克雷伯氏菌臭鼻亚种 (*Klebsiella pneumoniae* subsp. *ozaenae*)

在前面有记述肺炎克雷伯氏菌臭鼻亚种 [*Klebsiella pneumoniae* subsp. *ozaenae*(Abel 1893)Φrskov 1984]，即通常所指的臭鼻克雷伯氏菌。现在的有些文献中，还仍有使用臭鼻克雷伯氏菌这一名称的。

3.1.1 生物学性状

在前面有记述的克雷伯氏菌生物学性状中，已有对肺炎克雷伯氏菌臭鼻亚种的相关记述。肺炎克雷伯氏菌 3 个亚种 (肺炎克雷伯氏菌肺炎亚种、肺炎克雷伯氏菌臭鼻亚种、肺炎克雷伯氏菌鼻硬结亚种) 间的主要区别特征，可见在表 7-1 中的记述。

在医院医护人员的检出情况，吉林大学第一医院的姜赛琳等 (2007) 报告在 2006 年 8 月，对该医院呼吸科、心内科、消化科、妇产科、胸外科、器官移植中心共 6 个科室 (中心) 的 27 名护理人员，在进行静脉输液操作过程中其手部携带病原菌检验，结果检出 12 种 (类)53 株，在不同科室 (中心) 均有检出。12 种 (类)53 株病原菌的出现频率，依次为：真菌 9 株 (构成比 16.98%)、凝固酶阴性葡萄球菌 (coagulase-negative staphylococci，CNS)9 株 (构 成 比 16.98%)、 棒 杆 菌 属 (*Corynebacterium* Lehmann and Neumann 1896 emend.Bernard，Wiebe，Burdz et al 2010) 细菌 7 株 (构成比 13.21%)、耐甲氧西林凝固酶阴性葡萄球菌 (methicillin resistant coagulase-negative staphylococci，MRCNS)6 株 (构 成 比 11.32%)、 微 球 菌 属 (*Micrococcus* Cohn 1872 emend. Stackebrandt，Koch，Gvozdiak，Schumann 1995 emend.Wieser，Denner，Kämpfer et al 2002) 细菌 6 株 (构成比 11.32%)、金黄色葡萄球菌 4 株 (构成比 7.55%)、成团泛菌 4 株 (构成比 7.55%)、枯草芽孢杆菌 (*Bacillus subtilis*)3 株 (构成比 5.66%)、大肠埃希氏菌 2 株 (构成比 3.77%)、不动杆菌属 (*Acinetobacter* Brisou and Prévot 1954) 细菌 1 株 (构成比 1.89%)、嗜麦芽寡养单胞菌 1 株 (构成比 1.89%)、肺炎克雷伯氏菌臭鼻亚种 1 株 (构成比 1.89%)[29]。

3.1.2 病原学意义

肺炎克雷伯氏菌臭鼻亚种，主要作为呼吸道感染的病原菌引起相应的感染病。在医院感染方面，相关报告显示，也是比较重要的病原菌。

(1) 基本感染类型：肺炎克雷伯氏菌臭鼻亚种，能引发慢性萎缩性鼻炎 (有恶臭)，也常出现在呼吸道的其他慢性病的病例中；作为呼吸道外感染的病原菌，能引发败血症、泌尿道感染、软组织感染等。其与肺炎克雷伯氏菌鼻硬结亚种在致病作用特征方面的主要区别点，是肺炎克雷伯氏菌鼻硬结亚种主要侵犯鼻咽部，引起慢性肉芽肿病变、使组织发生坏死等。

(2) 医院感染情况：就引起医院感染来讲，近年来在一些文献中也多有出现，并当引起作为医院感染病原菌的重视。以下记述的一些报告，是具有一定代表性的。

浙江省平阳县人民医院的侯爱红 (2002) 报告，回顾性总结该医院在 6 年间 (1996 ~ 2001)，从医院感染患者送检标本材料中分离获得各种病原菌 13 种 (属) 类 744 株。其中革兰氏阴性细菌 7 种 (属) 类 434 株 (构成比 58.33%)、革兰氏阳性细菌 4 种 (属) 类 193 株 (构成比 25.94%)、白色念珠菌 (Candida albican)77 株 (构成比 10.35%)、其他种酵母菌 (yeast) 样真菌 40 株 (构成比 5.38%)。在明确的 11 种 (属) 类细菌共 627 株中，包括肺炎克雷伯氏菌臭鼻亚种 (文中以臭鼻克雷伯氏菌记述)18 株 (构成比 2.87%) 居第 10 位。在 7 种 (属)434 株革兰氏阴性细菌中，肺炎克雷伯氏菌臭鼻亚种 18 株 (构成比 4.15%) 居第 7 位 [30]。

天津医科大学第二医院的司进等 (2005) 报告，对该医院在 2002 ~ 2004 年间，从新生儿病房医院感染 (呼吸道感染) 患病新生儿 (出生 1 天以上)201 例中 (检验材料为咽拭子)，分离到 13 种 (类) 病原菌共 343 株，其中明确菌种的细菌共 12 种 312 株 (构成比 90.96%)，其他病原菌 31 株 (构成比 9.04%)。在明确菌种的 12 种 312 株细菌中，革兰氏阴性菌 10 种 243 株 (构成比 77.88%)、革兰氏阳性菌 2 种 69 株 (构成比 22.12%)。在 12 种 312 株细菌中，包括肺炎克雷伯氏菌臭鼻亚种 (文中以臭鼻克雷伯氏菌记述)14 株 (构成比 4.49%) 居第 10 位；在 10 种 243 株革兰氏阴性菌中，肺炎克雷伯氏菌臭鼻亚种 14 株 (构成比 5.76%) 居第 8 位 [31]。

昆明市儿童医院的张曙冬等 (2007) 报告，该医院在 2004 年 1 月至 2006 年 4 月间，对在呼吸内科、重症监护室 (ICU)、新生儿科经临床确诊为肺炎的同期住院患儿 415 例，以痰液为检验标本材料，检出由革兰氏阴性细菌引起的 107 例 (构成比 25.78%)，其中属于社区获得性肺炎的 64 例 (构成比 59.81%)、医药感染性肺炎的 43 例 (构成比 40.19%)。从革兰氏阴性细菌引起的 107 例肺炎患者分离到的 10 种 107 株细菌，其中包括肺炎克雷伯氏菌臭鼻亚种 (文中以臭鼻克雷伯氏菌记述)5 株 (构成比 4.67%) 居第 5 位 [32]。

陕西省西电集团医院的杨小青 (2006) 报告，该医院在 2004 年 1 月至 2006 年 5 月间，从住院及门诊患者的痰液、尿液、大便、血液、咽拭子、胸腔积液和腹水、脓液及分泌物等标本材料分离到病原菌 1076 株 (涉及 30 个菌属的 68 个菌种)，其中细菌共 947 株 (构成比 88.01%)，属于真菌的念珠菌属 (Candida Berkhout 1923) 真菌 129 株 (构成比 11.99%)。在 947 株细菌中，革兰氏阴性细菌 602 株 (构成比 63.57%)、革兰氏阳性细菌 345 株 (构成比 36.43%)。在 602 株革兰氏阴性细菌中，肠杆菌科细菌 384 株 (构成比 63.79%)。在 384 株肠杆菌科细菌中，涉及克雷伯氏菌属细菌共 4 种 74 株 (构成比 19.27%)，其中肺炎克雷伯氏菌 42 株 (在克雷伯氏菌属细菌的构成比 56.76%)、运动克雷伯氏菌 (文中以产气肠杆菌记述)15 株 (在克雷伯氏菌属细菌的构成比 20.27%)、产酸克雷伯氏菌 (文中以催产克雷伯氏菌记述)11 株 (在克雷伯氏菌属细菌的构成比 14.86%)、肺炎克雷伯氏菌臭鼻亚种 (文中以臭鼻克雷伯氏菌记述)6 株 (在克雷伯氏菌属细菌的构成比 8.11%)[33]。

湖北省沙市传染病医院的罗光荣等 (1994) 报告自 1992 年 4 月以来，在该医院门诊及住院的肺科患者中，大部分为肺结核 (pulmonary tuberculosis) 伴发呼吸道感染患者，另一部分为肺炎与上呼吸道感染患者。分别取下呼吸道晨痰液为检验材料，结果从 1356 份中检出克雷伯氏菌属细菌 102 株 (检出率 7.52%)。其中肺炎克雷伯氏菌 80 株 (构成比

78.43%)、产酸克雷伯氏菌 10 株 (构成比 9.80%)、肺炎克雷伯氏菌臭鼻亚种 (文中以臭鼻克雷伯氏菌记述)8 株 (构成比 7.84%)、植生克雷伯氏菌 3 株 (构成比 2.94%)、肺炎克雷伯氏菌鼻硬结亚种 (文中以鼻硬结克雷伯氏菌记述)1 株 (构成比 0.98%)。相继 (1997) 报告在 1992 ~ 1993 年间分离到 3 株植生克雷伯氏菌的基础上，又于 1994 ~ 1996 年间从肺科住院患者的下呼吸道痰液中分离到 6 株植生克雷伯氏菌 [34, 35]。

3.1.3　微生物学检验

在上面有记述对肺炎克雷伯氏菌的微生物学检验内容，也适应于对肺炎克雷伯氏菌臭鼻亚种的检验，但其中主要是依赖于对细菌的分离与鉴定。

3.2　运动克雷伯氏菌 (*Klebsiella mobilis*)

运动克雷伯氏菌 (*Klebsiella mobilis* Bascomb，Lapage，Willcox and Curtis 1971)，即原归于肠杆菌属的产气肠杆菌，现已作为唯一有动力的种正式归入了克雷伯氏菌属。种名"*mobilis*"为拉丁语形容词，指能动的 (movable，motile)。

细菌 DNA 的 G+C mol% 为 53 ~ 54(Bd)；模式株：ATCC 13048，CIP 60.86，DSM 30053，JCM 1235，LMG 2094。GenBank 登录号 (16S rRNA)：AB004748[7]。

3.2.1　生物学性状

运动克雷伯氏菌广泛存在于土壤、水和日常食品及腐物中，人或动物的肠道也偶可存在。本书作者也曾对运动克雷伯氏菌进行过比较系统的检验 [2]。

3.2.1.1　形态与培养特征

运动克雷伯氏菌为革兰氏阴性、散在、个别的成双、两端钝圆、无芽孢、大小多在 (0.5 ~ 0.8)μm×(1.2 ~ 2.0)μm 的杆菌 (图 7-7)。做磷钨酸负染色标本后，置透射电子显微镜下观察菌体呈杆状、表面似皱褶状、周生鞭毛 (图 7-8，原 ×5000)；做喷镀扫描电子显微镜标本观察，菌体表面不平整但较光滑 (图 7-9，原 ×15 000)。

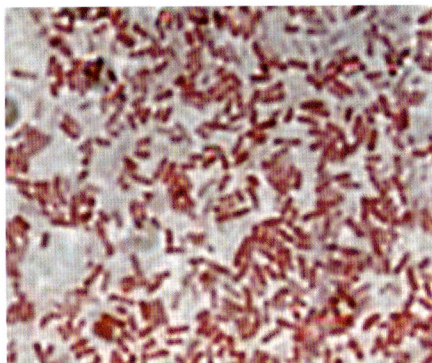

图 7-7　运动克雷伯氏菌基本形态特征

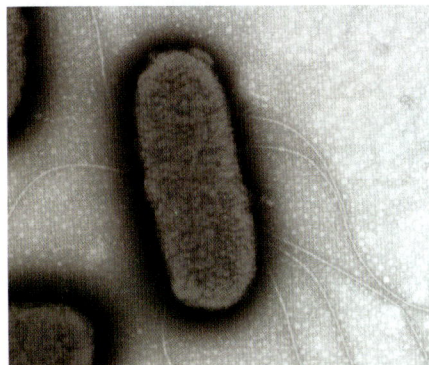

图 7-8　运动克雷伯氏菌及鞭毛

生长繁殖对营养的要求不高，在普通营养琼脂培养基、常用的肠道细菌选择培养基上生长良好。37℃培养 24h，在普通营养琼脂上的菌落圆形光滑、边缘整齐、不透明、灰白色、较隆起、直径多在 1.2mm 左右，生长丰盛 (图 7-10)；在沙门氏菌 - 志贺氏菌琼脂 (Salmonella-Shigella agar, SS) 培养基上，菌落特征与生长情况同在普通营养琼脂培养基上的，菌落红色、直径多在 1.8 ~ 2.0mm(图 7-11)；在血液 (含 7% 家兔脱纤血) 营养琼脂培养基上，生长情况与菌落特征同在普通营养琼脂上的，但菌落为乳白色、不溶血但有轻度 β 溶血晕 (在菌苔处明显)、直径多为 1.2 ~ 1.5mm(图 7-12)；在麦康凯琼脂培养基上的生长情况与菌落特征同在 SS 琼脂培养基上的，但菌落为很浅的红色；在伊红亚甲蓝琼脂培养基上的生长情况与菌落特征同在沙门氏菌 - 志贺氏菌琼脂培养基上的，但菌落为黑褐色。在普通营养肉汤中均匀混浊生长，管底有小点状菌体沉淀 (摇动后呈线状上升易消散)，有轻微菌环 (摇动后易消散)。在半固体琼脂培养基上，动力阳性。

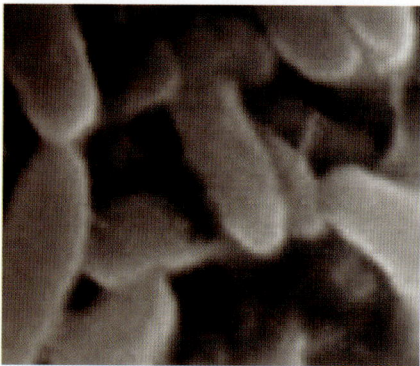

图 7-9　运动克雷伯氏菌扫描电镜形态

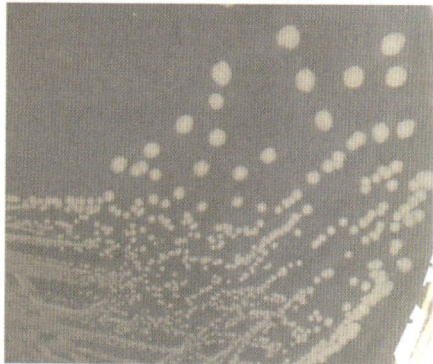

图 7-10　运动克雷伯氏菌的菌落 (NA)

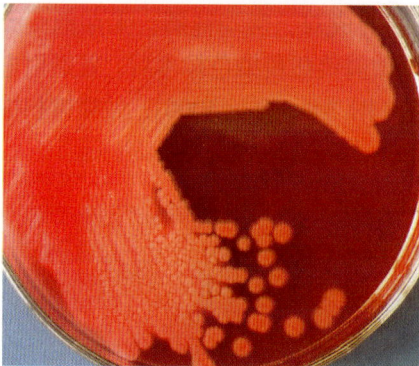

图 7-11　运动克雷伯氏菌的菌落 (SS)

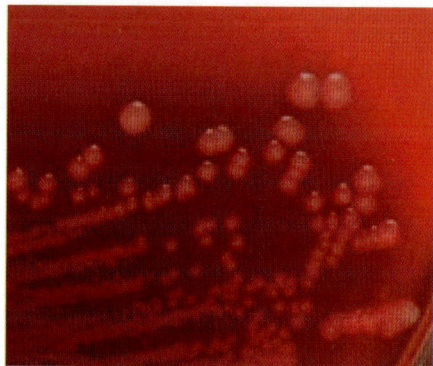

图 7-12　运动克雷伯氏菌的菌落 (BNA)

3.2.1.2　生化特性

运动克雷伯氏菌的主要生化特性，表现为氧化酶阴性、明胶酶阴性，过氧化氢酶阳性。发酵葡萄糖产酸、产气，能分解蔗糖、甘露醇、麦芽糖、木糖、肌醇、果糖、水杨苷、甘露糖、半乳糖、海藻糖、纤维二糖、鼠李糖、乳糖等多种糖 (醇、苷) 类产酸，通常不分解山梨糖 (醇)、蜜二糖、苦杏仁苷、侧金盏花醇、阿拉伯糖、棉籽糖、菊糖、卫矛醇、糊精等。能利用柠檬酸盐 (Simmons)、乙酸盐，伏 - 波试验阳性；不利用丙二酸盐、黏液酸，甲基红试验阴性。

3.2.1.3 生境

运动克雷伯氏菌广泛存在于土壤、水和日常食品及腐物中，在人或动物的肠道中也偶可存在，也常可从尿液、痰、呼吸道、脓汁等分离到。

在医疗器械的检出，在第 4 章 "肠杆菌属" (*Enterobacter*) 中有记述湖北省随州市中心医院的刘杨等 (2013) 报告，对该医院重症监护室住院患者使用的留置导尿管 (接口处内壁)、氧气湿化瓶 (内壁)、冷凝水集水瓶 (内壁)、呼吸机螺纹管 (接口处内壁)、中心供氧壁管出口、气管插管 (内壁)、呼吸机湿化罐 (内壁)、留置针连接管三通口、输液泵 (接口处内壁)、微量注射泵 (接口处内壁)、深静脉置管 (接口处内壁) 等 11 种医疗器具，采集使用 (48±2)h 的样本共 300 份，进行了微生物学检验，结果其中 217 份阳性 (阳性率 72.33%)。其中以留置导尿管 (接口处内壁) 阳性率最高，检验 19 份中 17 份阳性 (阳性率 89.47%%)。在 217 份阳性样本中，共检出病原菌 19 种 (属)242 株，其中革兰氏阴性菌 11 种 184 株 (构成比 76.03)、革兰氏阳性菌 6 种 41 株 (构成比 16.94%)、真菌 2 个菌属 17 株 (构成比 7.02%)。在 19 种 (属)242 株病原菌中，包括运动克雷伯氏菌 (文中是以产气肠杆菌记述的)8 株 (构成比 3.31%) 居第 12 位。报告者认为对患者各种诊疗性侵入性操作的应用 (如气管插管、留置导尿、中心静脉置管、引流管留置等)，可破坏机体黏膜保护屏障，从而导致患者呼吸系统、泌尿系统、导管相关性血流感染的发生，造成医院感染率升高 [36]。

3.2.2 病原学意义

运动克雷伯氏菌可作为机会 (条件) 病原菌，引起人及某些动物的相应感染病，但还不是常见的。

3.2.2.1 人的运动克雷伯氏菌感染病

相关的报告显示，运动克雷伯氏菌主要是在一定条件下引起人的多种类型感染病，尤以医院感染表现突出，但常常是缺乏明显的感染特征。

(1) 基本感染类型：运动克雷伯氏菌常可导致条件致病，引起呼吸道、泌尿生殖道的感染，亦可引起菌血症等。海南省人民医院廖锋等 (1995) 报告，经对 39 例由肠杆菌属细菌引起的小儿败血症做临床分析，发现其中主要为阴沟肠杆菌 (*Enterobacter cloacae*)，运动克雷伯氏菌 (文中以产气肠杆菌记述)[37]。广东省潮州市湘桥区人民医院莫焕桐 (1997)，报告了 1 例由运动克雷伯氏菌 (文中以产气肠杆菌记述) 引起的化脓性脑膜炎病例 [38]。北京胸科医院的蔡宝云等 (2010) 报告，通过对 750 例继发性肺结核合并肺部感染患者的相应病原体检验，发现运动克雷伯氏菌 (文中以产气肠杆菌记述) 也是其中一种比较重要的病原菌 [39]。

(2) 医院感染情况：就作为引起医院感染的病原菌来讲，运动克雷伯氏菌也当是需要引起重视的。以下记述的一些报告，是具有一定代表性的。

山东省青岛市市立医院的李莉等 (2004) 报告在 2003 年 4 月 10 ~ 18 日，在该医院呼吸科病房住院患者中，相继发生 7 例患者呼吸道运动克雷伯氏菌 (文中以产气肠杆菌记述) 感染的暴发，从进行支气管镜检查时常规采集的支气管灌洗液中检出了相应的病原运动克雷伯氏菌 (文中以产气肠杆菌记述)，同时从消毒液和支气管镜也检出了此菌。认为对支气管镜消毒不合格，导致了运动克雷伯氏菌的医院内感染 [40]。

上海瑞金医院卢湾分院的周曦 (2010) 报告，回顾性分析在 2005 年 4 月至 2007 年 9 月间，在该医院住院患者中，因下呼吸道感染进行痰液病原学检验，结果有 42 例为运动克雷伯氏菌 (文中以产气肠杆菌记述) 感染引起的肺炎，其中属于医院内感染的 22 例 (构成比 52.38%)[41]。

在上面有记述的天津医科大学第二医院的司进等 (2005) 报告，对该医院在 2002 ～ 2004 年间，从新生儿病房医院感染 (呼吸道感染) 患病新生儿 (出生 1 天以上)201 例中 (检验材料为咽拭子)，分离到 13 种 (类) 病原菌共 343 株，其中明确菌种的细菌共 12 种 312 株 (构成比 90.96%)，其他病原菌 31 株 (构成比 9.04%)。在明确菌种的 12 种 312 株细菌中，革兰氏阴性菌 10 种 243 株 (构成比 77.88%)、革兰氏阳性菌 2 种 69 株 (构成比 22.12%)。其中运动克雷伯氏菌 (文中以产气肠杆菌记述)10 株 (构成比 3.21%)，在明确菌种的 12 种 312 株细菌中居第 11 位，在 10 种 243 株革兰氏阴性菌中居第 9 位 [31]。

在上面有记述的昆明市儿童医院的张曙冬等 (2007) 报告，该医院在 2004 年 1 月至 2006 年 4 月间，对在呼吸内科、重症监护室、新生儿科经临床确诊为肺炎的同期住院患儿 415 例，以痰液为检验标本材料，检出由革兰氏阴性细菌引起的 107 例 (构成比 25.78%)，其中属于社区获得性肺炎的 64 例 (构成比 59.81%)、医药感染性肺炎的 43 例 (构成比 40.19%)。从革兰氏阴性细菌引起的 107 例肺炎患者分离到的 10 种 107 株细菌，其中运动克雷伯氏菌 (文中以产气肠杆菌记述)4 株 (构成比 3.74%)，居并列第 6 位 [32]。

在前面有记述的江苏省无锡市第四人民医院的黄朝晖等 (2013) 报告，回顾性总结该医院在 5 年间 (2007 ～ 2011) 从住院患者送检标本材料中分离获得的各种病原菌 38 037 株，其中明确菌种的革兰氏阴性细菌共 8 种 23 995 株 (构成比 63.08%)、革兰氏阳性细菌共 4 种 8395 株 (构成比 22.07%)、其他的病原菌 5647 株 (构成比 14.85%)。在明确菌种的革兰氏阴性细菌和革兰氏阳性细菌共 12 种 32 390 株 (构成比 85.15%) 中，运动克雷伯氏菌 (文中以产气肠杆菌记述)521 株 (构成比 1.61%) 居第 12 位 [4]。

在上面有记述的陕西省西电集团医院的杨小青 (2006) 报告该医院在 2004 年 1 月至 2006 年 5 月间，从住院及门诊患者的痰液、尿液、大便、血液、咽拭子、胸腔积液和腹水、脓液及分泌物等标本材料分离到病原菌 1076 株 (涉及 30 个菌属的 68 个菌种)，其中细菌共 947 株 (构成比 88.01%)。在 947 株细菌中，涉及克雷伯氏菌属细菌共 4 种 74 株，其中包括运动克雷伯氏菌 (文中以产气肠杆菌记述)15 株 (在克雷伯氏菌属细菌的构成比 20.27%)[33]。

3.2.2.2 动物的运动克雷伯氏菌感染病

运动克雷伯氏菌在动物的感染病还是不多见的，目前已有在养殖鸭、鸡等禽类感染发病的报告，包括局部感染及全身感染类型，常常是与其他病原菌的混合感染 [2]。

3.2.3 微生物学检验

对于运动克雷伯氏菌的微生物学检验，仍主要是进行细菌学的分离与鉴定检查，此菌是克雷伯氏菌属中唯一具有动力的种 (具有与其他克雷伯氏菌的重要鉴别意义)。

3.3　产酸克雷伯氏菌 (*Klebsiella oxytoca*)

产酸克雷伯氏菌 [*Klebsiella oxytoca*(Flügge 1886)Lautrop 1956] 也曾被译为催娩克雷伯氏菌、催产克雷伯氏菌，且在有的资料中还有出现；在早期曾被 Flügge(1886) 列为芽孢杆菌属 (*Bacillus* Cohn 1872)，命名为速产酸恶性杆菌 (*Bacillus oxytocus perniciosus* Flügge 1886) 或速产酸可致死杆菌。种名 "*oxytoca*" 为现代拉丁语形容词，指产生酸的 (acid-producing)。

细菌 DNA 的 G+C mol% 为 55 ～ 58(T_m)；模式株：ATCC 13182，CIP 103434，JCM 1665，LMG 3055。GenBank 登录号 (16S rRNA)：Y17655，AB004754，AF129440[7]。

3.3.1　生物学性状

产酸克雷伯氏菌存在于人和动物的肠道，能从各种患病过程及植物和水环境材料中分离到，具有荚膜，还能在很少数的菌株中检查到一种特殊的 K 抗原。其主要特性为产生吲哚和脲酶，甲基红试验阴性，伏 - 波试验阳性，能利用柠檬酸盐。Von Riesen(1976) 报告某些克雷伯氏菌的菌株能消化聚果胶酸盐 (polypectate)，以后的研究表明这是产酸克雷伯氏菌与其他克雷伯氏菌的一个鉴别性状，这一性状在 Martin 和 Ewing 二氏培养基中测定是阴性的，但在 Starr 培养基中测定是阳性的。

关于产酸克雷伯氏菌在食品中的污染情况，中国海洋大学的王树峰等 (2010) 报告，从 40 份乳粉食品、10 份婴儿辅助食品 (骨泥、蔬菜泥)、22 份婴儿米粉、18 份婴儿磨牙棒类 (饼干)，5 份奶粉伴侣共 95 份婴儿食品中，检出了 10 种 (属)29 株细菌。分别为：阴沟肠杆菌 8 株 (构成比 27.59%)、非脱羧勒克菌 (*Leclercia adecarboxylata*)5 株 (构成比 17.24%)、阪崎氏肠杆菌 (*Enterobacter sakazakii*)3 株 (构成比 10.34%)、屎肠球菌 3 株 (构成比 10.34%)、少动鞘氨醇单胞菌 (*Sphingomonas paucimobilis*)2 株 (构成比 6.89%)、鸡肠球菌 (*Enterococcus gallinarum*) 亦称为鹑鸡肠球菌 2 株 (构成比 6.89%)、泛菌属细菌 2 株 (构成比 6.89%)、产酸克雷伯氏菌 2 株 (构成比 6.89%)、植生柔武氏菌 1 株 (构成比 3.45%)、解鸟氨酸柔武氏菌 1 株 (构成比 3.45%)，产酸克雷伯氏菌并列居第 7 位 [42]。

3.3.2　病原学意义

在临床材料中检出的克雷伯氏菌主要是肺炎克雷伯氏菌，其次则是产酸克雷伯氏菌，能在一定条件下引起人及多种动物的感染病。

3.3.2.1　人的产酸克雷伯氏菌感染病

相关的报告显示，产酸克雷伯氏菌主要是在一定条件下引起人的多种类型感染病，近年来也有作为医院感染病原菌检出的报告。

(1) 基本感染类型：产酸克雷伯氏菌可引起人的呼吸道和泌尿道感染、创伤及烧伤感染、菌血症及败血症等。近年来，在我国已有较多从败血症、菌血症、眼炎、肺部感染、支气管炎、腹泻、尿路感染等病例临床材料检出相应病原产酸克雷伯氏菌的报告。

此外，也有一些特殊感染病例的报告。例如，山东省德州市人民医院的姜健阁等 (1998) 报告，产酸克雷伯氏菌引起了脑膜炎 1 例 [43]；复旦大学附属华山医院的刘杨 (2007) 记述，产酸克雷伯氏菌是抗生素相关性出血性结肠炎 (antibiotics-associated hemorrhagic colitis,AHC)

的病原菌之一 [44]；浙江省义乌市人民医院的吴荣辉等 (1995) 报告，从 1 例噬血细胞综合征患者检出了相应病原产酸克雷伯氏菌 [45]；Philbrick 等 (2007)，报告了与阿莫西林相关联的出血性结肠炎病例 [46]；Greer-Bayramoglu 等 (2008)，报告了坏死性筋膜炎病例 [47]。再者，近年来也有由产酸克雷伯氏菌引起食物中毒事件发生的报告，但还是很少见的 [10]。

(2) 医院感染情况：在引起医院感染方面，产酸克雷伯氏菌还是比较罕见的。以下记述的一些报告，是具有一定代表性的。

在上面有记述的陕西省西电集团医院的杨小青 (2006) 报告该医院在 2004 年 1 月至 2006 年 5 月间，从住院及门诊患者的痰液、尿液、大便、血液、咽拭子、胸腔积液和腹水、脓液及分泌物等标本材料分离到病原菌 1076 株 (涉及 30 个菌属的 68 个菌种)，其中细菌共 947 株 (构成比 88.01%)。在 947 株细菌中，涉及克雷伯氏菌属细菌共 4 种 74 株，其中包括产酸克雷伯氏菌 (文中以催产克雷伯氏菌记述)11 株 (在克雷伯氏菌属细菌的构成比 14.86%)[33]。

四川大学华西医院的王晓辉等 (2013) 报告，该医院综合重症监护室 (ICU) 在 2012 年 4 ~ 11 月间，共发生医院感染腹泻 135 例，其中有 102 例 (构成比 75.56%) 为非艰难梭菌相关性腹泻 (*Clostridium difficile* associated diarrhea，CDAD) 医院感染。检出了携带 *pehX* 基因的、产毒素的产酸克雷伯氏菌、产毒素的产气荚膜梭菌 (*Clostridium perfringens*) 各 4 例，在 102 例非艰难梭菌相关性腹泻医院感染的构成比各为 3.92%[48]。

在上面有记述的湖北省沙市传染病医院的罗光荣等 (1994) 报告自 1992 年 4 月以来，在该医院门诊及住院的肺科患者中，大部分为肺结核伴发呼吸道感染患者、另一部分为肺炎与上呼吸道感染患者。分别取下呼吸道晨痰液为检验材料，结果从 1356 份中检出克雷伯氏菌属细菌 102 株 (检出率 7.52%)，其中包括产酸克雷伯氏菌 10 株 (构成比 9.80%)[34]。

3.3.2.2 动物的产酸克雷伯氏菌感染病

国内外已有的报告显示，产酸克雷伯氏菌可在一定条件下引起马的流产、犬的感染、鸡的感染、大熊猫腹泻、小鼠的感染等；在鱼类，已有作为养殖牙鲆病原菌的报告 [2]。

3.3.3 微生物学检验

对产酸克雷伯氏菌的微生物学检验，仍主要是进行细菌学检验；对从动物分离的菌株，还常需进行对同种动物的相应感染试验以明确其病原学意义。

3.4 植生克雷伯氏菌 (*Klebsiella planticola*)

在前有述及，植生克雷伯氏菌 (*Klebsiella planticola* Bagley，Seidler and Brenner 1982) 现已归入了新建立的拉乌尔菌属，名为植生拉乌尔菌。另外是由 Ferragut 等于 1983 年提名的特氏克雷伯氏菌 (*Klebsiella trevisanii*)，在后来被 Francoise 等证实为植生克雷伯氏菌的同物异名。种名 "planticola" 为现代拉丁语阴性名词，指在植物生长 (plant-dweller)。

细菌 DNA 的 G+C mol% 为 53.9 ~ 55.4(T_m)；模式株：ATCC 33531，ATCC 33538，CIP 100751，DSM 3069，IFO 14939。GenBank 登录号 (16S rRNA)：X93215，Y17659，AB004755，AF129443[7]。

3.4.1　生物学性状

植生克雷伯氏菌主要从植物、水和土壤环境中分离到，与肺炎克雷伯氏菌的主要区别在于该菌 10℃ 生长的能力和在 44℃ 从乳糖不产气，与土生克雷伯氏菌的主要区别是该菌不发酵松三糖；有荚膜和能具有典型的克雷伯氏菌属细菌相应 K 血清[7]。

3.4.2　病原学意义

近年来，在我国已有从肺炎、呼吸道感染病例及痰液、脓汁与脓性分泌物、尿液、创面、呼吸道等临床样本中检出病原植生克雷伯氏菌的报告。

近年来也有在引起医院感染的报告，但还是比较罕见的。以下记述的一些报告，是具有一定代表性的。

在上面有记述的湖北省沙市传染病医院的罗光荣等 (1994) 报告自 1992 年 4 月以来，在该医院门诊及住院的肺科患者中，大部分为肺结核伴发呼吸道感染患者，另一部分为肺炎与上呼吸道感染患者。分别取下呼吸道晨痰液为检验材料，结果从 1356 份中检出克雷伯氏菌 102 株 (检出率 7.52%)。其中包括植生克雷伯氏菌 3 株 (构成比 2.94%)。相继 (1997) 报告在 1992 ~ 1993 年间分离到 3 株植生克雷伯氏菌的基础上，又于 1994 ~ 1996 年间从肺科住院患者的下呼吸道痰液中分离到 6 株植生克雷伯氏菌[34, 35]。

浙江省绍兴市人民医院 (浙江大学绍兴医院) 的何秋丽等 (2014) 报告，回顾性分析该医院在 2012 年 6 月至 2013 年 6 月间，从门诊及住院患者共分离到植生克雷伯氏菌 69 株。在各科室的分布，主要为神经外科共 47 株 (构成比 68.12%)，其中神经外科监护病房 41 株 (构成比 59.42%)、神经外科普通病房 6 株 (构成比 8.69%)；其次为呼吸内科和康复科各 5 株 (构成比各 7.25%)，肾脏内科 4 株 (构成比 5.79%)；其余 8 株 (构成比 11.59%)，分布在心内科、重症医学科等 5 个科室。在患者检验用标本材料的分布，主要为尿液 50 例 (构成比 72.46%)，其次为痰液 17 例 (构成比 24.64%)，另外为胆汁和引流液各 1 例 (构成比各 1.45%)。从这一分析结果来看，植生克雷伯氏菌主要是引起尿道感染，其次为呼吸道感染[49]。

3.4.3　微生物学检验

对植生克雷伯氏菌的微生物学检验，仍主要是进行细菌学检验；对从动物分离的菌株，还常需进行对同种动物的相应感染试验以明确其病原学意义。

(陈翠珍)

参 考 文 献

[1] 贾辅忠 , 李兰娟 . 感染病学 . 南京 : 江苏科学技术出版社 , 2010: 483~485.

[2] 房海 , 陈翠珍 , 张晓君 . 肠杆菌科病原细菌 . 北京 : 中国农业科学技术出版社 , 2011: 219~243.

[3] 管婧 , 卓超 , 苏丹虹 , 等 . 2012 年中国 CHINET 克雷伯菌属细菌耐药性监测 . 中国感染与化疗杂志 , 2014, 14(5):398~404.

[4] 黄朝晖 , 范晓玲 , 胡瑜 . 2007—2011 年医院感染主要病原菌的耐药趋势分析 . 中华医院感染学杂志 ,

2013, 23(8):1911~1913.

[5] 孙慧,吴荣华,胡钢,等.医院感染病原菌分布及耐药性分析.疾病监测与控制杂志,2014,8(1):4~6.

[6] 陈潇,徐修礼,杨佩红,等.2002—2012 年医院感染主要病原菌耐药性分析.中华医院感染学杂志,
2014,24(3):557~559.

[7] George M G. Bergey's Manual of Systematic Bacteriology. Second Edition. Volume Two. Part B. Springer,
New York, 2005: 685~693.

[8] Drancourt M, C Bollet, A Carta, et al. Phylogenetic analyses of *Klebsiella* species delineate *Klebsiella* and
Raoultella gen. nov., with description of *Raoultella ornithinolytica* comb. nov., *Raoultella terrigena* comb.
nov. and *Raoultella planticola* comb. nov. Int. J. Syst. Evol. Microbiol, 2001, 51:925~932.

[9] 李万军,李庆山,曹信,等.一起由冰淇淋中肺炎克雷伯氏菌引起的食物中毒.预防医学文献信息,
1999,5(4):371.

[10] 房海,陈翠珍.中国食物中毒细菌.北京:科学出版社,2014: 295~311.

[11] 房海,陈翠珍,张晓君,等.羊肺炎克雷伯氏菌感染症及病原菌检验与系统发育分析.中国人兽共患病
杂志,2005,21(10):895~900.

[12] Holt J G, Krieg N R, Sneath P H A, et al. Bergey's Manual of Determinative Bacteriology. Ninth Edition.
Baltimore, Williams and Wilkins, 1994: 181, 226~228, 235.

[13] 杨正时,房海.人及动物病原细菌学.石家庄:河北科学技术出版社,2003: 392~453.

[14] 刘晓杰,孙利群,王艳秋,等.医院环境表面病原菌分布调查.中华医院感染学杂志,2013,
23(18):4454~4455.

[15] 杨央,吕火祥,胡庆丰,等.1456 株连续分离的肺炎克雷伯菌临床分布及耐药性分析.中国卫生检验
杂志,2010,20(9):2232~2234.

[16] 戴玮,罗鹏,张莉萍.726 株肺炎克雷伯菌的分布特征及耐药性分析.重庆医学,2011,40(3):232~233,
236.

[17] 温鸿,章虹霞,石娜,等.医院感染大肠埃希菌和肺炎克雷伯菌的临床分析及耐药监测.温州医学院学
报,2013,43(11):757~759,763.

[18] 曲红光,杨德庆.肺炎克雷伯杆菌肠炎引起出血性休克一例.新疆医学,2008,38(10):79~80.

[19] 周蓉,朱卫民,黄文祥,等.855 株肺炎克雷伯氏菌感染的临床分布及耐药性分析.中国抗生素杂志,
2013,38(5):363~369.

[20] 侯新月,李红,伊惠霞.2007—2011 年医院感染肺炎克雷伯菌耐药性变迁.中华医院感染学杂志,
2014,24(5):1073~1075.

[21] 赵书平,李厚景,张开刚.医院感染肺炎克雷伯菌分布及耐药性分析.中华医院感染学杂志,2014,
24(13):3135~3136,3166.

[22] 方立超,郑峻松.肺炎克雷伯菌黏附因子相关研究进展.中国生物制品学杂志,2009,
22(12):1259~1262.

[23] 沈定树,施致远.克雷伯菌致病因子的研究进展.国外医学临床生物化学与检验学分册,2005,
26(1):57~59.

[24] 贾艳,孙长江,韩文瑜,等.肺炎克雷伯菌研究进展.微生物学杂志,2006,26(5):75~78.

[25] 杨朵,张正.肺炎克雷伯菌生物膜及黏附因子 mrkD 的测定.现代检验医学杂志,2008,23(3):24~26.

[26] 方立超 , 程平 , 贺娟 , 等 . 重庆两家三甲医院肺炎克雷伯菌菌毛变化分析 . 重庆医学 , 2010, 39(5): 551~552, 554.

[27] 叶应妩 , 王毓三 , 申子瑜 . 全国临床检验操作规程 . 3 版 . 南京 : 东南大学出版社 , 2006: 801~821.

[28] 唐珊熙 . 微生物学及微生物学检验 . 北京 : 人民卫生出版社 , 1998: 182~185.

[29] 姜赛琳 , 詹亚梅 , 吴景芳 . 综合医院护理人员手部病原菌调查分析 . 中华医院感染学杂志 , 2007, 17(11):1385~1386.

[30] 侯爱红 . 1592 例医院感染致病菌耐药率分析 . 海峡药学 , 2002, 14(6):88~89.

[31] 司进 , 毕玲 , 单志英 . 新生儿呼吸道感染细菌学分析 . 天津医科大学学报 , 2005, 11(3):411~413.

[32] 张曙冬 , 黄海林 , 吴澄清 . 革兰氏阴性菌肺炎实验及临床分析 . 中国医药指南 , 2007, 5(10):0102~0104.

[33] 杨小青 . 1076 株临床细菌的菌种分布 . 实用医技杂志 , 2006, 13(16):2812~2813.

[34] 罗光荣 , 刘祖春 . 102 株克雷白菌鉴定与植生克雷白菌检出 . 中华医学检验杂志 , 1994, 17(6):362~364.

[35] 罗光荣 , 刘祖春 . 新型植生克雷伯氏菌生物学特性及药物敏感性分析 . 中国微生态学杂志 , 1997, 9(6):25~27.

[36] 刘杨 , 张秋莹 , 殷玉华 . 重症监护室常用医疗器具使用中病原菌携带情况 . 中国感染控制杂志 , 2013, 12(1):64~65.

[37] 廖锋 , 郭德兴 , 谢跃琦 . 小儿肠杆菌属败血症 39 例临床分析 . 海南医学 , 1995, 6(3):167~169.

[38] 莫焕桐 . 产气肠杆菌致化脓性脑膜炎 1 例 . 湖南医学 , 1997, 14(增刊):119.

[39] 蔡宝云 , 李琦 , 梁清涛 . 继发性肺结核合并肺部感染病原体分析 . 实用心脑肺血管病杂志 , 2010, 18(2):120~122.

[40] 李莉 , 苏维奇 , 谭海艳 , 等 . 产气肠杆菌引起爆发感染的调查分析 . 医学理论与实践 , 2004, 17(9):1104~1105.

[41] 周曦 . 42 例产气肠杆菌肺炎临床分析 . 临床肺科杂志 , 2010, 15(1):57~58.

[42] 王树峰 , 雷质文 , 梁成珠 , 等 . 我国婴幼儿食品致病细菌的耐药性监测 . 食品安全质量检测学报 , 2010, 27(2): 73~78.

[43] 姜健阁 , 崔福庆 , 薛万华 . 产酸克雷伯氏菌致脑膜炎 1 例 . 实用医技杂志 , 1998, 5(5): 286~287.

[44] 刘杨 . 产酸克雷伯菌是抗生素相关性出血性结肠炎的病原菌 . 中国感染与化疗杂志 , 2007, 7(5):392.

[45] 吴荣辉 , 骆安奇 . 催产克雷伯氏菌感染所致噬血细胞综合征 1 例 . 临床血液学杂志 , 1995, 8(1):7.

[46] Philbrick A M, Ernst M E. Amoxicillin-associated hemorrhagic colitis in the presence of *Klebsiella oxytoca*. Pharmacotherapy, 2007, 27(11):1603~1607.

[47] Greer-Bayramoglu R, Matic D B, Kiaii B, et al. *Klebsiella oxytoca* necrotizing fasciitis after orthotopic heart transplant. The Journal of heart and lung transplantation, 2008, 27(11):1265~1267.

[48] 王晓辉 , 蔡琳 , 胡田雨 , 等 . ICU 病房的非艰难梭菌相关性医院感染腹泻 . 四川大学学报 (医学版), 2013, 44(4):637~640.

[49] 何秋丽 , 茅国峰 . 植生克雷伯菌的分布情况及耐药性分析 . 中国卫生检验杂志 , 2014, 24(3):437~438.

第 8 章　摩根氏菌属（*Morganella*）

摩根氏菌属 (*Morganella*，Fulton 1943) 的摩氏摩根氏菌摩氏亚种 (*Morganella morganii* subsp. *morganii*)，即摩氏摩根氏菌 (*Morganella morganii*)，偶可引起人的感染病 (infectious diseases)，主要是能在一定条件下引起一些局部组织器官的炎性感染、脓肿，以至菌血症、败血症等，也可作为食物中毒 (food poisoning) 的病原菌[1~3]。

摩根氏菌属是肠杆菌科 [Enterobacteriaceae(Rahn 1937)Ewing Farmer and Brenner 1980] 细菌的成员。作为医院感染 (hospital infection，HI) 的病原肠杆菌科细菌，在我国已有明确记述和报告的共涉及 12 个菌属 (genus)、35 个菌种 (species) 或亚种 (subspecies)。为便于一并了解，以表格 "医院感染病原肠杆菌科细菌的各菌属与菌种（亚种）" 的形式，记述在了第 2 篇 "医院感染革兰氏阴性肠杆菌科细菌" 扉页中。

在我国由摩根氏菌属的摩氏摩根氏菌引起的医院感染 (hospital infection，HI)，还是比较少见的。

值此提示为便于记述，在以下对摩氏摩根氏菌摩氏亚种均按摩氏摩根氏菌记述。

● 浙江省青春医院的吴雪花等 (2014) 报告，回顾性总结该医院 4 年 (2010 年 1 月至 2013 年 12 月) 间，从外科住院患者手术部位感染病例不同标本材料中分离获得的各种病原菌 82 株，其中革兰氏阴性细菌共 6 种 52 株 (构成比 63.41%)、革兰氏阳性细菌共 3 种 (属)22 株 (构成比 26.83%)，真菌 (fungi)8 株 (构成比 1.58%)。在革兰氏阴性细菌和革兰氏阳性细菌共 9 种 (属)74 株 (构成比 90.24%) 中，各菌种 (属) 的出现频率依次为：大肠埃希氏菌 (*Escherichia coli*)22 株 (构成比 29.73%)、葡萄球菌属 (*Staphylococcus* Rosenbach 1884) 细菌 16 株 (构成比 21.62%)、鲍氏不动杆菌 (*Acinetobacter baumannii*)10 株 (构成比 13.51%)、铜绿假单胞菌 (*Pseudomonas aeruginosa*)6 株 (构成比 8.11%)、摩氏摩根氏菌 6 株 (构成比 8.11%)、肺炎克雷伯氏菌 (*Klebsiella pneumoniae*)6 株 (构成比 8.11%)、粪肠球

菌 (*Enterococcus faecalis*)4 株 (构成比 5.41%)、普通变形菌 (*Proteus vulgaris*)2 株 (构成比 2.70%)、棒杆菌属 (*Corynebacterium* Lehmann and Neumann 1896) 细菌 2 株 (构成比 2.70%)，摩氏摩根氏菌居并列第 4 位。在 6 种 52 株革兰氏阴性细菌中，大肠埃希氏菌 22 株 (构成比 42.31%)、鲍氏不动杆菌 10 株 (构成比 19.23%)、铜绿假单胞菌 6 株 (构成比 11.54%)、摩氏摩根氏菌 6 株 (构成比 11.54%)、肺炎克雷伯氏菌 6 株 (构成比 11.54%)、普通变形菌 2 株 (构成比 3.70%)，摩氏摩根氏菌居并列第 3 位 [4]。

● 中国石油化工集团胜利石油管理局胜利医院的石梅等 (2014) 报告，回顾性总结该医院在 2010 年 1 月至 2013 年 8 月间，从住院治疗且并发医院感染 (HI) 的 89 例慢性肾脏病患者 16 份尿液标本材料中分离获得的 6 种病原菌 15 株，其中革兰氏阴性细菌 4 种 11 株 (构成比 73.33%)、革兰氏阳性细菌 2 种 4 株 (构成比 26.67%)。各菌种的出现频率，依次为：铜绿假单胞菌 5 株 (构成比 33.33%)、大肠埃希氏菌 3 株 (构成比 20.00%)、摩氏摩根氏菌 2 株 (构成比 13.33%)、金黄色葡萄球菌 (*Staphylococcus aureus*)2 株 (构成比 13.33%)、表皮葡萄球菌 (*Staphylococcus epidermidis*)2 株 (构成比 13.33%)、肺炎克雷伯氏菌 1 株 (构成比 6.67%)，摩氏摩根氏菌居并列第 3 位 [5]。

● 陕西省西电集团医院的杨小青 (2006) 报告，该医院在 2004 年 1 月至 2006 年 5 月间，从住院及门诊患者分离到病原菌 1076 株，其中细菌共 947 株 (构成比 88.01%)，属于真菌的念珠菌属 (*Candida* Berkhout 1923) 真菌 129 株 (构成比 11.99%)。在 947 株细菌中，革兰氏阴性细菌 602 株 (构成比 63.57%)、革兰氏阳性细菌 345 株 (构成比 36.43%)。在从痰液标本材料中分离的 14 种 (属)586 株病原菌中，细菌共 13 种 (属)524 株 (构成比 89.42%)，属于真菌的念珠菌属真菌 62 株 (构成比 10.58%)。另外是在此文中，还记述检出了其他多种病原菌，其中包括摩氏摩根氏菌 4 株 [6]。

1 菌属定义与分类位置

摩根氏菌属是肠杆菌科细菌的成员，属内摩氏摩根氏菌的原归属一直相对比较复杂。菌属名称 "*Morganella*" 为现代拉丁语阴性名词，是以在 1906 年首先研究此菌的英国细菌学家摩根 (H de R Morgan) 的姓氏 (Morgan) 命名的 [7]。

1.1 菌属定义

摩根氏菌属细菌是大小为 (0.6 ～ 0.7)μm×(1.0 ～ 1.7)μm 的革兰氏阴性直杆菌，借周生鞭毛 (peritrichous flagella) 运动，不存在像变形菌属 (Proteus Hauser 1885) 细菌那样明显的泳动现象 (swarming growth phenomenon)；兼性厌氧，有机化能营养，有呼吸和发酵两种代谢类型，最适生长温度 37℃。

D- 葡萄糖和 D- 甘露糖是仅有能被摩根氏菌属细菌分解的常见碳水化合物，产酸且常产气 (可能是迟缓的)；氧化酶阴性，过氧化氢酶阳性，吲哚和甲基红试验 (methyl red test，MR) 阳性，伏 - 波试验 (Voges-Proskauer test，V-P) 和西蒙氏 (Simmons) 柠檬酸盐利用阴性，赖氨酸脱羧酶和精氨酸双水解酶阴性，鸟氨酸脱羧酶阳性，从苯丙氨酸和色氨酸氧化脱氨，水解尿素，在含 KCN 培养基中能生长，不产生 H_2S，分解酪氨酸并在含有这种不溶性氨基酸的培养基上产生透明区，能够还原硝酸盐。

该属细菌存在于人的粪便、狗及其他哺乳动物和爬行动物中，是机会继发性病原菌，分离于败血症、呼吸道、创伤和尿道感染的标本材料。

摩根氏菌属细菌 DNA 的 G+C mol% 为 50(T_m)；模式种 (type species) 也是目前唯一的种 (only species)：摩氏摩根氏菌 [*Morganella morganii*(Winslow，Kligler and Rothberg 1919) Fulton 1943][7]。

1.2　分类位置

按伯杰氏 (Bergey) 细菌分类系统，在第二版《伯杰氏系统细菌学手册》(*Bergey's Manual of Systematic Bacteriology*) 第 2 卷 B 部分 (2005) 中，摩根氏菌属分类于肠杆菌科。

肠杆菌科内共记载了 42 个菌属 144 个种 (species)，另是在种下有 23 个亚种、8 个血清型 (serovars)。其中的 42 个菌属名录，已分别记述在了第 3 章 "柠檬酸杆菌属" (*Citrobacter*) 中。

肠杆菌科细菌 DNA 的 G+C mol% 为 38 ~ 60；模式属 (type genus)：埃希氏菌属 (*Escherichia* Castellani and Chalmers 1919)[7]。

在第八版《伯杰氏鉴定细菌学手册》(*Bergey's Manual of Determinative Bacteriology*)(1974) 中，摩氏摩根氏菌尚被归于变形菌属，名为摩氏变形菌 [*Proteus morganii*(Winslow，Kligler and Rothberg 1919)Yale 1939]，且这一分类命名在当今的一些文献资料中也还仍有出现[8]；到第九版《伯杰氏鉴定细菌学手册》(1994) 中已独立摩根氏菌属，属内仅含摩氏摩根氏菌 1 个种[9]。

在第二版《伯杰氏系统细菌学手册》第 2 卷 (2005)B 部分中，摩根氏菌属内仍仅含摩氏摩根氏菌 1 个种，但分为了两个亚种，分别为：摩氏摩根氏菌摩氏亚种 [*Morganella morganii* subsp. *morganii*(Winslow Kligler and Rothberg 1919)Fulton 1943]、摩氏摩根氏菌锡氏亚种 (*Morganella morganii* subsp. *sibonii* Jensen，Frederiksen，Hickman-Brenner et al 1992)，摩氏摩根氏菌摩氏亚种即摩氏摩根氏菌[7]。

另外，Emborg 等 (2006) 报告了从海产品分离的一个新种 (sp. nov.)——耐冷摩根氏菌 (*Morganella psychrotolerans* sp. nov. Emborg，Dalgaard，Ahrens 2006)[10]。

2　摩氏摩根氏菌摩氏亚种 (*Morganella morganii* subsp. *morganii*)

摩氏摩根氏菌摩氏亚种 [*Morganella morganii* subsp. *morganii*(Winslow Kligler and Rothberg 1919)Fulton 1943]，即摩氏摩根氏菌 [*Morganella morganii*(Winslow，Kligler and Rothberg 1919)Fulton 1943]。在最初被列为芽孢杆菌属 (*Bacillus* Cohn 1872)，定名为摩氏杆菌 (*Bacillus morgani* Winslow，Kligler and Rothberg 1919；注：在 1937 年以前的 "*Bacillus*" 被称为杆菌属)；也曾被归入沙门氏菌属 (*Salmonella* Lignieres 1900)，称为摩氏沙门氏菌 [*Salmonella morgani*(Winslow，Kligler and Rothberg 1919)Castellani and Chalmers 1919]；归入变形菌属，称为摩氏变形菌等。种名 "*morganii*" 为现代拉丁语属格名词指 "Morgan"，也系根据摩根 (H de R Morgan) 的姓氏 (Morgan) 命名的。

细菌 DNA 的 G+C mol% 为 50(T_m)；模式株 (type strain)：ATCC 25830，DSM 30164，IFO 3848，NCIB 235。

摩氏摩根氏菌摩氏亚种 (即摩氏摩根氏菌)DNA 的 G+C mol% 和模式株，与摩氏摩根氏菌是相同的。摩氏摩根氏菌锡氏亚种 DNA 的 G+C mol% 为 50，模式株：ATCC 49948，8103-85[7]。

摩氏摩根氏菌由 Morgan 于 1906 年首先描述，当时描述的一群菌株特征为：革兰氏染色阴性，通常具有鞭毛，产生吲哚，不液化明胶，不凝固牛乳，不发酵乳糖、麦芽糖、甘露醇、蔗糖和卫茅醇，发酵葡萄糖并能产生微量气体，菌株间的血清学特性是不一致的；同时将这群菌株，统称为摩氏 1 号菌 (Organism No.1 Morgan Morgan 1906)。此后，此菌曾先后被列为芽孢杆菌属，称为 "*Bacillus morgani*" (摩氏杆菌)；列入沙门氏菌属，称为 "*Salmonella morgani*" (摩氏沙门氏菌)；列入变形菌属，称为 "*Proteus morganii*" (摩氏变形菌) 等。将此菌归于变形菌属，是由匈牙利学者 Rauss(1936) 首先根据此菌的扩展生长和抗原结构所提出的，但并没有将其命名；后由 Yale(1939) 将此菌命名为 "*Proteus morganii*" (摩氏变形菌)。

2.1　生物学性状

摩氏摩根氏菌的一些生物学性状，与变形菌属、普罗威登斯菌属 (Providencia Ewing 1962) 细菌是比较相近的，其特征是生化反应不活泼、不能发酵多种常用的碳水化合物[1, 2]。

2.1.1　形态与培养特征

摩氏摩根氏菌的形态特征，即在菌属定义中的描述。其生长不需要特殊营养，在普通营养培养基上即能良好生长，在含 1% 琼脂培养基上 22℃培养 48h 后的生长物可能会扩展形成一层膜，有些菌株在 30℃以上培养时不形成鞭毛；在含 1.5% 琼脂培养基上一般不能像变形菌属细菌那样呈现明显的迁徙生长 (亦称泳动或蔓延生长) 现象，有些菌株在血液营养琼脂培养基上有溶血性，有报告在补加 5% 色氨酸的营养琼脂培养基上可产生红褐色色素。

2.1.2　生化特性

摩氏摩根氏菌发酵碳水化合物的能力较低，通常仅能从葡萄糖和甘露糖发酵产酸，偶尔能分离到分解乳糖的菌株 (这种表型是由质粒控制的)；典型菌株仅能使鸟氨酸脱羧，也有少数菌株能使鸟氨酸和赖氨酸脱羧 (对赖氨酸的脱羧作用是由质粒控制的)，还有个别菌株对鸟氨酸和赖氨酸均无脱羧作用。

为简便区分摩氏摩根氏菌两个亚种,将在第二版《伯杰氏系统细菌学手册》第 2 卷 (2005) B 部分中所列 "摩氏摩根氏菌两个亚种特性表" 列出 (表 8-1)。注意：在表中仅列的是两个亚种间存在差异的项目，两个亚种均为阳性的包括脲酶、苯丙氨酸脱氨酶、硝酸盐还原、从葡萄糖和 D- 甘露糖产酸；均为 d 的包括鸟氨酸和 L- 赖氨酸脱羧酶；均为阴性的包括伏 -波试验、柠檬酸盐 (Simmons)、丙二酸盐、黏液酸盐、乙酸盐等有机酸盐利用，精氨酸双水解酶，明胶液化 (22℃)，脂肪酶 (玉米油)，DNA 酶，从碳水化合物 (L- 阿拉伯糖、纤维二糖、卫茅醇、赤藓醇、*myo*- 肌醇、乳糖、麦芽糖、甘露醇、α- 甲基葡糖苷、蜜二糖、棉子糖、鼠李糖、水杨苷、D- 山梨醇、蔗糖、D- 木糖) 发酵产酸 [7]。

表 8-1　摩氏摩根氏菌两个亚种有区别的特性

特性	摩氏摩根氏菌摩氏亚种	摩氏摩根氏菌锡氏亚种
吲哚产生	+	d
产 H_2S(三糖铁琼脂培养基)	d	—
ONPG 试验	D	—
动力	+	d
KCN 中生长	+	d
产酸：海藻糖，阿东糖醇，D- 阿东糖醇	—	+
四环素敏感性	+	—

注：表中符号的 + 表示阳性，− 表示阴性，d 表示 26% ～ 75% 的菌株阳性，D 表示在菌株间存在差异性；均为在 $(36 \pm 1)℃$ 条件下培养 48h 的结果，资料源于 Jensen 等 (1992) 和 Farmer(1995)。

在第二版《伯杰氏系统细菌学手册》第 2 卷 B 部分 (2005) 中，将摩氏摩根氏菌分为了 A、B、C、D、E、F、G 的 7 个生物群 (biogroups)，它们间的特性区别如表 8-2 所示 [7]。

表 8-2　摩根摩根氏菌不同生物群的特性

特性	生物群						
	A	B	C	D	E	F	G
产酸：海藻糖	—	—	—	—	+	+	+
甘油	+[a]	d	+[a]	—	—	d[a]	d[a]
脱羧酶：赖氨酸	—	+	—	+	+	d	—
鸟氨酸	+	+	—	—	+	—	+
动力	+[a]	d	d	—	+	d	+
四环素敏感性	+	+	d	+	+	—	d

注：表中符号的 + 表示阳性，− 表示阴性，d 表示 26% ～ 75% 的菌株阳性；均为在 $(36 \pm 1)℃$ 条件下培养 48h 的结果；上角标的 a 表示此项为培养 3 ～ 7 天的结果，资料源于 Jensen 等 (1992)。

2.1.3　抗原结构与免疫学特性

摩氏摩根氏菌具有菌体 (ohne hauch，O) 抗原和鞭毛 (hauch，H) 抗原，在某些菌株还可能存在表面 (kapsel，K) 抗原。

2.1.3.1　抗原与血清型

Rauss 和 Vörös(1959) 首先提出了摩氏摩根氏菌所具有的菌体抗原和鞭毛抗原，Rauss 等 (1975) 报告已扩大到了 42 个血清群 (serogroups) 和 75 种血清型 (serovars)，Vörös 和 Senior(1990) 报告扩大到了 88 种血清型。Penner 和 Hennessy(1979) 报告，可以采用间接血凝试验的方法进行菌体抗原的检定。其中的 O1 群有 O1ab、O1ac、O1ad 共 3 个亚群 (subgroups)，且在不同菌体抗原群间的交叉凝集反应较明显；鞭毛抗原的交叉凝集反应不明显，均是较为特异的。

Rauss 等在建立了 29 个菌体抗原群和 19 个鞭毛抗原后，随即建立了对摩氏摩根氏菌血清型检定用的抗原表，当时已确定有 57 个 O:H 血清型。另是在 1 株菌 (O29:H19) 中，发现存在属于表面抗原的 B 型抗原样的不耐热表面抗原。

在与其他细菌的抗原交叉方面，辽宁省丹东市疾病预防控制中心的兰淑东等 (2005)、辽阳市宏伟区疾病预防控制站的窦彩红等 (2010)，曾分别报告了从食物中毒检出的菌株，与肠致病性大肠埃希氏菌 (enteropathogenic *Escherichia coli*，EPEC) 的 O55:K59 具有交叉反应，这是在对摩氏摩根氏菌检验中需要注意的 [11, 12]。

2.1.3.2　免疫学特性

摩氏摩根氏菌抗原具有良好的免疫原性，被摩氏摩根氏菌感染后耐过或接种免疫动物，其机体能产生相应的免疫应答，主要为体液免疫抗体反应。

在发生摩氏摩根氏菌食物中毒后，血清抗体会在一定的时限内出现和效价明显升高，也可作为辅助诊断的依据。例如，山东省莱阳市卫生防疫站的刘磊等 (2001) 报告在 1998 年 7 月 8 日，莱阳市某高中师生 40 人参加高考住某师范学校并就餐于该校食堂，晚餐后 5h 有部分师生出现恶心、呕吐、腹痛、腹泻、发热 (体温高的达 38.9℃)、发冷等症状，共发病 25 人 (罹患率 62.5%)，潜伏期 5 ~ 10h；检验表明，是由摩氏摩根氏菌污染牛肉引起的食物中毒。以分离的摩氏摩根氏菌制备抗原，对患者当日和恢复期 (第 15d) 血清分别做凝集试验，结果为当日的抗体凝集效价均小于 1∶20，恢复期的为 1∶(80 ~ 160) [13]。

2.1.4　生境与抗性

目前对摩氏摩根氏菌的确切生境还不甚明了，已知主要见于人及某些哺乳类动物的粪便中。此菌通常表现对临床常用的多黏菌素、红霉素、氨苄西林、青霉素和头孢菌素等具有抗性，对萘啶酸、羧苄青霉素、氨基苷类和氯霉素等敏感，对四环素和磺胺类等的敏感性在株间有差异。

从不同临床标本材料分离的菌株，近年来的一些报告显示，在不同的分离菌株间存在耐药差异性。以下记述的一些报告，是具有一定代表性的。

四川大学华西医院的马晓波等 (2006) 对 2002 年 1 月至 2005 年 6 月从临床分离的 91 株摩氏摩根氏菌进行了药敏分析。菌株是从多种临床材料中分离的，其中较多来源于痰液 (37.4%) 及分泌物 (27.5%)；均为摩氏摩根氏菌感染病例，以老年科 (15 株占 16.5%) 及骨科 (11 株占 12.1%) 居多。91 株均对供试的氨苄西林、头孢唑啉、头孢噻吩耐药；对氨苄西林 / 舒巴坦 (77.8%)、头孢呋辛 (87.2%)、复方磺胺甲噁唑 (72.2%) 的耐药率也较高；对哌拉西林 / 三唑巴坦、头孢吡肟、亚胺培南、阿米卡星的敏感性较好，敏感率分别为 92.2%、85.7%、83.5%、94.5% [14]。

中国人民解放军成都军区机关第三门诊部的朱姝媛等 (2009) 对从腹泻患者中检出的摩氏摩根氏菌生物 A 群菌株，进行药敏试验的结果表现对供试的头孢曲松、呋喃妥因敏感；对呋喃唑酮、庆大霉素、卡那霉素为中介；对复方新诺明、头孢唑啉、头孢噻吩、头孢氨苄、诺氟沙星、环丙沙星、氧氟沙星、青霉素、氨苄西林、多黏菌素 B、螺旋霉素、四环素等耐药 [15]。

在前面有记述浙江省青春医院的吴雪花等 (2014) 报告分离于医院感染患者的 6 株摩氏摩根氏菌，对供试的哌拉西林 / 他唑巴坦、头孢哌酮 / 舒巴坦、美罗培南、亚胺培南、阿米卡星、奈替米星均敏感，对哌拉西林、头孢呋辛均耐药，对庆大霉素、环丙沙星、头孢他啶在菌株间存在差异性 [4]。

2.2 病原学意义

尽管摩氏摩根氏菌也是较早已被认识到具有一定致病作用的，但对其确切的致病范围与特点、毒力因子及其强度等，还均有待进一步研究明确。现根据一些相应记述和报告，作如下简要记述。

2.2.1 人的摩氏摩根氏菌感染病

摩氏摩根氏菌在人的致病作用，主要表现为医源性感染的一种重要病原菌；此菌被认为是一个机会继发性侵染菌，在通常情况下并不作为某些部位的原发性病原菌。

2.2.1.1 胃肠道感染病

自从 1906 年 Morgan 发现摩氏摩根氏菌以来，曾被认为是腹泻的病原菌，这是因曾发现其为腹泻粪便样品中的优势菌且又在这种粪样中未发现存在沙门氏菌属、志贺氏菌属 (*Shigella* Castellani and Chalmers 1919) 细菌等致腹泻病原菌；但除食物中毒外，由此菌引起的腹泻很少见，在肠道中的病原作用尚需大量、可靠的证据支持，也有重新评估的必要。哈尔滨铁路中心卫生防疫站的于秀华 (1985) 报告，在 1984 年夏秋季对部分痢疾患者进行粪便细菌培养时，曾发现 2 例由摩氏摩根氏菌引起的像由志贺氏菌属细菌引起的细菌性痢疾 (bacillary dysentery) 样症状患者，均为厨师 [16]。

值得提出的是，广东省乐昌市人民医院的邹敏 (2010) 以 "摩根摩根氏菌西伯尼 1 型" 的名义，报告了 1 例腹泻患者 (56 岁男性) [17]。本书作者认为，记述的可能即是现在的摩氏摩根氏菌锡氏亚种，因为摩氏摩根氏菌锡氏亚种也被记为摩氏摩根氏菌西伯尼生物群 (*Morganella morganii sibonii* biogroup)，这种情况还是罕见的。

另外则是食物中毒，属于胃肠道感染病的范畴。近年来在我国有不少由摩氏摩根氏菌引起食物中毒事件发生的报告，表现病程有自限性，通常为 1 ～ 3 天，轻者数小时即症状消失；在不同年龄、性别的均有发生，发病急骤，潜伏期多在 2 ～ 24h，临床主要为腹痛、腹泻、恶心、呕吐等消化道症状，有的伴有发热、头痛、头晕等；中毒发生具有比较明显的季节性，多是在 6 ～ 9 月份；相关食物主要为肉类 (牛肉、猪肉、羊肉、鸡肉、马肉等) 食品，另外为水产品 (虾、海蜇等)，以及一些冷食、凉拌菜等 [3]。

2.2.1.2 胃肠道外感染

摩氏摩根氏菌常可分离于住院患者的血液、痰、胆汁、尿液、脓汁及创伤分泌物，有不少证据表明此菌在尿道感染中的致病作用，尤其是在病院源中。在主要感染类型方面，除了菌血症、败血症、脑膜炎、脑脊髓膜炎等外，近年来也有与关节炎、眼球炎、局部脓肿，中耳炎等有关的报告[1, 2, 18 ~ 23]。

另外是 Osanai 等 (2008) 报告，一名 80 岁患者发生由摩氏摩根氏菌引起的白血病样反应 (leukemoid reaction) 的肾脓肿[24]；Abdalla 等 (2006) 报告，一名 38 岁患者发生由此菌引起的中枢神经系统的感染[25]；山东省汶上县人民医院的周晶 (2006) 报告了 1 例发生在 2005 年 10 月的孕妇 (25 岁) 宫内感染病例[26]。这些感染类型，都是比较少见的。

2.2.1.3　医院感染特点

尽管摩氏摩根氏菌被认为是引起医院感染的一种重要病原菌，但在我国医院感染患者的检出频率并不高。从有关记述分析，摩氏摩根氏菌引起的医院感染，常常是发生在有基础疾病患者或创口部位。例如，在前面有记述浙江省青春医院的吴雪花等 (2014) 报告，摩氏摩根氏菌被分离于外科住院患者手术部位感染标本材料[4]；在前面有记述中国石油化工集团胜利石油管理局胜利医院的石梅等 (2014) 报告，摩氏摩根氏菌被分离于慢性肾脏病患者的尿液[5]。

2.2.2　动物的摩氏摩根氏菌感染病

在动物中，Moyaert 等 (2008) 报告在比利时的 3 周龄小牛，发生了由摩氏摩根氏菌引起的腹泻和肺炎[27]；Roels 等 (2007) 报告，从家兔支气管肺炎病例检出了相应病原摩氏摩根氏菌[28]。在我国，近年来已分别有从发病 (死亡) 袋鼠、海狸鼠、蛇、龟、鳖、锦鲤等检出相应病原摩氏摩根氏菌的报告[29 ~ 35]。

2.3　微生物学检验

对摩氏摩根氏菌的微生物学检验，目前仍主要是进行分离与鉴定等的细菌学检验；在免疫血清学检验方面，目前尚无规范的可行性方法应用。

2.3.1　细菌分离与鉴定

可用普通营养琼脂、血液营养琼脂 (含 5% ~ 10% 家兔或绵羊血液) 等培养基，直接取被检材料做分离，置 25 ~ 37℃培养 24h 左右挑选纯一或优势生长的菌落，移接于普通营养琼脂斜面做成纯培养供鉴定用。

2.3.1.1　初步鉴定

通常情况下，可根据苯丙氨酸脱氨酶、葡萄糖酸盐利用试验将肠杆菌科内一些比较常见具有致病性的不同菌属 (包括摩根氏菌属) 鉴别开，具体可见在第 3 章 "柠檬酸杆菌属" (*Citrobacter*) 中表 3-3(根据苯丙氨酸脱氨酶和葡萄糖酸盐利用试验的各菌属间鉴别特征) 的记述[45]。

2.3.1.2　鉴别检验

对摩氏摩根氏菌的鉴定，主要是依据此菌的理化特性进行相应的检验。实践中应特别注意与在理化性状方面与其相近的变形菌属、普罗威登斯菌属细菌相鉴别，它们之间的鉴别要点：①苯丙氨酸脱氨酶均为阳性，这也是此 3 个属的细菌与肠杆菌科中其他细菌相鉴别的一个重要特征；②除了产碱普罗威登斯菌 (*Providencia alcalifaciens*)、海氏普罗威登斯

菌 (*Providencia heimbachae*)、拉氏普罗威登斯菌 (*Providencia rustigianii*)、斯氏普罗威登斯菌 (*Providencia stuartii*) 的部分菌株外，尿素酶均为阳性；③在普通营养琼脂和血液营养琼脂平板培养基上，除彭氏变形菌 (*Proteus penneri*) 部分菌株外的变形菌有迁徙生长 (亦称泳动或蔓延生长) 现象，亦称集群 (swarming)；④普通变形菌 (*Proteus vulgaris*)、奇异变形菌 (*Proteus mirabilis*)、彭氏变形菌的部分菌株，H₂S 为阳性；⑤仅奇异变形菌、产黏变形菌 (*Proteus myxofaciens*)、彭氏变形菌、海氏普罗威登斯菌的吲哚阴性；⑥仅奇异变形菌、摩氏摩根氏菌的鸟氨酸脱羧酶阳性；⑦发酵 D- 甘露糖有助于与变形菌属细菌相鉴别。

为更有效鉴别这些菌种，现将在《伯杰氏鉴定细菌学手册》第九版 (1994) 中所列 "变形菌与普罗威登斯菌及摩氏摩根氏菌间理化特性鉴别表" 列出 (表 8-3) 以供使用。其中涉及变形菌属的奇异变形菌、产黏变形菌、彭氏变形菌、普通变形菌，普罗威登斯菌属的产碱普罗威登斯菌、海氏普罗威登斯菌、雷氏普罗威登斯菌 (*Providencia rettgeri*)、拉氏普罗威登斯菌、斯氏普罗威登斯菌 [9]。

表 8-3　变形菌与普罗威登斯菌及摩氏摩根氏菌间理化特性鉴别表

项目	奇异变形菌	产黏变形菌	彭氏变形菌	普通变形菌	摩氏摩根氏菌	产碱普罗威登斯菌	海氏普罗威登斯菌	雷氏普罗威登斯菌	拉氏普罗威登斯菌	斯氏普罗威登斯菌
吲哚产生	−	−	−	+	+	+		+	+	+
伏 - 波试验	d	+								
柠檬酸盐利用 (Simmons)	d	+	−	(−)	−	+		+	(−)	+
H₂S 产生	+	−	d	+						
尿素水解	+	+	+	+	+	+		+		d
鸟氨酸脱羧酶	+				+					
明胶液化	+	+	d	+						
D- 葡萄糖产气	+	+	d	(+)	+	(+)			d	
产酸：D- 侧金盏花醇	−	−	−	−	−	+	+	+		
D- 阿拉伯糖醇	−	−	−	−	−	−		+	+	
甘油	d	+	d	d	−	(−)	−	d		d
肌醇	−	−	−	−	−	d	+			+
麦芽糖		+	+	+				d		
D- 甘露糖	−	−	−	−	+	+	+	+	+	+
α- 甲基 -D- 葡糖苷		+	(+)	d						
L- 鼠李糖								+	d	
蔗糖	(−)	+	+	+		(−)	−	(−)	d	d
海藻糖	+	+	d	d						+
D- 木糖	+	−	+							
DNA 酶	d	+	d	(+)						
脂酶	+	+	d	(+)						
酪氨酸清晰	+	−	+	+	+	+	+			
泳动 (swarming)	+	+	d	+						

注：表中符号的 − 示 0 ～ 10% 菌株阳性，(−) 表示 11% ～ 25% 菌株阳性，d 示 26% ～ 75% 菌株阳性，(+) 表示 76% ～ 89% 菌株阳性，+ 表示 90% ～ 100% 菌株阳性。

2.3.2　免疫学检验

在发生摩氏摩根氏菌食物中毒后，患者血清凝集抗体效价在恢复期的可比发病初期的高 4 倍以上，可通过用分离的菌株制备抗原，对患者双份血清做凝集试验测定，具有一定的辅助诊断价值。

（陈翠珍）

参 考 文 献

[1] 贾辅忠 , 李兰娟 . 感染病学 . 南京 : 江苏科学技术出版社 , 2010: 487.

[2] 房海 , 陈翠珍 , 张晓君 . 肠杆菌科病原细菌 . 北京 : 中国农业科学技术出版社 , 2011: 244~252.

[3] 房海 , 陈翠珍 . 中国食物中毒细菌 . 北京 : 科学出版社 , 2014: 256~267.

[4] 吴雪花 , 陈林俊 , 徐华 . 外科手术部位感染常见病原菌及其耐药性分析 . 现代实用医学 , 2014, 26(10):1308~1309.

[5] 石梅 , 徐涛 , 张金锋 , 等 . 肾病患者医院感染病原菌分布及耐药性研究 . 中华医院感染学杂志 , 2014, 24(10):2391~2393.

[6] 杨小青 . 1076 株临床细菌的菌种分布 . 实用医技杂志 , 2006, 13(16):2812~2813.

[7] George M.Garrity.Bergey's Manual of Systematic Bacteriology.Second Edition.Volume Two.Part B.Springer, New York.2005: 707~709.

[8] 布坎南 R E, 吉本斯 N E, 等 . 伯杰氏细菌鉴定手册 . 8 版 . 中国科学院微生物研究所《伯杰氏细菌鉴定手册》翻译组 , 译 . 北京 : 科学出版社 , 1984: 454~458.

[9] Holt J G, Krieg N R, Sneath P H A, et al.Bergey's Manual of Determinative Bacteriology.Ninth Edition. Baltimore, Williams and Wilkins, 1994: 183, 239~240.

[10] Emborg J, Dalgaard P, Ahrens P. *Morganella psychrotolerans* sp.nov., a histamine-producing bacterium isolated from various seafoods.International journal of systematic and evolutionary microbiology, 2006, 56(10):2473~2479.

[11] 兰淑东 , 修晓沪 , 阎爱莉 . 一起由"摩尔根氏变形杆菌"引起食物中毒的实验室报告 . 中国公共卫生管理 , 2005, 21(2):175~176.

[12] 窦彩红 . 一起由摩氏摩根氏菌引起食物中毒报告 . 河南预防医学杂志 , 2010, 21(2):164, 166.

[13] 刘磊 , 左常智 , 赵爱华 . 1 起由摩根氏菌引起食物中毒报告 . 职业与健康 , 2001, 17(1):53.

[14] 马晓波 , 吕晓菊 , 母丽媛 , 等 . 临床分离 91 株摩氏摩根氏菌的药敏分析 . 中国抗生素杂志 , 2006, 31(8): 501~504.

[15] 朱姝媛 , 朱琼媛 , 李刚山 , 等 . 驻滇部队腹泻患者中首次检出摩氏菌摩根亚种生物群 A 菌 . 中国热带医学 , 2009, 9(4):711~712.

[16] 于秀华 . 摩根氏变形杆菌致痢疾样腹泻二例报告 . 现代医学 , 1985, (5):279.

[17] 邹敏 . 腹泻病例中检出摩根摩根菌西伯尼 1 型 1 例 . 当代医学 , 2010, 16(19):88~89.

[18] Lee I K, Liu J W.Clinical characteristics and risk factors for mortality in *Morganella morganii* bacteremia. Journal of microbiology, immunology, and infection, 2006, 39(4):328~334.

[19] Falagas M E, Kavvadia P K, Mantadakis E, et al. *Morganella morganii* Infections in a General Tertiary

Hospital.Infection, 2006, 34(6):315~321.

[20] Cetin M, Ocak S, Kuvandik G, et al. *Morganella morganii*-associated arthritis in a diabetic patient.Advances in therapy, 2008, 25(3):240~244.

[21] Wang T J, Huang J S, Hsueh P R.Acute postoperative *Morganella morganii* panophthalmitis.Eye, 2005, 19(6):713~715.

[22] Kucukbayrak A, Ozdemir D, Yildirim M, et al. Multiple Brain Abscesses and Mastoiditis due to *Morganella morganii* After Chronic Otitis Media Case Report and Literature Review.Neurosurgery quarterly, 2007, 17(4):294~296.

[23] Chou C Y, Liang P C, Chen C A, et al.Cervical abscess with vaginal fistula after extraperitoneal Cesarean section.Journal of the Formosan Medical Association, 2007, 106(12):1048~1051.

[24] Osanai S, Nakata H, Ishida K, et al.Renal abscess with *Morganella morganii* complicating leukemoid reaction.Internal medicine, 2008, 47(1):51~55.

[25] Abdalla J, Saad M, Samnani I, et al.Central nervous system infection caused by *Morganella morganii*.The American Journal of the Medical Sciences, 2006, 331(1):44~47.

[26] 周晶 . 摩氏摩根氏菌致孕妇宫内感染一例 . 医学检验与临床 , 2006, 17(4):89.

[27] Moyaert H, Pasmans F, Vercauteren G, et al. *Morganella morganii* subsp. *morganii*-associated pneumonia in a Belgian Blue calf.Vlaams Diergeneeskundig Tijdschrift, 2008, 77(4):256~258.

[28] Roels S, Wattiau P, Fretin D, et al.Isolation of *Morganella morganii* from a domestic rabbit with bronchopneumonia.The Veterinary Record, 2007, 161(15):530~531.

[29] 赵耘 , 李伟杰 , 杜昕波 , 等 . 袋鼠摩根氏菌生物特性鉴定及系统发育分析 . 中国畜牧兽医 , 2010, 37(3):48~51.

[30] 陈永林 , 关孚时 , 李庆珍 . 海狸鼠摩根氏菌病病原鉴定 . 中国兽医杂志 , 1995, 21(8):24.

[31] 黄尚彪 , 罗廷荣 , 吴文德 . 蛇口腔炎病原菌的分离与鉴定 . 广西农业生物科学 , 2004, 23(1):31~34.

[32] 黎小正 , 韦信贤 , 童桂香 , 等 . 黄喉拟水龟摩氏摩根菌的分离鉴定及系统发育分析 . 上海海洋大学学报 , 2010, 19(3):358~363

[33] 马有智 , 舒妙安 . 一种中华鳖穿孔病病原菌的分离和特性研究 . 浙江大学学报 (农业与生命科学版), 2000, 26(4):414~416.

[34] 陆小苕 , 邹为民 , 谭爱萍 , 等 . 锦鲤摩氏摩根菌的鉴定及致病性研究 . 淡水渔业 , 2005, 35(2):3~5.

[35] 李雪峰 , 王利 . 鲈鱼摩氏摩根菌的鉴定及药敏试验 . 动物医学进展 , 2015, 36(2): 65~68.

[36] 叶应妩 , 王毓三 , 申子瑜 . 全国临床检验操作规程 . 3 版 . 南京 : 东南大学出版社 , 2006: 801~821.

第9章 泛菌属 (*Pantoea*)

泛菌属 (*Pantoea* Gavini，Mergaert，Beji et al 1989 emend. Mergaert Verdonck and Kersters 1993) 的多个种 (species)，可作为植物的病原菌。其中的成团泛菌 (*Pantoea agglomerans*)，可在一定条件下引起人的多种类型感染病 (infectious diseases)。另外是菠萝泛菌 (Pantoea ananatis)、分散泛菌 (Pantoea dispersa)，也有报告显示具有一定的医学临床意义 [1]。

泛菌属是肠杆菌科 [Enterobacteriaceae(Rahn 1937)Ewing Farmer and Brenner 1980] 细菌的成员。作为医院感染 (hospital infection，HI) 的病原肠杆菌科细菌，在我国已有明确记述和报告的共涉及 12 个菌属 (genus)、35 个菌种 (species) 或亚种 (subspecies)。为便于一并了解，以表格"医院感染病原肠杆菌科细菌的各菌属与菌种 (亚种)"的形式，记述在了第 2 篇"医院感染革兰氏阴性肠杆菌科细菌"扉页中。

在我国由泛菌属细菌引起的医院感染中，明确记述的仅涉及成团泛菌 1 个种，也属于检出频率相对较高的革兰氏阴性细菌。

● 天津医科大学第二医院的司进等 (2005) 报告，对该医院在 2002 年至 2004 年间，从新生儿病房医院感染 (呼吸道感染) 患病新生儿 (出生 1 天以上)201 例中 (检验材料为咽拭子)，分离到 13 种 (类) 病原菌共 343 株，其中明确菌种的细菌共 12 种 312 株 (构成比 90.96%)，其他病原菌 31 株 (构成比 9.04%)。在明确菌种的 12 种 312 株细菌中，革兰氏阴性菌 10 种 243 株 (构成比 77.88%)、革兰氏阳性菌 2 种 69 株 (构成比 22.12%)。各明确菌种的出现频率，依次为：表皮葡萄球菌 (*Staphylococcus epidermidis*)48 株 (构成比 15.38%)、成团泛菌 45 株 (构成比 14.42%)、铜绿假单胞菌 (*Pseudomonas aeruginosa*)41 株 (构成比 13.14%)、阴沟肠杆菌 (*Enterobacter cloacae*)38 株 (构成比 12.18%)、大肠埃希氏菌 (*Escherichia coli*)31 株 (构成比 9.94%)、鲍氏不动杆菌 (*Acinetobacter baumannii*)27

株 (构成比 8.65%)、金黄色葡萄球菌 (*Staphylococcus aureus*)21 株 (构成比 6.73%)、肺炎克雷伯氏菌 (*Klebsiella pneumoniae*)17 株 (构成比 5.45%)、鲁氏不动杆菌 (*Acinetobacter lwoffii*)17 株 (构成比 5.45%)、臭鼻克雷伯氏菌 (*Klebsiella ozaenae*)14 株 (构成比 4.49%)、产气肠杆菌 (*Enterobacter aerogenes*)10 株 (构成比 3.21%)、产碱假单胞菌 (*Pseudomonas alcaligenes*)3 株 (构成比 0.96%)，成团泛菌居第 2 位。在 10 种 243 株革兰氏阴性菌中，各菌种的出现频率依次为：成团泛菌 45 株 (构成比 18.52%)、铜绿假单胞菌 41 株 (构成比 16.87%)、阴沟肠杆菌 38 株 (构成比 15.64%)、大肠埃希氏菌 31 株 (构成比 12.76%)、鲍氏不动杆菌 27 株 (构成比 11.11%)、肺炎克雷伯氏菌 17 株 (构成比 6.99%)、鲁氏不动杆菌 17 株 (构成比 6.99%)、鼻克雷伯氏菌 14 株 (构成比 5.76%)、产气肠杆菌 10 株 (构成比 4.12%)、产碱假单胞菌 3 株 (构成比 1.23%)，成团泛菌居第 1 位 [2]。

本书作者注：①其中的成团泛菌，在文中是以肠杆菌属 (*Enterobacter* Hormaeche and Edwards 1960) 的聚团肠杆菌 (*Enterobacter agglomerans*) 记述的；②文中记述的产气肠杆菌，即现在已分类于克雷伯氏菌属 (*Klebsiella* Trevisan 1885 emend.Drancourt，Bollet，Carta and Roussselier 2001) 的运动克雷伯氏菌 (*Klebsiella mobilis*)；③文中记述的臭鼻克雷伯氏菌，即现在分类的肺炎克雷伯氏菌臭鼻亚种 (*Klebsiella pneumoniae* subsp. *ozaenae*)。

● 在第 3 章"柠檬酸杆菌属"(*Citrobacter*) 中有记述，中国人民解放军第三医院 (陕西省宝鸡市) 的韩雪玲等 (2006) 报告，回顾性总结该医院在 2004 年 1 月至 12 月间，12 个临床科室 7057 例住院患者发生医院感染情况，结果为发生医院感染共 217 例 (构成比 3.07%)。分离到 15 种 (类) 病原菌共 433 株，其中细菌 14 种 (类) 共 419 株 (构成比 96.77%)、真菌 (fungi)14 株 (构成比 3.23%)。明确菌种 (属) 的细菌共 13 个种 (属)402 株，其中革兰氏阴性细菌 10 个种 (属)299 株 (构成比 74.38%)、革兰氏阳性细菌 3 个种 (属)103 株 (构成比 25.62%)。在 13 个种 (属)402 株细菌中，成团泛菌 (文中是以肠杆菌属的聚团肠杆菌记述的)50 株 (构成比 12.44%) 居第 3 位；在在 10 个种 (属)299 株革兰氏阴性细菌中，成团泛菌 50 株 (构成比 16.72%) 居第 2 位 [3]。

● 河南省洛阳市北方企业集团有限公司职工医院的胡玺慧 (2014) 报告，在该医院 3 年 (2011 年 1 月 1 日至 2013 年 12 月 31 日) 间，从住院患者分离到 13 种 (类) 病原菌共 2983 株，其中细菌 12 种 (类) 共 2803 株 (构成比 93.97%)、真菌 180 株 (构成比 6.03%)。明确菌种 (属) 的细菌共 10 个种 (属)2248 株，其中革兰氏阴性细菌 6 种 1392 株 (构成比 61.92%)、革兰氏阳性细菌 4 个种 (属)856 株 (构成比 38.08%)。各菌种 (属) 的出现频率，依次为：大肠埃希氏菌 366 株 (构成比 16.28%)、成团泛菌 (文中是以肠杆菌属的聚团肠杆菌记述的)363 株 (构成比 16.15%)、肺炎克雷伯氏菌 289 株 (构成比 12.86%)、链球菌属 (*Streptococcus* Rosenbach 1884) 细菌 263 株 (构成比 11.69%)、金黄色葡萄球菌 236 株 (构成比 10.49%)、肠球菌属 [*Enterococcus*(ex Thiercelin and Jouhaud 1903)Schleifer and Kilpper-Bälz 1984] 细菌 215 株 (构成比 9.56%)、阴沟肠杆菌 156 株 (构成比 6.94%)、溶血葡萄球菌 (*S.haemolyticus*)142 株 (构成比 6.32%)、鲍氏不动杆菌 140 株 (构成比 6.23%)、铜绿假单胞菌 78 株 (构成比 3.47%)，成团泛菌居第 2 位。在 6 种 1392 株革兰氏阴性细菌中，各菌种 (属) 的出现频率依次为：大肠埃希氏菌 366 株 (构成比 26.29%)、成团泛菌 363 株 (构成比 26.08%)、肺炎克雷伯氏菌 289 株 (构成比 20.76%)、阴沟肠杆菌 156 株 (构成比 11.21%)、鲍氏不动杆菌

140 株 (构成比 10.06%)、铜绿假单胞菌 78 株 (构成比 5.60%),成团泛菌居第 2 位 [4]。

1 菌属定义与分类位置

泛菌属也被称为多源菌属,是肠杆菌科细菌新的成员,菌属内包括多个种,其中有的种是易属的、有的种是近年来新命名的。菌属名称 "*Pantoea*" 为现代拉丁语阴性名词,指这些细菌具有生态学的广泛性 [from diverse(geographical and ecological)sources][5]。

1.1 菌属定义

泛菌属细菌为 (0.5 ～ 1.3)μm×(1.0 ～ 3.0)μm 的革兰氏染色阴性直杆菌,无荚膜,无芽孢;一些菌株可以形成长链或类似球体的集合体,被称为共质体 (symplasmata);大多数菌株具有周生鞭毛 (peritrichous flagella),能运动。在营养琼脂培养基上的菌落光滑、半透明、边缘整齐、隆起或微隆起,有的菌落粗糙带皱且难以从培养基上取下;菌落为黄色、浅米色至淡橘黄色或无色。

该属细菌兼性厌氧,氧化酶阴性;葡萄糖和葡萄糖酸盐脱氢酶阳性,且其活性不需要辅助因子。其能利用 D- 果糖、D- 半乳糖、海藻糖和 D- 核糖发酵产酸;多数菌株的伏 - 波试验阳性;赖氨酸和鸟氨酸脱羧酶阴性,脲酶阴性,果胶酶阴性,不能利用硫代硫酸盐产生 H_2S,最适生长温度为 30℃。该属细菌可以利用 N- 乙酰 -D- 葡萄糖胺、L- 天冬氨酸、D- 果糖、D- 半乳糖、D- 葡萄糖酸盐、D- 葡萄糖胺、D- 葡萄糖、L- 谷氨酸盐、甘油、D- 甘露糖、D- 核糖和 D- 海藻糖作为碳源和能源;不能利用 5- 氨基戊酸盐、苯甲酸盐、癸酸盐、辛酸盐、*m*- 香豆酸盐、乙醇胺、龙胆酸盐、戊二酸盐、组胺、3- 羟苯酸盐、4- 羟苯酸盐、3- 羟基丁酸盐、亚甲基丁二酸盐、麦芽糖醇、D- 松三糖、1-*O*- 甲基 -*α*-D- 葡萄糖苷、3- 苯基丙酸盐、丙酸盐、L- 山梨糖、丙三羧酸盐、色胺、D- 松二糖、L- 酪氨酸作为碳源和能源。其可从植物、种子、水果、土壤、水及人体 (尿液、血液、伤口、内脏器官) 和动物分离到,有些菌株是 (或已经被认为是) 植物的病原体。

泛菌属细菌 DNA 的 G+C mol% 为 49.7 ～ 60.6;模式种 (type species):成团泛菌 [*Pantoea agglomerans* (Ewing and Fife 1972)Gavini et al 1989][5]。

1.2 分类位置

按伯杰氏 (Bergey) 细菌分类系统,在第二版《伯杰氏系统细菌学手册》(*Bergey's Manual of Systematic Bacteriology*) 第 2 卷 (2005) 的 B 部分中,泛菌属分类于肠杆菌科。

肠杆菌科内共记载了 42 个菌属 144 个种,另是在种下有 23 个亚种、8 个血清型 (serovars)。其中的 42 个菌属名录,已分别记述在了第 3 章 "柠檬酸杆菌属"(*Citrobacter*) 中。

肠杆菌科细菌 DNA 的 G+C mol% 为 38 ～ 60;模式属 (type genus):埃希氏菌属 (*Escherichia* Castellani and Chalmers 1919)[5]。

泛菌属内共记载了 7 个种、2 个亚种,以及 4 个基因群 (DNA group)。

7 个种，依次为：成团泛菌、菠萝泛菌、柠檬泛菌 (*Pantoea citrea*)、分散泛菌、斑点泛菌 (*Pantoea punctata*)、斯氏泛菌 (*Pantoea stewartii*)、土壤泛菌 (*Pantoea terrea*)。

2 个亚种，分别为：斯氏泛菌斯氏亚种 (*Pantoea stewartii* subsp. *stewartii*)、斯氏泛菌产吲哚亚种 (*Pantoea stewartii* subsp. *indologenes*)。

4 个基因群，分别为：基因群Ⅰ、基因群Ⅱ、基因群Ⅳ、基因群Ⅴ。

其中的菠萝泛菌和斯氏泛菌，分别是由欧文氏菌属 (*Erwinia* Winslow，Broadhurst，Buchanan et al 1920) 的菠萝欧文氏菌 (Erwinia ananas) 和斯氏欧文氏菌 (*Erwinia stewartii*) 转入的。

2　成团泛菌 (*Pantoea agglomerans*)

成团泛菌 [*Pantoea agglomerans*(Ewing and Fife 1972)Gavini，Mergaert，Beji et al 1989]，亦被记作聚团泛菌。此菌曾有过许多归属，最早由 Beijerinck(1888) 归入现在的芽孢杆菌属 (*Bacillus* Cohn 1872；在 1937 年以前芽孢杆菌属被称为杆菌属)，名为成团杆菌 (*Bacillus agglomerans* Beijerinck 1888)；被归为欧文氏菌属，名为噬夏孢欧文氏菌 [*Erwinia uredovora*(Pon et al 1954)Dye 1963]、斯氏欧文氏菌 [*Erwinia stewartii*(Smith 1898)Dye 1963]、草生欧文氏菌 [*Erwinia herbicola* (Geilinger 1921)Dye 1964] 等，小米欧文氏菌 [*Erwinia milletiae*(Kawakami and Yoshida)Magrou 1937] 也是该菌的同物异名 (synonym)；被归为杆菌属 (*Bacterium* Ehrenberg 1828)，名为草生杆菌 (*Bacterium* herbicola Geilinger 1921)；被归为黄单胞菌属 (*Xanthomonas* Dowson 1939 emend.Vauterin et al 1995)，名为噬夏孢黄单胞菌 (*Xanthomonas uredovorus* Pon et al 1954)；被归为假单胞菌属 (*Pseudomonas* Migula 1894)，名为斯氏假单胞菌 (*Pseudomonas stewartii* Smith 1898)；被归为埃希氏菌属，名为非脱羧埃希氏菌 (*Escherichia adecarboxylata* Leclerc 1962)；被归为肠杆菌属，名为成团肠杆菌 [*Enterobacter agglomerans*(Beijerinck 1888)Ewing and Fife 1972] 也称为聚团肠杆菌。菌种名称 "*agglomerans*" 为拉丁语分词形容词，指成形的团块 (forming into a ball)。

细菌 DNA 的 G+C mol% 为 55.1 ~ 56.8(T_m)；模式株 (type strain)：ATCC 27155，CCUG 539，CFBP 3845，CIP 57.51，DSM 3493，ICMP 12534，JCM 1236，LMG 1286，NCTC 9381。GenBank 登录号 (16S rRNA)：AB004691，AJ233423[5]。

2.1　生物学性状

成团泛菌对营养的要求不高，在普通营养培养基中即可良好生长。其理化性状相对比较复杂，还可分为不同的生物群 (biogroup)。

2.1.1　培养特征

成团泛菌的菌落一般为光滑型 (smooth，S) 的，但有一些非产气菌株尤其是生物群 1(biogroup 1) 的菌株，可能表现出不同的菌落特征：①粗糙型 (rough，R) 带皱的菌落，难以用接种环取下；②光滑但不规则的菌落；③呈花椰菜 (cauliflower) 状的粗糙菌落；④凸起的黏液状菌落(尤其是在含有碳水化合物的培养基上)。不产气的菌株常能产生黄色素(所有菌株的 75%、生物群 1 的 85% 菌株);在产气的生物群菌株中较少 (<50%);低温 (20 ～ 30℃) 条件下比在 37℃ 容易产色素;类似胡萝卜素 (carotenes) 的黄色素可溶于乙酮和丙酮,但不溶于水和氯仿。

2.1.2　生化特性

为简便区分属内各种及亚种,现将其主要特性列于表 9-1[5]。

表 9-1　泛菌属内种间鉴别特征

项目	菠萝泛菌	斯氏泛菌斯氏亚种	斯氏泛菌产吲哚亚种	成团泛菌	分散泛菌	柠檬泛菌	斑点泛菌	土壤泛菌
API 20E 试验:								
硝酸盐还原为亚硝酸盐	d	−	−	+	−	+	+	+
吲哚产生	+	−	+	−	−	−	−	−
柠檬酸盐利用	+	−	+	d	+	+	+	+
β- 半乳糖苷酶	+	+	+	+	+			
API 50CHE 试验:								
产酸:甘油	+	−	(+)	(−)	d	+	+	+
D- 阿糖醇	+	−	+	d	+	(+)	−	−
山梨醇	(+)	−	−	−	−	(−)	−	(−)
纤维二糖	+	−	+	d	+			
麦芽糖	+	−	+	+	+		(−)	(−)
乳糖	+	−	+	(−)	(−)	+		
α- 甲基 -D- 甘露糖苷	(+)	−	−	−	−			
熊果苷	+	−	+	+		(−)		+
水杨素	+	−	+	+	(−)	(−)		
棉子糖	(+)	+	−	−	−	−	d	d
松二糖	−	−	−	−	+			
D- 岩藻糖	−	−	−	−	−	+	+	+
七叶苷水解	d	−	+	+	+		(−)	+
动力	+	−	(+)	+	+	−		+
丙二酸盐利用	−	−	−	+	−	−	−	−
苯丙氨酸脱氨酶	−	−	−	+	−	−	−	−
生长于顺乌头酸盐	+	−	+	+	+	ND	ND	ND

注:表中符号的 − 表示 0 ～ 10% 阳性, (−) 表示 11% ～ 25% 阳性, d 表示 26% ～ 75% 阳性, + 表示 90% ～ 100% 阳性, (+) 表示 76% ～ 89% 菌株阳性, ND 表示未测定。

在《伯杰氏系统细菌学手册》第 1 卷 (1984) 中，以表格形式列出了成团泛菌 (本书作者注：是在肠杆菌属项下以成团肠杆菌的名义记述的) 不产气菌株与产气菌株的一些特性；另外还列出了以生化特性划分生物群的鉴别特征，包括非产气菌株生物群 (含 1 ~ 7 的 7 个生物群) 及产气菌株生物群 (含 G1 ~ G4 的 4 个生物群)。现将这些表格分别以成团泛菌的名义列于表 9-2、表 9-3、表 9-4 供参考 [6]。

表 9-2　成团泛菌非产气菌株及产气菌株生化特性

项目	非产气株	产气株	项目	非产气株	产气株
黄色素	(+)	d	D- 阿东醇	(−)	(−)
从 D- 葡萄糖产气	−	+	L- 鼠李糖，麦芽糖	[+]	+
硝酸盐还原	(+)	+	山梨糖，D- 酒石酸盐	−	−
吲哚产生	(−)	(−)	乳糖	(−)	d
伏 - 波试验	(+)	d	蔗糖	d	d
脱羧酶：鸟氨酸	−	(−)	myo- 肌醇	(−)	(−)
精氨酸	−	−	水杨苷	d	d
赖氨酸	−	−	纤维二糖	d	+
KCN 中生长	(−)	(+)	甘油	d	d
MR 试验	(+)	(+)	蜜二糖	(−)	(+)
产酸：D- 山梨醇	(−)	(+)	β- 半乳糖苷酶 (ONPG test)	+	+
棉子糖	(−)	d	柠檬酸盐：西蒙氏 (Simmons)	(+)	(+)
黏液酸盐 (Mucate)	(−)	d	克氏 (Christensen's)	+	+
β- 木糖苷酶	(−)	(+)	连四硫酸盐还原酶 (TTR)	−	−
明胶酶	(+)	d	丙二酸盐	d	(+)
运动力	(+)	(+)	尿素酶，H₂S 产生	−	−
产酸：D- 木糖，L- 阿拉伯糖，D- 甘露醇	+	+	苯丙氨酸和色氨酸脱氨酶	−	−

注：表中符号的+表示全部菌株在 24 ~ 48h 内阳性，(+) 表示绝大多数菌株阳性 (通常 >89%)，(−) 表示多数菌株阴性 (通常 >89% 并在培养 7 天后)，− 表示全部菌株阴性 (培养 7 天后)，d 表示株间有差异 (通常 11% ~ 89% 是阳性的)。

表 9-3　成团泛菌非产气菌株生物群的鉴别 [a]

项目	1	2	3	4	5	6	7
硝酸盐还原	+	+	−	−	+	−	+
吲哚产生	−	−	−	+	+	−	+
伏 - 波试验	+	−	−	+	−	+	+
所试菌株数	157	52	21	19	19	12	8

注：上角标的 a 表示资料源于 Fife 和 Ewing(1972)；表中符号+表示全部菌株在 24 ~ 48h 内阳性，−表示全部菌株在培养 7 天后阴性。

表 9-4 成团泛菌产气菌株生物群的鉴别 [a]

项目	G1	G2	G3	G4
吲哚产生	−	−	+	+
伏 - 波试验	+	−	−	+
所试菌株数	33	15	15	6

注：上角标及表中符号，同表 9-3。

2.2 病原学意义

成团泛菌常可从植物、花、种子、蔬菜、水、土壤和饲料中分离到，有的菌株可来源于人和动物。由成团泛菌引发的感染，多是与存在植物或植物产品（如种子等）的周围环境有关；有不少的病例，均是与受到过树枝、木条、植物刺等的刺伤相关联的。

2.2.1 人的成团泛菌感染病

多年来，一直认为成团泛菌仅是植物的病原菌。1967 年，Slotnick 等首先报告了从一例患者的内踝伤口中反复检出该菌并引起了败血症，从此肯定了该菌对人的致病性。成团泛菌可在一定条件下引起败血症、脓肿、菌血症、骨关节感染、泌尿道感染、腹膜和胸部感染等多种类型的感染病。Meyers 等指出，该菌可经输液途径导致发生败血症，也当是属于医院感染的范畴 [1]。

2.2.1.1 基本感染类型

有报告显示，在美国俄亥俄州的一个医院，被检验的 58 例由肠杆菌引起的菌血症病例中，有 4 例属于成团泛菌感染；42 例医院菌血症病例中有 1 例为成团泛菌感染。1970年在美国和加拿大暴发的由污染引起的败血病，有成团泛菌的参与。Rodrigues 等 (2009)报告在亚马孙流域的巴西人脓肿中，也分离到了病原成团泛菌。Aly 等 (2008) 报告，该菌引起了早产婴儿的血液感染。Cruz 等 (2007) 报道在由该菌引起的 53 例感染中，血液感染 23 例、脓肿 14 例、骨关节感染 10 例、泌尿道感染 4 例、腹膜和胸部感染各 1 例。Fullerton 等 (2007) 首次报道，1 例 80 岁患者所发生的由该菌引起的下肢肌痛并发肝脓肿病例 [1]。

近年来，在我国已有较多从肺部感染、尿路感染、下呼吸道感染、气管与支气管肺炎、颅内感染、心包炎、胆囊炎、败血症、结膜炎、腹泻等病例，以及创口分泌物、血液、痰液、脑脊液、粪便、胆汁、尿液、关节液等多种临床材料中检出相应病原成团泛菌的报道 [7~33]。

2.2.1.2 医院感染特点

作为引起医院感染的病原菌，成团泛菌的检出率还是相对比较高的 [2~4]，主要发生在呼吸道感染，其次为泌尿道的感染。以下记述的一些报告，是具有一代表性的。

在前面有记述中国人民解放军第三医院（陕西宝鸡）的韩雪玲等 (2006) 报告，从医院感染患者分离的成团泛菌 50 株，在各种标本材料的分布为：呼吸道 25 株（构成比 50.0%）、泌尿道 5 株（构成比 10.0%）、中枢系统 3 株（构成比 6.0%）、消化道 4 株（构成比 8.0%）、伤口 4 株（构成比 8.0%）、其他部位 9 株（构成比 18.0%），显示主要为呼吸道感染 [3]。

牡丹江医学院红旗医院二发电分院的刘杨等 (2012) 报告，为了解某医院住院患者医院感染现患率情况，采用横断面调查方法，对某医院 2011 年 9 月 14 日早 8 点至 15 日早 8 点 (24h 内) 住院患者进行了医院感染现患率调查，在住院患者 820 例中调查了 769 例，其中发生医院感染的 2 例（现患率 0.26%），分别为下呼吸道感染、泌尿道感染的各 1 例，从 2 例感染患者检验标本材料中分别检出成团泛菌（文中是以聚团肠杆菌记述的）、阴沟肠杆菌各 1 株 [34]。

在引起医院感染的传播途径方面，吉林大学第一医院的姜赛琳等 (2007) 报告在 2006 年 8 月，对该医院呼吸科、心内科、消化科、妇产科、胸外科、器官移植中心共 6 个科室（中心）的 27 名护理人员，在进行静脉输液操作过程中其手部携带病原菌检验，结果检出 12 种（类）53 株，在不同科室（中心）均有检出。在 12 种（类）53 株病原菌中，包括成团泛菌 4 株（构成比 7.55%）居第 7 位 [35]。

2.2.2　动物的成团泛菌感染病

作为陆生动物病原菌的检出，还是罕见的。张家口市第 251 医院的李克勤等 (1994) 在 1993 年 4 月，张家口市第 251 医院饲养的实验动物地鼠大批死亡，经病原学检验表明由成团泛菌（文中是以聚团肠杆菌记述的）的感染所致 [36]。

在鱼类，据 Hansen 等 (1990) 报告在 1986 年 1 月，被鉴定为成团泛菌（文中是以成团肠杆菌的名义记述的）的细菌，从发病死亡的鲯鳅 (mahi-mahi,dolphin fish, *Coryphaena hippurus*) 中分离获得，发病濒死及病死鲯鳅表现眼球出血、肌肉组织出血，内部器官缺少明显病变 [37,38]。

2.3　微生物学检验

对成团泛菌的微生物学检验，主要是对细菌的分离与鉴定。该菌对营养要求不高，以常用的普通营养琼脂及肠道菌培养基分离即可。对所分离的成团泛菌进行鉴定，按前面述及的该菌理化特性进行即可，需要注意的是与泛菌属细菌相近的一些肠道细菌相鉴别。

（陈翠珍）

参考文献

[1] 房海，陈翠珍，张晓君.肠杆菌科病原细菌.北京：中国农业科学技术出版社,2011:253~266.

[2] 司进，毕玲，单志英.新生儿呼吸道感染细菌学分析.天津医科大学学报,2005,11(3):411~413.

[3] 韩雪玲，华梅，胡斌.7057 例住院患者医院感染调查分析.实用医技杂志,2006,13(10):1643~1645.

[4] 胡玺惠.抗菌药物分级管理对医院感染病原菌分布及其耐药性的影响.中国消毒学杂志,2014, 31(12):1316~1318,1321.

[5] George M.Garrity.Bergey's Manual of Systematic Bacteriology. Second Edition.Volume Two.Part B.Springer, New York, 2005: 713~720.

[6] Krieg N R, Holt J G.Bergey's Manual of Systematic Bacteriology.Volume 1.London:Williams and Wilkins, Baltimore, 1984: 465~469.

[7] 孙富艳，卢洪洲.成团泛菌感染的研究进况.中国感染与化疗杂志，2009, 9(5):389~391.

[8] 赖雁平，张菊英，葛庚芝，等.天津市区 10 家医院聚团肠杆菌下呼吸道感染 23 例临床及耐药性分析.天津医科大学学报，2004, (3):254~255.

[9] 李曼慈.聚团肠杆菌性喉、气管及支气管肺炎 1 例.广东医学，2001, 22(11):1018.

[10] 储从家，孔繁林，吴惠玲.创口分泌物中检出成团泛菌和藤黄微球菌.临床检验杂志，2000, 18(6):330.

[11] 高润平，李忠燮，杜文波.聚团肠杆菌败血症并发结膜炎一例.吉林大学学报 (医学版)，1993, 19(1):3.

[12] 耿丽霞，赵莲英.痰液中分离出聚团肠杆菌 1 例报告.邯郸医学高等专科学校学报，2003, 16(1):32.

[13] 赵汉庆，李继顺.新生儿聚团肠杆菌肠炎一例.新生儿科杂志，1994, 9(1):34.

[14] 李连计，谢树莲，王百龄.小儿聚团肠杆菌败血症 15 例临床分析.河北中西医结合杂志，1997, 6(2):195~196.

[15] 赖雁平，张菊英，葛庚芝，等.老年人聚团肠杆菌所致下呼吸道感染 52 例临床及耐药性分析.中华老年医学杂志，2005, 24(12):904~905.

[16] 周玲华，王太东.聚团肠杆菌致尿路感染 2 例.山东医药，1995, 35(6):13.

[17] 李华信，杜美华.聚团肠杆菌致患者颅脑术后感染 1 例.中华医院感染学杂志，2003, 13(1):37.

[18] 冯琴，柳立红.聚团肠杆菌引起尿路感染的一例报道.临床检验杂志，1994, 12(2):85.

[19] 周福元，廖四照，汪能平，等.聚团肠杆菌引起化脓性颅内感染一例.临床内科杂志，1995, 12(3):12.

[20] 卢全兴.聚团肠杆菌性心包炎一例.临床心血管病杂志，1994, 10(6):370.

[21] 季仁洲，张宇佳.聚团肠杆菌产气株致急性胆囊炎 1 例.海军医高专学报，1998, 20(2):122.

[22] 邹立新，赵思阳，谢元宏，等.聚团肠杆菌败血症致多脏器功能衰竭 1 例.四川医学，2003, 24(7):760.

[23] 罗发枢，冉超蓉.聚团肠杆菌败血症急性心肾功能不全多系统损害 1 例.重庆医学，1994, 23(6):383.

[24] 谢树莲，王百龄，张敬杰，等.聚团肠杆菌败血症 30 例临床分析.临床内科杂志，1991, 8(4):36~37.

[25] 赵卓，王正平，孙丽华，等.腹泻便中成团肠杆菌的分离与鉴定.中国卫生检验杂志，1995, 5(5):267~269.

[26] 林仙友，李招云.从早产儿脑脊液培养中分离出聚团肠杆菌一例报告.临床检验杂志，1994, 12(增刊):140.

[27] 宋蕾，马立国，曹松，等.从关节液中培养出聚团肠杆菌的报告.临床检验杂志，1994, 12(增刊):160.

[28] 苗伶俐.成团泛菌致细菌性痢疾 1 例.实用医技杂志，2005, 12(10):2994.

[29] 朱善军，冯琴，张莎.成团泛菌引发临床感染调查.中华医院感染学杂志，2006, 16(9):1006.

[30] 李明有.产气聚团肠杆菌败血症一例.广州医学，1992, (增刊)：104.

[31] 廖锋，郭德兴，谢跃琦.小儿肠杆菌属败血症 39 例临床分析.海南医学，1995, 6(3):167~169.

[32] 蔡宝云，李琦，梁清涛.继发性肺结核合并肺部感染病原体分析.实用心脑肺血管病杂志，2010, 18(2):120~122.

[33] 宗晓福，刘云霞，王琴.成团泛菌肺部感染 8 例.中国医刊，2007, 42(8):43~44.

[34] 刘杨，关瑞锋.医院感染现患率调查报告.中国消毒学杂志，2012, 29(11):1035~1036.

[35] 姜赛琳，詹亚梅，吴景芳．综合医院护理人员手部病原菌调查分析．中华医院感染学杂志，2007，17(11):1385~1386.

[36] 李克勤，史恩祥，朱森树．从致病地鼠心血、尿中分离出聚团肠杆菌．中国人兽共患病杂志，1994，10(2):37,63.

[37] Austin B, Austin D A.Bacterial Fish Pathogens:Disease of Farmed and Wild Fish.Third(Revised) Edition. Praxis Publishing Ltd, Chichester, UK, 1999: 23, 84~85.

[38] Brian Austin, Dawn A Austin.Bacterial Fish Pathogens Disease of Farmed and Wild Fish.Sixth Edition. Springer International Publishing Switzerland.2016: 352~353.

第 10 章　变形菌属 (*Proteus*)

变形菌属 (*Proteus* Hauser 1885) 的奇异变形菌 (*Proteus mirabilis*) 和普通变形菌 (*Proteus vulgaris*)，与医学临床关系密切。可在一定条件下引起尿道感染 (urinary tract infection，UTI)，也能引起其他一些组织器官的炎性感染以至菌血症及败血症等感染病 (infectious diseases)，也是食物中毒 (food poisoning) 的重要病原菌。在动物，主要是引起某些 (尤其是幼龄) 动物的胃肠道感染病，临床以发生腹泻为特征。从某种意义上讲，奇异变形菌和普通变形菌也可列入人畜共患病 (zoonoses) 的病原菌范畴。另外，彭氏变形菌 (*Proteus penneri*) 也具有一定的医学临床意义[1～3]。

变形菌属是肠杆菌科 [Enterobacteriaceae(Rahn 1937)Ewing Farmer and Brenner 1980] 细菌的成员。作为医院感染 (hospital infection，HI) 的病原肠杆菌科细菌，在我国已有明确记述和报告的共涉及 12 个菌属 (genus)、35 个菌种 (species) 或亚种 (subspecies)。为便于一并了解，以表格"医院感染病原肠杆菌科细菌的各菌属与菌种 (亚种)"的形式，记述在了第 2 篇"医院感染革兰氏阴性肠杆菌科细菌"扉页中。

在我国多有由变形菌属细菌引起的医院感染，明确记述的涉及奇异变形菌和普通变形菌两个种。根据相关资料分析，由变形菌属细菌引起的医院感染，在所有医院感染细菌中一直占据着第 10 位左右的位置。

● 中国医学科学院北京协和医学院北京协和医院的杨启文等 (2012) 报告，回顾性总结在 2008 年 1 月至 12 月间，我国不同地区 15 所教学医院从医院感染患者 (均为入院 48h 后发生感染的患者) 分离的 1357 株肠杆菌科细菌 (非重复菌种)，共涉及 7 个种。各菌种的出现频率，依次为：大肠埃希氏菌 (*Escherichia coli*)372 株 (构成比 27.41%)、肺炎克雷伯氏菌 (*Klebsiella pneumoniae*)368 株 (构成比 27.12%)、阴沟肠杆菌 (*Enterobacter cloacae*)239 株 (构成比 17.61%)、奇异变形菌 114 株 (构成比 8.40%)、褪色沙雷氏菌 (*Serratia marcescens*)109 株 (构成比 8.03%)、弗氏柠檬酸杆菌 (*Citrobacter freundii*)87 株 (构成比 6.41%)、产气肠杆菌 (*Enterobacter aerogenes*)68 株 (构成比 5.01%)，奇异变形菌居第 4 位 [4]。

本书作者注：文中记述的产气肠杆菌，即现在已分类于克雷伯氏菌属 (*Klebsiella* Trevisan 1885 emend.Drancourt，Bollet，Carta and Roussselier 2001) 的运动克雷伯氏菌 (*Klebsiella* mobilis)。

● 在第 4 章 "肠杆菌属" (*Enterobacter*) 中有记述，江苏省无锡市第四人民医院的黄朝晖等 (2013) 报告，回顾性总结该医院 5 年 (2007 年至 2011 年) 间，从住院患者不同标本材料中分离获得的各种病原菌 38 037 株，其中明确菌种的革兰氏阴性细菌共 8 种 23 995 株 (构成比 63.08%)、革兰氏阳性细菌共 4 种 8395 株 (构成比 22.07%)，其他的病原菌 5647 株 (构成比 14.85%)。在明确菌种的革兰氏阴性细菌和革兰氏阳性细菌共 12 种 32 390 株 (构成比 85.15%) 中，奇异变形菌 626 株 (构成比 1.93%) 居第 10 位。在 8 种 23 995 株革兰氏阴性细菌中，奇异变形菌 626 株 (构成比 2.61%) 居第 6 位 [5]。

● 在第 4 章 "肠杆菌属" (*Enterobacter*) 中有记述，江苏省中医院的孙慧等 (2014) 报告，回顾性总结该医院 3 年 (2010 年 1 月 1 日至 2012 年 12 月 31 日) 间，从医院感染患者分离获得各种病原菌 15 028 株，其中革兰氏阴性细菌 11 698 株 (构成比 77.84%)、革兰氏阳性细菌 3092 株 (构成比 20.57%)，真菌 (fungi)238 株 (构成比 1.58%)。明确菌种 (属) 的细菌共 11 个种 (属)13 649 株，其中革兰氏阴性细菌 7 个种 (属)10 683 株 (构成比 78.27%)、革兰氏阳性细菌 4 个种 (属)2966 株 (构成比 21.73%)。在 11 个种 (属)13 649 株细菌中，变形菌属细菌 243 株 (构成比 1.78%) 居第 10 位。在明确菌种 (属) 的 7 种革兰氏阴性细菌 10 683 株中，变形菌属细菌 243 株 (构成比 2.27%) 居第 7 位 [6]。

1 菌属定义与分类位置

变形菌属亦称变形杆菌属，是肠杆菌科细菌古老的成员。菌属 (genus) 名称 "*Proteus*" 为希腊语名词，意为能将自己变成多种形状的一位神 (an ocean god able to change himself into different shapes)。近年来在属内种的易属变动较大，有的种在以前还分有不同的生物群 (biogroups，BG)[7]。

1.1 菌属定义

变形菌为大小 (0.4 ~ 0.8)μm×(1.0 ~ 3.0)μm 的革兰氏阴性直杆菌，以周生鞭毛 (peritrichous flagella) 运动；多数菌株在含有琼脂 (或明胶) 的营养培养基 (表面潮湿) 上能做周期的环形运动形成同心环，或扩展成均匀的薄层。其兼性厌氧，有机化能营养，有呼吸和发酵两种代谢类型，37℃为适宜生长温度。

该菌属细菌使 D- 葡萄糖及其他一些碳水化合物分解产酸且常产气，氧化酶阴性，过氧化氢酶阳性，甲基红试验 (methyl red test，MR) 阳性；吲哚产生、伏 - 波试验 (Voges-Proskauer test，V-P)、西蒙氏 (Simmons) 柠檬酸盐利用试验结果在不同的种间存在差异，赖氨酸脱羧酶和精氨酸双水解酶阴性，仅奇异变形菌的鸟氨酸脱羧酶阳性，可从苯丙氨酸和色氨酸氧化脱氨，水解尿素；除产黏变形菌 (*Proteus myxofaciens*) 外，均能分解酪氨酸使加有这种不溶性氨基酸的营养琼脂培养基变得清晰 (在菌落及菌苔周围产生透明区)；在含 KCN 的营养肉汤培养基中能生长，常能产生 H_2S，不利用丙二酸盐；不能使肌醇或直链四 -、五 - 或六 - 羟醇 (straight chain tetra-、penta- or hexahydroxy alcohols) 产酸，但通常能使甘油产酸；一个或更多的种能发酵麦芽糖、蔗糖、海藻糖和 D- 木糖，能还原硝酸盐。

该菌属细菌存在于人和多种动物的肠道，也见于厩肥、土壤和污水中，产黏变形菌仅分离于舞毒蛾——吉普赛蛾 (gypsy, *Porthetria dispar*) 的幼虫。其作为人类的病原菌可引起尿道感染，也是继发感染菌，常可在烧伤患者中引起腐败性损伤。

变形菌属细菌 DNA 的 G+Cmol% 为 38 ～ 41(T_m)；模式种 (type species)：普通变形菌 (*Proteus vulgaris* Hauser 1885 emend.Brenner，Hickman-Brenner，Holmes et al 1995)[7]。

1.2　分类位置

按伯杰氏 (Bergey) 细菌分类系统，在第二版《伯杰氏系统细菌学手册》(*Bergey's Manual of Systematic Bacteriolog*) 第 2 卷 (2005) 的 B 部分中，变形菌属分类于肠杆菌科。

肠杆菌科内共记载了 42 个菌属 144 个种，另是在种下有 23 个亚种、8 个血清型 (serovars)。其中的 42 个菌属名录，已分别记述在了第 3 章 "柠檬酸杆菌属"(*Citrobacter*) 中。

肠杆菌科细菌 DNA 的 G+C mol% 为 38 ～ 60；模式属 (type genus)：埃希氏菌属 (*Escherichia* Castellani and Chalmers 1919)。

变形菌属内共记载了 4 个种，依次为：普通变形菌、奇异变形菌、产黏变形菌、彭氏变形菌。近年来也有新种 (sp. nov.) 增加，包括豪氏变形菌 (*Proteus hauseri* sp. nov.)，此即原先普通变形菌的生物群 3(*Proteus vulgaris* biogroup 3，*Proteus vulgaris* BG3)，与普通变形菌的主要区别特征是吲哚阳性、水杨苷利用和七叶苷水解均阴性，以及 3 个尚未命名的基因种 (genomospecies)，分别为基因种 4、基因种 5 和基因种 6[7]。

2　奇异变形菌 (*Proteus mirabilis*)

奇异变形菌 (*Proteus mirabilis* Hauser 1885) 亦称奇异杆菌或奇异变形杆菌，是变形菌属较早的成员；种名 "*mirabilis*" 为拉丁语形容词，意为奇妙的、惊人的 (wonderful)。

细菌 DNA 的 G+C mol% 为 39.3±1.45(T_m)；模式株 (type strain)：ATCC 29906。GenBank 登录号 (16S rRNA)：AF008582[7]。

变形菌属最早由德国微生物学家豪泽 (Hauser) 于 1885 年提出，Hauser 在当时根据这种细菌在固体培养基上生长的菌落 (苔) 形态的可变性状 (常群游在整个培养基表面)，以希腊神话中海神波塞顿 (Poseidon) 的随从普罗特斯 (Proteus) 命名 (传说普罗特斯可以随意改变自己的形状)，在当时仅包括奇异变形菌和普通变形菌两个种。作为病原菌的相关信息显示，早在 1914 年 Metchnikoff 等就证实了普通变形菌是一次婴儿腹泻流行的病原菌；Labrincos 等 (1955) 报告在雅典，存在由普通变形菌引起的胃肠炎流行。更多的是在引起食物中毒方面，Jordan 和 Burrows(1935) 曾记述在美国有 25 次以上由变形菌引起的食物中毒事件；Cherry 等 (1946) 报告了与奇异变形菌相关联的食物中毒暴发，提出了令人信服的细菌学检验证据；Башенин(1955) 报告在 1954 年，苏联发生过 4 次由变形菌引起的食物中毒事件 [8]。

尽管早已发现变形菌的病原学意义，但相关信息显示在人及动物的感染病上，均是在近些年来才被引起关注的；这可能是与变形菌常表现为个体的局部组织器官感染、缺乏明显的流行性、感染发生还需要一定的条件也很少引起致死性损伤，以及在早期医学上更多的是注重那些高发病率和高致死性的传染病相关联的。当前在人或不同种动物引起感染病的报告日益增多，其中主要涉及的是奇异变形菌。

在我国，近些年来由奇异变形菌引起人或动物感染病的报告屡见不鲜，且临床感染类型也是多样的，尤其在人的食物中毒和医院感染方面更为多见。在动物，已有在鸡、猪、牛、羊等多种家畜 (禽) 及野生动物发生感染病的报告，其中尤以在鸡的感染发病表现突出。

2.1 生物学性状

对变形菌的主要生物学性状研究，在奇异变形菌和普通变形菌的相对较多，尤其是奇异变形菌。本书作者房海等，近年来也曾对分离于病 (死) 鸡、病 (死) 养殖东亚飞蝗 (*Locusta migratoria manilensis*) 的相应病原奇异变形菌进行了主要理化性状检验 [9]。现综合一些相关资料，做如下简要记述。

2.1.1 形态与培养特征

变形菌属细菌的生长繁殖对营养要求不高，在普通营养培养基中即可良好生长；生长温度为 10 ~ 43℃，最适为 37℃。奇异变形菌的理化性状，也是在变形菌属细菌中比较典型的。

2.1.1.1 形态特征

奇异变形菌的形态特征如上文在变形菌属定义中的描述，但更具有明显的多形性，除了直杆状外，还常见球状或丝状菌体，无芽孢，通常缺乏明显的荚膜 (图 10-1)；常是以幼龄培养物易形成周生鞭毛，运动活泼 (图 10-2)；通常生长有菌毛 (pilus)，以致能黏附于某些植物或真菌细胞表面，但不与动物组织细胞或红细胞相吸附。做磷钨酸负染色标本，置透射电子显微镜 (transmission electron microscope，TEM) 下观察可见菌体杆状、表面似有皱褶状、周生鞭毛及菌毛 (图 10-3，图 10-4)。

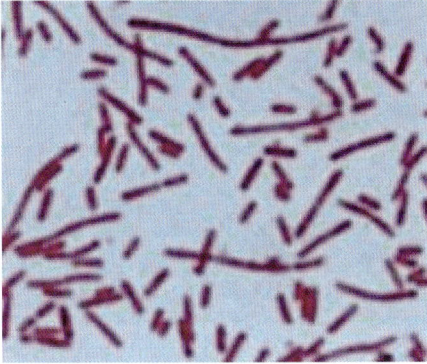

图 10-1　奇异变形菌的基本形态

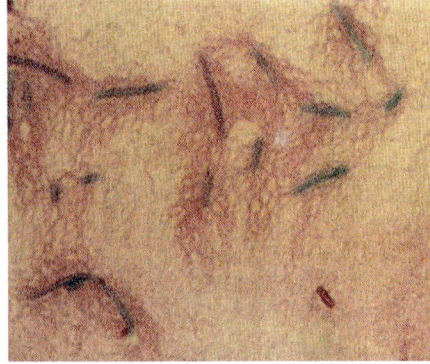

图 10-2　变形菌的菌体及鞭毛

资料来源：赵乃昕，苑广盈 . 医学细菌名称及分

类鉴定 . 第 3 版 . 2013

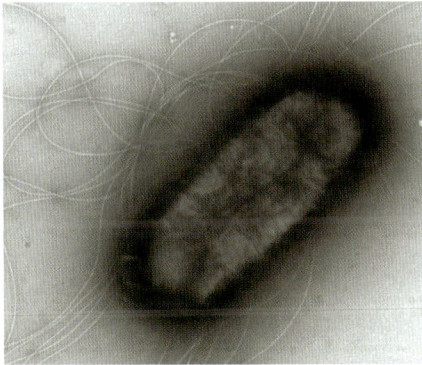

图 10-3　奇异变形菌的菌体及鞭毛

显示杆状菌体及周生鞭毛，原 ×8000

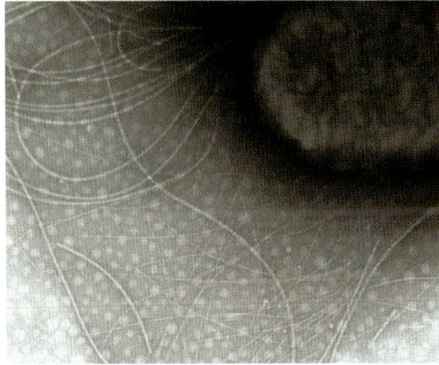

图 10-4　奇异变形菌的菌体及鞭毛与菌毛

显示杆状菌体及周生鞭毛与菌毛，原 ×10 000

2.1.1.2　培养特征

变形菌有些菌株在血液营养琼脂 (blood nutrient agar，BNA) 培养基上有或无明显溶血性，在常用的肠道菌选择性培养基上形成不发酵乳糖的菌落。在沙门氏菌 - 志贺氏菌琼脂 (Salmonella-Shigella agar，SS) 培养基上产生 H_2S 的种 (株) 能形成有黑色中心的菌落 (图 10-5)。除彭氏变形菌的部分菌株外，在普通营养琼脂 (nutrient agar，NA) 或血液营养琼脂培养基上 (尤其是表面潮湿的) 常呈扩散生长，形成以接菌部位为中心的厚薄交替、同心圆形的层层波状菌苔，这种现象被称为迁徙生长 (亦称泳动或蔓延生长) 现象 (swarming growth phenomenon)，亦称集群 (swarming)，其确切的原因尚不明了；若在培养基中加入 0.1% 石炭酸 (carbolic acid)、0.4% 硼酸 (boric acid)、0.2mmol/L 对硝基苯甘油或提高琼脂使用浓度至 5% ~ 6%，这种迁徙生长现象则可消失，能出现孤立菌落且常不影响鞭毛的形成及运动性 (图 10-6)。

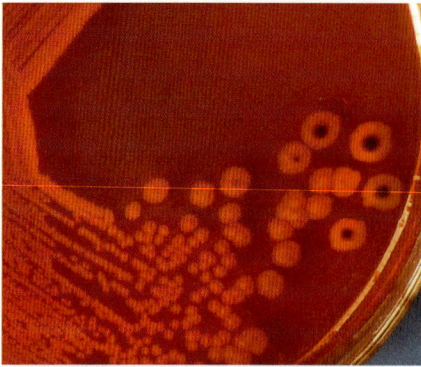

图 10-5 奇异变形菌菌落 (SS)

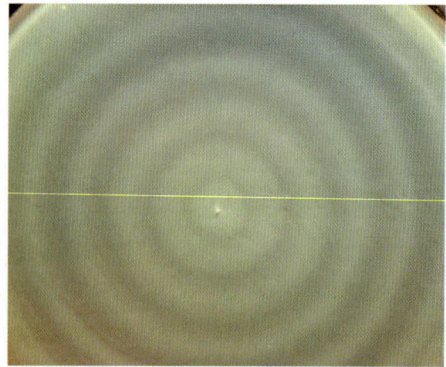

图 10-6 奇异变形菌迁徙生长现象

2.1.2 生化特性

变形菌属内 4 个种（普通变形菌、奇异变形菌、产黏变形菌、彭氏变形菌）的共同特性，在 (36 ± 1)℃培养均为阳性反应的鉴别项目包括苯丙氨酸脱氨酶、尿素酶、硝酸盐还原、发酵葡萄糖产酸、在含有 KCN 鉴别项目培养基中生长；均为阴性反应的鉴别项目包括氧化酶、邻硝基苯 -β-D- 半乳糖苷 (O-nitrophenyl-β-D-galactopyranoside，ONPG) 试验、丙二酸盐利用、L- 赖氨酸脱羧酶、L- 精氨酸脱羧酶、黏液酸盐利用、从碳水化合物（核糖醇、L- 阿拉伯糖、D- 阿糖醇、纤维二糖、卫矛醇、D- 山梨醇、赤藓醇、D- 甘露糖、i- 肌醇、乳糖、D- 甘露醇、棉籽糖、L- 鼠李糖）产酸；存在差异性的列于表 10-1[7]。

表 10-1　变形菌属细菌种间特征鉴别

项目	普通变形菌	奇异变形菌	产黏变形菌	彭氏变形菌
动力	+	+	+	d
集群生长	+	+	+	d
明胶液化 (22℃)	+	+	+	d
产 H₂S(TSI)	+	+	+ (3 ~ 4)	−
伏 - 波试验	−	d	+	
利用：柠檬酸盐利用 (Simmons)	d	d	+	d
酒石酸盐	+	d	+	+
乙酸盐	d	d	+	
酯酶（玉米油)	d	d		d
DNA 酶 (22℃)	d	d	−	d
L- 鸟氨酸脱羧酶	−	+	−	−
产酸：甘油	d	+	+	+ (7)
α- 甲基 -D- 葡萄糖苷	d	−	+	+ (7)
蔗糖	+	d	+	+
水解七叶苷	d	−	−	−

注：表中符号的−表示 0 ~ 10% 菌株阳性， d 表示 26% ~ 75% 菌株阳性，＋表示 90% ~ 100% 菌株阳性，括号内的数字表示培养天数，TSI 为三糖铁琼脂 (triple sugar iron agar，TSI) 培养基。

2.1.3 抗原结构与免疫学特性

奇异变形菌和普通变形菌，均具有菌体 (ohne hauch，O) 抗原和鞭毛 (hauch，H) 抗原，在某些菌株还存在荚膜 (kapsel，K) 抗原 (也称 C 抗原)。

2.1.3.1 抗原与血清型

奇异变形菌和普通变形菌的血清学分型，目前仍系按 Kauffmann(1966) 建立的 Kauffmann-Perch 简化抗原表，包括 49 个菌体抗原和 19 个鞭毛抗原；该方案包括了用此两种变形菌的菌株制备菌体抗血清，其中普通变形菌的菌体抗原有 17 个、奇异变形菌的有 27 个，另有 5 个见于两种变形菌的菌株 (表 10-2)。还有 3 个菌体抗原被定为 A、B、C，以及 11 个菌体抗原定为 100 ~ 104(5 个) 和 200 ~ 205(6 个)，这些抗原在其他的研究中也已经被确定，但还没有被系统地包括在一个扩大的 Kauffmann-Perch 体系中。最常分离到的菌株，是 O3、O6、O10 这些菌体抗原的奇异变形菌[10]。

表 10-2　普通变形菌和奇异变形菌的简化抗原表

O 群	参考株	抗原 O	抗原 H	菌种	O 群	参考株	抗原 O	抗原 H	菌种
1	X19	1a	1a,1b,1c	Pv	9	F62	9a	1a,1c,1e	Pm
	XL	1a,1b	1a,1b,1d	Pv		F75	9a	2a,2c,2e	Pm
2	X2	2a	1a,1b,1c	Pv	10	F39	10a	1a,1c,1e	Pm
3	XK	3a,3b	1a,1c,1e	Pm		F2	10a	2a,2c,2e	Pm
	F403	3a,3b	2a,2b,2c,2f	Pm		F73	10a	3a,3b,…	Pm
	F248	3a,3b	2a,2c,2e	Pm		F506	10a	4a,4b,4c	Pm
4	U8	4a,4b	1a,1b,1d	Pv		F280	10a	5a	Pm
	F407	4a,4c	8a	Pv	11	F47	11a,11b	1a,1c,1e	Pm
	F394	4a,4c	16a	Pv		F67	11a,11b,11c	2a,2b,2e,2f	Pm
5	F16	5a,5b	1a,1c,1c	Pm		F1	11a,11d	2a,2b,2e,2f	Pm
	F196	5a,5c	1a,1c,1e	Pm		F81	11a,11d	3a,3b,…	Pm
	F267	5a,5c	3a,3b,…	Pm		F322	11a,11b	6a	Pm
6	F181	6a	1a,1c,1e	Pm	12	F65	12a	1a,1b,1c	Pv
	F78	6a	2a,2b,2e,2f	Pm		F358	12a	2a,2c,2e	Pm
	F116	6a	3a,3b,…	Pm	13	F95	13a	1a,1c,1e	Pm
7	F27	7a,7b	1a,1d,1e,1f	Pm		F427	13a	2a,2c,2e	Pm
	U144	7a,7c	3a,3b,…	Pm		F151	13a	3a,…	Pm
	F387	7a,7b	4a,4b,4c	Pm		F219	13a	4a,4c,4d	Pm
8	F30	8a	1a,1b,1c	Pv	14	F120	14a,14b	1a,1c,1e	Pm

O 群	参考株	抗原 O	抗原 H	菌种	O 群	参考株	抗原 O	抗原 H	菌种
	S127	14a,14c	3a,3b,…	Pm		F458	26a,3b	3a,…	Pm
15	F121	15a	1a,1b,1d,…	Pv		P372	26a,3b	6a	Pv
	F295a	15a,15b	7a	Pv	27	F25	27a	2a,2c,2e	Pm
16	F55	16a	1a,1c,1e	Pm		U501	27a	3a,3b,…	Pm
	F206	16a,16b	9a	Pm	28	U509	28a	2a,2c,2e	Pm
	F485	16a,16b	14a	Pm		F87	28a	3a,3b,…	Pm
17	F92	17a,17b	1a,1c,1e	Pm	29	F10	29a	13a	Pm
	F119	17a,17c	10a	Pv	30	F384	30a	1a,1c,1e	Pm
18	F136	18a	1a,1c,1e	Pm		F29	30a	2a,2b,2e,2f	Pm
19	F313	19a,19b,19c	1a,1b,1c	Pv		F321	30a,30b	2a,2c,2e	Pm
	F434	19a,19c,19d	1a,1c,1e	Pm		F152	30a	4a,4b,4e	Pm
	F311	19a,19e	3a,3b,…	Pm		U96	30a	13a	Pm
	U349	19a,19b,19c	11a	Pv		F49	30a	15a	Pm
20	F475	20a	1a,1c,1e	Pm	31	F110	31	1	Pv
	F382	20a	2a,2c,2e	Pm		F125	31	2	Pm
21	M205	21a	1a,1b,1c	Pv	32	F139	32	1	Pv
22	F233	22a	1a,1b,1c	Pv		F388	32	3	Pm
23	F162	23a,23b	1a,1c,1e	Pm		F53	32	5	Pv
	F431	23a,23c,23d	2a,2b,2c,2f	Pm	33	U510	33	3	Pm
	F63	23a,23c	2a,2d,2f	Pv	34	F72	34	6	Pv
	F45	23a,23c,23d	3a,3b,…	Pm	35	F335	35	2	Pm
	F296	23a,23c	12a	Pv	36	F305	36	3	Pm
24	F288	24a	1a,1c,1e	Pm		F398	36	7	Pv
	F103	24a	3a,3b,…	Pm	37	F100b	37	17	Pv
	F90	24a	4a,4b,4c	Pm	38	F420	38	1	Pm
	F330	24a	13a	Pm		F158	38	2	Pm
25	F276	25a	1a,1b,1c	Pv	39	F105b	39	18	Pv
26	F58	26a,3b	2a,2c	Pm	40	F386	40	4	Pm

续表

| O 群 | 参考株 | 抗原 | | 菌种 | O 群 | 参考株 | 抗原 | | 菌种 |
		O	H				O	H	
41	F409	41	1	Pm	45	F171	45	11	Pv
	F522	41	2	Pm	46	F223	46	17	Pv
42	F163	42	1	Pv	47	F285	47	1	Pv
43	F433	43	2	Pm	48	P368	48	1	Pm
44	F100	44	11	Pv	49	F389	49	2	Pm
	F179	44	19	Pv					

注：菌种中的 Pv 表示普通变形菌，Pm 表示奇异变形菌。

在 Kauffmann-Perch 体系中，鞭毛抗原的数目为 19 个，最常见的鞭毛抗原为 1、2 和 3；在 H 抗原中的交叉反应数量大还复杂，且在对变形菌的鉴别中使用 H 抗原，还仅限于 Kauffmann 和 Perch 在初期的研究。

在人发生立克次氏体 (Rickettsia) 感染后所形成的抗体，可与被命名为 X19、X2、XK 的 3 株变形菌菌体抗原发生交叉反应，此 3 株菌分别被用于制备抗普通变形菌 O1 和 O2 及奇异变形菌 O3 抗原的相应抗血清。对人血清进行这些特异性抗体检验的诊断试验，被称为外 - 斐反应 (Weil-Felix reaction)；但用此指标来解释立克次氏体的感染时要特别注意，因为变形菌的感染也可能会产生对这些抗原的相应抗体，另外则是具有 O3 抗原的奇异变形菌也是从人体感染中分离到的菌株。

在与其他细菌的抗原交叉反应方面，四川省达州市疾病预防控制中心的张元玲等 (2003) 报告在 2001 年从达州市大竹县某乡镇中学水源性奇异变形菌食物中毒的食物、患者、管水人员分离的 3 株奇异变形菌，均能与沙门氏菌属 (*Salmonella* Ligniéres 1900) 的 A ～ F 多价血清及 O19 因子血清发生强凝集反应，这还是比较少见的[11]。

2.1.3.2　免疫学特性

奇异变形菌抗原具有良好的免疫原性，被奇异变形菌感染后耐过或接种免疫动物，其机体能产生相应的免疫应答，主要为体液免疫抗体反应。

在发生奇异变形感染或食用带菌食物中毒后，血清抗体会在一定的时限内出现且效价明显升高，这也可作为辅助诊断的依据。例如，山东省乳山市卫生防疫站的许艳艳等 (2000) 报告在 1999 年 9 月，乳山市某学校发生因奇异变形菌污染食品引起的食物中毒，共发病 16 人；经以分离的菌株对 5 名患者急性期 (第 1 天) 和恢复期 (第 12 天) 血清做凝集试验，抗体效价在急性期的均为 1：20，恢复期的均为 1：80；同时以 5 名健康人的血清作对照，均在 1：10 也无凝集[12]。

2.1.4　基因型

近年来已多有对变形菌基因分型研究的报告，不同的分型方法各有其特点和应用实践意义。在对食物中毒菌株的溯源中，脉冲场凝胶电泳 (pulsed-field gel electrophoresis,

PFGE) 是比较常用和有效的。

2.1.4.1 基因不同分型方法的特点

中国人民解放军总医院的贾宁等 (2002) 报告，为筛选出适用于变形菌基因分型的最佳方法，对在 1998 年 8 月至 1999 年 12 月间，中国人民从解放军总医院和第三〇四医院临床分离的 44 株变形菌，采用脉冲场凝胶电泳、随机扩增多态性 DNA 分析 (randomly amplified polymorphic DNA analysis，RAPD)、重复元件序列 PCR(repetitive extragenic palindromic elements PCR，Rep-PCR)、肠杆菌基因间重复共有序列 PCR(Enterobacterial repetitive intergenic consensus sequence PCR，ERIC-PCR)4 种方法，进行了基因分型。结果表明：脉冲场凝胶电泳可分为 36 个型，分辨率系数为 0.988；随机扩增多态性 DNA 分析可分为 17 个型，分辨率系数为 0.932；重复元件序列 PCR 可分为 15 个型，分辨率系数为 0.916；肠杆菌基因间重复共有序列 PCR 可分为 23 个型，分辨率系数为 0.941。4 种方法的分型力和分辨力均很好 (分辨率系数均在 0.90 以上)，可区分不相关菌株。其中以脉冲场凝胶电泳的分辨力最高，且可重复性好；但实验费用较高，所需时间较长，在大规模广泛应用中存在一定的局限性 [13]。

2.1.4.2 脉冲场凝胶电泳基因型

安徽省马鞍山市疾病预防控制中心的汪永禄等 (2009) 报告，对在 2007 年从安徽省马鞍山地区 8 起食物中毒事件中检出的 28 株变形菌 (奇异变形菌 25 株、普通变形菌 3 株)，用脉冲场凝胶电泳方法分型 (以 *Sfi* I 酶切)，结果 28 株变形菌分为 23 类 24 种带型；其中的 25 株奇异变形菌分为 22 种带型，3 株普通变形菌分为 2 种带型。结果显示发生在同一区域食物中毒的分离菌株，可分布在不同的脉冲场凝胶电泳型中；发生在不同区域食物中毒的分离菌株，也可能归在同一或相近的脉冲场凝胶电泳型中。这提示在马鞍山市不同区域发生的变形菌食物中毒，存在同一克隆的菌株来源 [14]。

2.1.5 噬菌体型

Vieu(1963) 曾从污水中分离的变形菌中获得温和噬菌体 (temperate phage)，这种噬菌体 (phage) 能裂解普通变形菌和奇异变形菌，并可区分此两种变形菌。但尽管已有描述过几种噬菌体的体系 (其中主要是对奇异变形菌的)，至目前还尚未能够得到广泛的实际应用。

2.1.6 生境与抗性

变形菌属细菌 (尤其是奇异变形菌和普通变形菌) 广泛存在于自然界，尤以奇异变形菌更较常见，均表现对环境因素的抵抗力不强。

2.1.6.1 生境

变形菌属细菌为耐低温菌类，在 4 ～ 7℃ 即可生长繁殖；存在于污水、粪便、厩肥、堆肥、垃圾、土壤，特别是腐败的有机质中，于这些生境中它们在对有机物的分解方面起着重要作用。人和动物的粪便带菌率很高，已知奇异变形菌和普通变形菌多见于小鼠、大鼠、猿猴、浣熊、狗、猫、牛、猪、鸟、爬行类，以及人和多种动物的肠道内，它们在肠道中的作用至今还不很清楚，可能在肠道中能帮助水解尿素，但这种作用与肠道中产生脲酶的厌氧菌 (anaerobe) 相比要小得多，它们更重要的作用可能在于对氨基酸的氧化脱氨生成酮酸和氨等。其也广泛分布于人及动物体表，还可在久存的熟食品上大量生长繁殖 (与食物中毒直接相关)。

作为病原性变形菌，我国已有相继从腹泻、食物中毒等病例，以及尿液、痰液、脓汁、血液、胆汁、渗出液、分泌物等多种临床材料中检出的报告，其中主要是奇异变形菌。

在食品多存在不同的污染，其中主要是奇异变形菌和普通变形菌。江苏省淮安市卫生防疫站的刘明辉等 (2000) 报告，对在 1995 年至 1999 年从江苏省淮安市采集于市售的熟肉制品、豆制品、水产品等 11 种 265 份进行了变形菌监测，均有变形菌检出，检出率为 43%(114/265)。其中以卤猪肉、猪大肠、龙虾、素鸡等被变形菌污染严重，检出率分别为 46.7%(14/30)、71.9%(23/32)、85.7%(24/28)、66.7%(12/18)；在检出的 114 株变形菌中，奇异变形菌 53 株 (构成比 46.5%)、普通变形菌 50 株 (构成比 43.9%)、产黏变形菌 11 株 (构成比 9.6%)[15]。

湖北省随州市中心医院的刘杨等 (2013) 报告，对该医院重症监护室 (intensive care unit,ICU) 住院患者使用的留置导尿管 (接口处内壁)、氧气湿化瓶 (内壁)、冷凝水集水瓶 (内壁)、呼吸机螺纹管 (接口处内壁)、中心供氧壁管出口、气管插管 (内壁)、呼吸机湿化罐 (内壁)、留置针连接管三通口、输液泵 (接口处内壁)、微量注射泵 (接口处内壁)、深静脉置管 (接口处内壁) 等 11 种医疗器具，采集使用 (48±2)h 的样本共 300 份进行了微生物学检验。结果其中 217 份阳性 (阳性率 72.33%)，共检出病原菌 19 种 (属)242 株，其中包括奇异变形菌 11 株 (构成比 4.55%)、普通变形菌 (*Proteus vulgaris*)8 株 (构成比 3.31%)。报告者认为对患者各种诊疗性侵入性操作的应用 (如气管插管、留置导尿、中心静脉置管、引流管留置等)，可破坏机体黏膜保护屏障，从而导致患者呼吸系统、泌尿系统、导管相关性血流感染的发生，造成医院感染率升高[16]。

2.1.6.2 抗性

在奇异变形菌对常用抗菌类药物的敏感性方面，近年来多有研究报告，且发现常有耐药菌株的出现，并常会给临床治疗用药带来麻烦；对奇异变形菌耐药机制与规律的研究，也构成了当前的主要内容之一。以下记述的一些报告，是具有一定代表性的。

湖南省岳阳市第二人民医院的付元元等 (2007) 报告，回顾性分析在 2003 年至 2005 年 5 月间，从该医院皮肤性病及妇产科的门诊和住院患者中分离的 121 株变形菌，其中奇异变形菌 113 株 (构成比 93.39%)、普通变形菌 8 株 (构成比 6.61%)。进行药物敏感性测定的结果显示，对供试氨苄西林和复方新诺明的敏感率很低 (仅为 40.4% 和 44.7%)，对阿米卡星、头孢唑啉、头孢唑肟、头孢他啶、头孢曲松、头孢噻吩、庆大霉素、头孢西丁等的敏感率较高 (在 70% 以上)，尤其对亚胺培南、哌拉西林 / 三唑巴坦、氨曲南的敏感率高 (在 84.3% 以上)[17]。

中国医科大学第一附属医院的张静萍等 (2009) 报告，在 2001 年至 2006 年间从临床材料分离到 288 株奇异变形菌，做耐药性监测的结果显示对亚胺培南、头孢他啶、头孢噻肟、氨曲南、头孢哌酮 / 舒巴坦、头孢吡肟、阿米卡星、氨苄西林等一直保持较高的敏感性 (维持在 74.5% ~ 95.2%)，对氨苄西林、头孢唑啉、环丙沙星、复方新诺明、四环素的敏感率很低 (维持在 2.3% ~ 58.8%)[18]。

广州市中山大学附属第六医院的卢雪明等 (2010) 报告，检测从临床材料分离的 62

株奇异变形菌对 23 种抗菌药物的体外活性及产生超广谱 β- 内酰胺酶 (extended-spectrum β-lactamases，ESBLs)、AmpC β- 内酰胺酶 (AmpC β-lactamases)、金属 β- 内酰胺酶 (metalm β-lactamases，MBL) 的情况，发现产酶率为 25.8%(16/62)，其中超广谱 β- 内酰胺酶为 16.1%(10/62)、AmpC β- 内酰胺酶为 9.7%(6/62)，尚未发现产金属 β- 内酰胺酶的菌株[19]。

2.2 病原学意义

奇异变形菌可单独或与其他病原菌一起，引起人及某些动物的多种类型感染病。在人的感染以尿道感染和食物中毒表现突出，近年来在呼吸道、消化道及烧伤创面等感染中的检出率也有不断增高的趋势。

2.2.1 人的奇异变形菌感染病

人的变形菌感染病，可以人为地划分为三种主要临床类型。①泌尿系统感染：泌尿系统感染，是变形菌感染的一种最常见临床类型。②食物中毒：临床最为常见的是胃肠型食物中毒 (bacterial food poisoning，gastroenteric type)。③其他感染类型：临床比较多见的是某些组织器官的局部感染，也有的表现为菌血症或败血症的全身性感染。这些临床感染类型，奇异变形菌、普通变形菌均能引起，但以奇异变形菌的出现频率高。在我国，各种类型的感染多有报告。此外，彭氏变形菌也能引起某些类型的感染病。

2.2.1.1 胃肠道感染病

由变形菌引起的胃肠道感染病，主要指的是食物中毒的暴发与流行，以临床主要表现腹泻为特征。由变形菌引起的食物中毒事件，在我国表现的地域分布广泛，也一直在细菌性食物中毒 (bacterial food poisoning) 事件中占据着重要地位；另外是该类事件常常表现为中毒规模较大和罹患率较高，但通常很少发生中毒死亡事件。综合相关的记载和报告，由变形菌引起的食物中毒，临床可分为 3 种类型，预后一般均良好。①胃肠型——主要表现为急性胃肠炎，潜伏期较短 (1 ~ 48h，多为 3 ~ 15h)，临床表现起病急骤，恶心、呕吐、腹痛 (剧烈的绞痛)、腹泻 (多为水样便或有的带黏液)，每日大便数次至十多次 (恶臭)，部分患者可伴轻度里急后重，有的头痛、轻度发热、全身无力，病程较短 (一般在 1 ~ 3 天可恢复)，很少有死亡；引起急性胃肠炎，包括变形菌同食物一起进入胃肠道，在小肠中生长繁殖引起感染，另外则是由变形菌产生的肠毒素 (enterotoxin) 直接引起。②过敏型——过敏型组胺中毒的潜伏期短 (通常为 0.5 ~ 1.0h)，主要表现为全身充血、颜面潮红 (酒醉面容)、眼结膜充血，周身痒感，胃肠症状轻微，少数患者可出现荨麻疹，也常伴有头痛、头晕、胸闷、心跳和呼吸加快、血压下降等症状，病程短 (通常为 12h 内)，多是由被变形菌污染的水产品引起；此类型主要是由变形菌产生的脱羧酶，将食品中的组氨酸脱羧后形成组胺引起中毒。③混合型——同时出现上述两种类型的症状[3]。

由奇异变形菌引起的食物中毒，主要通过由此菌污染且加热不足的食物 (尤其是牛肉、猪肉、鸡肉、鸭肉、驴肉、兔肉等肉类) 传播，其次为豆制品 (豆浆、臭豆腐)、鱼类、高淀粉类、高蛋白类食品；此外，亦可通过使用被此菌污染的厨具或容器等引起。中毒发生有较明显的季节性，主要发生于 5 ~ 10 月间；此季节是该菌生长繁殖的适期，也是人们喜食冷凉食品的季节。中毒发生有较明显的场所特征，主要发生在酒店 (含宾馆和餐厅)、集体分食、单位食堂等集体 (聚) 餐 (宴) 场所 [3]。

在已有报告文献中，山东黄岛卫生检疫局的周慧军等 (1998) 报告的 1 起是规模最大的。报告在 1997 年 6 月 21 日，某企业食堂因职工食用被奇异变形菌污染的凉拌鸡胗引起食物中毒，在就餐的 3938 人中发病 3258 人 (罹患率 82.7%)；潜伏期多为 6 ~ 12h，最长的 18h；临床主要表现恶心、呕吐、腹痛、腹泻 (水样便) 等症状，无里急后重，体温多为 37.2 ~ 38.5℃ [20]。

另外是一些非食物中毒性质的胃肠道感染类型，尽管这种类型相对来讲还是不多见的，但在新生儿腹泻中甚至暴发流行也并不少见，举例如下。①南通医学院的张斐等 (1991) 报告在南通医学院附属医院新生儿室，在 1985 年 1 月发生了由奇异变形菌引起的肠炎暴发流行，表现发病来势凶猛、病情危重，27 例中死亡 4 例 (死亡率 14.81%)[21]。②福建省疾病预防控制中心的徐红麟等 (2009) 报告在 2008 年 9 月，从 1 例腹泻并带血便、后转为迁延性腹泻的婴儿粪便中分离到奇异变形菌，经检验证实此婴儿的迁延性腹泻是由奇异变形菌引起的 [22]。③在前面有记述安徽省马鞍山市疾病预防控制中心的汪永禄等 (2009) 报告，为了解安徽省马鞍山市奇异变形菌和普通变形菌在感染性腹泻患者中的分布状况，于 2007 年 6 月至 9 月对 460 例感染性腹泻患者进行了变形菌等病原菌的检测，结果从 460 份腹泻粪便标本中检出腹泻性病原菌 200 株 (检出率 43.48%)，其中变形菌 131 株 (检出率 28.48%)，包括奇异变形菌 115 株 (检出率 25.00%)、普通变形菌 16 株 (检出率 3.48%)；变形菌在检出病原菌 200 株的构成比为 65.50%(居首位)[23]。

2.2.1.2　胃肠道外感染病

奇异变形菌是引起人尿道感染的最常见病原菌，医院中尿道插管或其他导管是感染的途径之一，也是构成医院感染的重要因素。在适宜条件下还可引起机体其他部位的损伤，如创口、烧伤部位、呼吸道、眼、耳、咽喉等的局部感染及腹膜炎、脑膜炎、肺炎、脓性中耳炎、乳突炎、心内膜炎、脊髓炎、菌血症和败血症等，新生儿的脐带残体被感染后，还可能会引起高度致死性的败血症及脑膜炎。

在我国多有由奇异变形菌引起多种感染类型的报告，且有的感染类型还是比较少见的，这也从某种意义上表明了奇异变形菌的广泛致病作用，举例如下。①山东省立医院的尹洪臣 (1990) 报告了 2 例 (1 例为 6 个月的女婴、1 例为 10 岁的男孩) 奇异变形菌败血症病例，其中的女婴病例是在 1980 年，于生后 1 个月即开始腹泻 (黄色稀便)，5 个月后腹泻加重 (脓血便)，血培养检查为奇异变形菌；男孩病例是在 1987 年，表现为腹泻、高热、有肺炎和肺脓肿及脓胸，检验结果为奇异变形菌引起的败血症，并因心力衰竭，以及脓痰窒息死亡 [24]。②鄂西州人民医院的徐红 (1988) 报告了 1 例发生颅内感染死亡的 49 岁患者，经检验表明由奇异变形菌引起，认为是在国内首次检出此类病例 [25]。

2.2.1.3　医院感染特点

由变形菌引起的医院感染，所表现的特点是感染缺乏区域特征、感染部位宽泛、感染类型复杂、有效预防控制难度大，感染发生频率也是比较高的。其中主要是奇异变形菌，其次为普通变形菌。综合一些相关的文献分析，由奇异变形菌引起的医院感染，感染部位主要是泌尿道，其次为呼吸道。以下记述的一些报告，是具有一定代表性的。

陕西省渭南市妇幼保健医院的王绒 (2004) 报告, 回顾性分析在 1999 年 10 月至 2003 年 10 月间, 从该医院门诊和住院患者中分离的 161 株变形菌, 其中奇异变形菌 150 株 (构成比 93.17%)、普通变形菌 11 株 (构成比 6.83%)。150 株奇异变形菌在各类临床标本材料中的分布, 依次为: 尿液 84 株 (构成比 56.0%)、分泌物 23 株 (构成比 15.33%)、痰液 20 株 (构成比 13.33%)、前列腺挤压分泌物 (expressed prostatic secretion, EPS)19 株 (构成比 12.67%)、其他标本材料 4 株 (构成比 2.67%)[26]。

在前面有记述湖南省岳阳市第二人民医院的付元元等 (2007) 报告, 从该医院皮肤性病及妇产科的门诊和住院患者分离的 121 株变形菌, 其中奇异变形菌 113 株 (构成比 93.39%)、普通变形菌 8 株 (构成比 6.61%)。113 株奇异变形菌在各类临床标本材料中的分布, 依次为: 尿液 62 株 (构成比 54.87%)、痰液 22 株 (构成比 19.47%)、分泌物 20 株 (构成比 17.69%)、前列腺液 5 株 (构成比 4.42%)、其他标本材料 4 株 (构成比 3.54%)[17]。

2.2.2 动物的奇异变形菌感染病

在一定的条件下, 奇异变形菌可致一些幼龄动物 (牛、羊、犬和猫等) 腹泻, 也偶可致成年家畜腹泻、犬的外耳炎或偶见于某些动物局部伤口的继发感染。Anandachitra 等 (2007) 报告从猪流产胎儿中检出了病原奇异变形菌, 这还是比较少见的 [27]。

近年来我国已有由奇异变形菌引起多种陆生及水生动物、野生动物感染发病的报告, 包括鸡的腹泻、关节炎及眼炎, 珍禽 (美国七彩山鸡和白颈长尾雉) 的腹泻、呼吸症状及眼炎, 仔猪、猴、鹿等的腹泻, 水貂的败血症, 大熊猫的生殖道感染, 狐狸、小熊猫、豺和狼等的感染病; 蛙 (牛蛙和美国青蛙) 的腐皮病, 鳖的烂嘴病, 大黄鱼的感染病等 [2]。

福建省计划生育科学技术研究所的刘国璋等 (1998) 报告在 1996 年 9 月至 10 月间, 该研究所某猴场在养殖猕猴群中暴发腹泻流行, 73 只猴发病 69 只 (罹患率 94.5%); 历时 35 天, 死亡 21 只 (病死率 30.4%); 期间, 还传染给了 1 名饲养人员。病猴表现为暴发性频繁腹泻、拒食, 部分有腹部鼓胀, 个别有呕吐; 体温在初始升高, 随后 2 天下降; 病程多在 3 ~ 5 天, 少数病猴转为迁延型, 反复发作。经检验证实, 其病原为奇异变形菌; 认为像这种由奇异变形菌引起、从猴传染给人的腹泻病, 在国内外还是首次报告 [28]。

2.2.3 毒力因子与致病机制

已有的研究资料显示, 奇异变形菌的毒力因子及致病作用主要包括多种类型的菌毛 (fimbriae)、鞭毛 (flagellum) 与集群生长、尿素酶 (urease)、多糖荚膜 (polysacchride capsule, PC)、奇异变形菌蛋白酶 (Proteus mirabilis protease, PMP)、溶血素 (hemolysin)、透明质酸酶 (hyaluronidase)、磷脂酶 (phospholipase)、内毒素 (endotoxin)、肠毒素 (enterotoxin)、抗吞噬作用等 [29~35]。但对奇异变形菌致病机制的研究, 目前还主要是在泌尿系统感染方面。

总体上讲, 奇异变形菌作用于机体首先是在防御功能减弱的黏膜表面或伤口等部位大量繁殖, 并分泌奇异变形菌蛋白酶、透明质酸酶等破坏靶细胞膜表面的免疫球蛋白 (SIgA 和 IgG) 及其他保护性黏蛋白。其次, 通过特定的菌毛黏附于靶细胞表面, 在靶细胞上分化生长, 并超量表达鞭毛和多糖荚膜, 尔后侵入细胞和细胞间质, 释放尿素酶、溶血素、奇异变形菌蛋白酶、肠毒素等毒力因子, 作用于受染机体细胞, 最终导致相应组织和器官功能异常，引起疾病。

普通变形菌与奇异变形菌是基本一致的，在很多情况下也常常是将此两种变形菌在一起描述，下面以奇异变形菌为主予以简介。

2.2.3.1　集群现象

奇异变形菌在一定的生长条件下，裂殖状态的短杆菌 (长 2 ~ 4μm) 将发生分化，菌体明显变成长丝状 (可达 80μm)，胞内含多个核质，鞭毛表达增长和数量增多 (是原有的 50 倍以上)，多细胞协同一致并迅速成群向四周迁徙样生长。这种特殊的行为方式，称为集群 (群游) 现象。集群分化 (swarming differentiation) 和裂殖合成 (vegetative consolidation) 总是交替进行，每一个循环 (约为 4h) 为一个集群周期 (swarming cycle)。由于集群分化菌不仅菌体伸长、鞭毛过量表达，还伴随着胞内尿素酶、溶血素和奇异变形菌蛋白酶等毒性产物的显著增加及活性增强，因此比裂殖状态菌具有更强的侵袭、定植、存活能力和毒力。集群菌产生高水平溶血素，其溶血能力是裂殖菌的 10 倍以上；动力和集群阴性的变异菌株完全丧失侵袭能力，不能侵入尿道细胞，仅产生低水平及低活性的溶血素、尿素酶、奇异变形菌蛋白酶 (仅为野生型菌株的 0 ~ 10%)；动力阳性和集群阴性变异菌株，其侵袭力比野生型裂殖菌低约 25 倍，毒性产物水平同样减少，其中奇异变形菌蛋白酶可减少 3 倍。

同时，奇异变形菌集群分化因过量表达鞭毛和尿素酶等，是泌尿道感染并发肾及尿路结石的最重要原因之一。鞭毛主要介导奇异变形菌的动力，与奇异变形菌在组织中的侵袭力直接相关。奇异变形菌合成的尿素酶是一种胞质内 Ni^{2+} 金属蛋白酶，分解尿素产生氨和 CO_2 而形成的碱性环境，构成了肾及尿路结石发生的重要机制。总体来讲，奇异变形菌在体内感染时所出现的两种类型的带鞭毛菌体——游动菌细胞 (单细胞菌体) 和集群 (群游) 菌细胞，其中的游动菌细胞，被认为在引起细菌由尿道到达膀胱靶组织中发挥着重要作用；集群 (群游) 菌细胞，被认为在上行尿路感染中起关键作用。另外，集群 (群游) 菌细胞和游动菌细胞在溶血素、奇异变形菌蛋白酶、尿素酶等毒力因子的过量产生，可能帮助促进集群 (群游) 菌细胞在膀胱和肾脏最初的定植和感染。

2.2.3.2　黏附作用

奇异变形菌表达的多种类型菌毛，对尿道上皮细胞等具有特别的黏附和定植能力。在不同的条件下，奇异变形菌可表达耐甘露糖样变形菌菌毛 (mannose resistant/Proteus-like fimbriae，MRP)、奇异变形菌菌毛 (Proteus mirabilis fimbriae，PMF)、适温菌毛 (ambient-temperature fimbriae，ATF) 和非凝集性菌毛 (non-agglutination fimbriae，NAF) 等 4 种不同的菌毛。

其中的耐甘露糖样变形菌菌毛，是因其表达不受甘露糖的抑制而得名，分子质量为 18.5kDa，具有尿道上皮细胞黏附素 (adhesin) 的作用，耐甘露糖样变形菌菌毛的表达，具有明显的体内选择性作用。奇异变形菌菌毛的基因称为 *pmfA*，对膀胱黏膜有选择性定植作用，而对肾组织和尿道上皮细胞均未见显示定植能力，奇异变形菌菌毛在定居于膀胱后，随后游动菌细胞分化为集群 (群游) 菌细胞并沿输尿管上行至肾脏，具有甘露糖抗性血凝 (mannose-resistant hemagglutination，MRHA) 活性的黏附素，帮助细菌黏附于肾上皮细胞；一旦出现黏附，集群 (群游) 菌细胞就大量分泌多种酶类 (尿素酶和溶血素等)，可导致肾盂肾炎、尿石病及肾损伤。适温菌毛是严格受环境因素影响而合成的一种菌毛，分子质量约 24kDa，不具有血细胞凝集能力，与致病性的相关尚不明了。非凝集性菌毛是奇异变形菌表达的一种非凝集性菌毛，分子质量为 18.5kDa，曾被称为尿道上皮细胞黏附素，主要介导奇异变形菌对尿道上皮细胞的黏附与定植作用。

2.2.3.3 毒性酶

奇异变形菌表达的毒性酶类，主要包括奇异变形菌蛋白酶、透明质酸酶、磷脂酶和尿素酶等。

(1) 奇异变形菌蛋白酶：是一种释放至胞外的 Zn^{2+} 金属蛋白酶，分子质量约为 55kDa。奇异变形菌蛋白酶可裂解血清中和黏膜细胞分泌的 IgA、IgG 及其亚单位，甚至非免疫球蛋白底物 (如酪蛋白等) 也均可被裂解；以上这些免疫球蛋白的降解产物因丧失了免疫效应功能，相应破坏了宿主正常的免疫防御机制，限制了机体对奇异变形菌的免疫应答，从而有利于奇异变形菌在宿主细胞的定植、侵袭和集群分化生长。Senior 等 (1988) 报告在一项研究中发现，在所有奇异变形菌和彭氏变形菌及多数普通变形菌的菌株中，均检测到了 IgA 蛋白酶活性。相继有研究指出奇异变形菌的 IgA 蛋白酶 (称为 ZapA)，是一种可以降解 IgA1、IgA2 和 IgG 亚类的金属蛋白酶。Walker 等 (1999) 根据对 ZapA 阴性菌株在上行尿道感染小鼠模型的研究，发现 ZapA 在从游动菌细胞到集群 (群游) 菌细胞分化的循环中表达，并且显示具有细菌定植的功能。

(2) 透明质酸酶：肠功能障碍、脓性分泌物、尿样品的奇异变形菌分离株，均具有透明质酸酶活性，以在慢性尿路感染的尿样品分离株的活性最高，在肠功能障碍、脓性分泌物分离株的活性均非常低。透明质酸酶的作用是脂解宿主细胞周围的透明质酸，而利于奇异变形菌的运动，因而是与侵袭力有关的。

(3) 磷脂酶：奇异变形菌能分泌一种溶解脂质的磷脂酶，此酶可破坏宿主细胞膜的脂质层，有利于奇异变形菌侵入宿主细胞内。

(4) 尿素酶：奇异变形菌的尿素酶由三个不同亚单位 (一个大亚基和两个小亚基) 组成，是引起尿道感染的一种主要毒力因子；通过尿素酶的作用释放毒性代谢终产物 (如由尿素水解产生的氨) 引起尿液的碱化 (pH 升高)，导致晶体沉积、结石形成及对肾上皮的潜在细胞破坏性，这种碱性环境还有利于该菌的生长。当奇异变形菌感染进入肾小管后，在肾小管内的尿素被分解，尿液出现高浓度氨和 pH 增高，氨通过肾小管细胞弥散入肾小管周围毛细血管和肾静脉而进入血液循环，当尿液的 pH 高于 8.0 时，几乎所有的在肾小管细胞产生的氨全部进入肾小管周围毛细血管而不进入尿中。由于氨的碱化作用，破坏泌尿道上皮细胞，使细菌易于侵入肾实质，引起肾组织的病理损伤，因此尿素酶与肾盂肾炎、肾结石的发生有密切关系，也可能与膀胱结石的形成有关，因该菌使尿液碱化后，可促进磷酸铵镁结石的形成，结石的存在，又有利于奇异变形菌的感染。

2.2.3.4 毒素

奇异变形菌表达的毒素，主要包括内毒素、耐热性肠毒素 (heat-stable enterotoxin, ST) 和溶血素等。

(1) 内毒素和耐热性肠毒素：奇异变形菌多能产生内毒素和耐热性肠毒素，也是引起食物中毒的主要致病因素，举例如下。①在前面有记述南通医学院的张斐等 (1991) 报告，对从临床腹泻患者粪便中分离的 36 株奇异变形菌检测溶血活性、细胞毒性、肠毒素、内毒素，发现全部产生内毒素 (鲎试验阳性)，均能导致供试的人 O 型、家兔、羊的红细胞溶解，均能导致供试的中国仓鼠卵巢细胞 (Chinese hamster ovary，CHO)、HEp-2 细胞 (人喉癌表皮细胞) 发生病变 (细胞聚合成团)，有 4 株 (构成比 11.1%) 产生耐热性肠毒素 (通过乳鼠灌胃试验证实)[21]。②在前面有记述安徽省马鞍山市疾病预防控制中心的汪永禄等 (2009) 报告，对在 2007 年从安徽马鞍山地区 8 起食物中毒检出的 28 株变形菌 (奇异变形菌 25 株、普通变形菌 3 株)，用鲎试验检测内毒素、刚果红 (Congo red) 试验检测侵袭性，结果有 21 株 (构成比 75.0%) 的内毒素阳性 (均为奇异变形菌)，有 7 株 (构成比 25.0%) 的侵袭性阳性[14]。③汪永禄等 (2009) 报告对从安徽省马鞍山市感染性腹泻患者粪便检出的变形杆菌，以鲎试验方法对其中 80 株 (奇异变形菌 64 株、普通变形菌 16 株) 进行了内毒素检测，结果为 64 株阳性 (阳性率为 80.00%)。其中 64 株奇异变形杆菌有 52 株阳性 (阳性率为 81.25%)、16 普通变形菌有 12 株阳性 (阳性率为 75.00%)[23]。

(2) 溶血素：从肾盂肾炎、插管相关菌血症和粪便样品分离的奇异变形菌，均能产生溶血素，溶血活性无显著差异。奇异变形菌溶血素在体外实验中对红细胞和肾细胞具有明显溶解活性，而在尿路感染的致病机制中作用并不明显。

2.2.3.5 其他

多糖荚膜是存在于奇异变形菌菌体表面的一种多糖蛋白，是富含乳尿酸和半乳糖醛酸的酸性 II 型分子，分子质量约为 40.6kDa，体外实验表明多糖荚膜具有诱导尿路结石 (主要成分：$MgNH_4PO_4 \cdot 6H_2O$) 形成的独特能力。

Peerbooms 等 (1984) 首先报告通过使用非洲绿猴肾细胞 (vero 细胞)，证明了具有侵袭性的奇异变形菌菌株，随之又有了奇异变形菌对许多其他细胞系 (包括人的膀胱细胞、胚胎小肠上皮细胞和回肠上皮细胞等) 具有侵袭能力的研究报告。推测这种对上皮细胞的侵袭能力，可能表明其能在体内导致对肾上皮细胞的严重损坏。

2.3 微生物学检验

无论是食物中毒还是其他类型的感染病，目前对奇异变形菌的微生物学检验，仍主要是对奇异变形菌做分离鉴定的细菌学检验；尽管已明确变形菌具有菌体抗原、鞭毛抗原并能进行血清学分型，但对奇异变形菌的血清型检定及其在细菌学检验中的意义，目前尚不很明确。

在对食物中毒的检验中，鉴于变形菌的广泛存在，要注意对从食物及原料、厨具、患者粪便等分离到的菌株，进行同一性检验；另外则是以分离菌株制备抗原，对患者进行双份血清检验。

2.3.1 细菌分离

变形菌对营养的要求不高，在普通营养培养基及一些肠道细菌选择性培养基上均能良好生长，因此可用普通营养琼脂、血液 (含 5% ～ 10% 的家兔或绵羊血液) 营养琼脂、沙门氏菌 - 志贺氏菌琼脂等培养基平板，直接取材料 (特定需要时可先增菌培养) 做划线分离，置 25 ～ 37℃培养 24h 左右挑选纯一或优势生长的菌落移接于普通营养琼脂斜面做成纯培养供鉴定用。

由于变形菌所独具的迁徙生长现象，要获得单一菌落需在分离培养时特别注意，其方法可如前面有述在普通营养琼脂等培养基中加入某种适当的化学物质以抑制迁徙生长；另外则是为避免这些化学物质的加入可能会对细菌生长发育带来的不良影响，常可采用不加化学物质、将培养基平板在划线分离细菌前倒置于37℃温箱中充分干烤（使培养基表面尽量干燥）或提高琼脂使用浓度等方法，同时注意尽量缩短培养时间，以保证出现单菌落生长为宜。

2.3.2 细菌鉴定

对奇异变形菌的鉴定，除了常规的表型指征检验外，毒力因子、生物学分型等，也是重要的检验内容。

2.3.2.1 理化特性检查

对变形菌鉴定的理化特性常规表型指征，可有效鉴别不同种变形菌。为简便区分4种不同的变形菌，将在第九版《伯杰氏鉴定细菌学手册》(*Bergey's Manual of Determinative Bacteriology*)(1994) 中记载的"变形菌属细菌种间特征鉴别表"列于表10-3[36]。

表 10-3　变形菌属细菌种间特征鉴别

项目	奇异变形菌	产黏变形菌	彭氏变形菌	普通变形菌
吲哚产生	−	−	−	+
伏-波试验	d	+	−	−
柠檬酸盐利用 (Simmons)	d	+		(−)
H₂S 产生	+	−	d	+
鸟氨酸脱羧酶	+	−	−	−
产酸：麦芽糖	−	+	+	+
α- 甲基 -D- 葡萄糖苷	−	+	(+)	d
蔗糖	(−)	+	+	+
D- 木糖	+	−	+	+
酪氨酸分解变清	+	−	+	+

注：表中符号的 − 表示 0 ～ 10% 菌株阳性，(−) 表示 11% ～ 25% 菌株阳性，d 表示 26% ～ 75% 菌株阳性，(+) 表示 76% ～ 89% 菌株阳性，+ 表示 90% ～ 100% 菌株阳性。

在变形菌的种间鉴别时，产生鸟氨酸脱羧酶是奇异变形菌的一个重要指标。在与常见的普通变形菌相区别时，奇异变形菌的吲哚阴性、鸟氨酸脱羧酶阳性，普通变形菌的吲哚阳性、鸟氨酸脱羧酶阴性。

另外需注意可能出现的生化特性变异菌株，举例如下。①张家口地区医院的徐向东等 (1992) 报告从临床 1 例伤口感染患者的伤口脓性分泌物中，检出了不产 H₂S 的病原奇异变形菌[37]。②江苏省阜宁县卫生防疫站的裴标等 (2001) 报告，在 1999 年从 1 起食物中毒材料中检出的奇异变形菌，为嗜碱耐盐性菌株，表现在含 1% ～ 10% NaCl 的培养基中均能生长，在 pH 8 ～ 10 的碱性蛋白胨水中生长良好[38]。

(1) 初步鉴定：在肠杆菌科细菌中，变形菌属、柠檬酸杆菌属 (*Citrobacter* Werkman and Gillen 1932)、肠杆菌属 (*Enterobacter* Hormaeche and Edwards 1960)、埃希氏菌属、哈夫尼菌属 (*Hafnia* Møller 1954)、克雷伯氏菌属 (*Klebsiella* Trevisan 1885 emend.Drancourt et al 2001)、沙门氏菌属 (*Salmonella* Lignières 1900)、耶尔森氏菌属 (*Yersinia* Van Loghem 1944) 细菌，在生化特性方面相近。为进行简便的鉴别，将在第二版《伯杰氏系统细菌学手册》第 2 卷 B 部分 (2005) 中的"肠杆菌科细菌生化特性相近菌属间鉴别特征表"列在了第 3 章"柠檬酸杆菌属"(*Citrobacter*) 中 (表 3-2)，可供参考[7]。

通常情况下，可根据苯丙氨酸脱氨酶、葡萄糖酸盐利用试验将肠杆菌科内一些比较常见具有致病性的不同菌属 (包括变形菌属) 鉴别开，具体可见在第 3 章"柠檬酸杆菌属"(*Citrobacter*) 中表 3-3(根据苯丙氨酸脱氨酶和葡萄糖酸盐利用试验的各菌属间鉴别特征) 的记述[39]。

(2) 鉴别检验：对变形菌的鉴定，应特别注意在理化性状方面与其相近的摩根氏菌属 (*Morganella* Fulton 1943)、普罗威登斯菌属 (*Providencia* Ewing 1962) 细菌相鉴别，它们之间的鉴别要点：①苯丙氨酸脱氨酶均为阳性，这也是此 3 个属的细菌与肠杆菌科中其他细菌相鉴别的一个重要特征；②除了产碱普罗威登斯菌 (*Providencia alcalifaciens*)、海氏普罗威登斯菌 (*Providencia heimbachae*)、拉氏普罗威登斯菌 (*Providencia rustigianii*)、斯氏普罗威登斯菌 (*Providencia stuartii*) 的部分菌株外，尿素酶均为阳性；③在普通营养琼脂和血液营养琼脂平板培养基上，除彭氏变形菌部分菌株外的变形菌有迁徙生长 (亦称泳动或蔓延生长) 现象，亦称集群 (swarming)；④普通变形菌、奇异变形菌、彭氏变形菌的部分菌株，H_2S 为阳性；⑤仅奇异变形菌、产黏变形菌、彭氏变形菌、海氏普罗威登斯菌的吲哚阴性；⑥仅奇异变形菌、摩氏摩根氏菌的鸟氨酸脱羧酶阳性；⑦发酵 D- 甘露糖有助于与变形菌属细菌相鉴别；⑧对尿素的迅速分解作用，也构成了变形菌属细菌的一个重要特征。

为更有效鉴别这些菌种，将在《伯杰氏鉴定细菌学手册》第九版 (1994) 中所列"变形菌与普罗威登斯菌及摩氏摩根氏菌间理化特性鉴别表"列在了第 8 章"摩根氏菌属"(*Morganella*) 的表 8-3 中，可供参考[36]。

2.3.2.2　毒力因子检测

检测变形菌是否具有侵袭力，可采用刚果红 (congo red) 显色试验、豚鼠角膜试验——瑟林尼试验 (Séreny test)、基因探针等方法；其中的刚果红显色试验，具有操作简便、结果容易判定等特点，更多被采用。检测内毒素，多采用常规的鲎试验方法。

2.3.2.3　生物型与基因分型

对变形菌分离株进行生物学与基因分型，在溯源追踪 (尤其是对食物中毒源菌株) 的流行病学方面，具有重要的诊断意义和实用价值。目前主要包括 PCR 方法、丹尼斯试验 (Dienes test)、脉冲场凝胶电泳方法等；实践中以丹尼斯试验较常用，以脉冲场凝胶电泳方法更准确。

(1) 丹尼斯试验：基于大多数变形菌在普通营养琼脂培养基平板上具有的游走 (生长) 能力，可通过丹尼斯 (Dienes) 现象来初步区分不同菌型的变形菌。丹尼斯试验 (亦称拮抗试验) 是当两个或多个变形菌的菌株点种生长在同一琼脂平板时，35℃培养 18 ～ 24h 检查，邻近菌株的扩展生长有时会在菌株生长物相遇的地方形成边界线，这种拮抗作用表示为不同的菌型，融合生长则表示为菌株间的同一性，此即丹尼斯现象。丹尼斯现象与血清学特征间进行比较，相同菌体和鞭毛血清型的各菌株间无边界线产生，不同菌体抗原、相同鞭毛抗原的不同菌株间也常无边界线产生，看来丹尼斯现象主要取决于鞭毛抗原，可能还与某些或某种毒性产物、细菌素等有关。

在前面有记述安徽省马鞍山市疾病预防控制中心的汪永禄等 (2009) 报告，通过对在2007 年从安徽省马鞍山地区 8 起食物中毒检出的 28 株变形菌 (奇异变形菌 25 株、普通变形菌 3 株) 的丹尼斯试验，有 1 起 (3 株) 出现了丹尼斯现象 (拮抗作用)，属于不同来源的菌株；另外 6 起 (1 起仅检出 1 株的除外)，其各自菌株的来源均相同 (无拮抗作用)[14]。这一结果显示，丹尼斯试验在对变形菌的菌株同源性检验中是具有应用价值的。

(2) 脉冲场凝胶电泳方法：在前面有记述安徽省马鞍山市疾病预防控制中心的汪永禄等 (2009) 的报告中，根据对 28 株变形菌的丹尼斯试验和脉冲场凝胶电泳分型结果，认为在对变形菌的流行病学型别溯源中，对分离菌株相关性的初步判断，可采用简便低耗的丹尼斯试验；对丹尼斯试验阴性的菌株，可再进一步采用脉冲场凝胶电泳方法分型，以提高同源性分析结果的准确性和可靠性，为食物中毒的处理提供更加信服的依据[14]。

深圳市罗湖区疾病预防控制中心的卓菲等 (2007) 报告，2006 年在 1 起食物中毒的 12 份被检材料 (患者肛拭和食品及环境标本) 中，分离到 4 株副溶血弧菌 (*Vibrio parahaemolyticus*)、7 株奇异变形菌；采用脉冲场凝胶电泳方法对 7 株奇异变形菌分型，结果显示在菌株间无相关性，表明它们的来源不同；根据检验结果，认为检出的奇异变形菌不是此起食物中毒的病原菌，副溶血弧菌是病原菌[40]。显然，在通常情况下，会认为此起食物中毒是副溶血弧菌和奇异变形菌混合引起；通过采用脉冲场凝胶电泳方法对分离菌株的分型，使病原菌得以明确的区分开来。

(3)PCR 方法：在前面有记述中国人民解放军总医院的贾宁等 (2002) 报告，为筛选出适用于变形菌基因分型的最佳方法，通过对临床分离的 44 株变形菌采用脉冲场凝胶电泳、随机扩增多态性 DNA 分析、重复元件序列 PCR、肠杆菌基因间重复共有序列 PCR 方法进行基因分型，结果表明此 4 种方法均可区分不相关菌株。其中以脉冲场凝胶电泳的分辨力最高、可重复性好，但实验费用较高、所需时间较长，在大规模广泛应用中存在一定的局限性；基于 PCR 的另外 3 种方法，具有简便快速、经济实用的特点，但可重复性比脉冲场凝胶电泳方法的差[13]。

2.3.3　免疫血清学检验

在对奇异变形菌食物中毒的检验中，可取患者在发病初期 (急性期) 和恢复期的双份血清，以分离的菌株制备抗原做定量凝集试验；通常在恢复期的相应抗体效价可比在发病初期的高 4 倍以上，具有辅助性诊断价值。

3　普通变形菌 (*Proteus vulgaris*)

普通变形菌 (*Proteus vulgaris* Hauser 1885 emend.Brenner，Hickman-Brenner，Holmes et al 1995) 亦称普通变形杆菌。菌种名称"*vulgaris*"为拉丁语形容词，指寻常的、普通的 (vulgaris common)。

细菌 DNA 的 G+C mol% 为 $39.3 \pm 1.2(T_m)$；模式株：ATCC 29905，DSM 13387[7]。

3.1　生物学性状

普通变形菌的主要特性为氧化酶、精氨酸双水解酶、赖氨酸脱羧酶、鸟氨酸脱羧酶、伏 - 波试验、丙二酸盐利用等试验阴性，分解葡萄糖且产气，不分解纤维二糖、鼠李糖、甘露醇等，分解麦芽糖、蔗糖，接触酶、尿素酶、明胶液化、H_2S 产生、甲基红试验阳性；吲哚产生、硝酸盐还原等试验阳性。

有些菌株在血液营养琼脂培养基平板上培养，表现具有溶血性。在对抗菌类药物的敏感性方面，通常普遍表现对青霉素、头孢菌素类具有抗性。

顺便提及在实践中，还常根据普通变形菌在对水杨苷、七叶苷的分解能力，是否产生吲哚及对氯霉素的耐性等，将普通变形菌分为 3 个 BG(BG1、BG2、BG3)。其中的 BG1，即现已升为种地位的彭氏变形菌；BG2 即现在的普通变形菌；BG3 即现已升为种地位的豪氏变形菌；它们之间的主要特性鉴别点，如表 10-4 所示。

表 10-4　普通变形菌不同生物群 (BG) 间鉴别

项目	BG1	BG2	BG3
分解：七叶苷	−	+	−
水杨苷	−	+	−
产生吲哚	−	+	+
氯霉素抗性	R	V	S

注：表中符号的 + 表示阳性，− 表示阴性；R 表示抵抗，S 表示敏感，V 表示不定。

为简便区分属内 4 种变形菌及作为新种的豪氏变形菌，将在第二版《伯杰氏系统细菌学手册》第 2 卷 (2005) 的 B 部分中记载的"变形菌属细菌种及生物群间特征鉴别表"列于表 10-5[7]。

表 10-5　变形菌属细菌种及生物群 (BG) 间特征鉴别

特征	普通变形菌 (BG2)	豪氏变形菌 (BG3)	奇异变形菌	产黏变形菌	彭氏变形菌 (BG1)
吲哚产生	+	+	−	−	−
鸟氨酸脱羧酶	−	−	+	−	−
产酸：麦芽糖	+	+	−	+	+
D- 木糖	+	+	+	−	+
水杨苷	+	−	−	−	−
水解七叶苷	+	−	−	−	−
酪氨酸分解变清	+	+	−	+	−
产生黏液	−	−	−	+	−

注：表中符号的 − 表示 0 ~ 10% 菌株阳性，+ 表示 90% ~ 100% 菌株阳性，除产黏液试验外均为 (36 ± 1)℃培养；产黏变形菌仅为 1 株 (ATCC 19692) 的结果，产黏液试验是使用胰酶解酪蛋白大豆胨肉汤 (trypticase soy broth) 培养基在 25℃培养。

普通变形菌的抗原具有良好的免疫原性，被普通变形菌感染后耐过或接种免疫动物，其机体能产生相应的免疫应答，主要为体液免疫抗体反应。在发生普通变形菌食物中毒后，血清抗体在一定的时限内出现和效价明显升高，也可作为辅助诊断的依据。例如，重庆市第二人民医院的唐治贵等(2000)报告，1998年6月重庆市某镇8人聚午餐，其中有5人因食用了普通变形菌污染的卤鹅肉发生食物中毒(罹患率100.0%)，另3人发现卤鹅肉有腐败异味未食用则均未发病；5名患者临床表现均有发热(体温为38～40℃)、出汗、恶心、呕吐、腹泻、头晕、头痛、全身乏力等症状；经入院抢救治疗有4人痊愈，1人死亡(病死率20.0%)。经以分离菌株对2名患者病后早期(第7天)和恢复期(第15天)血清做对O、H抗原凝集试验，结果2名患者第7天的O、H抗体效价均为1∶40，第15天对O抗原的抗体效价分别为1∶640和1∶1280、对H抗原的抗体效价分别为1∶160和1∶320[41]。

3.2 病原学意义

无论在人还是在动物的感染、毒力因子和致病机制等方面，普通变形菌和奇异变形菌都是基本一致的，通常也多是将此两种菌在一起描述。仅是在临床样品中，普通变形菌的出现频率相对低于奇异变形菌。

3.2.1 医院感染特点

在医院感染方面，普通变形菌具有奇异变形菌同样的表现特点。以下记述的一些报告，是具有一定代表性的。①在前面奇异变形菌项下记述陕西省渭南市妇幼保健医院的王绒(2004)报告的161株变形菌，其中的普通变形菌11株在各类临床标本材料中的分布，依次为：尿液7株(构成比63.64%)、痰液4株(构成比36.36%)[26]。②在前面奇异变形菌项下记述湖南省岳阳市第二人民医院的付元元等(2007)报告的121株变形菌，其中的普通变形菌8株在各类临床标本材料中的分布，依次为：尿液5株(构成比62.5%)、痰液2株(构成比25.0%)、分泌物1株(构成比12.5%)[17]。

3.2.2 动物的普通变形菌感染病

在对动物的感染病中，还有从蛇(园眼镜蛇、榕蛇、水律蛇、广蛇等)发生的口腔炎检出了相应病原普通变形菌，以及作为对虾红腿病、鳖穿孔病、鳖白板病、赤点石斑鱼细菌感染病等病原菌的报告[2]。

3.3 微生物学检验

对普通变形菌的微生物学检验，与上述在奇异变形菌中描述的相同。做变形菌属内4个种的种间区别鉴定时，普通变形菌能够产生吲哚是一项重要鉴别指标；此项指标，仅需与豪氏变形菌相区分。

(陈翠珍)

参 考 文 献

[1] 贾辅忠 , 李兰娟 . 感染病学 . 南京 : 江苏科学技术出版社 , 2010: 485~486.

[2] 房海 , 陈翠珍 , 张晓君 . 肠杆菌科病原细菌 . 北京 : 中国农业科学技术出版社 , 2011: 298~309.

[3] 房海 , 陈翠珍 . 中国食物中毒细菌 . 北京 : 科学出版社 , 2014: 157~187.

[4] 杨启文 , 王瑶 , 徐英春 , 等 .2008 年中国 15 所教学医院医院感染患者分离的肠杆菌科细菌耐药性分析 . 中国感染与化疗杂志 , 2012, 12(3):206~212.

[5] 黄朝晖 , 范晓玲 , 胡瑜 .2007-2011 年医院感染主要病原菌的耐药趋势分析 . 中华医院感染学杂志 , 2013, 23(8):1911~1913.

[6] 孙慧 , 吴荣华 , 胡钢 , 等 . 医院感染病原菌分布及耐药性分析 . 疾病监测与控制杂志 , 2014, 8(1):4~6.

[7] George M Garrity.Bergey's Manual of Systematic Bacteriology.Second Edition.Volume Two.Part B.Springer, New York, 2005: 745~753.

[8] 乔树民 . 与变形杆菌联系的爆发性食物中毒的流行病学调查和实验研究 . 中华医学杂志 , 1957, (第 8 号):607~613.

[9] 房海 , 史秋梅 , 陈翠珍 , 等 . 人兽共患细菌病 . 北京 : 中国农业科学技术出版社 , 2012: 350~367.

[10] 杨正时 , 房海 . 人及动物病原细菌学 . 石家庄 : 河北科学技术出版社 , 2003: 392~453.

[11] 张元玲 , 钟小东 , 王顺东 , 等 . 三株与沙门菌有共同抗原的奇异变形杆菌的检出与分析 . 中国卫生检验杂志 , 2003, 13(6):788~789.

[12] 许艳艳 , 李小菲 .1 起由变形杆菌引起食物中毒的报告 . 职业与健康 , 2000, 16(11):49~50.

[13] 贾宁 , 林茂虎 , 陈世平 , 等 . 变形杆菌基因分型方法的评价 . 中华医院感染学杂志 , 2002, 12(9):652~654.

[14] 汪永禄 , 刘燕 , 陶勇 , 等 . 食物中毒变形杆菌的生物学特性及分子分型研究 . 中国卫生检验杂志 , 2009, 19(9): 1952~1954.

[15] 刘明辉 , 陈建琳 , 高凤岗 . 变形杆菌食物中毒生物模式初探 . 中国卫生检验杂志 , 2000, 10(6):714~715.

[16] 刘杨 , 张秋莹 , 殷玉华 . 重症监护室常用医疗器具使用中病原菌携带情况 . 中国感染控制杂志 , 2013, 12(1):64~65.

[17] 付元元 , 袁春雷 , 杨昊 . 岳阳地区近 3 年临床分离变形菌菌群分布及耐药性分析 . 中国抗生素杂志 , 2007, 32(9):1~2.

[18] 张静萍 , 朱婉 , 陈佰义 . 奇异变形菌对常用抗菌药物的敏感性变化 . 中华医院感染学杂志 .2009, 19(3):322~324.

[19] 卢雪明 , 曾翠兰 .62 株奇异变形杆菌的耐药性分析 . 青岛医药卫生 , 2010, 42(1):7~9.

[20] 周慧军 , 王立杰 . 一起奇异变形杆菌致 3258 人食物中毒的报告 . 中国国境卫生检疫杂志 , 1998, 21(5):318.

[21] 张斐 , 张平 , 程纯 , 等 . 奇异变形杆菌毒素研究 . 南通医学院学报 , 1991, 11(2):99~101, 181.

[22] 徐红麟 , 陈建辉 , 汪小瑛 . 奇异变形杆菌致婴儿迁延性腹泻 1 例报告 . 海峡预防医学杂志 , 2009, 15(1):87~88.

[23] 汪永禄 , 陶勇 , 石志峰 , 等 . 安徽省马鞍山市腹泻患者变形杆菌感染状况的初步探讨 . 疾病监测 , 2009, 24(5): 337~339.

[24] 尹洪臣 . 奇异变形杆菌败血症 2 例 . 医师进修杂志 , 1990, (7):47.

[25] 徐红 . 奇异变形杆菌 (*Proteus mirabilis*) 颅内感染死亡一例报告 . 恩施医专学报 , 1988, 5(2):79~80.

[26] 王绒 . 变形杆菌菌群分布及耐药性分析 . 实用医技杂志 , 2004, 11(9):1818~1819.

[27] Anandachitra M, Chandran N D J, Koteeswaran A.Isolation of *Proteus mirabilis* from aborted pig fetuses. Indian veterinary journal.2007, 84(9):984~985.

[28] 刘国璋 , 陈旋武 , 李志雄 , 等 . 奇异变形杆菌引发人猴腹泻暴发流行的调查研究 . 中国人兽共患病杂志 , 1998, 14(6):79~80.

[29] 毕水莲 , 李琳 , 唐书泽 , 等 . 变形杆菌属食物中毒的特点与防控措施 . 现代食品科技 , 2009, 25(6):690~695.

[30] 李文建 , 汪正清 . 奇异变形杆菌的毒力因子 . 中国人兽共患病杂志 , 2001, 17(2):80~82, 86.

[31] 吴清明 , 罗海波 . 奇异变形杆菌尿路感染与尿素酶 . 国际泌尿系统杂志 , 1988, (2):62~64.

[32] Sergio P D Rocha, Jacinta S Pelayo, Waldir P Elias. Fimbriae of uropathogenic *Proteus mirabilis*.FEMS Immunology and Medical Microbiology, 2007, 51(5):1~7.

[33] Greta R Nielubowicz, Sara N Smith, and Harry L T Mobley.Outer Membrane Antigens of the Uropathogen *Proteus mirabilis* Recognized by the Humoral Response during Experimental Murine Urinary Tract Infection.Infection and Immunity, Sept, 2008, 76(9):4222~4231.

[34] Laurel S Burall, Janette M Harro, Xin Li, et al. *Proteus mirabilis* Genes That Contribute to Pathogenesis of Urinary Tract Infection:Identification of 25 Signature-Tagged Mutants Attenuated at Least 100-Fold. Infection and Immunity, 2004, 72(5):2922~2938.

[35] Dorota Stankowska, Marek Kwinkowski, Wieslaw Kaca.Quantification of *Proteus mirabilis* virulence factors and modulation by acylated homoserine lactones.Original Article, 2008, 41:243~253.

[36] Holt J G, Krieg N R, Sneath P H A, et al.Bergey's Manual of Determinative Bacteriology.Ninth Edition. Baltimore, Williams and Wilkins, 1994: 184~185, 239~240.

[37] 徐向东 , 冯志山 , 李仲兴 . 不产硫化氢的奇异变形杆菌引起伤口感染 1 例报告 . 张家口医学院学报 , 1992, 9(2):60.

[38] 裴标 , 刘玉娥 , 高峻 , 等 . 嗜碱耐盐性奇异变形杆菌引起食物中毒的病原学实验研究 . 现代预防医学 , 2001, 28(1):86~87.

[39] 叶应妩 , 王毓三 , 申子瑜 . 全国临床检验操作规程 . 第 3 版 . 南京 : 东南大学出版社 , 2006: 801~821.

[40] 卓菲 , 赵洁玲 , 文风兰 , 等 . 用 PFGE 方法鉴别分析同时检出副溶血性弧菌和变形杆菌的食物中毒 . 实用预防医学 , 2007, 14(3):895~896.

[41] 唐治贵 , 焦春堂 , 陈应琼 , 等 . 普通变形杆菌引起食物中毒死亡 1 例 . 职业卫生与病伤 , 2000, 15(3):147.

第 11 章　沙门氏菌属 (*Salmonella*)

　　沙门氏菌属 (*Salmonella* Lignières 1900) 细菌包括多个种 (species)、亚种 (subspecies)、血清型 (serovars)，其中有诸多 (几乎是所有) 的种 (亚种、血清型) 都具有病原学意义，仅是在对人或动物或人及动物的致病范围与强度、出现频率等方面存在一定的差异。在不同的种 (亚种、血清型) 沙门氏菌中，有的仅引起人的感染发病，如伤寒沙门氏菌 (*Salmonella typhi*) 能引起人的伤寒 (typhoid fever)；有的仅对动物具有致病作用，如猪伤寒沙门氏菌 (*Salmonella typhisuis*) 仅引起猪的感染发病；有的对人及动物均具有广泛致病作用，如鼠伤寒沙门氏菌 (*Salmonella typhimurium*) 能引起人及多种动物感染发生鼠伤寒沙门氏菌感染病 (infectious diseases of *Salmonella typhimurium*)，也是比较典型的人畜共患病 (zoonoses) 的病原菌。

　　无论在人还是在动物，由沙门氏菌属细菌引起的感染病 (infectious diseases) 主要表现以发生胃肠道感染为特征，也存在不是很常见的胃肠道外感染类型 (包括组织器官、系统的感染及败血症等)，常被统称为沙门氏菌病 (salmonellosis)；另外则是作为食源性疾病 (foodborne disease) 的病原菌，也称食源性病原菌 (foodborne pathogen)，引起人的食物

中毒 (food poisoning)。但在人或不同动物的不同感染类型，也常还有相应的专用疾病名称，如由副伤寒沙门氏菌 (Salmonella paratyphi) 引起的人副伤寒 (paratyphoid fever)，由猪霍乱沙门氏菌 (Salmonella choleraesuis) 引起的仔猪副伤寒 (swine paratyphoid)，由雏（鸡白痢）沙门氏菌 (Salmonella pullorum) 引起的禽白痢 (pullorum disease)，由马流产沙门氏菌 (Salmonella abortusequi) 引起的马副伤寒 (equine paratyphoid) 等。沙门氏菌病，是一类呈全球性分布、常见且重要的细菌性感染病 [1～6]。

沙门氏菌属是肠杆菌科 [Enterobacteriaceae(Rahn 1937)Ewing Farmer and Brenner 1980] 细菌的成员。作为医院感染 (hospital infection，HI) 的病原肠杆菌科细菌，在我国已有明确记述和报告的共涉及 12 个菌属 (genus)、35 个菌种或亚种。为便于一并了解，以表格"医院感染病原肠杆菌科细菌的各菌属与菌种（亚种）"的形式，记述在了第 2 篇"医院感染革兰氏阴性肠杆菌科细菌"的扉页中。

在我国多有由沙门氏菌属细菌引起的医院感染，明确记述的涉及多个种、亚种或血清型，其中主要是鼠伤寒沙门氏菌，也属于检出频率较高的革兰氏阴性细菌。

● 湖北省仙桃市第一人民医院的周建萍等 (1997) 报告，回顾性总结该医院在 1995 年 1 月至 1996 年 12 月间，从住院及门诊患者送检标本材料中分离获得各种病原菌 9 种（属）类 970 株。其中革兰氏阴性细菌 5 种（属）类 455 株（构成比 46.91%）、革兰氏阳性细菌 3 种（属）类 348 株（构成比 35.88%）、其他种（属）类病原菌 167 株（构成比 17.22%）。在明确的 8 种（属）类细菌 803 株中，各种（属）类细菌的出现频率依次为：金黄色葡萄球菌 (Staphylococcus aureus)208 株（构成比 25.90%）、沙门氏菌属细菌 152 株（构成比 18.93%）、志贺氏菌属 (Shigella Castellani and Chalmers 1919) 细菌 148 株（构成比 18.43%）、表皮葡萄球菌 (Staphylococcus epidermidis)122 株（构成比 15.19%）、大肠埃希氏菌 (Escherichia coli)71 株（构成比 8.84%）、假单胞菌属 (Pseudomonas Migula 1894) 细菌 63 株（构成比 7.85%）、克雷伯氏菌属 (Klebsiella Trevisan 1885 emend.Drancourt，Bollet，Carta and Rousselier 2001) 细菌 21 株（构成比 2.62%）、链球菌属 (Streptococcus Rosenbach 1884) 细菌 18 株（构成比 2.24%），沙门氏菌属细菌居第 2 位。在 5 种（属）类 455 株革兰氏阴性细菌中，沙门氏菌属细菌 152 株（构成比 33.41%）、志贺氏菌属细菌 148 株（构成比 32.53%）、大肠埃希氏菌 71 株（构成比 15.60%）、假单胞菌属细菌 63 株（构成比 13.85%）、克雷伯氏菌属细菌 21 株（构成比 4.62%），沙门氏菌属细菌居第 1 位 [7]。

● 浙江省平阳县人民医院的侯爱红 (2002) 报告，回顾性总结该医院在 6 年 (1996 年至 2001 年) 间，从医院感染 (HI) 患者不同标本材料中分离获得各种病原菌 13 种（属）类 744 株。其中革兰氏阴性细菌 7 种（属）类 434 株（构成比 58.33%）、革兰氏阳性细菌 4 种（属）类 193 株（构成比 25.94%）、属于真菌 (fungi) 的白色念珠菌 (Candida albican)77 株（构成比 10.35%）、其他种酵母菌 (yeast) 样真菌 40 株（构成比 5.38%）。在明确的 11 种（属）类细菌 627 株中，各种（属）类细菌的出现频率依次为：大肠埃希氏菌 151 株（构成比 24.08%）、金黄色葡萄球菌 117 株（构成比 18.66%）、铜绿假单胞菌 (Pseudomonas aeruginosa)75 株（构成比 11.96%）、伤寒沙门氏菌 60 株（构成比 9.57%）、肺炎克雷伯氏菌 (Klebsiella pneumoniae)60 株（构成比 9.57%）、奇异变形菌 (Proteus mirabilis)40 株（构成比 6.38%）、链球菌属细菌 31 株（构成比 4.94%）、弗氏志贺氏菌 (Shigella flexneri)30 株（构成比 4.78%）、表皮葡萄球菌 30 株 (构成比 4.78%)、臭鼻克雷伯氏菌 (*Klebsiella ozaenae*)18 株 (构成比 2.87%)、凝固酶阴性葡萄球菌 (coagulase negative staphylococci，CNS)15 株 (构成比 2.39%)，伤寒沙门氏菌与肺炎克雷伯氏菌并列居第 4 位。在 7 种 (属)434 株革兰氏阴性细菌中，大肠埃希氏菌 151 株 (构成比 34.79%)、铜绿假单胞菌 75 株 (构成比 17.28%)、伤寒沙门氏菌 60 株 (构成比 13.82%)、肺炎克雷伯氏菌 60 株 (构成比 13.82%)、奇异变形菌 40 株 (构成比 9.22%)、弗氏志贺氏菌 30 株 (构成比 6.91%)、臭鼻克雷伯氏菌 18 株 (构成比 4.15%)，伤寒沙门氏菌与肺炎克雷伯氏菌并列居第 3 位[8]。

本书作者注：文中记述的臭鼻克雷伯氏菌，即现在分类于克雷伯氏菌属的肺炎克雷伯氏菌臭鼻亚种 (*Klebsiella pneumoniae* subsp. *ozaenae*)。

● 在第 3 章"柠檬酸杆菌属" (*Citrobacter*) 中有记述，山东省青岛大学医学院附属医院的刘广义 (2011) 报告，回顾性总结该医院在 2008 年 10 月至 2010 年 5 月间，从住院及门诊患者不同标本材料中分离获得各种病原菌 11 种 (属)447 株。其中革兰氏阴性细菌 10 种 (属)436 株 (构成比 97.54%)、革兰氏阳性的金黄色葡萄球菌 11 株 (构成比 2.46%)。在 11 种 (属)447 株细菌中，沙门氏菌属细菌 73 株 (构成比 16.33%) 居第 3 位[9]。

1　菌属定义与分类位置

沙门氏菌属是肠杆菌科细菌较早的成员，也是在肠杆菌科细菌中最为复杂的。菌属名称"*Salmonella*"为现代拉丁语阴性名词，是以美国细菌学家沙门 (D.E.Salmon) 的姓氏 (Salmon) 命名的[10]。

1.1　菌属定义

沙门氏菌属细菌为 $(0.7 \sim 1.5)\mu m \times (2 \sim 5)\mu m$ 的革兰氏阴性直杆菌，通常以周生鞭毛 (peritrichous flagella) 运动。其兼性厌氧，有机化能异养，具有呼吸和发酵两种代谢类型，最适的生长温度 37℃，菌落直径通常为 $2 \sim 4mm$。

该菌属细菌发酵 D- 葡萄糖和其他碳水化合物产酸，也常产气；通常可在三糖铁琼脂 (triple-sugar-iron agar，TSI) 培养基上产生 H_2S。氧化酶阴性，过氧化氢酶阳性，吲哚产生和伏 - 波试验 (Voges-Proskauer test，V-P) 阴性，甲基红试验 (methyl red test，MR) 和西蒙氏 (Simmons) 柠檬酸盐利用阳性；可利用柠檬酸盐作为碳源，赖氨酸和鸟氨酸脱羧酶阳性，精氨酸双水解酶反应可变，苯丙氨酸和色氨酸脱氨酶、脂肪酶、DNA 酶均阴性，不能水解尿素。在 KCN 培养基中生长及丙二酸盐利用可变，能还原硝酸盐为亚硝酸盐。发酵的碳水化合物主要包括 L- 阿拉伯糖、麦芽糖、D- 甘露醇、D- 甘露糖、L- 鼠李糖、D- 山梨醇、海藻糖和 D- 木糖等，不发酵蔗糖、水杨苷、肌醇、苦杏仁苷等。

该菌属细菌存在于人、温血及冷血动物、食物和环境中；是人和多种动物的病原菌，可引起伤寒、肠伤寒、肠胃炎和败血症等多种类型的感染病，一些血清型菌株具有严格的寄主。

沙门氏菌属细菌 DNA 的 G+C mol% 为 $50 \sim 53$；模式种 (type species)：猪霍乱沙门氏菌 [*Salmonella choleraesuis*(Smith 1894)Weldin 1927][10]。

1.2 分类位置

按伯杰氏 (Bergey) 细菌分类系统，在第二版《伯杰氏系统细菌学手册》(*Bergey's Manual of Systematic Bacteriology*) 第 2 卷 (2005) 的 B 部分中，沙门氏菌属分类于肠杆菌科。

肠杆菌科内共记载了 42 个菌属 144 个种，另是在种下有 23 个亚种、8 个血清型。其中的 42 个菌属名录，已分别记述在了第 3 章 "柠檬酸杆菌属" (Citrobacter) 中。

肠杆菌科细菌 DNA 的 G+C mol% 为 38 ~ 60；模式属 (type genus)：埃希氏菌属 (*Escherichia* Castellani and Chalmers 1919)。

沙门氏菌的种名比较复杂，通常均是以其血清型进行区分，并以其分离地或所致疾病命名相应的血清型菌，如伤寒沙门氏菌、鼠伤寒沙门氏菌、肠炎沙门氏菌 (*Salmonella enteritidis*)、伦敦沙门氏菌 (*Salmonella london*)、仙台沙门氏菌 (*Salmonella sendai*) 等。以往的书籍和资料通常均是这样记述沙门氏菌的种，直至现在还常是习惯这样使用。

在第二版《伯杰氏系统细菌学手册》第 2 卷 (2005) 的 B 部分中，记载的种 (亚种、血清型) 与以前相比有些变化，共记载了 2 个种、6 个亚种、8 个血清型。

2 个种，依次为：①肠沙门氏菌 (*Salmonella enterica*)，包括 6 个亚种；②邦戈尔沙门氏菌 (*Salmonella bongori*)。

肠沙门氏菌的 6 个亚种，依次为：①肠沙门氏菌肠亚种 (*Salmonella enterica* subsp. *enterica*)，包括 8 个血清型；②肠沙门氏菌亚利桑那亚种，即亚利桑那沙门氏菌 (*Salmonella arizonae*)；③肠沙门氏菌双亚利桑那亚种 (*Salmonella enterica* subsp. *diarizonae*)，即双亚利桑那沙门氏菌 (*Salmonella diarizonae*)；④肠沙门氏菌豪顿亚种 (*Salmonella enterica* subsp. *houtenae*)，即豪顿沙门氏菌 (*Salmonella houtenae*)；⑤肠沙门氏菌印度亚种 (*Salmonella enterica* subsp. *indica*)，即印度沙门氏菌 (*Salmonella indica*)；⑥肠沙门氏菌萨拉姆亚种 (*Salmonella enterica* subsp. *salamae*)，即萨拉姆沙门氏菌 (*Salmonella salamae*)。

肠沙门氏菌肠亚种的 8 个血清型，依次为：①肠沙门氏菌肠亚种猪霍乱血清型 (*Salmonella enterica* subsp. *enterica* serovar Choleraesuis)，即猪霍乱沙门氏菌；②肠沙门氏菌肠亚种肠炎血清型 (*Salmonella enterica* subsp. *enterica* serovar Enteritidis)，即肠炎沙门氏菌；③肠沙门氏菌肠亚种鸡血清型 (*Salmonella enterica* subsp. *enterica* serovar Gallinarum)，即鸡沙门氏菌 (*Salmonella gallinarum*)；④肠沙门氏菌肠亚种甲型副伤寒血清型 (*Salmonella enterica* subsp.*enterica* serovar Paratyphi A)，即甲型副伤寒沙门氏菌 (*Salmonella paratyphi* A)；⑤肠沙门氏菌肠亚种乙型副伤寒血清型 (*Salmonella enterica* subsp. *enterica* serovar Paratyphi B)，即乙型副伤寒沙门氏菌 (*Salmonella paratyphi* B)；⑥肠沙门氏菌肠亚种丙型副伤寒血清型 (*Salmonella enterica* subsp. *enterica* serovar Paratyphi C)，即丙型副伤寒沙门氏菌 (*Salmonella paratyphi* C)；⑦肠沙门氏菌肠亚种伤寒血清型 (*Salmonella enterica* subsp. *enterica* serovar Typhi)，即伤寒沙门氏菌；⑧肠沙门氏菌肠亚种鼠伤寒血清型 (*Salmonella enterica* subsp. *enterica* serovar Typhimurium)，即鼠伤寒沙门氏菌[10]。

为简便对比，将这些种 (亚种、血清型) 在以前及现在的名称，归纳列于表 11-1；包括了第二版《伯杰氏系统细菌学手册》第 2 卷、第九版《伯杰氏鉴定细菌学手册》(*Bergey's Manual of Determinative Bacteriology*)(1994) 及以前的名称[10, 11]。

表 11-1　沙门氏菌在以前及现在的名称对比

《伯杰氏系统细菌学手册》 第二版第 2 卷 (2005)	《伯杰氏鉴定细菌学手册》 第九版 (1994)	以前的名称 （血清型菌名）
1. 肠沙门氏菌	猪霍乱沙门氏菌	猪霍乱沙门氏菌
(1) 肠亚种	猪霍乱亚种	猪霍乱沙门氏菌
1) 猪霍乱血清型	猪霍乱血清型	猪霍乱沙门氏菌
2) 肠炎血清型		肠炎沙门氏菌
3) 鸡血清型	鸡血清型	鸡沙门氏菌
4) 甲型副伤寒血清型	甲型副伤寒血清型	甲型副伤寒沙门氏菌
5) 乙型副伤寒血清型		乙型副伤寒沙门氏菌
6) 丙型副伤寒血清型		丙型副伤寒沙门氏菌
7) 伤寒血清型	伤寒血清型	伤寒沙门氏菌
8) 鼠伤寒血清型		鼠伤寒沙门氏菌
(2) 亚利桑那亚种	亚利桑那亚种	亚利桑那沙门氏菌
(3) 双亚利桑那亚种	双亚利桑那亚种	双亚利桑那沙门氏菌
(4) 豪顿亚种	豪顿亚种	豪顿沙门氏菌
(5) 印度亚种	印度亚种	印度沙门氏菌
(6) 萨拉姆亚种	萨拉姆亚种	萨拉姆沙门氏菌
2. 邦戈尔沙门氏菌	邦戈尔沙门氏菌	邦戈尔沙门氏菌

另外，在《伯杰氏鉴定细菌学手册》第八版 (1974) 中记述的薛氏沙门氏菌 (*Salmonella schottmuelleri*)，即乙型副伤寒沙门氏菌；希氏沙门氏菌 (*Salmonella hirschfeldii*)，即丙型副伤寒沙门氏菌；邦戈尔沙门氏菌，也有猪霍乱沙门氏菌邦戈尔亚种 (*Salmonella choleraesuis* subsp.*bongori*) 的名称 [10, 12]。

2　鼠伤寒沙门氏菌 (*Salmonella typhimurium*)

鼠伤寒沙门氏菌 [*Salmonella typhimurium*(Loeffler 1892)Castellani and Chalmers 1919]，即肠沙门氏菌肠亚种鼠伤寒血清型 [*Salmonella enterica* subsp. *enterica* serovar Typhimurium(Loeffler 1892)Castellani and Chalmers 1919]，最初命名为鼠伤寒杆菌 (*Bacillus typhimurium* Loeffler 1892)；种名 "*typhimurium*" 为现代拉丁语属格复数名词，指鼠的伤寒 (typhoid of mice)。

细菌 DNA 的 G+C mol% 为 50 ~ 53(Bd, T_m)；保藏株 (deposited strain)：ATCC 13311。抗原式 (antigenic formula)：1，4，[5]，12：i：1，2 为典型的。还常出现 1，4，5，12：i：1，2 和 4，5，12：i：1，2；以及 1，4，12：i：1，2 和 4，12：i：1，2；无动力菌株等形式 [10]。

2.1 发现历史简介

最早对沙门氏菌的认识是伤寒沙门氏菌,即现在分类定名的肠沙门氏菌肠亚种伤寒血清型;相继是猪霍乱沙门氏菌,即现在分类定名的肠沙门氏菌肠亚种猪霍乱血清型。早期对鼠伤寒沙门氏菌感染的明确报告,均是在临床以胃肠道感染(包括人的食物中毒)为特征的感染病,且一直到现在也还仍然是主要的感染类型[13~18]。

2.1.1 国外简况

图 11-1 詹纳

图 11-2 巴德

对由沙门氏菌引起感染病的最早认识,是由伤寒沙门氏菌引起的人的伤寒,其先驱研究者包括法国学者 Louis(在 1829 年)、德国学者 Gerhardt(在 1837 年)和 Schoenlein(在 1839 年)、英国内科医学家威廉·詹纳爵士 (Sir William Jenner,1815 ~ 1898; 图 11-1)(在 1849 年和 1850 年)等。他们曾分别对伤寒症的临床和病理特征作了描述,并与其他临床表现热症的疾病作了区分。

但对人伤寒症比较充分的认识,当归功于英国内科医生、医学家、流行病学家威廉·巴德 (William Budd,1811 ~ 1880);巴德(图 11-2)于 1837 年在他的家乡发生伤寒流行时,通过深入现场做细致的人群调查后明确提出"伤寒是由特殊的毒物在人体内繁殖引起的,毒物随粪便排出,通过消毒隔离措施可有效控制流行";又在 1856 年至 1878 年间基于在他所行医地区发生的伤寒多次暴发流行所发现和发表的论据,有效支持了伤寒是一种接触传染性疾病的观点,还写了一本有关伤寒流行病学的专著。

对伤寒病原菌的最早认识与研究,首先是从德国病理学家卡尔·约瑟夫·埃伯特 (Karl Joseph Eberth,1835 ~ 1926) 和在第 1 章 "病原细菌的发现与致病作用" 中有记述的德国细菌学家格奥尔格·特奥多尔·奥古斯特·加夫基 (Georg Theodor August Gaffky,1850 ~ 1918) 开始的。在 1880 年,埃伯特(图 11-3)首先描述了在伤寒患者肠系膜淋巴结组织切片中观察到的相应病原菌;相继是加夫基在 1884 年,从伤寒患者的脾脏分离获得了相应病原菌的纯培养。这即是第一种被发现的、引起人发病的沙门氏菌,也是第一种被发现的沙门氏菌属细菌,就是现在的伤寒沙门氏菌。另外值得一提的是在第 1 章 "病原细菌的发现与致病作用" 中有记述的德国医学家、细菌学家埃德温·特奥多尔·阿尔布雷西特·克莱布斯 (Edwin Theodor Albrecht Klebs,1834 ~ 1913) 早在 1879 年,就曾经对 29 例伤寒死亡患者进行过研究,并发现了伤寒沙门氏菌。

相继在动物病原沙门氏菌及其沙门氏菌病的认识与研究方面,既是先驱者,又做出了卓越贡献的是美国兽医细菌学家沙门和美国微生物学家、比较解剖学家西奥博尔·史密斯 (Theobald Smith,1859 ~ 1934)。1885 年,沙门和史密斯(图 11-4)从发生猪霍乱 (hog cholera) 即猪瘟 (swine fever) 的病猪肠道中分离到引起动物发病的第一种沙门氏菌,也是被发现的第二种沙门氏菌，即猪霍乱沙门氏菌；此菌在当时被误认为是猪瘟的病原，后来被证实其只是猪瘟的继发感染病原，更重要的是此菌相继被证实为仔猪副伤寒的原发病原菌。当时仔猪副伤寒的发生与流行，在美国中西部造成了严重的经济损失。为控制仔猪副伤寒，沙门和史密斯于 1886 年首次采用加热方法杀死的猪霍乱沙门氏菌，制备了灭活疫苗且免疫保护效果很好，这也是世界上最早研制出的灭活疫苗。

图 11-3　埃伯特　　　　图 11-4　史密斯

　　此后，有多种沙门氏菌及其感染病相继被发现。例如，在 1888 年，Gaertner 在德国从一起食物中毒事件病死患者及所食用的腹泻病死牛肉中分离到肠炎沙门氏菌 (即现在分类定名的肠沙门氏菌肠亚种肠炎血清型)，这也是第一种被确认为能引起人食物中毒及人畜共患沙门氏菌病的病原沙门氏菌；1893 年，Smith 和 Kilborne 首次分离到引起马副伤寒的马流产沙门氏菌，后由 Ligniéres 等多位学者对其进行了较全面的确认；1899 年，Rettger 首先发现了引起禽白痢的雏 (鸡白痢) 沙门氏菌等。在 1957 年，Buxton 发表了一份很详尽的综述，介绍了自 1883 年以来所分离并被确定的几百个沙门氏菌血清型菌株的首次分离物及其原始文献，在对沙门氏菌与沙门氏菌病的认识及其进一步深入研究方面发挥了重要的作用。

　　鼠伤寒沙门氏菌是由在第 1 章 "病原细菌的发现与致病作用" 中有记述的德国细菌学家弗里德里希·奥古斯特·约翰内斯·吕弗勒 (Friedrich August Johannes Loeffler,1852 ~ 1915) 在 1892 年，从类似伤寒的病鼠粪便中首先分离获得的，吕弗勒在当时将其命名为鼠伤寒杆菌 (*Bacillus typhimurium* Loeffler 1892)；1893 年，De Nobele 又报告在一次食物中毒事件中首次分离到鼠伤寒沙门氏菌，这也是人类感染鼠伤寒沙门氏菌的最早报告。此后，其作为人畜共患沙门氏菌病的病原菌被引起了广泛的关注，且至今一直是主要的流行血清型。例如，在美国，鼠伤寒沙门氏菌是自 1975 年后最频繁被分离到的沙门氏菌，其次是肠炎沙门氏菌[19]。

2.1.2　国内简况

　　在我国，有关资料显示是在 1974 年首先发现了人的鼠伤寒沙门氏菌感染病流行。中国人民解放军第四医院的王锦德等 (1988) 报告由鼠伤寒沙门氏菌引起的肠炎，是他们医院在 1974 年发现的；从有关资料看，国内部分地区也是在 1974 年前后发现此病流行的，因而认为在我国部分地区，至少是西宁地区，明确记述是从 1974 年开始有对以肠炎型为主的鼠伤寒沙门氏菌病流行的检出[20]。

　　在动物的感染病，原安徽省农业局畜牧处的陈掌纶 (1980) 报告在安徽省亳县马场的幼驹 (多为 5 ~ 7 日龄、有的至 3 月龄)，发生一种以腹泻为主要症状的疾病，据不完全统计在 1973 年至 1976 年共产驹 107 匹、发病 83 匹 (罹患率 77.57%)；死亡数量逐年增加，共死亡 29 匹 (病死率 34.94%)；1976 年从 2 匹死亡幼驹的肝脏中分离到相应病原鼠伤寒沙门氏菌，这是在检出的文献中我国最早报告的动物 (家畜) 鼠伤寒沙门氏菌感染病例[21]。

在 20 世纪 70 年代，杨正时报告了在实验动物豚鼠发生的鼠伤寒沙门氏菌病流行。

原江苏省农学院的董国雄等 (1989) 报告徐州市某奶牛场，在每年均有少数犊牛发生下痢甚至死亡。1988 年自 2 月 19 日至 4 月 19 日犊牛下痢发病数量增多，此两个月内所产 39 头先后发病，死亡 19 头 (病死率为 48.72%)；且波及产后母牛发病 16 头，死亡 3 头 (病死率为 18.75%)。此间，在与病牛接触过的工作人员中有 6 人发病 (腹泻)。做病原学检验，从犊牛肠淋巴结、母牛下痢粪便中检出了相应病原鼠伤寒沙门氏菌；这是在检出的文献中我国最早报告的鼠伤寒沙门氏菌作为人畜共患病的病原菌，从与发病动物接触传染给人的病例[22]。

在鼠伤寒沙门氏菌作为食物中毒病原菌的检出中，原中国人民解放军东北军区后勤卫生部防疫队的安郁珍 (1954) 报告的 1 起是最早的。报告驻某地的某部于某年 6 月 16 日至 29 日，在大小 7 个伙食单位发生 2 起由病 (死) 猪肉引起的食物中毒 246 人。经检验确定，其中 1 起为鼠伤寒沙门氏菌引起，另 1 起为猪霍乱沙门氏菌引起[14]。相继由辽宁省卫生防疫站的山昌寿等 (1957) 报告的 1 起，是对鼠伤寒沙门氏菌引起食物中毒最早的较详细记述。报告在 1955 年 8 月，辽中县某区 92 人因食用同一病死马肉引起 63 人发生中毒 (罹患率 68.48%)[23]。

到现在，无论是在人还是在动物，几乎各种类型的鼠伤寒沙门氏菌感染病，在我国均有发生且一直表现危害严重，尤以人的食物中毒最为常见。

2.2　生物学性状

对沙门氏菌的主要生物学性状研究，在鼠伤寒沙门氏菌的相对较多。本书作者房海、陈翠珍等，也曾对分离于发病动物的菌株进行了主要理化特性检验，并检出了无动力的变异菌株[3]。现综合一些相关资料，对其主要生物学性状予以简要记述。

2.2.1　理化特性

鼠伤寒沙门氏菌的理化特性，是在沙门氏菌属细菌中比较典型的。但对其进行鉴定，还常常是需要血清型检定。

2.2.1.1　形态特征

鼠伤寒沙门氏菌为革兰氏阴性的直杆菌，以周鞭毛运动为主。在普通营养琼脂 (nutrient agar，NA) 培养基上 37℃培养 18 ~ 24h 检查，为散在 (个别的成双)、两端钝圆、无芽孢 (spore)、大小多为 $(0.5 ~ 0.8)\mu m \times (1.0 ~ 2.0)\mu m$ (图 11-5)；做磷钨酸负染色标本置透射电子显微镜下观察，菌体杆状、表面似皱褶状、周生鞭毛 (图 11-6，原 ×12 000)。

2.2.1.2　培养特征

鼠伤寒沙门氏菌兼性厌氧，有机化能营养，具有呼吸和发酵两种代谢类型，最适生长温度为 37℃。对营养要求不高，能在普通营养培养基及常用的肠道细菌选择培养基上良好生长。

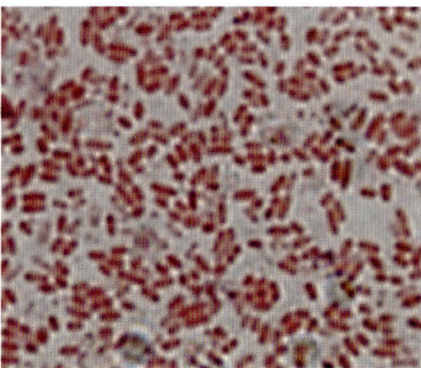

图 11-5　鼠伤寒沙门氏菌基本形态

于 37℃经 24h 培养，鼠伤寒沙门氏菌在普通营养琼脂培养基上的菌落圆形光滑、边缘整齐、稍隆起、浅灰白色，直径多为 1.5 ~ 2.0mm，生长良好 (图 11-7)；在血液营养琼脂血液营养琼脂 (blood nutrient agar, BNA) 培养基上 (通常多是用含 7% 家兔脱纤血液的普通营养琼脂)，与在普通营养琼脂培养基上的菌落特征一致，不溶血 (图 11-8)；在沙门氏菌 - 志贺氏菌琼脂 (Salmonella-Shigella agar，SS) 培养基上的菌落圆形光滑、边缘整齐、较扁平、无色，直径多为 1.5 ~ 2.0mm，孤立菌落中心黑色 (图 11-9)。在普通营养肉汤中 37℃培养 24h 呈均匀混浊生长，管底有点 (片) 状菌体沉淀 (摇动后易消散)，有菌环亦摇动易消散。

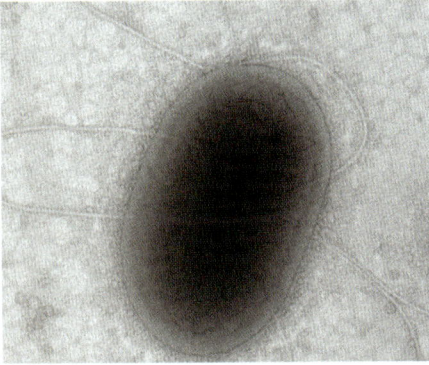

图 11-6　鼠伤寒沙门氏菌及鞭毛

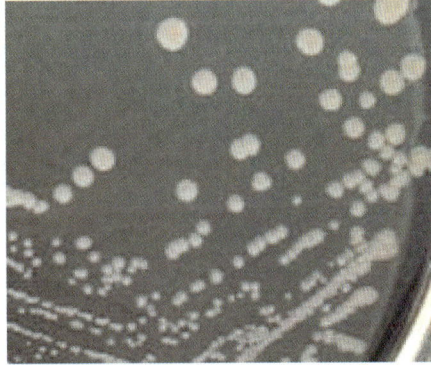

图 11-7　鼠伤寒沙门氏菌菌落 (NA)

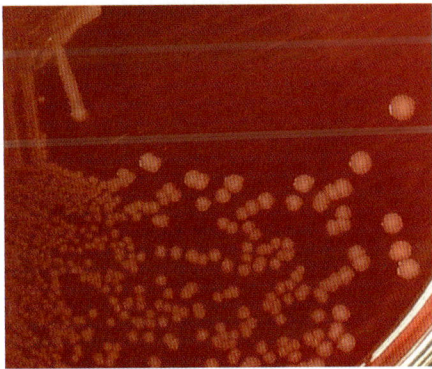

图 11-8　鼠伤寒沙门氏菌菌落 (BNA)

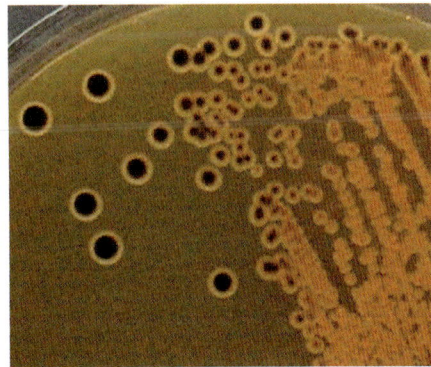

图 11-9　鼠伤寒沙门氏菌菌落 (SS)

2.2.1.3　生化特性

该菌属细菌分解葡萄糖产气，分解麦芽糖、L- 阿拉伯糖、山梨醇、半乳糖、海藻糖、果糖、甘露糖、甘露醇、蜜二糖、鼠李糖等，不分解乳糖、蔗糖、肌醇、甘油、山梨糖、棉子糖、乳糖、水杨苷、菊糖、苦杏仁苷、α- 甲基 -D- 葡糖苷、侧金盏花醇、核糖、棉子糖、阿拉伯糖、糊精、水杨苷、卫茅醇、纤维二糖、菊糖等；动力 (半固体)、甲基红试验、硝酸盐还原、酒石酸盐利用、乙酸盐利用、赖氨酸和鸟氨酸脱羧酶、接触酶、精氨酸双水解酶、H_2S、柠檬酸盐利用 (Simmons) 等试验阳性；氧化酶、尿素酶、伏 - 波试验、苯丙氨酸和色氨酸脱氨酶、脂肪酶、DNA 酶、丙二酸盐利用、吲哚等试验阴性。

在鼠伤寒沙门氏菌的理化特性方面，有时会出现不典型的菌株，在我国也多有报告。以下记述的一些报告，是具有一定代表性的。

中国食品药品检定研究院(原卫生部药品生物制品检定所)的杨正时等报告曾遇到3株无动力的B群沙门氏菌,其中的两株是由陕西省食物中毒患者中分离得到并送检的,另1株是他们于1976年从甘肃省武威县医院一名被诊断为"毛细血管中毒症"患者的血尿和血便中分离的,此3株沙门氏菌的抗原式均为1,4,5,12∶-∶-[24]。

福建省卫生防疫站的谢一俊等(1998)报告曾从食物中毒及医院感染的腹泻患者粪便检出3种鼠伤寒沙门氏菌生物变种,分别为:①无动力变种——抗原式为1,4,5,12∶-∶-;②不产气变种(分解葡萄糖及甘露醇产酸、不产气)——抗原式为1,4,5,12∶i∶1,2;③Ⅰ相菌单相变种——抗原式为1,4,5,12∶i∶-[25]。

山东省乳山市人民医院的段英梅(2005)报告,从发生医院感染腹泻的婴幼儿粪便中分离到理化特性不典型的鼠伤寒沙门氏菌,表现为发酵乳糖和不产生 H_2S[26]。

本书作者房海、陈翠珍等(2001)在对沙门氏菌的研究中,曾从病死鸡中检出了无动力的相应病原沙门氏菌菌株,其理化特性符合鼠伤寒沙门氏菌特征,被鉴定为O4(B)群沙门氏菌;做16S rRNA基因序列测定与系统发育学分析,结果所测16S rRNA基因序列长度为1417bp(在GenBank的登录号为EU073022);择代表菌株送设立在成都生物制品研究所的中国医学细菌中心沙门氏菌专业实验室做复核鉴定,结果判定为:O4(B)群无动力沙门氏菌(*Salmonella* group B O form),血清型为1,4,5,12∶-∶-;参考菌株(reference strain)为HQ010915-1。图11-10显示,在透射电子显微镜(transmission electron microscope,TEM)下的形态特征(原×30 000);图11-11显示其在扫描电子显微镜(scanning electron microscope,SEM)下的形态特征(原×15 000)[3]。

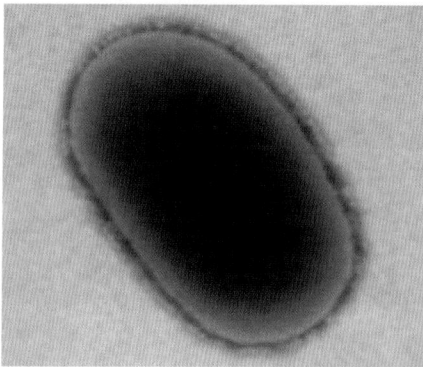

图 11-10 O4(B) 沙门氏菌 (TEM)　　　　　图 11-11 O4(B) 沙门氏菌 (SEM)

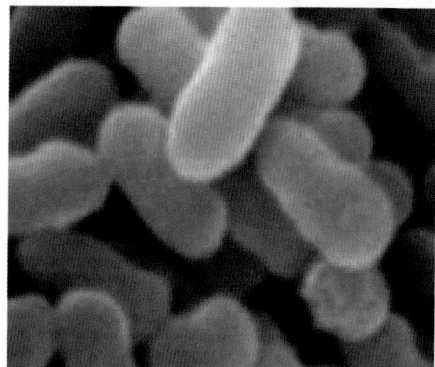

2.2.2 抗原结构与免疫学特性

沙门氏菌属细菌不仅包括很多种血清型菌株,且其抗原也比较复杂,但完整的血清学分类仅包括具有分类诊断意义的菌体(ohne hauch,O)抗原、鞭毛(hauch,H)抗原、表面(kapsel,K)抗原三类。

2.2.2.1 抗原结构与血清型

从20世纪20年代始,哥本哈根的微生物学家考夫曼(Fritz Kauffmann)和伦敦的微生物学家怀特(Philip Bruce White),分别对沙门氏菌的抗原进行了研究,并建立了最早的沙门氏菌抗原血清分型系统,以及相应的抗原表,且至现在还一直被采用(仅是在不断扩大)。

　　最早是 White 于 1920 年将沙门氏菌的菌体抗原和鞭毛抗原分别用数字或其他符号表示，并组成了一个包括 25 个沙门氏菌血清型的抗原表；同时期在沙门氏菌分类中做出了突出贡献的则是 Kauffmann，他在 1930 年首先发现了鞭毛抗原的位相变异 (phase variation)，随即又在 1931 年发表了一个包括 28 个沙门氏菌血清型的抗原表。

　　国际微生物学会沙门氏菌分委会于 1934 年成立，同时制定了第一个国际权威性的沙门氏菌抗原表，其完全是以 Kauffmann 在 1931 年建立的抗原表为基础的，并以 Kauffmann 和 White 命名为沙门氏菌为考 - 怀 (Kauffmann-White) 抗原表。

　　(1) 菌体抗原：为耐热的菌体抗原，能耐受 100℃ 煮沸 2.5h，并能抵抗乙醇、0.1% 石炭酸的破坏作用。其存在于菌体表面，由多糖磷脂复合物组成，末端基团的特性及其在多糖链重复单位中的序列，决定着各种菌体抗原的特异性。

　　现在的沙门氏菌抗原表中用阿拉伯数字表示菌体抗原 (从 1 已排到 67)，由于多种原因删去了 9 个菌体抗原，现在实为 58 个。凡含有群特异性共同抗原的菌型被归类为一个菌体抗原群 (group O)，这种菌体抗原群在过去用大写英文字母编号 (从 A ~ Z)，这样菌体抗原已排列到 50，包括 A、B、C1 ~ C4、D1 ~ D3、E1 ~ E4、F、G1 ~ G2、H、…、Z。其中有些菌体抗原是几个菌群共有的 (如 O:1、O:5、O:6、O:12 等)，称为次要抗原；有的菌体抗原是某一菌群特有的 (如 O:2、O:4、O:7、O:8、O:9、O:3、O:10、O:11 等)，被称为主要抗原；菌体抗原群的划分，是根据这些主要抗原进行的。从 O51 始，则是以菌体抗原编号直接作为菌体抗原群编号 (如 O:51、O:52 等)。菌体抗原能发生由光滑型 (smooth，S) 变为粗糙型 (rough，R) 的变异 (S-R 变异)，发生这种变异后的菌体抗原将由特异性变异为非特异性的。

　　为了统一，现在各菌体抗原群皆以群特异性菌体抗原进行编号，如过去的 A ~ F 群则分别为 O:2 群 (即 A 群)、O:4 群 (即 B 群)、O:6 和 O:7 群 (即 C1 和 C4 群)、O:8 群 (即 C2 和 C3 群)、O:9 群 (即 D1 群)、O:9 和 O:46 群 (即 D2 群)、O:9 和 O:46 及 O:27 群 (即 D3 群)、O:3 和 O:10 群 (即 E1 和 E2 及 E3 群)、O:1 和 O:3 及 O:19 群 (即 E4 群)、O11 群 (即 F 群)。

　　沙门氏菌的血清型，也一直在有所增加。例如，成都生物制品研究所的朱超等 (2008) 报告在 2003 年 6 月，从缅甸进口虾中分离到一种新血清型的沙门氏菌，并暂定名为昆明沙门氏菌 (Salmonella Kunming)；此菌具有一个新的 O 抗原群，暂命名为 O:68，抗原式为 68:r:z_6[27]。

　　(2) 鞭毛抗原：存在于鞭毛中，为不耐热 (加热 60 ~ 70℃ 经 15min 后即可破坏) 的蛋白质成分，由鞭毛素 (flagellins) 组成，抗原成分可被乙醇破坏，氨基酸组成及其在鞭毛素中的序列决定着各种鞭毛抗原的特异性。

　　沙门氏菌的鞭毛抗原分为两个相 (phase)，第 1 相 (phase 1) 的特异性高 (也称特异相)，用从 a ~ z 的小写英文字母表示，在 z 以后则用 z_1、z_2……等继续编号，现已编至 z_{89}；第 2 相 (phase 2) 的特异性低 (也称非特异相)，分别用阿拉伯数字表示，这个系列从 1 延伸到 12。具有两相鞭毛抗原的称为双相菌，只有一相的称为单相菌，无鞭毛抗原的称为无相菌，鞭毛抗原分析是对沙门氏菌定型的依据。鞭毛抗原能发生位相变异和 H-O 变异，H-O 变异指的是从有鞭毛的变异到失去鞭毛的变异；位相变异指的是双相菌的两个相可以交互分生，即第 1 相可以转变为第 2 相、第 2 相可以转变为第 1 相，通常在一个培养物内两个相抗原可以同时存在，但所得菌落有的是第 1 相，有的是第 2 相，若任意挑选第 1 相或第 2 相的一个菌落在培养基上多次移接后，其后代可以出现一部分是第 1 相、另一部分为第 2 相的不同菌落。在分析鞭毛抗原时，疑为双相菌的单相培养物，需反复分离或诱导出另一相培养物，尤其是仅有第 2 相抗原的菌株。

(3) 表面抗原：在少数的沙门氏菌中存在一种表面包膜的不耐热表面抗原（提纯的抗原成分耐热），因一般认为它与毒力 (virulence) 有关，所以称为 Vi(virulence，Vi) 抗原。Vi 抗原由聚 -N- 乙酰 -D- 半乳糖胺糖醛酸组成，不稳定，经 60℃加热、石炭酸处理或人工传代培养后易消失。Vi 抗原可阻止菌体抗原与相应抗体的凝集反应，其抗原性弱。Vi 抗原可发生 V-W(Vi-O) 变异（又称 Vi 抗原变异），具有 Vi 抗原的菌株称 V 型菌，完全失去 Vi 抗原后称为 W 型菌，Vi 抗原部分丧失、与菌体抗血清能出现凝集（即 Vi 抗原的 O 凝集抑制被部分消除）的称为 VW 型菌；V 型菌经人工培养会逐渐丧失 Vi 抗原成为 VW 型菌、进而成为 W 型菌，具有 Vi 抗原的表现菌落不透明。另外，沙门氏菌的 M 抗原也分布较广，也属于表面抗原范畴，但在菌型的诊断上还缺少实用价值。

(4) 血清型：用于命名沙门氏菌血清型的方法，是在书写抗原式时于不同的菌体抗原间用逗号分开，菌体抗原与鞭毛抗原，以及鞭毛抗原的第 1 相与第 2 相之间均用比号区分，不同的鞭毛抗原之间用逗号分开，无某相鞭毛抗原的记作 -；但均为直接写出抗原（不出现 O、H 字样），具体为 O：H 第 1 相：H 第 2 相。例如，雏（鸡白痢）沙门氏菌的抗原式为 9,12：- ：-；鸭沙门氏菌 (Salmonella anatum) 的抗原式为 3,10：e,h：1,6 等。若存在 Vi 抗原，则是将其列在菌体抗原之后；若在同种沙门氏菌中仅是某些菌株存在 Vi 抗原，则常是写成 [Vi] 的形式，如在伤寒沙门氏菌的某些菌株是存在 Vi 抗原的，其抗原式为 9, 12, [Vi]：d：-。

鼠伤寒沙门氏菌有两相鞭毛抗原，抗原式为 1, 4, [5], 12：i：1, 2。其中的第 1 相鞭毛抗原 i，是在由名为 Iota 或 PLT_{22} 的转导噬菌体溶原化后才能形成。鼠伤寒沙门氏菌的 O 抗原 4 为主要抗原（属于 B 群沙门氏菌），1 和 5 为次要抗原；12 是沙门氏菌的一个复合抗原，常见的有 12_1、12_2 和 12_3，在鼠伤寒沙门氏菌中经常存在的是 12_1，有时也可能有 12_2，因此鼠伤寒沙门氏菌的菌体抗原也有时记作 1, 4, 5, $12_1(12_2)$。

沙门氏菌属是一个庞大的细菌家族，血清型很多，也是在所有细菌中所包括种、亚种或血清型最多的，截止到 2004 年底已明确 46 个 O 群、2536 个血清型；在我国，截止到 2006 年年底已发现了其中的 36 个 O 群、305 个血清型，从人及动物中经常分离到的血清型菌株有 40 ～ 50 个（其中有 10 个左右是主要的）；表 11-2 所列沙门氏菌血清型数目，为当时世界卫生组织沙门氏菌研究和咨询协作中心发表的在沙门氏菌各种及亚种已发现的 [18, 28, 29]。

表 11-2　沙门氏菌属各种及亚种血清型数目

菌名	数目	菌名	数目
猪霍乱沙门氏菌猪霍乱亚种	1416	豪顿亚种	66
萨拉姆亚种	477	印度亚种	10
亚利桑那亚种	94	邦戈尔沙门氏菌	19
双亚利桑那亚种	317	合计	2399

注：表中的菌种及亚种名称，可与表 10-1 对比。

在第二版《伯杰氏系统细菌学手册》第 2 卷 (2005)B 部分中，按 O 抗原分群共记载了 46 个血清群和 2 417 种血清型 (表 11-3)，与以前的相比有些变化[10]。

表 11-3　沙门氏菌属各血清群及血清型数目

血清群	O 抗原	血清型数目	血清群	O 抗原	血清型数目	血清群	O 抗原	血清型数目
A	2	4	M	28	101	53	53	36
B	4	142	N	30	57	54	54	13
C1	7	157	O	35	54	55	55	1
C2，C3	8	150	P	38	58	56	56	10
D1	9	97	Q	39	21	57	57	17
D2	9,46	63	R	40	80	58	58	21
D3	9，46,27	9	S	41	45	59	59	19
E1	3,10	130	T	42	70	60	60	23
E4	1,3,19	69	U	43	52	61	61	22
F	11	79	V	44	47	62	62	5
G	13	111	W	45	41	63	63	4
H	6,14	79	X	47	76	65	65	20
I	16	118	Y	48	60	66	66	5
J	17	62	Z	50	55	67	67	1
K	18	37	51	51	30	合计	46	2417
L	21	45	52	52	21			

2.2.2.2　免疫学特性

鼠伤寒沙门氏菌的菌体抗原、鞭毛抗原均具有良好的免疫原性，接种免疫动物、人及动物被感染后耐过，均能产生良好的免疫应答，主要为体液免疫抗体反应。

在发生鼠伤寒沙门氏菌食物中毒后,血清抗体会在一定的时限内出现和效价明显升高，也可作为辅助诊断的依据。例如，河南省开封市预防医学中心的刘杰等 (1999) 报告，开封市某中学发生 1 起 524 人的鼠伤寒沙门氏菌食物中毒事件。取 6 名患者在急性期和恢复期血清做凝集抗体效价测定，结果为 6 人在急性期的均阴性；在恢复期有 2 人的菌体抗体为 1：320、H 抗体为 1：640，4 人的菌体抗体为 1：640、鞭毛抗体为 1：1280[30]。

2.2.3　脉冲场凝胶电泳 DNA 型

广西壮族自治区疾病预防控制中心的孙贵娟等 (2009) 报告采用脉冲场凝胶电泳 (pulsed-field gel electrophoresis，PFGE) 分型方法，对在 2004 年 10 月从广西壮族自治区某学校 1 起食物中毒事件中分离的 33 株鼠伤寒沙门氏菌，用限制性内切酶 *Xba* I 酶切后进行分型，结果电泳凝胶图显示每个菌株约产生 12 条 30 ~ 700kb 的条带，所有菌株的脉冲场凝胶电泳图谱完全一致 [31]。

2.2.4 生境与抗性

沙门氏菌属细菌在自然界的分布比较广泛，在外界环境中能生存较久；在水和土壤中能生存数周至数月，在冰库中可存活半年以上。对热和消毒剂的抵抗力一般，加热 60℃经 30min 可被杀死；对煌绿、孔雀绿、结晶紫、复红、亚硒酸钠等的抵抗力相对较强，也因此常用在对沙门氏菌的选择培养中。

2.2.4.1 生境

鼠伤寒沙门氏菌广泛存在于自然环境，以及猪、牛、羊、狗、鸡、鸭、鼠类等动物的消化道和内脏与肌肉中，肉类、乳类、蛋类及其制品非常容易受到污染并可传播。一些调查结果显示，沙门氏菌在我国的分布广泛、污染严重。

河南省卫生厅临床检验中心的单景生等 (1992) 报告，为对鼠伤寒沙门氏菌所致医院感染情况有所了解，从中找出问题所在，为有效防治提供依据及资料，在省内选择地市两所医院的儿科病区，进行了环境、物品、患者用具等的鼠伤寒沙门氏菌污染情况调查。结果为在 239 份样品中检出鼠伤寒沙门氏菌 26 份 (检出率 10.88%)，分别为：病区医护人员专用工作环境 (办公室、护理站、治疗室的桌面、台面、治疗车、病历夹、化验单存放处、水池、水管开关把手等)，在 34 份样品中检出鼠伤寒沙门氏菌 2 份 (检出率 5.88%)；病区公共区域 (走廊墙壁、公共物品的拖把、扫帚、铁锨、门面、水池、水池外周污水等)，在 45 份样品中检出鼠伤寒沙门氏菌 14 份 (检出率 31.11%)；病房内的患者用具 (床头、被子、褥子、床单、床头柜、凳子、椅子、尿布、输液架、食具、热水瓶把手等)，在 160 份样品中检出鼠伤寒沙门氏菌 10 份 (检出率 6.25%)。根据调查结果，认为对鼠伤寒沙门氏菌所致的医院感染，应引起各级医院的足够重视，同时应对重点区域、环境、物品等，有目的地进行监测 [32]。

安徽省合肥市妇幼保健院的李端宇等 (1996) 报告在 1989 年 10 月至 11 月间，该医院婴儿室 58 名新生儿先后发生鼠伤寒沙门氏菌医院感染 22 名 (感染率 37.93%)。当时对产房、婴儿室、手术室、新生儿病房、生理产科病房、病理产科病房、供应室、洗衣房等 8 个科室，进行了消毒前后的物体表面 (门、窗、门拉手、墙壁、地面、水池、暖箱、奶具、尿布、床栏、床单、台面、床头柜、医护人员手和工作服等) 细菌监测，结果为在消毒前采样的 69 份中检出鼠伤寒沙门氏菌 7 份 (检出率 10.14%)、在消毒后采样的 65 份均未中检出 [33]。

中国医学细菌中心沙门氏菌专业实验室的张燕等 (2002) 报告指出，目前全球已知有 2489 个不同的沙门氏菌血清型，分属于 46 个菌体抗原群；截止到 2000 年底，我国已检出 292 个不同的血清型，分属于 35 个菌体抗原群。在我国检出的 292 个血清型中，从人体检出的 172 个，分属于 23 个菌体抗原群；从动物检出的 146 个，分属于 30 个 O 群；从食品中检出的 82 个，分属于 14 个菌体抗原群；从外环境 (污水、江河水、土壤等) 检出的 100 个，分属于 23 个菌体抗原群；从猪或猪肉检出的 70 个，分属于 13 个菌体抗原群；从禽类检出的 38 个，分属于 7 个菌体抗原群；从蛋及蛋制品检出的 43 个，分属于 7 个菌体抗原群；从蛇检出的 38 个，从蝇检出的 11 个，从进口饲料检出的 9 个 [34]。

2.2.4.2　抗性

鼠伤寒沙门氏菌在土壤中可存活 1 年，在粪便中可存活 4 个月；耐寒不耐热，加热 60℃经 12 ～ 20min 即可被杀死；对常用的化学消毒剂敏感。

山西省晋城市卫生防疫站的郭树荣等 (1992) 报告，为了解鼠伤寒沙门氏菌在外环境中的存活力及对某些杀菌因子的耐受性，采用从晋城市医院患儿粪便中分离获得的鼠伤寒沙门氏菌 3 株，进行了自然存活力、对人工模拟胃液的耐受性、对常用杀菌因子的耐受性等试验。结果为在干燥布片 (脱脂并经灭菌的白亚麻布片) 上于 18 ～ 25℃、相对湿度 60% 的条件下，在 28 天仍有存活；在湿布片 (菌液加灭菌自来水) 上，可在室温条件下生长繁殖，存放 28 天的菌数仍保存稳定。在人工模拟胃液中，当 pH 小于 3.9 时可抑制鼠伤寒沙门氏菌的生长，大于 4.9 时无抑菌作用。耐热性试验表明在 65℃条件下作用 5min，可使对鼠伤寒沙门氏菌的杀灭指数超过 6、在 98℃条件下仅需 20s 即可使杀灭指数超过 6。供试的临床常用消毒剂，对鼠伤寒沙门氏菌均有良好的杀灭作用。经以含有效率 50mg/L 的 84 消毒液作用 2min，可使对鼠伤寒沙门氏菌的杀灭指数超过 6，用 0.05% 的过氧乙酸、0.1% 的苯扎溴铵、1.0% 的煤酚皂溶液仅需 10s 即可使杀灭指数超过 6[35]。

通常情况下，鼠伤寒沙门氏菌对临床常用的头孢唑啉、头孢拉啶、头孢噻肟、头孢曲松、头孢他啶、头孢哌酮、头孢吡肟、阿奇霉素、链霉素、卡那霉素、庆大霉素、妥布霉素、阿米卡星、新霉素、大观霉素、诺氟沙星、氧氟沙星、环丙沙星、恩诺沙星等抗菌药物具有不同程度的敏感性；对青霉素、四环素、多西霉素、氯霉素、克林霉素、万古霉素、新生霉素等具有不同程度的耐药性。需要关注的是在近些年来，鼠伤寒沙门氏菌的医学临床耐药菌株存在日益增多的趋势，并常带有质粒介导的多重耐药因子，试验证明还可通过大肠埃希氏菌传递耐药性。

在从医院感染检出的鼠伤寒沙门氏菌耐药性方面，也存在一定的区域差异性。以下记述的一些报告，是具有一定代表性的。

在前面有记述安徽省合肥市妇幼保健院李端宇等 (1996) 报告的鼠伤寒沙门氏菌医院感染事件，对分离的 35 株鼠伤寒沙门氏菌进行药物敏感性测定，结果显示对诺氟沙星、阿米卡星、头孢噻肟钠敏感，对青霉素、红霉素、土霉素、四环素、氨苄西林、羧苄青霉素、多西环素、先锋霉素、呋喃唑酮均耐药[33]。

浙江省乐清市人民医院的陈建蕊等 (2002) 报告，对从该医院发生的新生儿鼠伤寒沙门氏菌医院感染病例分离的菌株，进行药物敏感性测定，结果对阿米卡星、庆大霉素、诺氟沙星、氧氟沙星、氯霉素、呋喃妥因、环丙沙星、头孢曲松、头孢他啶等均敏感，对哌拉西林、氨苄西林均耐药[36]。

在前面有记述山东省乳山市人民医院的段英梅 (2005) 报告的不典型鼠伤寒沙门氏菌 (发酵乳糖、不产生 H_2S) 引起医院感染事件，对分离的 15 株菌进行药物敏感性测定，结果对庆大霉素、卡那霉素、妥布霉素、氨苄西林、羧苄西林、头孢唑啉、阿米卡星、氯霉素、林可霉素、头孢噻肟菌耐药[26]。

2.3　病原学意义

按沙门氏菌属细菌对不同宿主的致病性，可将其分为三类，即沙门氏菌的致病型

(pathovar)。①对人专性致病的沙门氏菌：包括伤寒沙门氏菌和副伤寒沙门氏菌。②主要对特定动物致病的沙门氏菌：鸡白痢沙门氏菌、鸡沙门氏菌、马流产沙门氏菌、猪霍乱沙门氏菌等。③无特定宿主的沙门氏菌：多数沙门氏菌，都是这类人及动物共的病原菌，且动物宿主的范围非常广泛，家畜（禽）中的猪、牛、羊、马、狗、猫、鸡、鸭等，野生动物中狮、熊、鼠类，以及冷血动物、软体动物、环形动物、节肢动物等均可带菌；人可因食用患病动物的肉、乳、蛋或被病鼠粪尿污染的食物等被感染发病，如比较常见的鼠伤寒沙门氏菌、肠炎沙门氏菌等[24]。

鼠伤寒沙门氏菌是人畜共患病的一种重要病原菌，也是在所有沙门氏菌感染病中出现频率最高（在沙门氏菌感染的构成比可达 40% ~ 80%）且最具广泛致病性的，能引起人或动物，或人及动物的多种类型感染病。

2.3.1 人的鼠伤寒沙门氏菌感染病

人的沙门氏菌感染病，主要有三种类型。①伤寒和副伤寒：伤寒由伤寒沙门氏菌引起，副伤寒由副伤寒沙门氏菌引起。②肠炎型（食物中毒）：这是最常见的沙门氏菌感染类型，常是由误食存在大量鼠伤寒沙门氏菌、猪霍乱沙门氏菌、肠炎沙门氏菌等病原沙门氏菌污染的食物引起，常为集体性的食物中毒。③败血症：此类型多见于儿童或免疫力低下的成人，以鼠伤寒沙门氏菌、丙型副伤寒沙门氏菌、猪霍乱沙门氏菌、肠炎沙门氏菌等为常见。因侵入肠道的病原沙门氏菌进入血流所引起，并随血流进入组织、器官导致感染，如引起脑膜炎、骨髓炎、胆囊炎、心内膜炎等，但胃肠炎很少见；临床表现高热、寒战、厌食和贫血等。

鼠伤寒沙门氏菌在人的感染，常常导致医院感染和暴发性食物中毒。有记述人的鼠伤寒沙门氏菌感染的世界性大流行始于 20 世纪 50 年代初期，其高峰期是从 20 世纪 60 年代初到 80 年代末。欧洲的流行始于 1953 年至 1954 年，在丹麦、英国和德国的鼠伤寒沙门氏菌感染的比例分别占 91.2%、74% 和 37.1% 不等；美国在 1934 年至 1947 年鼠伤寒沙门氏菌感染的比例占 15.6%，在 20 世纪 50 年代和 60 年代分别上升到了 30% 和 40%。我国的流行周期相对晚些，在 20 世纪 70 年代开始出现流行，主要集中在了北方地区，1987 年至 1991 年为流行的高峰期，其范围波及全国，1992 年开始有所下降但仍一直存在[24, 28]。

2.3.1.1 临床常见感染类型

人的鼠伤寒沙门氏菌感染病，临床类型表现多种多样，但可归纳为以下五种类型。①胃肠炎型：主要指的是食物中毒感染类型。②肠热症型：临床表现类似伤寒，常伴有寒战、精神萎靡、表情淡漠、肝脾大等；常呈稽留或弛张热型，但婴幼儿的热型常不典型。③肺炎型：表现发热、咳嗽、少痰，可伴有轻度的喘息。④败血症型：此型的中毒症状较重，常有高热且热程较长。此型多发生于胃肠道症状之后，但亦有原发性的。⑤带菌者：可分为病后带菌者和无症状带菌者。部分患者在临床症状消失后仍继续排菌不同时间，在 1 年以上者被称为病后带菌者；被感染后未发生明显临床症状，但持续从大便中排菌，此类无症状带菌者常成为鼠伤寒沙门氏菌感染的重要传染源[2]。实际上，这些感染类型也可归纳为胃肠道感染与胃肠道外感染两大类。

(1) 食物中毒：属于胃肠炎型感染，是由鼠伤寒沙门氏菌引起的胃肠道感染的主要表现形式，也是最为常见的感染类型，亦可呈暴发流行，在我国多有由鼠伤寒沙门氏菌引起食物中毒的报告。其主要通过食物传播，最主要的是常因食用前食品保存温度不当、放置时间过长等，给污染于食品中的鼠伤寒沙门氏菌或食品经加热但残留的鼠伤寒沙门氏菌以生长繁殖的条件和机会，导致食物中毒的发生；此外，亦可通过使用被鼠伤寒沙门氏菌污染的厨具或容器等引起。中毒发生有较明显的季节性，尽管在一年四季均有发生，但主要发生于 4 月至 10 月间；此季节是此菌生长繁殖的适期，也是人们常食冷饭的季节。相关中毒食物，主要是被鼠伤寒沙门氏菌污染的肉类，其中多为病死家畜 (禽) 肉类，另外为禽蛋类、冰淇淋、蛋糕、卤菜、色拉、酸牛奶、凉菜等食物。中毒有较明显的场所特征，主要是在分食某种被鼠伤寒沙门氏菌污染的食物或集体聚餐的情况下，显然是与不能有效保证卫生要求和加工操作不规范相关的。通常潜伏期多为 2 ~ 48h，主要症状为发热、恶心、呕吐、腹痛及腹泻，常是在 3 ~ 5 天内可较快恢复，但也有持续 10 ~ 14 天的，病后很少有慢性带菌者[4]。

(2) 其他感染类型：除了在上面记述表现胃肠炎型的食物中毒、肠热症型、肺炎型、败血症型及带菌者等鼠伤寒沙门氏菌主要感染类型外，近年来也有一些相对比较少见感染类型的报告，举例如下。①江西医学院第一附属医院的李昆等 (1992) 报告了鼠伤寒沙门氏菌引起的局灶型软组织脓肿 2 例，其中 1 例 (55 岁女性) 发生在右臀部、1 例 (12 岁男性) 发生在右腰背部[37]。②南化 (集团) 公司医院的曾非等 (1993) 报告 1 名男性因撬棍刺伤胸壁，后在创面出现脓性分泌物，从分泌物中检出了鼠伤寒沙门氏菌[38]。③ Pezzilli 等 (2003) 报告，鼠伤寒沙门氏菌也能作为胰腺炎的病原菌[39]。

2.3.1.2　医院感染情况

在由沙门氏菌属细菌引起的医院感染方面，目前还多是以检出沙门氏菌属细菌的名义记述的，尚缺乏对某种 (血清型) 沙门氏菌引起医院感染特点 (在科室的分布、感染部位等) 的较系统描述。

(1) 胃肠道感染：已有报告显示由鼠伤寒沙门氏菌引起的医院感染，主要是发生在新生儿，感染类型以胃肠炎型 (胃肠道感染) 为常见，但也常常会出现并发症。以下记述的一些报告，是具有一定代表性的。

在前面有记述山东省乳山市人民医院的段英梅 (2005) 报告的鼠伤寒沙门氏菌引起医院感染事件，是该医院小儿科在 2004 年 2 月收住院治疗一名初诊为发热、腹泻患儿，入院后即行大便培养检验，3 天后分离到发酵乳糖、不产生 H_2S 的不典型鼠伤寒沙门氏菌；在此后的半月内，在小儿科先后入院的患儿 (1 月龄至 3 岁的婴幼儿) 中有 15 例发病，这些患儿均为非肠道病入院治疗的，均在入院后 2 ~ 4 天被感染发病，大便培养检验结果相同。根据检验结果，报告者认为此起医院感染事件由交叉感染和环境感染引起[26]。

在前面有记述安徽省合肥市妇幼保健院的李端宇等 (1996) 报告在 1989 年 10 月至 11 月间，该医院婴儿室 58 名新生儿先后发生鼠伤寒沙门氏菌医院感染 22 名 (感染率 37.93%)，患者均有不同程度的腹泻、发热症状[33]。

在前面有记述浙江省乐清市人民医院的陈建蕊等 (2002) 报告的新生儿鼠伤寒沙门氏菌医院感染事件，发病共 17 例，其中男性 11 例、女性 6 例，日龄在生后 5 天内的 12 例、5 天以上的 5 例，发生在产科婴儿室的 6 例 (感染时间是在出生后的 12 ~ 72h)、新生儿病房的 11 例 (感染时间是在住院治疗的第 4 ~ 7 天)，全部病例均以肠炎症状起病。其中有发热症状的 15 例，体温为 38 ~ 40℃；腹泻的 17 例，为草绿色不消化便、稀水便或黏液稀水便，其中 2 例含有少量黏液血便，持续 4 ~ 12 天；有轻度脱水的 12 例，中度脱水的 5 例。并发鹅口疮 (thrush) 的 5 例，尿布疹的 4 例，硬肿症的 1 例。从 17 例患儿的粪便标本材料，均分离到鼠伤寒沙门氏菌。在追踪首批发病的传染源时，发现 1 例产妇在产前有轻度腹泻史，入院前未接受治疗，后经流行病学调查发现该产妇为初始传染源 [36]。

湖北省卫生防疫站的王文清等 (1995) 报告在 1991 年 7 月至 9 月间，湖北省某市的某医院发生 1 起鼠伤寒沙门氏菌医院感染 (HI) 暴发流行事件，在 91 名婴儿中有 68 人发生感染 (感染率 74.73%)、死亡 42 人 (病死率 61.76%)，流行持续 86 天。对幸存院内的 18 例患儿腹泻粪便和其中 14 例发热患儿血液材料做病原菌检验，结果从 11 例检出了鼠伤寒沙门氏菌 (检出率 61.11%)，其中粪便标本材料的 7 例 (检出率 38.89%)、血液标本材料的 8 例 (检出率 44.44%)、有 2 例 (构成比 11.11%) 患儿的血液和粪便标本材料均有检出 [40]。

贵州铜仁地区人民医院的丁田等 (2002) 报告在 1985 年 8 月 11 日至 9 月 8 日间，在该医院出生的新生儿有 17 例发生鼠伤寒沙门氏菌医院感染。其中男性 11 例、女性 6 例，日龄在 2 ~ 7 天的 14 例、7 ~ 10 天的 3 例，均有腹泻、发热和不同程度脱水症状，呕吐的 6 例，黄疸的 3 例，肝大的 2 例；表现高热的 2 例、中度发热的 9 例、低热的 6 例，一般热程在 7 天左右，有 5 例因合并化脓感染发热时间较长，最长的达 35 天。腹泻粪便的性状多变、恶臭，呈黄色水样便、黄绿色黏液便、白色稀便，少数有黏液脓血便。在 17 例中存在并发症的，包括合并 II 至 III 度营养不良的 10 例，死亡 1 例；合并口腔炎的 12 例；合并尿布皮炎的 11 例；合并皮肤化脓感染的 5 例；合并败血症感染的 3 例，死亡 2 例；合并硬肿症的 3 例；合并肾衰竭的 1 例，死亡；合并坏死性小肠炎的 1 例，死亡；17 例共发生死亡的 5 例 (病死率 29.41%)。从 17 例的粪便标本材料中，均检出了鼠伤寒沙门氏菌；以 7 例的血液病变材料检验，仅 1 例检出了鼠伤寒沙门氏菌，有 2 例检出了白色葡萄球菌 (*Staphylococcus albus*)，1 例检出了铜绿假单胞菌。报告者认为此起事件的特点是发病潜伏期短 (2 ~ 6 天)，临床症状严重，并发症多，死亡率高 [41]。

西安市中国人民解放军第四军医大学西京医院的张春兰等 (1997) 报告在 1995 年 4 月，该医院儿科新生儿室发生一起鼠伤寒沙门氏菌感染事件，在同病室的 6 例新生儿均被感染，其中治愈 2 例、死亡 2 例 (病死率 33.33%)、无症状感染 2 例，2 例死亡的主要原因是双重菌败血症和脑膜炎。日龄小于 3 天的 5 例、14 天的 1 例。6 例中原发病为吸入性肺炎的 3 例，颅内出血、先天胆管闭锁、新生儿腹泻的各 1 例；其中 3 例有腹泻症状、2 例无任何症状。合并多发脓肿的 2 例，合并脑膜炎、呼吸衰竭、硬肿症的 1 例。做大便细菌检验均为鼠伤寒沙门氏菌，其中 2 例的脓汁及血液检验也均阳性 [42]。

(2) 胃肠道外感染：除了主要的胃肠炎型感染外，也有胃肠道外感染的报告，但为比较少见的。例如，在上面有记述李昆等 (1992) 报告的鼠伤寒沙门氏菌引起局灶型软组织脓肿 2 例，报告者认为其感染来源可能是消毒隔离措施不严造成的医院感染 [37]。另外是在胃肠炎型感染患者，也会出现其他组织器官感染、菌血症、败血症等多种类型的并发症，可导致病情加重，是需要特别关注的 [36, 41, 42]。

2.3.2 动物的鼠伤寒沙门氏菌感染病

动物的沙门氏菌病又称副伤寒，是沙门氏菌引起各种动物疾病的总称。临床多表现败血症和肠炎，也可使怀孕母畜发生流产。鼠伤寒沙门氏菌是其中主要的病原菌，能引起多种畜禽 (尤其是猪、鸡、牛、羊等) 及其他养殖和野生动物等发生感染且非常普遍[43]。

2.3.3 毒力因子与致病机制

沙门氏菌的致病机制，主要取决于侵袭力 (invasiveness) 和毒素 (toxin)。目前已检出了沙门氏菌的多种毒力基因，分别位于染色体或质粒上[2, 16, 28, 29]。

2.3.3.1 细胞侵袭与抗吞噬作用

沙门氏菌能侵入宿主细胞并在其中生存与繁殖，所有与之相关的因素构成了沙门氏菌的侵袭力；能够穿过肠上皮细胞层到达上皮下的组织，是所有沙门氏菌共有的重要毒力特征，也是沙门氏菌致病所必需的，沙门氏菌在此部位被吞噬细胞吞噬，但不被杀灭，并能继续生长繁殖，且沙门氏菌必须在吞噬细胞中生存才能致病。沙门氏菌的抗吞噬作用可能与菌体抗原有关，具有 Vi 抗原的则更与抗吞噬作用关系密切。

已知沙门氏菌的侵袭力与抗吞噬作用，是由沙门氏菌毒力岛 (*Salmonella* pathogencity island，SPI)SPI-1、SPI-2、SPI-3、SPI-4、SPI-5 等所决定的，一种沙门氏菌可以同时具有多种毒力岛，其毒力表现主要包括编码的 Ⅲ 型分泌系统 (type three secretion system，TTSS)、侵袭单核细胞与在细胞内的生存、诱发炎症反应、侵入肠上皮细胞并能使细胞分泌液体及凋亡等。

2.3.3.2 毒素

沙门氏菌的内毒素可引起宿主体温升高，白细胞数量下降，大剂量时可致出现中毒症状和休克，还能致肠道局部发生炎症反应。沙门氏菌引起的肠热症，可能主要是内毒素在起作用。关于沙门氏菌的肠毒素 (enterotoxin) 问题，一直在研究中；沙门氏菌引起的腹泻是一种由多因素作用的复合现象，肠毒素可能仅为其中之一，鼠伤寒沙门氏菌可能产生类似于肠产毒性大肠埃希氏菌 (enterotoxigenic *Escherichia coli*，ETEC) 那样的肠毒素。但从发生沙门氏菌食物中毒后的临床表现来看，沙门氏菌产生肠毒素并作为主要的肠道致病物质，当是毋庸置疑的。

鼠伤寒沙门氏菌进入肠道后，首先黏附于肠黏膜 (这种黏附作用主要依赖于菌毛)，然后侵入肠黏膜上皮细胞内大量繁殖并进一步侵入固有层，产生肠毒素并引起腹泻。如炎症只限于肠黏膜及肠系膜淋巴结，则临床上表现为胃肠炎型；如细菌侵犯肠内集合淋巴结及其他淋巴组织并大量繁殖，则为肠热症型；如细菌穿过肠黏膜及淋巴屏障进入血流，则可表现为败血症型。主要病理变化为肠黏膜充血、水肿、出血、坏死等。肠黏膜淋巴结肿大，重症患者尚可有心、脑、肝、肾、脑垂体、肾上腺、胆囊等处发生灶性融合性坏死病变。

2.4 微生物学检验

对鼠伤寒沙门氏菌的微生物学检验，目前最为直接和准确的方法，仍是对鼠伤寒沙门氏菌的检出及相应病原学意义的确定。

2.4.1 细菌分离与鉴定

分离鼠伤寒沙门氏菌时，可取标本材料直接接种于常用的沙门氏菌选择分离培养基

(如沙门氏菌 - 志贺氏菌琼脂培养基等)，对人的血液、骨髓液、尿液等需先增菌培养后再做分离培养。

在分离获得纯培养后，依据鼠伤寒沙门氏菌的主要理化特性做相应的鉴定。但需要注意的：①在常规的鉴定中并不需要对所有项目内容分别进行试验，仅选取具有代表意义且为肠杆菌科细菌重要鉴别意义的项目内容进行即可；②要特别注意那些理化特性不典型的菌株，如无动力的、分解葡萄糖产酸不产气的、发酵乳糖及不产生 H_2S 的等。

2.4.1.1 初步鉴定

在肠杆菌科细菌中，沙门氏菌属、柠檬酸杆菌属 (Citrobacter Werkman and Gillen 1932)、肠杆菌属 (Enterobacter Hormaeche and Edwards 1960)、埃希氏菌属、哈夫尼菌属 (Hafnia Møller 1954)、克雷伯氏菌属 (Klebsiella Trevisan 1885 emend. Drancourt et al 2001)、变形菌属 (Proteus Hauser 1885)、耶尔森氏菌属 (Yersinia van Loghem 1944) 细菌，在生化特性方面相近。为进行简便的鉴别，将在第二版《伯杰氏系统细菌学手册》第 2 卷 B 部分 (2005) 中的 "肠杆菌科细菌生化特性相近菌属间鉴别特征表" 列在了第 3 章 "柠檬酸杆菌属"(Citrobacter) 中 (表 3-2)，可供参考 [10]。

通常情况下，可根据苯丙氨酸脱氨酶、葡萄糖酸盐利用试验将肠杆菌科内一些比较常见具有致病性的不同菌属 (包括沙门氏菌属) 鉴别开，具体可见在第 3 章 "柠檬酸杆菌属"(Citrobacter) 中表 3-3(根据苯丙氨酸脱氨酶和葡萄糖酸盐利用试验的各菌属间鉴别特征) 的记述 [44]。

另外是在进行生化特性鉴定中，苯丙氨酸脱氨酶、葡萄糖酸盐利用均为阴性的肠杆菌科细菌，除了沙门氏菌属细菌以外，还涉及埃希氏菌属、柠檬酸杆菌属、志贺氏菌属 (Shigella Castellani and Chalmers 1919)、爱德华氏菌属 (Edwardsiella Ewing and McWhorter 1965)、耶尔森氏菌属的细菌。为进行简便的鉴别，将其一些主要鉴别特征，列在了第 3 章 "柠檬酸杆菌属"(Citrobacter) 的表 3-4(苯丙氨酸脱氨酶和葡萄糖酸盐利用阴性的各菌属间鉴别特征) 中 [45]。

2.4.1.2 鉴别检验

沙门氏菌属细菌与爱德华氏菌属的迟钝爱德华氏菌 (Edwardsiella tarda)、鲶鱼爱德华氏菌 (Edwardsiella ictaluri)、保科爱德华氏菌 (Edwardsiella hoshinae)，埃希氏菌属的大肠埃希氏菌 (Escherichia coli)，志贺氏菌属的痢疾志贺氏菌 (Shigella dysenteriae)、宋内氏志贺氏菌 (Shigella sonnei)、鲍氏志贺氏菌 (Shigella boydii)、弗氏志贺氏菌 (Shigella flexneri)，在生化特性上有相似之处。但通过一系列完整的生化试验，都能容易地区分开。为简便区分这些细菌，将在第九版《伯杰氏鉴定细菌学手册》(1994) 中记载的 "大肠埃希氏菌与其他相似属 (种) 细菌的生化特性鉴别表" 列出在了第 5 章 "埃希氏菌属"(Escherichia) 的表 5-10，可供参考 [11]。

2.4.1.3 血清型检定

对鼠伤寒沙门氏菌的血清型检定，是使用沙门氏菌诊断血清先进行菌体抗原多价血清 (A-F 群) 的初步检定 (B 群)，然后再用菌体抗原、鞭毛抗原单因子血清做进一步的分型检定；其中的鞭毛抗原分析，是对沙门氏菌定型的依据。在对沙门氏菌进行血清型检定时需要注意的是，对鼠伤寒沙门氏菌这样具有双相鞭毛抗原的，常是需在检定出其中的一相后，通过诱导另一相进行检定；就鼠伤寒沙门氏菌来讲，初分离的菌株常常是首先出现第 1 相的 i，用 i

血清诱导后经常可出现第 2 相的 1 和 2，但也有先出现第 2 相的。另外，在分析鞭毛抗原时对疑为双相菌的单相培养物，需反复分离或诱导出另一相培养物，尤其是对仅有第 2 相抗原的菌株。再者，鼠伤寒沙门氏菌也会出现不表达或仅表达其中一相鞭毛抗原的变异菌株。

目前我国有不同组套规格的沙门氏菌诊断血清供用，包括如下几种。① 11 种一组：包括 Vi 和 O 多价 1 血清各 1 种、O 因子血清 5 种和 H 因子血清 5 种。② 30 种一组：包括 Vi 和 O 多价 1 血清各 1 种、O 因子血清 9 种和 H 因子血清 15 种及 H 复合因子血清 4 种。③ 56 种一组：包括 Vi 和 O 多价 1 血清各 1 种、O 因子血清 16 种、O 复合因子血清 1 种、H 多价血清 4 种、H 复合因子血清 2 种、H 因子血清 31 种。④全套一组 (156 种)：包括 O 多价血清 9 种、O 复合因子血清 6 种、O 因子血清 54 种、H 多价血清 11 种、H 复合因子血清 9 种、H 因子血清 66 种 [18]。

2.4.1.4　分子生物学检验

目前对沙门氏菌的分子生物学检验方法较多，但尚缺乏统一的标准，仅可作为辅助性检验的手段。

(1) 脉冲场凝胶电泳分型：脉冲场凝胶电泳是以琼脂糖作为电泳介质，通过方向发生周期性变化的电场的作用，将 DNA 分子分离出的一种电泳方法。在 1984 年，Schwartz 和 Cantor 首次利用此项技术成功地分离了酵母菌的染色体 DNA，使电泳分离 DNA 分子的上限由普通琼脂糖凝胶的千碱基对 (Kb) 跃迁到了兆碱基对 (Mb) 的水平 [45]。自 1985 年以来，已在多种细菌的基因分型中有应用。因脉冲场凝胶电泳能检测染色体上所有酶切位点的变化，分辨率高，可反映出全部基因的相关性，提供出可靠的基因分型依据，且具有结果稳定、区分能力强、重复性好、易于标准化、能够实现不同实验室间的特异性比较等优点，所以被公认为是目前对细菌分子分型的"金标准"，美国疾病预防控制中心 (Center for Disease Control and Prevention，CDC) 及其他一些发达国家都建立了以脉冲场凝胶电泳为基础的 PulseNet 国家分子分型网络体系；Tenover 等 (1995) 建立了脉冲场凝胶电泳基因分型的判定标准，且已有作为国际上通用的分型分子量标准 (Marker) 菌株：布伦登芦普沙门氏菌 (*Salmonella braenderup*)H9812 株 (血清型：6，7，14 ：e，h ：e，n，z$_{15}$)[46, 47]。

对细菌的脉冲场凝胶电泳分型，通过将不同菌株的染色体 DNA 酶切后进行电泳，再根据各菌株的电泳带型分布进行比较分析，确定不同菌株间的相似性程度，从而划分出脉冲场凝胶电泳型别；一些研究结果表明，脉冲场凝胶电泳方法以其独具的对大片段 DNA 分子的高分辨率而显著地提高了细菌分型的可靠性，并可为细菌流行病学研究及菌型分布调查提供科学依据。在前面有述广西壮族自治区疾病预防控制中心的孙贵娟等 (2009) 报告，采用脉冲场凝胶电泳分型方法，通过对从广西壮族自治区某学校 1 起食物中毒事件中分离的 33 株鼠伤寒沙门氏菌进行脉冲场凝胶电泳分型，结果明确了菌株的同源性，表明了厨师与该起食物中毒事件密切相关，是污染的来源 [31]。

(2)PCR 方法：用于检验沙门氏菌的 PCR 方法较多，各有其特点，在我国也多有报告，举例如下。①河池市疾病预防控制中心的黄丽华等 (2012) 报告 PCR 技术是近年来广泛用于食品中沙门氏菌快速检测的方法之一，其检测目的基因多种多样，主要包括菌属特异性引物基因、血清群特异性引物基因、血清型特异性引物基因，常用的方法包括常规 PCR、多重 PCR、实时定量 PCR 等技术 [48]。②河北省石家庄市疾病预防控制中心的李秀娟等 (2009)

报告采用 PCR- 焦磷酸测序技术 (pyrosequencing)，根据沙门氏菌 *fimy* 基因片段的保守性，成功建立了沙门氏菌的 PCR- 焦磷酸测序检验方法，明显提高了检测特异性[49]。

2.4.2 免疫血清学检验

在做免疫血清学诊断时，可用鼠伤寒沙门氏菌做抗原 (鞭毛抗原) 与患者血清做凝集试验，抗体效价 ≥ 1：80 的为阳性，双份血清效价递增 4 倍或以上的具有诊断价值。在对由鼠伤寒沙门氏菌引起的食物中毒确诊时，以分离菌株对患者在发病急性期和恢复期的双份血清做抗体效价测定，是重要的辅助诊断方法。

3 其他致医院感染沙门氏菌 (*Salmonella* spp.)

在其他致医院感染的沙门氏菌 (*Salmonella* spp.) 中，有明确记述的包括阿伯丁沙门氏菌 (*Salmonella aberdeen*)、阿哥纳沙门氏菌 (*Salmonella agona*)、布洛克兰沙门氏菌 (*Salmonella blockley*)、猪霍乱沙门氏菌、伤寒沙门氏菌。

3.1 阿伯丁沙门氏菌 (*Salmonella aberdeen*)

阿伯丁沙门氏菌 (*Salmonella aberdeen*) 属于 F 群沙门氏菌 (*Salmonella* serogroup F)，血清型：11：i：1, 2。

山东省立医院的李卫光等 (2009) 报告，对从新生儿阿伯丁沙门氏菌医院感染病例大便标本材料分离的菌株，进行药物敏感性测定，结果显示对青霉素类、头孢菌素类、氨基苷类耐药，对环丙沙星、复方新诺明、亚胺培南 / 西司他丁、头孢哌酮 / 舒巴坦敏感[50]。

3.1.1 病原学意义

对阿伯丁沙门氏菌的病原学意义，目前还缺乏比较系统的认识，常常是作为引起沙门氏菌病的病原性沙门氏菌之一予以记述。

3.1.1.1 食物中毒

在我国，也有由阿伯丁沙门氏菌引起食物中毒事件发生的报告，相对来讲是少见的，但其罹患率还是很高的[4]。例如，马鞍山市卫生防疫站 (1977) 报告的事件、山东省新泰市卫生防疫站的巩涛等 (2002) 报告的事件 (表 11-4)[51, 52]。

表 11-4　2 起阿伯丁沙门氏菌食物中毒事件的基本情况

序号	报告者 （年度）	发生 （年.月）	同餐 人数	发病 人数	罹患 率(%)	潜伏期 （平均 h）	相关 食物	发生地 （省/市）	发生 场所
1	马鞍山市卫生防疫站 (1977)	? .3	346	346	100.0	4 ~ 24	臭豆腐干	安徽	分食
2	巩涛等 (2002)	2000.9	32	32	100.0	5 ~ 22(9)	酱牛肉	山东	聚餐
合计	2		378	378	100.0	1 ~ 18			

3.1.1.2 医院感染情况

在上面有记述山东省立医院的李卫光等 (2009) 报告在 2007 年 3 月 26 日至 4 月 20 日间，

某医院新生儿病房发生 22 例新生儿阿伯丁沙门氏菌医院感染暴发，从患儿大便标本材料均检出了阿伯丁沙门氏菌。其中男性 13 例、女性 9 例，日龄最小的 1 天，最大的 41 天。14 例患儿有临床表现，主要症状为腹泻 (绿色或黄色稀便 3 ~ 10 次 / 天)，伴有不同程度的水电解质紊乱或休克；多数患儿发热，体温均高于 38℃ (最高的接近 40℃)；有 6 例患儿全身中毒症状明显，双肺出现水泡音，反应差。感染暴发历时 24 天，经采取积极控制救治措施，无 1 例死亡或出现其他严重并发症，出院后 1 周随访无异常。其流行过程是在 2007 年 3 月 20 日，由外院转入 1 例因腹泻 6 ~ 7 天并伴有发热 1 天的危重患儿。该患儿排黄色稀水便 3 ~ 5 次 / 天，体温 38 ~ 40℃，全身中毒症状严重。在入院后曾做腹腔穿刺 (疑为肠液) 进行细菌检验，报告为肺炎克雷伯氏菌 (*Klebsiella pneumoniae*)，未进行大便的细菌检验。给予青霉素、头孢曲松等抗菌药物治疗，病情无好转，出现中毒性肠麻痹、麻痹性肠梗阻，于 3 月 24 日死亡。此后是在 3 月 26 日至 31 日间，先后有 8 例患儿出现腹泻，至 4 月 6 日发生腹泻的患儿增至 14 例，先后共发病 22 例。根据检验结果和流行过程情况，报告者认为这是一起由阿伯丁沙门氏菌引起的医院感染暴发事件，其传播途径是生活密切接触[50]。

3.1.2 微生物学检验

对阿伯丁沙门氏菌的微生物学检验，目前还主要是依赖于对细菌的分离鉴定，其中血清型检定是不可缺少的，也是对沙门氏菌鉴定的必须环节。

3.2 阿哥纳沙门氏菌 (*Salmonella agona*)

阿哥纳沙门氏菌 (*Salmonella agona*) 也被称为阿贡纳沙门氏菌，属于 B 群沙门氏菌 (*Salmonella serogroup* B)。血清型：1，4，12：f，g，s：[1，2]。

广州市中国人民解放军第一军医大学南方医院的姚英民等 (2001) 报告，对从该医院新生儿室发生由阿哥纳沙门氏菌引起的医院感染 4 例分离的菌株，进行药物敏感性测定。结果显示这些菌株表现出了对多种供试抗菌药物的耐药性，具体为对氨苄西林、复方新诺明、妥布霉素、头孢唑林钠、头孢哌酮钠、头孢曲松、头孢噻肟钠、头孢他啶等均不敏感，对吡哌酸、阿米卡星、庆大霉素等敏感[53]。

3.2.1 病原学意义

对阿哥纳沙门氏菌的病原学意义，目前还缺乏比较系统的认识，常常是作为引起沙门氏菌病的病原性沙门氏菌之一予以记述。

3.2.1.1 食物中毒

在我国，也有由阿哥纳沙门氏菌引起食物中毒事件发生的报告，这是在 B 群沙门氏菌中相对比较常见的。在发生时间上，缺乏明显的季节特征，但在 5 月至 9 月较多。其缺乏明显的区域发生特征，且多发生在集体就餐场所。中毒相关食物主要为肉类，另外也有臭豆腐干、豆腐脑、蔬菜的报告。中毒发生的潜伏期多为 3 ~ 20h，临床主要表现为腹痛、腹泻、发热等症状，也常伴有恶心、呕吐、头痛等症状[4]。

3.2.1.2 医院感染情况

在前面有记述的广州市中国人民解放军第一军医大学南方医院姚英民等 (2001) 报告，

是在该医院的新生儿室曾发生由阿哥纳沙门氏菌引起的医院感染 4 例，其中早产儿、足月儿各 2 例，起病年龄是在生后最小的 15 天、最大的 22 天。临床表现在 4 例均有腹泻 (5 ~ 10 余次 / 天)，呈稀水、糊状黏液便，持续 2 ~ 7 天好转。除 1 例有发热、呕吐症状外，另 3 例的体温均正常。其中 3 例表现全身中毒症状，反应低下、精神萎靡、面色灰白，伴有不同程度的抽搐、呼吸困难、呼吸暂停。除 1 例表现中度至重度脱水外，另 3 例脱水体征轻微。其中有 2 例在患病期间出现局部至全身脓疱疹，均同时累及鼻翼至鼻腔，有脓血性分泌物及黄色结痂。从 4 例的血液及其中 1 例的大便，均分离到阿哥纳沙门氏菌 [53]。

3.2.2　微生物学检验

对阿哥纳沙门氏菌的微生物学检验，目前还主要是依赖于对细菌的分离鉴定，其中血清型检定是不可缺少的，也是对沙门氏菌鉴定的必须环节。

3.3　布洛克兰沙门氏菌 (*Salmonella blockley*)

布洛克兰沙门氏菌 (*Salmonella blockley*) 属于 C2 群沙门氏菌 (*Salmonella* serogroup C2)，血清型：6，8：k：1，5。

山东胜利石油管理局胜利医院的管庆兰等 (1995) 报告，在该医院产科新生儿室发生由布洛克兰沙门氏菌引起的新生儿感染性腹泻事件，对从 27 例的粪便标本材料中分离的 27 株布洛克兰沙门氏菌，进行了药物敏感性测定。结果为对供试的复方新诺明、阿米卡星、头孢唑啉、庆大霉素、头孢他啶等均敏感，对卡那霉素、苯唑西林、氨苄西林、新霉素、呋喃妥因等均耐药 [54]。

3.3.1　病原学意义

对布洛克兰沙门氏菌的病原学意义，目前还缺乏比较系统的认识，常常是作为引起沙门氏菌病的病原性沙门氏菌之一予以记述。

北京铁路局中心卫生防疫站的仇庆文等 (1988) 报告，在国内首次从急性腹泻患者粪便中检定出 1 株布洛克兰沙门氏菌 [55]。

3.3.1.1　食物中毒

在我国，近些年来也陆续有由布洛克兰沙门氏菌引起食物中毒事件发生的报告，相对来讲在由沙门氏菌引起食物中毒事件中的出现频率还是较低的，但其罹患率还是较高的。已有几起事件的报告文献显示，其主要发生在食堂和其他聚餐场所，相关中毒食物主要是被布洛克兰沙门氏菌污染的鸡肉类 [4]。

3.3.1.2　医院感染情况

在上面有记述的山东胜利石油管理局胜利医院管庆兰等 (1995) 报告的事件，发生在 1993 年 11 月 30 日至 12 月 24 日。在该医院新生儿室于 11 月 30 日出现第 1 例发热、腹泻患儿，至 12 月 24 日共有 27 名新生儿先后发病，均是在该医院产科出生的，且均在出生后的 1 ~ 5 天内发病。患儿体温多是为 37.4 ~ 38.4℃，个别的在 40℃；大便 5 次 / 天以上，为黄绿色稀水样便、脓血便或黏液便。在 12 月 4 日，首先从第 1 例患儿和产妇粪便均分离到布洛克兰沙门氏菌，随后在其他患儿粪便中均相继检出。根据流行病学调查和细菌检验结果，认为此起发生在该医院新生儿室的婴儿急性腹泻暴发，是由布洛克兰沙门氏菌引起的；其传染源是第 1 例患儿的产妇，携带布洛克兰沙门氏菌入院后导致了环境和物品的污染，以致发生了布洛克兰沙门氏菌的医院感染[56]。

3.3.2　微生物学检验

对布洛克兰沙门氏菌的微生物学检验，目前还主要是依赖于对细菌的分离鉴定，其中血清型检定是不可缺少的，也是对沙门氏菌鉴定的必须环节。

3.4　猪霍乱沙门氏菌 (*Salmonella choleraesuis*)

猪霍乱沙门氏菌 [*Salmonella choleraesuis*(Smith 1894)Weldin 1927]，即现在分类定名的肠沙门氏菌肠亚种猪霍乱血清型 [*Salmonella enterica* subsp. *enterica* serovar Choleraesuis(Smith 1894)Weldin 1927]，亦即猪霍乱沙门氏菌猪霍乱亚种、猪霍乱沙门氏菌猪霍乱亚种猪霍乱血清型；亦曾在最早被称为猪霍乱杆菌 (*Bacterium choleraesuis* Smith 1894)。种名 "choleraesuis" 为现代拉丁语属格名词，指猪霍乱 (hog cholera)。

猪霍乱沙门氏菌属于 C1 群沙门氏菌 (*Salmonella* serogroup C1)，血清型：6，7：c：1，5；其中的 O 抗原 6，7 可在噬菌体溶原后转为 6_1，7 或 6_2，7，14。细菌 DNA 的 G+C mol% 为 50 ~ 53(Bd，T_{m})，保藏株：ATCC 13312，NCTC 5735[10]。

河南省新乡医学院第一附属医院的周福军等 (2008) 报告，对从新生儿医院感染分离的猪霍乱沙门氏菌，进行了药物敏感性测定。结果为对供试的亚胺培南 / 西司他汀钠、氧氟沙星、左氧氟沙星敏感，对阿莫西林 / 克拉维酸钾中度敏感，对头孢曲松和头孢噻肟钠等头孢类、阿米卡星、氨苄西林、氨曲南、美洛西林、哌拉西林、替卡西林 / 克拉维酸钾等均耐药[57]。

3.4.1　病原学意义

猪霍乱沙门氏菌也属于人畜共患病的一种病原菌，在沙门氏菌感染病中的出现频率也是较高的，能引起人及动物的多种类型感染病。

3.4.1.1　人的猪霍乱沙门氏菌感染病

猪霍乱沙门氏菌在引起人的多种类型感染病中，以食物中毒比较多见。也有作为医院感染病原菌检出的报告，但还是少见的。

(1) 食物中毒：由猪霍乱沙门氏菌引起的食物中毒事件早有报告，如有记述于 1926 年在德国奥芬巴赫城 (Offenbach)，发生了 1 起因食用水果导致由猪霍乱沙门氏菌引起的 150 人食物中毒事件 (其中死亡 1 人)，检验结果为该水果商的妻子为猪霍乱沙门氏菌的长期排菌者[14]。

在我国，也有一些由猪霍乱沙门氏菌引起食物中毒事件发生的报告。已有事件的报告文献显示，中毒发生缺乏明显的季节特征，但以 6 月至 9 月较多；也缺乏明显的区域发生特征，多是发生在食堂、聚餐等场所或分食某种被猪霍乱沙门氏菌污染的食物情况下；中毒相关食物主要为肉类 (尤其是病或死猪肉)，另外是卤菜 (卤鹅、卤鸡爪、卤豆皮等) 及臭豆腐干等。潜伏期多为 4 ~ 24h，临床主要表现为腹痛、腹泻、发热等，也常伴有呕吐、头痛、头晕等症状，也有发生中毒死亡的事件[4]。

(2) 其他感染病：在国内外早期对猪霍乱沙门氏菌感染的明确报告，多是在临床以胃肠道感染（包括食物中毒）为特征的感染病，且一直到现在也还仍然是主要的感染类型。除食物中毒外的其他感染类型，多是发生在新生儿及婴幼儿。

在我国，原上海市立第四人民医院的陆颂慈等 (1954) 报告的沙门氏菌感染病例，是在检出的文献中涉及猪霍乱沙门氏菌感染的最早报告。报告在 1951 年 5 月至 1952 年 1 月，在辽东通化发现沙门氏菌感染 177 例，其中涉及伤寒沙门氏菌 69 例（构成比 38.98%）、猪霍乱沙门氏菌 45 例（构成比 25.42%）、丙型副伤寒沙门氏菌 29 例（构成比 16.38%）、甲型副伤寒沙门氏菌 23 例（构成比 12.99%）、乙型副伤寒沙门氏菌 9 例（构成比 5.08%）、森夫顿堡沙门氏菌 (Salmonella senftenberg)2 例（构成比 1.13%）；在病例项下记述的猪霍乱沙门氏菌感染 1 例为 33 岁男性，在 1951 年 5 月 16 日入院治疗，主诉已咳嗽 4 个月、发热 10 余天，检查发现主要为呼吸系统感染的表现和变化；5 月 18 日做胸腔穿刺抽出血样脓液 100ml，细菌培养结果为纯一的猪霍乱沙门氏菌生长；患者体温持续在 39℃ 以上，治疗无效于 5 月 22 日死亡[58]。

苏州大学附属儿童医院的陶云珍等 (2003) 报告为 2001 年至 2002 年，先后从该医院不同病区的 15 例患儿血液标本材料中，检出了猪霍乱沙门氏菌。15 例患儿中男性 11 例、女性 4 例，年龄在 1 周岁以内的 12 例（其中 1 例为新生儿）、3 例为 1～4 岁的幼儿。15 例患儿于入院前分别有 1～15 天的高热史（热型不规则、热峰为 39～40℃），均为急诊入院。其临床表现，11 例伴有咳嗽，以发热待查和疑为支气管肺炎收入呼吸科（其中 1 例收治于新生儿科）；2 例患儿腹泻不止，已排黄色水样便 6～10 天 (5～9 次 / 天且量多)，伴有高热且全身皮疹，收治于消化科；2 例高热抽搐，烦躁不安，呕吐，收治于神经内科。对患儿均于入院当天取血液进行细菌检验，均检出了猪霍乱沙门氏菌。对 15 例患儿均以第三代头孢类抗菌药物治疗有效，分别在住院 5～12 天出院[59]。

广西壮族自治区南丹县人民医院的岑丹辉等 (2001) 报告，1 名 40 岁男性患者，因被猪咬伤右小腿后伤口红肿、疼痛、溢脓 3 天，于 2000 年 6 月 4 日入院治疗。患者是在 3 天前不慎被猪咬伤右小腿部，当时伤口流血、疼痛，在当地卫生院门诊治疗；后因伤口疼痛加重、红肿范围扩大、溢脓腥臭，伴有发热转入该医院治疗。从伤口分泌物中检出猪霍乱沙门氏菌，诊断为右小腿猪咬伤并感染猪霍乱沙门氏菌，败血症休克导致多器官功能衰竭；抢救无效，于入院次日死亡[60]。

(3) 医院感染情况：在上面有记述的河南省新乡医学院第一附属医院周福军等 (2008) 报告，是对在该医院新生儿监护室于 2006 年 9 月发生的猪霍乱沙门氏菌医院感染患儿 8 例，进行了调查分析。8 例患儿均为男性，有感染临床症状时的日龄为 3～10 天，在感染猪霍乱沙门氏菌前，分别诊断为早产儿、新生儿窒息、新生儿颅内出血、新生儿缺氧缺血性脑病、新生儿吸入综合征等。事件的始发病例为由外院转入的一新生儿（日龄 8 天），入院后追问病史有发热、腹泻症状，入院后发现有抽搐和排多量黄绿色稀便症状，临床诊断为新生儿败血症并化脓性脑膜炎及肠炎。发生医院感染局部流行的时间为此始发病例入院后的 2～4 天，均是以腹泻起病，其中有 5 例出现发热（体温为 38～39.5℃）。大便次数多在 10 次 / 天左右（极期达 20 余次 / 天），多为稀水样及黄色、黄绿色、黄褐色稀便，多有变化，无脓血便。腹泻持续 4 ~ 7 天，多伴有腹胀，肠鸣音活跃，均有不同程度的脱水征，合并代谢性酸中毒。在 8 例的粪便 (含其中先发 2 例的血液) 标本材料，均分离到猪霍乱沙门氏菌。临床分型为败血症型 2 例，肠炎型的 6 例。经使用敏感抗菌药物治疗，6 例患儿在腹泻 4 ~ 6 天后大便转为正常，1 例早产儿因肺出血死亡，其中的首发病例因治疗效果不佳放弃治疗。根据检验结果，报告者认为猪霍乱沙门氏菌在免疫功能低下的新生儿中易引起感染流行，主要感染类型为肠炎型及败血症型；忽视对初始传染源的及时隔离，是造成此起猪霍乱沙门氏菌交叉感染和局部流行事件的重要原因[57]。

3.4.1.2　动物的猪霍乱沙门氏菌感染病

在前面鼠伤寒沙门氏菌项下有述，沙门氏菌可引起猪发生沙门氏菌病 (也称仔猪副伤寒)，其病原沙门氏菌主要为猪霍乱沙门氏菌，也见于一些其他血清型沙门氏菌；另外，也常分离到猪霍乱沙门氏菌昆氏变种 (*Salmonella choleraesuis* var. *kunzendorf*)，其与典型猪霍乱沙门氏菌的区别特征是能够产生 H_2S。

3.4.2　微生物学检验

对猪霍乱沙门氏菌的微生物学检验，目前还主要是依赖于对细菌的分离鉴定，其中血清型检定是不可缺少的，也是对沙门氏菌鉴定的必须环节。

3.5　伤寒沙门氏菌 (*Salmonella typhi*)

伤寒沙门氏菌 [*Salmonella typhi*(Schroeter 1886)Warren and Scott 1930]，即现在分类定名的肠沙门氏菌肠亚种伤寒血清型 [*Salmonella enterica* subsp. *enterica* serovar Typhi(Schroeter 1886)Warren and Scott 1930]，也即原来的猪霍乱沙门氏菌猪霍乱亚种伤寒血清型；亦曾被称为伤寒杆菌 [*Bacillus typhi* Schroeter 1886；注：在 1937 年以前的芽孢杆菌属 (Bacillus Cohn 1872) 被称为杆菌属]、伤寒杆菌 [*Bacterium typhi*(Schroeter 1886) Buchanan 1918]。种名 "typhi" 为现代拉丁语形容词，指与伤寒有关的 (pertaining to typhoid)。保藏株：ATCC 19430[10]。

伤寒沙门氏菌属于 D1 群沙门氏菌 (*Salmonella* serogroup D1)，无鞭毛第 2 相抗原，一些菌株具有 Vi 抗原，血清型为 9，12，[Vi] ：d ：-。O、H、Vi 抗原均能刺激机体产生相应的抗体，测定菌体 (O) 及鞭毛 (H) 抗体有辅助临床诊断意义；Vi 的抗原性弱，当体内有菌存在时则有一定量的 Vi 抗体，细菌被清除后则抗体亦随之消失，所以测定 Vi 抗体有助于对伤寒带菌者的检出。

3.5.1　病原学意义

伤寒沙门氏菌是人的伤寒病原菌，也是最早被认知的病原沙门氏菌；另外，也有作为食物中毒病原菌检出的报告。

3.5.1.1　伤寒

伤寒沙门氏菌引起人的伤寒，是一种急性传染病。其主要的临床特征是持续发热，相对性缓脉，有神经系中毒症状；小肠淋巴组织增生、坏死，脾大，玫瑰疹及白细胞减少；

少数病例可并发肠出血、肠穿孔或伤寒性肝炎。患者及带菌者是伤寒的传染源，病菌随大小便排出并污染环境，日常生活传播是散发流行的主要传播方式，水源污染常可造成暴发流行；人群普遍易感，以儿童及青壮年发病为多；病后可形成持久免疫力，但也有个别的可再次发病；流行多在夏秋季节，卫生条件差的地区多发，战争或洪涝、地震等自然灾害时易有此病的流行。

3.5.1.2　食物中毒

在我国，近些年来也陆续有由伤寒沙门氏菌引起食物中毒事件发生的报告，相对来讲在由沙门氏菌引起食物中毒事件中的出现频率还是较低的，其罹患率的差异较大。已有几起事件的报告文献显示，其主要发生在食堂和其他聚餐场所，相关中毒食物主要是被伤寒沙门氏菌污染的肉类，也包括水源污染 [4]。

3.5.1.3　医院感染情况

在前面有记述浙江省平阳县人民医院的侯爱红 (2002) 报告该医院在 6 年 (1996 年至 2001 年) 间，从医院感染 (HI) 患者不同标本材料中分离获得各种病原菌 13 种 (属) 类 744 株中，伤寒沙门氏菌 60 株 (构成比 9.57%) 居第 4 位。在其中的 7 种 (属)434 株革兰氏阴性细菌中，伤寒沙门氏菌 60 株 (构成比 13.82%) 居第 3 位 [8]。

陕西省西电集团医院的杨小青 (2006) 报告，该医院在 2004 年 1 月至 2006 年 5 月间，从住院及门诊患者分离到病原菌 1076 株，其中细菌共 947 株 (构成比 88.01%)，属于真菌的念珠菌属 (*Candida* Berkhout 1923) 真菌 129 株 (构成比 11.99%)。在 947 株细菌中，革兰氏阴性细菌 602 株 (构成比 63.57%)、革兰氏阳性细菌 345 株 (构成比 36.43%)。除记述了从痰液标本材料中分离的细菌种类外，也记述分离到伤寒沙门氏菌 2 株 [61]。

3.5.2　微生物学检验

对伤寒沙门氏菌的微生物学检验，目前还主要是依赖于对细菌的分离鉴定，其中血清型检定是不可缺少的，也是对沙门氏菌鉴定的必须环节。

（陈翠珍）

参 考 文 献

[1] 贾辅忠，李兰娟 . 感染病学 . 南京：江苏科学技术出版社，2010: 500~507.

[2] 李梦东 . 实用传染病学 . 第 2 版 . 北京：人民卫生出版社，1998: 378~392.

[3] 房海，陈翠珍，张晓君 . 肠杆菌科病原细菌 . 北京：中国农业科学技术出版社，2011: 318~344.

[4] 房海，陈翠珍 . 中国食物中毒细菌 . 北京：科学出版社，2014: 85~156.

[5] 陆承平 . 兽医微生物学 . 第 3 版 . 北京：中国农业出版社，2001: 223~231.

[6] 蔡宝祥 . 家畜传染病学 . 第 4 版 . 北京：中国农业出版社，2001: 52~59.

[7] 周建萍，徐和清 . 970 株病原菌的抗生素耐药谱分析 . 湖北预防医学杂志，1997, 8(4):15, 18.

[8] 侯爱红 . 1592 例医院感染致病菌耐药率分析 . 海峡药学，2002, 14(6):88~89.

[9] 刘广义 . 156 株弗氏柠檬酸杆菌感染的分布与耐药性分析 . 中华医院感染学杂志，2011, 21(14): 3040~3041.

[10] George M. Garrity. Bergey's Manual of Systematic Bacteriology. Second Edition. Volume Two. Part B.

Springer, New York. 2005: 764~799.

[11] Holt J G, Krieg N R, Sneath P H A, et al. Bergey's Manual of Determinative Bacteriology. Ninth Edition. Baltimore, Williams and Wilkins, 1994: 186~187, 241~242.

[12] R. E. 布坎南, N. E. 吉本斯, 等. 伯杰氏细菌鉴定手册. 第 8 版. 中国科学院微生物研究所《伯杰细菌鉴定手册》翻译组, 译. 北京: 科学出版社, 1984: 392~442.

[13] W. T. 休伯特, W. F. 麦卡洛克, P. R. 施努伦贝格尔. 人兽共患病. 魏曦, 刘瑞三, 范明远, 译. 上海: 上海科学技术出版社: 1985: 18~56.

[14] 安郁珍. 猪霍乱沙门氏菌食物中毒. 人民军医杂志. 1954, (6):14~18.

[15] 叶友松. 国内鼠伤寒沙门氏菌研究动向. 湖北预防医学杂志. 1991, 2(1):47~49, 7.

[16] 蒋原. 食源性病原微生物检测指南. 北京: 中国标准出版社, 2010: 50~73.

[17] 卢锦汉, 章以浩, 赵铠. 医学生物制品学, 北京: 人民卫生出版社, 1995: 343~357.

[18] 赵铠, 章以浩, 李河民. 医学生物制品学. 第 2 版. 北京: 人民卫生出版社, 2007: 584~595, 1431~1433.

[19] [美] J. M. Jay, M. J. Loessner, D. A. Golden. 现代食品微生物学. 第 7 版. 何国庆, 丁立孝, 宫春波, 等译. 北京: 中国农业大学出版社, 2008: 517~525.

[20] 王锦德, 许道琴. 西宁地区 12 年来鼠伤寒沙门氏菌病流行的分析. 兰后卫生, 1988, 9(2):9~11.

[21] 陈掌纶. 幼驹鼠伤寒沙门氏菌病诊断报告. 中国兽医杂志, 1980, 6(1):11~12.

[22] 董国雄, 李俊宝, 孙茂芝. 徐州市某奶牛场一起沙门氏菌病的暴发. 中国畜禽传染病, 1989, (2):23~24.

[23] 山昌寿, 杨宏达. 食病死马肉引起的 63 例鼠伤寒杆菌中毒传染调查. 中华卫生杂志, 1957, (第 2 号):101~103.

[24] 张兆山. 病原细菌生物学研究与应用. 北京: 化学工业出版社, 2007: 30~39.

[25] 谢一俊, 陈亢川, 林成水. 首次从腹泻患者粪便中检出 3 种鼠伤寒沙门氏菌生物变种. 海峡预防医学杂志, 1998, 4(4):11~12.

[26] 段英梅. 发酵乳糖的鼠伤寒沙门菌耐药株引起医院感染 15 例. 中华医院感染学杂志, 2005, 15(7):750.

[27] 朱超, 刘忠民, 李成志, 等. 一株新型沙门菌 (*Salmonella Kunming* 68:r:z6). 2008, 10(1):53~54.

[28] 俞东征. 人兽共患传染病学. 北京: 科学出版社, 2009: 403~421.

[29] 闻玉梅. 现代医学微生物学. 上海: 上海医科大学出版社, 1999: 310~320.

[30] 刘杰, 于永萍, 郭宪彩. 一起鼠伤寒沙门菌食物中毒的调查分析. 中国卫生检验杂志, 1999, 9(3):226.

[31] 孙贵娟, 黄彦, 黄纯健, 等. 脉冲场电泳技术在一起鼠伤寒沙门氏菌食物中毒病原溯源中的应用. 应用预防医学, 2009, 15(5):259~261.

[32] 单景生, 陈月华, 沈燕. 我省地市两所医院鼠伤寒沙门氏菌致医院感染的调查分析. 中华医院感染学杂志, 1992, 2(2):86~88.

[33] 李端宇, 李凤娣, 朱德苏, 等. 新生儿鼠伤寒医院感染暴发的控制与体会. 中华医院感染学杂志, 1996, 6(1):32~33.

[34] 张燕, 朱超. 我国沙门氏菌病和菌型分布概况. 现代预防医学, 2002, 29(3):400~401.

[35] 郭树荣, 李效芳, 贾替云, 等. 鼠伤寒沙门氏菌在外环境中的存活能力. 中国消毒学杂志, 1992, 9(3):171~175.

[36] 陈建蕊, 谢多希. 新生儿鼠伤寒沙门菌医院感染调查分析. 中华医院感染学杂志, 2002, 12(1):51.

[37] 李昆, 熊英. 鼠伤寒沙门氏菌软组织脓肿 2 例报告. 江西医学院学报, 1992, 32(2):177, 186.

[38] 曾非 , 濮本恒 . 从一左下胸壁创面中分离出一株鼠伤寒沙门菌 . 临床检验杂志 , 1993, 11(4):203.

[39] Raffaele Pezzilli, Antonio M Morselli-Labate, Bhajat Barakat, et al. Pancreatic Involvement in *Salmonella* Infection. JOP J Pancreas(Online), 2003, 4(6):200~206.

[40] 王文清 , 吴锦华 . 一起鼠伤寒医院感染暴发的调查报告 . 中华医院感染学杂志 , 1995, 5(1):51~52.

[41] 丁田 , 王美华 . 一起新生儿鼠伤寒沙门氏菌院内感染暴发流行 . 黔南民族医专学报 , 2002, 15(3):159~160.

[42] 张春兰 , 左秀玲 . 新生儿室一次鼠伤寒沙门氏菌感染流行的特点及治疗体会 . 新生儿科杂志 , 1997, 12(2):93.

[43] 房海 , 史秋梅 , 陈翠珍 , 等 . 人兽共患细菌病 . 中国农业科学技术出版社 , 2012: 332~349.

[44] 叶应妩 , 王毓三 , 申子瑜 . 全国临床检验操作规程 . 第 3 版 . 南京 : 东南大学出版社 , 2006: 801~821.

[45] Schwartz D C and C R Cantor. Separation of yeast chromosome sized DNAs by pulsed field gradient gel electrophoresis. Cell. 1984, 37:67.

[46] Tenover F C, Arbeit R D, Goering R V, et al. Interpreting chromosomal DNA restriction patterns produced by pulsed-field gel electrophoresis: criteria for bacterial strain typing. J Clin Microbiol. 1995, 33(9):2233~2239.

[47] Hunter S B, Vauterin P, Lambert-Fair M A, et al. Establishment of a Universal Size Strain for Use with the PulseNet Standardized Pulsed-Field Gel Electrophoresis Protocols: Converting the National Databases to the New Size Standard. J Clin Microbiol. 2005, 43:1045~1050.

[48] 黄丽华 , 唐保晖 . 沙门菌 PCR 检测技术应用进展 . 中国热带医学 , 2012, 12(1):105~108.

[49] 李秀娟 , 徐保红 , 宋红梅 , 等 . 沙门菌 PCR- 焦磷酸测序法检测 . 中国公共卫生 , 2009, 25(8):997~998.

[50] 李卫光 , 朱其凤 . 新生儿重症监护病房阿伯丁沙门菌医院感染暴发调查 . 中华医院感染学杂志 , 2009, 19(15):1954~1955.

[51] 马鞍山市卫生防疫站 . 臭豆腐干引起阿伯丁沙门氏菌食物中毒报告 . 卫生研究 , 1977, (5):338~341.

[52] 巩涛 , 吴卫东 , 赵心泉 . 一起沙门菌引起的食物中毒分析 . 预防医学文献信息 , 2002, 8(4):456~457.

[53] 姚英民 , 陈红武 , 庄小青 . 阿贡纳沙门氏菌引起的新生儿室医院感染 . 新生儿科杂志 , 2001, 16(2):88~89.

[54] 管庆兰 , 赵爱华 . 从新生儿急性腹泻粪便中检出 27 株布洛克兰沙门菌 . 临床检验杂志 , 1995, 13(4):201.

[55] 仇庆文 , 印慧俊 , 吴采菲 . 国内首次从急性腹泻病人粪便中检定出一株布洛克兰沙门氏菌 . 中华医学检验杂志 , 1988, 11(4):251.

[56] 管庆兰 , 郑红英 , 陈光连 . 一起由布洛克兰沙门氏菌引起的婴儿医院感染暴发 . 中华医院感染学杂志 , 1995, 5(4): 封底 .

[57] 周福军 , 赵明娟 , 石太新 , 等 . 新生儿猪霍乱沙门菌医院感染调查分析 . 中国实用医药 . 2008, 3(31):26~27.

[58] 陆颂慈 , 叶自俊 . 沙门氏菌属感染 . 中华内科杂志 , 1954, (第 5 号):370~379.

[59] 陶云珍 , 诸丽娟 , 丁云芳 . 婴幼儿猪霍乱沙门菌感染 15 例分析 . 苏州大学学报 (医学版), 2003, 23(2):248~249.

[60] 岑丹辉 , 黄卫 . 猪咬伤感染猪霍乱沙门氏菌死亡 1 例 . 广西预防医学 , 2001, 7(3):170.

[61] 杨小青 . 1076 株临床细菌的菌种分布 . 实用医技杂志 , 2006, 13(16):2812~2813.

第 12 章　沙雷氏菌属 (*Serratia*)

　　沙雷氏菌属 (*Serratia* Bizio 1823) 的褪色沙雷氏菌 (*Serratia marcescens*)、液化沙雷氏菌 (*Serratia liquefaciens*)、普城沙雷氏菌 (*Serratia plymuthica*) 等，作为重要的机会致病菌 (opportunistic pathogen) 亦称为条件致病菌，已受到医学界的重视，主要是可引起尿道感染 (urinary tract infection，UTI)、败血症和呼吸道的感染病 (infectious diseases)。另外是对某些动物，也具有一定的致病作用，但还不能列为人畜共患病 (zoonoses) 的病原菌范畴[1,2]。

　　沙雷氏菌属是肠杆菌科 [Enterobacteriaceae(Rahn 1937)Ewing Farmer and Brenner 1980] 细菌的成员。作为医院感染 (hospital infection，HI) 的病原肠杆菌科细菌，在我国已有明确记述和报告的共涉及 12 个菌属 (genus)、35 个菌种 (species) 或亚种 (subspecies)。为便于一并了解，以表格"医院感染病原肠杆菌科细菌的各菌属与菌种 (亚种)"的形式，记述在了第 2 篇"医院感染革兰氏阴性肠杆菌科细菌"扉页中。

　　在我国有由沙雷氏菌属细菌引起的医院感染，明确记述的涉及多个种，其中主要是褪色沙雷氏菌、其次为液化沙雷氏菌，也属于检出频率较高的革兰氏阴性细菌。

　　● 中国医科大学附属第一临床学院的年华等 (2003) 报告，在 1998 年 10 月至 2001 年 12 月间，从该临床学院住院及门诊患者不同标本材料中分离到革兰氏阴性菌 3992 株，其中源于门诊患者的 600 株 (构成比 15.03%)、住院患者的 3392 株 (构成比 84.97%)。主要的革兰氏阴性菌包括：大肠埃希氏菌 (*Escherichia coli*)980 株 (构成比 24.55%)、铜绿假单胞菌 (*Pseudomonas aeruginosa*)774 株 (构成比 19.39%)、肺炎克雷伯氏菌 (*Klebsiella pneumoniae*)408 株 (构成比 10.22%)、洋葱伯克霍尔德氏菌 (*Burkholderia cepacia*)391 株 (构成比 9.79%)、鲍氏不动杆菌 (*Acinetobacter baumannii*)249 株 (构成比 6.24%)、阴沟肠杆菌 (*Enterobacter cloacae*)231 株 (构成比 5.79%)、奇异变形菌 (*Proteus mirabilis*)117 株 (构成比 2.93%)、褪色沙雷氏菌 92 株 (构成比 2.30%)、嗜麦芽寡养单胞菌 (*Stenotrophomonas maltophilia*)85 株 (构成比 2.13%)，褪色沙雷氏菌在这 9 种主要细菌中居第 8 位 [3]。

　　● 在第 10 章 "变形菌属"(*Proteus*) 中有记述，中国医学科学院北京协和医学院北京协和医院的杨启文等 (2012) 报告，回顾性总结在 2008 年 1 月至 12 月间，我国不同地区 15 所教学医院从医院感染患者 (均为入院 48h 后发生感染的患者) 中分离的 1357 株肠杆菌科细菌 (非重复分离菌种)，共涉及 7 个种，其中包括褪色沙雷氏菌 109 株 (构成比 8.03%) 居第 5 位 [4]。

　　● 河南省新乡医学院第三附属医院的王妍妍等 (2014) 报告，回顾性总结分析了该医院在 2006 年至 2010 年医院感染细菌耐药性监测结果，从临床不同标本材料中分离到主要 (排在前 8 位) 病原菌 2356 株 (非重复分离菌种)，其中革兰氏阴性细菌 4 种 1364 株 (构成比 57.89%)、革兰氏阳性细菌 4 种 (属)992 株 (构成比 42.11%)。各菌种 (属) 的出现频率，依次为：大肠埃希氏菌 417 株 (构成比 17.69%)、耐甲氧西林凝固酶阴性葡萄球菌 (methicillin resistant coagulase-negative staphylococci，MRCNS)396 株 (构成比 16.81%)、铜绿假单胞菌 343 株 (构成比 14.56%)、肺炎克雷伯氏菌 310 株 (构成比 13.16%)、褪色沙雷氏菌 294 株 (构成比 12.48%)、肠球菌属 [*Enterococcus*(ex Thiercelin and Jouhaud 1903)Schleifer and Kilpper-Bälz 1984] 细菌 239 株 (构成比 10.14%)、耐甲氧西林金黄色葡萄球菌 (methicillin-resistant *Staphylococcus aureus*，MRSA)219 株 (构成比 9.29%)、链球菌属 (*Streptococcus* Rosenbach 1884) 细菌 138 株 (构成比 5.85%)，褪色沙雷氏菌居第 5 位。在 4 种 1 364 株革兰氏阴性细菌中，大肠埃希氏菌 417 株 (构成比 30.57%)、铜绿假单胞菌 343 株 (构成比 25.15%)、肺炎克雷伯氏菌 310 株 (构成比 22.72%)、褪色沙雷氏菌 294 株 (构成比 21.55%)，褪色沙雷氏菌居第 4 位 [5]。

1　菌属定义与分类位置

　　沙雷氏菌属的菌属 (genus) 名称 "*Serratia*" 为现代拉丁语阴性名词，是以意大利物理学家塞拉菲诺·沙雷 (Serafino Serrati) 的姓氏 (Serrati) 命名的。Serrati 曾于 1787 年前在佛罗伦萨 (Florence) 发明了汽 (轮) 船 (steam boat)，是 Bizio 以示对 Serrati 这位科学家的敬仰 [6]。

1.1　菌属定义

沙雷氏菌属的细菌为 $(0.5 \sim 0.8)\mu m \times (0.9 \sim 2.0)\mu m$ 的直杆菌，革兰氏阴性细菌，通常藉周生鞭毛 (peritrichous flagella) 运动，兼性厌氧，有机化能营养型，呈呼吸和发酵两种代谢类型，在 $30 \sim 37$℃ 生长良好。其发酵 D- 葡萄糖和其他碳水化合物产酸且常产气，除气味沙雷氏菌 (*Serratia odorifera*) 的一些菌株外一般不产生吲哚，甲基红试验 (methyl red test，MR) 结果可变化，西蒙氏 (Simmons) 柠檬酸盐利用阳性，除居泉沙雷氏菌 (*Serratia fonticola*) 外的伏 - 波试验 (Voges-Proskauer test，V-P) 常为阳性，大多数种的赖氨酸脱羧酶阳性，精氨酸双水解酶阴性，鸟氨酸脱羧酶阳性，不产生 H_2S，不水解尿素，不利用丙二酸盐，大多数菌株产生 DNA 酶及水解玉米油，常表现液化明胶，还原硝酸盐，所有或大多数菌株发酵麦芽糖、D- 甘露醇、D- 甘露糖、水杨苷、蔗糖和海藻糖等多种碳水化合物。

该菌属细菌分布广泛，在人的临床样品、土壤、水、植物表面和其他环境、啮齿类动物的消化道及昆虫等均有检出。褪色沙雷氏菌是住院患者重要的条件致病菌，可引起败血症和尿道感染；其他有的种，可能与菌血症有关；有的种可从痰液中分离到，但常是缺乏临床意义。在动物，能引起牛的乳腺炎和其他动物感染。

沙雷氏菌属细菌 DNA 的 G+C mol% 为 $52 \sim 60(T_m，Bd)$；模式种 (type species)：褪色沙雷氏菌 (*Serratia marcescens* Bizio 1823)[6]。

1.2　分类位置

按伯杰氏 (Bergey) 细菌分类系统，在第二版《伯杰氏系统细菌学手册》(*Bergey's Manual of Systematic Bacteriology*) 第 2 卷 (2005) 的 B 部分中，沙雷氏菌属分类于肠杆菌科。

肠杆菌科内共记载了 42 个菌属 144 个种，另是在种下有 23 个亚种、8 个血清型 (serovars)。其中的 42 个菌属名录，已分别记述在了第 3 章"柠檬酸杆菌属" (*Citrobacter*) 中。

肠杆菌科细菌 DNA 的 G+C mol% 为 $38 \sim 60$；模式属 (type genus)：埃希氏菌属 (*Escherichia* Castellani and Chalmers 1919)。

沙雷氏菌属内记载了 10 个种，有的种还包括不同的亚种或生物群 (biogroup)、有的种或亚种还含有不同的生物型 (biovars)。

10 种沙雷氏菌，依次为：褪色沙雷氏菌、嗜虫沙雷氏菌 (*Serratia entomophila*)、无花果沙雷氏菌 (*Serratia ficaria*)、居泉沙雷氏菌、格氏沙雷氏菌 (*Serratia grimesii*)、液化沙雷氏菌、气味沙雷氏菌、普城沙雷氏菌、变形斑沙雷氏菌 (*Serratia proteamaculans*)、深红沙雷氏菌 (*Serratia rubidaea*)。

在亚种及生物型方面，其中的嗜虫沙雷氏菌含 1b 和 2 两个生物型；格氏沙雷氏菌含 Cld 和 ADC 两个生物型；液化沙雷氏菌有一个 Clab 生物型；褪色沙雷氏菌含 A1、A2、A3、A4、A5、A6、A8、TCT、TC、TT 的十个生物型；气味沙雷氏菌含 1 和 2 两个生物型；变形斑沙雷氏菌含变形斑沙雷氏菌变形斑亚种 (*Serratia proteamaculans* subsp. *proteamaculans*) 和变形斑沙雷氏菌食醌亚种 (*Serratia proteamaculans* subsp. *quinovora*) 两个亚种，以及 C1c、EB、RB、RQ 四个生物型；深红沙雷氏菌含 B1、B2、B3 三个生物型。

另外是液化沙雷氏菌复合体 (*Serratia liquefaciens* complex)，含液化沙雷氏菌 (Clab 生

物型)、变形斑沙雷氏菌变形斑亚种 (C1c、EB、RB 生物型)、变形斑沙雷氏菌食醌亚种 (RQ 生物型)、格氏沙雷氏菌 (Cld 和 ADC 生物型)。

在同物异名 (synonym) 方面，液化沙雷氏菌现已转为变形斑沙雷氏菌，被认为是变形斑沙雷氏菌变形斑亚种的同物异名；海红沙雷氏菌 (*Serratia marinorubra*)，是深红沙雷氏菌的同物异名[6]。

再者是 Ajithkumar 等 (2003) 报告，从日本污水处理箱中分离到能产生红色素并能形成芽孢 (spore) 的褪色沙雷氏菌菌株；根据这一表型特征，将其命名为褪色沙雷氏菌长野亚种 (*Serratia marcescens* subsp. *sakuensis* subsp. nov. Ajithkumar，Ajithkumar，Iriye et al 2003)[7]。

2 褪色沙雷氏菌 (*Serratia marcescens*)

褪色沙雷氏菌 (*Serratia marcescens* Bizio 1823) 亦被称为黏质沙雷氏菌，菌种名称 "*marcescens*" 为拉丁语分词形容词，指消失了 (fading away)。

细菌 DNA 的 G+C mol% 为 57.5 ~ 60(T_m，Bd)；模式株 (type strain)：ATCC 13880，CIP 103235，DSM 30121，DSM 47，JCM 1239，NCDC 813-60，NCIB 9155，NCTC 10211。GenBank 登录号 (16S rRNA)：AJ233431，M59160[6]。

2.1 发现历史简介

褪色沙雷氏菌不仅是沙雷氏菌属的模式种和第一个被确定的种，也是最早发现和研究的肠杆菌科细菌成员。

2.1.1 国外简况

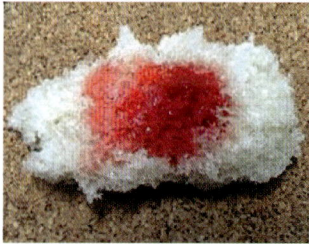

图 12-1 食物上的血现象

追溯历史，其是最早发现和研究的肠杆菌科细菌成员，在后来被正式命名为褪色沙雷氏菌。早在公元前 322 年，就已有在食物中自然出现血 (bloody bread) 的记载 (图 12-1)。到了 19 世纪初，在欧洲认为这种血的现象，是发酵的终产物，或是由在当时名为 *Zoagalactina imetrofa*(Sette，Memoria，storico-naturale et al 1819) 的真菌 (fungi) 所致。

1819 年，在意大利东北部港市威尼斯的药剂师 (Venetian pharmacist) 巴尔托洛梅奥·比兹奥 (Bartolomeo Bizio)，通过对这种生长在意大利大麦粥上呈红色的血粥 (red colored polenta) 的检验，发现了能够产生红色物质并能在适宜的条件下生长的所谓"种子"；并于 1823 年将其命名为 "*Serratia marcescens*" (褪色沙雷氏菌)，但在当时 Bizio 仍误认为其属于真菌。继此 25 年后 (1849 年)，德国动物学家、微生物学家、博物学家克里斯蒂安·戈特弗里德·埃伦伯格 (Christian Gottfried Ehrenberg，1795 ~ 1876) 在对生长于马铃薯上这种类似"血样物"进行研究时，发现了在当时被他描述为"小的椭圆形生物"的生物体，明确其为细菌并将其归在了当时的单胞菌属 (*Monas* Müller 1786)，命名为灵单胞菌 (*Monas prodigiosa* Ehrenberg，Berichtü，Bekannt-machung et al 1849)，这即是在后来被正式分类命名的"*Serratia marcescens*"（褪色沙雷氏菌）。相继，此菌还曾被归在芽孢杆菌属 (*Bacillus* Cohn 1872)，名为灵杆菌 [*Bacillus prodigiosus*(Ehrenberg et al 1849)Flügge]（注：在 1937 年以前的"*Bacillus*"被称为杆菌属或无芽孢杆菌属）；褪色杆菌 [*Bacillus marcescens*(Bizio 1823)Trevisan 1889]。但 Bizio(1823) 的"*Serratia marcescens*"（褪色沙雷氏菌）命名还一直没有被否定，并于 1920 年被正式接受，也一直作为了沙雷氏菌属细菌的模式种。相继的研究早已明了了，那种"血样物"是因褪色沙雷氏菌在生长繁殖过程中所产生的脂溶性灵菌红素 (prodigiosin)、水溶性吡羧酸 (pyrimine) 等红色色素引起的。

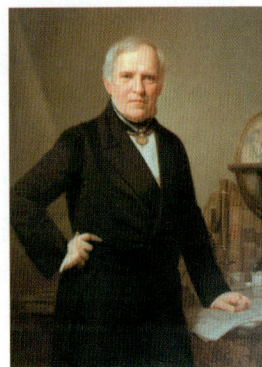

图 12-2　埃伦伯格

顺便记述，埃伦伯格（图 12-2）是在 1828 年首先提出细菌英文"germ"一词的科学家，源于希腊语"βακτηριον"（小棍子）。埃伦伯格对原生动物 (protozona)、珊瑚和海洋上层水域中的单细胞浮游动物等，都曾进行过专门的研究；他是第一位研究岩石中微生物 (microorganism) 化石的科学家，也是对较小无脊椎动物进行详细研究的开创者。另外是在细菌分类学领域，埃伦伯格应用了生物科学发展中形成的比较研究法的理论，进行了微生物分类研究，并于 1838 年发表了题为《作为完整生物体的纤毛虫类》专著，把纤毛虫类分为 22 个菌科 (Family)，按照现代分类学，其中有 3 个菌科应属于细菌类，这也构成了对细菌分类学的先声和科学基础[8]。

2.1.2　国内简况

根据一些资料分析，沙雷氏菌作为病原菌在我国的检出，中国人民解放军第三军医大学第一附属医院烧伤中心的张雅萍等 (1988) 的报告，可能是最早的明确记述。报告在 1980 年至 1985 年的 6 年间，在该医院从烧伤患者 1061 份标本材料（创面、痂下组织、血液）中，检出沙雷氏菌 102 株（检出率 9.61%），在所有检出的革兰氏阴性菌中仅次于铜绿假单胞菌居第 2 位。102 株沙雷氏菌在各感染部位的分布，依次为：创面 61 株（构成比 59.80%）、组织 35 株（构成比 34.31%）、血液 6 株（构成比 5.88%）。报告者记述他们在 1977 年至 1979 年的 3 年间，在对烧伤的细菌学调查中未曾发现沙雷氏菌，是因在当时的沙雷氏菌常被归入副大肠杆菌属 (*Paracolobactrum* Borman, Stuart and Wheeler 1944) 内[9]。此后，多有在临床标本材料中检出沙雷氏菌的报告，且多已明确鉴定到种，其中以褪色沙雷氏菌为主；主要表现为医院感染，其感染类型多样。

2.2　生物学性状

在沙雷氏菌属细菌中，对褪色沙雷氏菌的一些生物学性状研究是较多的。本书作者房海等 (2015) 也曾对分离于病（死）养殖东亚飞蝗 (*Locusta migratoria manilensis*) 的病原性褪色沙雷氏菌，进行了主要生物学性状检验[10]。现综合一些相关资料，作如下的简要记述。

2.2.1　理化特性

沙雷氏菌生长对营养的要求不高，在普通营养琼脂(nutrient agar, NA)培养基上生长良好。

在肠杆菌科细菌中，对沙雷氏菌理化特性的研究也属于比较系统的，涉及生物型、血清型、病原学意义等多个方面。

2.2.1.1 形态特征

尽管普城沙雷氏菌和偶在其他的种沙雷氏菌会出现黏液状菌落，但沙雷氏菌属细菌在经印度墨汁负染后很少能见到荚膜 (capsule)；气味沙雷氏菌具有微荚膜 (microcapsule)，Richard(1979) 报告可通过用肺炎克雷伯氏菌的抗荚膜 K4 或 K68 抗血清进行荚膜肿胀反应 [capsule swelling reaction，亦称荚膜肿胀现象 (quellung phenomenon)] 来证实微荚膜的存在。褪色沙雷氏菌分泌的多聚糖，可从菌体细胞表层或培养液中抽提出来，这些多糖主要包括 D- 葡萄糖和葡糖醛酸 (glucuronic acid)，以及较低比例的 D- 甘露糖、庚糖、L- 岩藻糖和 L- 鼠李糖[6,11]。

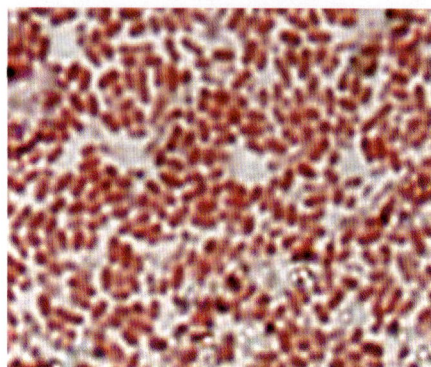

图 12-3 褪色沙雷氏菌基本形态

本书作者房海等 (2015) 对分离于病 (死) 养殖东亚飞蝗的病原性褪色沙雷氏菌检验，结果为：在普通营养琼脂培养基 28℃经 18h 培养，为革兰氏阴性、短杆状 (有的近似球状)、散在、个别的成双、两端钝圆、无芽孢、大小多在 (0.4 ~ 1.0) μm×(0.8 ~ 2.0)μm 的杆菌 (图 12-3)。做磷钨酸负染色标本，置透射电子显微镜 (transmission electron microscope，TEM) 下观察可见菌体杆状、表面似皱褶状、周生鞭毛及菌毛 (图 12-4，图 12-5)[10]。

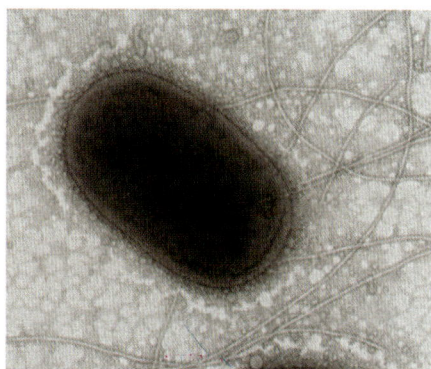

图 12-4 褪色沙雷氏菌及鞭毛
显示杆状菌体及周生鞭毛，原 ×10 000

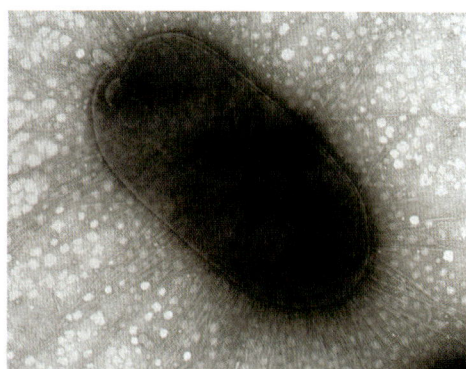

图 12-5 褪色沙雷氏菌及菌毛
显示周身分布的菌毛，原 ×10 000

2.2.1.2 培养特征

在普通营养琼脂培养基上过夜培养后，可形成直径为 1.5 ~ 2.0mm 的菌落。Williams 和 Qadri(1980) 曾报告各种沙雷氏菌的菌株，可以产生灵菌红素和吡羧酸两种不同的色素。灵菌红素为非扩散性、非水溶性色素，与菌细胞的包被相连，褪色沙雷氏菌的两个生物型 (A1 和 A2) 及普城沙雷氏菌深红沙雷氏菌的大部分菌株能产生这种色素，产这种色素菌株的菌落全部是红的或有一个红色中心、一个红边缘或红扇面，色素的确切颜色取决于

培养条件 (如氨基酸、碳水化合物、pH、无机离子、温度等)，可能会是橙黄、粉红、红色或洋红色，这种色素在蛋白胨甘油琼脂 (peptone glycerol agar，PGA) 培养基 (配方为：Bacto- 蛋白胨 5.0g、甘油 10.0ml、Bacto- 琼脂 20.0g、蒸馏水 1000ml) 上于 20 ～ 35℃培养最易产生，产色素的温度范围是 12 ～ 36℃，在厌氧条件下不能产生。

　　液化沙雷氏菌、普城沙雷氏菌、气味沙雷氏菌、无花果沙雷氏菌很容易在 4 ～ 5℃生长，褪色沙雷氏菌、个别菌株的深红沙雷氏菌和气味沙雷氏菌能在 40℃生长，37℃不利于分离普城沙雷氏菌。在液化沙雷氏菌和普城沙雷氏菌中，有许多试验内容是在 28 ～ 35℃时为阳性反应、37℃时为阴性，如伏 - 波试验、脱羧酶试验、连四硫酸盐还原酶试验 (tetrathionate reductase tests) 等。沙雷氏菌的菌株具有高活性的接触酶，可用 3%(或更低) 的 H_2O_2 试验证明。沙雷氏菌的生长不要求钠离子，其生长最适的 NaCl 浓度在褪色沙雷氏菌约为 0.5%(*W/V*)、深红沙雷氏菌为 1%(*W/V*)，对 NaCl 的耐受浓度范围从普城沙雷氏菌的 5% ～ 6%(*W/V*) 到深红沙雷氏菌的 10%(*W/V*)[6,11]。

　　本书作者房海等 (2015) 对分离于病 (死) 养殖东亚飞蝗的病原褪色沙雷氏菌，进行了在普通营养琼脂、血液营养琼脂 (blood nutrient agar，BNA)、沙门氏菌 - 志贺氏菌琼脂 (Salmonella-Shigella agar，SS) 等常用不同培养基上 (28℃培养) 生长情况的检验[10]。

　　(1) 普通营养琼脂培养基：褪色沙雷氏菌在普通营养琼脂培养基上能良好生长，菌落圆形光滑、边缘整齐、稍隆起、不透明，培养 24h 的大小多在 1.5mm 左右、48h 的大小多为 2.0 ～ 2.5mm。产生红色素的菌株，菌落呈酱红色 (图 12-6)；不产生红色素的菌株，菌落呈灰白色 (图 12-7)。

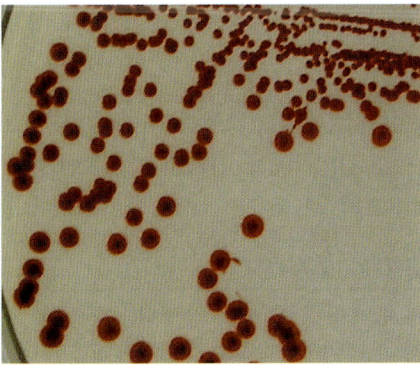

图 12-6　褪色沙雷氏菌红色菌落 (NA)　　　　图 12-7　褪色沙雷氏菌灰白色菌落 (NA)

　　(2) 血液营养琼脂培养基：褪色沙雷氏菌在含 7% 家兔血液的血液营养琼脂培养基上，生长特征与在普通营养琼脂培养基上的相同，β 型溶血，培养 24h 的大小多在 2.0mm 左右、48h 的大小多为 2.0 ～ 2.5mm(图 12-8、图 12-9)。

　　(3) 沙门氏菌 - 志贺氏菌琼脂培养基：褪色沙雷氏菌在沙门氏菌 - 志贺氏菌琼脂培养基上生长良好，生长情况同在普通营养琼脂培养基上的。产生红色素的菌株，菌落呈玫瑰红色 (图 12-10)；不产生红色素的菌株，菌落无色 (图 12-11)。

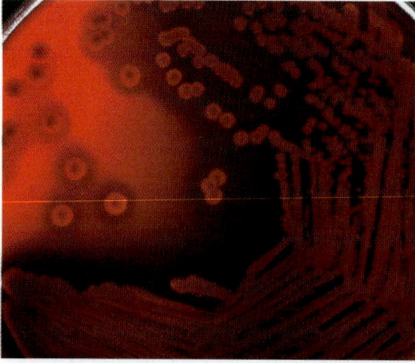

图 12-8 　褪色沙雷氏菌红色菌落 (BNA)

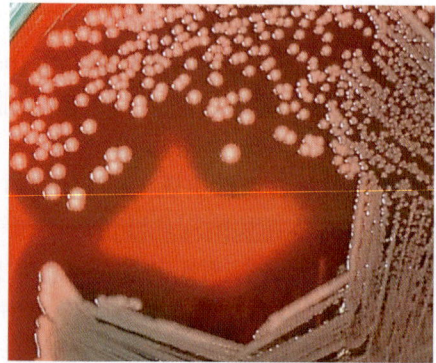

图 12-9 　褪色沙雷氏菌灰白色菌落 (BNA)

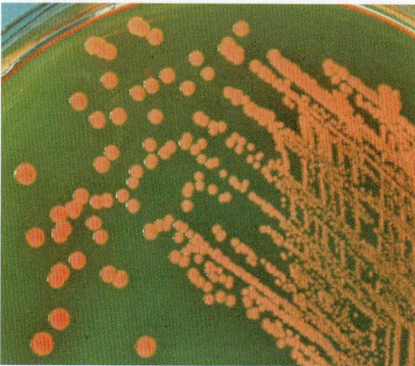

图 12-10 　褪色沙雷氏菌红色菌落 (SS)

图 12-11 　褪色沙雷氏菌无色菌落 (SS)

2.2.1.3　理化特性与生物群

为简便区分沙雷氏菌属内各种细菌，现将在第九版《伯杰氏鉴定细菌学手册》(*Bergey's Manual of Determinative Bacteriology*)(1994) 中"沙雷氏菌属细菌种间鉴别特征表"列于表 12-1 供用[12]。

表 12-1　沙雷氏菌属细菌种间鉴别特征

项目	嗜虫沙雷氏菌	无花果沙雷氏菌	居泉沙雷氏菌	格氏沙雷氏菌	液化沙雷氏菌	褪色沙雷氏菌	气味沙雷氏菌生物型 1	气味沙雷氏菌生物型 2	普城沙雷氏菌	变形斑沙雷氏菌	深红沙雷氏菌
伏 - 波试验	+	d	−	d	+	+	d	+	(＋)	(＋)	+
赖氨酸脱羧酶	−	−	+	+	+	+	+	+	−	+	d
精氨酸双水解酶	−	−	+	−	−	−	−	−	−	−	−
鸟氨酸脱羧酶	−	−	+	+	+	+	+	−	−	+	−
明胶液化	+	+	−	+	+	+	+	+	d	+	+
丙二酸盐利用	−	−	(＋)	−	−	−	−	−	−	−	+
从 D- 葡萄糖产气	−	−	(＋)	+	(＋)	d	−	(−)	d	+	d

续表

项目	嗜虫沙雷氏菌	无花果沙雷氏菌	居泉沙雷氏菌	格氏沙雷氏菌	液化沙雷氏菌	褐色沙雷氏菌	气味沙雷氏菌生物型1	气味沙雷氏菌生物型2	普城沙雷氏菌	变形斑沙雷氏菌	深红沙雷氏菌
产酸：D-侧金盏花醇	−	−	+	−	−	d	d	d	−	−	+
L-阿拉伯糖	−	+	+	+	+	−	+	+	+	+	+
纤维二糖	−	+					+	+	(+)	−	+
卫茅醇	−	+									
乳糖	−	(−)	+			d		+	(+)		+
蜜二糖	−	d	+	+	(+)	−	+	+	+	+	+
α-甲基-D-葡糖苷	−	−	+	−	−	−	−	−	−	d	−
棉子糖	−	d	+	+	(+)	−	+	+	+	+	+
L-鼠李糖	−	d	(+)	−	(−)	−	+			d	
D-山梨醇	−	+	+	+	+	+	+	+	d	(+)	+
蔗糖	+	+	(−)	+	+	+	+	+	+	+	+
D-木糖	d	+	(+)	+	+		+	+	+	+	+
DNA 酶	+	+	−	+	(+)	+	+	+	+	+	+
脂酶	(−)	(+)	−	+	(+)	+	d	d	d	+	+
色素 (红色，粉红，橙色)	−	−	−	−	−	d	−	−	d	−	+

注：表中符号的−表示 0～10% 菌株阳性，（−）表示 11%～25% 菌株阳性，d 表示 26%～75 菌株阳性，（＋）表示 76%～89% 菌株阳性，＋表示 90%～100% 菌株阳性。

另外是在第二版《伯杰氏系统细菌学手册》第 2 卷 (2005) 的 B 部分中，也列有 "沙雷氏菌属细菌种间鉴别特征表"，将其列于表 12-2，可根据需要结合使用 [6]。

表 12-2　沙雷氏菌属细菌种间鉴别特征

项目	褐色沙雷氏菌	嗜虫沙雷氏菌	无花果沙雷氏菌	居泉沙雷氏菌	格氏沙雷氏菌	液化沙雷氏菌	气味沙雷氏菌	普城沙雷氏菌	变形斑沙雷氏菌	深红沙雷氏菌
产生灵菌红素	d	−	−	−	−	−	−	d	−	+
类似马铃薯气味	−	−	+	−	−	−	+	−	−	d
产生吲哚	−	−	−	−	−	−	+	−	−	−
脱羧酶：赖氨酸	+	−	−	−	+	+	+	+	+	d
鸟氨酸 (Møller)	+	−	−	+	+	+	d	−	+	−

项目	褪色沙雷氏菌	嗜虫沙雷氏菌	无花果沙雷氏菌	居泉沙雷氏菌	格氏沙雷氏菌	液化沙雷氏菌	气味沙雷氏菌	普城沙雷氏菌	变形斑沙雷氏菌	深红沙雷氏菌
精氨酸 (Møller)	−	−	−	−	+	−	−	−	−	−
吐温 80(tween 80) 水解	+	+	+	+	+	+	−	+	+	+
丙二酸盐利用	−	−	−	+	−	−	−	−	−	d
碳源利用：核糖醇	+	+	+	+	−	−	+	−	d	+
L- 阿拉伯糖	−	−	+	+	+	+	+	+	+	+
D- 阿糖醇	−	d	+	+	−	−	−	−	−	+
L- 阿糖醇	+	d	+	+	−	−	+	−	−	−
甜菜碱	−	−	−	−	−	−	−	d	−	+
D- 纤维二糖	−	+	+	d	d	+	+	+	d	+
卫矛醇	−	−	−	+	−	−	−	−	−	−
i- 赤藓醇	d	−	+	+	−	−	d	−	d	+
L- 岩藻糖	+	+	+	−	+	+	+	+	+	+
龙胆二糖	−	+	+	+	d	+	d	+	+	+
衣康酸 (itaconate)	−	+	−	−	−	−	−	−	−	−
5- 酮葡萄糖酸盐	+	+	+	d	+	+	d	d	+	−
麦芽糖醇 (malitol)	−	−	+	d	+	d	−	+	+	+
D- 松三糖	−	−	+	−	d	d	−	+	+	d
D- 蜜二糖	−	−	+	+	+	+	+	+	+	+
黏液酸盐	−	−	+	d	−	−	+	d	−	+
帕拉金糖 (palatinose)	−	−	+	+	+	d	−	+	+	+
3- 苯丙酸盐 (3-phenylpropionate)	−	−	−	d	−	−	−	−	−	−
奎宁酸盐 (quinate)	d	d	+	−	−	−	−	+	−	+
D- 棉籽糖	−	−	+	+	+	+	d	+	+	+
L- 鼠李糖	−	−	+	+	−	−	+	−	d	−
D- 蔗糖酸盐 (saccharate)	−	−	+	+	−	−	+	d	−	+
D- 山梨醇	+	−	+	+	+	+	+	d	d	−
D- 塔格糖 (tagatose)	−	−	−	+	−	−	−	−	−	−
meso- 酒石酸盐	d	−	−	−	−	+	+	−	−	−

续表

项目	褪色沙雷氏菌	嗜虫沙雷氏菌	无花果沙雷氏菌	居泉沙雷氏菌	格氏沙雷氏菌	液化沙雷氏菌	气味沙雷氏菌	普城沙雷氏菌	变形斑沙雷氏菌	深红沙雷氏菌
葫芦巴碱 (trigonelline)	d	−	d	−	−	−	+	−	−	+
D- 松二糖	−	−	+	d	+	d	−	+	+	+
木糖醇	+	−	+	d	−	−	d	−	−	d
D- 木糖	−	d	+	d	+	+	+	+	+	+

注：表中符号的 − 表示 0 ～ 10% 菌株阳性，d 表示 26% ～ 75 菌株阳性，+ 表示 90% ～ 100 菌株 % 阳性。

Grimont 和 Grimont(1978) 描述了对褪色沙雷氏菌的一个生物分型系统 (表 12-3)[6]。此分型系统是以色素的产生，连四硫酸盐的还原 (tetrathionate reduction)，利用 *meso-* 赤藓醇 (meso-erythritol)、葫芦巴碱 (trigonelline)、奎尼酸盐 (quinate)、苯甲酸盐 (benzoate)、马尿酸盐 (hippurate)、3- 羟基苯甲酸盐 (3-hydroxybenzoate)、4- 羟基苯甲酸盐和 DL- 肉碱 (DL-carnitine) 等作为唯一的碳源为基础的 (DL- 肉碱可用 D- 苹果酸盐、*meso-* 酒石酸盐代替)。

表 12-3　褪色沙雷氏菌生物群和生物型的鉴别 [a]

项目	生物群															TCT	TC	TT
	A1		A2		A6	A3				A4		A5	A8					
	a	b	a	b	a	a	b	c	d	a	b		a	b	c			
灵菌红素的产生	+	+	+	+														
生长 [b]：*meso-* 赤藓醇	+	+	+	+	+	+	+	+	+	+	+	+	+	+	+	+	+	+
苯甲酸盐 , 马尿酸盐	+	+																
奎尼酸盐 ,4- 羟基苯甲酸盐	−	−	−	−	−	−	−	−	−	+	+	+	+	+	+			
3- 羟基苯甲酸盐	−	−	−	−	−	+	+	+	+	−	−	−						
葫芦巴碱	−	−	−	−	−	+	+	+	+	+	+	+	+	+	+			+
D- 苹果酸盐 ,*mero-* 酒石酸盐	+	−	−	+	d			d			d							
龙胆酸盐	−	−	−	+	+	+	+	+		d	d	+	d	−				
连四硫酸盐还原	+	+	+	+	+	+	+	+	+	+	+	+	+	+	+	+	+	+

注：上角标的 a 表示表中符号的 − 表示 0 ～ 10% 菌株阳性，d 表示 26% ～ 75 菌株阳性，+ 表示 90% ～ 100% 菌株阳性；b 表示碳源利用试验。

2.2.2　抗原结构与血清型

在沙雷氏菌属的细菌中，目前仅较详细地研究了褪色沙雷氏菌的抗原结构与血清型，现已知此菌由 21 种不同的菌体 (ohne hauch，O) 抗原 (编号：O1 ～ O21) 和 25 种不同的

鞭毛 (hauch，H) 抗原 (编号：H1 ~ H25) 所组成 [2]。

H21 ~ H25 抗原，是 Le Minor 在 1981 年报告新发现的。其中的 H21 与 O18 有关，从法国与突尼斯分离到 9 株，其与 H17 有低度交叉；H22 发现于一个产色素的 O10 菌株；H23 发现于 O5、O7、O15、O6/O14 的菌体抗原群共 9 个菌株；H24 有 8 株，与 O5 有关，其与 H16 有交叉；H25 有 2 株，从巴西分离，与其他鞭毛抗原无交叉反应。

2.2.2.1 生物群与血清型间的关系

Grimont 等 (1979) 报告褪色沙雷氏菌的生物群对应于已确定的无交叉反应的一些血清型菌株 (表 12-4)[6]。

表 12-4　褪色沙雷氏菌血清型与生物群的对应性

生物群 a	O:H 血清型 b
A1	5:2　5:3　5:13　5:23　10:6　10:13　28:2
A2/6	5:23　6,14:2　6,14:3　6,14:8　6,14:9　6,14:10　6,14:13　8:3　13:5
A3	3:5　3:11　4:5　4:18　5:6　5:15　6,14:5　6,14:6　(6,14:16)　6,14:20　(9:9)(9:11)　(9:15)9:17　12:5　12:9　(12:10)　12:11　(12:15)(12:16)　12A:17　(12:18)　12:20　(12:26)　13:11　(13:17)　15:3　15:5　15:8　15:9　17:4　18:21　(18:26)　(22:11)　(23:19)　26:20
A4	1:1　1:4　2:1　2:8　3:1　4:1　4:4　5:1　5:6　5:8　5:24　9:1　13:1　13:11　13:13
A5/8	(2:4)　3:12　3,21:12　4:12　5:4　6,14:4　6,14:12　(8:4)　8:12　15:12　21:12　25:12
TCT	(1:7)　2:7　(4:7)　5:7　5:19　(7:7)　7:23　10:9　11:4　13:7　13:12　16:19　(18:9)　18:16　(18:19)　19:14　(19:19)　24:6　27:-
TC	10:8　20:12

注：上角标的 a 表示生物群 A1 包括 A1a 和 A1b，A2/6 包括 A2a、A2b 和 A6，A3 包括 A3a、A3b、A3c 和 A3d，A4 包括 A4a 和 A4b，A5/8 包括 A5、A8a 和 A8b 及 A8c；b 表示括号内的血清型是例外的情况。

2.2.2.2 菌体抗原的交叉反应及抗原因子

有的褪色沙雷氏菌菌体抗血清可与不同菌体抗原群的菌株发生交叉反应。不同研究者的报告，认为其中有些是共同的，但也有些是不同的，这种现象在褪色沙雷氏菌的诊断用血清制备中常有发生，甚至在同一实验室中、不同批次所制备的抗血清间也不尽相同，但一些主要的、效价较高的交叉反应一般是恒定的，一些次要的交叉反应则会因免疫菌株、免疫方法、抗体效价测定方法等的不同有所差异。

(1) O6 与 O14 间的交叉反应：典型 O6(O6:H3) 菌株 (CDC862-57) 与 O14(O14:H12) 菌株 (CDC4444-60) 之间存在菌体抗原关联，但并不一致，Traub 和 Kleber 发现此两个菌体抗原群血清可被彼此吸收到特异血清但效价低，不能凝集原先标记为相应群的菌株，经研究认为在 O6 抗原中具有 O61、O62、O63 的 3 个抗原成分，其中的 O62 是一个小的共同的菌体抗原因子，能产生交叉反应，具体的血清群参考菌株的抗原式为：菌株 O6:H3(CDC862-57) 含 O61、62、菌株 O6:H8(CDC877-57) 含 O62、63、菌株 O14:H12(CDC4444-60) 含 O62 抗原成分；如果 1 个被检菌株与未经吸收处理的 O6、O14 血清均凝集，与用 O14:H12 菌株吸收过的 O6:H3 的血清不凝集，则这个被检菌株为 O14 群，

O14 的特异性取决于用以制备免疫原的菌株。关于 O6 单因子血清的制备可采用以下吸收方案,即: O61 因子血清用 O6:H3 菌株 (CDC862-57) 免疫,以 O6:H8 菌株 (CDC877-57) 吸收; O62 因子血清用 O14:H12 菌株 (CDC4444-60) 免疫,以法国巴斯德研究院的 572 菌株吸收; O63 因子血清用 O6:H8 菌株 (CDC877-57) 免疫,以 O14:H12 菌株 (CDC4444-60) 吸收。

(2) 菌体抗原因子:除了上面已述及的 O6 和 O14 所含的抗原因子外,用交互吸收试验证明在标准参考菌株 O9:H11(CDC4534-60) 中具有 O91 和 O92 的两种菌体抗原因子,它不同于仅有 O91 的 O9:H8 菌株 (CDC2870-67);此外, O9:H11 菌株还含有一个在 O9:H8 菌株中不存在的另一种表面 (kapsel, K) 抗原,该抗原在 100℃时是稳定的,但在 120℃条件下则被破坏;由此,该两个菌株的抗原式为: O9:H11 为 O91, 92:K:H11; O9:H8 为 O91:H8。在其他菌体抗原群中, O5 可进一步分为 O5a, 5b 和 O5a, 5c 的 O5a、O5b、O5c 共 3 种抗原因子; O10 可进一步分为 O10a 和 O10a, 10b 的 O10a、O10b 共两种抗原因子; O16 可进一步分为 O16a、O16b、O16a, 16c、16d、O16a, 6c 的 O16a、O16b、O16c、O16d 共 4 种抗原因子。

(3) 耐热共同抗原: Le Minor 等发现在 O12、O14 与 O13:H17 菌株中存在着共同抗原成分, O12 和 O14 菌株在普通营养琼脂培养物中分离有闪光和非闪光两种菌落型,非闪光菌落的菌悬液在经 100℃加热处理后可被共同抗原的血清所凝集,但这种热处理对闪光菌落的菌悬液是无效的 (不凝集),由于菌落的特异性不是简单地由血清中的抗体效价和交叉吸收所能解决的,因此一些菌株被标记为 O12/O14。

从临床标本中分离的铜绿假单胞菌可与在抗原上无关的 2 个或多个血清发生反应,这种现象被称为多凝集 (polyagglutinable, PA),有人曾用高于共同抗原的菌株吸收过的抗血清来对这种铜绿假单胞菌的多凝集菌株进行鉴定;在沙雷氏菌中也存在这种类似现象,其共同抗原的免疫球蛋白 (immunoglobulin, Ig) 不仅仅为 IgM,菌体抗原的特异抗体是存在于 IgG 和 IgM 的。

(4) 与其他细菌的交叉反应:早在 1954 年, Kauffmann 报告了大肠埃希氏菌的 O19a 与 1 个褪色沙雷氏菌菌株之间存在菌体抗原关系;后来证明褪色沙雷氏菌 O10 和 O6 与大肠埃希氏菌 O18a,18c 和 O38 有交叉反应。另外,褪色沙雷氏菌的一些菌体抗原还与肠杆菌属 (*Enterobacter* Hormaeche and Edwards 1960) 中的产气肠杆菌 (*Enterobacter aerogenes*)、阴沟肠杆菌 (*Enterobacter cloacae*)、肠杆菌属的各个种 (*Enterobacter* spp.)、哈夫尼菌属 (*Hafnia* Mϕller 1954) 细菌、液化沙雷氏菌等间存在交叉,具体如表 12-5 所示。注:产气肠杆菌现已分类于克雷伯氏菌属 (*Klebsiella* Trevisan 1885 emend.Drancourt, Bollet, Carta and Roussselier 2001),名为运动克雷伯氏菌 (*Klebsiella mobilis*)。

表 12-5　与其他细菌的交叉反应

菌种	与褪色沙雷氏菌 O 血清的交叉反应
大肠埃希氏菌 O19a	8
大肠埃希氏菌 O18a,18c 和 O38	6 10
产气肠杆菌	2 5 9
阴沟肠杆菌	9

续表

菌种	与褐色沙雷氏菌 O 血清的交叉反应
肠杆菌属的各个种	1 2 3 5 6 7 8 9
哈夫尼菌属细菌	1 9
液化沙雷氏菌	2 3 6 7 9

2.2.2.3　H 抗原的交叉反应与位相变异

褐色沙雷氏菌的抗原具有强免疫原性，所获相应抗血清能与相应全菌体鞭毛抗原的凝集效价达 1 ∶ (3000 ～ 30 000) 倍，由于使用的测定方法不同，常可能影响效价的测定结果，玻片凝集试验的效价较高。

(1) 交叉反应：尽管一些研究者对褐色沙雷氏菌鞭毛抗原间交叉反应的研究结果有所差异，但交叉反应的存在是肯定的，表 12-6 所列为不同研究者报告的研究结果，可供参考。

表 12-6　不同研究者报告的 H 血清与不同 H 抗原间的交叉反应

H 血清	Ewing 等 (1959)	Traub 和 Kleber(1977)	Le Minor 和 Pigache(1977)	H 血清	Ewing 等 (1959)	Traub 和 Kleber(1977)	Le Minor 和 Pigache(1977)
H1	H11	none	H12 H18	H11	H2	H2 H3	H2
H2	H13	H4 H11	H11 H19	H12	none	H3 H4	H4 H9
H3	H10	(H10)	H10	H13	(H6)H7	(H6) H9 H10 H11 H6	
H4	H13	(H12)	(H7) (H12)	H14	NS	NS	none
H5	none	none	none	H15	NS	NS	H11 H17 H19
H6	H13	H13	H11(H13)	H16	NS	NS	H7
H7	H11	none	H16	H17	NS	NS	H15
H8	H6 (H9)H10	H5 (H9) H10 H13	H5 (H9)(H10)	H18	NS	NS	H17
H9	H8	(H8)H10	H2 H6 (H8)H14	H19	NS	NS	H2 H7 H16
H10	H3 H8	(H3)H6 H8	H3 H8 H9				

注：表中符号的 NS 表示没有研究；none 表示无交叉反应；括号内的表示有意义的反应，在制备血清时需要吸收。

(2) 位相变异：Young 等证明在一些褐色沙雷氏菌的菌株中存在酷似鞭毛位相变异 (phase variation) 的现象，研究者用含有 1 ∶ 250 倍稀释 H 血清的 Gard 平板做制动试验，发现一些培养物不被抑制而继续游走，从生长物边缘取菌接种营养肉汤后进行鞭毛抗原定型时发现已变为另一种鞭毛抗原型，用原来的鞭毛抗原和已发生这种变异的鞭毛抗原相应的两种鞭毛抗血清做 Gard 平板时才能抑制游动，证明其具有与沙门氏菌属 (*Salmonella* Lignières 1900) 细菌那样相似的鞭毛位相变异现象，有时还可获得第三相；在所测定的 241 株菌中发现有 21 株至少存在 1 种以上的鞭毛抗原，其中 19 株为双相的、2 株为三相的，且这种变异现象是稳定的，在半固体培养基中保存 6 个月的时间仍不能回复到原来的鞭毛抗原型。

2.2.2.4　菌毛抗原

褪色沙雷氏菌存在周身分布的菌毛，这种菌毛可以通过直接血凝试验测定出来。另外，这种菌毛成分具有良好的免疫原性，在用全菌体细胞免疫家兔制备的相应鞭毛抗血清中即有高效价滴度的这种相应菌毛抗体存在，且在鞭毛抗血清中的这种菌毛抗体可能会干扰鞭毛抗原型的测定。

2.2.2.5　血清型

褪色沙雷氏菌的血清型，是以其 O:H 的形式记述的（如 O5:H2）。在《伯杰氏系统细菌学手册》第二版 (2005)B 部分中，以"褪色沙雷氏菌血清型与生物群的对应性"表的形式记述了一些主要血清型，具体可见前面表 12-4 中的记述[6]。

本书作者房海等 (2015) 采用褪色沙雷氏菌模式株 (ATCC 13880)、分离于病 (死) 养殖东亚飞蝗的褪色沙雷氏菌代表菌株，分别制备全菌抗原免疫家兔来获得相应抗血清，再进行对相应菌株、分离于病 (死) 养殖东亚飞蝗的其他菌株的凝集反应，测定其血清学同源性。结果表明制备抗血清的菌株具有良好的免疫原性，在不同菌株间或为同种血清型，或存在不同程度的交叉反应[10]。

2.2.3　生境与抗性

褪色沙雷氏菌的分布广泛，在新生儿以胃肠道为储存宿主，在住院的成人患者中则是主要是定殖于呼吸道和泌尿道；通常也存在于医院的内外环境中[1]。

2.2.3.1　生境

吉林省卫生监测检验中心消毒所的刘晓杰等 (2013) 报告，在 2010 年 6 月至 2012 年 12 月间，对两所三级甲等医院的血液透析科、重症监护室 (intensive care unit，ICU)、新生儿病房、感染科等重点科室的环境和物体 (处置台、床头柜、水龙头、电脑鼠标、呼吸机键盘等) 表面，进行了医院感染常见病原菌污染情况的回顾性调查分析。结果在所采集的 291 份样本中共检出病原菌 88 株 (检出率 30.24%)，其中革兰氏阴性菌 19 种 63 株 (构成比 71.59%)；革兰氏阳性球菌 25 株 (构成比 28.41%)，主要为葡萄球菌属 (*Staphylococcus* Rosenbach 1884) 细菌的一些种。在 63 株革兰氏阴性菌中，褪色沙雷氏菌 3 株 (构成比 4.76%) 居第 6 位[13]。

在第 4 章"肠杆菌属" (*Enterobacter*) 中有记述，湖北省随州市中心医院的刘杨等 (2013) 报告，对该医院重症监护室 (ICU) 住院患者使用的留置导尿管 (接口处内壁)、氧气湿化瓶 (内壁)、冷凝水集水瓶 (内壁)、呼吸机螺纹管 (接口处内壁)、中心供氧壁管出口、气管插管 (内壁)、呼吸机湿化罐 (内壁)、留置针连接管三通口、输液泵 (接口处内壁)、微量注射泵 (接口处内壁)、深静脉置管 (接口处内壁) 等 11 种医疗器具，采集使用 (48±2)h 的样本共 300 份进行了微生物学检验。结果其中 217 份阳性 (阳性率 72.33%)，共检出病原菌 19 种 (属)242 株，其中包括褪色沙雷氏菌 5 株 (构成比 2.07%)。报告者认为对患者各种诊疗性侵入性操作的应用 (如气管插管、留置导尿、中心静脉置管、引流管留置等)，可破坏机体黏膜保护屏障，从而导致患者呼吸系统、泌尿系统、导管相关性血流感染的发生，造成医院感染率升高[14]。

2.2.3.2 抗性

在对临床常用抗菌类药物的耐药性方面，近年来多有对从临床分离菌株检测的报告。综合一些资料分析，显示褪色沙雷氏菌具有对多种常用抗菌类药物的耐药性。

中国医科大学附属第一医院的褚云卓等 (2008) 报告在 2001 年至 2006 年年间从中国医科大学附属第一医院临床分离的 6 种 222 株沙雷氏菌中，褪色沙雷氏菌有 164 株 (构成比 73.87%)。对褪色沙雷氏菌 164 株做药敏测定，结果对供试的哌拉西林、头孢唑啉、头孢呋辛、庆大霉素、妥布霉素的耐药率较高 (均 >60%)，均对亚胺培南敏感，对哌拉西林 / 他唑巴坦、头孢他啶、头孢吡肟、左氧氟沙星的敏感率较高 (均 >80%)[15]。

在前面有记述河南省新乡医学院第三附属医院的王妍妍等 (2014) 报告，回顾性总结分析了该医院在 2006 年至 2010 年的 5 年间医院感染细菌耐药性监测结果。在从临床不同标本材料中分离的褪色沙雷氏菌 294 株 (在 5 年的菌株分布依次为 32 株、48 株、51 株、66 株、97 株) 中，除了对供试 22 种抗菌类药物中的亚胺培南、美罗培南均敏感外，对其他 20 种均有不同程度的耐药性 (耐药率为 20.6% ~ 75.8%)。在耐药菌株中以对头孢吡肟的耐药率最低，5 年间在每年的耐药率依次为 20.6%、21.7%、23.0%、24.2%、20.6%；对氨曲南的耐药率最高，在每年的耐药率依次为 62.5%、68.9%、76.5%、75.8%、75.2%。报告者认为褪色沙雷氏菌已成为临床感染的流行菌，应加强对其感染的监测 [5]。

2.3 病原学意义

通常情况下，褪色沙雷氏菌无色素的生物群 A3 和 A4 是普遍存在的，无色素的生物群 A5、A8 和 TCT 几乎仅存在于医院的患者，产色素的生物群 A1 和 A2、A6 存在于自然环境并偶尔也出现于患者身上。现已陆续有报告指出，褪色沙雷氏菌在动物也具有一定的致病作用。

2.3.1 人的褪色沙雷氏菌感染病

褪色沙雷氏菌已受到医学界的广泛重视，从临床 (尤其是医院感染患者) 分离的沙雷氏菌，主要是褪色沙雷氏菌，可分离于多种临床标本材料，被认为是医院感染的重要病原菌。

2.3.1.1 基本感染类型

已有记载和报告，褪色沙雷氏菌可引起人的尿道感染、败血症、心内膜炎、呼吸道及伤口的感染。在国外，Garcia 等 (2006) 报告，该菌在 1 名儿童所引发的腿部溃疡和皮肤肉芽肿病例 [16]；Langrock 等 (2008) 报告了该菌在 1 名 73 岁患者所引发的腿部溃疡和脓肿病例 [17]。

在我国，已有从化脓性脑膜脑炎、化脓性扁桃体炎、颅内感染、脑梗死等病例，以及痰、咽拭子、尿液、腹水、血液、粪便、分泌物等多种临床材料中检出相应病原褪色沙雷氏菌的报告。以下记述的一些报告，是具有一定代表性的。

江西省中医学院附属医院的杨建安等 (2006) 报告在 2006 年 2 月 10 日，1 例 82 岁女性患者因突发脑梗死入院，从痰中检出了 β 溶血性褪色沙雷氏菌，经对症用药治疗，患者病情好转 [18]。

北京胸科医院的蔡宝云等 (2010) 报告，通过对 750 例继发性肺结核合并肺部感染患者的相应病原体检验，发现褪色沙雷氏菌也是其中一种比较常见的病原菌[19]。

在前面有记述中国医科大学附属第一医院的褚云卓等 (2008) 报告在 2001 年至 2006 年从中国医科大学附属第一医院临床分离的 6 种 222 株沙雷氏菌中，褪色沙雷氏菌 164 株 (构成比 73.87%)、变形斑沙雷氏菌变形斑亚种 36 株 (构成比 16.22%)、气味沙雷氏菌 11 株 (构成比 4.95%)、普城沙雷氏菌 5 株 (构成比 2.25%)、深红沙雷氏菌 3 株 (构成比 1.35%)、无花果沙雷氏菌 3 株 (构成比 1.35%)，褪色沙雷氏菌最多；分别来自于痰的 140 株 (构成比 63.06%)、尿液的 49 株 (构成比 22.07%)、血液的 18 株 (构成比 8.11%)、分泌物的 12 株 (构成比 5.41%)、胸腹水的 1 株 (构成比 0.45%)、脑脊液的 1 株 (构成比 0.45%)、胆汁的 1 株 (构成比 0.45%)[15]。

杭州市萧山第一人民医院的来汉江等 (2010) 报告在 2006 年 4 月至 2008 年 9 月间，从杭州市萧山第一人民医院临床材料中检出的 52 株沙雷氏菌中，褪色沙雷氏菌 28 株 (构成比 53.85%)、居泉沙雷氏菌 18 株 (构成比 34.62%)、深红沙雷氏菌 3 株 (构成比 5.77%)、变形斑沙雷氏菌变形斑亚种 2 株 (构成比 3.85%)、普城沙雷氏菌 1 株 (构成比 1.92%)[20]。

2.3.1.2 医院感染特点

在引起医院感染的沙雷氏菌中，主要是褪色沙雷氏菌。被褪色沙雷氏菌污染的医疗器械、水等，是主要的感染来源。例如，Su 等 (2009) 报告 2007 年在美国得克萨斯州门诊治疗中心，因褪色沙雷氏菌污染注射器暴发了血液感染[21]。

由褪色沙雷氏菌引起的医院感染，所表现的特点是感染缺乏区域特征、感染部位宽泛、感染类型复杂、感染发生频率比较高。

(1) 科室分布特点：综合一些相关的文献分析，由褪色沙雷氏菌引起的医院感染，主要分布于内科和重症监护室病房。以下记述的一些报告，是具有一定代表性的。

湖南省常德市第一中医院的杨秋连 (2009) 报告，回顾性总结在 2003 年至 2007 年年间，从该院和常德市第一人民医院的医院感染患者临床标本材料分离的褪色沙雷氏菌 116 株 (非重复分离菌株)，在各科室的分布依次为：呼吸内科 38 株 (构成比 32.76%)、重症监护室病房 29 株 (构成比 25.00%)、老年内科 20 株 (构成比 17.24%)、胸外科 11 株 (构成比 9.48%)、普通外科 7 株 (构成比 6.03%)、烧伤科 5 株 (构成比 4.31%)、儿科 5 株 (构成比 4.31%)、其他病区 1 株 (构成比 0.86%)[22]。

山东省青岛市胸科医院的姜岩等 (2008) 报告，回顾性总结在 2004 年 1 月至 2006 年 12 月的 3 年间，从该院住院患者临床标本材料分离到沙雷氏菌 242 株，其中褪色沙雷氏菌 194 株 (构成比 80.17%)、液化沙雷氏菌 28 株 (构成比 11.57%)、居泉沙雷氏菌 13 株 (构成比 5.37%)、气味沙雷氏菌 5 株 (构成比 2.07%)、普城沙雷氏菌 2 株 (构成比 0.83%)。在各科室的分布，依次为：重症监护室 (ICU) 病房 93 株 (构成比 38.43%)、呼吸科病房 79 株 (构成比 32.64%)、神经内科病房 35 株 (构成比 14.46%)、其他病房 35 株 (构成比 14.46%)[23]。

山东省青岛市市立医院的于清华 (2009) 报告，回顾性总结在 2005 年 1 月至 2007 年 12 月的 3 年间，从该院住院患者临床标本材料分离到沙雷氏菌 212 株，其中褪色沙雷氏菌 171 株 (构成比 80.66%)、液化沙雷氏菌 25 株 (构成比 11.79%)、居泉沙雷氏菌 11 株 (构成比 5.19%)、其他沙雷氏菌 5 株 (构成比 2.36%)。在各科室的分布，依次为：重症监护室 (ICU)

病房 81 株 (构成比 38.21%)、呼吸科病房 69 株 (构成比 32.55%)、神经内科病房 32 株 (构成比 15.09%)、其他病房 30 株 (构成比 14.15%)[24]。

(2) 感染部位特点：综合一些相关的文献分析，由褪色沙雷氏菌引起的医院感染 (HI)，主要分布于泌尿道和呼吸道。以下记述的一些报告，是具有一定代表性的。

在上面有湖南省常德市第一中医院的记述杨秋连 (2009) 报告的 116 株褪色沙雷氏菌，在各感染部位的分布依次为：痰液 53 株 (构成比 45.69%)、尿液 28 株 (构成比 24.14%)、伤口分泌物 23 株 (构成比 19.83%)、血液 3 株 (构成比 2.59%)、脑脊液 3 株 (构成比 2.59%)、胸腔积液 2 株 (构成比 1.72%)、胆汁 2 株 (构成比 1.72%)、其他标本材料 2 株 (构成比 1.72%)[22]。

在上面有记述山东省青岛市胸科医院的姜岩等 (2008) 报告的 242 株沙雷氏菌，在各感染部位的分布依次为：呼吸道 190 株 (构成比 78.51%)、手术部位 25 株 (构成比 10.33%)、泌尿道 19 株 (构成比 7.85%)、其他部位 8 株 (构成比 3.31%)[23]。

在上面有记述山东省青岛市市立医院的于清华 (2009) 报告的 212 株沙雷氏菌，在各感染部位的分布依次为：呼吸道 166 株 (构成比 78.30%)、手术部位 21 株 (构成比 9.91%)、泌尿道 16 株 (构成比 7.55%)、其他部位 9 株 (构成比 4.25%)[24]。

2.3.2 动物的褪色沙雷氏菌感染病

对动物的致病，有记述该菌的产红色素菌株，是与母牛的乳腺炎和脓毒性流产有关的。在国外，Plavec 等 (2008) 报告，该菌引发了 1 例犬的坏死性筋膜炎 [25]。Nam 等 (2009) 报告，在朝鲜的牛乳腺炎病原菌中包括该菌 [26]。

另外是 Baya 等 (1992) 报告于 1990 年 7 月，在对美国黑河的白石鲈 (white perch) 的调查中，分离得到褪色沙雷氏菌，经后来的检验认为该菌是鱼类的潜在病原菌，又经在实验室的研究结果证实该菌对条纹石鲈和虹鳟是具有病原性的 [27]。

2.3.3 昆虫的褪色沙雷氏菌感染病

对昆虫的致病，有记述褪色沙雷氏菌能引起家蚕的细菌性败血症。沈阳农业大学的程瑞春等 (2010) 报告，该菌可引起柞蚕蛹期败血病 [28]。

本书作者房海等 (2015) 报告在近年来对人工养殖东亚飞蝗死亡的病原学检验，其中褪色沙雷氏菌是主要的病原菌。发病东亚飞蝗少食甚至停食，有的还出现轻微的痉挛现象等发病表现；病死东亚飞蝗多数表现为虫体逐渐变软、变红褐色至黑褐色 [10]。

2.4 微生物学检验

对沙雷氏菌属细菌的微生物学检验，主要依赖于对细菌的分离与生化特性鉴定，在进行鉴定时尤其要注意与在生化特性上相近的细菌相鉴别。另外是对从发病 (死亡) 动物中分离到的沙雷氏菌菌株，需进行对同种动物的感染试验明确其相应的病原学意义。

2.4.1 细菌学检验

通常情况下，可根据苯丙氨酸脱氨酶、葡萄糖酸盐利用试验将肠杆菌科内一些比较常见具有致病性的不同菌属（包括沙雷氏菌属）鉴别开，具体可见在第 3 章"柠檬酸杆菌属"(*Citrobacter*) 中表 3-3(根据苯丙氨酸脱氨酶和葡萄糖酸盐利用试验的各菌属间鉴别特征) 的记述 [29]。

另外是葡萄糖酸盐利用阳性的肠杆菌科细菌，包括克雷伯氏菌属、肠杆菌属、沙雷氏菌属、哈夫尼菌属细菌。为进行简便的鉴别，将其一些主要鉴别特征，列在了第 4 章"肠杆菌属"(*Enterobacter*) 的表 4-3(葡萄糖酸盐利用阳性的各菌属间鉴别特征) 中 [29]。

鉴定沙雷氏菌属细菌时，尤其应注意与肠杆菌属和哈夫尼菌属的细菌相鉴别。为进行简便的鉴别，将其一些主要鉴别特征，列在了第 4 章"肠杆菌属"(*Enterobacter*) 的表 4-4(肠杆菌属与生化特性相似的其他菌属特征鉴别) 中 [12]。

2.4.1.1　菌毛的血凝试验测定

将待检褪色沙雷氏菌的菌株接种于普通营养肉汤 5ml 管中，37℃培养 24h 后经离心沉淀菌体并弃去上清，加入 0.1ml 含 0.5% 石炭酸的生理盐水悬浮作为供试菌液，取鸡血并用生理盐水离心洗涤 3 次后配成 2%(*V/V*) 的红细胞生理盐水悬液供用；以微量血凝试验方法进行，同时设立相应的阳、阴性对照，其阴性的血凝试验结果尚需用按常规以鞣酸处理过的红细胞做进一步核证。

2.4.1.2　连四硫酸盐还原试验

在前面有记述 Grimont 和 Grimont(1978) 描述的褪色沙雷氏菌的生物分型系统，其中的连四硫酸盐还原试验是一项主要指标。方法是在试验中使用 Le Minor 等 (1970) 培养基，制备方法是蛋白胨 10g、NaCl 为 5g、连四硫酸钾 (K_2S_4O_6)5g、0.2% 的溴百里酚蓝 (bromothymol blue) 水溶液 25ml，加蒸馏水至 1000ml，pH 7.4，过滤除菌后分装于无菌的 12mm×120mm 试管中 (4ml/ 管) 供用 (因对氧的要求以致使用试管的大小是严格的)；接种细菌后置 30℃培养 24h 后检查结果，出现黄色为阳性 (连四硫酸盐还原)[11]。

2.4.2　血清型检定

血清型检定包括对菌体抗原和鞭毛抗原的检定，均为主要是采用常规的免疫血清学凝集试验方法，以血清凝集效价作为同型与否的判定依据。

2.4.2.1　菌体抗原检定

用于检定菌体抗原的方法较多，常用的是试管凝集试验。方法是将供试菌株接种于胰蛋白胨大豆胨肉汤 (tryptone soytone broth，TSB) 培养基，37℃培养 6h 后经 100℃加热处理 1h 即为抗原液，1ml 抗原液与等量血清按常规做试管凝集试验，可先做单管凝集 (血清最终稀释度为 1 : 100 倍) 后再做效价的测定，抗原与血清混匀后置 48 ~ 50℃水浴 16 ~ 18h 判定结果。

2.4.2.2　鞭毛抗原检定

用于检定鞭毛抗原的方法包括凝集试验和制动试验，其中较为常用的是凝集试验。方法是将待检菌株接种于胰蛋白胨大豆胨肉汤培养基，37℃培养 5h 后用含 0.5% 石炭酸的生理盐水等量稀释为抗原液，取抗原液 0.3ml 与等量的血清混匀于小试管中，48 ~ 50℃水浴 1 ~ 2h 观察结果 (水浴面不宜超过试管高度的 1/3)，凝集为絮状的，亦可先进行单管凝集 (血清最终稀释度为 1 : 500 倍或 1 : 1000 倍) 后再测定凝集效价。

制动试验即 H- 免疫扩散试验 (H-immobilization test)，常用的是 Le Minor 和 Pigache (1977) 推荐的方法，具体为：将欲分型的褪色沙雷氏菌的菌株，先通过装有含琼脂 0.3% 的半固体琼脂 U 型管进行运动性的强化。然后取这种经过强化后具有高度运动力的供试菌分别穿刺接种于下述加有鞭毛抗原因子血清和不加血清 (对照) 的半固体琼脂管，37℃培养 24h 检查扩散生长情况，若接种菌在加有鞭毛抗血清管中仅沿穿刺生长，也无 pH 变化 (培养基不变色)，不加鞭毛抗血清管呈扩散生长且培养基发生 pH 变化 (由红色变为黄色)，则表明细菌运动生长被相应 H 血清所抑制，即为相应鞭毛抗原血清型；若加与不加鞭毛抗血清管均呈同前的扩散生长及变化，则表明不属于相应的鞭毛抗原血清型。试验中所用半固体琼脂为胰蛋白胨 20g、D- 甘露醇 2g、KNO_3 为 1.5g(为抑制在发酵糖时的产气)、1% 的酚红 (phenol red) 水溶液 4ml、琼脂 4.5g、蒸馏水 1000ml，pH7.4，分装于带螺帽的小试管 (13mm×92mm) 中 2ml/ 管，115℃高压蒸汽灭菌 15min 供用；用前融化 (沸水浴) 半固体琼脂，在水浴中冷却至 50℃，无菌操作加入鞭毛抗血清稀释液 0.05ml/ 管，混匀后自然冷却凝固即成。

3　液化沙雷氏菌 (*Serratia liquefaciens*)

液化沙雷氏菌 [*Serratia liquefaciens*(Grimes and Hennerty 1931)Bascomb，Lapage，Willcox and Curtis 1971]，即在早期命名的液化气杆菌 (*Aerobacter liquefaciens* Grimes and Hennerty 1931)。菌种名称 "*liquefaciens*" 为分词形容词，指 "溶解的" (dissolving)。

细菌 DNA 的 G+C mol% 为 53 ~ 54(T_m，Bd)；模式株：ATCC 27592，CIP 103238，DSM 4487，JCM 1245，LMG 7884，NCTC 12962。GenBank 登 录 号 (16S rRNA)：AJ306725，AB004752[6]。

3.1　生物学性状

液化沙雷氏菌的一些主要生物学性状，可见在前面的相关记述及表 12-1 和表 12-2。另外，将在《伯杰氏系统细菌学手册》第 2 卷 (2005) 的 B 部分中 "液化沙雷氏菌和变形斑沙雷氏菌及格氏沙雷氏菌 (即液化沙雷氏菌复合体) 的种间鉴别特征表" 列于表 12-7 供用 [6]。

表 12-7　液化沙雷氏菌和变形斑沙雷氏菌及格氏沙雷氏菌种间鉴别特征 [a]

项目	液化沙雷氏菌 Clab	变形斑沙雷氏菌变形斑亚种			变形斑沙雷氏菌食醋亚种 RQ	格氏沙雷氏菌	
		Clc[b]	EB	RB		Cld[c]	ADC
碳源利用：*trans*- 乌头酸盐	−	+	+	d	+	−	+
苯甲酸盐	−	−	d	d	−	+	−
m- 赤藓醇	−	−	+	−	−	−	−
龙胆酸盐	−	−	−	+	−	−	−
D- 苹果酸盐	+	−	−	−	d	v	v
L- 鼠李糖	−	−	−	+	d	−	−

续表

项目	液化沙雷氏菌 Clab	变形斑沙雷氏菌变形斑亚种			变形斑沙雷氏菌食醋亚种 RQ	格氏沙雷氏菌	
		Clc[b]	EB	RB		Cld[c]	ADC
m- 酒石酸盐	+	−	−	−	d	−	−
精氨酸脱羧酶	−	−	−	−	−	+	+
七叶苷水解	+	+	+	+	−	+	+

注：上角标的 a 指表中符号的 + 表示 90% ～ 100% 的菌株阳性，− 表示 90% ～ 100% 菌株阴性，d 表示 11% ～ 89% 的菌株为阳性，v 表示反应不定；b 表示变形斑沙雷氏菌变形斑亚种生物型 Clc 是符合变形斑沙雷氏菌模式株 (ATCC 19323) 的，c 表示格氏沙雷氏菌 Cld 生物型是符合格氏沙雷氏菌模式株 (ATCC 14460) 的。

除上面所记述的外，在《伯杰氏系统细菌学手册》第 1 卷 (1984) 中记述该菌不产生灵菌红素，同时记述了液化沙雷氏菌复合体的 7 个不同生物型，即 Clab、Clc、Cld、EB、RB、RQ、ADC，这些不同生物型的特性，可见表 12-7 及表 12-8[11]。

表 12-8　液化沙雷氏菌复合体不同生物型的特性 [a]

项目	生物型						
	Clab	Clc	Cld	EB	RB	RQ	ADC
生长[b]：顺乌头酸盐	−	+	−	+	−	+	+
阿东醇	−	−	−	+	−	−	−
苯甲酸盐	−	−	+	+	+	−	−
meso- 赤藓醇	−	−	−	+	−	−	−
D- 苹果酸盐	+	−	d	−	−	d	d
奎尼壬酸盐	−	−	−	−	−	+	−
L- 鼠李糖	−	−	−	−	+	d	−
meso- 酒石酸盐	+	−	−	−	−	d	−
精氨酸脱羧酶 (Mϕller)	−	−	+	−	−	−	+
连四硫酸盐还原	+	+	+	+	+	d	+
七叶苷水解	+	+	+	+	+	−	+

注：上角标的 a 表中符号所表示的同表 12-7 的，b 表示碳源利用试验。

3.2　病原学意义

液化沙雷氏菌是自然界中植物、啮齿类动物的消化道中最占优势的沙雷氏菌，有资料显示该菌是具有一定病原学意义的。

3.2.1 人的液化沙雷氏菌感染病

已有记载和报告，液化沙雷氏菌是人的条件致病菌，主要引起呼吸道感染，偶尔也可引起菌血症、败血症。

3.2.1.1 基本感染类型

在我国，近年来已先后有从败血症、腹泻、感染性心内膜炎、化脓性眼内炎、肺部感染等病例检出相应病原液化沙雷氏菌的报告 [2]。在前面有记述北京胸科医院的蔡宝云等 (2010) 报告，通过对 750 例继发性肺结核合并肺部感染患者的相应病原体检验，发现液化沙雷氏菌也是其中一种比较常见的病原菌 [19]。

3.2.1.2 医院感染特点

在引起医院感染的病原沙雷氏菌中，液化沙雷氏菌的出现频率仅次于褪色沙雷氏菌。以下记述的一些报告，是具有一定代表性的。

中南大学湘雅医院的任南等 (2005) 报告，为了解医院感染沙雷氏菌的分布特征及耐药性情况，对在 1999 年 6 月至 2004 年 1 月间全国医院感染监测网的 79 所医院进行统计分析，期间共上报医院感染 134 792 例次，检出病原菌 33 531 株 (检出率 24.88%)，其中沙雷氏菌 451 株 (构成比 1.35%)。各种沙雷氏菌依次为：褪色沙雷氏菌 285 株 (构成比 63.19%)、液化沙雷氏菌 97 株 (构成比 21.51%)、深红沙雷氏菌 19 株 (构成比 4.21%)、其他沙雷氏菌 50 株 (构成比 11.09%)。97 株液化沙雷氏菌在各感染部位的分布，依次为：呼吸道 54 株 (构成比 55.67%)、泌尿道 13 株 (构成比 13.40%)、皮肤软组织 12 株 (构成比 12.37%)、手术部位 11 株 (构成比 11.34%)、腹腔 4 株 (构成比 4.12%)、血液 2 株 (构成比 2.06%)、其他部位 1 株 (构成比 1.03%)[30]。

南昌大学第二附属医院的胡晓彦等 (2006) 报告在 2003 年 1 月至 2005 年 12 月的 3 年间，从该医院住院患者不同临床标本材料分离到沙雷氏菌 120 株。各种沙雷氏菌依次为：褪色沙雷氏菌 78 株 (构成比 65.00%)、液化沙雷氏菌 27 株 (构成比 22.50%)、深红沙雷氏菌 9 株 (构成比 7.50%)、其他沙雷氏菌 6 株 (构成比 5.00%)。27 株液化沙雷氏菌在各感染部位的分布，依次为：呼吸道 14 株 (构成比 51.85%)，手术部位 6 株 (构成比 22.22%)，泌尿道 4 株 (构成比 14.81%)，血液、腹腔、其他部位各 1 株 (构成比各 3.70%)[31]。

在前面有记述山东省青岛市胸科医院的姜岩等 (2008) 报告，回顾性总结在 2004 年 1 月至 2006 年 12 月的 3 年间，从该院住院患者临床标本材料分离到沙雷氏菌 242 株，其中液化沙雷氏菌 28 株 (构成比 11.57%) 居第 2 位 [23]。

在前面有记述山东省青岛市市立医院的于清华 (2009) 报告，回顾性总结在 2005 年 1 月至 2007 年 12 月的 3 年间，从该院住院患者临床标本材料分离到沙雷氏菌 212 株，其中液化沙雷氏菌 25 株 (构成比 11.79%) 居第 2 位 [24]。

另外是作为医源性感染，Roth 等 (2000) 报道了 1 例与输血有关的该菌感染所引起的败血症病例 [32]；Harnett 等 (2001) 报道，在危症监护病房的血压监测仪被该菌污染引起了暴发感染 [33]。

3.2.2 动物的液化沙雷氏菌感染

近年来，在我国已陆续有由液化沙雷氏菌引起鸡、鸭、猪、豺和狼等动物败血症感染或表现为其他类型感染的报告 [2]。

有记述和报告液化沙雷氏菌在鱼类可引起养殖大西洋鲑鱼的发病及严重的死亡，也是养殖大菱鲆低连续死亡的病原菌 [27, 34]。Aydin 等 (2001) 报告，该菌在虹鳟鱼引发了相应感染病 [35]。

3.3 微生物学检验

对液化沙雷氏菌的微生物学检验，主要依赖于对细菌的分离与生化特性鉴定。在上面的褪色沙雷氏菌中记述的相关内容，可供参考。

4 其他致医院感染沙雷氏菌 (*Serratia* spp.)

在引起医院感染的沙雷氏菌属细菌中，还涉及了居泉沙雷氏菌、气味沙雷氏菌、普城沙雷氏菌、深红沙雷氏菌 4 个种。

4.1 居泉沙雷氏菌 (*Serratia fonticola*)

居泉沙雷氏菌 (*Serratia fonticola* Gavini，Ferragut，Izard et al 1979) 的种名 "*fonticola*" 为现代拉丁语名词，指在喷泉的 (spring-dweller)。

细菌 DNA 的 G+C mol% 为 48.8 ～ 52.5(T_m)；模 式 株：ATCC 29844，CIP 78.64，CCUG 37824，DSM 4576，JCM 1242，LMG 7882。GenBank 登 录 号 (16S rRNA)：AJ233429[6]。

4.1.1 生物学性状

居泉沙雷氏菌的形态与菌落特征同在菌属定义中记述的，不产生灵菌红素。一些主要生物学性状，可见在表 12-1 和表 12-2 中的记述。

4.1.2 病原学意义

已有资料显示，居泉沙雷氏菌在人的菌血症中，具有一定病原学意义。另外，也已有从伤口检出的报告。在我国，已分别有从腹泻、败血症、颅内感染等感染病例，以及血液、痰、咽拭子、尿液、腹水、粪便、伤口、胆汁、泌尿道、分泌物等多种临床材料检出病原居泉沙雷氏菌的报告 [2]。以下记述的一些报告，是具有一定代表性的。

在各种沙雷氏菌的分布方面，居泉沙雷氏菌的出现频率也是比较高的，举例如下。① 北京医科大学人民医院的张正等 (1994) 报告，自 1990 年以来从北京医科大学人民医院住院患者 70 例沙雷氏菌感染分离的沙雷氏菌，其中痰液标本 54 份 (构成比 77.14%)、咽拭子 6 份 (构成比 8.57%)、尿标本 5 份 (构成比 7.14%)、伤口分泌物 3 份 (构成比 4.29%)、胆汁 1 份 (构成比 1.43%)、引流液 1 份 (构成比 1.43%)，主要为痰液及咽拭子 (呼吸道感染)；70 株沙雷氏菌依次为：褪色沙雷氏菌 44 株 (构成比 62.86%)、居泉沙雷氏菌 15 株 (构成比 21.43%)、液化沙雷氏菌 8 株 (构成比 11.43%)、深红沙雷氏菌 3 株 (构成比 4.29%)，居泉沙雷氏菌居第 2 位 [36]。②在前面有记述杭州市萧山第一人民医院的来汉江等 (2010) 报告在 2006 年 4 月至 2008 年 9 月间，从杭州市萧山第一人民医院临床材料中检出的 52 株沙雷氏菌中，居泉沙雷氏菌 18 株 (构成比 34.62%) 居第 2 位 [20]。

就引起医院感染来讲，居泉沙雷氏菌也是在沙雷氏菌属细菌中比较多见的，举例如下。①在前面有记述山东省青岛市胸科医院的姜岩等 (2008) 报告在 2004 年 1 月至 2006 年 12 月间，在从该院住院患者临床标本材料分离到的 5 种沙雷氏菌 242 株中，居泉沙雷氏菌 13 株 (构成比 5.37%) 居第 3 位 [23]。②在前面有记述山东省青岛市市立医院的于清华 (2009) 报告在 2005 年 1 月至 2007 年 12 月间，在从该院住院患者临床标本材料分离到的 3 种及其他沙雷氏菌 212 株中，居泉沙雷氏菌 11 株 (构成比 5.19%) 居第 3 位 [24]。

4.1.3 微生物学检验

对居泉沙雷氏菌的微生物学检验，主要依赖于对细菌的分离与生化特性鉴定。需要注意的是，居泉沙雷氏菌不产生灵菌红素这种红色色素。

4.2 气味沙雷氏菌 (*Serratia odorifera*)

气味沙雷氏菌 (*Serratia odorifera* Grimont，Grimont，Richard et al 1978) 的种名 "odorifera" 为现代拉丁语阴性形容词，指有芳香气味的 (bringing odors, fragrant)。

细菌 DNA 的 G+C mol% 为 54.6(T_m)；模式株：ATCC 33077，CIP 79-1，DSM 4582，ICPB 3995，NCTC 11214。GenBank 登录号 (16S rRNA)：AJ233432[6]。

4.2.1 生物学性状

气味沙雷氏菌的形态与菌落特征同在菌属定义中记述的，不产生灵菌红素，存在发霉气味或如同土豆的气味 (Cultures give off a musty, potato-like odor)。一些主要生物学性状，可见在表 12-1 和表 12-2 中的记述。

气味沙雷氏菌包括生物型 1(*Serratia odorifera* biovar 1) 和生物型 2(*Serratia odorifera* biovar 2) 两个生物型，其主要鉴别特征如表 12-9 所示。

表 12-9　气味沙雷氏菌的生物型鉴别特征 a

项目	生物型	
	1[b]	2
生长：*m*- 赤藓醇	−	+
L- 岩藻糖	d	+
D- 棉子糖	+	−
蔗糖	+	−
D- 酒石酸盐	+	−
鸟氨酸脱羧酶	+	−
产酸：蔗糖	+	−
棉子糖	+	−[c]

注：上角标的 a 表示表中符号，同表 17-2 的；b 表示生物型 1 是与模式株相同的；c 表示一些菌株在 3 ～ 7 天是阳性。

4.2.2　病原学意义

已有资料显示，气味沙雷氏菌在人的菌血症中，具有一定病原学意义。Lee 等 (2006) 曾首次报告，由气味沙雷氏菌引发了 1 例肺炎和菌血症感染 [37]。

在我国，已分别有从不同临床标本材料中检出气味沙雷氏菌的报告 [2]，举例如下。①山东大学第二医院的李艳萍等 (2008) 报告，由气味沙雷氏菌感染的 1 例婴儿脓毒性休克病例 [38]。②在前面有记述北京胸科医院的蔡宝云等 (2010) 报告，通过对 750 例继发性肺结核合并肺部感染患者的相应病原体检验，发现气味沙雷氏菌也是其中一种比较常见的病原菌 [19]。③在前面有记述中国医科大学附属第一医院的褚云卓等 (2008) 报告在 2001 年至 2006 年从中国医科大学附属第一医院临床分离的 6 种 222 株沙雷氏菌中，气味沙雷氏菌 11 株 (构成比 4.95%) 居第 3 位 [15]。

在医院感染中，气味沙雷氏菌还是比较少见的。在前面有记述山东省青岛市胸科医院的姜岩等 (2008) 报告，回顾性总结在 2004 年 1 月至 2006 年 12 月的 3 年间，从该院住院患者临床标本材料分离到沙雷氏菌 5 种 242 株，其中气味沙雷氏菌 5 株 (构成比 2.07%) 居第 4 位 [23]。

4.2.3　微生物学检验

对气味沙雷氏菌的微生物学检验，主要依赖于对细菌的分离与生化特性鉴定。需要注意的是，气味沙雷氏菌不产生灵菌红素这种红色色素。

4.3　普城沙雷氏菌 (*Serratia plymuthica*)

普城沙雷氏菌 [*Serratia plymuthica* (Lehmann and Neumann 1896) Breed，Murray and Hitchens 1948] 亦被称为普利茅斯沙雷氏菌，即原来的普利茅斯杆菌 (*Bacterium plymuthicum* Lehmann and Neumann 1896)。菌种名称 "*plymuthica*" 为现代拉丁语形容词，指英国普利茅斯的 (Plymouth，UK)。

细菌 DNA 的 G+C mol% 为 53.5 ~ 56.5(T_m)；模式株：ATCC 183，CIP 103239，DSM 4540，JCM 1244。GenBank 登录号 (16S rRNA)：AJ233433[6]。

4.3.1　生物学性状

普城沙雷氏菌的一些菌株产生灵菌红素，所研究的菌株主要是分离于淡水中的，少数分离于人的痰液 [6]。普城沙雷氏菌的一些主要生物学性状，可见在前面的相关记述及表 12-1 和表 12-2。

4.3.2　病原学意义

普城沙雷氏菌偶可从临床呼吸道分泌物、烧伤感染及菌血症和败血症患者血液、骨髓炎脓液等标本中分离出，但确实是与某种感染有关的。

4.3.2.1　人的普城沙雷氏菌感染病

在前面有记述中国医科大学附属第一医院的褚云卓等 (2008) 报告在 2001 年至 2006 年从中国医科大学附属第一医院临床分离的 6 种 222 株沙雷氏菌中，普城沙雷氏菌 5 株 (构成比 2.25%) 居第 4 位 [15]。

在国外，Perez 等 (2003)，首次报道了 1 例由普城沙雷氏菌引起的坏死性蜂窝织炎病例 [39]。Elouennass 等 (2008) 报告该菌在一名 17 岁左股骨骨折患者实施骨接合术后，假关节引发的感染，此类病例也当是属于医院感染的范畴 [40]。

在医院感染的沙雷氏菌中，普城沙雷氏菌是比较少见的。在前面有记述山东省青岛市胸科医院的姜岩等 (2008) 报告，回顾性总结在 2004 年 1 月至 2006 年 12 月的 3 年间，从该院住院患者临床标本材料分离到沙雷氏菌 5 种 242 株，其中普城沙雷氏菌 2 株 (构成比 0.83%) 居第 5 位 [23]。

4.3.2.2 动物的普城沙雷氏菌感染病

在对动物的致病方面，浙江省台州市黄岩区畜禽防检站的王茂法等 (1999) 报告在 1998 年 5 月，从发生急性传染病的家兔病例肝、脾、心血中检出了相应的病原普城沙雷氏菌 [41]。

在鱼类，Nieto 等 (1990) 报告于 1987 年的 9 月至 10 月间，普城沙雷氏菌与西班牙西北部的一个孵化场虹鳟鱼种的患病有关；Austin 和 Stobie(1992) 报告，1992 年在苏格兰的养殖虹鳟中出现的皮肤溃疡与该菌有关 [27]。

4.3.3 微生物学检验

对普城沙雷氏菌的微生物学检验，主要依赖于对细菌的分离与生化特性鉴定。在上面的褪色沙雷氏菌中记述的相关内容，可供参考。

4.4 深红沙雷氏菌 (*Serratia rubidaea*)

深红沙雷氏菌 [*Serratia rubidaea*(Stapp 1940)Ewing，Davis，Fife and Lessel 1973] 亦被称为红色沙雷氏菌，最初被命名为深红杆菌 (*Bacterium rubidaeum* Stapp 1940)，还曾被命名为海红沙雷氏菌 (*Serratia marinorubra* Zobell and Upham 1944)。菌种名称 "*rubidaea*" 为拉丁语，指能够使覆盆子 (raspberry，*Rubus idaeus*) 感染的。

细菌 DNA 的 G+C mol% 为 53.5 ～ 58.5(T_m)；模式株：ATCC 27593，Ewing 2199-72，CIP 103234，DSM 4480，JCM 1240。GenBank 登录号 (16S rRNA)：AB004751，AJ233436[6]。

4.4.1 生物学性状

深红沙雷氏菌的一些主要生物学性状，可见在表 12-1 和表 12-2 中的记述。深红沙雷氏菌分有 B1、B2、B3 三个生物型；各生物型间的主要鉴别特征，如表 12-10 所示 [6]。

表 12-10 深红沙雷氏菌的生物型鉴别特征 a

项目	生物型 b		
	B1	B2	B3
生长：组胺 (histamine)	d	−	d
D- 松三糖 (D-melezitose)	−	+	+

续表

项目	生物型 [b]		
	B1	B2	B3
D- 酒石酸盐 (D-tartrate)	+	−	d
丙三羧酸盐 (tricarballylate)	−	d	−
伏 - 波试验 (O'Meara 方法)	+	−	d
赖氨酸脱羧酶 (lysine decarboxylase)	+	+	−
丙二酸盐 (Leifson 方法)	+	+	

注：上角标的 a 表示表中符号，同表 12-12 的；b 表示不同生物型所对应的深红沙雷氏菌的亚种，分别为 B1 是 *Serratia rubidaea* subsp. *burdigalensis*、B2 是 *Serratia rubidaea* subsp. *rubidaea*、B3 是 *Serratia rubidaea* subsp. *colindalensis*。

4.4.2　病原学意义

已有资料显示，深红沙雷氏菌在人的菌血症、败血症中是具有一定病原学意义的。Okada 等 (2002) 报告，该菌引起了 1 例败血症感染病例 [42]。

4.4.2.1　基本情况

在我国，已分别有从膀胱炎、肺部感染、败血症病例检出相应病原深红沙雷氏菌的报告 [2]。在临床标本材料中，已分别有从痰液、腹水、血液、浓汁、胸腔积液等多种临床标本材料检出的报告。以下记述的一些报告，是具有一定代表性的。

在前面有记述北京医科大学人民医院的张正等 (1994) 报告，自 1990 年以来从北京医科大学人民医院住院患者 70 例沙雷氏菌感染分离的沙雷氏菌 4 种 70 株，其中深红沙雷氏菌 3 株 (构成比 4.29%) 居第 4 位 [36]。

在前面有记述的褚云卓等 (2008) 报告在 2001 年至 2006 年从中国医科大学附属第一医院临床分离的 6 种 222 株沙雷氏菌中，深红沙雷氏菌 3 株 (构成比 1.35%) 居并列第 5 位 [15]。

在前面有记述杭州市萧山第一人民医院的来汉江等 (2010) 报告在 2006 年 4 月至 2008 年 9 月间，从杭州市萧山第一人民医院临床材料中检出的 5 种 52 株沙雷氏菌中，深红沙雷氏菌 3 株 (构成比 5.77%) 第 3 位 [20]。

4.4.2.2　医院感染特点

在引起医院感染的沙雷氏菌中，深红沙雷氏菌的检出率还是比较高的。以下记述的一些报告，是具有一定代表性的。

在前面有记述中南大学湘雅医院的任南等 (2005) 报告，为了解医院感染沙雷氏菌的分布特征及耐药性情况，对在 1999 年 6 月至 2004 年 1 月间全国医院感染监测网的 79 所医院进行统计分析，期间共上报医院感染 134 792 例次，检出病原菌 33 531 株 (检出率 24.88%)，其中沙雷氏菌 451 株 (构成比 1.35%)。各种沙雷氏菌依次为：黏质沙雷氏菌 285 株 (构成比 63.19%)、液化沙雷氏菌 97 株 (构成比 21.51%)、深红沙雷氏菌 19 株 (构成比 4.21%)、其他沙雷氏菌 50 株 (构成比 11.09%)，深红沙雷氏菌居第 3 位。19 株深红沙雷氏菌在各感染部位的分布，依次为：呼吸道 15 株 (构成比 78.95%)，泌尿道、腹腔、手术部位、皮肤软组织各 1 株 (构成比各 5.26%)[30]。

在前面有记述南昌大学第二附属医院的胡晓彦等 (2006) 报告在 2003 年 1 月至 2005

年 12 月的 3 年间，从该医院住院患者不同临床标本材料分离到沙雷氏菌 120 株。各种沙雷氏菌依次为：褪色沙雷氏菌 78 株（构成比 65.00%）、液化沙雷氏菌 27 株（构成比 22.50%）、深红沙雷氏菌 9 株（构成比 7.50%）、其他沙雷氏菌 6 株（构成比 5.00%），深红沙雷氏菌居第 3 位。9 株深红沙雷氏菌在各感染部位的分布，分别为：呼吸道 7 株（构成比 77.78%），泌尿道 2 株（构成比 22.22%）[31]。

山东省立医院的李桂琴等 (1994) 报告在 1992 年 4 月 27 日至 5 月 11 日间，在该医院心外科发生 1 起手术后深红沙雷氏菌医院感染的暴发，在接受手术治疗的 11 例中发生感染 7 例（感染率 63.64%），其中死亡 3 例（病死率 42.86%）。临床表现高热、不适、乏力，出现下呼吸道感染的咳嗽、咯痰、肺部有细湿啰音等症状。对患者血液、医疗器械、敷料、空调、空气、医护人员手等进行细菌学检验，结果从患者血液、呼吸机三叉接头检出深红沙雷氏菌 27 株及铜绿假单胞菌 4 株。通过立即对监护室、手术室等彻底消毒处理的措施，特别是对呼吸机三叉接头用 2% 的戊二醛消毒处理使感染得以控制 [43]。

4.4.3 微生物学检验

对深红沙雷氏菌的微生物学检验，主要依赖于对细菌的分离与生化特性鉴定。在需要的情况下，还需要进行不同生物型间的鉴别检验。

（陈翠珍）

参 考 文 献

[1] 贾辅忠，李兰娟 . 感染病学 . 南京：江苏科学技术出版社，2010: 485.

[2] 房海，陈翠珍，张晓君 . 肠杆菌科病原细菌 . 北京：中国农业科学技术出版社，2011: 345~364.

[3] 年华，褚云卓，丁丽萍，等 . 医院感染中主要革兰氏阴性杆菌的分布及耐药性分析 . 中国实验诊断学，2003, 7(3):207~209.

[4] 杨启文，王瑶，徐英春，等 . 2008 年中国 15 所教学医院医院感染患者分离的肠杆菌科细菌耐药性分析 . 中国感染与化疗杂志，2012, 12(3):206~212.

[5] 王妍妍，赵永新，王伟，等 . 2006 年 -2010 年医院感染细菌耐药性监测结果分析 . 中国卫生检验杂志，2014, 24(19):2875~2878.

[6] George M. Garrity. Bergey's Manual of Systematic Bacteriology. Second Edition. Volume Two. Part B. Springer, New York, 2005: 799~811.

[7] Ajithkumar B, V P Ajithkumar, R Iriye, et al. Spore-forming *Serratia marcescens* subsp. *sakuensis* subsp. nov., isolated from a domestic wastewater treatment tank. Int. J. Syst. Evol. Microbiol, 2003, 53:253~258.

[8] 房海，陈翠珍 . 病原细菌科学的丰碑 . 北京：科学出版社，2015: 112~115.

[9] 张雅萍，肖光夏，王德旺，等 . 烧伤沙雷氏菌感染 . 中华整形烧伤外科杂志，1988, 4(1):31~32.

[10] 吴楠，郭杨柳，王晓珊，等 . 东亚飞蝗虫病原褪色沙雷氏菌的鉴定与检验 . 生物技术通报，2015, 31(12):243~248.

[11] Krieg N R, Holt J G. Bergey's Manual of Systematic Bacteriology. Volume 1. London:Williams and Wilkins, Baltimore, 1984: 477~484.

[12] Holt J G, Krieg N R, Sneath P H A, et al. Bergey's Manual of Determinative Bacteriology. Ninth Edition.

Baltimore, Williams and Wilkins, 1994: 180~187, 210, 234, 243~247.

[13] 刘晓杰，孙利群，王艳秋，等 . 医院环境表面病原菌分布调查 . 中华医院感染学杂志，2013，23(18):4454~4455.

[14] 刘杨，张秋莹，殷玉华 . 重症监护室常用医疗器具使用中病原菌携带情况 . 中国感染控制杂志，2013，12(1):64~65.

[15] 褚云卓，年华，欧阳金鸣 . 沙雷菌属在医院的分布及药敏结果分析 . 中华医院感染学杂志，2008，18(2): 276~277, 245.

[16] Garcia F R, Paz R C, Gonzalez R S, et al. Cutaneous infection caused by *Serratia marcescens* in a child. Journal of the American Academy of Dermatology, 2006, 55(2):357~358.

[17] Langrock M L, Linde H J, Landthaler M, et al. Leg ulcers and abscesses caused by *Serratia marcescens*. European Journal of Dermatology, 2008, 18(6):705~707.

[18] 杨建安，徐友妹，魏娟 . β 溶血性黏质沙雷氏菌一例报告 . 江西医学检验，2006, 24(4):368.

[19] 蔡宝云，李琦，梁清涛 . 继发性肺结核合并肺部感染病原体分析 . 实用心脑肺血管病杂志，2010，18(2):120~122.

[20] 来汉江，杨莉俊，顾保罗，等 . 居泉沙雷菌与褪色沙雷菌分布及耐药性对比分析 . 中华医院感染学杂志，2010, 20(7):1020~1022.

[21] Su J R, Blossom D B, Chung W, et al. Epidemiologic investigation of a 2007 outbreak of *Serratia marcescens* bloodstream infection in Texas caused by contamination of syringes prefilled with heparin and saline. Infection control and hospital epidemiology, 2009, 30(6):593~595.

[22] 杨秋连 . 黏质沙雷菌医院感染现状及耐药性研究 . 检验医学与临床，2009, 6(5):328~329, 331.

[23] 姜岩，苏维奇，孔繁荣，等 . 沙雷菌属细菌医院感染的分布特点及耐药性分析 . 中国实验诊断学，2008，12(10):1301~1303.

[24] 于清华 . 沙雷氏菌医院感染特点及对常用抗菌药物的耐药性分析 . 医学理论与实践，2009，22(5):613~614.

[25] Plavec T, Zdovc I, Juntes P, et al. Necrotizing fasciitis caused by *Serratia marcescens* after tooth extraction in a Doberman Pinscher:a case report. Veterinarni Medicina, 2008, 53(11):629~635.

[26] Nam H M, Lim S K, Kang H M, et al. Prevalence and antimicrobial susceptibility of gram-negative bacteria isolated from bovine mastitis between 2003 and 2008 in Korea. Journal of Dairy Science, 2009, 92(5):2020~2026.

[27] Austin B, Austin D A. Bacterial Fish Pathogens:Disease of Farmed and Wild Fish. Third(Revised) Edition. Praxis Publishing Ltd, Chichester, UK, 1999: 24, 87~89, 269.

[28] 程瑞春，崔建国，王洪魁，等 . 柞蚕蛹期灵菌败血病 *Serratia marcescens* C3 菌株分离鉴定 . 微生物学通报，2010, 37(6):829~833.

[29] 叶应妩，王毓三，申子瑜 . 全国临床检验操作规程 . 第 3 版 . 南京：东南大学出版社，2006: 801~821.

[30] 任南，文细毛，徐秀华，等 . 沙雷菌属医院感染的分布特征及耐药性分析 . 中华医院感染学杂志，2005，15(3):342~344.

[31] 胡晓彦，贾坤如，胡龙华，等 . 沙雷菌属医院感染现状及耐药性分析 . 江西医学检验，2006，24(5):401~402.

[32] Roth V R, Arduino M J, Nobiletti J, et al. Transfusion-related sepsis due to *Serratia liquefaciens* in the United States. Transfusion, 2000, 40(8):931~935.

[33] Harnett S J, Allen K D, Macmillan R R. Critical care unit outbreak of *Serratia liquefaciens* from contaminated pressure monitoring equipment. The Journal of hospital infection, 2001, 47(4):301~307.

[34] Nicky B Buller. Bacteria and Fungi from Fish and Other Aquatic Animals. 2nd Edition. London, UK. 2014: 187~189.

[35] Aydin S, Erman Z, Bilgin O C. Investigations of *Serratia liquefaciens* infection in rainbow trout (*Oncorhynchus mykiss* Walbaum). Turk veterinerlik ve hayvancilik dergisi, 2001, 25(5):643~650.

[36] 张正, 赵素蕊, 王贺, 等. 70 例沙雷菌感染鉴定及药敏分析. 中华医学检验杂志, 1994, 17(6):359~361.

[37] Lee J, Carey J, Perlman D C. Pneumonia and bacteremia due to *Serratia odorifera*. Journal of Infection, 2006, 53(3):212~214.

[38] 李艳萍, 张坤. 一例新生儿气味沙雷菌感染致脓毒性休克的护理. 护士进修杂志, 2008, 23(7):644~645.

[39] Perez Barba C. Necrotic cellulitis by *Serratia plymuthica*. European journal of internal medicine, 2003, 14(8):501~503.

[40] Elouennass Mostafa, Frikh Mohammed, Zrara Abdelhamid, et al. Septic pseudarthrosis caused by *Serratia plymuthica*. Joint, bone, spine, 2008, 75(4):506~507.

[41] 王茂法, 朱家新, 王琪, 等. 兔暴发普城沙雷氏菌病的诊断. 中国动物检疫, 1999, 16(3):11~12.

[42] Okada T, Yokota E, Matsumoto I. Community acquired sepsis by *Serratia rubidaea*. 感染症学雑誌, 2002, 76(2):109~112.

[43] 李桂琴, 孙向阳, 李萍, 等. 心外科深红沙雷氏菌感染的暴发. 中华医院感染学杂志, 1994, 4(4):210~211.

[44] Badenoch P R, Thom A L, Coster D J. *Serratia ficaria* endophthalmitis. Journal of Clinical Microbiology, 2002, 40(4):1563~1564.

第13章　志贺氏菌属 (*Shigella*)

志贺氏菌属 (*Shigella* Castellani and Chalmers 1919) 的细菌，常通称为痢疾杆菌 (dysentery bacillus)。由志贺氏菌引起的人及某些动物 (尤其是非人灵长类) 感染病 (infectious diseases)，可统称为志贺氏菌病 (shigellosis)，即细菌性痢疾 (bacillary dysentery)，也常简称菌痢，或称为急性肠炎，以与由其他病原体 (pathogen) 引起的肠炎相区别。细菌性痢疾 (急性肠炎) 的主要表现为一种急性肠道传染病，具有发病率高、流行广泛等特点，常是以临床表现腹泻、结肠黏膜呈化脓性溃疡性炎症的病变为其基本特征，是一种呈全球性分布、古老且重要的肠道感染病，亦属于人畜共患病 (zoonoses) 的范畴。另外，也常可发生临床表现多种类型的肠道外感染或败血症。对不同种 (species) 及同种不同血清型 (serovars) 的志贺氏菌来讲，在致病的严重性、病死率及流行地域等方面均存在一定的差异[1~5]。

志贺氏菌属细菌为食源性疾病 (foodborne diseases) 的病原菌，也称食源性病原菌 (foodborne pathogen)。由志贺氏菌引起的食物中毒 (food poisoning) 事件，在我国也多有发生，且表现地域分布广泛，也一直在细菌性食物中毒 (bacterial food poisoning) 事件中占据着比较重要的地位[5]。

志贺氏菌属是肠杆菌科 [Enterobacteriaceae(Rahn 1937)Ewing Farmer and Brenner 1980] 细菌的成员。作为医院感染 (hospital infection，HI) 的病原肠杆菌科细菌，在我国已有明

确记述和报告的共涉及 12 个菌属 (genus)、35 个菌种或亚种 (subspecies)。为便于一并了解，以表格"医院感染病原肠杆菌科细菌的各菌属与菌种 (亚种)"的形式，记述在了第 2 篇"医院感染革兰氏阴性肠杆菌科细菌"扉页中。

在我国有由志贺氏菌属细菌引起的医院感染，明确记述和报告的涉及弗氏志贺氏菌 (*Shigella flexneri*)、鲍氏志贺氏菌 (*Shigella boydii*) 两个种，其中主要是弗氏志贺氏菌。由志贺氏菌属细菌引起的医院感染，相对来讲还是不多见的。

● 湖北省职工医学院的边藏丽等 (2003) 报告，回顾性总结 3 家医院 (湖北省职工医学院附属医院、湖北省荆州市第二医院和第三医院) 在 2002 年 5 月从住院患者分离获得的各种病原菌 11 种 (属) 类 819 株，其中革兰氏阳性细菌共 7 种 (属) 类 439 株 (构成比 53.60%)、革兰氏阴性细菌共 4 种 (属)380 株 (构成比 46.40%)。各菌种 (属) 类的出现频率，依次为：表皮葡萄球菌 (*Staphylococcus epidermidis*)170 株 (构成比 20.76%)、大肠埃希氏菌 (*Escherichia coli*)164 株 (构成比 20.02%)、弗氏志贺氏菌 101 株 (构成比 12.33%)、金黄色葡萄球菌 (*Staphylococcus aureus*)87 株 (构成比 10.62%)、铜绿假单胞菌 (*Pseudomonas aeruginosa*)82 株 (构成比 10.01%)、乙型溶血性链球菌 (*β*-hemolytic Streptococcus)54 株 (构成比 6.59%)、甲型溶血性链球菌 (*α*-hemolytic Streptococcus)38 株 (构成比 4.64%)、其他葡萄球菌 (Staphylococcus spp.)37 株 (构成比 4.52%)、其他链球菌 (*Streptococcus* spp.)35 株 (构成比 4.27%)、其他假单胞菌 (*Pseudomonas* spp.)33 株 (构成比 4.03%)、腐生葡萄球菌 (*Staphylococcus saprophyticus*)18 株 (构成比 2.19%)，弗氏志贺氏菌居第 3 位。在 4 种 (属)380 株革兰氏阴性细菌 (大肠埃希氏菌、弗氏志贺氏菌、铜绿假单胞菌、其他假单胞菌) 中，弗氏志贺氏菌 101 株 (构成比 26.58%) 居第 2 位 [6]。

● 山西省忻州市人民医院的李秀云等 (2005) 报告，回顾性总结该医院在 2002 年从医院感染患者分离获得的各种病原菌 8 种 (属)132 株，其中革兰氏阴性细菌共 6 种 (属)100 株 (构成比 75.76%)、革兰氏阳性细菌共 2 种 32 株 (构成比 24.24%)。各菌种 (属) 的出现频率，依次为：大肠埃希氏菌 39 株 (构成比 29.55%)、弗氏志贺氏菌 26 株 (构成比 19.69%)、表皮葡萄球菌 19 株 (构成比 14.39%)、肺炎克雷伯氏菌 (*Klebsiella pneumoniae*)14 株 (构成比 10.61%)、粪肠球菌 (*Enterococcus faecalis*)13 株 (构成比 9.85%)、柠檬酸杆菌属 (*Citrobacter* Werkman and Gillen 1932) 细菌 12 株 (构成比 9.09%)、变形菌属 (*Proteus* Hauser 1885) 细菌 6 株 (构成比 4.55%)、阴沟肠杆菌 (*Enterobacter cloacae*)3 株 (构成比 2.27%)，弗氏志贺氏菌居第 2 位 [7]。

● 宁夏回族自治区银川市妇幼保健院的柏学民等 (2006) 报告，回顾性总结该医院在 2004 年从医院感染患者分离获得的各种病原菌 10 种 (属) 类 118 株，其中革兰氏阴性细菌共 4 种 (属) 类 61 株 (构成比 51.69%)、革兰氏阳性细菌共 6 种 (属) 类 57 株 (构成比 48.31%)。各菌种 (属) 类的出现频率，依次为：表皮葡萄球菌 31 株 (构成比 26.27%)、大肠埃希氏菌 30 株 (构成比 25.42%)、志贺氏菌属细菌 27 株 (构成比 22.88%)、链球菌属 (*Streptococcus* Rosenbach 1884) 细菌 10 株 (构成比 8.47%)、金黄色葡萄球菌 6 株 (构成比 5.08%)、其他革兰氏阳性球菌 6 株 (构成比 5.08%)、粪肠球菌 3 株 (构成比 2.54%)、铜绿假单胞菌 3 株 (构成比 2.54%)、革兰氏阴性球菌 1 株 (构成比 0.85%)、棒杆菌属 (*Corynebacterium* Lehmann and Neumann 1896) 细菌 1 株 (构成比 0.85%)，志贺氏菌属细菌居第 3 位 [8]。

1 菌属定义与分类位置

志贺氏菌属是肠杆菌科细菌中，被认知较早的成员。菌属名称"*Shigella*"为现代拉丁语阴性名词，是以日本细菌学家志贺洁 (Kiyoshi Shiga，1871 ~ 1957) 的姓氏 (Shiga) 命名的，志贺洁于 1898 年首先发现了痢疾志贺氏菌 (*Shigella dysenteriae*)[9]。

1.1 菌属定义

志贺氏菌属细菌具有肠道杆菌共同抗原 (enterobacterial common antigen，ECA)，为 $(0.7 ~ 1.0)\mu m \times (1.0 ~ 3.0)\mu m$ 的革兰氏阴性直杆菌，不产生芽孢，无动力，无色素。兼性厌氧，有机化能营养，具有呼吸和发酵两种代谢类型，最适的生长温度为 37℃。

该菌属细菌过氧化氢酶阳性 (痢疾志贺氏菌除外)，氧化酶阴性，分解糖类产酸、不产气 (但有少数的能产气)，不发酵 *myo*- 肌醇、水杨苷、侧金盏花醇；一般不发酵乳糖和蔗糖，但宋内氏志贺氏菌 (*Shigella sonnei*) 能迟缓发酵；不能利用柠檬酸盐、丙二酸盐或乙酸钠作为碳源，仅弗氏志贺氏菌能利用乙酸钠。其不能在含有 KCN 的培养基中生长，不产生 H_2S，不产生赖氨酸脱羧酶，硝酸盐还原试验阳性。

该菌属细菌是人类和其他灵长类的肠道病原菌，主要引起细菌性痢疾。

志贺氏菌属细菌 DNA 的 G+C mol% 为 49 ~ 53；模式种 (type species)：痢疾志贺氏菌 [*Shigella dysenteriae*(Shiga 1898)Castellani and Chalmers 1919][9]。

1.2 分类位置

按伯杰氏 (Bergey) 细菌分类系统，在第二版《伯杰氏系统细菌学手册》(*Bergey's Manual of Systematic Bacteriology*) 第 2 卷 (2005) 的 B 部分中，志贺菌属分类于肠杆菌科。

肠杆菌科内共记载了 42 个菌属 144 个种，另是在种下有 23 个亚种、8 个血清型。其中的 42 个菌属名录，已分别记述在了第 3 章"柠檬酸杆菌属"(*Citrobacter*) 中。

肠杆菌科细菌 DNA 的 G+C mol% 为 38 ~ 60；模式属 (type genus)：埃希氏菌属 (*Escherichia* Castellani and Chalmers 1919)。

志贺氏菌属内记载了 4 个种，且长时间没有变化。依次为：痢疾志贺氏菌、鲍氏志贺氏菌、弗氏志贺氏菌、宋内氏志贺氏菌 [9]。

2 弗氏志贺氏菌 (*Shigella flexneri*)

弗氏志贺氏菌 (*Shigella flexneri* Castellani and Chalmers 1919) 亦称福氏志贺氏菌，菌种名称 "*flexneri*" 为现代拉丁语属格名词，是以美国细菌学家弗莱克斯纳 (Simon Flexner) 的姓氏 (Flexner) 命名的。

细菌 DNA 的 G+C mol% 为 49(以化学分析方法测定：Laskin and Lechevalier，1981)、50.9(以核苷酸序列测定：Jin et al，2002；Wei et al，2003)。模式株 (type strain)：

ATCC 29903，CIP 82.48，DSM 4782。GenBank 登录号 (16S rRNA)：X96963；完全基因组 (complete genome) 的为 AE005673，AE014073[9]。

2.1 发现历史简介

由志贺氏菌引起的志贺氏菌病，在世界上最早发现的是人的菌痢，且至今也仍是主要的感染类型、并常可引起暴发流行[10 ~ 12]。

2.1.1 国外简况

在国外有关痢疾的记述，始于古希腊希波克拉底时代（公元前 5 世纪），以后在欧洲各国医学书籍中陆续记载了此病。在 19 世纪，曾出现了全世界痢疾的大流行。在 19 世纪的后 10 年内，日本发生了猛烈且广泛的菌痢流行，据在第 1 章 "病原细菌的发现与致病作用" 中有记述的日本细菌学家志贺洁（图 13-1）于 1898 年的报告，在一个短时期内发病 89 400 人（其中死亡 22 300 人）；此间，志贺洁 (1898) 从 36 例患者的 34 例中分离到一种相同的细菌（共 34 株），在形态与染色特性上与伤寒沙门氏菌 (*Salmonella typhi*) 相似，在当时被其命名为 "*Bacillus dysenteriae* Shiga 1898"（痢疾杆菌），即现在的 "*Shigella dysenteriae*"（痢疾志贺氏菌 1 型），这也是志贺氏菌属的第一个种，且一直是志贺氏菌属的模式种。

最早发现菌痢病原菌的，实际上当是法国细菌学家安德烈·尚特梅斯 (André Chantemesse，1851 ~ 1919) 和法国医生、细菌学家乔治·费尔南·伊西多尔·维达尔 (Georges Fernand Isidore Widal，1862 ~ 1929)。在 1888 年，尚特梅斯（图 13-2）和维达尔（图 13-3）报告，他们从 5 例急性痢疾患者的粪便和 1 例死于痢疾士兵的大肠、肠系膜淋巴结、粪便中分离出一种细菌，并研究了此菌的一些培养特性，同时用此菌做动物感染试验引起了大肠溃疡性的损伤。法国学者瓦亚尔 (Vaillard) 和多普泰 (Dopter) 在 1903 年报告，他们曾对尚特梅斯和维达尔所分离的菌株进行了研究，发现这些菌株与志贺洁在 1898 年对分离菌株描述的相同。较早记述菌痢病原菌的还有俄国学者格里戈列夫 (Grigorieff)，格里戈列夫于 1891 年在俄国曾从 11 例菌痢患者分离到细菌，并认为这些菌株与尚特梅斯和维达尔在 1888 年所描述的菌株相同。然而，志贺洁对痢疾杆菌作了较为详细的描述并首次发表报告，且对痢疾杆菌的命名具有种名优先权，因此一般认为此菌是由志贺洁首先发现的。相继由

图 13-1　志贺洁　　　　　　图 13-2　尚特梅斯　　　　　　图 13-3　维达尔

卡斯泰拉尼 (Castellani) 和查默斯 (Chalmers) 在 1919 年，以志贺洁的姓氏 "Shiga" 建立和命名了 "*Shigella*"（志贺氏菌属）。

继痢疾志贺氏菌被确认后，其他种志贺氏菌相继被发现和命名。美国细菌学家弗莱克斯纳 (Flexner) 在 1900 年报告，从一名在菲律宾的患有痢疾的美国士兵分离到一种与上述志贺洁描述的痢疾杆菌相类似的细菌；同年，斯特朗 (Strong) 和马斯格雷夫 (Musgrave) 证实了弗莱克斯纳的工作，并以此菌在猴子及犯人身上做试验复制了痢疾，后由卡斯泰拉尼和查默斯在 1919 年，以弗莱克斯纳的姓氏 (Flexner) 命名为 "*Shigella flexneri*"（弗氏志贺氏菌）。1920 年，莱文 (Levine) 首先描述了一种属于志贺氏菌类的细菌，并以曾对此菌做过研究的丹麦细菌学家卡尔·奥拉夫·宋内 (Carl Olaf Sonne, 1882 ~ 1948) 的姓氏 "Sonne"，命名为 "*Bacterium sonnei*"（宋内氏杆菌）；后由维尔汀 (Weldin) 在 1927 年将其归入志贺氏菌属，即现在的 "*Shigella sonnei*"（宋内氏志贺氏菌）。1949 年，美国细菌学家埃文 (Ewing)，以曾对痢疾志贺氏菌进行过研究的英国细菌学家约翰·博伊德爵士 (Sir John Boyd) 的姓氏 "Boyd"，命名了一种新的志贺氏菌，即现在通称的 "*Shigella boydii*"（鲍氏志贺氏菌）。

2.1.2　国内简况

在我国，很早以前就已有对痢疾的记载（其中当包括菌痢），在古代中医称其为 "肠癖" 或 "滞下"。在隋代医学家巢元方 (550 ~ 630；图 13-4)，于大业六年 (610 年) 奉诏主持撰写成的 50 卷本《诸病源候论》亦称《诸病源候总论》《巢氏病源》中（图 13-5)，有 "赤白痢" "血痢" "脓血痢" "热痢" 等名称。在金元时代，已经知道了该病能相互传染且普遍流行，也因此有 "时疫痢" 之称；如元代著名医学家朱丹溪 (1281 ~ 1358)，在他于 1347 年著成的《丹溪心法》中，记载 "时疫作痢，一方一家之内，上下传染相似"（图 13-6，图 13-7)。

图 13-4　巢元方

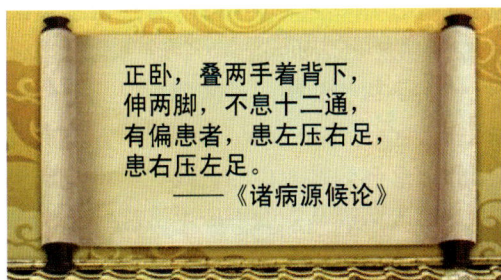

正卧，叠两手着背下，
伸两脚，不息十二通，
有偏患者，患左压右足，
患右压左足。
——《诸病源候论》

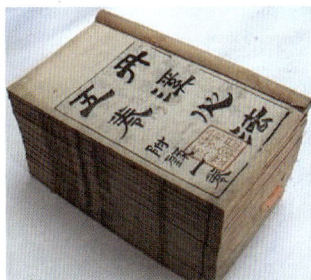

图 13-5　《诸病源候论》　　　　图 13-6　朱丹溪　　　图 13-7　《丹溪心法》

在对菌痢及其相应病原菌的研究方面，我国的起步也是相对较早的。有记述我国在 20 世纪 20 年代就已开展了对志贺氏菌血清学分型诊断与研究，以后不断发展，到 20 世纪 50 年代已达到了高峰期，积累了大量的菌型分布及菌痢的流行病学资料[13]。目前，已知人的菌痢在我国的发生与流行非常普遍，由食源性、水源性引起的群体肠炎暴发更是屡见不鲜，其他散在的多种肠道外感染病例也多有报告。

在引起人的食物中毒方面，中国人民解放军北京军区军事医学科学所的陈崇智 (1962)
报告的 1 起鲍氏志贺氏菌 (4 型) 事件是最早的。报告在 1961 年 8 月 29 日，某单位 86 人
在同一伙房用晚餐，餐后 2h 出现患者，先后共发病 60 人 (罹患率 69.77%)，潜伏期 2 ~
34h；主要症状为腹痛、腹泻，有的伴有恶心、呕吐、寒战、发热、头痛等；检验表明中
毒食物可能是咸菜，可能的有关原因，是在 5 名炊事员中有 1 名于去年和当年均患过腹泻
的炊事员构成了污染咸菜的因素 [14]。此后陆续有由不同种志贺氏菌引起食物中毒事件的
报告，其中以弗氏志贺氏菌、宋内氏志贺氏菌的出现频率高 [5]。

2.2　生物学性状

在肠杆菌科细菌中，对志贺氏菌属细菌的生物学性状研究是相对较多的，也是相对认
知较清楚和较全面的，这也是与志贺氏菌属细菌作为重要病原菌相关联的。

2.2.1　形态与培养特征

志贺氏菌属细菌为比较典型的革兰氏阴性、中等大小的杆菌。图 13-8(Charles D.
Humphrey) 为痢疾志贺氏菌 1 型菌株 A5468，图 13-9(Charles D. Humphrey) 为弗氏志贺氏
菌 2a 型菌株 3342-87；这些电子显微照片 (electron micrograph)，均为 0.5% 乙酸双氧铀 (uranyl
acetate) 负染色 (negatively staining)，标尺为 1000nm。

志贺氏菌属细菌在 10 ~ 40℃ 均能生长，最适为 37℃；在 pH 6.4 ~ 7.8 均能生长，最
适 pH 为 7.2 ~ 7.4。其对营养要求不高，能在普通营养琼脂培养基上生长，形成中等大小、
半透明、稍隆起的光滑型菌落；在血液营养琼脂培养基上形成灰白色、半透明、表面光滑
湿润、边缘整齐、中等大小、不溶血的菌落；在麦康凯琼脂 (MacConkey agar) 及沙门氏菌 -
志贺氏菌琼脂 (Salmonella-Shigella agar, SS agar) 等肠道菌选择培养基上，可形成无色透明、
中等大小的菌落；除宋内氏志贺氏菌易形成粗糙型 (rough, R) 菌落外，均为光滑型 (smooth,
S) 菌落。在麦康凯琼脂培养基上，Ⅰ相宋内氏志贺氏菌的菌落 (S 型) 难以与其他志贺氏
菌相区别，Ⅱ相宋内氏志贺氏菌的菌落 (R 型) 呈中等大小、表面光滑、半透明的、边缘
不整齐。在次代培养物中，Ⅰ相宋内氏志贺氏菌可长出Ⅰ相和Ⅱ相两种菌落，但Ⅱ相菌仅
产生Ⅱ相菌落。在脱氧胆酸盐柠檬酸盐琼脂 (desoxycholate citrate agar，DCA) 培养基上，
痢疾志贺氏菌的菌落常呈粉红色；宋内氏志贺氏菌的菌落起初是无色的，几天后可呈现出
明亮的粉红色。在液体培养基中呈均匀混浊生长，不形成菌膜及一般不产生沉淀；但由于
宋内氏志贺氏菌会出现Ⅱ相菌，以致会有一些沉淀 [9]。

另外，尽管在一般情况下均认为志贺氏菌是无动力的，但 Giron(1995) 的研究显示在
电子显微镜下观察志贺氏菌是有鞭毛的，一般为端生单鞭毛 (也偶尔在菌体不同位置长出
2 ~ 3 根)；其在含 0.175% ~ 0.2% 琼脂的半固体培养基中，是能观察到有动力的 [11]。

2.2.2　生化特性

弗氏志贺氏菌发酵 D- 甘露醇，不产生鸟氨酸脱羧酶；血清型 4a 的可发酵 D- 木糖，
但不发酵 D- 甘露醇；6 型可发酵卫茅醇 (产酸、产气)，不产生吲哚；其他血清型，产生

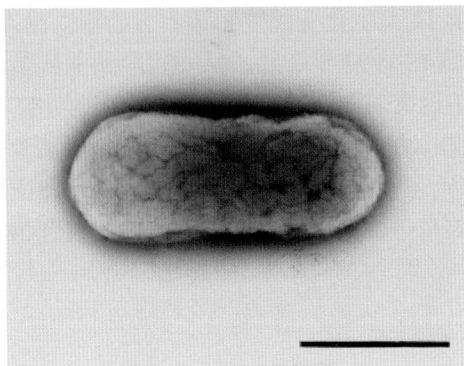

图 13-8　痢疾志贺氏菌

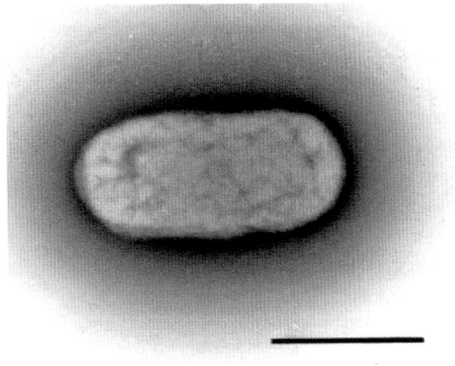

图 13-9　弗氏志贺氏菌

吲哚的性质不确定。

为通过生化特性对 4 种志贺氏菌进行种间鉴定，将在第二版《伯杰氏系统细菌学手册》第 2 卷 (2005)B 部分中记载的"志贺氏菌属内种间特征鉴别表"列出 (表 13-1)[9]。

表 13-1　志贺氏菌属内种间特征鉴别 a

项目	痢疾志贺氏菌	鲍氏志贺氏菌	弗氏志贺氏菌	宋内氏志贺氏菌
吲哚	d	d	d	−
精氨酸双水解酶	−	d	−	−
鸟氨酸脱羧酶	−	−	−	+
产酸：乳糖	−	−	−	(+)b
蔗糖	−	−	−	(+)
D − 甘露醇	−	+	+	+
卫茅醇	d	d	−	−
D − 山梨醇	d	d	d	−
棉子糖	−	−	d	(+)
D − 木糖	−	d	−	−
蜜二糖	−	d	d	−
β − 半乳糖苷酶 (ONPG)c	d	d	−	+

注：上角标的 a 指 − 表示 0 ~ 10% 阳性，d 表示 26% ~ 75% 阳性，＋表示 90% ~ 100% 阳性，均为 (36±1)℃ 条件下培养 48h 的结果，结果来源于 Ewing(1971) 的描述；b 指 (＋) 表示 75% 及更多的菌株阳性 (培养 3 天及更长的时间)；c 指 ONPG 为邻硝基苯 -β-D- 半乳糖苷 (o-nitrophenyl-β-D-galactopyranoside)。

值此提及志贺氏菌的个别分离株，会表现出某种特殊的生化特性，在我国也有一些相应的研究报告。

河北医科大学附属第二医院的李仲兴等 (1985) 报告在 1983 年 7 月，从一名急性菌痢患者的粪便中分离到 1 株能利用柠檬酸盐和丙二酸盐作为碳源的 1 型痢疾志贺氏菌，认为属于一个新的生物型 [15]。

湖北省通城县卫生防疫站的卢大华等 (1990) 报告在 1989 年 4 月，从湖北省通城县饮食行业人员的一名受检者粪便中分离到 1 株能迅速发酵乳糖产酸产气的 1 型弗氏志贺氏菌 [16]。

山东省郯城县卫生防疫站的徐祗兰等 (1991) 报告于 1988 年 10 月，从 1 例急性腹泻患者粪便中检出了发酵葡萄糖产气的鲍氏志贺氏菌 14 型生化变种[17]。

江苏省吴县卫生防疫站的吴玉琪 (1993) 报告在 1992 年 3 月，从一食品从业人员体内分离到 1 株罕见的鸟氨酸脱羧酶阴性、黏液酸钠迟缓弱阳性的宋内氏志贺氏菌[18]。

浙江省仙居县疾病预防控制中心的吴秀美等 (2008) 报告在 2005 年 4 月，从某个体糕点厂的蛋糕中检出 1 株理化性状表现特殊的弗氏志贺氏菌 Y 变种，主要的异常特征为在 SS 培养基上的菌落较细小，在含有 KCN 的培养基中生长、丙二酸盐和七叶苷及葡萄糖胺利用试验均为阳性[19]。

2.2.3 抗原结构与免疫学特性

根据生化反应和抗原结构，可将志贺氏菌属细菌分为 A 群、B 群、C 群和 D 群，它们分别相对应于痢疾志贺氏菌、弗氏志贺氏菌、鲍氏志贺氏菌和宋内氏志贺氏菌，包括 49 个血清型和血清亚型 (表 13-2)，除弗氏志贺氏菌外不能进一步分型，群特异抗原用阿拉伯数字表示 (是种所特有的)，型特异抗原用罗马数字表示[9]。

表 13-2　志贺氏菌属细菌的血清学分类及早期名称

菌种	亚群	血清型（亚型）	抗原式	主要的早期名称或同物异名
痢疾志贺氏 A 群菌		1		"Bacterium shigae"，"S. shigae" (Shiga 1898)
		2		"S. ambigua"，"S.schmitzii" (Schmitz 1917)
		3		"S. largei" Q771 (Large and Sankaran 1934)，S. arabinotarda A
		4		"S. largei" Q1167 (Large and Sankaran 1934)，S. arabinotarda B
		5		"S. largei" Q1030 (Large and Sankaran 1934)
		6		"S. largei" Q454 (Large and Sankaran 1934)
		7		"S. largei" Q902 (Large and Sankaran 1934)
		8		serotype 599-52 (Ewing et al 1952b)
		9		serotype 58 (Cox and Wallace 1948)
		10		serotype 2050-52 (Ewing 1953)
		11		serotype 3873-50 (Ewing and Hucks 1952)
		12		serotype 3341-55 (Ewing et al 1958)
		13		serotype 19809-73 (Shmilovitz et al 1985)
		14		serotype E22383 (Gross et al 1989)
		15		serotype E23507 (Gross et al 1989)
弗氏志贺氏 B 群菌		1a	I:4	V (Andrewes and Inman 1919)
		1b	I:(4),6	VZ (Andrewes and Inman 1919)
		2a	II:3,4	W (Andrewes and Inman 1919)

续表

菌种	亚群	血清型（亚型）	抗原式	主要的早期名称或同物异名
		2b	II:7,8	WX (Andrewes and Inman 1919)
		3a	III:(3,4), 6,7,8	Z (Andrewes and Inman 1919)
		3b	III:(3,4),6	
		4a	IV:(3,4)	103 (Boyd, 1931)
		4b	IV:6	103Z
		4c	IV:7,8	(Pryamukhina and Khomenko 1988)
		5a	V:(3,4)	P119 and P119X (Boyd 1932a, b)
		5b	V:7,8	(Petrovskaya and Khomenko 1979)
		6	VI:4	Boyd 88 (Boyd 1931)Manchester bacillus, Newcastle bacillus, "*S. newcastle*"
		X	- :7,8	X (Andrewes and Inman 1919)
		Y	-:3,4	Y (Andrewes and Inman 1919)
鲍氏志贺氏 C 群菌		1		170(Boyd 1932a, b；Ewing 1949)
		2		P288(Boyd 1932a, b；Ewing 1949)
		3		D.1(Boyd 1932a, b；Ewing 1949)
		4		P274(Boyd 1932a, b；Ewing 1949)
		5		P143(Boyd 1938；Ewing 1949)
		6		D19 (Boyd 1932a，b；Ewing 1949)
		7		Type T, Lavington I, "*S. etousae*" (Ewing 1946)
		8		serotype 112(Cox and Wallace 1948)
		9		serotype 1296/7 (Boyd 1946；Ewing et al 1951)
		10		serotype 430 (Ewing and Taylor 1951)and D15(Szturm et al 1950)
		11		serotype 34 (Ewing and Taylor 1951)
		12		serotype 123 (and "M")(Ewing and Hucks 1952)
		13		serotype 425 (Ewing and Hucks 1952)
		14		serotype 2770-51 (Ewing and Hucks 1952)
		15		serotype 703 (Ewing et al 1952a)
		16		serotype 2710-54(Ewing et al 1958)
		17		serotype 3615-53 (Ewing et al 1958)

菌种	亚群	血清型 (亚型)	抗原式	主要的早期名称或同物异名
		18		serotype E10163 (1344-78)(Gross et al 1980)
		19		serotype E16553 (Gross et al 1982)
宋内氏志贺 D 群 氏菌				Sonne-Duval, Sonne III, Kruse E, "*S. ceylonensis*" A(Duval 1904；Sonne 1915)

2.2.3.1 抗原与血清型

志贺氏菌的抗原由菌体 (ohne hauch，O) 抗原及表面 (kapsel，K) 抗原组成，无鞭毛 (hauch，H) 抗原，依据存在于菌体抗原上的抗原决定簇分为不同血清型，抗原决定簇是菌细胞壁脂多糖 (lipopolysaccharide，LPS) 的一部分 (由类脂 A、核心多糖和 *O*- 特异性侧链三部分构成)。

(1) 抗原特征：类脂 A 是脂多糖的主要生物活性部位，是脂多糖最内层的部分，其结构是由焦磷酸键连接而成的葡糖胺聚二糖链，链上结合有多种中长链脂肪酸，高度保守，在分类中，其结构与 rRNA 同源性有很好的相关性，无种属特异性。核心多糖是由庚糖和己糖单一排列组成的链状化合物，连接类脂 A 和菌体抗原多糖链。核心多糖链结构易变，有种属特异性，但一般同一菌种之间的核心多糖变化不大。*O*- 特异性侧链，是由若干个寡糖的重复单位组成的多糖链。菌体抗原生物合成的遗传学被广泛研究，Schnaitman 和 Klena (1993) 及 Whitfield (1995) 对其进行了阐述。菌体抗原可能包含 10 ～ 30 个寡糖重复单位 (O 单位)，每重复单位通常由 3 ～ 6 个单糖组成。菌体抗原结构由于构成重复单位的单糖种类、排列顺序、结合方式、非碳水化合物成分的有无及多糖链的空间结构不同而不同，因而决定了菌体抗原的多样性。有关编码菌体抗原合成酶的基因有 6 ～ 19 个，这些基因一般同时存在于染色体一个区域 (10 个碱基对或更多)，该区域称为 *rfb* 基因簇。由于组成菌体抗原单位的糖类不同，血清型有完全不同的基因组。对于确定的志贺氏菌，如痢疾志贺氏菌 1 型、宋内氏志贺氏菌和弗氏志贺氏菌 1 ～ 5 型，编码菌体抗原单位的一个或多个基因位于质粒或溶原性噬菌体上。与大肠埃希氏菌及其他革兰氏阴性菌一样，志贺氏菌有 39 个 bp 保守序列，位于 *rfb* 基因簇的非编码区上游，这个区域已经被用来采用分子技术对志贺氏菌分离株进行血清分型。

该菌属细菌表面抗原是不耐热的表面抗原，经 100℃作用 60min 即可被破坏；存在于新分离的某些菌株的菌体表面，缺乏在抗原分类上的意义。

大多数志贺氏菌的血清型之间，以及其和大肠埃希氏菌一些血清型的 O 抗原之间密切相关，在志贺氏菌和大肠埃希氏菌之间至少存在 13 个相同或者大量交叉的血清学关系。

(2) 血清型特征：痢疾志贺氏菌包含 15 个血清型 (1 ～ 15 型)，其中的暂定血清型 E22383 和 E23507 被认定为新的血清型 14 型和 15 型 (Gross 等，1989)；每个血清型均有特异的抗原，在同种之间或与其他种之间没有交叉反应。由于人们致力于研发抗菌痢疫苗，一直以来对痢疾志贺氏菌 1 型的菌体抗原有广泛的研究。编码痢疾志贺氏菌 1 型菌体抗原合成的毒力因子已被鉴定，1993 年 Schnaitman 和 Klena 描述了它们的结构和功能，8 个毒力因子基因在染色体上，2 个毒力因子基因 (*rfp* 和 *rfe*) 在染色体组外，*rfb* 毒力因子基因位于 9kb 的大质粒上。

弗氏志贺氏菌 (B 群) 包含 8 个血清型 (1 ～ 6 型及 X 和 Y 型)，其菌体抗原构造最为复杂，各型间存在交叉凝集反应。每一弗氏志贺氏菌型具有两种抗原，即型特异抗原和群特异抗原。型特异抗原只存在于同型的菌株中，在其他菌型中不存在，各菌型所含的型抗原不同，可用于区别菌种的型别，根据各菌型所含型抗原的不同分为 6 型 (1 ～ 6 型)。群抗原特异性较低，常在数种近似的菌内出现。另外的 X、Y 变种没有特异性抗原，仅有不同的群抗原。另外，1 ～ 5 型菌分别含有 a、b、c 等不同的两种或三种抗原因子，即 1a、1b、2a、2b、3a、3b、4a、4b、4c、5a、5b。除血清型 6 外，所有弗氏志贺氏菌血清型的 O 抗原包含群抗原 3，4 作为主要骨架。型特异性抗原 I、II、IV、V 和群抗原 7、8 都是 3、4 群抗原导致 a- 糖基和 (或) 葡萄糖集合到脂多糖分子共同 O 重复单位中，引起噬菌体转变的结果。型特异性抗原 III 和群抗原 6 却不同，它们包括一个乙酰基基团。但是，这些抗原也是群抗原 3，4 的噬菌体转变而成。编码共同 O 重复单位生物合成的基因，位于染色体的 *rfb* 基因簇。1977 年，Petrovskaya 和 Bondarenko 对弗氏志贺氏菌 6 型在血清学的分类提出了质疑，他们提议把它转移到鲍氏志贺氏菌。在 1984 年，国际细菌分类学委员会有关肠杆菌科分类学的附属委员会仔细考虑了这个提议，并支持 1973 年志贺氏菌附属委员会工作组的建议，拒绝把弗氏志贺氏菌 6 型重新分类为弗氏志贺氏菌的一个血清型。他们认为这样的分类没有现实意义，并且变更一个已经被广泛接受的分类系统会引起混淆。

鲍氏志贺氏菌有 19 个血清型，均有特异的型抗原，尚无亚型。它们和其他志贺氏菌可能会有一些交叉反应，但是它们很少干扰诊断。血清型 10 和 11 虽然有特异的型抗原，但也拥有共同的主要抗原。

宋内氏志贺氏菌仅有一个血清型，但其具有 I 相和 II 相的两个变异相，可产生光滑的 I 相 (S 型) 和粗糙的 II 相 (R 型) 两种菌落。每种菌落都有不同的抗原和抗血清，抗血清含有凝集素用于鉴定两种形式。另外，I 相菌对小鼠有致病力，多自急性期感染患者分离到；II 相菌对小鼠无致病力，常是从慢性患者或带菌者检出。从严重病例中分离的光滑型菌落有毒力并携带 180kb 侵袭质粒，若丢失这些质粒会迅速且不可逆地产生无毒力的粗糙型菌落。这种粗糙型菌落，常被分离于疾病恢复期。I 相菌菌落的菌体抗原单位，和其他志贺氏菌及大肠埃希氏菌相比，具有独特的化学结构。但它的化学结构与类志贺邻单胞菌 (*Plesiomonas shigelloides*) 血清型 17 相同。表达 I 相菌菌落 O 抗原的基因除 *wzz* 和 *wbg* 以外均位于侵袭质粒上，与存在于类志贺邻单胞菌上的基因几乎相同。影响质粒上基因丢失的因素还没有被完全弄清楚，Houng 和 Venkatesan (1998) 提议在质粒上插入序列对于 I 相菌菌落抗原稳定表达可能是必要的。研究发现在所有宋内氏志贺氏菌强毒株菌体抗原基因簇内插入 IS 630 序列，则载有克隆宋内氏志贺氏菌菌体抗原基因的大肠埃希氏菌重组菌株，这一现象只有在插入序列 IS 630 存在的条件下才可以稳定表达。

除了被确认的志贺杆菌血清型外，又相继发现一些志贺氏菌的暂定血清型。这些血清型将来可能被列入血清型分类表中，期间还需做进一步的鉴定。用于鉴定它们的抗血清只有极少数的参考实验室提供。目前正在审定的临时血清型，包括血清型 E670/74、3162-96、93-119、96-204、96-265，其生物学特性与 A 群一致；血清型 Y394、88-893、89-

141，其生物学特性和抗原性与 B 群一致；血清型 1621-54、E28938、99-4528，其生物学特性与 C 群一致。

2.2.3.2 免疫学特性

志贺氏菌的抗原一般均具有良好的免疫原性，但因志贺氏菌的感染多是局限在肠道（一般不进入血流），所以其抗感染免疫主要是依赖于分泌型免疫球蛋白 A(secretory immunoglobulin A，SIgA) 的局部免疫作用，分泌型免疫球蛋白 A 能阻止细菌黏附于肠黏膜细胞从而免于感染的发生。菌痢病后具有一定的免疫力，但其免疫期短也不稳固，可能与志贺氏菌的菌型多、不同菌型株间缺乏交叉免疫能力有关。从这些方面来看，对志贺氏菌的血清型分布特征及局部免疫制剂研究，将可能对菌痢的发生与流行提供有效的免疫保护。

在发生志贺氏菌病后，体内相应抗体滴度会明显升高，有助于诊断，这在食物中毒病例中更有实践意义。例如，山东省泗水县卫生防疫站的陈树儒 (1972) 报告的 1 起宋内氏志贺氏菌食物中毒事件，也是在志贺氏菌病作为人畜共患病且明确表现为通过患病的养殖哺乳动物传染给人方面比较典型的例子。报告在 1965 年 10 月，泗水县某村发生 1 起因食用 1 头病牛肉引起的食物中毒，食用者 263 人，发病 187 人（罹患率 71.1%），潜伏期 4 ~ 48h，多为 6 ~ 24h；主要症状为腹痛、腹泻、腹鸣、头痛、头昏、发热，其次为寒战、肌肉和关节痛、恶心、呕吐等；从患者大便、剩余牛肠及内容物中均检出了相应病原宋内氏志贺氏菌；据兽医员和饲养员追忆，被宰食的牛在宰前已患菌痢 7 天，宰后见肌肉呈暗红色，肠黏膜有大小不等的点状及片状溃疡。于发病后第 7 天取 3 份患者血清，与分离的宋内氏志贺氏菌做定量凝集试验，结果均阳性，抗体效价为 1 ：(140 ~ 240)[20]。

2.2.4 基因型

目前对志贺氏菌基因型分析方法较多，主要包括毒力基因型、脉冲场凝胶电泳 (pulsed-field gel electrophoresis，PFGE) 分型及随机引物 PCR(简称 AP-PCR 或 PAPD) 等。总体来讲，迄今国际上尚无对志贺氏菌进行基因分型的标准方法，所以在不同实验室间的分型结果重复性还较差。

2.2.4.1 毒力基因型

安徽省马鞍山市疾病预防控制中心的陈道利等 (2010) 报告对从安徽省马鞍山市多家医院肠道门诊腹泻标本中分离的志贺氏菌，进行编码志贺氏菌侵袭性质粒抗原 H 的基因 *ipaH*、对志贺氏菌增殖和侵袭起调节作用的基因 *ial*、志贺肠毒素 1(ShET1) 基因 *set*、志贺肠毒素 2(ShET2) 基因 *sen* 的毒力基因检测，结果 76 株 4c 型弗氏志贺氏菌均携带 *ipaH* 基因（携带率 100%），74 株携带 *ial* 基因（携带率 97.4%），73 株携带 *set* 基因（携带率 96.1%），69 株携带 *sen* 基因（携带率 90.8%）；67 株宋内氏志贺氏菌有 66 株携带 *ipaH* 基因（携带率 98.5%），56 株携带 *ial* 基因（携带率 83.5%），18 株携带 *set* 基因（携带率 26.9%），45 株携带 *sen* 基因（携带率 67.2%）；27 株其他血清型弗氏志贺氏菌均携带 *ipaH* 基因（携带率 100%），22 株携带 *ial* 基因（携带率 81.5%），26 株携带 *set* 基因（携带率 96.3%），24 株携带 *sen* 基因（携带率 88.9%）。可将 4c 型弗氏志贺氏菌携带毒力基因模式分为 5 个型（Ⅰ ~ Ⅴ），分别为Ⅰ型的 67 株（构成比 88.2%）、Ⅱ型的 2 株（构成比 2.6%）、Ⅲ型的 4 株（构成比 5.3%）、Ⅳ型的 1 株（构成比 1.3%）、Ⅴ型的 2 株（构成比 2.6%）。并根据检测结果，认为Ⅰ型的 4c

型弗氏志贺氏菌，是马鞍山地区的主要毒力基因型[21]。

2.2.4.2　脉冲场凝胶电泳 DNA 型

中国疾病预防控制中心的李振军等 (2005) 报告采用脉冲场凝胶电泳方法，对从辽宁省某市暴发痢疾患者粪便分离的 7 株 2b 型弗氏志贺氏菌进行了基因分型。结果为用 *X-bal* I 酶切后，7 株的脉冲场凝胶电泳图谱相同，并与血清学鉴定的结果一致。根据分型结果认为此次痢疾的暴发流行为同一菌株引起，脉冲场凝胶电泳可以作为暴发流行中对细菌进行鉴定的分析技术[22]。

甘肃省疾病预防控制中心的许亚宁等 (2009) 报告采用脉冲场凝胶电泳方法，对 64 株 (包括从散发病例分离的 2 株、从 1 起食物中毒事件分离的 62 株) 宋内氏志贺氏菌进行了基因分型。结果为用 *Xba* I 酶切后，64 株可分为 7 个脉冲场凝胶电泳型 (记为 *Xba* I 001 ~ *Xba* I 007)，其中 *Xba* I 001 型的 46 株 (构成比 71.88%)，均为食物中毒分离株 (其中包括从食物原料生猪肉分离的 1 株)；*Xba* I 004 型的 11 株 (构成比 17.19%)；*Xba* I 003 型的 3 株 (构成比 4.68%)，其中 1 株为散发病例分离株；另有 4 种带型各 1 株，分别为 *Xba* I 002、*Xba* I 005、*Xba* I 006、*Xba* I 007 型，相互间的相似性差异较大[23]。

2.2.4.3　随机引物扩增多态性 DNA 型

福建省福州总医院的夏桂枝等 (1999) 利用随机引物 PCR(AP-PCR 或 PAPD) 方法，对分离于内蒙古自治区 1 起菌痢暴发的 43 株和广东省散发病例的 28 株共 71 株 2a 型弗氏志贺氏菌，进行了基因多态性分析。结果为：在用两种引物的随机引物 PCR(AP-PCR 或 PAPD) 中，用引物 12 的可将 71 株分为 2 种不同的基因型，用引物 17 和 *set1*、*set2* 两基因 PCR 的可将其分为 4 种不同的基因型，两种方法结合的则可分为 7 种不同的基因型；其中 65 株的基因型相同，余 6 株的各为独立的型别。研究表明随机引物 PCR(AP-PCR 或 PAPD) 和 *set1*、*set2* 两基因 PCR 为志贺氏菌基因多态性分析的有效手段，两者结合则更为完善；还表明在我国南北不同地区、不同时间分离到的无论是暴发株还是散发株，均具有相同的优势克隆，说明其为引起国内菌痢散发和暴发的主要基因型，是流行病学研究和防治的重点[24]。

总体来讲，从一些实践应用效果和发展趋势分析，对志贺氏菌的基因分型来说，可从遗传进化的角度来认识志贺氏菌，从分子水平对志贺氏菌进行分类与鉴定，能为在流行病学调查中寻找传染源和传播途径、确定菌株间的遗传亲缘关系、研究志贺氏菌地理和宿主分布等提供更为有力的证据。

2.2.5　生境与抗性

志贺氏菌的分布较广泛，不仅能从人类及非人灵长类的直肠拭子和粪便中检出，也能从其他动物检出。志贺氏菌较肠杆菌科其他细菌的抵抗力弱，其中以宋内氏志贺氏菌对外界环境的抵抗力最强，其次为弗氏志贺氏菌和鲍氏志贺氏菌，痢疾志贺氏菌最弱。

2.2.5.1　生境

Sauza 等 (2002) 在研究蝙蝠肠道菌时，也检出了宋内氏志贺氏菌；做 193 条犬的直肠拭子细菌学检查时，从 1 条无腹泻的犬检出了志贺氏菌。Ulgen 等 (2001) 在研究马的不育问题时进行了公马、母马生殖器官的细菌学检查，从一母马阴蒂分离出志贺氏菌。Bouvet 等 (2001) 检查猪肉、猪皮肤、猪环境的棉拭和猪粪及屠宰场烫猪的水时，用 PCR 法检出有痢疾志贺氏菌 1 型。印度的 Ronald 等 (2001) 对冷冻牛精液、采集的牛精液、稀释的牛精液做细菌学检查，也检出了痢疾志贺氏菌。Mastan 等 (2001) 从病鱼体内，也分离到志贺氏菌。Sabreen(2001) 在埃及某城市的市场及农场随机取 225 个鸡蛋、鸭蛋，从蛋壳外分离到志贺氏菌 [25]。

志贺氏菌是人类和猩猩、猴等高等灵长类动物的肠道病原菌，人是最主要的宿主，在少数病例中可以长期带菌。例如，中国人民解放军五四七六二部队医院防疫所的常永军等 (1989) 报告分别对在 1986 年至 1988 年 3 年来自山东省和河南省的当年入伍新兵 8512 名，进行了志贺氏菌的带菌调查 (大便标本)，共检出阳性的 208 人 (检出率 2.44%)；在 208 株志贺氏菌中主要是弗氏志贺氏菌共 117 株 (构成比 56.25%)，其次为宋内氏志贺氏菌 54 株 (构成比 25.96%)，痢疾志贺氏菌 19 株 (构成比 9.13%)，鲍氏志贺氏菌 18 株 (构成比 8.65%)。另外是表现来自于农村的带菌率比来自于城市的明显高，来自于农村的 6384 人检出阳性的 197 人 (检出率 3.09%)，来自于城市的 2128 人检出阳性的 11 人 (检出率 0.52%) [26]。

在其他动物，国内外已分别有在豚鼠、袋鼠、牛、马、猪、兔、鸡、鸭、犬、蝙蝠、蚂蚁及水产动物 (鱼和贝类) 等检出志贺氏菌的报告。

在食品志贺氏菌污染方面，广西壮族自治区疾病预防控制中心的蒋震羚等 (2006) 报告在 2003 年至 2004 的两年间，分别在广西壮族自治区南宁、柳州、桂林、百色、玉林、北海等 6 个市的食品污染物监测点，定期随机对农贸市场的食品进行监测，以无菌方式采集市售生肉 (猪、牛、羊、鸡、鸭肉)、熟肉制品 (卤肉等)、生牛奶、淡水产品 (以鱼类为主)、冰淇淋、生食蔬菜 (黄瓜、西红柿、香菜、生菜等) 等共 6 类 898 份进行志贺氏菌检测；结果共检出志贺氏菌 13 株，总检出率为 1.45%(13/898)。在食品检出率方面，依次为水产品占 3.9%、生肉占 1.96%、生食蔬菜占 0.78%，在熟肉制品、生牛奶、冰淇淋中均未检出；13 株志贺氏菌为弗氏志贺氏菌 8 株，宋内氏志贺氏菌 5 株。根据监测结果，认为做好对水产品、生畜禽肉志贺氏菌污染的防治工作，是防范食源性志贺氏菌病的主要措施；同时，也要对生食蔬菜提供警惕，餐饮业更要加强对生食蔬菜的清洗和消毒 [27]。

2.2.5.2 抗性

志贺氏菌对酸敏感，在粪便中的志贺氏菌会受到其他细菌酸性产物的影响，可在数小时内死亡；在污染物品及瓜果和蔬菜上，志贺氏菌可存活 10 ~ 20 天；在适宜的温度下可于水及食品中生长繁殖，引起水源性或食源性的菌痢暴发流行。一般经 60℃ 维持 15min 或阳光照射 30min 或煮沸 2min，均能杀死志贺氏菌；对多种常用消毒剂均敏感，如 1% 石炭酸、漂白粉、苯扎溴铵等均能有效杀灭志贺氏菌。

志贺氏菌容易产生耐药性，而且多重耐药更为多见。志贺氏菌耐药性主要由耐药性质粒 (resistance plasmid，R plasmid) 所引起，R 因子具有自主复制能力，使志贺氏菌产生或加强破坏抗菌药物的酶系，可在体内外或细菌种内外进行传递。多重耐药性均由质粒携带，通过接合转移、转化或转导而形成耐药性传递。细菌通过耐药性质粒传递耐药性，就是由日本学者渡边 (Watanabe T，1923 ~ 1972) 于 1957 年在研究痢疾志贺氏菌时首先观察到的，渡边 (图 13-10) 发现对几种抗生素的抗药性可以从一种肠道菌转移到另一种肠道菌中，并在 1961 年发表了题为《能传染的抗药性》的论文 [28]。

志贺氏菌能对三种或更多种抗菌药物产生耐受性，通常对氨苄西林、氯霉素、链霉素、磺胺药物和四环素中的某几种耐药率高，对氟喹诺酮类和第三代头孢菌素类较为敏感。中国人民解放军第三○二医院的鲍春梅等 (2009) 报告在 1990 年 1 月至 2007 年 12 月间，从到中国人民解放军第三○二医院就诊的腹泻患者分离的 1831 株宋内氏志贺氏菌，其耐药率较高的抗生素包括复方磺胺甲噁唑、哌拉西林、氨苄西林、头孢曲松 (分别为 87.7%、33.7%、23.0%、9.5%)；比较而言，氟喹诺酮类药物的耐药率低于头孢噻肟和头孢曲松；头孢美唑、氯霉素、磷霉素和庆大霉素的耐药率也较低，与头孢噻肟和头孢曲松的耐药率差异具有统计学意义 [29]。

图 13-10　渡辺

2.3　病原学意义

志贺氏菌病是一种呈全球流行性的重要传染病，在饮食卫生条件不良的情况下易造成流行，迄今也仍是我国夏秋季节常见的肠道传染病。志贺氏菌病对人类健康可造成重大影响，Kotloff 等 (1999) 报告据统计全世界每年有 1.647 亿病例 (其中 1.632 亿发生在发展中国家)，并导致 110 万人死亡；Von Seidlein 等 (2006) 报告在最近有研究认为，志贺氏菌病的危害是远大于此的 [30]。有记述志贺氏菌病主要流行于发展中国家，但在发达国家也时有局部的暴发，如美国在 1987 年于一次户外集会中，因食品污染引起了 12 700 人的宋内氏志贺氏菌痢疾暴发，其受感染率高达 50%[31]。

人的志贺氏菌病，在特定的条件下很容易在一定的范围内引起暴发、流行，也存在散发病例 (尤其是肠道外感染病例)。相对来讲，动物的志贺氏菌病多为散发 (或局部群发) 病例，也缺乏像人的志贺氏菌病那样的广泛性。在细菌种类方面，目前是以弗氏志贺氏菌和宋内氏志贺氏菌为常见，并常可引起地方性流行。

志贺氏菌为兼性细胞内致病菌，其主要的致病作用特点是能侵袭结肠黏膜上皮细胞，引起自限性的化脓性感染病灶。在所有的志贺氏菌中，以痢疾志贺氏菌的致病性最强，宋内氏志贺氏菌所致病症相对最轻。

2.3.1　人的弗氏志贺氏菌感染病

人的志贺氏菌病主要表现为一种急性肠道传染病，具有发病率高、流行广泛等特点，常是以临床表现腹泻、结肠黏膜呈化脓性溃疡性炎症的病变为其基本特征，因此也被称为细菌性痢疾 (简称菌痢)；另外，也常发生临床表现多种类型的肠道外感染或败血症。对不同种及同种不同血清型的志贺氏菌来讲，在致病的严重性、病死率及流行地域等方面均存在一定的差异。在我国，人的菌痢发生与流行非常普遍，其他感染类型也多有发生，相关资料显示其中以弗氏志贺氏菌引起的最为常见，其次为宋内氏志贺氏菌。

志贺氏菌不仅可引起人的菌痢，对于营养不良、免疫力低下的儿童还常可引起菌血症或败血症。有些病例在腹泻的晚期可出现溶血性尿毒综合征 (hemolytic uremic syndrom, HUS),变态反应性并发症——莱特综合征 (Reiter's syndrome) 即结膜 - 尿道 - 滑膜综合征等。

志贺氏菌作为人类和非人灵长类动物的典型肠道病原菌，主要是引起菌痢，其中人是最主要的宿主，在少数病例中可以长期带菌。痢疾志贺氏菌 1 型的致病力较其他血清型强，其他血清型引起的志贺氏菌病有时温和、有时严重。

2.3.1.1 胃肠道感染病

人类对志贺氏菌较易感染，有研究表明 10 ~ 200 个细菌可使 10% ~ 50% 志愿者致病。痢疾志贺氏菌是引起典型的菌痢的主要病原菌，少于 10 个菌落形成单位 (colony forming unit，CFU) 即可在敏感个体引起感染；Crockett 等 (1996) 报告通过分析两次在巡航舰上暴发的数据而建立的数学模型认为，此两次食物中毒可能是由于每餐进食了 344 个志贺氏菌和每杯水中含 10.5 ~ 12 个志贺氏菌引起的 [32, 33]。

(1) 菌痢：人是菌痢最主要的宿主，发病或轻或重，在少数病例中可以长期带菌。有人类白细胞抗原 (human leukocyte antigen，HLA)B27(HLA-B27) 组织相容性抗原的患者常可并发莱特 (Reiter's) 慢性关节炎综合征。弗氏志贺氏菌是发展中国家痢疾流行地区的优势株，占分离病原的 50.0%。其优势亚型为 1b、2a、3a、4a 和 6 型，在发达国家多为 2a 型。志贺氏菌病通常发生在年龄 5 岁以下的儿童，主要感染途径为接触感染者的带菌粪便、含病菌的食物、饮水及由蚊子传播引起，过分拥挤的居住环境和卫生状况较差的饮水供应是造成该病高感染率的主要原因。菌痢有急性和慢性两种类型，急性菌痢又分典型 (普通型)、非典型 (轻型) 和中毒型三种。

在我国，近些年来在食源性及水源性传染的菌痢暴发方面多有报告；也以弗氏志贺氏菌最为常见，其次为宋内氏志贺氏菌，举例如下。①山东大学附属省立医院的刘芸等 (2009) 报告，对山东大学附属省立医院在 2003 年至 2007 年从腹泻患者粪便分离的 246 株志贺氏菌进行菌型分布及药敏分析，结果为 2003 年至 2004 年均为弗氏志贺氏菌 2a 型，2005 年至 2007 年以弗氏志贺氏菌 2a 型为主但增加了 2b 型、4c 型及痢疾志贺氏菌和宋内氏志贺氏菌 [34]。②河南省长葛市疾病预防控制中心的刘艳萍等 (2009) 报告，1997 年 6 月至 11 月在河南省长葛市石象乡进行的菌痢监测，结果为经病原学确诊菌痢 463 例，其中弗氏志贺氏菌 419 例 (构成比 90.50%)、宋内氏志贺氏菌 35 例 (构成比 7.56%)、痢疾志贺氏菌 7 例 (构成比 1.51%)、鲍氏志贺氏菌 2 例 (构成比 0.43%)[35]。③上海市闵行区疾病预防控制中心的汪萍等 (2011) 报告对近 5 年从上海市闵行区各医院肠道门诊腹泻患者分离的 952 株志贺氏菌进行了血清型检定，其中弗氏志贺氏菌 694 株 (构成比 72.9%)、宋内氏志贺氏菌 258 株 (构成比 27.1%)[36]。根据这些报告，可以发现其中主要为弗氏志贺氏菌，其次为宋内氏志贺氏菌，个别的为痢疾志贺氏菌和鲍氏志贺氏菌，但总体分析在近年的宋内氏志贺氏菌有上升的趋势。

(2) 食物中毒：在我国，近些年来陆续有由志贺氏菌引起食物中毒的报告，其中以弗氏志贺氏菌和宋内氏志贺氏菌为常见，主要表现为单独感染。在混合引起的方面，已有弗氏志贺氏菌和宋内氏志贺氏菌、弗氏志贺氏菌和肠致病性大肠埃希氏菌 (enteropathogenic *Escherichia coli*，EPEC) 的报告，但均为很少见的。

由弗氏志贺氏菌引起的食物中毒事件，缺乏明显的区域特征，中毒的发生规模及罹患率差异较大，与其他细菌性食物中毒事件相比，常是表现发生的规模较大但罹患率不是很高。在发生场所方面，明显表现具有集体用餐特征 (尤其是在学校)；中毒发生缺乏明显的季节性，但主要发生于 5 月至 10 月间，此季节是该菌生长繁殖的适期，也是人们喜食冷凉食品的季节；相关中毒食物，主要涉及被弗氏志贺氏菌污染的肉类(牛肉、猪肉、鸡肉、羊肉、驴肉等)，还有相对比较少见的凉拌菜类、面包和豆奶等食品。简要综合分析一些事件，表现在不同年龄、性别的均可被弗氏志贺氏菌感染发病，但以幼儿和儿童为常见，这也是与此年龄段多为集体就餐(幼儿园和学校)相关联的；潜伏期多在 7 ~ 24h，最短的为 2h，最长的达 7 天；主要临床症状为腹痛、腹泻、恶心、呕吐、发热等。弗氏志贺氏菌食物中毒的病程有一定的自限性，一般为 1 ~ 2 天，轻者数小时即症状消失；病后的免疫力不强，可重复发生[5]。

2.3.1.2　胃肠道外感染病

志贺氏菌主要是引起消化道感染发生菌痢(包括食物中毒)，其次是能引起菌血症及败血症感染；在一定的条件下，也能引起某些组织器官的局部感染或系统感染。

(1) 菌血症及败血症：多数菌血症及败血症病例出现在发展中国家，且以儿童多发(尤其是营养不良、免疫力低的儿童)，有报告显示弗氏志贺氏菌是在志贺氏菌中与菌血症及败血症有关的最常见种。在孟加拉国，约有 10% 患志贺氏菌感染的儿童出现菌血症。菌血症患儿的死亡率，可为非菌血症患儿的两倍。一般患者腹泻平均持续 4 天才可表现出菌血症症状，并伴发低血糖症。由志贺氏菌引起的败血症感染，首先是由 Darling 和 Bates 于 1912 年报告的首例成人痢疾志贺氏菌败血症(尸解肠道呈典型痢疾样假膜状病变、从血液培养出痢疾志贺氏菌)，迄今已在世界有多起病例报告。败血症的发生及其临床表现与菌痢的严重程度无关，临床表现可包括菌痢的肠道表现和全身感染的败血症表现等；也有报告显示还可出现并发症，如肺炎、中耳炎、尿道感染、关节炎等。

在我国，近年来也陆续有由志贺氏菌引起败血症的病例报告，有的表现也是很严重的。例如，广东医学院附属医院检的冯欣等 (1999) 报告了 1 例由弗氏志贺氏菌 y 变种引起的败血症死亡病例 (8 月龄男婴)，临床有发热、腹泻病症，从静脉血液、粪便中均检出了弗氏志贺氏菌 y 变种[37]。统计 4 个报告的 5 个病例，3 例发生在婴儿、1 例是发生在老年人，在发病特征方面均表现伴有腹泻，这显然是与机体抵抗力密切相关的；在病原菌方面，主要为弗氏志贺氏菌 (3 例) 和宋内氏志贺氏菌 (2 例)[38~40]。总的看来，志贺氏菌引发全身感染还是比较少见的。

(2) 其他组织器官或系统感染病：溶血性尿毒综合征是菌痢晚期出现的一种并发症，主要与痢疾志贺氏菌 1 型有关。头痛和颈背僵化在志贺氏菌病中普遍存在，也见儿童因体温升高导致癫痫病的发作。极少数宋内氏志贺氏菌或弗氏志贺氏菌感染可引起肺炎，反应性关节炎和莱特综合征也是志贺氏菌病的后遗症。

在志贺氏菌引起的其他类型感染方面，在国内外也均有一些的报告。如在国外，Vieira 等 (2008) 曾报告了 1 例 38 岁旅游者，由鲍氏志贺氏菌引起的腹泻和急性心肌心包炎病例[41]；Sawardekar 等 (2005)，报告了 1 例由鲍氏志贺氏菌引起的早产婴儿假性坏死性小肠结肠炎病例[42]。

在我国，江苏省丹阳市人民医院的袁红萍 (2001) 曾报告了 1 例由鲍氏志贺氏菌引起的脑膜炎病例，山东省滕州市中心人民医院的刘松华等 (2005) 报告了 1 例由 VI 型弗氏志贺氏菌引起的 4 岁患者阴道炎病例，江西省妇幼保健院的杨颖等 (2007) 报告了 1 例由弗氏志贺氏菌引起的 8 岁幼女外阴炎，包头医学院的刘万珍等 (2003) 报告了 1 例由 III 型弗氏志贺氏菌引起的 54 岁患者臀部皮肤软组织化脓感染，宁夏回族自治区青铜峡市人民医院的宋丽娟等 (2001) 报告从 1 名临床表现呼吸困难的 44 岁患者的痰液中检出了 6 型弗氏志贺氏菌，中国人民解放军第十一医院的孙晓鹏 (1993) 报告了 1 例由 2 型痢疾志贺氏菌引起的 35 岁患者肛周脓肿感染，山东省陵县人民医院的杨建华等 (2002) 报告了由宋内氏志贺氏菌引起的 65 岁糖尿病患者的泌尿系感染 1 例，陕西省人民医院的张利侠等 (1998) 报告了 1 例 (53 岁) 由铜绿假单胞菌 (*Pseudomonas aeruginosa*) 和弗氏志贺氏菌引起的肺炎病例。从这些其他感染类型的病例分析，其中主要为弗氏志贺氏菌，其次为鲍氏志贺氏菌 [43 ~ 50]。

2.3.1.3 医院感染情况

在弗氏志贺氏菌引起医院感染方面，还缺乏在医院科室分布、主要传播途径和感染类型等比较系统的流行病学资料。综合一些报告分析，一是志贺氏菌引起医院感染须予以高度重视；二是其中主要为弗氏志贺氏菌；三是主要发生在婴幼儿 (尤其是新生儿)。以下记述的一些报告，是具有一定代表性的。

在前面有记述湖北省职工医学院的边藏丽等 (2003) 报告，回顾性总结 3 家医院在 2002 年 5 月从住院患者分离获得的各种病原菌 819 株，弗氏志贺氏菌 101 株 (构成比 12.33%) 居第 3 位 [6]。

在前面有记述山西省忻州市人民医院的李秀云等 (2005) 报告，回顾性总结该医院在 2002 年从医院感染患者分离获得的各种病原菌 132 株，弗氏志贺氏菌 26 株 (构成比 19.69%) 居第 2 位 [7]。

在前面有记述宁夏回族自治区银川市妇幼保健院的柏学民等 (2006) 报告，回顾性总结该医院在 2004 年从医院感染患者分离获得的各种病原菌 118 株，志贺氏菌属细菌 27 株 (构成比 22.88%) 居第 3 位 [8]。

山西省定襄县妇幼保健院的张玉萍 (2006) 报告，回顾性分析该医院在 2001 年至 2004 年间 58 例婴幼儿医院感染性肠炎病例，其中男性 33 例、女性 25 例，年龄为 0 ~ 4 岁，住院天数为 6 ~ 33 天。58 例感染患儿的病原菌构成，分别为大肠埃希氏菌 23 例 (构成比 39.66%)、弗氏志贺氏菌 17 例 (构成比 29.31%)、柠檬酸杆菌属 (*Citrobacter* Werkman and Gillen 1932) 细菌 8 例 (构成比 13.79%)、变形菌属 (*Proteus* Hauser 1885) 细菌 6 例 (构成比 10.34%)、属于真菌 (fungi) 的白色念珠菌 (*Candida albican*) 4 例 (构成比 6.89%)，弗氏志贺氏菌居第 2 位 [51]。

河北省人民医院的曹月升等 (1996) 报告了 1 例鼠伤寒沙门氏菌 (*Salmonella typhimurium*)、弗氏志贺氏菌致小儿混合性医院感染病例。1 名 7 月龄女性患儿，主因咳嗽 5 天、喘息 2 天，诊断为哮喘性支气管炎，于 1995 年 6 月 5 日入院治疗。经治疗后的呼吸道症状明显好转，但于第 4 天体温升高，大便次数增多 (数次至十余次 / 天)、呈黄绿色黏液稀便。从大便标本材料连续 3 次检出鼠伤寒沙门氏菌，相继又检出了弗氏志贺氏菌。经联合用药抗感染及支持疗法，患儿痊愈出院 (疗程 14 天) [52]。

2.3.2 动物的弗氏志贺氏菌感染病

志贺氏菌主要感染灵长类动物，有记述 1990 年在美国国家动物公园的灵长类动物长臂猿、西里北 (印度的一个岛) 猕猴、猕猴、狮尾猕猴、非洲长尾猴、蜘蛛猴等发生弗氏志贺氏菌及宋内氏志贺氏菌的流行；在美国加利福尼亚州地区灵长类研究中心饲养的长尾猕猴，90 天内有 34 只发生由弗氏志贺氏菌Ⅳ型引起的急性细菌性痢疾，病猴精神不振，粪便带血及白细胞，腹泻[25]。

一般认为可以自然感染志贺氏菌的动物只有灵长类，对常被医学与生物学领域用为实验动物的猕猴来说是最常见的一种急性传染病，在过分拥挤和不卫生的情况下发病率可达100%(死亡率可达 60% 以上)。所有非人灵长类动物的菌痢与人的均相似，表现为虚弱、腹泻粪便带血和黏液，并在发病后几天至两周内可发生死亡。

在我国，中国人民解放军军事医学科学院实验动物中心的田浩等 (2003) 报告在 2001年 10 月至 12 月间，对某猕猴群 537 只猕猴进行了肠道致病菌检验 (粪便样品)，结果检出 74 株志贺氏菌 (阳性率 13.78%)，其中弗氏志贺氏菌 53 株 (构成比 71.62%)、鲍氏志贺氏菌 16 株 (构成比 21.62%)、痢疾志贺氏菌 5 株 (构成比 6.76%) 且全部为 1 型，有很大部分阳性猕猴呈现非典型症状，表明隐性感染在猴群中也是较为普遍存在的[53]。

在国外，有由志贺氏菌引起犊牛、仔猪、小鼠、豚鼠等动物感染的病例报告。在我国，已分别有在牛、家兔、鸭、鸡、幼犬等家畜 (禽) 及袋鼠等动物发生志贺氏菌病的报告，且多为在国内外首先发现[54~61]。

在我国，弗氏志贺氏菌在动物的带菌或动物感染主要是发生在猴，举例如下。①广西出入境检验检疫局的盘宝进等 (2006) 报告对 144 份待出口实验用猴的粪便样品检测，结果检出志贺氏菌 2 株，均为弗氏志贺氏菌[62]；②广西大学的胡传活等 (2002) 报告对 1999 年1 月至 6 月从多个猴场调集到广西野生动植物保护站统一饲养的食蟹猴粪便 4450 份进行检验，结果检出志贺氏菌 172 株 (感染阳性率 3.9%)，随机抽取 50 株做分型，均为弗氏志贺氏菌[63]；③中国医学科学院实验动物研究所的蒋观成等 (1993) 报告，对中国医学科学院实验动物研究所繁殖场 268 只猕猴的肛拭样品检测，结果检出志贺氏菌 9 株 (感染阳性率 3.4%)，其中弗氏志贺氏菌 4 株、宋内氏志贺氏菌 4 株、鲍氏志贺氏菌 1 株[64]。

从这些动物志贺氏菌病来看，志贺氏菌在动物可能在不同动物种类、致病作用等方面存在着广泛的病原学意义，且一旦发生感染也是比较严重的；在志贺氏菌种类方面，尚难以判断最常见的及在某种动物最易感的。目前，很有必要对志贺氏菌在不同动物的带菌与感染 (含隐性) 及其动物性食品带菌情况进行调查检验 (也当包括志贺氏菌种类及血清流行病学)，这直接关联到的是人 - 动物间相互传染问题及公共卫生学意义。

2.3.3　毒力因子与致病机制

尽管志贺氏菌的血清型别较多，但入侵结肠黏膜上皮细胞是各种志贺氏菌的主要致病特征。所有志贺氏菌侵入机体的过程，主要包括黏附 - 穿入 - 增殖；黏附、定植在结肠黏膜表面是志贺氏菌致病的首要条件，无黏附能力的志贺氏菌不具有致病性。在人体中只有少数志贺氏菌通过细胞吞饮作用进入位于肠黏膜表面派尔斑 (Peyer's patches) 上淋巴上皮中特殊的抗原捕获细胞——M 细胞 (microfold cell，M)。M 细胞是病原菌侵入机体内环境的通道，随后进入巨噬细胞并开始炎症反应，白细胞渗出趋向炎症部位，破坏了黏膜上皮细胞的屏障，使大量志贺氏菌得以定居于黏膜上皮细胞。固有层内大量炎性细胞的浸润、堆积形成感染病灶，黏膜破溃、脱落。临床表现为黏液脓血便，里急后重，腹痛，甚至高热、休克，出现各种神经症状等 [4, 30, 31, 33, 65 ~ 74]。

2.3.3.1 细菌黏附与侵袭性

志贺氏菌可借菌毛或细菌表面蛋白黏附于回肠末端和结肠黏膜的上皮细胞上，这是构成感染的第一步，也是决定性的一步；继而穿入上皮细胞内生长繁殖并在细胞内和细胞间扩散，一般在黏膜固有层内繁殖形成感染灶，引起炎症反应。细菌侵入血流引起感染，还是很少见的。不论是产生外毒素的还是只有内毒素的志贺氏菌，均必须侵入肠黏膜才能致病，否则是不能引起疾病发生的。已知志贺氏菌的侵袭相关基因都定位于 1 个 120M ~ 140MDa 的大质粒 (被称为毒力或侵袭性质粒 pINV) 上，该质粒上被称为毒力岛 (pathogenicity island，PAI) 的 32kb 片段对于其侵袭上皮细胞是必不可少的，在毒力岛上含有一个包括 38 个基因的 *ipa-mxi-spa* 操纵子，侵袭性质粒抗原 (invasion plasmid antigen，Ipa) 基因 *ipa* 编码一系列被 *mxi-spa* 基因调控的由 III 型分泌系统 (type three secretion system，TTSS) 传递的效应蛋白，但侵袭基因的完全表达则是受质粒和染色体上多个基因的正、负调控的。与志贺氏菌感染有关的临床三联症 (发热、肠绞痛和血性腹泻)，是一系列激发对结肠黏膜入侵及随后引出的强烈炎症反应的致病相关分子活动的结果。

2.3.3.2 毒素

痢疾志贺氏菌 1 型和部分 2 型菌株可产生被称为志贺毒素 (shiga toxin，Stx) 的外毒素，另外是志贺氏菌的内毒素。这些毒素在志贺氏菌病的发生上，均发挥着重要作用。

(1) 志贺氏毒素：由 A 和 B 两个亚单位组成，分子质量为 62k ~ 70kDa；每个毒素分子含 1 个 A 亚单位 (活性部分) 和 5 个 B 亚单位 (载体部分)，A 亚单位的分子质量在 32kDa(由分子质量各为 28kDa 和 4kDa 的 A1 和 A2 两个片段组成)。其中的 A1 是毒素的活性部分，能抑制蛋白质的合成；每个 B 亚单位的分子质量为 7.7kDa，B 亚单位是毒素与肠壁结合的部位，可与细胞膜上的表面糖脂受体 (globotriaosylceramide)Gb3 结合，介导 A 亚单位进入细胞中发挥生物学活性，单独的 A 亚单位和 B 亚单位均无毒性，只有两者通过二硫键连接后才呈现很强的毒性作用。由于志贺氏毒素 (Stx) 能使非洲绿猴肾细胞 (vero 细胞) 产生病变，所有也被称为 vero 细胞毒素 (verocytotoxins，VT)。vero 细胞毒素包括 VT- I 和 VT- II 两种类型，由染色体上的 *StxA* 和 *StxB* 基因编码，痢疾志贺氏菌产生的志贺氏毒素 (Stx) 属于 VT- I 型。综合志贺氏毒素 (Stx) 致病的生物学活性，主要包括：①神经毒性——注射给家兔或小鼠等实验动物后，作用于中枢神经系统，引起动物麻痹、死亡；②细胞毒性——对人的肝细胞、猴肾细胞和 HeLa 细胞均有毒性，其中以 HeLa 细胞最为敏感；③肠毒性——具有类似于大肠埃希氏菌及霍乱弧菌 (*Vibrio cholerae*) 肠毒素 (enterotoxin) 的活性，此可解释志贺氏菌病早期出现的水样腹泻。在志贺氏菌病发生过程中，与中毒性腹泻、出血性肠炎、溶血性尿毒综合征 (HUS) 的严重并发症的发生密切相关，已知志贺氏毒素 (Stx) 是志贺氏菌的一种重要毒力因子，可引起严重的临床症状，甚至发展为溶血性尿毒综合征 (HUS)；溶血性尿毒综合征 (HUS) 是微血管溶血过程，由肾和其他组织的毛细血管损伤导致的溶血性贫血、血小板减少和急性肾衰竭而引起。

(2) 内毒素：志贺氏菌的各菌株均能产生强烈的内毒素，志贺氏菌引起的中毒性菌痢一系列的病理生理变化，主要是由内毒素造成机体微循环障碍导致内脏淤血、周围循环障碍，以及内毒素损伤血管内皮细胞、激活凝血因子等引起的，从而发生弥散性血管内凝血

(disseminated intravascular coagulation，DIC)。在致病变方面，内毒素可破坏肠黏膜，形成炎症、溃疡，临床出现典型的脓血黏液便；内毒素还能作用于肠壁自主神经系统，使肠道功能紊乱、肠蠕动共济失调和痉挛（尤其是直肠括约肌痉挛最为明显），因而发生腹痛、里急后重等临床症状。

2.4　微生物学检验

目前对志贺氏菌属细菌的常规检验方法，仍然依赖于传统的细菌培养和生化鉴定及血清型检定。虽有一些学者建立了 DNA 的 G+C mol% 测定、核酸同源测定、核酸分子杂交、DNA 测序、细菌质粒指纹图谱分析、细菌致病岛检测，以及定性和定量 PCR 等新技术，为志贺氏菌的检测提供了新的手段，但尚由于各种原因，这些新手段还主要是作为对志贺氏菌检验的辅助方法使用。

2.4.1　细菌分离培养

因志贺氏菌较易死亡，采取新鲜粪便或直肠拭子样品后应立即接种。样品应该在急性期收集，而且在患者使用抗菌药物之前收集。如果样品有血液和黏液，应该自粪便中挑取脓血和黏液的部分进行培养。采取标本后，常作 10 倍稀释，取 1.0ml 放入 10ml 革兰氏阴性菌肉汤 (Gram-negative bacteria broth，GN) 增菌培养基中，于 37℃培养 6～18h 增菌。患者标本也可不经增菌，直接接种肠道菌鉴别培养基。若不能及时送检，可保存于 30% 甘油缓冲盐水中。

因志贺氏菌属的一些菌株在选择培养基上生长不良，所以同时使用一种选择性培养基（如麦康凯琼脂或沙门氏菌 - 志贺氏菌琼脂等）和一种抑制性培养基（如木糖去氧胆酸盐琼脂、脱氧胆酸盐柠檬酸盐琼脂等）来分离培养，可提高检出率。但沙门氏菌 - 志贺氏菌琼脂常是不被推荐使用的，因为它抑制志贺氏菌属一些菌株（如痢疾志贺氏菌 1 型）的生长。取摇匀的增菌液一杯，划线接种在麦康凯琼脂平板和脱氧胆酸盐柠檬酸盐琼脂平板，经 37℃培养 18～24h 后，挑选纯一或优势生长的菌落移接于普通营养琼脂斜面做成纯培养供鉴定用。

2.4.2　理化特性鉴定

取疑似菌落 3～5 个，分别穿刺接种在三糖铁 (triple sugar iron agar, TSI) 琼脂高层斜面上，37℃培养 18～24h 后取出检查。取三糖铁琼脂上纯培养物，做革兰氏染色检查；在三糖铁琼脂上的特征为底层发酵葡萄糖产酸变黄，无气泡；不发酵乳糖及蔗糖，斜面上呈弱碱性不变色；底部无黑色的 H_2S 反应。但弗氏志贺氏菌 6 型菌可能有微量产气，宋内氏志贺氏菌有迟缓发酵乳糖或蔗糖现象，鲍氏志贺氏菌的 13 型和 14 型有发酵糖类产气的变种。

2.4.2.1　初步鉴定

通常情况下可根据对甘露醇、乳糖的分解能力，以及产生吲哚、鸟氨酸脱羧酶等情况作初步鉴定，并指导进行血清学分型检测。可取疑似菌株的纯培养物，除分别做 5% 乳糖及吲哚、甲基红、伏 - 波、西蒙氏柠檬酸盐利用 (indole methyl red Voges-Proskauer and Simmons citrate，IMViC) 等一般试验项目外，加做甘露醇、棉子糖、葡萄糖铵和赖氨酸脱羧酶等区别志贺氏菌属的生化试验。凡符合志贺氏菌属的一般生化反应，应进一步做血清学凝集试验，必要时再做系统生化试验。需要注意的是，在前面已有述及志贺氏菌的个别菌株会表现出某种特殊的生化特性。

2.4.2.2　鉴别检验

通常情况下，可根据苯丙氨酸脱氨酶、葡萄糖酸盐利用试验将肠杆菌科内一些比较常见具有致病性的不同菌属（包括志贺氏菌属）鉴别开，具体可见在第 3 章"柠檬酸杆菌属"(Citrobacter) 中表 3-3(根据苯丙氨酸脱氨酶和葡萄糖酸盐利用试验的各菌属间鉴别特征) 的记述 [75]。

另外是在进行生化特性鉴定中，苯丙氨酸脱氨酶、葡萄糖酸盐利用均为阴性的肠杆菌科细菌，主要涉及埃希氏菌属、柠檬酸杆菌属、志贺氏菌属、沙门氏菌属、爱德华氏菌属、耶尔森氏菌属的细菌。为进行简便的鉴别，将其一些主要鉴别特征，列在了第 3 章"柠檬酸杆菌属"(Citrobacter) 的表 3-4(苯丙氨酸脱氨酶和葡萄糖酸盐利用阴性的各菌属间鉴别特征) 中 [75]。

此外，志贺氏菌属细菌与肠杆菌科的其他一些细菌在生化特性上有相似之处，主要涉及大肠埃希氏菌，爱德华氏菌属的保科爱德华氏菌 (Edwardsiella hoshinae)、鲶鱼爱德华氏菌 (Edwardsiella ictaluri)、迟钝爱德华氏菌 (Edwardsiella tarda)，沙门氏菌属细菌，但通过一系列完整的生化试验都能容易地区分开。为了简便区分这些细菌，将在第九版《伯杰氏鉴定细菌学手册》(1994) 中记载的"大肠埃希氏菌与其他相似属 (种) 细菌的生化特性鉴别表"列在了第 5 章"埃希氏菌属"(Escherichia) 的表 5-10，可供参考 [76]。

2.4.3　血清学凝集试验

对志贺氏菌属细菌做的血清学凝集试验，包括血清学定性试验和进一步的血清分型试验。取疑似菌株的纯培养物，先用 4 种志贺氏菌多价诊断血清做玻片凝集试验，并以生理盐水做对照。如果有 K 抗原的干扰出现不凝集时，可将菌液煮沸破坏 K 抗原后，再做凝集试验。志贺氏菌 4 种多价血清凝集阳性的菌株，进一步用 A 群、B 群、C 群和 D 群多价血清分别做玻片凝集试验，以便确定菌群。

我国现有三种组套规格的志贺氏菌诊断血清供应，使用很方便，分别如下所示。① 5 种一组：包括四种志贺氏菌的多价血清，主要供医院和小型卫生监督检验机构使用。② 21 种一组：包括四种志贺氏菌的多价和 A 群的 3 个多价、B 群的 1 个多价、C 群的 4 个多价及 D 群多价 (Ⅰ相和Ⅱ相) 共 10 个多价血清，另有 11 个常用的单价血清；对常见志贺氏菌可定群或初步定型，适用于中小型卫生监督检验机构、检验检疫部门和医院等单位。③ 51 种一组：包括对目前所有已知志贺氏菌的菌型进行检定用的血清，适用于省 (市) 卫生监督检验机构、国家出入境检验检疫机构和科研单位 [77]。

2.4.4　毒力因子及毒力基因检测

可用豚鼠角膜结膜炎试验即瑟林尼试验 (Séreny test)、组织培养细胞 (如 HeLa 细胞或 Hep-2 细胞等) 侵袭试验等方法，进行分离菌株的侵袭力检测。另外，志贺氏菌在含有刚果红 (Congo red) 的固体培养基上生长能吸收刚果红，菌落呈红色 (表型符号为 pcr+)；失去侵袭力的菌株不能吸收刚果红 (称为 pcr⁻)，菌落无色或呈淡白色。

　　广东省深圳市疾病预防控制中心的吴平芳等 (2006)、南方医科大学的赵丽华等 (2006) 分别报告，通过志贺氏菌侵袭性质粒抗原 H 基因 (*ipaH*) 的保守序列设计引物，试验建立了分子信标 - 实时定量 PCR(real-time PCR) 检测志贺氏菌的方法，应用于志贺氏菌食物中毒、门诊肠道致病菌及食品的检测，具有快速、灵敏度高、特异性强等特点 [78, 79]。

　　郑州大学的徐兰英等 (2009) 报告选择志贺氏菌的 6 种毒力基因作为靶基因，以痢疾志贺氏菌和鲍氏志贺氏菌标准菌株、弗氏志贺氏菌和宋内氏志贺氏菌临床分离菌株各 2 株为模型，采用多重 PCR 检测位于染色体上的志贺氏菌肠毒素 1 基因 (*set1*)、位于侵袭性大质粒上的志贺氏菌肠毒素 2 基因 (*sen*)、存在于染色体和大质粒上的 *ipaH* 基因、位于大质粒上的侵袭相关蛋白基因 (*ial*)、志贺毒素 1 基因 (*stx1*) 及调控基因 (*virA*) 等 6 种毒力基因；然后对 2001 年至 2007 年河南省各菌痢监测点分离的 115 个菌株 (其中痢疾志贺氏菌 1 株、弗氏志贺氏菌 103 株、宋内氏志贺氏菌 11 株共属于 22 个血清型) 进行了检测，以验证多重 PCR 的可行性。结果 115 株被检菌除 *stx1* 外，其他 5 种毒力基因的阳性率均在 85% 以上；根据研究结果认为采用多重 PCR 方法鉴定志贺氏菌毒力基因具有简便、快速的特点，适用于志贺氏菌毒力基因的鉴定和流行病学调查研究 [80]。

2.4.5　免疫学检验

　　在发生志贺氏菌食物中毒后，患者血清凝集抗体效价在恢复期的要比发病初期的明显增高；可通过用分离的菌株制备抗原，对患者双份血清做凝集试验测定，具有诊断价值。

3　鲍氏志贺氏菌 (*Shigella boydii*)

　　鲍氏志贺氏菌 (*Shigella boydii* Ewing 1949) 亦称鲍地志贺氏菌，是以英国细菌学家博伊德爵士 (Sir John Boyd) 的姓氏 (Boyd) 命名的；种名 "*boydii*" 为现代拉丁语属格名词，指 "Boyd"。

　　细菌 DNA 的 G+C mol% 未确定；模式株：ATCC 8700，CIP 82.50，DSM 7532，NCTC 12985[9]。

3.1　生物学性状

　　鲍氏志贺氏菌产生过氧化氢酶，发酵 D- 甘露醇，不产生鸟氨酸脱羧酶；2 型、3 型、4 型、6 型和 10 型可缓慢发酵卫茅醇，木糖发酵不确定。吲哚产生不确定，13 型和 14 型发酵糖类产生气体。Akiyoshi 等 (2000) 报告了首次对鲍氏志贺氏菌菌毛的研究结果，表明该菌毛是甘露糖敏感性的，细且直，长 2 ～ 5μm，直径为 3 ～ 5nm[81]。

　　根据生化反应和抗原结构，鲍氏志贺氏菌属于 C 群，有 19 个血清型，均有特异的型抗原，尚无亚型。它们和其他志贺氏菌可能会有一些交叉反应，但是它们很少干扰诊断。血清型 10 和 11 虽然有特异的型抗原，但也拥有共同的主要抗原。另外，Woodward 等 (2005) 报告了 1 个新血清型 20(*Shigella boydii* serovar 20 serovar nov.)；参考菌株：SH108(isolate

99-4528)[82]。

3.2 病原学意义

在前面的弗氏志贺氏菌项下所述及的相应内容，也包括鲍氏志贺氏菌，所以在此仅作简要记述。

3.2.1 人的鲍氏志贺氏菌感染病

与前面有述的弗氏志贺氏菌一样，鲍氏志贺氏菌在人的感染也包括食物中毒和一些其他类型的感染，但其在食物中毒的出现频率较低。

3.2.1.1 食物中毒

近些年来，我国也有由鲍氏志贺氏菌引起食物中毒事件发生的报告，但相对来讲还不像弗氏志贺氏菌、宋内氏志贺氏菌那样比较普遍和严重[4]。在检出的鲍氏志贺氏菌引起食物中毒事件报告中，在前面有记述中国人民解放军北京军区军事医学科学所的陈崇智(1962)报告的1起由4型鲍氏志贺氏菌引起的事件是最早的，也是在所有志贺氏菌引起食物中毒事件报告中最早的[14]。

3.2.1.2 其他感染病

由鲍氏志贺氏菌引起的痢疾，临床症状表现有轻有重。另外，在前面有述国外有由鲍氏志贺氏菌引起的腹泻和急性心肌心包炎(Vieira et al，2008)[41]、早产婴儿假性坏死性小肠结肠炎病例的报告(Sawardekar et al，2005)[42]。另外，在前面有记述江苏省丹阳市人民医院的袁红萍(2001)报告了1例由鲍氏志贺氏菌引起的脑膜炎[83]。

就由志贺氏菌引起的痢疾来讲，鲍氏志贺氏菌在我国的检出频率还是较低的。以下记述的一些报告，是具有一定代表性的。

首都医科大学附属北京友谊医院热带医学研究所的栗绍刚等(2009)报告，对首都医科大学附属北京友谊医院在2006年4月至10月从腹泻患者粪便标本中分离的168株志贺氏菌进行菌群鉴定，结果为宋内氏志贺氏菌107株(构成比63.7%)、弗氏志贺氏菌59株(构成比35.1%)、鲍氏志贺氏菌2株(构成比1.2%)[84]。

北京市昌平区疾病预防控制中心的牛桓彩等(2010)报告，对北京市昌平区菌痢监测点从菌痢患者粪便分离的79株志贺氏菌做病原学监测，结果为宋内氏志贺氏菌42株(构成比53.16%)、弗氏志贺氏菌34株(构成比43.04%)、痢疾志贺氏菌2株(构成比2.53%)、鲍氏志贺氏菌1株(构成比1.27%)[85]。

3.2.1.3 医院感染情况

在前面弗氏志贺氏菌项下有记述，在我国由志贺氏菌引起的医院感染，文献记述和报告还主要是弗氏志贺氏菌。就由鲍氏志贺氏菌引起的医院感染来讲，在我国的检出频率还是较低的。

云南省昆明市延安医院的王蕊等(1995)报告在1992年9月9日至16日间，该医院妇产科产婴室发生由鲍氏志贺氏菌13型菌株引起的新生儿医院感染暴发，流行持续8天共23例(在本月住院和出院214例新生儿的感染率为10.75%)、死亡10例(感染病死率

43.48%）。23 例感染婴儿均表现拒吃奶、伴有不同程度的呕吐、体温为 38 ～ 40℃，相继出现黄疸、腹胀气、皮肤不同部位出现出血点、四肢发凉。其中有 13 例出现肺部呼吸音粗糙、口唇发绀；10 例在后期出现肺部湿啰音、心律不齐、四肢蹶冷、呕吐频繁，最后发生凝血障碍、酸中毒、心力衰竭、感染性休克导致肺出血死亡，临床诊断为败血症。从 5 例婴儿的咽拭子及肛拭子标本材料，均检出了鲍氏志贺氏菌 13 型菌株。另外，从第 1 例患儿的母亲肛拭子标本材料，也检出了鲍氏志贺氏菌 13 型菌株，由此证实并确定传染源是此产妇 (健康带菌者)。同时根据检验结果，报告者认为志贺氏菌除了在肠道定植外，也可在新生儿的咽部定植 [86]。

另外，从一些医院感染病原菌的报告文献分析，其中以志贺氏菌属 (未明确种类) 细菌名义记述的，除了可能多是比较常见的弗氏志贺氏菌外，也不排除可能存在的鲍氏志贺氏菌或痢疾志贺氏菌、宋内氏志贺氏菌等。

3.2.2　动物的鲍氏志贺氏菌感染病

河南农业大学的许兰菊等 (2004) 报告在 2003 年 2 月，郑州市郊区某鸡场发生了一种急性、败血性传染病，主要以雏鸡脓血痢为特征，检验结果表明病原菌为鲍氏志贺氏菌 [54]。

3.3　微生物学检验

在弗氏志贺氏菌相应项下有述，目前对志贺氏菌的常规检验方法，仍然依赖于传统的细菌培养和生化鉴定及血清型检定。

（陈翠珍）

参 考 文 献

[1] 贾辅忠 , 李兰娟 . 感染病学 . 南京 : 江苏科学技术出版社 , 2010: 507~513.

[2] 李梦东 . 实用传染病学 . 第 2 版 . 北京 : 人民卫生出版社 , 1998: 392~400.

[3] 杨正时 , 房海 . 人及动物病原细菌学 . 石家庄 : 河北科学技术出版社 , 2003: 486~496.

[4] 聂青和 . 感染性腹泻病 . 北京 : 人民卫生出版社 , 2000: 242~266,728~731.

[5] 房海 , 陈翠珍 . 中国食物中毒细菌 . 北京 : 科学出版社 , 2014: 221~255.

[6] 边藏丽 , 熊平源 , 蔡爱玲 . 医院感染常见病原菌耐药现状分析 . 中国民康医学杂志 , 2003, 15(4):210~213.

[7] 李秀云 , 闫美玲 . 医院感染病原菌分析 . 中华医院感染学杂志 , 2005, 15(6):719~720.

[8] 柏学民 , 王艳玲 , 郝建秀 , 等 . 妇幼医院 291 例医院感染分析 . 宁夏医学杂志 , 2006, 28(5):393~394.

[9] George M. Garrity. Bergey's Manual of Systematic Bacteriology. Second Edition. Volume Two. Part B. Springer, New York, 2005, 811~823.

[10] 聂青和 . 感染性腹泻病 . 北京 : 人民卫生出版社 , 2000: 242~266,728~731.

[11] J. M. 让达 , S. L. 阿博特 . 肠杆菌科 . 第 2 版 . 曾明 , 王斌 , 李凤祥 , 等译 . 北京 : 化学工业出版社 , 2008: 61~76.

[12] 房海 , 陈翠珍 . 病原细菌科学的丰碑 . 北京 : 科学出版社 , 2015: 176~178.

[13] 于恩庶 , 徐秉锟 . 中国人兽共患病学 . 福州 : 福建科学技术出版社 , 1988: 129~143.

[14] 陈崇智. 鲍爱德四型痢疾杆菌引起食物中毒的调查报告. 人民军医, 1962, (4):13~15.

[15] 李仲兴, 王秀华, 陈晶波, 等. 一株新的痢疾志贺氏菌的分离与鉴定. 河北医药, 1985, 7(5):302~303.

[16] 卢大华, 程国平, 李瑞林. 一株迅速发酵乳糖产酸产气福氏志贺氏菌I型菌的分离研究. 微生物学杂志, 1990, 10(1-2):110, 123.

[17] 徐祗兰, 宋雨水, 赵振海, 等. 国内首次检出鲍氏志贺氏菌14型产气变种报告. 中国人兽共患病杂志, 1991, 7(3):59~60.

[18] 吴玉琪. 一株罕见生化反应的宋内氏志贺氏菌的分离鉴定. 中国卫生检验杂志, 1993, (1):64.

[19] 吴秀美, 张宽深. 一株特殊福志贺菌Y变种分离鉴定. 现代预防医学, 2008, 35(3):576.

[20] 陈树儒. 苏耐氏痢疾杆菌食物中毒79例调查报告. 山东医药, 1972, (7):6~8.

[21] 陈道利, 金东, 崔志刚, 等. 马鞍山市志贺菌福氏4c亚型毒力基因检测及分子分型研究. 中国人兽共患病学报, 2010, 26(9):851~855.

[22] 李振军, 秦彩明, 王丽丽, 等. 脉冲场凝胶电泳技术对一起痢疾暴发的分型研究. 疾病监测, 2005, 20(9):460~462.

[23] 许亚宁, 金东, 崔志刚, 等. 宋内志贺菌食物中毒分离株型别分析. 中国公共卫生, 2009, 25(2):183~184.

[24] 夏桂枝, 叶礼燕, 王红, 等. AP-PCR和set1、set2两基因PCR用于志贺菌基因多态性研究. 福州总医院学报, 1999, 6(2):9~10, 5.

[25] 廖延雄. 痢疾杆菌与动物. 畜牧与兽医, 2004, 36(2):1~2.

[26] 常永军, 毕利平, 陈欣然. 8512名新兵菌痢传染源调查. 解放军预防医学杂志, 1989, 7(4):415~416.

[27] 蒋震羚, 王红, 唐振柱, 等. 2003~2004年广西食品中志贺氏菌监测分析. 广西预防医学, 2006, 12(1):45~46.

[28] Patrick Collard. The Development of Microbiology. Cambridge University Press, 1976, 107~109.

[29] 鲍春梅, 崔恩博, 郭桐生, 等. 1831株宋内志贺菌耐药性调查及其产ESBLs的研究. 传染病信息, 2009, 22(3):143~146.

[30] 彭俊平, 杨剑, 金奇. 志贺菌研究进展. 中国科学: 生命科学, 2010, 40(1):14~22.

[31] 闻玉梅. 现代医学微生物学. 上海: 上海医科大学出版社, 1999: 321~330.

[32] [美]J. M. Jay, M. J. Loessner, D. A. Golden. 现代食品微生物学. 第7版. 何国庆, 丁立孝, 宫春波等译. 北京: 中国农业大学出版社, 2008: 525~529.

[33] 杨东亮, 叶嗣颖. 感染免疫学. 武汉: 湖北科学技术出版社, 1998: 70~72.

[34] 刘芸, 张炳昌, 王建. 246株致腹泻志贺菌菌型分布及药敏分析. 中国卫生检验杂志, 2009, 19(5):1112~1113, 1135.

[35] 刘艳萍, 张文平, 徐学军, 等. 菌痢监测点病原学结果分析. 中国卫生检验杂志, 2009, 19(4):833~834, 883.

[36] 汪萍, 王小光, 骆玲飞, 等. 上海市闵行区952株志贺菌的血清分型及耐药性分析. 职业与健康, 2011, 27(5):540~542.

[37] 冯欣, 梁陶, 柯水源, 等. 志贺氏菌致婴儿败血症死亡的菌株分离与鉴定. 广东医学院学报, 1999, 17(2):167.

[38] 胡方坤, 郑月娥. 婴儿福氏志贺氏菌败血症二例报告. 温州医学院学报, 1988, (2):46.

[39] 胡金树, 孙艳, 王春东. 宋内志贺氏菌引起败血症 1 例. 中华医院感染学杂志, 2007, 17(6):623.

[40] 许顺姬. 宋内志贺菌所致成人败血症 1 例. 中华医院感染学杂志, 2011, 21(5):1009.

[41] Vieira N B, Rodriguez-Vera J, Grade M J, et al. Traveler's myopericarditis. European journal of internal medicine, 2008, 19(2):146~147.

[42] Sawardekar K P. Shigellosis caused by *Shigella boydii* in a preterm neonate, masquerading as necrotizing enterocolitis. The Pediatric infectious disease journal, 2005, 24(2):184~185.

[43] 袁红萍. 鲍氏志贺菌脑膜炎 1 例. 中国抗感染化疗杂志, 2001, 1(3):132.

[44] 刘松华, 张强. Ⅵ型福氏志贺菌阴道炎 1 例. 实用诊断与治疗杂志, 2005, 19(2):149~150.

[45] 杨颖, 段颖卿, 罗永慧. 福氏志贺菌引起幼女外阴炎一例. 江西医学检验, 2007, 25(4):408.

[46] 刘万珍, 李玉栋. 福氏志贺菌引起皮肤伤口感染 1 例. 包头医学院学报, 2003, 19(1):62.

[47] 宋丽娟, 潘复亮. 患者痰中首次检出福氏志贺氏杆菌 1 例. 宁夏医学杂志, 2001, 23(1):10.

[48] 孙晓鹏. 痢疾志贺氏菌 2 型引起化脓感染一例报告. 临床检验杂志, 1993, 11(3):165.

[49] 杨建华, 王兰英. 宋内志贺菌引起泌尿系感染 1 例. 实用医技杂志, 2002, 9(3):173.

[50] 张利侠, 韩雅丽. 铜绿假单胞菌和福氏志贺菌混合致肺部感染一例. 上海医学检验杂志, 1998, 13(1):22.

[51] 张玉萍. 58 例婴幼儿医院感染性肠炎病原菌分析. 中华医院感染学杂志, 2006, 16(10):1113~1114.

[52] 曹月升, 刘朱梅, 张立志, 等. 鼠伤寒沙门氏菌福氏志贺氏痢疾杆菌致小儿混合性医院感染 1 例. 河北中西医结合杂志, 1996, 5(1):30.

[53] 田浩, 隋丽华, 郑振峰, 等. 猕猴志贺菌感染状况及药物敏感性调查. 中国比较医学杂志, 2003, 13(1):5~9.

[54] 许兰菊, 王川庆, 胡功政, 等. 鸡志贺氏菌病在我国的发现及其病原特性研究. 中国预防兽医学报, 2004, 26(4):281~286.

[55] 张玉红, 张光辉, 许兰菊, 等. 河南省鸡志贺氏菌病和鸡白痢的血清流行病学调查. 河南农业科学, 2007, 36(12):105~108.

[56] 杨永珍, 许兰菊, 张丹鹤, 等. 河南省部分地区鸡志贺氏菌病病原分离鉴定及药敏试验. 河南农业科学, 2011, 40(3):134~139.

[57] 蒋建军, 王鹏雁, 剡根强, 等. 集约化兔场高致病性痢疾志贺菌的分离与鉴定. 黑龙江畜牧兽医, 2006, (8):66~67.

[58] 王彦红, 苗晓青, 周琼, 等. 奶牛大肠杆菌与鲍氏志贺氏菌混合感染的诊疗. 中国兽医杂志, 2007, 43(9):70~71.

[59] 高凤山, 胡桂学. 幼犬志贺氏菌感染的微生物学诊断. 安徽农学通报, 2007, 13(3):118, 142.

[60] 邹玲. 一株鸭源志贺氏菌的分离鉴定与药敏试验. 中国畜牧兽医, 2009, 36(5):164~165.

[61] 耿长国, 彭广能, 何春燕, 等. 袋鼠源志贺氏菌的分离鉴定. 中国兽医杂志, 2009, 45(11):33~34.

[62] 盘宝进, 汪文龙, 谢永平, 等. 实验猴志贺氏菌检出、血清分型及药物敏感性试验. 广西农业科学, 2006, 37(3):331~332.

[63] 胡传活, 符明泰, 韦毅, 等. 广西食蟹猴志贺氏菌感染率、血清型调查及药物敏感试验. 畜牧与兽医, 2002, 34(5):33~34.

[64] 蒋观成, 王德莲, 宋怀燕, 等. 猕猴肠道致病菌的检测. 中国人兽共患病杂志, 1993, 9(4):26~28.

[65] 杨正时 , 房海 . 人及动物病原细菌学 . 石家庄 : 河北科学技术出版社 , 2003, 486~496.

[66] 俞东征 . 人兽共患传染病学 . 北京 : 科学出版社 , 2009, 422~429.

[67] 蒋原 . 食源性病原微生物检测指南 . 北京 : 中国标准出版社 , 2010, 129~147.

[68] 喻华英 , 王景林 , 高丰 . 志贺毒素及其分子生物学研究进展 . 生物技术通讯 , 2004, 15(1): 86~88.

[69] 张继瑜 , 周绪正 , 李剑勇 , 等 . 志贺菌的致病性及其分子机理 . 中国预防兽医学报 , 2004, 26(6):479~481, 478.

[70] 郗宁 , 韩俭 , 丁进芳 . 志贺菌毒力因子 . 甘肃科技 , 2009, 25(3):155~157.

[71] 朱力 , 王恒樑 . 志贺氏菌III型分泌系统及其致病机理 . 微生物学报 , 2010, 50(11):1446~1451.

[72] 赵丽华 , 万成松 . 志贺菌毒力岛的结构和功能 . 医学分子生物学杂志 , 2006, 3(4): 296~299.

[73] 康静静 , 杨玉荣 , 梁宏德 . 志贺氏菌病发病机制的研究进展 . 中国农业科学 , 2011, 44(9):1939~1944.

[74] 姜铮 , 王芳 , 何湘 , 等 . 志贺氏菌致病机制研究进展 . 中国热带医学 , 2009, 9(7):1372~1374.

[75] 叶应妩 , 王毓三 , 申子瑜 . 全国临床检验操作规程 (第 3 版). 南京 : 东南大学出版社 , 2006, 801~821.

[76] Holt J G, Krieg N R, , Sneath P H A, et al. Bergey's Manual of Determinative Bacteriology. Ninth Edition. Baltimore, Williams and Wilkins, 1994: 178, 203~222, 225.

[77] 赵铠 , 章以浩 , 李河民 . 医学生物制品学 . 第 2 版 . 北京 : 人民卫生出版社 , 2007: 596~612, 1433~1434.

[78] 吴平芳 , 石晓路 , 郑琳琳 , 等 . 改良分子信标 - 实时 PCR 快速检测志贺氏菌 . 中国卫生检验杂志 , 2006, 16(4):394~395, 468.

[79] 赵丽华 , 周勇 , 万成松 . 分子信标 PCR 检测志贺氏菌 ipaH 基因 . 热带医学杂志 , 2006, 6(5):499~502.

[80] 徐兰英 , 许汴利 , 马宏 . 志贺氏菌 6 种毒力基因的多重 PCR 检测 . 郑州大学学报 (医学版), 2009, 44(6):1218~1221.

[81] Akiyoshi Utsunomiya, Michio Nakamura, Akinhiro Hamamoto. Expression of fimbriae and hemagglutination activity in *Shigella boydii*. Microbiology and immunology, 2000, 44(6):529~531.

[82] Woodward D L, Clark C G, Caldeira R A, et al. Identification and characterization of *Shigella boydii* 20 serovar nov. , a new and emerging Shigella serotype. Journal of Medical Microbiology, 2005, 54(8):741~748.

[83] 袁红萍 . 鲍氏志贺菌脑膜炎 1 例 . 中国抗感染化疗杂志 , 2001, 1(3):132.

[84] 栗绍刚 , 李威 , 阴赪宏 , 等 . 168 例痢疾杆菌的菌群鉴定及药敏试验结果分析 . 中国热带医学 , 2009, 9(3):514~515.

[85] 牛桓彩 , 张金菊 , 马文军 . 2006~2008 年昌平区细菌性痢疾病原学监测结果分析 . 中国卫生检验杂志 , 2010, 20(1):159~161.

[86] 王蕊 , 赵云 . 新生儿志贺氏痢疾杆菌 C 群 13 型暴发的分析 . 中华医院感染学杂志 , 1995, 5(2):83~84.

第 14 章　耶尔森氏菌属 (*Yersinia*)

耶尔森氏菌属 (*Yersinia* Van Loghem 1944) 的鼠疫耶尔森氏菌 (*Yersinia pestis*)、小肠结肠炎耶尔森氏菌 (*Yersinia enterocolitica*)、假结核耶尔森氏菌 (*Yersinia pseudotuberculosis*)，能引起人及多种动物的感染病 (infectious diseases)，常被统称为耶尔森氏菌病 (yersiniosis)，也是几种人畜共患病 (zoonoses)、以动物为主 (动物源性) 的人畜共患病 (anthropozoonoses) 的总称，但其中主要指的是由小肠结肠炎耶尔森氏菌引起的感染病。由鼠疫耶尔森氏菌引起的称为鼠疫 (plague)，由假结核耶尔森氏菌引起的称为假 (伪) 结核 (pseudotuberculosis)。这些感染病，均是呈全球性分布、古老且重要的。其中的小肠结肠炎耶尔森氏菌、假结核耶尔森氏菌，也是食源性疾病 (foodborne diseases) 的病原菌，也称食源性病原菌 (foodborne pathogen)，在我国也有作为食物中毒 (food poisoning) 病原菌检出的报告 [1 ~ 3]。

耶尔森氏菌属是肠杆菌科 [Enterobacteriaceae(Rahn 1937)Ewing Farmer and Brenner 1980] 细菌的成员。作为医院感染 (hospital infection，HI) 的病原肠杆菌科细菌，在我国已有明确记述和报告的共涉及 12 个菌属 (genus)、35 个菌种 (species) 或亚种 (subspecies)。为便于一并了解，以表格 "医院感染病原肠杆菌科细菌的各菌属与菌种 (亚种)" 的形式，记述在了第 2 篇 "医院感染革兰氏阴性肠杆菌科细菌" 扉页中。

在我国有由耶尔森氏菌属细菌引起的医院感染，但还是比较少见的，且目前仅涉及小肠结肠炎耶尔森氏菌 1 个种。

● 河南省新乡市传染病医院的刘爱丽等 (2012) 报告在 5 年 (2007 年 1 月至 2011 年 12 月) 间，该医院 5 个病区收治慢性重症肝炎患者 540 例、失代偿期肝硬化患者 2100 例共 2640 例，其中发生医院感染的 262 例 (感染率 9.92%)。从感染患者的血液、腹水、尿液、粪便、痰液、咽拭子、脓液等标本材料中分离到病原菌 212 株，其中细菌 177 株（构成比 83.49%）、真菌 (fungi)35 株（构成比 16.51%）。在 177 株细菌中，革兰氏阴性细菌 125 株（构成比 70.62%），主要为：大肠埃希氏菌 (*Escherichia coli*)、阴沟肠杆菌 (*Enterobacter cloacae*)、空肠弯曲杆菌 (*Campylobacter jejuni*)、小肠结肠炎耶尔森氏菌 [4]。

● 陕西省西电集团医院的杨小青 (2006) 报告，该医院在 2004 年 1 月至 2006 年 5 月间，从住院及门诊患者分离到病原菌 1076 株，其中细菌共 947 株（构成比 88.01%），属于真菌的念珠菌属 (*Candida* Berkhout 1923) 真菌 129 株（构成比 11.99%）。在 947 株细菌中，革兰氏阴性细菌 602 株（构成比 63.57%）、革兰氏阳性细菌 345 株（构成比 36.43%）。在从痰液标本材料中分离的 14 种（属)586 株病原菌中，细菌共 13 种（属)524 株（构成比 89.42%），念珠菌属真菌 62 株（构成比 10.58%）。另外，在此文中，还记述检出了其他多种病原菌，其中包括小肠结肠炎耶尔森氏菌 4 株 [5]。

1 菌属定义与分类位置

耶尔森氏菌属分类于肠杆菌科 [Enterobacteriaceae(Rahn 1937)Ewing Farmer and Brenner 1980]，也是在肠杆菌科细菌中被认知较晚的成员。其中的一些种，在早期被归于巴斯德氏菌属 (*Pasteurella* Trevisan 1887)。近年来，属内一些种的易属及增加的变动也较大。菌属名称 "*Yersinia*" 为现代拉丁语阴性名词，是以法国细菌学家亚历山大·约翰·埃米尔·耶尔森 (Alexandre John Émil Yersin，1863 ~ 1943) 的姓氏 (Yersin) 命名的。在第 1 章 "病原细菌的发现与致病作用" 中有记述，耶尔森最为卓越的贡献，就是在 1894 年首先分离到了鼠疫耶尔森氏菌 [6]。

1.1 菌属定义

耶尔森氏菌属细菌，为 (0.5 ~ 0.8)μm×(1 ~ 3)μm 的革兰氏阴性直杆菌或球杆状，在 37℃ 培养的无动力，但除了鲁氏耶尔森氏菌 (*Yersinia ruckeri*) 的一些菌株和鼠疫耶尔森氏菌始终不运动外的其他菌株在 30℃ 以下生长时藉周生鞭毛 (peritrichous flagella) 运动；不产生芽孢，不产生荚膜，但在 37℃ 生长或源于体内样品细胞内的鼠疫耶尔森氏菌能产生包被；兼性厌氧、有机化能营养、有呼吸和发酵两种代谢类型，适宜的生长温度为 28 ~ 29℃；能在普通营养培养基上生长，在普通营养琼脂培养基上培养 24h 形成直径 0.1 ~ 1.0mm 的小菌落（半透明至不透明）。

该菌属细菌从 D- 葡萄糖和其他碳水化合物分解产酸、不产气或产少量气，氧化酶阴性，过氧化氢酶阳性，吲哚的产生在各种之间有差异，甲基红试验 (methyl red test，MR) 常常是阳性，伏 - 波试验 (Voges-Proskauer test，V-P) 和柠檬酸盐利用试验在 37℃ 是阴性（在 25 ~ 28℃ 有变化)，赖氨酸脱羧酶、精氨酸双水解酶阴性，除了鼠疫耶尔森氏菌、假结核耶尔森氏菌、罗氏耶尔森氏菌 (*Yersinia rohdei*) 外的鸟氨酸脱羧酶阳性，不产生 H_2S，除了伯氏耶尔森氏菌 (*Yersinia bercovieri*)、鼠疫耶尔森氏菌和鲁氏耶尔森氏菌外的其他种能够水解尿素，很少菌株能在 KCN 培养基中生长，不利用丙二酸盐，除个别生物型 (biovars)

菌株外能还原硝酸盐为亚硝酸盐，所有或大多数的种能发酵 L- 阿拉伯糖、麦芽糖、D-甘露醇、D- 甘露糖、海藻糖等碳水化合物。其表型特征常与生长温度有关 (温度依赖性)，通常多是在 25 ～ 29℃ 比在 35 ～ 37℃ 表现充分。已研究过的菌株，均具有肠道细菌共同抗原 (enterobacterial common antigen，ECA)。

该菌属细菌具有很宽的生境谱，包括人和动物尤其是啮齿类动物和鸟类及土壤、水、乳制品和其他食物，有些种具有宿主特异性。鼠疫耶尔森氏菌是鼠疫的病原菌，鼠疫是野生啮齿类动物的一种主要疾病，鼠疫耶尔森氏菌由跳蚤在野生啮齿类动物间传播，细菌在跳蚤体内繁殖并阻塞食管和咽，跳蚤在叮咬吸食血液时将病菌输入并将疾病传染给人，受感染跳蚤的叮咬在人类引起典型的腺型鼠疫，通过染菌飞沫的吸入可引起肺型鼠疫；假结核耶尔森氏菌是多种动物及偶尔可为人类的病原菌，能引起人的肠系膜淋巴结炎、慢性腹泻和严重的败血症；小肠结肠炎耶尔森氏菌能在动物和人类引起相似的感染，鲁氏耶尔森氏菌可在鱼类引起红嘴病 (red mouth disease，RMD)，其他的种偶可为人类的机会病原菌 (opportunistic pathogen，亦称为条件病原菌) 或无病原性。

耶尔森氏菌属细菌 DNA 中 G+C mol% 为 46 ～ 50(T_m，Bd)；模式种 (type species)：鼠疫耶尔森氏菌 [*Yersinia pestis*(Lehmann and Neumann 1896)van Loghem 1944] [6]。

1.2　分类位置

按伯杰氏 (Bergey) 细菌分类系统，在第二版《伯杰氏系统细菌学手册》(*Bergey's Manual of Systematic Bacteriology*) 第 2 卷 (2005)B 部分中，耶尔森氏菌属分类于肠杆菌科。

肠杆菌科内共记载了 42 个菌属 144 个种，另是在种下有 23 个亚种 (subspecies)、8 个血清型 (serovars)。其中的 42 个菌属名录，已分别记述在了第 3 章 "柠檬酸杆菌属" (*Citrobacter*) 中。

肠杆菌科细菌 DNA 的 G+C mol% 为 38 ～ 60；模式属 (type genus)：埃希氏菌属 (Escherichia Castellani and Chalmers 1919)。

耶尔森氏菌属内共记载了 11 个种，依次为：鼠疫耶尔森氏菌、阿氏耶尔森氏菌 (*Yersinia aldovae*)、伯氏耶尔森氏菌、小肠结肠炎耶尔森氏菌、弗氏耶尔森氏菌 (*Yersinia frederiksenii*)、中间耶尔森氏菌 (*Yersinia intermedia*)、克氏耶尔森氏菌 (*Yersinia kristensenii*)、莫氏耶尔森氏菌 (*Yersinia mollaretii*)、假结核耶尔森氏菌、罗氏耶尔森氏菌、鲁氏耶尔森氏菌[6]。

另外，Sprague 等 (2005) 报告了一个新种 (sp. nov.)——阿列克西克耶尔森氏菌 (*Yersinia aleksiciae* Sprague and Neubauer 2005)，模式株：Y159(T)，WA758(T)，DSM 14987(T)，LMG 22254(T)[7]。Merhej 等 (2008) 报告了一个从淡水中分离的新种——马赛耶尔森氏菌 (*Yersinia massiliensis* Merhej，Adekambi，Pagnier et al 2008)，模式株：50640(T)，CIP 109351(T)，CCUG 53443(T)，isolate 823，CIP 109352,CCUG 53444[8]。

2　小肠结肠炎耶尔森氏菌 (*Yersinia enterocolitica*)

小肠结肠炎耶尔森氏菌 [*Yersinia enterocolitica*(Schleifstein and Coleman 1943)Frederiksen 1964] 也常被简称为小肠结肠炎耶氏菌，最早被命名为小肠结肠炎杆菌 (*Bacterium enterocoliticum* Schleifstein and Coleman 1943)；菌种名称 "*enterocolitica*" 为现代拉丁语阴性形容词，指与小肠和结肠有关的 (pertaining to the intestine and colon)。

细菌 DNA 的 G+C mol% 为 48.5±1.5(T_m，Bd)；模式株 (type strain)：ATCC 9610、161、CIP 80-27、DSM 4780，这个菌株属于 1B 生物型 (biovar 1B)、O:8 血清群 (serogroup O:8)、X 噬菌体型 (phagovar X)。GenBank 登录号 (16S rRNA)：M59292[6]。

2.1 发现历史简介

在国内外早期对小肠结肠炎耶尔森氏菌的明确报告，均主要是引起临床以胃肠道感染为特征的疾病，且一直到现在也还仍是主要的感染类型。

2.1.1 国外简况

小肠结肠炎耶尔森氏菌是在 1933 年被首先发现于美国纽约州，美国学者 Mclver 和 Pike 于 1934 年首先对此菌作了描述。1939 年，Schleifstein 和 Coleman 在美国从急性胃肠炎患者首先分离到，当时描述为一种革兰氏阴性、具有发酵能力、生物学性状相似于巴斯德氏菌属的假结核巴斯德氏菌 [*Pasteurella pseudotuberculosis*(Pfeiffer 1889) Topley and Wilson 1929]、对人具有致病性的细菌，并于 1943 年将其分类于杆菌属 (*Bacterium* Ehrenberg 1828)、命名为 "*Bacterium enterocoliticum*" (小肠结肠炎杆菌)；1949 年，Hässing 和 Karrer 及 Pusterla 又在欧洲对 2 例败血症患者尸检时从肝脓肿中分离出此菌，继之又从野兔的消化道、外观健康猪的粪便及 1 只护羊犬的肠壁和网膜内形成的囊中分离到同样的细菌，他们命名这些培养物为 "*Pasteurella pseudotuberculosis rodentium*" (啮齿动物假结核巴斯德氏菌)；1963 年 Daniëls 和 Goudzwaard 又从人体组织分离到，并称其为 "*Pasteurella X*" (X 巴斯德氏菌)。

1964 年，Frederiksen 检查了包括上述培养物的共 55 株菌，发现所有这些菌株的生化反应是相似的，有 3 种不同的菌体 (ohne hauch, O) 抗原但均与假结核耶尔森氏菌无血清学交叉反应，因此认为这些菌株的特征酷似于假结核耶尔森氏菌，但已有充分的证据表明它们可构成耶尔森氏菌属中的独立组成部分，将其作为一个独立的种并由其命名为小肠结肠炎耶尔森氏菌；当时所命名的菌株是由上述 Hässing 等 (1949) 从患败血症的患者中分离的，但他的菌株中至少有 1 个 (编号：2/5) 不符合这个种的定义。1954 年，由 Thal 建议将耶尔森氏菌属归于肠杆菌科中；1965 年，Smith 和 Thal 根据数值分类学研究的结果，建议将细胞色素氧化酶反应为阴性的该菌、原来的鼠疫巴斯德氏菌 [*Pasteurella pestis*(Lehmann and Neumann 1896)Bergey et al 1923](即现在的鼠疫耶尔森氏菌)、原来的假结核巴斯德氏菌 (即现在的假结核耶尔森氏菌) 这 3 个种，从巴斯德菌氏属中分出、组成 "*Yersinia*" (耶尔森氏菌属)，以示纪念在前面有记述于 1894 年首先分离到鼠疫耶尔森氏菌的法国细菌学家 Yersin(耶尔森)，并于 1970 年得到了细菌国际命名委员会的认定；实际上，*Yersinia*(耶尔森氏菌属) 一词始用于 1944 年，这是 van Loghem 为了纪念 Yersin 在巴斯德氏菌方面的成就首先提出的，建议是将当时归在巴斯德氏菌属内的鼠疫巴斯德氏菌和假结核巴斯德氏菌两个种列入，以与多杀巴斯德氏菌 (*Pasteurella multocida*) 相区分。

1961 年，Dickinsen 和 Mocquot 首先明确在动物带有小肠结肠炎耶尔森氏菌，且相继从多种动物中分离出来，在当时称其为"*Pasteurella pseudotuberculosis* type B"（B 型假结核巴斯德氏菌）。1962 年，在瑞士、荷兰、德国、丹麦和比利时等国家的数个毛丝鼠养殖场相继发生了一种兽疫暴发流行，造成了毛丝鼠的大批死亡，起源于美国加利福尼亚州的一个牧场；在 1964 年有数位研究者证实分离于这些毛丝鼠的病原菌株与上述那些源于人及动物的菌株为同种，这即是小肠结肠炎耶尔森氏菌作为动物病原菌的最早检出，也是迄今世界上规模最大、流行范围最广的一次国际间的动物耶尔森氏菌病的流行，同时也使此菌作为人畜共患病的病原菌引起了全世界的普遍重视 [9 ~ 11]。

2.1.2　国内简况

在我国，对小肠结肠炎耶尔森氏菌及其耶尔森氏菌病的研究起步相对较晚。1976 年，福建省卫生防疫站、流行病研究所的于恩庶和陈以燊发表了"国外一种新的肠道传染病——小肠结肠炎耶氏菌病"文章，首先将有关小肠结肠炎耶尔森氏菌的资料介绍到国内，较系统记述了在病原学、流行病学、临床学、治疗、预防及小肠结肠炎耶尔森氏菌的分离与鉴定等方面的内容，并相继开展了研究工作，于恩庶 (图 14-1) 又于 1986 年主编出版了《耶氏菌病和弯曲菌病》专著；这些，都直接引领了我国在该领域的研究与实践 [9, 12]。

有关资料显示，我国对小肠结肠炎耶尔森氏菌的检出及相应的研究始于 1979 年。以下记述的一些报告，显示了相应的内容。

图 14-1　于恩庶
资料来源：中国人兽共患病学报 . 2011 年第 1 期

原卫生部药品生物制品检定所的李笃唐等 (1982) 报告指出，他们于 1979 年 6 月至 1980 年 12 月从医院患者或有过腹泻腹痛史的健康者的粪便、猪的粪便 2000 份中，分离到 25 株小肠结肠炎耶尔森氏菌；其中被定型的 9 株，包括人源的 2 株为 O:4 型，猪源的 7 株分别为 O:10 和 O:16 各 2 株、O:7,8 和 O:13,7 及 O:17 的各 1 株；按 Wauters 的生物分型，人源定型的 2 株为生物 2 型、猪源定型的 7 株为生物 1 型 [13]。

福建省流行病防治研究所的陈亢川等 (1982) 报告指出，他们于 1980 年在福建省莆田县进行腹泻病因调查时，从 1 例门诊腹泻患者粪便中检出 1 株 O:3 型小肠结肠炎耶尔森氏菌，属于 Wauters 和 Niléhn 生物 3 型 [14]。

在上面有记述的于恩庶等 (1982) 报告指出，他们于 1980 年至 1981 年间相继从福建省莆田和惠安两县的腹泻患者粪便分离出 12 株小肠结肠炎耶尔森氏菌、从莆田县和龙溪地区的腹泻与健康猪粪便分离出 80 株小肠结肠炎耶尔森氏菌、从莆田县腹泻病猪场内的鼠类 (黄毛鼠和臭鼩鼱) 分离出 3 株小肠结肠炎耶尔森氏菌、从某腹泻患者院内饲养的鸡便中分离出 1 株小肠结肠炎耶尔森氏菌；血清型主要为 O:3，有 3 株为含有 O 抗原因子 3 的血清型；绝大多数为生物 3 型，个别菌株为生物 4 型；相继又从龙岩的猪粪便和惠安的腹泻患者分离的各 1 株小肠结肠炎耶尔森氏菌，为 O:9 血清型 [15]。

这些，是首次报告对小肠结肠炎耶尔森氏菌的检出；此后，已相继有从人和多种动物

（猪、牛、鸡、蛇、多种鼠类、犬、鸭、野鸟、羊等）及污水、食品、牛奶、肉类、蔬菜、市场售肉的肉墩等检出该菌的大量报告，对其病原学意义、致病机制及其相应感染的研究也不断深入 [16]。

在动物携带小肠结肠炎耶尔森氏菌及耶尔森氏菌病，河南省卫生防疫站的曾贵金等 (1982) 报告于 1980 年 5 月，从河南省肉联厂采集了刚刚屠宰的健康猪回盲部内含物标本 88 份做小肠结肠炎耶尔森氏菌的检验，结果共检出 6 株（阳性率 6.8%），相继对生物 - 血清型的研究 (1983) 表明其中 3 株为 3/O:3、另外 3 株为 1/O:10，这是在我国首次对猪携带小肠结肠炎耶尔森氏菌的调查报告，O:10 血清型菌株也是在国内外首次从猪中检出 [17]。同年，福建省莆田地区防疫站的佘家辉等报告他们从腹泻患者和病猪分离到小肠结肠炎耶尔森氏菌多株，其中从腹泻猪粪便分离的 2 株中，1 株为 O:3 血清型、1 株为与 O:3 存在共同抗原成分，这是在我国首次报告从腹泻病猪检出相应病原小肠结肠炎耶尔森氏菌，也是在国内外首次发现小肠结肠炎耶尔森氏菌能引起猪的腹泻病，此前在国外一直认为小肠结肠炎耶尔森氏菌不能引起猪的腹泻病 [18]。几乎在同时期，福建省畜牧兽医研究所的周文谟等 (1982) 报告在莆田县某部队猪场检查 29 例肠炎病猪（新鲜稀便材料），结果检出小肠结肠炎耶尔森氏菌阳性的 4 例（分离 11 株菌），这也可能是在兽医学界首次从发病动物（猪）中分离出小肠结肠炎耶尔森氏菌，并进一步表明了小肠结肠炎耶尔森氏菌能引起猪的腹泻病 [19]。

在由耶尔森氏菌引起的食物中毒事件方面，甘肃省兰州市城关区卫生防疫站的孙殿斌等 (1987) 报告的 1 起是最早的。报告在 1986 年 7 月，兰州市城关区发生因食用了被小肠结肠炎耶尔森氏菌污染的病死牛（城关区古城坪奶牛场 1 头 3 岁怀胎母牛腹泻频繁并继之发生流产后死亡）肉后，在进食的 205 人中有 107 人发病（罹患率 52.2%），同一人群未食用者无一人发病；潜伏期 8 ~ 96h，平均为 48h；年龄最小的 1 岁 8 个月，最大的 70 岁；主要表现为腹痛的 63 例（构成比 58.88%）、发热的 60 例（构成比 56.07%）、四肢无力的 49 例（构成比 45.79%）、食欲差的 48 例（构成比 44.86%）、腹泻的 44 例（构成比 41.12%）、恶心呕吐的 38 例（构成比 35.51%），另有关节痛的 4 例（构成比 3.73%）、便血的 1 例（构成比 0.93%）；从未服用抗生素的患者肛拭 5 份中检出小肠结肠炎耶尔森氏菌 2 株、食剩牛肉 2 份中检出 1 株共 3 株（检出率为 42.9%），经检定生物 - 血清型为 3/O:3 型 [20]。

2.2　生物学性状

耶尔森氏菌的某些理化特性常常表现与生长温度密切相关，通常情况下在 25 ~ 29℃ 比在 35 ~ 37℃ 培养的表现充分（温度依赖性）。因此在对耶尔森氏菌属细菌鉴定时要特别注意，必要时需对某些理化特性的鉴定结果做出培养温度的标注 [6, 21 ~ 23]。

2.2.1　形态特征与培养特性

耶尔森氏菌通常为革兰氏阴性的直杆菌或球杆状，小肠结肠炎耶尔森氏菌的有毒株多呈球杆状、无毒株以杆状多见，大小为 (0.5 ~ 1.3)μm×(1 ~ 3.5)μm，多呈单个散在、有时成短链或成堆排列，普通碱性染料易着色、偶有两极浓染且有多形性倾向，有周生鞭毛但需在 30℃ 以下培养才能形成（温度较高时易丧失），因此表现在 30℃ 以下培养的有动力、在 35℃

以上培养的则无动力，不产生芽孢，无荚膜。A. Faris 等在 1983 年研究发现此菌于 20 ～ 30℃生长的培养物中形成丰富的菌毛、33℃培养时形成少量菌毛、35℃以上则不形成。

小肠结肠炎耶尔森氏菌兼性厌氧，有机化能营养，有呼吸和发酵两种代谢类型；此菌的世代时间长，最短需 40min 左右 (约为其他肠杆菌科细菌的 1 倍)，因此生长速度较缓慢。在普通营养琼脂培养基上易于生长，在 1 ～ 40℃及含胆盐或胆酸盐的培养基上亦能生长；最适生长温度为 25 ～ 30℃，最适生长 pH 为 7 ～ 8；于 25 ～ 28℃条件下培养，在普通营养琼脂培养基上 24h 形成无色或灰白色、圆形、光滑、隆起、透明或半透明、直径 0.1 ～ 1.0mm 的小菌落，初代分离时呈光滑型 (smooth，S) 菌落，人工传代后可出现粗糙型 (rough，R)；在血液营养琼脂上能形成直径 1 ～ 2mm、与普通营养琼脂上特征相同的菌落，部分菌株有溶血现象；在沙门氏菌 - 志贺氏菌琼脂 (Salmonella-Shigella agar，SS) 和麦康凯琼脂 (MacConkey agar) 培养基上，培养 24h 形成无色、透明或半透明、较扁平的较小的菌落，有时几乎难以观察，培养至 48h 的菌落可增大到直径 0.5 ～ 3mm；最好的选择性培养基为 CIN 琼脂 (Cefsulodin-Irgasan-Novobiocin agar，CIN)，形成直径 1.0mm 左右的 "公牛眼状"特征性菌落，中心为深红色，外周部分为无色透明的环；在普通营养肉汤中呈均匀混浊生长，一般不形成菌膜，管底常有少量沉淀。通常情况下是有毒菌株在 37℃条件下生长时需要钙 (Ca^{2+})，于 22 ～ 28℃条件下则不需要，这是与一定的毒力因子表达相关联的。图 14-2 显示小肠结肠炎耶尔森氏菌在 CIN 琼脂培养基的菌落特征；图 14-3 显示小肠结肠炎耶尔森氏菌在 CAL 琼脂培养基的菌落特征。

图 14-2　在 CIN 琼脂培养基的菌落
资料来源：周庭银，赵虎 . 临床微生物学诊断与图解 .2001

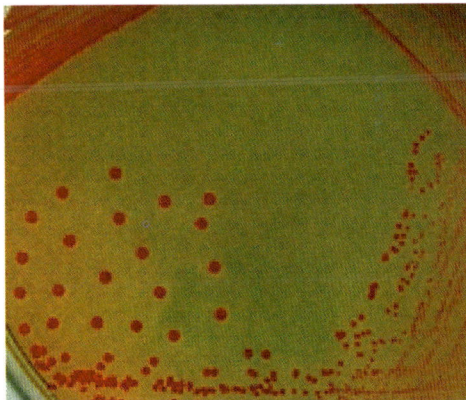

图 14-3　在 CAL 琼脂培养基的菌落
资料来源：周庭银，赵虎 . 临床微生物学诊断与图解 .2001

2.2.2　生化特性

耶尔森氏菌属内 11 个种具有鉴定意义的一些主要生物学性状，在第九版《伯杰氏鉴定细菌学手册》(*Bergey's Manual of Determinative Bacteriology*)(1994) 中，以 "耶尔森氏菌属内种间主要特征鉴别表"列出，现列于表 14-1 中以供参考 [21]。

表 14-1　耶尔森氏菌属内种间主要特征鉴别表

项目	阿氏耶尔森氏菌	伯氏耶尔森氏菌	小肠结肠炎耶尔森氏菌	弗氏耶尔森氏菌	中间耶尔森氏菌	克氏耶尔森氏菌	莫氏耶尔森氏菌	鼠疫耶尔森氏菌	假结核耶尔森氏菌	罗氏耶尔森氏菌	鲁氏耶尔森氏菌
吲哚产生	−	−	d	+	+	d	−	−	−	−	−
伏-波试验	+	−	(+)	(+)	+	−	−	−	−	−	d
柠檬酸盐利用*	d			d						d	+
尿素酶	+	+	+	+	+	+	+		+	d	
赖氨酸脱羧酶	−									−	+
鸟氨酸脱羧酶	+	+	+	+	+	+	+	−	−	(+)	+
动力	+	+	+	+	+	+			+	+	(+)
明胶液化	−										+
产酸：纤维二糖		+	+	+	+	+					
蜜二糖	−	−	−	−	+	−	−	d	+	d	
葡萄糖苷**					+						
棉子糖					+				d	d	
L-鼠李糖	+				+				+		
D-山梨醇	+	+	+	+	+	+					
蔗糖	−	+	+	+	+	+					
黏液酸盐	d	+	−	d	d		+				
L-岩藻糖	d	+	d	+	d	d	·			·	·
L-山梨糖	−	−	d	+	+	+	+	·		·	·
吡嗪酰胺酶	+	+	d	+	+	+	+			+	·
β-木糖苷酶	−	·	−	d	−	−		+	+		·
τ-谷氨酰转移酶	·		+	+	+	+				d	+

注：表中符号的 − 表示 0 ~ 10% 菌株阳性，d 示 26% ~ 75% 菌株阳性，(+) 表示 76% ~ 89% 菌株阳性，+ 表示 90% ~ 100% 菌株阳性；均为在 25 ~ 28℃ 培养的结果，· 表示无记载。上角标的 * 表示西蒙氏 (Simmons) 方法，** 表示 α- 甲基 -D- 葡萄糖苷。

　　另外是耶尔森氏菌属细菌的一些生物学性状，有的在不同培养温度下会表现出明显的差异性，常常会是在低温条件下代谢活跃，因此在表述时需要标明培养温度。现将在第九版《伯杰氏鉴定细菌学手册》(1994) 中记述的"耶尔森氏菌属内各种在 25 ~ 28℃ 及 37℃ 的主要生化反应特征表"列于表 14-2 中以供参考 [21]。

表 14-2　耶尔森氏菌属内各种在 25 ~ 28℃ 及 37℃ 的主要生化反应特征表

项目	阿氏耶尔森氏菌	伯氏耶尔森氏菌	小肠结肠炎耶尔森氏菌	弗氏耶尔森氏菌	中间耶尔森氏菌	克氏耶尔森氏菌	莫氏耶尔森氏菌	鼠疫耶尔森氏菌	假结核耶尔森氏菌	罗氏耶尔森氏菌	鲁氏耶尔森氏菌
伏 - 波试验：A	−	−	−	−	−	−	−	−	−	−	−
B	+	−	+	+	+						
柠檬酸盐利用 *：A	−	−	−	（−）	−	−	−	−	−	−	−
B	d	−	−	d	−	−	−	−	−	（+）	−
尿素酶：A	（+）	d	（+）	（+）	（+）	（+）	（−）	−	+	d	−
B	+	+	+	+	+	+	+	−	+	d	−
鸟氨酸脱羧酶：A	d	（+）	+	+	+	+	（+）	−	−	（−）	+
B	+	+	+	+	+	+	+	−	−	（+）	+
动力：A											
B	+	+	+	+	+	+	+		+	+	（+）
产酸：甘油：A	−	−	+	（+）	d	d	（−）	d	d	d	d
B	+	（+）	+	+	+			d	+	（+）	d
肌醇：A	−	−	d	（−）	（−）	（−）					
B	+	d	d	+	（+）	d	d				
蜜二糖：A	−	−		−	（+）			（−）	d	d	
B			+					d	+	d	
棉子糖：A	−	−	−	d	d				（−）	d	
B					+				（−）	d	
L- 鼠李糖：A				+	+				d		
B	+			+							
水杨苷：A	−	（−）	（−）	+	+	（−）	（−）	d	（−）		
B	+		（−）				（−）	（+）			
D- 木糖：A	d	+	d	+	+	（+）	d	+		d	
B	+	+	d	+	+	+	+	+	+		
黏液酸盐：A	−	−		−	−		−				
B	d	+	−	（−）	d		+				
七叶苷水解：A	−	（−）	（−）	（+）	（−）	−		d	+		−
B	+	（+）	d	+	+		（−）	+	+	+	

注：表中符号的 − 表示 0 ~ 10% 菌株阳性，（−）表示 11% ~ 25% 菌株阳性，d 表示 26% ~ 76% 菌株阳性，（+）表示 76% ~ 89% 菌株阳性，+ 表示 90% ~ 100% 菌株阳性；A 表示在 37℃ 培养的结果，B 表示在 25 ~ 28℃ 培养的结果。本书作者加注上角标：* 表示柠檬酸盐利用为西蒙氏 (Simmons) 方法。

2.2.2.1 基本生化特性

小肠结肠炎耶尔森氏菌的一些生化特性，主要是能从 D- 葡萄糖和其他碳水化合物分解产酸、不产气或产少量气，氧化酶阴性，过氧化氢酶阳性，精氨酸双水解酶阴性，不产生 H_2S，不利用丙二酸盐。发酵纤维二糖、甘油、蔗糖产酸，不发酵蜜二糖、α- 甲基 -D- 葡萄糖苷、棉子糖、L- 鼠李糖；不能利用西蒙氏 (Simmons) 柠檬酸盐，明胶液化阴性，鸟氨酸脱羧酶阳性，β- 木糖苷酶阴性，τ - 谷氨酰转移酶阳性，赖氨酸脱羧酶阴性；伏 - 波试验在 37℃ 为阴性，在 25 ~ 28℃ 为阳性。

2.2.2.2 生物型

根据小肠结肠炎耶尔森氏菌的一些生化特性，可将其划分为不同的生物型 (biovar) 或称生物群 (biogroup)。在该方面，Niléhn(1969)、Wauters(1970)、Knapp 等 (1973)、Sakazaki 等 (1979)、Bercovier 等 (1979)、Winblad(1979)、Kaneko 等 (1982) 等曾分别根据不同的生化特性指标将该菌分为了 4 ~ 6 个生物型 (群)，其中以 Niléhn(1969) 和 Wauters(1970) 的生物分型 (群) 方法使用较为广泛，按此两种分型 (群) 法对人致病的大多为 2 型 (群)、3 型 (群) 和 4 型 (群)，1 型 (群) 的大多数菌株是对人不致病的，对动物致病的常见为 5 型 (群)。由于此菌的生物型 (群) 常是与菌株的致病性相关联的，且常是相对应于特定的致病性血清型菌株，因此对分离菌株的生物型 (群) 检定，在对其病原学意义及流行病学研究方面都是很有价值的。

鉴于目前在对此菌生物型 (群) 的划分方面存在着不同的指标体系，因此在发表时需做出相应的标注。在第九版《伯杰氏鉴定细菌学手册》(1994) 中，以"小肠结肠炎耶尔森氏菌不同生物型间鉴别特征表"的形式记载了对此菌 5 种不同生物型 (群) 予以区分的生化特性指标，现将其列于表 14-3[21]。

表 14-3　小肠结肠炎耶尔森氏菌不同生物型 (群) 间鉴别特征 (1994)

项目	生物型 (群)					项目	生物型 (群)				
	1	2	3	4	5		1	2	3	4	5
吲哚产生	+	+	−	−	−	DNA 酶	−	−	−	+	+
产酸：蔗糖	+	+	+	+	d	酯酶 (吐温 80)	+	−	−	−	−
蕈糖	+	+	+	+	−	硝酸盐还原	+	+	+	+	−
D- 木糖	+	+	+	−	−						

注：表中符号的 + 表示 90% ~ 100% 菌株阳性，− 表示 0 ~ 10% 菌株阳性，d 表示 26% ~ 75% 菌株阳性；均为 28℃ 培养的结果。

另外是在第二版《伯杰氏系统细菌学手册》第 2 卷 (2005)B 部分中，同样以"小肠结肠炎耶尔森氏菌不同生物型间鉴别特征表"的形式记载了对此菌 5 种不同生物型 (群) 予以区分的生化特性指标，其生化特性项目有所不同，现将其列于表 14-4 供综合使用 [6]。

表 14-4　小肠结肠炎耶尔森氏菌不同生物型 (群) 间鉴别特征 (2005)

项目	生物性 (群)						项目	生物性 (群)					
	1A	1B	2	3	4	5		1A	1B	2	3	4	5
脂肪酶	+	+	−	−	−	−	七叶苷水解	+ / −	−	−	−	−	−
产酸：木糖	+	+	+	+	−	v	吲哚产生	+	+	v	−	−	−
蕈糖	+	+	+	+	+	−	鸟氨酸脱羧酶	+	+	+	+	+	(+)
山梨醇	+	+	+	+	+	−	伏 - 波试验	+	+	+	+	+	(+)
肌醇	+	+	+	+	+	+	吡嗪酰胺酶	+	−	−	−	−	−
水杨苷	+	+	−	−	−	−	硝酸盐还原	+	+	+	+	+	−

注：表中符号的＋表示阳性，−表示阳性，(＋) 表示迟缓阳性，＋ / −表示阳性或阴性，v 表示结果不定；生物群 1B 主要包括的是美国分离株；均为在 28℃培养，水杨苷产酸试验、七叶苷水解试验均为培养 24h 的结果。

中国疾病预防控制中心传染病预防控制所的肖玉春等 (2010) 报告，为初步了解我国致病性小肠结肠炎耶尔森氏菌 O：3 和 O：9 血清型 (serovar) 菌株的生物型 (群) 分布，掌握我国致病性小肠结肠炎耶尔森氏菌的生物学特性，采用 Bottone(1997) 的方法 (11 项指标)，对 1986 年至 2008 年从河南、江苏、宁夏、福建、吉林等地区的腹泻患者及常见畜禽 (猪、犬、鸡等) 和鼠类、食品、环境中分离的 427 株致病性小肠结肠炎耶尔森氏菌进行了生物分型 (群)，结果有 213 株 (构成比 49.9%) 为生物 2 型 (群)，均为 O：9 血清型；208 株 (构成比 48.7%) 为生物 3 型 (群)，其中的 191 株为 O：3 血清型、17 株为 O：9 血清型；6 株 (构成比 1.4%) 为生物 4 型 (群)，均为 O：3 血清型。显然，在我国 O:3 血清型的致病菌株是以生物 3 型 (群) 为主，在所有 O：3 型致病菌株的构成比为 97%(3/O:3)，但在国外 O：3 型致病菌株主要为生物 4 型 (群)(4/O：3)；O：9 血清型的致病菌株是以生物 2 型 (群) 为主，在所有 O：9 型致病菌株的构成比为 92.6%(2/O：9)，这与流行菌株的型别相同 [22]。

2.2.3　抗原结构与免疫学特性

小肠结肠炎耶尔森氏菌具有菌体 (ohne hauch，O) 抗原、鞭毛 (hauch，H) 抗原和表面 (kapsel，K) 抗原。菌体抗原为能耐受 121℃加热 1h 或 100℃加热 2.5h 的耐热多糖类物质，是此菌血清分型的基础和主要依据；鞭毛抗原为鞭毛蛋白质，与此菌的血清分型尚无密切关系；表面抗原中已知 K1 为菌毛蛋白成分，能产生菌体不凝集性。

通常用于标记小肠结肠炎耶尔森氏菌血清型的方法，仅是列出其菌体抗原 (中间用比号分开)，如菌体抗原是 3 则书写为 O：3；如果同时列出其所属的生物型 (群)，则将生物型 (群) 写在前面并与血清型用斜线分开，如生物型 (群) 是 3、血清型是 O：3 则该菌株为 3/O：3，这种形式在习惯上被称为生物 - 血清型 (bio-serovar)。

2.2.3.1　抗原与血清型

小肠结肠炎耶尔森氏菌已扩大到了 57 个菌体抗原群 (分别用阿拉伯数字表示)，在同血清型的菌株可含有两种或两种以上的菌体抗原，有的还含有抗原因子。如 O：1 抗原为 1、2a、3，O：2 抗原为 2a、2b、3，其中的 2a 则为 O：1 和 O：2 共同含有的菌体抗原因子，2b 才是 O2 的特异抗原；生长温度是它们抗原谱的一个重要影响因素，抗原 1 和 2 在 22℃

时出现、3 在高于 28℃时占优势，这样则血清型可以按下列方式记录：22℃为 O：1、2a、(3)、O：2a、2b、(3)；28℃为 O：(1、2a)、3，O：(2a、2b)、3。小肠结肠炎耶尔森氏菌与其他细菌的免疫交叉反应，主要是发生在 O:9 血清型菌株与布鲁氏菌属 (*Brucella* Meyer and Shaw 1920) 细菌之间。

小肠结肠炎耶尔森氏菌的鞭毛抗原表达与生长温度直接相关，在 30℃时几乎完全丧失鞭毛抗原，因此在研究此菌的 H 抗原时一定要在 25℃培养。许多菌株的鞭毛抗原谱是比较复杂的，主要是生物 1 型菌株经常是在 1 个菌株上具有 5 种不同的鞭毛抗原因子。现已发现 H 抗原有 20 种，分别以小写英文字母表示。

小肠结肠炎耶尔森氏菌的表面抗原首先由 Wauters 等 (1971) 在一个菌体抗原为 10 的菌株 (IP551 株) 中观察到，该表面抗原被称为 K1，后来被 Aleksic 等用电子显微镜观察证明了 IP551 菌株的 K1 抗原是菌毛成分；到目前已检出 6 种不同的表面抗原，其中一些表面抗原仅与 1 个菌体抗原有关，另外的如 K1 抗原则可发生在不同菌体抗原群中，K2 ～ K6 抗原是否也为菌毛成分还尚未被研究证实。

另外，小肠结肠炎耶尔森氏菌的一些血清型菌株具有 V 抗原和 W 抗原，是一种具有毒力活性的蛋白 - 脂蛋白复合体；同时，也是此菌产生免疫力的主要抗原成分，不表达此抗原的菌株则缺乏免疫力。

2.2.3.2　免疫学特性

早在 20 世纪 80 年代初，Lys 和 Kanpp 曾对小肠结肠炎耶尔森氏菌感染患者和健康人群的血清抗体产生情况进行了研究，发现生物 1 型和 2 型菌感染的患者血清抗体显著增高，其他生物型则未见此现象，在健康人中也常有这种抗体，所以认为大部分为非特异性的；另有报告指出，在 70% 的阑尾切除者和末端回肠炎或肠系膜淋巴结炎患者的血清抗体滴度为 1 ∶ 40；此菌的败血症患者血清抗体效价一般从发病的第 8 ～ 10 天开始上升、50 天左右达到高峰，最低的 1 ∶ 80、最高可达 1 ∶ 6400，发病 34 天达 1 ∶ 2800；抗体持续时间尚无明确记述，早期 IgM 可升高，二次感染病例也尚无明确记述，所以此菌感染的病后免疫力还需进一步探讨。

在发生小肠结肠炎耶尔森氏菌食物中毒后，血清抗体会在一定的时限内出现和效价明显升高，也可作为辅助诊断的依据。例如，沈阳市卫生防疫站和中国预防医学科学院流行病学微生物学研究所 (1987) 报告，发生在 1987 年 3 月的 1 起集体食堂由小肠结肠炎耶尔森氏菌 (O ∶ 9) 引起食源性急性腹泻暴发，以分离菌株对 30 名患者病后 2 ～ 3 周血清做凝集试验；结果相应抗体效价多在 1 ∶ 640 以上，个别的达 1 ∶ 5160，仅 1 人为 1 ∶ 80，30 份健康人血清对照的均在 1 ∶ 80 以下 [23]。

2.2.4　毒力基因型

小肠结肠炎耶尔森氏菌的 100 多个遗传基因已被初步定位，且有些致病相关的毒力因子基因已研究的比较清楚。这些基因或是位于细菌染色体基因组中，或是位于特定的质粒上 [24, 25]。

2.2.4.1　侵袭性基因和黏附侵袭位点基因

目前已确定在小肠结肠炎耶尔森氏菌染色体上带有侵袭性基因 (invasive gene，*inv*) 和

黏附侵袭位点基因 (attachment invasion locus, *ail*)，其中的 *inv* 通过表达侵袭素 (invasin) 来介导侵袭活性，该基因能使无侵袭性的大肠埃希氏菌 (K-12 菌株) 转化为有侵袭性的，*inv* 最初是在假结核耶尔森氏菌中被克隆到的且为其最重要的侵袭基因；在假结核耶尔森氏菌的侵袭素 N- 端有两个小区域，中间有一个由 99 个氨基酸组成的区域与小肠结肠炎耶尔森氏菌的侵袭素相比无同源性，但两者的 C- 端区域是非常保守的，两者氨基酸序列的同源性为 85%，同源区域内已有 73% 氨基酸序列和 77% 的相应核苷酸序列已得到证实，该侵袭素能高度侵袭几个组织培养细胞系。*ail* 是在小肠结肠炎耶尔森氏菌中发现的，所表达的侵袭物质表现出较强的宿主特异性。

2.2.4.2　耐热性肠毒素基因

耐热性肠毒素基因 (*yst*) 决定了小肠结肠炎耶尔森氏菌在体外培养时一种耐热性肠毒素的产生，Zink 等 (1978)、Boyce 等 (1979) 和 Vesikari 等 (1981) 的研究均指出这是由染色体上的基因控制而不是由质粒所能传递的，现已知 yst 仅存在于小肠结肠炎耶尔森氏菌中，基因表达受生长期、温度、渗透压、pH 和细菌的宿主等影响，当培养基的 pH、渗透压等都接近于肠道环境并在 37℃ 时 *yst* 能够转录。

2.2.4.3　毒性质粒

在小肠结肠炎耶尔森氏菌中除普遍带有的 42×10^6 Da 质粒外，还有 36×10^6 Da 和 82×10^6 Da 的质粒，其中 82×10^6 Da 质粒也与对实验动物小鼠的致死能力有关，假结核耶尔森氏菌则主要为 42×10^6 Da 的质粒。由于决定低钙反应和 V/W 抗原的 42×10^6 Da 质粒 (该质粒由 Zink 等于 1980 年在从患者分离的能侵入组织的 O:8 群菌株中发现) 是小肠结肠炎耶尔森氏菌、假结核耶尔森氏菌和鼠疫耶尔森氏菌所共有的，所以它被首先得到了较为详细的研究，该质粒的 Mr 在这 3 个耶尔森氏菌的不同种，甚至同一菌种的不同血清型间略有不同，该质粒另一重要性质是编码耶尔森氏菌的特异外膜蛋白，也在一定程度上介导假结核耶尔森氏菌的侵袭性。

中国疾病预防控制中心传染病预防控制所的景怀琦等 (2004) 报告采用 PCR 方法对 121 个属于致病性的 O:3 和 O:9 菌株，进行了主要毒力基因 *ail*、*ystA*、*ystB*、*yadA*、*virF* 及 *rfbC*(O:3 血清型菌株特异性脂多糖 O- 侧链基因) 分布的检测，其中包括从我国不同地区 (江苏、福建、吉林、宁夏、河南、辽宁) 分离于人和动物 (牛、狗、猪、鼠、麻雀、鸡、猫、昆虫) 及食品与环境的 114 株、日本分离的 5 株 (O:3 型) 及参考菌株 2 株 (O:3 和 O:9 型各 1 株)；发现毒力基因分布特征为 *ail*⁺、*ystA*⁺、*ystB*⁻、*yadA*⁺、*virF*⁺ 占 56.2%，*ail*⁺、*ystA*⁺、*ystB*⁻、*yadA*⁻、*virF*⁻ 占 25.6%，其他的占 18.2%；检测结果显示在我国常见的致病血清型 O:3 和 O:9 菌株，毒力基因的分布主要为 *ail*⁺、*ystA*⁺、*yadA*⁺、*virF*⁺ 类型，这是首次对我国小肠结肠炎耶尔森氏菌致病菌株较系统的毒力基因分型研究，在进一步研究揭示其毒力与致病作用遗传进化方面也具有一定的意义 [26]。

2.2.5　生境与抗性

小肠结肠炎耶尔森氏菌具有广泛分布特征，包括多种动物及其产品；通常对理化因素的抵抗力不强，对多种常用抗菌药物敏感 [24]。

2.2.5.1 生境

小肠结肠炎耶尔森氏菌已被从乳、乳制品、蛋制品、饮料、蔬菜、肉类（牛肉、猪肉、羊肉、鸡肉）和水产品（牡蛎、贝类、鱼）等食品，以及多种哺乳动物（猪、牛、羊、狗、家兔、鼠等）和禽类（鸡、鸭、鹅、鸽等）的排泄物中检出，在蛙和蜗牛等冷血动物及未用过氯处理的饮水中也曾发现。

在我国，自在前面有记述福建省卫生防疫站的于恩庶等(1980)首先从腹泻患者和猪粪便中检出此菌后，现已有多篇从人和多种动物（猪、牛、鸡、蛇、多种鼠类、犬、鸭、野鸟、羊等）及污水、食品、牛奶、肉类、蔬菜、市场售肉的肉墩等检出的报告。

在前面有记述福建省卫生防疫站的于恩庶(2000)综述报告我国已发现有 40 多种动物感染各种血清型的小肠结肠炎耶尔森氏菌，涉及家畜、家禽、啮齿类动物、爬行动物、水生动物及动物园观赏动物。其中尤以猪的感染普遍，已从猪分离出 30 多个血清型的菌株，在猪的感染率高者达 50%，大多为对人致病的 O:3 和 O:9 血清型菌株；在牛的感染率虽不如猪高，但在牛奶中常带有对人致病的 O:5、27 血清型菌株，并可引起牛的腹泻病；在鼠类，全国各地曾检验家鼠和野鼠 4643 只，发现带菌率为 3% ~ 8%，且对人致病性强的血清型菌株均有携带，其中 O:3、O:9、O:5、O:6、O:8 等占 60%[16]。

2.2.5.2 抗性

小肠结肠炎耶尔森氏菌对热的敏感性因菌株不同有所差异，通常在 60℃ 加热 30min 或 65℃ 水浴中 1min 可全部被杀死；对低温有较强的耐受性，4℃ 可存活 18 个月，不仅能在 4℃ 存放的奶中生长且能在 7 天内达到 10^7 个 / 毫升并能与基础菌相很好地竞争，但在冷冻条件下可引起死亡和亚致死性损伤，在 −8℃ 保存的鸡肉中于 90 天后的菌数仅略有减少。陈金秋等(1985)报告以紫外线照射此菌 O:3 和 O:9 共 3 株菌，发现在 20min 后未能全部杀灭，但照射 30min 后已全部不能复活。此菌较其他革兰氏阴性菌更能耐受高 pH，对低浓度 KOH 溶液有更强的抵抗力。

对常用抗菌药物的敏感性，常表现出在不同菌株间具有一定的差异性。以下记述的一些报告，是具有一定代表性的。

云南省玉溪地区医院的孔繁林等(1993)报告对人源 45 个菌株进行了药敏测定，结果表现为多数菌株对阿米卡星、头孢哌酮钠、卡那霉素、呋喃唑酮、庆大霉素、氯霉素敏感，多数菌株对多黏菌素 B、妥布霉素、新霉素、头孢唑林钠、链霉素、头孢羟唑敏感或中介，多数菌株对复方新诺明、四环素、氨苄西林、红霉素耐药，均对林可霉素、青霉素耐药[27]。

在前面有记述河南省新乡市传染病医院的刘爱丽等(2012)报告从医院感染患者分离的革兰氏阴性细菌 125 株（构成比 70.62%），表现对亚胺培南、美罗培南、哌拉西林 / 他唑巴坦等均敏感，对头孢哌酮 / 舒巴坦、阿米卡星的耐药率为 5.1%，对头孢他啶、氨苄西林 / 舒巴坦的耐药率低于 40.0%，对头孢噻肟、头孢吡肟、阿莫西林 / 棒酸、庆大霉素、氨曲南、左氧氟沙星等的耐药率为 50% ~ 75%[4]。

2.3 病原学意义

小肠结肠炎耶尔森氏菌为食源性疾病 (foodborne disease) 的病原菌，也称食源性病原

菌 (foodborne pathogen)。由其引起的耶尔森氏菌病，在临床以胃肠道感染（表现腹泻）类型最为常见（包括食物中毒），另外，则是呈某些组织器官的局部感染或败血症感染，流行形式包括暴发和散发（主要为散发）；在不同的菌株间，存在致病性 (pathogenicity) 与非致病性 (nonpathogenicity) 之分，致病性菌株常是局限在一定的血清型范围（如 O:3、O:8、O:9 等），且有的还存在一定的宿主特异性；在生物型（群）方面，1A 型（群）一般均为非致病菌株，携带高致病性毒力岛 (high-pathogenicity island, HPI) 的菌株属于生物 1B 型（群）（主要在 O:8 和部分 O:9 血清型致病菌株）；在 2、3、4、5 型（群）中致病与非致病菌株都有分布，但致病菌株主要为 2、3、4 型（群）、5 型的很少；目前在我国分离的致病菌株以 2 型（群）和 3 型（群）为主，在国外常见的 4 型（群）致病菌株所占比例很小，尚未发现存在 1B 型（群）。另外，致病性血清型菌株也常是与生物型（群）相关联的。显然，从某种意义上讲致病性菌株毒力因子的表达，在很大程度上与某种抗原成分、某些生化性状是存在相同或相关基因调控机制的，并也有可能与环境效应存在关联。

2.3.1 人的耶尔森氏菌病

人耶尔森氏菌病的临床表现，约有 2/3 的患者以急性胃肠炎、小肠结肠炎、末端回肠炎为主，约 1/3 患者以败血症为主并常伴随肝脏肿，部分病例有慢性化倾向；其他组织器官也会发生变化，如活动性关节炎和结节性红斑等变态反应性病变[28]。

2.3.1.1 食物中毒

摄食了被小肠结肠炎耶尔森氏菌特定血清型菌株（主要是 O:3、O:5B、O:8 和 O:9 等）所污染的食品后，可发生相应的胃肠型细菌性食物中毒 (bacterial food poisoning, gastroenteric type)；在欧洲、非洲和日本分离的菌株主要是 O:3 型，其次是 O:9 型，在美国则主要是 O:8 型。在我国，已有的食物中毒事件有主要为 O:3 型，另外是 O:9 型[3]。

另外，因小肠结肠炎耶尔森氏菌易在低温生长，所以其感染也被称为"冰箱病"，实际上也属于食物中毒的范畴，举例如下。①甘肃省平凉地区人民医院的邵东权 (1999) 报告，该医院 22 例住院患者在医院食堂就餐后，于当晚及次晨陆续出现腹泻、恶心、呕吐，部分患者腹部阵发性绞痛，部分患者发热。经细菌学检验，证实是因食用了冰箱内食品所致的耶尔森氏菌肠炎[29]。②浙江省东阳市疾病预防控制中心的包云娟 (2010) 报告在 2007 年 6 月，一名 2 岁女婴因食用冰箱存储的、被小肠结肠炎耶尔森氏菌污染的水果发生食源性严重腹泻。经检验，从患者腹泻粪便分离到 O:3 血清型小肠结肠炎耶尔森氏菌[30]。

2.3.1.2 其他感染病

小肠结肠炎耶尔森氏菌除了主要引起胃肠炎等胃肠道感染外，还能在机体抗感染能力低下时引发败血症感染，在婴幼儿感染此菌时很易发生；还可引起关节炎、肠系膜淋巴结炎、肝炎、荨麻疹、腱鞘炎、骨髓炎、肺炎、虹膜睫状体炎、脉络膜炎、动脉炎、脑膜炎、心肌炎、心内膜炎、咽炎和颈部淋巴结病、血管球性肾炎、甲状腺病、血栓病、扁桃体炎、脓瘘、虹膜炎、莱特综合征 (Reiter's syndrome) 即结膜-尿道-滑膜综合征、溶血性贫和肾小球肾炎等，其中的关节炎是此菌胃肠道外感染的常见类型[1, 24]。

2.3.1.3 医院感染情况

由小肠结肠炎耶尔森氏菌引起的医院感染，相对来讲还是罕见的。下面记述的报告，是具有一定代表性的。

在前面有记述河南省新乡市传染病医院的刘爱丽等 (2012) 报告在 5 年 (2007 年 1 月至 2011 年 12 月) 间, 该医院 5 个病区收治慢性重症肝炎患者 540 例、失代偿期肝硬化患者 2100 例共 2640 例, 其中发生医院感染的 262 例 (感染率 9.92%)。在从感染患者检出的主要病原菌中, 包括小肠结肠炎耶尔森氏菌 [4]。

在前面有记述陕西省西电集团医院的杨小青 (2006) 报告, 该医院在 2004 年 1 月至 2006 年 5 月间, 从住院及门诊患者分离到多种病原菌, 其中包括小肠结肠炎耶尔森氏菌株 [5]。

2.3.2 动物的耶尔森氏菌病

小肠结肠炎耶尔森氏菌可使多种动物感染发病, 包括哺乳类动物、啮齿类动物、禽类、鸟类、爬行动物、水生动物、观赏动物及昆虫等; 在我国已发现 40 多种, 与人的感染有重要传染源关系的主要包括猪、牛和鼠类。几乎所有家畜都有此菌的自然感染, 其中猪、牛、猫、狗等可成为健康带菌者, 也对人类构成了严重的威胁。以猪的带菌率最高, 感染率可达 50%, 是此菌的主要宿主动物, 对人有致病性的血清型 O:3 和 O:9 可作为其正常咽喉菌群存在; 牛的感染率也很高, 为 7.9% ~ 24.6%。已发现有 30 多种啮齿动物携带小肠结肠炎耶尔森氏菌, 其带菌率为 5.2% ~ 10%; 南方医科大学南方医院消化研究所的郑浩轩等 (2006) 报告我国鼠类带菌率为 2.46% ~ 4.77%, 栖息于屠宰场的鼠类带菌率明显高 (为 35.2%)[24, 31]。

在水生动物的小肠结肠炎耶尔森氏菌感染病, 已有的报告主要是发生在鳖类, 如鳖的皮肤溃烂和脏器发炎肿胀, 鳖白斑病, 鳖败血症感染等。另外, 也有在黄颡鱼 (*Pelteobagrus fulvidraco*) 发生感染病的报告 [32 ~ 35]。

2.3.3 毒力因子与致病机制

小肠结肠炎耶尔森氏菌作为人胃肠道感染的主要病原菌及人与某些动物共染病原菌之一, 目前对其主要毒力因子及其相应致病机制等的研究报告较多, 且对诸多问题已相对比较明了。因假结核耶尔森氏菌在该方面与小肠结肠炎耶尔森氏菌有些是类似的, 所以在此也一并述及 [16, 24, 25, 28, 31, 36 ~ 38]。

黏附 (adherence)、侵袭性 (invasiveness)、对宿主细胞的破坏及毒素 (toxin) 作用, 是病原细菌发挥致病作用的四个重要方面。这对小肠结肠炎耶尔森氏菌来讲, 基本上是均具备的。小肠结肠炎耶尔森氏菌进入消化道后常是黏附在回肠下端、盲肠及结肠黏膜上皮细胞上, 通过位于肠黏膜表面派尔斑 (Peyer's patches) 上淋巴上皮中特殊的抗原捕获细胞——M 细胞 (microfold cell) 吞饮并进入下层派尔斑淋巴组织 (M 细胞是病原菌侵入机体内环境的通道), 这种侵袭作用可导致大量多形核白细胞的增生出现炎症, 并与细胞外的细菌形成微小脓肿, 最终导致派尔斑细胞的崩解, 形成回肠末端黏膜浅表溃疡、集合淋巴结坏死和肠系膜淋巴结肿大等; 部分患者还将发生细菌向深部播散, 出现全身损害。

西南民族大学的王利等 (2013) 报告指出, 耶尔森氏菌的致病因素主要包括毒力质粒编码的分泌系统、外膜蛋白 (outer membrane proteins, OMPs)、侵袭性与毒素、铁摄取系统和超抗原 (superantigen, SAg) 等方面。致病性小肠结肠炎耶尔森氏菌的致病因素主要是其所具有的特殊染色体基因、毒力质粒和菌毛。黏附侵袭位点基因 (*ail*)、毒力岛基因 (HPI-*int*)、耐热性肠毒素基因 (*ystA*、*ystB*)、HPI 等毒力基因 (virulence gene) 位于染色体上，而黏附素基因 (*yadA*) 和毒力活化因子基因 (*virF*) 毒力基因位于质粒上。致病性的耶尔森氏菌可分为低致病性和高致病性两类，这种分类与染色体上是否携带有 HPI 毒力岛有关，因为 HPI 是高毒力细菌表型表达的必需条件，这个染色体上的片段涉及生物合成、调节和耶尔森氏菌含铁铁载体的转运作用。在小肠结肠炎耶尔森氏菌中，毒力岛只出现于高致病性的小肠结肠炎耶尔森氏菌生物 1B 型菌株，而低致病性的则无。典型的致病性小肠结肠炎耶尔森氏菌，携带 *ail*、*ystA*、*yadA* 基因和 *virF* 毒力基因。致病性菌株不携带 *ystB* 基因，而非致病性菌株不携带 *ail*、*ystA*、*yadA* 和 *virF* 毒力基因。*ystB* 主要为生物 1A 型小肠结肠炎耶尔森氏菌携带的编码一种性质类似于 *ystA* 的耐热性肠毒素，但在这个生物型中目前资料显示这类菌株通常都是非致病性菌株 [39]。

2.3.3.1　黏附性

小肠结肠炎耶尔森氏菌的一些菌株能产生长约 8nm 的菌毛并使菌体表面具有高度的疏水性，已证明这类菌株的 25℃ 培养物能产生至少能使 10 多种动物红细胞发生甘露糖抗性凝集 (mannose-resistant hemagglutination，MRHA) 的蛋白质性黏附素 (adhesin)，所以也有研究者认为此菌致病性菌株由菌毛介导的黏附性是其在肠道中定居的第一步。

另外，小肠结肠炎耶尔森氏菌由约 70kb 的毒力质粒 (pYV) 编码的黏附素 A(*Yersinia* adhesin A，YadA) 即特异性外膜蛋白 (*Yersinia* outer membrane proteins，Yops)A(YopA) 能使其黏附于细胞表面，为使细菌侵入细胞内提供先决条件；YadA 是一种纤维状黏附素，其生物学活性是使细菌对回肠的定植更加容易，尤其是在局部损伤的区域，它与其他 Yops 一起，增强了细菌的黏附作用并促使细菌侵入细胞。

2.3.3.2　肠毒素

小肠结肠炎耶尔森氏菌产生一种类似于肠产毒性大肠埃希氏菌 (enterotoxigenic *Escherichia coli*，ETEC) 那样的耐热肠毒素 (*Yersinia* heat-stable enterotoxin，Yst)，是由染色体上的耐热性肠毒素基因 (*yst*) 控制的，当将此菌在 30℃ 或 30℃ 以下培养时最适于产生这种毒素，但在 37℃ 或 4℃ 培养时则不能产生，分子质量为 10 ~ 50kDa；产生耶尔森氏菌耐热肠毒素 (Yst) 的最常见血清群为 O:3 和 O:8 及 O:9 菌株 (其次为 O:5,27、O:6,30、O:6,31、O:7,8 及 O:13,7、O:16 和 O:21 等)，但此菌的致腹泻作用是否由耶尔森氏菌耐热肠毒素 (Yst) 所引起的还一直有所争论。

在前面有记述福建省卫生防疫站的于恩庶等 (1983) 报告，对从腹泻病猪及其接触猪分离的 24 株小肠结肠炎耶尔森氏菌 (血清型为 O:3 或与 O:3 有共同抗原成分、生物型为 Wauters 的 3 型)，用乳鼠胃内注入法进行了肠毒素 (enterotoxin) 测定，结果有 5 株阳性 (构成比 20.8%)，且试验表明供试毒素液经加热处理 (100℃ 作用 15min) 后亦无明显变化 (显然属于 Yst)，另外还试验表明在 37℃ 培养也能产生；同时还试验证明了这些菌株能在供试的小鼠和猪 (本动物) 引起腹泻，这些结果为耶尔森氏菌耐热肠毒素 (Yst) 的致病作用提供了支持 [40]。

2.3.3.3　侵袭性

与疾病有关的血清型菌株均具有组织侵袭性，与疾病无关的血清型菌株则均无组织侵袭性。侵袭作用是由一种被称为侵袭素 (invasin) 的含 835 个氨基酸组成的蛋白质 (分子质量为 91 304Da) 所介导的。目前已在小肠结肠炎耶尔森氏菌和假结核耶尔森氏菌确定了 3 种侵袭相关基因，即在染色体上带有的侵袭性基因 (inv)、黏附侵袭位点基因 (ail)，以及由毒力质粒编码的耶尔森氏菌黏附素 A 基因 (yadA)，其中的 inv 通过表达侵袭素来介导侵袭活性，由 2505bp 构成。ail 与 inv 无同源性，基因长度为 650bp、基因产物为 17kDa 蛋白质，为小肠结肠炎耶尔森氏菌的主要侵袭性基因，所表达的侵袭物质表现出较强的宿主特异性，能促进细菌与宿主细胞膜的融合，继之使细菌侵入宿主细胞。丧失了侵袭素的假结核耶尔森氏菌的菌株，只有同时丧失 Mr 为 42×10^6Da 的质粒才完全丧失侵入细胞的能力，含有该质粒的 inv⁻ 菌株在 28℃时仍有微弱的侵入细胞的能力；显然，介导该两种菌侵袭性的包括多种因素。

2.3.3.4　细菌外膜蛋白

在小肠结肠炎耶尔森氏菌、假结核耶尔森氏菌、鼠疫耶尔森氏菌中均能产生构成毒力决定因子的特异性 Yops，是由 Mr 为 42×10^6Da 的质粒所编码的，能够受到温度的调节；外膜蛋白包括有多种，如 YopA(亦称 Yop1 或 YadA)、YopE、YopD、YopM、YopP、YopH、YopO、Yop1、Yop2a、Yop2b、Yop4a、Yop4b、YopN、YopK 等，各种 Yops 均有其相应的生物学活性，总体来讲包括抵抗正常人血清的杀菌作用、抗吞噬细胞的吞噬作用、介导对细胞的黏附和抗上皮细胞吞噬作用等；小肠结肠炎耶尔森氏菌的外膜蛋白可抑制吞噬细胞化学发光反应，表明它们具有抗吞噬作用或能阻止多形核白细胞的氧化作用。

有毒力的小肠结肠炎耶尔森氏菌在 37℃生长能抵抗血清的抑制作用 (简称抗血清作用)，无毒力的菌株在 37℃生长则对血清敏感，抗血清作用是与 YopA 有关的。

2.3.3.5　V/W 抗原

在小肠结肠炎耶尔森氏菌、假结核耶尔森氏菌、鼠疫耶尔森氏菌均存在由质粒所决定的 V 抗原 (分子质量为 90kDa 的蛋白质) 和 W 抗原 (分子质量为 145kDa 的类脂蛋白)，两者均具有抗吞噬作用，所以人们将此两种物质视为一种毒力决定因子，统称为 V/W 抗原；在小肠结肠炎耶尔森氏菌和假结核耶尔森氏菌还存在有温度依赖性的外膜多肽，这些多肽至少有两种生物学活性作用是与 V/W 抗原相关，即抗中性粒细胞吞噬作用和能在游离或固定的吞噬细胞内存活与繁殖；V/W 抗原和外膜蛋白具有阻止吞噬作用、抗吞噬细胞内杀灭作用和抵抗血清的胞外杀灭作用。

耶尔森氏菌有毒菌株可发生自凝现象，但无毒菌株在同样条件下却不自凝，这种特性也是耶尔森氏菌属的一个共同特征，目前认为这种自凝性是由 V/W 抗原及一些外膜多肽所介导的。

2.3.3.6　超抗原

在耶尔森氏菌属的 3 个致病种中，除鼠疫耶尔森氏菌外的小肠结肠炎耶尔森氏菌、假结核耶尔森氏菌均能产生由染色体编码的超抗原 (superantigen，SAg)——假结核耶尔森氏菌衍生的丝裂原 (Yersinia pseudotuberculosis-derived mitogen，YPM)。假结核耶尔森氏菌产生的假结核耶尔森氏菌衍生的丝裂原是一种能诱导具有 T 细胞 (抗原) 受体 (T cell antigen receptor，TCR) 可变区 (variable region，VR) 的 Vβ3、Vβ9、Vβ13.1、Vβ13.2 受体 T 细胞增生的蛋白质 (分子质量为 14.5kDa)，能与 Vβ3、Vβ9、Vβ13.1、Vβ13.2 特异性结合激活

T 细胞，产生大量的效应 T 细胞 (CD4⁺Th1/Th2 与 CD8⁺CTL) 并分泌过量的促炎症细胞因子 (TNF-α、TNF-β、IL-1、IFN-γ、IL-6 等)，造成对内皮等的损伤，对机体产生严重的杀伤作用，红疹、反应性关节炎、间质性肾炎等感染并发症，均与假结核耶尔森氏菌衍生的丝裂原强烈激活 T 细胞增殖分化有关，假结核耶尔森氏菌衍生的丝裂原在假结核致死性感染中起到重要作用。

实验证明小肠结肠炎耶尔森氏菌既具有假结核耶尔森氏菌衍生的丝裂原、又具有其他的超抗原，主要存在于细胞膜和细胞质，参与反应的主要是 CD4⁺ 的 T 细胞。现认为对此菌超抗原的发现，可部分解释由此菌引起的慢性病变如活动性关节炎和结节性红斑，有可能是因超抗原引起的自身免疫性疾病；Gripenbergg-Lerche 等 (1994) 研究认为此菌所致的关节炎是由特异性外膜蛋白 A(YopA) 和特异性外膜蛋白 H(YopH) 引起的，这两种蛋白成分是否为该菌的超抗原还有待进一步研究证实。

2.3.3.7　色素结合力

有毒力的小肠结肠炎耶尔森氏菌能与刚果红 (Congo red) 结合，被称为 CR⁺ 菌株，无毒力的菌株则不能结合，被称为 CR⁻ 菌株；据 Prepic 等 (1983) 的试验表明所有此菌的菌株在 pH 7.0 的 CRAMP 琼脂上于 25℃ 培养 72h 后可形成两种不同类型的菌落，CR⁺ 菌株的菌落因与刚果红结合呈明显红色、CR⁻ 菌株的菌落因不与刚果红结合为无色或淡粉红色，因此能以此做出菌株有、无毒力的判断。为确定分离株与刚果红的结合能力，Pripic 等 (1983) 同时用下法作了测定，即将菌株接种于含 1% 胰蛋白胨和 0.25% 酵母膏的肉汤培养基中，37℃ 振荡培养 30h 后离心分离，将菌细胞用 pH 7.2 的 PBS 洗涤，然后用含刚果红 30μg/ml 的 PBS 调整至菌细胞浓度为 10⁹/毫升，37℃ 振荡培养 12h，其间每隔 1h 离心分取上清液在 488nm 波长下测试 1 次刚果红在上清液中残留的量 (通过与标准曲线比较得知)，当菌细胞为 10⁹/毫升、刚果红的吸收量在 15μg 以上时为阳性，如为 CR⁺ 菌则一般经 1h 培养其刚果红即被吸收至 15μg 以上、CR⁻ 菌经 12h 培养其结合刚果红仍仅很少一点；同时还试验证明凡 CR⁺ 菌株均带有 (40 ~ 50)×10⁶Da 的质粒、自凝试验阳性、在草酸镁琼脂上于 37℃ 培养其生长菌数减少 (说明含 V/W 抗原)、能抵抗血清的杀菌作用，表明是有毒力的，CR⁻ 菌株则不带质粒且用同样方法测定各项毒力指标亦均为阴性的。Pripic 等 (1985) 认为多数此菌的刚果红结合能力是由质粒控制的，但也有少数尤其是食物源菌株可能是由染色体决定的。

2.3.3.8　铁摄取系统

铁是一些致病菌生长不可缺少的因素，在铁饥饿的条件下，都产生一些低相对分子质量成分，其被称为铁载体 (ironophores) 或铁螯合剂，所形成的铁 - 铁载体复合物是通过铁载体转运到菌细胞内进行铁的同化作用。早在 1987 年 Heesemann 等曾报告了小肠结肠炎耶尔森氏菌的铁摄取系统，并于 1993 年证实了此菌新的铁载体 (称其为耶尔杆菌素) 和一个新的 65kDa 的铁抑制性外膜蛋白，试验证实该蛋白在小肠结肠炎耶尔森氏菌处于铁饥饿状态下时产生，在小鼠致死性的小肠结肠炎耶尔森氏菌和假结核耶尔森氏菌中是保守的，且为小鼠致死性的表达所必需的，显然小肠结肠炎耶尔森氏菌的小鼠致死特征是与这一新发现的铁摄取系统密切相关的，此系统是由铁载体和分子质量为 65kDa 的铁载体受体组成的。目前又发现了一个新的铁摄取系统——小肠结肠炎耶尔森氏菌的铁草胺菌素受体蛋白 FoxA，该蛋白基因位于染色体上，是一个开放的编码 710 个氨基酸，其中包含有 26 个氨基酸组成的前导序列的读码框架，因此一个成熟的 FoxA 蛋白由 684 个氨基酸组成，其分子质量为 75.768kDa。随着对耶尔森氏菌铁摄取系统的研究，已发现了许多新的途径，在非小鼠致死性但能引起人致病的小肠结肠炎耶尔森氏菌中虽未发现铁载体，但有人认为它可能存在一种特殊的、尚未被认识的铁调节机制；在小鼠致死性的小肠结肠炎耶尔森氏菌中，铁载体也并非是唯一的铁摄取途径；另外，有报道色素沉着 (Pgm) 因子也涉及小肠结肠炎耶尔森氏菌的铁摄取和其对鼠疫耶尔森氏菌素 (Pst) 的敏感性。总之，铁调节蛋白本身的作用较为复杂，铁摄取的几种途径也并不是相互孤立，而是相互依赖的，在该领域尚有许多问题还有待深入研究明确。

2.4 微生物学检验

由于小肠结肠炎耶尔森氏菌的广泛存在，又有致病性与非致病性之分，加之临床标本常见的是腹泻粪便或肛拭子等，所以无论对人还是动物在确定小肠结肠炎耶尔森氏菌感染的诊断时，不仅需要检出有纯一或优势小肠结肠炎耶尔森氏菌的存在（尤其是粪便或肛拭子标本），更主要的是确定其是否为致病性菌株及相应感染的病原菌。

在对分离菌株的病原学意义确定方面，常是结合临床及病变特征检查其是否为相应常见的致病血清型与生物型（群）和（或）做相应毒力因子检查；实践中常是根据菌株来源、致病作用特点及一些具体情况等择定使用。

2.4.1 细菌分离与鉴定

尽管目前对小肠结肠炎耶尔森氏菌的检验方法较多，但细菌学检查仍是最直接可靠和必需的。常见的小肠结肠炎耶尔森氏菌的被检标本材料，包括粪便、尿液、直肠拭子、肠系膜淋巴结、血液、脓汁、食品，动物的脏器标本如肝、脾、肾及肠内容物、渗出液等，在含菌较多的情况下可直接进行分离，否则需先增菌后再进行分离。

2.4.1.1 耶尔森氏菌属与肠杆菌科生化特性相近菌属间的鉴别

在肠杆菌科细菌中，耶尔森氏菌属、柠檬酸杆菌属 (Citrobacter Werkman and Gillen 1932)、肠杆菌属 (Enterobacter Hormaeche and Edwards 1960)、埃希氏菌属、哈夫尼菌属 (Hafnia Møller 1954)、克雷伯氏菌属 (Klebsiella Trevisan 1885 emend. Drancourt et al 2001)、变形菌属 (Proteus Hauser 1885)、沙门氏菌属 (Salmonella Ligniéres 1900) 细菌，在生化特性方面相近。为进行简便的鉴别，将在第二版《伯杰系统细菌学手册》第 2 卷 B 部分 (2005) 中的"肠杆菌科细菌生化特性相近菌属间鉴别特征表"列在了第 3 章"柠檬酸杆菌属" (Citrobacter) 中（表 3-2），可供参考[6]。

通常情况下，可根据苯丙氨酸脱氨酶、葡萄糖酸盐利用试验将肠杆菌科内一些比较常见具有致病性的不同菌属（包括耶尔森氏菌属）鉴别开，具体可见在第 3 章"柠檬酸杆菌属" (Citrobacter) 中表 3-3(根据苯丙氨酸脱氨酶和葡萄糖酸盐利用试验的各菌属间鉴别特征) 的记述[41]。

另外是在进行生化特性鉴定中，苯丙氨酸脱氨酶、葡萄糖酸盐利用均为阴性的肠杆菌科细菌，除了耶尔森氏菌属细菌以外，还涉及柠檬酸杆菌属、埃希氏菌属、志贺氏菌属、沙门氏菌属、爱德华氏菌属的细菌。为进行简便的鉴别，将其一些主要鉴别特征，列在了第 3 章 "柠檬酸杆菌属" (*Citrobacter*) 的表 3-4(苯丙氨酸脱氨酶和葡萄糖酸盐利用阴性的各菌属间鉴别特征) 中 [41]。

2.4.1.2　耶尔森氏菌属的种间鉴别

对小肠结肠炎耶尔森氏菌与属内其他种的鉴别，主要特征可见在前面表 14-1、表 14-2 中的记述。对小肠结肠炎耶尔森氏菌的鉴定，做生化特性检查是最可靠的方法。其中需要注意的方面如下所示。①氨基酸脱羧酶试验在培养 24 ~ 48h 检查，氧化酶试验可使用普通营养琼脂的 48h 培养物，其他生化试验一般均可培养 4 天观察结果。②要特别注意小肠结肠炎耶尔森氏菌具有嗜冷性 (在 4℃ 条件下不仅能保存菌种且能生长繁殖)，且只有在适宜的温度下培养才能表现出相应的典型生物学特性如动力、生化反应等，在 22℃ 培养时既能产生动力又具有 S 型菌体抗原成分；因此在对此菌进行鉴定时，必须注意对适温的选定，因在不同温度下常有不同结果。③由于此菌的致病性菌株常是与生物型 (群) 相关联的，且还常与血清型有联系，因此在做生化特性鉴定的同时，当一并进行菌株生物型 (群) 的确定。

2.4.2　血清型检定

由于病原性小肠结肠炎耶尔森氏菌常限于某些特定的血清型菌株，而且来自于人、不同动物及不同感染类型的菌株间也存在一定差异。因此在进行病原性小肠结肠炎耶尔森氏菌的检验时，对所分离的菌株进行血清定型，不仅能确定其是否常见致病型菌株，同时有助于流行病学分析和追踪传染源。

对此菌常规分型主要是进行菌体抗原群的检定，必要时也需进行表面抗原检定，均是做常规的玻片凝集试验 (同时做生理盐水对照)，以出现明显凝集 (+ +) 的判为阳性；作表面抗原的检定，是以同样的方法做玻片凝集试验及判定。目前我国有 27 种一组的分型血清供用，包括菌体抗原多价血清 1 种、菌体抗原单价血清 22 种、菌体抗原复合因子血清 4 种 [42]。检定时需要注意：①因在三糖铁琼脂 (triple sugar iron agar，TSIA) 培养基上 37℃ 培养的生长物常为粗糙型易产生自凝，所以不宜使用；②若被检菌株与 O:3 混合血清发生凝集时，可将此混合血清用 O:3 标准菌株吸收后再与被检株试验，如已不再发生凝集即可判定被检株为 O:3 型；③对一些不凝集尤其是含表面抗原的菌体抗原不凝集菌株，需要做加热 (121℃ 作用 1h 或 100℃ 水浴 2.5h) 处理后再行凝集试验，为避免非特异性凝集还应使用未加热处理的同时试验；④注意与其他细菌间存在的交叉反应。

2.4.3　毒力因子与毒力基因检查

在对小肠结肠炎耶尔森氏菌的毒力因子检查中，需根据不同致病种类小肠结肠炎耶尔森氏菌的特点进行相应内容的检查，其中较多检查的是自凝性试验、V/W 抗原测定、Vi 抗原测定、毒力因子血清凝集试验、侵袭性测定、肠毒素的检查等，对小肠结肠炎耶尔森氏菌的毒力因子检查方法较多，其中任何一种方法都不能认为是绝对无误的，常需对多项指标做综合判定。

已明确小肠结肠炎耶尔森氏菌的一些毒力基因，直接决定着菌株的致病性及其致病强度。因此，目前常是采用分子生物学的方法对分离菌株进行毒力基因检测，主要包括

ail、*ystA*、*ystB*、*yadA*、*virF* 毒力基因。

2.4.4 免疫血清学检验

现在还没有一种真正被得到认可应用的对小肠结肠炎耶尔森氏菌进行有效诊断的免疫血清学方法，但在临床病例诊断中已有辅助应用，方法是取患者急性期与恢复期血清，与从患者或疑为食物中毒的食物样品等中分离的该菌（用固体培养基生长物制备成生理盐水菌悬液后置 100℃ 水浴 1h 作为抗原）进行常规试管定量凝集试验，若恢复期抗体效价比急性期的高 4 倍以上则具有诊断意义；一般情况下在急性期的抗体效价为≤ 1 : 20，恢复期常可达 1 : (160 ~ 1280)。

2.4.5 感染试验

小肠结肠炎耶尔森氏菌对实验动物（如常用的小鼠、豚鼠、家兔、大鼠等）的致病性，在各研究者的报告颇不一致，这可能与实验动物的种类和状态、感染途径与剂量、菌株来源及血清型（或生物型）等影响因素直接相关。在以往的研究中以使用小鼠的为多，此菌在人感染时所出现的许多病理学特征一般均能在小鼠中得到复制，其敏感性远远超过了豚鼠、家兔和大鼠，并能通过污染饮水、食物的方法导致口服感染引发相应胃肠道病变及腹泻或全身感染等，但在不同血清型菌株间也存在一定的差异，常采用的接种感染途径有皮下注射、腹腔注射和口服感染等，一般情况下来源于人腹泻标本的病原菌株经口服途径感染小鼠常能获得致小鼠腹泻甚至死亡的阳性结果。对从动物分离的菌株，直接使用同种供试动物进行感染试验，是明确分离菌株致病性最直接和有效的方法，当然也可采用小鼠进行测定。

2.4.6 分子生物学检测方法

近年来，在国内对小肠结肠炎耶尔森氏菌分子生物学检验方面也多有报告，举例如下。①南京市卫生防疫站的许文炯等 (1999) 报告利用黏附侵袭位点基因 (*ail*) 和毒力活化因子基因 (*virF*) 基因，采用 PCR 技术可区分出致病菌与非致病菌 [43]。②在前面有记述南方医科大学南方医院消化研究所的郑浩轩等 (2006) 报告利用 *yst* 基因，采用实时定量 PCR 技术检测致病菌与非致病菌株、耶尔森氏菌属内各种及其他几种肠道菌，结果表明具有强特异性，可应用于临床检测 [44]。③吉林省吉林市疾病预防控制中心的段丽莉 (2010) 报告了对粪便中小肠结肠炎耶尔森氏菌 PCR 检测方法，在及时发现患者和带菌者、为流行病学提供实验室依据、及时控制传染源等方面，具有一定的应用价值 [45]。

（陈翠珍）

参 考 文 献

[1] 贾辅忠，李兰娟. 感染病学. 南京：江苏科学技术出版社，2010: 513~515.

[2] 房海，陈翠珍，张晓君. 肠杆菌科病原细菌. 北京：中国农业科学技术出版社，2011: 378~412.

[3] 房海，陈翠珍. 中国食物中毒细菌. 北京：科学出版社，2014: 336~363.

[4] 刘爱丽，杨梅，苏希风. 2640 例慢性重症肝炎及失代偿期肝硬化医院内感染分析. 中国民康医学，2012，

24(15):1828~1830.

[5] 杨小青 . 1076 株临床细菌的菌种分布 . 实用医技杂志 , 2006, 13(16):2812~2813.

[6] George M. Garrity. Bergey's Manual of Systematic Bacteriology. Second Edition. Volume Two. Part B. Springer, New York, 2005, 838~848.

[7] Sprague L D, Neubauer H. *Yersinia aleksiciae* sp. nov. International journal of systematic and evolutionary microbiology, 2005, 55(2):831~835.

[8] Merhej V, Adekambi T, Pagnier I, et al. *Yersinia massiliensis* sp. nov. , isolated from fresh water. International journal of systematic and evolutionary microbiology, 2008, 58(4):779~784.

[9] 于恩庶 . 耶氏菌病和弯曲菌病 . 福州 : 福建科学技术出版社 , 1986: 1~131.

[10] W. T. 休伯特 , W. F. 麦卡洛克 , P. R. 施努伦贝格尔 (魏曦 , 刘瑞三 , 范明远等译). 人兽共患病 . 上海 : 上海科学技术出版社 , 1985, 103~109.

[11] 孟昭赫 . 食品卫生检验方法注解微生物学部分 . 北京 : 人民卫生出版社 , 1990: 207~221, 381~383.

[12] 于恩庶 , 陈以燊 . 国外一种新的肠道传染病——小肠结肠炎耶氏菌病 . 流行病防治研究 , 1976, (2):193~198.

[13] 李笃唐 , 程汝极 , 王雅俊 , 等 . 小肠结肠炎耶尔森氏菌的分离和检定 . 中华微生物学和免疫学杂志 , 1982, 1(3):156~160.

[14] 陈亢川 , 庄世福 . 自腹泻患者检出小肠结肠炎耶尔森氏菌 . 中华微生物学和免疫学杂志 , 1982, 1(3):160, 176.

[15] 于恩庶 , 陈亢川 . 福建小肠结肠炎耶氏菌病的研究近况 . 福建医药杂志 , 1982, 4(5):29~32.

[16] 于恩庶 . 中国小肠结肠炎耶尔森氏菌病研究进展 . 中华流行病学杂志 , 2000, 21(6):453~455.

[17] 曾贵金 , 陈美光 , 孙玉清 . 我国猪中耶尔森氏结肠炎杆菌的首次检出及其鉴定 . 中国兽医杂志 , 1982, 8(2):2~5.

[18] 佘家辉 , 陈恩 , 朱恒芳 , 等 . 小肠结肠炎耶氏菌的发现 . 福建医药杂志 , 1982, 4(1):25~28.

[19] 周文谟 , 潘李章 , 李元霖 , 等 . 从肠炎病猪中检得小肠结肠炎耶尔森氏菌的报告 . 福建畜牧兽医 , 1982, (3):1~4, 8.

[20] 孙殿斌 , 靳荣华 , 庞炜英 , 等 . 我国首次发生小肠结肠炎耶氏菌病暴发流行 . 中国人兽共患病杂志 , 1987, 3(5):2~4.

[21] Holt J G, Krieg N R, Sneath P H A, et al. Bergey's Manual of Determinative Bacteriology. Ninth Edition. Baltimore, Williams and Wilkins, 1994, 189, 249~252.

[22] 肖玉春 , 王鑫 , 邱海燕 , 等 . 中国致病性小肠结肠炎耶尔森氏菌生物分型研究 . 中华人兽共患病学报 , 2010, 26(7):651~653.

[23] 沈阳市卫生防疫站 , 中国预防医学科学院流行病学微生物学研究所 . 首次发现 O:9 血清型小肠结肠炎耶尔森氏菌引起的腹泻爆发流行 . 中华流行病学杂志 , 1987, 8(5):264~267.

[24] 杨正时 , 房海 . 人及动物病原细菌学 . 石家庄 : 河北科学技术出版社 , 2003, 558~594.

[25] 闻玉梅 . 现代医学微生物学 . 上海 : 上海医科大学出版社 , 1999: 479~483.

[26] 景怀琦 , 李继耀 , 肖玉春 , 等 . O:3 和 O:9 小肠结肠炎耶尔森菌主要毒力基因分布调查 . 中国媒介生物学及控制杂志 , 2004, 15(4):317~319.

[27] 孔繁林 , 朱江 . 91 株小肠结肠炎耶尔森菌的分离鉴定和药敏结果 . 临床检验杂志 , 1993, 11(4):202~203.

[28] 聂青和 . 感染性腹泻病 . 北京 : 人民卫生出版社 , 2000: 469~485.

[29] 邵东权 . 耶氏菌感染暴发流行调查 . 中华医院感染学杂志 , 1999, 9(2):70.

[30] 包云娟 . 一起引起食源性疾病的小肠结肠炎耶尔森菌分离菌株的检测分析 . 中国食品卫生杂志 , 2010, 22(4):375~377.

[31] 郑浩轩 , 姜泊 . 小肠结肠炎耶尔森菌研究概况 . 中国微生态学杂志 , 2006, 18(5):416~419.

[32] 陈信忠 , 黄印尧 , 林炳玲 . 幼鳖小肠结肠炎耶尔新氏菌病诊治报告 . 科学养鱼 . 1996, (1):25~26.

[33] 陈信忠 , 黄印尧 , 万三元 . 一起进口幼鳖"白斑病"检疫报告 . 中国动物检疫 , 1996, 13(5):14~15.

[34] 蔡完其 , 孙佩芳 , 宫兴文 , 等 . 中华鳖台湾群体耶尔森氏菌病的研究 . 水产学报 , 1999, 23(2):174~180.

[35] 王利 , 苟小兰 , 魏勇 , 等 . 黄颡鱼小肠结肠炎耶尔森氏菌病的诊断与治疗 . 科学养鱼 , 2012, (11): 61~62.

[36] 俞东征 . 人兽共患传染病学 . 北京 : 科学出版社 , 2009: 450~463.

[37] 古文鹏 , 景怀琦 . 耶尔森菌致病机理研究 . 中国人兽共患病学报 , 2010, 26(9):862~866.

[38] 景怀琦 , 徐建国 . 小肠结肠炎耶尔森菌感染性疾病 . 疾病监测 , 2005, 20(8):449~450.

[39] 王利 , 苟小兰 . 鱼源小肠结肠炎耶尔森菌 5 种毒力基因的检测和分析 . 中国兽医杂志 , 2013, 49(2): 68~70.

[40] 于恩庶 , 黄育默 . 小肠结肠炎耶氏菌肠毒素的研究 . 中华流行病学杂志 , 1983, 4(1):34~36.

[41] 叶应妩 , 王毓三 , 申子瑜 . 全国临床检验操作规程 (第 3 版). 南京 : 东南大学出版社 , 2006, 801~821.

[42] 赵铠 , 章以浩 , 李河民 . 医学生物制品学 (第 2 版). 北京 : 人民卫生出版社 , 2007, 1436~1437.

[43] 许文炯 , 贾力敏 , 杜雪飞 , 等 . 应用聚合酶链反应检测致病性小肠结肠炎耶尔森氏菌 . 江苏预防医学 , 1999, 10(4):13~14.

[44] 郑浩轩 , 张明军 , 孙勇 , 等 . 实时定量聚合酶链反应检测腹泻粪便中小肠结肠炎耶尔森氏菌的研究与评价 . 中华医学杂志 , 2006, 86(32):2281~2284.

[45] 段丽莉 . 粪便中小肠结肠炎耶尔森氏菌 PCR 检测方法的建立 . 中国医药导报 , 2010, 7(5):23~24, 63.

第3篇　医院感染革兰氏阴性非发酵型细菌

与医院感染 (hospital infection，HI) 相关的非发酵型菌 (nonfermentative bacteria) 类，在我国已有明确报告的涉及 9 个菌科 (Family)、14 个菌属 (genus) 的 27 个菌种 (species) 及亚种 (subspecies)。为便于一并了解各相应菌科、菌属，分别将其各自名录按各菌科学名的字母顺序排列、记述于此表 (医院感染非发酵型菌类的各菌科与菌属) 中。

医院感染非发酵型菌类的各菌科与菌属

序号	菌科	菌属数	菌属名称
1	产碱菌科 (Alcaligenaceae)	1	无色杆菌属 (Achromobacter)
2	布鲁氏菌科 (Brucellaceae)	1	苍白杆菌属 (Ochrobactrum)
3	伯克霍尔德氏菌科 (Burkholderiaceae)	1	伯克霍尔德氏菌属 (Burkholderia)
4	黄杆菌科 (Flavobacteriaceae)	5	金黄杆菌属 (Chryseobacterium)，伊金氏菌属 (Elizabethkingia)，稳杆菌属 (Empedobacter)，黄杆菌属 (Flavobacterium)，类香味菌属 (Myroides)
5	莫拉氏菌科 (Moraxellaceae)	2	不动杆菌属 (Acinetobacter)，莫拉氏菌属 (Moraxella)
6	假单胞菌科 (Pseudomonadaceae)	1	假单胞菌属 (Pseudomonas)
7	鞘氨醇杆菌科 (Sphingobacteriaceae)	1	鞘氨醇杆菌属 (Sphingobacterium)
8	鞘氨醇单胞菌科 (Sphingomonadaceae)	1	鞘氨醇单胞菌属 (Sphingomonas)
9	黄单胞菌科 (Xanthomonadaceae)	1	寡养单胞菌属 (Stenotrophomonas)
合计		14	

第 15 章　无色杆菌属 (*Achromobacter*)

　　无色杆菌属 (*Achromobacter* Yabuuchi and Yano 1981 emend.Yabuuchi，Kawamura，Kosako and Ezaki 1998) 细菌，属于非发酵菌 (nonfermentative bacteria) 类。非发酵菌是指一群不能利用葡萄糖或仅能以氧化 (oxidation) 形式利用葡萄糖的革兰氏阴性无芽孢 (spore) 需氧菌 (aerobe)，也常记为非发酵革兰氏阴性杆菌 (nonfermentative Gram-negative bacilli，NFGNB)，它们不属于细菌分类学的范畴，在分类学上包括多个不同的菌科 (Family)、菌属 (genus)、菌种 (species) 及亚种 (subspecies)。

　　非发酵菌的一些种是典型的病原菌，能引起人、动物或人及动物的相应感染病 (infectious diseases)，举例如下。①假单胞菌属 (*Pseudomonas* Migula 1894) 的铜绿假单胞菌 (*Pseudomonas aeruginosa*) 简称绿脓杆菌，能在一定条件下引起人及多种动物的感染病，属于人畜共患病 (zoonoses) 的病原菌。②伯克霍尔德氏菌属 (*Burkholderia* Yabuuchi，Kosako，Oyaizu et al 1993 emend. Gillis，Van，Bardin et al 1995) 的椰毒伯克霍尔德氏菌 (*Burkholderia cocovenenans*)，属于食源性病原菌 (foodborne pathogen)，在我国多有由椰毒伯克霍尔德氏菌引起的食物中毒 (food poisoning) 事件发生，且相当严重；鼻疽伯克霍尔德氏菌 (*Burkholderia mallei*)、类鼻疽伯克霍尔德氏菌 (*Burkholderia pseudomallei*)，分别能引起人及多种动物的鼻疽 (malleus)、类鼻疽 (melioidosis)，都是呈全球分布、古老且重要、典型的人畜共患病。但具有致病作用的多数非发酵菌的种，还主要是作为机会病原菌 (opportunistic pathogen) 也称为条件病原菌，在医院感染 (hospital infection，HI) 中的表现尤为突出；另外，其中有不少的种，尚缺乏明确的病原学意义。

与医院感染相关的非发酵菌类，在我国已有明确记述和报告的涉及 9 个菌科、14 个菌属的 27 个菌种及亚种。为便于一并了解，将各菌科、菌属名录以表格"医院感染非发酵菌类的各菌科与菌属"的形式，记述在了第 3 篇"医院感染革兰氏阴性非发酵型细菌"的扉页中。

无色杆菌属的木糖氧化无色杆菌 (*Achromobacter xylosoxidans*)，是明确具有医学临床意义的病原菌，涉及木糖氧化无色杆菌木糖氧化亚种 (*Achromobacter xylosoxidans* subsp. *xylosoxidans*)、木糖氧化无色杆菌反硝化亚种 (*Achromobacter xylosoxidans* subsp. *denitrificans*)，其中主要是木糖氧化无色杆菌木糖氧化亚种，可在一定条件下引起人的某些组织器官的炎性感染，以及菌血症、败血症等感染病，尤其是容易发生在医院感染及免疫功能低下者[1,2]。

在引起医院感染的无色杆菌属细菌中，有明确报告的涉及木糖氧化无色杆菌木糖氧化亚种、木糖氧化无色杆菌反硝化亚种两个亚种，其中主要是木糖氧化无色杆菌木糖氧化亚种。根据相关资料分析，由木糖氧化无色杆菌引起的医院感染，尽管在所有医院感染细菌中的占位不是很靠前，但其分离率在近年来大有逐渐上升的趋势。

● 浙江省杭州市第一人民医院的董晓勤等 (2004) 报告，回顾性总结该医院在 4 年 (2000 年 1 月至 2003 年 12 月) 间，从医院感染患者不同标本材料中分离获得的非发酵菌 7 个菌种 (属)2044 株。各菌种 (属) 细菌的出现频率，依次为：铜绿假单胞菌 992 株 (构成比 48.53%)、鲍氏不动杆菌 (*Acinetobacter baumannii*)542 株 (构成比 26.52%)、嗜麦芽寡养单胞菌 (*Stenotrophomonas maltophilia*)347 株 (构成比 16.98%)、黄杆菌属 (*Flavobacterium* Bergey，Harrison，Breed et al 1923 emend. Bernardet，Segers，Vancanneyt et al 1996) 细菌 91 株 (构成比 4.45%)、荧光假单胞菌 (*Pseudomonas fluorescens*)32 株 (构成比 1.57%)、洋葱伯克霍尔德氏菌 (*Burkholderia cepacia*)24 株 (构成比 1.17%)、木糖氧化产碱菌 (*Alcaligenes xylosoxidans*)16 株 (构成比 0.78%)，木糖氧化产碱菌居第 7 位[3]。

本书作者注：文中记述的木糖氧化产碱菌，即现在分类命名的木糖氧化无色杆菌木糖氧化亚种 (木糖氧化无色杆菌)。

● 浙江省杭州市第一人民医院的张卫英等 (2006) 报告在 2000 年至 2004 年间，从该医院住院患者送标本材料中分离到木糖氧化无色杆菌 (文中以木糖氧化产碱菌记述)34 株，分别为 2000 年 1 株 (构成比 2.94%)、2001 年 1 株 (构成比 2.94%)、2002 年 2 株 (构成比 5.88%)、2003 年 13 株 (构成比 38.24%)、2004 年 17 株 (构成比 50.00%)。其中包括木糖氧化产碱菌木糖氧化亚种 (*Alcaligenes xylosoxidans* subsp. *xylosoxidans*)32 株 (构成比 94.11%)、木糖氧化产碱菌反硝化亚种 (*Alcaligenes xylosoxidans* subsp. *denitrificans*)2 株 (构成比 5.88%)[4]。

本书作者注：①文中记述的木糖氧化产碱菌木糖氧化亚种，即现在分类命名的木糖氧化无色杆菌木糖氧化亚种；②木糖氧化产碱菌反硝化亚种，即现在分类命名的木糖氧化无色杆菌反硝化亚种。

● 中国人民解放军总医院的邢玉斌等 (2006) 报告，针对在某外科重症监护室 (intensive care unit，ICU) 频繁发生医院感染的情况，对 2003 年 12 月 1 日至 31 日所有住院患者进行了医院感染的监测。在此月内进入监测范围的病例共 22 例，其间共发生医院感染 5 例 (感染率 22.73%)、9 例次 (例次感染率 40.91%)。其中肺部感染 5 例次 (例次感染构成比

55.56%）、泌尿系统感染 3 例次 (例次感染构成比 33.33%)、血液系统感染 1 例次 (例次感染构成比 11.11%)；同一病例 3 个部位先后被感染的 1 例 (例次感染构成比 11.11%)、2 个部位先后被感染的 3 例 (例次感染构成比 33.33%)。在分离的病原菌中，被鉴定到种的包括：嗜麦芽寡养单胞菌、草绿色链球菌 (*Streptococcus* viridans)、表皮葡萄球菌 (*Staphylococcus epidermidis*)、铜绿假单胞菌、大肠埃希氏菌 (*Escherichia coli*)、金黄色葡萄球菌 (*Staphylococcus aureus*)、木糖氧化无色杆菌、热带念珠菌 (*Candida tropicalis*) 等 8 种 [5]。

1 菌属定义与分类位置

无色杆菌属是产碱菌科 (Alcaligenaceae De Ley，Segers，Kersters，Mannheim and Lievens 1986) 细菌的成员，现在属内的种、亚种，是从原分类于产碱菌属 (*Alcaligenes* Castellani and Chalmers 1919) 的细菌划归的。菌属名称"*Achromobacter*"为现代拉丁语阳性名词，指无色的杆菌 (colorless rodlet)[6]。

1.1 菌属定义

无色杆菌属细菌为两端钝圆的杆状，大小为 (0.8 ~ 1.2)μm×(2.5 ~ 3.0)μm，通常单个存在，无芽孢，革兰氏阴性；以有鞘的周鞭毛 (sheathed flagella arranged peritrichously) 运动，每个菌体有 1 ~ 20 根。其专性需氧，进行严格的呼吸型代谢，以氧为最终电子受体；有的菌株于存在硝酸盐或亚硝酸盐时能进行厌氧呼吸。适宜生长温度为 20 ~ 37℃，在营养琼脂上的菌落无色素。该菌属细菌氧化酶阳性，过氧化氢酶阳性，脲酶、DNA 酶、苯丙氨酸脱氨酶、赖氨酸脱羧酶、鸟氨酸脱羧酶、精氨酸双水解酶、明胶酶阴性，不产生色素，不溶血，有机化能营养，能利用多种有机酸和氨基酸类为碳源，通常不能利用碳水化合物。木糖氧化无色杆菌木糖氧化亚种、卢氏无色杆菌 (*Achromobacter ruhlandii*)，通常可从 D- 葡萄糖、D- 阿拉伯糖、D- 木糖产酸。

该菌属细菌分离于水、土壤，医院环境，人的病理材料、污染物等临床被检样品。

无色杆菌属细菌 DNA 的 G+C mol% 为 65 ~ 68；模式种 (type species)：木糖氧化无色杆菌 [*Achromobacter xylosoxidans*(ex Yabuuchi and Ohyama 1971)Yabuuchi and Yano 1981 emend. Yabuuchi，Kawamura，Kosako and Ezaki 1998][6]。

1.2 分类位置

按伯杰氏 (Bergey) 细菌分类系统，在第二版《伯杰氏系统细菌学手册》(*Bergey's Manual of Systematic Bacteriology*) 第 2 卷 (2005)C 部分中，无色杆菌属分类于产碱菌科。

产碱菌科包括 9 个菌属，依次为：产碱菌属、无色杆菌属、鲍特氏菌属 (*Bordetella* Moreno-López 1952)、德克斯氏菌属 (*Derxia* Jensen，Petersen，De and Bhattacharya 1960)、寡源菌属 (*Oligella* Rossau，Kersters，Falsen et al 1987)、居鸽菌属 (*Pelistega* Vandamme，Segers，Ryll et al 1998)、噬染料菌属 (*Pigmentiphaga* Blümel，Mark，Busse，Kämpfer and

Stolz 2001)、萨特氏菌属 (Sutterella Wexler，Reeves，Summanen et al 1996)、泰勒氏菌属 (Taylorella Sugimoto，Isayama，Sakazaki and Kuramochi 1984)。

产碱菌科细菌 DNA 的 G+C mol% 为 56 ~ 70；模式属 (type genus)：产碱菌属。

无色杆菌属内共记载了 3 个明确的种、2 个亚种。

3 个种，依次为：木糖氧化无色杆菌、皮氏无色杆菌 (Achromobacter piechaudii)、卢氏无色杆菌。

2 个亚种，分别为：木糖氧化无色杆菌木糖氧化亚种、木糖氧化无色杆菌反硝化亚种。

需要注意的是，这些无色杆菌的种、亚种，原均是归于产碱菌属的，且有的名称于现在的一些文献资料中还有出现。其中的木糖氧化无色杆菌，即原来的木糖氧化产碱菌；皮氏无色杆菌，即原来的皮氏产碱菌 (Alcaligenes piechaudii)；卢氏无色杆菌，即原来的卢氏产碱菌 (Alcaligenes ruhlandii)[6]。

2　木糖氧化无色杆菌木糖氧化亚种 (Achromobacter xylosoxidans subsp. xylosoxidans)

木糖氧化无色杆菌 [Achromobacter xylosoxidans(ex Yabuuchi and Ohyama 1971)Yabuuchi and Yano 1981 emend.Yabuuchi，Kawamura，Kosako and Ezaki 1998]，即原来分类于产碱菌属的木糖氧化产碱菌 (Alcaligenes xylosoxidans Yabuuchi and Ohyama 1971)。菌种名称 "xylosoxidans" 为现代拉丁语形容词，指氧化木糖的 (oxidizing xylose)。细菌 DNA 的 G+C mol% 为 63.9 ~ 69.8(Bd，T_m)。

木糖氧化无色杆菌木糖氧化亚种 [Achromobacter xylosoxidans subsp. xylosoxidans(ex Yabuuchi and Ohyama 1971)Yabuuchi and Yano 1981]，即通常所指的木糖氧化无色杆菌，也是原来的反硝化产碱菌木糖氧化亚种 (Alcaligenes denitrificans subsp. xylosoxidans) 及在后来又更名的木糖氧化产碱菌木糖氧化亚种 (Alcaligenes xylosoxidans subsp. xylosoxidans)。细菌 DNA 的 G+C mol% 为 66.9 ~ 69.8(T_m)；模式株 (type strain)：Hugh 2838，ATCC 27061，CIP 71.32，Yabuuchi KM 543，NCTC 10807。GenBank 登录号 (16S rRNA)：X59163，D88005[6]。

2.1　生物学性状

木糖氧化无色杆菌 (木糖氧化无色杆菌木糖氧化亚种、木糖氧化无色杆菌反硝化亚种) 一些共同的特征为：形态特征，如在菌属定义中的记述。在普通营养琼脂 (nutrient agar，NA) 培养基上生长的菌落呈圆形，不产生色素，灰白色，半透明至不透明，扁平至凸起的，边缘整齐，通常为光滑 (smooth，S) 型、也有时会为粗糙 (rough，R) 型的；在心浸液琼脂(heart infusion agar) 培养基上的菌落边缘整齐，低凸起，湿润，表面发白，直径在 1.0mm。生长在厌氧条件下，对硝酸盐或亚硝酸盐具有反硝化作用。其能够同化柠檬酸盐、苹果酸、苯乙酸盐，同化葡萄糖酸盐、癸酸 (capric acid)、葡萄糖不定，不能利用 L- 阿拉伯糖、D- 甘露醇、D- 甘露糖、麦芽糖、N- 乙酰 -D- 葡萄糖胺。

木糖氧化无色杆菌木糖氧化亚种，几乎是所有的菌株均能利用 D- 葡萄糖、D- 木糖、己二酸盐 (adipate)、庚二酸盐 (pimelate) 为碳源。

在第九版《伯杰氏鉴定细菌学手册》(*Bergey's Manual of Determinative Bacteriology*) (1994) 中，木糖氧化无色杆菌还是以木糖氧化产碱菌记述的，并以表格形式记述了两个亚种的主要特征，现将其列于表 15-1 中以供参考 [7]。

表 15-1　木糖氧化无色杆菌两个亚种的主要鉴别特征

项目	反硝化亚种	木糖氧化亚种	项目	反硝化亚种	木糖氧化亚种
黄色胡萝卜素细胞色素	−	−	D- 甘露糖	−	d
硝酸盐还原为亚硝酸盐	（＋）	＋	D- 葡萄糖酸盐	（＋）	＋
存在硝酸盐时厌氧生长	（＋）	＋	乙酸盐	＋	＋
存在亚硝酸盐时厌氧生长	（＋）	＋	己二酸盐	＋	＋
明胶液化	−	−	庚二酸盐	＋	＋
在 O-F 培养基从 D- 木糖产酸	−	＋	癸二酸盐	＋	＋
碳源生长：D- 葡萄糖	−	＋	辛二酸盐	＋	＋
L- 阿拉伯糖	−	−	*meso*- 酒石酸盐	＋	＋
D- 木糖	−	＋	*n*- 戊酸盐	d	d
D- 果糖	−	d	甲基延胡索酸盐	d	d
D- 甘露醇	−	−	异戊酸盐	d	−
衣康酸盐	＋	＋	从临床样品分离	＋	＋

注：表中符号的＋表示90% 以上的菌株阳性，−表示0 ~ 10% 的菌株阳性，（＋）表示80% 以上的菌株阳性，d 表示11% ~ 79% 的菌株阳性；O-F 培养基为氧化 - 发酵试验 (oxidation-fermentation test,O-F) 培养基。

2.2　病原学意义

木糖氧化无色杆菌木糖氧化亚种 (木糖氧化无色杆菌) 的病原学意义，主要是能在一定条件下引起人的感染病。关于这点近些年来多有报告，尤其发生在医院感染。木糖氧化无色杆菌木糖氧化亚种可以单独引起感染，或与其他病原体 (pathogen) 混合引起。

2.2.1　临床常见感染类型

木糖氧化无色杆菌木糖氧化亚种 (木糖氧化无色杆菌) 可引起菌血症、败血症、中枢神经系统感染、呼吸系统感染、泌尿系统感染、心内膜炎、腹膜炎、伤口感染、中耳炎、眼部感染、化脓性胰腺炎等多种组织器官的炎性感染及菌血症、败血症等感染病，尤以存在基础疾病或机体抵抗力差者易罹患。

河南省焦作市第三人民医院的尚建中等 (2000) 报告，对 30 例木糖氧化无色杆菌感染患者进行了归纳。报告在 1978 年至 1999 年间，共收治由该菌引起的感染患者 30 例。其中男性 23 例 (构成比 76.67%)、女性 7 例 (构成比 23.33%)，年龄在 6 个月 ~ 75 岁 , 属于医院感染的 25 例 (构成比 83.33%)。存在原发疾病及诱因者 26 例 (构成比 86.67)，分别为慢性支气管炎、肺气肿、慢性肝炎、肝硬化、糖尿病、慢性附件炎、烧伤、早产、经手术治疗及医疗器械检查、应用抗生素或肾上腺皮质激素等。其中死亡 12 例 (病死率 40.00%)。各种感染类型，分别为：①败血症感染 4 例 (构成比 13.33%)，多次从血液检出该菌，其中 3 例死于感染性休克 (病死率 75.00%)；②呼吸系统感染 8 例 (构成比 26.67%)，分别为肺炎 4 例、肺脓肿及支气管炎各 2 例，均多次从痰液和咽拭子、脓液检出该菌，其中 2 例肺脓肿患者死亡 (病死率 25.00%)；③脑膜炎 4 例 (构成比 13.33%), 从脑脊液 (脓性) 多次检出该菌，其中 3 例死亡 (病死率 75.00%)；④泌尿系统感染 6 例 (构成比 20.00%)，分别为急性肾盂肾炎 4 例、急性膀胱炎及尿道炎 2 例，多次从尿液检出该菌；⑤腹膜炎 4 例 (构成比 13.33%)，从腹水 (渗出液) 检出该菌，均治疗无效死亡 (病死率 100.00%)；⑥烧伤创面感染 3 例，从创面脓性分泌物多次检出该菌；⑦慢性中耳炎 1 例 (构成比 3.33%)，从耳道脓液多次检出该菌 [8]。

中国人民解放军成都军区昆明总医院的张彦 (2006) 报告了 1 例木糖氧化无色杆菌致肺部感染病例，患者为男性 78 岁。因腹胀、腹痛、纳差、便闭 5 天于 2005 年 4 月 8 日入院，诊断为肠梗阻。在入院当天即行手术治疗，手术后转重症监护室 (ICU) 病房后，查体温 38.9℃，双肺有湿啰音，排痰困难，排出的痰液为深黄色黏稠的脓痰且量多，从痰液中检出木糖氧化无色杆菌。此病例曾被诊断为医院感染，但依据医院感染的定义还表现证据不足，可能在入院前已处于感染潜伏期 [9]。

2.2.2　医院感染特点

由木糖氧化无色杆菌木糖氧化亚种 (木糖氧化无色杆菌) 引起的医院感染，相对来讲记述还是比较少的，也有可能与对该菌病原学意义的足够认识和重视程度不够有关。

2.2.2.1　科室分布特点

综合一些相关的文献分析，由木糖氧化无色杆菌引起的医院感染，主要的分布科室 (住院病区) 为呼吸科和重症监护室。以下记述的一些报告，是具有一定代表性的。

山东省胶南市人民医院的王斌等 (2012) 报告，在 2007 年 1 月至 2009 年 12 月的 3 年间，从该医院住院患者分离到木糖氧化无色杆菌 (文中是以木糖氧化产碱杆菌记述的)85 株。在各科室的分布，依次为：呼吸科 37 株 (构成比 43.53%)、重症监护室 22 株 (构成比 25.88%)、胸外科 9 株 (构成比 10.59%)、神经内科 6 株 (构成比 7.06%)、内分泌科 5 株 (构成比 5.88%)、骨科 3 株 (构成比 3.53%)、肿瘤科 2 株 (构成比 2.35%)、眼科 1 株 (构成比 1.18%)[10]。

复旦大学附属金山医院的何岱昆等 (2008) 报告，在 2004 年 9 月至 2006 年 8 月的两年间，从该医院住院患者分离到木糖氧化无色杆菌 (文中是以木糖氧化产碱杆菌记述的)1323 株。在各科室的分布，依次为：呼吸科 621 株 (构成比 46.94%)、重症监护室 (ICU)169 株 (构成比 12.77%)、心内科 77 株 (构成比 5.82%)、内分泌科 66 株 (构成比 4.99%)、血液科 62 株 (构成比 4.69%)、胸外科 59 株 (构成比 4.46%)、肾内科 50 株 (构成比 3.78%)、神经内科 44 株 (构成比 3.33%)、肿瘤内科 31 株 (构成比 2.34%)、脑外科 31 株 (构成比 2.34%)、骨科 30 株 (构成比 2.27%)、其他科室 83 株 (构成比 6.27%)[11]。

四川大学华西医院的宗志勇等 (2002) 报告了 4 例木糖氧化无色杆菌 (文中是以木糖氧化产碱菌记述的) 感染患者，分离到 4 株木糖氧化无色杆菌，均为该医院住院患者，来自肾脏内科和重症监护室病房，年龄分别为 32 岁、67 岁、72 岁、82 岁，均属于医院内感染。4 例均有严重的基础疾病，其中 1 例为慢性肾功不全 (尿毒症期)、持续不卧床腹膜透析 (continuous ambulatory peritoneal dialysis，CAPD) 术后，另 3 例均有呼吸衰竭。4 例均接受了侵袭性操作，其中 1 例行气管插管及人工呼吸机支持、1 例行气管切开、1 例行椎管手术。有 3 例在感染前接受了广谱抗菌药物治疗，有 2 例使用了皮质激素 [12]。

2.2.2.2 感染部位特点

综合一些相关的文献分析，由木糖氧化无色杆菌引起的医院感染，主要感染部位分布为呼吸道。以下记述的一些报告，是具有一定代表性的。

在上面有记述山东省胶南市人民医院的王斌等 (2012) 报告的木糖氧化无色杆菌 (文中是以木糖氧化产碱杆菌记述的)85 株，在各感染部位的分布依次为：痰液 81 株 (构成比 95.29%)、伤口分泌物 3 株 (构成比 3.53%)、角膜炎分泌物 1 株 (构成比 1.18%)[10]。

在上面有记述复旦大学附属金山医院的何岱昆等 (2008) 报告的木糖氧化无色杆菌 (文中是以木糖氧化产碱杆菌记述的)1323 株，在各感染部位的分布依次为：痰液 1321 株 (构成比 99.85%)、伤口分泌物 1 株 (构成比 0.08%)、粪便 1 株 (构成比 0.08%)[11]。

在上面有记述四川大学华西医院的宗志勇等 (2002) 报告的 4 株木糖氧化无色杆菌 (文中是以木糖氧化产碱菌记述的)，其中 3 株分离于痰液、1 株分离于腹透液 [12]。

2.3 微生物学检验

目前对木糖氧化无色杆菌木糖氧化亚种 (木糖氧化无色杆菌) 的微生物学检验，还主要是依赖于对细菌分离与鉴定的细菌学检验。

无色杆菌属细菌对营养要求不高，可用普通营养琼脂培养基进行细菌分离。对无色杆菌属细菌鉴定时，要特别注意与均属于非发酵菌类的产碱菌属细菌，尤其是临床出现频率较高的粪产碱菌 (Alcaligenes faecalis) 及苍白杆菌属 (Ochrobactrum Holmes，Popoff，Kiredjian and Kersters 1988) 细菌相鉴别。表 15-2 所列该细菌的一些主要鉴别特征。其共同的特征，是均以周生鞭毛运动，氧化酶阳性，不产生吲哚；木糖氧化无色杆菌木糖氧化亚种、苍白杆菌属细菌，为能够分解糖类的非发酵菌；木糖氧化无色杆菌反硝化亚种、粪产碱菌，为不能分解糖类的非发酵菌 [13]。

表 15-2 无色杆菌属、产碱菌属、苍白杆菌属细菌的鉴别特征

项目	木糖氧化无色杆菌 木糖氧化亚种	木糖氧化无色杆菌 反硝化亚种	粪 产碱菌	苍白 杆菌属
产酸：葡萄糖	78	0	0	93(7)
木糖	99	0	0	100
在沙门氏菌 - 志贺氏菌琼脂培养基上生长	98	100	100	100

续表

项目	木糖氧化无色杆菌木糖氧化亚种	木糖氧化无色杆菌反硝化亚种	粪产碱菌	苍白杆菌属
尿素酶 (Christensen 培养基)	0	0	2	100
还原硝酸盐 (产气)	60	100	0	43
还原亚硝酸盐	ND	ND	100	ND
产生 H$_2$S(醋酸铅纸条法)	0	25w	8	100
在 42℃生长	84	25w	18	64
水解七叶苷	0	ND	ND	29(7)
精氨酸双水解酶	13	0	0	71
在 6%NaCl 营养肉汤中生长	69	25	98(2)	60
ONPG 试验	0	ND	ND	0

注：表中数字表示在培养 2 天后的阳性百分数，括号表示需要培养 3 ～ 7 天；w 表示弱反应，ND 表示无资料记载；ONPG 试验，是指邻硝基苯 -β-D- 半乳糖苷 (O-nitrophenyl-β-D-galactopyranoside，ONPG) 试验。

3　木糖氧化无色杆菌反硝化亚种 (Achromobacter xylosoxidans subsp. denitrificans)

　　木糖氧化无色杆菌反硝化亚种 [Achromobacter xylosoxidans subsp. denitrificans(Rüger and Tan 1983)Yabuuchi，Kawamura，Kosako and Ezaki 1998]，即原来的反硝化产碱菌 (Alcaligenes denitrificans)、反硝化产碱菌反硝化亚种 (Alcaligenes denitrificans subsp. denitrificans)，以及在后来又更名的木糖氧化产碱菌反硝化亚种 (Alcaligenes xylosoxidans subsp. denitrificans)。亚种名称 "denitrificans" 为现代拉丁语现在分词，指脱氮 (denitrifying)。

　　细菌 DNA 的 G+C mol% 为 63.9 ～ 68.9(T_m，Bd)；模式株：Hugh 12，ATCC 15173，CIP 77.15，DSM 30026，NCTC 8582。GenBank 登录号 (16S rRNA)：M22509[6]。

3.1　生物学性状

　　木糖氧化无色杆菌反硝化亚种，多数菌株能够以 meso- 酒石酸盐、衣康酸 (itaconate)、己二酸盐、庚二酸盐及其他二羧酸 (dicarboxylic acids) 为碳源，一些菌株表现营养缺陷和生长需要有机含氮化合物 (organic nitrogenous compounds)，有的菌株于存在硝酸盐或亚硝酸盐时能进行厌氧呼吸。

　　在上面有记述木糖氧化无色杆菌 (木糖氧化无色杆菌木糖氧化亚种、木糖氧化无色杆菌反硝化亚种) 的一些共同的特征，其他可见在表 15-1 中的相应记述。

　　木糖氧化无色杆菌反硝化亚种可分离于土壤、粪便、尿液、血液、胸腹水、浓汁、前列腺分泌物、咽喉拭子等多种临床检验样品[6]。

3.2　病原学意义

木糖氧化无色杆菌反硝化亚种，除了可作为人的条件性病原菌外，已有报告显示还可作为某些水生动物的病原菌。

3.2.1　人的木糖氧化无色杆菌反硝化亚种感染病

在上面木糖氧化无色杆菌木糖氧化亚种（木糖氧化无色杆菌）中记述的病原学意义内容，除了主要是木糖氧化无色杆菌木糖氧化亚种（木糖氧化无色杆菌）外，也应包括木糖氧化无色杆菌反硝化亚种。因在描述木糖氧化无色杆菌的病原学意义时，在以往常常是不明确区分木糖氧化无色杆菌木糖氧化亚种（木糖氧化无色杆菌）、木糖氧化无色杆菌反硝化亚种。

在医院感染方面，明确木糖氧化无色杆菌反硝化亚种的也是少见的。在上面有记述浙江省杭州市第一人民医院的张卫英等 (2006) 报告在 2000 年至 2004 年间，从该医院住院患者送标本材料中分离到木糖氧化无色杆菌（文中以木糖氧化产碱菌记述）34 株，其中包括木糖氧化无色杆菌反硝化亚种 2 株（构成比 5.88%)[4]。

3.2.2　水生动物的木糖氧化无色杆菌反硝化亚种感染病

木糖氧化无色杆菌反硝化亚种在水生动物引起的感染病，已有明确的报告是在中华绒螯蟹 (Eriocheir sinensis)、虾类。另外，还主要是与其他病原体 (pathogen)，尤其是病原菌的混合感染。

安徽农业大学的祖国掌等 (2004) 报告在 2002 年 6 月 21 日至 25 日间，安徽巢湖市某乡龙临村某 3 户蟹农养殖的稻田中华绒螯蟹相继发生了"颤抖病"。经病原学检验，是由苏云金芽孢杆菌 (Bacillus thuringiensis) 和木糖氧化无色杆菌反硝化亚种（文中是以反硝化产碱菌记述的）混合感染引起的 [14]。

辽宁省微生物研究所的李文珍等 (1992) 报告，以取自锦县大有养虾场出现红腿病 (red-leg disease) 症状明显、濒死的中国对虾 (Penaeus orientalis) 进行病原学检验，在检出的 6 株 (5 种) 相应病原菌中，包括木糖氧化无色杆菌反硝化亚种（文中是以反硝化产碱菌反硝化亚种记述的）1 株 [15]。

3.3　微生物学检验

目前对木糖氧化无色杆菌反硝化亚种的微生物学检验，还主要是依赖于对细菌分离与鉴定的细菌学检验。

（房　海）

参 考 文 献

[1] 李仲兴 , 郑家齐 , 李家宏 . 临床细菌学 . 北京 : 人民卫生出版社 , 1986: 263~264.

[2] 刘恭植 . 微生物学和微生物学检验 . 北京 : 人民卫生出版社 , 1988: 241~243.

[3] 董晓勤 , 周田美 , 施新颜 , 等 . 非发酵菌感染的临床分布和耐药谱分析 . 中华医院感染学杂志 , 2004, 14(7): 809~811.

[4] 张卫英 , 高英 , 吴巍 , 等 . 木糖氧化产碱菌的耐药性分析 . 中华医院感染学杂志 , 2006, 16(5): 589~591.

[5] 邢玉斌 , 索继江 , 常东 , 等 . 外科重症监护室医院感染监测与暴发控制 . 解放军医学杂志 , 2006, 31(1): 4~6.

[6] George M.Garrity.Bergey's Manual of Systematic Bacteriology.Second Edition.Volume Two.Part C.Springer, New York, 2005, 658~662.

[7] Holt J G, Krieg N R, Sneath P H A, et al.Bergey's Manual of Determinative Bacteriology. Ninth Edition. Baltimore, Williams and Wilkins, 1994, 75, 131.

[8] 尚建中 , 江河清 , 张正行 . 木糖氧化无色杆菌感染 30 例临床分析 . 中华内科杂志 , 2000, 39(6): 411~412.

[9] 张彦 . 医院感染过度诊断暨 1 例木糖氧化无色杆菌致肺部感染分析 . 西南军医 , 2006, 8(3): 58~59.

[10] 王斌 , 朴信爱 , 蒋捍东 . 木糖氧化产碱杆菌的临床分布与耐药性研究 . 中华医院感染学杂志 , 2012, 22(5): 1053~1055.

[11] 何岱昆 , 申捷 , 李刚 , 等 . 木糖氧化产碱菌医院感染调查分析 . 中华医院感染学杂志 , 2008, 18(9): 1273~1275.

[12] 宗志勇 , 李大江 . 去硝化产碱杆菌木糖氧化亚种感染 4 例 . 华西医学 , 2002, 17(4): 567.

[13] 叶应妩 , 王毓三 , 申子瑜 . 全国临床检验操作规程 . 第 3 版 . 南京 : 东南大学出版社 , 2006, 842~844.

[14] 祖国掌 , 李槿年 , 余为一 , 等 . 河蟹细菌性颤抖病的诊断与治疗 . 淡水渔业 , 2004, 34(2): 27~30.

[15] 李文珍 , 王洪奇 , 王俊义 , 等 . 中国对虾红腿病致病菌的研究 . 水产科学 , 1992, 11(6): 1~6.

第 16 章　不动杆菌属 (*Acinetobacter*)

　　不动杆菌属 (*Acinetobacter* Brisou and Prévot 1954) 的鲍氏不动杆菌 (*Acinetobacter baumannii*)，是重要的机会病原菌 (opportunistic pathogen，亦称为条件病原菌)，能在一定条件下引起人的多种类型感染病 (infectious diseases)，通常是以引起某些组织器官的炎性感染以至菌血症及败血症等为特征，尤以呼吸道感染最为多见。另外，乙酸钙不动杆菌 (*Acinetobacter calcoaceticus*)、溶血不动杆菌 (*Acinetobacter haemolyticus*)、约氏不动杆菌 (*Acinetobacter johnsonii*)、琼氏不动杆菌 (*Acinetobacter junii*)、鲁氏不动杆菌 (*Acinetobacter lwoffii*) 等，也均具有不同程度的病原学意义 [1~3]。

　　不动杆菌属细菌属于非发酵菌 (nonfermentative bacteria) 类，也常记为非发酵革兰氏阴性杆菌 (nonfermentative Gram-negative bacilli，NFGNB)。与医院感染 (hospital infection，HI) 相关的非发酵菌类，在我国已有明确记述和报告的涉及 9 个菌科 (Family)、14 个菌属 (genus) 的 27 个菌种 (species) 及亚种 (subspecies)。为便于一并了解，将各菌科、菌属名录以表格 "医院感染非发酵菌类的各菌科与菌属" 的形式，记述在了第 3 篇 "医院感染革兰氏阴性非发酵型细菌" 的扉页中。

　　在引起医院感染的不动杆菌属细菌中，在我国已有明确记述的涉及多个种。其中主要是鲍氏不动杆菌，在所有医院感染细菌中的检出频率一直居前几位。

● 在第 4 章 "肠杆菌属" (*Enterobacter*) 中有记述，江苏省无锡市第四人民医院的黄朝晖等 (2013) 报告，回顾性总结该医院 5 年 (2007 年至 2011 年) 间，从住院患者不同标本材料中分离获得的各种病原菌 38 037 株，其中明确菌种的革兰氏阴性细菌共 8 种 23 995 株 (构成比 63.08%)、革兰氏阳性细菌共 4 种 8395 株 (构成比 22.07%)，其他的病原菌 5647 株 (构成比 14.85%)。在明确菌种的革兰氏阴性细菌和革兰氏阳性细菌共 12 种 32 390 株 (构成比 85.15%) 中，包括鲍氏不动杆菌 4116 株 (构成比 12.71%) 居第 4 位、鲁氏不动杆菌 623 株 (构成比 1.92%) 居第 11 位。在 8 种 23 995 株革兰氏阴性细菌中，鲍氏不动杆菌 4116 株 (构成比 17.15%) 居第 3 位、鲁氏不动杆菌 623 株 (构成比 2.59%) 居第 7 位 [4]。

● 在第 4 章 "肠杆菌属" (*Enterobacter*) 中有记述，江苏省中医院的孙慧等 (2014) 报告，回顾性总结该医院 3 年 (2010 年 1 月 1 日至 2012 年 12 月 31 日) 间，从医院感染病例不同标本材料中分离获得的各种病原菌 15 028 株，其中革兰氏阴性细菌 11 698 株 (构成比 77.84%)、革兰氏阳性细菌 3092 株 (构成比 20.57%)，真菌 (fungi)238 株 (构成比 1.58%)。明确菌种 (属) 的细菌共 11 个种 (属)13 649 株，其中革兰氏阴性细菌 7 个种 (属)10 683 株 (构成比 78.27%)、革兰氏阳性细菌 4 个种 (属)2966 株 (构成比 21.73%)，其中包括鲍氏不动杆菌及其他不动杆菌 (*Acinetobacter* spp.)1972 株 (构成比 14.45%) 居第 4 位 [5]。

● 在第 5 章 "埃希氏菌属" (*Escherichia*) 中有记述，中国人民解放军第四军医大学西京医院全军临床检验医学研究所的陈潇等 (2014) 报告，回顾性总结该医院 11 年 (2002 年 1 月至 2012 年 6 月) 间，从医院感染病例不同标本材料中共分离获得各种病原菌 32 472 株 (非重复菌种)，其中革兰氏阴性细菌 21 107 株 (构成比 65.0%)、革兰氏阳性细菌 9742 株 (构成比 30.0%)，真菌 (fungi)1623 株 (构成比 5.0%)。明确菌种的细菌共 5 种 16 543 株，其中革兰氏阴性细菌 4 种 13 143 株 (构成比 79.45%)、革兰氏阳性的金黄色葡萄球菌 3400 株 (构成比 20.55%)。在 5 种 16 543 株细菌中，包括鲍氏不动杆菌 2441 株居第 5 位。在 4 种 13 143 株革兰氏阴性细菌中，鲍氏不动杆菌 2 441 株 (构成比 18.57%) 居第 4 位 [6]。

1　菌属定义与分类位置

不动杆菌属是莫拉氏菌科 (Moraxellaceae Rossau，van Landschoot，Gillis and de Ley 1991) 细菌较早的成员，属内的种在近些年来变动还是较大的。菌属 (genus) 内的种在近些年来变动还是较大的。菌属名称 "*Acinetobacter*" 为现代拉丁语阳性名词，指无动力的杆菌 (nonmotile rod)[7]。

1.1　菌属定义

不动杆菌属细菌为大小在 (0.9 ~ 1.6)μm×(1.5 ~ 2.5)μm 的杆菌，在生长稳定期

(stationary phase) 呈球形，通常成对排列，有时也呈不同长度的链状；无芽孢 (spores)，革兰氏阴性但偶尔脱色困难。无泳动 (swimming motility) 但可表现为抽动 (twitching motility)，推测可能因为存在纤毛 (fimbriae) 所致。其严格好氧，以氧为最终电子受体，多数菌株不能还原硝酸盐为亚硝酸盐。所有菌株能在 20 ~ 37℃生长，大部分菌株最适宜生长温度为 33 ~ 35℃，有的菌株在 37℃不生长。在普通综合培养基上生长良好，氧化酶阴性、接触酶阳性；多数菌株能在含有单一碳源和能源 (如乙酸盐或乳酸盐) 的限定培养基 (defined media) 中生长，能利用铵和硝酸盐作为氮源，不需要生长因子 (growth factor)。D-葡萄糖是一些菌株可以利用的唯一的六碳糖，五碳糖如 D- 核糖、D- 木糖、L- 阿拉伯糖亦可作为某些菌株的碳源。

不动杆菌属细菌广泛存在于土壤、水和污物，也存在于人的皮肤及呼吸道，可引起医院内感染 (nosocomial infections，NI)，导致菌血症 (bacteremia)、继发性脑膜炎 (secondary meningitis)、肺炎 (pneumonia)、泌尿道感染 (urinary tract infections，UTI) 等。

不动杆菌属细菌 DNA 中 G+C mol% 为 38 ~ 47(T_m，Bd)，模式种 (type species)：乙酸钙不动杆菌 [*Acinetobacter calcoaceticus*(Beijerinck 1911)Baumann，Doudoroff and Stanier 1968 emend. Bouvet and Grimont 1986][7]。

1.2 分类位置

按伯杰氏 (Bergey) 细菌分类系统，在第二版《伯杰氏系统细菌学手册》(*Bergey's Manual of Systematic Bacteriology*) 第 2 卷 B 部分 (2005) 中，不动杆菌属分类于莫拉氏菌科。

莫拉氏菌科包括莫拉氏菌属 (*Moraxella* Lwoff 1939 emend.Henriksen and Bøvre 1968)、不动杆菌属、嗜冷杆菌属 (*Psychrobacter* Juni and Heym 1986) 共 3 个菌属。

莫拉氏菌科细菌 DNA 的 G+C mol% 为 38 ~ 50，模式属 (type genus)：莫拉氏菌属。

在不动杆菌属内共记载了 8 个明确的种，分别属于不同的基因种 (genomic species)，另外是 14 个尚未正式命名的基因种 (unnamed genomic species)。

已明确的 8 个种，依次为：乙酸钙不动杆菌、鲍氏不动杆菌、溶血不动杆菌、约氏不动杆菌、琼氏不动杆菌、鲁氏不动杆菌、耐辐射不动杆菌 (*Acinetobacter radioresistens*)、威尼斯不动杆菌 (*Acinetobacter venetianus*)。

尚未正式命名的 14 个基因种，分别为：基因种 3、6、9、10、11、TU13、TU14 (=BJ13)、TU15、CTTU13、1-3、BJ14、BJ15、BJ16、BJ17[7]。

2 鲍氏不动杆菌 (*Acinetobacter baumannii*)

鲍氏不动杆菌 (*Acinetobacter baumannii* Bouvet and Grimont 1986) 又称鲍曼不动杆菌、波美不动杆菌等。菌种名称 "*baumannii*" 为现代拉丁语属格名词，是以鲍曼 (Linda Baumann) 的姓氏 (Baumann) 命名的，属于基因种 2(genomic species 2)。

细菌 DNA 的 G+C mol% 为 40 ~ 43(T_m)；模式株 (type strain)：ATCC 19606，CIP 70.34，DSM 30007。GenBank 登录号 (16S rRNA)：X81660[7]。

2.1　生物学性状

鲍氏不动杆菌为专性需氧菌，对营养无特殊要求，最适宜的生长温度为 37℃，在普通营养培养基上生长良好。在普通营养琼脂培养基上经 35～37℃培养 18～24h，能形成直径 2～3mm(鲁氏不动杆菌通常在 1.0～1.5mm) 的圆形、光滑、边缘整齐、不透明、隆起的灰白色菌落，一般不产生色素 (仅有少数菌株能产生黄褐色色素)，有的菌株能形成黏性菌落；溶血不动杆菌在血液营养琼脂培养基上，可呈 β- 溶血；均能在麦康凯琼脂 (MacConkey agar) 培养基上生长，有的种能在沙门氏菌 - 志贺氏菌琼脂 (Salmonella-Shigella agar，SS) 培养基上生长，在普通营养肉汤培养基中呈浑浊生长，常形成菌膜及沉淀。

对不动杆菌属细菌的生物学性状研究，相对来讲还是不很系统的。近年来，由于不动杆菌属细菌 (尤其是鲍氏不动杆菌) 常常会出现在临床检验标本材料中，特别是在医院感染的情况下，以致对其引起了重视。

2.1.1　形态与培养特征

不动杆菌属细菌为革兰氏阴性球杆菌，通常大小多为 1.2μm×2.0μm，单个存在或成对排列，也有时形成短链；在固体培养基的生长物以双球菌状为主，在液体培养基的生长物多为短杆菌状，也偶可呈丝状菌体；革兰氏染色不易脱色，常常会被误认为是革兰氏阳性菌。无芽孢，无鞭毛，多数菌株有荚膜。

鲍氏不动杆菌在胰酶大豆琼脂 (tryptocase soy agar，TSA) 培养基上形成圆形、光滑 (smooth，S)、隆起、边缘奶油状的菌落，在 30℃培养 24h 直径为 1.5～2.0mm、培养 48h 为 3.0～4.0mm；为 15～44℃能够良好生长，偶有菌株在基本培养基 (minimal medium) 上生长需要甲硫氨酸 (methionine)，在复合培养基 (complex medium) 上生长不能还原硝酸盐；不溶解马、绵羊血液，不液化明胶，原养型菌株 (prototrophic strains) 能够利用西蒙氏 (Simmons) 柠檬酸盐[7]。

2.1.2　生化特性

不动杆菌属细菌不发酵糖类，其主要的生化特性为氧化酶、吲哚、硫化氢、甲基红试验 (methyl red test，MR)、伏 - 波试验 (Voges-Proskauer test，V-P) 等均阴性，不产生苯丙氨酸脱氢酶、赖氨酸脱羧酶、鸟氨酸脱羧酶、精氨酸双水解酶，多数菌株能利用柠檬酸盐，除有 0.5% 左右的乙酸钙不动杆菌菌株能还原硝酸盐为亚硝酸盐外余均为阴性，接触酶通常为阳性。

鲍氏不动杆菌的一些菌株可从 D- 葡萄糖产酸，产生 β- 木糖苷酶 (β- xylosidase)；能够利用乳酸盐、戊二酸盐、L- 天冬氨酸、L- 酪氨酸、乙醇、2,3- 丁二醇；一些菌株能够利用 L- 苯丙氨酸、苯乙酸盐 (phenylacetate)、L- 组氨酸、D- 苹果酸盐、L 亮氨酸、*trans*-乌头酸盐 (*trans*-aconitate)、L- 精氨酸、L- 鸟氨酸。不能利用组胺 (histamine)[1, 3, 7]。

对不动杆菌属内各种间具有鉴定意义的一些主要理化特性，在第九版《伯杰氏鉴定细菌学手册》（*Bergey's Manual of Determinative Bacteriology*）(1994) 中做了归纳并以表格形式予以记载，现将其列于表 16-1 供用[8]。

表 16-1 不动杆菌属细菌各种间主要特性鉴别表 [a,b]

项目	鲍氏不动杆菌	乙酸钙不动杆菌	溶血不动杆菌	约氏不动杆菌	琼氏不动杆菌	鲁氏不动杆菌	未命名的基因种				
							3	6	10	11	12
生长温度：44℃	+	−	−	−	−	−	−	−	−	−	−
41℃	+	−	−	−	90	−	+	−	−	−	−
37℃	+	+	+		+	+	+	+	+	+	+
明胶水解	−	−	96					+			
溶血性	−	−	+					+			
谷氨酸转移酶	99	+	4	−			+	66			−
柠檬酸盐 (Simmons)	+[c]	+	91	+	82		+	+[c]	+		
葡萄糖产酸	95	+	52	−	−	6	+	66	+	−	33
β- 木糖苷酶	95	−	52			6	+	66	−		
利用：DL- 乳酸盐	+	+	−	+	+	+	−	+	+		+
戊二酸盐	+	+	−					+	+		
L- 苯丙氨酸	87	+	−		−		+				+
苯乙酸盐	87	+	−	−	−	94	66	−	25	50	+
丙二酸盐	98			13			87	−			+
L- 组氨酸	98	+	96		+		94	+	+	+	−
壬二酸盐	90	+	−			+	+	−	50	25	+
D- 苹果酸盐	98	−	96	22	+	76	+	66	+	+	−
L- 天冬氨酸盐	+	+	64	61	40			66	+	75	
L- 亮氨酸	97	38	96	−	11		94	+		−	+
组胺	−	−	−	−			−	−	75	+	
L- 酪氨酸	+		5	70	60	3		66	+	75	+
β- 丙氨酸	95	+					94			+	
乙醇	+[c]	+	96	+	+	97	+	+	+	+	+
2,3- 丁二醇	+	+	−	35	−	−	+		+	+	+
反 - 乌头酸盐	99		52				+				
L- 精氨酸	98	+	96	35	95	−	+	+			+
L- 鸟氨酸	93	+	−	4	−	2	+	−	−	−	·
DL-4- 氨基丁酸盐	+	+	+	35	88	40	+	−	+	+	+

注：上角标的 a 表示资料来自 *Bouvet and Grimont.Int.J.Syst.Bacteriol*，36:228 ~ 240，1986；b 指表中符号的 + 表示所有菌株为阳性，− 表示所有菌株为阴性，数字为阳性菌株的百分率 (%)；c 表示除 1 ~ 2 个自养菌株外均为 + 。此外，· 表示在原文表中未记载；其中的基因种 12 即现在的耐辐射不动杆菌。

鲍氏不动杆菌存在不同的生物型 (biovar)，在不同生物型之间的生化性状具有一定的差异。中国人民解放军第二军医大学长征医院的陈吉泉等 (1997) 报告在 1993 年 3 月至 1994 年 3 月间，从上海的华山和长海及长征医院住院患者的痰、尿、伤口分泌物、血液、胸液、脑脊液等分离的不动杆菌共 147 株，经鉴定为鲍氏不动杆菌 139 株 (构成比 94.56%)、鲁氏不动杆菌 3 株 (构成比 2.04%)、琼氏不动杆菌 3 株 (构成比 2.04%)、溶血不动杆菌 2 株 (构成比 1.36%)，共分属于 20 个生物型。其中的 139 株鲍氏不动杆菌，分属于 12 个不同的生物型 (以数字编码记)；其中以 4041473(39 株占 26.5%) 和 4041073(38 株占 25.83%) 的出现频率为高、其次为 4001073(14 株占 9.52%) 和 4041053(12 株占 8.16%)，其余出现频率较低 (均低于 5%)[9]。

2.1.3　抗原结构与免疫学特性

不动杆菌属细菌具有菌体 (ohne hauch，O) 抗原和表面 (kapsel，K) 抗原，其中的表面抗原主要是荚膜抗原。但无论是鲍氏不动杆菌还是其他种不动杆菌，目前均尚缺乏在相应抗原结构、血清分型及免疫学特性等方面系统的研究和明确的记述，以致均有待于进一步的研究工作予以阐明。

2.1.4　生境与抗性

不动杆菌属细菌广泛存在于自然环境 (尤其是水和土壤) 中，且能在泥土和水中生长，因此也曾有"水细菌"之称，也存在于人的皮肤、呼吸道、泌尿生殖道等部位。通常情况下，其常表现出对多种理化因素、抗菌类药物等的耐性。

鲍氏不动杆菌主要分离于人的临床被检样品、自然环境，多数菌株是从医院内感染被检材料分离到的 [7]。

2.1.4.1　生境

在牛奶、奶制品、家禽及冷冻食品中，亦可检出不动杆菌。在医院潮湿环境中容易生存，也易黏附在浴盆、肥皂盒、拖布、抹布、墙壁、各类医用材料与器械上，构成不动杆菌在医院内传播的储存源 [1, 2]。

不动杆菌属细菌在医院环境、各类医用材料与器械上的分布尤为突出。以下的记述，是具有一定代表性的检测结果。

吉林省卫生监测检验中心消毒所的刘晓杰等 (2013) 报告，在 2010 年 6 月至 2012 年 12 月间，对两所三级甲等医院的血液透析科、重症监护室 (intensive care unit，ICU)、新生儿病房、感染科等重点科室的环境和物体 (处置台、床头柜、水龙头、电脑鼠标、呼吸机键盘等) 表面，进行了医院感染常见病原菌污染情况的回顾性调查分析。结果在所采集的 291 份样本中共检出病原菌 88 株 (检出率 30.24%)，其中革兰氏阴性菌 19 种 63 株 (构成比 71.59%)；革兰氏阳性球菌 25 株 (构成比 28.41%)，主要为葡萄球菌属 (*Staphylococcus* Rosenbach 1884) 的一些种。在 63 株革兰氏阴性菌中，鲁氏不动杆菌 11 株 (构成比 17.46%) 居第 2 位、鲍氏不动杆菌 / 乙酸钙不动杆菌复合体 7 株 (构成比 11.11%) 居第 3 位 [10]。

中国人民解放军广州军区武汉总医院的马珊等 (2009) 报告，为了解医院气管切开盘内盐水罐的细菌污染情况，采集在使用中的无菌盐水罐样品 71 份进行检验，其中合格的 45

份 (合格率 63.38%)。从 71 份无菌盐水罐内的盐水溶液中分离出细菌 56 株，分别为：铜绿假单胞菌 18 株 (构成比 32.14%)、枯草芽孢杆菌 (Bacillus subtilis)11 株 (构成比 19.64%)、肠杆菌属 (Enterobacter Hormaeche and Edwards 1960) 细菌 8 株 (构成比 14.29%)、奈瑟氏球菌属 (Neisseria Trevisan 1885) 细菌 7 株 (构成比 12.50%)、不动杆菌属细菌 6 株 (构成比 10.71%)、其他细菌 6 株 (构成比 10.71%)。认为在气管切开盘中的无菌盐水罐易被污染，其罐内溶液是导致医院感染的危险因素，应对盘内各物品在每天进行灭菌 [11]。

在第 4 章 "肠杆菌属" (Enterobacter) 中有记述，湖北省随州市中心医院的刘杨等 (2013) 报告，对该医院重症监护室住院患者使用的留置导尿管 (接口处内壁)、氧气湿化瓶 (内壁)、冷凝水集水瓶 (内壁)、呼吸机螺纹管 (接口处内壁)、中心供氧壁管出口、气管插管 (内壁)、呼吸机湿化罐 (内壁)、留置针连接管三通口、输液泵 (接口处内壁)、微量注射泵 (接口处内壁)、深静脉置管 (接口处内壁) 等 11 种医疗器具，采集使用 (48±2)h 的样本共 300 份进行了微生物学检验，结果其中 217 份阳性 (阳性率 72.33%)。其中以留置导尿管 (接口处内壁) 阳性率最高，检验 19 份中 17 份阳性 (阳性率 89.47%%)。在 217 份阳性样本中，共检出病原菌 19 种 (属)242 株，其中革兰氏阴性菌 11 种 184 株 (构成比 76.03)、革兰氏阳性菌 6 种 41 株 (构成比 16.94%)、真菌 2 个菌属 17 株 (构成比 7.02%)。在 19 种 (属)242 株病原菌中，包括鲍氏不动杆菌 36 株 (构成比 14.88%)。报告者认为对患者各种诊疗性侵入性操作的应用 (如气管插管、留置导尿、中心静脉置管、引流管留置等)，可破坏机体黏膜保护屏障，从而导致患者呼吸系统、泌尿系统、导管相关性血流感染的发生，造成医院感染率升高 [12]。

2.1.4.2 抗性

不动杆菌属细菌既能在泥土和水中生长良好，还具有较强的耐干燥的能力，一般革兰氏阴性菌在干燥物表面只能存活几个小时到 3 天的时间，不动杆菌属细菌却可存活 13 天之久。鲍氏不动杆菌的生命力更是比较强的，对湿热、紫外线、化学消毒剂有较强的抵抗力，常规消毒一般只能抑制其生长，不能收到杀灭的效果。

在耐药性方面，近年来也多有对鲍氏不动杆菌分离菌株耐药性监测的报告，总体上显示鲍氏不动杆菌对多种常用抗菌药物均有不同程度的耐性，也存在株间的差异和耐药率的变化。

浙江省绍兴市人民医院的王清等 (2014) 报告，经对在 2012 年 1 月至 12 月间，该医院感染鲍氏不动杆菌的临床分布及其耐药性进行回顾性分析，从住院患者不同标本材料分离的 837 株鲍氏不动杆菌，结果显示在供试 21 种临床常用抗菌类药物中，除仅对多黏菌素 B 均敏感外，对其他均有不同程度的耐药性。其中以对氨曲南、四环素、哌拉西林的耐药率较高，分别为 702 株 (耐药率 83.87%)、615 株 (耐药率 73.48%)、611 株 (耐药率 72.99%)；对属于碳青霉烯类的美罗培南、亚胺培南，耐药性菌株均为 578 株 (耐药率 69.06%)；仅表现对妥布霉素、阿米卡星的耐药率较低，分别为 135 株 (耐药率 16.13%)、118 株 (耐药率 14.09%)[13]。

广西医科大学第一附属医院的白丽红等 (2014) 报告，近年来对碳青霉烯类耐药、甚至泛耐药性鲍氏不动杆菌 (pandrug-resistant Acinetobacter baumannii，PDRAB) 的检出数量增加迅速，常常会导致经验治疗鲍氏不动杆菌感染的失败和用药选择困难。经对在 2007 年

1 月至 2011 年 12 月间，该医院感染鲍氏不动杆菌的临床分布及其耐药性进行回顾性分析，从住院患者不同标本材料分离的 2762 株鲍氏不动杆菌（非重复分离菌株），结果显示对供试 13 种临床常用抗菌类药物的耐药性呈逐年上升的趋势。在 2007 年对头孢哌酮 / 舒巴坦、美罗培南、亚胺培南的耐药率均较低（分别为 1.15%、8.02%、4.01%），至 2011 年其耐药率均有大幅度上升（分别为 19.54%、75.69%、76.85%）。另外，是多重耐药性鲍氏不动杆菌 (multidrug-resistant *Acinetobacter baumannii*，MDRAB) 及泛耐药性鲍氏不动杆菌的检出率均明显上升，其中表现多重耐药性鲍氏不动杆菌的 1382 株（构成比 50.04%）、泛耐药性鲍氏不动杆菌的 1208 株（构成比 43.74%)[14]。

2.2　病原学意义

在以往长时间内一直认为不动杆菌属的细菌是毒力很低或无致病性的，随着从人体、哺乳动物及鱼类感染的部位不断检测到并证明了相应的病原性，加之从健康人的腋下、腹股沟、呼吸道、生殖道等多部位均能分离到，以致现已明确不动杆菌为一类重要的条件性病原菌。

2.2.1　人的鲍氏不动杆菌感染病

已有的一些报告显示，不动杆菌属的细菌在医学临床标本中常被检出，其中以鲍氏不动杆菌的检出频率为高。

2.2.1.1　临床常见感染类型

不动杆菌是当前常见的医院感染病原菌之一，常是被称为不动杆菌感染 (acinetobacter infection)。临床常见的感染类型，包括呼吸道感染、腹腔感染、伤口及皮肤感染、泌尿生殖系统感染、心内膜炎、菌血症及败血症、脑膜炎及脑部的其他感染、眼部感染、骨髓炎、关节炎等 [1, 2]。

浙江省台州医院的黄雪斐等 (1999) 报告曾对临床 127 例鲍氏不动杆菌感染病例进行分析，患者中男 71 例（构成比 55.91%）、女 56 例（构成比 44.09%），年龄最小的 12 个月、最大 81 岁。其感染类型为下呼吸道感染 66 例（构成比 51.98%）、烧伤创面感染 31 例（构成比 24.41%）、伤口感染 14 例（构成比 11.02%）、尿路感染 6 例（构成比 4.72%）、上呼吸道感染 4 例（构成比 3.15%）、血液感染 3 例（构成比 2.36%）、胆道感染 2 例（构成比 1.57%）、腹腔感染 1 例（构成比 0.79%）。分离到的 155 株鲍氏不动杆菌以痰液为最多共 94 株（构成比 60.64%）、创面分泌物 31 株（构成比 20.00%）、脓液 14 株（构成比 9.03%）、尿液 6 株（构成比 3.87%）、咽拭子 4 株（构成比 2.58%）、血液 3 株（构成比 1.93%）、胆汁 2 株（构成比 1.29%）、腹水 1 株（构成比 0.65%)[15]。

2.2.1.2　医院感染特点

在不动杆菌引起的医院感染中，主要是鲍氏不动杆菌，举例如下。①上面有述中国人民解放军第二军医大学长征医院的陈吉泉等 (1997) 报告，在从住院患者分离的 147 株不动杆菌中，鲍氏不动杆菌就占 139 株（构成比 90.46%)[9]。②湖北医科大学附属第二医院的李杰等 (1998) 报告，自 1994 年以来从住院患者中检出不动杆菌 96 株，其中鲍氏不动杆菌占

72 株 (构成比 75.00%)[16]。

总体来讲，由鲍氏不动杆菌引起的医院感染 (HI)，所表现的特点是感染缺乏区域特征、感染部位宽泛、感染类型复杂、感染发生频率高、有效预防控制难度大。

(1) 科室分布特点：综合一些相关的文献分析，由鲍氏不动杆菌引起的医院感染，主要分布重症监护室。以下记述的一些报告，是具有一定代表性的。

在上面有记述浙江省绍兴市人民医院的王清等 (2014) 报告，在 2012 年 1 月至 12 月间从该医院住院患者分离的 837 株鲍氏不动杆菌，在各科室的分布依次为：重症监护室 524 株 (构成比 62.60%)、呼吸内科 85 株 (构成比 10.16%)、肝胆外科 49 株 (构成比 5.85%)、心脏内科 29 株 (构成比 3.46%)、心胸外科 28 株 (构成比 3.35%)、胃肠外科 28 株 (构成比 3.35%)、神经内科 24 株 (构成比 2.87%)、神经外科 16 株 (构成比 1.91%)、其他科室 54 株 (构成比 6.45%)[13]。

广西医科大学第四附属医院的黄莹等 (2014) 报告在 2009 年至 2013 年间，从该医院临床标本材料分离的 1094 株鲍氏不动杆菌 (非重复分离菌株)，在各科室的分布依次为：重症监护室 388 株 (构成比 35.47%)、神经外科 274 株 (构成比 25.05%)、呼吸内科 144 株 (构成比 13.16%)、新生儿科 125 株 (构成比 11.43%)、骨科 74 株 (构成比 6.76%)、普通外科 48 株 (构成比 4.39%)、神经内科 29 株 (构成比 2.65%)、其他科室 12 株 (构成比 1.09%)[17]。

青岛大学附属医院的仓怀芹等 (2014) 报告，在 2011 年 5 月至 2013 年 12 月间，从该医院住院及门诊患者分离的 809 株鲍氏不动杆菌，在各科室的分布依次为：重症医学科 435 株 (构成比 53.77%)、神经外科 64 株 (构成比 7.91%)、康复医学科 45 株 (构成比 5.56%)、神经内科 44 株 (构成比 5.44%)、急诊科住院 39 株 (构成比 4.82%)、内分泌科 38 株 (构成比 4.69%)、呼吸内科 29 株 (构成比 3.58%)、肾病科 27 株 (构成比 3.34%)、儿科 26 株 (构成比 3.21%)、血液内科 25 株 (构成比 3.09%)、肿瘤科 10 株 (构成比 1.24%)、风湿免疫科 6 株 (构成比 0.74%)、心血管内科 5 株 (构成比 0.62%)、急诊内科门诊 3 株 (构成比 0.37%)、呼吸内科门诊 3 株 (构成比 0.37%)、泌尿外科 3 株 (构成比 0.37%)、胆道外科 2 株 (构成比 0.25%)、骨科 2 株 (构成比 0.25%)、耳鼻喉科 2 株 (构成比 0.25%)、口腔科 1 株 (构成比 0.12%)[18]。

(2) 感染部位特点：综合一些相关的文献分析，由鲍氏不动杆菌引起的医院感染，主要分布于呼吸道。以下记述的一些报告，是具有一定代表性的。

上面记述浙江省绍兴市人民医院的王清等 (2014) 报告的 837 株鲍氏不动杆菌，在各感染部位的分布依次为：痰液 716 株 (构成比 85.54%)、胆汁 30 株 (构成比 3.58%)、尿液 22 株 (构成比 2.63%)、血液 16 株 (构成比 1.91%)、分泌物 14 株 (构成比 1.67%)、其他标本材料 39 株 (构成比 4.66%)[13]。

上面记述广西医科大学第四附属医院的黄莹等 (2014) 报告的 1094 株鲍氏不动杆菌，在各感染部位的分布依次为：痰液 523 株 (构成比 47.81%)、肺泡灌洗液 312 株 (构成比 28.52%)、伤口分泌物 143 株 (构成比 13.07%)、尿液 41 株 (构成比 3.75%)、脑脊液 24 株 (构成比 2.19%)、胆汁 23 株 (构成比 2.10%)、血液 17 株 (构成比 1.55%)、引流液 11 株 (构成比 1.01%)[17]。

上面记述青岛大学附属医院的仓怀芹等 (2014) 报告的 809 株鲍氏不动杆菌，在各感染部位的分布依次为：痰液 742 株（构成比 91.72%）、咽拭子分泌物 29 株（构成比 3.58%）、脓液 10 株（构成比 1.24%）、血液 8 株（构成比 0.99%）、脑脊液 5 株（构成比 0.62%）、腹水 5 株（构成比 0.62%）、分泌物 4 株（构成比 0.49%）、切口渗出液 4 株（构成比 0.49%）、其他标本材料 2 株（构成比 0.25%）[18]。

2.2.2　动物的鲍氏不动杆菌感染病

动物的鲍氏不动杆菌感染病，主要是发生在鱼类，这也是比较少见的。南京农业大学的顾天钊等 (1997) 报道了在广东省某地于 1994 年到 1995 年由鲍氏不动杆菌所引起的养殖鳜鱼 (*Siniperca chuatsi*) 暴发病害，严重的死亡率在 90% 以上[19]。中国水产科学研究院淡水渔业研究中心的顾泽茂等 (2010) 报告在 2007 年 8 月，湖北省宜昌市清江水库网箱养殖的斑点叉尾鮰 (*Ictalunes punctatus*) 发病，经病原学检验证实为鲍氏不动杆菌[20]。

2.3　微生物学检验

对鲍氏不动杆菌的微生物学检验，目前仍依赖于做分离鉴定的细菌学检验。鲍氏不动杆菌对营养无特殊要求，在普通营养培养基上生长良好；加之感染部位通常菌数均较多，所以常可取被检材料直接接种于普通营养琼脂或血液（兔或绵羊血）营养琼脂或麦康凯琼脂培养基平板。培养温度可根据致病菌的环境温度而定，一般是人源的致病菌培养温度以 35 ~ 37℃为宜，鱼类的致病菌其培养温度低（通常是 22 ~ 28℃）。培养 18 ~ 24h 后，选取典型鲍氏不动杆菌的菌落做成纯培养后供鉴定用。

2.3.1　形态特征检查

形态特征检查包括对标本材料中及纯培养物的鲍氏不动杆菌形态检查，常采用革兰氏染色方法。需要注意的是该菌有时脱色困难，常可成革兰氏染色假阳性，所以染色、观察时都要特别细心。

2.3.2　理化特性检查

对分离后的鲍氏不动杆菌进行理化特性检查，是鉴定鲍氏不动杆菌的最可靠方法，可依据前面记述的鲍氏不动杆菌生化特性，对所分离的细菌纯培养物进行鉴定。鉴于对不动杆菌属细菌进行鉴定的生化项目较多，实践中也可在初步确定为不动杆菌属细菌的基础上参照表 16-2 进行主要项目的种间鉴定[3]。

表 16-2　不动杆菌的种间主要特性鉴别表

项目	乙酸钙不动杆菌	鲍氏不动杆菌	溶血不动杆菌	琼氏不动杆菌	约氏不动杆菌	鲁氏不动杆菌
葡萄糖	+	+	+或-	-	-	-
木糖	-	+	+或-	-	-	-
乳糖	+	+	-	+	+	+

续表

项目	乙酸钙 不动杆菌	鲍氏不 动杆菌	溶血不 动杆菌	琼氏不 动杆菌	约氏不 动杆菌	鲁氏不 动杆菌
精氨酸双水解酶	+	+	+	+	-或+	-
鸟氨酸脱羧酶	+	+	-	-	-	-
苯丙氨酸脱氨酶	+	+	-	-	-	-
丙二酸盐利用	+	+	-		-或+	-
柠檬酸盐利用	+	+	+	+或-	+	
溶血性	-	-	+			
明胶液化	-	-	+			
生长：37℃	+	+	+	+		+
41℃	-	+	-	+	-	-
42℃	-	+	-	-	-	-

在初步鉴定时，镜检纯培养物为革兰氏阴性球杆菌（常成双排列）、氧化酶阴性、硝酸盐还原阴性、无动力（悬滴法）、不发酵葡萄糖，符合此 5 项特性则可初步判定为不动杆菌属的细菌，再做进一步鉴定明确。

湖北医科大学附属第二医院的李杰等 (1998) 报告，通过对从住院患者检出的不动杆菌 96 株的检验，总结了一个区分鲍氏不动杆菌、琼氏不动杆菌、乙酸钙不动杆菌和鲁氏不动杆菌 4 个种的简便方法可供参考，即在 41℃ 培养时生长、苹果酸盐同化试验阳性可初步鉴定为鲍氏不动杆菌与琼氏不动杆菌，两者的区别在于前者为苯乙酸盐同化试验阳性、氧化木糖，后者不氧化木糖、苯乙酸盐同化试验阴性；41℃ 培养时不生长、癸酸盐同化试验阳性可初步鉴定为乙酸钙不动杆菌与鲁氏不动杆菌，两者区别在于前者柠檬酸盐利用、苯乙酸盐同化试验均阳性，后者均阴性[16]。

3 其他致医院感染不动杆菌 (*Acinetobacter* spp.)

在致医院感染的不动杆菌属细菌中，除了出现频率最高的鲍氏不动杆菌外，还包括乙酸钙不动杆菌、溶血不动杆菌、约氏不动杆菌、琼氏不动杆菌、鲁氏不动杆菌等 5 个种，其中的乙酸钙不动杆菌、鲁氏不动杆菌，也是比较常见的。

3.1 乙酸钙不动杆菌 (*Acinetobacter calcoaceticus*)

乙酸钙不动杆菌 [*Acinetobacter calcoaceticus*(Beijerinck 1911)Baumann，Doudoroff and Stanier 1968 emend.Bouvet and Grimont 1986] 也被称为醋酸钙不动杆菌，属于基因种 1，最早被 Beijerinck 命名为乙酸钙微球菌 (*Micrococcus calcoaceticus* Beijerinck 1911)。菌种名称

"*calcoaceticus*" 为现代拉丁语名词，指乙酸钙 (calcium acetate)，是 Beijerinck 用富集培养基 (enrichment medium) 首先从土壤中分离到的。

细菌 DNA 中的 G+C mol% 为 40 ~ 42(T_m)；模式株：ATCC 23055，CIP 81.08，DSM 30006。GenBank 登录号 (16S rRNA)：X81661，Z93434[7]。

3.1.1 生物学性状

乙酸钙不动杆菌在胰酶大豆琼脂培养基上形成圆形、光滑、边缘整齐、隆起的菌落，在 30℃培养 24h 直径在 0.5 ~ 1.5mm、培养 48h 在 2.5 ~ 3.5mm；在 15 ~ 37℃能够良好生长，在复合培养基 (complex medium) 上生长不能还原硝酸盐，从 D- 葡萄糖产酸，不产生 β- 木糖苷酶 (β-xylosidase)，不溶解马、绵羊血液，不液化明胶，能够利用柠檬酸盐 (Simmons)。能够利用 L- 苯丙氨酸、L- 组氨酸、苯乙酸盐、丙二酸盐、*trans*- 乌头酸盐、L- 精氨酸、L- 鸟氨酸、乳酸盐、2，3- 丁二醇、戊二酸盐、L- 天冬氨酸、L- 酪氨酸作为碳源和能源；不能利用 D- 苹果酸盐、组胺，一些菌株可利用 L- 亮氨酸[7]。

3.1.2 病原学意义

乙酸钙不动杆菌也是人的病原菌，但其检出频率低于鲍氏不动杆菌。在水生动物，还主要是能够引起蛙类的感染病。

3.1.2.1 人的乙酸钙不动杆菌感染病

乙酸钙不动杆菌在人的感染类型，与在前面有记述鲍氏不动杆菌的相类似，但主要表现为引起呼吸系统感染病。

在引起医院感染的不动杆菌中，我国多年来一直有检出乙酸钙不动杆菌的报告，其检出率存在一定的差异性。以下记述的一些报告，是具有一定代表性的。

中国人民解放军第二〇八医院 (长春) 的潘洪涛等 (1999) 报告于 1990 年 1 月至 1996 年 12 月间，从所在医院各科送检的血液、尿液、痰液、胸腹水及其他标本中，分离到不动杆菌共 6 种 334 株。各种不动杆菌的分离频率，依次为：乙酸钙不动杆菌 192 株 (构成比 57.49%)、鲁氏不动杆菌 116 株 (构成比 33.72%)、鲍氏不动杆菌 13 株 (构成比 3.78%)、溶血不动杆菌 11 株 (构成比 3.19%)、琼氏不动杆菌 6 株 (构成比 1.74%)。约氏不动杆菌 6 株 (构成比 1.74%)；其中的 192 株乙酸钙不动杆菌，在各种标本材料的分布依次为：痰液 95 株 (构成比 49.48%)、咽拭子 39 株 (构成比 20.31%)、中段尿液 20 株 (构成比 10.42%)、分泌物 13 株 (构成比 6.77%)、血液 11 株 (构成比 5.73%)、脓汁 5 株 (构成比 2.60%)、关节腔液 3 株 (构成比 1.56%)、胸腹水 2 株 (构成比 1.04%)、前列腺液 2 株 (构成比 1.04%)、骨髓 2 株 (构成比 1.04%)[21]。

白求恩国际和平医院的龙建国等 (1998) 报告在 1993 年 2 月至 1998 年 2 月间，从临床表现为咳嗽、咳脓痰、发热的 123 例 60 岁以上 (60 ~ 88 岁) 住院患者下呼吸道痰液中，分离的到 5 种 123 株不动杆菌。各种不动杆菌的分离频率，依次为：鲍氏不动杆菌 57 株 (构成比 46.34%)、鲁氏不动杆菌 53 株 (构成比 43.09%)、溶血不动杆菌 6 株 (构成比 4.88%)、琼氏不动杆菌 5 株 (构成比 4.07%)、乙酸钙不动杆菌 2 株 (构成比 1.63%)[22]。

陕西省西电集团医院的杨小青 (2006) 报告，该医院在 2004 年 1 月至 2006 年 5 月间，从住院及门诊患者分离到病原菌 1076 株，其中细菌共 947 株（构成比 88.01%），属于真菌的念珠菌属 (*Candida* Berkhout 1923) 真菌 129 株（构成比 11.99%）。在 947 株细菌中，革兰氏阴性细菌 602 株（构成比 63.57%）、革兰氏阳性细菌 345 株（构成比 36.43%）。在从痰液标本材料中分离的 14 种（属）586 株病原菌中，细菌共 13 种（属）524 株（构成比 89.42%），属于真菌的念珠菌属真菌 62 株（构成比 10.58%）。另外，记述还分离到多种病原菌，其中包括乙酸钙不动杆菌 26 株、鲍氏不动杆菌 13 株、鲁氏不动杆菌 4 株 [23]。

四川省医学科学院和四川省人民医院的颜英俊等 (2008) 报告，在 2003 年 1 月至 2005 年 6 月间，从该医院临床不同标本材料中分离到病原菌 3731 株，其中非发酵菌类 836 株（构成比 22.41%）。在 836 株非发酵菌中，主要为不动杆菌属细菌，包括鲍氏不动杆菌 145 株（构成比 17.34%）、鲁氏不动杆菌 37 株（构成比 4.43%）、琼氏不动杆菌 28 株（构成比 3.35%）、乙酸钙不动杆菌 5 株（构成比 0.59%）、溶血不动杆菌 2 株（构成比 0.24%)[24]。

3.1.2.2 动物的乙酸钙不动杆菌感染病

动物的乙酸钙不动杆菌感染病主要是发生在水生动物，已较为明确的是其是引起蛙类红腿病 (red leg diseases) 的主要病原菌之一，在世界各养蛙国家均有发生 [25]。

3.1.3 微生物学检验

对乙酸钙不动杆菌的微生物学检验，目前仍依赖于对分离菌株进行形态特征、理化特性鉴定的细菌学检验。在上面鲍氏不动杆菌中记述的内容，可供参考。

3.2 溶血不动杆菌 (*Acinetobacter haemolyticus*)

溶血不动杆菌 (*Acinetobacter haemolyticus* Bouvet and Grimont 1986) 属于基因种 4。菌种名称 "*haemolyticus*" 为希腊语名称，指溶解血液 (haema blood，dissolving)。

细菌 DNA 中的 G+C mol% 为 40 ～ 43(T_m)；模式株：Strain Mannheim 2446/60，B40，ATCC 17906，CIP 64.3，DSM 6962,NCTC 10305。GenBank 登录号 (16S rRNA)：X81662[7]。

3.2.1 生物学性状

溶血不动杆菌在胰酶大豆琼脂培养基上形成圆形、光滑、边缘整齐、隆起的菌落（有时表现具有一定的黏度），在 30℃培养 48h 的直径为 1.5 ～ 2.0mm；在 15 ～ 37℃能够良好生长，在 41℃不能生长。在含有马或绵羊血液的营养琼脂培养基上，经 37℃培养 24h 或 30℃培养 48h 能发生溶血现象。其在复合培养基 (complex medium) 上生长不能还原硝酸盐，一些菌株可从 D- 葡萄糖产酸，产生 β- 木糖苷酶 (β- xylosidase)，利用柠檬酸盐 (Simmons)；液化明胶。多数菌株能够利用 L- 组氨酸、L- 亮氨酸、乙醇、L- 精氨酸，不能利用乳酸盐、组胺、2,3- 丁二醇、L- 鸟氨酸 [7]。

3.2.2 病原学意义

溶血不动杆菌作为病原菌的检出，还主要是在医院感染。在引起医院感染的不动杆菌属细菌中，多年来一直有检出溶血不动杆菌的报告，其检出率存在一定的差异性，但总体来讲检出频率是比较低的。在感染类型方面，主要是呼吸系统感染。以下记述的一些报告，是具有一定代表性的。

在前面有记述中国人民解放军第二军医大学长征医院的陈吉泉等 (1997) 从临床标本分离的 147 株不动杆菌中，溶血不动杆菌 2 株 (占 1.36%)[9]。

在前面有记述中国人民解放军第二〇八医院 (长春) 的潘洪涛等 (1999) 报告于 1990 年 1 月至 1996 年 12 月间，从所在医院各科送检的不同标本材料中，分离到不动杆菌共 6 种 334 株，其中溶血不动杆菌 11 株 (构成比 3.19%)。11 株溶血不动杆菌在各种标本材料的分布，依次为：痰液 4 株 (构成比 36.36%)、咽拭子 3 株 (构成比 27.27%)、脓汁 2 株 (构成比 18.18%)、中段尿液 1 株 (构成比 9.09%)、血液 1 株 (构成比 9.09%)[21]。

在前面有记述白求恩国际和平医院的龙建国等 (1998) 报告在 1993 年 2 月至 1998 年 2 月间，从临床表现为咳嗽、咳脓痰、发热的 123 例 60 岁以上 (60 ～ 88 岁) 住院患者下呼吸道痰液中，分离到 5 种 123 株不动杆菌，其中溶血不动杆菌 6 株 (构成比 4.88%)[22]。

在前面有记述四川省医学科学院和四川省人民医院的颜英俊等 (2008) 报告，在 2003 年 1 月至 2005 年 6 月间，从该医院临床不同标本材料中分离到病原菌 3731 株，其中非发酵菌类 836 株 (构成比 22.41%)。在 836 株非发酵菌中，主要为不动杆菌属细菌，其中溶血不动杆菌 2 株 (构成比 0.24%)[24]。

3.2.3　微生物学检验

对溶血不动杆菌的微生物学检验，目前仍依赖于对分离菌株进行形态特征、理化特性鉴定的细菌学检验。在上面鲍氏不动杆菌中记述的内容，可供参考。

3.3　约氏不动杆菌 (*Acinetobacter johnsonii*)

约氏不动杆菌 (*Acinetobacter johnsonii* Bouvet and Grimont 1986) 也称为约翰逊氏不动杆菌，属于基因种 7。菌种名称 "*johnsonii*" 为现代拉丁语属格名词，是以约翰逊 (John L. Johnson) 的姓氏 (Johnson) 命名的。

细菌 DNA 中的 G+C mol% 为 44 ～ 45(T_m)；模式株：ATCC 17909，CIP 64.6，DSM 6963，NCTC 10308。GenBank 登录号 (16S rRNA)：X81663[7]。

3.3.1　生物学性状

约氏不动杆菌在胰酶大豆胨琼脂培养基上形成圆形、光滑、隆起、边缘整齐的菌落，在 30℃培养 24h 直径为 1.0 ～ 1.5mm、培养 48h 为 2.0 ～ 3.0mm；在 15 ～ 30℃能够良好生长，在 37℃不生长，在复合培养基 (complex medium) 上生长不能还原硝酸盐，不能从葡萄糖产酸，不产生 *β*- 木糖苷酶 (*β*- xylosidase)，不溶解马、绵羊血液，不液化明胶，能利用西蒙氏 (Simmons) 柠檬酸盐。约氏不动杆菌能利用乳酸盐、乙醇作为碳源和能源。多数菌株能够利用丙二酸盐、D- 苹果酸盐、L- 天冬氨酸、L- 酪氨酸、2,3- 丁二醇、L- 精氨酸、L- 鸟氨酸；不能利用戊二酸盐、L- 苯丙氨酸、苯乙酸盐、L- 组氨酸、L- 亮氨酸、组胺、

trans- 乌头酸盐 [7]。

在对常用抗菌类药物的敏感性方面，江苏省出入境检验检疫局动植物与食品检测中心的薛峰等 (2010) 报告，对从斑点叉尾鮰 (*Ictalunes punctatus*) 分离的病原约氏不动杆菌，进行了对 27 种常用抗菌类药物的敏感性测定。结果为对供试的卡那霉素、土霉素、克林霉素等 3 种耐药，对青霉素、氨苄西林、阿莫西林、头孢哌酮、头孢氨苄、头孢噻肟、头孢孟多、头孢克洛、氯霉素、庆大霉素、大观霉素、阿米卡星、诺氟沙星、环丙沙星、左氟沙星、萘啶酸、恩诺沙星、复方新诺明、磺胺甲噁唑、红霉素、阿奇霉素、四环素、多西环素、氯霉素等 24 种敏感 [26]。

3.3.2 病原学意义

约氏不动杆菌的病原学意义，在很多情况下还不是很明确。作为在医院感染的病原菌，已有检出的报告。在水生动物，已有从斑点叉尾鮰检出的报告。

3.3.2.1 人的约氏不动杆菌感染病

已有的信息显示，在引起医院感染的不动杆菌中，约氏不动杆菌属于检出频率最低的。在前面有记述中国人民解放军第二〇八医院 (长春) 的潘洪涛等 (1999) 报告于 1990 年 1 月至 1996 年 12 月间，从所在医院各科送检的不同标本材料中，分离到不动杆菌共 6 种 334 株，其中约氏不动杆菌 6 株 (构成比 1.74%)。6 株约氏不动杆菌在各种标本材料的分布，依次为：咽拭子 2 株 (构成比 33.33%)，痰液、中段尿液、脓汁、胸腹水各 1 株 (构成比各 16.67%)[21]。

3.3.2.2 动物的约氏不动杆菌感染病

在上面有记述江苏省出入境检验检疫局动植物与食品检测中心的薛峰等 (2010) 报告，2009 年 6 月在江苏地区发生了一种斑点叉尾鮰急性流行性传染病，患病鱼大批死亡。经对取自江苏省盐城地区的一大型斑点叉尾鮰养殖场病鱼，进行病原学检验，证实是由约氏不动杆菌引起的感染病 [26]。

3.3.3 微生物学检验

对约氏不动杆菌的微生物学检验，目前仍依赖于对分离菌株进行形态特征、理化特性鉴定的细菌学检验。在上面鲍氏不动杆菌中记述的内容，可供参考。

3.4 琼氏不动杆菌 (*Acinetobacter junii*)

琼氏不动杆菌 (*Acinetobacter junii* Bouvet and Grimont 1986) 属于基因种 5。种名 "*junii*" 为现代拉丁语属格名词，是以朱尼 (Elliot Juni) 的姓氏 (Juni) 命名的 (常译为琼氏)。

细菌 DNA 中的 G+C mol% 为 42(T_m)；模式株：Mannheim 2723/59，ATCC 17908，CIP 64.5，DSM 6964, NCTC 10307。GenBank 登录号 (16S rRNA)：X81664[7]。

3.4.1 生物学性状

琼氏不动杆菌在胰酶大豆胨琼脂培养基上形成圆形、光滑、隆起、边缘整齐的菌落，在 30℃培养 24h 直径为 1.0 ～ 1.5mm(半透明)、培养 48h 为 2.0 ～ 2.5mm(稍透明)；在 15 ～ 37℃能够良好生长，在 41℃偶可生长，在 44℃不能生长，不需要生长因子，在复合培养基 (complex medium) 上生长不能还原硝酸盐，不能从葡萄糖产酸，不产生 *β*- 木糖苷酶 (*β*-xylosidase)，不溶解马、绵羊血液，不液化明胶，能利用西蒙氏 (Simmons) 柠檬酸盐。琼氏不动杆菌能够利用乳酸盐、L- 组氨酸、D- 苹果酸盐、乙醇作为碳源和能源；多数菌株能够利用 L- 天冬氨酸、L- 亮氨酸、L- 酪氨酸、L- 精氨酸；不能利用戊二酸盐、L- 苯丙氨酸、苯乙酸盐、丙二酸盐、组胺、2，3- 丁二醇、*trans*- 乌头酸盐、L- 鸟氨酸 [7]。

　　本书作者陈翠珍等 (2005) 报告对分离于石蝶的 6 株病原琼氏不动杆菌 (编号：HQ010320B-1 至 HQ010320B-6)，进行了主要生物学性状检验；又择 1 个菌株 (编号：HQ010320B-1) 为代表菌株，送中国典型培养物保藏中心 (China Center for Type Culture Collection，CCTCC) 做了复核鉴定并将其暂定名为琼氏不动杆菌形态型Ⅰ (*Acinetobacter junii* morphovar Ⅰ)，参考菌株 (reference strain) 为 HQ010320B-1[27,28]。现综合一些相关资料，作以简要记述。

3.4.1.1　形态与培养特征

　　本书作者陈翠珍等 (2005) 报告的 6 株琼氏不动杆菌，其形态特征表现为：在 28℃培养 18h 的形态一致，均为革兰氏阴性、无芽孢、两端钝圆、散在或个别成双排列、大小为 (0.6 ～ 1.0)μm ×(1.0 ～ 1.6)μm 的杆状 (球杆状) 细菌 (图 16-1)；在 37℃培养 18h 的细菌与在 28℃培养的相一致，但似表现稍大些 [多为 (0.6 ～ 1.0)μm ×(1.0 ～ 2.0)μm]，另外出现有如同亚葫芦状、肥大个体、蚯蚓状长丝体、粗细不匀的长丝体、肾形、不规则菌体形、不规则长丝体、一端膨大的长丝体、曲颈瓶状等的异常菌体形态，且这些异常形态的菌体均表现个体明显较大 (图 16-2、图 16-3)。

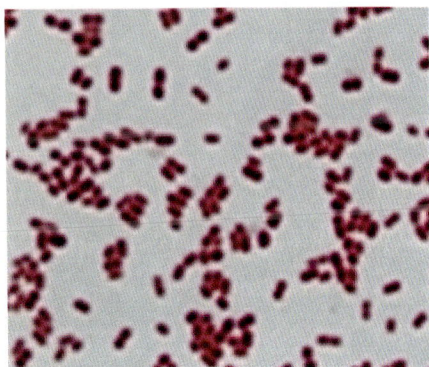

图 16-1　琼氏不动杆菌基本形态

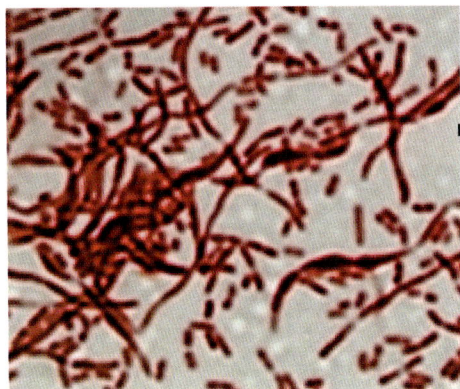

图 16-2　琼氏不动杆菌特殊形态

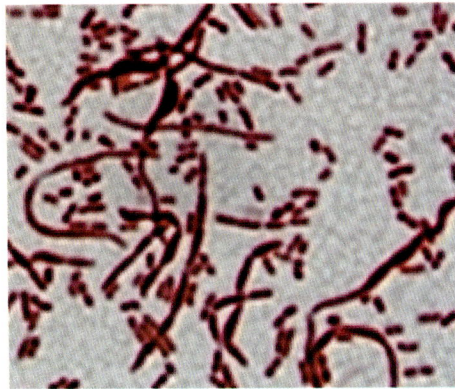

图 16-3　琼氏不动杆菌特殊形态

　　做负染色透射电子显微镜 (transmission electron microscope，TEM) 观察，菌体表面呈均匀态凹凸不平状、无鞭毛、有菌毛 (图 16-4，原 ×10 000)；做扫描电子显微镜 (scanning

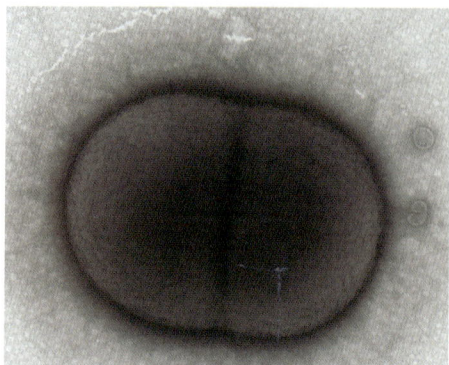

图 16-4　琼氏不动杆菌的菌体及菌毛

electron microscope，SEM) 观察，菌体表面同样呈现为凹凸不平态 (图 16-5，原 × 45 000)。

划线接种于不同培养基平板，28℃培养 24h 和 48h 分别检查菌体生长情况及菌落特征。其表现为：在普通营养琼脂培养基的菌落圆形光滑、边缘整齐、稍隆起、不透明、浅灰白色、质地较黏、菌落直径为 24h 多在 1.2mm 左右、48h 多在 2.0mm 左右，生长丰盛 (图 16-6)；在血液营养琼脂培养基 (含 7% 家兔或绵羊脱纤血液的普通营养琼脂) 的菌落特征基本与普通营养琼脂上的相同，近乳白色，具有较狭窄且不很明显的 β- 溶血现象 (绵羊血的比家兔血的更弱)，生长丰盛 (图 16-7)；在麦康凯琼脂 (MacConkey agar) 培养基的菌落圆形光滑、边缘整齐、较隆起、无色、黏稠不易刮下，24h 直径多在 1.0mm 左右、48h 多在 1.5mm 左右，生长较丰盛 (图 16-8)。

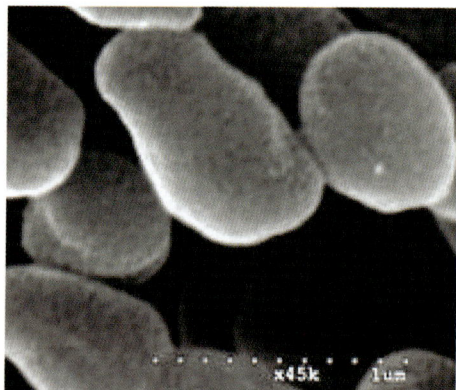

图 16-5　琼氏不动杆菌 SEM 形态

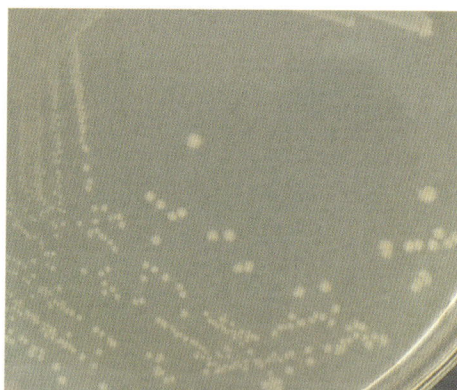

图 16-6　琼氏不动杆菌菌落 (NA)

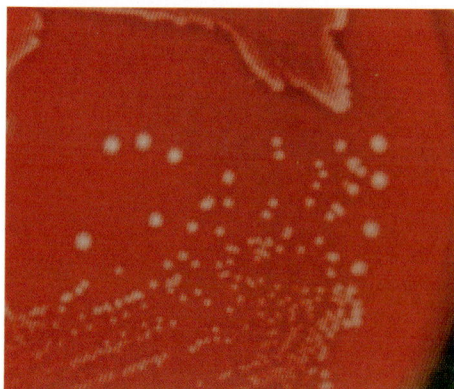

图 16-7　琼氏不动杆菌菌落 (BNA)

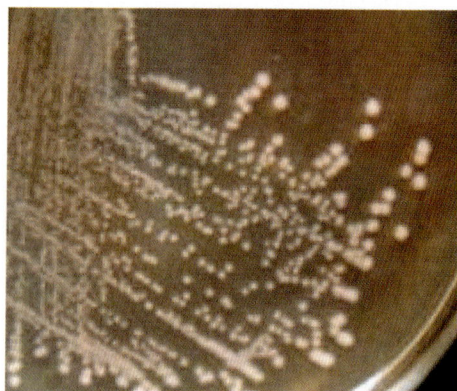

图 16-8　琼氏不动杆菌菌落 (MacConkey)

将 6 个菌株分别涂布接种于普通营养琼脂斜面各 2 管，分置 37℃和 28℃条件下培养 48h 检查生长情况及菌苔特征，结果均能正常生长，菌苔呈灰白色、不透明，生长丰盛 (28℃

的更优些)；分别移接于普通营养肉汤中 28℃培养 24h 检查在液体培养基中的生长表现，均呈均匀混浊生长，管底形成圆点状菌体沉淀 (摇动后呈线状上升易散开)，有轻度菌环形成，且摇动后易散开。

3.4.1.2　生化特性

本书作者陈翠珍等 (2005) 报告的 6 株琼氏不动杆菌，分别接种于细菌理化特性鉴定用培养基，按常规方法进行理化特性鉴定，结果 6 株供试菌对各所测项目的反应一致，具体如表 16-3 所示。另外，琼氏不动杆菌的一些主要理化特性，可见在前面表 16-1、表 16-2 中的相应记述。

表 16-3　6 株分离菌的理化特性表

项目	结果	项目	结果	项目	结果
37℃生长	+	蔗糖	−	麦芽糖	−
氧化酶	−	鼠李糖	−	丙二酸盐利用	+
接触酶	+	肌醇	−	醋酸盐利用	+
产 H_2S(纸条法)	+	甲基红	−	木糖	−
O-F 试验	−	伏 - 波试验	−	木糖醇	−
动力 (半固体)	−	阿拉伯糖	−	苦杏仁苷	−
明胶液化	−	甘露醇	−	松三糖	−
柠檬酸盐利用 (Simmons)	+	吲哚	−	山梨糖	−
葡萄糖：产酸	−	七叶苷利用	−	侧金盏花醇	−
产气	−	苯丙氨酸脱氨酶	−	酒石酸盐利用	−
山梨醇	−	尿素酶	−	黏液酸利用	−
蜜二糖	−	IPA(SIM)	−	β- 半乳糖苷酶	−
棉子糖	−	阿拉伯醇	−	α- 甲基 -D- 葡糖苷	−
菊糖	−	乙酰胺酶	+	乳糖	−
水杨苷	−	淀粉酶	−	卵磷脂酶 (蛋黄法)	−
吐温 80	+	糊精	−	赤藓醇	−
硝酸盐还原	−	卫茅醇	−	甘露糖	−
半乳糖	−	甘油	−	果糖	−
蛋白酶 (牛乳法)	−	NaCl 中生长：0%	+	松二糖	−
DNA 酶 (盐酸覆盖法)	−	1%	+	核糖	−
海藻糖	−	6%	−	O/129：10μg	R
纤维二糖	−	精氨酸双水解酶	+	150μg	S*

注：表中符号的＋表示阳性，−表示阴性，R 表示抗性，S 表示敏感；* 表示抑菌圈直径为 10mm，判为敏感；除 37℃生长试验外，为 28℃培养。

3.4.1.3　血清学的同源性

择其中 1 株 (编号：HQ010320B-1) 为代表菌株，分别制备成经福尔马林灭活的全菌体 (OK) 免疫原、经 121℃ 热处理 1h 的菌体免疫原，免疫家兔制备相应抗血清后，做凝集反应测定血清学的同源性。一是用 6 株菌的普通营养琼脂斜面 28℃ 的 18h 培养物为全菌体玻板凝集原，分别对 OK、O 抗血清做玻板凝集反应的血清型检定，结果均呈明显凝集 (＋＋)，且与生理盐水无自凝现象；二是用 6 株菌的普通营养肉汤 28℃ 的 18h 培养物，分别制备全菌体及经 121℃ 热处理 1h 的菌体试管凝集原，分别与 OK、O 抗血清做对应及交叉的试管凝集反应，结果凝集效价在 OK 抗血清的 OK 凝集原均为 14log2(1 ∶ 16 384 倍)、O 凝集原均为 9log2(1 ∶ 512 倍)，在 O 抗血清的 OK 凝集原为 5log2(1 ∶ 32 倍)、O 凝集原均为 11log2(1 ∶ 2048 倍)。根据这一结果，认为 6 株供试菌为血清同源，且具有不耐热 (121℃ 处理 1h) 的表面抗原存在。

3.4.1.4　对抗菌类药物的敏感性

取供试菌 4 株 (编号：HQ010320B-1、HQ010320B-3、HQ010320B-5、HQ010320B-6)，以琼脂扩散 (K-B) 法进行了对常用抗菌类药物的敏感性测定，对供试 37 种抗菌类药物的敏感性未表现出在不同菌株间的明显差异，均表现对供试的头孢拉啶、头孢噻肟、头孢曲松、头孢他啶、头孢哌酮、红霉素、阿奇霉素、链霉素、卡那霉素、庆大霉素、妥布霉素、阿米卡星、新霉素、大观霉素、诺氟沙星、氧氟沙星、环丙沙星、多西霉素、复方新诺明、恩诺沙星等 20 种高敏，对青霉素、氨苄西林、头孢唑啉、头孢吡肟、氨曲南、四环素、氯霉素、多黏菌素 B、利福平、甲氧苄啶、新生霉素等 11 种敏感，对苯唑西林、万古霉素、呋喃妥因、呋喃唑酮、杆菌肽、克林霉素等 6 种耐药。

浙江省万里学院的毛芝娟等 (2013) 报告，对从养殖的史氏鲟 (*Acipenser schrenckii*) 分离的病原琼氏不动杆菌 2 株，以常规纸片法初筛对临床常用抗生素的敏感特性，包括青霉素类、头孢类、氨基苷类、大环类酯类和氟诺喹酮类等 23 种，结果表明 2 个分离菌株对抗生素类药物的敏感特性基本一致，对青霉素类和多数第一、第二代头孢类及氨基苷类抗生素耐药，可能存在相应耐药基因。设计引物进行了 *β*- 内酰胺类抗生素耐药基因、氨基苷类抗生素药物耐药基因的检测，结果显示均含有广谱 *β*- 内酰胺酶基因 *TEM*，目的片段长约 500bp；同时含有乙酰胺转移酶 Aac(3) Ⅱ 基因，长约 250bp[29]。

3.4.2　病原学意义

琼氏不动杆菌主要分离于人的临床样品，主要是引起医院内感染的发生。在水生动物，也有从某些鱼类作为病原菌检出的报告。

3.4.2.1　人的琼氏不动杆菌感染病

琼氏不动杆菌在人的感染，还主要是引起医院感染的发生。在引起医院感染的不动杆菌属细菌中，多年来一直有检出琼氏不动杆菌的报告，但其检出频率还是相对比较低的。在感染类型方面，主要是呼吸系统感染。以下记述的一些报告，是具有一定代表性的。

在前面有记述中国人民解放军第二军医大学长征医院的陈吉泉等 (1997) 报告从临床标本分离的 147 株不动杆菌中，琼氏不动杆菌 3 株 (构成比 2.04%)[9]。

在前面有记述中国人民解放军第二〇八医院 (长春) 的潘洪涛等 (1999) 报告于 1990

年 1 月至 1996 年 12 月间，从所在医院各科送检的不同标本材料中，分离到不动杆菌共 6 种 334 株，其中琼氏不动杆菌 6 株 (构成比 1.74%)。6 株琼氏不动杆菌在各种标本材料的分布，依次为：痰液 2 株 (构成比 33.33%)，咽拭子、中段尿液、分泌物、关节腔液各 1 株 (构成比 16.67%)[21]。

在前面有记述白求恩国际和平医院的龙建国等 (1998) 报告在 1993 年 2 月至 1998 年 2 月间，从临床表现为咳嗽、咳脓痰、发热的 123 例 60 岁以上 (60 ~ 88 岁) 住院患者下呼吸道痰液中，分离到 5 种 123 株不动杆菌，其中琼氏不动杆菌 5 株 (构成比 4.07%)[22]。

在前面有记述四川省医学科学院和四川省人民医院的颜英俊等 (2008) 报告，在 2003 年 1 月至 2005 年 6 月间，从该医院临床不同标本材料中分离到病原菌 3731 株，其中非发酵菌类 836 株 (构成比 22.41%)。在 836 株非发酵菌中，主要为不动杆菌属细菌，其中琼氏不动杆菌 28 株 (构成比 3.35%)[24]。

3.4.2.2　动物的琼氏不动杆菌感染病

作为动物的病原菌，已有从水生动物检出琼氏不动杆菌的报告，但还是比较少见的，举例如下。①本书作者陈翠珍等 (2005) 报告在 2001 年 3 月，河北省某水产养殖场所养殖的 2 ~ 3 月龄石鲽发病，取发病濒死及刚刚死亡石鲽做病原学检验，结果表明为杀鲑气单胞菌 (*Aeromonas salmonicida*) 所致的败血症感染。同时，在供做病原学检验的 10 尾病 (死) 石鲽中除了均从肝、脾、肾、肠内容物中分离到了杀鲑气单胞菌外，还从 2 尾中同时分离到了此琼氏不动杆菌新形态型 I 菌株。病鱼在外观上缺乏典型症状，常是表现为急性死亡 (死亡率可高达 80% ~ 90%)。为了解琼氏不动杆菌新形态型 I 的病原学意义，进行了对健康石鲽 (3 月龄左右) 及牙鲆 (5 月龄左右) 的腹腔接种感染试验。结果表明除了石鲽外，至少对供试的牙鲆也是具有一定致病作用的 [27,28]。②在上面有记述浙江省万里学院的毛芝娟等 (2013) 报告在 2011 年 10 月，宁波市宁海县一养殖场养殖的史氏鲟 (*Acipenser schrenckii*) 暴发病情。经病原学检验，从病鱼 (体重 150 ~ 200g) 肝脏分离到相应病原琼氏不动杆菌 [29]。

3.4.3　微生物学检验

对琼氏不动杆菌的微生物学检验，主要是依赖于形态特征、理化特性等方面的细菌学检验。在上面鲍氏不动杆菌中记述的内容，可供参考。

另外，陈翠珍等 (2005) 还以 HQ010320B-1 株为代表菌株，进行了 16S rRNA 基因序列测定与系统发育学分析。方法是以 16S rRNA 基因 PCR 扩增的两个引物，分别为 27F(正向引物)5'-AGAGTTTGATC(C/A)TGGCTCAG-3'(对应于 *E.coli* 的 16S rRNA 基因的第 8 ~ 27 个碱基位置) 和 1492R(反向引物)5'-GGTTACCTTGTTACGACTT-3'(对应于 *E.coli* 的 16S rRNA 基因的第 1492 ~ 1510 个碱基位置)；扩增出的 16S rRNA 基因序列长度为 1427bp(在 GenBank 登录号为 AY787213)，通过国际互联网进行基因同源性检索，其与不动杆菌属细菌的 16S rRNA 基因序列自然聚类。

3.5　鲁氏不动杆菌 (*Acinetobacter lwoffii*)

鲁氏不动杆菌 [*Acinetobacter lwoffii*(Audureau 1940)Brisou and Prévot 1954 emend.Bouvet and Grimont 1986] 又被称为路氏不动杆菌、洛菲不动杆菌，也有的称其为沃氏不动杆菌，属于基因种 8。菌种名称 "*lwoffii*" 为现代拉丁语属格名词，是以利沃夫 (Andre Lwoff) 的姓氏 (Lwoff) 命名的 (常译为鲁氏)。

细菌 DNA 中的 G+C mol% 为 46(T_m)；模式株：ATCC 15309，CIP 64.10，DSM 2403，NCTC 5866。GenBank 登录号 (16S rRNA)：X81665[7]。

3.5.1 生物学性状

鲁氏不动杆菌在胰酶大豆胨琼脂培养基上形成圆形、光滑、隆起、边缘整齐的菌落，在 30℃ 培养 24h 直径为 1.0 ~ 1.5mm(半透明)、培养 48h 为 3.0 ~ 4.0mm(稍透明)；在 15 ~ 37℃ 能够良好生长，在 41℃ 不能生长，不需要生长因子，在复合培养基 (complex medium) 上生长不能还原硝酸盐，不能从 D- 葡萄糖产酸，不产生 β- 木糖苷酶 (β-xylosidase)，不溶解马、绵羊血液，不液化明胶，不能够利用西蒙氏 (Simmons) 柠檬酸盐。能够利用乳酸盐作为碳源和能源，不能利用 L- 苯丙氨酸、L- 组氨酸、丙二酸盐、L- 天冬氨酸、- 亮氨酸、组胺、2，3- 丁二醇、戊二酸盐、L- 精氨酸，一些菌株能够利用苯乙酸盐、L- 酪氨酸、乙醇、L- 鸟氨酸[7]。

3.5.2 病原学意义

鲁氏不动杆菌在人的感染，还主要是引起医院内感染的发生。对水生动物，也是一种比较重要的病原菌。

3.5.2.1 人的鲁氏不动杆菌感染病

鲁氏不动杆菌在人的感染，还主要是引起医院感染的发生。在引起医院感染的不动杆菌中，多年来一直有检出鲁氏不动杆菌的报告，其检出频率也是相对比较高的。在感染类型方面，主要是呼吸系统感染。以下记述的一些报告，是具有一定代表性的。

在前面有记述江苏省无锡市第四人民医院的黄朝晖等 (2013) 报告，回顾性总结该医院 5 年 (2007 年至 2011 年) 间，从住院患者送检标本材料中分离获得各种病原菌 38 037 株，其中明确菌种的革兰氏阴性细菌共 8 种 23 995 株 (构成比 63.08%)、革兰氏阳性细菌共 4 种 8395 株 (构成比 22.07%)，其他的病原菌 5647 株 (构成比 14.85%)。在明确菌种的革兰氏阴性细菌和革兰氏阳性细菌共 12 种 32 390 株 (构成比 85.15%) 中，包括鲁氏不动杆菌 623 株 (构成比 1.92%)[4]。

在前面有记述中国人民解放军第二军医大学长征医院的陈吉泉等 (1997) 报告从临床标本分离的 147 株不动杆菌中，鲁氏不动杆菌 3 株 (构成比 2.04%)[9]。

在前面有记述湖北医科大学附属第二医院的李杰等 (1998) 报告，自 1994 年以来从住院患者中检出不动杆菌 96 株，其中鲁氏不动杆菌 6 株 (占 6.25%)[16]。

在前面有记述中国人民解放军第二〇八医院 (长春) 的潘洪涛等 (1999) 报告于 1990 年 1 月至 1996 年 12 月间，从所在医院各科送检的不同标本材料中，分离到不动杆菌共 6 种 334 株，其中鲁氏不动杆菌 116 株 (构成比 33.72%)。116 株鲁氏不动杆菌在各种标本材料的分布，依次为：痰液 74 株 (构成比 63.79%)、咽拭子 21 株 (构成比 18.10%)、血液 8 株 (构成比 6.89%)、中段尿液 4 株 (构成比 3.45%)、脓汁 4 株 (构成比 3.45%)、分泌物 3 株 (构成比 2.59%)、关节腔液及前列腺液各 1 株 (构成比各 0.86%)[21]。

在前面有记述白求恩国际和平医院的龙建国等 (1998) 报告在 1993 年 2 月至 1998 年 2 月间，从临床表现为咳嗽、咳脓痰、发热的 123 例 60 岁以上 (60 ～ 88 岁) 住院患者下呼吸道痰液中，分离到 5 种 123 株不动杆菌，其中鲁氏不动杆菌 53 株 (构成比 43.09%)[22]。

在前面有记述陕西省西电集团医院的杨小青 (2006) 报告，该医院在 2004 年 1 月至 2006 年 5 月间，从住院及门诊患者分离到病原菌 1076 株，其中细菌共 947 株 (构成比 88.01%)，属于真菌的念珠菌属真菌 129 株 (构成比 11.99%)。在 947 株细菌中，革兰氏阴性细菌 602 株 (构成比 63.57%)、革兰氏阳性细菌 345 株 (构成比 36.43%)。在从痰液标本材料中分离的 14 种 (属)586 株病原菌中，细菌共 13 种 (属)524 株 (构成比 89.42%)，属于真菌的念珠菌属真菌 62 株 (构成比 10.58%)。另外记述还分离到多种病原菌，其中包括不动杆菌属的乙酸钙不动杆菌 26 株、鲍氏不动杆菌 13 株、鲁氏不动杆菌 4 株[23]。

在前面有记述四川省医学科学院和四川省人民医院的颜英俊等 (2008) 报告，在 2003 年 1 月至 2005 年 6 月间，从该医院临床不同标本材料中分离到病原菌 3731 株，其中非发酵菌类 836 株 (构成比 22.41%)。在 836 株非发酵菌中，主要为不动杆菌属细菌，包括鲁氏不动杆菌 37 株 (构成比 4.43%)[24]。

天津医科大学第二医院的司进等 (2005) 报告，对该医院在 2002 年至 2004 年间，从新生儿病房医院感染 (呼吸道感染) 患病新生儿 (出生 1 天以上)201 例中 (检验材料为咽拭子)，分离到 13 种 (类) 病原菌共 343 株，其中明确菌种的细菌共 12 种 312 株 (构成比 90.96%)，其他病原菌 31 株 (构成比 9.04%)。在明确菌种的 12 种 312 株细菌中，革兰氏阴性菌 10 种 243 株 (构成比 77.88%)、革兰氏阳性菌 2 种 69 株 (构成比 22.12%)，其中包括不动杆菌属的鲍氏不动杆菌 27 株(构成比 11.11%)、鲁氏不动杆菌 17 株(构成比 6.99%)[30]。

3.5.2.2　水生动物的鲁氏不动杆菌感染病

作为动物的病原菌，近年来在我国鲁氏不动杆菌已分别有从不同种发病水生动物作为病原菌检出的报告；还主要是发生在鱼类，包括胡子鲇 (*Clarias f uocus*)、鳜鱼、加州鲈鱼 (*Micropterus salmonides*) 等，也有蛙类被感染发病的报告[31~34]。

3.5.3　微生物学检验

对鲁氏不动杆菌的微生物学检验，主要是依赖于形态特征、理化特性等方面的细菌学检验。在上面鲍氏不动杆菌中记述的内容，可供参考。

(房　海)

参 考 文 献

[1] 贾辅忠，李兰娟 . 感染病学 . 南京：江苏科学技术出版社，2010: 491~494.

[2] 李梦东 . 实用传染病学 . 第 2 版 . 北京：人民卫生出版社，1998: 478~480.

[3] 唐珊熙 . 微生物学及微生物学检验 . 北京：人民卫生出版社，1998: 271~273.

[4] 黄朝晖，范晓玲，胡瑜 . 2007—2011 年医院感染主要病原菌的耐药趋势分析 . 中华医院感染学杂志，2013, 23(8):1911~1913.

[5] 孙慧，吴荣华，胡钢，等 . 医院感染病原菌分布及耐药性分析 . 疾病监测与控制杂志，2014, 8(1):4~6.

[6] 陈潇，徐修礼，杨佩红，等 . 2002—2012 年医院感染主要病原菌耐药性分析 . 中华医院感染学杂志，

2014, 24(3):557~559.

[7] George M. Garrity. Bergey's Manual of Systematic Bacteriology. Second Edition. Volume Two. Part B. Springer, New York, 2005: 425~437.

[8] Holt J G, Krieg N R, Sneath P H A, et al. Bergey's Manual of Determinative Bacteriology. 9th Ed. Williams & Wilkins, Baltimore, 1994: 73, 129.

[9] 陈吉泉，罗文侗，修清玉，等.不动杆菌的生物分型与抗菌谱分型.第二军医大学学报，1997，18(2):187~189.

[10] 刘晓杰，孙利群，王艳秋，等.医院环境表面病原菌分布调查.中华医院感染学杂志，2013，23(18):4454~4455.

[11] 马珊，张瞿璐.医院气管切开盘细菌学调查.中国消毒学杂志，2009，26(4):456~457.

[12] 刘杨，张秋莹，殷玉华.重症监护室常用医疗器具使用中病原菌携带情况.中国感染控制杂志，2013，12(1):64~65.

[13] 王清，刘琪.837株鲍曼不动杆菌感染临床分布及耐药性调查.中国消毒学杂志，2014，31(4):377~379.

[14] 白丽红，赵华，谢正福，等.2007—2011年鲍氏不动杆菌临床分布与耐药性变迁分析.中华医院感染学杂志，2014，24(2):295~297.

[15] 黄雪斐，管利民，余素飞.鲍曼不动杆菌感染127例分析.海南医学，1999，10(3):186~192.

[16] 李杰，李霞.鲍曼不动杆菌鉴定及临床分布特征.中华医学检验杂志，1998，21(2):109.

[17] 黄莹，韦柳华.2009~2013年我院鲍曼不动杆菌耐药性监测.药物流行病学杂志，2014，23(8):492~494.

[18] 仓怀芹，董加花，申井利，等.809株鲍氏不动杆菌医院感染分布特征及耐药分析.北方药学，2014，11(11):138~140.

[19] 顾天钊，陆承平，陈怀青.鲍氏不动杆菌—鳜鱼暴发性死亡的新病原.微生物学通报，1997，24(2):104~106.

[20] 顾泽茂，柳阳，陈昌福，等.鲍曼不动杆菌斑点叉尾鮰株的分离与鉴定.华中农业大学学报，2010，29(4): 489~493.

[21] 潘洪涛，刘伟林，孙喜东，等.不动杆菌的分离鉴定及各类标本中的分布.微生物学杂志，1999，19(3):57~58.

[22] 龙建国，张立，许素菊，等.不动杆菌属引起老年人下呼吸道感染123例分析.实用老年医学，1998，12(6):264.

[23] 杨小青.1076株临床细菌的菌种分布.实用医技杂志，2006，13(16):2812~2813.

[24] 颜英俊，刘华，喻华，等.医院内非发酵革兰氏阴性杆菌类型分布抗菌耐药特征分析.西部医学，2008，20(1): 154~155.

[25] 李义.名特水产动物疾病诊治.北京：中国农业出版社，1999:184~189.

[26] 薛峰，王云飞，徐帮兴，等.斑点叉尾鮰中一种病原菌的分离与鉴定.中国动物检疫，2010，27(8): 34~36,63.

[27] 陈翠珍，房海，张晓君.石鲽病原琼氏不动杆菌形态型Ⅰ的鉴定.微生物学通报，2005，32(3):34~39.

[28] 陈翠珍，房海，张晓君，等.琼氏不动杆菌形态型Ⅰ的主要性状及系统发育分析.海洋水产研究，2005，26(4):32~37.

[29] 毛芝娟，毛甬州，汪建萍.两株鱼源琼氏不动杆菌的分离、鉴定和耐药特性分析.水产学报，2013，

37(10): 1572~1578.

[30] 司进 , 毕玲 , 单志英 . 新生儿呼吸道感染细菌学分析 . 天津医科大学学报 , 2005, 11(3):411~413.

[31] 李桂峰 , 李海燕 , 毕英佐 . 胡子鲶"吊头病"病原的研究 . 中国水产科学 , 2001, 8(2):72~75.

[32] 黄志坚 , 何建国 , 翁少萍 , 等 . 鳜鱼细菌性病原的分离鉴定及致病性初步研究 . 微生物学通报 , 1999, 26(4):241~246.

[33] 杨秀荣 , 曾燕玲 , 魏志琴 . 乌江网箱养殖患病加州鲈鱼的细菌分离鉴定与回复感染 . 江苏农业科学 , 2013, 41(11):252~254.

[34] 谢凤 , 张凤君 , 黄文芳 . 美国青蛙腐皮病病原的研究 . 华南师范大学学报 (自然科学版), 2002, (2):102~105.

第 17 章　伯克霍尔德氏菌属 (*Burkholderia*)

伯克霍尔德氏菌属 (*Burkholderia* Yabuuchi，Kosako，Oyaizu et al 1993 emend. Gillis，Van，Bardin et al 1995) 的多个种 (species)，都是具有重要病原学意义的。例如，椰毒伯克霍尔德氏菌 (*Burkholderia cocovenenans*) 为食源性病原菌 (foodborne pathogen)，我国多有由椰毒伯克霍尔德氏菌引起的食物中毒 (food poisoning) 事件发生，且相当严重；鼻疽伯克霍尔德氏菌 (*Burkholderia mallei*)、类鼻疽伯克霍尔德氏菌 (*Burkholderia pseudomallei*)，分别能引起人及多种动物的鼻疽 (malleus)、类鼻疽 (melioidosis)，都是呈全球分布、古老且重要、典型的人畜共患病 (zoonoses)[1, 2]。

伯克霍尔德氏菌属细菌属于非发酵菌 (nonfermentative bacteria) 类，也常是记为非发酵革兰氏阴性杆菌 (nonfermentative Gram-negative bacilli，NFGNB)。与医院感染 (hospital infection，HI) 相关的非发酵菌类，在我国已有明确记述和报告的涉及 9 个菌科 (Family)、14 个菌属 (genus) 的 27 个菌种及亚种 (subspecies)。为便于一并了解，将各菌科、菌属名录以表格"医院感染非发酵菌类的各菌科与菌属"的形式，记述在了第 3 篇"医院感染革兰氏阴性非发酵型细菌"的扉页中。

在医院感染的伯克霍尔德氏菌属细菌中，在我国已有明确记述的仅涉及洋葱伯克霍尔德氏菌 (*Burkholderia cepacia*)1 个种。在医院感染细菌中的洋葱伯克霍尔德氏菌检出率相对来讲还是比较高的，且显示在近年来还有逐渐上升的趋势，可能也与在过去对其病原学意义的认识和重视程度不够有关。

● 在第 12 章"沙雷氏菌属"(*Serratia*) 中有记述，中国医科大学附属第一临床学院的年华等 (2003) 报告，在 1998 年 10 月至 2001 年 12 月间，从该临床学院住院及门诊患者不同标本材料中分离到革兰氏阴性菌 3992 株，其中源于门诊患者的 600 株 (构成比

15.03%)、住院患者的 3 392 株 (构成比 84.97%)。其中主要的细菌 9 种 , 其中包括洋葱伯克霍尔德氏菌 391 株 (构成比 9.79%) 居第 4 位 [3]。

● 哈尔滨医科大学第一临床医学院的陈淑兰等 (2008) 报告 , 在 2000 年 1 月至 2006 年 12 月间 , 从该医学院住院患者不同标本材料中分离到病原菌 21 348 株 (非重复分离菌株)，其中非发酵菌 3767 株 (构成比 17.65%)。3767 株非发酵菌 , 分别为铜绿假单胞菌 (*Pseudomonas aeruginosa*)1651 株 (构成比 43.83%)、不动杆菌属 (*Acinetobacter* Brisou and Prévot 1954) 细菌 1504 株 (构成比 39.93%)、嗜麦芽寡养单胞菌 (*Stenotrophomonas maltophilia*)251 株 (构成比 6.66%)、洋葱伯克霍尔德氏菌 103 株 (构成比 2.73%)、其他非发酵菌 258 株 (构成比 6.85%)，洋葱伯克霍尔德氏菌居第 4 位 [4]。

● 重庆三峡医药高等专科学校附属医院的许茜等 (2012) 报告 , 在 2011 年 1 月至 12 月间 , 对该医院 2395 份临床住院患者不同标本材料进行病原菌检验 , 结果为阳性标本材料 1350 份 (构成比 56.37%)。所分离到的 1350 株病原菌 (非重复分离菌株)，革兰氏阴性杆菌 756 株 (构成比 56.00%)、革兰氏阳性球菌 462 株 (构成比 34.22%)、真菌 (fungi)132 株 (构成比 9.78%)。分离率在前 5 位的病原菌 , 依次为：大肠埃希氏菌 (*Escherichia coli*)129 株 (构成比 9.56%)、铜绿假单胞菌 109 株 (构成比 8.07%)、肺炎克雷伯氏菌 (*Klebsiella pneumoniae*)107 株 (构成比 7.93%)、金黄色葡萄球菌 (*Staphylococcus aureus*)95 株 (构成比 7.04%)、洋葱伯克霍尔德氏菌 58 株 (构成比 4.29%)，洋葱伯克霍尔德氏菌居第 5 位 [5]。

1 菌属定义与分类位置

伯克霍尔德氏菌属为伯克霍尔德氏菌科 (Burkholderiaceae fam. nov. Garrity et al 2006) 细菌的成员 , 菌属内有多个种 , 都是从假单胞菌属 (*Pseudomonas* Migula 1894) 细菌易入的。菌属名称 "*Burkholderia*" 为现代拉丁语阴性名词 , 是以首先发现洋葱伯克霍尔德氏菌、即原洋葱假单胞菌 (*Pseudomonas cepacia*) 的美国细菌学家伯克霍尔德 (W. H. Burkholder) 的姓氏 (Burkholder) 命名的 [6]。

1.1 菌属定义

伯克霍尔德氏菌属细菌 , 为 (0.5 ~ 1.0)μm×(1.5 ~ 4.0)μm 的革兰氏阴性杆菌 , 菌体直或稍弯曲 (不呈螺旋状)，单个或成双存在；多个种能积累聚 -β- 羟基丁酸盐 (poly-β-hydroxybutyrate，PHB) 作为碳储藏物质 , 这是表现为嗜苏丹 (sudan) 染料的内含物；没有菌柄 (prosthecae) 和菌鞘 (sheaths)，不产生芽孢；以极端单鞭毛或一束鞭毛运动 , 但鼻疽伯克霍尔德氏菌无鞭毛。

该菌属细菌需氧、以严格的呼吸型代谢 , 以氧作为最终电子受体；有些种在某些情况下 , 能以硝酸盐作为替代的电子受体进行厌氧呼吸。氧化酶活性因种而异 , 接触酶阳性 , 化能异养菌。有的种对人、动物或植物有致病性。

伯克霍尔德氏菌属细菌 DNA 的 G+C mol% 为 59 ~ 69.6；模式种 (type species)：洋葱伯克霍尔德氏菌 [*Burkholderia cepacia*(Palleroni and Holmes 1981)Yabuuchi et al 1993][6]。

1.2 分类位置

按伯杰氏 (Bergey) 细菌分类系统，在第二版《伯杰氏系统细菌学手册》(*Bergey's Manual of Systematic Bacteriology*) 第 2 卷 C 部分 (2005) 中，伯克霍尔德氏菌属分类于新建立的伯克霍尔德氏菌科。

伯克霍尔德氏菌科包括 8 个菌属，依次为：伯克霍尔德氏菌属、贪铜菌属 (*Cupriavidus* Makkar and Casida 1987)、劳特罗普氏菌属 (*Lautropia* Gerner-Smidt, Keiser-Nielsen, Dorsch et al 1995)、潘多拉氏菌属 (*Pandoraea* Coenye，Falsen，Hoste et al 2000)、寡食单胞菌属 (*Paucimonas* Jendrossek 2001)、多核杆菌属 (*Polynucleobacter* Heckmann and Schmidt 1987)、罗尔斯通氏菌属 (*Ralstonia* Yabuuchi，Kosako，Yano et al 1996)、嗜热丝菌属 (*Thermothrix* Caldwell，Caldwell and Laycock 1981)。

伯克霍尔德氏菌科的模式属 (type genus)：伯克霍尔德氏菌属。

伯克霍尔德氏菌属共记载了 19 个种，依次为：洋葱伯克霍尔德氏菌、须芒草伯克霍尔德氏菌 (*Burkholderia andropogonis*)、加勒比群岛伯克霍尔德氏菌 (*Burkholderia caribensis*)、石竹伯克霍尔德氏菌 (*Burkholderia caryophylli*)、椰毒伯克霍尔德氏菌、唐菖蒲伯克霍尔德氏菌 (*Burkholderia gladioli*)、格氏伯克霍尔德氏菌 (*Burkholderia glathei*)、荚壳伯克霍尔德氏菌 (*Burkholderia glumae*)、草根围伯克霍尔德氏菌 (*Burkholderia graminis*)、久留里伯克霍尔德氏菌 (*Burkholderia kururiensis*)、鼻疽伯克霍尔德氏菌、多噬伯克霍尔德氏菌 (*Burkholderia multivorans*)、吩嗪伯克霍尔德氏菌 (*Burkholderia phenazinium*)、苗床伯克霍尔德氏菌 (*Burkholderia plantarii*)、类鼻疽伯克霍尔德氏菌、吡咯菌素伯克霍尔德氏菌 (*Burkholderia pyrrocinia*)、泰国伯克霍尔德氏菌 (*Burkholderia thailandensis*)、范氏伯克霍尔德氏菌 (*Burkholderia vandii*)、越南伯克霍尔德氏菌 (*Burkholderia vietnamiensis*)[6]。

2 洋葱伯克霍尔德氏菌 (*Burkholderia cepacia*)

洋葱伯克霍尔德氏菌 [*Burkholderia cepacia*(Palleroni and Holmes 1981)Yabuuchi，Kosako，Oyaizu et al 1993]，即原归在假单胞菌属的洋葱假单胞菌 (*Pseudomonas cepacia* Palleroni and Holmes 1981)，菌种名称 "*cepacia*" 为现代拉丁语阴性形容词指喜欢洋葱的 (like an onion)，是因能引起洋葱球茎的腐烂得名。

细菌 DNA 的 G+C mol% 为 67.4(Bd)；模式株 (type strain)：ATCC 25416，Ballard 717，DSM 7288，ICPB 25，NCTC 10743。GenBank 登录号 (16S rRNA)：M22518，U96927[6]。

2.1 生物学性状

在伯克霍尔德氏菌属细菌中,对洋葱伯克霍尔德氏菌的生物学性状研究还是比较多的，在非发酵菌类中也是相对比较清楚的 [6 ~ 8]。

2.1.1 形态与培养特征

洋葱伯克霍尔德氏菌为大小在 (0.8 ~ 1.0)μm × (1.6 ~ 3.2)μm 的杆菌，单个或成双存在，

以极端丛鞭毛 (1 ～ 3 根) 运动。能积累聚 -β- 羟基丁酸盐颗粒作为碳储藏物质，尤其在缺氮的培养基上表现突出。

　　洋葱伯克霍尔德氏菌对营养要求不高，专性好氧生长；通常在普通培养基生长良好，适合生长温度为 30 ～ 35℃ (在 4℃不生长、41℃生长不定)、几乎所有的菌株都能够在 40℃生长。绝大多数菌株能产生扩散性的非荧光色素，在通常的复杂培养基上，色素常是呈黄色或绿色；也有许多菌株能产生紫色的吩嗪类色素，尤其是在缺铁的培养基上；不能产生扩散性的荧光色素及非扩散性的非荧光色素。在化学合成的培养基上，产色素菌株可表现为各种颜色 (绿色、棕色、红色、紫色、紫红色等)，原因是生长所用碳源的不同，也与生长温度有关，色素可以是扩散性或非扩散性的。有的菌株在含有 2.0% ～ 4.0% 蔗糖的培养基上，可产生黏液。另外是从临床标本材料中新分离的菌株，常表现是无色素产生的。图 17-1，显示洋葱伯克霍尔德氏菌在麦康凯琼脂 (MacConkey agar) 培养基的菌落特征。

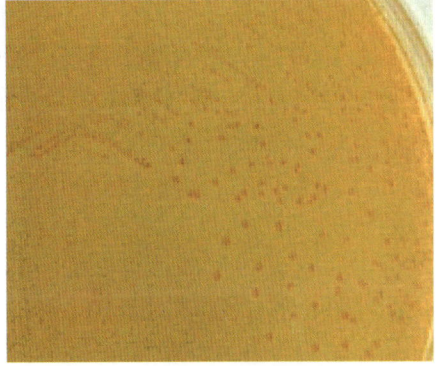

图 17-1　洋葱伯克霍尔氏德菌菌落

资料来源：周庭银，赵虎 . 临床微生物学诊断与图解 . 2001

2.1.2　生化特性

　　洋葱伯克霍尔德氏菌的氧化酶阳性，精氨酸双水解酶阴性；不具有反硝化作用，但可以从硝酸盐产生亚硝酸盐，硝酸盐可用作氮源。其具有分解脂肪的作用，卵黄反应是可变的，不能水解淀粉，有的菌株能水解明胶。

　　洋葱伯克霍尔德氏菌生长需要的营养非常多样化，大多数的菌株能够利用多种有机化合物作为生长的唯一碳源。在所用的特征性碳源中包括葡萄糖、2- 酮基葡萄糖酸盐、肌醇、D- 核糖、D- 阿拉伯糖、蔗糖、D- 岩藻糖、海藻糖、纤维二糖、柳醇、卫矛醇、阿东醇、2，3- 丁二醇等多种碳水化合物，以及乙酰丙酸盐、间 - 羟基苯甲酸盐、色胺、α- 戊胺、β- 丙氨酸、L- 精氨酸等；不能利用麦芽糖、D-(－)- 酒石酸盐、赤藓糖醇等。

2.1.3　生境与抗性

　　洋葱伯克霍尔德氏菌的分布比较广泛，但多数菌株都是从洋葱分离到的，另外的菌株主要是分离于土壤和临床样品。

2.1.3.1　生境

　　洋葱伯克霍尔德氏菌存在于土壤及水中，在医院环境中常会污染自来水、体温计、喷雾器、医疗导管、静脉输液器等，因而可致多种类型的医院内感染。以下记述的一些报告，是具有一定代表性的。

　　吉林省卫生监测检验中心消毒所的刘晓杰等 (2013) 报告，在 2010 年 6 月至 2012 年 12 月间，对两所三级甲等医院的血液透析科、重症监护室 (intensive care unit，ICU)、新生儿病房、感染科等重点科室的环境和物体 (处置台、床头柜、水龙头、电脑鼠标、呼吸机键盘等) 表面，进行了医院感染常见病原菌污染情况的回顾性调查分析。结果在所采集的 291 份样本中共检出病原菌 88 株 (检出率 30.24%), 其中革兰氏阴性菌 19 种 63 株 (构成比 71.59%); 革兰氏阳性球菌 25 株 (构成比 28.41%), 主要为葡萄球菌属 (Staphylococcus Rosenbach 1884) 的一些种。在 63 株革兰氏阴性菌中, 洋葱伯克霍尔德氏菌 6 株 (构成比 9.52%) 居第 4 位 [9]。

在第 4 章 "肠杆菌属" (Enterobacter) 中有记述, 湖北省随州市中心医院的刘杨等 (2013) 报告, 对该医院重症监护室住院患者使用的留置导尿管 (接口处内壁)、氧气湿化瓶 (内壁)、冷凝水集水瓶 (内壁)、呼吸机螺纹管 (接口处内壁)、中心供氧壁管出口、气管插管 (内壁)、呼吸机湿化罐 (内壁)、留置针连接管三通口、输液泵 (接口处内壁)、微量注射泵 (接口处内壁)、深静脉置管 (接口处内壁) 等 11 种医疗器具, 采集使用 (48±2)h 的样本共 300 份进行了微生物学检验, 结果其中 217 份阳性 (阳性率 72.33%)。其中以留置导尿管 (接口处内壁) 阳性率最高, 检验 19 份中 17 份阳性 (阳性率 89.47%)。在 217 份阳性样本中, 共检出病原菌 19 种 (属)242 株, 其中革兰氏阴性菌 11 种 184 株 (构成比 76.03%)、革兰氏阳性菌 6 种 41 株 (构成比 16.94%)、真菌 2 个菌属 17 株 (构成比 7.02%)。在 19 种 (属)242 株病原菌中, 包括洋葱伯克霍尔德氏菌 16 株 (构成比 6.61%)。报告者认为对患者各种诊疗性侵入性操作的应用 (如气管插管、留置导尿、中心静脉置管、引流管留置等), 可破坏机体黏膜保护屏障, 从而导致患者呼吸系统、泌尿系统、导管相关性血流感染的发生, 造成医院感染率升高 [10]。

浙江省舟山海洋生态环境监测站的黄备等 (2010) 报告, 在 2004 年 7 月至 8 月间, 分别对浙江省舟山市四个县区 (定海区、普陀区、岱山县、嵊泗县) 的海洋贝类生物进行采样和实验室分析。样品现场采集后, 在 2h 内送到实验室进行分析。生物样在无菌环境中用无菌蒸馏水冲洗 3 次后, 经灭菌的玛瑙研钵研磨之后, 无菌称取该生物样 1g 左右混溶于 10ml 无菌蒸馏水中, 经充分振荡摇匀后进行细菌学检验。样品来源、种类见表 17-1。

表 17-1　样品来源及种类

来源	种类			来源	种类		
定海区	泥螺	青蛤	缢蛏	岱山县	泥螺	青蛤	缢蛏
普陀区	厚壳贻贝	泥螺	缢蛏	嵊泗县	厚壳贻贝	小刀蛏	等边线蛤

经对定海区采集的三种贝类生物样品中进行细菌种类鉴定, 共分离出 58 株菌, 其种类、主要的优势菌见表 17-2; 主要涉及少动鞘氨醇单胞菌 (Sphingomonas paucimobilis)、溶藻弧菌 (Vibrio alginolyticus)、杀鲑气单胞菌 (Aeromonas salmonicida)、温和气单胞菌 (Aeromonas sobria)、产吲哚黄杆菌 (Flavobacterium indologenes)、嗜麦芽黄单胞菌 (Xanthomonas maltophilia)、欧文氏菌属 (Erwinia Winslow, Broadhurst, Buchanan, Krumwiede, Rogers and Smith 1920) 细菌、洋葱伯克霍尔德氏菌 (文中是以洋葱假单胞菌记述的)、腐败假单胞菌 (Pseudomonas putrefaciens)。报告者认为从表 17-2 可以看出, 定海贝类生物体内的细菌种类明显受到陆源径流及附近海水中细菌的影响。例如, 少动鞘氨醇单胞菌、嗜麦芽黄杆菌、洋葱假单胞菌, 这些就是当地排放污水或附近海水中的优势菌 [11]。

本书作者注: ①原文中记述的产吲哚黄杆菌, 即现在分类于金黄杆菌属 (Chryseo-

bacterium Vandamme，Bernardet，Segers，Kersters and Holmes 1994) 的产吲哚金黄杆菌 (*Chryseobacterium indologenes*)；②嗜麦芽黄单胞菌，即现在分类于寡养单胞菌属 (*Stenotrophomonas* Palleroni and Bradbury 1993) 的嗜麦芽寡养单胞菌 (*Stenotrophomonas maltophilia*)；③腐败假单胞菌，即现在分类于希瓦菌属 (*Shewanella* MacDonell and Colwell 1986) 的腐败希瓦氏菌 (*Shewanella putrefaciens*)。

表 17-2　样品种类及优势菌种

种类	第一优势菌种	第二优势菌种	第三优势菌种
青蛤	少动鞘氨醇单胞菌	溶藻弧菌	杀鲑气单胞菌
泥螺	温和气单胞菌	产吲哚黄杆菌	嗜麦芽黄单胞菌
缢蛏	欧文氏菌属	洋葱假单胞菌	腐败假单胞菌

2.1.3.2　抗性

从医院感染患者分离的洋葱伯克霍尔德氏菌，常常表现出对多种临床常用抗菌类药物具有不同程度的耐药性，给临床选择治疗用药带来麻烦。另外，医院感染洋葱伯克霍尔德氏菌的菌株耐药性，常常存在区域特征，可能是与不同医院使用抗菌类药物的习惯直接相关联的。以下记述的一些报告，是具有一定代表性的。

河北联合大学附属医院的董爱英等 (2013) 报告，该医院在 2010 年 1 月至 2011 年 12 月间，共检出医院感染洋葱伯克霍尔德氏菌患者 331 例。这些菌株对供试 10 种抗菌类药物均有不同程度的耐药性，表现对氯霉素、米诺环素、头孢他啶、美罗培南的耐药率较低 (为 6.95% ~ 9.06%)，对头孢哌酮 / 舒巴坦、哌拉西林 / 他唑巴坦、左氧氟沙星、哌拉西林、头孢吡肟、亚胺培南的耐药率较高 (为 53.17% ~ 100.00%)[12]。

广州医学院附属广州市第一人民医院的梁志科等 (2013) 报告，在 2007 年 1 月至 2012 年 6 月间，从该医院住院患者分离的 456 株洋葱伯克霍尔德氏菌 (非重复分离菌株)，对供试 17 种抗菌类药物均有不同程度的耐药性，其中以对妥布霉素、阿米卡星、氨苄西林、氨苄西林 / 舒巴坦、头孢唑林、庆大霉素、呋喃妥因等 7 种的耐药率较高 (为 93.5% ~ 99.8%)，耐药率在 10% 以下的仅有哌拉西林 / 他唑巴坦、头孢他啶、磺胺甲基异噁唑 / 甲氧苄啶等 3 种 (为 3.3% ~ 5.9%)[13]。

2.1.4　基因型

通过基因型分析，表明洋葱伯克霍尔德氏菌包括一组彼此在基因型不同、表型相近的菌群。Coenye 等 (2001) 报告利用 rRNA-DNA 杂交、表型标志物分析，将洋葱伯克霍尔德氏菌分为了 9 种基因型 (G I ~ G IX)，它们的表型指征极其相似。

采用 PCR- 限制性酶切片段长度多态性分析 (PCR-restriction fragment length polymorphism analysis，PCR-RFLP)、脉冲场凝胶电泳 (pulsed-field gel electrophoresis，PFGE) 方法，可对洋葱伯克霍尔德氏菌进行有效的分型，可用于流行病学研究，也是在对洋葱伯克霍尔德氏菌鉴定中比较常用的分子生物学方法 [7]。

2.1.4.1 PCR- 限制性酶切片段长度多态性分型

天津医科大学第二医院的吕琳等 (2007) 报告，采用 PCR- 限制性酶切片段长度多态性分析的分型方法，对某医院心脏手术后患者发生的洋葱伯克霍尔德氏菌医院血流感染暴发进行了研究。研究中的 28 株洋葱伯克霍尔德氏菌，均分离于在 2005 年 6 月至 7 月间某医院心外科手术后 24 ~ 48h 内感染患者的血液材料，诊断均符合医院获得性血流感染。以从各菌株提取的 DNA 为模板，PCR 扩增 *recA* 基因，产物经 *Hae* Ⅲ 酶切分析。结果 28 株洋葱伯克霍尔德氏菌均扩增到预期大小为 1043bp 左右的 *recA* 基因片段，经 *Hae* Ⅲ 酶切获得了一致的 RFLP 谱型：出现 3 条带，分别为 400bp、300bp、150bp。根据结果认为 RFLP 用于洋葱伯克霍尔德氏菌的基因分型，具有良好的分型能力、重复性和分辨力；在流行病学的同源性分析中，较表型分析更为直观和可靠 [14]。

2.1.4.2 脉冲场凝胶电泳 DNA 型

脉冲场凝胶电泳分型方法，已广泛应用于对一些常见病原菌感染的散发、暴发调查和溯源研究。在对洋葱伯克霍尔德氏菌的脉冲场凝胶电泳分型溯源方面，广东省中山市疾病预防控制中心的梁洪等 (2014) 报告，中山市某医院在 2013 年 6 月初暴发 1 起医院感染事件，表现为在医院产科连续出现经剖宫产的产妇的无菌手术伤口出现红肿、发炎及伤口不易愈合的现象，检验证实是由洋葱伯克霍尔德氏菌引起的。对从不同患者手术伤口分泌物、伤口清洗液及伤口清洗棉球、用过的 B 超及三维彩超探头 (拭子)、已启用和未启用的医用超声耦合剂 (同一品牌和批号的普通型) 等材料检出的 5 株洋葱伯克霍尔德氏菌，以 *Spe* Ⅰ 酶为限制性内切酶，进行脉冲场凝胶电泳检测分析，结果其 DNA 指纹图谱的相似性为 100%，提示感染源头极大可能是来自于 B 超所用的医用超声耦合剂，又相继检测了中山市 27 家医院 12 个品牌共 43 份医用超声耦合剂库存样品，结果在 4 个品牌 11 份样品中检出了洋葱伯克霍尔德氏菌，其中在某一品牌不同批号的样品中均有检出，所有检出了洋葱伯克霍尔德氏菌的样品均为普通型医用超声耦合剂，消毒型及无菌型的均未检出。进一步证实此起洋葱伯克霍尔德氏菌医院感染的暴发，是由于洋葱伯克霍尔德氏菌污染了超声耦合剂，再通过直接接触污染了 B 超探头及产妇，加之产妇术前消毒不彻底导致了感染的发生。作者根据这一研究结果，认为应用脉冲场凝胶电泳技术进行医院细菌感染的监测，能够有效协助查清感染来源，发现流行传播方式，及时有效地控制流行，指导临床治疗，是一种快速、可靠、准确的实验室调查方法 [15]。

目前对洋葱伯克霍尔德氏菌的基因型分析方法较多，但总体来讲尚缺乏基因分型的统一标准方法，但从发展趋势分析对洋葱伯克霍尔德氏菌的基因分型，可从遗传进化的层面认识洋葱伯克霍尔德氏菌，从分子水平对洋葱伯克霍尔德氏菌进行分类与鉴定，能为在流行病学调查中寻找传染源与传播途径、确定菌株间的遗传亲缘关系、研究洋葱伯克霍尔德氏菌的地理分布等提供更为有力的证据。

2.2 病原学意义

洋葱伯克霍尔德氏菌作为重要的条件性病原菌，主要还是引起医院内的感染，易在患者与患者之间或经环境污染和 (或) 健康护理员的接触而引起传播。另外是在植物的致病作用，可引起洋葱头腐烂等植物的根部病害。

2.2.1　临床常见感染类型

洋葱伯克霍尔德氏菌可引起败血症、心内膜炎、肺炎、伤口感染、脓肿、眼结膜炎、尿道感染等多种类型的感染病。其也是囊性纤维化 (cystic fibrosis，CF) 的主要病原菌，自 1996 年首次被报告在做膀胱镜时用污染的水进行膀胱冲洗引起泌尿道感染暴发流行之后，又多次报告有因污染蒸馏水、医疗器械等引起呼吸道、泌尿道等部位的医院感染流行 [7]。

2.2.2　医院感染特点

由洋葱伯克霍尔德氏菌引起的医院感染，所表现的特点是感染缺乏区域特征、感染部位宽泛、感染类型复杂、感染发生频率有呈逐年增高的趋势、有效预防控制难度大。

2.2.2.1　科室分布特点

综合一些相关的文献分析，由洋葱伯克霍尔德氏菌引起的医院感染，主要分布于内科，尤其是在重症监护室。以下记述的一些报告，是具有一定代表性的。

南昌大学第一附属医院的彭卫华等 (2011) 报告，在 2007 年 1 月至 2010 年 12 月间，从该医院门诊和住院患者分离的 286 株洋葱伯克霍尔德氏菌 (非重复分离菌株)，在各科室的分布依次为：重症监护室病房 148 株 (构成比 51.75%)、呼吸科 35 株 (构成比 12.24%)、血液科 22 株 (构成比 7.69%)、普通外科 13 株 (构成比 4.55%)、小儿科 12 株 (构成比 4.19%)、消化科 11 株 (构成比 3.85%)、干部科 9 株 (构成比 3.15%)、肿瘤科 9 株 (构成比 3.15%)、肾病科 8 株 (构成比 2.79%)、皮肤科 6 株 (构成比 2.09%)、内分泌科 5 株 (构成比 1.75%)、烧伤科 5 株 (构成比 1.75%)、疼痛科 3 株 (构成比 1.05%)[16]。

在前面有记述河北联合大学附属医院的董爱英等 (2013) 报告从医院感染患者分离的 331 株洋葱伯克霍尔德氏菌，在各科室的分布依次为：重症监护室 312 株 (构成比 94.26%)、急诊科 6 株 (构成比 1.81%)、心胸外科 3 株 (构成比 0.91%)、心血管内科 3 株 (构成比 0.91%)、血液内科 3 株 (构成比 0.91%)、消化内科 2 株 (构成比 0.60%)、泌尿外科 1 株 (构成比 0.30%)、普通外科 1 株 (构成比 0.30%)[12]。

在前面有记述广州医学院附属广州市第一人民医院的梁志科等 (2013) 报告从住院患者分离的 456 株洋葱伯克霍尔德氏菌 (非重复分离菌株)，在各科室的分布依次为：重症监护室 245 株 (构成比 53.73%)、呼吸内科 122 株 (构成比 26.75%)、老年干部综合病区 55 株 (构成比 12.06%)、其他科室 34 株 (构成比 7.46%)[13]。

2.2.2.2　感染部位特点

综合一些相关的文献分析，由洋葱伯克霍尔德氏菌引起的医院感染，主要分布于呼吸道。以下记述的一些报告，是具有一定代表性的。

在上面有记述南昌大学第一附属医院的彭卫华等 (2011) 报告的 286 株医院感染洋葱伯克霍尔德氏菌，在各感染部位的分布依次为：痰液 173 株 (构成比 60.49%)、血液 64 株 (构成比 22.38%)、分泌物 20 株 (构成比 6.99%)、尿液 11 株 (构成比 3.85%)、脓液 10 株 (构成比 3.49%)、腹水 3 株 (构成比 1.05%)、其他标本材料 5 株 (构成比 1.75%)[16]。

在上面有记述河北联合大学附属医院的董爱英等 (2013) 报告的 331 株医院感染洋葱伯

克霍尔德氏菌，在各感染部位的分布依次为：痰液 272 株 (构成比 82.18%)、血液 40 株 (构成比 12.08%)、导管尖端 5 株 (构成比 1.51%)、脑脊液 3 株 (构成比 0.91%)、尿液 3 株 (构成比 0.91%)、咽拭子 3 株 (构成比 0.91%)、胆汁 1 株 (构成比 0.30%)、分泌物 1 株 (构成比 0.30%)、胸腔积液 1 株 (构成比 0.30%)、腹水 1 株 (构成比 0.30%)、心包积液 1 株 (构成比 0.30%)[12]。

在上面有记述广州医学院附属广州市第一人民医院的梁志科等 (2013) 报告的 456 株医院感染洋葱伯克霍尔德氏菌，在各感染部位的分布依次为：痰液 291 株 (构成比 63.82%)、伤口分泌物 56 株 (构成比 12.28%)、腹腔引流液 45 株 (构成比 9.87%)、尿液 21 株 (构成比 4.61%)、血液 14 株 (构成比 3.07%)、其他标本材料 29 株 (构成比 6.36%)[13]。

2.3　微生物学检验

对洋葱伯克霍尔德氏菌引起感染的微生物学检验，目前还主要是对洋葱伯克霍尔德氏菌的细菌学检验。

2.3.1　细菌分离与鉴定

对洋葱伯克霍尔德氏菌的细菌学检验，需要进行有效的分离与鉴定，可根据其形态和培养特征、生化特性等进行鉴定。

洋葱伯克霍尔德氏菌的一些重要鉴定指标，是表现为氧化 - 发酵试验为氧化型，绝大多数菌株能产生扩散性的非荧光色素，不能产生扩散性的荧光色素及非扩散性的非荧光色素，有的菌株在含有 2.0% ～ 4.0% 蔗糖的培养基上可产生黏液，从临床标本材料中新分离的菌株常表现是无色素产生的。氧化酶阳性，精氨酸双水解酶阴性，不具有反硝化作用。

2.3.2　分子生物学检验

在前面有记述的 PCR- 限制性酶切片段长度多态性分析、脉冲场凝胶电泳等基因型分析方法，不仅可对洋葱伯克霍尔德氏菌进行有效的分型，更重要的意义是可用于感染溯源分析、流行病学研究等。

(房　海)

参 考 文 献

[1] 杨正时 , 房海 . 人及动物病原细菌学 . 石家庄 : 河北科学技术出版社 , 2003: 677~ 704.

[2] 房海 , 陈翠珍 . 中国食物中毒细菌 . 北京 : 科学出版社 , 2014: 443~ 467.

[3] 年华 , 褚云卓 , 丁丽萍 , 等 . 医院感染中主要革兰氏阴性杆菌的分布及耐药性分析 . 中国实验诊断学 , 2003, 7(3):207~ 209.

[4] 陈淑兰 , 路娟 , 宋熙瑶 , 等 . 常见非发酵菌的临床分布与耐药性分析 . 中华医院感染学杂志 , 2008, 18(4):589~ 591.

[5] 许茜 , 席平 . 某院 2011 年病原菌及耐药率分析 . 检验医学与临床 , 2012, 9(19):2497~ 2498.

[6] George M. Garrity. Bergey's Manual of Systematic Bacteriology. Second Edition. Volume Two. Part C. Springer, New York, 2005, 575~ 600.

[7] 赵艳华, 吕岳峰. 洋葱伯克霍尔德菌研究进展. 国际检验医学杂志, 2006, 27(7):651~ 652.

[8] Holt J G, Krieg N R, Sneath P H A, et al. Bergey's Manual of Determinative Bacteriology. 9th Ed. Williams & Wilkins, Baltimore, 1994: 93~ 94, 151~ 166.

[9] 刘晓杰, 孙利群, 王艳秋, 等. 医院环境表面病原菌分布调查. 中华医院感染学杂志, 2013, 23(18):4454~ 4455.

[10] 刘杨, 张秋莹, 殷玉华. 重症监护室常用医疗器具使用中病原菌携带情况. 中国感染控制杂志, 2013, 12(1):64~ 65.

[11] 黄备, 唐静亮, 胡颢琰, 等. 舟山市海洋贝类生物体内的细菌学研究. 中国环境监测, 2010, 26(1):31~ 33.

[12] 董爱英, 尚秀娟. 洋葱伯克霍尔德菌医院感染的调查. 中华医院感染学杂志, 2013, 23(17):4281~ 4283.

[13] 梁志科, 陈惠玲, 赵子文, 等. 2007-2012 年洋葱伯克霍尔德菌分布及药敏性变迁. 中华医院感染学杂志, 2013, 23(24):6118~ 6120.

[14] 吕琳, 宋诗铎, 王玉宝, 等. 应用 recA-RFLP 调查洋葱伯克霍尔德菌医院血流感染暴发. 中国感染控制杂志, 2007, 6(4):219~ 223.

[15] 梁洪, 吴灿权, 郑悦康, 等. 应用 PFGE 检测技术进行一起洋葱伯克霍尔德菌感染溯源. 中国卫生检验杂志, 2014, 24(4):519~ 520.

[16] 彭卫华, 廖晚珍, 胡雪飞, 等. 洋葱伯克霍尔德菌医院感染的临床分布及耐药性监测分析. 山东医药, 2011, 51(48):67~ 69.

第18章 金黄杆菌属 (*Chryseobacterium*)

金黄杆菌属 (*Chryseobacterium* Vandamme，Bernardet，Segers，Kersters and Holmes 1994) 细菌常常是作为机会病原菌 (opportunistic pathogen，亦称为条件病原菌)，能在一定条件下引起人的多种类型感染病 (infectious diseases)。但其中多数的种 (species)，均缺乏明确的病原学意义 [1～3]。

金黄杆菌属细菌属于非发酵菌 (nonfermentative bacteria) 类，也常是记为非发酵革兰氏阴性杆菌 (nonfermentative Gram-negative bacilli，NFGNB)。与医院感染 (hospital infection，HI) 相关的非发酵菌类，在我国已有明确记述和报告的涉及 9 个菌科 (Family)、14 个菌属 (genus) 的 27 个菌种及亚种 (subspecies)。为便于一并了解，将各菌科、菌属名录以表格"医院感染非发酵菌类的各菌科与菌属"的形式，记述在了第 3 篇"医院感染革兰氏阴性非发酵型细菌"扉页中。

在医院感染的金黄杆菌属细菌中，在我国已有明确记述和报告的涉及产吲哚金黄杆菌 (*Chryseobacterium indologenes*)、黏金黄杆菌 (*Chryseobacterium gleum*)2 个种，其中以产吲哚金黄杆菌的检出频率较高，在所有医院感染细菌中也属于比较多见的。

● 山东省济南市第三人民医院的郭祥翠等 (2006) 报告，回顾性总结该医院在 4 年 (2000 年 1 月至 2003 年 12 月) 间，从住院患者不同标本材料 (痰液、呼吸道分泌物等) 中分离获得的黄杆菌属 (*Flavobacterium* Bergey，Harrison，Breed et al 1923 emend.Bernardet，

Segers，Vancanneyt et al 1996) 细菌 105 株。各菌种的出现频率，依次为：脑膜脓毒黄杆菌 (*Flavobacterium meningosepticum*)52 株 (构成比 49.52%)、产吲哚黄杆菌 (*Flavobacterium indologenes*)31 株 (构成比 29.52%)、水田黄杆菌 (*Flavobacterium mizutaii*)13 株 (构成比 12.38%)、嗜糖黄杆菌 (*Flavobacterium saccharophilum*)9 株 (构成比 8.57%)[4]。

本书作者注：①文中记述的脑膜脓毒黄杆菌，即现在分类于伊金氏菌属 (*Elizabethkingia* Kim，Kim，Lim，Park and Lee 2005) 的脑膜脓毒伊金氏菌 (*Elizabethkingia meningoseptica*)；②产吲哚黄杆菌，即现在分类于金黄杆菌属的产吲哚金黄杆菌；③水田氏黄杆菌，即现在分类于鞘氨醇杆菌属 (*Sphingobacterium* Yabuuchi,Kaneko，Yano et al 1983) 的水田氏鞘氨醇杆菌 (*Sphingobacterium mizutaii*)。

● 浙江省青田县人民医院的张德忠等 (2009) 报告，回顾性总结该医院在 2006 年 6 月至 2008 年 5 月间，从各科室送检不同标本材料中分离获得的黄杆菌属细菌 219 株 (非重复分离菌株)。各菌种的出现频率，依次为：脑膜脓毒金黄杆菌 (*Chryseobacterium meningosepticum*)130 株 (构成比 59.36%)、产吲哚金黄杆菌 62 株 (构成比 28.31%)、芳香黄杆菌 (*Flavobacterium odoratum*)15 株 (构成比 6.85%)、黄杆菌 Ⅱ b 群 (*Flavobacterium* group Ⅱ b)8 株 (构成比 3.65%)、短金黄杆菌 (*Chryseobacterium brevis*)4 株 (构成比 1.83%)[5]。

本书作者注：①文中记述的脑膜脓毒金黄杆菌，即现在分类于伊金氏菌属的脑膜脓毒伊金氏菌；②芳香黄杆菌，即现在已分类于类香味菌属 (*Myroides* Vancanneyt，Segers，Torck et al 1996) 的香味类香味菌 (*Myroides odoratus*)；③短金黄杆菌，即现在已分类于稳杆菌属 [*Empedobacter*(ex Prévot 1961)Vandamme，Bernardet，Segers et al 1994] 的短稳杆菌 (*Empedobacter brevis*)。

● 浙江省宁波市第一医院的陈晓蓓 (2011) 报告，回顾性总结该医院在 2007 年 1 月至 2009 年 11 月间，从临床不同标本材料中分离获得的金黄杆菌属细菌 790 株。各菌种的出现频率，依次为：产吲哚金黄杆菌 472 株 (构成比 59.75%)、脑膜脓毒金黄杆菌 (即现在分类命名的脑膜脓毒伊金氏菌)279 株 (构成比 35.32%)、黏金黄杆菌 39 株 (构成比 4.94%)[6]。

1　菌属定义与分类位置

金黄杆菌属也被称为华丽杆菌属，是黄杆菌科 (Flavobacteriaceae Reichenbach 1992 emend. Bernardet，Segers，Vancanneyt et al 1996 emend.Bernardet Nakagawa and Holmes et al 2002) 细菌的成员。近些年来在菌属内菌种的变动较大，其中多数的种都是从原分类于黄杆菌属细菌易入的。菌属名称"*Chryseobacterium*"为拉丁语中性名词，指这些细菌为黄色杆菌 (a yellow rod)[7]。

1.1　菌属定义

金黄杆菌属细菌为革兰氏阴性、无动力、无芽孢杆菌，具有平行侧面，两端钝圆，典型菌体的大小为 $0.5\mu m \times (1.0 \sim 3.0)\mu m$，有的菌体丝状或呈多形性，菌细胞内无聚 -$\beta$- 羟基丁酸盐 (poly-$\beta$-hydroxybutyrate，PHB) 颗粒。该属细菌需氧，呼吸型代谢，有机化能营养、全部菌株可在 15 ～ 30℃生长、大多数菌株能在 37℃生长、环境分离菌株可在 5℃生长、有的能在 42℃生长；不需要生长因子 (growth factors)，生长于固体培养基上产生色素 (黄色到橙色)，但也有无色素的菌株，菌落半透明 (有时不透明)、圆形、凸起或低凸、光滑、边缘完整且有光泽，能产生芳香气味。多数的种能够在含有 3% ～ 5% NaCl 培养基中生长，接触酶、氧化酶和磷酸酶阳性，可氧化甘油和蕈糖等一些碳水化合物，蛋白分解活性强，水解七叶苷、不能水解琼脂，对许多抗菌药物有抗性，缺乏鞘磷脂，甲基萘醌 (menaquinone-6, MK-6) 是唯一的呼吸醌 (respiratory quinones) 类，高亚精胺 (homospermidine) 和 2- 羟腐胺 (2-hydroxyputrescine) 是产吲哚金黄杆菌的主要多胺，腐胺 (putrescine) 和胍丁胺 (agmatine) 为次要多胺。金黄杆菌属细菌广泛存在于土壤和海水中，也可从临床标本分离到。

金黄杆菌属细菌 DNA 中 G+C mol% 为 29 ～ 39，模式种 (type species)：黏金黄杆菌 [*Chryseobacterium gleum*(Holmes，Owen，Steigerwalt and Brenner 1984)Vandamme，Bernardet，Segers，Kersters and Holmes 1994][7]。

1.2 分类位置

按伯杰氏 (Bergey) 细菌分类系统，在第二版《伯杰氏系统细菌学手册》(*Bergey's Manual of Systematic Bacteriology*) 第 4 卷 (2010) 中，金黄杆菌属分类于黄杆菌科。

在黄杆菌科内共包括 61 个菌属，依次为：黄杆菌属、栖海面菌属 (*Aequorivita* Bowman and Nichols 2002)、海藻杆菌属 (*Algibacter* Nedashkovskaya，Kim，Han et al 2004)、海水杆菌属 (*Aquimarina* Nedashkovskaya，Kim，Lysenko et al 2005 emend. Nedashkovskaya，Vancanneyt，Christiaens et al 2006)、栖砂杆菌属 (*Arenibacter* Ivanova，Nedashkovskaya，Chun et al 2001 emend.Nedashkovskaya，Vancanneyt，Cleenwerck et al 2006)、伯杰氏菌属 (*Bergeyella* Vandamme，Bernardet，Segers，Kersters and Holmes 1994)、比齐奥氏菌属 (*Bizionia* Nedashkovskaya，Kim，Lysenko et al 2005)、二氧化碳嗜纤维菌属 (*Capnocytophaga* Leadbetter，Holt and Socransky 1982)、食纤维菌属 (*Cellulophaga* Johansen，Nielsen and Sjøholm 1999)、金黄杆菌属、管道杆菌属 (*Cloacibacterium* Allen，Lawson，Collins，Falsen and Tanner 2006)、相关菌属 (*Coenonia* Vandamme，Vancanneyt，Segers et al 1999)、柯斯特通氏菌属 (*Costertonia* Kwon，Lee and Lee 2006)、藏红花色杆菌属 (*Croceibacter* Cho and Giovannoni 2003)、独岛菌属 (*Dokdonia* Yoon，Kang，Lee and Oh 2005)、东海杆菌属 (*Donghaeana* Yoon，Kang，Lee and Oh 2006)、伊金氏菌属、稳杆菌属、石面单胞菌属 (*Epilithonimonas* O'Sullivan，Rinna，Humphreys，Weightman and Fry 2006)、黄色分枝菌属 (*Flaviramulus* Einen and Øvreås 2006)、华美菌属 (*Formosa* Ivanova，Alexeeva，Flavier et al 2004 emend.Nedashkovskaya，Kim，Vancanneyt et al 2006)、潮汐菌属 (*Gaetbulibacter* Jung，Kang，Lee et al 2005)、冰冷杆菌属 (*Gelidibacter* Bowman，McCammon，Brown et al 1997)、吉莱氏菌属 (*Gillisia* Van Trappen，Vandecandelaere，Mergaert and Swings 2004)、革兰氏菌属 (*Gramella* Nedashkovskaya，Kim，Lysenko et al 2005)、凯斯特纳菌属 (*Kaistella* Kim，Im，Shin et al 2004)、科迪亚菌属 (*Kordia* Sohn，

Lee，Yi et al 2004)、黄色杆状菌属 (*Krokinobacter* Khan，Nakagawa and Harayama 2006)、湖食物链菌属 (*Lacinutrix* Bowman and Nichols 2005)、列文虎克菌属 (*Leeuwenhoekiella* Nedashkovskaya，Vancanneyt，Dawyndt et al 2005)、烂泥杆菌属 (*Lutibacter* Choi and Cho 2006)、海菌属 (*Maribacter* Nedashkovskaya，Kim，Han et al 2004)、海曲菌属 (*Mariniflexile* Nedashkovskaya，Kim，Kwak et al 2006)、海研站菌属 (*Mesonia* Nedashkovskaya，Kim，Han et al 2003 emend.Nedashkovskaya，Kim，Zhukova et al 2006)、鼠尾杆菌属 (*Muricauda* Bruns，Rohde and Berthe-Corti 2001 emend.Yoon，Lee，Oh and Park 2005)、类香味菌属、不滑动菌属 (*Nonlabens* Lau，Tsoi，Li et al 2005)、沃雷氏菌属 (*Olleya* Mancuso Nichols，Bowman and Guezennec 2005)、鸟杆状菌属 (*Ornithobacterium* Vandamme，Segers，Vancanneyt et al 1994)、桃色杆状菌属 (*Persicivirga* O'Sullivan，Rinna，Humphreys，Weightman and Fry 2006)、极地杆菌属 (*Polaribacter* Gosink, Woese and Staley 1998)、冷弯曲菌属 (*Psychroflexus* Bowman，McCammon，Lewis et al 1999)、冷蛇形菌属 (*Psychroserpens* Bowman，McCammon，Brown et al 1997)、立默菌属 (*Riemerella* Segers，Mannheim，Vancanneyt et al 1993 emend.Vancanneyt，Vandamme，Segers et al 1999)、锈色杆菌属 (*Robiginitalea* Cho and Giovannoni 2004)、需盐杆菌属 (*Salegentibacter* McCammon and Bowman 2000 emend.Ying，Liu，Wang et al 2007)、橙色细杆菌属 (*Sandarakinotalea* Khan，Nakagawa and Harayama 2006)、栖沉积物杆菌属 (*Sediminicola* Khan，Nakagawa and Harayama 2006)、世宗菌属 (*Sejongia* Yi，Yoon and Chun 2005)、寡养热杆菌属 (*Stenothermobacter* Lau，Tsoi，Li et al 2006)、石下菌属 (*Subsaxibacter* Bowman and Nichols 2005)、石下微菌属 (*Subsaximicrobium* Bowman and Nichols 2005)、黏着杆菌属 (*Tenacibaculum* Suzuki，Nakagawa，Harayama and Yamamoto 2001)、居绿藻菌属 (*Ulvibacter* Nedashkovskaya，Kim，Han et al 2004)、卵黄色杆菌属 (*Vitellibacter* Nedashkovskaya，Suzuki，Vysotskii and Mikhailov 2003)、沃氏黄杆菌属 (*Wautersiella* Kämpfer，Avesani，Janssens et al 2006)、威克斯氏菌属 (*Weeksella* Holmes，Steigerwalt，Weaver and Brenner 1987)、维诺格拉德斯基氏菌属 (*Winogradskyella* Nedashkovskaya，Kim，Han et al 2005)、丽水菌属 (*Yeosuana* Kwon，Lee，Jung et al 2006)、周培瑾氏菌属 (*Zhouia* Liu，Wang，Dai et al 2006)、卓贝尔氏黄杆菌属 (*Zobellia* Barbeyron，L'Haridon，Corre et al 2001)。

　　黄杆菌科细菌 DNA 的 G+C mol% 为 27 ～ 56，模式属 (type genus)：黄杆菌属。

　　在金黄杆菌属内共记载了 18 个种，以及 3 个其他培养物 (Other organisms)。

　　18 个种，依次为：黏金黄杆菌、大比目鱼金黄杆菌 (*Chryseobacterium balustinum*)、大清湖金黄杆菌 (*Chryseobacterium daecheongense*)、污水金黄杆菌 (*Chryseobacterium defluvii*)、丽岛金黄杆菌 (*Chryseobacterium formosense*)、西班牙金黄杆菌 (*Chryseobacterium hispanicum*)、产吲哚金黄杆菌、吲哚金黄杆菌 (*Chryseobacterium indoltheticum*)、约氏金黄杆菌 (*Chryseobacterium joostei*)、鱼金黄杆菌 (*Chryseobacterium piscium*)、大菱鲆金黄杆菌 (*Chryseobacterium scophthalmum*)、志贺金黄杆菌 (*Chryseobacterium shigense*)、打碗花金黄杆菌 (*Chryseobacterium soldanellicola*)、大安金黄杆菌 (*Chryseobacterium taeanense*)、台中金黄杆菌 (*Chryseobacterium taichungense*)、台湾金黄杆菌 (*Chryseobacterium taiwanense*)、奥兰治自由邦金黄杆菌 (*Chryseobacterium vrystaatense*)、完州郡金黄杆菌 (*Chryseobacterium*

wanjuense)。

3 个其他培养物，分别为：解蛋白金黄杆菌 (*Chryseobacterium proteolyticum*)、马赛金黄杆菌 (*Chryseobacterium massiliae*)、蒂莫金黄杆菌 (*Chryseobacterium timonae*)[7]。

2 产吲哚金黄杆菌 (*Chryseobacterium indologenes*)

产吲哚金黄杆菌 [*Chryseobacterium indologenes*(Yabuuchi, Kaneko, Yano et al 1983) Vandamme, Bernardet, Segers et al 1994]，即原分类于黄杆菌属的产吲哚黄杆菌 (*Flavobacterium indologenes* Yabuuchi,Kaneko,Yano et al 1983)。菌种名称 "*indologenes*" 为新拉丁语中性形容词，指产生吲哚的 (indole-producing)。

细菌 DNA 的 G+C mol% 为 37.6 ～ 38.3(T_m)，模式株 (type strain) 为 37.7 或 38.0 ～ 39.0(T_m)；模式株：RH 542，ATCC 29897，NCTC 10796，LMG 8337，LMG 12453，LMG 12454，CIP 101026，CCUG 14483，CCUG 14556，IFO(now NBRC)14944，GIFU 1347，CDC 3716。GenBank 登录号 (16S rRNA)：M58773，AY468450(模式株)[7]。

2.1 生物学性状

在金黄杆菌属细菌中，对产吲哚金黄杆菌的一些主要生物学性状研究是比较多的，这与其具有一定的病原学意义是直接相关联的。

2.1.1 理化特性

产吲哚金黄杆菌为革兰氏阴性、大小为 0.5μm×(1.0 ～ 3.0)μm 的杆菌，有的菌体丝状。在普通营养琼脂 (nutrient agar，NA)、胰蛋白胨大豆胨琼脂 (tryptone soytone agar，TSA) 培养基上能够良好生长，菌落淡黄色；在普通营养琼脂 (NA) 上 35℃培养的菌落圆形、光滑 (smooth，S)、边缘整齐、直径为 2.0mm，有强芳香气味，在血液营养琼脂 (blood nutrient agar，BNA) 上不溶血。在 42℃不能生长，产生非水溶性黄色素。

产吲哚金黄杆菌不产生赖氨酸脱羧酶、鸟氨酸脱羧酶、精氨酸双水解酶；使用铵盐培养基 (ammonium salts medium) 测试，可分解葡萄糖、麦芽糖、果糖、海藻糖产酸，不能从蔗糖、鼠李糖、阿拉伯糖、纤维二糖、乳糖、棉籽糖、水杨苷、阿东醇、木糖产酸。有 11% ～ 89% 菌株还原硝酸盐及亚硝酸盐、分解乙醇及甘露醇。不产生尿素酶,产生明胶酶(平皿法)；水解七叶苷、淀粉，产生吲哚 (Ehrlich 法)，氧化酶、接触酶阳性，能够利用柠檬酸盐、丙二酸盐；用三糖铁琼脂 (triple sugar iron agar,TSI) 培养基测定不产生 H_2S、用乙酸铅纸条方法是阳性的 [7 ～ 9]。

2.1.2 生境与抗性

金黄杆菌属细菌在自然界的分布广泛，在土壤、水、空气等外界环境，肉类、乳产品、蔬菜，以及人和某些动物均有存在，常可从人体尿道、阴道、皮肤、口腔黏膜、上呼吸道等部位检出，因此也可能属于人的正常菌群部分。其对氯己定等消毒剂有抵抗力，在

42℃条件下可被杀死 [1 ~ 3, 10]。

2.1.2.1　生境

在医院，可存在于水龙头、阴沟、制冰机、冰水、增湿器、呼吸机、浴盆、药瓶及多种导管中 [1]。广东省佛山市第一人民医院的黄淑萱等 (2011) 报告，在 2007 年 11 月至 2010 年 6 月间，对从该医院各科室收集的各个区域环境空气标本材料 141 份进行了细菌检验，共检出带菌标本材料 23 份 (阳性率 16.31%)。其中检出黄杆菌属细菌 12 株，分别为：黄杆菌Ⅱ b 群菌 5 株 (构成比 41.67%)、脑膜败血性黄杆菌 (*Flavobacterium meningosepticum*)3 株 (构成比 25.00%)、产吲哚黄杆菌 (即现在分类命名的产吲哚金黄杆菌)2 株 (构成比 16.67%)、香味类香味菌 (*Myroides odoratus*)1 株 (构成比 8.33%)、短黄杆菌 (*Flavobacterium breve*)1 株 (构成比 8.33%) [11]。

本书作者注：文中记述的脑膜败血性黄杆菌，即现在分类于伊金氏菌属的脑膜脓毒伊金氏菌、亦称为脑膜败血性伊金氏菌；短黄杆菌，即现在已分类于稳杆菌属的短稳杆菌。

在第 17 章 "伯克霍尔德氏菌属"(*Burkholderia*) 中有记述，浙江省舟山海洋生态环境监测站的黄备等 (2010) 报告，在 2004 年 7 月至 8 月间，分别对浙江省舟山市四个县区 (定海区、普陀区、岱山县、嵊泗县) 的海洋贝类 (泥螺、青蛤、缢蛏、厚壳贻贝、小刀蛏、等边线蛤) 生物进行了采样和细菌分布检验。又经对定海区采集的三种贝类 (泥螺、青蛤、缢蛏) 生物样品中进行细菌种类鉴定，共分离出 9 种 (类)58 株菌，其中包括产吲哚金黄杆菌 (文中以产吲哚黄杆菌记述)。同时，报告者根据检验结果认为在定海区贝类生物体内的细菌种类，明显受到陆源径流及附近海水中细菌的影响 [12]。

2.1.2.2　抗性

在前面有记述浙江省宁波市第一医院的陈晓蓓 (2011) 报告，回顾性总结该医院在 2007 年 1 月至 2009 年 11 月间，从临床不同标本材料中分离获得的金黄杆菌属细菌 790 株，其中产吲哚金黄杆菌 472 株 (构成比 59.75%)。经对 472 株产吲哚金黄杆菌进行耐药性测定，结果对供试 12 种抗菌类药物均有不同程度的耐药性 (耐药率为 11.23% ~ 97.88%)。耐药菌株数量及耐药率 (%)，从高到低依次为：妥布霉素 462 株 (97.88%)、左氧氟沙星 456 株 (96.61%)、阿米卡星 451 株 (95.56%)、亚胺培南 440 株 (93.22%)、美罗培南 427 株 (90.47%)、头孢曲松 421 株 (89.19%)、头孢他啶 378 株 (80.08%)、磺胺甲噁唑 / 甲氧苄啶 367 株 (77.75%)、头孢吡肟 213 株 (45.13%)、头孢哌酮 / 舒巴坦 158 株 (33.47%)、哌拉西林 / 他唑巴坦 139 株 (29.45%)、比阿培南 53 株 (11.23%)；进行的产生金属 *β*- 内酰胺酶检测，其中有 307 株阳性 (阳性率 65.04%) [6]。

天津市第一中心医院的王世瑜等 (2013) 报告，在 2010 年 1 月至 2012 年 6 月间，从该医院患者分离产吲哚金黄杆菌 172 株。经耐药性测定，结果对供试 16 种抗菌类药物均有不同程度的耐药性 (耐药率为 28.49% ~ 91.28%)。耐药菌株数量及耐药率 (%)，从高到低依次为：氨曲南 157 株 (91.28%)、庆大霉素 152 株 (88.37%)、美罗培南 148 株 (86.05%)、亚胺培南 145 株 (84.30%)、头孢西丁 145 株 (84.30%)、头孢曲松 140 株 (81.39%)、头孢噻肟 130 株 (75.58%)、头孢吡肟 128 株 (74.42%)、阿米卡星 122 株 (70.93%)、头孢他啶 118 株 (68.60%)、哌拉西林 107 株 (62.21%)、哌拉西林 / 他唑巴坦 90 株 (52.32%)、复方新诺明 66 株 (38.37%)、环丙沙星 60 株 (34.88%)、左氧氟沙星 55 株 (31.98%)、头孢哌酮 / 舒巴坦 49 株 (28.49%)[13]。

2.2　病原学意义

产吲哚金黄杆菌主要分离于土壤、水、医院环境。缺乏明确的医学临床病原学意义，但在近些年来已多有由医院感染患者及其他临床标本材料中检出的报告。

2.2.1　人的产吲哚金黄杆菌感染病

目前对产吲哚金黄杆菌病原学意义的认识，主要还是通过从因其引起医院感染的检出。以下记述的一些报告，是具有一定代表性的。

在前面有记述的山东省济南市第三人民医院郭祥翠等 (2006) 报告从住院患者不同标本材料 (痰液、呼吸道分泌物等) 中分离获得的黄杆菌属细菌 4 种 105 株，包括产吲哚金黄杆菌 31 株 (构成比 29.52%) 居第 2 位 [4]。

在前面有记述的浙江省青田县人民医院张德忠等 (2009) 报告在 2006 年 6 月至 2008 年 5 月间，从各科室送检不同标本材料中分离获得的黄杆菌属细菌 5 种 (类)219 株 (非重复分离菌株)，包括产吲哚金黄杆菌 62 株 (构成比 28.31%) 居第 2 位 [5]。

在前面有记述的浙江省宁波市第一医院陈晓蓓 (2011) 报告，从临床不同标本材料中分离获得的金黄杆菌属细菌 3 种 790 株，包括产吲哚金黄杆菌 472 株 (构成比 59.75%) 居第 1 位 [6]。

浙江省杭州市第一人民医院的董晓勤等 (2004) 报告，回顾性总结该医院在 1999 年 1 月至 2003 年 11 月间，从医院感染患者不同标本材料中分离获得的黄杆菌属细菌 92 株。各菌种的出现频率，依次为：脑膜脓毒黄杆菌 (即现在的脑膜脓毒伊金氏菌)54 株 (构成比 58.69%)、产吲哚黄杆菌 (即现在的产吲哚金黄杆菌)35 株 (构成比 38.04%)、其他黄杆菌属细菌 (*Flavobacterium* spp.)3 株 (构成比 3.26%)，产吲哚金黄杆菌居第 2 位 [14]。

上海医科大学华山医院的董薷等 (1999) 报告该医院在 1994 年 11 月至 1996 年 12 间，从患者不同标本材料分离到黄杆菌属细菌 81 株，其中脑膜炎败血黄杆菌 (即现在分类命名的脑膜脓毒伊金氏菌)29 株 (构成比 35.80%)、产吲哚黄杆菌 (即现在分类命名的产吲哚金黄杆菌)22 株 (构成比 27.16%)、黏黄杆菌 (*Flavobacterium gleum*)3 株 (构成比 3.70%)、其他黄杆菌属细菌 27 株 (构成比 33.33%)[15]。本书作者注：文中记述的黏黄杆菌，即现在分类命名的黏金黄杆菌。

2.2.1.1　科室分布特点

综合一些相关的文献分析，由产吲哚金黄杆菌引起的医院感染，主要的分布科室 (住院病区) 为内科和外科。以下记述的一些报告，是具有一定代表性的。

在前面有记述的山东省济南市第三人民医院郭祥翠等 (2006) 报告，从住院患者不同标本材料中分离获得黄杆菌属细菌 4 种 105 株。报告中记述在此次调查中发现黄杆菌属细菌感染呈逐年增高的趋势，且对抗菌类药物呈现多重耐药现象。由于这些感染患者多有严重的基础疾病，导致感染难以治疗、病死率高。发现感染多见于脑外科、重症监护室 (intensive care unit，ICU)、呼吸科患者，其原因可能与患者均有吸氧、吸痰史，有行气管插管、机械通气史，与侵入性操作、常使用各种输液管、静脉导管、呼吸机等有关[4]。

在前面有记述浙江省青田县人民医院张德忠等 (2009) 报告的产吲哚金黄杆菌 62 株，来源于重症监护室的 35 株 (构成比 56.45%)、内科的 23 株 (构成比 37.09%)、外科的 3 株 (构成比 4.84%)、其他的 1 株 (构成比 1.61%)[5]。

在前面有记述的浙江省宁波市第一医院陈晓蓓 (2011) 报告，从临床不同标本材料中分离获得的金黄杆菌属细菌 3 种 790 株，来源于重症监护室的 694 株 (构成比 87.85%)、干部病区的 34 株 (构成比 4.30%)、急诊病区的 15 株 (构成比 1.89%)、呼吸科的 13 株 (构成比 1.65%)、其他的 34 株 (构成比 4.30%)[6]。

在前面有记述的天津市第一中心医院王世瑜等 (2013) 报告，从患者分离的产吲哚金黄杆菌 172 株。在各科室的分布，依次为：移植科 37 株 (构成比 21.51%)、重症监护室 32 株 (构成比 18.60%)、干部科 25 株 (构成比 14.53%)、神经内科 23 株 (构成比 13.37%)、血液科 12 株 (构成比 6.98%)、心内科 8 株 (构成比 4.65%)、呼吸科 7 株 (构成比 4.07%)、普通外科 6 株 (构成比 3.49%)、感染科 5 株 (构成比 2.91%)、其他科室 17 株 (构成比 9.88%)[13]。

在前面有记述的上海医科大学华山医院董蓁等 (1999) 报告，对其中临床资料完整的 52 例患者进行了分析 (均为住院患者且均为院内感染)。病原菌：从 52 例中分离的 52 株菌，包括脑膜炎败血黄杆菌 (即现在分类命名的脑膜脓毒伊金氏菌)24 株 (构成比 46.15%)、产吲哚黄杆菌 (即现在分类命名的产吲哚金黄杆菌)18 株 (构成比 34.62%)、其他黄杆菌属细菌 10 株 (构成比 19.23%)。病区分布：神经外科 17 例，神经内科 9 例，重症监护室 8 例，老年病科 6 例，呼吸科 4 例，其他病区 8 例。存在原发病：其中 33 例有神经系统严重疾患 (颅内肿瘤 8 例、脑外伤 8 例、脑出血 9 例、重症肌无力 6 例、髓内肿瘤及脑炎各 1 例)，慢性阻塞性肺气肿伴呼吸衰竭 9 例，糖尿病 9 例，白血病、红斑狼疮肾衰竭、食管癌、肝脓肿各 1 例，其中有 3 例同时存在 2 种原发病。另外是在 52 例中，33 例行气管插管和使用呼吸机，31 例使用了地塞米松等糖皮质激素，2 例尿路感染均有导尿管留置。根据检验结果，认为黄杆菌属细菌感染常发生于气管插管、导尿管及静脉导管留置患者，是人工通气相关性肺炎 (ventilator associated pneumonia) 的重要致病菌之一[15]。

南京大学医学院附属鼓楼医院的姚晓娟 (2010) 报告，在 2006 年至 2008 年间，从该医院患者分离产吲哚金黄杆菌 56 株。在各科室的分布，依次为：重症监护室 18 株 (构成比 32.14%)、老年科 13 株 (构成比 23.21%)、呼吸内科 8 株 (构成比 14.29%)、其他内科 10 株 (构成比 17.86%)、外科 7 株 (构成比 12.50%)[16]。

2.2.1.2　感染部位特点

综合一些相关的文献分析，由产吲哚金黄杆菌引起的医院感染，从感染部位来看，还主要是在呼吸系统。以下记述的一些报告，是具有一定代表性的。

在前面有记述的山东省济南市第三人民医院郭祥翠等 (2006) 报告，从住院患者分离获得黄杆菌属细菌 4 种 105 株，来源于痰液、呼吸道分泌物等[4]。

在前面有记述浙江省青田县人民医院张德忠等 (2009) 报告的产吲哚金黄杆菌 62 株，来源于痰液的 47 株 (构成比 75.81%)、尿液的 9 株 (构成比 14.52%)、血液的 3 株 (构成比 4.84%)、胸腹腔积液的 2 株 (构成比 3.23%)、多种分泌物的 1 株 (构成比 1.61%)[5]。

在前面有记述的浙江省宁波市第一医院陈晓蓓 (2011) 报告，从临床不同标本材料中分离获得的金黄杆菌属细菌 3 种 790 株，来源于痰液的 710 株 (构成比 89.87%)、血液的 32 株 (构成比 4.05%)、尿液的 22 株 (构成比 2.78%)、其他的 26 株 (构成比 3.29%)[6]。

在前面有记述的天津市第一中心医院王世瑜等 (2013) 报告，从患者分离的产吲哚金黄杆菌 172 株。在各标本材料的分布，依次为：痰液 118 株 (构成比 68.60%)、尿液 15 株 (构成比 8.72%)、大便 12 株 (构成比 6.98%)、血液 11 株 (构成比 6.39%)、胆汁 9 株 (构成比 5.23%)、创面分泌物 7 株 (构成比 4.07%)[13]。

在前面有记述的上海医科大学华山医院董蔷等 (1999) 报告，对其中临床资料完整的 52 例患者进行了分析 (均为住院患者且均为院内感染)。病原菌：从 52 例中分离的 52 株菌，包括脑膜炎败血黄杆菌 (即现在分类命名的脑膜脓毒伊金氏菌)24 株 (构成比 46.15%)、产吲哚黄杆菌 18 株 (构成比 34.62%)、其他黄杆菌属细菌 10 株 (构成比 19.23%)；分离细菌的标本材料：49 例为痰液标本，2 例为尿液标本，1 例为血液标本；感染部位：其中肺部感染的 49 例 (构成比 94.23%)，尿路感染的 2 例 (构成比 3.85%)，败血症感染的 1 例 (构成比 1.92%)[15]。

在前面有记述的南京大学医学院附属鼓楼医院姚晓娟 (2010) 报告，从该医院患者分离产吲哚金黄杆菌 56 株。在各标本材料的分布，依次为：痰液 35 株 (构成比 62.50%)、尿液 10 株 (构成比 17.86%)、血液 5 株 (构成比 8.93%)、分泌物 3 株 (构成比 5.36%)、腹水 1 株 (构成比 1.79%)、脓液 1 株 (构成比 1.79%)、咽拭子 1 株 (构成比 1.79%)[16]。

2.2.2 动物的产吲哚金黄杆菌感染病

已有的记述和报告显示，产吲哚金黄杆菌引起动物的感染病，还主要是牛蛙 (*Rana castesbeiana*)、中华绒螯蟹 (*Eriocheir sinensis*) 等水生动物。

Mauel 等 (2002) 报告，产吲哚金黄杆菌是养殖美国牛蛙 (American bullfrogs) 的病原菌。被感染牛蛙主要表现斜颈、麻痹、肌肉片状出血，腿部肿胀并逐渐向肝脏和脾脏及肾脏蔓延发生肿胀[17,18]。

在我国，安徽农业大学的祖国掌等 (2007) 报告在 1999 年至 2004 年间，对安徽省重点养蟹区的池塘与稻田养殖环境下多例河蟹细菌性疾病进行了诊断、病原分离与鉴定。在经鉴定的 12 株病原菌中，包括产吲哚金黄杆菌 (文中是以产吲哚黄杆菌记述的)1 株，并认为产吲哚金黄杆菌是河蟹 "黑鳃" 的致病菌[19]。

2.3 微生物学检验

目前对产吲哚金黄杆菌的微生物学检验，还主要是通过对细菌进行分离鉴定的细菌学检验。

金黄杆菌属细菌对营养要求不高，可用普通营养琼脂培养基进行细菌分离，在血液营养琼脂培养基上生长良好。对金黄杆菌属细菌鉴定时，要特别注意与均属于非发酵菌类的黄杆菌属、伊金氏菌属、稳杆菌属等细菌相鉴别。

金黄杆菌属细菌的主要特征是氧化酶和接触酶阳性、无动力、在沙门氏菌 - 志贺氏菌琼脂 (Salmonella-Shigella agar, SS) 培养基上不生长、鸟氨酸脱羧酶阳性；吲哚试验阳性，但常常是需要用敏感性高的 Ehrlich 试剂。

金黄杆菌属细菌能够产生很明显的黄色色素，使菌落带有颜色，比较容易识别。但也有些细菌可以产生这样的色素，如肠杆菌属 (*Enterobacter* Hormaeche and Edwards 1960) 的阪崎氏肠杆菌 (*Enterobacter sakazakii*)、泛菌属 (*Pantoea* Gavini，Mergaert，Beji et al 1989 emend.Mergaert Verdonck and Kersters 1993) 的成团泛菌 (*Pantoea agglomerans*)、寡养单胞菌属的嗜麦芽寡养单胞菌等，在检验时需要进行有效的鉴别。主要鉴别点是氧化酶试验可与阪崎氏肠杆菌、成团泛菌相区分，动力试验可与嗜麦芽寡养单胞菌相区分[9]。

3　黏金黄杆菌 (*Chryseobacterium gleum*)

黏金黄杆菌 [*Chryseobacterium gleum*(Holmes，Owen，Steigerwalt and Brenner 1984) Vandamme，Bernardet，Segers，Kersters and Holmes 1994] 是金黄杆菌属的模式种，即原归在了黄杆菌属的黏黄杆菌 (*Flavobacterium gleum* Holmes，Owen，Steigerwalt and Brenner 1984)。菌种名称 "*gleum*" 为现代拉丁语中性形容词，指黏性的 (gleum sticky)。

细菌 DNA 的 G+C mol% 为 36.6 ～ 39.0，模式株为 37.0 ～ 38.0(T_m)；模式株：Owen F93，Holmes CL 4/79，ATCC 35910，CCUG 14555，NCTC 11432，LMG 8334，LMG 12447，CIP 103039，IFO(now NBRC)15054，JCM 2410，NCIMB 13462。GenBank 登录号 (16S rRNA)：M58772，AY468449[7]。

3.1　生物学性状

黏金黄杆菌为 $0.5\mu m \times (1.0 ～ 3.0)\mu m$ 的杆菌，可形成丝状。在胰蛋白胨大豆胨琼脂、普通营养琼脂培养基上能够良好生长，菌落淡黄色，在普通营养琼脂上 35℃培养的菌落圆形、光滑、边缘整齐、直径在 2.0mm，有强芳香气味；在血液营养琼脂上，不溶血。液化明胶，水解吐温 20、明胶、酪蛋白、三丁酸甘油酯、七叶苷，产生吲哚 (Ehrlich 法)；使用铵盐培养基测试，能分解葡萄糖、麦芽糖、蕈糖产酸，不能从侧金盏花醇、卫矛醇、肌醇、棉籽糖、乙醇、鼠李糖、山梨醇、蔗糖、甘露醇、纤维二糖、乳糖、水杨苷产酸，有 11% ～ 89% 菌株分解阿拉伯糖、木糖、甘油；H_2S 产生用三糖铁琼脂阴性、乙酸铅方法阳性；不产生赖氨酸脱羧酶、鸟氨酸脱羧酶、精氨酸双水解酶，氧化酶阳性、接触酶阳性；利用柠檬酸盐，有 11% ～ 89% 菌株还原亚硝酸盐、产生尿素酶、邻硝基苯 -β-D- 半乳糖苷 (*O*-nitrophenyl-β-D-galactopyranoside，ONPG) 阳性，还原硝酸盐，产生非水溶性黄色素[7～9]。

在前面有记述浙江省宁波市第一医院的陈晓蓓 (2011) 报告，对从临床不同标本材料中分离的黏金黄杆菌 39 株进行耐药性测定，结果对供试 12 种抗菌类药物均有不同程度的耐药性 (耐药率为 23.08% ～ 97.44%)。耐药菌株数量及耐药率 (%)，从高到低依次为：妥布霉素 38 株 (97.44%)、阿米卡星 37 株 (94.87%)、左氧氟沙星 36 株 (92.31%)、亚胺培南 35 株 (89.74%)、美罗培南 32 株 (82.05%)、头孢他啶 32 株 (82.05%)、头孢曲松 32 株 (82.05%)、磺胺甲噁唑 / 甲氧苄啶 31 株 (79.49%)、头孢吡肟 27 株 (69.23%)、哌拉西林 / 他唑巴坦 22

株 (56.41%)、比阿培南 21 株 (53.85%)、头孢哌酮 / 舒巴坦 9 株 (23.08%)[6]。

3.2 病原学意义

黏金黄杆菌缺乏明确的病原学意义，但也有从临床不同标本材料中分离到的报告，举例如下。①在前面有记述浙江省宁波市第一医院的陈晓蓓 (2011) 报告从临床不同标本材料中分离获得的金黄杆菌属细菌 3 种 790 株，包括黏金黄杆菌 39 株 (构成比 4.94%)[6]。②在前面有记述上海医科大学华山医院的董蔷等 (1999) 报告该医院在 1994 年 11 月至 1996 年 12 间，从患者不同标本材料分离到黄杆菌属细菌 81 株，其中黏金黄杆菌 3 株 (构成比 3.70%)[15]。

3.3 微生物学检验

目前对黏金黄杆菌的微生物学检验，还主要是通过对细菌进行分离鉴定的细菌学检验。

（房　海）

参 考 文 献

[1] 贾辅忠 , 李兰娟 . 感染病学 . 南京 : 江苏科学技术出版社 , 2010: 495~496.

[2] 杨正时 , 房海 . 人及动物病原细菌学 . 石家庄 : 河北科学技术出版社 , 2003: 730~736.

[3] 罗海波 , 张福森 , 何浙生 , 等 . 现代医学细菌学 . 北京 : 人民卫生出版社 , 1995: 104~109.

[4] 郭祥翠 , 滕军儒 , 李俄成 . 2000~2003 年我院医院感染黄杆菌 105 株耐药性分析 . 中国乡村医药杂志 , 2006, 13(6): 29.

[5] 张德忠 , 温建艳 , 周文聪 , 等 . 黄杆菌属医院感染特性与多药耐药分析 . 中华医院感染学杂志 , 2009, 19(15): 2040~2043.

[6] 陈晓蓓 . 医院金黄杆菌属分布变迁与耐药性研究 . 中华医院感染学杂志 , 2011, 21(4): 772~774.

[7] Aidan C. Parte. Bergey's Manual of Systematic Bacteriology. Second Edition. Volume Four. Springer, New York, 2010: 180~197.

[8] Holt J G, Krieg N R, Sneath P H A, et al. Bergey's Manual of Determinative Bacteriology. Ninth Edition. Baltimore, Williams and Wilkins, 1994: 140.

[9] 叶应妩 , 王毓三 , 申子瑜 . 全国临床检验操作规程 . 第 3 版 . 南京 : 东南大学出版社 , 2006: 829~830.

[10] 唐珊熙 . 微生物学及微生物学检验 . 北京 : 人民卫生出版社 , 1998: 276~278.

[11] 黄淑萱 , 潘练华 . 黄杆菌属医院感染耐药性分析 . 海南医学 , 2011, 22(17): 98~99.

[12] 黄备 , 唐静亮 , 胡颢琰 , 等 . 舟山市海洋贝类生物体内的细菌学研究 . 中国环境监测 , 2010, 26(1):31~33.

[13] 王世瑜 , 穆红 , 刘晔华 . 172 株产吲哚金黄杆菌的临床分布及耐药分析 . 山东医药 , 2013, 53(24): 84~85.

[14] 董晓勤 , 陈冠凤 , 周田美 , 等 . 黄杆菌属医院感染耐药性分析 . 中华医院感染学杂志 , 2004, 14(5): 579~581.

[15] 董蔺, 贺凤凤, 王明贵 . 黄杆菌属细菌感染 52 例抗菌治疗分析 . 中国实用内科杂志 , 1999, 19(7): 435~436.

[16] 姚晓娟 . 产吲哚金黄杆菌 56 株临床分布及耐药性分析 . 中国误诊学杂志 , 2010, 10(30): 7554~7555.

[17] Mauel M J, Miller D L, Frazier K S and Hines M E. Bacterial pathogens isolated from cultured bullfrogs(*Rana castesbeiana*). Journal of Veterinary Diagnostic Investigation. 2002, 14(5): 431~433.

[18] Nicky B Buller. Bacteria and Fungi from Fish and Other Aquatic Animals. 2nd Edition. London, UK. 2014, 341~343.

[19] 祖国掌, 李槿年, 余为, 等 . 河蟹细菌病病原分离与鉴定 . 水产养殖 , 2007, 28(2): 1~4.

第 19 章　伊金氏菌属 (*Elizabethkingia*)

伊金氏菌属 (*Elizabethkingia* Kim，Kim，Lim，Park and Lee 2005) 的脑膜脓毒伊金氏菌 (*Elizabethkingia meningoseptica*)，常常是可作为机会病原菌 (opportunistic pathogen，亦称为条件病原菌)，在一定条件下引起人的多种类型感染病 (infectious diseases)[1~3]。

伊金氏菌属细菌属于非发酵菌 (nonfermentative bacteria) 类，也常是记为非发酵革兰氏阴性杆菌 (nonfermentative Gram-negative bacilli，NFGNB)。与医院感染 (hospital infection，HI) 相关的非发酵菌类，在我国已有明确记述和报告的涉及 9 个菌科 (Family)、14 个菌属 (genus) 的 27 个菌种 (species) 及亚种 (subspecies)。为便于一并了解，将各菌科、菌属名录以表格"医院感染非发酵菌类的各菌科与菌属"的形式，记述在了第 3 篇"医院感染革兰氏阴性非发酵型细菌"的扉页中。

在医院感染的伊金氏菌属细菌中，在我国已有明确记述和报告的仅涉及脑膜脓毒伊金氏菌 1 个种，在所有医院感染细菌中也属于比较多见的。

● 在第 18 章"金黄杆菌属"(*Chryseobacterium*) 中有记述，山东省济南市第三人民医院的郭祥翠等 (2006) 报告，回顾性总结该医院在 4 年 (2000 年 1 月至 2003 年 12 月) 间，从住院患者不同标本材料 (痰液、呼吸道分泌物等) 中分离获得的黄杆菌属 (*Flavobacterium* Bergey，Harrison，Breed et al 1923 emend. Bernardet，Segers，Vancanneyt et al 1996) 细菌 4 种 105 株，其中包括脑膜脓毒黄杆菌 (*Flavobacterium meningosepticum*)52 株 (构成比 49.52%) 居第 1 位 [4]。

本书作者注：文中记述的脑膜脓毒黄杆菌，即现在分类于伊金氏菌属的脑膜脓毒伊金氏菌。

● 在第 18 章"金黄杆菌属"(*Chryseobacterium*) 中有记述，浙江省青田县人民医院的张德忠等 (2009) 报告，回顾性总结该医院在 2006 年 6 月至 2008 年 5 月间，从各科室送检不同标本材料中分离获得的黄杆菌属细菌 5 种 219 株 (非重复分离菌株)，其中包括脑膜脓毒金黄杆菌 (*Chryseobacterium meningosepticum*)130 株 (构成比 59.36%) 居第 1 位 [5]。

本书作者注：文中记述的脑膜脓毒金黄杆菌，即现在分类于伊金氏菌属的脑膜脓毒伊金氏菌。

● 在第 18 章"金黄杆菌属"(*Chryseobacterium*) 中有记述，浙江省宁波市第一医院的陈晓蓓 (2011) 报告，回顾性总结该医院在 2007 年 1 月至 2009 年 11 月间，从临床不同标本材料中分离获得的金黄杆菌属细菌 3 种 790 株，其中包括脑膜脓毒金黄杆菌 (即现在分类命名的脑膜脓毒伊金氏菌)279 株 (构成比 35.32%) 居第 2 位 [6]。

1　菌属定义与分类位置

伊金氏菌属是新建立的菌属，分类于黄杆菌科 (Flavobacteriaceae Reichenbach 1992 emend. Bernardet et al 1996 emend. Bernardet et al 2002)。菌属名称"*Elizabethkingia*"为新拉丁语阴性名词，以表示对美国细菌学家伊丽莎白·欧·金 (Elizabeth O King) 的敬仰；是 King 在 1959 年首先研究和命名了与新生儿脑膜炎 (infant meningitis) 相关的细菌，即现在分类命名的脑膜脓毒伊金氏菌 [7]。

1.1　菌属定义

伊金氏菌属细菌为两端钝圆的直杆菌，革兰氏阴性，典型形态的直径在 $0.5\mu m$、长度不定，常呈丝状，无芽孢，无动力。典型菌落无色素或弱黄色，圆形、隆起、光滑、有光泽、边缘整齐、直径在 2.0mm，产生强芳香气味。专性需氧，有机化能营养，在 22 ~ 37℃ 能生长，在 5℃ 或 42℃ 不能生长；在普通营养的培养基上能生长，不需要生长因子 (growth factors)，在麦康凯琼脂 (MacConkey agar) 培养基上生长弱且缓慢。该菌属细菌能够产生氧化酶、接触酶、磷酸酶、β- 半乳糖苷酶 (β-galactosidase)，可从多种碳水化合物产酸、不产气；水解七叶苷 (esculin)、明胶 (gelatin)、酪蛋白 (casein)，不能水解琼脂，不利用丙二酸盐，主要的呼吸醌类为甲基萘醌 (menaquinone，MK-6)。其广泛存在于土壤、淡水环境；脑膜脓毒伊金氏菌偶可出现在医院环境、临床样品，可作为人、某些动物的机会病原菌。

伊金氏菌属细菌 DNA 中 G+C mol% 为 35.0 ~ 38.2，模式种 (type species)：脑膜脓毒伊金氏菌 [*Elizabethkingia meningoseptica*(King 1959)Kim，Kim，Lim，Park and Lee 2005] [7]。

1.2　分类位置

按伯杰氏 (Bergey) 细菌分类系统，在第二版《伯杰氏系统细菌学手册》(*Bergey's Manual of Systematic Bacteriology*) 第 4 卷 (2010) 中，伊金氏菌属分类于黄杆菌科。在黄杆菌科内共包括 61 个菌属，各菌属名录记述在了第 18 章"金黄杆菌属"(*Chryseobacterium*) 中。

黄杆菌科细菌 DNA 的 G+C mol% 为 27 ~ 56，模式属 (type genus)：黄杆菌属。

在伊金氏菌属内共记载了 2 个种，分别为：脑膜脓毒伊金氏菌、和平空间站伊金氏菌

(*Elizabethkingia miricola*)[7]。

2 脑膜脓毒伊金氏菌 (*Elizabethkingia meningoseptica*)

脑膜脓毒伊金氏菌 [*Elizabethkingia meningoseptica*(King 1959)Kim，Kim，Lim，Park and Lee 2005] 即原归在了黄杆菌属的脑膜脓毒黄杆菌 (*Flavobacterium meningosepticum* King 1959)，在有的书籍和资料中也称其为脑膜炎脓毒性黄杆菌、脑膜败血性黄杆菌、脑膜炎败血性黄杆菌、脑膜炎败血症黄杆菌等，这些名称在有的文献资料中于现在还仍有出现；后来又被归在了金黄杆菌属 (*Chryseobacterium* Vandamme，Bernardet，Segers，Kersters and Holmes 1994)，名为脑膜脓毒金黄杆菌 (*Chryseobacterium meningosepticum* Vandamme，Bernardet，Segers et al 1994)。菌种名称 "*meningoseptica*" 为新拉丁语阴性形容词，指与脑膜炎和败血症感染有关的细菌 (the bacterium with both meningitis and septicemia)。

细菌 DNA 的 G+C mol% 为 36.4 ~ 37.9，模式株 (type strain) 为 37.9±0.3(Holmes et al 1984、Ursing and Bruun 1987，T_m)；36.6 ~ 37.8，模式株为 37.1(Kim et al 2005，HPLC)。模式株：strain 14 of King(1959)，ATCC 13253，NCTC 10016，LMG 12279，CCUG 214(血清型 A)。GenBank 登录号 (16S rRNA)：AY468445，AJ704540。参考株 (reference strains)：NCTC 10585[strain 422 of King(1959)，血清型 B]，NCTC 10586[strain 3375 of King(1959)，血清型 C]，NCTC 10587[strain 6925 of King(1959)，血清型 D]，NCTC 10588[strain 8388 of King(1959)，血清型 E]，NCTC 10589[strain 8707 of King(1959)，血清型 F]，NCTC 11305 [CIP 78.30(Richard et al 1979) 血清型 G]，NCTC 11306[CIP 79.5(Richard et al 1979) 血清型 H]，NCTC 11309[CIP 79.29(Richard et al 1979)，血清型 K][7]。

脑膜脓毒伊金氏菌由 Brody 于 1958 年首先从新生儿暴发性化脓性脑膜炎病例的脑脊液中分离到，King 在 1959 年报告对其进行了较为系统的研究，并在当时将其归入了黄杆菌属、同时予以命名为 "*Flavobacterium meningosepticum*"（脑膜脓毒黄杆菌）。

2.1 生物学性状

脑膜脓毒伊金氏菌为两端钝圆、大小为 0.5μm×(1.0 ~ 3.0)μm 的杆菌，也有丝状菌体，无芽孢，个别菌株可有荚膜。在胰蛋白胨大豆胨琼脂 (tryptone soytone agar，TSA)、血液营养琼脂 (blood nutrient agar，BNA)、普通营养琼脂 (nutrient agar，NA) 培养基上能够良好生长，在 22 ~ 37℃ 能生长，从侵袭性新生儿疾病 (invasive neonatal disease) 分离的菌株可在 40℃ 生长。在普通营养琼脂培养基上 35℃ 培养 24h 的菌落圆形、光滑 (smooth，S)、边缘整齐、直径在 1.0 ~ 2.0mm，有特殊的芳香气味；在麦康凯琼脂培养基上，通常生长缓慢；在血液营养琼脂培养基上 35℃ 培养 18 ~ 24h 可形成圆形、光滑、有光泽、边缘整齐、直径 1 ~ 1.5mm 的菌落，典型菌落呈淡黄色。从侵袭性新生儿疾病分离的菌株 (模式株) 的菌落弱黄色，其他菌株无色素。从临床检材新分离的菌株一般无色素，但置室温或 30℃ 或移种后培养 2 ~ 3 天的菌落可呈淡黄色或黄色 (但也有无色素的稳定变异株)。有多种血清型。

脑膜脓毒伊金氏菌的氧化酶阳性，接触酶阳性；利用柠檬酸盐（迟缓），产生 H_2S。使用铵盐培养基 (ammonium salts medium) 测试，其可分解麦芽糖产酸，不能分解阿拉伯糖、纤维二糖、棉籽糖、水杨苷、蔗糖、鼠李糖、木糖、阿东醇，有 11% ~ 89% 菌株分解葡萄糖、乙醇、乳糖、甘露醇。脑膜脓毒伊金氏菌消化酪蛋白，水解七叶苷，不水解淀粉。有 11% ~ 89% 菌株能够产生吲哚 (Ehrlich 法)、还原亚硝酸盐、产生尿素酶。不还原硝酸盐，产生明胶酶（平皿法）；有 11% ~ 89% 菌株能够在 42℃生长，通常不能产生非水溶性黄色素。尿素通常阳性 (Christensen's 法)，吲哚、β- 半乳糖苷酶阳性，一些菌株降解酪氨酸 [3, 7~9]。

2.1.1 血清型

King 在 1959 年对脑膜脓毒伊金氏菌进行了较系统的抗原性研究，在当时发现有 6 个血清型 (A、B、C、D、E、F)，致脑膜炎者为 C 型；对人具有致病作用的主要为 C 型菌株，其次为 B、D、F、A、E 型菌株，在 A 型和 F 型菌株间存在交叉反应。Ursing 等 (1987) 和 Colding 等 (1994) 研究发现，脑膜脓毒伊金氏菌存在很高的异源性，并且由许多亚型组成，有可能被重新划分为不同的种。通常情况下，不同亚型脑膜脓毒伊金氏菌的致病性也不一样 [1, 3]。

2.1.2 生境与抗性

脑膜脓毒伊金氏菌在自然界的分布广泛，在土壤、水、空气等外界环境，肉类、乳产品、蔬菜，以及人和某些动物中均有存在。相关报告显示，脑膜脓毒伊金氏菌对多种临床常用抗菌类药物具有不同程度的耐药性。

2.1.2.1 生境

脑膜脓毒伊金氏菌常可从人体尿道、阴道、皮肤、口腔黏膜、上呼吸道等部位检出，因此也可能属于人的正常菌群部分。在医院环境，常可从医院的水龙头、增湿器、制冰机、呼吸器、导管、洗手刷、花瓶、浴盆等处检出脑膜脓毒伊金氏菌，也可从婴儿室的桌面、器具、浴水、器械中检出脑膜脓毒伊金氏菌。其对氯己定等消毒剂有抵抗力，通常在 42℃条件下可被杀死 [1~3, 10,11]。

在医院，脑膜脓毒伊金氏菌可存在于水龙头、阴沟、制冰机、冰水、增湿器、呼吸机、浴盆、药瓶及多种导管中 [1]。在第 18 章"金黄杆菌属"(*Chryseobacterium*) 中有记述，广东省佛山市第一人民医院的黄淑萱等 (2011) 报告，在 2007 年 11 月至 2010 年 6 月间，对从该医院各科室收集的各个区域环境空气标本材料 141 份进行了细菌检验，共检出带菌标本材料 23 份（阳性率 16.31%）。其中检出黄杆菌属细菌 5 种 12 株，包括脑膜败血性伊金氏菌（文中以脑膜败血性黄杆菌记述）3 株（构成比 25.00%）居第 2 位 [12]。

2.1.2.2 抗性

在前面有记述浙江省宁波市第一医院的陈晓蓓 (2011) 报告，对在 2007 年 1 月至 2009 年 11 月间，从该医院临床不同标本材料中分离获得的脑膜脓毒伊金氏菌（文中以脑膜脓毒金黄杆菌记述）279 株，进行了耐药性测定。结果对供试 12 种抗菌类药物均有不同程度的耐药性（耐药率为 9.32% ~ 93.91%）。耐药菌株数量及耐药率 (%)，从高到低依次为：妥布霉素 262 株 (93.91%)、亚胺培南 239 株 (85.66%)、美罗培南 238 株 (85.30%)、头孢曲松 228 株 (81.72%)、阿米卡星 208 株 (74.55%)、头孢他啶 191 株 (68.46%)、比阿培南 172

株 (61.65%)、头孢吡肟 149 株 (53.41%)、左氧氟沙星 141 株 (50.54%)、磺胺甲噁唑 / 甲氧苄啶 77 株 (27.59%)、哌拉西林 / 他唑巴坦 28 株 (10.04%)、头孢哌酮 / 舒巴坦 26 株 (9.32%)；进行的产生金属 β- 内酰胺酶检测，其中有 167 株阳性 (阳性率 59.86%)[6]。

温州医学院附属第二医院的杨海蔚等 (2008) 报告，在 2003 年至 2007 年间，从该医院患者分离脑膜脓毒伊金氏菌 (文中以脑膜炎败血黄杆菌记述)210 株。进行耐药性测定的结果，对供试 15 种抗菌类药物均有不同程度的耐药性 (耐药率为 7.1% ～ 98.1%)。耐药率 (%) 从高到低，依次为：妥布霉素 (98.1%)、亚胺培南 (96.2%)、氨苄西林 / 舒巴坦 (94.3%)、庆大霉素 (94.3%)、氯霉素 (91.0%)、阿米卡星 (90.0%)、头孢他啶 (87.6%)、复方新诺明 (83.8%)、环丙沙星 (80.5%)、头孢哌酮 (79.0%)、替卡西林 / 克拉维酸 (76.2%)、头孢哌酮 / 舒巴坦 (72.4%)、头孢吡肟 (71.4%)、哌拉西林 (35.2%)、哌拉西林 / 他唑巴坦 (7.1%)[13]。

2.2　病原学意义

已有的研究资料表明，脑膜脓毒伊金氏菌是一种已被确认能引起人、某些水生动物感染的病原菌，其感染类型是多种多样的，也可以认为该菌属于人和水生动物共染的一种病原菌。

2.2.1　人的脑膜脓毒伊金氏菌感染病

脑膜脓毒伊金氏菌是以前被分类于黄杆菌属中最为常见和重要的病原黄杆菌，也常常被作为黄杆菌属细菌中病原菌的代表种予以描述。其可在医院婴幼儿室发生感染和流行，也可引起免疫力低、体弱的成人感染发病，也被认为是医院内感染的一种重要病原菌。在临床检验材料中，常可从患者的脑脊液、血液、手术后伤口、皮肤溃疡等处检出。

2.2.1.1　临床常见感染类型

脑膜脓毒伊金氏菌主要是作为新生儿及早产儿的脑膜炎病原菌，从 Brody(1958) 首先发现此病后，相继发现在日本大阪、东京等地的流行，在美国、巴西、斯里兰卡、印度、以色列、英国、刚果、南飞、锡兰等均有病例报告。据薮内英子 (1976) 统计，在由此菌引起的 77 例化脓性脑膜炎病例中，新生儿占 96.1%、儿童占 1.3%、成人 (主要是年老体弱者) 占 2.6%。还可引起严重的化脓性脑膜炎、败血症、心内膜炎、伤口感染、肺炎及尿路感染等 [1, 3]。

2.2.1.2　医院感染特点

脑膜脓毒伊金氏菌也是在医院感染病原菌中，检出频率比较高的。以下记述的一些报告，是具有一定代表性的。

在前面有记述山东省济南市第三人民医院的郭祥翠等 (2006) 报告从住院患者不同标本材料分离获得的黄杆菌属细菌 4 种 105 株，脑膜脓毒伊金氏菌 52 株 (构成比 49.52%) 居第 1 位 [4]。

在前面有记述浙江省青田县人民医院的张德忠等 (2009) 报告从各科室送检不同标本材料中分离获得的黄杆菌属细菌 5 种 (类)219 株，脑膜脓毒伊金氏菌 130 株 (构成比 59.36%) 居第 1 位 [5]。

在前面有记述浙江省宁波市第一医院的陈晓蓓 (2011) 报告从临床不同标本材料中分离获得的金黄杆菌属细菌 3 种 790 株，脑膜脓毒伊金氏菌 279 株 (构成比 35.32%) 居第 2 位[6]。

在第 18 章 "金黄杆菌属" (Chryseobacterium) 中有记述，上海医科大学华山医院的董蕙等 (1999) 报告该医院在 1994 年 11 月至 1996 年 12 间，从患者不同标本材料分离到黄杆菌属细菌 4 种 (类)81 株，其中包括脑膜炎败血黄杆菌 (即现在分类命名的脑膜脓毒伊金氏菌)29 株 (构成比 35.80%) 居第 1 位[14]。

在第 18 章 "金黄杆菌属" (Chryseobacterium) 中有记述，浙江省杭州市第一人民医院的董晓勤等 (2004) 报告，回顾性总结该医院在 1999 年 1 月至 2003 年 11 月间，从医院感染患者不同标本材料中分离获得的黄杆菌属细菌 3 种 (类)92 株，其中包括脑膜脓毒黄杆菌 (即现在的脑膜脓毒伊金氏菌)54 株 (构成比 58.69%) 居第 1 位[15]。

(1) 科室分布特点：综合一些相关的文献分析，由脑膜脓毒伊金氏菌引起的医院感染，主要的分布科室 (住院病区) 为内科、外科、重症监护室 (intensive care unit，ICU)。以下记述的一些报告，是具有一定代表性的。

在前面有记述山东省济南市第三人民医院的郭祥翠等 (2006) 报告从住院患者不同标本材料分离获得黄杆菌属细菌 4 种 105 株。报告中记述在此次调查中发现黄杆菌属细菌感染呈逐年增高的趋势，且对抗菌类药物呈现多重耐药现象。由于这些感染患者多有严重的基础疾病，导致感染难以治疗、病死率高。发现感染多见于脑外科、重症监护室、呼吸科患者，其原因可能与患者均有吸氧、吸痰史，有行气管插管、机械通气史，与侵入性操作、常使用各种输液管、静脉导管、呼吸机等有关[4]。

在前面有记述浙江省青田县人民医院的张德忠等 (2009) 报告的脑膜脓毒伊金氏菌 130 株，来源于重症监护室的 68 株 (构成比 52.31%)、内科的 32 株 (构成比 24.62%)、外科的 16 株 (构成比 12.31%)、骨科的 9 株 (构成比 6.92%)、其他的 5 株 (构成比 3.85%)[5]。

在前面有记述浙江省宁波市第一医院的陈晓蓓 (2011) 报告从临床不同标本材料中分离获得的金黄杆菌属细菌 3 种 790 株，来源于重症监护室的 694 株 (构成比 87.85%)、干部病区的 34 株 (构成比 4.30%)、急诊病区的 15 株 (构成比 1.89%)、呼吸科的 13 株 (构成比 1.65%)、其他的 34 株 (构成比 4.30%)[6]。

在前面有记述温州医学院附属第二医院的杨海蔚等 (2008) 报告从该医院患者分离脑膜炎败血黄杆菌 (即现在的脑膜脓毒伊金氏菌)210 株。在各病房的分布，依次为：重症监护室 179 株 (构成比 85.24%)、新生儿病房 12 株 (构成比 5.71%)、呼吸内科病房 9 株 (构成比 4.29%)、胃肠外科病房 4 株 (构成比 1.90%)、神经科病房 3 株 (构成比 1.43%)、血液科病房 1 株 (构成比 0.48%)、泌尿外科病房 1 株 (构成比 0.48%)、消化内科病房 1 株 (构成比 0.48%)[13]。

在前面有记述上海医科大学华山医院的董蕙等 (1999) 报告，对其中临床资料完整的 52 例患者进行了分析 (均为住院患者且均为院内感染)。病原菌：从 52 例中分离的 52 株菌，包括脑膜炎败血黄杆菌 24 株 (构成比 46.15%)、产吲哚黄杆菌 18 株 (构成比 34.62%)、其他黄杆菌属细菌 10 株 (构成比 19.23%)。病区分布：神经外科 17 例，神经内科 9 例，重症监护室 8 例，老年病科 6 例，呼吸科 4 例，其他病区 8 例。存在原发病：其中 33 例有神经系统严重疾患 (颅内肿瘤 8 例、脑外伤 8 例、脑出血 9 例、重症肌无力 6 例、髓内肿瘤及脑炎各 1 例)，慢性阻塞性肺气肿伴呼吸衰竭 9 例，糖尿病 9 例，白血病、红斑狼疮肾衰竭、食管癌、肝脓肿各 1 例，其中有 3 例同时存在 2 种原发病。另外是在 52 例中，33 例行气管插管和使用呼吸机，31 例使用了地塞米松等糖皮质激素，2 例尿路感染均有导尿管留置。根据检验结果，认为黄杆菌属细菌感染常发生于气管插管、导尿管及静脉导管留置患者，是人工通气相关性肺炎 (ventilator associated pneumonia) 的重要致病菌之一 [14]。

浙江省诸暨市人民医院的金志刚等 (2002) 报告，在 1999 年 8 月至 2001 年 4 月间，从该医院重症监护室患者分离脑膜败血黄杆菌 (即现在的脑膜脓毒伊金氏菌)62 株 [16]。

中国医科大学附属一院的王倩等 (2005) 报告，在 2002 年 12 月至 2003 年 12 月间，从该医院门诊及住院患者分离脑膜败血黄杆菌 (即现在的脑膜脓毒伊金氏菌)41 株。在各科室的分布，依次为：重症监护室病房 29 株 (构成比 70.73%)、神经外科病房 7 株 (构成比 17.01%)、内科门诊 2 株 (构成比 4.88%)、神经内科病房 1 株 (构成比 2.44%)、普通外科病房 1 株 (构成比 2.44%)、内分泌病房 1 株 (构成比 2.44%)[17]。

广州市海珠区妇幼保健院的郑虹等 (2008) 报告在 2003 年 1 月至 2008 年 4 月间，从该医院新生儿重症监护室送检的不同标本材料中检出病原菌 277 株，其中包括脑膜脓毒性黄杆菌 6 株 (构成比 2.17%)[18]。

浙江省台州医院的何小帆等 (2011) 报告，在 2007 年 7 月至 2010 年 2 月间，从该医院住院患者分离脑膜败血黄杆菌 (即现在的脑膜脓毒伊金氏菌)83 株 (非重复分离菌株)。在各科室的分布，依次为：重症监护室 58 株 (构成比 69.88%)、神经外科 10 株 (构成比 12.05%)、呼吸内科 9 株 (构成比 10.84%)、血液科 4 株 (构成比 4.82%)、内分泌科 2 株 (构成比 2.41%)[19]。

(2) 感染部位特点：综合一些相关的文献分析，由脑膜脓毒伊金氏菌引起的医院感染，主要的感染部位为呼吸系统。以下记述的一些报告，是具有一定代表性的。

在前面有记述山东省济南市第三人民医院的郭祥翠等 (2006) 报告从住院患者分离获得黄杆菌属细菌 4 种 105 株，来源于痰液、呼吸道分泌物等 [4]。

在前面有记述浙江省青田县人民医院的张德忠等 (2009) 报告的脑膜脓毒伊金氏菌 130 株，来源于痰液的 107 株 (构成比 82.31%)、尿液的 12 株 (构成比 9.23%)、脑脊液的 6 株 (构成比 4.62%)、血液的 2 株 (构成比 1.54%)、多种分泌物的 2 株 (构成比 1.54%)、胸腹腔积液的 1 株 (构成比 0.77%)[5]。

在前面有记述浙江省宁波市第一医院的陈晓蓓 (2011) 报告从临床不同标本材料中分离获得的金黄杆菌属细菌 3 种 790 株，来源于痰液的 710 株 (构成比 89.87%)、血液的 32 株 (构成比 4.05%)、尿液的 22 株 (构成比 2.78%)、其他的 26 株 (构成比 3.29%)[6]。

在前面有记述温州医学院附属第二医院的杨海蔚等 (2008) 报告从该医院患者分离脑膜炎败血黄杆菌 (即现在的脑膜脓毒伊金氏菌)210 株，在各标本材料的分布，依次为：呼吸道 196 株 (构成比 93.33%)、血液 5 株 (构成比 2.38%)、尿液 4 株 (构成比 1.90%)、胸腹水 2 株 (构成比 0.95%)、创口分泌物 2 株 (构成比 0.95%)、脑脊液 1 株 (构成比 0.48%)[13]。

在前面有记述上海医科大学华山医院的董蔷等 (1999) 报告，对其中临床资料完整的 52 例患者进行了分析 (均为住院患者且均为院内感染)。病原菌：从 52 例中分离的 52 株菌，包括脑膜炎败血黄杆菌 (即现在的脑膜脓毒伊金氏菌)24 株 (构成比 46.15%) 居第 1 位；

52 例患者的感染部位：其中肺部感染的 49 例 (构成比 94.23%)，尿路感染的 2 例 (构成比 3.85%)，败血症感染的 1 例 (构成比 1.92%)[14]。

在前面有记述浙江省诸暨市人民医院的金志刚等 (2002) 报告，在 1999 年 8 月至 2001 年 4 月间，从该医院重症监护室患者分离脑膜败血黄杆菌 (即现在的脑膜脓毒伊金氏菌)62 株。在各标本材料的分布，依次为：痰液 57 株 (构成比 91.94%)、伤口 2 株 (构成比 3.23%)、血液 2 株 (构成比 3.23%)、泌尿道 1 株 (构成比 1.61%)[16]。

在前面有记述中国医科大学附属一院的王倩等 (2005) 报告，在 2002 年 12 月至 2003 年 12 月间，从该医院门诊及住院患者分离脑膜败血黄杆菌 (即现在的脑膜脓毒伊金氏菌)41 株。在各标本材料的分布，依次为：痰液 36 株 (构成比 87.80%)、脑脊液 5 株 (构成比 12.19%)[17]。

在前面有记述广州市海珠区妇幼保健院的郑虹等 (2008) 报告在 2003 年 1 月至 2008 年 4 月间，从该医院新生儿重症监护室送检的不同标本材料中检出病原菌 277 株，其中包括脑膜脓毒性黄杆菌 6 株 (构成比 2.17%)，均分离于血液材料 [18]。

在前面有记述浙江省台州医院的何小帆等 (2011) 报告，在 2007 年 7 月至 2010 年 2 月间，从该医院住院患者分离脑膜败血黄杆菌 (即现在的脑膜脓毒伊金氏菌)83 株 (非重复分离菌株)。在各标本材料的分布，依次为：痰液 69 株 (构成比 83.13%)、脑脊液 5 株 (构成比 6.02%)、尿液 2 株 (构成比 2.41%)、气道分泌物 1 株 (构成比 1.20%)、其他标本材料 6 株 (构成比 7.23%)[19]。

2.2.2　动物的脑膜脓毒伊金氏菌感染病

脑膜脓毒伊金氏菌引起动物发生感染病，相关信息显示还主要是在产养殖动物。其中主要是侵害蛙类，另外是在鳖、某种鱼类等也有被感染发病的报告。

Mauel 等 (2002) 报告，脑膜脓毒伊金氏菌是养殖美国牛蛙 (American bullfrogs) 的病原菌。被感染牛蛙 (*Rana catesbeiana*) 主要表现斜颈和麻痹，肌肉片状出血，腿部肿胀、并逐渐向肝脏和脾脏及肾脏蔓延发生肿胀等 [20, 21]。

在我国，近年来陆续有由脑膜脓毒伊金氏菌引起蛙类感染病的报告，包括暴发蛙病导致大批蛙患病死亡、引起牛蛙脑膜炎 (俗称歪脖子病)、引起美国青蛙 "旋游症"、引起虎纹蛙白内障病等多种类型的感染病 [22 ~ 25]。

上海水产大学的蔡完其等 (1997) 报告，首次发现养殖中华鳖的脑膜脓毒伊金氏菌 (文中是以脑膜炎败血性黄杆菌记述的) 感染病，从病鳖肝组织分离到相应病原脑膜脓毒伊金氏菌 [26]。

在鱼类，广西壮族自治区凭祥动植物检疫局的周煜华等 (1998) 报告在 1997 年 8 月 22 日，从广西壮族自治区凭祥市浦寨边贸点入境的越南黄鳝鱼 2 吨中随机抽样 1000g 检验，结果检出了病原脑膜脓毒伊金氏菌 (文中是以脑膜脓毒性黄杆菌记述的)[27]。中山大学的黄志坚等 (1999) 报告，经在广东省各地进行流行病调查，从不同来源的濒死鳜鱼 (*Siniperca chuatsi*)，分离到 6 种相应病原菌，其中包括脑膜脓毒伊金氏菌 (文中是以脑膜脓毒性黄杆菌记述的)[28]。

2.3 微生物学检验

对脑膜脓毒伊金氏菌的微生物学检验,目前还主要靠对细菌分离与鉴定的细菌学检验。脑膜脓毒伊金氏菌对营养要求不高,通常可用普通营养琼脂培养基、血液营养琼脂培养基、麦康凯琼脂培养基等分离。

（房　海）

参 考 文 献

[1] 贾辅忠,李兰娟.感染病学.南京:江苏科学技术出版社,2010: 495~496.

[2] 杨正时,房海.人及动物病原细菌学.石家庄:河北科学技术出版社,2003: 730~736.

[3] 罗海波,张福森,何浙生,等.现代医学细菌学.北京:人民卫生出版社,1995: 104~109.

[4] 郭祥翠,滕军儒,李俄成.2000~2003年我院医院感染黄杆菌105株耐药性分析.中国乡村医药杂志,2006, 13(6): 29.

[5] 张德忠,温建艳,周文聪,等.黄杆菌属医院感染特性与多药耐药分析.中华医院感染学杂志,2009, 19(15): 2040~2043.

[6] 陈晓蓓.医院金黄杆菌属分布变迁与耐药性研究.中华医院感染学杂志,2011, 21(4): 772~774.

[7] Aidan C. Parte. Bergey's Manual of Systematic Bacteriology. Second Edition. Volume Four. Springer, New York, 2010: 202~210.

[8] Holt J G, Krieg N R, Sneath P H A, et al. Bergey's Manual of Determinative Bacteriology. Ninth Edition. Baltimore, Williams and Wilkins, 1994: 140.

[9] 叶应妩,王毓三,申子瑜.全国临床检验操作规程.第3版.南京:东南大学出版社,2006: 829~830.

[10] 汪建新,毛宝龄.医院获得性黄杆菌属肺炎.1995, 34(7): 495~496.

[11] 唐珊熙.微生物学及微生物学检验.北京:人民卫生出版社,1998: 276~278.

[12] 黄淑萱,潘练华.黄杆菌属医院感染耐药性分析.海南医学,2011, 22(17): 98~99.

[13] 杨海蔚,杨锦红,余玲玲.脑膜炎败血黄杆菌医院感染的分布及耐药性监测.实用医学杂志,2008, 24(22): 3960~3961.

[14] 董蔷,贺凤凤,王明贵.黄杆菌属细菌感染52例抗菌治疗分析.中国实用内科杂志,1999, 19(7): 435~436.

[15] 董晓勤,陈冠凤,周田美,等.黄杆菌属医院感染耐药性分析.中华医院感染学杂志,2004, 14(5): 579~581.

[16] 金志刚,王琴,孟曙芳,等.重症监护病房(ICU)中脑膜败血黄杆菌感染及耐药性分析.江西医学检验杂志,2002, 20(2): 90, 110.

[17] 王倩,郭毅,邓宇欣,等.41株脑膜败血黄杆菌的临床分布及耐药情况.中国现代医学杂志,2005, 15(6): 873~874, 877.

[18] 郑虹,李观定.新生儿监护室医院感染的病原菌分布及耐药性分析.中国医药导报,2008, 5(27):81~83.

[19] 何小帆,陈慧红,金敏雅,等.脑膜败血黄杆菌的临床分布及耐药性分析.中国卫生检验杂志,2011, 21(2): 432~433.

[20] Mauel M J, Miller D L, Frazier K S et al. Bacterial pathogens isolated from cultured bullfrogs(*Rana*

castesbeiana). Journal of Veterinary Diagnostic Investigation. 2002, 14, (5): 431~433.

[21] Nicky B Buller. Bacteria and Fungi from Fish and Other Aquatic Animals. 2nd Edition. London, UK. 2014: 344.

[22] 陈耀明 , 胡永强 , 周以凤 , 等 . 牛蛙脑膜炎脓毒性黄杆菌病 . 水产科技情报 , 1994, 21(1): 11~12.

[23] 叶雪平 , 杨广智 , 罗毅志 . 牛蛙脑膜炎 (歪脖子病) 病原分离及防治技术研究 . 浙江水产学院学报 , 1996, 15(4):301~304.

[24] 张奇亚 , 李正秋 , 吴玉琛 . 美国青蛙 "旋游症" 病原菌的分离鉴定及其组织病理学观察 . 中国兽医学报 , 1999, 19(2): 152~155.

[25] 周永灿 , 朱传华 , 陈国华 , 等 . 虎纹蛙白内障病病原的分离鉴定及其免疫防治 . 上海水产大学学报 , 2001, 10(1):16~21.

[26] 蔡完其 , 孙佩芳 , 朱泽闻 , 等 . 中华鳖脑膜炎败血性黄杆菌病的研究 . 水产科技情报 , 1997, 24(4): 156~161.

[27] 周煜华 , 何成伟 . 黄鳝鱼脑膜炎脓毒性黄杆菌的分离与鉴定 . 广西畜牧兽医 , 1998, 14(3): 5~7.

[28] 黄志坚 , 何建国 , 翁少萍 , 等 . 鳜鱼细菌性病原的分离鉴定及致病性初步研究 . 微生物学通报 , 1999, 26(4):241~246.

第 20 章　稳杆菌属 (*Empedobacter*)

稳杆菌属 [*Empedobacter*(ex Prévot 1961)Vandamme，Bernardet，Segers，Kersters and Holmes 1994] 细菌的短稳杆菌 (*Empedobacter brevis*)，具有一定的病原学意义，可能会作为机会病原菌 (opportunistic pathogen，亦称为条件病原菌)，显示一定的病原学意义，但还缺乏比较系统的认识 [1~3]。

稳杆菌属细菌属于非发酵菌 (nonfermentative bacteria) 类，也常记为非发酵革兰氏阴性杆菌 (nonfermentative Gram-negative bacilli，NFGNB)。与医院感染 (hospital infection，HI) 相关的非发酵菌类，在我国已有明确记述和报告的涉及 9 个菌科 (Family)、14 个菌属 (genus) 的 27 个菌种 (species) 及亚种 (subspecies)。为便于一并了解，将各菌科、菌属名录以表格"医院感染非发酵菌类的各菌科与菌属"的形式，记述在了第 3 篇"医院感染革兰氏阴性非发酵型细菌"的扉页中。

短稳杆菌在作为引起医院感染的病原菌中，虽有从医院不同科室、不同被检标本材料中检出的报告，但还属于是很少见的。

● 在第 18 章"金黄杆菌属"(*Chryseobacterium*) 中有记述，浙江省青田县人民医院的张德忠等 (2009) 报告，回顾性总结该医院在 2006 年 6 月至 2008 年 5 月间，从各科室送检不同标本材料中分离获得的黄杆菌属 (*Flavobacterium* Bergey，Harrison，Breed et al 1923 emend. Bernardet，Segers，Vancanneyt et al 1996) 细菌 5 种 219 株 (非重复分离菌株)，其中包括短金黄杆菌 (*Chryseobacterium brevis*)4 株 (构成比 1.83%) 居第 4 位 [4]。

本书作者注：文中记述的短金黄杆菌，即现在已分类命名的短稳杆菌。

1 菌属定义与分类位置

稳杆菌属为黄杆菌科 (Flavobacteriaceae Reichenbach 1992 emend. Bernardet et al 1996 emend.Bernardet et al 2002) 细菌的成员。菌属名称"*Empedobacter*"为新拉丁语阳性名词，指这些细菌为无动力的杆菌 (nonmotile rod)[5]。

1.1 菌属定义

稳杆菌属细菌，典型菌体大小为 0.5μm × (1.0 ～ 2.0)μm 的杆菌，可形成较长的杆状，革兰氏阴性、无动力、无芽孢，菌细胞内无聚 -β- 羟基丁酸盐 (poly-β-hydroxybutyrate，PHB) 颗粒。其为需氧菌，严格的呼吸型代谢，有机化能营养，均能在 30℃生长、一些菌株可在 37℃生长。菌落亮黄色，在麦康凯琼脂 (MacConkey agar)、羟丁酸盐琼脂 (β-hydroxybutyrate agar) 培养基上能生长。氧化酶 (oxidase)、接触酶 (catalase)、磷酸酶 (phosphatase) 阳性，吲哚阳性，能氧化多种碳水化合物，但不能氧化甘油、海藻糖；水解酪蛋白 (Casein)、明胶 (gelatin)、三丁酸甘油酯 (tributyrin)、DNA、吐温 20(Tween 20)，不能水解七叶苷、尿素、琼脂，对抗菌类药物有广泛的抗性。

稳杆菌属细菌 DNA 中 G+C mol% 为 31 ～ 33(T_m)，模式种 (type species)：短稳杆菌 [*Empedobacter brevis*(Holmes and Owen 1982)Vandamme，Bernardet，Segers，Kersters and Holmes 1994][5]。

1.2 分类位置

按伯杰氏 (Bergey) 细菌分类系统，在第二版《伯杰氏系统细菌学手册》(*Bergey's Manual of Systematic Bacteriology*) 第 4 卷 (2010) 中，稳杆菌属分类于黄杆菌科。在黄杆菌科内共包括 61 个菌属，各菌属名录记述在了在第 18 章"金黄杆菌属"(*Chryseobacterium*) 中。

黄杆菌科细菌 DNA 的 G+C mol% 为 27 ～ 56，模式属 (type genus)：黄杆菌属 (*Flavobacterium* Bergey，Harrison，Breed et al 1923 emend. Bernardet，Segers，Vancanneyt et al 1996)。

在稳杆菌属内仅记载了 1 个种，即模式种：短稳杆菌[5]。

2 短稳杆菌 (*Empedobacter brevis*)

短稳杆菌 [*Empedobacter brevis*(Holmes and Owen 1982)Vandamme，Bernardet，Segers，Kersters and Holmes 1994]，即原归在了黄杆菌属的短黄杆菌 [*Flavobacterium brevis*(ex Lustig 1890)Bergey Harrison，Breed et al 1923]、短黄杆菌 [*Flavobacterium breve*(ex Lustig 1890)Holmes and Owen 1982]；早期曾被归入芽孢杆菌属 (Bacillus Cohn 1872)，名为短杆菌 (*Bacillus* brevis Lustig 1890；注：在 1937 年以前的芽孢杆菌属，称为杆菌属)；也曾被归于杆菌属亦称为无芽孢杆菌属 (*Bacterium* Eisenberg 1891)，名为短杆菌，亦称为无芽孢短杆菌 [*Bacterium breve*(ex Lustig 1890)Chester 1901]；还曾被归入假杆菌属 (*Pseudobacterium* Krasil'nikov)，名为短假杆菌 [*Pseudobacterium brevis*(ex Lustig 1890)Krasil'nikov 1949]，以及在后来的短稳杆菌 [*Empedobacter breve*(ex Lustig 1890)Prévot 1961] 等。菌种名称"*brevis*"为拉丁语阳性形容词，指短的 (brevis short)。

细菌 DNA 的 G+C mol% 为 $31 \sim 33(T_m)$；模式株 (type strain)：CL88/76(Holmes et al 1978)，NCTC 11099，ATCC 43319，CCUG 7320，CIP 103104，IFO(NBRC)14943，LMG 4011。GenBank 登录号：M33888(5S rRNA)，D14022(16S rRNA)[5]。

2.1 生物学性状

短稳杆菌在普通营养琼脂 (nutrient agar，NA) 培养基上，形成淡黄色小菌落；个别菌株能够在麦康凯琼脂培养基上生长，但较缓慢。在 37℃生长不良，初次分离宜用血液营养琼脂 (blood nutrient agar，BNA) 培养基。

短稳杆菌的氧化酶阳性，接触酶阳性；不能利用柠檬酸盐，产生 H_2S，使用铵盐培养基 (ammonium salts medium) 测试，有 11% ~ 89% 菌株可分解葡萄糖、麦芽糖产酸；不能分解阿拉伯糖、纤维二糖、卫矛醇、乙醇、果糖、甘油、肌醇、乳糖、甘露醇、棉籽糖、水杨苷、蔗糖、鼠李糖、海藻糖、木糖、山梨醇、木糖、阿东醇产酸；不能在蛋白胨水培养基 (peptone water medium) 从葡萄糖产酸、产气。该菌属细菌消化酪蛋白，不水解七叶苷、淀粉，能够产生吲哚 (Ehrlich 法)，不产生，产生明胶酶 (平皿法)；在 42℃不能生长，有多数菌株能产生非水溶性黄色素 (弱)，一些菌株可水解吐温 80。

短稳杆菌下列试验均为阴性：葡萄糖酸盐 (gluconate) 氧化、丙二酸盐利用、精氨酸脱酰胺酶 (arginine deamidase)、精氨酸双水解酶、赖氨酸脱羧酶、鸟氨酸脱羧酶、苯丙氨酸脱氨酶、β-半乳糖苷酶 (β-galactosidase)、尿素酶、在柠檬酸盐 (Christensen's) 培养基产碱、在金氏培养基B(King's medium B) 上产生荧光色素、在酪氨酸琼脂 (tyrosine agar) 上产色素、在柠檬酸盐琼脂 (Simmons) 上生长、H_2S 产生、在 KCN 培养基中生长、硝酸盐还原[3,5 ~ 7]。

在第 18 章"金黄杆菌属"(*Chryseobacterium*) 中有记述，广东省佛山市第一人民医院的黄淑萱等 (2011) 报告，在 2007 年 11 月至 2010 年 6 月间，对从该医院各科室收集的各个区域环境空气标本材料 141 份进行了细菌检验，共检出带菌标本材料 23 份 (阳性率 16.31%)。其中检出黄杆菌属细菌 5 种 12 株，包括短稳杆菌 (文中以短黄杆菌记述)1 株 (构成比 8.33%) 并列居第 4 位 [8]。

2.2 病原学意义

短稳杆菌首先由 Lustig(1890) 报告从污水中分离到。相继的报告表明其可分布于水、食物、蔬菜、鱼类、海洋哺乳动物、犬、原生生物 (protists) 中。在临床样品，从眼睛分泌物、痰液、血液、尿液中均有检出的报告 [3, 5]。

短稳杆菌是与医学临床有关的细菌，但还缺乏比较系统的认识。在作为医院感染病原菌检出方面，也还是罕见的。在前面有记述浙江省青田县人民医院的张德忠等 (2009) 报告从各科室送检不同标本材料中分离获得的黄杆菌属细菌 219 株 (非重复分离菌株)，包括短稳杆菌 (文中以短金黄杆菌记述)4 株 (构成比 1.83%)，其中源于重症监护室 (intensive care unit，ICU) 的 2 株、内科的 2 株；源于不同分泌物的 2 株、血液和脑脊液的各 1 株 [4]。

2.3　微生物学检验

对短稳杆菌的微生物学检验，目前还主要是通过分离鉴定的细菌学检验。检验中，需要特别注意与黄杆菌属细菌相鉴别。

（房　海）

参 考 文 献

[1] 贾辅忠，李兰娟 . 感染病学 . 南京：江苏科学技术出版社，2010: 495~496.

[2] 杨正时，房海 . 人及动物病原细菌学 . 石家庄：河北科学技术出版社，2003: 730~736.

[3] 罗海波，张福森，何浙生，等 . 现代医学细菌学 . 北京：人民卫生出版社，1995: 104~109.

[4] 张德忠，温建艳，周文聪，等 . 黄杆菌属医院感染特性与多药耐药分析 . 中华医院感染学杂志，2009，19(15): 2040~2043.

[5] Aidan C P. Bergey's Manual of Systematic Bacteriology. Second Edition. Volume Four. Springer, New York, 2010: 210~212.

[6] Holt J G, Krieg N R, Sneath P H A, et al. Bergey's Manual of Determinative Bacteriology. Ninth Edition. Baltimore, Williams and Wilkins, 1994: 140.

[7] 叶应妩，王毓三，申子瑜 . 全国临床检验操作规程 . 3 版 . 南京：东南大学出版社，2006: 829~830.

[8] 黄淑萱，潘练华 . 黄杆菌属医院感染耐药性分析 . 海南医学，2011，22(17): 98~99.

第21章 黄杆菌属 (*Flavobacterium*)

　　黄杆菌属 (*Flavobacterium* Bergey，Harrison，Breed et al 1923 emend. Bernardet，Segers，Vancanneyt et al 1996) 细菌常常是作为机会病原菌 (opportunistic pathogen，亦称为条件病原菌)，能在一定条件下引起人的多种类型感染病 (infectious diseases)。但原分类于黄杆菌属的细菌，多数已先后易属；在现分类于黄杆菌属的细菌中，几乎均缺乏明确的医学病原学意义，至少是缺乏比较系统的认知[1~3]。

　　黄杆菌属细菌属于非发酵菌 (nonfermentative bacteria) 类，也常记为非发酵革兰氏阴性杆菌 (nonfermentative Gram-negative bacilli，NFGNB)。与医院感染 (hospital infection，HI) 相关的非发酵菌类，在我国已有明确记述和报告的涉及 9 个菌科 (Family)、14 个菌属 (genus) 的 27 个菌种 (species) 及亚种 (subspecies)。为便于一并了解，将各菌科、菌属名录以表格"医院感染非发酵菌类的各菌科与菌属"的形式，记述在了第 3 篇"医院感染革兰氏阴性非发酵型细菌"的扉页中。

　　在医院感染的黄杆菌属细菌中，在我国已有明确报告的仅涉及嗜糖黄杆菌 (*Flavobacterium saccharophilum*)1 个种，且在所有医院感染细菌中的检出频率也是很低的。

　　● 在第 18 章"金黄杆菌属"(*Chryseobacterium*) 中有记述，山东省济南市第三人民医院的郭祥翠等 (2006) 报告，回顾性总结该医院在 4 年 (2000 年 1 月至 2003 年 12 月) 间，从住院患者不同标本材料 (痰液、呼吸道分泌物等) 中分离获得的黄杆菌属细菌 4 种 105 株，其中包括嗜糖黄杆菌 9 株 (构成比 8.57%) 居第 4 位[4]。

1 菌属定义与分类位置

　　黄杆菌属是黄杆菌科 (Flavobacteriaceae Reichenbach 1992 emend. Bernardet，Segers，

Vancanneyt et al 1996 emend. Bernardet Nakagawa and Holmes et al 2002) 细菌的成员。近些年来，在菌属内的菌种变动较大，有多个种已归入其他菌属。菌属名称"*Flavobacterium*"为现代拉丁语中性名词，指这些细菌为黄色杆菌 (a yellow bacterium)[5]。

1.1　菌属定义

黄杆菌属细菌为革兰氏染色阴性杆菌，端钝圆或微尖，大小为 (0.3 ~ 0.5)μm × (2.0 ~ 5.0)μm，在某些条件下有的种也形成较短 (1.0μm) 或长丝状 (10.0 ~ 40.0μm) 菌细胞，较长的菌体柔韧；能够滑动 (gliding) 运动，但在嗜鳍黄杆菌 (*Flavobacterium branchiophilum*) 未见有此运动现象；无鞭毛，无芽孢，在菌细胞内无聚 -β-羟基丁酸盐 (poly-β-hydroxybutyrate，PHB) 颗粒。

在含有丰富营养的固体培养基上的菌落呈圆形、凸起或低凸、有光泽、边缘整齐或呈波状 (有时沉入琼脂中)；在含低营养的固体培养基上的菌落，多数的种形成平坦或非常薄的、扩散的、有时很黏并充满不匀的根状的或丝状的边缘；典型菌落为黄色 (从奶油色至亮橙色不等)，这是由于产生不扩散的类胡萝卜素 (carotenoid) 或 Flexirubin 型色素之故，但也有不产生色素的菌株；多数的种不能在含海水的培养基上生长，但内海黄杆菌 (*Flavobacterium flevense*) 例外；多数的种能生长于普通营养琼脂 (nutrient agar，NA)、胰蛋白胨大豆胨琼脂 (tryptone soytone agar，TSA) 培养基，不需要生长因子；多数的种，都能在含有 2% ~ 4% NaCl 条件下生长。在 20 ~ 30℃ 生长良好，也有的种在 15 ~ 20℃ 生长良好。

该菌属细菌有机化能营养，需氧，进行呼吸型代谢，当提供生长因子 (growth factors) 时则水栖黄杆菌 (*Flavobacterium hydatis*)、琥珀酸黄杆菌 (*Flavobacterium succinicans*) 也能厌氧生长，以蛋白胨为氮源并从中释放 NH_3 (在单纯胨中即可生长)；除柱状黄杆菌 (*Flavobacterium columnare*) 和嗜冷黄杆菌 (*Flavobacterium psychrophilum*) 外所有的种都能从碳水化合物中产酸，除内海黄杆菌外的全部种都分解明胶和酪蛋白，若干个种也水解各种多糖 (包括淀粉、几丁质、果胶和羧甲基纤维素等)，内海黄杆菌和嗜糖黄杆菌也能分解琼脂；不能分解纤维素、三丁酸甘油酯和吐温 (tween) 化合物，不产生靛基质，产生接触酶 (catalase)，除嗜糖黄杆菌外的全部种均产生细胞色素氧化酶 (oxidase)。

甲基萘醌 (menaquinone，MK-6) 是唯一的呼吸醌 (respiratory quinones) 类型，主要的脂肪酸是 $C_{15:0}$、iso-$C_{15:0}$、iso-G-$C_{15:1}$、iso-$C_{15:0}$3-OH、…，无鞘磷脂 (sphingophospholipid)，已检测的菌种的主要多胺 (polyamine) 均是高亚精胺 (homospermidine)。

该菌属细菌广泛分布于土壤和淡水环境、海洋、温暖的盐环境，分解有机物，有的种对淡水鱼有病原性，或可从病淡水鱼中分离到[5, 6]。

黄杆菌属细菌 DNA 中 G+C mol% 为 30 ~ 41，模式种 (type species)：水栖黄杆菌 [*Flavobacterium aquatile*(Frankland and Frankland 1889)Bergey，Harrison，Breed et al 1923][5]。

1.2　分类位置

按伯杰氏 (Bergey) 氏细菌分类系统，在第二版《伯杰氏系统细菌学手册》(*Bergey's*

Manual of Systematic Bacteriology) 第 4 卷 (2010) 中，黄杆菌属分类于黄杆菌科。在黄杆菌科内共包括 61 个菌属，各菌属名录记述在了第 18 章 "金黄杆菌属" (*Chryseobacterium*) 中。

黄杆菌科细菌 DNA 的 G+C mol% 为 27 ~ 56，模式属 (type genus)：黄杆菌属。

在黄杆菌属内共共记载了 40 个种，依次为：水栖黄杆菌、南极黄杆菌 (*Flavobacterium antarcticum*)、硬水黄杆菌 (*Flavobacterium aquidurense*)、嗜鳍黄杆菌 (*Flavobacterium branchiophilum*)、柱状黄杆菌 (*Flavobacterium columnare*)、黄色黄杆菌 (*Flavobacterium croceum*)、大田黄杆菌 (*Flavobacterium daejeonense*)、污水黄杆菌 (*Flavobacterium defluvii*)、迪吉氏黄杆菌 (*Flavobacterium degerlachei*)、脱氮黄杆菌 (*Flavobacterium denitrificans*)、内海黄杆菌 (*Flavobacterium flevense*)、冷水黄杆菌 (*Flavobacterium frigidarium*)、冷海水黄杆菌 (*Flavobacterium frigidimaris*)、冷域黄杆菌 (*Flavobacterium frigoris*)、弗里克塞尔湖黄杆菌 (*Flavobacterium fryxellicola*)、冰湖黄杆菌 (*Flavobacterium gelidilacus*)、吉氏黄杆菌 (*Flavobacterium gillisiae*)、米川黄杆菌 (*Flavobacterium glaciei*)、细粒黄杆菌 (*Flavobacterium granuli*)、哈茨山黄杆菌 (*Flavobacterium hercynium*)、冬天黄杆菌 (*Flavobacterium hibernum*)、水生黄杆菌 (*Flavobacterium hydatis*)、印度黄杆菌 (*Flavobacterium indicum*)、约氏黄杆菌 (*Flavobacterium johnsoniae*)、栖污泥黄杆菌 (*Flavobacterium limicola*)、密克罗黄杆菌 (*Flavobacterium micromati*)、广食黄杆菌 (*Flavobacterium omnivorum*)、噬果胶黄杆菌 (*Flavobacterium pectinovorum*)、冷湖黄杆菌 (*Flavobacterium psychrolimnae*)、嗜冷黄杆菌 (*Flavobacterium psychrophilum*)、嗜糖黄杆菌、盐帽黄杆菌 (*Flavobacterium saliperosum*)、泥土黄杆菌 (*Flavobacterium segetis*)、土壤黄杆菌 (*Flavobacterium soli*)、琥珀酸黄杆菌 (*Flavobacterium succinicans*)、顺天黄杆菌 (*Flavobacterium suncheonense*)、栖菌垫黄杆菌 (*Flavobacterium tegetincola*)、威弗半岛黄杆菌 (*Flavobacterium weaverense*)、橙黄黄杆菌 (*Flavobacterium xanthum*)、新疆黄杆菌 (*Flavobacterium xinjiangense*)[5]。

2 嗜糖黄杆菌 (*Flavobacterium saccharophilum*)

嗜糖黄杆菌 [*Flavobacterium saccharophilum*(Agbo and Moss 1979)Bernardet Segers，Vancanneyt et al 1996] 在最初被归在了噬纤维菌属 (*Cytophaga* Winogradsky 1929) 中，名为嗜糖噬纤维菌 [*Cytophaga saccharophila*(ex Agbo and Moss 1979)Reichenbach 1989]。菌种名称 "*saccharophilum*" 为现代拉丁语中性形容词，指亲嗜糖的 (sugar-loving)。

细菌 DNA 的 G+C mol% 为 35.7(T_m)，模式株 (type strain)：024 Agbo and Moss，ACAM 581，ATCC 49530，CIP 104743，DSM 1811，IFO(now NBRC)15944，JCM 8520，LMG 8384，NCIMB 2072。GenBank 登录号 (16S rRNA)：D12671，AM230491[5]。

2.1 生物学性状

嗜糖黄杆菌为杆状，大小多为 (0.5 ~ 0.7)μm × (2.5 ~ 6.0)μm，通常具有多形性，在琼脂培养基的老龄培养物多成为球形菌，在蛋白胨液体培养基 (peptone liquid media) 的菌体为能弯曲的菌体，能够缓慢滑动运动 (gliding motility)。

嗜糖黄杆菌能在普通营养琼脂培养基、胰大豆胨琼脂培养基上生长，形成小菌落、隆起、圆形、黄色，用碘溶液 (Lugol's reagent) 试验显示软化 (不液化) 琼脂 (菌落周围)；在海水培养基上不能生长。能够产生 Flexirubin 型色素。

嗜糖黄杆菌以葡萄糖为主要碳源，但可利用阿拉伯糖、果糖、纤维二糖、半乳糖、乳糖、麦芽糖、甘露糖、蜜二糖、棉籽糖、鼠李糖、蔗糖、海藻糖、木糖及琼脂、琼脂糖 (agarose)、阿拉伯半乳聚糖 (arabinogalactan)、果胶 (pectin)、淀粉，以及一些其他多糖类 (polysaccharides) 为碳源和能源。能够水解明胶、酪蛋白、淀粉、羧甲基纤维素、琼脂、果胶、七叶苷、酪氨酸，不能水解几丁质、DNA；在卵黄琼脂培养基上不形成沉淀，产生 β- 半乳糖苷酶，产生 H_2S，细胞色素氧化酶阴性 [5]。

黄杆菌属细菌在自然界的分布广泛，在土壤、水、空气等外界环境，肉类、乳产品、蔬菜，以及人和某些动物均有存在。其常可从人体尿道、阴道、皮肤、口腔黏膜、上呼吸道等部位检出，因此也可能属于人的正常菌群部分。对氯己定等消毒剂有抵抗力，在 42℃条件下可被杀死。在医院，其可存在于水龙头、阴沟、制冰机、冰水、增湿器、呼吸机、浴盆、药瓶及多种导管中 [1 ~ 3, 6]。

2.2 病原学意义

嗜糖黄杆菌具有一定的医学临床意义，Dhawan(1980) 曾报告了由其引起的腹膜炎 1 例。在 Holmes 等鉴定的 28 个菌株，分别源于眼、咽分泌物、肺组织、血液、腹水、尿液、脑脊液、伤口脓汁等临床标本材料 [3]。

尽管嗜糖黄杆菌在医院多有分布，但由其引起的医院感染还是很少见的。在前面有记述山东省济南市第三人民医院的郭祥翠等 (2006) 报告从住院患者不同标本材料中分离的黄杆菌属细菌 105 株，包括嗜糖黄杆菌 9 株 (构成比 8.57%)。报告中记述在此次调查中发现黄杆菌属细菌感染呈逐年增高的趋势，且对抗菌类药物呈现多重耐药现象。由于这些感染患者多有严重的基础疾病，导致感染难以治疗、病死率高。发现感染多见于脑外科、重症监护室 (intensive care unit，ICU)、呼吸科患者，其原因可能与患者均有吸氧、吸痰史，有行气管插管、机械通气史，与侵入性操作、常使用各种输液管、静脉导管、呼吸机等有关 [4]。

2.3 微生物学检验

对嗜糖黄杆菌的微生物学检验，目前还主要是依赖于对细菌分离鉴定的细菌学检验。在检验中需要注意的是，要与临床一些比较常见的金黄杆菌属 (*Chryseobacterium* Vandamme，Bernardet，Segers，Kersters and Holmes 1994)、伊金氏菌属 (*Elizabethkingia* Kim，Kim，Lim，Park and Lee 2005)、假单胞菌属 (*Pseudomonas* Migula 1894) 细菌等非发酵菌类相鉴别。

（房　海）

参 考 文 献

[1] 贾辅忠 , 李兰娟 . 感染病学 . 南京 : 江苏科学技术出版社 , 2010: 495~496.

[2] 杨正时 , 房海 . 人及动物病原细菌学 . 石家庄 : 河北科学技术出版社 , 2003: 730~736.

[3] 罗海波 , 张福森 , 何浙生 , 等 . 现代医学细菌学 . 北京 : 人民卫生出版社 , 1995: 104~109.

[4] 郭祥翠 , 滕军儒 , 李俄成 . 2000~2003 年我院医院感染黄杆菌 105 株耐药性分析 . 中国乡村医药杂志 , 2006, 13(6): 29.

[5] Aidan C P. Bergey's Manual of Systematic Bacteriology. Second Edition. Volume Four. Springer, New York, 2010: 112~154.

[6] 赵乃昕 , 苑广盈 . 医学细菌名称及分类鉴定 . 3 版 . 济南 : 山东大学出版社 , 2013: 173~179.

[7] 唐珊熙 . 微生物学及微生物学检验 . 北京 : 人民卫生出版社 , 1998: 276~278.

第22章 莫拉氏菌属 (*Moraxella*)

莫拉氏菌属 (*Moraxella* Lwoff 1939 emend. Henriksen and Bøvre 1968) 细菌的多个种 (species) 与临床有关，其中主要是黏膜炎莫拉氏菌 (*Moraxella catarrhalis*)。黏膜炎莫拉氏菌主要是可引起肺部感染发生肺炎，也可在一定条件下引起其他一些组织器官的炎性感染，以及败血症等感染病 (infectious disease)[1]。

莫拉氏菌属细菌属于非发酵菌 (nonfermentative bacteria) 类，也常记为非发酵革兰氏阴性杆菌 (nonfermentative Gram-negative bacilli，NFGNB)。与医院感染 (hospital infection，HI) 相关的非发酵菌类，在我国已有明确记述和报告的涉及 9 个菌科 (Family)、14 个菌属 (genus) 的 27 个菌种 (species) 及亚种 (subspecies)。为便于一并了解，将各菌科、菌属名录以表格"医院感染非发酵菌类的各菌科与菌属"的形式，记述在了第 3 篇"医院感染革兰氏阴性非发酵型细菌"的扉页中。

在医院感染的莫拉氏菌属细菌中，在我国已有明确报告的仅涉及黏膜炎莫拉氏菌 1 个种。相对来讲，在所有医院感染细菌中也属于检出频率比较高的。

● 吉林省梅河口市友谊医院的刘菊 (2008) 报告，回顾性总结该医院在 2007 年至 2008 年 7 月份内，从住院患者分离的病原菌 584 株，其中细菌共 425 株 (构成比 72.77%)，属于真菌 (fungi) 的念珠菌属 (*Candida* Berkhout 1923) 真菌 159 株 (构成比 27.23%)。在 425 株细菌中，革兰氏阴性细菌 318 株 (构成比 74.82%)、革兰氏阳性细菌 107 株 (构成比 25.18%)。各菌种 (属) 类细菌的出现频率，依次为：大肠埃希氏菌 (*Escherichia coli*)98 株 (构成比 23.06%)、肺炎克雷伯氏菌 (*Klebsiella pneumoniae*)96 株 (构成比 22.59%)、葡萄球菌属 (*Staphylococcus* Rosenbach 1884) 细菌 82 株 (构成比 19.29%)、黏膜炎莫拉氏菌 (文中以卡他莫拉氏菌记述)40 株 (构成比 9.41%)、非发酵菌类 30 株 (构成比 7.06%)、链球

菌属 (*Streptococcus* Rosenbach 1884) 细菌 25 株 (构成比 5.88%)、其他细菌 54 株 (构成比 12.71%)，黏膜炎莫拉氏菌居第 4 位 [2]。

● 太原钢铁 (集团) 公司总医院的宋丽芳等 (2009) 报告，该医院在 2004 年 1 月至 2007 年 12 月间，从住院及门诊患者分离到病原菌 3176 株，其中细菌共 15 种 (属)2644 株 (构成比 83.25%)，属于真菌的白色念珠菌 (*Candida albican*)532 株 (构成比 16.75%)。在 15 种 (属)2644 株细菌中，革兰氏阳性细菌 5 种 1369 株 (构成比 51.78%)、革兰氏阴性细菌 10 种 (属)1275 株 (构成比 48.22%)。各菌种 (属) 细菌的出现频率，依次为：β 型 (乙型) 溶血性链球菌 (*β*-hemolytic streptococcus)566 株 (构成比 21.41%)、大肠埃希氏菌 517 株 (构成比 19.55%)、金黄色葡萄球菌 (*Staphylococcus aureus*)381 株 (构成比 14.41%)、肺炎克雷伯氏菌 200 株 (构成比 7.56%)、肺炎链球菌 (*Streptococcus pneumoniae*)191 株 (构成比 7.22%)、铜绿假单胞菌 (*Pseudomonas aeruginosa*)166 株 (构成比 6.28%)、黏膜炎莫拉氏菌 137 株 (构成比 5.18%)、凝固酶阴性葡萄球菌 (coagulase-negative staphylococci，CNS)137 株 (构成比 5.18%)、粪肠球菌 (*Enterococcus faecalis*)94 株 (构成比 3.56%)、不动杆菌属 (*Acinetobacter* Brisou and Prévot 1954) 细菌 61 株 (构成比 2.31%)、其他假单胞菌 (*Pseudomonas* spp.)59 株 (构成比 2.23%)、阴沟肠杆菌 (*Enterobacter cloacae*)55 株 (构成比 2.08%)、嗜麦芽寡养单胞菌 (*Stenotrophomonas maltophilia*)38 株 (构成比 1.44%)、变形菌属 (*Proteus* Hauser 1885) 细菌 29 株 (构成比 1.09%)、沙雷氏菌属 (*Serratia* Bizio 1823) 细菌 13 株 (构成比 0.49%)，黏膜炎莫拉氏菌居并列第 7 位。在 10 种 (属)1275 株革兰氏阴性细菌中，各菌种 (属) 细菌的出现频率依次为：大肠埃希氏菌 517 株 (构成比 40.55%)、肺炎克雷伯氏菌 200 株 (构成比 15.69%)、铜绿假单胞菌 166 株 (构成比 13.02%)、黏膜炎莫拉氏菌 137 株 (构成比 10.75%)、不动杆菌属细菌 61 株 (构成比 4.78%)、其他假单胞菌 59 株 (构成比 4.63%)、阴沟肠杆菌 55 株 (构成比 4.31%)、嗜麦芽寡养单胞菌 38 株 (构成比 2.98%)、变形菌属细菌 29 株 (构成比 2.27%)、沙雷氏菌属细菌 13 株 (构成比 1.02%)，黏膜炎莫拉氏菌居并列第 4 位 [3]。

● 浙江省湖州市中心医院的毛伟 (2013) 报告，回顾性分析在 2008 年 1 月至 2011 年 1 月间，在该医院呼吸内科收治的 575 例哮喘急性发作患者中，发生医院感染 52 例 (构成比 9.04%)。分离到的 52 株病原菌，其中细菌共 11 种 (属)50 株 (构成比 96.15%)，属于真菌的念珠菌属 (文中以假丝酵母菌记述) 真菌 2 株 (构成比 3.85%)。在 11 种 (属)50 株细菌中，革兰氏阴性细菌 7 种 38 株 (构成比 76.00%)、革兰氏阳性细菌 4 种 (属)12 株 (构成比 24.00%)。各菌种 (属) 细菌的出现频率，依次为：流感嗜血杆菌 (*Haemophilus influenzae*)11 株 (构成比 22.00%)、黏膜炎莫拉氏菌 (文中以卡他莫拉氏菌记述)8 株 (构成比 16.00%)、肺炎链球菌 8 株 (构成比 16.00%)、大肠埃希氏菌 7 株 (构成比 14.00%)、肺炎克雷伯氏菌 6 株 (构成比 12.00%)、阴沟肠杆菌 3 株 (构成比 6.00%)、铜绿假单胞菌 2 株 (构成比 4.00%)、金黄色葡萄球菌 2 株 (构成比 4.00%)、鲍氏不动杆菌 1 株 (构成比 2.00%)、表皮葡萄球菌 (*Staphylococcus epidermidis*)1 株 (构成比 2.00%)、肠球菌属 [*Enterococcus*(ex Thiercelin and Jouhaud 1903)Schleifer and Kilpper-Bälz 1984] 细菌 1 株 (构成比 2.00%)，黏膜炎莫拉氏菌居并列第 2 位。在 7 种 38 株革兰氏阴性细菌中，各菌种 (属) 细菌的出现频率依次为：流感嗜血杆菌 11 株 (构成比 28.95%)、黏膜炎莫拉氏菌 8 株 (构成比

21.05%)、大肠埃希氏菌 7 株 (构成比 18.42%)、肺炎克雷伯氏菌 6 株 (构成比 15.79%)、阴沟肠杆菌 3 株 (构成比 7.89%)、铜绿假单胞菌 2 株 (构成比 5.26%)、鲍氏不动杆菌 1 株 (构成比 2.63%)，黏膜炎莫拉氏菌居第 2 位 [4]。

1　菌属定义与分类位置

莫拉氏菌属是莫拉氏菌科 (Moraxellaceae Rossau，Van Landschoot，Gillis and De Ley 1991) 细菌较早的成员，菌属内的种在近些年来变动还是较大的。菌属名称 "*Moraxella*" 为现代拉丁语阴性名词，是以在 1896 年首先从慢性结膜炎患者眼分泌物分离到了模式种 (type species) 的瑞士眼科医生莫拉 (V. Morax) 的姓氏 (Morax) 命名的 [5]。

1.1　菌属定义

莫拉氏菌属细菌为杆状或球状，其中的杆菌短且肥厚、常接近球形，大小为 (1.0 ～ 1.5)μm×(1.5 ～ 2.5)μm，通常成对或呈短链 (一个分裂平面) 存在，菌体大小和形状可变，培养物常可见丝状或长链，在缺氧和高于最适生长温度培养时可促进多形态菌体的产生；球菌通常较小 (直径为 0.6 ～ 1.0μm)，常呈单细胞或以临界扁平成对出现 (不同分裂平面)，在相互垂直的两个平面分裂时常形成四联球菌。其可形成荚膜，革兰氏染色阴性但常有抗褪色的倾向，无鞭毛，杆菌和球菌都有菌毛，不存在泳动状运动 (swimming motility)，但在一些杆菌种类可观察到表面跳跃式的抽搐运动 (surface-bound twitching motility)。好氧菌，但有些菌株可在厌氧条件下缓慢生长；菌落无色素，除奥斯陆莫拉氏菌 (Moraxella osloensis) 外的大多数菌株需要复杂的营养，但其特殊生长需求尚属未知；最适生长温度为 33 ～ 35℃，通常氧化酶、接触酶阳性，化能有机营养菌，不能利用碳水化合物产酸。莫拉氏菌属细菌常对青霉素高度敏感，寄生于人和其他温血动物黏膜。

莫拉氏菌属细菌 DNA 中 G+C mol% 为 40.0 ～ 47.5(T_m，Bd，HPLC)，模式种：腔隙莫拉氏菌 [*Moraxella lacunata*(Eyre 1900)Lwoff 1939][5]。

1.2　分类位置

按伯杰氏 (Bergey) 细菌分类系统，在第二版《伯杰氏系统细菌学手册》(*Bergey's Manual of Systematic Bacteriology*) 第 2 卷 B 部分 (2005) 中，莫拉氏菌属分类于莫拉氏菌科。莫拉氏菌科包括莫拉氏菌属、不动杆菌属 (*Acinetobacter* Brisou and Prévot 1954)、嗜冷杆菌属 (*Psychrobacter* Juni and Heym 1986) 共 3 个菌属。

莫拉氏菌科细菌 DNA 的 G+C mol% 为 38 ～ 50，模式属 (type genus)：莫拉氏菌属。

在莫拉氏菌属内共记载了 10 个明确的种、2 个亚种 (subspecies)，另外是 5 个位置未定的种 (species incertaesedis)。

明确的 10 个种，依次为：腔隙莫拉氏菌、牛莫拉氏菌 (*Moraxella bovis*)、犬莫拉氏菌 (*Moraxella canis*)、山羊莫拉氏菌 (*Moraxella caprae*)、黏膜炎莫拉氏菌、豚鼠莫拉氏菌

(*Moraxella caviae*)、兔莫拉氏菌 (*Moraxella cuniculi*)、小马莫拉氏菌 (*Moraxella equi*)、不液化莫拉氏菌 (*Moraxella nonliquefaciens*)、羊莫拉氏菌 (*Moraxella ovis*)。

其中的腔隙莫拉氏菌包括 2 个亚种，分别为：腔隙莫拉氏菌腔隙亚种 (*Moraxella lacunata* subsp. *lacunata*)、腔隙莫拉氏菌液化亚种 (*Moraxella lacunata* subsp. *liquefaciens*)。

5 个位置未定的种，分别为：亚特兰大莫拉氏菌 (*Moraxella atlantae*)、鲍氏莫拉氏菌 (*Moraxella boevrei*)、林氏莫拉氏菌 (*Moraxella lincolnii*)、奥斯陆莫拉氏菌 (*Moraxella osloensis*)、苯丙酮酸莫拉氏菌 (*Moraxella phenylpyruvica*)[5]。

2 黏膜炎莫拉氏菌 (*Moraxella catarrhalis*)

黏膜炎莫拉氏菌 [*Moraxella catarrhalis*(Frosch and Kolle 1896)Henriksen and Bøvre 1968] 又称为卡他莫拉氏菌，最早被归入微球形菌属 (*Mikrokokkus* Frosch and Kolle)，名为黏膜炎微球形菌 (*Mikrokokkus catarrhalis* Frosch and Kolle 1896)；又被归入布兰汉姆氏菌属 (*Branhamella* Catlin 1970)，名为卡他布兰汉姆氏菌 [*Branhamella catarrhalis*(Frosch and Kolle 1896)Catlin 1970]；也被称为黏膜炎莫拉氏 (布兰汉姆氏) 菌 [*Moraxella(Branhamella) catarrhalis* Bovre 1979]。种名 "*catarrhalis*" 为现代拉丁语形容词，指黏膜炎的、卡他性的 (catarrh)。

细菌 DNA 的 G+C mol% 为 40 ~ 43(Bd)；模式株 (type strain)：Ne 11，ATCC 25238，NCTC 11020。GenBank 登录号 (16S rRNA)：AF005185[5]。

2.1 生物学性状

对莫拉氏菌属细菌的生物学性状研究，相对来讲还不是很系统的。近些年来，由于黏膜炎莫拉氏菌常常会出现在临床检验标本材料中，特别是在医院感染的情况下，以致对其引起了重视。

2.1.1 理化特性

黏膜炎莫拉氏菌为革兰氏阴性、无鞭毛、无芽孢、有些菌株具有荚膜、有菌毛，直径为 0.6 ~ 1.0μm 的双球菌，有时呈四联状或偶有成堆存在，在痰液标本材料中 (可存在于细胞内、外) 常是呈肾形双球菌，人工培养的菌体通常较大。

黏膜炎莫拉氏菌为专性需氧菌，生长对营养的要求不高，在普通营养培养基上可生长。在 18 ~ 42℃均可生长，适宜的生长温度为 37℃。培养 48h 菌落圆形光滑、隆起、不透明、灰白色、直径在 2mm 左右；经较长时间培养后可变为粗糙颗粒状，黏附于培养基表面，不易在生理盐水中乳化混悬。在巧克力琼脂培养基上，形成淡粉色 - 棕色、不透明、直径为 1 ~ 3mm 的 "曲棍样"、干燥和坚固的菌落。在营养肉汤中培养可形成颗粒状沉淀，继续培养可出现液面膜性生长。黏膜炎莫拉氏菌生化反应不活跃，不能分解任何糖类，不产生 H_2S、吲哚，大部分菌株能够还原硝酸盐，氧化酶、接触酶、DNA 酶阳性[1, 5 ~ 9]。

2.1.2　生境与抗性

黏膜炎莫拉氏菌的抵抗力较强，在干燥的痰液中可存活 27 天，培养物置于 21℃（防止干燥）可存活 4 ~ 5 个月，能够耐受 65℃作用 30min。从临床分离的黏膜炎莫拉氏菌多数菌株，均能产生 β- 内酰胺酶 (β-lactamases)[1, 7]。

2.1.2.1　生境

黏膜炎莫拉氏菌主要是存在于人体，通常在人群鼻咽部、上部气道的带菌率在 5% 左右，以高龄者的阳性率高（在 60 岁以上老年人上呼吸道的带菌率可高达 26.5%）；也常可从中耳和上颌窦的炎性分泌物，支气管炎和肺炎的支气管吸出物，全身性感染检出。黏膜炎莫拉氏菌黏附于呼吸道上皮细胞的能力，在老年人和慢性呼吸道感染患者比在一般成人高数倍以上。另外，在泌尿生殖道和皮肤，也可有黏膜炎莫拉氏菌的定殖[1]。

2.1.2.2　抗性

临床分离的黏膜炎莫拉氏菌耐药菌株，通常可产生 3 种由细菌染色体介导的 β- 内酰胺酶，分别为 BRO-1、BRO-2、BRO-3，其水解抗生素的程度存在一定的差异[1]。

华中科技大学同济医学院附属普爱医院的张玲等 (2014) 报告，该医院在 2007 年 7 月至 2012 年 12 月间，从住院患者分离到黏膜炎莫拉氏菌（文中以卡他莫拉氏菌记述）55 株（非重复分离菌株）。经对 β- 内酰胺酶及临床常用抗菌类药物敏感性的测定，结果有 51 株（构成比 92.73%）产生 β- 内酰胺酶；对供试的阿莫西林 / 克拉维酸、左氧氟沙星、克拉霉素均敏感，51 株对氨苄西林耐药（耐药率 92.73%），44 株对头孢克洛耐药（耐药率 80.00%）、19 株对头孢呋辛耐药（耐药率 34.55%）、4 株对氯霉素耐药（耐药率 7.27%）、对环丙沙星和四环素耐药的各 1 株（耐药率 1.82%）[10]。

2.2　病原学意义

在以往较长时间内一直认为黏膜炎莫拉氏菌是毒力很低或无致病性的，随着从人体感染的部位不断检测到并证明了相应的病原性，以致现已明确黏膜炎莫拉氏菌为典型的条件性病原菌，主要是引起黏膜卡他性炎症。

2.2.1　临床常见感染类型

定殖在人体的黏膜炎莫拉氏菌，在机体免疫力降低时可引起感染。该菌是社区获得性肺炎、医院获得性肺炎的常见病原菌，老年人（特别是存在慢性阻塞性肺部疾病患者）易被感染，可以是初发感染，也可以是慢性气道感染急性发作；可以是由黏膜炎莫拉氏菌单独引起，也可以是与其他病原菌构成混合感染。比较常见的感染类型包括急性中耳炎、鼻窦炎、支气管炎、肺部感染，还有脑膜炎、心内膜炎、败血症感染等。在恶性肿瘤、血液病、脑血管病等所致免疫缺损的患者，黏膜炎莫拉氏菌可引起肺炎、败血症、脑膜炎等严重感染。另外，其可作为小儿上颌窦炎的病原菌，也可引起儿童的格鲁布喉炎、败血症、化脓性脑膜炎等[1, 6]。

2.2.2　医院感染特点

黏膜炎莫拉氏菌引起的医院感染，常常是与气管切开、气管插管、病理活检、穿刺、透析等医护操作有关，作为医院感染的一种病原菌已日益被引起关注[1]。

综合一些相关的文献分析，由黏膜炎莫拉氏菌引起的医院感染，主要分布于儿科、呼吸科，主要表现为呼吸系统感染类型。以下记述的一些报告，是具有一定代表性的。

在前面有记述华中科技大学同济医学院附属普爱医院的张玲等(2014)报告，从住院患者分离到的黏膜炎莫拉氏菌55株，在各科室的分布依次为：儿科28株(构成比50.91%)、呼吸科12株(构成比21.82%)、五官科10株(构成比18.18%)、眼科4株(构成比7.27%)、肿瘤科1株(构成比1.82%)。在各标本材料的分布依次为：痰液和咽拭子41株(构成比74.55%)、耳分泌物10株(构成比18.18%)、眼结膜分泌物4株(构成比7.27%)[10]。

武汉市儿童医院的蒋鲲等(2013)报告，该医院在2010年1月至2012年12月间，收治支气管哮喘急性发作患儿296例，在住院期间发生医院感染的26例(构成比8.78%)。分离到病原菌82株，其中细菌共79株(构成比96.34%)，属于真菌的念珠菌属(文中以假丝酵母菌记述)真菌3株(构成比3.66%)。在79株细菌中，革兰氏阴性细菌共8种60株(构成比75.95%)、革兰氏阳性细菌共3种(属)19株(构成比24.05%)。各菌种(属)细菌的出现频率，依次为：金黄色葡萄球菌16株(构成比20.25%)、铜绿假单胞菌15株(构成比18.99%)、流感嗜血杆菌13株(构成比16.46%)、肺炎克雷伯氏菌12株(构成比15.19%)、黏膜炎莫拉氏菌(文中以卡他莫拉氏菌记述)11株(构成比13.92%)、大肠埃希氏菌5株(构成比6.33%)、阴沟肠杆菌2株(构成比2.53%)、链球菌属细菌2株(构成比2.53%)、鲍氏不动杆菌(*Acinetobacter baumannii*)1株(构成比1.27%)、嗜麦芽寡养单胞菌1株(构成比1.27%)、肠球菌属细菌1株(构成比1.27%)，黏膜炎莫拉氏菌居第5位。在26例医院感染患者中，肺部感染的13例(构成比50.00%)、气管支气管感染的10例(构成比38.46%)、其他部位感染的3例(构成比11.54%)[11]。

广州中医药大学附属南海妇产儿童医院的黄妙珠等(2010)报告，回顾性分析该医院在2008年1月至2009年9月间，在小儿神经康复科治疗出院的脑瘫患儿1816例，其中发生医院感染的544例(感染率29.96%)。分离到8种380株病原菌，其中革兰氏阴性细菌5种211株(构成比55.53%)、革兰氏阳性细菌3种169株(构成比44.47%)。各种细菌的出现频率，依次为：口腔链球菌(*Streptococcus oralis*)131株(构成比34.47%)、黏膜炎莫拉氏菌(文中以卡他布兰汉氏菌记述)114株(构成比30.00%)、肺炎克雷伯氏菌44株(构成比11.58%)、大肠埃希氏菌30株(构成比7.89%)、金黄色葡萄球菌27株(构成比7.11%)、鲍氏不动杆菌12株(构成比3.16%)、表皮葡萄球菌11株(构成比2.89%)、铜绿假单胞菌11株(构成比2.89%)，黏膜炎莫拉氏菌居第2位[12]。

2.2.3　毒力因子与致病机制

定殖在人体上呼吸道黏膜的黏膜炎莫拉氏菌，仅在宿主抵抗力降低时才能引起感染的发生。黏膜炎莫拉氏菌的定殖是发挥致病作用的基础，其菌体表面的纤毛在有效黏附和定殖于黏膜上皮细胞的过程中起着重要作用。另外，在菌体外膜蛋白(outer membrane protein，OMP) 中含有脂寡糖 (lipo-oligosaccharide，LOS)，其化学结构类似于非肠道革兰氏阴性杆菌的脂多糖 (lipopolysaccharide，LPS)，与黏膜炎莫拉氏菌的毒力有关。通过黏附 - 定殖 - 毒力相互间的协同作用，在宿主免疫力低下时则能构成感染和组织病变 [1]。

2.3 微生物学检验

对黏膜炎莫拉氏菌的微生物学检验，目前仍依赖于做细菌学检验。要特别注意在形态、菌落特征等方面，与奈瑟氏球菌属 (*Neisseria* Trevisan 1885) 的脑膜炎奈瑟氏球菌 (*Neisseria meningitidis*) 相区别，主要是生化特性的氧化酶、过氧化氢酶、DNA 酶等内容。

另外，与其他非发酵菌的鉴别方面，黏膜炎莫拉氏菌无动力是重要鉴别内容。通常情况下，从患者血液、脑脊液分离到的黏膜炎莫拉氏菌，可以确定其相应的病原学意义；从鼓膜穿刺获得中耳渗出液中分离到的菌株，其诊断价值也较大；从上呼吸道分泌物或痰液检出的菌株，判定其临床病原学意义则存在一定的困难 [1, 9]。

（房 海）

参 考 文 献

[1] 贾辅忠 , 李兰娟 . 感染病学 . 南京：江苏科学技术出版社 , 2010: 472~473.

[2] 刘菊 . 2007—2008 年住院患者细菌耐药综合分析 . 中国现代药物应用 , 2008, 2(23):65~66.

[3] 宋丽芳 , 陈松涛 . 医院病原菌分布及其耐药谱分析 . 中华医院感染学杂志 , 2009, 19(10):1286~1288.

[4] 毛伟 . 支气管哮喘患者医院感染病原菌分布调查 . 中华医院感染学杂志 , 2013, 23(15):3788~3790.

[5] George M G. Bergey's Manual of Systematic Bacteriology. Second Edition. Volume Two. Part B. Springer, New York, 2005: 417~425.

[6] 陆德源 . 医学微生物学 . 4 版 . 北京：人民卫生出版社 , 2000: 97.

[7] 李仲兴 , 郑家齐 , 李家宏 . 感染病学 . 北京：人民卫生出版社 , 1986: 122~123.

[8] 唐珊熙 . 微生物学及微生物学检验 . 北京：人民卫生出版社 , 1998: 151~152.

[9] 叶应妩 , 王毓三 , 申子瑜 . 全国临床检验操作规程 . 3 版 . 南京：东南大学出版社 , 2006: 778~782, 828~829.

[10] 张玲 , 程方雄 , 刘瑾 , 等 . 卡他莫拉氏菌临床分布及耐药性分析 . 中华医院感染学杂志 , 2014, 24(3):545~546.

[11] 蒋鲲 , 陈雯 , 贾德胜 , 等 . 哮喘患儿医院感染病原菌分布及感染因素分析 . 中华医院感染学杂志 , 2013, 23(14):3540~3541, 3544.

[12] 黄妙珠 , 关倩雅 , 陈汉斌 , 等 . 脑瘫患儿院内感染发病情况分析 . 中国医药导报 , 2010, 7(16):175~176.

第 23 章　类香味菌属 (*Myroides*)

    类香味菌属 (*Myroides* Vancanneyt，Segers，Torck et al 1996) 的香味类香味菌 (*Myroides odoratus*)，具有一定的病原学意义，属于与人的某些类型感染病 (infectious diseases) 相关的机会病原菌 (opportunistic pathogen，亦称为条件病原菌)，但还是很少见且感染类型不很明确 [1~3]。

    类香味菌属细菌属于非发酵菌 (nonfermentative bacteria) 类，也常记为非发酵革兰氏阴性杆菌 (nonfermentative Gram-negative bacilli，NFGNB)。与医院感染 (hospital infection，HI) 相关的非发酵菌类，在我国已有明确记述和报告的涉及 9 个菌科 (Family)、14 个菌属 (genus) 的 27 个菌种 (species) 及亚种 (subspecies)。为便于一并了解，将各菌科、菌属名录以表格 "医院感染非发酵菌类的各菌科与菌属" 的形式，记述在了第 3 篇 "医院感染革兰氏阴性非发酵型细菌" 的扉页中。

    在医院感染的类香味菌属细菌中，在我国已有明确报告的仅涉及香味类香味菌 1 个种，且在所有医院感染细菌中的检出频率也是很低的。

    ● 在第 18 章 "金黄杆菌属" (*Chryseobacterium*) 中有记述，浙江省青田县人民医院的张德忠等 (2009) 报告，回顾性总结该医院在 2006 年 6 月至 2008 年 5 月间，从各科室送检不同标本材料中分离获得的黄杆菌属 (*Flavobacterium* Bergey，Harrison，Breed et al 1923 emend. Bernardet，Segers，Vancanneyt et al 1996) 细菌 5 种 219 株 (非重复分离菌株)，其中包括芳香黄杆菌 (*Flavobacterium odoratum*)15 株 (构成比 6.85%) 居第 3 位 [4]。

    本书作者注：文中记述的芳香黄杆菌，即现在分类命名的香味类香味菌。

1　菌属定义与分类位置

类香味菌属为黄杆菌科 (Flavobacteriaceae Reichenbach 1992 emend. Bernardet et al 1996 emend. Bernardet et al 2002) 细菌的成员，菌属名称"*Myroides*"为新拉丁语阳性名词，指这些细菌为香料、香气 (resembling perfume)[5]。

1.1　菌属定义

类香味菌属细菌为大小在 0.5μm × (1.0 ～ 2.0)μm 的杆菌，肉汤培养物的菌细胞较长和形成长链 (4 ～ 10 个菌体)，无鞭毛，不能滑动运动 (gliding motility)，也无迁徙生长 (swarming) 现象，革兰氏阴性。

通常类香味菌属细菌菌落为黄色或黄色到橙色，多数菌株可产生水果香味。该类细菌需氧生长，严格的呼吸型代谢，在普通营养琼脂、麦康凯琼脂 (MacConkey agar) 培养基上生长良好，在血液营养琼脂培养基上不溶血；生长在 18 ～ 22℃和 37℃，在 5℃或 42℃不生长。氧化酶、接触酶、明胶酶阳性，吲哚阴性，不还原硝酸盐，精氨酸双水解酶、β- 半乳糖苷酶 (β-galactosidase) 阴性，不水解七叶苷。有两个种分离于医院感染患者，1 个种分离于海水[5]。

类香味菌属细菌 DNA 中 G+C mol% 为 30 ～ 38；模式种 (type species)：香味类香味菌 [*Myroides odoratus*(Stutzer and Kwaschnina 1929)Vancanneyt，Segers，Torck et al 1996][5]。

1.2　分类位置

按伯杰氏 (Bergey) 细菌分类系统，在第二版《伯杰氏系统细菌学手册》(*Bergey's Manual of Systematic Bacteriology*) 第 4 卷 (2010) 中，类香味菌属分类于黄杆菌科。在黄杆菌科内共包括 61 个菌属，各菌属名录记述在了第 18 章"金黄杆菌属"(*Chryseobacterium*) 中。

黄杆菌科细菌 DNA 的 G+C mol% 为 27 ～ 56，模式属 (type genus)：黄杆菌属 (*Flavobacterium* Bergey，Harrison，Breed et al 1923 emend. Bernardet，Segers，Vancanneyt et al 1996)。

在类香味菌属内记载了 3 个种，依次为：香味类香味菌、拟香味类香味菌 (*Myroides odoratimimus*)、海类香味菌 (*Myroides pelagicus*)[5]。

2　香味类香味菌 (*Myroides odoratus*)

香味类香味菌 [*Myroides odoratus*(Stutzer and Kwaschnina 1929)Vancanneyt，Segers，Torck et al 1996]，即原归在了黄杆菌属的香味黄杆菌 (*Flavobacterium odoratum* Stutzer and Kwaschnina 1929)，也称为芳香黄杆菌。菌种名称"*odoratus*"为拉丁语过去分词阳性形容词，指香味的 (perfumed)。

细菌 DNA 的 G+C mol% 为 35 ～ 38(T_m)；模式株：ATCC 4651，CCUG 7321，CIP

103105，DSM 2801，IFO(now NBRC)14945，JCM 7458，LMG 1233，NCTC 11036。GenBank 登录号 (16S rRNA)：M58777[5]。

2.1 生物学性状

香味类香味菌能够在普通营养培养基上生长，多数菌株在麦康凯琼脂培养基上生长，形成有果香味的菌落。其氧化酶阳性，接触酶阳性；利用柠檬酸盐 (迟缓)，产生 H_2S。使用铵盐培养基 (ammonium salts medium) 测试，不能分解葡萄糖、阿拉伯糖、纤维二糖、乙醇、乳糖、甘露醇、麦芽糖、棉籽糖、水杨苷、蔗糖、鼠李糖、海藻糖、木糖、阿东醇、甘油；消化酪蛋白，不水解七叶苷、淀粉，不产生吲哚 (Ehrlich 法)，还原亚硝酸盐，产生尿素酶，不还原硝酸盐，β- 半乳糖苷酶阴性，产生明胶酶 (平皿法)，在 42℃ 不生长，不能产生非水溶性黄色素[5]。

类香味菌属 3 个种的主要生物学性状，如表 23-1 所示 [5]。

表 23-1 类香味菌属内 3 个种的鉴别特征

项目	香味类香味菌	拟香味类香味菌	海类香味菌
菌细胞长度 (μm)	11 ~ 12	3.5 ~ 4.0	0.5 ~ 1.0
菌落颜色	黄色	苍白黄色	黄色到橙色
生长耐受 NaCl 浓度 %(W/V)	0 ~ 5	0 ~ 6	0 ~ 9
生长 pH 范围	6 ~ 9	6 ~ 9	5 ~ 9
接触酶	+	+	弱
尿素酶	+	+	−
酯酶 (C4)，脂肪酶 (C8)	+	+	−
利用：L- 组氨酸 (histidine)	+	+	−
α- 羟基丁酸 (α-hydroxybutyric acid)	+	−	+
琥珀酰胺酸 (succinamic acid)	+	弱	+
尿刊酸 (urocanic acid)	+	+	−
亚硝酸盐还原	+	+	−

香味类香味菌由 Stutzer 和 Kwaschnina(1929) 首先报告从肠道患者粪便中分离到，当时归在了黄杆菌属，命名为 "*Flavobacterium odoratum*" (香味黄杆菌)。所有菌株多是分离于人的尿液被检材料、创口部位，一些菌株分离于昆虫血液及淡水鱼类。另外，原有分类于黄杆菌属的细菌在自然界的分布广泛，在土壤、水、空气等外界环境，肉类、乳产品、蔬菜，以及人和某些动物均有存在。常可从人体尿道、阴道、皮肤、口腔黏膜、上呼吸道等部位检出香味类香味菌，因此其也可能属于人的正常菌群部分。对氯己定等消毒剂有抵抗力，在 42℃ 条件下可被杀死 [1 ~ 3, 5 ~ 7]。

在医院环境，在第 18 章 "金黄杆菌属" (Chryseobacterium) 中有记述，广东省佛山市第一人民医院的黄淑萱等 (2011) 报告，在 2007 年 11 月至 2010 年 6 月间，对从该医院各科室收集的各个区域环境空气标本材料 141 份进行了细菌检验，共检出带菌标本材料 23 份 (阳性率 16.31%)。其中检出黄杆菌属细菌 5 种 12 株，包括香味类香味菌 1 株 (构成比 8.33%)[8]。

在对临床常用抗菌类药物的敏感性方面，广东省鹤山市人民医院的赵少琴 (2000) 报告，对从 1 例败血症病例分离的病原香味类香味菌 (文中以芳香黄杆菌记述)，进行了对常用抗菌类药物的耐药性测定。结果其对供试的庆大霉素、妥布霉素、头孢氨苄、头孢哌酮、头孢曲松敏感，对青霉素、红霉素等耐药。根据血液细菌培养、耐药性测定结果，选用头孢哌酮、妥布霉素静脉滴注，同时给予输同型血及静脉滴注免疫球蛋白。经治疗 10 天后，患者体温正常，无咳嗽、咳痰，精神、食欲好。又进行血液细菌培养，无细菌生长，痊愈出院[9]。

2.2 病原学意义

香味类香味菌自从在肠道患者粪便中检出后，相继有在尿液、血液、痰液、创伤表面、溃疡表面检出的报告，对人具有致病作用[1~3]。在上面记述广东省鹤山市人民医院的赵少琴 (2000) 报告的 1 例败血症病例，是一名 10 月龄女婴，因发热 2 天于 1999 年 8 月 6 日上午 9 时入院。患者于 2 天前因受凉后出现低热，伴偶尔咳嗽 (无痰)；曾在当地门诊治疗，症状无好转。后在本院门诊拟发热查因，上呼吸道感染收入院。以咽拭子进行细菌培养，无致病菌生长；以血液进行细菌培养，结果为香味类香味菌 (文中以芳香黄杆菌记述) 生长[9]。

在作为医院感染病原菌的检出方面，在前面有记述浙江省青田县人民医院的张德忠等 (2009) 报告从各科室送检不同标本材料中分离获得的黄杆菌属细菌 219 株 (非重复分离菌株)，包括香味类香味菌 (文中以芳香黄杆菌记述)15 株 (构成比 6.85%)。其中分离于重症监护室 (intensive care unit，ICU) 的 6 株 (构成比 40.00%)、内科的 4 株 (构成比 26.67%)、外科的 3 株 (构成比 20.00%)、骨科的 1 株 (构成比 6.67%)、其他的 1 株 (构成比 6.67%)；分离于痰液的 9 株 (构成比 60.00%)、各种分泌物的 3 株 (构成比 20.00%)、尿液的 2 株 (构成比 13.33%)、血液的 1 株 (构成比 6.67%)[4]。

2.3 微生物学检验

对香味类香味菌的微生物学检验，目前还主要是依赖于对细菌进行分离鉴定的细菌学检验。检验中，要特别注意与临床比较常见的非发酵菌类，尤其是黄杆菌属细菌相鉴别。

（房 海）

参 考 文 献

[1] 贾辅忠 , 李兰娟 . 感染病学 . 南京 : 江苏科学技术出版社 , 2010: 495~496.

[2] 杨正时 , 房海 . 人及动物病原细菌学 . 石家庄 : 河北科学技术出版社 , 2003: 730~736.

[3] 罗海波 , 张福森 , 何浙生 , 等 . 现代医学细菌学 . 北京 : 人民卫生出版社 , 1995: 104~109.

[4] 张德忠 , 温建艳 , 周文聪 , 等 . 黄杆菌属医院感染特性与多药耐药分析 . 中华医院感染学杂志 , 2009, 19(15): 2040~2043.

[5] Aidan C P. Bergey's Manual of Systematic Bacteriology. Second Edition. Volume Four. Springer, New York, 2010: 245~248.

[6] 唐珊熙 . 微生物学及微生物学检验 . 北京 : 人民卫生出版社 , 1998: 276~278.

[7] Holt J G, Krieg N R, Sneath P H A, et al. Bergey's Manual of Determinative Bacteriology. Ninth Edition. Baltimore, Williams and Wilkins, 1994: 140.

[8] 黄淑萱 , 潘练华 . 黄杆菌属医院感染耐药性分析 . 海南医学 , 2011, 22(17): 98~99.

[9] 赵少琴 . 小儿芳香黄杆菌败血症 1 例报告 . 新医学 , 2000, 31(8): 482~483.

第 24 章　苍白杆菌属 (*Ochrobactrum*)

苍白杆菌属 (*Ochrobactrum* Holmes，Popoff，Kiredjian and Kersters 1988) 的人苍白杆菌 (*Ochrobactrum anthropi*)，是与人类疾病相关的一种机会病原菌 (opportunistic pathogen，亦称为条件病原菌)，可在一定条件下引起多种类型的感染病 (infectious diseases)。近年来在我国由人苍白杆菌引起感染的病例有增多的趋势，其中尤以儿童的血液感染为多见。另外，中间苍白杆菌 (*Ochrobacterum intermedium*) 可引起人的感染发生肝脓肿 [1, 2]。

苍白杆菌属细菌属于非发酵菌 (nonfermentative bacteria) 类，也常是记为非发酵革兰氏阴性杆菌 (nonfermentative Gram-negative bacilli，NFGNB)。与医院感染 (hospital infection，HI) 相关的非发酵菌类，在我国已有明确记述和报告的涉及 9 个菌科 (Family)、14 个菌属 (genus) 的 27 个菌种 (species) 及亚种 (subspecies)。为便于一并了解，将各菌科、菌属名录以表格 "医院感染非发酵菌类的各菌科与菌属" 的形式，记述在了第 3 篇 "医院感染革兰氏阴性非发酵型细菌" 的扉页中。

在医院感染的苍白杆菌属细菌中，在我国已有明确报告的仅涉及人苍白杆菌 1 个种，且在所有医院感染细菌中的检出频率也是比较低的。

● 南方医科大学附属深圳妇幼保健院的段纯等 (2011) 报告，该医院在 5 年 (2005 年 1 月至 2009 年 12 月) 间，从儿科住院患儿血液标本材料分离到人苍白杆菌 33 株 [3]。

● 广东省深圳市中医院的曾学辉等 (2014) 报告，广东省深圳市中医院及四川省内江市第一人民医院在 3 年 (2011 年 1 月至 2013 年 12 月) 间，从住院及连续就诊的门诊患者血液被检材料，共检出细菌 5021 株，其中人苍白杆菌 231 株 (构成比 4.60%) [4]。

● 湖南省儿童医院的胡建芬等 (2015) 报告，为调查儿童的人苍白杆菌败血症的临床分布及人苍白杆菌耐药性情况，在 2013 年 1 月至 2014 年 10 月间，从该医院住院患儿血液被检材料，共检出细菌 2966 株，其中人苍白杆菌 140 株 (构成比 4.72%)[5]。

1 菌属定义与分类位置

苍白杆菌属是布鲁氏菌科 (Brucellaceae Breed，Murray and Smith 1957) 细菌的成员。菌属 (genus) 名称"*Ochrobactrum*"为现代拉丁语中性名词，指无色或乏味的杆菌 (a colorless rod)[6]。

1.1 菌属定义

苍白杆菌属细菌为具有平行边、两端钝圆的杆菌，典型形态大小为 1.0μm×(1.5 ~ 2.0)μm，已有卵圆形的 (长 1.0 ~ 1.5μm)，多是单个存在；革兰氏阴性，借周生鞭毛 (peritrichous flagella) 运动。该菌属细菌专性需氧，呼吸型代谢，在 20 ~ 37℃生长；在普通营养琼脂培养基上的菌落光滑 (smooth，S)、低隆起、半透明，但小麦苍白杆菌 (Ochrobactrum tritici) 为黏稠不透明，且很快呈融合生长。

该菌属细菌有机化能营养，可利用多种氨基酸类、有机酸、碳水化合物为碳源，能够从葡萄糖、阿拉伯糖、乙醇、果糖、鼠李糖、木糖产酸，氧化酶、接触酶阳性，吲哚阴性，通常还原硝酸盐，在麦康凯 (MacConkey agar) 培养基上能生长，通常尿素酶阳性，鸟氨酸脱羧酶阴性，分离于人的临床材料、土壤、小麦根部。

苍白杆菌属细菌 DNA 的 G+C mol% 为 56 ~ 59；模式种 (type species)：人苍白杆菌 (*Ochrobactrum anthropi* Holmes，Popoff，Kiredjian and Kersters 1988)[4]。

1.2 分类位置

按伯杰氏 (Bergey) 细菌分类系统，在第二版《伯杰氏系统细菌学手册》(*Bergey's Manual of Systematic Bacteriology*) 第 2 卷 (2005)C 部分中，苍白杆菌属分类于布鲁氏菌科。

布鲁氏菌科共包括 3 个菌属，依次为：布鲁氏菌属 (*Brucella* Meyer and Shaw 1920)、枝面菌属 (*Mycoplana* Gray and Thornton 1928 emend. Urakami，Oyanagi，Araki et al 1990)、苍白杆菌属。

布鲁氏菌科的模式属 (type genus)：布鲁氏菌属。

在苍白杆菌属内共记载了 4 个种 (species)，依次为：人苍白杆菌、格里朗苍白杆菌 (*Ochrobactrum grignonense*)、中间苍白杆菌、小麦苍白杆菌 [6]。

2 人苍白杆菌 (*Ochrobactrum anthropi*)

人苍白杆菌 (*Ochrobactrum anthropi* Holmes，Popoff，Kiredjian and Kersters 1988) 的种名"*anthropi*"为新拉丁语属格名词，意为源于人的 (a human being)。

细菌 DNA 的 G+C mol% 为 56 ~ 59(T_m)；模式株 (type strain)：NCTC 12168，CIP

82.11，CIP 14970，DSM 6882，IAM 14119，LMG 3331。GenBank 登录号 (16S rRNA)：D12794[6]。

2.1　生物学性状

对苍白杆菌属细菌的一些生物学性状，还缺乏比较系统的研究。其中对人苍白杆菌主要生物学性状在近些年来的描述相对较多，这是与其具有一定的病原学意义相关联的。

2.1.1　理化特性

人苍白杆菌为非发酵、严格需氧的革兰氏阴性杆菌，外形较直或一段略弯，有较强的运动能力。其氧化酶阳性、触酶阳性、尿素阳性、硝酸盐还原阳性，产生 H_2S，精氨酸双水解阳性，吲哚阴性；可分解葡萄糖，不水解七叶苷、明胶、DNA。人苍白杆菌适宜生长温度为 20 ~ 37℃，在布鲁氏菌琼脂培养基上生长良好，菌落光滑、明亮、与布鲁氏菌属细菌的外观形态极为相似，但中间苍白杆菌的菌落不透明。人苍白杆菌是唯一可以在 45℃ 培养的大豆胰蛋白胨琼脂培养基上生长的苍白杆菌，任何一种苍白杆菌均不能在十六烷三甲基溴化铵琼脂培养基上生长；在哥伦比亚血琼脂中不溶血，容易在麦康凯培养基上生长。

人苍白杆菌的一些主要生物学性状，也同在菌属中的描述。在最初曾分为 A、C、D 的 3 个生物型 (biovars)，分别相当于无色杆菌属 (*Achromobacter* Yabuuchi and Yano 1981 emend. Yabuuchi，Kawamura，Kosako and Ezaki 1998) 细菌的 A、C、D 群 (groups) 菌。基因分析结果显示仅有生物型 A、D 符合人苍白杆菌，生物型 A 与生物型 D 的区别是在利用侧金盏花醇、蔗糖产酸方面，另外是不能利用 L- 阿拉伯糖醇[6]。

苍白杆菌属 4 个种的主要生物学性状，如表 24-1 所示[6]。

表 24-1　苍白杆菌属内 4 个种的鉴别特征

项目	人苍白杆菌	格里朗苍白杆菌	中间苍白杆菌	小麦苍白杆菌
产酸：阿拉伯糖	−	± 到 +	−	−
蜜二糖	−	+	−	−
抗菌类药物敏感性：黏菌素	S/I	R	R	S
多黏菌素 B	S	R	R	S
同化：麦芽糖 (48h)	+	−	−	+
甘露糖 (24h)	−	+	−	−
尿素酶 (24h)	+	−	−	+
利用：核糖醇	+	−	+	+
纤维二糖	+	− 到 ±	+	+
龙胆二糖	+	− 到 ±	+	+
丙二酸	−	+	−	−
奎尼酸	+	−	+	+
D- 葡萄糖胺酸	+	−	+	+
D- 海藻糖	+	−	+	+
γ- 羟基丁酸	+	+	+	−

注：符合的 + 表示阳性，− 表示阴性，± 表示阳性或阴性，S 表示敏感 (susceptible)，R 表示抗性 (resistant)，I 表示中介 (intermediate)。

人苍白杆菌在表型和遗传进化方面与布鲁氏菌属细菌密切相关，能与布鲁氏菌属细菌发生交叉凝集，其感染后的临床表现与布鲁氏菌病 (brucellosis) 也极为相似 [2]。

2.1.2 生境与抗性

人苍白杆菌的自然栖息地还不很确定，已有资料显示广泛存在于自然界的多种环境中，主要存在于土壤、污泥、植物和水源；在医院的水源中也可发现，并容易造成医疗用具的污染；通过对分离菌株的研究发现，还仅有一小部分菌株来源于土壤、水源和医院的医疗器械，其大多数的菌株是分离自临床标本 [2, 4,5]。

在对临床常用抗菌类药物的耐药性方面，已有资料显示对多种抗菌类药物具有不同程度的耐药性。以下的记述，是具有一定代表性的。

在前面有记述南方医科大学附属深圳妇幼保健院的段纯等 (2011) 报告，对从该医院儿科病房血流感染患儿的血液标本材料分离的 33 株人苍白杆菌，进行了对临床常用 16 种抗菌类药物的耐药性测定。结果为对供试的氨苄西林、哌拉西林、头孢唑林均耐药 (耐药率 100.00%)；对头孢呋辛、头孢曲松、头孢噻肟、头孢吡肟耐药的各 32 株 (耐药率 96.97%)；对头孢他啶耐药的 31 株 (耐药率 93.94%)；对氨曲南耐药的 30 株 (耐药率 90.91%)；对亚胺培南、庆大霉素、妥布霉素、阿米卡星、环丙沙星、左氧氟沙星、磺胺甲噁唑 / 甲氧苄啶，无耐药菌株 [3]。

在前面有记述广东省深圳市中医院的曾学辉等 (2014) 报告，对从住院及连续就诊的门诊患者血液分离的人苍白杆菌 231 株，进行了对临床常用 12 种抗菌类药物的耐药性测定。结果为对供试的哌拉西林均耐药 (耐药率 100.00%)；对氨曲南耐药的 229 株 (耐药率 99.13%)；对头孢唑啉耐药的 228 株 (耐药率 98.70%)；对氨苄西林 / 舒巴坦耐药的 222 株 (耐药率 96.10%)；对哌拉西林 / 他唑巴坦耐药的 219 株 (耐药率 94.81%)；对头孢噻肟耐药的 216 株 (耐药率 93.51%)；对厄他培南、头孢吡肟耐药的各 22 株 (耐药率 9.52%)；对亚胺培南耐药的 7 株 (耐药率 3.03%)；对庆大霉素耐药的 3 株 (耐药率 1.29%)；对环丙沙星耐药的 2 株 (耐药率 0.87%)；对美罗培南均敏感，无耐药菌株 [4]。

在前面有记述湖南省儿童医院的胡建芬等 (2015) 报告对从该医院住院患儿血液检出的 140 株人苍白杆菌，进行了对临床常用 12 种抗菌类药物的耐药性测定。其耐药菌株数量和耐药率 (%)，从高到低依次为：对供试哌拉西林的 140 株 (100.00%)、氨曲南 138 株 (98.57%)、头孢唑林 136 株 (97.14%)、氨苄西林 / 舒巴坦 134 株 (95.71%)、哌拉西林 / 他唑巴坦 134 株 (95.71%)、头孢噻肟 131 株 (93.57%)、厄它培南 13 株 (9.29%)、头孢吡肟 13 株 (9.29%)、亚胺培南 5 株 (3.57%)、庆大霉素 1 株 (0.71%)、环丙沙星 1 株 (0.71%)，对美罗培南均敏感 [5]。

江西省萍乡市第二人民医院的何祖光 (2007) 报告，从 1 例行左下肺切除术后感染人苍白杆菌病例 (胸腔出现脓液) 的胸腔引流脓液，检出的人苍白杆菌进行了耐药性测定。结果为对供试的亚胺培南、头孢哌酮 / 舒巴坦、派拉西林 / 他唑巴坦、头孢比肟、头孢他啶、头孢噻肟、头孢哌酮、头孢西丁、派拉西林、复方磺胺、阿米卡星、庆大霉素均耐药，对环丙沙星、左氧氟沙星敏感；通过试验检测，该分离菌株能够产生超广谱 β- 内酰胺酶 (extended-spectrum β-lactamases，ESBLs)、碳青霉烯酶、耐抑制剂广谱酶等多种 β- 内酰胺酶，以及氨基苷酶[7]。

2.2　病原学意义

人苍白杆菌在人的感染，近些年来已有从多种感染部位检出的报告。在动物，已有才患病中华鳖 (*Trionyx sinensis*) 检出的报告。

2.2.1　人的人苍白杆菌感染病

人苍白杆菌作为人的条件性病原菌，引起发生感染多与机体全身或局部的免疫低下有关 (如创伤、肿瘤、器官移植、使用插管、使用免疫抑制类药物等情况下)，尤其是在免疫功能不全的患者；此外，也可感染免疫功能正常儿童发生菌血症。

2.2.1.1　临床主要感染病类型

人苍白杆菌可在一定条件下，引起菌血症、败血症、脑膜炎、腹膜炎、脑脓肿、肺炎、脊髓炎、化脓性感染、心内膜炎、伤口感染、眼部感染等多种类型的感染病，常常是缺乏特征性的临床表现及典型症状[2, 3]。

2.2.1.2　医院感染特点

由人苍白杆菌引起的已有感染，所表现的特点是感染缺乏区域特征、感染部位比较宽泛、感染类型复杂、有效预防控制难度大。在医院感染中，不仅常会引起透析住院患者的菌血症，眼科手术、神经外科手术、器官移植术、瓣膜替换术、白内障手术等的术后感染，还可引起人工瓣膜心内膜炎，器官移植患者的菌血症、大脑积脓症等[2]。

在我国，近些年来也陆续有一些由人苍白杆菌引起医院感染的报告，其感染类型也比较复杂。以下记述的一些报告，是具有一定代表性的。

在前面有记述广东省深圳市中医院的曾学辉等 (2014) 报告，从住院及连续就诊的门诊患者血液分离的人苍白杆菌 231 株，主要集中在感染科、重症监护科、肿瘤科等；其中感染科 78 株 (构成比 33.77%)、重症监护科 52 株 (构成比 22.51%)、肿瘤科 35 株 (构成比 15.15%)、心血管内科 28 株 (构成比 12.12%)、呼吸内科 23 株 (构成比 9.96%)、其他科室 15 株 (构成比 6.49%)[4]。

在前面有记述湖南省儿童医院的胡建芬等 (2015) 报告，在该医院由人苍白杆菌引起的败血症病例 140 例，检出的人苍白杆菌 140 株，分别为来源于重症监护科的 43 株 (构成比 30.71%)、呼吸内科的 31 株 (构成比 22.14%)、心血管内科的 25 株 (构成比 17.86%)、消化内科的 15 株 (构成比 10.71%)、传染科的 15 株 (构成比 10.71%)、新生儿科的 7 株 (构成比 5.00%)、其他科室的 4 株 (构成比 2.86%)[5]。

在前面有记述江西省萍乡市第二人民医院的何祖光 (2007) 报告，曾因左下肺结核钙化坏死在某市中医院行左下肺切除后发生感染的 35 岁女性患者，入江西省萍乡市第二人民医院治疗。入院时左侧胸腔出现脓液，切开行胸腔脓液引流，引流 1 天后又出现了肺支气管瘘。以引流液进行细菌学检验，检出了相应病原人苍白杆菌[7]。

重庆市垫江县人民医院的陶方明 (2007) 报告，一名 65 岁男性患者，在 2006 年 9 月间曾因突发脑出血先在某医院行气管切开插管、右侧脑室切开减压引流术，住院一段时间后因继发肺部感染，病情加重转至西南医院经再度手术治疗、抗感染治疗后病情稳定。在12 月间转入该医院，在重症监护室 (intensive care unit，ICU) 继续治疗。于 2007 年 1 月 7 日送痰液标本进行细菌学检验，检出了人苍白杆菌[8]。

武汉亚洲心脏病医院的崔敏等 (2009) 报告在 2007 年 9 月，一名 64 岁男性患者因"间断胸痛 4 年，再发半年，加重半月"入该医院治疗。经大血管计算机断层扫描检查提示为主动脉夹层 (Debakey Ⅰ型)，累及右冠状动脉和腹腔干、双侧髂总动脉。行手术治疗使病情平稳后，转重症监护室。在手术后第 4 天，患者中午突发寒战、显烦躁并发热 (体温 38.8℃)，随后拔除患者深静脉留置管，抽取血液及留取深静脉留置管进行细菌学检验，结果连续 2 次均检出了人苍白杆菌。报告者认为，由人苍白杆菌引起导管相关性血液感染实属罕见[9]。

江苏省中医药研究院的王书侠等 (2012) 报告在 2010 年 8 月，江苏省中医药研究院检验科从 1 例胃癌伴肝转移患者的中段尿中分离培养出人苍白杆菌，认为由此菌引起的泌尿系感染是罕见的[10]。

浙江省金华市中心医院的王利民等 (2015) 报告，该医院在 2007 年至 2012 年间，从不同被检标本材料中分离到人苍白杆菌 36 株，其中分离于腹水的 4 株 (构成比 11.11%)、血液的 32 株 (构成比 88.89%)；分布于肿瘤科的 5 株 (构成比 13.89%)、肾内科的 20 株 (构成比 55.56%)、重症监护室的 11 株 (构成比 30.56%)；均为肿瘤术后、血液透析、有长期静脉留置管患者[11]。

2.2.2 动物的人苍白杆菌感染病

人苍白杆菌作为动物的病原菌，已有的相关信息显示可能还仅是限于水生动物中华鳖，且为很少见的。宁波大学的胡广洲等 (2010) 报告，随着中华鳖养殖规模的不断扩大，高密度、集约化养殖模式使养殖鳖的生态环境受到破坏，导致其免疫功能衰退，病害日益严重。自 2007 年以来，浙江若干生态养殖场养殖的中华鳖出现大规模暴发性死亡。报告者的研究发现，显示出一种新病毒 (virus sp.nov.) 的严重感染，细菌可加剧病情。在以病鳖进行细菌学检验中，分离到 8 株细菌，其中包括人苍白杆菌[12]。

2.3 微生物学检验

对人苍白杆菌的微生物学检验，目前还主要是依赖于对细菌进行分离鉴定的细菌学检验。

2.3.1 鉴别检验

需要特别注意的是，由于人苍白杆菌在表型和遗传进化方面与布鲁氏菌属细菌密切相关，尤其是马耳他布鲁氏菌 (*Brucella melitensis*) 很容易被误鉴定为人苍白杆菌，发生人苍白杆菌感染后的临床表现也与布鲁氏菌病很是相似[2]。

对苍白杆菌属细菌鉴定时，要特别注意与均属于非发酵菌类的产碱菌属 (*Alcaligenes* Castellani and Chalmers 1919) 细菌，尤其是临床出现频率较高的粪产碱菌 (*Alcaligenes faecalis*)，无色杆菌属 (*Achromobacter* Yabuuchi and Yano 1981 emend. Yabuuchi, Kawamura，Kosako and Ezaki 1998) 细菌，尤其是比较多见的木糖氧化无色杆菌木糖氧化亚种 (*Achromobacter xylosoxidans* subsp. *xylosoxidans*) 和木糖氧化无色杆菌反硝化亚种 (*Achromobacter xylosoxidans* subsp. *denitrificans*) 相鉴别。一些主要鉴别特征，记述在了第 15 章 "无色杆菌属" (*Achromobacter*) 的表 15-2 (无色杆菌属、产碱菌属、苍白杆菌属细菌的鉴别特征) 中，可供参考。其共同的特征，是均以周生鞭毛运动，氧化酶阳性，不产生吲哚；木糖氧化无色杆菌木糖氧化亚种、苍白杆菌属细菌，为能够分解糖类的非发酵菌；木糖氧化无色杆菌反硝化亚种、粪产碱菌，为不能分解糖类的非发酵菌[13]。

另外，不产生色素、产生周身鞭毛，可用作假单胞菌属 (*Pseudomonas* Migula 1894)、黄杆菌属 (*Flavobacterium* Bergey，Harrison，Breed et al 1923 emend. Bernardet，Segers，Vancanneyt et al 1996) 与人苍白杆菌的鉴别指标；氧化酶阳性反应，可以区分与人苍白杆菌分类关系较近的不动杆菌属 (*Acinetobacter* Brisou and Prévot 1954)，进一步区分人苍白杆菌与氧化酶阳性反应的细菌如无色杆菌属、产碱菌属、土壤杆菌属 (*Agrobacterium* Conn 1942 emend. Sawada et al 1993)，可用 3- 酮乳糖、H_2S 产生试验、β- 半乳糖苷酶 (β-galactosidase) 产生、溴化十六烷基三甲铵培养基生长试验、水解尿素和七叶苷等内容[2]。

2.3.2　分子鉴定

南方医科大学南方医院的陆文婷等 (2015) 报告，利用 16S rDNA 和转录间隔区 -2(internal transcribed spacer 2，ITS2) 基因序列分析方法，对难鉴定病原菌进行分子鉴定。通过对某三甲医院 4 年 (2011 年至 2014 年) 间从临床不同标本材料分离的 220 株难鉴定细菌、130 株难鉴定真菌 (fungi)，采用 PCR 方法分别扩增 16S rDNA 和 *ITS2* 基因、并测序 PCR 扩增布鲁氏菌属细菌的特异基因，同时进行布鲁氏菌属细菌和人苍白杆菌的区分。结果表明布鲁氏菌属细菌的特异基因 BCSP31 可区分布鲁氏菌属细菌和人苍白杆菌。综合分析研究结果，认为核糖体基因序列分析可作为临床难鉴定细菌和真菌的分子生物学诊断方法，某些细菌的特异基因检测可作为辅助鉴定方法[14]。

(房　海)

参 考 文 献

[1] 李工厂，屈平华，陈东科，等 .30 株苍白杆菌的分离鉴定和药物敏感性分析 . 临床检验杂志，2014, 32(12): 948~951.

[2] 刘志国，崔步云，夏咸柱 . 人苍白杆菌研究进展 . 微生物学报，2015, 55(8): 977~982.

[3] 段纯，朱岩，李素丽，等 . 儿童患者血培养分离人苍白杆菌耐药性分析 . 中华医院感染学杂志，2011, 21(3): 606~607.

[4] 曾学辉，曾正英 .231 例血液感染人苍白杆菌临床分布及耐药性分析 . 中南药学 2014, 12(7):714~716.

[5] 胡建芬，隆彩霞，张林 .140 例儿童人苍白杆菌败血症临床分布及耐药性分析 . 儿科药学杂志，2015, 21(9): 35~37.

[6] George M G. Bergey's Manual of Systematic Bacteriology.Second Edition.Volume Two.Part C.Springer, New York, 2005: 389~392.

[7] 何祖光 . 从胸腔脓液中分离一株多重耐药的人苍白杆菌 . 江西医学检验杂志 .2007, 25(1): 32.

[8] 陶方明 . 从痰中分离出多重耐药的人苍白杆菌 1 株 . 检验医学与临床 , 2007, 4(4): 341~342.

[9] 崔敏 , 张真路 . 人苍白杆菌引起导管相关性血液感染 . 检验医学 , 2009, 24(2): 162.

[10] 王书侠 , 张家明 , 施建丰 , 等 . 人苍白杆菌引起泌尿系感染及耐药性分析 . 医学研究生学报 , 2012, 25(8): 893~894.

[11] 王利民 , 吴俊琪 . 人苍白杆菌的迁移分布及耐药结果分析 . 中国乡村医药 , 2015, 22(9): 67.

[12] 胡广洲 , 李登峰 , 苏秀榕 , 等 . 患暴发性败血症中华鳖体内细菌的分离与鉴定 . 中国水产科学 , 2010, 17(4): 859~868.

[13] 叶应妩 , 王毓三 , 申子瑜 . 全国临床检验操作规程 . 3 版 . 南京 : 东南大学出版社 , 2006: 842~844.

[14] 陆文婷 , 程灿灿 , 芮勇宇 .16S rDNA 和 ITS2 基因序列分析用于难鉴定病原菌分子诊断 . 华南国防医学杂志 , 2015, 29(6): 435~438.

第25章 假单胞菌属 (*Pseudomonas*)

　　假单胞菌属 (*Pseudomonas* Migula 1894) 的铜绿假单胞菌 (*Pseudomonas aeruginosa*) 简称绿脓杆菌 (*Bacterium aeruginosum*)，也是人们比较熟悉和在文献中常被采用的简称。绿脓杆菌是人畜共患病 (zoonoses) 的病原菌，能在一定条件下引起人及多种动物的感染病 (infectious diseases)，以引起某些组织器官的化脓性感染、炎性感染以至菌血症及败血症等为特征；还有是近年来也有作为食物中毒 (food poisoning) 病原菌检出的报告，但其还不属于食源性病原菌 (foodborne pathogen) 的范畴。另外，产碱假单胞菌 (*Pseudomonas alcaligenes*)、荧光假单胞菌 (*Pseudomonas fluorescens*)、类产碱假单胞菌 (*Pseudomonas pseudoalcaligenes*)、恶臭假单胞菌 (*Pseudomonas putida*)、施氏假单胞菌 (*Pseudomonas stutzeri*) 等，也常常会作为机会病原菌 (opportunistic pathogen) 亦称为机会病原菌，表现出不同程度的医学病原学意义 [1~3]。

　　假单胞菌属细菌属于非发酵菌 (nonfermentative bacteria) 类，也常是记为非发酵革兰氏阴性杆菌 (nonfermentative Gram-negative bacilli，NFGNB)。与医院感染 (hospital infection，HI) 相关的非发酵菌类，在我国已有明确记述和报告的涉及 9 个菌科 (Family)、

14 个菌属 (genus) 的 27 个菌种 (species) 及亚种 (subspecies)。为便于一并了解，将各菌科、菌属名录以表格"医院感染非发酵菌类的各菌科与菌属"的形式，记述在了第 3 篇"医院感染革兰氏阴性非发酵型细菌"扉页中。

在医院感染的假单胞菌属细菌中，在我国已有明确记述和报告的涉及多个种；其中主要是绿脓杆菌，在所有医院感染细菌中似乎是一直处于首位或第 2 位的位置。

● 在第 4 章"肠杆菌属"(Enterobacter) 中有记述，江苏省无锡市第四人民医院的黄朝晖等 (2013) 报告，回顾性总结该医院 5 年 (2007 年至 2011 年) 间，从住院患者不同标本材料中分离获得的各种病原菌 38 037 株，其中明确菌种的革兰氏阴性细菌共 8 种 23 995 株 (构成比 63.08%)、革兰氏阳性细菌共 4 种 8395 株 (构成比 22.07%)，其他的病原菌 5647 株 (构成比 14.85%)。在明确菌种的革兰氏阴性细菌和革兰氏阳性细菌共 12 种 32 390 株 (构成比 85.15%) 中，包括绿脓杆菌 7486 株 (构成比 23.11%) 居第 1 位 [4]。

● 在第 4 章"肠杆菌属"(Enterobacter) 中有记述，江苏省中医院的孙慧等 (2014) 报告，回顾性总结该医院 3 年 (2010 年 1 月 1 日至 2012 年 12 月 31 日) 间，从医院感染病例不同标本材料中分离获得的各种病原菌 15 028 株，其中革兰氏阴性细菌 11 698 株 (构成比 77.84%)、革兰氏阳性细菌 3092 株 (构成比 20.57%)，真菌 (fungi)238 株 (构成比 1.58%)。明确菌种 (属) 的细菌共 11 个种 (属)13 649 株，其中革兰氏阴性细菌 7 个种 (属)10 683 株 (构成比 78.27%)、革兰氏阳性细菌 4 个种 (属)2966 株 (构成比 21.73%)，其中包括绿脓杆菌 2211 株 (构成比 16.19%) 居第 2 位 [5]。

● 在第 5 章"埃希氏菌属"(Escherichia) 中有记述，中国人民解放军第四军医大学西京医院全军临床检验医学研究所的陈潇等 (2014) 报告，回顾性总结该医院 11 年 (2002 年 1 月至 2012 年 6 月) 从医院感染 (HI) 病例共分离获得各种病原菌 32 472 株 (非重复菌种)，其中革兰氏阴性细菌 21 107 株 (构成比 65.0%)、革兰氏阳性细菌 9742 株 (构成比 30.0%)，真菌 1623 株 (构成比 5.0%)。明确菌种的细菌共 5 种 16 543 株，其中革兰氏阴性细菌 4 种 13 143 株 (构成比 79.45%)、革兰氏阳性的金黄色葡萄球菌 3400 株 (构成比 20.55%)。在明确菌种的细菌共 5 种 16 543 株中，绿脓杆菌 3770 株 (构成比 22.79%) 居第 2 位 [6]。

1 菌属定义与分类位置

假单胞菌属为假单胞菌科 (Pseudomonadaceae Winslow，Broadhurst，Buchanan et al 1917) 细菌的成员，近年来在分类位置、菌属内种的变动均较大。菌属名称"Pseudomonas"为现代拉丁语阴性名词，意为假单胞 (false monad)[7]。

1.1 菌属定义

假单胞菌属细菌为 (0.5 ～ 1.0)μm ×(1.5 ～ 5.0)μm 的革兰氏阴性、直或稍弯曲的杆菌，不呈螺旋状。有许多的种能积累聚 -β- 羟基丁酸盐 (poly-β-hydroxybutyrate，PHB) 作为碳储藏物质，这是表现为嗜苏丹 (sudan) 染料的内含物。该菌属细菌没有菌柄 (prosthecae)，也没有菌鞘 (sheaths)，不产生芽孢；以极端单鞭毛或数根鞭毛 (one or several polar flagella) 运动，罕见不运动的，有的种还能形成短波长的侧生鞭毛 (lateral flagella of short wavelength)。

本书作者注：具有积累聚 -β- 羟基丁酸盐特性的菌种，现已划归入伯克霍尔德氏菌属 (*Burkholderia* Yabuuchi，Kosako，Oyaizu et al 1993 emend. Gillis，Van，Bardin et al 1995)。

假单胞菌属细菌为需氧菌、以严格的呼吸型代谢，以氧作为最终电子受体；在某些情况下，能以硝酸盐作为替代的电子受体进行厌氧呼吸。该菌属细菌不产生黄单胞色素 (xanthomonadins)，几乎所有的种不能在酸性条件 (pH 4.5 或更低) 下生长，大多数的种不需要有机生长因子 (growth factors)。假单胞菌属细菌氧化酶阳性或阴性，接触酶阳性，化能异养菌，有的种是兼性化能自养、能利用 H_2 或 CO 作为能源，广泛分布于自然界，有的种对人、动物或植物有致病性。

假单胞菌属细菌 DNA 的 G+C mol% 为 58 ~ 69(Bd)；模式种 (type species)：铜绿假单胞菌 [*Pseudomonas aeruginosa*(Schroeter 1872)Migula 1900][7]。

1.2　分类位置

按伯杰氏 (Bergey) 细菌分类系统，在第二版《伯杰氏系统细菌学手册》(*Bergey's Manual of Systematic Bacteriology*) 第 2 卷 (2005)B 部分中，假单胞菌属分类于假单胞菌科。

假单胞菌科包括 8 个菌属，依次为：假单胞菌属、固氮单胞菌属 (*Azomonas* Winogradsky 1938)、固氮菌属 (*Azotobacter* Beijerinck 1901)、纤维弧菌属 (*Cellvibrio* Blackall，Hayward and Sly 1986)、嗜中杆菌属 (*Mesophilobacter* Nishimura，Kinpara and Iizuka 1989)、根瘤杆菌属 (*Rhizobacter* Goto and Kuwata 1988)、皱纹单胞菌属 (*Rugamonas* Austin and Moss 1987)、蛇形菌属 (*Serpens* Hespell 1977)。

假单胞菌科细菌的模式属 (type genus)：假单胞菌属。

假单胞菌属内共记载了 53 个已明确的种，以及 8 个不很明确的种。在个别的种，可分为不同的致病型 (pathovars) 或生物型 (biovars)。

已明确的 53 个种，依次为：铜绿假单胞菌、伞菌假单胞菌 (*Pseudomonas agarici*)、产碱假单胞菌、扁桃假单胞菌 (*Pseudomonas amygdali*)、病鳝假单胞菌 (*Pseudomonas anguilliseptica*)、铁角蕨假单胞菌 (*Pseudomonas asplenii*)、橘黄假单胞菌 (*Pseudomonas aurantiaca*)、榛色假单胞菌 (*Pseudomonas avellanae*)、产氮假单胞菌 (*Pseudomonas azotoformans*)、巴利阿里岛假单胞菌 (*Pseudomonas balearica*)、番木瓜假单胞菌 (*Pseudomonas caricapapayae*)、雪松树假单胞菌 (*Pseudomonas cedrella*)、绿针假单胞菌 (*Pseudomonas chlororaphis*)、菊苣假单胞菌 (*Pseudomonas cichorii*)、香茅醇假单胞菌 (*Pseudomonas citronellolis*)、皱纹假单胞菌 (*Pseudomonas corrugata*)、无花果假单胞菌 (*Pseudomonas ficuserectae*)、变黄假单胞菌 (*Pseudomonas flavescens*)、荧光假单胞菌、莓实假单胞菌 (*Pseudomonas fragi*)、黄褐假单胞菌 (*Pseudomonas fulva*)、褐鞘假单胞菌 (*Pseudomonas fuscovaginae*)、格萨德氏假单胞菌 (*Pseudomonas gessardii*)、青草假单胞菌 (*Pseudomonas graminis*)、杰氏假单胞菌 (*Pseudomonas jessenii*)、黎巴嫩假单胞菌 (*Pseudomonas libanensis*)、隆德假单胞菌 (*Pseudomonas lundensis*)、浅黄假单胞菌 (*Pseudomonas luteola*)、曼德尔氏假

单胞菌 (*Pseudomonas mandelii*)、边缘假单胞菌 (*Pseudomonas marginalis*)、苦楝假单胞菌 (*Pseudomonas meliae*)、门多萨假单胞菌 (*Pseudomonas mendocina*)、米氏假单胞菌 (*Pseudomonas migulae*)、蒙氏假单胞菌 (*Pseudomonas monteilii*)、霉味假单胞菌 (*Pseudomonas mucidolens*)、硝基还原假单胞菌 (*Pseudomonas nitroreducens*)、嗜油假单胞菌 (*Pseudomonas oleovorans*)、东方假单胞菌 (*Pseudomonas orientalis*)、栖稻假单胞菌 (*Pseudomonas oryzihabitans*)、穿孔素假单胞菌 (*Pseudomonas pertucinogena*)、类产碱假单胞菌、恶臭假单胞菌、食树脂假单胞菌 (*Pseudomonas resinovorans*)、罗氏假单胞菌 (*Pseudomonas rhodesiae*)、萨瓦氏假单胞菌 (*Pseudomonas savastanoi*)、秸秆色假单胞菌 (*Pseudomonas straminae*)、施氏假单胞菌、类黄假单胞菌 (*Pseudomonas synxantha*)、丁香假单胞菌 (*Pseudomonas syringae*)、腐臭假单胞菌 (*Pseudomonas taetrolens*)、托氏假单胞菌 (*Pseudomonas tolaasii*)、维氏假单胞菌 (*Pseudomonas veronii*)、浅绿黄假单胞菌 (*Pseudomonas viridiflava*)。

其中的荧光假单胞菌，可分为 5 个生物型 (biovar Ⅰ ~ Ⅴ)；丁香假单胞菌，可分为 37 个致病型；恶臭假单胞菌，可分为生物型 A(biovar A) 和生物型 B(biovar B)。

不很明确的 8 个种，依次为：嗜松香烷假单胞菌 (*Pseudomonas abietaniphila*)、抗微生物假单胞菌 (*Pseudomonas antimicrobica*)、大麻假单胞菌 (*Pseudomonas cannabina*)、弯曲假单胞菌 (*Pseudomonas flectens*)、嗜盐假单胞菌 (*Pseudomonas halophila*)、食多种树脂假单胞菌 (*Pseudomonas multiresinivorans*)、山黄麻假单胞菌 (*Pseudomonas tremae*)、温哥华假单胞菌 (*Pseudomonas vancouverensis*)[7]。

2 铜绿假单胞菌 (*Pseudomonas aeruginosa*)

铜绿假单胞菌 [*Pseudomonas aeruginosa*(Schroeter 1872)Migula 1900] 亦被称为绿脓假单胞菌 (*Pseudomonas pyocyaneas*)，最初由 Schroeter 在 1872 年命名为 "*Bacterium aeruginosum*" (绿脓杆菌)。菌种名称 "*aeruginosa*" 为拉丁语阴性形容词，指充满铜绿或铜绿色的 (full of copper rust or verdigris，hence green)。

细菌 DNA 的 G+C mol% 为 67.2(Bd)；模式株 (type strain)：ATCC 10145, DSM 50071，NCIB 8395，NCTC 10332，IMET 10403。GenBank 登录号 (16S rRNA)：X06684, Z76651[7]。

绿脓杆菌感染最先于 1862 年由 Lucke 发现，Schroeter 在 1872 年首先将其命名为绿脓杆菌。在 1882 年由 Gessard 首先从临床脓液标本中分离到 (在 5 年后证实其具有致病性)，此菌也因其能使脓液呈绿色得名，这是由于此菌大部分菌株 (已知不是所有的菌株) 能产生绿脓色素 (pyocyanin) 所致。绿脓杆菌在假单胞菌属细菌中，在致病作用方面具有代表性的。1903 年，Achard 首先用绿脓杆菌感染患者血清中的凝集抗体，与绿脓杆菌做凝集反应取得成功，也从而构成了对绿脓杆菌血清学分型的基础 [2, 8 ~ 10]。

2.1 生物学性状

对假单胞菌属细菌的主要生物学性状，在绿脓杆菌的研究相对较多。本书作者房海等，也曾对分离于动物（犬、家兔、鸡等）的病原绿脓杆菌进行了主要理化特性检验[10]。现结合一些相关资料，综合做如下简要记述。

2.1.1　形态与培养特征

绿脓杆菌为革兰氏阴性、大小为 $(0.5 \sim 1.0)\mu m \times (1.5 \sim 3.0)\mu m$ 的直（个别微弯曲）杆菌，单个、成双或短链排列（图 25-1）；单端生 1 ～ 3 根鞭毛、运动活泼，从临床分离的菌株常有菌毛 (pilus)，菌体外可有黏液层、大量黏液层又称包膜糖萼 (glycocalyx)，尤其是从囊性纤维变性 (cystic fibrosis) 患者分离到的菌株含有厚黏液层。做磷钨酸负染色标本，置透射电子显微镜下观察菌体呈杆状、表面不平整但较光滑，可见端生鞭毛及周生菌毛。图 25-2(原 ×7000) 显示杆状菌体、鞭毛及菌毛。

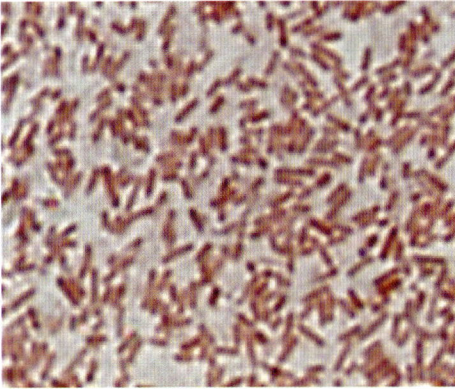

图 25-1　绿脓杆菌基本形态　　　　图 25-2　绿脓杆菌杆状菌体及鞭毛和菌毛

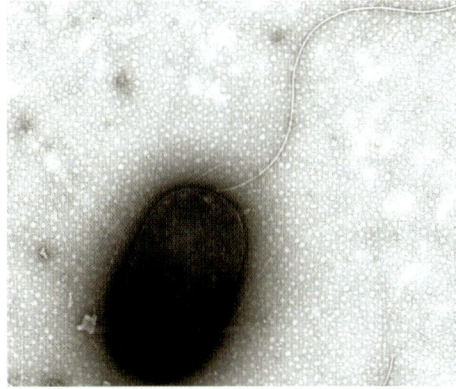

绿脓杆菌需氧生长，生长温度范围为 20 ～ 42℃（最适为 35℃）。可形成 3 种不同形态特征的菌落，通常是来自于土壤和水中的可形成典型的小且粗糙型 (rough，R) 菌落；临床样品中的通常为光滑型 (smooth，S)、大且光滑、边缘平整；通常来自于呼吸道和泌尿道分泌物的有黏液型 (mucoid，M)，这是由于产生黏性藻酸盐的结果；形成光滑型和黏液型菌落的菌株，被认为是具有致病性的。在普通营养琼脂 (nutrient agar，NA) 培养基上生长良好，一般经 35℃培养 24h 其菌落直径多在 2 ～ 5mm、边缘整齐、扁平、湿润、常相互融合、菌落沿划线常表现两端尖状（图 25-3），黏液型菌落较大、边缘透明、中央稍混浊；在含有绵羊或家兔血液的血液营养琼脂 (blood nutrient agar，BNA) 培养基上，可形成 β- 型溶血，但溶血环一般较狭窄（图 25-4）。绿脓杆菌能在麦康凯琼脂 (MacConkey agar) 等肠道细菌选择鉴别培养基上生长，培养 24h 后形成较小（直径为 2 ～ 3mm）、无光泽、半透明的菌落，培养 48h 后在菌落的中心常呈棕绿色。在普通营养肉汤中生长良好，可形成菌膜、肉汤微混浊或透明。明胶液化阳性，一般呈漏斗状液化且在液化部分有绿色素形成。

绿脓杆菌能产生多种水溶性色素，主要包括如下几种。①绿脓色素：亦称绿脓菌素，是一种吩嗪色素 (phenazine)，呈蓝绿色、无荧光性，溶于水和氯仿，可使患部脓汁呈蓝绿色。②荧光色素 (fluorescein)：呈黄绿色，只溶于水，与绿脓色素的组合产生一种亮绿色，弥散于整个琼脂培养基中（菌落常呈绿褐色），在营养肉汤培养基中则常是在菌液上层呈蓝绿色。③脓红色素 (pyorubin)：呈红褐色，溶于水。④铜绿菌素类 (aeruginosins)：即绿

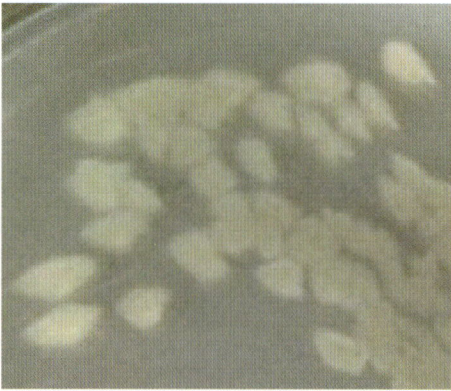

图 25-3　绿脓杆菌菌落 (NA)

图 25-4　绿脓杆菌菌落 (BNA)

脓杆菌素 (pyocins)，亦称绿脓素，是一种细菌素 (bacteriocin)，在中性或碱性培养基中呈蓝色、在酸性培养基中呈红色。

2.1.2　生化特性

绿脓杆菌的主要生化特性，表现为氧化酶、41℃生长、葡萄糖酸氧化、精氨酸双水解酶、克氏 (Christensen) 尿素利用、吐温 80 水解、乙酰胺酶、DNA 酶、柠檬酸盐和丙二酸盐利用、接触酶、硝酸盐还原 (产气) 等试验阳性，葡萄糖代谢为氧化型；甲基红试验 (methyl red test，MR)、伏 - 波试验 (Voges-Proskauer test，V-P)、H_2S 产生、吲哚产生、硝酸盐还原、赖氨酸脱羧酶、尿素酶、苯丙氨酸脱氨酶等试验阴性。通常为分解葡萄糖、木糖、卫矛醇、半乳糖等产酸 (不产气)，不分解海藻糖、肌醇、蔗糖、山梨醇、鼠李糖、甘露醇、麦芽糖、乳糖、棉子糖、菊糖、甘油、侧金盏花醇、水杨苷、纤维二糖、赤藓醇、甘露糖、阿拉伯糖、蜜二糖和果糖等多种碳水化合物。

2.1.3　抗原结构与免疫学特性

绿脓杆菌具有菌体 (ohne hauch，O) 抗原、鞭毛 (hauch，H) 抗原、黏液 (slime，S) 抗原和菌毛抗原，抗原血清型比较复杂，分型系统也比较混乱，目前在国际上还没有严格的分型标准，但主要还是根据菌体抗原进行分型的。

绿脓杆菌的菌体抗原分为内毒素 (endotoxin) 脂多糖 (lipopolysaccharide，LPS)、原内毒素蛋白质 (original endotoxin protein，OEP) 两种成分，内毒素由蛋白质、脂多糖和磷脂类物质组成，分子质量约为 10kDa，其中的脂多糖具有群 (型) 特异性；原内毒素蛋白质是一种高分子、低毒性、免疫原性强的物质，是同型和不同型的共同保护性抗原，并广泛存在于假单胞菌属细菌及肺炎克雷伯氏菌 (*Klebsiella pneumoniae*)、肠沙门氏菌 (*Salmonella enterica*)、大肠埃希氏菌 (*Escherichia coli*)、霍乱弧菌 (*Vibrio cholerae*) 等革兰氏阴性细菌中，是一种交叉保护性抗原。

鞭毛抗原包括 H1、H2 两种不同的主要成分，H1 又分为 1a 和 1b 两种，1a 为主要抗原因子，在所有菌株中都存在；1b 为次要的部分抗原，仅存在于少数菌株中。H2 抗原，可分为 6 个 (2a、2b、2c、2d、2e、2f) 组成部分。

另外，绿脓杆菌还有其他的抗原成分，如黏液抗原 (即荚膜抗原)，存在于菌体表面，具有免疫原性，可分为与菌体抗原不同的 4 个组，以 S1、S2、S3、S4 表示，在其之间存在血清学交叉反应。其菌毛抗原的抗原性，是由菌毛蛋白 (pilin) 决定的 [9, 11]。

2.1.3.1　抗原与血清型

绿脓杆菌的血清学分型最初由 Hards 在 1975 年提出，即用 12 个热稳定菌体抗原作为分型系统，此系统为世界各国沿用多年。直至 1983 年，时任绿脓杆菌国际分型委员会主席的美国 Louisville 大学教授 P. V. Liu 博士，综合德国、日本、法国等的分型系统，通过国际协作组织提出了一个新的、比较完整的作为暂行国际抗原分型系统 (international antigenic typing scheme，IATS)；此系统将迄今发现的菌株用血清学凝集反应方法，分为 I ~ X Ⅶ 型 [8]。

在我国，卫生部上海生物制品研究所的袁昕等 (1963) 报告在 1960 年至 1962 年间，收集了 474 株绿脓杆菌 (绝大部分来自于烧伤患者的创面、血液和尿液，以及实验室原来保存的)，对其中经鉴定符合典型绿脓杆菌特性的 425 株进行了菌体血清学分型研究。方法是以菌株的生理盐水菌悬液，经 100℃ 煮沸 2.5h 作为菌体抗原，免疫家兔制备相应抗血清后，以凝集反应进行对应及交叉试验。结果为供试的 425 株，分为了 11 个 (I ~ XI) 不同的血清群 [12]。相继在我国最早实施的暂行方案，是以袁昕等 (1963) 及国外学者 Verder(1961) 的分型为基础，选出我国从人体分离的 12 个代表菌株建立的 12 个 (I ~ XⅡ) 血清型。此后，卫生部成都生物制品研究所的王世鹏等 (1991) 报告，研制了绿脓杆菌的 20 个血清型抗血清，即 IATS-20 血清 (是在原研制 IATS-17 型血清的基础上又增加了 18、19、20)，经在国内外有关实验室 (4 个国家的 10 个实验室) 应用检定了绿脓杆菌 1685 株，其中包括我国不同省 (地) 的 1368 株、美国旧金山 Kuzell 研究所 88 株、古巴国立卫生学流行病学和微生物学研究所 146 株、巴基斯坦 Khyber 医学院 83 株，结果显示 IATS-20 血清的分型率较高，共分型 1643 株 (分型率 97.51%)[13]。

2.1.3.2　免疫学特性

绿脓杆菌的抗原具有良好免疫原性，被绿脓杆菌感染后耐过或接种免疫动物，其机体能产生相应的免疫应答，主要为体液免疫抗体反应。

在发生绿脓杆菌的感染后所产生的特异性抗体，主要是型特异性的 (具有调理作用)，包括 IgG 和 IgM，对机体有一定的保护作用，其中以 IgM 的作用强。

2.1.4　生境与抗性

绿脓杆菌不仅在自然界的分布广泛，而且对某些外界因素的抵抗力要比一般的革兰氏阴性、无芽孢杆菌强。

2.1.4.1　生境

绿脓杆菌广泛存在于土壤、水和空气中，在健康人、畜肠道及其他与外界相通的腔道和皮肤上也可发现，更易出现在各种临床标本材料中。在医院、兽医院及动物养殖场 (尤其是养禽场) 环境中，表现尤为突出。

在医院，绿脓杆菌可见于多种临床材料、环境及物体表面。以下的记述，是具有一定代表性的。

中国人民解放军广州军区武汉总医院的马珊等 (2009) 报告，为了解医院气管切开盘内盐水罐的细菌污染情况，采集在使用中的无菌盐水罐样品 71 份进行检验，其中合格的 45 份 (合格率 63.38%)。从 71 份无菌盐水罐内的盐水溶液中分离出细菌 56 株，分别为：绿脓杆菌 18 株 (构成比 32.14%)、枯草芽孢杆菌 (*Bacillus subtilis*)11 株 (构成比 19.64%)、肠杆菌属 (*Enterobacter* Hormaeche and Edwards 1960) 细菌 8 株 (构成比 14.29%)、奈瑟氏球菌属 (*Neisseria* Trevisan 1885) 细菌 7 株 (构成比 12.50%)、不动杆菌属 (*Acinetobacter* Brisou and Prévot 1954) 细菌 6 株 (构成比 10.71%)、其他细菌 6 株 (构成比 10.71%)，绿脓杆菌居第 1 位。认为在气管切开盘中的无菌盐水罐易被污染，其罐内溶液是导致医院感染的危险因素，应对盘内各物品在每天进行灭菌 [14]。

吉林省卫生监测检验中心消毒所的刘晓杰等 (2013) 报告，在 2010 年 6 月至 2012 年 12 月间，对两所三级甲等医院的血液透析科、重症监护室 (intensive care unit，ICU)、新生儿病房、感染科等重点科室的环境和物体 (处置台、床头柜、水龙头、电脑鼠标、呼吸机键盘等) 表面，进行了医院感染常见病原菌污染情况的回顾性调查分析。结果在所采集的 291 份样本中共检出病原菌 88 株 (检出率 30.24%)，其中革兰氏阴性细菌 19 种 63 株 (构成比 71.59%)；革兰氏阳性球菌 25 株 (构成比 28.41%)，主要为葡萄球菌属 (Staphylococcus Rosenbach 1884) 的一些种。在 63 株革兰氏阴性菌中，荧光假单胞菌 6 株 (构成比 9.52%) 居第 4 位、绿脓杆菌 5 株 (构成比 7.94%) 居第 5 位 [15]。

在第 4 章 "肠杆菌属" (*Enterobacter*) 中有记述，湖北省随州市中心医院的刘杨等 (2013) 报告，对该医院重症监护室住院患者使用的留置导尿管 (接口处内壁)、氧气湿化瓶 (内壁)、冷凝水集水瓶 (内壁)、呼吸机螺纹管 (接口处内壁)、中心供氧壁管出口、气管插管 (内壁)、呼吸机湿化罐 (内壁)、留置针连接管三通口、输液泵 (接口处内壁)、微量注射泵 (接口处内壁)、深静脉置管 (接口处内壁) 等 11 种医疗器具，采集使用 (48±2)h 的样本共 300 份进行了微生物学检验。结果其中 217 份阳性 (阳性率 72.33%)，共检出病原菌 19 种 (属)242 株，其中包括铜绿假单胞菌 47 株 (构成比 19.42%) 居第 1 位。报告者认为对患者各种诊疗性侵入性操作的应用 (如气管插管、留置导尿、中心静脉置管、引流管留置等)，可破坏机体黏膜保护屏障，从而导致患者呼吸系统、泌尿系统、导管相关性血流感染的发生，造成医院感染率升高 [16]。

2.1.4.2 抗性

绿脓杆菌在潮湿处能较长期生存，对紫外线不敏感，对干燥有抵抗力 (置于滤纸上于空气中可存活 3 个月)，对热的抵抗力不强 (经 56℃加热 30min 可被杀灭)。其能耐受多种消毒剂，仅对某些消毒剂 (如 1% 石炭酸等处理 5min 即可将其杀灭) 敏感；对醛类、汞类和表面活性剂有不同程度的抵抗力 (具有还原甲醛、还原或分解汞的能力)，可在苯扎溴铵 (新洁尔灭) 等表面活性剂中存活。

绿脓杆菌对多种抗菌药物具有天然耐药性，而且容易经诱导产生对临床常用抗菌类药物的获得性耐药特性。在通常情况下其对青霉素、氨苄西林、头孢霉素类、链霉素、四环素、氯霉素、红霉素、万古霉素、新生霉素等多种临床常用抗菌类药物，均有一定程度的天然抗性 (在不同菌株间有差异)，通常对羧苄西林轻度或中度敏感，对庆大霉素、卡那霉素、阿米卡星、新霉素、妥布霉素、多黏菌素等中度或高度敏感。

近年来的一些报告显示，从医院感染患者分离的菌株耐药性有增强的趋势，也有不少菌株表现为多重耐药性 (multi-drug resistant，MDR) 及泛耐药性 (extensive-drug resistant，EDR)。以下记述的一些报告，是具有一定代表性的。

浙江省丽水市中心医院的李爱芳等 (2014) 报告，对在 2011 年 1 月至 2013 年 6 月间，从该医院各临床科室不同临床标本材料中分离的 1049 株绿脓杆菌 (非重复分离菌株)，进行了耐药性测定与分析。结果为耐药率 100% 的有复方磺胺甲基异噁唑、米诺环素；对氨曲南、替卡西林 / 克拉维酸、左氧氟沙星、哌拉西林、亚胺培南、美罗培南的耐药率均在 25% 以上；对环丙沙星、哌拉西林 / 他唑巴坦、头孢他啶、头孢吡肟、头孢哌酮 / 舒巴坦的耐药率低；耐药率更低的是阿米卡星、多黏菌素 B、妥布霉素 [17]。

成都大学附属医院的王秋菊等 (2014) 报告，对在 2011 年 1 月至 2013 年 12 月间，从该医院各临床科室不同临床标本材料中分离的 2162 株绿脓杆菌 (非重复分离菌株)，进行了耐药性测定与分析。结果以对头孢噻肟和头孢曲松的耐药率最高，分别为 67.30% 和 62.12%；其次为庆大霉素、氨曲南、哌拉西林和左氧氟沙星，耐药率为 46.58% ~ 50.42%；对亚胺培南和美罗培南的耐药率较低，分别为 32.10% 和 29.51%；耐药率最低的是头孢哌酮 / 舒巴坦，为 18.59%。其中有 292 株为多重耐药性菌株 (构成比 13.51%)，119 株为泛耐药性菌株 (构成比 5.50%)[18]。

2.2　病原学意义

绿脓杆菌主要引起人及一些陆生动物的感染病，常是在一定条件下 (尤其是在机体抵抗力下降的情况下) 发生。对人的感染多是于存在创伤、烧伤、肿瘤、免疫缺陷、血液病、代谢性疾病等的情况下，可引起急性或慢性感染；尤其是主要发生在烧伤、外科和手术后。在动物，已明确多种家畜和家禽均可被感染发病，其中尤以鸡的绿脓杆菌感染病表现多发且危害严重。

绿脓杆菌在多数情况下是在创伤部位定居，生长繁殖并导致形成局灶性脓肿。其可在机体抵抗力低下的情况下沿淋巴系统进入体内，并在组织中扩散蔓延，最后进入血流引起菌血症、败血症或在各脏器中形成多发性脓肿。无论是人的还是动物的绿脓杆菌感染病，通常情况下均多是在个体的发生，或是在医院内或是在动物养殖场的局部发生。

2.2.1　人的绿脓杆菌感染病

人的绿脓杆菌感染病，通常缺乏明显的季节性特征。患者存在原发疾病，机体免疫功能低下，则有利于患者皮肤、咽部或胃肠道携带的绿脓杆菌引起自身感染；另外，则常是在环境、用具等被污染的情况下，导致继发感染或与其他病原菌的混合感染，这在医院感染的表现尤为突出。感染类型比较复杂，包括全身性感染、多种类型的局部感染及食物中毒等，其临床表现也是多样的。

2.2.1.1　临床常见感染类型

通常情况下，烧伤或免疫力低下 (如长期使用激素、免疫抑制剂、肿瘤化疗、放射治疗等) 或手术后，可为绿脓杆菌的感染创造条件，特别是严重烧伤的患者、癌症患者等很易感染绿脓杆菌，尤其多见于大面积烧伤或烫伤的患者。新生儿对绿脓杆菌非常敏感，在护理不卫生的情况下很易被感染发病。

经常发生的感染类型，包括败血症，系统感染（呼吸系统、泌尿系统），以及脑膜炎、心内膜炎、皮肤炎、骨骼感染及骨髓炎、创伤感染、脓胸、皮肤软组织感染、眼部感染、耳鼻咽喉部感染、新生儿的脐部感染、肠炎等局部组织器官感染[1, 2]。

2.2.1.2 食物中毒

绿脓杆菌能够引起食物中毒事件的发生，但其并非明确的食源性病原菌，在我国细菌性食物中毒 (bacterial food poisoning) 事件中的出现频率也不高。不过，从一些报告可以看出绿脓杆菌在食物中毒中也是一种不可忽视的病原菌。从一些报告分析，由绿脓杆菌引起的食物中毒缺乏明显的食品类型特征，比较明确的主要是被污染的肉类（猪肉、鸡肉等）及饮水机的水[3]。

在已有由假单胞菌引起的食物中毒事件中，广东省广州市卫生防疫站的陈云战等 (1989) 报告的 1 起 (3 种细菌混合引起) 是最早的。报告在 1986 年 9 月，广州市某医院婴儿室 36 名婴儿在某天上午 9:00 进食牛奶后陆续发病，至下午 7:00 许全部发病。潜伏期为 5 ~ 10h，临床表现为严重腹泻，大便呈水样，黄绿色，有黏液，奇臭；其次为发热，17 例 (构成比 47.22%) 在 38.5 ~ 39.7℃，无呕吐。经治疗，在 2 ~ 4 天均康复。检验表明，是由绿脓杆菌、汤卜逊沙门氏菌 (Salmonella thompson)、奇异变形菌 (Proteus mirabilis) 混合污染牛奶引起的[19]。

2.2.1.3 医院感染特点

由绿脓杆菌引起的医院感染，所表现的特点是感染缺乏明显的区域特征、感染部位宽泛、感染类型复杂、感染发生频率高、有效预防控制难度大。

(1) 科室分布特点：综合一些相关的文献分析，由绿脓杆菌引起的医院感染，主要分布于内科和外科，尤其是在重症监护室病房。以下记述的一些报告，是具有一定代表性的。

武汉大学中南医院的王海兴等 (2013) 报告，在 2007 年 7 月至 2011 年 3 月间，从该医院医院感染患者分离的 8992 株病原菌中，绿脓杆菌 2092 株 (构成比 23.27%) 居第 1 位。2092 株绿脓杆菌在各科室的分布，依次为：重症监护室病房 594 株 (构成比 28.39%)、干部病房 406 株 (构成比 19.41%)、呼吸内科 346 株 (构成比 16.54%)、神经外科 230 株 (构成比 10.98%)、神经科 182 株 (构成比 8.69%)、普通外科 30 株 (构成比 1.43%)、放射化疗科 29 株 (构成比 1.39%)、其他科室 275 株 (构成比 13.15%)[20]。

南京医科大学附属南京儿童医院的高岭等 (2014) 报告，在 2010 年 1 月至 1012 年 12 月间，从该医院临床标本材料分离的 1004 株绿脓杆菌 (非重复分离菌株)，在各科室的分布依次为：呼吸科 203 株 (构成比 20.22%)、小儿外科 190 株 (构成比 18.92%)、重症监护室 123 株 (构成比 12.25%)、消化科 85 株 (构成比 8.47%)、新生儿科 82 株 (构成比 8.17%)、综合内科 82 株 (构成比 8.17%)、心血管内科 70 株 (构成比 6.97%)、肾脏内科 57 株 (构成比 5.68%)、综合外科 36 株 (构成比 3.59%)、心胸外科 34 株 (构成比 3.39%)、血液肿瘤科 21 株 (构成比 2.09%)、门诊 21 株 (构成比 2.09%)[21]。

在前面有记述成都大学附属医院的王秋菊等 (2014) 报告的 2162 株医院感染绿脓杆菌 (非重复分离菌株)，在各科室的分布依次为：ICU 病房 601 株 (构成比 27.79%)、呼吸内科 445 株 (构成比 20.58%)、泌尿外科 281 株 (构成比 12.99%)、神经外科 221 株 (构成比 10.22%)、普通外科 201 株 (构成比 9.29%)、老年科 121 株 (构成比 5.59%)、心胸外科 95 株 (构成比 4.39%)、消化内科 95 株 (构成比 4.39%)、其他科室 102 株 (构成比 4.72%)[18]。

(2) 感染部位特点：综合一些相关的文献分析，由绿脓杆菌引起的医院感染，主要分布于呼吸道。以下记述的一些报告，是具有一定代表性的。

在上面有记述武汉大学中南医院的王海兴等 (2013) 报告的 2092 株医院感染绿脓杆菌，在各感染部位的分布依次为：呼吸道 1748 株 (构成比 83.56%)、伤口分泌物 95 株 (构成比 4.54%)、尿液 64 株 (构成比 3.06%)、血液 30 株 (构成比 1.43%)、其他标本材料 155 株 (构成比 7.41%)[20]。

在前面有记述浙江省丽水市中心医院的李爱芳等 (2014) 报告的 1049 株医院感染绿脓杆菌，在各感染部位的分布依次为：呼吸道 839 株 (构成比 79.98%)、分泌物 62 株 (构成比 5.91%)、尿液 51 株 (构成比 4.86%)、血液 25 株 (构成比 2.38%)、脓液 23 株 (构成比 2.19%)、渗出液 9 株 (构成比 0.86%)、病灶内组织 8 株 (构成比 0.76%)、引流液 8 株 (构成比 0.76%)、静脉穿刺管 7 株 (构成比 0.67%)、纤维支气管镜刷出物 6 株 (构成比 0.57%)、胆汁 4 株 (构成比 0.38%)、胸腹水 4 株 (构成比 0.38%)、脑脊液 2 株 (构成比 0.19%)、骨髓 1 株 (构成比 0.09%)[17]。

在前面有记述成都大学附属医院的王秋菊等 (2014) 报告的 2162 株医院感染绿脓杆菌 (非重复分离菌株)，在各感染部位的分布依次为：呼吸道 1583 株 (构成比 73.22%)、脓液及伤口分泌物 266 株 (构成比 12.30%)、尿液 156 株 (构成比 7.22%)、血液 15 株 (构成比 0.69%)、其他标本材料 142 株 (构成比 6.57%)[18]。

2.2.2 动物的绿脓杆菌感染病

动物的绿脓杆菌感染常被统称为绿脓杆菌病，多发生在幼龄畜禽，养殖环境不洁或突然的改变等均易诱发。绿脓杆菌能侵害多种哺乳类动物 (牛、马、羊、犬、猪、家兔等及实验动物小鼠、大鼠、豚鼠等) 及禽类 (尤其是鸡) 和爬行类动物，所致疾病主要包括败血症、肺炎、肝等内脏器官脓肿、乳腺炎及生殖器官感染等多种类型[10]。

另外，在水生动物，近年来我国已分别有由绿脓杆菌引起北太平洋宽吻海豚、草鱼等鱼类感染发病的报告，但也还是比较少见的[22~24]。

2.2.3 毒力因子与致病机制

在绿脓杆菌的毒力因子与致病机制方面的研究较多，现综合一些相关资料作如下的简要记述[1, 2, 8, 9, 11, 25]。

绿脓杆菌引起感染的过程，主要包括三个方面。①细菌附着并生长繁殖，菌毛有利于附着，鞭毛有利于运动，一些蛋白酶等分泌产物有助于菌毛附着于口腔、咽和呼吸道的上皮，这些因素均有利于细菌的生长繁殖。②局部细菌侵入，生长繁殖后通过弹性蛋白酶 (elastase)、碱性蛋白酶、溶血素 (haemolysin) 等胞外酶 (exoenzyme) 的作用进入相应的组织。③细菌在血流中播散引起全身性疾病 (引起系统感染)，主要是因胞外酶的作用，其次发挥作用的是内毒素和假单胞菌外毒素 A(*Pseudomonas* exotoxin A，PEA 或 ToxA)。

绿脓杆菌常存在于人和动物的皮肤、消化道、呼吸道和泌尿道中，呈健康带菌状态，若体内外有创伤，则会在入侵部位定居并迅速生长繁殖，在多数情况下是形成局灶性脓肿。严重时可沿淋巴系统或经血行传播进入体内，并在组织中扩散蔓延，最后进入血液引起菌血症，或在各脏器中形成多发性脓肿。由于溶血素的作用，会导致实质器官的充血或出血。

2.2.3.1 黏附与定居

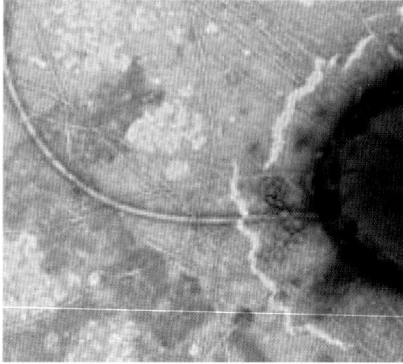

图 25-5 绿脓杆菌的周生菌毛

绿脓杆菌的菌毛（Ⅵ型）和藻酸盐（绿脓杆菌荚膜的主要成分），是绿脓杆菌能黏附于宿主细胞的重要物质基础，菌体表面的多糖类黏液质有促进定居和抗吞噬作用。绿脓杆菌一旦在宿主细胞定居，就产生大量胞外酶和毒素。另外，鞭毛也在绿脓杆菌定居和扩散至新部位中起作用。图 25-5(原 ×12 000)，显示绿脓杆菌的鞭毛及密集生长的周生菌毛。

绿脓杆菌有两种存在形式，一种为自由活动形式；另一种为微小菌落形式。这些形式使绿脓杆菌既能存活于水生环境中，又能在人体组织中定居和扩散。微小菌落主要存在于囊性纤维变性患者的肺病变组织中，从这些患者分离的菌株可产生黏液型菌落；包围微小菌落的包被糖萼有保护细菌免受抗菌体抗体结合的作用，也有抗吞噬作用，如此则有利于细菌的扩散传播。

2.2.3.2 毒素与胞外酶

绿脓杆菌可产生内毒素、外毒素 A、蛋白分解酶和细胞溶解素等多种致病物质，均是与其致病性密切相关的，且常可单独或联合发挥作用导致严重的病理损伤。

(1) 内毒素：绿脓杆菌的内毒素与其他革兰氏阴性细菌的相似，但其含有更多的磷和不同酰胺连接的 L- 丙氨酸，且类脂 A(lipid A) 缺乏 β- 羟十四酸。内毒素在感染发病中起着重要作用，可引起发热、休克、弥散性血管内凝血 (disseminated intravascular coagulatino，DIC)，以及成人呼吸窘迫综合征 (adult respiratory distress syndrome，ARDS) 等。

(2) 外毒素：绿脓杆菌约有 90% 的菌株能产生假单胞菌外毒素 A，是主要的毒力因子。假单胞菌外毒素 A 也是绿脓杆菌分泌的毒性最强的蛋白类毒素，具有对多种培养细胞及试验动物 (小鼠、家兔、豚鼠、狗、猕猴等) 的致死作用。多种动物实验证明，假单胞菌外毒素 A 可抑制各器官的蛋白质合成 (其中以肝脏最严重)，在肝脏中的分布最多，其次是肺脏和肾脏。假单胞菌外毒素 A 的毒性作用必须在毒素分子进入细胞后才能发挥出来，通常是假单胞菌外毒素 A 首先与细胞表面受体结合，然后通过细胞吞饮作用进入细胞内，其毒性作用主要是能引起组织坏死和对动物的致死损伤。可用福尔马林将假单胞菌外毒素 A 脱毒成为类毒素，具有预防绿脓杆菌感染的作用。另外，绿脓杆菌还能产生外毒素 B、C 等；还可产生一种肠毒素 (enterotoxin)，可能是与某些患者的腹泻有关的。福建省卫生防疫站的林成水等 (1984) 报告在 1980 年至 1981 年间从腹泻患者粪便分离的 39 株绿脓杆菌，采用家兔肠结扎实验检查肠毒素，结果为 22 株阳性 (阳性率 56.4%)，认为产肠毒素的绿脓杆菌可能是引起人腹泻的病原菌之一[26]。再者，杀白细胞素又称细胞毒素，也属于外毒素类，是不耐热的蛋白质，具有抑制中性粒细胞活性的作用。

(3) 溶血物质：绿脓杆菌能产生两种溶血物质，一是不耐热的磷脂酶 C(phosphipase C)，约有 70% 的临床分离菌株能产生，能分解卵磷脂释放磷酸化胆碱，已知其与侵袭力有关，能破坏肺组织表面活性，引起肺不张和坏死、出血、萎缩及脓胸等病理损伤；另一种是耐热的溶血素，是由 L- 鼠李糖和 1-β- 羟壬烯二酸组成的糖脂，对肺泡具有毒性作用，从呼吸道感染患者分离的菌株，能产生更多的这种糖脂溶血素，表明其在肺部感染中起重要作用。

(4) 胞外酶：绿脓杆菌能产生多种胞外酶，在感染发病过程中发挥着破坏组织细胞、抵抗机体免疫、促进细菌的扩散传播等作用，主要包括以下几种。①胞外酶 S(exoenzyme S，ExoS)：也称外毒素 S(约有 90% 的菌株能产生)，这种外毒素为致人肺部感染的重要毒力因子；另外，产生胞外酶 S 的菌株，易引发败血症感染。②弹性蛋白酶：临床上新分离的菌株约有 85% 的能产生弹性蛋白酶，是一种金属蛋白酶，有分解弹性蛋白和胶原的作用，损伤血管、导致坏死性血管炎，也有抑制中性粒细胞、灭活 IgG 和补体的作用，在绿脓杆菌致急性肺部感染的过程中起重要作用，在烧伤后的皮肤感染中有促进细菌生长的作用；也与眼角膜感染有关，还在肺部感染中有增强假单胞菌外毒素 A 毒性的作用；弹性蛋白酶和其他蛋白酶能导致皮肤、肺和眼角膜的坏死性损伤及小血管的坏死性病变，这些损伤会引起一种称为坏疽性深脓疱疹的特征性皮肤表现。③碱性蛋白酶：具有损伤组织、抗补体，以及灭活 IgG、抑制中性粒细胞的活性的作用。④胶原酶：能分解组织中的胶原，有利于细菌在组织中的扩散。

2.3　微生物学检验

对绿脓杆菌的微生物学检验，主要依赖于进行细菌学检验。在细菌学检验中，主要是对细菌的分离与鉴定；尤其注意绿脓杆菌能产生绿脓色素和在 41℃ 能生长，这是区别于假单胞菌属其他种的要点。在特定需要的情况下，还需进行血清学分型检定。

2.3.1　细菌分离与鉴定

临床常见的绿脓杆菌感染检验标本材料主要是脓液，其次为穿刺液、渗出液、分泌物及动物的脏器组织材料等；在食物中毒病例，主要是腹泻粪便、呕吐物及可疑食品。由于绿脓杆菌对营养的要求不高，可直接接种于普通营养琼脂等适宜的培养基，置 37℃ 培养 24h 左右后挑选纯一或优势生长的菌落，移接于普通营养琼脂斜面做成纯培养供鉴定用。

对绿脓杆菌的鉴定，主要是依据形态特征、培养特性及生化特性进行相应的检验。需注意的是，尽管绿脓杆菌通常能产生绿脓色素，但从临床标本材料中分离的某些菌株有时是不能产生明显色素的；另外，有的菌株会表现出不典型的生化性状。

2.3.2　血清型检定

尽管国内外对绿脓杆菌的血清学分型研究较多，但迄今在各国尚未得到统一的命名方法。绿脓杆菌目前分为 20 个型，我国在 1981 年试制成了 15 种一组的诊断血清，包括 3 种多价血清和 12 种单价血清；在 1986 年采用国际抗原分型系统，并增加了我国发现的 3

个新型菌株，形成了 23 种一组的血清，其中包括多价Ⅰ、Ⅱ、Ⅲ、Ⅳ及 19 种单价血清，即 1、2、3、4、5、6、7、8、9、10、11、12、13/14、15、16、17、18、19、20 型，其中的 18、19、20 型是我国新加入的。这些多价 (4 组) 及单价 (因子) 血清，可供对绿脓杆菌的分型诊断使用 [27]。

在我国，对分离于人的绿脓杆菌进行血清型检定的报告较多，其中以Ⅰ型较为常见，但尚难以明确其规律性。在动物，四川省畜牧兽医研究所的陈志平等 (1987) 曾首次报告了在 1986 年从四川成都 10 个地区采集 11 种动物 (奶牛、肉牛、猪、鸡、鸭、兔、麝、熊、野禽、鹌鹑及鸡蛋等) 的病料 (脓肿、乳腺炎病奶、痢便等) 分离的 196 株绿脓杆菌，采用我国 12 型标准菌株制备的血清进行了定型，结果为 155 株与 12 个血清型中的 11 个 (除Ⅻ外) 存在一致的抗原性，其中以Ⅰ型 (33 株占 21.3%)、Ⅷ型 (21 株占 13.5%)、Ⅺ型 (29 株占 18.7%) 的居多，有 41 株未能定型 [28]。本书作者房海等 (2010) 报告，经对分离于雏鸡的病原绿脓杆菌进行血清型检验，结果为 6 型菌株 [29]。

3 其他致医院感染假单胞菌 (*Pseudomonas* spp.)

作为医院感染的病原假单胞菌，除了最为常见的绿脓杆菌外，还有相对比较少见的产碱假单胞菌、荧光假单胞菌、恶臭假单胞菌、施氏假单胞菌等。

3.1 产碱假单胞菌 (*Pseudomonas alcaligenes*)

产碱假单胞菌 (*Pseudomonas alcaligenes* Monias 1928) 的种名 "*alcaligenes*" 为现代拉丁语形容词，指产碱的 (alkali-producing)。

细菌 DNA 的 G+C mol% 为 64 ~ 68(Bd)；模式株：Stanier 142，ATCC 14909，LMG 1224，NCIB 9945，NCTC 10367。GenBank 登录号 (16S rRNA)：Z76653[7]。

3.1.1 生物学性状

产碱假单胞菌为大小在 0.5μm × (2 ~ 3)μm 的杆菌，菌体直、单个分散存在、无荚膜、无芽孢、以极端单鞭毛运动；主要特性是微弱水解明胶，卵黄反应阴性，不需有机生长因子，专性好氧，41℃能生长、4℃不生长、最适生长温度约 35℃。可利用的基质有柠檬酸盐、DL- 精氨酸盐、β- 丙氨酸和精胺，葡萄糖和果糖、葡萄糖酸盐、β- 羟基丁酸盐、庚二酸盐、D-苹果酸盐、乙醇、甘油、甘露醇、间 - 羟基苯甲酸和对 - 羟基苯甲酸、D- 丙氨酸、L- 丝氨酸、L- 天冬氨酸盐、L- 苯丙氨酸、腐胺和甜菜碱等一般都不能利用 [7, 30,31]。

湖北省荆州市第一人民医院的薛菊兰等 (2011) 报告，为了解产碱假单胞菌在医院环境中的分布情况，在 2007 年 1 月至 2010 年 5 月间，选择该医院常规卫生学检测对象 (医护人员的手、物体表面、医疗用水、在使用中的消毒液、诊疗器械、室内空气等) 进行检验。结果从不同材料中检出产碱假单胞菌 33 株，分别为：医疗用水 23 株 (构成比 69.69%)、物体表面 7 株 (构成比 21.21%)、使用中的消毒液 2 株 (构成比 6.06%)、诊疗器械 1 株 (构成比 3.03%)，从医护人员的手、室内空气中未检出。结果显示主要为医疗用水、其次为物体表面，其中的医疗用水包括新生儿温箱湿化水、透析用水、氧气湿化用水，均为普通蒸馏水，主要是在使用过程中发生的污染。报告者认为选用合格的医疗用水、并科学合理的使用,严格医院环境、物品的清洁与消毒,是做好产碱假单胞菌医院感染防控的主要措施[32]。

产碱假单胞菌在对抗菌类药物的敏感性方面，近年来也多有报告。其常常表现出对多种常用抗菌类药物的耐药性，且表现在不同来源的菌株间存在一定的耐药性差异。新乡医学院第三附属医院的王伟等 (2012) 报告在 2006 年 1 月至 2007 年 12 月间，从该医院住院及门诊患者送检的痰液、咽拭子、脓液、创伤分泌物等标本材料 2463 份中，分离到非发酵革兰氏阴性杆菌 233 株 (检出率 9.46%)，其中包括产碱假单胞菌 24 株。对 24 株产碱假单胞菌，进行对哌拉西林、头孢他啶、庆大霉素、妥布霉素、哌拉西林 / 他唑巴坦、亚胺培南、阿米卡星、环丙沙星、左氧氟沙星等临床常用抗菌类药物的敏感性测定，结果均显示具有不同程度的耐药性 (耐药率为 16.67% ~ 66.67%)，其中以对亚胺培南的耐药率最低 (4 株占 16.67%)、以对庆大霉素的耐药率最高 (16 株占 66.67%)[33]。

3.1.2　病原学意义

产碱假单胞菌能在一定条件下引起人的不同类型感染病，尤其表现为医院感染。另外，作为水生动物的病原菌是已被明确的。

3.1.2.1　人的产碱假单胞菌感染病

产碱假单胞菌是人的一种机会致病菌，可引起脓胸及眼部感染、脓肿等，可从发热患者的血液及其他标本材料 (尿液、痰等) 中分离到。另外，在医院环境中的分布，常可成为医院感染的来源[32]。

在医院感染方面，近年来也多有检出产碱假单胞菌的报告。以下记述的一些报告，是具有一定代表性的。

陕西省西电集团医院的杨小青 (2006) 报告，该医院在 2004 年 1 月至 2006 年 5 月间，从住院及门诊患者分离到病原菌 1076 株，其中细菌共 947 株 (构成比 88.01%)，属于真菌的念珠菌属 (*Candida* Berkhout 1923) 真菌 129 株 (构成比 11.99%)。在 947 株细菌中，革兰氏阴性细菌 602 株 (构成比 63.57%)、革兰氏阳性细菌 345 株 (构成比 36.43%)。另外，还记述分离到多种病原菌，包括恶臭假单胞菌 19 株、产碱假单胞菌 16 株、施氏假单胞菌 15 株[34]。

广州市海珠区妇幼保健院的郑虹等 (2008) 报告在 2003 年 1 月至 2008 年 4 月间，从该医院新生儿重症监护室送检的不同标本材料中检出病原菌 277 株，其中包括产碱假单胞菌 12 株 (构成比 4.33%) 居第 5 位[35]。

在前面有记述新乡医学院第三附属医院的王伟等 (2012) 报告从该医院住院及门诊患者送检的不同标本材料中，分离到的非发酵革兰氏阴性杆菌 233 株，其中包括绿脓杆菌 124 株 (构成比 53.22%)、恶臭假单胞菌 48 株 (构成比 20.60%)、产碱假单胞菌 24 株 (构成比 10.30%)、不动杆菌属 (*Acinetobacter* Brisou and Prévot 1954) 细菌 23 株 (构成比 9.87%)、嗜麦芽寡养单胞菌 (*Stenotrophomonas maltophilia*)11 株 (构成比 4.72%)、其他非发酵菌 3 株 (构成比 1.29%)，产碱假单胞菌居第 3 位。这些菌株源于痰液的 151 株 (构成比 64.81%)、脓液的 32 株 (构成比 13.73%)、创伤分泌物的 29 株 (构成比 12.45%)、其他标本材料的 21 株 (构成比 9.01%)，显然主要为呼吸道感染类型 [33]。

郑州大学第三附属医院的张艳丽等 (2013) 报告在 2009 年 10 月至 2012 年 10 月间，从该医院送检的 202 例重症肺炎患儿 (年龄在出生 10min 至 1 岁) 下呼吸道分泌物材料，检出非发酵菌 6 种 75 株 (检出率 37.13%)，其中包括产碱假单胞菌 8 株 (构成比 10.67%) 居第 4 位 [36]。

3.1.2.2　动物的产碱假单胞菌感染病

产碱假单胞菌在对动物的致病作用方面，主要是能使黄鳝、河蟹、中华鳖、白鲢、虾等多种水生动物发生相应感染病 [37 ~ 41]。另外，在其他动物中，上海市动物园的潘秀文等 (2001) 曾报告了从一只病死野鸭的心、肝、脾、肺、肾和肠组织中检出了相应病原温和气单胞菌 (Aeromonas sobria) 和产碱假单胞菌 [42]。

3.1.3　微生物学检验

对产碱假单胞菌感染的微生物学检验，目前仍主要依赖于对相应病原细菌的分离鉴定及致病作用检验等细菌学检验内容。

3.2　荧光假单胞菌 (Pseudomonas fluorescens)

荧光假单胞菌 [Pseudomonas fluorescens(Trevisan 1889)Migula 1895] 是假单胞菌属细菌中较早的成员，在最初被归于芽孢杆菌属 (Bacillus Cohn 1872)，名为荧光杆菌 (Bacillus fluorescens Trevisan 1889)。菌种名称 "fluorescens" 为现代拉丁语分词形容词，指发荧光的 (fluorescing)。

细菌 DNA 的 G+C mol% 为 59.4 ~ 61.3(Bd)；模式株：ATCC 13525，DSM 50090，NCIB 9046，NCTC 10038。GenBank 登录号 (16S rRNA)：Z76662[7]。

3.2.1　生物学性状

对荧光假单胞菌的一些主要生物学性状，认识还是比较清楚的，尤其是在水生动物的分离菌株，因其是多种水生动物的一种重要病原菌。

3.2.1.1　形态与培养特征

荧光假单胞菌为革兰氏阴性的直或轻微弯曲杆菌 (但不是螺旋状的)，大小多为 $(0.5 ~ 1.0)\mu m \times (1.5 ~ 5.0)\mu m$(老龄培养物一般较短且细)，无菌柄及菌鞘，靠几根极生鞭毛运动 (很少有不运动的菌株)，鞭毛数通常均在 1 根以上。

荧光假单胞菌有 5 个生物型，能够产生在紫外线照射下具有荧光 (少数菌株例外) 的扩散性色素 (尤其是在缺铁的培养基中)，不产生扩散性的非荧光色素。除了生物型 IV 能产生非扩散非荧光的蓝色色素外，其余 4 型均不能产生非扩散非荧光色素。5 种生物型菌均不能积累 -β- 羟基丁酸盐，在 H_2 存在下均不能自养生长。5 种生物型菌均不能在 41℃ 条件下生长，除生物型 V 不定外的其余 4 种生物型菌均能在 4℃ 条件下生长。在普通营养琼脂培养基上生长良好，能形成表面光滑、湿润、边缘整齐，灰白色或浅黄绿色，半透明，微隆起，直径为 1 ~ 1.5mm 的菌落。所产生的水溶性荧光色素能渗入培养基内，使培养基变为黄绿色。在含 2%～4% 蔗糖的培养基上，生物型 I、生物型 II 和生物型 IV 的菌落具有黏性，这是由于从蔗糖形成果聚糖的缘故。其液体培养生长丰富，呈均匀混浊、有少量絮状沉淀，表面有光泽柔软的菌膜、摇动即散，24h 后培养液表层能产生色素。生长发育的温度范围为 7～32℃，最适温度为 23～27℃。发育的盐分范围为 0～6.5%、最适盐分为 1.5%～2.5%，发育的 pH 范围为 5.0～9.7(适宜为 5.7～8.4)[7,30,31]。

3.2.1.2　生化特性

在荧光假单胞菌 5 个生物型的菌株间，主要生化特性异同点为有机生长因子 (泛酸盐、生物素、维生素 B_{12}、蛋氨酸或胱氨酸) 需要试验均为阴性；由蔗糖形成果聚糖试验，其生物型 I、生物型 II、生物型 IV 为阳性，生物型 III 和生物型 V 为阴性；反硝化 (脱氮) 试验，生物型 I 和生物型 V 为阴性，生物型 II、生物型 III、生物型 IV 为阳性；明胶液化试验均为阳性；葡萄糖、海藻糖、2- 酮葡萄糖酸、*meso*- 肌醇、L- 缬氨酸、β- 丙氨酸、L- 精氨酸利用试验均为阳性 [7, 30,31]。

表 25-1 所列内容，是荧光假单胞菌各不同生物型菌株间的主要鉴别项目特征 [7]。

表 25-1　荧光假单胞菌 5 个生物型的鉴别特征

项目	生物型 I	生物型 II	生物型 III	生物型 IV	生物型 V
扩散性非荧光色素	−	−	−	−	−
从蔗糖产生果聚糖	+	+	−	+	−
反硝化作用	−	+	+	+	−
作为底物生长：L- 阿拉伯糖	+	+	d	+	d
蔗糖	+	+	−	+	d
蔗糖盐 (saccharate)	+	+	d	+	d
丙酸盐	+	−	d	+	+
丁酸盐	−	d	d	+	d
山梨醇	+	+	d	+	d
核糖醇 (adonitol)	+	−	d	−	d
丙二醇	−	+	d	−	d
乙醇	−	+	d	−	d

3.2.1.3　生境与抗性

荧光假单胞菌主要存在于土壤和水中，经用有各种碳源的培养基在好氧条件下加富培养后可以分离到。荧光假单胞菌中反硝化的生物型 (II、III、IV) 在含硝酸盐的类似培养基中，于厌氧条件下可被富集。这通常与食物 (鸡蛋、生肉、鱼和牛奶) 腐败有关，也常可从临床样品中分离到。

病原荧光假单胞菌，通常表现对多种药物具有抗性，举例如下。①青岛海洋大学的叶林等 (1997) 报告分离于皱纹盘鲍幼鲍溃烂病的病原荧光假单胞菌 (9601 株)，对供试的庆大霉素、万古霉素、哌拉西林钠、青霉素、氨苄西林、磺胺、磺胺 +TMP、妥布霉素、新霉素、红霉素、苯唑西林等均耐药，对卡那霉素、阿米卡星、呋喃唑酮及噁喹酸等敏感，对氯霉素、四环素和链霉素中度敏感[43]。②西北农业大学的王高学等 (1999) 报告分离于大鲵赤皮病的病原荧光假单胞菌生物 I 型菌 (菌株 9702)，对供试的链霉素、氯霉素、诺氟沙星、庆大霉素等高敏 (抑菌圈直径 > 15mm)，对四环素和呋喃唑酮中敏 (抑菌圈直径 10 ~ 15mm)，对磺胺嘧啶和青霉素耐药[44]。

3.2.2 病原学意义

荧光假单胞菌主要是水生动物的病原菌，也可在一定条件下引起人的多种不同类型感染病。

3.2.2.1 人的荧光假单胞菌感染病

作为条件性病原菌，荧光假单胞菌可引起人的败血症、心内膜炎、肺炎、尿路感染、脑膜炎及伤口感染等。其常可从临床样品中分离到，尤其是在医院感染患者。以下记述的一些报告，是具有一定代表性的。

在第 15 章 "无色杆菌属"(Achromobacter) 中有记述，浙江省杭州市第一人民医院的董晓勤等 (2004) 报告，回顾性总结该医院在 4 年 (2000 年 1 月至 2003 年 12 月) 间，从医院感染患者不同标本材料中分离获得的非发酵菌 7 个菌种 (属)2044 株，其中包括荧光假单胞菌 32 株 (构成比 1.57%) 居第 5 位[45]。

四川省医学科学院和四川省人民医院的颜英俊等 (2008) 报告，在 2003 年 1 月至 2005 年 6 月间，从该医院临床不同标本材料中分离到病原菌 3731 株，其中非发酵菌类 14 种 (属)836 株 (构成比 22.41%)。在 14 种 (属)836 株非发酵菌中，包括荧光假单胞菌 16 株 (构成比 1.91%) 居第 8 位[46]。

3.2.2.2 动物的荧光假单胞菌感染病

荧光假单胞菌广泛存在于淡水、海水环境中，可引起多种鱼类及其他多种水生动物的感染病。Shewom 等 (1960) 报告荧光假单胞菌被认为是引起鱼类腐败的细菌之一，Otte(1963) 报告此菌是受伤鱼组织的一种污染菌或继发感染菌。目前已有研究资料显示，荧光假单胞菌可引起鳙、鲫、草鱼、青鱼、鲤鱼、虹鳟等多种水生动物发病[47~49]。

在我国，近年来也多有由荧光假单胞菌引起鲷鱼、鲤鱼、鲫鱼、团头鲂、草鱼、青鱼、皱纹盘鲍、白鱀豚等水生动物及两栖动物大鲵感染病的报告，其常常表现出比较复杂的感染类型[43,44,50,51]。

3.2.3 微生物学检验

对荧光假单胞菌感染的微生物学检验，目前仍主要依赖于对相应病原细菌的分离鉴定及致病作用检验。

3.3 浅黄假单胞菌 (Pseudomonas luteola)

浅黄假单胞菌 (Pseudomonas luteola Kodama，Kimura and Komagata 1985)，曾有提

议重新划归在金黄单胞菌属 (*Chryseomonas* Holmes et al 1987)，命名为浅黄色金黄单胞菌 [*Chryseomonas luteola*(Kodama, Kimura and Komagata 1985)Holmes，Steigerwalt，Weaver and Brenner 1987]；Anzai 等 (1997) 进一步的研究结果，认为还是应作为假单胞菌的种。种名 "*luteola*" 为拉丁语形容词，指浅黄色的 (yellowish)。

细菌 DNA 的 G+C mol% 为 55.4(T_m)；模式株：KS0921，DSM 6975，IAM 13000，JCM 3352。GenBank 登录号 (16S rRNA)：D84002[7]。

3.3.1　生物学性状

浅黄假单胞菌为 0.8μm × 2.5μm 的杆菌，单个存在、很少成双，藉极生鞭毛运动，细胞内积累聚 -β- 羟基丁酸盐颗粒，在含 0.5% 葡萄糖的普通营养琼脂上的菌落光滑 (smooth，S) 或有皱褶，边缘整齐或不整齐，扁平或隆起，亮或暗黄色，30℃培养 2 天的直径在 3mm；在含 0.5% 葡萄糖的普通营养肉汤培养基中形成菌膜、产生不能溶于水的黄色色素。其氧化酶阴性，接触酶阳性，还原硝酸盐，无反硝化作用，吲哚、H_2S、淀粉水解、明胶液化、吐温 80(Tween 80) 水解、七叶苷水解、β- 半乳糖苷酶等均阴性，不需要生长因子 (growth factors)，在含有 6.5% NaCl 的培养基中不生长，42℃能够生长。可分解 L- 阿拉伯糖、D- 木糖、D- 核糖、葡萄糖、D- 果糖、D- 甘露糖、D- 半乳糖、L- 鼠李糖、麦芽糖、海藻糖、甘露醇、肌醇、水杨苷产酸，不能从蔗糖、乳糖、纤维二糖、侧金盏花醇、山梨醇、菊糖产酸。浅黄假单胞菌能够利用 L- 阿拉伯糖、D- 木糖、D- 核糖、D- 葡萄糖、D- 果糖、D- 甘露糖、D- 半乳糖、麦芽糖、海藻糖、甘露醇、甘油、乙酸盐、丙酮酸盐、丙二酸盐、DL-β- 羟基丁酸盐、延胡索酸盐、2- 酮葡萄糖酸盐、葡萄糖酸盐、琥珀酸盐、*p*- 羟基酸盐、谷氨酸盐，不能利用蔗糖、乳糖、棉籽糖、菊糖、淀粉、苯酚、*o*- 羟基酸盐等 [7]。

3.3.2　病原学意义

浅黄假单胞菌可分离于临床样品，但其病原学意义尚缺乏比较明确的系统记述。在引起医院感染方面，在前面有记述郑州大学第三附属医院的张艳丽等 (2013) 报告，从该医院送检的 202 例重症肺炎患儿下呼吸道分泌物材料检出的非发酵菌 6 种 75 株 (检出率 37.13%)，其中包括浅黄假单胞菌 4 株 (构成比 10.67%) 居并列第 5 位 [36]。

3.3.3　微生物学检验

对浅黄假单胞菌感染的微生物学检验，目前仍主要依赖于对相应病原细菌的分离鉴定及致病作用检验。

3.4　类产碱假单胞菌 (*Pseudomonas pseudoalcaligenes*)

类产碱假单胞菌 (*Pseudomonas pseudoalcaligenes* Stanier in Stanier，Palleroni and Doudoroff 1966) 的菌名 "*pseudoalcaligenes*" 为现代拉丁语形容词，指类产碱的 (false alkaliproducing)。

细菌 DNA 的 G+C mol% 为 62.2 ～ 63.2(Bd)；模式株：ATCC 17440，LMG 1225，

NCIB 9946。GenBank 登录号 (16S rRNA)：Z76666[7]。

3.4.1 生物学性状

类产碱假单胞菌为 (0.7 ~ 0.8)μm×(1.2 ~ 2.5)μm 的杆菌，靠极生单鞭毛运动。其主要理化特性为专性好氧，氧化型代谢，有多种有机化合物能作为唯一的碳源；产生氧化酶、精氨酸双水解酶，在41℃能生长 (适宜温度为35℃)；营养谱窄，果糖是仅有能够被利用的糖类，其他可被利用的基物包括戊二酸盐、D- 苹果酸盐、乙醇、D-2- 丙氨酸、DL- 精氨酸、甜菜碱等，不能利用葡萄糖酸盐、2- 酮基葡萄糖酸盐、甘露醇、羟基苯甲酸盐、L- 天门冬氨酸盐等；不液化明胶 [7,30]。

3.4.2 病原学意义

类产碱假单胞菌的病原学意义，在鱼类是比较明确的。人的类产碱假单胞菌感染，相关资料显示是存在一定致病作用的。

3.4.2.1 人的类产碱假单胞菌感染病

类产碱假单胞菌在人的病原学意义，尚缺乏比较明确的系统记述。在引起医院感染方面，已有从患者检出的报告，但其检出频率还是很低的。以下记述的一些报告，是具有一定代表性的。

在前面有记述广州市海珠区妇幼保健院的郑虹等 (2008) 报告在 2003 年 1 月至 2008 年 4 月间，从该医院新生儿重症监护室送检的不同标本材料中检出病原菌 277 株，其中包括类产碱假单胞菌 3 株 (构成比 1.08%)，均分离于血液材料 [35]。

湖北省襄樊市第一人民医院的周敏等 (2010) 报告在 2006 年 10 月 1 日至 2007 年 9 月 30 日间，该医院入住重症监护室 48h 后的患者 334 例，其中发生医院感染 41 例 (感染率 12.28%)、58 例次 (例次感染率 17.37%)。从 334 份检验材料中检出病原菌 18 种 58 株 (检出率 17.37%)，其中包括类产碱假单胞菌 4 株 (构成比 6.89%) 居第 6 位 (均分离于下呼吸道标本材料)[52]。

3.4.2.2 动物的类产碱假单胞菌感染病

Austin 和 Stobie(1992) 报告在 1992 年，在英国某地区虹鳟 (平均体重 100g) 发生表现为皮肤大面积损伤并表现为肠炎红嘴症状的疾病，皮肤损伤出现在从鳃盖到尾部的整个体侧，皮肤及皮下肌肉腐烂达约 1mm 深，经检验表明为类产碱假单胞菌感染所致 [49]。

3.4.3 微生物学检验

对类产碱假单胞菌感染的微生物学检验，目前仍主要依赖于对相应病原细菌的分离鉴定及致病作用检验。

3.5 恶臭假单胞菌 (*Pseudomonas putida*)

恶臭假单胞菌 [*Pseudomonas putida*(Trevisan 1889)Migula 1895] 最早被归于芽孢杆菌属，名为恶臭杆菌 (*Bacillus putidus* Trevisan 1889)，菌种名称"*putida*"为拉丁语阴性形容词，

指发恶臭的、恶臭的 (stinking，fetid)。恶臭假单胞菌分为生物型 A 和生物型 B 两个生物型，可从以各种碳源的无机培养基加富培养的土壤和水样品中分离到。

恶臭假单胞菌生物型 A 的 DNA 中 G+C mol% 为 62.5(T_m)，生物型 B 的 DNA 中 G+C mol% 为 60.7，总体上此菌 DNA 的 G+C mol% 为 60 ~ 63(Bd)；模式株：ATCC 12633，DSM 291，NCIB 9494。GenBank 登录号 (16S rRNA)：D37923[7]。

3.5.1　生物学性状

恶臭假单胞菌的大小为 (0.7 ~ 1.1)μm × (2.0 ~ 4.0)μm，鞭毛数在 1 根以上，能产生在紫外线照射下具有荧光的扩散性色素 (尤其是在缺铁的培养基中)，不产生扩散性的非荧光色素，不能积累聚 -β- 羟基丁酸盐，在 H_2 存在下也不能自养生长，在 41℃ 条件下不生长，生物型 A 在 4℃ 条件下生长不定，生物型 B 在 4℃ 条件下能生长。

恶臭假单胞菌在营养琼脂平板上菌落为圆形，培养 48h 后菌落直径可增大至 3 ~ 4mm，黄白色；在营养肉汤培养中生长丰盛，均匀混浊，有菌膜、摇动即散；此菌发育的温度范围在 7 ~ 32℃，适宜温度 23 ~ 27℃；发育的盐分范围为 0 ~ 6.5%、适宜盐分为 1.5% ~ 2.5%，发育的 pH 范围为 5.5 ~ 8.5；此外，恶臭假单胞菌两个生物型的有机生长因子 (泛酸盐、生物素、维生素 B_{12}、蛋氨酸或胱氨酸) 需要试验为阴性；少数菌株能利用蔗糖，但不形成果聚糖；精氨酸双水解试验、氧化酶均阳性；反硝化试验均阴性，但可从硝酸盐产生亚硝酸盐；均不能液化明胶，不能水解淀粉；不利用海藻糖、肌醇和牦牛儿醇，大多数菌株能利用肌酸[7]。

恶臭假单胞菌在对一些常用抗菌类药物的敏感性方面，近年来也有一些报告。其常常表现出对多种常用抗菌类药物的耐药性，且表现在不同来源的菌株间存在一定的耐药性差异。以下记述的一些报告，是具有一定代表性的。

江西省医学院第二附属医院的桂炳东等 (1995) 报告，对人的恶臭假单胞菌败血症感染菌株测定结果为对阿米卡星、庆大霉素、诺氟沙星、多黏菌素 B 等敏感，对先锋噻肟、氨苄西林耐药[53]。

在前面有记述新乡医学院第三附属医院的王伟等 (2012) 报告从该医院住院及门诊患者不同标本材料分离到非发酵革兰氏阴性杆菌 233 株，其中包括恶臭假单胞菌 48 株。对 48 株恶臭假单胞菌，进行对哌拉西林、头孢他啶、庆大霉素、妥布霉素、哌拉西林 / 他唑巴坦、亚胺培南、阿米卡星、环丙沙星、左氧氟沙星等临床常用抗菌类药物的敏感性测定，结果均显示具有不同程度的耐药性 (耐药率为 16.67% ~ 56.25%)，其中以对亚胺培南和哌拉西林 / 他唑巴坦的耐药率最低 (各 8 株分别占 16.67%)，以对庆大霉素的耐药率最高 (27 株占 56.25%)[33]。

3.5.2　病原学意义

尽管已明确恶臭假单胞菌能在一定条件下引起人的感染发病，但还是比较少见的。作为水生动物的病原菌，近些年来在我国也多有报告。

3.5.2.1　人的恶臭假单胞菌感染病

恶臭假单胞菌能引起人的多系统感染及败血症，也存在于化脓伤口，败血症类型多为医院内感染。另外，在食物中毒方面，近年来已有因恶臭假单胞菌污染的红烧牛肉、商品酸奶等食物引起的事件发生[3]。在上面有记述江西医学院第二附属医院的桂炳东等(1995)，曾报告了由此菌引起人类败血症的病例，但这种类型的感染病还是相对比较少见的[53]。

在医院感染方面，近年来陆续有检出的报告，但相对来讲还是不多见的。以下记述的一些报告，是具有一定代表性的。

在前面有记述陕西省西电集团医院的杨小青(2006)报告，在从该医院住院及门诊患者分离到的多种病原菌中，包括恶臭假单胞菌19株[34]。

湖南省怀化市第一人民医院的曾刚毅等(2008)报告，在2002年至2006年的5年间，从该医院门诊及住院患者不同标本材料中分离到病原菌6320株，其中非发酵菌种(属)874株(构成比13.83%)。在874株非发酵菌中，包括恶臭假单胞菌30株(构成比3.43%)[54]。

在前面有记述新乡医学院第三附属医院的王伟等(2012)报告从该医院住院及门诊患者送检的不同标本材料中，分离到的非发酵革兰氏阴性杆菌233株，其中包括恶臭假单胞菌48株(构成比20.60%)。这些菌株源于痰液的151株(构成比64.81%)、脓液的32株(构成比13.73%)、创伤分泌物的29株(构成比12.45%)、其他标本材料的21株(构成比9.01%)，显然主要为呼吸道感染类型[33]。

3.5.2.2 动物的恶臭假单胞菌感染病

比较明确的记载和报告，恶臭假单胞菌在动物主要是可引起多种海水及淡水养殖鱼类的感染发病。Muroga(1990)报告，恶臭假单胞菌为鱼类的致病菌。Wakabayashi等(1996)报告，此菌从日本香鱼体内分离到[47,49]。

在我国，近些年来也陆续有一些在不同水生动物由恶臭假单胞菌引起感染病的报告，涉及鳖、蟹、欧洲鳗鲡、黑鲷、大黄鱼养殖，特别是沿海的宁波象山湾、台州大陈岛等海域，网箱养殖大黄鱼等多种[55~59]。

3.5.3 微生物学检验

对恶臭假单胞菌感染的微生物学检验，目前仍主要依赖于对相应病原细菌的分离鉴定及致病作用(动物感染试验)检验。为与常见的绿脓杆菌做简要区分，将其主要鉴别特征列于表25-2供参考[7]。

表25-2 几种假单胞菌的鉴别特征

项目	铜绿假单胞菌	巴利阿里岛假单胞菌	恶臭假单胞菌	施氏假单胞菌
典型菌落：光滑型	+		+	
有皱纹		+		+
鞭毛数量	1	1	>1	1
水解：明胶	+	−	−	−
淀粉	−	+	−	+
利用：麦芽糖	−	+	d	+

续表

项目	铜绿 假单胞菌	巴利阿里岛 假单胞菌	恶臭 假单胞菌	施氏 假单胞菌
木糖	−	+	d	−
γ-氨基丁酸盐	−	−	d	d
苹果酸盐	d	+	−	+
辛二酸盐	d	−	−	d
甘露醇	+	−	−	d
乙二醇	−	−	−	+
反硝化作用	+	+	+	+
生长：42℃	+	+	−	d
46℃	−	+	−	d
含 8.5% NaCl	−	+	−	−
脂肪酸含量 (%)：$C_{17:0}$ 环丙烷	0.8	4.71	>5	0.28 ~ 1.72
$C_{19:0}$ 环丙烷	1.2	3.8	痕迹量	0.32 ~ 1.45
DNA 的 G+C mol%	67	64.1 ~ 64.4	60.7 ~ 62.5	60.9 ~ 64.9

3.6　施氏假单胞菌 (*Pseudomonas stutzeri*)

施氏假单胞菌 [*Pseudomonas stutzeri*(Lehmann and Neumann 1896)Sijderius 1946] 在最初被命名为施氏杆菌 (*Bacterium stutzeri* Lehmann and Neumann 1896)，菌种名称"*stutzeri*"是以施蒂策的姓氏"Stutzer"命名的；金海假单胞菌 (*Pseudomonas perfectomarina*) 是该菌的同物异名 (synonym)。

细菌 DNA 的 G+C mol% 为 60.6 ~ 66.3(Bd)；模式株：AB 201，ATCC 17588，CCUG 11256，DSM 5190。GenBank 登录号 (16S rRNA)：U26262[7]。

3.6.1　生物学性状

施氏假单胞菌以端生单鞭毛为主，在有的菌株可产生短波的侧生鞭毛 (特别是在复杂固体培养基上的幼龄培养物)，侧生鞭毛容易脱落。初代分离的菌落是黏着的，具有特征性的皱褶状，通常呈红褐色；在培养基上反复传代后，菌落变为光滑、奶油状和灰白色，不产生水溶性色素。其专性好氧 (在有硝酸盐的培养基中除外)，大多数菌株于40℃及41℃能生长 (有的菌株在43℃还能生长)，在4℃不能生长，最适生长温度为35℃。

施氏假单胞菌以氧或硝酸盐作为电子受体进行呼吸代谢，具有强烈的反硝化作用 (vigorous denitrification)。大多数菌株水解淀粉，卵黄反应阴性，不液化明胶。其生长具有营养多样化和异源性，大多数菌株至少能够利用 50 种不同的有机化合物作为唯一碳源生长，有的至少能够利用 65 种。乙酸盐、琥珀酸盐、乳酸盐、丙酮酸盐和乙二醇，是普遍的基物；适合多数菌株生长的特征性基物是淀粉、麦芽糖、乙二醇等；戊糖、除了葡萄糖和果糖以外的己糖、除了麦芽糖以外的双糖、2-酮基葡萄糖酸盐、精氨酸盐、组氨酸、肌氨酸等，通常不能被利用；利用淀粉作为碳源和能源。另外，可见在前面表 25-2 中的相应记述 [7、30,31]。

3.6.2 病原学意义

施氏假单胞菌主要分离于土壤和水，相关信息显示，对人及水生动物（鱼类）具有一定的致病作用。

3.6.2.1 人的施氏假单胞菌感染病

施氏假单胞菌的病原学意义，尚缺乏比较明确的系统记述。在引起医院感染方面，已有从患者检出的报告，但其检出频率还是很低的，举例如下。①在前面有记述陕西省西电集团医院的杨小青 (2006) 报告，在从该医院住院及门诊患者分离到的多种病原菌中，包括施氏假单胞菌 15 株 [34]。②在前面有记述广州市海珠区妇幼保健院的郑虹等 (2008) 报告在 2003 年 1 月至 2008 年 4 月间，从该医院新生儿重症监护室送检的不同标本材料中检出病原菌 277 株，其中包括施氏假单胞菌 5 株（构成比 1.81%)，分离于咽拭子及眼睛分泌物的各 2 株、脐液的 1 株 [35]。

3.6.2.2 动物的施氏假单胞菌感染病

中山大学的黄志坚等 (1999) 报告，经在广东省各地进行流行病调查，从不同来源的濒死鳜鱼 (Siniperca chuatsi)，分离到 6 种相应病原菌，其中包括施氏假单胞菌 [60]。

3.6.3 微生物学检验

对施氏假单胞菌感染的微生物学检验，目前仍主要依赖于对相应病原细菌的分离鉴定。对从鱼类检出的菌株，还需做对同种鱼类的感染实验明确相应的病原学意义。施氏假单胞菌与常见的绿脓杆菌的主要区别点，如表 25-2 所示。

（房　海）

参 考 文 献

[1] 贾辅忠 , 李兰娟 . 感染病学 . 南京 : 江苏科学技术出版社 , 2010: 488~491.

[2] 闻玉梅 . 现代医学微生物学 . 上海 : 上海医科大学出版社 , 1999: 383~393.

[3] 房海 , 陈翠珍 . 中国食物中毒细菌 . 北京 : 科学出版社 , 2014: 498~516.

[4] 黄朝晖 , 范晓玲 , 胡瑜 . 2007—2011 年医院感染主要病原菌的耐药趋势分析 . 中华医院感染学杂志 , 2013, 23(8):1911~1913.

[5] 孙慧 , 吴荣华 , 胡钢 , 等 . 医院感染病原菌分布及耐药性分析 . 疾病监测与控制杂志 , 2014, 8(1):4~6.

[6] 陈潇 , 徐修礼 , 杨佩红 , 等 . 2002—2012 年医院感染主要病原菌耐药性分析 . 中华医院感染学杂志 , 2014, 24(3):557~559.

[7] George M G. Bergey's Manual of Systematic Bacteriology. Second Edition. Volume Two. Part B. Springer, New York, 2005: 323~379.

[8] 张道永，胡景韶，王文贵，等．绿脓杆菌研究进展．四川畜牧兽医，1995，(3):55~59.

[9] 朱美芬．绿脓假单胞菌的生物学特性．上海实验动物科学，1984，4(3):169~171.

[10] 房海，史秋梅，陈翠珍，等．人兽共患细菌病．北京：中国农业科学技术出版社，2012: 498~513.

[11] 杨正时，房海．人及动物病原细菌学．石家庄：河北科学技术出版社，2003: 662~676.

[12] 袁昕，赵仲芳．绿脓杆菌菌体的分群研究．人民军医，1963，(S2): 28~32.

[13] 王世鹏，谢茂超，彭如惠．绿脓杆菌国际抗原分型系统 (IATS)-20 型血清的试制及应用．中国生物制品
学杂志，1991，4(1):13~16.

[14] 马珊，张瞿璐．医院气管切开盘细菌学调查．中国消毒学杂志，2009，26(4):456~457.

[15] 刘晓杰，孙利群，王艳秋，等．医院环境表面病原菌分布调查．中华医院感染学杂志，2013，
23(18):4454~4455.

[16] 刘杨，张秋莹，殷玉华．重症监护室常用医疗器具使用中病原菌携带情况．中国感染控制杂志，2013，
12(1):64-65.

[17] 李爱芳，丁卉，李国雄，等．1049 株铜绿假单胞菌医院感染的耐药性分析．中国乡村医药杂志，2014，
21(7):55~56.

[18] 王秋菊，秦进，袁飞．2162 株铜绿假单胞菌医院感染的临床分布及耐药性分析．疾病监测，2014，
29(6):454~457.

[19] 陈云战，谭丽梅，李锦光，等．一起混合型细菌感染引起婴儿食物中毒的病原学分析．中国食品卫生杂
志，1989，1(4):27~30.

[20] 王海兴，李建国，项辉，等．2092 株铜绿假单胞菌医院感染的临床分布及耐药性分析．中华医院感染
学杂志，2013，23(1):184~186.

[21] 高岭，张义成，刘丽莎，等．2010~2012 年南京地区儿童感染铜绿假单胞菌临床分布及耐药性分析．国
际检验医学杂志，2014，35(3):343~345.

[22] 刘振国，董金海，李鲁，等．宽吻海豚急性铜绿假单胞菌感染的治疗研究．中国水产科学，2000，
7(2):123~125.

[23] 崔来宾，叶星，邓国成，等．草鱼铜绿假单胞菌的鉴定及药物敏感性分析．大连海洋大学学报，2010，
25(6): 488~494.

[24] 邓威．一种草鱼细菌病病原的分离鉴定．天津农业科学，2015，21(9): 61~63.

[25] 李梦东．实用传染病学．2 版．北京：轻工业出版社，1998: 466~471.

[26] 林成水，曾凝梅，叶荣华，等．临床分离绿脓杆菌的肠毒素研究．微生物学通报，1984，11(2):73~74, 79.

[27] 赵铠，章以浩，李河民．医学生物制品学．2 版．北京：人民卫生出版社，2007: 1436.

[28] 陈志平，胡景韶，张道永，等．兽类绿脓杆菌 196 株血清学定型初报．中国兽医杂志，1987，13(4): 2~4.

[29] 房海，陈翠珍，史秋梅，等．雏鸡铜绿假单胞菌的分离鉴定及生物学特性分析．畜牧与兽医，2010，
42(5):71~74.

[30] 布坎南 R E, 吉本斯 N E. 伯杰细菌鉴定手册．8 版．中国科学院微生物研究所《伯杰细菌鉴定手册》
翻译组译．北京：科学出版社，1984: 274~313.

[31] Holt J G, Krieg N R, Sneath P H A, et al. Bergey's Manual of Determinative Bacteriology. 9th Ed. Williams
& Wilkins, Baltimore, 1994: 93~94, 103~116, 151~166.

[32] 薛菊兰，艾彪，张艳华．产碱假单胞菌在医院环境中分布情况调查．中国消毒学杂志，2011，28(2):241.

[33] 王伟，赵永新，王妍妍．非发酵革兰氏阴性杆菌 233 株临床分布和耐药性分析．新乡医学院学报，2012, 29(2):121~123.

[34] 杨小青．1076 株临床细菌的菌种分布．实用医技杂志，2006, 13(16):2812~2813.

[35] 郑虹，李观定．新生儿监护室医院感染的病原菌分布及耐药性分析．中国医药导报，2008, 5(27):81~83.

[36] 张艳丽，乔俊英，徐豪，等．重症肺炎患儿非发酵菌感染的临床分析．中华医院感染学杂志，2013, 23(15):3800~3802.

[37] 崔青曼，张跃红，袁春营，等．中华鳖穿孔病的病原菌及其防治的研究．河北农业大学学报，1998, 21(4):76~80.

[38] 马有智，舒妙安．黄鳝产碱假单胞菌的分离与鉴定．淡水渔业，2000, 30(5):33~34.

[39] 何顺华，傅锦楠，龚小华，等．白鲢出血病病原菌的鉴定．水产科技情报，1993, 20(2):75~77.

[40] 舒妙安，马有智．黄鳝烂尾病病原的研究．中国兽医学报，2000, 20(5):465~467.

[41] 祖国掌，李槿年，余为，等．河蟹细菌病病原分离与鉴定．水产养殖，2007, 28(2): 1~4.

[42] 潘秀文，桂剑峰，张琼．野鸭温和气单胞菌及产碱假单胞菌的分离与鉴定．中国家禽，2001, 23(11):11~12.

[43] 叶林，俞开康，王如才，等．皱纹盘鲍幼鲍溃烂病病原菌的研究．中国水产科学，1997, 4(4):43~48.

[44] 王高学，白占涛，张向前，等．大鲵赤皮病病原分离鉴定及防治试验．西北农业大学学报，1999, 27(4):71~74.

[45] 董晓勤，周田美，施新颜，等．非发酵菌感染的临床分布和耐药谱分析．中华医院感染学杂志，2004, 14(7): 809~811.

[46] 颜英俊，刘华，喻华，等．医院内非发酵革兰氏阴性杆菌类型分布抗菌耐药特征分析．西部医学，2008, 20(1): 154~155.

[47] 房海，陈翠珍，张晓君．水产养殖动物病原细菌学．北京：中国农业出版社，2010: 465~486.

[48] Austin B, Austin D A. Bacterial Fish Pathogens:Disease in Farmed and Wild Fish. Chichester: Ellis Horwood Limited Publishing, 1987: 251~261.

[49] Austin B, Austin D A. Bacterial Fish Pathogens:Disease of Farmed and Wild Fish. Third(Revised) Edition. Praxis Publishing Ltd, Chichester, UK. 1999: 27, 99~102, 137~138, 235~236, 278~279, 327~328.

[50] 吴后波，潘金培．海水养殖真鲷病害的研究进展．鱼类病害研究，2001, 23(1):13~23.

[51] 徐伯亥，熊木林．白鱀豚腐皮病致病细菌的初步研究．水生生物学报，1985, 9(1):59~66.

[52] 周敏，李华萍．重症监护病房医院感染调查及分析．中华医院感染学杂志，2010, 20(10):1412~1413.

[53] 桂炳东，徐建民，贾坤如．3 例恶臭假单胞菌败血症及其鉴定．中国人兽共患病杂志，1995, 11(3):21, 38.

[54] 曾刚毅，唐孝亮，刘筱玲．非发酵菌的临床检出情况及耐药分析．检验医学与临床，2008, 5(3): 140~141,144.

[55] 樊海平．恶臭假单胞菌引起的欧洲鳗鲡烂鳃病．水产学报，2001, 25(2):147~150.

[56] 毛芝娟，王美珍，陈吉刚，等．黑鲷肠炎病原恶臭假单胞菌的分离和鉴定．渔业科学进展，2010, 31(3): 23~28.

[57] 邱杨玉，郑磊，毛芝娟，等．大黄鱼 (*Larimichthys crocea*) 内脏白点病的病原分离和组织病理学观察．微生物学通报，2012, 39(3): 361~370.

[58] 沈锦玉 , 余旭平 , 潘晓艺 , 等 . 网箱养殖大黄鱼假单胞菌病病原的分离与鉴定 . 海洋水产研究 , 2008, 29(1): 1~6.

[59] 李槿年 , 江定丰 , 李琳 , 等 . 28 株水产动物致病菌的编码鉴定 . 水利渔业 , 2004, 24(2): 62-64.

[60] 黄志坚 , 何建国 , 翁少萍 , 等 . 鳜鱼细菌性病原的分离鉴定及致病性初步研究 . 微生物学通报 , 1999, 26(4):241~246.

第 26 章　鞘氨醇杆菌属 (*Sphingobacterium*)

鞘氨醇杆菌属 (*Sphingobacterium* Yabuuchi, Kaneko, Yano, Moss and Miyoshi 1983) 细菌，通常均缺乏明确的病原学意义。其中的水田氏鞘氨醇杆菌 (*Sphingobacterium mizutaii*)，已有被作为机会病原菌 (opportunistic pathogen，亦称为条件病原菌) 检出的报告[1]。

鞘氨醇杆菌属细菌属于非发酵菌 (nonfermentative bacteria) 类，也常是记为非发酵革兰氏阴性杆菌 (nonfermentative Gram-negative bacilli，NFGNB)。与医院感染 (hospital infection，HI) 相关的非发酵菌类，在我国已有明确记述和报告的涉及 9 个菌科 (Family)、14 个菌属 (genus) 的 27 个菌种 (species) 及亚种 (subspecies)。为便于一并了解，将各菌科、菌属名录以表格"医院感染非发酵菌类的各菌科与菌属"的形式，记述在了第 3 篇"医院感染革兰氏阴性非发酵型细菌"的扉页中。

在医院感染的鞘氨醇杆菌属细菌中，在我国已有明确报告的仅涉及水田氏鞘氨醇杆菌 1 个种，且在所有医院感染细菌中的检出频率也是很低的。

● 在第 18 章"金黄杆菌属"(*Chryseobacterium*) 中有记述，山东省济南市第三人民医院的郭祥翠等 (2006) 报告，回顾性总结该医院在 4 年 (2000 年 1 月至 2003 年 12 月) 间，从住院患者不同标本材料 (痰液、呼吸道分泌物等) 中分离获得的黄杆菌属 (*Flavobacterium* Bergey，Harrison，Breed et al 1923 emend. Bernardet，Segers，Vancanneyt et al 1996) 细菌 4 种 105 株，其中包括水田氏黄杆菌 (*Flavobacterium mizutaii*)13 株 (构成比 12.38%) 居第 3 位[1]。

本书作者注：文中记述的水田氏黄杆菌，即现在分类的水田氏鞘氨醇杆菌。

1　菌属定义与分类位置

鞘氨醇杆菌属为鞘氨醇杆菌科 (Sphingobacteriaceae Steyn，Segers，Vancanneyt et al

1998) 细菌的成员。菌属名称"*Sphingobacterium*"为新拉丁语中性名词，指这些细菌为含有鞘氨醇的杆菌 (a sphingosine-containing bacterium)[2]。

1.1　菌属定义

鞘氨醇杆菌属细菌，为直杆菌、革兰氏阴性、无芽孢、无鞭毛、存在滑动运动 (sliding motility)，接触酶阳性，有机化能营养，不需要专门的生长因子 (growth factor)，在室温放置数天后的菌落微黄色，不产生吲哚、3- 羟基丁醇 (acetylmethylcarbinol)，不能液化明胶，对碳水化合物氧化产酸、不发酵，菌细胞含有脂类为神经鞘氨醇磷脂 (sphingophospholipids)[2]。

鞘氨醇杆菌属细菌 DNA 中 G+C mol% 为 39 ～ 42；模式种：食醇鞘氨醇杆菌 [*Sphingobacterium spiritivorum*(Holmes et al 1982)Yabuuchi，Kaneko，Yano et al 1983][2]。

1.2　分类位置

按伯杰氏 (Bergey) 细菌分类系统，在第二版《伯杰氏系统细菌学手册》(*Bergey's Manual of Systematic Bacteriology*) 第 4 卷 (2010) 中，鞘氨醇杆菌属分类于鞘氨醇杆菌科。

鞘氨醇杆菌科中含有鞘氨醇杆菌属、土地杆菌属 (*Pedobacter* Steyn，Segers，Vancanneyt et al 1998) 共 2 个菌属。

鞘氨醇杆菌科细菌 DNA 的 G+C mol% 为 36 ～ 45，模式属 (type genus)：鞘氨醇杆菌属。

鞘氨醇杆菌属内记载了 12 个种，依次为：食醇鞘氨醇杆菌、安徽鞘氨醇杆菌 (*Sphingobacterium anhuiense*)、南极鞘氨醇杆菌 (*Sphingobacterium antarcticum*)、加拿大鞘氨醇杆菌 (*Sphingobacterium canadense*)、堆肥鞘氨醇杆菌 (*Sphingobacterium composti*)、大田市鞘氨醇杆菌 (*Sphingobacterium daejeonense*)、屎鞘氨醇杆菌 (*Sphingobacterium faecium*)、北广岛鞘氨醇杆菌 (*Sphingobacterium kitahiroshimense*)、水田鞘氨醇杆菌、多食鞘氨醇杆菌 (*Sphingobacterium multivorum*)、泗阳鞘氨醇杆菌 (*Sphingobacterium siyangense*)、嗜温鞘氨醇杆菌 (*Sphingobacterium thalpophilum*)[2]。

2　水田氏鞘氨醇杆菌 (*Sphingobacterium mizutaii*)

水田氏鞘氨醇杆菌 (*Sphingobacterium mizutaii* Yabuuchi，Kaneko，Yano，Moss and Miyoshi 1983) 的客观同物异名 (objective synonym) 为水田氏黄杆菌 (*Flavobacterium mizutaii* Holmes，Weaver，Steigerwalt and Brenner 1988)。菌种名称"*mizutaii*"为新拉丁语属格阳性名词，是以日本儿科医师 Shunsuke Mizuta 的姓氏 Mizuta(水田) 命名的；是水田首先从早产儿脑膜炎病例的脊椎穿刺液中分离到了此菌，即现在此菌的模式株 (type strain)，后经 Holmes 等 (1988) 予以校正。

细菌 DNA 的 G+C mol% 为 39.0 ～ 41.5(T_m)；模式株：ATCC 33299，CCUG 15907，CIP 101122，GIFU 1203，KC1794，LMG 8340，NBRC 14946，NCTC 12149。GenBank 登录号 (16S rRNA)：AJ438175，D14024，M58796[2]。

2.1 生物学性状

水田氏鞘氨醇杆菌的特征如属的描述，但其不能滑动，能够耐受 40% 胆汁。在氧化 - 发酵培养基 (oxidation-fermentation medium) 可从 D- 阿拉伯糖、纤维二糖、果糖、葡萄糖、乳糖、麦芽糖、甘露糖、松三糖、鼠李糖、水杨苷、蔗糖产酸，水解七叶苷；下列试验阴性：α- 半乳糖苷酶 (α-galactosidase)、从 3% 乙醇、糖原、菊糖、甘露醇产酸，丙二酸盐利用，在 pH 5.0 生长、淀粉、DNA 水解、卵黄琼脂 (egg yolk agar) 反应等。

多数菌株不能氧化糖原或水解尿素，硝酸盐还原阴性。模式株对羧苄西林、氯霉素、四环素、红霉素、磺胺嘧啶、磺胺甲基异噁唑 - 甲氧苄啶敏感，对青霉素、氨苄西林、先锋霉素、链霉素、阿米卡星、卡那霉素、庆大霉素、克林霉素、黏菌素、多黏菌素 B 有抗性。其致病性不确定，自然栖息地也不清楚，但已有从临床样品分离的报告[2]。

有记述原分类于黄杆菌属的细菌在自然界的分布广泛，在土壤、水、空气等外界环境，肉类、乳产品、蔬菜，以及人和某些动物均有存在。其常可从人体尿道、阴道、皮肤、口腔黏膜、上呼吸道等部位检出，因此也可能属于人的正常菌群部分。对氯己定等消毒剂有抵抗力，在 42℃ 条件下可被杀死[3~6]。

2.2 病原学意义

水田氏鞘氨醇杆菌的病原学意义，还不是很明确。在作为医院感染细菌检出方面，在前面有记述山东省济南市第三人民医院的郭祥翠等 (2006) 报告从住院患者不同标本材料中分离获得的黄杆菌属细菌 4 种 105 株，包括水田氏黄杆菌 (即现在分类命名的水田氏鞘氨醇杆菌)13 株 (构成比 12.38%) 居第 3 位。报告中记述在此次调查中发现黄杆菌属细菌感染呈逐年增高的趋势，且对抗菌类药物呈现多重耐药现象。由于这些感染患者多有严重的基础疾病，导致感染难以治疗、病死率高。发现感染多见于脑外科、重症监护室 (intensive care unit，ICU)、呼吸科患者，其原因可能与患者均有吸氧、吸痰史，有行气管插管、机械通气史，与侵入性操作、常使用各种输液管、静脉导管、呼吸机等有关[1]。

2.3 微生物学检验

目前对水田氏鞘氨醇杆菌的微生物学检验，还主要是依赖于对细菌进行分离鉴定的细菌学检验。检验中，要特别注意与黄杆菌属的细菌等非发酵菌类相鉴别。

（房　海）

参 考 文 献

[1] 郭祥翠，滕军儒，李俄成 .2000~2003 年我院医院感染黄杆菌 105 株耐药性分析 . 中国乡村医药杂志，2006,13(6): 29.

[2] Aidan C P. Bergey's Manual of Systematic Bacteriology.Second Edition.Volume Four.Springer, New York,

2010: 331~339.

[3] 贾辅忠 , 李兰娟 . 感染病学 . 南京 : 江苏科学技术出版社 , 2010: 495~496.

[4] 杨正时 , 房海 . 人及动物病原细菌学 . 石家庄 : 河北科学技术出版社 , 2003: 730~736.

[5] 罗海波 , 张福森 , 何浙生 , 等 . 现代医学细菌学 . 北京 : 人民卫生出版社 , 1995: 104~109.

[6] 唐珊熙 . 微生物学及微生物学检验 . 北京 : 人民卫生出版社 , 1998: 276~278.

第27章 鞘氨醇单胞菌属 (*Sphingomonas*)

鞘氨醇单胞菌属 (*Sphingomonas* Yabuuchi，Yano，Oyaizu et al 1990 emend. Takeuchi，Hamana and Hiraishi 2001 emend. Yabuuchi，Kosako，Fujiwara et al 2002) 的少动鞘氨醇单胞菌 (*Sphingomonas paucimobilis*)，在近些年来已有不少作为机会病原菌 (opportunistic pathogen，亦称为条件病原菌)，从人的不同类型感染病 (infectious diseases) 中检出的报告，通常是以引起某些组织器官的炎性感染以至菌血症及败血症等为特征，尤以呼吸道感染比较多见。

鞘氨醇单胞菌属细菌属于非发酵菌 (nonfermentative bacteria) 类，也常是记为非发酵革兰氏阴性杆菌 (nonfermentative Gram-negative bacilli，NFGNB)。与医院感染 (hospital infection，HI) 相关的非发酵菌类，在我国已有明确记述和报告的涉及 9 个菌科 (Family)、14 个菌属 (genus) 的 27 个菌种 (species) 及亚种 (subspecies)。为便于一并了解，将各菌科、菌属名录以表格 "医院感染非发酵菌类的各菌科与菌属" 的形式，记述在了第 3 篇 "医院感染革兰氏阴性非发酵型细菌" 扉页中。

在医院感染的鞘氨醇单胞菌属细菌中，在我国已有明确报告的仅涉及少动鞘氨醇单胞菌 1 个种，在所有医院感染细菌中的检出频率还是相对不算很低的。

● 浙江省杭州市萧山区第一人民医院的赵渊等 (2009) 报告在近年来，少动鞘氨醇单胞菌引起的院内感染有增加的趋势。在 2006 年 1 月至 2009 年 5 月间，从该医院门诊和住院感染患者的各类临床标本 (痰、血液、腹水、尿液、咽拭子、脓液、胸腔积液、伤口分泌物、胆汁等)，分离到少动鞘氨醇单胞菌 121 株。其混合感染情况，在 121 例少动鞘氨醇单胞菌感染标本中，有 78 例 (构成比 64.46%) 同时分离出一种或多种其他致病菌，其中包括大肠埃希氏菌 (*Escherichia coli*)57 例 (构成比 47.11%)、肺炎克雷伯氏菌 (*Klebsiella pneumoniae*)18 例 (构成比 14.88%)、铜绿假单胞菌 (*Pseudomonas aeruginosa*)15 例 (构成比 12.39%)、屎肠球菌 (*Enterococcus faecium*)8 例 (构成比 6.61%)、鲍氏不动杆菌 (*Acinetobacter baumannii*)5 例 (构成比 4.13%)、嗜麦芽寡养单胞菌 (*Stenotrophomonas maltophilia*)5 例 (构成比 4.13%)、真菌 (fungi)2 例 (构成比 1.65%)[1]。

● 杭州市萧山第一人民医院的来汉江等 (2010) 报告，少动鞘氨醇单胞菌可引起术后慢性蜂窝组织炎、败血症等。该医院在 2006 年 8 月至 2008 年 12 月间，从住院患者不同标本材料中分离到 116 株少动鞘氨醇单胞菌[2]。

● 河南省新乡市中心医院的张晓晖 (2011) 报告在 2005 年 1 月至 2009 年 3 月间，从康复科病房患者的呼吸道、血液、皮肤、尿液中，共分离出细菌 503 株。其中，痰液 372 株 (构成比 73.96%)、血液 60 株 (构成比 11.93%)、皮肤 41 株 (构成比 8.15%)、尿液 30 株 (构成比 5.96%)。在革兰氏阴性菌 332 株 (构成比 66.00%) 中。铜绿假单胞菌、嗜麦芽寡养单胞菌、不动杆菌属 (*Acinetobacter* Brisou and Prèvot 1954) 细菌、大肠埃希氏菌、褪色沙雷氏菌 (*Serratia marcescens*)、肺炎克雷伯氏菌、脑膜脓毒金黄杆菌 (*Chryseobacterium meningosepticum*)、少动鞘氨醇单胞菌、洋葱伯克霍尔德氏菌 (*Burkholderia cepacia*)，构成比分别为 31.4%、18.0%、13.7%、9.3%、6.5%、6.1%、4.7%、3.6%、2.8%，其他细菌占 4.1%[3]。

本书作者注：文中记述的脑膜脓毒金黄杆菌，即现在分类于伊金氏菌属 (*Elizabethkingia* Kim，Kim，Lim，Park and Lee 2005) 的脑膜脓毒伊金氏菌 (*Elizabethkingia meningoseptica*)。

1 菌属定义与分类位置

鞘氨醇单胞菌属是鞘氨醇单胞菌科 (Sphingomonadaceae Kosako，Yabuuchi，Naka，Fijiwara and Kobayashi 2000) 细菌的成员,菌属名称"*Sphingomonas*"为现代拉丁语阴性名词，指含有鞘氨醇的单细胞生物 (a sphingosine-containing monad)[4]。

1.1 菌属定义

鞘氨醇单胞菌属细菌，为 $(0.2 \sim 1.4)\mu m \times (0.5 \sim 4.0)\mu m$ 的革兰氏染色阴性杆菌 (或稍弯曲) 或卵圆形，多数的种是二分裂繁殖，但在泳池鞘氨醇单胞菌 (*Sphingomonas natatoria*) 和伴熊鞘氨醇单胞菌 (*Sphingomonas ursincola*) 在电子显微镜下可见出芽或不对称分裂形式，无芽孢，有动力或无动力。其为需氧菌，水解七叶苷，菌落颜色因种不同而异，橙色、黄色或无色素，接触酶阳性，氧化酶阳性或阴性。一些种是机会病原菌，在重症监护室 (intensive care units，ICU) 可引起脑膜炎、败血症、腹膜炎、新生儿感染 (neonatal infections)，广泛存在于各类环境中。

鞘氨醇单胞菌属细菌 DNA 的 G+C mol% 为 59 ~ 68；模式种 (type species)：少动鞘氨醇单胞菌 [*Sphingomonas paucimobilis*(Holmes，Owen，Evans，Malnick and Wilcox 1977) Yabuuchi，Yano，Oyaizu et al 1990][4,5]。

1.2 分类位置

按伯杰氏 (Bergey) 细菌分类系统，在第二版《伯杰氏系统细菌学手册》(*Bergey's Manual of Systematic Bacteriology*) 第 2 卷 (2005)C 部分中，鞘氨醇单胞菌属分类于鞘氨醇单胞菌科。

鞘氨醇单胞菌科包括 9 个菌属，依次为：鞘氨醇单胞菌属、芽殖单胞菌属 (*Blastomonas* Sly and Cahill 1997 emend. Hiraishi, Kuraishi and Kawahara 2000)、柠檬酸微菌属 (*Citromicrobium* Yurkov，Krieger，Stackebrandt and Beatty 1999)、红色杆菌属 (*Erythrobacter* Shiba and Simidu 1982)、红色微菌属 (*Erythromicrobium* Yurkov，Stackebrandt，Holmes et al 1994)、红单胞菌属 (*Erythromonas* Yurkov，Stackebrandt，Buss et al 1997)、产卟啉杆菌属 (*Porphyrobacter* Fuerst，Hawkins，Holms et al 1993)、橙色杆菌属 (*Sandaracinobacter* Yurkov，Stackebrandt，Buss et al 1997)、发酵单胞菌属 (*Zymomonas* Kluyver and van Niel 1936)。

鞘氨醇单胞菌科细菌 DNA 的 G+C mol% 为 59 ～ 68.5；模式属 (type genus)：鞘氨醇单胞菌属。

在鞘氨醇单胞菌属内共记载了 34 个种 (species)，依次为：少动鞘氨醇单胞菌、黏连鞘氨醇单胞菌 (*Sphingomonas adhaesiva*)、阿拉斯加鞘氨醇单胞菌 (*Sphingomonas alaskensis*)、水生鞘氨醇单胞菌 (*Sphingomonas aquatilis*)、食芳香物鞘氨醇单胞菌 (*Sphingomonas aromaticivorans*)、不解糖鞘氨醇单胞菌 (*Sphingomonas asaccharolytica*)、荚膜鞘氨醇单胞菌 (*Sphingomonas capsulata*)、氯酚鞘氨醇单胞菌 (*Sphingomonas chlorophenolica*)、忠北鞘氨醇单胞菌 (*Sphingomonas chungbukensis*)、阴沟鞘氨醇单胞菌 (*Sphingomonas cloacae*)、刺状鞘氨醇单胞菌 (*Sphingomonas echinoides*)、食除草剂鞘氨醇单胞菌 (*Sphingomonas herbicidovorans*)、韩国鞘氨醇单胞菌 (*Sphingomonas koreensis*)、解聚乙二醇鞘氨醇单胞菌 (*Sphingomonas macrogoltabidus*)、苹果鞘氨醇单胞菌 (*Sphingomonas mali*)、瓜类鞘氨醇单胞菌 (*Sphingomonas melonis*)、泳池鞘氨醇单胞菌、类少动鞘氨醇单胞菌 (*Sphingomonas parapaucimobilis*)、黏液鞘氨醇单胞菌 (*Sphingomonas pituitosa*)、桃鞘氨醇单胞菌 (*Sphingomonas pruni*)、玫瑰鞘氨醇单胞菌 (*Sphingomonas rosa*)、黄玫瑰鞘氨醇单胞菌 (*Sphingomonas roseiflava*)、血红鞘氨醇单胞菌 (*Sphingomonas sanguinis*)、冥河鞘氨醇单胞菌 (*Sphingomonas stygia*)、亚北极鞘氨醇单胞菌 (*Sphingomonas subarctica*)、木塞味鞘氨醇单胞菌 (*Sphingomonas suberifaciens*)、地下鞘氨醇单胞菌 (*Sphingomonas subterranea*)、大田鞘氨醇单胞菌 (*Sphingomonas taejonensis*)、土壤鞘氨醇单胞菌 (*Sphingomonas terrae*)、楚氏鞘氨醇单胞菌 (*Sphingomonas trueperi*)、伴熊鞘氨醇单胞菌、维氏鞘氨醇单胞菌 (*Sphingomonas wittichii*)、食异源物鞘氨醇单胞菌 (*Sphingomonas xenophaga*)、矢野鞘氨醇单胞菌 (*Sphingomonas yanoikuyae*)[4]。

在其中有些种，又已分别易入了鞘氨醇菌属 (*Sphingobium* Takeuchi et al 2001) 或新鞘氨醇菌属 (*Novosphingobium* Takeuchi et al 2001)。

2 少动鞘氨醇单胞菌 (*Sphingomonas paucimobilis*)

少动鞘氨醇单胞菌 [*Sphingomonas paucimobilis*(Holmes，Owen，Evans，Malnick and

Wilcox 1977)Yabuuchi，Yano，Oyaizu et al 1990] 亦称驼动鞘氨醇单胞菌。在最初被分类于假单胞菌属 (*Pseudomonas* Migula 1894)，名为少动假单胞菌 (*Pseudomonas paucimobilis* Holmes，Owen，Evans，Malnick and Wilcox 1977)，也称驼动假单胞菌。菌种名称"*paucimobilis*"为现代拉丁语阴性形容词，指少有运动的菌体 (intended to mean few motile cells)。

细菌 DNA 的 G+C mol% 为 62 ～ 64(HPLC)；模式株 (type strain)：ATCC 29837，DSM 1098，EY 2395，GIFU 2395，IAM 12576，IFO 11385，JCM 7516，LMG 1227，NCTC 11030。GenBank 登录号 (16S rRNA)：U37337，X72722[4]。

2.1 生物学性状

对少动鞘氨醇单胞菌生物学性状的描述，相对来讲还是比较少的。近些年来，对从水生动物分离菌株的检验相对较多。

2.1.1 理化特性

少动鞘氨醇单胞菌具有菌属中描述的特征，通常大小为 0.7μm×1.4μm；少数菌体藉极生单鞭毛 (single polar flagellum) 运动，但通常是在 18 ～ 22℃ 的培养物有动力、在 37℃ 的无动力。在菌细胞内含有脂溶性内含物，可能是聚 -β- 羟基丁酸盐 (poly-β-hydroxybutyrate，PHB)；可产生黄色、不溶性非荧光的类胡萝卜色素 (carotenoid)，在通常用的蛋白胨培养基的菌落深黄色。在 5℃ 或 42℃ 不生长；氧化酶阳性，水解淀粉，不液化明胶，精氨酸双水解酶阴性，可从葡萄糖及其他碳水化合物产酸[4,6]。

中山大学的黄志坚等 (2000) 报告，对从鳜鱼 (*Siniperca chuatsi*) 分离的病原少动鞘氨醇单胞菌 (文中是以少动假单胞菌记述的)，进行了生长和生理特性的研究。结果为在 4℃、6℃、8℃、40℃ 均不能生长，在 35℃ 生长良好，在 10℃、37℃ 生长缓慢；在 pH 4.5 和 11 不能生长，在 pH 7.0 和 9.0 及 10.0 生长良好，在 pH 5.5 生长缓慢；在不含 NaCl 和 6% 的条件下不能生长，在含 NaCl 为 0.5%、3% 和 5% 的生长良好[7]。

天津农学院的毛海涛等 (2015) 报告，对从锦鲤 (*Cyprinus carpio*) 分离的病原少动鞘氨醇单胞菌，进行了生长和生理特性的研究。结果为生长的最适 pH 是 7 ～ 8，在 12 ～ 40℃ 下均能生长、最适生长温度为 32℃，在 32℃ 和 200r/min 条件下的生长周期表现培养 0 ～ 4h 为生长延迟期、4 ～ 10h 为对数生长期、10 ～ 16h 为稳定期、16 ～ 40h 为衰亡期[8]。

2.1.2 生境与抗性

少动鞘氨醇单胞菌在自然界和医院环境中广泛存在，可以从痰液、血液、尿液、伤口和胆汁中分离出，也可以从医院呼吸器具、超声雾化器、自来水等分离到。从临床分离的菌株，常常会表现出对多种常用抗菌类药物的耐药性。

2.1.2.1 生境

在第 4 章 "肠杆菌属"(*Enterobacter*) 中有记述，中国海洋大学的王树峰等 (2010) 报告，从 40 份乳粉食品、10 份婴儿辅助食品 (骨泥、蔬菜泥)、22 份婴儿米粉、18 份婴儿磨牙棒类（饼干），5 份奶粉伴侣共 95 份婴儿食品中，检出了 10 种（属）29 株细菌。其中包括少动鞘氨醇单胞菌 2 株（构成比 6.89%），并列居第 4 位[9]。

浙江省舟山海洋生态环境监测站的黄备等(2009)报告，对浙江沿海海域不同区域的海洋细菌的生态分布与组成进行了比较详细的研究，也弥补了国内外对于浙江省沿海微生物群落研究领域的空白。在 2006 年 4 月至 5 月间，从浙江近海的象山港、乐清湾、浙南海域和浙北海域等四个区域（共 16 个站位点）表层水样中，共分离到 89 株菌，经鉴定分属于 35 种。其中革兰氏阳性菌为 3 株（构成比 3.37%），主要出现在乐清湾；革兰氏阴性菌 86 株（构成比 96.63%）。这次调查中出现频率较高的细菌有：杀鲑气单胞菌杀日本鲑亚种(*Aeromonas salmonicida* subsp. *masoucida*)，共检出 15 次（构成比 16.85%）；少动鞘氨醇单胞菌，检出 8 次（构成比 8.99%）；泡囊假单胞菌(*Pseudomonas vesicularis*)、溶血巴斯德氏菌(*Pasteurella haemolytica*)，各检出 6 次（构成比各 6.74%）；它们构成了此次调查的主要细菌种类，但在每个区域的优势种组成又有各自的特点[10]。

本书作者注：文中记述的泡囊假单胞菌，即现在分类于短波单胞菌属(*Brevundimonas* Segers, Vancanneyt, Pot et al 1994 emend. Abraham, Strömpl, Meyer et al 1999)的泡囊短波单胞菌(*Brevundimonas vesicularis*)；溶血巴斯德氏菌，现已转入曼海姆氏菌属(*Mannheimia* Angen et al 1999)，名为解血曼海姆氏菌(*Mannheimia haemolytica*)。

另外，在第 17 章"伯克霍尔德氏菌属"(*Burkholderia*)中有记述，在上面有记述的黄备等(2010)报告，在 2004 年 7 月至 8 月间，分别对浙江省舟山市四个县区（定海区、普陀区、岱山县、嵊泗县）的海洋贝类（泥螺、青蛤、缢蛏、厚壳贻贝、小刀蛏、等边线蛤）生物进行了采样和细菌分布检验，又经对定海区采集的三种贝类（泥螺、青蛤、缢蛏）生物样品中进行细菌种类鉴定，共分离出 9 种（类）58 株菌，其中包括少动鞘氨醇单胞菌。同时，报告者根据检验结果认为在定海区贝类生物体内的细菌种类，明显受到陆源径流及附近海水中细菌的影响[11]。

2.1.2.2 抗性

在对常用抗菌类药物的敏感性方面，近年来多有对临床分离菌株耐药性测定的报告，显示在不同菌株间具有一定的差异性，有的菌株表现出了对多种药物的广泛耐药性。现择对分离于不同地区菌株测定的一些报告列出供参考，分别为近年来分离于医院感染或社区感染、不同感染类型的菌株。

在前面有记述的浙江省杭州市萧山区第一人民医院的赵渊等(2009)报告，对从多种临床标本材料分离的少动鞘氨醇单胞菌 121 株，进行了对 17 种常用抗菌类药物的耐药性测定。结果 121 株少动鞘氨醇单胞菌对亚胺培南的敏感率最高，其次为庆大霉素。对各种药物的耐药率，分别为：阿莫西林 29.8%、氨苄西林 / 舒巴坦 33.1%、头孢唑啉 54.5%、头孢曲松 31.4%、头孢他啶 14.9%、头孢替坦 81.0%、头孢吡肟 46.2%、氨曲南 94.2%、庆大霉素 17.4%、妥布霉素 9.0%、丁胺卡那 19.8%、环丙沙星 19.8%、左旋氧氟沙星 14.8%、亚胺培南 5.8%、四环素 79.2%、呋喃妥因 57.1%、复方新诺明 28.3%[1]。

在前面有记述的杭州市萧山区第一人民医院的来汉江等(2010)报告，对从多种临床标本材料分离的少动鞘氨醇单胞菌 116 株，进行了对 17 种常用抗菌类药物的耐药性测定。结果 116 株少动鞘氨醇单胞菌，除对亚胺培南均敏感外，对其他 16 种均有不同程度的耐药性。其耐药菌株和耐药率 (%)，依次为：阿莫西林 38 株 (32.76)、氨曲南 105 株 (90.52)、庆大霉素 15 株 (12.93)、环丙沙星 64 株 (55.17)、复方新诺明 60 株 (51.72)、呋喃妥因 42 株 (36.21)、哌拉西林 / 他唑巴坦 33 株 (28.45)、头孢替坦 56 株 (48.28)、头孢唑林 39 株 (33.62)、头孢吡肟 33 株 (28.45)、氨苄西林 / 舒巴坦 33 株 (28.45)、头孢他啶 29 株 (25.00)、头孢曲松 27 株 (23.28)、阿米卡星 6 株 (5.17)、妥布霉素 11 株 (9.48)、左氧氟沙星 40 株 (34.48)[2]。

深圳市沙井人民医院的徐志康等 (2003) 报告，对在 2002 年 5 月从 1 例高热患儿的血液中分离的少动鞘氨醇单胞菌，进行了对 10 种常用抗菌类药物的耐药性测定。结果对环丙沙星、复方新诺明、亚胺培南、阿米卡星、庆大霉素、氯霉素、阿莫西林 / 棒酸均敏感，对头孢他啶、头孢噻肟、哌拉西林耐药[12]。

浙江省余姚第二人民医院的严红莉等 (2005) 报告，对在 2005 年 3 月从一例高热不退的小儿患者血液中分离的少动鞘氨醇单胞菌，进行了对 13 种常用抗菌类药物的耐药性测定。结果对氨苄西林、阿莫西林、替卡西林、头孢噻吩、头孢呋辛、头孢他啶、亚胺培南、头孢曲松、头孢吡肟敏感，对妥布霉素、庆大霉素、奈替米星、环丙沙星耐药[13]。

山东省济南市第三人民医院的范本梅等 (2008) 报告，对在 2007 年 3 月从 1 例手术后切口感染患者分离的少动鞘氨醇单胞菌，进行了对 10 种常用抗菌类药物的耐药性测定。结果其对氨苄西林、氨苄西林 / 舒巴坦、头孢他啶、头孢曲松、环丙沙星、庆大霉素、亚胺培南等均敏感，对氨曲南、头孢吡肟中度敏感，对头孢唑林耐药[14]。

新疆维吾尔自治区克拉玛依市人民医院的杨媛魁等 (2009) 报告，对在 2008 年 2 月至 10 月从 2 例患者痰样本中分离的少动鞘氨醇单胞菌，进行了对 11 种常用抗菌类药物的耐药性测定。结果其对阿米卡星、羧苄西林、庆大霉素、亚胺培南、诺氟沙星、复方新诺明、头孢噻肟、阿莫西林 / 克拉维酸、哌拉西林均敏感，对氨曲南、头孢他啶耐药[15]。

浙江省台州市中医院的凌应培 (2010) 报告，对从高热患者血液分离的少动鞘氨醇单胞菌，进行了对 15 种常用抗菌类药物的耐药性测定。结果其对替卡西林 / 棒酸、哌拉西林 / 他唑巴坦、头孢他啶、头孢吡肟、美洛培南、亚胺培南、妥布霉素、阿米卡星、庆大霉素、多黏菌素、环丙沙星、复方磺胺甲噁唑均敏感，对氨苄西林 / 舒巴坦、替卡西林、哌拉西林均耐药[16]。

首都医科大学附属北京安贞医院的刘美清等 (2011) 报告，对在 2009 年 8 月从 1 例心包囊肿切除术后的引流液中分离的少动鞘氨醇单胞菌，进行了对 21 种常用抗菌类药物的耐药性测定。结果其对阿米卡星、氨苄西林、氨苄西林 / 舒巴坦、头孢他啶、头孢曲松、头孢噻肟、头孢呋辛酯、头孢呋辛钠、环丙沙星、庆大霉素、亚胺培南、哌拉西林 / 他唑巴坦、妥布霉素、复方新诺明、左旋氧氟沙星、头孢哌酮 / 舒巴坦、米诺环素、头孢吡肟均敏感，对头孢唑啉、呋喃妥因、氨曲南均耐药[17]。

贵州省黔西南州人民医院的文德学等 (2011) 报告，对在 2010 年 8 月从一患者中段尿标本中分离的少动鞘氨醇单胞菌，进行了对 18 种常用抗菌类药物的耐药性测定。结果其除对哌拉西林 / 他唑巴坦敏感外，对安曲南、呋喃妥因、头孢吡肟、头孢他啶、头孢噻肟、哌拉西林、阿莫西林 / 克拉维酸、头孢哌酮 / 舒巴坦、左旋氧氟沙星、环丙沙星、亚胺培南、美洛配能、四环素、阿米卡星、庆大霉素、氯霉素、复方新诺明均为耐药[18]。

青海省西宁市第三人民医院的常璠 (2011) 报告，对在 2010 年 4 月从 1 例关节炎患者分离的少动鞘氨醇单胞菌，进行了对 15 种常用抗菌类药物的耐药性测定。结果其对亚胺培南、氯霉素、哌拉西林 / 他唑巴坦、头孢哌酮 / 舒巴坦敏感，对阿米卡星、庆大霉素、妥布霉素、环丙沙星、氨曲南、阿洛西林、头孢哌酮、头孢他啶、头孢曲松、头孢吡肟、哌拉西林耐药[19]。

浙江省杭州市余杭区疾病预防控制中心的徐云龙等 (2012) 报告，对从腹泻患者粪便分离的少动鞘氨醇单胞菌，进行了对 17 种常用抗菌类药物的耐药性测定。结果其对阿米卡星、氨苄西林、氨苄西林 / 舒巴坦、哌拉西林、头孢唑啉、头孢吡肟、头孢替坦、头孢他啶、头孢曲松、环丙沙星、亚胺培南、庆大霉素、妥布霉素、左氧氟沙星、复方新诺明均敏感，对氨曲南、呋喃妥因中介[20]。

另外，天津农学院的辛伟涛等 (2011) 报告，对从发病锦鲤 (Cyprinus carpio) 分离的病原少动鞘氨醇单胞菌，进行了甲醛、高锰酸钾、三氯异氰尿酸等 3 种常见消毒剂对其作用效果测定。结果表明：甲醛、高锰酸钾、三氯异氰尿酸对该致病菌的最小抑菌浓度 (minimal inhibitory concentration，MIC) 分别为 14μl/L、3 mg/L、12 mg/L，最小杀菌浓度 (minimal bacteriacidal concentration，MBC) 分别为 28μl/L、15mg/L、36mg/L[21]。

2.2　病原学意义

近些年来，多有由少动鞘氨醇单胞菌引起人的不同类型感染病的报告。另外，也已明确可构成多种水生动物的病原菌。

2.2.1　人的少动鞘氨醇单胞菌感染病

少动鞘氨醇单胞菌可引起人的呼吸系统、泌尿系统、消化系统、脑神经系统及菌血症和败血症等多种类型的感染病，近些年来在我国也多有报告。

2.2.1.1　基本感染类型

以下记述近年来由少动鞘氨醇单胞菌引起感染病的一些报告，均是非医院感染的，其中涉及多种不同的感染类型，有的为罕见感染类型，均是由少动鞘氨醇单胞菌单独引起的感染。就感染类型来讲，均是根据其主要临床表现划分归类的，并非严格的感染病学分类。

(1) 呼吸系统感染病：在前面有记述新疆维吾尔自治区克拉玛依市人民医院的杨媛魁等 (2009) 报告在 2008 年 2 月至 10 月间，从 2 例患者痰样本中，分离出少动鞘氨醇单胞菌。患者均为 70 岁以上的老者，诊断为慢性阻塞性肺疾病并肺部感染入院[15]。

在前面有记述浙江省台州市中医院的凌应培 (2010) 报告，患者戴某、女性、81 岁，因发热 3 天于社区卫生院治疗无效后转入该院。患者自觉咽干、咽痛，咳嗽、咳痰，有寒战、抽搐。患者发热前两天曾因热水袋使用不当导致其小腿烫伤，临床考虑菌血症。入院时和高热后两次血培养均检出了少动鞘氨醇单胞菌，用敏感药物头孢他啶治疗后症状消失，7 天后复查血培养结果阴性[16]。

云南省耿马县人民医院的胡晓忠 (2001)，报告了少动鞘氨醇单胞菌感染一例。患者为 5 岁男性，因咳嗽、低热、多汗 5 天入院，查体表现咽部充血，双肺呼吸音清晰。住院后给予氨苄西林治疗 3 天，症状无好转。经血培养细菌学检验，分离到少动鞘氨醇单胞菌。

经以敏感药物头孢曲松静脉滴注治疗 3 天，体温下降到正常，再巩固治疗 5 天；抽血培养检验，结果无菌生长。经停药观察一周患儿无不适，住院 18 天痊愈出院[22]。

重庆市疾病预防控制中心的段刚 (2014) 报告在 2013 年 3 月和 9 月，分别从某医院送检的 2 例发热肺炎住院患者血液中分离到少动鞘氨醇单胞菌。患者 1 为 9 月龄男性，2013 年 3 月 1 日出现发热、咳嗽、流涕、呼吸急促、呼吸困难等症状，于 3 月 3 日至重庆市某医院住院治疗。诊断其为重症支气管肺炎，给予患者青霉素钠及头孢噻肟静脉滴注治疗，住院治疗 10 天后康复出院。患者 2 为 17 岁女性，于 2013 年 9 月 10 日因发热、咳嗽、咳痰、流涕、咽喉疼痛等症状至重庆市某医院就诊并收治入院治疗。诊断为双下肺支扩感染，采用头孢他啶、阿米卡星治疗，住院治疗 7 天后康复出院[23]。

(2) 菌血症及败血症：在前面有记述浙江省余姚第二人民医院的严红莉等 (2005) 报告在 2005 年 3 月，从一例高热不退的小儿患者血液中分离出两株不同菌落颜色的少动鞘氨醇单胞菌。患者为 5 岁男性，因连续发热 3 天不退，于 2005 年 3 月 12 日到该院儿科就诊，经血培养分离出少动鞘氨醇单胞菌，次日住院用头孢曲松治疗，5 天后体温恢复正常，1 周后血培养转阴[13]。

同济大学附属同济医院的潘志文等 (2009)，报告了由少动鞘氨醇单胞菌引起的菌血症 1 例。患者为 49 岁女性，有溶血性贫血病史 2 年，长期服用泼尼松。因发热、乏力伴头晕、心悸 1 周就医，入住同济医院血液科。采患者双侧胳膊静脉血进行病原学检验，结果均分离到少动鞘氨醇单胞菌[24]。

安徽省六安市人民医院的张松涛等 (2011) 报告在 2009 年 7 月，从 1 例间断性发热患儿的血液中分离出少动鞘氨醇单胞菌。患儿为 11 个月龄的男性，在间断性发热 20 余天后，于 2009 年 6 月 29 日收入新生儿科住院治疗。于 6 月 29 日和 7 月 2 日，分别两次抽取血进行细菌学检验，均分离出少动鞘氨醇单胞菌。后经药物敏感治疗，感染症状消失后出院[25]。

(3) 消化系统感染病：在前面有记述浙江省杭州市余杭区疾病预防控制中心的徐云龙等 (2012) 报告，少动鞘氨醇单胞菌在腹泻患者粪便中检出较少见。该中心在食源性疾病主动监测时，从哨点医院就诊的腹泻患者粪便中检出 1 株。患者为 23 岁女性，腹泻水样便 1 天，无恶心、呕吐、腹痛，于 2012 年 2 月 17 日到哨点医院肠道门诊就诊。临床诊断为急性肠炎，经抗菌药物治疗 3 天后治愈[20]。

(4) 泌尿系统感染病：白求恩国际和平医院的侯天文等 (1998) 报告，从 1 例老年慢性泌尿系感染患者尿液中，连续多次分离出少动鞘氨醇单胞菌。患者为 68 岁男性，1996 年元月因尿痛来就诊。取中段尿进行病原学检验，培养到少动鞘氨醇单胞菌。经用头孢噻甲羧肟治疗，症状减轻、出院。在随后一年余的随访中，该患者症状时轻时重，连续多次培养出少动鞘氨醇单胞菌[26]。

在前面有记述贵州省黔西南州人民医院的文德学等 (2011) 报告于 2010 年 8 月 15 日，从一患者中段尿标本中分离出少动鞘氨醇单胞菌。患者为 54 岁女性，因一个月前不明原因解乳白色尿于该院门诊部就诊并收住院，于送检中段尿培养出少动鞘氨醇单胞菌[18]。

(5) 脑神经系统感染病：河北医科大学第二医院的杨敬芳等 (2008) 报告在 2007 年 10 月，从一例行开颅术患者的脑脊液中，分离出少动鞘氨醇单胞菌。患者为 15 岁女性，小脑出血开颅术后 25 天、发热 3 天，于 2007 年 10 月 15 日入住该医院神经外科。该患者于

25 天前因自发性小脑出血，在该医院行脑室引流、开颅血肿清除、颅窝减压，住院 20 天后出院。近 3 天，患者出现头痛、发热来该医院就诊。于 2007 年 10 月 16 日至 18 日，连续 3 天抽取脑脊液进行细菌培养，其中 2 次均培养出少动鞘氨醇单胞菌，后经敏感药物治疗，症状消失后出院[27]。

上海市疾病预防控制中心的陈明亮等 (2010) 报告在 2008 年 3 月，从某医院送检的 1 例脑膜炎患儿血液中分离出少动鞘氨醇单胞菌，同时该患儿伴有细菌性脑膜炎。患者为 2 岁男性，因突发高热 2 天，于 2008 年 3 月 3 日入某医院治疗。入院体格检查，体温 39.5℃，头颈及四肢皮肤见少量散在瘀点，临床诊断为细菌性脑膜炎。给予患儿青霉素钠和头孢噻肟静脉滴注治疗，体温逐渐恢复正常，皮肤瘀点亦逐步散去，于 3 月 10 日痊愈出院。此病例为罕见的、由少动鞘氨醇单胞菌引起的小儿败血症合并脑膜炎，确诊为由少动鞘氨醇单胞菌引起的败血症；同时根据脑脊液生化常规结果，诊断为合并细菌性脑膜炎[28]。

中国人民解放军第一六一医院的卢亚林 (2014) 报告在 2013 年 1 月，从 1 例持续发热患者脑脊液中，连续 2 次分离到少动鞘氨醇单胞菌。患者为 53 岁男性，因头痛 2 天、发热 2 天、神志不清 1h 就诊，以急性上呼吸道感染收治入院。在入院时和第 6 天，从脑脊液 2 次均检出了少动鞘氨醇单胞菌，诊断为细菌性脑膜炎。给予患者头孢他啶和阿米卡星联合用药治疗，体温逐步下降，3 天后恢复正常，10 天复查血液、脑脊液细菌培养均为阴性[29]。

(6) 其他类型感染病：河南省濮阳中原油田总医院的颜秉兴等 (1999) 报告在 1998 年 8 月，从 1 例糖尿病患者的血液、足分泌物中同时分离出少动鞘氨醇单胞菌。患者为 50 岁男性，在 10 天前因发热伴右足趾间溃烂来该医院院就诊，临床诊断为糖尿病继发感染。两次血培养及 3 次分泌物培养，均分离出少动鞘氨醇单胞菌。经对症治疗，患者感染症状消失后出院[30]。

在前面有记述深圳市沙井人民医院的徐志康等 (2003) 报告在 2002 年 5 月，从 1 例高热患儿的血液中分离出少动鞘氨醇单胞菌。患儿为 7 个月龄的男性，发热 10 余天后出现寒战、抽搐，同时伴有流涕、咳嗽、呕吐，于 2002 年 5 月 1 日收入儿科住院治疗。于 5 月 1 日和 3 日抽取的 2 次血液进行细菌学检验，均分离出少动鞘氨醇单胞菌。后经敏感药物治疗，患儿感染症状消失后出院[12]。

复旦大学附属华山医院的何爱华等 (2011) 报告在 2009 年 3 月，从 1 例感染性心内膜炎患者血液中分离到少动鞘氨醇单胞菌，此菌感染累及心瓣膜是比较少见的。患者为 57 岁男性，因反复发热 2 月余，于 2009 年 3 月 12 日入该医院。以发热伴左上腹痛为首发症状，影像学示脾梗死，查体发现皮肤瘀点、心脏杂音。外周血培养于 4 次均培养出了少动鞘氨醇单胞菌，给予抗感染治疗及二尖瓣置换术后痊愈[31]。

在前面有记述青海省西宁市第三人民医院的常瑶 (2011) 报告在 2010 年 4 月，从 1 例关节炎患者的关节腔积液中分离出少动鞘氨醇单胞菌。患者为 35 岁男性，骑自行车摔伤右膝关节，摔伤部位红肿，行走困难，临床诊断为关节软组织挫伤。抽取关节液进行细菌培养，分离出少动鞘氨醇单胞菌，根据药敏试验结果使用头孢哌酮 / 舒巴坦治疗 5 天后再次进行细菌培养，无细菌生长，患者病情好转，康复出院[19]。

中国人民解放军第四军医大学西京消化病医院的孙菡等 (2014) 报告了 1 例慢加急性肝

衰竭伴少动鞘氨醇单胞菌性脑脓肿、肺脓肿病例。患者为 55 岁男性，因纳差、乏力、腹胀 20 天，皮肤、巩膜黄染 5 天，于 2012 年 6 月 15 日，诊断以病毒性肝炎 (慢性乙型病毒性肝炎)、慢加急性肝衰竭 (早期) 收入院。经 3 次血培养细菌学检验，结果分离到少动鞘氨醇单胞菌。经治疗 32 天后，痊愈后出院 [32]。

宁夏医科大学总医院的刘静等 (2014) 报告，某 11 岁女性患儿，于入院前 2 天无明显诱因、上学时突然出现步态不稳，伴呕吐、头晕，吐出物为胃内容物，非喷射状，无视物模糊及头痛，无发热及咳嗽，无腹痛腹泻，无意识障碍，就诊于该医院收住。取脑脊液进行细菌学检验，分离到少动鞘氨醇单胞菌。予以营养神经及头孢吡肟抗感染治疗，复查脑脊液培养未见细菌生长。患儿步态稳，后予以办理出院。本病例是从脑脊液中培养出少动鞘氨醇单胞菌，临床表现为共济失调，还是较少见的 [33]。

2.2.1.2　医院感染特征

由少动鞘氨醇单胞菌引起的医院感染，多数情况下均是单独引起的，也有病例是与其他病原菌混合引起的。所表现的感染类型，也是多种多样的。

(1) 常见感染类型：在前面有记述山东省济南市第三人民医院的范本梅等 (2008) 报告在 2007 年 3 月 24 日，从 1 例手术后切口感染患者的分泌物中，分离出 1 株少动鞘氨醇单胞菌。患者为 57 岁女性，长期卧床，因右股骨干开放骨折于 2007 年 3 月 6 日就诊，手术后伤口愈合不良，于 20 日缝合口出现感染，于当日对伤口分泌物进行细菌学检验，结果检出了病原少动鞘氨醇单胞菌 [14]。

在前面有记述首都医科大学附属北京安贞医院的刘美清等 (2011) 报告在 2009 年 8 月，从 1 例心包囊肿切除术后的引流液中，分离出 1 株少动鞘氨醇单胞菌。患者为 51 岁女性，两月前无诱因出现胸痛伴反酸嗝气。于 8 月 21 日行心包囊肿切除术，病理诊断为间皮瘤。次日清晨患者感到引流管处疼痛，从引流液培养出少动鞘氨醇单胞菌，经头孢吡肟抗感染治疗，患者于 1 周后出院 [17]。

广东省顺德第一人民医院的周远青等 (2004) 报告在 2003 年 7 月，从 1 例高热患儿的血液中分离出少动鞘氨醇单胞菌，诊断为由少动鞘氨醇单胞菌引起的菌血症菌。患者为 7 岁女性，发热咳嗽 4 天，体温 38℃，伴鼻塞、流涕，曾到当地医院诊治，输液过程中突然出现畏寒、寒战，随后发热 (体温 40.5℃)，于 6 月 29 日急送顺德第一人民医院。经病原学检验，从血液培养分离出少动鞘氨醇单胞菌。后经抗感染治疗，患儿感染症状消失后出院 [34]。

广西壮族自治区玉林市骨科医院的陈浩全 (2010) 报告，某 50 岁女性患者，因左股骨干开放性骨折于 2010 年 2 月 4 日入院，手术伤口愈合不良，于 10 日缝合口出现感染，于当日进行伤口分泌物的细菌培养，在 14 日培养出少动鞘氨醇单胞菌和鲍氏不动杆菌，诊断为少动鞘氨醇单胞菌和鲍氏不动杆菌致下肢伤口感染 [35]。

中国人民解放军第二五一医院的侯小平等 (2013) 报告在近 10 年来，由少动鞘氨醇单胞菌引起的院内感染时有报告。中国人民解放军第二五一医院在 2011 年 11 月至 12 月间，先后从同一名脑外伤患者脑脊液中 3 次分离到少动鞘氨醇单胞菌，这 3 株少动鞘氨醇单胞菌对氨基苷类阿米卡星、庆大霉素均不敏感。患者为胡某，女性，18 岁，因外伤后意识丧失 5h，于 2011 年 9 月 26 日入院。由于患者病情危重，头部皮肤挫裂伤严重，伤口手术缝合处愈合不良，有少量脑脊液外渗。从引流脑脊液分离到少动鞘氨醇单胞菌，怀疑颅内感染。经抗感染治疗 3 天后患者体温明显下降，脑脊液细菌培养持续阴性。4 天后停止抗感染治疗，病情好转出院[36]。

(2) 科室分布特点：在前面有记述浙江省杭州市萧山区第一人民医院的赵渊等 (2009) 报告在 2006 年 1 月至 2009 年 5 月间，从该医院门诊和住院感染患者的各类临床标本，分离到少动鞘氨醇单胞菌 121 株，其中包括与其他病原菌的混合感染。在临床各科室的分布，依次为：重症监护室 31 株 (构成比 25.62%)、呼吸科 30 株 (构成比 24.79%)、普外科 16 株 (构成比 13.22%)、儿科 8 株 (构成比 6.61%)、骨科 8 株 (构成比 6.61%)、血液科 7 株 (构成比 5.79%)、神经内科 5 株 (构成比 4.13%)、心内科 5 株 (构成比 4.13%)、康复科 2 株 (构成比 1.65%)、泌尿外科 2 株 (构成比 1.65%)、内分泌科 1 株 (构成比 0.83%)、妇产科 1 株 (构成比 0.83%)、感染科 1 株 (构成比 0.83%)、心血管外科 1 株 (构成比 0.83%)、其他 3 株 (构成比 2.48%)[1]。

在前面有记述杭州市萧山第一人民医院的来汉江等 (2010) 报告在 2006 年 8 月至 2008 年 12 月间，从住院患者标本中分离到 116 株少动鞘氨醇单胞菌。在临床各科室的分布，依次为：重症监护室 32 株 (构成比 27.59%)、呼吸科 28 株 (构成比 24.14%)、血液科 10 株 (构成比 8.62%)、小儿科 9 株 (构成比 7.76%)、脑外科 7 株 (构成比 6.03%)、普外科 7 株 (构成比 6.03%)、其他科室 23 株 (构成比 19.83%)。感染患者的基础疾病，以慢性阻塞性肺疾病 (18 例) 的最多 (构成比 32.76%)。病区分布以重症监护室和呼吸科为主，与这两个病区的疾病和诊疗手段有关，不同程度接受过机械通气、留置导尿管、留置深静脉导管、纤维支气管镜诊治、气管切开等处理，约有 30.0% 的患者同时应用多项侵入性诊疗操作[2]。

(3) 感染部位特点：在前面有记述浙江省杭州市萧山区第一人民医院的赵渊等 (2009) 报告在 2006 年 1 月至 2009 年 5 月间，从该医院门诊和住院感染患者的各类临床标本，分离到少动鞘氨醇单胞菌 121 株，其中包括与其他病原菌的混合感染。各类感染标本材料中的分离率，依次为：痰液 73 株 (构成比 60.33%)、血液 11 株 (构成比 9.09%)、腹水 9 株 (构成比 7.44%)、洁尿 6 株 (构成比 4.96%)、咽拭子 3 株 (构成比 2.48%)、脓液 2 株 (构成比 1.65%)、胸腔积液 1 株 (构成比 0.83%)、肛门肿块 1 株 (构成比 0.83%)、胆汁 1 株 (构成比 0.83%)、创面分泌物 1 株 (构成比 0.83%)、其他 13 株 (构成比 10.74%)[1]。

在前面有记述杭州市萧山第一人民医院的来汉江等 (2010) 报告在 2006 年 8 月至 2008 年 12 月间，从住院患者标本中分离到 116 株少动鞘氨醇单胞菌。各类感染标本材料来源的构成比 (%)，依次为：痰液 86 株 (74.14)、血液 9 株 (7.76)、胆汁 8 株 (6.89)、尿液 5 株 (4.31)、胸腹水 4 株 (3.45) 其他 4 株 (3.45)。标本材料以呼吸道分泌物痰液为主要来源，说明少动鞘氨醇单胞菌以呼吸道感染为主[2]。

在前面有记述河南省新乡市中心医院的张晓晖 (2011) 报告在 2005 年 1 月至 2009 年 3 月间，从康复科病房患者的呼吸道、血液、皮肤、尿液中，共分离出细菌 503 株。在革兰氏阴性菌 332 株 (构成比 66.00%) 中，共涉及明确的 9 种 (属) 及其他细菌，其中包括少动鞘氨醇单胞菌 (构成比 3.6%)[3]。

2.2.2 动物的少动鞘氨醇单胞菌感染病

由少动鞘氨醇单胞菌引起的动物感染病，还主要是在水生鱼类，已分别有作为鳜鱼

(*Siniperca chuatsi*)、盘鲍 (*Hdiscusdiscus*)、锦鲤等病原菌检出的报告[7,8, 37, 38]。在其他动物，广西壮族自治区南宁市动物园的农汝 (2007) 报告在 2002 年 10 月，南宁市动物园犀鸟园突然连续出现 (3 天内)5 只双角犀鸟的急性死亡。综合流行病学、病原的分离结果等，诊断为双角犀鸟的少动鞘氨醇单胞菌感染病[39]。

2.3 微生物学检验

对少动鞘氨醇单胞菌的微生物学检验，目前还主要是依赖于对细菌分离鉴定的细菌学检验。检验时，注意可能会出现不同颜色的菌落。例如，在前面有记述浙江省余姚第二人民医院严红莉等 (2005) 报告，从一例高热不退的小儿患者血液中分离出两株不同菌落颜色的病原少动鞘氨醇单胞菌。其中的一种为白色、直径为 0.5 ～ 1.0mm、平坦、光滑、边缘整齐；另一种为黄色、有金属光泽、直径约 0.5mm、湿润、凸起、光滑、边缘整齐。经鉴定，结果均为少动鞘氨醇单胞菌。延长培养 48h 后，原白色菌落变成淡黄色，菌落直径为 1 ～ 2mm；原黄色菌落颜色加深，菌落直径为 1 ～ 1.5mm；两种不同颜色菌落的菌株，其生化反应一致[13]。

在免疫学检验方面，在前面有记述白求恩国际和平医院的侯天文等 (1998) 报告，从 1 例老年慢性泌尿系感染患者尿液中，连续多次分离出少动鞘氨醇单胞菌。血清学试验，在患者出院时抽取静脉血，以分离的菌株进行血清凝集试验，结果与患者血清凝集效价为 1 ：640，5 份健康人对照血清凝集效价在 1 ： 10 以下[26]。

（房 海）

参 考 文 献

[1] 赵渊 , 佘军 , 顾保罗 . 少动鞘氨醇单胞菌临床感染分析及药敏监测 . 健康研究 , 2009, 29(4):263~265.

[2] 来汉江 , 杨莉俊 , 周鸿亮 , 等 . 116 例少动鞘氨醇单胞菌的医院感染及耐药特点 . 中华医院感染学杂志 , 2010, 20(4):581~583.

[3] 张晓晖 . 康复科病房的细菌耐药监测研究 . 中国医学创新 , 2011, 8(11):132~134.

[4] George M G. Bergey's Manual of Systematic Bacteriology. Second Edition. Volume Two. Part C. Springer, New York, 2005: 234~258.

[5] 赵乃昕 , 苑广盈 . 医学细菌名称及分类鉴定 . 3 版 . 济南 : 山东大学出版社 , 2013: 387~390.

[6] Holt J G, Krieg N R, Sneath P H A, et al. Bergey's Manual of Determinative Bacteriology. Ninth Edition. Baltimore, Williams and Wilkins, 1994: 166.

[7] 黄志坚 , 何建国 . 鳜鱼细菌病病原的生长和生理特性的研究 . 淡水渔业 , 2000, 30(2):35~36.

[8] 毛海涛 , 王淑雯 , 周颖 , 等 . 一株锦鲤致病菌的鉴定及生物学特性研究 . 水产科技情报 , 2015, 42(1): 36~41.

[9] 王树峰 , 雷质文 , 梁成珠 , 等 . 我国婴幼儿食品致病细菌的耐药性监测 . 食品安全质量检测学报 , 2010, 27(2): 73~78.

[10] 黄备 , 闵怀 , 唐静亮 , 等 . 浙江沿海海洋微生物群落的研究 . 中国环境监测 , 2009, 25(2):44~47.

[11] 黄备，唐静亮，胡颢琰，等 . 舟山市海洋贝类生物体内的细菌学研究 . 中国环境监测，2010，26(1):31~33.

[12] 徐志康，吴雄君，童明华 . 从血液中分离出一株少动鞘氨醇单胞菌 . 中华检验医学杂志，2003，26(1):49.

[13] 严红莉，吕燕芬 . 从同一血液标本中检出两株不同颜色的少动鞘氨醇单胞菌 . 中华检验医学杂志，2005，28(12):1273.

[14] 范本梅，孙燕，李冬梅 . 从伤口分泌物中检出 1 株少动鞘氨醇单胞菌 . 中华医院感染学杂志，2008，18(6): 870.

[15] 杨媛魁，王福刚，贾雪芝，等 . 从痰中分离出 2 株少动鞘氨醇单胞菌 . 中华医院感染学杂志，2009，19(11):1463.

[16] 凌应培 . 从血液中检出少动鞘氨醇单胞菌 1 例 . 临床检验杂志，2010，28(1):73.

[17] 刘美清，王丽，张琳 . 从心包囊肿术后引流液中分离出少动鞘氨醇单胞菌 1 例 . 临床检验杂志，2011，29(2): 86.

[18] 文德学，王兴林，胡忠惠，等 . 检出一株泛耐少动鞘氨醇单胞菌 . 求医问药，2011，9(10): 387.

[19] 常瑶 . 少动鞘氨醇单胞菌引起关节炎 1 例 . 国际检验医学杂志，2011，32(2):288.

[20] 徐云龙，何金林 . 腹泻患者粪便中检出 1 株少动鞘氨醇单胞菌 . 中国卫生检验杂志，2012，22(12):3051.

[21] 辛伟涛，董少杰，杨广 . 一株锦鲤腐皮病致病菌的分离与鉴定及 3 种消毒剂对其的作用效果 . 天津农业科学，2011，17(6): 36~39.

[22] 胡晓忠 . 少动鞘氨醇单胞菌感染一例 . 小儿急救医学，2001，8(1):53.

[23] 段刚 . 少动鞘氨醇单胞菌引起肺部感染合并菌血症病例 . 寄生虫病与感染性疾病，2014，12(4):220~221.

[24] 潘志文，丁臻君，刘学杰，等 . 一例少动鞘氨醇单胞菌引起菌血症的报道 . 检验医学，2009，24(5):332.

[25] 张松涛，高绪锋，黄新明，等 . 从血液中分离出一株少动鞘氨醇单胞菌 . 国际检验医学杂志，2011，32(6):718.

[26] 侯天文，侯志华，郭红英，等 . 少动鞘氨醇单胞菌致老年人慢性尿路感染 . 临床检验杂志，1998，16(3):166~167.

[27] 杨敬芳，焦青，马婉红 . 少动鞘氨醇单胞菌引起颅内感染 1 例 . 脑与神经疾病杂志，2008，16(4):517~518.

[28] 陈明亮，王刚毅，许学斌，等 . 少动鞘氨醇单胞菌引起小儿败血症合并脑膜炎 1 例 . 微生物与感染，2010，5(3):160~162.

[29] 卢亚林 . 脑脊液中分离少动鞘氨醇单胞菌 1 例 . 检验医学与临床，2014，11(16)2342.

[30] 颜秉兴，孟英红，李建军，等 . 少动鞘氨醇单胞菌引起糖尿病患者继发感染 . 中华医学检验杂志，1999，22(4):227.

[31] 何爱华，金嘉琳，章婉琴，等 . 少动鞘氨醇单胞菌致感染性心内膜炎 1 例 . 微生物与感染，2011，6(1):27~29.

[32] 孙菡，夏琳，尹芳，等 . 慢加急性肝衰竭伴少动鞘氨醇单胞菌性脑脓肿、肺脓肿 1 例报告 . 临床肝胆病杂志，2014，30(8):807~808.

[33] 刘静，卞广波 . 少动鞘氨醇单胞菌致颅内感染后共济失调 1 例 . 实用医学杂志，2014，30(21):3402.

[34] 周远青，梁瑞莲 . 少动鞘氨醇单胞菌致菌血症 1 例 . 中华医院感染学杂志，2004，14(2):161.

[35] 陈浩全 . 少动鞘氨醇单胞菌与鲍氏不动杆菌致下肢伤口感染 1 例 . 中华医院感染学杂志 , 2010, 20(17): 2636 .

[36] 侯小平 , 李桂喜 , 陈燕 , 等 . 氨基糖苷类不敏感的少动鞘氨醇单胞菌颅内感染报告 . 疾病监测 , 2013, 28(1): 68~70 .

[37] 林旋 , 黄健 , 钟仁香 , 等 . 盘鲍稚鲍病原菌的分离鉴定及药敏特性研究 . 福州大学学报 (自然科学版), 2006, 34(6): 920~924 .

[38] 黄志坚 , 何建国 . 鳜鱼细菌病病原的生长和生理特性的研究 . 淡水渔业 , 2000, 30(2):35~36 .

[39] 农汝 . 双角犀鸟少动鞘氨醇单胞菌病的诊断与控制 . 畜牧兽医杂志 , 2007, 26(3):107, 109 .

第 28 章　寡养单胞菌属 (*Stenotrophomonas*)

寡养单胞菌属 (*Stenotrophomonas* Palleroni and Bradbury 1993) 的嗜麦芽寡养单胞菌 (*Stenotrophomonas maltophilia*)，是一种重要的机会病原菌 (opportunistic pathogen) 又称为条件病原菌，主要是可引起人的肺部感染；另外，可引起尿道、腹腔、胆道、烧伤创面、手术切口等部位的感染及败血症等感染病 (infectious diseases)[1, 2]。

寡养单胞菌属细菌属于非发酵菌 (nonfermentative bacteria) 类，也常是记为非发酵革兰氏阴性杆菌 (nonfermentative Gram-negative bacilli，NFGNB)。与医院感染 (hospital infection，HI) 相关的非发酵菌类，在我国已有明确记述和报告的涉及 9 个菌科 (Family)、14 个菌属 (genus) 的 27 个菌种 (species) 及亚种 (subspecies)。为便于一并了解，将各菌科、菌属名录以表格"医院感染非发酵菌类的各菌科与菌属"的形式，记述在了第 3 篇"医院感染革兰氏阴性非发酵型细菌"的扉页中。

在医院感染的寡养单胞菌属细菌中，在我国已有明确报告的仅涉及嗜麦芽寡养单胞菌 1 个种，也属于检出频率较高的革兰氏阴性细菌，其检出率在近年来也有逐渐上升的趋势。

● 上海复旦大学附属上海肿瘤医院台州分院的马玲敏 (2012) 报告，在 2009 年 1 月至 2010 年 12 月间，从该院住院及门诊患者不同标本材料中分离获得病原菌 2016 株，其中革兰氏阴性细菌 1507 株 (构成比 74.75%)、革兰氏阳性细菌 509 株 (构成比 25.25%)。明确菌种 (属) 的细菌共 10 个种 (属)1770 株，其中革兰氏阴性细菌 6 个种 (属)1336 株 (构成比 75.48%)、革兰氏阳性细菌 4 个种 434 株 (构成比 24.52%)。各菌种的出现频率，依次为：铜绿假单胞菌 (*Pseudomonas aeruginosa*)370 株 (构成比 20.90%)、大肠埃希氏菌 (*Escherichia coli*)296 株 (构成比 16.72%)、克雷伯氏菌属 (*Klebsiella* Trevisan 1885 emend. Drancourt et al 2001) 细菌 284 株 (构成比 16.05%)、金黄色葡萄球菌 (*Staphylococcus aureus*)210 株 (构成比 11.86%)、鲍氏不动杆菌 (*Acinetobacter baumannii*)199 株 (构成比 11.24%)、表皮葡

萄球菌 (Staphylococcus epidermidis)156 株 (构成比 8.81%)、嗜麦芽寡养单胞菌 113 株 (构成比 6.38%)、阴沟肠杆菌 (Enterobacter cloacae)74 株 (构成比 4.18%)、溶血葡萄球菌 (Staphylococcus haemolyticus)45 株 (构成比 2.54%)、粪肠球菌 (Enterococcus faecalis)23 株 (构成比 1.29%)，嗜麦芽寡养单胞菌居第 7 位。在明确菌种 (属) 的 6 种革兰氏阴性细菌 1336 株中，各菌种 (属) 出现频率依次为：铜绿假单胞菌 370 株 (构成比 27.69%)、大肠埃希氏菌 296 株 (构成比 22.16%)、克雷伯氏菌属细菌 284 株 (构成比 21.26%)、鲍氏不动杆菌 199 株 (构成比 14.89%)、嗜麦芽寡养单胞菌 113 株 (构成比 8.46%)、阴沟肠杆菌 74 株 (构成比 5.54%)，嗜麦芽寡养单胞菌居第 5 位 [3]。

● 辽宁省大连市中心医院的赵睿等 (2012) 报告，回顾性总结该医院 10 年 (2001 年 7 月至 2011 年 7 月) 间，从 8000 余例重症监护室 (intensive care unit，ICU) 住院患者不同标本材料中分离获得各种病原菌 2233 株。其中革兰氏阴性细菌 1785 株 (构成比 79.94%)，明确菌种的共 5 种 1555 株 (构成比 69.64%)、其他的 230 株 (构成比 10.30%)；革兰氏阳性细菌 263 株 (构成比 11.78%)，明确菌种的共 4 种 238 株 (构成比 10.66%)、其他的 25 株 (构成比 1.12%)；真菌 (fungi)185 株 (构成比 8.28%)，白色念珠菌 (Candida albican)103 株 (构成比 4.61%)、其他的 82 株 (构成比 3.67%)。在明确菌种的革兰氏阴性细菌、革兰氏阳性细菌、真菌 (白色念珠菌) 共 10 种 1896 株 (构成比 84.91%) 中，各菌种的出现频率依次为：铜绿假单胞菌 526 株 (构成比 27.74%)、肺炎克雷伯氏菌 (Klebsiella pneumoniae)484 株 (构成比 25.53%)、鲍氏不动杆菌 245 株 (构成比 12.92%)、大肠埃希氏菌 205 株 (构成比 10.81%)、金黄色葡萄球菌 157 株 (构成比 8.28%)、白色念珠菌 103 株 (构成比 5.43%)、嗜麦芽寡养单胞菌 95 株 (构成比 5.01%)、屎肠球菌 (Enterococcus faecium)49 株 (构成比 2.58%)、凝固酶阴性葡萄球菌 (coagulase-negative staphylococci，CNS)20 株 (构成比 1.05%)、粪肠球菌 12 株 (构成比 0.63%)，嗜麦芽寡养单胞菌居第 7 位。在明确菌种的 5 种革兰氏阴性细菌 1555 株中，各菌种出现频率依次为：铜绿假单胞菌 526 株 (构成比 33.83%)、肺炎克雷伯氏菌 484 株 (构成比 31.13%)、鲍氏不动杆菌 245 株 (构成比 15.76%)、大肠埃希氏菌 205 株 (构成比 13.18%)、嗜麦芽寡养单胞菌 95 株 (构成比 6.11%)，嗜麦芽寡养单胞菌居第 5 位 [4]。

● 在第 4 章 "肠杆菌属" (Enterobacter) 中有记述，江苏省中医院的孙慧等 (2014) 报告，回顾性总结该医院 3 年 (2010 年 1 月 1 日至 2012 年 12 月 31 日) 间，从医院感染 (HI) 病例不同标本材料中分离获得的各种病原菌 15 028 株，其中革兰氏阴性细菌 11 698 株 (构成比 77.84%)、革兰氏阳性细菌 3092 株 (构成比 20.57%)，真菌 (fungi)238 株 (构成比 1.58%)。明确菌种 (属) 的细菌共 11 个种 (属)13 649 株，其中革兰氏阴性细菌 7 个种 (属)10 683 株 (构成比 78.27%)、革兰氏阳性细菌 4 个种 (属)2966 株 (构成比 21.73%)，其中包括嗜麦芽黄单胞菌 (Xanthomonas maltophilia)671 株 (构成比 4.92%) 居第 8 位 [5]。

本书作者注：文中记述的嗜麦芽黄单胞菌，即现在已分类于寡养单胞菌属的嗜麦芽寡养单胞菌。

1　菌属定义与分类位置

寡 养 单 胞 菌 属 是 黄 单 胞 菌 科 (Xanthomonadaceae fam.nov.Saddler and Bradbury

2005) 细菌的成员。近些年来，在寡养单胞菌属、菌属内菌种的变动均较大。菌属名称 "*Stenotrophomonas*" 为现代拉丁语阴性名词，是指这些细菌为营养谱很窄的单胞菌 (a unit feeding on few substrates)[6]。

1.1 菌属定义

寡养单胞菌属的细菌为革兰氏阴性、无芽孢杆菌，散在或个别的成双，大小约为 0.5μm×1.5μm，以 2 根到数根极生鞭毛 (polar flagella) 运动，可产生菌毛 (fimbriae)；不能产生聚 -β- 羟丁酸盐 (poly-b-hydroxybutyrate，PHB) 颗粒，也不能水解胞外的多聚物 (polymer)。

寡养单胞菌属的细菌为需氧菌，严格的呼吸型代谢，以氧作为终端电子受体；能还原硝酸盐但不能作为氮源利用，也不脱硝。菌落光滑、有光泽、边缘整齐、白或灰或淡黄或绿色，黄色色素不是类胡萝卜素 (carotenoids) 或黄单胞菌素 (xanthomonadins)。其生长需甲硫氨酸 (methionine)，但这并非普遍特征，卵黄反应阴性，液化明胶 (gelatin)；营养谱有限，试验的 146 种有机化合物中只有 24 种可作为碳源 (carbon sources) 与能源供生长，不能利用多羟醇 (polyalcohols)、芳香化合物 (aromatic compounds) 或胺类 (amines) 生长，新分离株可利用烃 (hydrocarbons)，但于实验室传代后失去此性质；菌株主要的多胺 (polyamine) 类，为亚精胺 (spermidine) 和尸胺 (cadaverine)。在 4℃ 或 41℃ 不能生长，最适生长温度为 35℃。其氧化酶阴性，接触酶阳性，分解脂肪的能力强，水解吐温 80(Tween 80)。嗜麦芽寡养单胞菌具有特征性的 $C_{17:0}$ 环丙烷 (cyclopropane) 脂肪酸和泛醌 (ubiquinone Q8)。

该菌属细菌分离于多种自然材料，人的传染物品和临床材料。是除了铜绿假单胞菌、不动杆菌属 (Acinetobacter Brisou and Prévot 1954) 细菌之外，在临床实验室最常检出的非发酵型革兰氏阴性杆菌。

寡养单胞菌属细菌 DNA 中 G+C mol% 为 66.9±0.8(Bd)，模式种 (type species)：嗜麦芽寡养单胞菌 [*Stenotrophomonas maltophilia*(Hugh 1981)Palleroni and Bradbury 1993][6, 7]。

1.2 分类位置

按伯杰氏 (Bergey) 细菌分类系统，在第二版《伯杰氏系统细菌学手册》(*Bergey's Manual of Systematic Bacteriology*)第 2 卷 B 部分 (2005) 中，寡养单胞菌属分类于黄单胞菌科。

黄单胞菌科共包括了 11 个菌属，依次为：黄单胞菌属 (*Xanthomonas* Dowson 1939 emend. Vauterin，Hoste，Kersters and Swings 1995)、弗拉特氏菌属 (*Frateuria* Swings，Gillis，Kersters et al 1980)、藤黄色单胞菌属 (*Luteimonas* Finkmann，Altendorf，Stackebrandt and Lipski 2000)、溶杆菌属 (*Lysobacter* Christensen and Cook 1978)、涅瓦河菌属 (*Nevskia* Famintzin 1892)、假黄单胞菌属 (*Pseudoxanthomonas* Finkmann，Altendorf，Stackebrandt and Lipski 2000)、罗河杆菌属 (*Rhodanobacter* Nalin，Simonet，Vogel and Normand 1999)、席勒氏菌属 (*Schineria* Tóth，Kovács，Schumann et al 2001)、寡养单胞菌属、热单胞菌属 (*Thermomonas* Busse，Kämpfer，Moore et al 2002)、木杆菌属 (Xylella Wells，Raju，Hung et al 1987)。

黄单胞菌科的模式属 (type genus)：黄单胞菌属。

在寡养单胞菌属内共记载了 3 个种，依次为：嗜麦芽寡养单胞菌、非洲寡养单胞菌 (Stenotrophomonas africana)、还原亚硝酸盐寡养单胞菌 (Stenotrophomonas nitritireducens)[6]。

2　嗜麦芽寡养单胞菌 (Stenotrophomonas maltophilia)

嗜麦芽寡养单胞菌 [Stenotrophomonas maltophilia(Hugh 1981)Palleroni and Bradbury 1993]，菌种名称 "maltophilia" 为现代拉丁语阴性名词，指亲嗜麦芽 (friend of malt)。

细菌 DNA 中 G+C mol% 为 66.9 ± 0.8(Bd)，模式株 (type strain)：ATCC 13637，Hugh 810-2，DSM 50170，ICPB 2648-67，IMET 10402，NCIB 9203，NCTC 10257，NRC 729，RH 1168。GenBank 登录号 (16S rRNA)：M59158，X95923，AB008509[6]。

嗜麦芽寡养单胞菌由 Hugh 和 Ryschenkow 于 1960 年首先从口腔肿瘤患者的咽拭子检验材料中分离到，最初将其分类于假单胞菌属 (Pseudomonas Migula 1894) 并命名为嗜麦芽假单胞菌 (Pseudomonas maltophilia Hugh 1981)。相继由 Swings 等在 1983 年提出将此菌转入黄单胞菌属，并命名为嗜麦芽黄单胞菌 (Xanthomonas maltophilia Swings，De Vos，Van Den Mooter and De Ley 1983)；在第九版《伯杰氏鉴定细菌学手册》(Bergey's Manual of Determinative Bacteriology)(1994) 中，此菌还仍是以黄单胞菌属的嗜麦芽黄单胞菌记述的，且这一名称于现在的一些文献中还仍有使用。Palleroni 和 Bradbury 在 1993 年，将其在当时作为唯一的种归入了寡养单胞菌属，即现在的 "Stenotrophomonas maltophilia"（嗜麦芽寡养单胞菌）。

2.1　生物学性状

嗜麦芽寡养单胞菌作为寡养单胞菌属的模式种，具有在上面"菌属定义"中所描述的典型性状特征。另外，表 28-1 所列为嗜麦芽寡养单胞菌的主要典型表型特征。

表 28-1　嗜麦芽寡养单胞菌的典型表型特征

特征	表型	特征	表型
生长需要甲硫氨酸	+	L- 天冬氨酸	−
氧化酶	−	β- 羟基丁酸盐	−
利用硝酸盐为氮源	−	戊二酸盐	−
生长营养：乳糖	+	甘油	−
麦芽糖	+	纤维二糖	+

注：表中符号的＋表示阳性，－表示阴性。

2.1.1　形态与培养特性

嗜麦芽寡养单胞菌为细长（大小约为 $0.5\mu m \times 1.5\mu m$)、略呈弯曲、有动力的革兰氏阴性杆菌，单个或成双排列。菌体一端有丛鞭毛 (1 ～ 8 根)，多是在 3 根以上。图 28-1 显示嗜麦芽寡养单胞菌 (ATCC 13637) 的营养肉汤培养物形态特征，相差显微镜 (phase contrast microscope) 观察的照片，标尺为 5.0μm；图 28-2 为嗜麦芽寡养单胞菌 (ATCC 13637) 的利夫森鞭毛染色 (Leifson flagella stain) 形态特征，显示菌体有 2 根到多根极生鞭毛，标尺为 5.0μm[6]。另外，Fuerst 和 Hayward(1969) 报告，嗜麦芽寡养单胞菌也存在极生的菌毛 (polar fimbriae)。

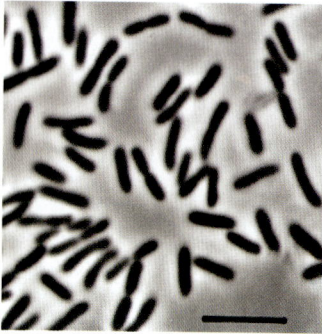

图 28-1　嗜麦芽寡养单胞菌形态

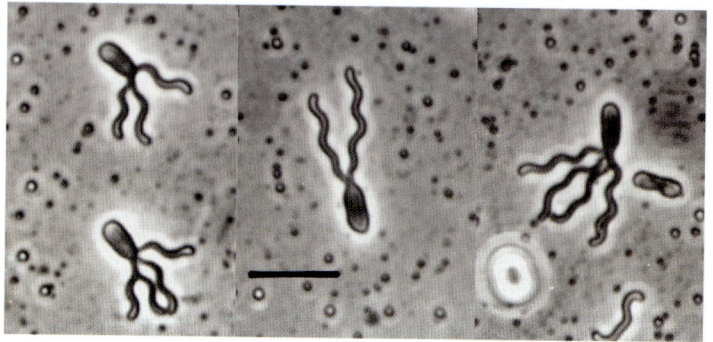

图 28-2　嗜麦芽寡养单胞菌鞭毛

　　嗜麦芽寡养单胞菌适宜的生长温度为 35℃，在 4℃或 41℃不能生长。其为专性需氧的非发酵型菌，多数菌株在生长时需要甲硫氨酸或半胱氨酸 (cysteine)、甘油为生长因子，但在含有蛋白胨的培养基中不加甲硫氨酸等也能够生长。在含有葡萄糖的氧化 - 发酵试验 (oxidation-fermentation test，O-F) 培养基中经 18 ～ 24h 培养，嗜麦芽寡养单胞菌可能是保持中性或弱碱性，继续培养后通常可在 2 天内酸度增加呈现出酸性。在血液营养琼脂培养基上，其形成较小 (直径为 0.5 ～ 1.0mm) 的淡黄色菌落，能产生氨味，在培养基中可见草绿色色素；在普通营养琼脂培养基上显示灰黄色素或无色素的小菌落，直径通常为 0.5 ～ 1.0mm，中央突起。菌落的黄色，不是类胡萝卜素或黄单胞菌素 [1,2,6 ～ 8]。嗜麦芽寡养单胞菌在麦康凯琼脂 (MacConkey agar) 培养基上，形成淡黄色菌落 (图 28-3)。

2.1.2　生化特性

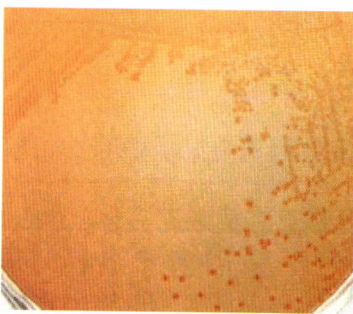

图 28-3　嗜麦芽寡养单胞菌菌落
资料来源：周庭银，赵虎.临床微生物学诊断与图解 .2001

　　嗜麦芽寡养单胞菌的营养谱有限，与其他非发酵菌类的差别较大。Stanier 等 (1966) 试验过 146 种有机化合物，其中仅有葡萄糖、甘露糖、蔗糖、海藻糖、麦芽糖、纤维二糖、乳糖、水杨苷、醋酸盐、丙酸盐、戊酸盐、丙二酸盐、琥珀酸盐、延胡索酸盐、L- 苹果酸盐、乳酸盐、柠檬酸盐、α- 酮戊二酸 (α-oxoglutarate)、丙酮酸盐、L- 丙氨酸、D- 丙氨酸、L- 谷氨酸盐、L- 组氨酸、L- 脯氨酸等 24 种可被利用作为碳源和能源。硝酸盐不能作为氮源，在好氧的条件下，在有麦芽糖的复合培养基 (complex media) 上容易产酸，但在葡萄糖复合培养基上不能产酸。

氧化分解麦芽糖产酸比较迅速，能够分解 β- 半乳糖苷、产生赖氨酸脱羧酶、水解七叶苷和 DNA、液化明胶；产生脂酶 (分解脂肪强烈)，还原硝酸盐但无反硝化作用，氧化酶阴性，硝酸盐不能作为氮源 [2,6~8]。

2.1.3　抗原结构与免疫学特性

嗜麦芽寡养单胞菌具有特异的人绒毛膜促性腺激素 (human chorionic gonadotropin，HCG) 结合位点，其动力学参数相似于哺乳动物黄体生成素 / 绒毛膜促性腺激素 (luteinizing hormone/chorionic gonadotropin，LH/CG) 受体。以下记述的一些报告，是在嗜麦芽寡养单胞菌免疫学方面具有一定代表性的。

华西医科大学的李兴海等 (1995) 报告采用嗜麦芽寡养单胞菌 (文中是以嗜麦芽假单胞菌记述的) 这种人绒毛膜促性腺激素结合蛋白免疫家兔制备相应多克隆抗体，对人绒毛膜促性腺激素结合蛋白与用 ^{125}I 标记的人绒毛膜促性腺激素复合物做间接 (二抗为羊抗兔 IgG) 免疫沉淀实验，表明这种人绒毛膜促性腺激素结合蛋白具有抗原性；同时用配体印迹分析及免疫印迹分析发现这种人绒毛膜促性腺激素结合蛋白能与 ^{125}I 标记的人绒毛膜促性腺激素发生特异的结合，其结合位置与相应抗体结合位置一致，为一种分子质量为 70kDa 的蛋白带；另外，所制备的该抗体并不能特异地抑制人绒毛膜促性腺激素与嗜麦芽寡养单胞菌人绒毛膜促性腺激素结合蛋白的结合，认为该抗体是作用于嗜麦芽寡养单胞菌人绒毛膜促性腺激素结合蛋白的人绒毛膜促性腺激素结合位点以外的抗原决定簇 [9]。

海南大学的周永灿等 (2002) 报告，用从卵形鲳鲹分离的病原嗜麦芽寡养单胞菌提取脂多糖 (lipopolysaccharide，LPS) 为抗原，分别用腹腔注射和口服的方法对体长健康卵形鲳鲹进行免疫接种；然后定期做心脏采血检测白细胞吞噬活力、血清凝集抗体效价及腹腔注射感染保护测定。结果表明，嗜麦芽寡养单胞菌的脂多糖具有良好的免疫原性 [10]。

四川农业大学的汪开毓等 (2009) 报告，采用反相蒸发法制备嗜麦芽寡养单胞菌的脂质体疫苗 (liposome-encapsulated vaccine)，通过灌胃分别给予供试各组斑点叉尾 (*Ictalurus punctatus*) 脂质体疫苗、嗜麦芽寡养单胞菌灭活苗和生理盐水对照，每 2 周给予 1 次共 3 次。于接种疫苗后第 1 天、14 天、28 天和第 49 天采集静脉血，测定白细胞的杀菌活性和血清抗体 (IgM) 含量的变化，并以细菌攻毒实验检测免疫保护效应。结果显示所制备的脂质体疫苗与灭活苗相比，能显著增强斑点叉尾吞噬细胞的杀菌活性和血清 IgM 水平。腹腔注射活菌攻毒后，脂质体疫苗免疫组 (3 个组) 的相对免疫保护率分别为 34.8%、48.2% 和 55.4%；灭活苗免疫组的相对免疫保护率仅有 6.7%，生理盐水对照组的无保护作用。根据研究结果，认为口服嗜麦芽寡养单胞菌脂质体疫苗对斑点叉尾具有显著的免疫保护效应，可作为预防嗜麦芽寡养单胞菌感染的疫苗应用 [11]。

2.1.4　生境与抗性

嗜麦芽寡养单胞菌广泛存在于自然界，包括人体、动物、水、土壤、牛奶、禽蛋、冷冻食品及外环境、人和动物的体表及消化道中；Debette 和 Blondeau(1980) 报告从一些植物根际能分离到嗜麦芽寡养单胞菌，且比假单胞菌属细菌要多。嗜麦芽寡养单胞菌作为一种重要的条件致病菌，大多数菌株是从临床样品中分离到的。

嗜麦芽寡养单胞菌不仅对临床常用的一些抗菌类药物具有耐药性，还对广谱强效的碳青霉烯类药物具有天然耐药性，也是嗜麦芽寡养单胞菌一个很突出的特点 [1, 8]。

2.1.4.1　生境

就作为人的条件性病原菌来讲，嗜麦芽寡养单胞菌可在人的皮肤、胃肠道、呼吸道、伤口等处定殖。在痰液、血液、浓汁等临床标本材料中，存在嗜麦芽寡养单胞菌的常常会混合存在有其他 1 ~ 2 种病原菌，其中以金黄色葡萄球菌、铜绿假单胞菌、肠杆菌科 (Enterobacteriaceae) 细菌为多见，从伤口分离出单一嗜麦芽寡养单胞菌的情况很少见。其在医院环境多有存在，如透析装置、氧气湿化罐、血压计、人工呼吸装置、通气管道等均能分离到 [1,8]。

在第 4 章"肠杆菌属"(Enterobacter) 中有记述，湖北省随州市中心医院的刘杨等 (2013) 报告，对该医院重症监护室 (intensive care unit，ICU) 住院患者使用的留置导尿管 (接口处内壁)、氧气湿化瓶 (内壁)、冷凝水集水瓶 (内壁)、呼吸机螺纹管 (接口处内壁)、中心供氧壁管出口、气管插管 (内壁)、呼吸机湿化罐 (内壁)、留置针连接管三通口、输液泵 (接口处内壁)、微量注射泵 (接口处内壁)、深静脉置管 (接口处内壁) 等 11 种医疗器具，采集使用 (48±2)h 的样本共 300 份进行了微生物学检验。结果其中 217 份阳性 (阳性率 72.33%)，共检出病原菌 19 种 (属)242 株，其中包括嗜麦芽寡养单胞菌 18 株 (构成比 7.44%)。报告者认为对患者各种诊疗性侵入性操作的应用 (如气管插管、留置导尿、中心静脉置管、引流管留置等)，可破坏机体黏膜保护屏障，从而导致患者呼吸系统、泌尿系统、导管相关性血流感染的发生，造成医院感染率升高 [12]。

在第 17 章"伯克霍尔德氏菌属"(Burkholderia) 中有记述，浙江舟山海洋生态环境监测站的黄备等 (2010) 报告，在 2004 年 7 月至 8 月间，分别对浙江省舟山市四个县区 (定海区、普陀区、岱山县、嵊泗县) 的海洋贝类 (泥螺、青蛤、缢蛏、厚壳贻贝、小刀蛏、等边线蛤) 生物进行了采样和细菌分布检验。又经对定海区采集的三种贝类 (泥螺、青蛤、缢蛏) 生物样品中进行细菌种类鉴定，共分离出 9 种 (类)58 株菌，其中包括嗜麦芽寡养单胞菌 (文中是以嗜麦芽黄单胞菌记述的)。同时，报告者根据检验结果认为在定海区贝类生物体内的细菌种类，明显受到陆源径流及附近海水中细菌的影响 [13]。

2.1.4.2　抗性

嗜麦芽寡养单胞菌的菌体外膜低渗透性使抗菌类药物难以进入菌细胞内，以致对多种抗生素具有天然耐药性。其还可产生青霉素酶、头孢菌素酶、金属 β- 内酰胺酶等，破坏 β- 内酰胺环，甚至水解强效超广谱抗菌药物亚胺培南，对青霉素类、第一代至第三代头孢菌素类耐药 [1]。

近些年来，我国有较多对从不同标本材料分离的嗜麦芽寡养单胞菌进行耐药性测定的报告，显示在不同菌株间存在一定的耐药性差异。以下记述的一些报告，是具有一定代表性的。

中国人民解放军第三○五医院的陈倩等 (2012) 报告，在 2008 年 1 月至 2010 年 12 月间，从该医院住院患者不同标本材料中检出细菌 5372 株，其中嗜麦芽寡养单胞菌 184 株 (构成比 3.43%)。经药物敏感性测定，结果显示其对 21 种供试抗菌类药物，均具有不同程度的耐药性，其中，对亚胺培南、美罗培南的耐药率为 100%(184/184)，对头孢噻肟、头孢他啶、头孢唑林等头孢菌素类药物的耐药率较高，分别为 96.74%(178/184)、53.26%(98/184)、71.74%(132/184)。在加酶抑制剂抗菌药物中，对阿莫西林 / 克拉维酸、氨苄西林 / 舒巴坦的耐药率较高，分别为 97.28%(179/184)、95.65%(176/184)；哌拉西林 / 他唑巴坦的耐药率较低，为 20.65%(38/184)。对庆大霉素的耐药率也较高，为 91.30%(168/184)；对莫西沙星的耐药率低，为 4.35%(8/184)；对多黏菌素的耐药率最低，为 0.54%(1/184)[14]。

安徽医科大学第一附属医院的周翔天等 (2014) 报告，通过对 2008 年至 2012 年间安徽省 40 家医院，每年 9 月份从住院患者不同标本材料中分离的 3154 株非发酵菌的分布特点及耐药性分析，在 3154 株非发酵菌中嗜麦芽寡养单胞菌 211 株 (构成比 6.69%)，认为嗜麦芽寡养单胞菌也是近 5 年来安徽地区医院感染的重要条件致病菌。耐药性测定结果显示对供试的氨基苷类抗菌药物阿米卡星、庆大霉素高度耐药；对第三代和第四代头孢菌素类 (头孢他啶、头孢西丁、头孢吡肟等)、半合成青霉素类 (哌拉西林等) 的耐药率为 43.6% ～ 85.7%；对加酶抑制剂类抗菌药物哌拉西林 / 三唑巴坦、头孢哌酮 / 舒巴坦的耐药率有缓慢上升的趋势，但仍然保持着良好的抗菌活性 (耐药率为 12.5% ～ 29.0%)；以对米诺环素的耐药率最低，综合耐药率为 5.38%[15]。

2.1.5　基因型

目前对嗜麦芽寡养单胞菌的基因型分析，主要是对染色体 DNA 的分子分型，总体来讲尚无基因分型的标准方法，但从发展趋势分析对嗜麦芽寡养单胞菌的基因分型，可从遗传进化的层面认识嗜麦芽寡养单胞菌，从分子水平对嗜麦芽寡养单胞菌进行分类与鉴定，能为在流行病学调查中寻找传染源与传播途径、确定菌株间的遗传亲缘关系、研究嗜麦芽寡养单胞菌的地理分布等提供更为有力的证据。

2.1.5.1　随机扩增多态性 DNA 型

随机扩增多态性 DNA 分析 (randomly amplified polymorphic DNA analysis, RAPD) 方法，是由 Williams 和 Welsh 等于 1990 年在 PCR 基础上发展起来的一项实验技术，目前已被广泛用于对遗传图谱构建、群体遗传结构分析、DNA 指纹分析和基因定位等不同研究领域。

安徽医科大学第一附属医院的吴锦等 (2013) 报告，收集安徽省细菌耐药监控网中的 34 家不同级别医院 2005 年至 2010 年 6 年间在 9 月份 (每年 9 月 1 日至 30 日) 临床分离的嗜麦芽寡养单胞菌 188 株，采用随机扩增多态性 DNA 分析方法分析菌株基因型。发现在 2005 年、2007 年、2009 年 9 月份的菌株，均表现为不同的基因亚型；2006 年的 2 株 (第 678 号和第 702 号菌株) 为同一基因亚型，表明在这家医院存在同一克隆株的传播；2008 年的 2 株 (第 824 号和第 826 号菌株) 为同一基因亚型，追踪此 2 株的临床资料发现为来自同一医院重症监护室的不同患者，表明在这家医院的 ICU 病房存在同一克隆株的传播；2010 年的 2 株 (第 186 号和第 187 号菌株) 为同一基因亚型，此 2 株来自同一医院新生儿科的不同患者，表明在这家医院的新生儿科存在同一克隆株的传播[16]。

2.1.5.2　脉冲场凝胶电泳 DNA 型

脉冲场凝胶电泳 (pulsed-field gel electrophoresis，PFGE) 分型方法，已广泛应用于对一些常见病原菌感染的散发、暴发调查和溯源研究。在对嗜麦芽寡养单胞菌的脉冲场凝胶电泳分型溯源方面，中国医科大学附属盛京医院的陈愉等 (2010) 报告，对沈阳市 4 家三级甲等综合性医院在 2003 年 9 月至 2005 年 12 月间，从临床标本材料分离的 92 株嗜麦芽寡养单胞菌，进行了脉冲场凝胶电泳同源性分析（以 *Xba* Ⅰ 酶切），以探讨其分子流行病学特点。结果显示嗜麦芽寡养单胞菌呈多克隆构成模式，在基因型方面表现为高度的差异性，供试 92 个菌株菌共有 63 个克隆（构成比 68.48%）；每个菌株分别产生 8 ～ 16 条 DNA 片段，片段大小在 30 ～ 420kb 范围。其中有 10 个克隆出现了克隆传播，涉及 39 个菌株。克隆 A 涉及 10 个菌株，分离间期最长的达 24 个月，且出现了在医院间的传播。克隆 A 中源于同一医院（盛京医院）的 9 个菌株中有 5 株来自外科重症监护室，3 株来自呼吸科病房；克隆 E 有 7 个菌株，经过 4 次传播后，分别测定抗菌药物环丙沙星的最小抑菌浓度 (minimal inhibitory concentration，MIC) 值由 1mg/L 上升至 8mg/L。在 4 家医院均存在小范围的克隆传播，主要集中在呼吸科病房和外科重症监护室 [17]。

2.2 病原学意义

嗜麦芽寡养单胞菌主要是在特定条件下作为人的致病菌，可以从多种感染类型（尤其是某些局部感染）的标本材料中分离到。在对动物的感染病中，目前也有的报告显示，可引起某些水生动物、羊、猪等的感染病。

2.2.1 人的嗜麦芽寡养单胞菌感染病

嗜麦芽寡养单胞菌感染常见于老年、体弱、长期应用多种抗菌类药物者，具有某些慢性基础性疾病（肿瘤、慢性呼吸道疾病、糖尿病、尿毒症等）及免疫力下降者，经介入性医疗操作（如各种插管、人工瓣膜和引流管等），化疗，放射治疗等更易被感染。在重症嗜麦芽寡养单胞菌感染中不乏混合感染，具有明显的终末期机会感染性质，其病死率高 [1, 8]。

2.2.1.1 临床常见感染类型

嗜麦芽寡养单胞菌既可作为继发感染又可作为原发感染的病原菌，其临床常见感染类型，主要为肺部感染（多数为下呼吸道感染和伴有慢性基础疾病患者），其次为尿路感染（多为老年人并容易并发败血症）及烧伤创面感染，还有相对比较少见的胆道感染（多是继发于胆石症及胆石梗阻诱发急性胆囊炎）、腹腔感染（主要是发生腹膜炎）、菌血症、败血症、手术切口感染等，另外，其也可引起胸膜炎、脑膜炎、心内膜炎、前列腺炎、结膜炎、急性乳突炎、皮肤感染、伤口感染、眼部感染、纵隔炎、牙周炎、骨骼和关节感染、消化道及软组织感染等类型。被感染的大部分患者有发热、寒战、腹胀、乏力、淡漠等临床表现，同时伴有中性白细胞数量的减少，病情危重并发症可出现休克、弥散性血管内凝血 (disseminated intravascular coagulation，DIC)、多器官衰竭综合征 (multiple organ failure syndrome，MOFS) 等 [1, 8]。

2.2.1.2 医院感染特点

嗜麦芽寡养单胞菌是医院感染的重要病原菌，有 97% 的嗜麦芽寡养单胞菌感染为医院感染，主要分布在大型综合性医院、肿瘤专科医院、老年人医院，以呼吸道及尿路感染最多，其中尤以痰液标本材料的分离率高。由嗜麦芽寡养单胞菌引起的医院感染，所表现的特点是感染缺乏区域特征、感染部位宽泛、感染类型复杂、感染发生频率存在逐年增高的趋势、有效预防控制难度大。

(1) 科室分布特点：综合一些相关的文献分析，由嗜麦芽寡养单胞菌引起的医院感染，主要分布在呼吸科和重症监护室病房。以下记述的一些报告，是具有一定代表性的。

中国人民解放军第三军医大学第一附属医院的刘春江等 (2010) 报告，在 2006 年 1 月至 2008 年 12 月间，从该院住院患者分离到嗜麦芽寡养单胞菌 487 株。487 株嗜麦芽寡养单胞菌，在各科室的分布依次为：脑外科 136 株 (构成比 27.93%)、重症监护室 98 株 (构成比 20.12%)、呼吸科 63 株 (构成比 12.94%)、肝胆科 43 株 (构成比 8.83%)、烧伤科 24 株 (构成比 4.93%)、胸外科 24 株 (构成比 4.93%)、儿科 22 株 (构成比 4.52%)、老年科 18 株 (构成比 3.69%)、心内科 11 株 (构成比 2.26%)、其他科室 48 株 (构成比 9.86%)[18]。

在前面有记述中国人民解放军第三〇五医院的陈倩等 (2012) 报告的 184 株嗜麦芽寡养单胞菌，在各科室的分布依次为：呼吸科 89 株 (构成比 48.37%)、重症监护室 55 株 (构成比 29.89%)、心内科 18 株 (构成比 9.78%)、导管科 6 株 (构成比 3.26%)、神经科 5 株 (构成比 2.72%)、内分泌科 5 株 (构成比 2.72%)、消化科 4 株 (构成比 2.17%)、普通外科 2 株 (构成比 1.09%)[14]。

黑龙江省医院的尤玉红等 (2013) 报告，在 2008 年 1 月至 2010 年 12 月间，从该院住院患者分离到病原菌 11 262 株，其中嗜麦芽寡养单胞菌 317 株 (构成比 2.81%)。317 株嗜麦芽寡养单胞菌，在各科室的分布依次为：重症监护室 170 株 (构成比 53.63%)、呼吸科 62 株 (构成比 19.56%)、普通外科 44 株 (构成比 13.88%)、神经外科 21 株 (构成比 6.62%)、其他科室 20 株 (构成比 6.31%)[19]。

(2) 感染部位特点：综合一些相关的文献分析，由嗜麦芽寡养单胞菌引起的医院感染，主要分布于呼吸道。以下记述的一些报告，是具有一定代表性的。

在上面有记述中国人民解放军第三军医大学第一附属医院的刘春江等 (2010) 报告的 487 株嗜麦芽寡养单胞菌，在各感染部位的分布依次为：痰液 400 株 (构成比 82.14%)、血液 31 株 (构成比 6.37%)、胸腹水 19 株 (构成比 3.90%)、伤口分泌物 14 株 (构成比 2.87%)、粪便 5 株 (构成比 1.03%)、导管 5 株 (构成比 1.03%)、胆汁 3 株 (构成比 0.62%)、其他标本材料 10 株 (构成比 2.05%)[18]。

在上面有记述中国人民解放军第三〇五医院的陈倩等 (2012) 报告的 184 株嗜麦芽寡养单胞菌，在各感染部位的分布依次为：痰液 174 株 (构成比 94.57%)、尿液 5 株 (构成比 2.72%)、创面分泌物 3 株 (构成比 1.63%)、腹腔透析液 2 株 (构成比 1.09%)[14]。

在上面有记述黑龙江省医院的尤玉红等 (2013) 报告的 317 株嗜麦芽寡养单胞菌，在各感染部位的分布依次为：痰液 210 株 (构成比 66.25%)、咽拭子 57 株 (构成比 17.98%)、脓液及分泌物 32 株 (构成比 10.09%)、胸腹水 12 株 (构成比 3.79%)、其他标本材料 6 株 (构成比 1.89%)[19]。

2.2.2　动物的嗜麦芽寡养单胞菌感染病

有记述嗜麦芽寡养单胞菌引起动物的感染动物发病，在近几年来国内外都陆续有报告。除了在水生动物以外，在陆生动物能够引起山羊 (感染发生化脓性淋巴结炎)、猪的感染病，在爬行动物类的鳄鱼被感染可引起败血症[8]。

在水生动物,比较多见的还是在水产养殖动物。目前,已分别有在卵形鲳鲹(俗称白鲳)、斑点叉尾鮰(*Ictalunes punctatus*)亦称河鲶、黄缘闭壳龟(又名黄缘盒龟)、中华绒螯蟹等,由嗜麦芽寡养单胞菌引起相应感染病的报告[20~26]。

在陆生动物,佛山科学技术学院的张浩吉等(2004)报告,从广东省四会某猪场的40日龄病猪(表现出高热、贫血、绝食、精神萎靡等临床症状),检出了嗜麦芽寡养单胞菌(文中是以嗜麦芽窄食单胞菌记述的)的 16S rRNA 基因,认为是首次从分子水平证实嗜麦芽寡养单胞菌可引起猪发生感染病[27]。

也顺便记述在植物,Singh 等(2002)曾首次报告了嗜麦芽寡养单胞菌是印度水稻一种新病、被称为白纹病(White stripe)的病原菌,被感染水稻叶片出现明显的白条纹,甚至导致叶片萎缩和干枯[8]。

2.3 微生物学检验

对嗜麦芽寡养单胞菌的微生物学检验,目前仍主要依赖于对细菌的分离与鉴定,可采用普通营养培养基分离并制备纯培养物后,按此菌特性进行相应的鉴定。需要注意的是目前对此菌的一些培养及生化特性等表型特征的内容记载尚少,因此常需先按属的特征鉴定后再行此菌的具体检验判定。

2.3.1 细菌学检验

检验嗜麦芽寡养单胞菌,除了观察其菌落特征外,其在克氏双糖铁琼脂(Kligler iron agar,KIA)培养基的反应与其他非发酵菌类相同,但其氧化酶阴性、动力阳性,对亚胺培南天然耐药,以及生化反应的赖氨酸脱羧酶阳性,是嗜麦芽寡养单胞菌与其他非发酵菌的主要鉴别特征[1,28]。

对嗜麦芽寡养单胞菌做糖的产酸试验是在 Dye's 培养基 C(Dye's medium C)上进行的,此培养基的配方(Dye 1962)为:$NH_4H_2PO_4$ 为 0.5g、K_2HPO_4 为 0.5g、$MgSO_4 \cdot 7H_2O$ 为 0.2g、NaCl 为 5.0g、酵母浸提物(yeast extract)为 1.0g、碳源(carbon source)用量分别为 5.0g、1.5% 的溴甲酚紫乙醇溶液 0.7ml、琼脂 12.0g、蒸馏水 1000ml,按常规方法制备即可[29]。

2.3.2 基因型分析

在前面有记述安徽医科大学第一附属医院的吴锦等(2013)报告,通过对从安徽省细菌耐药监控网中的 34 家不同级别医院临床分离的嗜麦芽寡养单胞菌 188 株,采用随机扩增多态性 DNA 分析方法进行菌株基因型分析。根据结果认为同一克隆株的嗜麦芽寡养单胞菌在同一医院、同一科室的出现,提示嗜麦芽寡养单胞菌有造成医院感染流行的隐患。另外,认为采用随机扩增多态性 DNA 分析方法对临床分离菌株进行基因分型和同源性的快速检测,调查感染流行情况,对阻止暴发感染的进一步扩大,具有重要的临床指导意义[16]。

在前面有记述中国医科大学附属盛京医院的陈愉等(2010)报告,对从沈阳市 4 家三级甲等综合性医院临床标本材料分离的 92 株嗜麦芽寡养单胞菌,进行了脉冲场凝胶电泳同源性分析。根据检验结果并综合相关资料分析,提示嗜麦芽寡养单胞菌的医院感染并非以患者间的传播为主，多为患者独立感染所致，主要是源于环境中的嗜麦芽寡养单胞菌。医源性传播，是造成在不同医疗单元克隆传播的主要原因。另外，嗜麦芽寡养单胞菌脉冲场凝胶电泳 (PFGE) 基因型的高度差异性，也提示了嗜麦芽寡养单胞菌在环境中的广泛分布，以及其基因型的高度多样性[17]。

（房　　海）

参 考 文 献

[1] 贾辅忠 , 李兰娟 . 感染病学 . 南京 : 江苏科学技术出版社 , 2010: 494~495.

[2] 李仲兴 , 郑家齐 , 李家宏 . 临床细菌学 . 北京 : 人民卫生出版社 , 1986: 252.

[3] 马玲敏 . 2009—2010 年医院常见病原菌分布及耐药性分析 . 中华医院感染学杂志 , 2012, 22(22): 5135~5137.

[4] 赵睿 , 韩世权 , 武晶 , 等 . 2001—2011 年医院 ICU 病原菌耐药性监测研究 . 中华医院感染学杂志 , 2012, 22(14):3172~3174.

[5] 孙慧 , 吴荣华 , 胡钢 , 等 . 医院感染病原菌分布及耐药性分析 . 疾病监测与控制杂志 , 2014, 8(1):4~6.

[6] George M G. Bergey's Manual of Systematic Bacteriology. Second Edition. Volume Two. Part B. Springer, New York, 2005, 107~115.

[7] 赵乃昕 , 苑广盈 . 医学细菌名称及分类鉴定 . 3 版 . 济南 : 山东大学出版社 , 2013: 400~403.

[8] 耿毅 , 汪开毓 , 陈德芳 , 等 . 嗜麦芽寡养单胞菌研究进展 . 动物医学进展 , 2006, 27(5):28~31.

[9] 李兴海 , 陈曼玲 , 蓝天鹤 . 嗜麦芽假单胞菌 HCG 结合蛋白抗体制备及其特性研究 . 生物化学杂志 , 1995, 11(4):421~424.

[10] 周永灿 , 张本 , 陈雪芬 , 等 . 嗜麦芽假单胞菌脂多糖的制备及其在卵形鲳鲹中的免疫效应 . 水产学报 , 2002, 26(2):143~148.

[11] 汪开毓 , 邓龙君 , 肖丹 , 等 . 斑点叉尾鮰嗜麦芽寡养单胞菌的脂质体疫苗研究 . 中国水产科学 , 2009, 16(5): 751~757.

[12] 刘杨 , 张秋莹 , 殷玉华 . 重症监护室常用医疗器具使用中病原菌携带情况 . 中国感染控制杂志 , 2013, 12(1):64~65.

[13] 黄备 , 唐静亮 , 胡颢琰 , 等 . 舟山市海洋贝类生物体内的细菌学研究 . 中国环境监测 , 2010, 26(1):31~33.

[14] 陈倩 , 郭艳菊 , 王会中 , 等 . 嗜麦芽寡养单胞菌的医院感染特征及耐药性分析 . 国际检验医学杂志 , 2012, 33(8):920~921, 923.

[15] 周翔天 , 高丽萍 , 夏粤华 , 等 . 2008—2012 年安徽省 3154 株非发酵菌分布特点及耐药分析 . 中国抗生素杂志 , 2014, 39(4):301~305, 315.

[16] 吴锦 , 胡立芬 , 沈为华 , 等 . 嗜麦芽窄食单胞菌基因同源性分析 . 安徽医药 , 2013, 17(1):43~45.

[17] 陈愉 , 张智洁 , 孙继梅 , 等 . 嗜麦芽寡养单胞菌分子流行病学的研究 . 中华医院感染学杂志 , 2010, 20(8):1062~1065.

[18] 刘春江 , 王全喜 , 龚雅利 , 等 . 487 株医院感染嗜麦芽寡养单胞菌的耐药分析 . 中华医院感染学杂志 , 2010, 20(11):1605~1606.

[19] 尤玉红，吴晓岩，徐彤，等.317株医院感染嗜麦芽窄食单胞菌的临床分布及耐药性分析.现代预防医学，2013，40(9):1792~1793.

[20] 周永灿，朱传华，张本，等.卵形鲳鲹大规模死亡的病原及其防治.海洋科学，2001，25(4):40~44.

[21] 汪开毓，耿毅，黄小丽，等.斑点叉尾鮰 *Ictalurus punctatus*(Rifinesque) 传染性套肠症 (Infectious intussusception).现代渔业信息，2006，21(9): 3~8.

[22] 汪开毓，耿毅，黄小丽，等.斑点叉尾鮰传染性套肠症及其防治.淡水渔业，2006，36(6): 61~63，封三.

[23] Geng Y, Wang K, Chen D et al. *Stenotrophomonas maltophilia*, an emerging opportunist pathogen for cultured channel catfish, *Ictalurus punctatus*, in China. Aquaculture, 2010, 308(3-4): 132~135.

[24] 李槿年，江定丰，李琳，等.28株水产动物致病菌的编码鉴定.水利渔业，2004，24(2): 62~64.

[25] 黄斌，陈世锋，陈勇.黄缘闭壳龟囊肿病的研究.淡水渔业，2002，32(5): 44~46.

[26] 耿毅，汪开毓，陈德芳，等.斑点叉尾鮰嗜麦芽寡养单胞菌的分离鉴定及系统发育分析.中国兽医学报，2007，27(3): 330~335.

[27] 张浩吉，谢明权，张健騑，等.猪源嗜麦芽窄食单胞菌 16S rRNA 基因的克隆和序列分析.中国兽医科技，2004，34(6): 3~5.

[28] 叶应妩，王毓三，申子瑜.全国临床检验操作规程.3 版.南京：东南大学出版社，2006: 835.

[29] Krieg N R, Holt J G. Bergey's Manual of Systematic Bacteriology. Volume 1. London:Williams and Wilkins, Baltimore, 1984: 206.

第4篇　医院感染革兰氏阴性其他细菌

在我国已有明确报告引起医院感染 (hospital infection，HI) 的革兰氏阴性细菌，除了在第 2 篇"医院感染革兰氏阴性肠杆菌科细菌"、第 3 篇"医院感染革兰氏阴性非发酵型细菌"以外，则是一并归在了此第 4 篇"医院感染革兰氏阴性其他细菌"中。在此篇中，共涉及 8 个菌科 (Family)、9 个菌属 (genus) 的 16 个菌种 (species) 及亚种 (subspecies)。为便于一并了解各相应菌科、菌属，分别将其各自名录按各菌科学名的字母顺序排列、记述于此表 (医院感染革兰氏阴性其他细菌的各菌科与菌属) 中。

医院感染革兰氏阴性其他细菌的各菌科与菌属

序号	菌科	菌属数	菌属名称
1	气单胞菌科 (Aeromonadaceae)	1	气单胞菌属 (*Aeromonas*)
2	双歧杆菌科 (Bifidobacteriaceae)	1	加德纳氏菌属 (*Gardnerella*)
3	弯曲杆菌科 (Campylobacteraceae)	1	弯曲杆菌属 (*Campylobacter*)
4	衣原体科 (Chlamydiaceae)	1	衣原体属 (*Chlamydia*)
5	支原体科 (Mycoplasmataceae)	2	支原体属 (*Mycoplasma*)，脲支原体属 (*Ureaplasma*)
6	奈瑟氏菌科 (Neisseriaceae)	1	奈瑟氏球菌属 (*Neisseria*)
7	巴斯德氏菌科 (Pasteurellaceae)	1	嗜血杆菌属 (*Haemophilus*)
8	弧菌科 (Vibrionaceae)	1	弧菌属 (*Vibrio*)
合计		9	

第29章 气单胞菌属 (*Aeromonas*)

气单胞菌属 (*Aeromonas* Stanier 1943) 的主要病原菌为嗜水气单胞菌 (*Aeromonas hydrophila*)，能引起人及多种动物感染发病。在人主要表现对胃肠道的致病作用，也包括食物中毒 (food poisoning)，并能在一定条件下引起某些组织、器官的炎性感染及败血症等感染病 (infectious diseases)，也属于人畜共患病 (zoonoses) 的病原菌范畴；在动物，主要是引起多种鱼类及其他一些冷血动物的局部组织器官感染及败血症等。另外，豚鼠气单胞菌 (*Aeromonas caviae*)、温和气单胞菌 (*Aeromonas sobria*)、维氏气单胞菌 (*Aeromonas veronii*)、舒氏气单胞菌 (*Aeromonas schubertii*) 等也具有一定的医学临床意义，主要是能在一定条件下引起人的腹泻；在动物，能引起如同嗜水气单胞菌那样在鱼类及其他一些冷血动物的感染病，但它们的出现频率均明显低于嗜水气单胞菌[1~5]。

另外，根据生长发育所需温度范围及是否有动力，可将气单胞菌属的细菌分为两大类：其一为嗜冷无动力气单胞菌 (psychrophilic non-motile aeromonads)；其二为嗜温有动力气单胞菌 (mesophilic motile aeromonads)。已知气单胞菌普遍存在于淡水、海水、淤泥和污水等环境中，世界各地均有分布。其中运动性气单胞菌 (motile aeromonads) 可构成淡水鱼类肠道中的正常菌群，但它们中的某些种不仅是许多冷血动物和一些陆生动物的重要病原菌，有的还可引起人的感染发病，然而最重要和最常见的还是引起淡水养殖鱼类的感染病；非运动性气单胞菌 (non-motile aeromonads) 指的是杀鲑气单胞菌 (*Aeromonas salmonicida*)，主要是鲑、鳟鱼类的病原菌，但近年来也有引起鲆、鲽等其他鱼类感染病的报告。

在医院感染 (hospital infection，HI) 的气单胞菌属细菌中，在我国已有明确报告的涉及嗜水气单胞菌、豚鼠气单胞菌、温和气单胞菌。但相对来讲，还都不是比较常见的。

● 中国人民解放军第九八医院的刘桂玲等 (2010) 报告，回顾性总结在 3 年 (2005 年 1 月至 2007 年 12 月) 间，从该医院各科室送检发生医院感染病例 1417 例 (感染例次 1596 次) 不同标本材料中分离的病原菌 1186 株，其中革兰氏阴性菌 10 种 639 株 (构成比 53.88%)、革兰氏阳性菌 7 种 360 株 (构成比 30.35%)、念珠菌属 (*Candida* Berkhout 1923) 真菌 (fungi) 2 种 67 株 (构成比 5.65%)、其他病原真菌 120 株 (构成比 10.12%)。在革兰氏阴性菌 10 种 639 株、革兰氏阳性菌 7 种 360 株共 17 种 999 株中，各菌种的出现频率依次为：鲍氏不动杆菌 (*Acinetobacter baumannii*) 241 株 (构成比 24.12%)、金黄色葡萄球菌 (*Staphylococcus aureus*) 198 株 (构成比 19.82%)、铜绿假单胞菌 (*Pseudomonas aeruginosa*) 174 株 (构成比 17.42%)、极小棒杆菌 (*Corynebacterium minutissimum*) 100 株 (构成比 10.01%)、阴沟肠杆菌 (*Enterobacter cloacae*) 79 株 (构成比 7.91%)、肺炎克雷伯氏菌 (*Klebsiella pneumoniae*) 46 株 (构成比 4.60%)、大肠埃希氏菌 (*Escherichia coli*) 41 株 (构成比 4.10%)、表皮葡萄球菌 (*Staphylococcus epidermidis*) 36 株 (构成比 3.60%)、嗜水气单胞菌 24 株 (构成比 2.40%)、嗜麦芽寡养单胞菌 (*Stenotrophomonas maltophilia*) 19 株 (构成比 1.90%)、屎肠球菌 (*Enterococcus faecium*) 17 株 (构成比 1.70%)、弗氏柠檬酸杆菌 (*Citrobacter freundii*) 9 株 (构成比 0.90%)、粪肠球菌 (*Enterococcus faecalis*) 5 株 (构成比 0.50%)、洋葱伯克霍尔德氏菌 (*Burkholderia cepacia*) 4 株 (构成比 0.40%)、褪色沙雷氏菌 (*Serratia marcescens*) 2 株 (构成比 0.20%)、溶血葡萄球菌 (*Staphylococcus haemolyticus*) 2 株 (构成比 0.20%)、里昂葡萄球菌 (*Staphylococcus lugdunensis*) 2 株 (构成比 0.20%)，嗜水气单胞菌居第 9 位。在 10 种 639 株革兰氏阴性菌 (鲍氏不动杆菌、铜绿假单胞菌、阴沟肠杆菌、肺炎克雷伯氏菌、大肠埃希氏菌、嗜水气单胞菌、嗜麦芽寡养单胞菌、弗氏柠檬酸杆菌、洋葱伯克霍尔德氏菌、褪色沙雷氏菌) 中，嗜水气单胞菌 24 株 (构成比 3.76%) 居第 6 位 [6]。

● 中国人民解放军第三〇二医院的韩玉坤等 (2002) 报告在 1993 年 1 月至 2001 年 7 月间，该医院在收住院治疗的肝炎患者中，发生气单胞菌医院感染败血症 41 例 (男性 34 例、女性 7 例)。从 41 例感染患者检出气单胞菌 48 株，其中嗜水气单胞菌 24 株 (构成比 50.00%)、温和气单胞菌 21 株 (构成比 43.75%)、豚鼠气单胞菌 3 株 (构成比 6.25%) [7]。

● 北京市丰台医院的吴珺等 (2011) 报告在 2010 年 8 月至 10 月间，在该医院呼吸科住院患者 210 例 (在重症监护病房患者 40 例) 中，从血液细菌培养及临床资料证实 11 例严重肺部感染患者，发生了由嗜水气单胞菌 / 豚鼠气单胞菌感染引起的菌血症，其中的 10 例为医院感染。对此 10 例进行痰液细菌检验，除 1 例阴性外，其余患者均提示还存在铜绿假单胞菌、肺炎克雷伯氏菌、鲍氏不动杆菌等病原菌 [8]。

1　菌属定义与分类位置

气单胞菌属为气单胞菌科 (Aeromonadaceae Colwell，MacDonell and De Ley 1986) 细菌的成员，近年来在菌属内种的变动较大，有的种还分有不同的亚种或生物型 (biovars)。

菌属名称"*Aeromonas*"为现代拉丁语阴性名词，意为产气的单细胞生物 (gas-producing monad)[9]。

1.1　菌属定义

气单胞菌属细菌为两端钝圆、大小多为 (0.3 ~ 1.0)μm × (1.0 ~ 3.5)μm 的革兰氏阴性直杆菌或球杆菌，单个、成双或以短链排列形式；通常以 1 根极端鞭毛运动，在有些种幼龄的固体培养物可形成周鞭毛或侧鞭毛。其为兼性厌氧，化能有机营养型，有呼吸和发酵两种代谢类型，适宜生长温度为 22 ~ 37℃，能在 0 ~ 45℃生长，有些种在 35℃不能生长。

气单胞菌属细菌发酵 D- 葡萄糖和其他一些碳水化合物产酸或产酸、产气，氧化酶、接触酶、精氨酸双水解酶、明胶酶等阳性，鸟氨酸脱羧酶、尿素酶、苯丙氨酸脱氨酶等阴性，还原硝酸盐，多数的种能发酵麦芽糖、D- 半乳糖、海藻糖等多种碳水化合物；对弧菌抑制剂 O/129[2，4- 二氨基 -6，7- 异丙基喋啶 (2，4-diamino-6，7-diisopropylpteridine)] 有抗性。细胞脂肪酸类主要为棕榈酸 (十六烷酸，hexadecanoic acid，$C_{16:0}$)、十六 (碳) 烯酸 (hexadecenoic acid，$C_{16:1}$)、十八碳烯酸 (octadecenoic acid，$C_{18:1}$)。其能产生芳基酰胺酶 (arylamidases)、淀粉酶 (amylase)、DNA 酶 (DNase)、酯酶 (esterases)、肽酶 (peptidases) 和其他一些水解酶 (hydrolytic enzymes) 等多种胞外酶类 (exoenzymes)。

气单胞菌属细菌在淡水和污水中存在，有的种是一些温血动物 (包括人) 及冷血动物 (青蛙、鱼和一些无脊椎动物等) 的病原菌，引起人类的疾病常常是腹泻和菌血症。

气单胞菌属细菌 DNA 的 G+C mol% 为 57 ~ 63(Bd，T_m)；模式种 (type species)：嗜水气单胞菌 [*Aeromonas hydrophila*(Chester 1901)Stanier 1943] [9]。

1.2　分类位置

按伯杰氏 (Bergey) 细菌分类系统，在第二版《伯杰氏系统细菌学手册》(*Bergey's Manual of Systematic Bacteriology*) 第 2 卷 (2005) 的 B 部分中，气单胞菌属由原来的弧菌科 (Vibrionaceae Véron 1965) 中划出，归在了由 Colwell 等 (1986) 新建立的气单胞菌科。

在气单胞菌科内，共包括了气单胞菌属、海洋单胞菌属 (*Oceanimonas* Brown，Sutcliffe and Cummings 2001) 两个明确的菌属，以及 1 个位置未定的菌属 (genus incertae sedis)：甲苯单胞菌属 (*Tolumonas* Fischer-Romero，Tindall and Jttner 1996)。

气单胞菌科细菌 DNA 的 G+C mol%为 57 ~ 63(Bd，T_m)；模式属 (type genus)：气单胞菌属。

气单胞菌属内共记载了 14 个明确的种、5 个亚种、2 个生物型，1 个位置未定的种 (species incertae sedis) 和 7 个其他培养物 (other organisms)。

14 个明确的种，依次为：嗜水气单胞菌、异常嗜糖气单胞菌 (*Aeromonas allosaccharophila*)、兽生气单胞菌 (*Aeromonas bestiarum*)、豚鼠气单胞菌、鳗鱼气单胞菌 (*Aeromonas encheleia*)、嗜矿泉气单胞菌 (*Aeromonas eucrenophila*)、简氏气单胞菌 (*Aeromonas jandaei*)、中间气单胞菌 (*Aeromonas media*)、波氏气单胞菌 (*Aeromonas popoffii*)、杀鲑气单

胞菌、舒氏气单胞菌、温和气单胞菌、脆弱气单胞菌 (Aeromonas trota)、维氏气单胞菌。

杀鲑气单胞菌含 5 个亚种，依次为：杀鲑气单胞菌杀鲑亚种 (Aeromonas salmonicida subsp. salmonicida)、杀鲑气单胞菌无色亚种 (Aeromonas salmonicida subsp. achromogenes)、杀鲑气单胞菌杀日本鲑亚种 (Aeromonas salmonicida subsp. masoucida)、杀鲑气单胞菌溶果胶亚种 (Aeromonas salmonicida subsp. pectinolytica)、杀鲑气单胞菌史氏亚种 (Aeromonas salmonicida subsp. smithia)。

维氏气单胞菌含 2 个生物型，依次为：维氏气单胞菌维氏生物型 (Aeromonas veronii biovar veronii)、维氏气单胞菌温和生物型 (Aeromonas veronii biovar sobria)[9]。

近年来，也陆续有气单胞菌一些新种 (sp. nov.)、新亚种 (subsp. nov.) 的报告，如库蚊气单胞菌 (Aeromonas culicicola Pidiyar，Kaznowski，Narayan et al 2002)[10]，嗜水气单胞菌达卡亚种 (Aeromonas hydrophila subsp. dhakensis Huys，Kämpfer，Albert et al 2002)[11]，嗜水气单胞菌蛙亚种 (Aeromonas hydrophila subsp. ranae Huys，Pearson，Kämpfer et al 2003)[12]，小鱼气单胞菌 (Aeromonas ichthiosmia Schubert Hegazi Wahlig 1990)[13]。其中的库蚊气单胞菌、小鱼气单胞菌，在后来被认为是维氏气单胞菌的同义词。

需要注意的是，在第九版《伯杰氏鉴定细菌学手册》(Bergey's Manual of Determinative Bacteriology)(1994) 中，将嗜温有动力气单胞菌分为：嗜水气单胞菌群 (Aeromonas hydrophila group)，含嗜水气单胞菌、杀鲑气单胞菌动力生物群 (Aeromonas salmonicida motile biogroup)；温和气单胞菌群 (Aeromonas sobria group)，含温和气单胞菌、维氏气单胞菌；豚鼠气单胞菌群 (Aeromonas caviae group)，含豚鼠气单胞菌、嗜矿泉气单胞菌、中间气单胞菌；还有舒氏气单胞菌。同时记述气单胞菌属的一些新种，有时很难与熟知的豚鼠气单胞菌、嗜水气单胞菌、温和气单胞菌相鉴别，基于此原因今后在报告临床分离菌株时，将其归属于嗜水气单胞菌群、温和气单胞菌群、豚鼠气单胞菌群或舒氏气单胞菌的成员[14]。此类划分方法，于现在的一些资料中还仍有使用。

2　嗜水气单胞菌 (Aeromonas hydrophila)

嗜水气单胞菌 [Aeromonas hydrophila(Chester 1901)Stanier 1943] 也称亲水气单胞菌，也常是记作嗜水气单胞菌嗜水亚种 (Aeromonas hydrophila subsp. hydrophila)，在早期被分类于芽孢杆菌属 (Bacillus Cohn 1872)，名为嗜水杆菌 (Bacillus hydrophilus Chester 1901；注："Bacillus" 在 1937 年以前被称为杆菌属)。菌种名称 "hydrophila" 为现代拉丁语形容词，指喜好水的 (water-loving)。

细菌 DNA 的 G+C mol% 为 58 ~ 62(Bd，T_m)；模式株 (type strain)：ATCC 7966，DSM 30187。GenBank 登录号 (16S rRNA)：X60404(16S rDNA)[9]。

2.1　发现历史简介

早期对人发生嗜水气单胞菌感染病的明确报告，均主要是引起腹泻；在动物，主要是发生在鱼类及其他一些冷血动物的感染病。这些，一直到现在也还仍然是主要的感染类型。

但在近些年来，已多有在人发生不同类型感染的报告；在动物，也已知能引起一些养殖畜（禽）及野生动物发生多种类型的感染发病。

2.1.1 国外简况

嗜水气单胞菌最早由 Sanarelli 在 1891 年从受感染的青蛙中分离到，并确认此菌能使青蛙发生红腿病 (red leg disease)；当时称其为褐色嗜水杆菌 (*Bacillus hydrophilus fuscus* Sanarelli 1891)，此命名曾于 1901 年被 Chester 修正为嗜水杆菌 (*Bacillus hydrophilus* Chester 1901)。另外，Ernst 曾于 1890 年检出并描述了青蛙红腿病的病原菌，定名为杀蛙杆菌 (*Bacillus ranicida*)，此菌因能产生绿色色素被认为可能更像是假单胞菌属 (*Pseudomonas* Migula 1894) 细菌，而不是气单胞菌。在当时，Sanarelli(1891) 根据自己所分离到的菌株与 Ernst(1890) 记述的菌株都能使青蛙发生同样感染病这一重要方面，深信两者是完全相同的；但 Sanarelli 不喜欢使用"*Bacillus ranicida*"这一菌种名称（种名"ranicida"为杀死青蛙之意），主要原因是 Ernst(1890) 的菌株虽能引起青蛙发病但对温血动物无感染力、而 Sanarelli(1891) 的菌株对冷血动物及温血动物均有致病力，所以认为使用"ranicida"这一名称不妥。此后对两个菌株性状的比较发现存在不小的差异，主要是 Ernst(1890) 的菌株在 36℃以上及 8.5℃以下不能生长、能液化明胶、产生绿色色素，认为可能属于假单胞菌属的细菌；Sanarelli(1891) 的菌株液化明胶、产生气体、在 36℃也能良好生长、不产生色素，认为是属于气单胞菌属细菌的种，实际上即现在的嗜水气单胞菌。因此，多数细菌分类学家认为 Sanarelli(1891) 的报告，是对气单胞菌属细菌第一次有效的描述。

Sanarelli(1891) 的菌株在此后一个时期内一直处于混乱的分类状态，曾先后被划分到许多不同的菌属中，包括：气杆菌属 (*Aerobacter* Beijerinck 1900)、变形菌属 (*Proteus* Hauser 1885)、假单胞菌属、埃希氏菌属 (*Escherichia* Castellani and Chalmers 1919)、无色杆菌属 (*Achromobacter* Bergey et al 1923)、黄杆菌属 (*Flavobacterium* Bergey et al 1923 emend. Bernardet et al 1996)、弧菌属 (*Vibrio* Pacini 1854) 等。在 1936 年 Kluyver 和 van Niel 提议建立气单胞菌属 (*Aeromonas* Kluyver and van Niel 1936)，又于 1943 年由 Stanier 正式提出并得到认定，并被 1957 年出版的第七版《伯杰氏鉴定细菌学手册》所采纳。此菌还曾有过其他一些同义名，如液化气杆菌 (*Aerobacter liquefaciens* Beijerinck 1900) 并长时间混同一起、嗜水变形菌 [*Proteus hydrophilus*(Chester 1901)Bergey et al 1923]、嗜水假单胞菌 [*Pseudomonas hydrophila*(Chester 1901)Breed et al 1948]、归于杆菌属 (*Bacterium* Ehrenberg 1828) 的嗜水杆菌 [*Bacterium hydrophilum*(Chester 1901)Weldin and Levine 1923] 等。

相关信息显示，人源嗜水气单胞菌是由 Miles 等于 1937 年从一名结肠炎患者的大便标本中首先分离获得的，并将其归在了变形菌属、取名为"*Proteus melanogens*"（产黑变形菌），但在当时被认为是无临床意义的。确认气单胞菌在人的感染发病，早期的记载是 Kjems(1955) 报告分离于人血液的 2 株菌；相继，Caselitz 和 Cunther(1960) 研究了多个来自于人的菌株，引起人的腹泻也是从 Caselitz 和 Cunther 的报告正式开始的。自 1961 年以来，由嗜水气单胞菌引起的急性胃肠炎在美国、印度、捷克、丹麦、法国、北美、澳大利亚、泰国、埃塞俄比亚等许多国家和地区的散发性病例中发现；迄今，各种类型的感染几乎在世界各国均有不同程度发生的报告。1970 年，嗜水气单胞菌被正式明确为人的肠道病原菌[2, 15]。

2.1.2　国内简况

在我国对嗜水气单胞菌的早期研究，当是从草鱼的肠炎病开始的。1954 年，中国科学院水生生物研究所在浙江省菱湖鱼病工作站的王德铭等开始进行草鱼、青鱼肠炎致病菌的分离，到 1958 年确证了相应病原菌并定为斑点气单胞菌 (*Aeromonas punctata*)；现此菌名已不再使用，认为在很大程度上与嗜水气单胞菌是客观同物异名 (synonym)[16]。但也有记述，斑点气单胞菌是现在豚鼠气单胞菌的同型异名 (homotypic synonym)[17]。正式以嗜水气单胞菌记述从发病鱼体的检出，相关文献显示是由北京市水产试验站于 1976 年首先报告的，在"鲢、鳙鱼打印病致病菌的分离及其防治方法的初步试验"文中①，报告于 1975 年 5 月初在试验站的成鱼试验池中发现鲢、鳙鱼发生打印病，从病变材料分离到嗜水气单胞菌并试验明确了相应的病原学意义，文中记作嗜水气单胞菌嗜水亚种。在鱼类的嗜水气单胞菌感染，自 1989 年以来在全国多个省 (地) 均有暴发流行的报告，且涉及几乎所有的淡水鱼种。

至于人的嗜水气单胞菌感染，中国人民解放军第二一一医院的戴寄帆 (1981) 报告从 1976 年 2 月 21 日入院的胆囊炎合并胆石症患者胆汁中，分离到嗜水气单胞菌 (文中记作嗜水气单胞菌嗜水亚种)，这当是最早的报告[18]；原上海第一医学院华山医院的郑德联等 (1984) 报告于 1983 年 3 月至 1984 年 2 月，对来院就诊的急性腹泻患者 800 例进行了病原检验，从 26 例检出了嗜水气单胞菌 (检出率 3.25%)，并通过小鼠肠襻结扎试验表明大部分菌株能产生肠毒素 (enterotoxin)，这当是嗜水气单胞菌作为肠道病原菌首次检出的报告[19]。

作为食物中毒病原菌的检出，北京市东城区卫生防疫站的许亚琴等 (1986) 报告的 1 起是最早的。报告在 1984 年 4 月，北京市某厂食堂于 10 日晚餐及 11 日午、晚餐供应自制猪头肉，在食用的 77 人中有 48 人发病 (罹患率 62.34%)；调查 43 例的潜伏期 7 ~ 20h，多数 (36 人) 为 8 ~ 18h(构成比 83.72%)；临床表现腹泻 (水样便) 的 42 人 (构成比 87.5%)、腹痛的 41 人 (构成比 85.42%)、上腹部不适的 19 人 (构成比 39.58%)、恶心的 8 人 (构成比 16.67%)、呕吐的 3 人 (构成比 6.25%)，无发热患者，经治疗 1 ~ 3 天康复。检验证实是由嗜水气单胞菌引起的，相关中毒食物为自制猪头肉，并认为在国内这是首次报告由嗜水气单胞菌引起的食物中毒事件[20]。近些年来，已陆续有在全国多个省 (地) 发生由嗜水气单胞菌引起食物中毒事件发生的报告[4]。

2.2　生物学性状

对气单胞菌的主要生物学性状研究，在嗜水气单胞菌的相对较多。本书作者陈翠珍等在近年来，也对鱼源病原嗜水气单胞菌的主要生物学性状进行了研究[5]。现结合有关的一些研究资料及实用性，综合做如下简要记述。

2.2.1　形态与培养特征

嗜水气单胞菌在形态与培养特征方面，除了具备气单胞菌属其他细菌表现相同或相似

---

① 源于北京市水产试验站：全国鱼病防治技术经验交流会资料汇编，1976，93 ~ 97。

的共同基本特征以外，还具有其比较独特的一些性状，并在对此菌鉴定中具有一定的实践应用价值。

2.2.1.1 形态特征

嗜水气单胞菌为无芽孢、不产生荚膜、散在或成双排列、端生单鞭毛或幼龄的固体培养物可形成周鞭毛的革兰氏阴性短杆菌，通常大小多为 (0.3 ～ 0.6)μm ×(1.0 ～ 2.0)μm(图 29-1)。做磷钨酸负染色经置透射电子显微镜 (transmission electron microscope，TEM) 检查，菌体杆状、菌体表面不平整但较光滑、端生单鞭毛或有的菌株有侧生、有的菌株有菌毛 (fimbria)(图 29-2，原 ×8000；图 29-3，原 ×10 000)；做扫描电子显微镜 (scanning electron microscope，SEM) 喷镀标本观察，形态特征同在透射电子显微镜下的，但不易见到鞭毛 (图 29-4，原 ×20 000)。

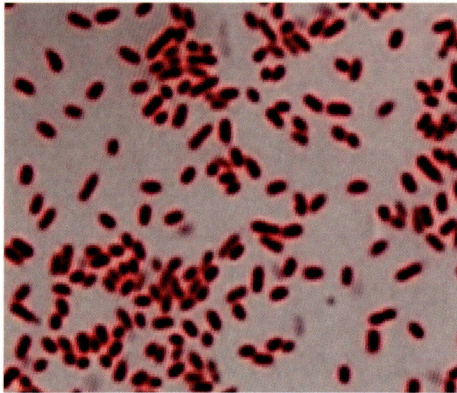

图 29-1　嗜水气单胞菌基本形态

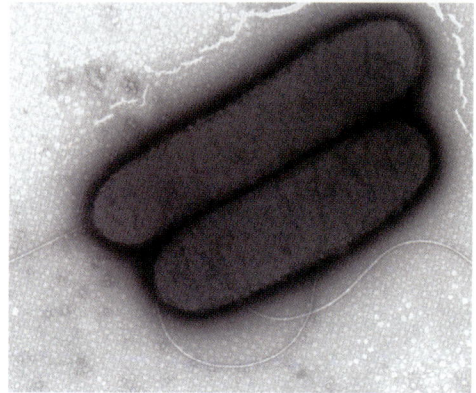

图 29-2　嗜水气单胞菌及鞭毛

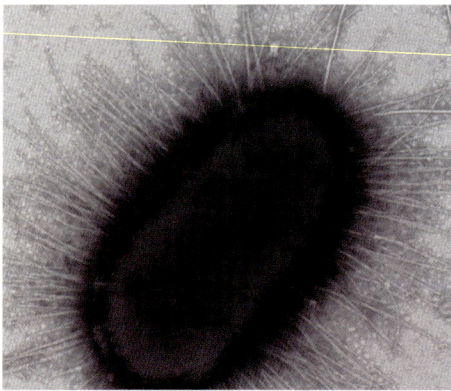

图 29-3　嗜水气单胞菌及菌毛

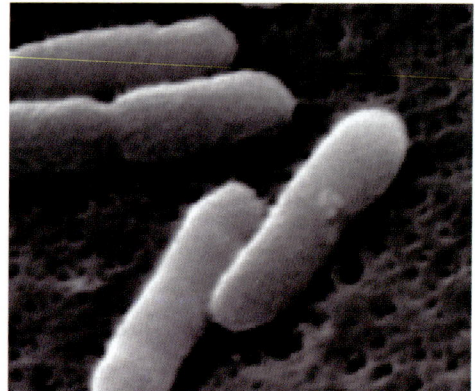

图 29-4　嗜水气单胞菌形态 (SEM)

2.2.1.2 培养特征

嗜水气单胞菌为兼性厌氧、化能有机营养菌，呈呼吸和发酵两种代谢类型。生长的最低温度为 0 ～ 5℃、最高为 38 ～ 41℃、最适为 25 ～ 35℃，在 45℃ 一般存活不超过 48h；生长的 pH 范围在 6 ～ 11，最适 pH 为 7.2 ～ 7.4；生长所需 NaCl 浓度范围为 0 ～ 4%，以 0.5% 为宜。对弧菌抑制剂 O/129 有抗性。

嗜水气单胞菌在多种常用培养基上均能良好生长，将嗜水气单胞菌接种于普通营养琼脂 (nutrient agar，NA) 培养基、血液营养琼脂 (blood nutrient agar，BNA) 培养基等，28℃培养 24h 可形成良好发育的典型菌落。在胰蛋白胨大豆胨琼脂 (tryptone soytone agar，TSA) 培养基中加 5% 绵羊血液，β- 溶血。

(1) 普通营养琼脂培养基：在普通营养琼脂培养基上，嗜水气单胞菌形成圆形光滑、边缘整齐、较隆起、不透明、灰白色的菌落，24h 直径多在 1.2mm 左右、48h 多在 2.0mm 左右，生长丰盛 (图 29-5)。

(2) 血液营养琼脂培养基：在含有 7% 家兔脱纤血的血液营养琼脂培养基上，嗜水气单胞菌 β- 溶血，生长情况及菌落特征等与在普通营养琼脂上的相一致 (图 29-6)。

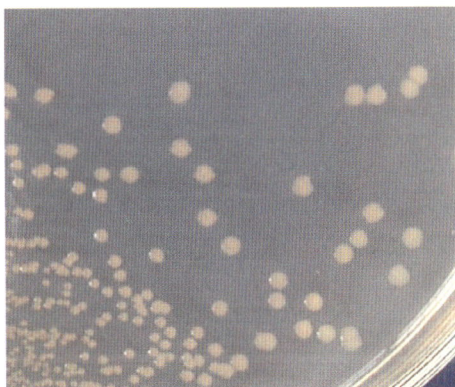

图 29-5 嗜水气单胞菌菌落 (NA)

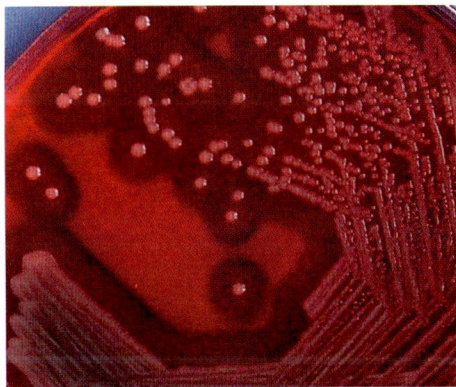

图 29-6 嗜水气单胞菌菌落 (BNA)

(3) 木糖赖氨酸去氧胆酸盐琼脂培养基：在木糖赖氨酸去氧胆酸盐琼脂 (xylose lysine deoxycholate agar，XLD) 培养基上，嗜水气单胞菌形成圆形光滑、边缘整齐、较扁平、脐状的黄色菌落，培养 24h 的直径多在 1.0mm 左右，48h 检查呈同心圆状、直径多为 1.5 ~ 2.0mm，菌落下陷，刮下菌落 (苔) 呈黏性不易涂开并留下菌落痕迹，生长中度 (图 29-7)。

(4) 沙门氏菌 - 志贺氏菌琼脂培养基：在沙门氏菌 - 志贺氏菌琼脂 (Salmonella-Shigella agar，SS) 培养基上，嗜水气单胞菌形成圆形光滑、边缘整齐、

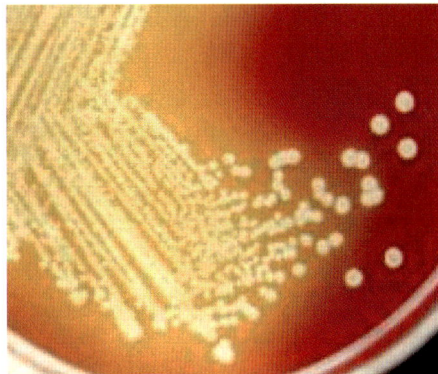

图 29-7 嗜水气单胞菌菌落 (XLD)

稍隆起的菌落，培养 24h 的直径多在 1.2mm 左右 (无色)，培养 48h 呈红色的菌落 (大红心)、直径多在 2.2mm 左右，生长较丰盛。

(5) 疖疮病琼脂培养基：在疖疮病琼脂 (furunculosis agar，FA) 培养基上，嗜水气单胞菌形成圆形光滑、边缘整齐、不透明、稍隆起的灰白色菌落，培养 24h 的直径多在 1.8mm 左右、48h 多为 2.0 ~ 2.5mm(较扁平)，生长丰盛。

(6) 胰蛋白胨大豆胨琼脂培养基：在胰蛋白胨大豆胨琼脂培养基上，嗜水气单胞菌形成同在疖疮病琼脂培养基上的菌落，培养 24h 的直径多在 1.5mm 左右、48h 多在 2.0mm 左右，生长丰盛。

(7) 麦康凯琼脂培养基：在麦康凯琼脂 (MacConkey agar) 培养基上，嗜水气单胞菌形成圆形光滑、边缘整齐、稍隆起的菌落，培养 24h 直径多在 1.2mm 左右 (无色)、48h 多在 2.2mm 左右 (红色)，菌落 (苔) 易刮下但呈发黏的胶块状 (不易涂开)，生长较丰盛。

(8) RS 培养基：在 RS 培养基 (Rimler-Shotts medium) 上，嗜水气单胞菌形成圆形光滑、边缘整齐、稍隆起、黄色的菌落，培养 24h 直径多在 0.8mm 左右、48h 多在 1.0mm 左右，生长接近中度。

(9) 普通营养肉汤培养基：在普通营养肉汤培养基中，28℃培养 24h，嗜水气单胞菌呈均匀混浊生长，有圆点状菌体沉淀于管底 (摇动后呈线状上升易消散)，一般均能形成轻度菌环 (摇动后易消散)。

2.2.2 生化特性

嗜水气单胞菌及其与其他气单胞菌具有相鉴别意义的一些生化特性，主要表现为：氧化酶、接触酶、DNA 酶、精氨酸双水解酶、精氨酸脱羧酶阳性，有吡嗪酰胺酶 (pyrazinamidase) 活性，鸟氨酸脱羧酶、苯丙氨酸脱氨酶、尿素酶阴性；在无盐胨水中能生长，液化明胶，产生吲哚，还原硝酸盐，利用柠檬酸盐 (Simmons)，不能利用丙二酸盐、黏液酸盐、D- 酒石酸盐；甲基红试验 (methyl red test，MR)、伏 - 波试验 (Voges-Proskauer test,V-P) 阳性，水解七叶苷、吐温 80、半固体动力、H_2S 的产生 (使用 GCF 培养基)、邻硝基苯 -β-D- 半乳糖苷 (O-nitrophenyl-β-D-galactopyranoside，ONPG) 等试验阳性；分解葡萄糖产酸、产气，分解半乳糖、麦芽糖、蕈糖、蔗糖、纤维二糖、淀粉、甘露醇；不分解乳糖 (有的菌株分解)、肌醇、鼠李糖、木糖、甜醇、赤藓醇、侧金盏花醇、棉子糖、甘油、山梨醇[9, 14]。

在实践中还常是将气单胞菌划分为不同的杂交群 (hybridization group，HG)，嗜水气单胞菌为 17 个杂交群的 HG1。主要特征列于表 29-1[9]。

表 29-1　嗜水气单胞菌 (HG1) 的主要生化特性

项目	HG1		HG2		HG3	
	25℃	35℃	25℃	35℃	25℃	35℃
产酸：D- 鼠李糖	−	−	+	+	−	−
D- 山梨醇	−	−	−	−	+	+
乳糖	−	d	−	d	d	+
利用：DL- 乳酸盐	d	+	−	−	−	−
尿刊酸 (urocanic acid)	−	−	+	+	+	+
弹性酶 (elastase)	+	d	+	−	+	d
葡糖酸盐氧化 (gluconate oxidation)	nd	d	−	−	nd	−
赖氨酸脱羧	+	+	+	−	+	d
最高生长温度	41℃		38 ~ 39℃		38 ~ 39℃	

注：表中符号的 + 表示 75% 以上的菌株阳性、− 表示 25% 以下的菌株阳性、d 表示 26% ~ 74% 的菌株阳性、nd(not determined) 表示不定；HG1 为嗜水气单胞菌；HG2 为兽生气单胞菌；HG3 为有动力、不产生色素、吲哚阳性、在 35℃培养的嗜温杀鲑气单胞菌亚种 (motile，mesophilic Aeromonas salmonicida subspecies)。

为简便区分气单胞菌属与在理化特性方面相近的邻单胞菌属 (*Plesiomonas* Habs and Schubert 1962)、弧菌属细菌, 现将其主要鉴别特性列于表 29-2[9]。

表 29-2　气单胞菌属与邻单胞菌属及弧菌属细菌间鉴别特征

项目	气单胞菌属	邻单胞菌属	弧菌属
O/129 试验 (150μg)	R	S	S
拉丝试验	−	−	+
在含有 6.5%NaCl 中生长	−	−	(+)
鸟氨酸脱羧酶	(−)	+	+
发酵: *i*- 肌醇	−	+	(−)
D- 甘露醇	(+)	−	+
蔗糖	(+)	−	(+)
明胶液化	+	−	+
在 TCBS 培养基生长	(−)	−	(+)

注: 表中符号的 + 表示多数的种为阳性, − 表示多数的种为阴性, (+) 表示几乎所有的种均为阳性, 但也有的种阴性, (−) 表示几乎所有的种均为阴性, 但也有的种阳性, R 表示抗性 (resistant), S 表示敏感 (susceptible), 拉丝试验 (string testd) 使用 0.5% 去氧胆酸钠 (sodium desoxycholate) 溶液, 弧菌属细菌对弧菌抑制剂 O/129 普遍敏感, 但 Ramamurthy 等 (1992) 报告源于印度及孟加拉国的霍乱弧菌 (*Vibrio cholerae*) 存在抗性的菌株, TCBS 为硫代硫酸钠柠檬酸钠胆酸钠蔗糖琼脂 (thiosulfate citrate bile salt sucrose agar, TCBS)。

需要注意的是, 嗜水气单胞菌在一定的条件下会出现某项特性变异的菌株, 如 Overman 等 (1979) 曾报告了氧化酶阴性的变异菌株, 这在气单胞菌还是罕见的。

2.2.3　抗原结构与免疫学特性

对气单胞菌的抗原性、血清分型、免疫学特性等, 一直是相应科技工作者所关注的研究内容, 因其直接关系到对气单胞菌的免疫血清学检定、致病作用特征、区域分布与血清流行病学、免疫预防保护等实践问题, 其中以对嗜水气单胞菌的研究较多。

2.2.3.1　抗原与血清型

气单胞菌具有耐热的菌体 (ohne hauch, O) 抗原、不耐热的表面 (kapsel, K) 抗原及鞭毛 (hauch, H) 抗原, 其中研究较多的是菌体抗原。在对嗜水气单胞菌的抗原表型研究中, 最早是 Ewing 等 (1961) 曾根据此菌的菌体和鞭毛抗原研究出了一个由 12 种菌体抗原和 9 种鞭毛抗原组成的抗原表型, 遗憾的是这些菌株现已告遗失, 致使该表型无法再被利用。Sakazaki 等 (1984) 曾以 227 株嗜水气单胞菌和温和气单胞菌及 80 株豚鼠气单胞菌共 307 株作为供试菌株, 采用经 100℃ 加热处理的死菌制备成相应的抗菌体血清, 建立了一个由 44 种菌体抗原血清群 (分别以阿拉伯数字表示) 组成的抗原表型; 研究表明该抗原表型, 存在以下三个方面的具体情况: ①主要的交叉抗原关系分别存在于 O1、O8、O10、O18 抗血清与 O13、O14、O15、O34 抗原之间, 以 a、b-a、c 型抗原因子 (分别以小写

英文字母表示) 出现；②发现与某些具有近缘关系细菌的某些菌体抗原之间存在相同或密切的抗原关系，如霍乱弧菌、河流弧菌 (*Vibrio fluvialis*)、类志贺氏邻单胞菌 (*Plesiomonas shigelloioles*) 等 (表 29-3)；③该菌体抗原表型能将嗜水气单胞菌、温和气单胞菌、豚鼠气单胞菌 3 个种的菌株均包括在内，可供目前对此 3 种气单胞菌感染材料及环境标本分离株的流行病学、生态学等初步的分型研究使用 [2, 15]。

表 29-3　气单胞菌与某些近缘菌间 O 抗原关系表

气单胞菌 O 抗原	近缘菌 O 抗原	气单胞菌 O 抗原	近缘菌 O 抗原
3	－霍乱弧菌 51	19	＝类志贺氏邻单胞菌 15
4	－霍乱弧菌 59	23	＝霍乱弧菌 39
11	－霍乱弧菌 19		＝河流弧菌 5
13	＝类志贺氏邻单胞菌 5	28	－类志贺氏邻单胞菌 22
17*	－霍乱弧菌 2*	29	－类志贺氏邻单胞菌 14
	－霍乱弧菌 9*	38	－霍乱弧菌 62

注：表中的－表示 a、b-a、c 型关系，＝表示关系相同；上角标的 * 表示 a、b、c，a、b、d，a、e 型关系。

近些年来，又先后有日本、荷兰、英国等学者对具有动力的运动性气单胞菌进行抗原比较研究，已发现了 100 种以上的菌体抗原血清群 (serogroup)，这些菌株大多是来自人的临床标本材料。

在嗜水气单胞菌的血清型 (serovar) 与致病性之间的相关性方面，Mittal 等 (1980) 报告所检测的致病菌株均具有一种共同的菌体抗原，而在非致病菌株则具有其他不同的菌体抗原；Laller 等 (1984) 曾报告鱼源嗜水气单胞菌的致病菌株与无毒力菌株两者间，存在菌毛抗原性的差异；Popoff 等 (1984) 比较了嗜水气单胞菌的鱼源致病株与人源致病株，发现两者的抗原性非常相似。本书作者陈翠珍等 (2001) 对鱼源 29 株嗜水气单胞菌的菌体抗原进行了检定，方法是取其中 1 株代表菌制备成热处理 (100℃水浴 2.5h) 菌体抗原，免疫接种家兔制备相应抗血清后分别与 29 株嗜水气单胞菌菌体抗原做试管凝集试验检定其菌体抗原血清群，结果与制备抗血清用的菌株为同菌体抗原群的 21 株 [凝集价 1 ∶ (512 ～ 1024)、同菌体抗原群率 72.4%]，余 8 株与制备抗血清用的菌株为不同菌体抗原群的 [交互凝集价为 1 ∶ (64 ～ 256)]，这一结果也初步显示了病原嗜水气单胞菌的菌体血清群与在鱼的相应感染发病间存在一定的相关性 [5]。

总体来看，目前对嗜水气单胞菌的抗原、血清学分型及与其致病相关性等尚有待进一步研究明确和完善。已有的研究工作，已初步构成了这些方面深入研究与系统化、规范化等的相应基础。

2.2.3.2　免疫学特性

嗜水气单胞菌的抗原具有较好的抗原性，已有的资料显示人在感染了嗜水气单胞菌后，在恢复期的体液抗体滴度有明显上升，但其对再感染的免疫保护作用尚不明了，常可作为诊断嗜水气单胞菌感染的依据，尤其是在食物中毒病例。例如，在前面有记述的北京市东城区卫生防疫站许亚琴等 (1986) 报告发生在 1984 年 4 月的 1 起病例，取 2 例患者急性期 (发病当天) 与恢复期 (发病 26 天) 血清，用分离的菌株作抗原进行凝集试验，结果为急性期及健康对照的血清抗体效价均低于 1 ∶ 20，恢复期的为 1 ∶ 320[20]。

使用嗜水气单胞菌的全菌灭活制剂，可诱导鱼体产生较好的免疫反应，主要是体液免疫应答，并具有一定的免疫保护作用，保护效果与抗体水平有一定的相关性[5]。另外，河北师范大学的张翠娟等 (2009) 报告以嗜水气单胞菌河北分离株基因组为模板，经 PCR 扩增得到溶血素基因 (*hly*)，转化大肠杆菌后得到重组菌株，能表达 1 条 56kDa 的特异蛋白条带，经与抗体反应及免疫小鼠和免疫保护试验，表明具有较好的抗原性[21]。

2.2.4　毒力基因型

目前对气单胞菌的毒力因子与毒力基因研究报告较多，但主要还是在黏附素 (adhesin)、气溶素 (aerolysin)、溶血素 (haemolysin)、细胞紧张 (兴奋) 性肠毒素 (cytotonic enterotoxin) 等方面。已知这些毒力基因并非在所有菌株中携带，也因此决定了菌株间不同的毒力基因型与致病性强度。

安徽农业大学的方兵等 (2005) 报告采用多重 PCR 方法，对从水生动物分离的 15 株 (致病的 13 株、非致病的 2 株) 气单胞菌 (其中嗜水气单胞菌 6 株、温和气单胞菌 6 株、豚鼠气单胞菌 1 株、未鉴定到种的 2 株) 进行了毒力基因检测，结果为细胞紧张 (兴奋) 性肠毒素基因 (*alt*) 携带率 100%、黏附素基因 (*aha1*) 为 84.62%、气溶素基因 (*aerA*) 为 76.92%；13 个致病菌株中 10 株的毒力基因型为 *alt*$^+$*aha1*$^+$*aerA*$^+$，2 株为 *alt*$^+$*aha1*$^-$*aerA*$^-$，1 株为 *alt*$^+$*aha1*$^+$*aerA*$^-$。主要毒力基因型为 *alt*$^+$*aha1*$^+$*aerA*$^+$ 的高毒力表型，*alt* 毒力基因普遍存在于不同表型种的气单胞菌中[22]。

中国科学院水生生物研究所的朱大玲等 (2006) 报告采用 PCR 方法对 9 株鱼源嗜水气单胞菌，检测了 *aerA*、溶血素基因 (*hlyA*) 和丝氨酸蛋白酶基因 (*ahpA*)，结果为在 6 株中存在 *aerA*、8 株中存在 *hlyA*、7 株中存在 *ahpA*。通过比较基因检测的结果与菌株对鲫鱼的致病性，发现 *ahpA* 阴性菌株是无毒株，*ahpA* 阳性菌株均为毒力毒株；强毒菌株均为 *aerA*$^+$*hlyA*$^+$*ahpA*$^+$ 基因型，也是致病性嗜水气单胞菌主要的基因型；在 *aerA* 与 *ahpA* 间存在相关性[23]。

目前研究者已至少克隆了嗜水气单胞菌的 6 种溶血毒素基因，分别为 Howard 等 (1986 和 1987) 从嗜水气单胞菌 (Ah65 菌株) 得到的 *aerA* 基因、Aoki 和 Hirano(1991) 从嗜水气单胞菌模式株 (ATCC 7966) 得到的 *ahh1* 和 *ahh2* 基因、Hirano 等 (1992) 从嗜水气单胞菌 (28SA 菌株) 得到的 *ahh3* 和 *ahh4* 以及从 Ah-1 菌株得到的 *ahh5* 基因。已有的一些研究结果表明，*ahh3*、*ahh4*、*ahh5* 和 *aerA* 都属于气单胞菌的气溶素基因家族成员，该基因家族广泛分布于气单胞菌。

2.2.5　生境与抗性

嗜水气单胞菌可分离于海水、淡水环境，患病鱼类、变温水生动物 (poikilothermic aquatic animals) 如蛙的红腿病，温血动物 (warm-blooded animals)；与人的腹泻，肠道外感染等有关[9]。

2.2.5.1 生境

嗜水气单胞菌广泛分布于淡水环境，包括池、塘、溪、涧、江、河、湖泊和临海河口，在水中的沉积物、污水及土壤中也均有存在。此菌宿主范围也十分广泛，常可从鱼类（鲫、鳊、鲮、鲤、鲢、鳙、草鱼、青鱼、香鱼、团头鲂、狼鲈、虹鳟、尼罗罗非鱼、斑点叉尾鮰、黄鳝、麦穗鱼、黄尾鮰、鲇等）和节肢动物的中华绒螯蟹及对虾、两栖动物的蛙、爬行动物的鳄鱼及鳖、软体动物的蜗牛等检出；在陆生动物，已有从貂、兔、貉、猪、牛及鸟类等检出此菌的报告；在人体内也可分离到。

杭州市卫生防疫站的许新强等（1989）报告在1987年4月曾对嗜水气单胞菌的生态进行调查，检测81名腹泻患儿粪便，检出嗜水气单胞菌3株（阳性率3.7%）；检测各种观赏动物粪便133份，阳性的23份（阳性率17.3%），在被检的38种动物中有14种带菌（其中禽和鸟类10种，哺乳类动物4种）；检测10种家禽、家畜及水生动物粪便和肠内容物37份，阳性的21份（阳性率56.8%），在此10种动物中的青蛙、蟾蜍、兔、狗、猪和鸭等6种为阳性[24]。

安徽省马鞍山市疾病预防控制中心的刘燕等（2001）报告，对容易污染气单胞菌的直接入口食品进行了检验，分别为从本市销售市场随机采样的非发酵豆制品40份、冷饮140份、糕点174份、熟肉制品83份、含乳及植物蛋白饮品111份、投诉盒饭1份（共6个种类549份），从每个种类食品中均检出了气单胞菌；共检出气单胞菌99株（总检出率18.2%），其中豚鼠气单胞菌53株（构成比53.5%）、温和气单胞菌28株（构成比28.3%）、嗜水气单胞菌12株（构成比12.1%）、维氏气单胞菌4株（构成比4.0%）、舒氏气单胞菌2株（构成比2.0%），且在1份冷饮和1份熟肉制品中还同时检出了两种不同的气单胞菌。根据检验结果，也认为气单胞菌对本市市民健康存在着一定的潜在危害[25]。

在第4章"肠杆菌属"（*Enterobacter*）中有记述，湖北省随州市中心医院的刘杨等（2013）报告，对该医院重症监护室（intensive care unit，ICU）住院患者使用的留置导尿管（接口处内壁）、氧气湿化瓶（内壁）、冷凝水集水瓶（内壁）、呼吸机螺纹管（接口处内壁）、中心供氧壁管出口、气管插管（内壁）、呼吸机湿化罐（内壁）、留置针连接管三通口、输液泵（接口处内壁）、微量注射泵（接口处内壁）、深静脉置管（接口处内壁）等11种医疗器具，采集使用（48±2）h的样本共300份进行了微生物学检验，结果其中217份阳性（阳性率72.33%）。其中以留置导尿管（接口处内壁）阳性率最高，检验19份中17份阳性（阳性率89.47%%）。在217份阳性样本中，共检出病原菌19种（属）242株，其中革兰氏阴性菌11种184株（构成比76.03）、革兰氏阳性菌6种41株（构成比16.94%）、真菌2个菌属17株（构成比7.02%）。在19种（属）242株病原菌中，包括嗜水气单胞菌3株（构成比1.24%）。报告者认为对患者各种诊疗性侵入性操作的应用（如气管插管、留置导尿、中心静脉置管、引流管留置等），可破坏机体黏膜保护屏障，从而导致患者呼吸系统、泌尿系统、导管相关性血流感染的发生，造成医院感染率升高[26]。

2.2.5.2 抗性

上海水产大学的周剑光等（1999）报告，曾对分离于中华鳖的病原嗜水气单胞菌进行温度敏感性（液体培养物经不同温度水浴处理后再移接培养）试验，结果其试验温度（致死时间）分别为：100℃（14～15s）、80℃（35～38s）、70℃（48～50s）、

60℃ (105 ～ 120s)、50℃ (8 ～ 9min)、45℃ (63 ～ 65min)、42℃ (360 ～ 370min)，这一结果初步表明嗜水气单胞菌对水浴热处理是比较敏感的，并可为用热处理方法对嗜水气单胞菌的灭菌提供参考[27]。

已有的资料显示嗜水气单胞菌对常用抗菌药物的敏感性，常是对氨曲南、奈替米星、头孢呋辛、哌拉西林、头孢噻肟、氧氟沙星、链霉素、妥布霉素、卡那霉素、庆大霉素、阿米卡星、新霉素、四环素、多西环素、头孢曲松、头孢他啶、氯霉素、诺氟沙星、环丙沙星等具有不同程度的敏感性，对青霉素、氨苄西林、羧苄西林、苯唑西林、万古霉素、先锋霉素、头孢拉啶、克林霉素、吡哌酸、奈啶酸等具有不同程度的耐药性。其耐药性的产生，多是由质粒所介导的。

在前面有记述中国人民解放军第三〇二医院的韩玉坤等 (2002) 报告在 1993 年 1 月至 2001 年 7 月间，从该医院发生气单胞菌医院感染败血症 41 例患者中检出气单胞菌 48 株。经药物敏感性测定，对供试的环丙沙星、氧氟沙星、左氧氟沙星、头孢他啶、头孢哌酮、头孢噻肟等常用抗菌类药物均敏感[7]。

在嗜水气单胞菌对抗菌类药物的敏感性及该菌的耐药机制研究方面，国内外科技工作者也已做过不少的研究工作。据 Aoki(1988) 报告存在平均为 20 ～ 30MDa 介导抗性质粒的嗜水气单胞菌在渔场中是普遍存在的 (如养殖鳗鲡的池塘)，这些质粒可以降低一些抗生素的潜在作用。

中国科学院水生生物研究所的李爱华 (1999) 报告，从 1 株鱼源病原嗜水气单胞菌 (CJ26株) 检测到可自身传递的耐药质粒 (记作：pWH101)，该质粒具有对四环素和磺胺药两种抗菌药物的抗性，经质量提取及进行电泳分析，初步表明该耐药质粒的分子质量约为107kb[28]。

中国人民解放军军需大学的卢强等 (2001) 报告，研究了嗜水气单胞菌对喹诺酮类抗菌药物的抗性决定区基因，进行了基因片段的克隆与序列分析，试验中通过对吉林省内 12 个水域样本及病料中分离的嗜水气单胞菌进行药敏测定，在供试 46 株中检出 3 株对环丙沙星、诺氟沙星、氧氟沙星等喹诺酮类药物耐药的嗜水气单胞菌 (诺氟沙星的抑菌圈 ≤ 19mm、最小的为 15mm)，参照国外报告杀鲑气单胞菌 DNA 旋转酶 (DNA gyrase)A 亚单位 (gyrA) 基因序列 (此酶与对喹诺酮类药物的耐药密切相关)，设计了两对引物用于扩增 gyrA 基因的喹诺酮抗性决定区，引物序列分别是 A1 为AGAGTTCCTATCTTGATTACG、A2 为 CTGTGATGTAGGTCATCAACT，在 gyrA 基因中的位置分别为 53 ～ 57 和 620 ～ 640，B1 为 GGACGAGCTCTGCCGGATGTG、B2 为GATGCCATACCTACCGCGATA，在 gyrA 基因中的位置分别为 91 ～ 111 和 519 ～ 539，对嗜水气单胞菌标准菌株和 3 个耐药菌株提取染色体 DNA 进行 PCR 扩增，将扩增产物克隆入 pMD-18T 载体后测序，初步分析发现其 gyrA 基因 83 位氨基酸 (ser) 的突变对其耐药至关重要，与敏感菌相比较 3 个耐药株在此位置氨基酸 (ser) 均发生了突变，有 2 株抑菌圈分别为 22mm 和 23mm 的嗜水气单胞菌经扩增和测序发现其 83 位氨基酸 (ser) 没有突变，说明抑菌圈 ≤ 19mm 可以作为耐药株的判定指标；该实验有关耐药菌的喹诺酮类药物抗性决定区基因片段序列已登录 GenBank 数据库，序列号为 GenBank AYO39655、AY039656[29]。

已有研究初步表明，嗜水气单胞菌所具有的耐药质粒，构成了耐药性产生与传播的一个重要因素；另外，从不同地区、不同水生动物及不同感染病例来源的分离菌间也常存在一定的药敏差异性。因此，若保证有效用药则应对分离菌株进行药敏测定，同时在生产上还应控制药物的过量、频繁及盲目使用，以在一定程度上减小嗜水气单胞菌产生耐药性的频率。

2.3 病原学意义

根据嗜水气单胞菌的致病作用特点，可将其在人及陆生动物的感染大致分为引起胃肠道感染（包括人的食物中毒和急性胃肠炎）、胃肠道外感染及败血症等，其中的胃肠道感染是一种主要表现形式（在人的感染中表现尤为突出）。嗜水气单胞菌也已无可争议地被列入了人畜共患病的病原菌范畴，是一种典型的人-兽-鱼共染的病原菌，且已在预防医学、预防兽医学、鱼类病害学、公共卫生学领域日益被高度关注。

无论是人的还是动物的嗜水气单胞菌感染病，均是呈世界性分布且主要为散发（很少呈现流行性），一般缺乏明显的区域分布特征。在我国，已多有由嗜水气单胞菌引起人及动物（主要是鱼类）多种类型感染的报告。

2.3.1 人的嗜水气单胞菌感染病

尽管嗜水气单胞菌在人的感染类型较多，但最为常见的还主要是急性胃肠炎及食物中毒（含饮用污染水）；嗜水气单胞菌已被公认是肠道致病菌的一个新成员，纳入了腹泻病原菌的常规检测范围，也是食品卫生检验的对象。另外，在一定条件下，能够引起多种组织器官的炎性感染及败血症等，常是表现为散发病例。

2.3.1.1 胃肠道感染病

冷血动物为嗜水气单胞菌的主要宿主，也是人的嗜水气单胞菌感染的主要来源。嗜水气单胞菌污染的水源性传播、污染的食源性传播，是人的嗜水气单胞菌感染的主要传染源和传播途径；在饮用被污染的水或发生食物中毒后，还常可出现胃肠炎的暴发流行。在我国，北京铁路局中心卫生防疫站的仇庆文等（1993）首次报告了由带有嗜水气单胞菌的生活污水污染了饮用水引起的腹泻暴发，在被调查饮用该水源水的 126 人中，发生急性感染性腹泻的有 82 人（发病率为 65%）[30]。此后，也多有该方面的报告。与鱼类密切接触、与不洁水接触或食用海产品尤其是生食牡蛎及蛤、伤口接触被污染的水等则容易发生感染，被鱼咬伤或被鱼骨刺伤则更易被感染。

嗜水气单胞菌的大便标本分离率一般以夏季最高，与水源的分离率常常是平行的。患者及患病动物，也是重要的传染源，可发生相互间的传播；另外，已有感染在家庭内传播的报告。感染缺乏明显的年龄特征，在各年龄组均易发生，但通常是以 5 岁以下和中年成人更为常见，也是小儿腹泻病的常见病原菌；免疫功能低下或原有慢性疾病者，较易被感染且可发生肠道外病变。

由嗜水气单胞菌引起的胃肠道感染病，主要包括急性胃肠炎和食物中毒（含饮用污染水），也是食源性疾病（foodborne diseases）的病原菌，也称食源性病原菌（foodborne pathogen)。

(1) 急性胃肠炎：由嗜水气单胞菌引起的急性胃肠炎，主要与水源性传播有关，病史中也常有与不洁水接触或食用海产品 (尤其是生食牡蛎及蛤) 等。通常潜伏期为 1 ~ 2 天，为自限性疾病。临床症状多数较轻，低热或不发热，腹泻呈水样稀便，有腹痛但无里急后重现象，个别患者呈由霍乱弧菌引起的霍乱 (cholera) 样重度腹泻，有的还常伴有恶心、呕吐，2 岁以下儿童可表现出由志贺氏菌属 (*Shigella* Castellani and Chalmers 1919) 细菌引起的细菌性痢疾 (bacillary dysentery) 样症状，大部分病例经 2 ~ 5 天自愈、重症可持续 1 ~ 2 周。另外，Gracey 等 (1982) 曾根据对 1156 例嗜水气单胞菌胃肠炎儿童患者的临床表现分析，将其分为了三种类型。①轻症型：低热、水泻，在幼儿常有呕吐，症状持续一般不到一周，约占总数的 41%。②痢疾型：表现为痢疾样，且大便带血和 (或) 黏液，约占总数的 22%。③迁延型：持续腹泻在 2 周以上，最长的可在 3 个月以上，约占总数的 37%[1, 2, 31]。

在我国，因嗜水气单胞菌污染水源引起胃肠炎的报告也较多见。由河北省秦皇岛市卫生防疫站的叶青等 (2000) 报告的 1 起因井水污染嗜水气单胞菌引起的暴发流行，是规模较大和罹患率较高的。报告秦皇岛市抚宁县北台村在 1991 年 6 月中、下旬发生，是于 5 月中、下旬及 6 月上旬出现散发病例，6 月中旬的病例数急剧增加，形成暴发流行，6 月中、下旬为流行高峰。全村共 204 户 780 口人，此次调查 178 户 677 人 (占全村人口的 86.79%)，查出患者 408 例 (罹患率 60.27%)，无死亡病例；7 月 4 日采取措施后，疫情得到控制 [32]。

(2) 食物中毒：在我国，由嗜水气单胞菌引起的食物中毒事件缺乏明显的区域特征；引起中毒的食物，主要包括水产品 (虾、牡蛎、海蜇、鱼等) 及肉类等蛋白含量高的食品，但也缺乏明显的食品类型特征。

综合分析嗜水气单胞菌引起食物中毒的传播途径，主要有以下几种形式：①嗜水气单胞菌及其毒素直接污染食物引起；②由于食品加工、运输、储存不规范引起的交叉污染导致引起；③烹调加热不充分时仅部分嗜水气单胞菌被杀死或部分毒素被灭活，残存的仍可致病；④烹调过的食物盛放于被污染的容器内或使用被污染的厨具再加工其他食品时，亦可引起感染；⑤饮用被嗜水气单胞菌污染的自制纯净水，或用带菌自来水清洗蔬菜、厨具和餐具等 [4]。

2.3.1.2　胃肠道外感染病

在嗜水气单胞菌引起的胃肠道外感染病，外伤感染的出现频率仅次于胃肠炎，几乎均发生于在近期接触过水的伤口 (如游泳、钓鱼、捕捞、溜冰等)，四肢为常发部位，轻者只发生皮肤感染，重症可发生蜂窝织炎、溃疡甚至坏死，病原菌侵入体内，可造成深部组织感染。

败血症感染常是在患者有严重慢性疾病的情况下，嗜水气单胞菌由伤口或肠道侵入血流所致，还可并发感染性心内膜炎、坏死性肌炎、内眼病变、局灶性化脓感染及多发性脓肿等。

另外的感染类型包括手术后感染、尿路感染、褥疮感染、胆囊炎、腹膜炎、肺炎、扁桃体炎、软组织感染、脑膜炎、坏死性肌炎、骨髓炎、坏死性筋膜炎、中耳炎及眼炎等；这些感染类型可为社会获得性感染，也可为医院内感染，患者多有基础疾病 [1, 2, 31]。

2.3.1.3 医院感染情况

由气单胞菌属细菌引起的医院感染事件，相对来讲是不少见的，其中嗜水气单胞菌引起的为多，且多是发生于存在严重基础疾病的患者。以下记述的一些报告，是具有一定代表性的。

在前面有记述中国人民解放军第九八医院的刘桂玲等(2010)报告，回顾性总结在3年(2005年1月至2007年12月)间，从该医院各科室送检发生医院感染病例1417例(感染例次1596次)不同标本材料中分离的病原菌1186株，其中的嗜水气单胞菌24株(构成比2.40%)，分离部位依次为：皮肤与软组织的16株(构成比66.67%)，手术切口的5株(构成比20.83%)，血液、烧伤创面、穿刺部位的各1株(构成比各4.17%)[6]。

在前面有记述中国人民解放军第三〇二医院的韩玉坤等(2002)报告在1993年1月至2001年7月间，该医院在收住院治疗的肝炎患者中，发生气单胞菌医院感染败血症41例(男性34例、女性7例)。从该医院发生气单胞菌医院感染败血症41例患者中检出气单胞菌48株，其中嗜水气单胞菌24株(构成比50.00%)、温和气单胞菌21株(构成比43.75%)、豚鼠气单胞菌3株(构成比6.25%)，来源为血液材料的41株(构成比85.42%)、腹水材料的5株(构成比10.42%)、胸腔积液和咽拭子材料的各1株(构成比各2.08%)。41例为重型肝炎、肝硬化晚期患者，其中的30例(构成比73.17%)合并有腹水，死亡8例(感染死亡率19.51%)[7]。

在前面有记述北京市丰台医院的吴珺等(2011)报告在2010年8月至10月间，在该医院呼吸科住院患者210例(重症监护病房患者40例)中，从血液细菌培养及临床资料证实11例严重肺部感染患者，发生了嗜水气单胞菌/豚鼠气单胞菌感染菌血症，其中的10例为医院感染；临床表现为发热伴有寒战，还常伴有不同程度的腹泻等症状。对此10例进行的痰液细菌检验，除1例阴性外，在其余患者还检出了铜绿假单胞菌、肺炎克雷伯氏菌、鲍氏不动杆菌等病原菌。此10例中的7例发生在呼吸监护病房、另3例发生在普通病房，属于同一个治疗单元[8]。

河南省开封市第二人民医院的卢珊等(2014)报告在2013年6月8日至9日间，该医院肾内科发生了嗜水气单胞菌/豚鼠气单胞菌医院感染3例，3株嗜水气单胞菌/豚鼠气单胞菌分别为1株分离于腹膜透析液、2株分离于血液。此3例患者分别为接受规律腹膜透析治疗、血液透析及血液滤过治疗，均有浅静脉留置针，均伴有不同基础疾病[33]。

2.3.2 动物的嗜水气单胞菌感染病

在动物，嗜水气单胞菌是鱼类最为常见的病原菌之一，可引起鲢鱼、鳙鱼、团头鲂、鳊、鲮鱼、鳗鱼、银鲫、异育银鲫、穗鱼、黄尾密鲴、吻鲴、鲤、金鱼、香鱼、黄鳝、泥鳅、草鱼等多种淡水养殖鱼类发生细菌性败血症或局部感染，也是海水养殖牙鲆、大菱鲆的一种主要病原菌。嗜水气单胞菌感染病在我国养鱼史上几乎可被列为危害鱼的种类最多、危害鱼的年龄范围最大、流行地区最广、危害养鱼水域类别最多、造成的损失最大的一种鱼类细菌性病害；在其他水生动物如虾、鳖、蟹、贝类、宽体金线蛭及两栖动物蛙类等，也均有被感染发病的报告。

另外，嗜水气单胞菌也可引起多种陆生动物(猪、鸡、长颈鹿、水貂、貉、狐、家兔、大熊猫、鸭、企鹅、黑鹳、噪鹛等) 感染发病，常见的感染类型是腹泻，其次是败血症；一般均表现为较高的发病率和死亡率，且常是与其他病原菌混合感染[5]。

2.3.3　毒力因子及致病机制

正是由于嗜水气单胞菌作为病原菌在人及动物 (尤其是鱼类) 感染病中的频繁出现，也使得对其毒力因子及致病机制研究在近年来逐渐增多，并已初步研究证明了一些相关的毒力因子，主要包括外毒素 (exotoxin)、胞外蛋白酶 (extracellular protease，ECPase)、S 层 (S-layer)、黏附素、铁载体及与机体的互作等[2, 31, 34～39]。

2.3.3.1　黏附作用

嗜水气单胞菌对机体组织细胞的黏附作用，主要取决于其菌毛和外膜蛋白 (outer membrane proteins，OMP)。根据嗜水气单胞菌菌毛的形态学差异，可将其分为两类，一类短而硬，与细菌的自凝作用有关，但与血凝作用无关，不是黏附素；另一类则长而软，与细菌的黏附作用及血凝作用有关，是一种黏附素。

在嗜水气单胞菌的外膜蛋白中，分子质量为 40kDa 和 43kDa 的两种外膜蛋白与黏附作用有关，它们能与宿主细胞膜受体中的糖残基发生反应，从而使细菌固着在宿主细胞上；43kDa 的外膜蛋白还能与菌体的脂多糖 (lipopolysaccharide，LPS) 结合在一起，形成外膜蛋白 - 脂多糖复合物，该复合物与细菌的血凝及黏附作用有关。

2.3.3.2　胞外蛋白酶

嗜水气单胞菌可产生多种胞外蛋白酶，其种类和性质随着菌株、培养条件、纯化方法等的不同有所差异。Leung 和 Stevenson(1988) 从 71 株嗜水气单胞菌中检定出至少 4 种胞外蛋白酶，分别属于热稳定金属蛋白酶和热敏感丝氨酸蛋白酶；Chabot 和 Thune(1999) 从 1 株嗜水气单胞菌中提纯了 3 种胞外蛋白酶，分别记作 P1、P2、P3，其中的 P1 是热敏感丝氨酸蛋白酶、P2 是热稳定金属蛋白酶、P3 是中度热稳定蛋白酶。

南京农业大学的李焕荣等 (1996) 研究了从患暴发性传染病的鲫鱼分离的病原嗜水气单胞菌的液体培养物上清液 (culture filtrates，CF) 及粗提胞外蛋白酶，发现上清液中存在至少 5 种相对分子质量不同的胞外蛋白酶；将上清液经硫酸铵沉淀→ DEAE- 纤维素离子交换层析→ Sephadex G200 分子筛层析，获得一种纯化的蛋白酶，样品不经 2- 巯基乙醇处理的分子质量为 54kDa(经 2- 巯基乙醇处理的分子质量为 35kDa 且酶活性丧失)，根据其特性认为此酶属于热稳定金属蛋白酶，并建议命名为胞外蛋白酶 54(ECPase54)，此酶对 Vero 细胞有毒性 (使细胞变圆及不能贴壁生长)，腹腔注射能致死小鼠[40]。

胞外蛋白酶在嗜水气单胞菌致病中的作用还尚未完全明了，但从已有的研究结果可以初步认为其或是能作为直接致病因子或是间接致病因子。总的来讲，嗜水气单胞菌的胞外蛋白酶既能直接攻击宿主细胞，又能作为激活剂使毒素活化；对于酪蛋白及弹性蛋白的降解作用，不仅有利于嗜水气单胞菌突破宿主的防卫屏障在体内广为扩散，还能为细菌提供增殖所需的营养成分以利于在体内的快速繁殖；此外，蛋白酶还具有能灭活宿主血清中补体的作用，这在感染的早期对细菌本身的生存尤为重要。

2.3.3.3　毒素

自 20 世纪 60 年代以来，国内外许多研究者在研究嗜水气单胞菌致病性的过程中，发现此菌液体培养物上清液具有多种生物学活性，并认为这些具有生物活性的物质是此菌产生的外毒素，同时根据相应生物学活性的试验结果将其冠以不同的名称，如 HEC 毒素 (HEC 取自溶血性、肠毒性和细胞毒性的相应英文名称 "hemolytic activity、enterotoxicity and cytotoxicity" 的各第一个字母)、气溶素 (aerolysin)、溶血素 (haemolysin)、细胞毒性肠毒素 (cytotoxic enterotoxin)、细胞紧张 (兴奋) 性肠毒素 (cytotonic enterotoxin) 及细胞溶解性肠毒素 (cytolytic enterotoxin) 等。

近年来的研究初步表明，无论是人、鱼还是环境及其他动物来源的嗜水气单胞菌，其外毒素的提纯品均为单一的多肽分子，具有相同的各种生物活性 (毒性) 和理化性质，其氨基酸组成、含量和序列亦基本相同。已知嗜水气单胞菌外毒素具有细胞毒性、溶血性和肠毒性，对实验动物有致死性，Mr 为 $(50 \sim 52) \times 10^3 Da$，等电点为 5.1 ~ 5.5，不耐热 (56℃ 经 5min 失活)，对胰酶抵抗，与霍乱弧菌抗血清存在交叉反应但毒性不能被中和。

嗜水气单胞菌毒素在菌细胞质内合成，以一种 Mr 较大的前体出现被称为前毒素原，这种前毒素原无活性，当依靠 N- 末端的 "信号肽" 穿过菌细胞内膜进入周质中且其 N- 末端 "信号肽" 被切除后才成为低活性的毒素原，当毒素原在周质中积聚达一定量后则释放到菌细胞外，经宿主肠液内的胰蛋白酶或培养物中的一种热稳定蛋白酶将其 C- 末端的 21 个氨基酸切除后，则成为高活性的、成熟的嗜水气单胞菌外毒素。

(1) 肠毒素：嗜水气单胞菌产生肠毒素，是由 Sanyal 等 (1975) 首先证明的，后又被许多学者所证实。嗜水气单胞菌外毒素的肠毒素活性与霍乱肠毒素 (cholera enterotoxin，CT) 相似，通过激活肠上皮细胞膜上的腺苷酸环化酶 (adenylis acid cyclase，AC)，导致细胞内三磷酸腺苷 (adenosine triphosphate，ATP) 转化成环磷酸腺苷 (cyclic adenosine monophosphate，cAMP)，当细胞内环磷酸腺苷浓度明显增高后则致使肠上皮细胞的分泌功能亢进，肠液大量分泌和蓄积导致出现腹泻。

(2) 溶血素：嗜水气单胞菌可产生 α 和 β 两种溶血素，α- 溶血素出现于静置培养的生长晚期，具有能使家兔皮肤坏死和致死特性，对大鼠红细胞最敏感、对绵羊红细胞最不敏感、在牛血营养琼脂上产生不完全的溶血，对 HeLa 细胞 (人子宫颈癌上皮细胞) 和人胚肺成纤维细胞有细胞毒性 (可引起细胞圆缩及胞核逐渐消失)。β- 溶血素出现于对数生长期终了时，可能就是 Bernheimer 等 (1974) 报告的气溶素及 Wadstrom 等 (1976) 报告的细胞毒性蛋白 (cytotoxic protein)，此溶血素不耐热 (pH 7.0 时 50℃ 加热 1h 即遭破坏)，分子质量为 49 ~ 50kDa，可使小鼠、大鼠及家兔致死并能引起家兔皮肤坏死，对多种组织细如 HeLa 细胞、Vero 细胞、Y-1 细胞 (小鼠肾上腺肿瘤细胞)、中国仓鼠卵巢 (Chinese hamster ovary，CHO) 细胞等具有细胞毒性，与副溶血弧菌的热稳定性溶血素有许多共同之处 (如在牛或家兔血液营养琼脂上产生清晰的溶血作用、对组织细胞能引起同样的形态学变化等)。副溶血弧菌的抗血清还可部分中和嗜水气单胞菌产生的上述两种溶血素，也表明此两种菌之间具有共同抗原关系。

(3) 内毒素：嗜水气单胞菌的脂多糖同其他革兰氏阴性菌的一样，具有内毒素 (endotoxin) 活性，如致发热、白细胞减少或增多、弥散性血管内凝血、神经症状及休克等。从某种意义上讲，在嗜水气单胞菌的致病作用中发挥着重要作用。

2.3.3.4　表层结构物

在许多致病菌菌株的表面存在着一层呈晶格样排列的特殊表层 (surface, S) 结构，构成 S 层的蛋白亚单位为表层蛋白 (S-layer protein)。在对嗜水气单胞菌的表层蛋白研究中，有报告显示该蛋白成分是相应菌株的主要表面抗原；生物学活性试验显示，对 Vero 细胞有轻微的细胞毒性 (可致 Vero 细胞变圆但不脱落)、无溶血活性 (不能溶解人 O 型红细胞)，也有一定的黏附活性。

嗜水气单胞菌可籍菌毛或表层蛋白等黏附于宿主，在部分外膜蛋白和孔蛋白等的作用下侵入宿主，籍丝氨酸蛋白酶、脂多糖及其他胞外蛋白酶等破坏宿主细胞并定植，再不断合成与分泌外毒素等毒性物质并进一步生长繁殖，破坏机体组织并引发病变。

综合上述，嗜水气单胞菌不仅具有多种毒力因子，其致病机制也是比较复杂的，且病理形成是与其毒力因子密切相关的，目前在该方面的研究及其范围还在深入与扩大。另外，嗜水气单胞菌的侵袭力也当是一个重要的研究方面，且已知的胞外蛋白酶能降解某些组织蛋白及表层的保护性屏障作用等已构成了相应的因素。

2.4　微生物学检验

对嗜水气单胞菌的微生物学检验，目前仍主要依赖于进行分离与鉴定的细菌学检验；免疫学及分子生物学等检验方法，虽已有一些研究报告并从某种意义上证明了相应的可行性，但还均需在准确性、适用范围等方面进一步研究明确与完善。

2.4.1　细菌学检验

对嗜水气单胞菌进行细菌学检验的内容较多，主要包括有效的分离及种的鉴定、毒力因子与毒力基因检查及作为确定其原发病原菌所需的感染试验等。

2.4.1.1　细菌分离与鉴定

嗜水气单胞菌对营养的要求不高，所以通常可将被检材料接种于普通营养琼脂、血液 (常用家兔脱纤血液) 营养琼脂、麦康凯琼脂及 RS 等培养基平板做直接分离，置 37℃ (或室温或 28℃) 恒温培养 18 ～ 24h 后，选择典型嗜水气单胞菌的菌落做成纯培养后供鉴定用。

对分离后的嗜水气单胞菌进行培养及生化特性的检查，仍是目前鉴定嗜水气单胞菌可靠的方法。培养特性的检查，主要是检查在一些培养基上的菌落特征；在生化特性的检查方面，除了一些主要的生化特性指标外，为简便区分嗜温有动力且在临床常见的嗜水气单胞菌、温和气单胞菌、豚鼠气单胞菌，可做葡萄糖产气、分解七叶苷及水杨苷、伏 - 波反应等 4 项试验，一般嗜水气单胞菌为 +、+、+、+，温和气单胞菌为 +、-、-、+，豚鼠气单胞菌为 -、+、+、-。

值此记述，南京农业大学的凌红丽等 (1998) 报告了对嗜水气单胞菌检验程序的研究结果，通过对不同来源嗜水气单胞菌做相应的细菌学鉴定及毒力因子检测，确定了 6 项生化特性 (发酵葡萄糖产气，发酵七叶苷、阿拉伯糖、蔗糖和甘露醇，鸟氨酸脱羧酶阴性) 指标、嗜水气单胞菌培养基 (*Aeromonas hydrophila* medium, AhM) 和 RS 培养基两种选择性培养基、毒力因子蛋白酶作为对嗜水气单胞菌的鉴定指标，其前提是符合嗜水气单胞菌的形态及染色特征、氧化酶和运动力阳性。嗜水气单胞菌培养基为紫色半固体培养基，嗜水气单胞菌的典型反应为呈刷状生长 (有动力) 使培养基变混浊，因发酵甘露醇不发酵肌醇、不产生鸟氨酸脱羧酶，所以培养基管底部呈淡黄或灰黄色、上部仍为紫色带 (即顶部 / 底部呈 K/A 为阳性)；因某些嗜水气单胞菌菌株可利用半胱氨酸产生 H_2S，以致使顶部呈轻微黑色；凡符合这些特征的可做氧化酶试验，若为阳性则可在培养基管内滴加 3 ～ 4 滴 Kovacs 试剂，出现红色环者表明产生吲哚。嗜水气单胞菌在嗜水气单胞菌培养基的判定结果可归纳为：K/A、动力 +、H_2S +、氧化酶 +。嗜水气单胞菌在 RS 培养基上的菌落特征，可见前面相应的记述。嗜水气单胞菌培养基仅适用于对纯培养菌的选择培养，一旦混有杂菌则结果难以判定；RS 培养基多用于污染材料中嗜水气单胞菌的分离，是一种较好的选择培养基；在实际检验中，同时使用嗜水气单胞菌培养基和 RS 为好 [41]。

2.4.1.2 毒力因子检查

目前已较明确的嗜水气单胞菌毒力因子主要有溶血性与肠毒性和细胞毒性毒素、蛋白酶、表层等，对这些毒力因子的检查，不仅有助于区别病原及非病原菌株，并且能明确相应病原嗜水气单胞菌菌株产生这些毒力因子的具体情况。

(1) 溶血性与肠毒性和细胞毒性的毒素检查：在上面有记述南京农业大学的凌红丽等 (1999) 报告了血平板法和斑点酶联免疫吸附试验 (dot-enzyme-linked immunosorbent assay，Dot-ELISA) 法，检测溶血性与肠毒性和细胞毒性的毒素。其中血平板法一般是将细菌纯培养物先接种于改良产毒素肉汤，28℃摇床 (180r/min) 培养 24h，然后移接于含 8% 兔血营养琼脂平板 28℃培养 24h，若产生毒素，则在菌落周围可见出现清晰 β- 溶血圈 (判为阳性)；斑点酶联免疫吸附试验法通常是取上述摇床培养物，经 1000g 离心 10min 取其上清 5μL 滴于硝酸纤维素 (nitrocellulose，NC) 膜光面，37℃烘干后置脱脂奶封闭液中 (37℃温育 1h)，取膜用 PBST 反复漂洗 5 次 (每次 2min)，再加入相应溶血性与肠毒性和细胞毒性的毒素抗血清 (一抗)，37℃孵育 1h 并经洗涤后，加入相应酶标抗抗体 (二抗)37℃作用 1h 后洗涤，于二氨基联苯胺 (diaminobenzidine，DAB)- 过氧化氢 (H_2O_2) 中显色，以出现明显斑点者判为阳性 [42]。

南京农业大学的陈怀青等 (1993) 报告用点酶法检测嗜水气单胞菌溶血性与肠毒性和细胞毒性的毒素取得了可行性结果，并认为是一个快速、敏感、特异、有效的方法。具体方法是以培养物无菌上清液、病鱼内脏组织匀浆 (或腹水) 上清液为被检材料，先用兔抗抗溶血性与肠毒性和细胞毒性的毒素抗血清染色，再以辣根过氧化物酶标记的葡萄球菌蛋白 A(staphylococcal protein A) 染色后显色，可检测出最低水平为 95ng/ml 的溶血性、肠毒性和细胞毒性的毒素 [43]。

(2) 蛋白酶检查：在前面有记述的南京农业大学李焕荣等 (1996，1997) 报告了脱脂奶琼脂平板法、偶氮酪蛋白 (azocasein) 底物法、SDS- 聚丙烯酰胺凝胶电泳 (SDS-polyacrylamide gelelectrophoresis，SDS-PAGE) 酪蛋白原位消化法、斑点酶联免疫吸附试验法。现较常用的为脱脂奶琼脂平板法、斑点酶联免疫吸附试验。其中的脱脂奶琼脂平板法一般是将 28℃培养 24h 的嗜水气单胞菌菌株分别移接于含 10g/L 脱脂奶、蔗糖、胰蛋白胨的琼脂平板上，28℃培养 24h，凡在菌落周围出现清晰溶蛋白圈者则判为阳性；斑点酶联免疫吸附试验法与上面溶血性、肠毒性和细胞毒性的毒素检查中的基本相同，仅是其中的一抗用胞外蛋白酶的相应抗血清。研究者认为因嗜水气单胞菌产生多种蛋白酶，用斑点酶联免疫吸附试验法则仅特异地检出相应蛋白酶，脱脂奶琼脂平板法可检出各种蛋白酶，所以两种方法具有互补性，同时使用可提高检出率[40, 44]。

(3) 表层蛋白检查：在前面有记述南京农业大学的凌红丽等 (1998) 报告了刚果红 (Congo red) 平板法和斑点酶联免疫吸附试验法，检测表层蛋白。其中的刚果红平板法一般是将先经复壮 (可用普通营养肉汤 28℃培养 24h) 的菌株直接接种于含 0.003% 刚果红的普通营养琼脂培养基平板，28℃培养 72h 后若菌落呈黑红色则表明有表层蛋白 (判为阳性)，若菌落浅红或橘红色则表明菌株无表层蛋白 (判为阴性)；斑点酶联免疫吸附试验法与上面溶血性、肠毒性和细胞毒性的毒素检查中的基本相同，仅是其中的一抗需用相应表层蛋白抗血清。

已有报告刚果红平板法可用于对杀鲑气单胞菌表层蛋白的检查，凌红丽等根据试验结果认为此法不适于对嗜水气单胞菌表层蛋白的检查，这可能与其相应结构不同有关，杀鲑气单胞菌的表层蛋白在任何情况下均具有较强的疏水性，可结合刚果红、卟啉 (porphyrins) 等染料，但嗜水气单胞菌的表层蛋白只有离开菌细胞时才具有较强的疏水性，在菌体上的表层蛋白仅表现较弱的疏水性且不能结合刚果红等[41]。

2.4.1.3　毒力基因检测

检测嗜水气单胞菌的毒力基因，可以对被检菌株进行致病性判定及确定其毒力基因型等。从一些研究报告来看，毒力基因 *alt* 是在气单胞菌中普遍存在的，*alt* 是在致病性气单胞菌中常见的，$alt^+ aha1^+ aerA^+$ 为主要的毒力基因型。目前检测这些毒力基因的 PCR 方法，也都是相对比较成熟的。

2.4.1.4　分子生物学检验

近年来多有对气单胞菌进行分子生物学检验的报告，但尚多处在研究标准方法建立的阶段。以下记述的一些报告，是具有一定代表性的。

南京农业大学的陆承平等 (1995) 报告选用气单胞菌毒素基因中保守区的同源寡核苷酸序列为引物，用 PCR 技术检测临床分离的嗜水气单胞菌的毒素基因，获得了较为满意的结果[45]。

中国农业大学的夏春等 (1999) 报告了用 PCR 检测产 β- 溶血素嗜水气单胞菌，试验中使用的 2 株 β- 溶血型菌株在 208bp 处出现特异带；根据鱼源嗜水气单胞菌 β- 溶血素基因序列设计了引物对，用 Nested-PCR 证明了我国嗜水气单胞菌流行株亦存在 β- 溶血素基因并建立了用 PCR 检测产 β- 溶血素嗜水气单胞菌的相应方法，但不能用于检测产 α- 溶血素和其他一些毒素的相应菌株[46]。

广西水产研究所的余晓丽等 (2008) 报告，用从病死鲢鱼分离的 1 株嗜水气单胞菌进行 PCR 检验研究，结果显示所用引物能扩增出 680bp 的嗜水气单胞菌特异基因片段，并建立了相应的 PCR 检验方法[47]。

南京农业大学的储卫华等 (2005) 报告，根据已发表的气单胞菌 16S rDNA 基因序列及气单胞菌气溶素基因序列，设计了 2 对引物，建立了检测致病性嗜水气单胞菌的 PCR 方法；通过对 12 株气单胞菌的检测，发现 16S rDNA 引物具有高度的特异性，仅对嗜水气单胞菌扩增阳性[48]。

本书作者张晓君等 (2006) 报告，择经鉴定的分离于草鱼肠炎病例的嗜水气单胞菌 1 个代表菌株进行 16S rRNA 基因序列测定与系统发育学分析，结果扩增的 16S rRNA 基因序列长度为 1429bp(在 GenBank 中登录号为 AY966887)，通过 NCBI 的 Blast 进行同源性检索，结果与气单胞菌属细菌的 16S rRNA 基因序列自然聚类，系统发育分析结果与自然聚类中的嗜水气单胞菌聚为一族。这一结果显示，采用此方法对嗜水气单胞菌的检验是很有效的[49]。

2.4.2 免疫学检验

在使用特异性因子血清对嗜水气单胞菌做检定方面，目前尚无标准的规范方法应用。用嗜水气单胞菌制备的相应抗血清，对被检菌株做常规的玻片凝集试验，有助于对嗜水气单胞菌的检出，但也只能是作为综合判定的一项内容。

应用免疫荧光抗体 (fluorescent antibody technigue，FAT)、酶标抗体技术对嗜水气单胞菌进行检测及相应感染的诊断，近些年来已有一些相应的研究报告，并取得了满意的结果。但从嗜水气单胞菌的血清群 (型) 及相应感染类型的复杂性等方面分析，这些方法的使用往往是仅能检测到与所用抗体相应抗原血清群 (型) 的嗜水气单胞菌或从诊断意义上证明

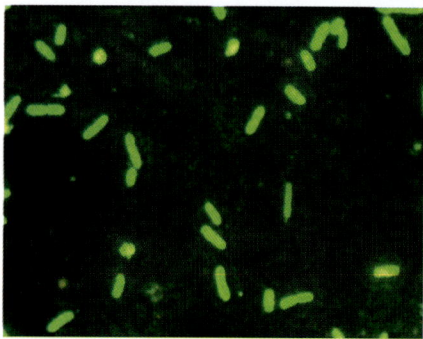

图 29-8　嗜水气单胞菌荧光抗体染色

是否有嗜水气单胞菌的存在，以致在检出率、确诊的价值等方面还有待进一步研究完善；但总体来讲这些方法的应用还是可行的，尤其在与其他方法的综合应用上是确有价值的。本书作者陈翠珍等 (2002) 曾以分离于草鱼肠炎的病原嗜水气单胞菌制备全菌免疫原，强化免疫家兔制备相应抗血清，以此抗血清作为第一抗体，以商品的羊抗兔 IgG 荧光抗体为第二抗体，对嗜水气单胞菌做间接荧光抗体检验，取得了可行的免疫检验效果 (图 29-8)。

2.4.3 动物感染试验

对从动物分离的菌株，还常需进行对同种动物的相应感染试验以明确其病原学意义。在使用其他实验动物进行分离菌株的致病性检验方面，在前面有记述南京农业大学的凌红丽等 (1999) 报告使用小鼠试验，接种量为 10^8CFU/ 只，致病菌株对小鼠致死率可达 100%(5/5)，认为使用小鼠检测嗜水气单胞菌的致病性是可行的，以致死率为指标是明确的，可作为对该菌毒力比较研究的参考 [42]。

3　其他致医院感染气单胞菌 (*Aeromonas* spp.)

已有报告致医院感染的气单胞菌，还包括豚鼠气单胞菌、温和气单胞菌，但相对于嗜水气单胞菌来讲都是比较少见的。

3.1　豚鼠气单胞菌 (*Aeromonas caviae*)

豚鼠气单胞菌 [*Aeromonas caviae*(ex Eddy 1962)Popoff 1984] 的种名 "*caviae*" 为现代

拉丁语阴性名词，指豚鼠 (a guinea pig)。

细菌 DNA 的 G+C mol% 为 61 ~ 63(Bd，T_m)；模式株：ATCC 15468，DSM 7323，NCIMB 13016。GenBank 登录号 (16S rRNA)：X74674[9]。

3.1.1　生物学性状

在气单胞菌属细菌中，除了比较常见的嗜水气单胞菌外，对豚鼠气单胞菌也是相对研究比较多的。本书作者陈翠珍等也曾对从鱼分离的病原豚鼠气单胞菌，进行了主要生物学性状检验[50 ~ 52]。现综合一些相关资料并结合实用性，作以简要记述。

3.1.1.1　形态与培养特征

豚鼠气单胞菌的形态与培养特征，与在上面记述的嗜水气单胞菌基本一致。本书作者陈翠珍等对从鱼分离的 38 株病原豚鼠气单胞菌进行了形态与培养特征检验。为革兰氏阴性菌，菌体短杆状 (图 29-9)。做负染色透射电子显微镜标本检查，菌体杆状、菌体表面不平整但较光滑、端生单鞭毛或有的菌株有侧生 (图 29-10，原 ×6000)、有的菌株有菌毛 (图 29-11，原 ×10 000)；做扫描电子显微镜标本观察，形态特征同在透射电子显微镜下的但不易见到鞭毛 (图 29-12，原 ×45 000)[50 ~ 52]。

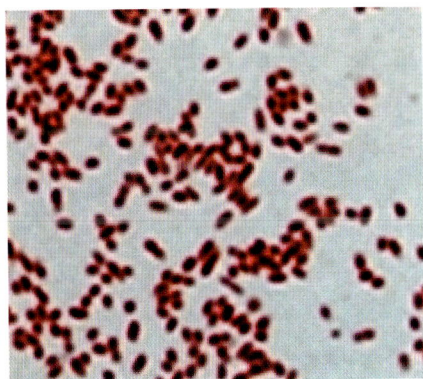
图 29-9　豚鼠气单胞菌基本形态

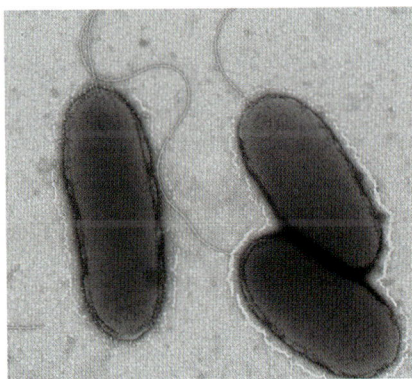
图 29-10　豚鼠气单胞菌及鞭毛

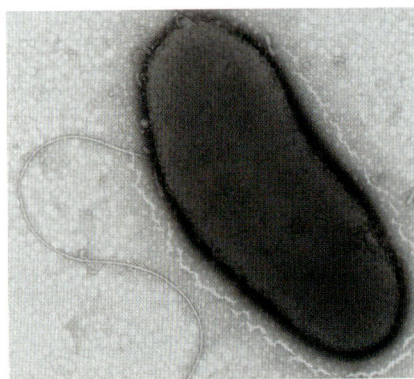
图 29-11　豚鼠气单胞菌及鞭毛与菌毛

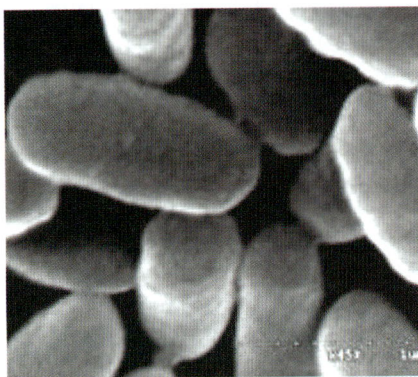
图 29-12　豚鼠气单胞菌 SEM 形态

豚鼠气单胞菌在普通营养琼脂培养基上生长良好，28℃培养形成圆形光滑、边缘整齐、较隆起、不透明、灰白色的菌落，培养 24h 直径多在 1.2mm 左右、48h 多在 2.0mm 左右，

生长丰盛 (图 29-13)；在含有 7% 家兔脱纤血的血液营养琼脂培养基上 β- 溶血，生长情况及菌落特征等与在普通营养琼脂上的相一致 (图 29-14)。

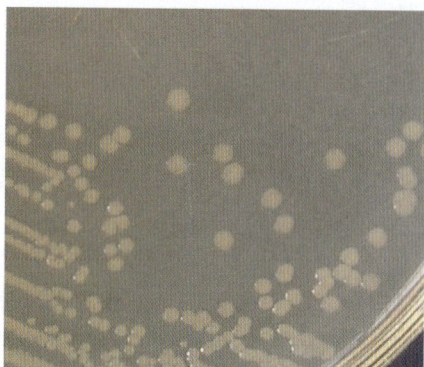

图 29-13　豚鼠气单胞菌菌落 (NA)　　　图 29-14　豚鼠气单胞菌菌落 (BNA)

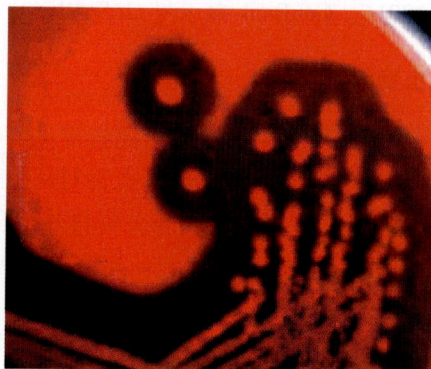

在普通营养肉汤中，该菌属细菌 28℃培养 24h 呈均匀混浊生长，有圆点状菌体沉淀于管底 (摇动后呈线状上升易消散)，一般均能形成轻度菌环 (摇动后易消散)。

3.1.1.2　生化特性

豚鼠气单胞菌为气单胞菌 17 个杂交群的 HG4，发酵葡萄糖产酸但不产气，这也是与同属于嗜温有动力且常见的嗜水气单胞菌、温和气单胞菌最重要的区别点。伏 - 波试验阴性，赖氨酸脱羧酶阴性，不产生 H_2S(从 GCF 培养基)，可利用 DL- 乳酸盐、柠檬酸盐为碳源[9]。

本书作者陈翠珍等对从鱼分离的 38 株病原豚鼠气单胞菌进行了主要生化特性检验，结果为：分解葡萄糖产酸、不产气，对葡萄糖的代谢为发酵型，分解半乳糖、麦芽糖、蕈糖、蔗糖、甘油、淀粉、七叶苷、甘露醇，不分解乳糖、鼠李糖、木糖、甜醇、肌醇、赤藓醇、侧金盏花醇、棉子糖、山梨醇、纤维二糖，在无盐胨水中生长、硝酸盐还原、明胶液化、DNA 酶、柠檬酸盐 (Simmons) 利用、氧化酶、接触酶、精氨酸双水解酶、H_2S(纸条法)、吲哚、吐温 80 水解、半固体动力、ONPG、MR、KCN 肉汤中生长等试验阳性，丙二酸盐利用、尿素酶、黏液酸盐利用、D- 酒石酸盐利用、苯丙氨酸脱氨酶、伏 - 波、鸟氨酸及赖氨酸脱羧酶等试验阴性；对阿拉伯糖、水杨苷的分解在株间有差异，这是需要在对豚鼠气单胞菌进行鉴定时应当注意的[50～52]。

3.1.1.3　抗原结构与免疫学特性

在前面有记述，气单胞菌具有耐热的菌体抗原、不耐热的表面及鞭毛抗原，其中研究较多的是菌体抗原。在前面嗜水气单胞菌中记述的相应内容，包括了豚鼠气单胞菌，可供参考。

山东师范大学的安国利等 (1998) 报告对分离于鲤竖鳞病的豚鼠气单胞菌进行了相应抗原性研究，用经加热 (60 ～ 63℃) 灭活及甲醛灭活的菌液，分别经皮下注射、拌于饵料进行免疫接种试验，分别取血清进行抗体凝集价测定，发现能产生良好的免疫应答，并能有效降低竖鳞病的发病率。这一研究结果，初步表明豚鼠气单胞菌具有良好的抗原性，并能有效预防相应感染症的发生 [53]。

3.1.1.4　生境与抗性

豚鼠气单胞菌与嗜水气单胞菌一样，广泛分布于淡水环境。也存在于污水、家养及野生动物，禽类、鱼类；与成人胃肠道疾病有关，可引起幼儿胃肠炎 (gastroenteritis)，在免疫低下者可引起肠道外感染 [9]。

另外是在食品中的分布，在前面有记述安徽省马鞍山市疾病预防控制中心的刘燕等 (2001) 报告，对容易污染气单胞菌的直接入口食品 (共 6 个种类 549 份) 进行了检验，从每个种类食品中均检出了气单胞菌；共检出气单胞菌 99 株 (总检出率 18.2%)，其中豚鼠气单胞菌 53 株 (构成比 53.5%)[25]。

在对抗菌类药物的敏感性方面，一些报告显示由在不同分离菌株间存在差异性，也常常是表现对多种临床常用抗菌类药物的耐药性。

山东省平阴县人民医院的李希涛等 (2002) 报告，对从临床各种不同标本中检出的 21 株豚鼠气单胞菌进行了耐药性测定。结果表现对临床常用抗生素呈多重耐药，对供试的氨苄西林、羧苄西林、复方新诺明均耐药，对头孢他啶、诺氟沙星均敏感，对哌拉西林、庆大霉素、阿米卡星、头孢哌酮、头孢曲松、头孢噻肟、头孢唑林、妥布霉素、氯霉素、呋喃妥因呈现不同程度的耐药性 (耐药率为 23.81% ～ 95.24%)[54]。

本书作者陈翠珍等 (1999)、张晓君等 (1998,2000)，曾分别对分离于鲢打印病、鲢白皮病、甲鱼败血感染的病原豚鼠气单胞菌进行了药敏测定，均对链霉素、妥布霉素、卡那霉素、阿米卡星、庆大霉素、氯霉素及新霉素高度敏感，对呋喃唑酮及红霉素在株间有差异，对青霉素、磺胺药及万古霉素耐药 [50～52]。

3.1.2　病原学意义

豚鼠气单胞菌在人、鱼类及其他一些动物均有致病作用，但从已有资料看此菌致病的寄主范围及强度等，还均不像嗜水气单胞菌那样大。

3.1.2.1　人的豚鼠气单胞菌感染病

豚鼠气单胞菌在人的感染致病作用，目前尚缺乏比较系统和明确的记述。已有的资料显示，主要是能引起食物中毒以及可能作为腹泻的病原菌。

(1) 食物中毒：近年来在我国也有由豚鼠气单胞菌引起食物中毒的事件发生，表现由豚鼠气单胞菌单独引起或与其他病原菌混合引起。综合一些事件，经查明中毒相关食物，主要为肉类(熟牛下货、熟鸡肝、烤鸭、猪排骨等)，还有虾、鱼等。发病潜伏期最短的在 1.5h，最长的在 24h；主要症状为恶心、呕吐、腹痛、腹泻 (多为水样便)，有的伴有发热、头晕、头疼、乏力等 [4]。

(2) 其他感染病：中国药品生物制品检定所的于泉等 (1987) 曾报告了对人腹泻粪便标本源 28 株气单胞菌的鉴定结果，其中豚鼠气单胞菌 16 株 (构成比 57.1%)[55]；福建省卫生防疫站的王晓苹等 (1990) 报告，在 1987 年至 1988 年两年从福建省龙海、福安、沙县等地腹泻病监测点的腹泻患者粪便中分离的 60 株气单胞菌进行了鉴定，其中嗜水气单胞菌 19 株、温和气单胞菌 20 株、豚鼠气单胞菌 21 株，经做致病性检验表明豚鼠气单胞菌亦存在致病菌株 [56]。

在前面有记述山东省平阴县人民医院的李希涛等 (2002) 报告，对在 1996 年 3 月至 1999 年 9 月间从临床各种不同标本中检出的 21 株豚鼠气单胞菌进行了分析。结果为 21 株豚鼠气单胞菌在同期非肠道感染各种气单胞菌中占 67.7%(居首位)，其中 6 株为从医院感染标本中检出；其分布广泛，可引起呼吸系统、泌尿系统、创伤、腹腔、胆囊或胆管及神经系统感染；感染诱因，主要是与免疫力低下及长期使用广谱抗生素有关 [54]。

云南省玉溪地区医院的陈宗淦等 (1995) 报告，5 例病例因各自不同的颅内病变，行侵入性的手术治疗，引起豚鼠单胞菌医院颅内感染。经住院治疗 21 ~ 63 天痊愈出院，随访 2 年无复发 [57]。

(3) 医院感染情况：由豚鼠气单胞菌引起的医院感染，其检出频率仅次于嗜水气单胞菌。以下记述的一些报告，是具有一定代表性的。

在前面有记述中国人民解放军第三〇二医院的韩玉坤等 (2002) 报告在 1993 年 1 月至 2001 年 7 月间，该医院在收住院治疗的肝炎患者中，发生气单胞菌医院感染败血症 41 例 (男性 34 例、女性 7 例)。从 41 例感染患者中检出气单胞菌 48 株，其中嗜水气单胞菌 24 株 (构成比 50.00%)、温和气单胞菌 21 株 (构成比 43.75%)、豚鼠气单胞菌 3 株 (构成比 6.25%)[7]。

在前面有记述北京市丰台医院的吴珺等 (2011) 报告在 2010 年 8 月至 10 月间，在该医院呼吸科住院患者 210 例 (重症监护病房患者 40 例) 中，从血液细菌培养及临床资料证实 11 例严重肺部感染患者，发生了嗜水气单胞菌 / 豚鼠气单胞菌感染菌血症，其中的 10 例为医院感染；临床表现为发热伴有寒战，还常伴有不同程度的腹泻等症状。对此 10 例进行的痰液细菌检验，除 1 例阴性外，在其余患者还检出了铜绿假单胞菌、肺炎克雷伯氏菌、鲍氏不动杆菌等病原菌。此 10 例中的 7 例发生在呼吸监护病房、另 3 例发生在普通病房，属于同一个治疗单元 [8]。

在前面有记述河南省开封市第二人民医院的卢珊等 (2014) 报告在 2013 年 6 月 8 日至 9 日间，该医院肾内科发生了嗜水气单胞菌 / 豚鼠气单胞菌医院感染 3 例，3 株嗜水气单胞菌 / 豚鼠气单胞菌分别为 1 株分离于腹膜透析液、2 株分离于血液。此 3 例患者分别为接受规律腹膜透析治疗、血液透析及血液滤过治疗，均有浅静脉留置针，均伴有不同基础疾病 [33]。

在前面有记述山东省平阴县人民医院的李希涛等 (2002) 报告在 1996 年 3 月至 1999 年 9 月间，从 21 例患者临床不同标本材料中分离到 21 株豚鼠气单胞菌，其中 6 例 (构成比 28.57%) 为医院感染患者。21 株菌分别为分离于分泌物的 9 株 (构成比 42.86%)、痰液的 7 株 (构成比 33.33%)、尿液的 2 株 (构成比 9.52%)、胆汁的 2 株 (构成比 9.52%)、腹腔穿刺液的 1 株 (构成比 4.76%)。21 例患者中有 4 例 (构成比 19.05%) 为与其他病原菌的合并感染，分别为大肠埃希氏菌、铜绿假单胞菌、产酸克雷伯氏菌 (*Klebsiella oxytoca*)、粪肠球菌 [54]。

本书作者注：产酸克雷伯氏菌也被译为催产克雷伯氏菌，在此文中则是以催产克雷伯氏菌记述的。

在前面有记述云南省玉溪地区医院的陈宗淦等 (1995) 报告，该医院发生 5 例由豚鼠气单胞菌引起的颅内医院感染患者，从脑脊液中分离到豚鼠气单胞菌 12 株。5 例患者因各自不同的颅内病变，行侵入性的手术治疗后，发生感染 [57]。

3.1.2.2 动物的豚鼠气单胞菌感染病

在动物,目前还主要是在鱼类以及其他水生动物的感染。国内外已有的报告在鲑鱼、虹鳟、鳗鲡、鲤、甲鱼、中华鳖、草鱼、鲢、鳙均可引起感染发病,其感染类型是多种的,包括局部组织的感染和败血症等;在其他动物,已有在肉鸭、蟒蛇等感染的报告[5]。

3.1.3 微生物学检验

对豚鼠气单胞菌的微生物学检验,目前仍主要依赖于相应细菌学的分离与鉴定。为简化对豚鼠气单胞菌等几种嗜温气单胞菌 (mesophilic aeromonads) 的生化特性鉴定,将在叶应妩等主编第二版《全国临床检验操作规程》(1997) 中记述的气单胞菌鉴定双歧检索图列出 (图 29-15) 以供参考[58]。

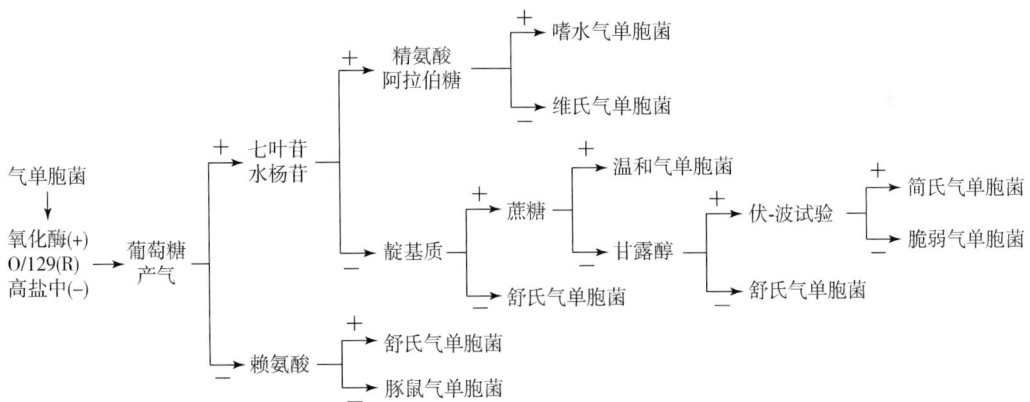

图 29-15　气单胞菌鉴定双歧检索图

本书作者陈翠珍等 (2006) 报告,择经鉴定的分离于发生打印病鲢鱼的豚鼠气单胞菌 1 个菌株为代表菌株,进行 16S rRNA 基因序列测定与系统发育学分析,结果扩增出的 16S rRNA 基因序列长度为 1416bp(在 GenBank 的登录号为 AY966888)[50]。

3.2 温和气单胞菌 (*Aeromonas sobria*)

温和气单胞菌 (*Aeromonas sobria* Popoff and Véron 1981) 亦称寡源气单胞菌,也有的将其记作苏伯利气单胞菌。菌种名称 "*sobria*" 为现代拉丁语阴性形容词,指适度的、温和的 (moderate)。

细菌 DNA 的 G+C mol% 为 58 ~ 60(T_m);模式株:ATCC 43979,CIP 7433,NCIMB 12065。GenBank 登录号 (16S rRNA):X74683。

另外是在第二版《伯杰氏系统细菌学手册》第 2 卷 (2005)B 部分中,在维氏气单胞菌记述了两个生物型:维氏气单胞菌维氏生物型,即维氏气单胞菌;维氏气单胞菌温和生物型。但维氏气单胞菌温和生物型、温和气单胞菌,两者是不同的,它们不具有共同的模式株，也不属于同一杂交群 (HG)；温和气单胞菌为 17 个杂交群的 HG7，维氏气单胞菌温和生物型为 HG8。

另外，维氏气单胞菌温和生物型 DNA 中 G+C mol% 尚未确定；模式株：ATCC 9071；尚无 GenBank 登录号 (16S rRNA)[9]。

3.2.1　生物学性状

在气单胞菌属细菌中，除了比较常见的嗜水气单胞菌外，对温和气单胞菌也是相对研究比较多的。本书作者陈翠珍、张晓君等也曾对从鱼分离的病原温和气单胞菌，进行了主要生物学性状研究。现综合一些相关资料并结合实用性，作以简要记述。

3.2.1.1　形态与培养特征

本书作者张晓君等 (1998、2006) 曾分别报告了由温和气单胞菌与嗜水气单胞菌及豚鼠气单胞菌混合感染 (草鱼肠炎)、温和气单胞菌与豚鼠气单胞菌混合感染 (草鱼烂鳃) 病例，所分离并被鉴定为温和气单胞菌的 13 株，其形态特征 (菌体短杆状) 及在普通营养琼脂培养基与血液营养琼脂培养基上的菌落特征等，与在前面有述对嗜水气单胞菌的检验结果基本一致 [图 29-16、图 29-17(原 ×7000)、图 29-18][49,59]。

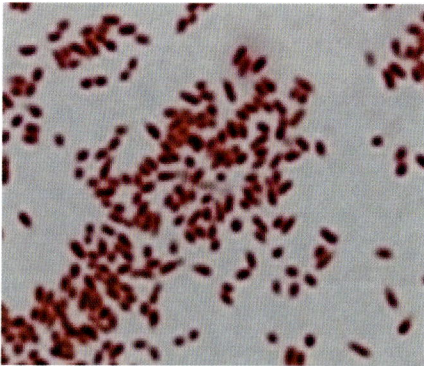

图 29-16　温和气单胞菌基本形态

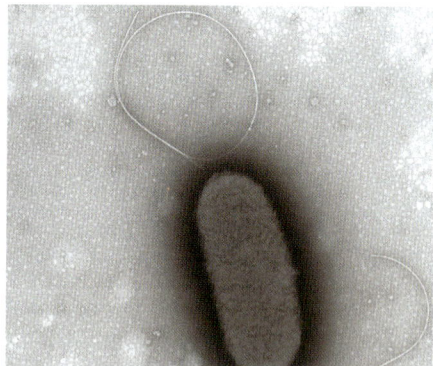

图 29-17　温和气单胞菌及鞭毛

3.2.1.2　生化特性

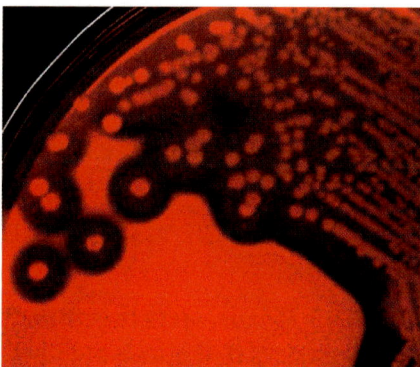

图 29-18　温和气单胞菌菌落 (BNA)

温和气单胞菌发酵葡萄糖产酸、产气，从甘露醇、蔗糖产酸，伏 - 波试验弱阳性，培养 7 天赖氨酸脱羧酶弱阳性，精氨酸双水解酶、鸟氨酸脱羧酶阴性，从阿拉伯糖不产酸，不水解七叶苷，在含有 5% 绵羊血液的营养琼脂培养基是不能产生呈 β- 溶血，适宜生长温度为 25 ~ 30℃、在 42℃ 不能生长，在 25℃ 培养 48h 可从葡萄糖产气但在 37℃ 不产生。其特性与维氏气单胞菌温和生物型 (HG8) 相近，主要的区别是在精氨酸双水解酶、溶血活性、在 42℃ 生长能力等方面 [9]。

本书作者张晓君等 (1998、2006) 报告对 13 株温和气单胞菌进行鉴定，结果为：分解葡萄糖产酸产气，葡萄糖代谢为发酵型；分解葡萄糖、半乳糖、麦芽糖、蕈糖、蔗糖、甘油、淀粉、甘露醇，不分解乳糖、鼠李糖、木糖、甜醇、肌醇、赤藓醇、侧金盏花醇、山梨醇、棉子糖、水杨苷、七叶苷、纤维二糖、阿拉伯糖，在无盐胨水中生长、硝酸盐还原、明胶液化、DNA 酶、氧化酶、接触酶、精氨酸双水解酶、H₂S(纸条法)、吲哚、吐温 80 水解、半固体动力、邻硝基苯 -β-D- 半乳糖苷试验、甲基红试验、伏 - 波试验、柠檬酸盐利用 (Simmons)、赖氨酸脱羧酶等试验阳性；丙二酸盐利用、尿素酶、黏液酸盐利用、D-酒石酸盐利用、苯丙氨酸脱氨酶、鸟氨酸脱羧酶等试验阴性；对纤维二糖的分解在株间有差异，需在对温和气单胞菌进行鉴定时予以注意 [49, 59]。

3.2.1.3　生境与抗性

同在前面嗜水气单胞菌项下的记述，温和气单胞菌的分布也是比较广泛的。在前面记述的相应内容，可供参考。温和气单胞菌的一些菌株，主要是分离于鱼类、污水、水 [9]。

(1) 生境：在前面有记述安徽省马鞍山市疾病预防控制中心的刘燕等 (2001) 报告，对容易污染气单胞菌的直接入口食品 (共 6 个种类 549 份) 进行了检验，共检出气单胞菌 99 株 (总检出率 18.2%)，其中包括温和气单胞菌 28 株 (构成比 28.3%)[25]。

在第 17 章 "伯克霍尔德氏菌属" (*Burkholderia*) 中有记述，浙江省舟山海洋生态环境监测站的黄备等 (2010) 报告，在 2004 年 7 月至 8 月间，分别对浙江省舟山市四个县区 (定海区、普陀区、岱山县、嵊泗县) 的海洋贝类 (泥螺、青蛤、缢蛏、厚壳贻贝、小刀蛏、等边线蛤) 生物进行了采样和细菌分布检验。又经对定海区采集的三种贝类 (泥螺、青蛤、缢蛏) 生物样品中进行细菌种类鉴定，共分离出 9 种 (类)58 株菌，其中包括温和气单胞菌。同时，报告者根据检验结果认为在定海区贝类生物体内的细菌种类，明显受到陆源径流及附近海水中细菌的影响 [60]。

(2) 抗性：本书作者张晓君等 (1998、2006)，分别报告了对分离于草鱼肠炎、草鱼烂鳃的病原温和气单胞菌 (13 株) 的药敏结果，均对新霉素、氯霉素、卡那霉素、链霉素、呋喃唑酮、红霉素、庆大霉素、阿米卡星等敏感，对青霉素、磺胺、万古霉素耐药，对链霉素在株间有差异 [49,59]。

3.2.2　病原学意义

温和气单胞菌在人、鱼类及其他一些动物均有致病作用，但从已有资料看此菌致病的寄主范围及强度等，还均不像嗜水气单胞菌那样大，似与豚鼠气单胞菌相接近。

3.2.2.1　人的温和气单胞菌感染病

温和气单胞菌在人的感染致病作用，目前尚缺乏比较系统和明确的记述。已有的资料显示，初步表明了温和气单胞菌在人所存在的致腹泻及其他致病作用。

(1) 食物中毒：近年来在我国也有由温和气单胞菌引起食物中毒的事件发生，但还不是多见的。综合一些报告文献，相关中毒食物主要是被温和气单胞污染的肉类、水产品等。主要症状为恶心、呕吐、腹痛、腹泻 (多为水样便)，有的伴有发热、畏寒等 [4]。

(2) 其他感染病：在前面有记述中国药品生物制品检定所的于泉等 (1987) 报告对人腹泻粪便标本源 28 株气单胞菌的鉴定结果，其中温和气单胞菌为 5 株 (构成比 17.9%)[55]。

在前面有记述福建省卫生防疫站的王晓苹等 (1990) 报告，在 1987 年至 1988 年两年从福建省龙海、福安、沙县等地腹泻病监测点的腹泻患者粪便中分离的 60 株气单胞菌，其中温和气单胞菌 20 株 (构成比 33.3%)，经做致病性检验表明该菌亦存在致病菌株[56]。山东省卫生防疫站的崔树玉等 (1997) 报告从临床及外环境标本中分离的 260 株气单胞菌中，温和气单胞菌 137 株 (构成比 52.7%)，经对其中 163 株气单胞菌 (温和气单胞菌 79 株) 的毒素原性检验表明分离于腹泻患者 (19 株) 和食物中毒 (2 株) 的 21 株温和气单胞菌具有阳性菌株[61]。上海职工医学院的胡圣尧等 (1996) 报告对从腹泻患者粪便及其他医学临床标本中分离的温和气单胞菌进行毒素生物活性检验，结果表明存在产生毒素的菌株[62]。

(3) 医院感染情况：由温和气单胞菌引起的医院感染，其检出频率相对低于嗜水气单胞菌，举例如下。①在前面有记述中国人民解放军第三〇二医院的韩玉坤等 (2002) 报告在 1993 年 1 月至 2001 年 7 月间，该医院在收住院治疗的肝炎患者中，发生气单胞菌医院感染败血症 41 例 (男性 34 例、女性 7 例)。从 41 例感染患者中检出气单胞菌 48 株，其中嗜水气单胞菌 24 株 (构成比 50.00%)、温和气单胞菌 21 株 (构成比 43.75%)、豚鼠气单胞菌 3 株 (构成比 6.25%)[7]。②安徽省泾县县医院的廖远泉等 (2000) 报告在 1998 年 9 月，从 1 例胃再次手术后患者的引流液、腹腔穿刺液及切口分泌物分离到温和气单胞菌，并证实此患者切口和腹腔感染并感染性休克系温和气单胞菌医院内感染所致[63]。

3.2.2.2　动物的温和气单胞菌感染病

在动物，主要是发生在鱼类及其他一些冷血动物的感染，包括鳗烂尾病、罗非鱼病害、暗纹东方鲀 (俗称河豚) 的脱黏病、河豚红斑病、异育银鲫溶血性腹水病、欧鳗脱黏败血病及欧鳗红头病、日本鳗鲡败血腹水病、长薄鳅腐皮病、杂交鲤病害、鳜鱼病害、鳖的病害、牛蛙的病害、草鱼的病害、蟒蛇的病害等。在其他动物，已有引起鸭及野鸭、黑天鹅等感染发病的报告[5]。

3.2.2.3　毒力因子与致病机制

从已有研究资料分析，温和气单胞菌的某些菌株具有同嗜水气单胞菌一样的溶血性与肠毒性和细胞毒性毒素、蛋白酶等毒力因子，但相对来讲在不同菌株间的差异较大，有关在温和气单胞菌毒力因子方面的研究还不如对嗜水气单胞菌那样多和比较明确，毒力因子内容是否能直接作为温和气单胞菌病原性及非病原性菌株的判定指标，也还有待进一步的研究明确。以下记述的一些内容，可作为在该方面的参考。

在前面有记述福建省卫生防疫站的王晓苹等 (1990) 报告，对 20 株人腹泻粪便来源的温和气单胞菌进行溶血素、肠毒素、细胞毒素及对小白鼠致病性等毒力因子检测，尽管在株间存在差异，但相应阳性菌株均存在 1 种或以上毒力因子 (见前面表 18-16)[56]。

在前面有记述山东省卫生防疫站的崔树玉等 (1997) 经分别对不同来源的 79 株温和气单胞菌进行毒素因子测定，发现各不同菌株间有差异，但均具有 1 种及其以上的毒力因子[61]。

在前面有记述上海职工医学院的胡圣尧等 (1996) 报告研究了从医学临床标本材料分离的 10 株温和气单胞菌的毒素生物学活性，10 株均对供试小白鼠红细胞具有强溶血活性 (敏感性为 100%)，其他红细胞依次为豚鼠 (85%) ＞兔 (80%) ＞人 O 型 (70%) ＞绵羊 (55%)；用从上海第二医科大学瑞金医院临床腹泻患者粪便中分离的 1 株温和气单胞菌 (As-4 株)

的培养上清液及提取纯化的 HEC 毒素，分别对乳鼠做灌胃试验及家兔肠袢试验检查肠毒素结果均为阳性，纯化溶血性、肠毒性和细胞毒性毒素能被相应抗血清中和及 56℃ 处理10min 所破坏；用溶血性、肠毒性和细胞毒性毒素菌株 (As-4 株) 经尾静脉注射小白鼠后，可致小白鼠很快死亡 [最短的死亡时间在 (1.07±0.012)min] ，且死亡时间及死亡率与所用溶血性、肠毒性和细胞毒性毒素剂量成正比；溶血性、肠毒性和细胞毒性毒素对供试Vero 细胞和中国仓鼠卵巢 (Chinese hamster ovary，CHO) 细胞有明显毒性作用，经传代后2 ～ 5 天的单层细胞在加入粗制溶血性、肠毒性和细胞毒性毒素后 16h，细胞即出现固缩和溶解现象，溶细胞效价高达 1 ：(256 ～ 512) 倍，毒性作用能被相应抗溶血性、肠毒性和细胞毒性毒素血清中和[62]。

3.2.3　微生物学检验

　　对温和气单胞菌的微生物学检验，仍依赖于对温和气单胞菌的分离与鉴定，生化试验是鉴定温和气单胞菌的主要内容。鉴定时应注意与均为嗜温有动力、发酵葡萄糖产酸产气的嗜水气单胞菌相鉴别，两者间简便的区别要点是在生化特性方面对七叶苷和水杨苷的分解，通常温和气单胞菌为阴性、嗜水气单胞菌为阳性。

（陈翠珍）

参 考 文 献

[1] 李梦东 . 实用传染病学 . 2 版 . 北京：人民卫生出版社 , 1998: 415~416.

[2] 聂青和 . 感染性腹泻病 . 北京：人民卫生出版社 , 2000: 434~447.

[3] 杨正时，房海 . 人及动物病原细菌学 . 石家庄：河北科学技术出版社 , 2003: 630~645.

[4] 房海，陈翠珍 . 中国食物中毒细菌 . 北京：科学出版社 , 2014: 467~497.

[5] 房海，陈翠珍，张晓君 . 水产养殖动物病原细菌学 . 北京：中国农业出版社 , 2010: 389~407.

[6] 刘桂玲，史亚红，盛以泉，等 . 3 年医院病原菌分布调查分析 . 中华医院感染学杂志 , 2010, 20(5):719~721.

[7] 韩玉坤，魏振满，周华，等 . 危重肝炎患者气单胞菌败血症临床研究 . 中华医院感染学杂志 , 2002, 12(7):491~493.

[8] 吴珺，鹿英英，刘亚莉 . 严重肺部感染合并嗜水 / 豚鼠气单胞菌菌血症 11 例临床分析 . 中华医院感染学志 , 2011, 21(18):3835~3837.

[9] George M G. Bergey's Manual of Systematic Bacteriology. Second Edition. Volume Two. Part B. Springer, New York, 2005, 557~578.

[10] Pidiyar V, Kaznowski A, Narayan N B, et al. *Aeromonas culicicola* sp. nov. , from the midgut of Culex quinquefasciatus. International Journal of Systematic and Evolutionary Microbiology, 2002, 52(5): 1723~1728.

[11] Huys G, Kämpfer P, Albert M J, et al. *Aeromonas hydrophila* subsp. *dhakensis* subsp. nov. , isolated from children with diarrhoea in Bangladesh, and extended description of *Aeromonas hydrophila* subsp. *hydrophila*(Chester 1901) Stanier 1943 (approved lists 1980). International Journal of Systematic and

Evolutionary Microbiology. 2002, 52(3): 705~712.

[12] Huys G, Pearson M, Kämpfer P, et al. *Aeromonas hydrophila* subsp. *ranae* subsp. nov. , isolated from septicaemic farmed frogs in Thailand. International Journal of Systematic and Evolutionary Microbiology, 2003, 53(Pt 3): 885~891.

[13] Schubert R, Hegazi M and Wahlig. (1990b) *Aeromonas ichthiosmia* species nova. Hygiene Medicine(15): 477~479.

[14] Holt J G, Krieg N R, Sneath P H A, et al. Bergey's Manual of Determinative Bacteriology. 9th ed. Williams and Wilkins, Baltimore, 1994: 190~191, 253.

[15] 程知义, 谢佩蓉. 气单胞菌和传染性腹泻. 国际检验医学杂志, 1986, (1):11~16.

[16] 倪达书, 汪建国. 草鱼生物学与疾病. 北京: 科学出版社, 1999: 95~115.

[17] Nicky B B. Bacteria and Fungi from Fish and Other Aquatic Animals. 2nd Edition. London, UK. 2014, 144~165.

[18] 戴寄帆. 一株气单胞菌的鉴定及其致病作用. 中华医学检验杂志, 1981, 4(3):166.

[19] 郑德联, 徐肇玥, 戴自英. 亲水气单胞菌肠炎的临床与实验研究——附 26 例分析. 中华传染病杂志, 1984, 2(3):182~185.

[20] 许亚琴, 毕凤翔, 汪玉林, 等. 一起由嗜水气单胞菌引起的食物中毒. 中华预防医学杂志, 1986, 20(1):35.

[21] 张翠娟, 于宙亮, 苗莉瑛, 等. 嗜水气单胞菌溶血素基因的克隆表达及其类毒素的免疫原性分析. 生物工程学报, 2009, 25(2):251~256.

[22] 方兵, 李槿年, 祖国掌, 等. 应用多重 PCR 检测水生动物源气单胞菌安徽分离株的毒力基因型分布. 水产学报, 2005, 29(4):473~477.

[23] 朱大玲, 李爱华, 王建国, 等. 嗜水气单胞菌毒力与毒力基因分布的相关性. 中山大学学报(自然科学版), 2006, 45(1):82~85.

[24] 许新强, 邹立军, 余文炳, 等. 嗜水气单胞菌的生态学调查. 中国人兽共患病杂志, 1989, 5(4):36~37.

[25] 刘燕, 陈道利, 霍开兰. 气单胞菌污染直接入口食品的调查分析. 现代预防医学, 2001, 28(4):526~527.

[26] 刘杨, 张秋莹, 殷玉华. 重症监护室常用医疗器具使用中病原菌携带情况. 中国感染控制杂志, 2013, 12(1):64~65.

[27] 周剑光, 杨先乐, 艾晓辉. 中华鳖疖疮、红脖子、赤斑病并发症的病原研究. 水产学报, 1999, 23(3): 271~277.

[28] 李爱华. 中国鱼类病原菌耐药质粒. 中国兽医学报, 1999, 19(5):511~512.

[29] 卢强, 郑伟, 任瑞文, 等. 嗜水气单胞菌喹诺酮类药物抗性决定区基因片段的克隆与突变分析. 鱼类病害研究, 2001, 23(3~4):54.

[30] 仇庆文, 高婷, 冯晓媛. 嗜水气单胞菌污染饮用水的急性腹泻暴发. 环境与健康杂志, 1993, 10(3):99~101.

[31] 闻玉梅. 现代医学微生物学. 上海: 上海医科大学出版社, 1999: 561~564.

[32] 叶青, 包国生, 史明坤, 等. 嗜水气单胞菌生态学及引起暴发的流行病学研究. 中国媒介生物学及控制杂志, 2000, 11(3):229~230.

[33] 卢珊, 殷娅, 李宏辉, 等. 一起气单胞菌医院感染聚集性病例调查与控制. 中国消毒学杂志, 2014,

31(12):1336~1337.

[34] 蒋原.食源性病原微生物检测指南.北京:中国标准出版社,2010: 287~293.

[35] 邱军强,杨先乐,程训佳.嗜水气单胞菌毒力因子特性及作用机理研究进展.中国病原生物学杂志,
     2009, 4(8):616~619.

[36] 郭闯,王永坤.嗜水气单胞菌研究进展.水产科学,2003, 22(6):48~51.

[37] Murray R G, Dooley J S, Whippey P W, et al. Structure of an S layer on a pathogenic strain of *Aeromonas*
     hydrophila. J Bacteriol, 1988, 170(6):2625~2630.

[38] Jian S, Lakshmi P, Amin A F, et al. The Type Ⅲ Secretion System and Cytotoxic Enterotosin Alter the
     Virulence of *Aeromonas hydrophila*. Infect Immun, 2005, 73(10):6446~6457.

[39] Hochachka P W, Mommsen T P. 鱼类的生物化学与分子生物学　第二卷——分子生物学前沿.昌永华,
     余来宁,译.北京:中国农业出版社,2003: 131~146.

[40] 李焕荣,陈怀青,陆承平.嗜水气单胞菌胞外蛋白酶 ECPase54 的纯化及特性分析.南京农业大学学报,
     1996, 19(3):88~94.

[41] 凌红丽,陆承平,陈怀青,等.嗜水气单胞菌检验程序的研究.中国动物检疫,1998,15(3):1~3.

[42] 凌红丽,陆承平,陈怀青,等. 6 株嗜水气单胞菌的毒力因子及其对小鼠的致死性.中国兽医学报,
     1999, 19(3):255~257.

[43] 陈怀青,陆承平,陈琼,等.用点酶法检测鱼类致病性嗜水气单胞菌 HEC 毒素.动物检疫,1993,
     10(4):7~9.

[44] 李焕荣,陈怀青,陆承平,等.嗜水气单胞菌胞外蛋白酶的检测.水生生物学报,1997,21(1):97~100.

[45] 陆承平,陈怀青.用 PCR 检测嗜水气单胞菌毒素基因.中国动物检疫,1995,12(5):5~7.

[46] 夏春,马志宏,陈慧英,等.聚合酶链反应 (PCR) 法检测产 β- 溶血素嗜水气单胞菌.水生生物学报,
     1999, 23(3):288~289.

[47] 余晓丽; 秦春香; 陈明,等.鲇鱼嗜水气单胞菌 PCR 检测方法的建立.广西农业科学,2008, 39(5):
     681~684.

[48] 储卫华,陆承平. PCR 扩增特异性 16S rDNA 和溶血素基因检测致病性嗜水气单胞菌.水产学报,
     2005, 29(1):79~82.

[49] 张晓君,陈翠珍,房海.草鱼肠炎嗜水气单胞菌分离株的主要特性及系统发育学分析.中国人兽共患
     病学报,2006, 22(4):334~337.

[50] 陈翠珍,张晓君,房海,等.鲢鳙打印病豚鼠气单胞菌主要特性及系统发育学分析.中国农学通报,
     2006, 22(5):455~459.

[51] 张晓君,陈翠珍,房海,等.鲢鱼白皮病致病菌特性的研究.河北农业技术师范学院学报,1998,
     12(3):40~44.

[52] 张晓君,陈翠珍,房海.甲鱼败血症感染及其病原细菌的检验.中国人兽共患病杂志,2000,16(2):
     70~71, 8.

[53] 安利国,傅荣恕,邢维贤,等.鲤竖鳞病病原及其疫苗的研究.水产学报,1998,22(2):136~141.

[54] 李希涛,刘万顺,孟文杰.临床感染豚鼠气单胞菌 21 例分析.中华医院感染学杂志,2002, 12(4): 315,
     316.

[55] 于泉,杨正时.与致病性有关的气单胞菌生化特性研究.微生物学通报,1987,14(3):114~116.

[56] 王晓苹，陈拱立，高霞献，等．三种气单胞菌致病性的实验研究．中国人兽共患病杂志，1990，6(5):7~9，13.

[57] 陈宗淦，朱江，鲁慎文，等．5 例豚鼠气单胞菌颅内感染的分析．中国微生态学杂志，1995，7(3):55，49.

[58] 叶应妩，王毓三．全国临床检验操作规程．2 版．南京：东南大学出版社，1997: 514~519.

[59] 张晓君，陈翠珍，何振平，等．草鱼细菌性烂鳃病的检验．中国农学通报，1998，14(1):45~46.

[60] 黄备，唐静亮，胡颢琰，等．舟山市海洋贝类生物体内的细菌学研究．中国环境监测，2010，26(1):31~33.

[61] 崔树玉，孙启华，李景学，等．260 株气单胞菌的表型特性与毒素原性研究．微生物学通报，1997，24(4):227~230.

[62] 胡圣尧，马子行，倪语星．温和气单胞菌毒素的生物学活性研究．微生物学通报，1996，23(1):22~26.

[63] 廖远泉，王后伟，章新智．温和气单胞菌与医院感染．安徽预防医学杂志，2000，6(2):103.

第30章 弯曲杆菌属 (*Campylobacter*)

弯曲杆菌属 (*Campylobacter* Sebald and Véron 1963 emend.Vandamme，Falsen，Rossau et al 1991) 的多个种 (species)、亚种 (subspecies)，均具有医学病原学意义。临床最为重要的，包括空肠弯曲杆菌 (*Campylobacter jejuni*) 即现在分类命名的空肠弯曲杆菌空肠亚种 (*Campylobacter jejuni* subsp.*jejuni*)、大肠弯曲杆菌 (*Campylobacter coli*) 也称为结肠弯曲杆菌、胎儿弯曲杆菌 (*Campylobacter fetus*)3 个种。其中，空肠弯曲杆菌 (空肠弯曲杆菌空肠亚种) 和大肠弯曲杆菌，主要是能够引起急性肠炎；胎儿弯曲杆菌在多数情况下，是作为机会病原菌 (opportunistic pathogen，亦称为条件病原菌)，主要是引起败血症等肠道外感染病 (infectious diseases)。另外，空肠弯曲杆菌也能引起牛、猪、鸡等多种动物的感染病，属于人畜共患病 (zoonoses) 的一种病原菌 [1～4]。

在医院感染 (hospital infection，HI) 的弯曲杆菌属细菌中，在我国已有明确报告的仅涉及空肠弯曲杆菌 (空肠弯曲杆菌空肠亚种)1 个种，且在所有医院感染细菌中也属于很少见的。

值此提示为便于记述，在以下对空肠弯曲杆菌空肠亚种均按空肠弯曲杆菌记述。

● 河南省新乡市传染病医院的刘爱丽等 (2012) 报告在 5 年 (2007 年 1 月至 2011 年 12 月) 间，该医院 5 个病区收治慢性重症肝炎患者 540 例、失代偿期肝硬化患者 2100 例共 2640 例，其中发生医院感染的 262 例 (感染率 9.92%)、320 例 (感染率 12.12%)。从感染患者的血液、腹水、尿液、粪便、痰液、咽拭子、脓液等标本材料中分离到病原菌 212 株，其中细菌 177 株 (构成比 83.49%)、真菌 (fungi)35 株 (构成比 16.51%)。在 177 株细菌中，革兰氏阴性细菌 125 株 (构成比 70.62%)，主要为大肠埃希氏菌 (*Escherichia coli*)、阴沟肠杆菌 (*Enterobacter cloacae*)、空肠弯曲杆菌、小肠结肠炎耶尔森氏菌 (*Yersinia enterocolitica*)；

革兰氏阳性细菌 52 株 (构成比 29.38%)，主要为凝固酶阴性葡萄球菌 (coagulase-negative staphylococci，CNS)、金黄色葡萄球菌 (*Staphylococcus aureus*)、表皮葡萄球菌 (*Staphylococcus epidermidis*)、解糖葡萄球菌 (*Staphylococcus saccharolyticus*)[5]。

1 菌属定义与分类位置

弯曲杆菌属为弯曲杆菌科 (Campylobacteraceae Vandamme and De Ley 1991) 细菌的成员，菌属 (genus) 内的种在近些年来变动还是较大的。菌属名称"*Campylobacter*"为现代拉丁语阳性名词，指弯曲的杆菌 (a curved rod)[6]。

1.1 菌属定义

弯曲杆菌属细菌为柔弱、螺旋状弯曲、大小为 (0.2 ~ 0.8)μm × (0.5 ~ 5.0)μm 的杆菌 (长的可达 8.0μm)，多个种的菌体大部分是弯曲的、有的直杆状；菌体有一个或多个螺旋，当两个菌体形成短链时可呈现 S 形或海鸥展翅形态，老龄培养物可呈球形或类似球形的，革兰氏阴性，由菌体一端或两端单极生鞭毛 (polar unsheathed flagellum) 运动，鞭毛可为菌体的 2 ~ 3 倍长，纤细弯曲杆菌 (*Campylobacter gracilis*) 无动力、昭和弯曲杆菌 (*Campylobacter showae*) 的鞭毛复杂、豕肠弯曲杆菌 (*Campylobacter hyointestinalis*) 的菌体鞭毛数量存在差别。

弯曲杆菌属细菌为微需氧菌，呼吸型代谢，有些种可在含有延胡索酸盐 (fumarate)、甲酸盐 (formate) 或氢 (hydrogen) 的培养基中进行厌氧生长；生长需要氧浓度为 3% ~ 15%、CO_2 浓度在 35%，适宜在 37℃生长、在 4℃不能生长。有机化能营养菌，不能氧化或发酵碳水化合物，不能产生酸或中性的终产物，以氨基酸或三羧酸循环 (tricarboxylic acid cycle) 中间产物获得能量、而不是从碳水化合物中获得能量；不能水解明胶、酪蛋白 (casein)、淀粉、酪氨酸 (tyrosine)，甲基红试验 (methyl red test，MR)、伏 - 波试验 (Voges-Proskauer test，V-P) 均阴性，除了纤细弯曲杆菌、简明弯曲杆菌 (*Campylobacter concisus*) 的一些个别分离菌株、昭和弯曲杆菌外的其他种氧化酶阳性，一些种的芳基硫酸酯酶 (arylsulfatase) 阳性，不能产生脂肪酶 (lipase)、磷酸酯酶 (lecithinase)，多数的种还原硝酸盐，不能产生色素。多数的种对人、动物具有致病性，曾在人及动物的生殖器官、肠道、口腔中发现此菌。

弯曲杆菌属细菌 DNA 中 G+C mol% 为 29 ~ 47，模式种：胎儿弯曲杆菌 [*Campylobacter fetus*(Smith and Taylor 1919)Sebald and Véron 1963][6]。

1.2 分类位置

按伯杰氏 (Bergey) 细菌分类系统，在第二版《伯杰氏系统细菌学手册》(*Bergey's Manual of Systematic Bacteriology*) 第 2 卷 (2005)C 部分中，弯曲杆菌属分类于弯曲杆菌科。

弯曲杆菌科包括弯曲杆菌属、弓形菌属 (*Arcobacter* Vandamme，Falsen，Rossau et al 1991 emend. Vandamme, Vancanneyt, Pot et al 1992)、硫化螺旋菌属 (*Sulfurospirillum* Schumacher, Kroneck and Pfennig 1993 emend.Finster, Liesack and Tindall 1997) 共 3 个菌属。

弯曲杆菌科的模式属 (type genus)：弯曲杆菌属。

弯曲杆菌属内共记载了 16 个种、6 个亚种。

16 个种，依次为：胎儿弯曲杆菌、大肠弯曲杆菌、简明弯曲杆菌、屈曲弯曲杆菌 (Campylobacter curvus)、纤细弯曲杆菌、瑞士弯曲杆菌 (Campylobacter helveticus)、人弯曲杆菌 (Campylobacter hominis)、豕肠弯曲杆菌、空肠弯曲杆菌、屠场弯曲杆菌 (Campylobacter lanienae)、海鸥弯曲杆菌 (Campylobacter lari)、黏膜弯曲杆菌 (Campylobacter mucosalis)、直肠弯曲杆菌 (Campylobacter rectus)、昭和弯曲杆菌、唾液弯曲杆菌 (Campylobacter sputorum)、乌普萨拉弯曲杆菌 (Campylobacter upsaliensis)。

6 个亚种，分别为：胎儿弯曲杆菌 2 个亚种——胎儿弯曲杆菌胎儿亚种 (Campylobacter fetus subsp. fetus)、胎儿弯曲杆菌性病亚种 (Campylobacter fetus subsp. venerealis)；豕肠弯曲杆菌 2 个亚种——豕肠弯曲杆菌豕肠亚 (Campylobacter hyointestinalis subsp. hyointestinalis)、豕肠弯曲杆菌劳氏亚种 (Campylobacter hyointestinalis subsp. lawsonii)；空肠弯曲杆菌 2 个亚种——空肠弯曲杆菌空肠亚种、空肠弯曲杆菌多氏亚种 (Campylobacter jejuni subsp. doylei)[6]。

2　空肠弯曲杆菌空肠亚种 (Campylobacter jejuni subsp. jejuni)

空肠弯曲杆菌 [Campylobacter jejuni(Jones,Orcutt and Little 1931)Véron and Chatelain 1973] 又称为空肠弯曲菌，最初被归入弧菌属 (Vibrio Pacini 1854)，名为空肠弧菌 (Vibrio jejuni Jones，Orcutt and Little 1931)，也曾被称为胎儿弯曲杆菌空肠亚种 (Campylobacter fetus subsp. jejuni Smibert 1974)。菌种名称 "jejuni" 为现代拉丁语属格中性名词，指空肠 (the jejunum)。

细菌 DNA 的 G+C mol% 为 28 ~ 33(T_m)；模式株 (type strain)：CIP 702，ATCC 33560，CCUG 11284，LMG 8841，NCTC 11351。GenBank 登录号 (16S rRNA)：L04315，M59298。

空肠弯曲杆菌空肠亚种 [Campylobacter jejuni subsp.jejuni(Jones，Orcutt and Little 1931) Véron and Chatelain 1973] 即空肠弯曲杆菌，细菌 DNA 的 G+C mol% 为 30 ~ 33(T_m)；模式株、GenBank 登录号 (16S rRNA)，与上面空肠弯曲杆菌的一致。

空肠弯曲杆菌多氏亚种 (Campylobacter jejuni subsp. doylei Steele and Owen 1988)，亚种名称 "jejuni" 为现代拉丁语属格名词，是以美国兽医师多伊勒 (L. P. Doyle) 的姓氏 (Doyle) 命名的。细菌 DNA 的 G+C mol% 为 28 ~ 31(T_m)；模式株：093，CCUG 24567，LMG 8843，NCTC 11951；GenBank 登录号 (16S rRNA)：L14630[6]。

早在 1927 年，Smith 和 Orcutt 从家畜腹泻的粪便中分离得到形态为弧样的细菌，在当时命名为 "Vibrio jejuni"（空肠弧菌），即现在的空肠弯曲杆菌。

2.1　生物学性状

在弯曲杆菌属细菌中，对空肠弯曲杆菌的一些主要生物学性状是认识比较清楚的，这也是与其具有重要的医学临床病原学意义相关联的。

2.1.1 形态与培养特征

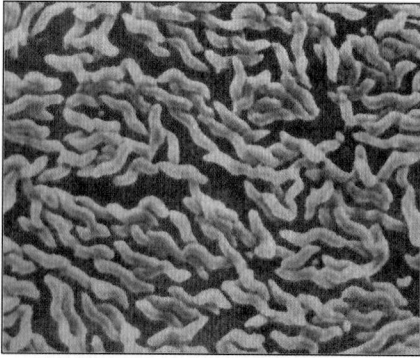

图 30-1 空肠弯曲杆菌
资料来源：陆德源 . 2000. 医学微生物学 . 4 版

空肠弯曲杆菌为柔弱、弧状、无芽孢、有荚膜、螺旋状弯曲或直的革兰氏阴性杆菌，大小通常为 $(0.2 \sim 0.5)\mu m \times (1.5 \sim 2.0)\mu m$。当两个菌体形成短链时，也可表现为海鸥翼状或 S 型。菌体螺旋较小和紧，或 S 型的菌体 (螺旋的平均波长在 $1.12\mu m$ 和平均波幅在 $0.48\mu m$)，随菌龄或暴露在氧环境可为类似球形的。空肠弯曲杆菌藉极生单鞭毛 (single polar flagellum) 运动 (在菌体一端或两端生长)，且鞭毛似乎是重要的毒力因子 (virulence factor)，是在肠道定居所必需的，而且鞭毛蛋白 (flagellar protein) 决定着鞭毛的相和抗原性变异 (phase and antigenic variation)、以逃避宿主 (host) 的免疫应答。鞭毛变异的基因 (flaA 和 flaB)，可通过分子流行病学的 PCR 方法检测到。图 30-1 为空肠弯曲杆菌的扫描电子显微镜 (scanning electron microscope，SEM) 图片 (原 ×9000)，显示螺旋状弯曲形态特征。

空肠弯曲杆菌为微需氧菌，在大气或厌氧环境中均不能生长，以在含有 5% 的 O_2、10% 的 CO_2、85% 的 N_2 环境中生长最为适宜。培养的适宜温度为 $25 \sim 45℃$，最为适宜在 $42℃$。生长的 pH 范围在 $7.0 \sim 9.0$，最为适宜为 pH 7.2。其对营养的要求较高，在含有裂解血液的培养基中生长良好，常用的选择性培养基有 Butzler 琼脂、Skirrow 琼脂、Campy-BAP 琼脂、Preston 琼脂等培养基。在固体培养基上生长 48h 后，可形成两种类型的菌落：一种为扁平、淡灰白色、有细微颗粒、半透明、边缘不规则的菌落，常常是沿接种线蔓延和趋于密集连接起来；另外一种类型为圆形 (直径在 $1 \sim 2mm$)、隆起、中凸、光滑有光泽、边缘半透明但中心颜色较暗、淡污褐色、半透明 (中央不透明) 的菌落。多数菌株在血液营养琼脂培养基上弱溶血，但溶血特性受培养基成分、pH 及环境气体、培养温度等条件的影响；已报告的溶血是在家兔、人、牛、绵羊、山羊、马、鸡的红细胞，并在不同红细胞中存在溶血活性的差异性。空肠弯曲杆菌可生长在含有 $1.0\% \sim 1.5\%$ 牛胆汁、0.02% 番红 (safranin) 的固体培养基，90% 的菌株能够耐受 0.04% 的氯化三苯四唑 (triphenyl-tetrazolium chloride，TTC)。

空肠弯曲杆菌多氏亚种形态为螺旋状态、S 型，较少为杆状，老龄培养物存在多形性。菌落很小，在血液营养琼脂培养基培养 $2 \sim 3$ 天后为淡灰白色、光滑，直径在 1.0mm；适宜生长在 $35 \sim 37℃$，在 $25℃$、$42℃$ 和营养贫瘠培养基中不能生长，40% 菌株能够耐受 0.04% 的氯化三苯四唑，在 0.02% 番红或 32mg/l 先锋霉素的固体培养基中不能生长。其致病性不清楚，主要分离于人 (特别是在婴儿) 的溃疡胃组织、腹泻和血液被检样品[6~8]。

2.1.2 生化特性

空肠弯曲杆菌的生化反应不活泼，主要为氧化酶、过氧化氢酶均为阳性，能产生微量或不能产生 H$_2$S，甲基红试验 (methyl red test，MR)、伏 - 波试验 (Voges-Proskauer test，V-P) 均阴性，在柠檬酸盐培养基中不生长。其能还原硝酸盐，不发酵糖类，不分解尿素，不产生靛基质 [6 ~ 8]。

2.1.3　抗原与血清型

空肠弯曲杆菌的细胞壁仅含有 D- 半乳糖、D- 半乳糖和 D- 葡萄糖，或 D- 半乳糖、D- 葡萄糖和 D- 甘露糖。有耐热 (heatstable，HS) 的菌体 (ohne hauch，O) 抗原、不耐热 (heat-labile，HL) 的抗原；菌体抗原是细胞壁脂多糖 (lipopolysaccharide，LPS) 成分，不耐热抗原是鞭毛蛋白 (flagellar protein)，即鞭毛 (hauch，H) 抗原。

对空肠弯曲杆菌的血清型分型方法较多，目前还主要是采用对其菌体抗原进行间接血凝反应分型、对其鞭毛抗原和表面 (kapsel，K) 抗原的玻片凝集反应分型。用菌体抗原分型方法，已鉴定出 66 个血清型；以鞭毛抗原和表面抗原分型方法，已鉴定出 108 个血清型。其中的菌体抗原菌株，以 O11、O12、O18 血清型为常见 [6, 7]。

2.1.4　生境与抗性

弯曲杆菌广泛分布于动物界，常常是寄生于动物和人的生殖器、肠道和口腔中，尤以在家禽、家畜、鸟类为多，在啮齿类动物中也可检出。对外界环境的抵抗力通常不强，对临床常用抗菌类药物容易产生耐药性 [1, 6 ~ 8]。

2.1.4.1　生境

有调查数据显示，弯曲杆菌在鸡的带菌率高达 89.3%、鸭为 79.2%、犬为 75.8%、猪为 61.5%、猫为 53.0%、牛为 43.0%，也构成家禽和其他鸟类，以及牛、绵羊、山羊、猪、犬、兔、猴等动物的肠道正常微生物区系。空肠弯曲杆菌广泛存在于家禽类动物的肠道中，可通过粪便排出体外，污染水源或食物后可引起腹泻的暴发流行。

2.1.4.2　抗性

空肠弯曲杆菌具有的微需氧生长特征，以致其在外界环境中的存活期很短。对干燥的抵抗力弱，对冷和热敏感，经 56℃作用 5min 即可将其杀死，培养物在普通冰箱中保存会很快死亡，对常用的消毒剂敏感。在潮湿、少量氧的情况下，可在 4℃存活 3 ~ 4 周；在水、牛奶、粪便中，其存活时间较长。

空肠弯曲菌比较容易产生耐药性，且多重耐药的比例较大。通常对环丙沙星、四环素、红霉素、萘啶酸、头孢哌酮、复方新诺明、头孢拉定等常用抗菌药物具有耐药性。在对患者使用氟喹诺酮、红霉素、四环素的治疗后，常可产生耐药性。

上海市浦东新区疾病预防控制中心的黄红等 (2014) 报告在 2011 年 6 月至 2012 年 5 月间，对浦东新区内 13 家腹泻病监测点医院进行了弯曲杆菌的监测分析，共收集患者粪便样品 2 532 份，结果检出空肠弯曲杆菌 106 份 (阳性率 4.19%)、大肠弯曲杆菌 21 份 (阳性率 0.83%)。对分离的 106 株空肠弯曲杆菌进行药物敏感性测定，结果为对供试的 14 种临床常用抗菌类药物，表现对氨基苷类、大环内酯类抗生素比较敏感，对喹诺酮类、头孢菌素类、磺胺类药物具有很强的耐药性。其中呈现高度敏感的是阿奇霉素 (敏感率 91.04%) 和红霉素 (敏感率 86.75%)，高度耐药的是头孢西丁 (耐药率 98.51%)、萘啶酸 (耐药率 97.76%)、复方新诺明 (耐药率 96.27%)、头孢呋辛 (耐药率 92.54%)、诺氟沙星 (耐药率 91.79%)[9]。

2.2 病原学意义

由弯曲杆菌属细菌引起的感染病，主要包括腹泻、肠道外组织器官的局灶性感染和菌血症、败血症等类型。弯曲杆菌属细菌呈世界性分布，是在全球范围内人类最为主要的感染性腹泻病原菌之一。另外，其也是在 20 世纪 70 年代发现并被确认的人畜共患病的病原菌 [1]。

2.2.1 人的空肠弯曲杆菌空肠亚种感染病

人对空肠弯曲杆菌空肠亚种 (空肠弯曲杆菌) 普遍易感，各年龄组均可被感染发病。患者在病后可产生一定的免疫力，血液中的相应抗体效价增高 [2]。

2.2.1.1 临床常见感染类型

在由弯曲杆菌属细菌引起的感染病中，最为常见的是弯曲杆菌肠炎 (campylobacter enteritis)。比利时学者 Butzler 于 1972 年，首次证实了弯曲杆菌可引起人的急性腹泻；弯曲杆菌肠炎这一病名，由 Skirrow 于 1977 年首先从腹泻患者粪便中分离出弯曲杆菌后提出，也是很常见的肠道传染病 [2, 3]。

(1) 肠道感染病：由空肠弯曲杆菌空肠亚种 (空肠弯曲杆菌) 引起的肠道感染病，主要是弯曲杆菌肠炎。其潜伏期为 1 ~ 7 天，表现起病急、病情的轻重不等，有近半数的感染者表现无症状。在有症状的患者中，90% 以上患者表现为发热 (体温为 37 ~ 40℃)，多数患者伴有全身感染的中毒症状。局部症状以腹痛、腹泻为主，腹痛 (呈阵发性绞痛) 多是位于脐周或上腹部，部分患者在右下腹部；病程高峰时的腹泻可达 8 ~ 10 次 / 天，呈稀便、黏液便，也可表现为水样便和血便，约有 25.0% 的患者伴有里急后重，少数患者有恶心、呕吐症状。病程通常在 1 周，也有的长达数周，少数患者可转为慢性腹泻 [1]。

空肠弯曲杆菌空肠亚种 (空肠弯曲杆菌) 属于食源性疾病 (foodborne diseases) 的病原菌，也称食源性病原菌 (foodborne pathogen)，可引起人的食物中毒 (food poisoning)；也属于空肠弯曲杆菌空肠亚种 (空肠弯曲杆菌) 引起急性胃肠炎 (致泻型) 的一种疾病，在世界各地多有发生且常呈暴发。

(2) 肠道外感染病：空肠弯曲杆菌空肠亚种 (空肠弯曲杆菌) 引起的肠道外感染病，主要包括脑膜炎、胆囊炎、尿道感染 (urinary tract infection，UTI) 等类型。另外是在空肠弯曲杆菌肠炎的部分患者中，可出现腹膜炎、心肌炎、心包炎、关节炎、阑尾炎、脑膜炎、溶血尿毒综合征、多发性神经炎、吉兰 (格林)- 巴雷 (巴利) 综合征 (Guillain-Barre syndrome，GBS) 等肠道外感染的并发症。其中的吉兰 (格林)- 巴雷 (巴利) 综合征发生于多种病原感染之后，经血清学证明弯曲杆菌感是其中最为突出的原因，有报告显示在吉兰 (格林)- 巴雷 (巴利) 综合征患者中有 30% ~ 40% 曾于 2 周前感染过空肠弯曲杆菌空肠亚种 (空肠弯曲杆菌)。空肠弯曲杆菌空肠亚种 (空肠弯曲杆菌) 感染触发的吉兰 (格林)- 巴雷 (巴利) 综合征表现病情重、病程长、后遗症多、病死率高 [1]。

2.2.1.2 医院感染特点

由弯曲杆菌属细菌引起的医院感染，相对来讲还是很少见的，且常常是发生在具有严重基础疾病的情况下。例如，在前面有记述河南省新乡市传染病医院的刘爱丽等 (2012) 报告在慢性重症肝炎患者、失代偿期肝硬化患者中发生的医院感染病例，其中的主要病原菌包括空肠弯曲杆菌空肠亚种 (空肠弯曲杆菌)[5]。

2.2.2　动物的空肠弯曲杆菌空肠亚种感染病

空肠弯曲杆菌空肠亚种 (空肠弯曲杆菌) 在动物的感染，主要是能引起绵羊的流产，还可引起牛、羊、猪、犬、猫、猴、幼驹、雏鸡等多种动物的腹泻等感染病[10]。

2.3　微生物学检验

对空肠弯曲杆菌空肠亚种 (空肠弯曲杆菌) 的微生物学检验，目前还主要是依赖于对细菌进行分离鉴定的细菌学检验。另外，已有报告免疫血清学检验方法及 PCR 分子生物学检验方法 [1~3]。

2.3.1　细菌学检验

将待检验的新鲜标本材料 (主要是粪便或肛拭子)，置入 Carry-Blair 运送培养基或碱性蛋白胨水中，在 24h 内直接或经增菌培养后，接种于弯曲杆菌选择性培养基，置微氧环境 42 ~ 43℃培养 24 ~ 48h 检查。对分离菌进行检查，若为革兰氏阴性菌，氧化酶、接触酶、动力试验阳性，则可初步确定为弯曲杆菌；进一步做生化试验检验，可进行种的鉴定。

2.3.2　分子生物学检验

有报告采用 PCR 方法，扩增弯曲杆菌 16S rRNA 基因片段，检测粪便、污染的牛奶及水资源，可克服细菌培养检查费时、检出率低的不足。另外是脉冲场凝胶电泳 (pulsed-field gel electrophoresis，PFGE) 方法，可用于空肠弯曲杆菌空肠亚种 (空肠弯曲杆菌) 的菌株间鉴定及亚型的研究，也可用于流行病学调查。

2.3.3　免疫学检验

在弯曲杆菌属细菌感染患者血清中，存在效价较高的相应特异性抗体。可通过凝集反应、荧光抗体技术、酶联免疫吸附试验等免疫学方法检验。

（陈翠珍）

参 考 文 献

[1] 贾辅忠 , 李兰娟 . 感染病学 . 南京 : 江苏科学技术出版社 , 2010: 518~520.

[2] 李梦东 . 实用传染病学 . 2 版 . 北京 : 人民卫生出版社 , 1998: 407~410.

[3] 聂青和 . 感染性腹泻病 . 北京 : 人民卫生出版社 , 2000: 340~350.

[4] 房海 , 史秋梅 , 陈翠珍 , 等 . 人兽共患细菌病 . 北京 : 中国农业科学技术出版社 , 2012: 514~538.

[5] 刘爱丽 , 杨梅 , 苏希风 . 2640 例慢性重症肝炎及失代偿期肝硬化医院内感染分析 . 中国民康医学 , 2012,

24(15):1828~1830.

[6] George M G. Bergey's Manual of Systematic Bacteriology. Second Edition. Volume Two. Part C. Springer, New York. 2005: 1147~1161.

[7] 蒋原 . 食源性病原微生物检测指南 . 北京 : 中国标准出版社 , 2010: 170~187.

[8] 李蓉 . 食源性病原学 . 北京 : 中国林业出版社 , 2008: 112~114.

[9] 黄红 , 王闻卿 , 傅惠琴 , 等 . 上海市浦东新区弯曲菌流行状况及耐药性分析 . 中国卫生检验杂志 , 2014, 24(13):1961~1963.

[10] 蔡宝祥 . 家畜传染病学 . 4 版 . 北京 : 中国农业出版社 , 2001: 63~67.

第31章 衣原体属 (*Chlamydia*)

衣原体属 (*Chlamydia* Jones Rake and Stearns 1945) 的多个种 (species)，均具有医学病原学意义。临床最为重要的，包括常可引起沙眼及成人包涵体结膜炎的沙眼衣原体 (*Chlamydia trachomatis*)、引起呼吸道感染 (主要感染类型是肺炎) 的肺炎衣原体 (*Chlamydia pneumoniae*)、引起鹦鹉热 (psittacosis) 的鹦鹉热衣原体 (*Chlamydia psittaci*) 等。其中的鹦鹉热衣原体，除了能引起人的鹦鹉热 (多是表现为肺炎或非典型肺炎型) 外，也能引起多种禽类及哺乳动物的感染病 (infectious diseases)，属于人畜共患病 (zoonoses) 的一种重要病原菌[1~4]。

衣原体属微生物亦属于真细菌 (eubacteria) 的范畴，在一般的《微生物学》书籍中，常是按传统习惯将衣原体类微生物作为一大类记述于"其他微生物"的章节中。

在医院感染 (hospital infection，HI) 的衣原体属细菌中，在我国已有明确报告的仅涉及肺炎衣原体、沙眼衣原体2个种，但在所有医院感染细菌中均属于比较少见的。

● 浙江省温州医学院附属第三医院妇幼分院的杜文君等 (2010) 报告，对该医院妇产科在 2006 年 7 月至 2008 年 12 月间，从门诊及住院患者各类标本材料中分离的病原体 (pathogen)，进行分布特点及耐药性分析。从 4131 份标本材料中，共检出病原体 3621 株 (检出率 87.65%)。其中细菌 4 种 652 株 (构成比 18.01%)、支原体 (Mycoplasma)2 种 2135 株 (构成比 58.96%)、衣原体 294 株 (构成比 8.12%)、属于真菌 (fungi) 的白色念珠菌 (*Candida albican*)540 株 (构成比 14.91%)。其中的细菌 4 种 652 株，分别为革兰氏阴性菌 2 种 359 株 (构成比 55.06%)、革兰氏阳性菌 2 种 293 株 (构成比 44.94%)[5]。

● 沈阳医学院附属中心医院的崔莉等 (2014) 报告，选取在 2012 年 8 月至 2013 年 8 月间，在该医院接受诊治的 86 例高龄脑出血患者 (年龄在 65 ～ 89 岁)，进行肺部感染情况检验，其中 17 例发生肺部感染 (感染率 19.77%)。从 17 例感染患者共检出病原体 26 株，其中细菌 6 种 20 株 (构成比 76.92%)、衣原体 4 株 (构成比 15.38%)、病毒 (virus)2 株 (构成比 7.69%)。其中的细菌 6 种 20 株，分别为革兰氏阴性菌 4 种 13 株 (构成比 65.00%)、革兰氏阳性菌 2 种 7 株 (构成比 35.00%)[6]。

● 河南省三门峡市中心医院的张英波等 (2014) 报告，分析了医院感染常见病原体的分布及耐药性情况。该医院在 2012 年 3 月至 2013 年 3 月间，从痰液 (80 份)、尿液 (50 份)、血液 (36 份)、粪便 (32 份)、前列腺液 (15 份)、咽拭子 (13 份)、分泌物 (10 份) 等感染标本材料 236 份中，检出病原体 216 株 (检出率 91.53%)。其中细菌 7 种 156 株 (构成比 72.22%)、肺炎支原体 (*Mycoplasma pneumoniae*)12 株 (构成比 5.56%)、肺炎衣原体 8 株 (构成比 3.70%)、病毒 (virus)7 种 (类)40 株 (构成比 18.52%)。其中的细菌 7 种 156 株，分别为革兰氏阴性菌 5 种 120 株 (构成比 76.92%)、革兰氏阳性菌 2 种 36 株 (构成比 23.08%)[7]。

1 菌属定义与分类位置

衣原体属是衣原体科 (Chlamydiaceae Rake 1957) 细菌的成员。菌属 (genus) 名称"*Chlamydia*"为新拉丁语阴性名词，指外衣、斗篷 (a cloak)[8]。

1.1 菌属定义

衣原体为 0.2 ～ 1.5μm 的球形微生物，无动力，只能在宿主细胞胞质中有膜包裹的空泡内、从小的原体 (elementary body，EB) 到较大的网状体 (reticulate body，RB)、以独特的发育周期进行二分裂繁殖，在网状体重新构建浓缩为新一代原体时完成整个循环过程。原体可在细胞外存活，能与易感宿主细胞表面特异性受体结合并通过吞噬作用进入宿主细胞发生感染。原体到网状体是逐渐转变成的，网状体在进行二分裂时可形成中间类型的所谓中间体 (intermediate body，IB) 及原体。原体的直径为 0.2 ～ 0.4μm，含有电子致密的核质和少数核蛋白体，由坚硬的三层壁围绕，具有感染性。网状体也称为始体 (initiai body)，直径为 0.6 ～ 1.5μm，不如原体致密，呈纤维状的核质，较多的核蛋白体，较薄和较柔软的三层壁，对细胞的传染性尚未得到证明。

革兰氏染色阴性，细胞壁在结构和成分上与其他革兰氏阴性菌的类似，但缺乏胞壁酸或极少，存在具有属特异性、与壁相关联的、含有 2- 酮 -3- 脱氧辛酸样物质的脂多糖 (lipopolysaccharide，LPS) 抗原。在原体和网状体壁的内表面上存在六角形规则排列的亚单位 (hexagonally arrayed subunits)，在外表面上则布缀着六角形排列的半球状凸出物 (hexagonal projections)。衣原体能致人、其他哺乳动物及鸟类的相应疾病。在宿主细胞外培养繁殖衣原体尚未能成功，它们可在实验动物、鸡胚卵黄囊或细胞培养中生长繁殖。衣原体可依靠宿主的高能化合物及低分子质量的中间代谢物来合成其自身的 DNA、RNA 和蛋白质，以及衣原体特异的小分子物质，不是由宿主细胞来制造。

衣原体属细菌 DNA 中 G+C mol% 为 39 ~ 45(T_m)，模式种 (type species)：沙眼衣原体 [*Chlamydia trachomatis*(Busacca 1935)Rake 1957][8]。

1.2 分类位置

按伯杰氏 (Bergey) 细菌分类系统，在第二版《伯杰氏系统细菌学手册》(*Bergey's Manual of Systematic Bacteriology*) 第 4 卷 (2010) 中，衣原体属分类于衣原体科。衣原体科仅包括 1 个衣原体属，也是模式属 (type genus)。

衣原体属内共记载了 9 个种、3 个生物型 (biovar)，以及 1 个其他培养物 (other organisms)。

9 个种，依次为：沙眼衣原体、流产衣原体 (*Chlamydia abortus*)、豚鼠衣原体 (*Chlamydia caviae*)、猫衣原体 (*Chlamydia felis*)、鼠类动物衣原体 (*Chlamydia muridarum*)、羊群衣原体 (*Chlamydia pecorum*)、肺炎衣原体、鹦鹉热衣原体、猪衣原体 (*Chlamydia suis*)。

3 个生物型，分别为：沙眼衣原体眼生物型 (*Chlamydia trachomatis* biovar *ocular*)、沙眼衣原体生殖器官生物型 (*Chlamydia trachomatis* biovar *genital*)、沙眼衣原体性病淋巴肉芽肿生物型 (*Chlamydia trachomatis* biovar *lymphogranuloma venereum*，LGV)。

1 个其他培养物：类衣原体 (*Chlamydia*-like organisms，CLO)。

在此说明，Everett 等 (1999) 提议建立了嗜衣原体属 (*Chlamydophila* Everett et al 1999) 也称为亲衣原体属，将衣原体属内的流产衣原体、豚鼠衣原体、猫衣原体、羊群衣原体、肺炎衣原体、鹦鹉热衣原体归入了嗜衣原体属内，分别命名为流产嗜衣原体 (*Chlamydophila abortus*)、豚鼠嗜衣原体 (*Chlamydophila caviae*)、猫嗜衣原体 (*Chlamydophila felis*)、羊群嗜衣原体 (*Chlamydophila pecorum*)、肺炎嗜衣原体 (*Chlamydophila pneumoniae*)、鹦鹉热嗜衣原体 (*Chlamydophila psittaci*)，在有的文献中也有这样使用的。但在《伯杰氏系统细菌学手册》第 4 卷 (2010) 中，这些所谓的嗜衣原体还是按分类于衣原体属描述的，所以在此也还仍然按分类于衣原体属予以记述[8]。

2 肺炎衣原体 (*Chlamydia pneumoniae*)

肺炎衣原体 (*Chlamydia pneumoniae* Grayston，Kuo，Campbell and Wang 1989) 的种名 "*pneumoniae*" 为新拉丁语属格名词，指肺炎 (pneumonia)。

细菌 DNA 的 G+C mol% 为 40(T_m)；模式株 (type strain)：TW-183，ATCC VR-2282。GenBank 登录号 (16S rRNA)：L06108，NR 026527，Z49873[8]。

肺炎衣原体由 Grayston 等首先发现和报告，于 1965 年在美国华盛顿大学首次从一名台湾儿童的眼结膜标本中，分离出 1 株衣原体，定名为 TW-183(Taiwan-183)；1983 年在同一大学，又从一名患急性呼吸道感染的学生 (咽炎) 的咽部分泌物中，分离出 1 株衣原体，取意于急性呼吸道感染定名为 AR-39(acute respiratory-39)。在后来，经鉴定两株衣原体为同一衣原体，但其特征不同于沙眼衣原体、鹦鹉热衣原体，取两株衣原体来源之意命名为 TWAR；后经研究发现其为人类急性呼吸道感染特别是肺炎的常见病原体，并已在世界各地成人中流行，所以正式定名为 "*Chlamydia pneumoniae*"（肺炎衣原体）[2,9]。

2.1 生物学性状

衣原体是介于立克次氏体 (Rickettsia) 与病毒 (Virus) 之间、能通过细菌滤器、营专性活细胞内寄生的一类原核微生物 (prokaryotic microorganism)，最初被误认为是大型病毒，现已明了其生物学特性更接近细菌、不同于病毒。

2.1.1 衣原体的基本性状

与衣原体相类似，通常也归类于真细菌中"其他微生物"范畴的还有立克次氏体、支原体 (Mycoplasma)，此三类革兰氏阴性细菌，其大小和特性均介于通常所指的细菌与病毒之间，表 31-1 是这几类微生物主要特征的比较。

表 31-1　支原体、立克次氏体、衣原体与细菌和病毒的比较

特征	细菌	支原体	立克次氏体	衣原体	病毒
一般直径 (μm)	0.2 ~ 0.5	0.2 ~ 0.25	0.2 ~ 0.5	0.2 ~ 0.3	< 0.25
可见性	光学显微镜	光学显微镜勉强可见	光学显微镜	光学显微镜勉强可见	电子显微镜
过滤性	不能过滤	能过滤	不能过滤	能过滤	能过滤
革兰氏染色	阳性或阴性	阴性	阴性	阴性	无
细胞壁	有坚韧细胞壁	缺	与细菌相似	与细菌相似	无细胞结构
繁殖方式	二均分裂	二均分裂	二均分裂	二均分裂	复制
培养方法	人工培养基	人工培养基	宿主细胞	宿主细胞	宿主细胞
核酸种类	DNA 和 RNA	DNA 和 RNA	DNA 和 RNA	DNA 和 RNA	DNA 或 RNA
核糖体	有	有	有	有	无
大分子合成	有	有	进行	进行	只利用宿主合成机构
产生 ATP 系统	有	有	有	无	无
增殖中结构完整性	保持	保持	保持	保持	失去
入侵方式	多样	直接	昆虫媒介	不清楚	取决于宿主细胞的性质
对抗生素	敏感	敏感（青霉素例外）	敏感	敏感	不敏感
对干扰素	某些菌敏感	不敏感	有的敏感	有的敏感	敏感

2.1.1.1 衣原体的原体和网状体基本形态

衣原体具有双层外膜 (outer membrane) 即细胞壁，其细胞质膜 (cytoplasmic membrane)

是与外膜分开的、周质空间 (periplasmic space) 狭窄，原体、网状体均存在凸出物结构。典型的衣原体形态，除了人型 (human biovar) 肺炎衣原体以外为圆形的；肺炎衣原体具有多形性，但典型的是梨形 (pear-shaped) 的且周质空间宽大，也有的肺炎衣原体分离物是圆形的，但其比典型圆形的原体的周质空间宽。

图 31-1、图 31-2、图 31-3，分别显示衣原体的原体、网状体形态特征。其中的图 31-1(Grayston 等 1989) 显示衣原体的原体基本形态 (标尺为 1.0μm)，a 显示沙眼衣原体菌株 TW-5(血清型 B)，圆形；b 为肺炎衣原体菌株 TW-183，梨形 (可见宽大的周质空间)。图

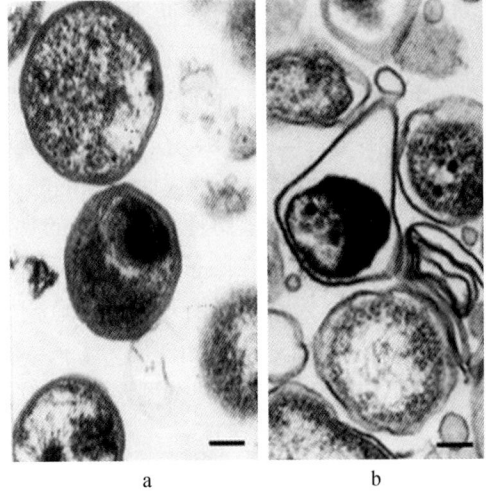

图 31-1　衣原体的原体基本形态

31-2(Matsumoto 1982) 显示鹦鹉热衣原体的原体，在壁的内表面上存在六角形规则排列的亚单位、在外表面上则为六角形排列的半球状凸出 (标尺为 1.0μm)；右下角插图为一个原体，显示凸出物的排列 (标尺为 0.1μm)。Hsia 等 (1997)、Bavoil 和 Hsia(1998) 报告这种六角形排列的半球状凸出物，很可能是 Ⅲ 型分泌系统样结构 (type Ⅲ secretion system-like structures)。图 31-3(Yang 等 1994) 显示肺炎衣原体的包涵体 (部分)，中间的箭头所指为显示发育良好的网状体的 3 层膜结构与包涵体膜 (inclusion membrane) 的接触点，是在具有纤毛的小鼠支气管上皮细胞 (ciliated bronchial epithelial cell)，这个网状体是正在分裂期的 (标尺为 1.0μm)[8]。

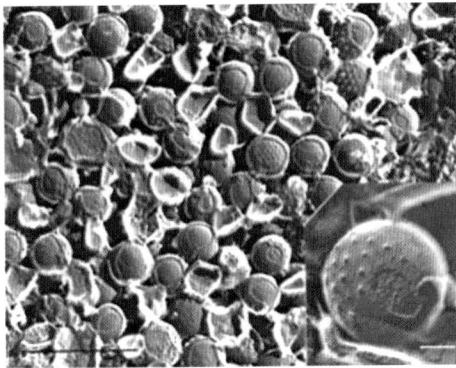

图 31-2　鹦鹉热衣原体的原体

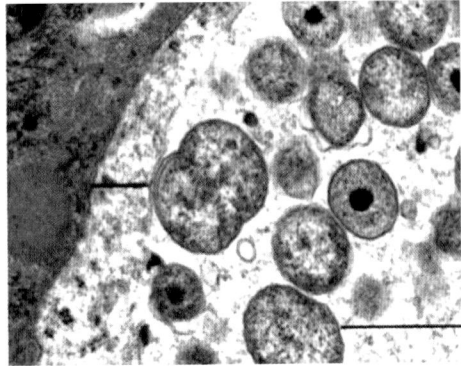

图 31-3　肺炎衣原体的网状体

2.1.1.2　衣原体的基本性状特点

衣原体是已知在细胞型微生物中生活能力最简单的，它没有产三磷酸腺苷 (adenosine triphosphate，ATP) 的系统 (自身缺乏能量系统)，其能量必须由宿主细胞提供，因而只能在活的细胞内寄生、不能通过人工培养基培养；目前多是以鸡胚等活组织，以及多种细胞培养衣原体。衣原体的蛋白质中缺少精氨酸和组氨酸，这表明它们的繁殖不需要这两种氨基酸。

衣原体是唯一的具有两个阶段繁殖周期、严格细胞内寄生的原核生物 (prokaryote)。其主要特点是：①与细菌的相同点，是同时含有 RNA 和 DNA 两种核酸；②具有独特的双相生活环，在其生活环的后期，呈二分裂繁殖；③存在由脂多糖、多种蛋白组成的细胞壁，类似于革兰氏阴性菌，在其中可有胞壁酸 (muramic acid) 但缺乏肽聚糖 (peptidoglycan)；④含有核糖体，以及多种代谢活性的酶类，能够进行简单的代谢活动；⑤对多种抗生素及磺胺类药物，具有敏感性；⑥在有的鹦鹉热衣原体菌株网状体中，已发现可存在噬菌体 (bacteriophage)；⑦在除了鹦鹉热衣原体的某些型、肺炎衣原体的大部分菌株外的其他多数衣原体中，通常都含有 7.5kb 的隐蔽性质粒 (cryptic plasmid)，这些质粒 (plasmid) 不能表达可以辨别的表型性状，所以属于"隐蔽性"的；⑧就致病作用来讲，衣原体是在同一种病原体、能够引起多种类型疾病的细菌中具有代表性的 [1～4]。

2.1.1.3　衣原体的生活环

衣原体在细胞内生长繁殖具有原体、网状体两种大小不同细胞类型的生活周期。其中小的原体细胞属于非生长型细胞，呈球形或卵圆形 (肺炎衣原体呈梨形)，是具有感染性的颗粒形态，RNA/DNA = 1；大的网状体细胞属于生长型细胞，呈球形或不规则形态，是具有繁殖性的颗粒形态，RNA/DNA = 3。

衣原体感染始自原体 (原始小体)，原体与细胞质界限清楚，也是发育成熟的衣原体。具有高度感染性的原体被易感宿主细胞表面的特异性受体吸附后，以胞吞作用 (endocytosis) 方式被细胞摄入后形成吞噬小泡，阻止与吞噬溶酶体融合；原体在泡内细胞壁变软，增大形成致密类核结构的网状体。网状体 (始体) 作为衣原体的繁殖体，在空泡中以二分裂方式反复繁殖，形成大量子细胞，然后子细胞又变成新生的原体。这种有大量衣原体在其中复制的空泡，称为包涵体 (inclusion body)，在包涵体成熟后，其膜和宿主细胞膜均破裂，释放出原体，再感染新的宿主细胞进入新的生活周期，整个周期 35～40h(图 31-4)。另外，在衣原体发育周期中的中间体，是一种从中间体到原体的过渡形态。衣原体的这些形态，以普通染料染色后在光学显微镜下能够观察到。衣原体与立克次氏体不同，衣原体不需媒介，它直接感染宿主 [3,4]。

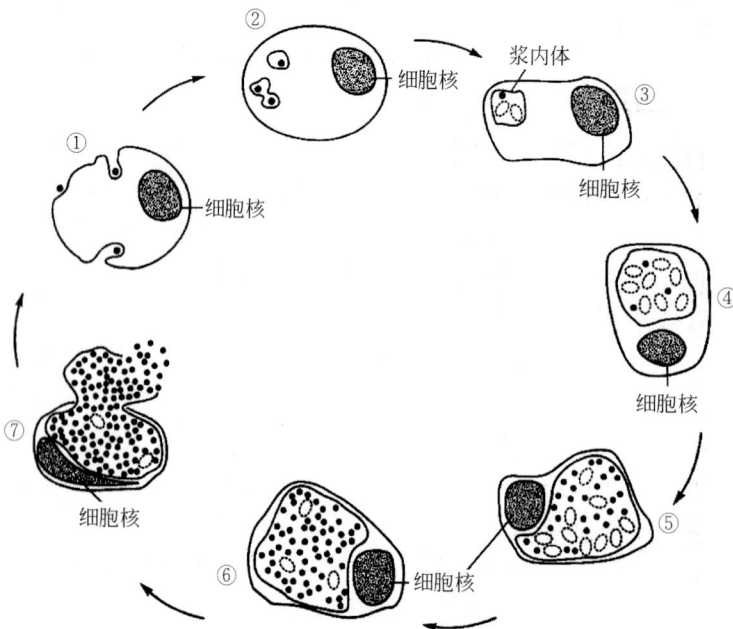

图 31-4　沙眼衣原体的生活环

2.1.1.4　衣原体的主要蛋白与抗原

由于衣原体的外膜结构在感染过程和免疫反应中具有重要作用，以致对其研究较多。已明了衣原体外膜复合

物 (chlamydial outer menbrane complex，COMC) 的主要组分，是分子质量为 40.0kDa、60.0kDa 和 12.0kDa 的蛋白质及脂多糖[3,4]。

(1) 外膜主要蛋白：在原体和网状体中均存在 40.0kDa 的外膜主要蛋白 (major outer menbrane protein，MOMP)，占外膜蛋白的 60% 以上，与外膜结构的完整性、生长典型调节、抗原性、毒力等生物学活性密切相关；在抗原性方面，具有属特异性、种特异性、血清型特异性的抗原决定簇，暴露于原体的表面，所以也构成了在标记试验中唯一起介导作用的蛋白。

(2) 富含半胱氨酸的蛋白：在衣原体外膜复合物上的另外两种主要蛋白成分，是大小为 60.0kDa 和 12.0kDa 的、富含半胱氨酸的蛋白质 (cysteine-rich protein，Crp)，它们在原体和网状体的转变中发挥重要的作用；尽管衣原体外膜缺乏肽聚糖，但由于此两种蛋白的半胱氨酸残基间形成广泛的二硫键交叉连接，也使得相当坚硬。

(3) 热休克蛋白：在热休克蛋白 (heat shock proteins，HSP) 中的一种是 57.0kDa 的外膜蛋白，它是具有属特异性的抗原，能够使致敏的豚鼠、猴等实验动物发生迟发型的变态反应眼疾；以完整的原体作为疫苗进行免疫预防接种时，常可导致病情加重，提示可能与此蛋白有关。另一种是分子质量为 75.0kDa 的外膜蛋白，目前普遍认为它是引起人类感染的一种已知抗原，抗相应蛋白的特异性抗体具有一定的中和作用。

(4) 巨噬细胞感染增强蛋白：衣原体外膜上的 27.0kDa 蛋白，也具有重要功能。此蛋白与嗜肺军团菌 (Legionella pneumophila) 表面的巨噬细胞感染增强蛋白 (macrophaga infectivity potentiator protein，MIP protein) 具有很高的同源性。巨噬细胞感染增强蛋白为嗜肺军团菌的主要毒力因子，在感染和防止吞噬体 - 溶酶体融合两个方面均起重要作用。此蛋白的 N- 端有一段序列能够形成突出于表面的 α- 螺旋，所以推测此蛋白可能是发挥类似于嗜肺军团菌的巨噬细胞感染增强蛋白的作用并形成表面突起。

(5) 脂多糖：在衣原体的细胞壁上均具有共同的脂多糖抗原，也是唯一能够将这种特异性的脂多糖排至宿主细胞膜表面上的微生物；有证据表明这种脂多糖在衣原体生长时合成过剩，从包涵体中释放出来到达感染细胞的细胞膜上。其能够耐受 100℃ 作用 10min，也是检验衣原体属的一种很有用的抗原成分。衣原体的脂多糖在菌体破坏时释放出来，能够刺激机体产生抗体，也与衣原体吸附宿主细胞有关，但缺乏内毒素的毒性。衣原体的脂多糖缺乏 O- 多糖及部分核心多糖，带有一个菌属特异的抗原决定簇。此决定簇对高碘盐敏感，所以长期被应用在了衣原体的血清型 (serovars) 检验中。

2.1.1.5　衣原体的生境与抗性

衣原体在自然界的宿主范围很广，在脊椎动物中包括人及多种家畜 (马、牛、羊、猪及其他多种动物)、家禽，以及其他鸟类。在无脊椎动物，如在节肢动物、甚至在阿米巴原虫中均有寄生。除了可引起人及一些动物发病外，也有的生物体是传播媒介，或为储存宿主。

衣原体对热敏感，温度在 56 ～ 60℃ 保持 5 ～ 10min 即可使其灭活。常用的消毒剂 (0.1% 甲醛、0.5% 苯酚、浓度 1 ∶ 2000 的升汞溶液、70% 乙醇溶液等) 均能在数分钟内将其杀灭。对低温干燥有耐性，在冰冻干燥条件下能够保存 30 年以上。由于原体的细胞壁缺乏肽聚糖，所以对 β- 内酰胺类抗生素缺乏敏感性，但对大环内酯类抗生素和四环素类敏感。

衣原体中以鹦鹉热衣原体的抵抗力最强，抗干燥能力较强，在室温条件下可存活1周，尤其是在鸟类粪便中。沙眼衣原体的感染性材料，在35～37℃条件下经48h即失去活性；对干燥敏感，在纤维织物、光滑表面上2～4h即失去活性；经56℃作用5～6min可被灭活，对冰冻干燥具有耐受性。肺炎衣原体在4℃经24h后的感染性丧失约50%，不能用甘油保存。

总体来讲，衣原体对低温的抵抗力较强，对56～60℃的温度敏感，通常仅能存活5～10min。沙眼衣原体在干燥的脸盆上30min即失去活性，但在卵黄囊膜悬液中于4℃可存活数周、–60℃可存活5年、–196℃可存活10年以上、冰冻干燥保存30年以上仍可复活。

0.1%甲醛或0.5%苯酚溶液在24h可杀灭沙眼衣原体，2.0%煤酚皂溶液仅需5min即可将其杀灭。对鹦鹉热衣原体，3.0%煤酚皂溶液需要24～36h才能被杀灭，但75%乙醇溶液仅需要数分钟即可将其杀灭。四环素、大环内酯类的红霉素、青霉素对衣原体有抑制作用[1, 3]。

2.1.2 肺炎衣原体的主要特性

肺炎衣原体在自然界的分布，目前已知人类和某些动物是它的宿主。在人类的分布是全球性的，通常寄居于人的呼吸道、咽喉等处，带菌者和隐性感染非常普遍。在动物，主要是马、考拉 (koala)。顺便记述考拉即树袋熊 (Koala bear Phascolarctos cinereus)，是澳大利亚奇特的珍贵原始树栖、有袋类动物，分布澳大利亚在大分水岭的东北部。

肺炎衣原体的基本生物学性状，同菌属的描述。原体呈典型的梨形 (平均直径在 0.38μm)，种的特异性抗原是相同的 (目前发现肺炎衣原体仅存在一个血清型)。肺炎衣原体包括人型、考拉型 (koala biovar)、马型 (horse biovar) 的3个生物型 (biovars)，其包涵体不含有糖原 (glycogen)，因此以碘染色阴性。肺炎衣原体的人生物型引起人 (宿主) 的咽炎、支气管炎、肺炎，也可能构成窦炎、中耳炎、动脉粥样硬化 (atherosclerosis) 的致病因子；考拉生物型引起考拉 (宿主) 的鼻炎、肺炎；马生物型引起马 (宿主) 的鼻炎[1,3, 8, 9]。

肺炎衣原体3个生物型 (人型、考拉型、马型)，在形态特征、在不同宿主致病作用等方面的主要特性，如表31-2所示。其中的马型肺炎衣原体，还仅是从马的浆液性鼻涕病症 (serous nasal discharge) 分离的1株[8]。

表 31-2　肺炎衣原体 3 个生物型的特性

项目	人型	考拉型	马型
致病性	咽炎，支气管炎，肺炎	鼻炎，肺炎	浆液性鼻涕病症，鼻炎
在原体中有无质粒	无质粒	无资料	有质粒
原体的形态特征	梨形	无资料	卵圆形
周质空间	宽大	无资料	紧密

2.2　病原学意义

衣原体感染，是指由各种衣原体引起的一组感染病。可广泛感染家畜、野生动物和人类，引起流产、肺炎和支气管肺炎、胃肠炎、脑脊髓炎、结膜炎及关节炎等多种感染病。

肺炎衣原体主要是能够引起人的急性呼吸道感染，主要感染类型为肺炎，也可引起咽炎、喉炎、支气管炎、心内膜炎、肝炎、脑膜炎、结节性红斑等 [1~4]。

由衣原体引起的医院感染，还多是以衣原体属 (未明确到种) 的名义记述的。就肺炎衣原体来讲，以下记述的一些报告，是具有一定代表性的。

在前面有记述河南省三门峡市中心医院的张英波等 (2014) 报告，分析了医院感染常见病原体的分布及耐药性情况。在该医院从医院感染患者不同被检材料中检出的病原体 216 株，其中包括肺炎衣原体 8 株 (构成比 3.70%)[7]。

河南省巩义市人民医院的李会晓 (2014) 报告，对在 2011 年 1 月至 2013 年 1 月间，该医院神经内科收治的 253 例急性脑出血患者，进行了医院感染病原体分布及耐药性情况分析。在 253 例患者分别采集的痰液、血液、咽拭子标本材料检出病原体的共 136 例 (检出率 53.75%)，检出细菌、病毒、支原体 (mycoplasma)、衣原体共 4 种类病原体 145 株。在 4 种类 145 株病原体中，检出细菌 6 种以及其他细菌共 77 株 (构成比 53.10%)、病毒 4 种 33 株 (构成比 22.76%)、肺炎支原体 25 株 (构成比 17.24%)、肺炎衣原体 10 株 (构成比 6.89%)[10]。

2.3 微生物学检验

在对人及陆生动物的衣原体感染检验中，有较多的方法可被使用，如用发育鸡胚卵黄囊或细胞培养来分离出衣原体，用免疫血清学反应检测衣原体抗原或抗体等。在进行染色检查时，通常多采用姬姆萨 (Giemsa) 染色或马基阿韦洛 (Macchiavello) 染色，衣原体的网状体经姬姆萨染色呈红色、经马基阿韦洛染色呈蓝色；原体经姬姆萨染色呈紫色、经马基阿韦洛染色呈红色，但在普通光学显微镜下仅勉强可见到。

对肺炎衣原体的微生物学检验，可用直接涂片检查、组织培养法、血清学检查等方法检验 [1]。

2.3.1 直接涂片检查

用咽拭子或从患者下呼吸道采集标本，以肺炎衣原体特异性单克隆抗体染色，检查其特异性包涵体及原体。

2.3.2 组织培养法

可用细胞培养法培养肺炎衣原体 24h，再以肺炎衣原体特异性单克隆抗体染色，检查其特异性包涵体。

2.3.3 血清学检查

血清学检查目前仍然是在临床上常用的检验方法，主要包括如下几种。①直接免疫荧光法：以肺炎衣原体直接免疫荧光单克隆抗体试剂，直接检查临床涂片标本中的肺炎衣原体。②免疫荧光试验：微量免疫荧光试验被广泛用于对衣原体的血清学诊断，以及对沙眼衣原体的定型，检测特异性 IgM 及 IgG。③补体结合试验：是一种特异性强、敏感度高的经典血清学方法，被广泛用于衣原体感染的诊断，以及对衣原体抗原的研究。④琼脂免疫扩散试验：琼脂免疫扩散试验方法，也可用于对衣原体的检验。

另外，以 PCR 方法检测肺炎衣原体的 DNA，具有敏感度高、简便、快速等特点，且可分辨不同型衣原体感染，其特异性、敏感性均高于其他方法。

3 沙眼衣原体 (*Chlamydia trachomatis*)

沙眼衣原体 [*Chlamydia trachomatis*(Busacca 1935)Rake 1957] 的种名"*trachomatis*"为新拉丁语属格名词，指沙眼 (trachoma)。最初被归在了立克次氏体属 (*Rickettsia* da Rocha-Lima 1916)，名为沙眼立克次氏体 (*Rickettsia trachomae* Busacca 1935)。细菌 DNA 的 G+C mol% 为 43 ~ 44.2(T_m)；模式株：A/Har-13(Trachoma type A strain HAR-13)，ATCC VR-571-B。GenBank 登录号 (16S rRNA)：D89067，E17344，NR 025888。

沙眼衣原体眼生物型 (*Chlamydia trachomatis* biovar *ocular*)，DNA 的 G+C mol%(测定 5 个菌株) 为 44(T_m)；模式株：PK-2，serovar C，ATCC VR-576。GenBank 登录号 (16S rRNA)：strain C/TW-3/OT(D85720)。

沙眼衣原体生殖器官生物型 (*Chlamydia trachomatis* biovar *genital*)，DNA 的 G+C mol%(测定 2 个菌株) 为 44.2(T_m)；模式株：UW-3/Cx，serovar D，ATCC VR-885。GenBank 登录号 (16S rRNA)：strain D/UW-3Cx(D85721)。

沙眼衣原体性病淋巴肉芽肿生物型 (*Chlamydia trachomatis* biovar *lymphogranuloma venereum*，LGV)，DNA 的 G+C mol% 为 43(T_m)；模式株：434，serovar L2，ATCC VR-902B。GenBank 登录号 (16S rRNA)：U68443[8]。

在第 1 章"病原细菌的发现与致病作用"中有简要记述，世界上首先对沙眼衣原体的成功分离与培养，是由我国学者完成的，并从此开辟了医学微生物学的一个新领域。在这个富具献身精神和创造力的科学研究团队中，做出了重要贡献的当首推我国第一代医学病毒学家、世界著名的微生物学家汤飞凡 (1897 ~ 1958)。在 1955 年 7 月，汤飞凡及其助手黄元桐、李一飞等，首次用鸡胚卵黄囊接种培养方法，分离出了第 1 株沙眼衣原体，在当时由于对衣原体这种新的微生物尚缺乏认识，所以被认为是病毒，后来在许多的外国实验室都将其称为"Tangy's virus"(汤氏病毒)，即现在的沙眼衣原体。

3.1 生物学性状

沙眼衣原体的原体直径约在 0.38μm，网状体直径在 0.5 ~ 1.0μm。原体能够合成糖原，掺入包涵体的基质组成中，所以使碘染色成棕褐色。菌株均分离于人，包括按对不同组织亲嗜性 (tissue tropism) 划分的 3 个生物型 (眼生物型、生殖器官生物型、性病淋巴肉芽肿生物型)。其中的生殖器官生物型、性病淋巴肉芽肿生物型可以利用色氨酸 (tryptophan) 合成吲哚 (indole)，眼生物型的不能；3 个生物型的遗传关系密切。

沙眼衣原体有 18 个血清型 (A、B、Ba、C、D、Da、E、F、G、H、I、Ia、J、K、L1、L2、L2a、L3)，通常是主要根据各自的致病作用特点，将其划分为 3 组 (型)：流行

性沙眼组 (型)，包括 A、B、Ba、C 血清型；眼 - 泌尿生殖道组 (型)，包括 D、Da、E、F、G、H、I、Ia、J、K 血清型；淋巴肉芽肿组 (型)，包括 L1、L2、L2a、L3 血清型。

18 个血清型的沙眼衣原体，均含有 7.5kb 的内源性质粒，且此质粒均存在于原体、网状体两者的生长阶段中 [3、8,9]。

3.2 病原学意义

沙眼衣原体感染，通常是可引起沙眼及成人包涵体结膜炎 (inclusion conjunctivitis)。沙眼是在世界范围流行的眼病，是致盲的重要病因。另外是由沙眼衣原体引起的泌尿生殖系统感染，目前已成为世界许多国家性传播、新生儿围产期母婴传播疾病的重要病因，并成为严重的社会问题。临床上分别引起沙眼、成人包涵体性结膜炎、非淋球菌性尿道炎、新生儿结膜炎和肺炎。此外，沙眼衣原体还可引起性病淋巴肉芽肿 (lymphogranuloma venereum)、肛周炎、直肠炎等 [1,2,3、8]。

3.2.1 沙眼衣原体眼不同生物型的致病特征

沙眼衣原体在不同生物型、不同血清型的菌株间，在致病作用方面具有不同的特征，但在它们之间存在一定的关联性。

3.2.1.1 沙眼衣原体眼生物型

通常情况下所记述的沙眼衣原体，主要指的是沙眼衣原体眼生物型；眼生物型沙眼衣原体，也是沙眼衣原体的古老命名法 (old nomenclature)。

沙眼衣原体眼生物型 (即通常所指的沙眼衣原体)，专门寄生在结膜黏膜细胞，通常在家庭、学校传播，基本感染类型是滤泡性结膜炎 (follicular conjunctivitis)，可以自然愈合，但可反复感染、并在结膜和角膜形成瘢痕 (scarring)，最终可导致失明。其主要是可引起新生儿、儿童、成人的包涵体性结膜炎、沙眼和失明。其血清型，主要为流行性沙眼组 (型) 的 A、B、Ba、C(4 个) 型。

3.2.1.2 沙眼衣原体生殖道生物型

沙眼衣原体生殖道生物型，通过性和接触传播，基本类型是泌尿生殖道黏膜感染，可通过自身结膜或接触急性滤泡性结膜炎 (acute follicular conjunctivitis) 感染，慢性感染通常为女性不育。其主要是可引起成人的眼及生殖器感染、非淋球菌性尿道炎及宫颈炎、新生儿的眼及呼吸道感染，是目前在国外发病率最高的性传播疾病，再者是还可引起成人眼、新生儿眼和呼吸道感染。感染类型主要包括小儿肺炎，男性尿道炎、附睾炎，女性尿道综合征 (urethral syndrome)、子宫颈炎、子宫内膜炎、输卵管炎、因输卵管因素的不孕、直肠炎；也可能构成肝周炎和腹膜炎 (perihepatitis and peritonitis) 即菲 - 休 - 柯氏综合征 (Fitz-Hugh-Curtis syndrome，FHCS)、前庭大腺炎 (bartholinitis)、心内膜炎的致病因子。其血清型，主要为眼 - 泌尿生殖道组 (型) 的 D、Da、E、F、G、H、I、Ia、J、K(10 个) 型，在各血清型间的毒力差异性不明显。

3.2.1.3 沙眼衣原体性病淋巴肉芽肿生物型

沙眼衣原体性病淋巴肉芽肿生物型，可引起性病淋巴肉芽肿，也可引起直肠结肠炎。

通过两性间传播能够引起全身性感染，主要是淋巴结病 (lymphadenopathy)。其血清型，主要为淋巴肉芽肿组 (型) 的 L1、L2、L2a、L3(4 个) 血清型。

3.2.2 沙眼衣原体的医院感染情况

在沙眼衣原体的医院感染方面，还是比较少见的。白求恩医科大学第二临床学院的贾海玲等 (1999) 报告，随机抽取在 1997 年至 1998 年间，该医院妇科门诊和住院患者 159 例 (农村患者 90 例、城市患者 69 例)，年龄在 18 ~ 60 岁。分别行宫颈涂片后，以衣原体荧光抗体染色检查。结果在 159 例中检出沙眼衣原体阳性患者 25 例 (阳性率 15.72%)，其中 9 例属于医院感染患者 (构成比 36.00%)[11]。

3.3 微生物学检验

对沙眼衣原体的微生物学检验，目前主要包括病原学检查、血清学检查、衣原体核酸的检测等内容 [1,3, 8]。

3.3.1 病原学检查

对沙眼衣原体的病原学检查，主要包括两种方法。①细胞学检查：可取眼结膜、宫颈拭子或刮片做涂片，对下呼吸道感染患者宜经纤维支气管镜刷取分泌物或灌洗液，检测上皮细胞内的沙眼衣原体包涵体。方法简便，但其检出率低 (通常低于 30%)。②细胞培养检查：以细胞培养方法，再用单克隆荧光抗体染色，检测其特异性包涵体。此方法的敏感性为 70%，特异性在 100%。

3.3.2 血清学检查

对沙眼衣原体的血清学检查，主要包括两种方法。①检测特异性抗原：以直接免疫荧光技术，检测尿液及生殖器分泌物中的特异性抗原。此方法简便快速、敏感性和特异性也较高，已广泛应用于临床。另外是用衣原体种的特异性单克隆抗体 (species-specific monoclonal antibody) 以微量免疫荧光方法 (micro-immunofluorescence test) 可区分不同种衣原体。②检测特异性抗体：由于衣原体具有共同的菌属抗原，补体结合试验方法不能区分衣原体的种、型，所以此方法是不常用的。

3.3.3 衣原体核酸的检测

对沙眼衣原体进行核酸的检测，主要包括两种方法。①原位杂交方法检测：用 DNA 探针检测活检标本中的衣原体 DNA，具有很高的特异性和敏感性，可区分出衣原体的种、型，目前主要是用于流行病学调查。②PCR 检测：以 PCR 方法检测衣原体 DNA，具有简便、快速、特异性和敏感性良好的特点，已广泛用于眼结膜、宫颈拭子、尿液等的快速检查。

（陈翠珍）

参 考 文 献

[1] 贾辅忠 , 李兰娟 . 感染病学 . 南京 : 江苏科学技术出版社 , 2010: 625~629.

[2] 李梦东 . 实用传染病学 . 2 版 . 北京 : 人民卫生出版社 , 1998: 288~293.

[3] 杨正时 , 房海 . 人及动物病原细菌学 . 石家庄 : 河北科学技术出版社 , 2003: 1262~1295.

[4] 闻玉梅 . 现代医学微生物学 . 上海 : 上海医科大学出版社 , 1999: 570~591.

[5] 杜文君 , 孙庆丰 , 蔡微微 , 等 . 妇幼保健院妇产科病原体分布特点及耐药性分析 . 中华医院感染学杂志 ,
    2010, 20(8):1183~1185.

[6] 崔莉 , 杨爽 , 李润辉 . 脑出血患者肺部感染早期物理治疗的临床研究 . 中华医院感染学杂志 , 2014,
    24(4):906~908.

[7] 张英波 , 荆菁华 , 郎少磊 . 医院感染病原体分布及耐药性研究 . 中华医院感染学杂志 , 2014,
    24(18):4432~4433, 4438.

[8] Aidan C P. Bergey's Manual of Systematic Bacteriology.Second Edition.Volume Four.Springer, New York.
    2010: 845~861.

[9] 陆德源 . 医学微生物学 . 4 版 . 北京 : 人民卫生出版社 , 2000: 177~184.

[10] 李会晓 . 急性脑出血患者医院感染的病原菌分布及耐药性分析 . 中国临床研究 , 2014, 27(3):289~290.

[11] 贾海玲 , 孙淑珍 . 妇科沙眼衣原体医院感染临床观察 . 中华医院感染学杂志 , 1999, 9(4):231.

第 32 章　加德纳氏菌属 (*Gardnerella*)

加德纳菌氏属 (*Gardnerella* Greenwood and Pickett 1980) 的阴道加德纳氏菌 (*Gardnerella vaginalis*)，可引起人的多种类型感染病 (infectious diseases)，其中比较常见的是作为细菌性阴道病 (bacterial vaginosis)，亦即在以往曾被称为非特异性阴道炎 (non-specific vaginitis) 的病原菌。在动物，已明确可引起狐狸发生泌尿、生殖系统感染病。从某种意义上讲，阴道加德纳氏菌也可被认为是人畜共患病 (zoonoses) 的一种病原菌 [1, 2]。

在医院感染 (hospital infection，HI) 的加德纳氏菌属细菌中，在我国已对阴道加德纳氏菌有明确的报告，但还是不很常见的，主要是在妇产科。

● 广东省湛江市第二人民医院的林小菊等 (2008) 报告在 3 年 (2004 年 1 月至 2006 年 12 月) 间，对该医院妇科门诊及住院患者 16 224 例的阴道分泌物进行病原体 (pathogen) 检验，结果在 10 968 例中检出有 6 类病原体存在 (阳性检出率 67.60%)。在 10 968 例中 6 类病原体 (pathogen) 的存在情况，分别为：机会病原菌 (opportunistic pathogen) 的 4429 例 (构成比 40.38%)、真菌 (fungi) 2985 例 (构成比 27.22%)、阴道加德纳氏菌的 2288 例 (构成比 20.86%)、纤毛菌的 747 例 (构成比 6.81%)、滴虫的 357 例 (构成比 3.25%)、淋病奈瑟氏球菌 (*Neisseria gonorrhoeae*) 的 162 例 (构成比 1.48%)，阴道加德纳氏菌居第 3 位 [3]。

● 湖北省武汉市东西湖区人民医院的代淑兰 (2013) 报告，其分析了该医院妇产科医院感染的病原菌分布及耐药情况，收集在 2010 年 1 月至 2011 年 12 月间，从该医院门诊和住院患者的生殖道分泌物、咽拭子、尿液、血液及其他体液等标本材料,检出病原菌 2156 株，其中细菌 1670 株 (构成比 77.46%)、真菌 486 株 (构成比 22.54%)。涉及出现频率较高的 10 种细菌 1443 株 (构成比 86.41%)、其他病原菌 227 株 (构成比 13.59%)。在 10 种 1443 株主要病原菌中，革兰氏阴性细菌 6 种 1126 株 (构成比 78.03%)、革兰氏阳性细菌 4 种

317 株 (构成比 21.97%)，出现频率依次为：大肠埃希氏菌 (*Escherichia coli*)299 株 (构成比 20.72%)、阴道加德纳氏菌 287 株 (构成比 19.89%)、淋病奈瑟球氏菌 265 株 (构成比 18.36%)、副流感嗜血杆菌 (*Haemophilus parainfluenzae*)164 株 (构成比 11.37%)、粪肠球菌 (*Enterococcus faecalis*)118 株 (构成比 8.18%)、表皮葡萄球菌 (*Staphylococcus epidermidis*)97 株 (构成比 6.72%)、肺炎克雷伯氏菌 (*Klebsiella pneumoniae*)85 株 (构成比 5.89%)、无乳链球菌 (*Streptococcus agalactiae*)63 株 (构成比 4.37%)、金黄色葡萄球菌 (*Staphylococcus aureus*)39 株 (构成比 2.70%)、流感嗜血杆菌 (*Haemophilus influenzae*)26 株 (构成比 1.80%)，阴道加德纳氏菌居第 2 位 [4]。

1　菌属定义与分类位置

加德纳氏菌属为双歧杆菌科 (Bifidobacteriaceae Stackebrandt，Rainey and Ward-Rainey 1997) 细菌的成员。菌属 (genus) 名称 "*Gardnerella*" 为新拉丁语阴性名词，是以首先比较系统研究报告了阴道加德纳氏菌这种新病原细菌的加德纳 (H. L. Gardner) 的姓氏 (Gardner) 命名的 [5]。

1.1　菌属定义

加德纳氏菌属细菌，为 (0 ~ 0.5)μm × (1.5 ~ 2.5)μm 的多形性杆菌 (pleomorphic rods)，不存在丝状 (filaments) 菌体，无荚膜、芽孢，革兰氏阴性到可变，无动力。其为兼性厌氧菌，生长需要复杂营养，氧化酶、接触酶阴性，有机化能营养，发酵型 (fermentative type) 代谢，从麦芽糖、淀粉等多种碳水化合物 (carbohydrates) 产酸、不能产气，乙酸是主要的发酵产物，能够水解马尿酸盐 (hippurate)，对人的血液溶血但对绵羊血液不溶血，存在于人的泌尿生殖道。

加德纳氏菌属细菌 DNA 的 G+C mol% 为 42 ~ 44(Bd)；模式种 (type species)：阴道加德纳氏菌 [*Gardnerella vaginalis*(Gardner and Dukes 1955)Greenwood and Pickett 1980][5]。

1.2　分类位置

按伯杰氏 (Bergey) 细菌分类系统，在第二版《伯杰氏系统细菌学手册》(*Bergey's Manual of Systematic Bacteriology*) 第 5 卷 (2012) 中，加德纳氏菌属分类于双歧杆菌科。

双歧杆菌科共包括 7 个菌属，依次为：双歧杆菌属 (*Bifidobacterium* Orla-Jensen 1924)、气斯卡多维氏菌属 (*Aeriscardovia* Simpson，Ross，Fitzgerald and Stanton 2004)、别样斯卡多维氏菌属 (*Alloscardovia* Huys，Vancanneyt，D'Haene，Falsen，Wauters and Vandamme 2007)、加德纳氏菌属、类斯卡多维氏菌属 (*Metascardovia* Okamoto，Benno，Leung and Maeda 2007)、副斯卡多维氏菌属 (*Parascardovia* Jian and Dong 2002)、斯卡多维氏菌属 (*Scardovia* Jian and Dong 2002)。

双歧杆菌科细菌 DNA 的 G+C mol% 为 42 ~ 67(T_m)；模式属 (type genus)：双歧杆菌属。

迄今在加德纳氏菌属内，仍仅含有阴道加德纳氏菌 1 个种 (species)。

2 阴道加德纳氏菌 (*Gardnerella vaginalis*)

阴道加德纳氏菌 [*Gardnerella vaginalis*(Gardner and Dukes 1955)Greenwood and Pickett 1980] 在最初被分类于嗜血杆菌属 (*Haemophilus* Winslow，Broadhurst，Buchanan et al 1917)，名为阴道嗜血杆菌 (*Haemophilus vaginalis* Gardner and Dukes 1955)。菌种名称 "*vaginalis*" 为新拉丁语阴性形容词，指与阴道有关的 (pertaining to vagina)。

细菌 DNA 的 G+C mol% 为 42 ~ 44(Bd)；模式株 (type strain)：ATCC 14018(strain 594 of Gardner and Dukes，1955)。GenBank 登录号 (16S rRNA)：M58744[5]。

最早是 Leopold 于 1948 年 10 月在美国微生物学会年会过敏分会会议上，口头报告了他从男性前列腺炎及女性宫颈炎病例分离到一种小的、具有多形态特征的革兰氏阴性杆菌，与嗜血杆菌属细菌非常相似；1953 年，Leopold 将其发表于现已停刊的《美国军医学杂志》(*US Armed Forces Med J*) 上。随后是 Gardner 和 Dukes(1955) 报告，从 1 例非特异性阴道炎病例 (以排泄灰白色、恶臭的阴道分泌物为特征) 的阴道分泌物中，分离到与 Leopold(1953) 报告相类似的细菌；当时主要是根据其形态特征，生长像嗜血杆菌属细菌那样需要有生长因子 (growth factors)，如在血液中存在的 X 因子 (X factor)——原卟啉Ⅸ (protoporphyrin Ⅸ) 或高铁血红素 (protoheme)、V 因子 (V factor)——烟酰胺腺嘌呤二核苷酸 (nicotinamide adenine dinucleotide，NAD) 即辅酶Ⅰ或 NAD 磷酸盐 (NAD phosphate，NADP) 等，所以将其归入了嗜血杆菌属，并首先将其命名为 "*Haemophilus vaginalis*" (阴道嗜血杆菌)，同时认为这种非特异性阴道炎是由此细菌引起的一种新的感染病。在以后的研究发现，此菌的生长并非一定需要 X 因子和 V 因子 [1，2，6,7]。

2.1 生物学性状

阴道加德纳氏菌的形态、培养特征、理化特性等一些主要生物学性状，同菌属的描述；最初的菌株，主要分离于人的泌尿生殖道 [1，2，5]。

2.1.1 形态与培养特征

阴道加德纳氏菌为具有多形态特征、大小为 (0 ~ 0.5)μm × (1.5 ~ 2.5)μm 的杆菌和球杆菌，革兰氏阴性或不定。革兰氏染色反应与培养环境与条件有关，在含有浓血清培养基上的培养物为革兰氏阳性。新分离的菌株有菌毛，经传代培养后容易丧失，具有菌毛的菌株可黏附于阴道上皮细胞。其不产生荚膜、芽孢和鞭毛。

阴道加德纳氏菌对生长所需的要求比较苛刻，在常用的普通营养琼脂培养基上不生长或生长微弱，能够在含有血液的营养琼脂培养基、巧克力琼脂培养基上生长，在麦康凯琼脂培养基上不能生长。在阴道琼脂 (V 琼脂) 培养基上经 24h 培养后形成针尖大小的菌落，培养 48h 后菌落直径可达 0.4 ~ 0.5mm，呈圆形、光滑、不透明；培养 48h 后继续培养，菌落直径可在 0.5mm 以上，但并不随培养时间的延长进一步增大。在含有羊血液的营养琼脂培养基上无溶血现象，但有大多数菌株在含有人血液或家兔血液营养琼脂培养基上可表现出弥散的 β 型溶血现象，对马血液没有或几乎没有溶血作用。适宜的生长温度为 35 ～ 37℃，也可在 25℃ 和 42℃ 条件下生长；适宜生长的 pH 为 6.0 ～ 6.5，在 pH 4.0 时不能生长、在 pH 4.5 时仅能够微弱生长、在 pH 8.0 时能生长。其兼性厌氧，在含有 5.0% 的 CO_2 环境中更宜生长，也有报告存在专性厌氧的菌株。尽管阴道加德纳氏菌对生长所需的要求比较高，但并不一定需要 X 因子、V 因子或其他辅酶类物质，但需要有生物素、叶酸、烟酸、维生素 B_1、维生素 B_2、嘌呤、嘧啶等物质，某些蛋白胨可改善其生长。

中国科学院微生物研究所的蔡妙英等 (1995) 报告，对从狐狸流产胎儿和阴道分泌物分离的 16 个菌株，进行了比较系统的鉴定。结果形态特征呈革兰氏阳性到可变，形态呈球杆、近球、扁平杆状到葫芦杆状等多形态，大小为 (0.6 ～ 0.8)μm × (0.7 ～ 2.0)μm，单个、短链、长链排列，也常有八字形的排列 [7]。

2.1.2　生化特性

阴道加德纳氏菌可发酵一些碳水化合物，对糖类发酵的产物大多数是乙酸，也有的菌株产生乳酸、甲酸、琥珀酸等一种或多种有机酸，不产生气体。其通常对碳水化合物的发酵为葡萄糖、糊精、果糖、半乳糖、麦芽糖、甘露糖、核糖、淀粉等阳性，L- 阿拉伯糖、D- 阿拉伯糖、熊果苷、纤维二糖、肌醇、菊粉、乳糖、甘露醇、松三糖、棉籽糖、鼠李糖、水杨苷、山梨醇、蔗糖、蕈糖、木糖等阴性。氧化酶、接触酶、吲哚、尿素酶、β- 葡萄糖苷酶、伏 - 波试验 (Voges-Proskauer test，V-P)、丁酸甘油酯水解、吐温 80 水解、酪蛋白水解、七叶苷水解、明胶水解、赖氨酸脱羧酶、鸟氨酸脱羧酶、苯丙氨酸脱氨酶、葡萄糖酸盐利用、卵磷脂酶、硝酸盐还原等均阴性，α- 葡萄糖苷酶、邻硝基苯 -β-D- 半乳糖苷 (O-nitrophenyl-β-D-galactopyranoside，ONPG) 试验、脂肪酶、马尿酸钠水解等阳性。

在前面有记述中国科学院微生物研究所的蔡妙英等 (1995) 报告，对从狐狸流产胎儿和阴道分泌物分离的 16 株阴道加德纳氏菌进行了比较全面的研究。这些菌株的主要特性为：氧化酶、接触酶阴性，对葡萄糖的 O-F 测定结果为发酵型产酸 (终末产物有乙酸和乳酸)，甲基红试验 (methyl red test，MR) 阳性，伏 - 波试验、H_2S 产生、硝酸盐还原、尿素酶、卵磷脂酶、赖氨酸脱羧酶、鸟氨酸脱羧酶、苯丙氨酸脱氨酶等阴性。这些菌株能够在含有 2% NaCl 和 5% ～ 10% CO_2 环境中生长，在初分离时必须在烛缸中培养 (经几次传代后可在大气环境中良好生长)。其对麦芽糖利用产酸，不能从棉籽糖、卫矛醇、淀粉产酸，水解马尿酸盐，不能水解淀粉；对人血液具有 β- 溶血性，对家兔血液和羊血液有大多数菌株不溶血、少数菌株有微弱溶血。此 16 个菌株存在差异的特性，表现有 1 株能够产生 H_2S，有 4 株能够液化明胶，有 8 株可发酵鼠李糖产酸。由于这些菌株在生长对营养要求、生长速度、对氧的要求等特征方面，与人体来源的阴道加德纳氏菌存在较大的差异性，因此将此群菌株暂定名为阴道加德纳氏菌狐狸亚种 (*Gardnerella vaginalis* subsp.*fox*)，模式株为 U80[7]。

2.1.3　生境与抗性

在前面有记述广东省湛江市第二人民医院的林小菊等 (2008) 报告在 3 年 (2004 年 1 月

至 2006 年 12 月）间，对该医院妇科门诊及住院患者的阴道分泌物进行病原体检验的同期间内，对来医院健康体检者 11 356 人的阴道分泌物进行了检验，结果在 1907 人（阳性检出率 16.79%）中检出有 4 类病原体存在，分别为：真菌的 840 人（构成比 44.05%）、阴道加德纳氏菌的 715 人（构成比 37.49%）、纤毛菌的 273 人（构成比 14.32%）、滴虫的 79 人（构成比 4.14%），阴道加德纳氏菌居第 2 位 [3]。

在前面有记述湖北省武汉市东西湖区人民医院的代淑兰 (2013) 报告，分析了该医院妇产科医院感染的病原菌分布及耐药情况。经对其中 287 株阴道加德纳氏菌以临床常用抗菌类药物进行敏感性测定，结果对供试 12 种药物均有不同程度的耐药性。其耐药菌株数量（耐药率 %）从高到低，依次为：左氧氟沙星 236 株 (82.23%)、青霉素 233 株 (81.18%)、环丙沙星 201 株 (70.03%)、四环素 165 株 (57.49%)、米诺环素 132 株 (45.99%)、红霉素 110 株 (38.33%)、氨苄西林 / 舒巴坦 37 株 (12.89%)、头孢他啶 35 株 (12.19%)、头孢呋辛 29 株 (10.10%)、头孢曲松 24 株 (8.36%)、亚胺培南 9 株 (3.14%)、万古霉素 7 株 (2.44%)[4]。

2.2 病原学意义

阴道加德纳氏菌主要是可作为人的泌尿、生殖系统感染病的病原菌。在动物，已明确对狐狸具有一定的病原学意义 [1,2,6]。

2.2.1 人的阴道加德纳氏菌感染病

阴道加德纳氏菌除了主要是作为人的细菌性阴道病的病原菌外，还可从菌血症、败血症、脑膜炎、肺脓肿、尿道炎等多种感染病的临床标本材料中检出，并被认为可作为尿道炎、膀胱炎、前列腺炎、尿道感染、宫颈炎、绒毛羊膜炎、产褥热等多种类型感染病的病原菌，也可引起早产、流产，并与不孕症有关。

由阴道加德纳氏菌引起医院感染，还不是多见的。但已有的报告显示，在特定情况下，阴道加德纳氏菌的检出率还是很高的，需要引起在医院感染方面的重视。以下记述的一些报告，是具有一定代表性的。

在前面有记述广东省湛江市第二人民医院的林小菊等 (2008) 报告在 3 年间，对该医院妇科门诊及住院患者 16 224 例的阴道分泌物进行病原体检验，结果在 10 968 例中检出有 6 类病原体存在（阳性检出率 67.60%），其中阴道加德纳氏菌的 2288 例（构成比 20.86%）居第 3 位 [3]。

在前面有记述湖北省武汉市东西湖区人民医院的代淑兰 (2013) 报告，分析了该医院妇产科医院感染的病原菌分布及耐药情况。在 2010 年 1 月至 2011 年 12 月间，从该医院门诊和住院患者检出病原菌 2156 株，涉及出现频率较高的 10 种细菌 1443 株，其中的阴道加德纳氏菌 287 株（构成比 19.89%）居第 2 位 [4]。

2.2.2 动物的阴道加德纳氏菌感染病

阴道加德纳氏菌引起动物发生感染病，主要是在狐狸。狐狸的阴道加德纳氏菌可从流产胎儿血液、脏器及胎盘、空怀与流产狐狸的阴道分泌物及尿液、阳性公狐狸的包皮分泌物等处分离到。狐狸被感染后，主要是引起泌尿和生殖系统感染病，母狐狸可出现阴道炎、子宫颈炎、子宫炎、卵巢囊肿、尿道感染、膀胱炎、肾周脓肿、败血症等；在公狐狸可引起包皮炎和前列腺炎，导致母狐狸不孕和流产。经对国内一些狐狸养殖场狐狸的流行病学调查显示，在银黑狐、北极狐、赤狐、彩狐均对此菌易感，主要通过交配传染。除狐狸外，貉、水貂、犬、马等也可被感染。实验动物小鼠、大鼠、地鼠、豚鼠、家兔等，对此菌不易感 [2]。

中国农业科学院特产研究所的严忠诚等 (1995) 报告在 20 世纪 80 年代中期，由于养狐业迅速发展，在国内有关养殖单位频繁从北欧与北美一些国家大量引进种狐。进养殖场后不久，发现母狐妊娠前、中期出现不同程度的流产。在 1987 年经病原学检验，确认此病是由阴道加德纳氏菌引起的。这是在国内外，关于阴道加德纳氏菌引起狐狸繁殖障碍传染病的首次报告 [6]。

2.3　微生物学检验

对阴道加德纳氏菌的微生物学检验，目前还主要是依赖于对细菌进行分离鉴定的细菌学检验。需要注意的是，阴道加德纳氏菌对培养条件的要求较高，尤其是在初代的分离培养。

另外是 Yong(1982) 报告，提出了与阴道加德纳氏菌相鉴别的阴道加德纳氏菌样细菌 (*Gardnerella vaginalis*-like organism，GVLO)。指出基于对葡萄糖、麦芽糖、淀粉、乳糖的发酵试验，不能用于对阴道加德纳氏菌与阴道加德纳氏菌样细菌的鉴别；提出用淀粉、马尿酸盐、棉籽糖的微量快速生化反应试验，有助于鉴别出阴道加德纳氏菌样细菌 [2]。

（陈翠珍）

参 考 文 献

[1] 罗海波, 张福森, 何浙生, 等. 现代医学细菌学. 北京: 人民卫生出版社, 1995: 104~109.

[2] 杨正时, 房海. 人及动物病原细菌学. 石家庄: 河北科学技术出版社, 2003: 771~785.

[3] 林小菊, 邓玉丽, 梁一波. 2004—2006 年我院妇科阴道分泌物检验结果及影响阴道感染的因素分析. 广东医学院学报, 2008, 26(4): 402~403.

[4] 代淑兰. 综合医院妇产科医院感染病原菌及耐药情况分析. 中国病原生物学杂志, 2013, 8(5): 462~464.

[5] Aidan C. P. Bergey's Manual of Systematic Bacteriology.Second Edition.Volume Five. Springer, New York. 2012: 208~211.

[6] 严忠诚, 阎新华, 栾凤英, 等. 一种新的人兽共患传染病——狐狸阴道加德纳氏菌病的研究 Ⅰ. 病原菌分离与人工感染试验. 微生物学报, 1995, 35(1): 28~32.

[7] 蔡妙英, 卫军, 严忠诚, 等. 一种新的人兽共患传染病——狐狸阴道加德纳氏菌病的研究 Ⅱ. 病原菌的鉴定. 微生物学报, 1995, 35(1): 33~37.

第33章 嗜血杆菌属 (*Haemophilus*)

嗜血杆菌属 (*Haemophilus* Winslow，Broadhurst，Buchanan et al 1917) 的流感嗜血杆菌 (*Haemophilus influenzae*)、副流感嗜血杆菌 (*Haemophilus parainfluenzae*)，具有重要的医学临床病原学意义。其可经呼吸道为主要传播途径，引起人的肺炎、脑膜炎、菌血症和败血症等多种类型的感染病 (infectious diseases)。

另外，埃及嗜血杆菌 (*Haemophilus aegyptius*) 也被称为流感嗜血杆菌埃及生物群 (*Haemophilus influenzae* biogroup *aegyptius*，HIBA)、嗜沫嗜血杆菌 (*Haemophilus aphrophilus*) 也被称为嗜泡沫嗜血杆菌、杜氏嗜血杆菌 (*Haemophilus ducreyi*) 也被称为杜克雷嗜血杆菌、溶血嗜血杆菌 (*Haemophilus haemolyticus*) 也被称为溶血性嗜血杆菌、副嗜沫嗜血杆菌 (*Haemophilus paraphrophilus*) 也被称为副嗜泡沫嗜血杆菌、副溶血嗜血杆菌 (*Haemophilus parahaemolyticus*) 也被称为副溶血性嗜血杆菌，也分别对人具有不同性质和程度的致病作用。其中由埃及嗜血杆菌引起人的化脓性结膜炎、巴西紫癜热 (brazilian purpuric fever，BPF)，也是比较严重的 [1~3]。

在医院感染 (hospital infection，HI) 的嗜血杆菌属细菌中，在我国已有明确报告的涉及流感嗜血杆菌、副流感嗜血杆菌两个种 (species)，相对来讲在所有医院感染细菌中也属于检出频率比较高的。

● 昆明市儿童医院的张曙冬等 (2007) 报告，该医院在 2004 年 1 月至 2006 年 4 月间，对在呼吸内科、重症监护室 (intensive care unit，ICU)、新生儿科经临床确诊为肺炎的同期住院患儿 415 例，以痰液为检验标本材料，检出由革兰氏阴性细菌引起的 107 例 (构成比 25.78%)，其中属于社区获得性肺炎的 64 例 (构成比 59.81%)、医药感染性肺炎的 43 例 (构成比 40.19%)。从革兰氏阴性细菌引起的 107 例肺炎患者分离到的 10 种 107 株细菌，出现频率依次为：大肠埃希氏菌 (*Escherichia coli*)54 株 (构成比 50.47%)、肺炎克雷伯氏菌 (*Klebsiella pneumoniae*)16 株 (构成比 14.95%)、流感嗜血杆菌 7 株 (构成比 6.54%)、阴沟肠杆菌 (*Enterobacter cloacae*)6 株 (构成比 5.61%)、臭鼻克雷伯氏菌 (*Klebsiella ozaenae*)5 株 (构成比 4.67%)、鲍氏不动杆菌 (*Acinetobacter baumannii*)4 株 (构成比 3.74%)、产气肠杆菌 (*Enterobacter aerogenes*)4 株 (构成比 3.74%)、液化沙雷氏菌 (*Serratia liquefaciens*)4 株 (构成比 3.74%)、铜绿假单胞菌 (*Pseudomonas aeruginosa*)4 株 (构成比 3.74%)、副流感嗜血杆菌 3 株 (构成比 2.80%)，流感嗜血杆菌居第 3 位、副流感嗜血杆菌居第 10 位[4]。

　　本书作者注：文中记述的产气肠杆菌，即现在已分类于克雷伯氏菌属 (*Klebsiella* Trevisan 1885 emend. Drancourt，Bollet，Carta and Rousselier 2001) 的运动克雷伯氏菌 (*Klebsiella mobilis*)；臭鼻克雷伯氏菌，即现在的肺炎克雷伯氏菌臭鼻亚种 (*Klebsiella pneumoniae* subsp.*ozaenae*)。

　　● 在第 32 章 "加德纳氏菌属" (*Gardnerella*) 中有记述，湖北省武汉市东西湖区人民医院的代淑兰 (2013) 报告，分析了该医院妇产科医院感染的病原菌分布及耐药情况。收集在 2010 年 1 月至 2011 年 12 月间，从该医院门诊和住院患者的生殖道分泌物、咽拭子、尿液、血液及其他体液等标本材料，检出病原菌 2156 株，其中细菌 1670 株 (构成比 77.46%)、真菌 (fungi)486 株 (构成比 22.54%)。在 1670 株细菌中，革兰氏阴性细菌 896 株 (构成比 53.65%)、革兰氏阳性细菌 774 株 (构成比 46.35%)。涉及出现频率较高的 10 种 1443 株 (构成比 86.41%)、其他病原菌 227 株 (构成比 13.59%)。在 10 种 1443 株主要病原菌中，包括副流感嗜血杆菌 164 株 (构成比 11.37%) 居第 4 位、流感嗜血杆菌 26 株 (构成比 1.80%) 居第 10 位[5]。

　　● 华中科技大学同济医学院附属同济医院的简翠等 (2014) 报告，该医院在 2012 年从住院及门诊患者分离病原菌 8191 株 (非重复分离菌株)，其中革兰氏阴性菌 5376 株 (构成比 65.63%)、革兰氏阳性菌 2815 株 (构成比 34.37%)。源于住院非重症监护室患者的 6943 株 (构成比 84.76%)，重症监护室患者的 954 株 (构成比 11.65%)，门诊患者的 294 株 (构成比 3.59%)。其中包括流感嗜血杆菌共 209 株 (构成比 2.55%)[6]。

1　菌属定义与分类位置

　　嗜血杆菌属为巴斯德氏菌科 (Pasteurellaceae Pohl 1981) 细菌的成员。菌属 (genus) 名称 "*Haemophilus*" 为现代拉丁语阳性名词，指嗜好血的 (blood-lover)[7]。

1.1　菌属定义

　　嗜血杆菌属细菌为小到中等大小的革兰氏阴性杆菌 (rods) 或球杆菌 (coccobacilli)，菌体宽度通常均 < 1.0μm，长度不同，有时呈丝状体并显示明显的多形性 (pleomorphism)，

无芽孢，无鞭毛。需氧或兼性厌氧，能够发酵性地分解碳水化合物，在葡萄糖肉汤培养基中产生乙酸、乳酸、琥珀酸作为终末产物。

几乎所有的种均需要血液的生长因子 (growth factors)，特别是 X 因子（X factor)[原卟啉IX (protoporphyrin IX) 或高铁血红素 (protoheme)] 和（或）V 因子（V factor)[烟酰胺腺嘌呤二核苷酸 (nicotinamide adenine dinucleotide，NAD) 即辅酶 I 或烟酰胺腺嘌呤二核苷酸磷酸盐 (NAD phosphate，NADP)]，所以人工培养需要补充新鲜血液（因在新鲜血液中含有 X 因子和 V 因子）。X 因子是细菌合成细胞色素氧化酶及过氧化物酶所必需的；V 因子是不耐热的烟酰胺腺嘌呤二核苷酸或烟酰胺腺嘌呤二核苷酸磷酸盐,在细菌呼吸中起递氢作用。

即使在培养基中提供了特殊的生长因子，嗜血杆菌属细菌也需要复合培养基 (complex media) 才能良好生长。其为有机化能营养菌，具呼吸和发酵两种代谢类型，适宜的生长温度为 35 ~ 37℃。分解 D- 葡萄糖和其他碳水化合物产酸，一些种产气；可还原硝酸盐为亚硝酸盐或进一步还原，氧化酶和过氧化氢酶反应在菌种间（菌株间）可变化，是人和各种动物黏膜上的专性寄生菌 (obligate parasites)。

嗜血杆菌属细菌 DNA 中 G+C mol% 为 37 ~ 44(T_m)，模式种 (type species)：流感嗜血杆菌 [Haemophilus influenzae(Lehmann and Neumann 1896)Winslow，Broadhurst，Buchanan，Krumwiede，Rogers and Smith 1917][7]。

1.2 分类位置

按伯杰氏 (Bergey) 细菌分类系统，在第二版《伯杰氏系统细菌学手册》(Bergey's Manual of Systematic Bacteriology) 第 2 卷的 B 部分 (2005) 中，嗜血杆菌属分类于巴斯德氏菌科。

在巴斯德氏菌科内包括 6 个菌属，依次为：巴斯德氏菌属 (Pasteurella Trevisan 1887)、放线杆菌属 (Actinobacillus Brumpt 1910)、嗜血杆菌属、隆派恩菌属 (Lonepinella Osawa，Rainey，Fujisawa et al 1996)、曼海姆氏菌属 (Mannheimia Angen，Mutters，Caugant，Olsen and Bisgaard 1999)、海豚杆菌属 (Phocoenobacter Foster，Ross，Malnick et al 2000)。

巴斯德氏菌科细菌 DNA 的 G+C mol% 为 37 ~ 44；模式属 (type genus)：巴斯德氏菌属。

嗜血杆菌属内共记载了 15 个明确的种，另外还记载了 2 个其他培养物 (other organisms)。

明确的 15 个种,依次为：流感嗜血杆菌、埃及嗜血杆菌、嗜沫嗜血杆菌、杜氏嗜血杆菌、猫嗜血杆菌 (Haemophilus felis)、嗜血红蛋白嗜血杆菌 (Haemophilus haemoglobinophilus)、溶血嗜血杆菌、副兔嗜血杆菌 (Haemophilus paracuniculus)、副鸡嗜血杆菌 (Haemophilus paragallinarum)、副溶血嗜血杆菌、副流感嗜血杆菌、副溶血嗜沫嗜血杆菌 (Haemophilus paraphrohaemolyticus)、副嗜沫嗜血杆菌、副猪嗜血杆菌 (Haemophilus parasuis)、惰性嗜血杆菌 (Haemophilus segnis)。

2 个其他培养物，分别为：睡眠嗜血杆菌 (Haemophilus somnus)、羔羊嗜血杆菌 (Haemophilus agni)[7]。

2 流感嗜血杆菌 (*Haemophilus influenzae*)

流感嗜血杆菌 [*Haemophilus influenzae*(Lehmann and Neumann 1896)Winslow，Broadhurst，Buchanan et al 1917] 在早期被归在了杆菌属 (*Bacterium* Ehrenberg 1828)，名为流感杆菌 (*Bacterium influenzae* Lehmann and Neumann 1896)。菌种名称 "*influenzae*" 为现代拉丁语属格名词，指流感 (influenza)。

细菌 DNA 的 G+C mol% 为 39(T_m)；模式株 (type strain)：680(Pittman 的无荚膜菌株、biovar Ⅱ)，ATCC 33391，NCTC 8143。GenBank 登录号 (16S rRNA)：M35019。另外的参考菌株 (reference strains)：NCTC 8466(serovar a、biovar I)，NCTC 7279(serovar b、biovar Ⅰ)，NCTC 8469(serovar c、biovar Ⅱ)，NCTC 8470(serovar d、biovar Ⅳ)，NCTC 10479(serovar e、biovar Ⅳ)，NCTC 8473(serovar f、biovar Ⅰ)，NCTC 4560(无荚膜菌株、biovar Ⅲ)，NCTC 11394(无荚膜菌株、biovar V)[7]。

流感嗜血杆菌是在 1892 年流行性感冒 (influenza) 世界大流行时，由波兰细菌学家普法伊费尔 (Pfeiffer) 首先从患者鼻咽部分离出来并描述的，当时认为其为流行性感冒 (简称：流感) 的病原体 (pathogen) 并被命名为普法伊费尔杆菌 (Pfeiffer's bacillus)，也被称为流感杆菌 (influenza bacillus)。直到 1933 年，Smith 等从流感患者鼻咽分泌液中分离到流感病毒 (influenza virus) 后，才证实这种流感杆菌并非流感的真正原发病原体，仅是在发生流感时，作为继发性感染的病原菌；另外，也可引起一些原发性化脓性感染病 [2, 3, 8]。

2.1 生物学性状

在嗜血杆菌属细菌中，对流感嗜血杆菌的生物学性状研究是较多的。尤其是在生物型 (biovar) 和血清型 (serovar) 方面，是在所有嗜血杆菌属细菌中认识最为清楚的 [2~3, 7~10]。

2.1.1 形态与培养特征

流感嗜血杆菌为 (0.3 ~ 0.5)μm × (0.5 ~ 3.0)μm 的革兰氏阴性短杆菌，菌体的形态与菌龄、培养基种类的关系密切，在营养丰富的培养基中经 6 ~ 8h 培养以球杆菌为主，以后则逐渐变为杆状及多种形态；有毒力的菌株在含有脑心浸液的血液营养琼脂培养基上生长 6 ~ 18h 形成明显的荚膜，在陈旧培养物中荚膜消失。无鞭毛、无芽孢、多数菌株有菌毛。用石炭酸复红或亚甲蓝单染色，呈现两端浓染现象。图 33-1 显示痰液标本中的流感嗜血杆菌。图 33-2 显示纯培养流感嗜血杆菌革兰氏染色形态特征。

流感嗜血杆菌为需氧或兼性厌氧菌，适宜生长温度为 35 ~ 37℃，适宜生长的 pH 为 7.6 ~ 7.8，通常在普通营养琼脂培养基上不生长，最佳培养基是巧克力琼脂 (chocolate agar)。在含有脑心浸液的血液营养琼脂培养基、巧克力琼脂培养基上 37℃培养 18 ~ 24h，形成圆形、凸起、半透明、边缘整齐、湿润、灰白色、不溶血的光滑型 (smooth，S)、直径多为 0.5 ~ 1.0mm 的小菌落 (图 33-3)；在含有 6% 兔血液巧克力营养琼脂培养基上培养 24 ~ 48h，形成圆形、凸起、透明、边缘整齐、湿润、灰白色、不溶血、直径多为 0.5 ~ 2.0mm 的菌落；有荚膜的菌株，可形成较大 (直径多为 1.0 ~ 3.0mm)、并融合的黏液型 (mucoid，M)

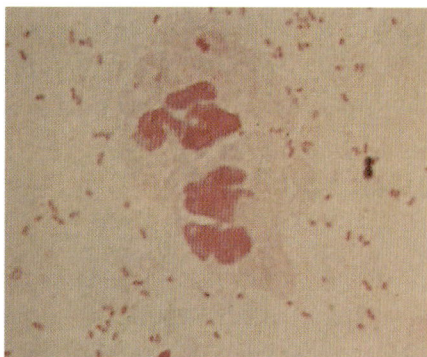

图 33-1　痰液中的流感嗜血杆菌
资料来源：赵乃昕，蔡文城 .2015.细菌名称及分类鉴定

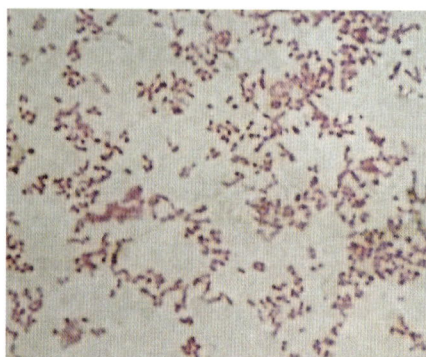

图 33-2　流感嗜血杆菌形态
资料来源：周庭银，赵虎 .2001.临床微生物学诊断与图解

菌落，在透射光下倾斜观察可见有虹彩光泽。培养物具有明显的霉气味。在羊血液营养琼脂上，通常生长不良。在液体培养基中通常为混浊生长，但粗糙型 (rough，R) 菌株为透明的 (具有颗粒沉淀)。

　　流感嗜血杆菌生长不需要 CO_2，需要 X 因子和 V 因子。当与金黄色葡萄球菌 (*Staphylococcus aureus*) 在同一血液营养琼脂培养基上共同培养时，由于金黄色葡萄球菌能合成较多的 V 因子，可促进流感嗜血杆菌的生长，则使生长在金黄色葡萄球菌菌落周围的流感嗜血杆菌的菌落较大、距离越远的菌落则越小，此现象被称为卫星现象 (satellite phenomenon)；流感嗜血杆菌这种生长特征的卫星现象，除了常用的金黄色葡萄球菌外，褪色沙雷氏菌 (*Serratia marcescens*)、奈瑟氏球菌属 (*Neisseria* Trevisan 1885) 细菌也可呈现。图 33-4 显示流感嗜血杆菌在金黄色葡萄球菌的卫星现象 (Satellitic growth) 现象 [7]。

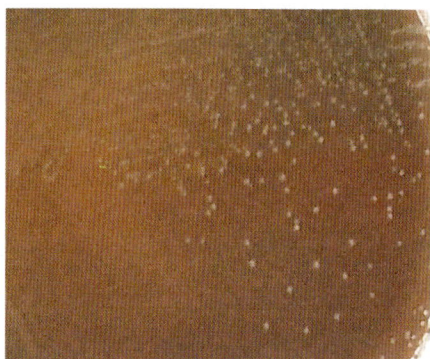

图 33-3　流感嗜血杆菌在巧克力琼脂菌落
资料来源：周庭银，赵虎 .2001.临床微生物学诊断与图解

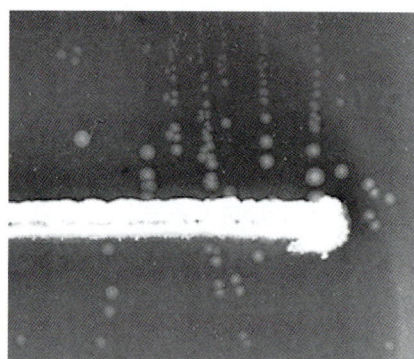

图 33-4　流感嗜血杆菌卫星生长现象

2.1.2　生化特性

　　流感嗜血杆菌能够分解葡萄糖、木糖产酸，分解果糖、半乳糖、麦芽糖不定，不能分解乳糖、蔗糖、甘露糖、海藻糖、甘露醇、鼠李糖、山梨醇、D- 核糖。氧化酶不定，接触酶阳性，不产生 H_2S，还原硝酸盐，尿素酶不定，产生吲哚不定，鸟氨酸脱羧酶、赖氨

酸脱羧酶不定，精氨酸脱羧酶阴性。

　　根据流感嗜血杆菌产生吲哚、尿素酶、鸟氨酸脱羧酶的生化反应不同，可将其分为 Ⅰ 、Ⅱ 、Ⅲ 、Ⅳ 、Ⅴ 、Ⅵ 、Ⅶ共 7 个生物型 (表 33-1)[7]。

表 33-1　流感嗜血杆菌 7 个不同生物型的主要鉴别特征

项目	Ⅰ	Ⅱ	Ⅲ	Ⅳ	Ⅴ	Ⅵ	Ⅶ
吲哚产生	+	+	−	−	+	−	+
尿素酶	+	+	+	+	−	−	−
鸟氨酸脱羧酶	+	−	−	+	+	+	−

2.1.3　抗原结构与免疫学特性

　　流感嗜血杆菌的荚膜抗原属于表面 (kapsel，K) 抗原，是对流感嗜血杆菌进行血清学分型的依据。早在 20 世纪 30 年代，Margaret Pittman 将流感嗜血杆菌分为了有荚膜菌株和无荚膜菌株，并根据荚膜多糖 (capsular polysaccharides，CPS) 的组成成分和抗原性的不同，将具有荚膜的菌株分为了 6 个 (记作：a、b、c、d、e、f) 血清型 (表 33-2)，以及一组不可分型的流感嗜血杆菌 (non-typable *Haemophilus influenzae*，NTHI)[8]。流感嗜血杆菌的许多菌株具有荚膜，但在陈旧培养物的荚膜会消失。另外，根据菌体外膜蛋白 (outer membrane protein，OMP) 的不同，又将其可分为不同的亚型。

表 33-2　流感嗜血杆菌不同血清型荚膜多糖特征

血清型	糖类	磷酸根 (PO_4)	*O*- 乙酰基
a	葡萄糖	+	−
b	核糖基核糖醇	+	−
c	半乳糖	+	−
d	己糖	−	−
e	氨基己糖	−	+
f	2- 氨基半乳糖	+	+

　　流感嗜血杆菌的菌体 (ohne hauch，O) 抗原为菌细胞壁脂多糖 (lipopolysaccharide，LPS) 和菌体外膜蛋白成分，但一般特异性不强。其菌体抗原为菌细胞壁的内毒素 (endotoxin) 部分，与奈瑟氏菌属细菌存在共同的抗原性；脂多糖与肠杆菌科 (Enterobacteriaceae) 细菌在生物学性状方面类似，与大肠埃希氏菌 (*Escherichia coli*) 的某些菌株存在交叉反应。其中菌体外膜蛋白的 P6 抗原，具有高度抗原性和特异性。流感嗜血杆菌感染的患者，可产生具有保护作用的荚膜、菌体外膜蛋白特异性抗体。

2.1.4　生境与抗性

　　嗜血杆菌属细菌在自然界的分布极为有限，不存在于水、土壤等自然环境，多是存在于健康人及动物的上呼吸道黏膜、鼻咽部、口腔、眼结膜、阴道黏膜、牙菌斑等部位，成为正常菌群的一部分，也有部分种同正常菌群共生于机体的特定部位，与机体保持一定的平衡状态。

流感嗜血杆菌可产生荚膜变异，失去荚膜的菌株毒力减弱或变为无毒株。有荚膜菌株可引起多种类型的化脓性感染病，无荚膜菌株则为上呼吸道的正常菌群，失去荚膜菌株的菌落也失去特有的光泽。流感嗜血杆菌的抵抗力较弱，对干燥和常用消毒剂均敏感，在干燥痰液中可存活48h，在培养基中极易自溶死亡。对环境、温度极为敏感，经50～55℃作用30min即可被杀灭、100℃作用瞬间死亡，人工培养物在4～5天即需要初代接种，室温保存比在4℃或37℃的存活时间较长。

流感嗜血杆菌对临床常用抗菌类药物的耐药性，在不同分离菌株间存在一定的差异性。以下记述的一些报告，是具有一定代表性的。

中国人民解放军第三军医大学西南医院的刘智勇等(2009)报告，该医院在5年(2003年1月1日至2007年12月31日)间，从住院和门诊患者共分离到流感嗜血杆菌301株。经分别对各年度的分离菌株，进行对常用抗菌类药物(7种)的耐药性测定，结果除对供试亚胺培南均敏感外，对另外6种均存在不同程度的耐药性。按耐药率(%)由高到低，依次为：复方新诺明(43.5%～54.8%)、氨苄西林(22.4%～35.5%)、氯霉素(14.5%～32.3%)、环丙沙星(9.3%～14.6%)、头孢噻肟(7.0%～10.3%)、头孢呋辛钠(0.0%～8.8%)[11]。

山东省聊城市人民医院的郝英双等(2014)报告，对从住院治疗的肾病综合征患儿发生医院感染病例，分离的流感嗜血杆菌30株进行对抗菌类药物(8种)的耐药性测定，结果为：对供试的妥布霉素、氨曲南、亚胺培南、美罗培南、左氧氟沙星均敏感，有11株对头孢他啶耐药(耐药率36.67%)、9株对氨苄西林耐药(耐药率30.00%)、3株对头孢曲松耐药(耐药率10.00%)[12]。

2.2 病原学意义

流感嗜血杆菌引起感染病的菌株，在血清型方面以荚膜b型流感嗜血杆菌(*Haemophilus influenzae* type b，Hib)的致病力最强，其次为e型和f型菌株。这种b型流感嗜血杆菌的荚膜抗原成分，是多聚核糖基核糖醇磷酸(polyribosyl-ribitol-phosphate，PRP)，几乎所有从患者血液、脑脊液分离菌株的均为b型流感嗜血杆菌菌株，与大多数严重的局部感染和侵袭性感染有关。在生物型方面，其多为Ⅰ、Ⅱ、Ⅲ、Ⅳ型的菌株；其中分离于脑膜炎的菌株大部分是Ⅰ型的，分离于菌血症患者菌株Ⅰ型比Ⅱ型的少 [1～3, 8, 10]。

2.2.1 临床主要感染类型

流感嗜血杆菌在栖息于上呼吸道黏膜，可侵犯呼吸道黏膜引起多种类型的感染病，其病理变化主要为化脓性炎症。

流感嗜血杆菌周身的菌毛(pili)有助于细菌黏附于机体黏膜细胞上，尤其是容易黏附在鼻咽部的黏膜细胞上。流感嗜血杆菌产生的IgA蛋白酶，可灭活机体具有局部保护作用的 IgA 球蛋白。荚膜主要由多聚核糖基核糖醇磷酸组成，对机体粒细胞的吞噬作用和细胞内的杀灭作用具有抵抗力，所以具有荚膜的菌株致病力比无荚膜菌株的强。还有内毒素，b 型菌株还可产生一种血素 (haemocin) 的毒素。

2.2.1.1　肺炎

由于流感嗜血杆菌主要是栖息于鼻咽部，所以肺炎常常为最多见的感染类型。可表现为支气管肺炎、节段肺炎、多叶肺炎、大叶性肺炎等，患者可出现高热、咳嗽、咯痰、胸痛等症状。其中有 80% 的菌株，为具有荚膜的 b 型流感嗜血杆菌；毒力较低的无荚膜菌株，则可引起慢性气管炎和慢性支气管炎。

2.2.1.2　脑膜炎

在婴幼儿的化脓性脑膜炎，有 60% 以上是由流感嗜血杆菌引起的；发生在成人的相对较少，且多是存在鼻窦炎、肺炎、会厌炎等原发病灶，尤其容易发生于存在头部创伤或有脑脊液漏的。分离于脑膜炎的菌株，其中有半数为 b 型流感嗜血杆菌，半数为不可分型的流感嗜血杆菌。

2.2.1.3　急性会厌炎

急性会厌炎 (acute epiglottitis) 多是发生于 2 ~ 7 岁的儿童，也可见于青年、中年人。表现起病急、发热、咽痛、咽部急剧水肿引起呼吸困难，在成年患者中，以 20 ~ 30 岁的男性居多。

2.2.1.4　泌尿生殖道感染病

流感嗜血杆菌可引起男性前列腺炎、尿道炎，在女性可引起前庭大腺炎和脓肿、阴道炎、子宫颈炎、子宫内膜炎、输卵管炎及脓肿，还可引起产褥热及新生儿菌血症等。

2.2.1.5　其他感染病

具有强侵袭力的流感嗜血杆菌荚膜菌株尤其是 b 型流感嗜血杆菌菌株，可突破机体防卫组织进入血流，引起菌血症、败血症、化脓性关节炎、心包炎、心内膜炎、骨髓炎、中耳炎，还可引起阑尾炎、胆道感染、蜂窝织炎、鼻窦炎等。

另外，对不可分型的流感嗜血杆菌来讲，在正常情况下可寄居于鼻咽部，但通常不引起感染的发生，在一定条件下也能引起人的呼吸道反复感染。可从鼻咽部波及肺部、中耳、血流、中枢神经组织等部位，引起肺炎、中耳炎、鼻窦炎、支气管炎、下呼吸道感染 (lower respiratory infections，LRIs)、慢性阻塞性肺部疾病 (chronic obstacle pneumonia disease，COPD) 等类型的感染病，不可分型的流感嗜血杆菌也是婴幼儿及儿童中耳炎的主要病因之一。

2.2.2　医院感染特点

作为引起医院感染的病原菌，近年来也有不少检出流感嗜血杆菌的报告，主要表现为呼吸道感染病。以下记述的一些报告，是具有一定代表性的。

在前面有记述昆明市儿童医院的张曙冬等 (2007) 报告，从该医院经临床确诊为肺炎的同期住院患儿 415 例痰液标本材料，检出由革兰氏阴性细菌引起的 107 例。分离到的 10 种 107 株细菌，包括流感嗜血杆菌 7 株 (构成比 6.54%) 居第 3 位、副流感嗜血杆菌 3 株居第 10 位 [4]。

　　在前面有记述湖北省武汉市东西湖区人民医院的代淑兰 (2013) 报告,分析了该医院妇产科医院感染的病原菌分布及耐药情况。从门诊和住院患者的不同标本材料检出病原菌2156 株,其中细菌 1670 株 (构成比 77.46%)。在 1670 株细菌中,涉及出现频率较高的细菌 10 种 1443 株 (构成比 86.41%),其中包括副流感嗜血杆菌 164 株 (构成比 11.37%) 居第 4 位、流感嗜血杆菌 26 株 (构成比 1.80%) 居第 10 位 [5]。

　　在前面有记述华中科技大学同济医学院附属同济医院的简翠等 (2014) 报告,该医院在2012 年从住院及门诊患者分离病原菌 8191 株 (非重复分离菌株),其中包括流感嗜血杆菌共 209 株 (构成比 2.55%)[6]。

　　在前面有记述中国人民解放军第三军医大学西南医院的刘智勇等 (2009) 报告,该医院在 5 年 (2003 年 1 月 1 日至 2007 年 12 月 31 日) 间,从住院和门诊患者共分离到流感嗜血杆菌 301 株,其中主要是分离于痰液标本材料共 266 株 (构成比 88.37%)。在季度分布方面,依次为:第一季度 121 株 (构成比 40.19%)、第四季度 72 株 (构成比 23.92%)、第二季度56 株 (构成比 18.60%)、第三季度 52 株 (构成比 17.28%)[11]。

　　在前面有记述山东省聊城市人民医院的郝英双等 (2014) 报告,监测该医院在 2009 年1 月至 2012 年 1 月间,住院治疗的肾病综合征患儿 (6 月龄至 12 岁)178 例,其中发生医院感染的 35 例 (感染率 19.66%)。从医院感染患儿的痰液、血液、尿液及其他分泌物标本材料分离到病原菌 7 种 (属)205 株,其中革兰氏阴性菌 5 种 190 株 (构成比 92.68%)、革兰氏阳性菌 2 种 (属)15 株 (构成比 7.32%)。7 种 (属)205 株细菌的出现频率,依次为:大肠埃希氏菌 90 株 (构成比 43.90%)、肺炎克雷伯氏菌 40 株 (构成比 19.51%)、流感嗜血杆菌 30 株 (构成比 14.63%)、铜绿假单胞菌 25 株 (构成比 12.19%)、表皮葡萄球菌 (Staphylococcus epidermidis)10 株 (构成比 4.88%)、肠球菌属 [Enterococcus(ex Thiercelin and Jouhaud 1903)Schleifer and Kilpper-Bälz 1984] 细菌 5 株 (构成比 2.44%)、阴沟肠杆菌 5株 (构成比 2.44%),流感嗜血杆菌居第 3 位。在 5 种 190 株革兰氏阴性菌 (大肠埃希氏菌、肺炎克雷伯氏菌、流感嗜血杆菌、铜绿假单胞菌、阴沟肠杆菌) 中,流感嗜血杆菌 30 株 (构成比 15.79%) 居第 3 位 [12]。

　　武汉市儿童医院的蒋鲲等 (2013) 报告,该医院在 2010 年 1 月至 2012 年 12 月间,收治支气管哮喘急性发作患儿 296 例,在住院期间发生医院感染的 26 例 (构成比 8.78%)。分离到病原菌 82 株,其中细菌共 11 种 (属)79 株 (构成比 96.34%),属于真菌的念珠菌属 (文中记述为假丝酵母菌) 真菌 3 株 (构成比 3.66%)。在 11 种 79 株细菌中,革兰氏阴性细菌共 8 种 60 株 (构成比 75.95%)、革兰氏阳性细菌共 3 种 (属)19 株 (构成比 24.05%)。各菌种(属) 细菌的出现频率,依次为:金黄色葡萄球菌 16 株 (构成比 20.25%)、铜绿假单胞菌 15株 (构成比 18.99%)、流感嗜血杆菌 13 株 (构成比 16.46%)、肺炎克雷伯氏菌 12 株 (构成比15.19%)、黏膜炎莫拉氏菌 (Moraxella catarrhalis)11 株 (构成比 13.92%)、大肠埃希氏菌 5 株 (构成比 6.33%)、阴沟肠杆菌 2 株 (构成比 2.53%)、链球菌属 (Streptococcus Rosenbach 1884) 细菌 2 株 (构成比 2.53%)、鲍氏不动杆菌 (Acinetobacter baumannii)1 株 (构成比 1.27%)、嗜麦芽寡养单胞菌 (Stenotrophomonas maltophilia)1 株 (构成比 1.27%)、肠球菌属细菌 1 株 (构成比 1.27%),流感嗜血杆菌居第 3 位。在 8 种 60 株革兰氏阴性细菌 (铜绿假单胞菌、流感嗜血杆菌、肺炎克雷伯氏菌、黏膜炎莫拉氏菌、大肠埃希氏菌、阴沟肠杆菌、鲍氏不动杆菌、

嗜麦芽寡养单胞菌) 中，流感嗜血菌 13 株 (构成比 21.67%) 居第 2 位 [13]。

在第 22 章 "莫拉氏菌属" (Moraxella) 中有记述，浙江省湖州市中心医院的毛伟 (2013) 报告，回顾性分析在 2008 年 1 月至 2011 年 1 月间，在该医院呼吸内科收治的 575 例哮喘急性发作患者中，发生医院感染 52 例 (构成比 9.04%)。分离到的 52 株病原菌，其中细菌共 11 种 (属)50 株 (构成比 96.15%)，属于真菌的念珠菌属 (文中记述为假丝酵母菌) 真菌 2 株 (构成比 3.85%)。在 11 种 (属)50 株细菌中，革兰氏阴性细菌 7 种 38 株 (构成比 76.00%)、革兰氏阳性细菌 4 种 (属)12 株 (构成比 24.00%)。在 11 种 (属)50 株细菌中，包括流感嗜血杆菌 11 株 (构成比 22.00%) 居第 1 位 [14]。

江苏省南通市妇幼保健院的冯红英等 (2013) 报告，该医院妇产科在 3 年 (2009 年 10 月至 2012 年 10 月) 间，收治接受各类手术的患者 467 例，手术后发生医院感染的 13 例 (感染率 2.78%)，其中主要为呼吸道感染 5 例 (构成比 38.46%)。从感染患者分离到病原菌 5 种 13 株，其中大肠埃希氏菌 7 株 (构成比 53.85%)、副流感嗜血杆菌 3 株 (构成比 23.08%)、肺炎克雷伯氏菌 1 株 (构成比 7.69%)、流感嗜血杆菌 1 株 (构成比 7.69%)、耐甲氧西林金黄色葡萄球菌 (Methicillin-resistant Staphylococcus aureus，MRSA)1 株 (构成比 7.69%)，副流感嗜血杆菌居第 2 位、流感嗜血杆菌居第 4 位 [15]。

昆明医科大学附属第三医院的郭凤丽等 (2014) 报告，回顾性分析云南省肿瘤医院在 2012 年 1 月至 2013 年 8 月间，从肿瘤住院患者的痰液、鼻咽拭子、血液、纤维支气管镜灌洗液等标本材料，分离到流感嗜血杆菌 145 株，其中 104 株分离于痰液 (构成比 71.72%)。在各种肿瘤患者的分布，依次为：肺癌 83 株 (构成比 57.24%)、鼻咽癌 9 株 (构成比 6.21%)、食管癌 8 株 (构成比 5.52%)、肝癌 4 株 (构成比 2.76%)、淋巴癌 4 株 (构成比 2.76%)、喉癌 4 株 (构成比 2.76%)、其他肿瘤 33 株 (构成比 22.76%)[16]。

2.3　微生物学检验

对流感嗜血杆菌的微生物学检验，目前还主要是依赖于对细菌进行分离鉴定的细菌学检验 [2, 3, 8, 10]。

2.3.1　细菌分离与鉴定

通常情况下，对流感嗜血杆菌进行分离与鉴定，所用培养基必须提供 X 因子和 V 因子，常用巧克力琼脂或含有脑心浸液的血液营养琼脂培养基，也可与金黄色葡萄球菌共同在含有 5% 羊血液营养琼脂培养基上培养观察卫星现象。鉴定需要依据对 X 因子和 V 因子的需要、酶试验、生化反应等，以及血清学分型。初代分离培养时，最好是在 5% ~ 10% CO_2 环境中，以促进其生长。进行溶血性检验，有助于与可产生 β- 溶血的溶血嗜血杆菌、副溶血嗜血杆菌相鉴别。

2.3.2　荚膜血清型检定

通常是采用常规的荚膜肿胀试验亦称荚膜肿胀反应 (capsule swelling reaction) 或荚膜肿胀现象 (quellung phenomenon)，对流感嗜血杆菌进行荚膜血清型的分型检定。因为流感嗜血杆菌常常会以正常栖息菌的形式存在 (尤其是在上呼吸道)，所以明确分离菌株的荚膜血清型，在确定其病原学意义方面是重要的检验内容。

3 副流感嗜血杆菌 (*Haemophilus parainfluenzae*)

副流感嗜血杆菌 (*Haemophilus parainfluenzae* Rivers 1922) 的种名 "*parainfluenzae*" 为现代拉丁语属格名词，指类似于流感嗜血杆菌的 (like the species *Haemophilus influenzae*)。

细菌 DNA 的 G+C mol% 为 40 ~ 41(T_m)；模式株：ATCC 33392、NCTC 7857 (biovar Ⅰ)，另外的参考菌株 (reference strains) 包括 NCTC 10665 (biovar Ⅱ)、 NCTC 11607 (biovar Ⅲ)。GenBank 登录号 (16S rRNA)：M75081[7]。

3.1 生物学性状

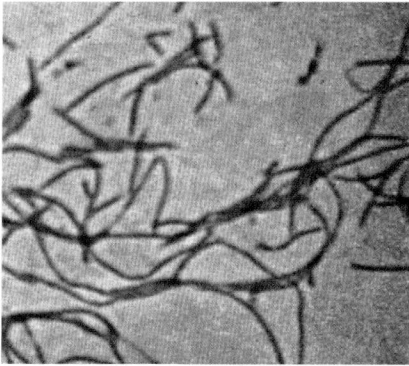

图 33-5 副流感嗜血杆菌

副流感嗜血杆菌的形态特征与流感嗜血杆菌的无明显区别，为多形态性的小杆菌，也有长丝状菌体。在巧克力琼脂培养基上培养 24h，形成灰白色或微黄色、不透明、直径在 1 ~ 2mm 的菌落；一些菌株的菌落是扁平、光滑、边缘整齐的，也有的为粗糙型、边缘呈锯齿状、有皱褶状的菌落。粗糙型菌落的常常是在体外培养后，由光滑型的产生。一些初代分离菌可在血液营养琼脂培养基上呈现 *β*- 溶血，但在传代后可消失。通常在普通营养培养基上不能生长，但在含有血清、腹水的培养基上可生长。在肉汤培养基中生长、形成或不能形成颗粒状生长物。图 33-5 显示副流感嗜血杆菌的长丝状菌体形态 [7]。

副流感嗜血杆菌的生长不需要二氧化碳、X 因子，仅需要 V 因子，不溶血或不定，产生吲哚不定，尿素酶不定，分解葡萄糖、果糖、甘露糖、蔗糖，不分解乳糖、木糖、半乳糖、麦芽糖、海藻糖、鼠李糖、甘露醇、山梨醇、D- 核糖，氧化酶不定，鸟氨酸脱羧酶、赖氨酸脱羧酶不定，精氨酸脱羧酶阴性，接触酶不定，不产生 H_2S，还原硝酸盐 [2, 3, 7, 9]。

根据副流感嗜血杆菌的生化反应不同，可将其分为 Ⅰ 、Ⅱ 、Ⅲ 、Ⅳ 、Ⅴ 、Ⅵ 、Ⅶ 、Ⅷ 共 8 个生物型 (表 33-3)。其中生物型 V 的一些特性类似于惰性嗜血杆菌和副流感嗜血杆菌，难以作为真正意义上的副流感嗜血杆菌 [7]。

表 33-3 副流感嗜血杆菌 8 个不同生物型的主要鉴别特征

项目	Ⅰ	Ⅱ	Ⅲ	Ⅳ	Ⅴ	Ⅵ	Ⅶ	Ⅷ
吲哚产生	−	−	−	+	−	+	+	+
尿素酶	−	+	+	+	−	−	+	−
鸟氨酸脱羧酶	+	+	−	+	−	+	−	−

在对抗菌类药物的耐药性方面，温州医学院附属第一医院的林晓梅等 (2003) 报告，

在该医院肾内科发生副流感嗜血杆菌感染期间，分离到副流感嗜血杆菌 31 株 (其中从感染患者分离的 16 株、医护人员分离的 15 株)。经对常用抗菌类药物 (9 种) 的耐药性测定，结果显示均对供试的阿莫西林 / 棒酸、头孢克洛、头孢噻肟、利福平敏感；对其他 5 种存在不同程度的耐药性，其耐药率从高到低依次为罗红霉素 87.1%、复方新诺明 77.4%、庆大霉素 74.2%、阿莫西林 35.5%、头孢呋辛酯 3.3%[17]。

3.2　病原学意义

副流感嗜血杆菌主要栖息于人的口腔、咽喉、阴道等部位，也可分离于猴、猪、家兔、大鼠等动物。副流感嗜血杆菌的致病力较低，可在一定条件下引起人的心内膜炎、下呼吸道感染等类型的感染病。在生物型方面，分离于人的大多数菌株为Ⅰ、Ⅱ、Ⅲ型的。

作为引起医院感染的病原菌，近年来也有不少检出副流感嗜血杆菌的报告，主要表现为呼吸道感染病。以下记述的一些报告，是具有一定代表性的。

在前面有记述昆明市儿童医院的张曙冬等 (2007) 报告的 10 种 107 株细菌，包括副流感嗜血杆菌 3 株居第 10 位 [4]。

在前面有记述湖北省武汉市东西湖区人民医院的代淑兰 (2013) 报告检出的病原菌 2156 株，涉及出现频率较高的细菌 10 种 1443 株 (构成比 86.41%)，其中包括副流感嗜血杆菌 164 株 (构成比 11.37%) 居第 4 位 [5]。

在前面有记述江苏省南通市妇幼保健院的冯红英等 (2013) 报告从手术后发生医院感染的 13 例 (其中主要为呼吸道感染 5 例) 患者，分离到的病原菌 5 种 13 株，其中包括副流感嗜血杆菌 3 株 (构成比 23.08%) 居第 2 位 [15]。

在前面有记述温州医学院附属第一医院的林晓梅等 (2003) 报告，该医院肾内科在 2002 年 1 月至 2 月间，发生了副流感嗜血杆菌感染的暴发，于 1 月 5 日出现首例患者，在 1 月 7 日至 2 月 27 日又相继出现 15 例共 16 例。从其中 13 例患者 (构成比 81.25%) 的痰液、咽拭子标本材料分离到副流感嗜血杆菌Ⅰ型，其中的 6 例 (构成比 46.15%) 合并有其他生物型的副流感嗜血杆菌感染。以肾内科所有医务人员 (15 人) 的咽拭子为检验用标本材料，其中有 11 例 (构成比 73.33%) 分离到副流感嗜血杆菌Ⅰ型。报告者从感染患者的区域分布、检出的副流感嗜血杆菌生物型型别、对分离菌株耐药性测定的耐药谱等情况判断，认为可能属于副流感嗜血杆菌的同源暴发 [17]。

广东省深圳沙河医院的王乾兰 (2006) 报告，监测该医院在 5 年 (2001 年 1 月至 2005 年 12 月) 间住院患者 6995 例，其中发生医院感染的 92 例 (构成比 1.32%)97 例次 (感染率 1.39%)，主要是呼吸道感染 68 例 (按 97 例次计的构成比为 70.10%)。分离到病原菌 367 株，其中细菌涉及明确的 10 种 (属) 及其他细菌共 271 株 (构成比 73.84%)，真菌 96 株 (构成比 26.16%)。在 271 株细菌中，革兰氏阴性细菌涉及明确的 7 种 (属) 及其他革兰氏阴性细菌共 218 株 (构成比 80.44%)、革兰氏阳性细菌涉及明确的 3 种 (属) 及其他革兰氏阳性细菌共 53 株 (构成比 19.56%)。明确的 10 种 (属) 及其他细菌 271 株的出现频率，依次为：铜绿假单胞菌 43 株 (构成比 15.87%)、大肠埃希氏菌 36 株 (构成比 13.28%)、副流感嗜血杆菌 21 株 (构成比 7.75%)、志贺氏菌属 (*Shigella* Castellani and Chalmers 1919) 细菌 19 株 (构成比 7.01%)、肺炎克雷伯氏菌 18 株 (构成比 6.64%)、肠球菌属细菌 18 株 (构成比 6.64%)、鲍氏不动杆菌 16 株 (构成比 5.90%)、阴沟肠杆菌 14 株 (构成比 5.17%)、金黄色葡萄球菌 13 株 (构成比 4.79%)、表皮葡萄球菌 9 株 (构成比 3.32%)、其他革兰氏阴性细菌 51 株 (构成比 18.82%)、其他革兰氏阳性细菌 13 株 (构成比 4.79%)，副流感嗜血杆菌在明确的 10种 (属) 细菌中居第 3 位。在明确的 7 种 (属) 及其他革兰氏阴性细菌 (铜绿假单胞菌、大肠埃希氏菌、副流感嗜血杆菌、志贺氏菌属细菌、肺炎克雷伯氏菌、鲍氏不动杆菌、阴沟肠杆菌)218 株中，副流感嗜血杆菌 21 株 (构成比 9.63%) 居第 3 位 [18]。

在前面有记述温州医学院附属第一医院的林晓梅等 (2007) 报告，回顾性调查该医院在 2004 年 1 月至 2006 年 2 月间，1210 例肾脏疾病患者发生医院感染 223 例 (感染率 18.43%)。从医院感染患者分离到病原菌 240 株 (非重复分离菌株)，其中细菌涉及明确的 8 种 (类)177 株 (构成比 73.75%)、属于真菌的白色念珠菌 (Candida albican)16 株 (构成比 6.67%)、其他病原菌 47 株 (构成比 19.58%)。在明确的 8 种 (类)177 株细菌中，革兰氏阴性细菌 5 种 (类)121 株 (构成比 68.36%)、革兰氏阳性细菌 3 种 (类)56 株 (构成比 31.64%)。明确的 8 种 (类)177 株细菌的出现频率，依次为：大肠埃希氏菌 57 株 (构成比 32.20%)、副流感嗜血杆菌 33 株 (构成比 18.64%)、D 群肠球菌属 [Enterococcus(ex Thiercelin and Jouhaud 1903)Schleifer and Kilpper-Bälz 1984] 细菌 24 株 (构成比 13.56%)、凝固酶阴性葡萄球菌 (coagulase-negative staphylococci，CNS)22 株 (构成比 12.43%)、非发酵菌 (nonfermentative bacteria) 类 12 株 (构成比 6.21%)、奇异变形菌 (Proteus mirabilis)11株 (构成比 6.21%)、金黄色葡萄球菌 10 株 (构成比 5.65%)、肺炎克雷伯氏菌 8 株 (构成比 4.52%)，副流感嗜血杆菌居第 2 位。在明确的 5 种 (类)121 株革兰氏阴性菌 (大肠埃希氏菌、副流感嗜血杆菌、非发酵菌、奇异变形菌、肺炎克雷伯氏菌) 中，副流感嗜血杆菌 33 株 (构成比 27.27%) 居第 2 位 [19]。

3.3　微生物学检验

对副流感嗜血杆菌的微生物学检验，目前还主要是依赖于对细菌进行分离鉴定的细菌学检验。所用培养基必须提供 V 因子，常用巧克力琼脂或含有脑心浸液的血液营养琼脂培养基。需要注意的是与流感嗜血杆菌相鉴别，副流感嗜血杆菌的生长仅有 V 因子即可 (不需要 X 因子)，这是与流感嗜血杆菌的一个重要区别特征。

(陈翠珍)

参 考 文 献

[1] 贾辅忠 , 李兰娟 . 感染病学 . 南京 : 江苏科学技术出版社 , 2010: 520~524.

[2] 闻玉梅 . 现代医学微生物学 . 上海 : 上海医科大学出版社 , 1999: 485~492.

[3] 杨正时 , 房海 . 人及动物病原细菌学 . 石家庄 : 河北科学技术出版社 , 2003: 705~719.

[4] 张曙冬 , 黄海林 , 吴澄清 . 革兰氏阴性菌肺炎实验及临床分析 . 中国医药指南 , 2007, 5(10):0102~0104.

[5] 代淑兰 . 综合医院妇产科医院感染病原菌及耐药情况分析 . 中国病原生物学杂志 , 2013, 8(5):462~464.

[6] 简翠 , 孙自镛 , 张蓓 , 等 .2012 年武汉同济医院细菌耐药性监测 . 中国感染与化疗杂志 , 2014,

14(4):280~285.

[7] George M G. Bergey's Manual of Systematic Bacteriology.Second Edition.Volume Two.Part B.Springer, New York.2005: 883~904.

[8] 赵铠 , 章以浩 , 李河民 . 医学生物制品学 . 2 版 . 北京 : 人民卫生出版社 , 2007: 540~560.

[9] 唐珊熙 . 微生物学及微生物学检验 . 北京 : 人民卫生出版社 , 1998: 279~283.

[10] 叶应妩 , 王毓三 , 申子瑜 . 全国临床检验操作规程 . 3 版 . 南京 : 东南大学出版社 , 2006: 836~839.

[11] 刘智勇 , 府伟灵 . 2003~2007 年西南医院流感嗜血杆菌临床分布及药敏情况分析 . 重庆医学 , 2009, 38(2):144~145, 147.

[12] 郝英双 , 李珊珊 , 宋红娟 . 肾病综合征患儿医院感染相关因素分析 . 中华医院感染学杂志 , 2014, 24(5):1265~1267.

[13] 蒋鲲 , 陈雯 , 贾德胜 , 等 . 哮喘患儿医院感染病原菌分布及感染因素分析 . 中华医院感染学杂志 , 2013, 23(14):3540~3541, 3544.

[14] 毛伟 . 支气管哮喘患者医院感染病原菌分布调查 . 中华医院感染学杂志 , 2013, 23(15):3788~3790.

[15] 冯红英 , 张金花 , 李有敏 , 等 . 妇产科患者手术后医院感染的相关因素分析 . 中华医院感染学杂志 , 2013, 23(20):4950~4952.

[16] 郭凤丽 , 雷鸣 , 魏颖 , 等 . 肿瘤患者感染流感嗜血杆菌的分布与耐药性 . 中国消毒学杂志 , 2014, 31(12):1338~1339.

[17] 林晓梅 , 周铁丽 , 李超 , 等 . 一次副流感嗜血杆菌医院感染暴发流行报导 . 浙江检验医学 , 2003, 1(2):25~26.

[18] 王乾兰 . 社区医院感染流行病学调查分析 . 齐齐哈尔医学院学报 , 2006, 27(7):839~840.

[19] 林晓梅 , 周铁丽 , 郑佳音 , 等 . 肾脏疾病患者医院感染病原学调查及相应对策 . 中华医院感染学杂志 , 2007, 17(2):157~159.

第34章　支原体属 (*Mycoplasma*)

支原体属 (*Mycoplasma* Nowak 1929) 的肺炎支原体 (*Mycoplasma pneumoniae*)、发酵支原体 (*Mycoplasma fermentans*)、人支原体 (*Mycoplasma hominis*)、生殖道支原体 (*Mycoplasma genitalium*) 等多个种 (species)，都是具有医学病原学意义的重要病原体 (pathogen)，可引起临床表现多种不同类型的感染病 (infectious diseases)。另外，有多种支原体为动物的病原体，如比较常见的蕈状支原体蕈状亚种 (*Mycoplasma mycoides* subsp. *mycoides*) 即通常所指的蕈状支原体 (*Mycoplasma mycoides*)，能引起牛传染性胸膜肺炎 (pleuropneumonia contagiosa bovum，CBPP) 也称为牛肺疫；鸡败血支原体 (*Mycoplasma gallisepticum*)，能引起家禽慢性呼吸道病 (chronic respiratory disease，CRD)；猪肺炎支原体 (*Mycoplasma hyopneumoniae*)，能引起猪支原体肺炎 (mycoplasmal pneumonia of swine) 俗称猪气喘病；蕈状支原体山羊亚种 (*Mycoplasma mycoides* subsp. *capri*)，能引起羊传染性胸膜肺炎 (infectious pleuropneumonia of sheep and goats) 等。因此，支原体也常常是被列为人畜共患病 (zoonoses) 的重要病原体 [1~5]。

支原体属微生物亦属于真细菌 (eubacteria) 的范畴，在一般的《微生物学》书籍中，常是按传统习惯将支原体作为一大类记述于"其他微生物"的章节中。

在医院感染 (hospital infection，HI) 的支原体属细菌中，在我国已有明确报告的涉及肺炎支原体、人支原体 2 个种，但在所有医院感染细菌中还不是属于比较常见的。

● 在第 31 章衣原体属 (Chlamydia) 中有记述，浙江省温州医学院附属第三医院妇幼分院的杜文君等 (2010) 报告，对该医院妇产科在 2006 年 7 月至 2008 年 12 月间，从门诊及住院患者各类标本材料中分离的病原体，进行分布特点及耐药性分析。从 4131 份标本材料中，共检出病原体 5 种 (类)3621 株 (检出率 87.65%)。其中包括解脲脲支原体 (Ureaplasma urealyticum)1431 株 (构成比 39.52%)、人支原体 704 株 (构成比 19.44%)[6]。

● 中南大学湘雅医院的文细毛等 (2012) 报告，对在 2010 年 3 月 1 日至 12 月 31 日间，卫生部医院感染监测网医院上报的医院感染横断面调查资料中，病原体分布及其耐药性数据进行统计分析。结果为 740 所医院共调查住院患者 407 208 例，发生医院感染患者 14 674 例 (感染率 3.60%)、15 701 例次 (例次感染率 3.86%)。从下呼吸道、泌尿道、手术部位、皮肤软组织等标本材料中，检出医院感染细菌、严氧菌 (anaerobe)、真菌、病毒 (virus)、支原体、其他病原体等 6 种 (类)6965 株，其中细菌 22 种 (属) 及其他细菌 6040 株 (构成比 86.72%)、属于真菌的念珠菌属 (Candida Berkhout 1923) 真菌 2 种及其他真菌共 740 株 (构成比 10.62%)、病毒 98 株 (构成比 1.41%)、支原体 19 株 (构成比 0.27%)、厌氧菌 11 株 (构成比 0.16%)、其他病原体 57 株 (构成比 0.82%)，支原体的检出率居第 4 位 [7]。

● 在第 31 章衣原体属 (Chlamydia) 中有记述，河南省三门峡市中心医院的张英波等 (2014) 报告，分析了医院感染常见病原体的分布及耐药性情况。该医院在 2012 年 3 月至 2013 年 3 月间，从痰液 (80 份)、尿液 (50 份)、血液 (36 份)、粪便 (32 份)、前列腺液 (15 份)、咽拭子 (13 份)、分泌物 (10 份) 等感染标本材料 236 份中，检出病原体为细菌、支原体、衣原体、病毒 4 种 (类)216 株 (检出率 91.53%)，其中包括肺炎支原体 12 株 (构成比 5.56%)[8]。

1 菌属定义与分类位置

支原体属亦被称为霉形体属，为支原体科 (Mycoplasmataceae Freundt 1955 emend. Tully，Bové，Laigret and Whitcomb 1993) 细菌的成员。菌属 (genus) 名称 "Mycoplasma" 为新拉丁语中性名词，意为呈真菌形态的 (fungus form)[9]。

1.1 菌属定义

支原体呈多形性，在生长期内形态可变，从球形、轻微的卵圆形、扭曲的杆状、梨形 (直径为 0.3 ~ 0.8μm) 到等直径的柔软分枝丝状，长度从几个微米到 150μm；细胞无胞壁，仅由原生质膜包围，革兰氏阴性；通常无动力，但一些种被描述存在滑行运动 (gliding motility)。

支原体属细菌需氧或兼性厌氧，在 20 ~ 45℃生长、适宜温度为 37℃；具有不含醌和细胞色素，以黄素 (flavin) 为终端的一个截短 (truncated) 的电子传递链。菌落很小 (直径常常不到 1.0mm)，典型菌落在适当的生长条件下呈 "煎蛋" (fried-egg) 样。过氧化氢酶阴性，有机化能营养，使用糖或精氨酸作为主要能源，生长需要胆固醇 (cholesterol) 或有关的甾醇类 (sterols)。是广范围 (多种多样) 的哺乳动物和禽类宿主的寄生物和病原，一些种存在于植物表面和昆虫。所检种的基因组大小为 580 ~ 1350kb,终止密码子 UGA 识别色氨酸。

在脊椎动物作为正常菌丛或具有致病作用。

支原体属细菌 DNA 的 G+C mol% 为 23 ～ 40(Bd，T_m)；模式种 (type species)：蕈状支原体 [*Mycoplasma mycoides*(Borrel，Dujardin-Beaumetz，Jeantet and Jouan 1910)Freundt 1955][9]。

1.2 分类位置

按伯杰氏 (Bergey) 细菌分类系统，在第二版《伯杰氏系统细菌学手册》(*Bergey's Manual of Systematic Bacteriology*) 第 4 卷 (2010) 中，支原体属分类于支原体科。

支原体科包括支原体属、脲支原体属 (*Ureaplasma* Shepard，Lunceford，Ford et al 1974) 两个菌属。

支原体科细菌 DNA 的 G+C mol% 为 23 ～ 40(Bd，T_m)；模式属 (type genus)：支原体属。

支原体属内共记载了 116 个种 (species)、4 个亚种 (subspecies)、1 个位置未确定的种 (species incertae sedis)，以及 4 个其他培养物 (Other organisms)。

116 个种，依次为：蕈状支原体、艾氏支原体 (*Mycoplasma adleri*)、无乳支原体 (*Mycoplasma agalactiae*)、阿加西支原体 (*Mycoplasma agassizii*)、产碱支原体 (*Mycoplasma alkalescens*)、短吻鳄支原体 (*Mycoplasma alligatoris*)、肠支原体 (*Mycoplasma alvi*)、两形支原体 (*Mycoplasma amphoriforme*)、鸭支原体 (*Mycoplasma anatis*)、鹅支原体 (*Mycoplasma anseris*)、精氨酸支原体 (*Mycoplasma arginini*)、关节炎支原体 (*Mycoplasma arthritidis*)、山羊耳支原体 (*Mycoplasma auris*)、牛生殖道支原体 (*Mycoplasma bovigenitalium*)、牛鼻支原体 (*Mycoplasma bovirhinis*)、牛支原体 (*Mycoplasma bovis*)、牛眼支原体 (*Mycoplasma bovoculi*)、颊支原体 (*Mycoplasma buccale*)、鵟鹏支原体 (*Mycoplasma buteonis*)、加利福尼亚支原体 (*Mycoplasma californicum*)、加拿大支原体 (*Mycoplasma canadense*)、犬支原体 (*Mycoplasma canis*)、山羊支原体 (*Mycoplasma capricolum*)、豚鼠支原体 (*Mycoplasma caviae*)、豚鼠咽支原体 (*Mycoplasma cavipharyngis*)、地鼠支原体 (*Mycoplasma citelli*)、阴沟支原体 (*Mycoplasma cloacale*)、丘状支原体 (*Mycoplasma collis*)、鸽鼻支原体 (*Mycoplasma columbinasale*)、鸽支原体 (*Mycoplasma columbinum*)、鸽嘴支原体 (*Mycoplasma columborale*)、结膜支原体 (*Mycoplasma conjunctivae*)、黑鹭支原体 (*Mycoplasma corogypsi*)、寇氏支原体 (*Mycoplasma cottewii*)、中华仓鼠支原体 (*Mycoplasma cricetuli*)、鳄鱼支原体 (*Mycoplasma crocodyli*)、狗支原体 (*Mycoplasma cynos*)、殊异支原体 (*Mycoplasma dispar*)、爱氏支原体 (*Mycoplasma edwardii*)、象支原体 (*Mycoplasma elephantis*)、马生殖道支原体 (*Mycoplasma equigenitalium*)、马鼻支原体 (*Mycoplasma equirhinis*)、猎鹰支原体 (*Mycoplasma falconis*)、苛求支原体 (*Mycoplasma fastidiosum*)、咽喉支原体 (*Mycoplasma faucium*)、猫咽喉支原体 (*Mycoplasma felifaucium*)、小猫支原体 (*Mycoplasma feliminutum*)、狸猫支原体 (*Mycoplasma felis*)、发酵支原体、絮状支原体 (*Mycoplasma flocculare*)、雏支原体 (*Mycoplasma gallinaceum*)、鸡支原体 (*Mycoplasma gallinarum*)、鸡败血支原体、火鸡支原体 (*Mycoplasma gallopavonis*)、猫支原体 (*Mycoplasma gateae*)、生殖道支原体、嗜糖支原体 (*Mycoplasma glycophilum*)、秃鹫支原体 (*Mycoplasma gypis*)、狗血支原体 (*Mycoplasma*

haemocanis)、嗜血狸猫支原体 (*Mycoplasma haemofelis*)、血鼠支原体 (*Mycoplasma haemomuris*)、人支原体、猪咽喉支原体 (*Mycoplasma hyopharyngis*)、猪肺炎支原体、猪鼻支原体 (*Mycoplasma hyorhinis*)、猪关节液支原体 (*Mycoplasma hyosynoviae*)、蜥蜴支原体 (*Mycoplasma iguanae*)、模仿支原体 (*Mycoplasma imitans*)、印度支原体 (*Mycoplasma indiense*)、不活跃支原体 (*Mycoplasma iners*)、衣阿华支原体 (*Mycoplasma iowae*)、野兔生殖道支原体 (*Mycoplasma lagogenitalium*)、利奇氏支原体 (*Mycoplasma leachii*)、捕狮支原体 (*Mycoplasma leonicaptivi*)、狮咽支原体 (*Mycoplasma leopharyngis*)、生脂支原体 (*Mycoplasma lipofaciens*)、嗜脂支原体 (*Mycoplasma lipophilum*)、斑状支原体 (*Mycoplasma maculosum*)、吐绶鸡支原体 (*Mycoplasma meleagridis*)、田鼠支原体 (*Mycoplasma microti*)、莫氏支原体 (*Mycoplasma moatsii*)、运动支原体 (*Mycoplasma mobile*)、磨石状支原体 (*Mycoplasma molare*)、狗黏膜脲支原体 (*Mycoplasma mucosicanis*)、鼠支原体 (*Mycoplasma muris*)、貂支原体 (*Mycoplasma mustelae*)、溶神经支原体 (*Mycoplasma neurolyticum*)、乳白支原体 (*Mycoplasma opalescens*)、口腔支原体 (*Mycoplasma orale*)、羊肺炎支原体 (*Mycoplasma ovipneumoniae*)、羊支原体 (*Mycoplasma ovis*)、牛津郡支原体 (*Mycoplasma oxoniensis*)、穿透支原体 (*Mycoplasma penetrans*)、海豹脑支原体 (*Mycoplasma phocicerebrale*)、海豹支原体 (*Mycoplasma phocidae*)、海豹鼻支原体 (*Mycoplasma phocirhinis*)、梨形支原体 (*Mycoplasma pirum*)、肺炎支原体、灵长类支原体 (*Mycoplasma primatum*)、小鸡支原体 (*Mycoplasma pullorum*)、肺支原体 (*Mycoplasma pulmonis*)、腐败支原体 (*Mycoplasma putrefaciens*)、唾液支原体 (*Mycoplasma salivarium*)、非洲狮支原体 (*Mycoplasma simbae*)、嗜精子支原体 (*Mycoplasma spermatophilum*)、泡沫支原体 (*Mycoplasma spumans*)、椋鸟支原体 (*Mycoplasma sturni*)、猪肠支原体 (*Mycoplasma sualvi*)、伪色支原体 (*Mycoplasma subdolum*)、猪支原体 (*Mycoplasma suis*)、关节液支原体 (*Mycoplasma synoviae*)、乌龟支原体 (*Mycoplasma testudineum*)、龟类支原体 (*Mycoplasma testudinis*)、不足支原体 (*Mycoplasma verecundum*)、文氏支原体 (*Mycoplasma wenyonii*)、依氏支原体 (*Mycoplasma yeatsii*)。

4 个亚种，依次为：蕈状支原体山羊亚种、蕈状支原体蕈状亚种；山羊支原体山羊亚种 (*Mycoplasma capricolum* subsp.*capricolum*)、山羊支原体山羊肺亚种 (*Mycoplasma capricolum* subsp.*capripneumoniae*)。

1 个位置未确定的种：类球形支原体 (*Mycoplasma coccoides*)。

4 个其他培养物，依次为：无害支原体 (*Mycoplasma insons*)、企鹅支原体 (*Mycoplasma sphenisci*)、秃鹰支原体 (*Mycoplasma vulturis*)、海狮支原体 (*Mycoplasma zalophi*)[9]。

2　肺炎支原体 (*Mycoplasma pneumoniae*)

肺炎支原体 (*Mycoplasma pneumoniae* Somerson，Taylor-Robinson and Chanock 1963) 的种名 "*pneumoniae*" 为新拉丁语属格名词，指肺炎的 (of pneumonia)。

细菌 DNA 的 G+C mol% 为 38.6(T_m)；模式株 (type strain)：FH，ATCC 15531，NCTC 10119，CIP 103766，NBRC 14401。基因序列号：M29061(16S rRNA gene)，U00089(菌株 M129 的全基因序列)[9]。

图 34-1 鲁

支原体曾在早期先后被称为胸膜肺炎微生物 (pleuropneumonia organism，PPO) 和类胸膜肺炎微生物 (pleuropneumonia-like organism，PPLO)，这是因为在 1898 年，法国兽医学家、生物学家埃德蒙·伊西多尔·艾蒂安·诺卡尔 (Edmond Isidore Étienne Nocard，1850 ~ 1903) 和法国细菌学家皮埃拉·保罗·埃米尔·鲁 (Pierre Paul Émil Roux，1853 ~ 1933)，用含有动物血清的营养肉汤培养基，首次从发生传染性胸膜肺炎 (牛肺疫) 病牛的胸膜积液中分离出了第一个支原体，即现在的蕈状支原体蕈状亚种。在当时，由于这种微生物在形态学特征方面与当时认识的细菌明显不同，诺卡尔和鲁 (图 34-1) 称其为 "pleuropneumonia organism，PPO" (胸膜肺炎微生物)。其后，陆续有报告从人体及山羊、猪、马、禽类等多种动物、昆虫、植物、土壤及污水中分离到与其相似的微生物，随即将此类微生物统称为 "pleuropneumonia-like organism，PPLO" (类胸膜肺炎微生物)。

在第 1 章 "病原细菌的发现与致病作用" 中的相应记述，诺卡尔是在 1888 年首先从法国瓜德罗普 (Goadeloupe) 岛发生 "牛皮疽" 的病牛中分离到了相应病原皮疽诺卡氏菌 (Nocardia farcinica) 的科学家。1901 年，诺卡尔从患结核性乳腺炎的奶牛分离到 1 株牛分枝杆菌 (Mycobacterium bovis)，即在后来用于制备预防结核病 (tuberculosis) 的卡介苗 (Bacillus Calmette-Guérin，BCG) 的菌株。诺卡尔和鲁等科学家对诺卡氏菌、支原体的发现，开拓了微生物学的新领域。

2.1 生物学性状

与支原体相类似，通常也归类于真细菌中 "其他微生物" 范畴的还有立克次氏体 (Rickettsia)、衣原体 (Chlamydia)，此三类革兰氏阴性细菌，其大小和特性均介于通常所指的细菌与病毒之间。这几类微生物主要特征，可见在第 31 章 "衣原体属" (Chlamydia) 中的表 31-1(支原体、立克次氏体、衣原体与细菌和病毒的比较)。

2.1.1 支原体的基本性状

支原体是迄今发现能独立生活、自行生长繁殖而不需要寄生于其他生物细胞的最小微生物，也属于人畜共患病的一类重要病原菌[1~5, 9]。

2.1.1.1 形态与培养特征

支原体的个体微小，直径大小为 0.2 ~ 0.3μm，与细菌区别的主要特点是无细胞壁，最外层为细胞膜。呈高度多形态，有球形、杆形、分枝丝状等，也正是因其能形成有分支的长丝，所以被称为支原体。支原体繁殖方式以二分裂为主，也有出芽、分枝或由球体延伸成长丝后分节段成为许多球状或短杆状颗粒。细胞膜是由蛋白质 (占 2/3) 与脂质组成的三层结构，内、外二层主要是蛋白质，中间层为脂质；在脂质中胆固醇约占 36%，所以凡是能作用于胆固醇的物质如两性霉素 B、皂素、毛地黄苷等能引起支原体细胞膜的破坏将其致死。有的支原体在细胞膜外还产生一种由多聚糖构成的荚膜，具有毒性，是支原体的一种致病因素。支原体用普通染色法不易染色，革兰氏染色阴性但通常着色不良；用姬姆萨 (Giemsa staining) 染色或瑞氏染色 (Wright staining) 较好，呈淡紫色，但需染色 3h 以上。肺炎支原体和生殖道支原体等一些支原体存在一种特殊的顶端结构，能使支原体黏附在宿主上皮细胞表面，这与支原体在呼吸道黏膜上的定居与致病有关。有些支原体能运动，在支原体细胞内有许多微丝组织成网，与运动有关，在前进方向微丝成束，向前突出；也有认为顶端结构在表面上的交替黏附与释放造成了支原体在表面上的滑动。

支原体可在人工培养基上生长繁殖，但对营养要求较高，除基础营养物质外尚需加入 10% ~ 20% 的人或动物的血清或腹水等，血清主要供支原体本身不能自行合成的胆固醇和长链脂肪酸。支原体一般在有氧或无氧条件下均能生长，但除个别专性厌氧菌株外的多数均为在有氧环境中生长良好；某些菌株在初代分离培养时，在 5% CO_2 和 95% N_2 环境中生长最佳。可在含牛心浸液、马血清与酵母浸液的培养基上生长，最适 pH 为 7.6 ~ 8.0，中性时生长较差，酸性环境中被抑制或死亡。在适宜的温度 (一般为 37℃) 培养，生长最快的需 24 ~ 48h，生长速度中等的需 7 ~ 14 天、生长缓慢的需 21 ~ 30 天才始见生长，一般可形成直径为 0.2 ~ 0.5mm 的菌落。用低倍镜观察菌落呈"煎蛋"样，即中央部分较厚、不透明、向下长入培养基内，周边为一薄层透明颗粒区。在液体培养基中支原体的生长量较少，一般不易见到混浊，只有小颗粒沉于管底和黏附管壁。支原体在固体或液体培养基中生长达到高峰后，若继续培养则将很快死亡，在低温下可延长存活时间。

2.1.1.2　理化特性

大多数支原体能利用葡萄糖或精氨酸，常以对糖的发酵能力、水解精氨酸和尿素、还原氯化三苯基四氮唑 (2，3，5-triphenyltetrazolium chloride，TTC) 即 2，3，5- 三苯基氯化四氮唑的能力、亚甲蓝抑制、溶解红细胞、吸附红细胞等生物学性状的不同，作为鉴别不同种支原体的依据。支原体的抗原成分主要存在于细胞膜上，由蛋白质与糖脂组成，各种支原体均有其特异抗原成分，在鉴定支原体方面有重要意义。

表 34-1 所列，是几种常见致病性支原体及脲支原体属的解脲脲支原体 (Ureaplasma urealyticum)，在发酵葡萄糖、水解精氨酸和尿素方面的鉴别特征[10]。

表 34-1　几种支原体及解脲脲支原体间的生化反应鉴别特征

菌种	葡萄糖	精氨酸	尿素	菌种	葡萄糖	精氨酸	尿素
肺炎支原体	+	−	−	穿透支原体	+	+	−
人支原体	−	+	−	解脲脲支原体	−	−	+
生殖道支原体	+	−	−				

注：其中的符号 + 表示阳性，− 表示阴性。

支原体广泛分布于自然界，在植物、动物、人体、土壤、水及肥料等处均有存在。在人、动物体的支原体，大多为非致病菌或为机会病原菌 (opportunistic pathogen)，有的可作为常居菌参与菌体正常菌群的构成。支原体对物理因素的抵抗力较小，一般在 45℃经 15 ~ 30min 或 55℃经 5 ~ 15min 即被杀死，大多数支原体在 4℃能够存活 1 ~ 2 周、−20℃

可存活 6 ～ 12 个月、–70℃或冷冻干燥可保存数年或更久；对干燥抵抗力低，所以用干燥的标本不易分离到支原体。对化学消毒剂如重金属盐类、石炭酸、煤酚皂溶液等要比细菌敏感，对表面活性物质、脂溶剂极为敏感。对乙酸铊、结晶紫和亚碲酸钾的抵抗力比细菌强，所以在培养基中加入适当浓度的这些物质可作为分离培养时防止杂菌污染的抑制剂。支原体对抗生素的敏感程度不同，一般对四环素、红霉素、氯霉素、螺旋霉素等作用于核蛋白体或影响蛋白质合成的抗生素敏感，对青霉素等影响细胞壁合成的抗生素不敏感。

2.1.2 肺炎支原体的基本性状

肺炎支原体的形态为短细丝状，长 2.0 ～ 5.0μm，在近细胞丝状体尖端有一球状的特殊结构，典型的肺炎支原体形态为类似于酒瓶状。图 34-2 显示 4 种不同支原体的形态特征，为扫描电子显微镜照片 (scanning electron micrographs)：其中的 a 为穿透支原体、b 为肺炎支原体、c 为无害支原体、d 为生殖道支原体，标尺 (在照片 c 中) 为长 1.0μm[9]。

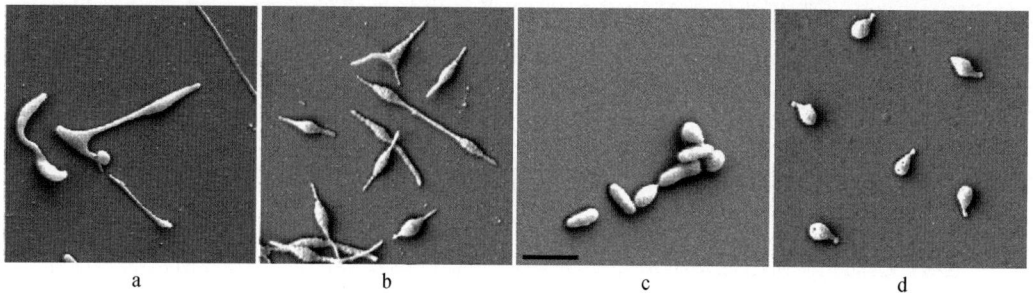

图 34-2　不同支原体的形态特征

资料来源：Dominika Jurkovic，Jennifer Hatchel，Ryan Relich and Mitchell Balish

肺炎支原体在有氧、无氧环境中均能够生长 (以在含有 5% CO_2 的氮环境中生长最佳)，生长速度慢 (通常需 7 ～ 10 天)、经反复传代后可加快生长速度；在初代分离很少能够在 1 周内见到菌落，有时需要 3 周。生长需要胆固醇和葡萄糖，适宜生长的 pH 为 7.5 ～ 7.8(pH 降至 6.8 以下容易死亡)；能够发酵葡萄糖产酸，不能水解精氨酸、尿素。在有氧条件下能够还原无色的氯化三苯基四氮唑成为红色的 α- 苯基偶氮 -α- 苯肼甲苯 (triphenylformazan)；另外，肺炎支原体能够产生一种过氧化物溶血素，可迅速、完全溶解哺乳动物的红细胞。

肺炎支原体呈高度多形态性，最为适宜的生长为加有葡萄糖的 SP-4 培养基、于 37℃培养。肺炎支原体在液体培养基的生长物，于相差显微镜下观察可见球形或双球形及长丝状等高度多形性，能够以滑行方式运动。在固体培养基的菌落呈圆形、隆起、有颗粒、无外周的周边部分，大小极不一致，直径为 20 ～ 500μm，通常不呈 "煎蛋" 样；经反复传代培养后在 3 ～ 4 天可见菌落并可呈 "煎蛋" 样。肺炎支原体的菌落，能够吸附豚鼠红细胞。图 34-3(Helena Windsor 和 David Windsor) 显示 4 种不同支原体的菌落形态特征：其中的 a 为蕈状支原体模式株 PG1，培养 3 天的菌落直径为 0.50 ～ 0.75mm；b 为猪肺炎支原体模式株 NCTC 10110，培养 7 天的菌落直径为 0.15 ～ 0.20mm；c 为肺炎支原体模式株 NCTC 10119，培养 5 天的菌落直径为 0.05 ～ 0.10mm；d 为猪鼻支原体模式株 ATCC

29052，培养 6 天的菌落直径为 0.25 ~ 0.30mm。均为在支原体通用固体培养基 (Mycoplasma experience solid medium)，于 36℃、含有 95% N_2 及 5% CO_2 环境条件下培养[9]。

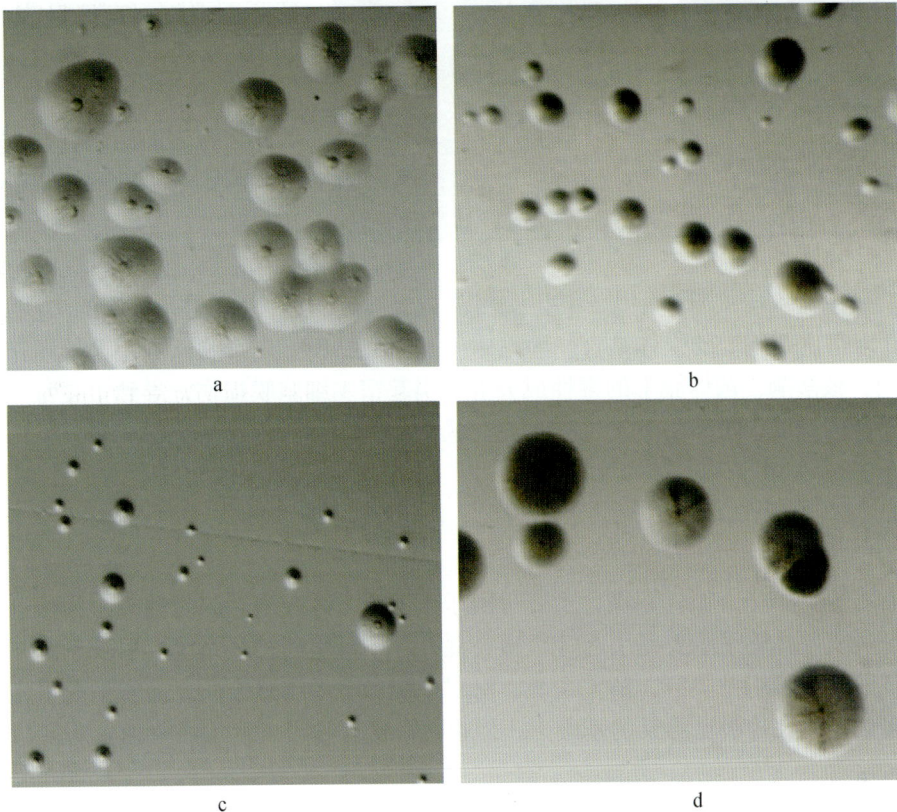

图 34-3　不同支原体的菌落形态特征

　　肺炎支原体缺乏细胞壁，代之以 3 层结构的细胞膜，其成分中的 2/3 为蛋白质、1/3 为脂类。肺炎支原体的抗原物质主要来源于此膜，包括糖脂抗原和蛋白质抗原。其中的糖脂抗原是主要抗原成分，但特异性不强，这种糖脂也存在于多种细菌、支原体及宿主细胞膜中，而导致补体结合试验的假阳性反应，也是引起机体产生多种自身抗体、导致自身免疫损伤的主要物质。肺炎支原体的蛋白质 (尤其是分子质量为 160 ~ 190kDa 的 P1 蛋白) 抗原，在其发生感染和致病过程中起重要作用，是肺炎支原体的主要特异性免疫原，刺激机体产生的免疫球蛋白反应较强且持久，也是目前进行血清学诊断所采用的主要抗原成分。另外，肺炎支原体与生殖道支原体存在共同抗原成分，以致感染的血清学诊断复杂化。

　　肺炎支原体能够黏附在细胞、塑料、玻璃等的表面，并可滑动。位于肺炎支原体外膜尖端特殊结构的膜表面蛋白具有黏附素 (adhesin) 活性，主要是 P1 蛋白和分子质量为 32kDa 的膜蛋白，这种黏附蛋白能够介导肺炎支原体黏附在红细胞和呼吸道上皮细胞之上，这种黏附作用是肺炎支原体繁殖、致病的先决条件。另外还有 8 种蛋白质也参与肺炎支原体的黏附作用，但无免疫原性，被称为黏附相关 (辅助) 蛋白。图 34-4 显示对红细胞具有亲嗜性的嗜血性支原体 (hemotropic mycoplasmas)，在红细胞表面的黏附：其中的 a 为扫描电子显微镜照片，显示黏附在红细胞表面的羊支原体，标尺长为 500nm(Neimark 等，

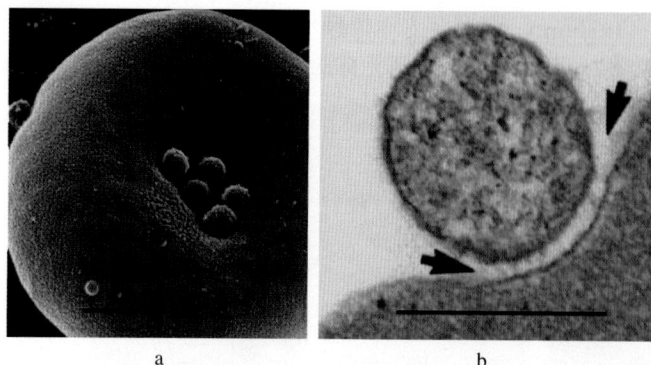

2004)；b 为透射电子显微镜照片 (scanning electron micrograph)，显示黏附在红细胞表面的一个候选种支原体 (Candidatus *Mycoplasma kahaneii*)，箭头显示红细胞表面凹陷、与支原体结合，标尺长为 250nm(Neimark 等，2002)[9]。

图 34-4　支原体在红细胞表面的黏附

在肺炎支原体入侵呼吸道后，首先是其顶端的尖端结构 (黏附因子) 与宿主细胞上的受体结合、而黏附于呼吸道黏膜上皮细胞，利用菌体所产生的过氧化氢酶、核酸酶、菌体膜上的毒性成分等，引起宿主细胞膜损伤，导致上皮细胞病变及纤毛运动能力减弱，进而引起发生呼吸道症状 [1, 3, 9]。

2.2　病原学意义

已有报告的肺炎支原体菌株，主要分离于人的上下呼吸道、脑脊髓液、滑液、尿生殖道等。肺炎支原体除了主要是引起呼吸道炎症外，还可引起神经系统、血液系统、心血管系统、皮肤肌肉组织及关节、消化系统、泌尿系统等多系统感染病。通常情况下，其他系统感染多是发生在呼吸道感染的基础上，但也有不伴有呼吸道症状而单独发病者 [1 ~ 4, 9]。

2.2.1　临床常见感染类型

肺炎支原体的常见感染类型，是表现为呼吸道感染的支原体肺炎 (mycoplasma pneumonia)，包括间质性肺炎 (interstitial pneumonitis)、气管支气管炎 (tracheobronchitis)、脱皮支气管炎 (desquamative bronchitis)、原发性非典型肺炎 (primary atypical pneumonia，PAP) 等表现类型。此外，也是脑膜脑炎 (meningoencephalitis)、中耳炎、大疱性鼓膜炎 (bullous myringitis)、感染性滑膜炎 (infectious synovitis)、肾小球肾炎 (glomerulonephritis)、胰腺炎 (pancreatitis)、肝炎 (hepatitis)、心肌炎 (myocarditis)、心包炎 (pericarditis)、胃肠炎、溶血性贫血 (hemolytic anemia)、横纹肌溶解 (rhabdomyolysis) 等感染病的病原菌，但常常是呼吸系统疾病的继发感染菌；在免疫功能障碍情况下，可作为慢性阻塞性肺部 (chronic obstructive pulmonary disease)、渗出性多形红斑即斯 - 琼综合征 (Stevens-Johnson syndrome) 及其他疹病 (exanthemas)、吉兰 - 巴雷综合征 (Guillain-Barre syndrome，GBS)、贝尔氏麻痹 (Bell's palsy)、脱髓鞘性神经病 (demyelinating neuropathies) 等。

2.2.2　医院感染基本情况

由支原体属微生物引起的医院感染，还多是以支原体 (未明确到种) 的名义记述的。以下记述的一些报告，是具有一定代表性的。

在前面有记述河南省三门峡市中心医院的张英波等 (2014) 报告，分析了医院感染常见病原体的分布及耐药性情况。从不同感染标本材料检出细菌、支原体、衣原体、病毒 4 种 (类)216 株，其中肺炎支原体 12 株 (构成比 5.56%) 居第 3 位 [8]。

广西壮族自治区人民医院的黄国秀等 (2010) 报告在 2008 年 1 月至 2 月间，该医院某病区的 1 例住院患者、与该患者密切接触者 (家属和医务人员) 及间接接触的人员共 46 人，先后发生由肺炎支原体引起的成人 (年龄为 26 ～ 76 岁) 急性呼吸道医院感染 13 人 (罹患率 28.26%)，潜伏期为 2 周以上。首发病例肖某是晚期肺癌住院患者，于 1 月 8 日发生这种感染病，末例病例于 2 月 5 日发病。被感染的人群分布特点，是二代被传染者为与首发病例肖某密切接触的家属 6 人、医务人员 2 人，三代被传染者为与首发病例肖某的女儿在同一办公室的同事共 4 人。感染的空间分布特点，是所有病例均发生于首发患者肖某的病房、家庭及病区办公室等 [11]。

上海市黄浦区中心医院的缪瑾等 (2013) 报告，在 2006 年 9 月至 2011 年 11 月间，对 1113 例类风湿关节炎 (rheumatoid arthritis，RA) 住院患者，进行了医院感染的回顾性调查分析，结果为 226 例 (感染率 20.31%) 发生医院感染 238 例次。从 238 例次感染患者的 234 例次 (检出率 98.32%) 中，检出细菌、真菌、支原体 3 大类病原体共 298 株，分别为：细菌 9 种 (类) 及其他细菌 216 株 (构成比 72.48%)、支原体类微生物 3 种 69 株 (构成比 23.15%)、真菌 3 种 13 株 (构成比 4.36%)，支原体的检出率居第 2 位。在 9 种 (类) 及其他细菌 216 株中，革兰氏阴性细菌 6 种 (类) 及其他细菌 134 株 (构成比 62.04%)、革兰氏阳性细菌 3 种 (类) 及其他细菌 82 株 (构成比 37.96%)。在 3 种 69 株支原体类微生物中，分别为解脲脲支原体 36 株 (构成比 52.17%)、人支原体 20 株 (构成比 28.99%)、肺炎支原体 13 株 (构成比 18.84%)[12]。

河南省巩义市人民医院的李会晓 (2014) 报告，对在 2011 年 1 月至 2013 年 1 月间，该医院神经内科收治的 253 例急性脑出血患者，进行了医院感染病原体分布及耐药性情况分析。在 253 例患者分别采集的痰液、血液、咽拭子标本材料检出病原体的共 136 例 (检出率 53.75%)，检出细菌、病毒、支原体、衣原体共 4 种类病原体 145 株。在 4 种类 145 株病原体中，检出细菌 6 种以及其他细菌共 77 株 (构成比 53.10%)、病毒 4 种 33 株 (构成比 22.76%)、肺炎支原体 25 株 (构成比 17.24%)、肺炎衣原体 (*Chlamydia pneumoniae*)10 株 (构成比 6.89%)，肺炎支原体的检出率居第 3 位 [13]。

2.3 微生物学检验

对支原体的微生物学检验，目前尚主要依赖于对支原体的分离与鉴定。由于支原体对营养要求较高，所以在分离与鉴定支原体时需使用能使其正常生长发育的培养基，一般是在基础培养基中加入 10% ～ 20% 的人或动物血清，初代分离时有多种支原体还需要 5% ～ 10%CO_2 或 5%CO_2 加 95%N_2 的环境。另外，支原体能在发育的鸡胚绒毛尿囊膜上或细胞培养中生长；在细胞培养中不一定都能引起细胞病变，但可妨碍这些细胞用于对病毒的培养。

对于支原体的分离，若为黏膜表面材料，一般可用无菌棉拭子涂抹取样后放于盛有 2 ～ 3ml 支原体液体培养基的小管中，或直接取其分泌液；若为组织材料，可在灭菌乳钵或玻璃研磨器中研成乳浆后供用。接种固体培养基平板时，取被检材料液（用棉拭子涂抹的需充分转动拭子使材料充分挤出到液体中）1～2滴约0.2ml加于培养基表面，用无菌L型玻棒涂布于培养基表面后培养。接种半固体培养基或液体培养基时，接种前将半固体培养基在水浴中煮沸使其完全融化，待冷却至50℃左右时加入马血清、抑菌剂等，摇动使其均匀并待冷至37℃左右时无菌操作加入标本0.5ml于培养基中，摇动后盖以胶塞并培养；液体培养基也用同样方法接种与培养，若有支原体生长则培养基将出现颜色变化。

在固体培养基上用放大镜或在低倍显微镜下可见"煎蛋"样菌落，菌落结实，用接种环难以挑取，可用无菌小刀片切取菌落琼脂块，移入液体或半固体培养基中压碎琼脂块进行培养，待支原体进行生长繁殖、培养基变红或变黄时，用液体培养基稀释培养物至10^{-4}、10^{-5}，取0.2～0.5ml接种于固体培养基平板，如此处理、反复分离纯化2～3次，即可得到支原体纯种，保存供鉴定用。另外，从固体培养基的菌落接种到固体培养基上，方法是同上取菌落琼脂块后，用接种环将其移入待接种培养基平板并使菌落面向下，用接种环移动琼脂块做连续的类似于划线接种的方法进行接种后培养。支原体适应生长在10%～80%的湿度环境中，所以在接种固体培养基平板后宜用塑料袋包严或用胶布密闭以保持湿度，以液体或半固体培养时应盖硬胶塞或螺旋塞。

对于支原体的鉴定，除依靠菌落特征、培养天数、培养条件外，至少要进行葡萄糖发酵、精氨酸和尿素的水解试验、红细胞吸附试验等，鉴定到种还须用血清学方法确定。其中有些试验内容和方法，主要是或专门是用于对支原体检验的，现择一些常用的内容记述供参考。另外，鉴定支原体时需注意与L型细菌(L-form bacteria)相区别，两者的主要区别点如表34-2所示。

表34-2　支原体与细菌L型的区别

项目	支原体	细菌L型
形态特点	固有生命形态	细菌变异形态
变为细菌	在任何情况下均不能变为细菌	在无诱导因素作用下易回复为原菌
对甾醇的需要	除无胆甾原体外均需甾醇	一般不需要
菌落特征	光亮、透明，中心深埋于培养基中	较暗、不透明，或呈颗粒状，生长于基质表面，易于刮下
菌落狄乃氏染色	深蓝紫色，不褪色	着色浅、迅速褪色
对毛地黄皂苷的作用	敏感	有抵抗性
DNA中G+C mol%	含量比细菌低	含量高，与细菌相同

2.3.1　菌落染色观察

支原体的菌落在固体培养基上除呈"煎蛋"状外，如用狄乃氏(Dienes)支原体染色法染色则菌落呈特异的蓝色，其他一般细菌的菌落不着色，容易鉴别。

2.3.2　毛地黄皂苷敏感性试验

毛地黄皂苷(digitonin)又称洋地黄皂苷、毛地黄叶苷，可用于鉴别支原体与无胆甾原体。方法是用95%乙醇溶液配制1.5%毛地黄皂苷液(56℃水浴加热使其完全溶解)，用此液浸湿无菌的小圆滤纸片(同药敏试验用的直径6mm滤纸片即可)后于37℃使其干燥，置冰箱中保存供用。将待检支原体菌液涂布接种于固体培养基上，再以毛地黄皂苷纸片平贴于培养基表面，培养并逐日取出置低倍镜下观察菌落生长情况，若有抑菌带出现，带宽度 ≥ 2mm 的为支原体 (敏感，生长时需要甾醇所以被抑制)；无抑菌带或带宽度 < 2mm 的为无胆甾原体 (不敏感，生长时不需甾醇)。

2.3.3　生化试验

在对支原体做生化试验鉴定时，最常使用的是葡萄糖、精氨酸和尿素分解试验。所用培养基是在基础液体培养基 (如 PPLO 肉汤培养基)70ml 中，无菌操作加入马血清、25% 酵母浸出液各 10ml，2.5% 乙酸铊水溶液、青霉素钾盐 (10 万 U/ml) 水溶液、0.2% 酚红水溶液各 1ml，混匀即成。

2.3.3.1　葡萄糖分解试验

在上述培养基中，无菌操作加入 10% 葡萄糖水溶液 10ml，培养基最终 pH 应为 7.6 ~ 7.8，无菌操作分装于螺旋帽试管内 3ml/ 管，于普通冰箱中保存备用。试验时可取液体纯培养物接种 0.2ml/ 管，若为固体培养基上的菌落则接种含菌落的琼脂块，接种后进行培养并根据指示剂的呈色反应判定结果。

2.3.3.2　精氨酸或尿素分解试验

在上述培养基中，无菌操作加入 10% 精氨酸水溶液 10ml 或 10% 尿素水溶液 10ml，培养基最终 pH 应为 6.0 ~ 6.5，无菌操作分装于螺旋帽试管内 3ml/ 管，于普通冰箱中保存备用。试验时同上述葡萄糖分解试验中所述进行接种、培养与判定结果，但需在接种后无菌操作于培养液面覆盖一层液体石蜡后进行培养。

另外一种用于区别脲支原体与其他支原体的一种尿素分解试验方法，是将新鲜配制的 1% 尿素和 0.8% 二氯化锰溶液滴加于受检菌落上，置显微镜下观察菌落的颜色。脲支原体产生的尿素酶水解尿素后，释放 CO_2 和 NH_3 能使氯化锰形成 MnO_2 沉淀，使菌落呈深棕色。

2.3.4　溶血试验

在生长有支原体菌落的固体培养基平板表面，覆盖一薄层含 8% 红细胞 (在测定未知的支原体溶血情况时需分别用人、鸡、豚鼠及其他动物的脱纤血) 的生理盐水琼脂，继续培养后每天观察，在菌落周围出现溶血环者为溶血试验阳性。

2.3.5　红细胞吸附与抑制试验

在生长有支原体固体培养基平板的菌落周围，滴加 3% 红细胞 (在测定未知的支原体吸附红细胞情况时需分别用人、鸡、豚鼠及其他动物的脱纤血) 悬液，在室温静置 30min 后，以 pH 7.2 的磷酸盐缓冲液 (phosphate buffered saline，PBS) 漂洗除多余红细胞 (如此漂洗 3 次) 后，用显微镜检查，在单个菌落周围有红细胞吸附为阳性，如肺炎支原体能吸附鸡红细胞。此试验亦可用于对支原体的血清学检定，即用已知支原体阳性血清先滴加于培养基平板表面，37℃感作 30 ~ 60min 后，同上方法漂洗 3 次除去多余抗血清后加红细胞悬液做吸附试验，若血清为被检支原体的相应特异抗血清，则与支原体结合后能抑制支原体再吸附红细胞，即为红细胞吸附抑制试验。

2.3.6 膜和斑点形成试验

有些支原体在含有马血清或卵黄的琼脂固体培养基上生长时，能分解其中的脂肪酸，在培养基表面形成皱褶状薄膜（即膜形成试验阳性）；由于脂肪酸被分解，释放并沉积钙和镁盐，在菌落下面及周围形成黑色斑点（即斑点形成试验阳性）。

2.3.7 四氮唑还原试验

某些支原体能在需氧或厌氧条件下，还原无色的氯化三苯基四氮唑成为红色的 α- 苯基偶氮 -α- 苯肼甲苯。试验方法是于 100ml 固体培养基中无菌操作加入 2% 的氯化三苯基四氮唑水溶液 1ml，混匀后倾注平板；切下生长有支原体菌落的琼脂块置于这种含氯化三苯基四氮唑的培养基平板表面（菌落面朝下使其与氯化三苯基四氮唑琼脂平板接触），用接种环或 L 型玻璃棒推移琼脂块进行接种，如此共接种两个平板，其一置于需氧环境，另一置于厌氧环境进行培养，若培养后的培养基出现粉红或深红色的为阳性，不变色的为阴性。

2.3.8 生长抑制试验

生长抑制试验（grouth inhibition test，GIT）的原理是支原体在固体培养基上生长，可被相应特异抗血清所抑制。方法是用直径 6 ～ 8mm 的圆形无菌滤纸片，用未经稀释的已知支原体抗血清浸透后置于无菌平皿内并于 4℃ 干燥备用。取待检支原体菌液 0.5ml 涂布接种于固体培养基表面，待接种表面稍干燥后无菌操作取纸片平贴于培养基表面后培养，待支原体呈良好生长后置显微镜下检查在抗血清纸片周围是否有抑菌圈形成。若出现抑菌圈且抑菌带宽 ≥ 2mm 者表示该支原体与所用抗血清的免疫原支原体为同种（特异阳性反应），抑菌带宽 < 2mm 或无抑菌圈形成的表示为与所用抗血清的免疫原支原体为不同种。试验时，需设立标准阳性和阴性对照。

2.3.9 代谢抑制试验

根据特异性抗体可以阻止支原体的生长及代谢这一特性，可采用已知高效价的免疫血清进行代谢抑制试验（metabolic inhibition test，MIT）以鉴别各种支原体。例如，测定分解葡萄糖的支原体，在含 0.5% ～ 1% 葡萄糖的支原体培养基中，加入抗血清后再接种菌液，培养后若无发酵反应则培养基的颜色不变（阳性反应），不加抗血清的对照管呈发酵反应使培养基产酸变色（阴性反应）；如加入的是已知肺炎支原体抗血清，出现阳性反应则表明被检测的为肺炎支原体。试验时一般是加入血清的量占总量的 1/8 即相当于原血清做 1 ∶ 8 稀释，血清应做 56℃ 经 30min 的灭能处理；菌液浓度一般为 10^3 ～ 10^5 CFU/ml，加量为总量的 1/4；试验时，多是用微孔板进行微量法试验。

代谢抑制试验和生长抑制试验一样，具有相应的特异性。同时，代谢抑制试验尚可用于对感染支原体患者血清抗体效价的检验，如由肺炎支原体引起的支原体肺炎（过去称原发性非典型肺炎）患者血清经 56℃ 作用 30min 灭能后，用含葡萄糖及酚红指示剂的支原体液体培养基稀释 1 ∶ (10 ～ 1280) 倍，在每管 (孔) 中滴加 1 滴 (约 0.025ml) 肺炎支原体菌液，并设立不加血清的菌液对照和不加菌液的培养基对照；培养后凡不加抗血清的培养管应生长代谢正常（培养基变成黄色）、未加菌液的培养基对照颜色不变。判定结果时，从血清稀释倍数低的管(孔)依次向倍数高的管(孔)检查,以未发生颜色变化(代谢被抗血清抑制)的最高血清稀释度(管或孔)作为被检血清的代谢抑制效价。

2.3.10 反向间接血凝试验

反向间接血凝试验是以已知支原体抗血清致敏经戊二醛化的绵羊红细胞,检查未知的支原体。试验按常规反向间接血凝试验进行,置室温条件下 60min 即可出现特异红细胞凝体反应,1 ~ 2h 可做结果判定,目前多采用微量法进行。该试验用于检查支原体的特异性强,仅与同种的支原体发生特异的血凝反应;灵敏度高,可测出 10^4 ~ 10^5CFU/ml 的支原体。

2.3.11 间接表面免疫荧光试验

用特异性荧光抗体对支原体菌落做间接染色,以荧光显微镜检查,具有较高的特异性和敏感性,但必须是活菌培养,对分离物的鉴定应尽可能使用早代次,初代分离物有利于发现混合感染的存在。试验方法是将待检支原体接种于支原体固体培养基平板上,经培养后选择分散生长的菌落用于试验,将带菌落的琼脂小心切下,菌落面向下贴附于洁净玻片上,每张玻片可放 4 ~ 8 个菌落,将玻片呈 45°倾斜于 80℃蒸馏水容器中经 1min 左右使琼脂块融化滑下并立即用 80℃蒸馏水轻洗后,用 pH 7.2 的磷酸盐缓冲液浸洗菌落 3 次,经室温自然干燥后滴加用 pH 7.2 的磷酸盐缓冲液稀释至工作浓度的支原体抗血清,置湿盒中感作 30min 后倾去抗血清并经同样磷酸盐缓冲液漂洗 3 次,30min/次,滴加经 pH 7.2 的磷酸盐缓冲液稀释至工作浓度的相应荧光标记抗抗体(若抗支原体血清是用家兔制备的则抗抗体可使用异硫氰酸荧光素标记的羊抗兔 IgG),同前感作及漂洗后过蒸馏水 1 次除盐,待自然干燥后置荧光显微镜下观察菌落的荧光反应,若菌落呈黄绿色(用异硫氰酸荧光素标记的抗抗体)特异荧光且形态清晰则为阳性反应(为与供用抗血清同源菌落),无特异荧光反应为阴性(为与供用抗血清异源菌落)。试验时,应设立标准阳性对照和加正常抗血清的阴性对照。

2.3.12 支原体菌数的测定

对支原体菌数的测定不宜使用通常的比浊法,常采用的是颜色改变单位和如同对细菌计数的测定菌落形成单位方法,现作如下简要记述。

2.3.12.1 颜色改变单位

根据被测支原体的特性决定培养基中添加葡萄糖 (0.5%),或精氨酸 (0.2%),或尿素 (0.1%),同时加入 0.002% 酚红指示剂。对分解葡萄糖的支原体,培养基 pH 应调至 7.8;分解精氨酸的 pH 应调至 7.0;分解尿素的 pH 调至 6.0。试验方法是将上述培养基分装于无菌小试管 1.8ml/管,于第 1 管加入被检支原体菌悬液 0.2ml(稀释倍数为 10^{-1}),混匀后吸取 0.2ml 到第 2 管(稀释倍数为 10^{-2}),如此做 10 倍递减菌浓度的稀释至 10^{-12}(10^{-1} ~ 10^{-12}),置适宜温度和条件下培养 14 天,以培养基颜色不再继续发生改变为终点判定结果,并以颜色变化的菌浓度最高稀释度为颜色改变单位。如 10^{-1} ~ 10^{-11} 发生了颜色改变、10^{-12} 无变化,则试验结果的颜色改变单位为 10^{11},亦即被测支原体菌液稀释至 10^{-11} 仍有支原体生长。

2.3.12.2 菌落形成单位

将待检支原体菌液用支原体液体培养基做同上述的递减菌浓度的稀释 $10^{-1} \sim 10^{-12}$，取 10^{-10}、10^{-11}、10^{-12} 的 3 个稀释度菌液接种常用的直径 5cm 或 9cm 平板固体培养基表面，每个稀释度的接种 3 个平板各 0.1ml(用 L 型玻棒平铺接种)，置适宜温度和条件下培养 5 ～ 8 天，在低倍或倒置显微镜下计数生长菌落，计算出每毫升供试支原体菌液内生长的菌落数，即 CFU/ml 即可 [3,10,14]。

3 人支原体 (*Mycoplasma hominis*)

人支原体 [*Mycoplasma hominis*(Freundt 1953)Edward 1955] 在最初被归于小霉菌属 (*Micromyces* Dangeard，Le Botaniste 1889)，名为人小霉菌 (*Micromyces hominis* Freundt 1953)。种名 "*hominis*" 为拉丁语名词所有格，指人的 (of man)。

细菌 DNA 的 G+C mol% 为 33.7(T_m)；模式株：PG21，ATCC 23114，NCTC 10111，CIP 103715，NBRC 14850。基因序列号 (16S rRNA gene)：M24473[9]。

3.1 生物学性状

人支原体的形态呈多形性，其液体培养物在相差显微镜下可见球形、双球形及丝状体的菌体。在有氧、无氧环境中均能生长，生长速度快；生长条件要求不高，于 37℃在一般大气环境中即可生长；在含有精氨酸的 SP-4 培养基、37℃培养生长良好。生长需要除了胆固醇外，还需要精氨酸，最为适宜的 pH 为 7.0。在液体培养基中培养 2 ～ 3 天、固体培养基中 2 ～ 3 天可见生长，在固体培养基的菌落较大 (0.2 ～ 0.3mm)，在低倍显微镜下观察菌落呈典型的 "煎蛋" 样、中心区较小、周边区宽大呈网状、边缘整齐。多数菌株能够在一般血液营养琼脂培养基上生长成针尖大小、不溶血的菌落，在半固体培养基中的菌落呈彗星状。

人支原体能够水解精氨酸产生氨，不能水解尿素、不能发酵葡萄糖。有 7 个不同的血清型，抗原物质存在于细胞膜，主要成分是蛋白质及糖脂。其中的糖脂为半抗原，与蛋白结合后具有抗原性，可刺激机体产生代谢抑制、生长抑制及补体结合抗体；在膜蛋白中的 P100 及 P50 为两个主要黏附因子 (黏附素)，富含脂蛋白，与宿主细胞结合的受体是硫酸化糖脂；蛋白抗原容易发生变异，其膜蛋白 P120 可通过 N 端的高频变异使 P120 出现多态性，其可变黏附相关抗原 (variable adherence-associated antigen，Vaa)，也容易发生高频变异。

人支原体主要是寄居于人的生殖道 (泌尿道、阴道、子宫颈、宫内膜等处)，性成熟女性子宫颈或阴道中有 21% ～ 53% 的携带者，男性尿道的携带率低。通常表现对四环素、林可霉素、喹诺酮类抗菌药物敏感，对红霉素的敏感性差或耐药 [1 ～ 3, 9]。

3.2 病原学意义

人支原体菌株，临床主要分离于人的泌尿生殖道、羊膜液 (羊水)、胎盘、脐带血液、尿液、精液、血液、脑脊髓液、滑液、支气管肺泡灌洗液、腹膜抽出物、结膜、骨脓肿 (bone abscesses)、血肿 (hematomas) 抽出物等；另外也包括几种非人类灵长类。主要是引起人的泌尿生殖系统感染病，也可引起泌尿生殖系统外的感染。在泌尿生殖系统感染中，阴道毛滴虫 (*Trichomonas vaginalis*) 对感染具有协同作用。其传播途径，包括经性传播、先天性的、使用导管介入疗法或组织移植等 [1~3, 9]。

3.2.1　临床常见感染类型

临床主要感染类型，在泌尿生殖系统感染包括引起盆腔炎、慢性前列腺炎、前庭大腺脓肿、阴道炎、宫颈炎、孕妇支原体病、流产后发热、产褥热、输卵管炎、肾盂肾炎 (pyelonephritis)、盆腔炎性疾病 (pelvic inflammatory disease)、绒毛膜羊膜炎 (chorioamnionitis)、产后热 (postpartum fevers) 等。

在泌尿生殖系统外的感染是比较少见的，主要包括脑脊膜炎 (meningitis)、新生儿脓肿 (abscesses in newborns)、新生儿脑膜炎、脑脓肿、菌血症 (bacteremia)、关节炎 (arthritis)、骨髓炎 (osteomyelitis)、脓肿、伤口感染、纵隔炎 (mediastinitis)、肺炎、腹膜炎 (peritonitis)、假体的和导管相关的感染、血肿等。另外，部分低球蛋白血症患者的尿道炎、膀胱炎、关节炎症状，也与人支原体感染有关 [1~3, 9]。

3.2.2　医院感染基本情况

由人支原体引起的医院感染，还是不多见的，这有可能是与人支原体的主要传播途径相关联的。

在前面有记述浙江省温州医学院附属第三医院妇幼分院的杜文君等 (2010) 报告，从该医院妇产科门诊及住院患者各类标本材料中分离到病原体 5 种 (类)3621 株，其中人支原体 704 株 (构成比 19.44%) 居第 2 位 [6]。

在前面有记述上海市黄浦区中心医院的缪瑾等 (2013) 报告，在 1113 例类风湿关节炎住院患者中，有 226 例 (感染率 20.31%) 发生医院感染 238 例次。从 238 例次感染患者的 234 例次 (检出率 98.32%) 中，检出细菌、真菌、支原体 3 大类病原体共 298 株，其中支原体 3 种 69 株 (构成比 23.15%) 居第 2 位。在 3 种 69 株支原体中，人支原体 20 株 (构成比 28.99%) 居第 2 位 [11]。

3.3　微生物学检验

对人支原体的微生物学检验，目前还主要是依赖于进行分离鉴定的细菌学检验。在前面肺炎支原体项下记述的相应内容，可供参考。

在检验中，要特别注意与同是主要引起泌尿生殖系统感染的解脲脲支原体相鉴别，且两者常常会被同时检出。主要的生化反应鉴别指标，是对葡萄糖的发酵、对精氨酸及尿素水解的能力。另外，人支原体寄居于人的生殖道，所以对从泌尿生殖系统感染检出菌株的病原性意义确认，也是重要的检验内容。

（陈翠珍）

参 考 文 献

[1] 贾辅忠 , 李兰娟 . 感染病学 . 南京 : 江苏科学技术出版社 , 2010: 619~624.

[2] 李梦东 . 实用传染病学 . 2 版 . 北京 : 人民卫生出版社 , 1998: 322~328.

[3] 杨正时 , 房海 . 人及动物病原细菌学 . 石家庄 : 河北科学技术出版社 , 2003: 1206~1261.

[4] 陆德源 . 医学微生物学 . 4 版 . 北京 : 人民卫生出版社 , 2000: 165~170.

[5] 陆承平 . 兽医微生物学 . 4 版 . 北京 : 中国农业出版社 , 2007: 228~242.

[6] 杜文君 , 孙庆丰 , 蔡微微 , 等 . 妇幼保健院妇产科病原体分布特点及耐药性分析 . 中华医院感染学杂志 , 2010, 20(8):1183~1185.

[7] 文细毛 , 任南 , 吴安华 . 2010 年全国医院感染横断面调查感染病例病原分布及其耐药性 . 中国感染控制杂志 , 2012, 11(1):1~6.

[8] 张英波 , 荆菁华 , 郎少磊 . 医院感染病原体分布及耐药性研究 . 中华医院感染学杂志 , 2014, 24(18):4432~4433, 4438.

[9] Aidan C P. Bergey's Manual of Systematic Bacteriology.Second Edition.Volume Four.Springer, New York.2010: 575~611.

[10] 叶应妩 , 王毓三 , 申子瑜 . 全国临床检验操作规程 . 3 版 . 南京 : 东南大学出版社 , 2006: 886~887.

[11] 黄国秀 , 覃玉秀 . 成人肺炎支原体感染医院内小流行临床分析 . 内科 , 2010, 5(3):295~296.

[12] 缪瑾 , 何东仪 . 226 例类风湿关节炎患者医院感染临床分析与预防对策 . 中华医院感染学杂志 , 2013, 23(4):803~805.

[13] 李会晓 . 急性脑出血患者医院感染的病原菌分布及耐药性分析 . 中国临床研究 , 2014, 27(3):289~290.

[14] 闻玉梅 . 现代医学微生物学 . 上海 : 上海医科大学出版社 , 1999: 593~602.

第 35 章 奈瑟氏球菌属 (*Neisseria*)

　　奈瑟氏球菌属 (*Neisseria* Trevisan 1885) 具有重要病原学意义的种 (species)，主要包括脑膜炎奈瑟氏球菌 (*Neisseria meningitidis*) 和淋病奈瑟氏球菌 (*Neisseria gonorrhoeae*)。其中的脑膜炎奈瑟氏球菌，是流行性脑脊髓膜炎 (epidemic cerebrospinal meningitis) 简称流脑的病原菌，是经呼吸道传播所致的一种化脓性脑膜炎。淋病奈瑟氏球菌感染 (gonococcal infection，GI)，是指由淋病奈瑟氏球菌引起的局部感染和播散性感染的总称；局部感染指的是泌尿生殖系统的黏膜化脓性感染病 (infectious diseases) 俗称淋病 (gonorrhea)，另外是由其引起的眼炎、咽炎、直肠炎、盆腔炎等不同类型的播散性淋病奈瑟氏球菌感染病[1~4]。

　　在医院感染 (hospital infection，HI) 的奈瑟氏球菌属细菌中，在我国已有明确报告的涉及淋病奈瑟氏球菌、灰色奈瑟氏球菌 (*Neisseria cinerea*)、干燥奈瑟氏球菌 (*Neisseria sicca*)3 个种，其中主要是淋病奈瑟氏球菌。根据相关资料分析，奈瑟氏球菌属细菌也属于在医院感染中检出频率较高的革兰氏阴性细菌。

　　● 中国人民解放军白求恩国际和平医院的张立等 (2005) 报告在 2002 年 6 月至 2003 年 6 月间，在该医院住院糖尿病患者 295 例中发生医院感染的 104 例 (发生率 35.25%)。从 104 例患者的血液、尿液、大便、痰液等标本材料 256 份中，分离到病原菌 156 株，其中细菌共 4 种 (属)135 株 (构成比 86.54%)，属于真菌 (fungi) 的白色念珠菌 (*Candida albican*)21 株 (构成比 13.46%)。在 135 株细菌中，革兰氏阴性细菌 2 种 (属)75 株 (构成比 55.56%)、革兰氏阳性细菌涉及 2 个菌属 60 株 (构成比 44.44%)。135 株细菌的出现频率，依次为：奈瑟氏球菌属细菌 51 株 (构成比 37.78%)、链球菌属 (*Streptococcus* Rosenbach 1884) 细菌 46 株 (构成比 34.07%)、肺炎克雷伯氏菌 (*Klebsiella pneumoniae*)24 株 (构成比 17.78%)、葡萄球菌属 (*Staphylococcus* Rosenbach 1884) 细菌 14 株 (构成比 10.37%)，奈瑟氏球菌属细菌居第 1 位 [5]。

● 哈尔滨医科大学附属第二医院的张晓明等 (2012) 报告 2008 年 1 月至 2011 年 1 月间，在该医院重症监护室 (intensive care unit，ICU) 住院患者 4600 例中发生医院感染的 921 例 (发生率20.02%)。从下呼吸道、泌尿道医院感染患者分离到病原菌885株，其中细菌共7种 (属)649 株 (构成比 73.33%)，真菌 236 株 (构成比 26.67%)。在 649 株细菌中，革兰氏阴性细菌 5 种 (属)461 株 (构成比 71.03%)、革兰氏阳性细菌 2 种 188 株 (构成比 28.97%)。649 株细菌的出现频率，依次为：铜绿假单胞菌 (*Pseudomonas aeruginosa*)126 株 (构成比 19.41%)、金黄色葡萄球菌 (*Staphylococcus aureus*)126 株 (构成比 19.41%)、克雷伯氏菌属 (*Klebsiella* Trevisan 1885 emend.Drancourt et al 2001) 细菌 105 株 (构成比 16.18%)、奈瑟氏球菌属细菌 (均分离于下呼吸道)102 株 (构成比 15.72%)、不动杆菌属 (*Acinetobacter* Brisou and Prèvot 1954) 细菌 93 株 (构成比 14.33%)、粪肠球菌 (*Enterococcus faecalis*)62 株 (构成比 9.55%)、大肠埃希氏菌 (*Escherichia coli*)35 株 (构成比 5.39%)，奈瑟氏球菌属细菌居第 4 位。在 5 种 (属)461 株革兰氏阴性细菌 (铜绿假单胞菌、克雷伯氏菌属细菌、奈瑟氏球菌属细菌、不动杆菌属细菌、大肠埃希氏菌) 中，奈瑟氏球菌属细菌 102 株 (构成比 22.13%) 居第 3 位 [6]。

● 在第 32 章 "加德纳氏菌属" (*Gardnerella*) 中有记述，湖北省武汉市东西湖区人民医院的代淑兰 (2013) 报告，分析了该医院妇产科医院感染的病原菌分布及耐药情况。收集在 2010 年 1 月至 2011 年 12 月间，从该医院门诊和住院患者的生殖道分泌物、咽拭子、尿液、血液及其他体液等标本材料，检出病原菌 2156 株，其中细菌 1670 株 (构成比 77.46%)、真菌 486 株 (构成比 22.54%)。在 1670 株细菌中，革兰氏阴性细菌 896 株 (构成比 53.65%)、革兰氏阳性细菌 774 株 (构成比 46.35%)。涉及出现频率较高的 10 种 1443 株 (构成比 86.41%)、其他病原菌 227 株 (构成比 13.59%)。在 10 种 1 443 株主要病原菌中，包括淋病奈瑟氏球菌 265 株 (构成比 18.36%) 居第 3 位 [7]。

1 菌属定义与分类位置

奈瑟氏球菌属亦称为奈瑟氏菌属、奈氏球菌属，是奈瑟氏菌科 (Neisseriaceae Prèvot 1933 emend.Dewhirst，Paster and Bright 1989) 细菌的成员。德国皮肤科、花柳病医学家阿尔贝特·路德维希·西吉斯蒙德·奈瑟 (Albert Lüdwig Sigismund Neisser，1855 ~ 1916) 在 1879 年，首先在淋病患者脓性标本材料中发现了淋病奈瑟氏球菌。菌属 (genus) 名称 "*Neisseria*" 为现代拉丁语阴性名词，即是以奈瑟的姓氏 (Neisser) 命名的 [8]。

1.1 菌属定义

奈瑟氏球菌属细菌，为直径 0.6 ~ 1.9μm 的球状，通常单个存在，但也常常成双 (邻接面较平)；其中的长奈瑟氏球菌 (*Neisseria elongata*)、魏氏奈瑟氏球菌 (*Neisseria weaveri*) 例外，呈现为直径 0.5μm 的短杆状，常常是排列为双杆菌 (diplobacilli) 或链状。球状的在分裂时取互呈直角的两个侧面，有时会形成四联体 (tetrads)。有荚膜 (Capsules) 和菌毛 (fimbriae，pili)，无芽孢，革兰氏阴性但有时不易脱色，无鞭毛 (flagella) 和泳动 (Swimming motility) 现象。

奈瑟氏球菌属细菌为需氧菌，一些种能够产生黄色的类胡萝卜素色素 (carotenoid pigment)。一些种营养要求严格和溶血，适宜生长在 35 ~ 37℃，氧化酶 (oxidase) 阳性，除了长奈瑟氏球菌一些菌株外的接触酶 (catalase) 阳性，碳酸酐酶 (carbonic anhydrase) 阳性，除了淋病奈瑟氏球菌、狗奈瑟氏球菌 (*Neisseria canis*) 外还原硝酸盐，某些种能够从碳水化合物氧化产酸但不能发酵，有机化能营养菌，不能产生外毒素 (exotoxins)，一些种能够分解糖类。栖息在哺乳类动物的黏膜，一些种是人的原发性病原体 (primary pathogens)[8]。

奈瑟氏球菌属细菌 DNA 的 G+C mol% 为 48 ~ 56；模式种 (type species)：淋病奈瑟氏球菌 [*Neisseria gonorrhoeae*(Zopf 1885)Trevisan 1885][8]。

1.2　分类位置

按伯杰氏 (Bergey) 细菌分类系统，在第二版《伯杰氏系统细菌学手册》(*Bergey's Manual of Systematic Bacteriology*) 第 2 卷 (2005)C 部分中，奈瑟氏球菌属分类于奈瑟氏菌科。

奈瑟氏菌科共包括 13 个菌属、2 个位置未定菌属 (genus incertae sedis)。13 个菌属，依次为奈瑟氏球菌属、小链菌属 (*Alysiella* Langeron 1923)、水螺菌属 (*Aquaspirillum* Hylemon，Wells，Krieg and Jannasch 1973)、色杆菌属 (*Chromobacterium* Bergonzini 1881)、艾肯氏菌属 (*Eikenella* Jackson and Goodman 1972)、甲酸弧菌属 (*Formivibrio* Tanaka，Nakamura and Mikami 1991)、紫色小杆菌属 (*Iodobacter* Logan 1989)、金氏菌属 (*Kingella* Henriksen and Bøvre 1976 emend. Dewhirst，Chen，Paster and Zambon 1993)、微枝杆菌属 (*Microvirgula* Patureau，Godon，Dabert et al 1998)、噬脯氨酸菌属 (*Prolinoborus* Pot，Willems，Gillis and De Ley 1992)、西蒙斯氏菌属 (*Simonsiella* Schmid in Simons 1922)、透明颤菌属 (*Vitreoscilla* Pringsheim 1949)、福格斯氏菌属 (*Vogesella* Grimes，Woese，Macdonell and Colwell 1997)。

2 个位置未定菌属，分别为：链状球菌属 (*Catenococcus* Sorokin 1994)、桑椹状球菌属 (*Morococcus* Long，Sly，Pham and Davis 1981)。

奈瑟氏菌科细菌 DNA 的 G+C mol% 为 46 ~ 67；模式属 (type genus)：奈瑟氏球菌属[8]。

奈瑟氏球菌属内共记载了 17 个种、3 个亚种 (subspecies)。

17 个种，依次为：淋病奈瑟氏球菌、动物奈瑟氏球菌 (*Neisseria animalis*)、狗奈瑟氏球菌、灰色奈瑟氏球菌、反硝化奈瑟氏球菌 (*Neisseria denitrificans*)、丹氏奈瑟氏球菌 (*Neisseria dentiae*)、长奈瑟氏球菌、变黄奈瑟氏球菌 (*Neisseria flavescens*)、蜥蜴奈瑟氏球菌 (*Neisseria iguanae*)、嗜乳糖奈瑟氏球菌 (*Neisseria lactamica*)、恒河猴奈瑟氏球菌 (*Neisseria macacae*)、脑膜炎奈瑟氏球菌、黏液奈瑟氏球菌 (*Neisseria mucosa*)、多糖奈瑟氏球菌 (*Neisseria polysaccharea*)、干燥奈瑟氏球菌、微黄奈瑟氏球菌 (*Neisseria subflava*)、魏氏奈瑟氏球菌。

3 个亚种，分别为：长奈瑟氏球菌长亚种 (*Neisseria elongata* subsp. *elongata*)、长奈瑟氏球菌解糖亚种 (*Neisseria elongata* subsp. *glycolytica*)、长奈瑟氏球菌硝酸盐还原亚种 (*Neisseria elongata* subsp. *nitroreducens*)[8]。

2 淋病奈瑟氏球菌 (*Neisseria gonorrhoeae*)

淋病奈瑟氏球菌 [*Neisseria gonorrhoeae*(Zopf 1885)Trevisan 1885] 亦被称为淋病奈氏球菌、淋病奈瑟氏菌，也常常被简称为淋球菌 (gonococcus)。最初是由 Zopf(1885) 将其分类于片菌属 (*Merismopedia* Zopf 1885)、命名为 "*Merismopedia gonorrhoeae*"（淋病片菌）。菌种名称 "*gonorrhoeae*" 为现代拉丁语属格名词，指淋病 (gonorrhoea)。

细菌 DNA 的 G+C mol% 为 49.5 ~ 53.3(T_m, chromatography)；模式株 (type strain)：ATCC 19424，CCUG 26876，CIP 79.18，DSM 9188，NCTC 8375。GenBank 登录号 (16S rRNA)：X07714[8]。

1879 年，在前面有提及的奈瑟 (图 35-1)，在 35 例急性尿道炎、阴道炎及新生儿急性结膜炎患者分泌物中，首先发现了成双排列的球菌。继奈瑟的发现之后，又有许多学者对这一发现予以了证实。在 1882 年，德国学者莱斯蒂科 (Leistikow) 和德国细菌学家弗里德里希·奥古斯特·约翰内斯·吕弗勒 (Friedrich August Johannes Loeffler,1852 ~ 1915)，发现此菌在 37℃ 培养的血清固体培养基上能生长。1885 年，德国学者布姆 (Bumm) 在人、牛或羊的凝固血清上培养此菌获得成功，并通过接种于健康人的尿道证实能感染发生淋病症状。至此，淋病奈瑟氏球菌作为淋病的病原菌被确证。

图 35-1 奈瑟

奈瑟自 1882 年起在布雷斯劳皮肤病和花柳病医院任教授和院长，是德国在 1902 年成立的与花柳病斗争协会的创始人和首任会长。

2.1 生物学性状

在奈瑟氏球菌属细菌中，对淋病奈瑟氏球菌的一些生物学性状研究是比较多的，且诸多主要生物学性状已都是比较明确的，这是与此菌具有重要病原学意义直接相关的。研究表明，淋病奈瑟氏球菌与脑膜炎奈瑟氏球菌具有很高的亲缘关系；另外，"*Neisseria kochii*" 是淋病奈瑟氏球菌的亚种 [1 ~ 4, 8, 9]。

2.1.1 形态与培养特征

淋病奈瑟氏球菌为革兰氏阴性的肾形或豆形、也记作卵圆形或球形，常常是成对排列，大小为 (0.5 ~ 1.0)μm×(0.3 ~ 0.6)μm，无鞭毛、荚膜、芽孢。在急性炎症期，淋病奈瑟氏球菌多是存在于病变组织白细胞的胞质内。

淋病奈瑟氏球菌在最初是以巧克力琼脂(chocolate agar)于 35 ~ 36℃ 培养、低大气环境 (含 3% ~ 10% 的 CO_2) 的高湿度环境分离的。最低生长温度在 30℃，通常培养 48h 的菌落直径为 0.6 ~ 1.0mm、半透明、淡灰白色、隆起、细微颗粒状，长时间培养可呈黏液状 (mucoid，M)。

淋病奈瑟氏球菌为需氧菌，但初分离时宜在 35 ~ 36℃、含有 5.0% ~ 10.0%CO_2 环境中培养，生长的最适宜 pH 为 7.5(7.4 ~ 7.6)。生长对营养要求较高，用普通营养培养基不易培养成功，需要在含有动物蛋白的培养基中才能良好生长。

淋病奈瑟氏球菌能够在 MTM(modified Thayer-Martin，MTM) 培养基、ML(Martin-Lewis，ML) 培养基、NYC(New York City，NYC) 培养基上生长，在巧克力琼脂培养基、血液营养琼脂培养基上 22℃培养不能生长，在普通营养琼脂培养基上 35℃培养不能生长。在巧克力琼脂培养基上，形成光滑、灰白色、米色 - 灰棕色、半透明、隆起、直径多在 0.5 ~ 1.0mm 的菌落 (图 35-2)。

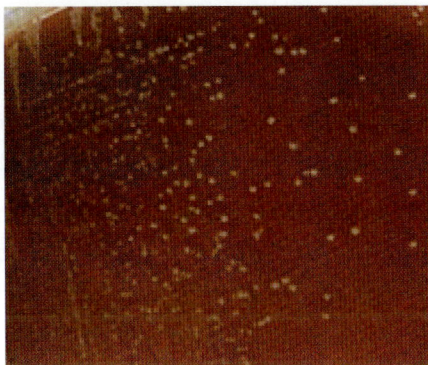

图 35-2　淋病奈瑟氏球菌的菌落
资料来源：周庭银，赵虎 .2001.临床微生物学诊断与图解

淋病奈瑟氏球菌在血液营养琼脂培养基上，经 24 ~ 48h 培育后，可形成圆形、隆起、湿润、光滑、半透明或灰白色的菌落，菌落边缘呈花瓣状，直径多为 0.5 ~ 1.0mm，有黏性，继续培养菌落可增大，表面变得粗糙，边缘出现皱缩。

2.1.2　生化特性

淋病奈瑟氏球菌能分解葡萄糖产酸、不产气，不能分解麦芽糖、蔗糖、乳糖、果糖，不能产生吲哚和 H_2S，甲基红试验 (methyl red test，MR) 阴性，伏 - 波试验 (Voges-Proskauer test，V-P) 阴性，不能还原硝酸盐，多聚糖 (碘试验法) 试验阴性，不产生丁酸甘油酯酶、DNA 酶，在生长过程中能够产生氧化酶和接触酶。

2.1.3　血清型与营养型

淋病奈瑟氏球菌的菌体表面结构为外膜 (outer membrane，OM)，主要成分为外膜蛋白 (Porin)、脂多糖 (lipopolysaccharide，LPS)、菌毛。其中的外膜蛋白又可分为主要的外膜蛋白Ⅰ (PⅠ)、蛋白Ⅱ (PⅡ)、蛋白Ⅲ (PⅢ) 等。根据淋病奈瑟氏球菌表面抗原蛋白Ⅰ的抗原性不同，可将淋病奈瑟氏球菌分为 46 个血清型。另外是根据淋病奈瑟氏球菌培养时需要的特殊营养成分 (蛋氨酸、脯氨酸、异亮氨酸、精氨酸、次黄嘌呤、尿嘧啶等)，可将其分为 35 个营养型，亦称为营养缺陷型；如在培养时需要脯氨酸 (proline) 的称为 Pro⁻ 型，需要精氨酸(arginine)、次黄嘌呤 (hypoxanthine)、尿嘧啶 (uracil) 的分别称为 Arg⁻ 型、Hyp⁻ 型、Ura⁻ 型。营养型和血清型分类的共同使用，可对流行菌株进行流行病学调查和研究。

全国性病防治中心的叶顺章等 (1993) 报告，首先在国内报告了对淋病奈瑟氏球菌进行营养分型的结果，发现于 1989 年至 1990 年从南京地区分离的 72 株淋病奈瑟氏球菌以 Proto 型 (构成比 59.7%) 及 Pro⁻ 型 (构成比 33.3%) 占优势；进而对 1993 年至 1994 年从南京地区分离的菌株进行营养分型，发现此两种型的菌株仍然占绝大多数 (构成比在 95% 以上)。表明这几年在南京地区流行的菌株，基本上是相同的。结果还提示我国淋病奈瑟氏球菌营养型菌株的分布，与日本、韩国、菲律宾等一些亚洲国家 (以 Pro⁻ 型和 Proto 型为主) 的相同；但与美国、加拿大、新西兰等欧洲国家 (以 Arg⁻ 型、AHU⁻ 型、Proto 型为主) 的流行菌株，是存在明显不同的。这些，也间接提示着在南京地区流行菌株的可能来源 [4]。

2.1.4 生境与抗性

中国人民解放军广州军区武汉总医院的马珊等 (2009) 报告，为了解医院气管切开盘内盐水罐的细菌污染情况，采集在使用中的无菌盐水罐样品 71 份进行检验，其中合格的 45 份 (合格率 63.38%)。从 71 份无菌盐水罐内的盐水溶液中分离出细菌 56 株，分别为：铜绿假单胞菌 18 株 (构成比 32.14%)、枯草芽孢杆菌 (Bacillus subtilis)11 株 (构成比 19.64%)、肠杆菌属 (Enterobacter Hormaeche and Edwards 1960) 细菌 8 株 (构成比 14.29%)、奈瑟氏球菌属细菌 7 株 (构成比 12.50%)、不动杆菌属 (Acinetobacter Brisou and Prévot 1954) 细菌 6 株 (构成比 10.71%)、其他细菌 6 株 (构成比 10.71%)。认为在气管切开盘中的无菌盐水罐易被污染，其罐内溶液是导致医院感染的危险因素，应对盘内各物品在每天进行灭菌[10]。

淋病奈瑟氏球菌对外界理化因素的抵抗力较弱，不耐干燥和高温，在完全干燥的环境中仅能存活 1 ～ 2h，附着在潮湿的衣裤和被褥上的可存活 18 ～ 24h，在脓液或湿润的物体上可存活数天。常用的消毒剂容易将其杀死，经 1 : 4 000 浓度的硝酸银溶液作用 2 ～ 7min、1.0% 浓度的苯酚溶液作用 1 ～ 3min 可将其杀死；对热的作用很敏感，在 39℃ 条件下能够存活 13h，在 40℃ 条件下可存活 3 ～ 5h，在 42℃ 条件下能够存活 15min，50℃ 条件下仅能够存活 5min。淋病奈瑟氏球菌在培养基上生长的培养物 (试管) 经封缄后于 37℃ 放置可保存 4 ～ 5 周，若放置于室温则在 1 ～ 2 天即将死亡，所以在保存菌种时应将培养管放置在温箱内。

淋病奈瑟氏球菌耐药菌株的流行已相当广泛，呈世界性的。我国从 1987 年起开展了淋病奈瑟氏球菌对抗菌类药物的耐药性监测，在全国设立了十几个监测点，监测结果表明流行菌株对青霉素、四环素、环丙沙星的耐药率已相当高，仅对大观霉素和头孢曲松还比较敏感 (表 35-1)。2008 年全国 14 个耐药监测点对 1397 株临床分离菌株进行 5 种抗生素的敏感性测定，结果对青霉素高度耐药、由质粒介导的产生青霉素酶的淋病奈瑟氏球菌 (penicillinasc-producing Neisseria gonorrhoeae，PPNG) 菌株占 38.8%，由质粒介导对四环素耐药的淋病奈瑟氏球菌 (tetracycline-resistant Neisseria gonorrhoeae，TRNG) 菌株占 50.18%，对环丙沙星耐药的菌株有 1343 株 (占 96.13%)；对大观霉素和头孢曲松仍较敏感，耐药菌株分别占 0.14% 和 0.29%[1,3]。

表 35-1 我国 1987 ～ 2000 年淋病奈瑟氏球菌分离株的耐药物

抗生素	检查年份	检查菌株数	耐药菌株数	耐药率 (%)
青霉素	1987 ～ 2000	6346	4 352	68.58
四环素	1992 ～ 1996	1178	1 090	92.53
环丙沙星	1995 ～ 2000	4179	2 232	53.41
大观霉素	1989 ～ 2000	5112	22	0.43
头孢曲松	1989 ～ 2000	4775	23	0.48

2.2 病原学意义

由淋病奈瑟氏球菌引起的淋病，是一种很古老的人类传染病，通常是指由淋病奈瑟氏球菌引起的泌尿生殖系统的化脓性感染病。淋病奈瑟氏球菌也可以经血液传播到身体其他部位，引起关节炎、腱鞘炎及心内膜炎等并发症[1 ～ 4, 8]。

人是淋病奈瑟氏球菌的唯一天然宿主，以性接触为主要传播途径。淋病奈瑟氏球菌的感染几乎可发生于任何年龄的人，在临床患者中主要为年轻性活跃者，又以特殊职业者所占的比例较大。

早期的认识感染主要是人的淋病、口咽部感染 (oropharyngeal infection)、肛门直肠感染 (anorectal infection)、子宫内膜炎 (endometritis)、结膜炎 (conjunctivitis)、播散性淋病奈瑟氏球菌感染 (disseminated gonococcal infection) 等；菌株主要分离于血液、结膜、瘀斑 (petechiae)、咽部、脑脊髓液等[8]。

2.2.1　主要感染病类型

根据淋病奈瑟氏球菌侵犯的部位和范围，在临床上可将淋病分为以下几类。①无并发症淋病：包括男性淋病奈瑟氏球菌性尿道炎，女性泌尿生殖系统淋病。②有并发症淋病：包括男性有并发症淋病（淋病奈瑟氏球菌性前列腺炎、淋病奈瑟氏球菌性精囊炎、淋病奈瑟氏球菌性附睾炎、淋病奈瑟氏球菌性尿道球腺炎、淋病奈瑟氏球菌性尿道狭窄等），女性有并发症淋病（淋病奈瑟氏球菌性盆腔炎、淋病奈瑟氏球菌性肝周炎、淋病奈瑟氏球菌性尿道炎、淋病奈瑟氏球菌性子宫颈炎、淋病奈瑟氏球菌性尿道旁腺及前庭大腺炎、淋病奈瑟氏球菌性子宫内膜炎等）。③播散性淋病奈瑟氏球菌感染病：是淋病奈瑟氏球菌经血行播散所致泌尿生殖系统以外的感染病，也是重要的并发症。可表现出败血症感染，常在四肢肢端的关节附近出现皮疹并可发展为脓疱和血疱、中心部位坏死形成浅溃疡，约有90% 的患者有多发性关节炎、骨膜炎或腱鞘炎等，严重患者还可发生淋病奈瑟氏球菌性心内膜炎、心肌炎、心包炎、脑膜炎等。④其他部位淋病：包括淋病奈瑟氏球菌性结膜炎、淋病奈瑟氏球菌性咽炎、淋病奈瑟氏球菌性直肠炎、淋病奈瑟氏球菌性皮炎等。

2.2.2　医院感染情况

近年来，我国已多有作为医院感染病原菌检出奈瑟氏球菌细菌的报告，其中主要为淋病奈瑟氏球菌。以下记述的一些报告，是具有一定代表性的。

在前面有记述中国人民解放军白求恩国际和平医院的张立等 (2005) 报告从住院糖尿病患者中发生医院感染的 104 例分离到病原菌 156 株，其中包括奈瑟氏球菌属细菌 51 株（构成比 37.78%) 居第 1 位[5]。

在前面有记述哈尔滨医科大学附属第二医院的张晓明等 (2012) 报告从重症监护室住院患者发生医院感染的 921 例患者分离到病原细菌 461 株，其中包括奈瑟氏球菌属细菌（均分离于下呼吸道)102 株居第 4 位[6]。

在前面有记述湖北省武汉市东西湖区人民医院的代淑兰 (2013) 报告从门诊和住院患者检出病原细菌 1670 株，包括淋病奈瑟氏球菌 265 株（构成比 18.36%) 居第 3 位[7]。

广东省湛江市第二人民医院的林小菊等 (2008) 报告在 3 年 (2004 年 1 月至 2006 年 12 月) 间，对该医院妇科门诊及住院患者 16 224 例的阴道分泌物进行病原体检验，结果在 10 968 例中检出有 6 类病原体存在 (阳性检出率 67.60%)。在 10 968 例中 6 类病原体中，包括淋病奈瑟氏球菌的 162 例（构成比 1.48%) 居第 6 位[11]。

南京医科大学附属常州妇幼保健院的张克良等 (2013) 报告，为探讨医院感染革兰氏阴性菌的分布及耐药性，对在 2010 年至 2012 年间从该医院临床科室送检的血液、尿液、大便、咽拭子、生殖道分泌物等标本材料分离的 5 种 (类)1227 株革兰氏阴性菌分析，其中包括淋病奈瑟氏球菌 164 株 (构成比 13.37%) 居第 4 位 [12]。

2.2.3　致病机制

淋病奈瑟氏球菌的外膜蛋白与淋病奈瑟氏球菌的毒力、黏附和生理代谢功能有关，在发挥致病作用中起很大作用。菌毛是由相对分子质量为 $(16 \sim 23) \times 10^3$ 的一系列相同的亚单位 (菌毛蛋白) 组成，仅存在于有毒力的菌株中，具有黏附功能，对淋病奈瑟氏球菌在初始黏附于宿主细胞有重要作用。

淋病奈瑟氏球菌容易侵犯柱状上皮细胞，因此尿道、宫颈、直肠、咽及眼结膜为常见的受感染部位。当淋病奈瑟氏球菌进入人的尿道后，藉体外膜蛋白 Ⅱ 和菌毛的作用可很快黏附于柱状上皮细胞表面的受体结合区，增殖并形成微小菌落，这种微小菌落很快被细胞表面的纤毛包埋并侵入细胞中，侵入细胞中的淋病奈瑟氏球菌在宿主细胞基底形成囊包并在其中大量增殖，继之侵入到黏膜下层，引起细胞破裂和炎症，局部出现多核白细胞浸润、黏膜红肿和糜烂、上皮细胞脱落，组织液大量渗出，形成典型的尿道脓性分泌物，出现尿道流脓症状。淋病奈瑟氏球菌的蛋白 Ⅲ 可阻滞 IgM 的杀菌作用，使淋病奈瑟氏球菌具有稳定的血清抵抗力。

2.3　微生物学检验

对淋病奈瑟氏球菌的微生物学检验，目前还主要是依赖于对细菌分离鉴定的细菌学检验。另外是一些常用的免疫学方法、分子生物学方法的应用 [1,4]。

2.3.1　细菌学检验

由于淋病奈瑟氏球菌生长的营养要求比较复杂，所用的培养基中需含有动物蛋白及细菌生长所需要的各种因子。为抑制其他杂菌生长，在培养基中可进入少量的多黏菌素 B(25μg/ml)、万古霉素 (3.3μg/ml) 等抗菌类药物；所用血液 (羊血液、家兔血液、人血液均可) 浓度为 8% ～ 10%，但需要避免在血液中加有抗凝剂等物质。培养基的 pH 以 7.4 为好。目前在国外常用的培养基有 MTM、ML、NYC 等培养基。

我国目前使用的血液营养琼脂或巧克力琼脂培养基中加入了多黏菌素 B 和万古霉素，以分别抑制革兰氏阴性杂菌及革兰氏阳性菌，但由于存在部分对万古霉素敏感的菌株，因此最好是不加万古霉素。淋病奈瑟氏球菌在血液营养琼脂培养基上，经 24 ～ 48h 培育后，可形成圆形、隆起、湿润、光滑、半透明或灰白色的菌落，菌落边缘呈花瓣状，直径多为 0.5 ～ 1.0mm，有黏性，继续培养菌落可增大，表面变得粗糙，边缘出现皱缩。

2.3.2　免疫学检验

对淋病奈瑟氏球菌的免疫学检验，目前主要包括以免疫荧光抗体技术 (fluorescent antibody technigue，FAT)、葡萄球菌蛋白 A(staphylococcal protein A，SPA) 协同凝集试验、

酶免疫试验 (enzyme immunoassay，EIA) 等方法，各种方法均存在其相应的优缺点，可根据情况和需要选择使用或对比使用。其中重要的问题是所用抗血清的特异性，最好是使用淋病奈瑟氏球菌单克隆抗体试剂。

2.3.3　分子生物学检验

对淋病奈瑟氏球菌的分子生物学检验，目前主要是以核酸扩增试验检测淋病奈瑟氏球菌，所扩增的靶基因包括淋病奈瑟氏球菌的隐蔽性质粒 *cppB* 基因、16S rRNA 基因、胞嘧啶 DNA 甲基转移酶基因、不透明蛋白 *opa* 基因、菌毛蛋白基因、*porA* 假基因等。但为避免可能会出现的假阳性结果，有时还需要综合性检验判定。

3　其他致医院感染奈瑟氏球菌 (*Neisseria* spp.)

作为医院感染奈瑟氏球菌的检出，也有在灰色奈瑟氏球菌、干燥奈瑟氏球菌的报告，但还都是罕见的。

3.1　灰色奈瑟氏球菌 (*Neisseria cinerea*)

灰色奈瑟氏球菌 [*Neisseria cinerea*(von Lingelsheim 1906)Murray 1939] 也被称为灰烬奈瑟氏球菌，最早被分类于微球菌属 (*Micrococcus* Cohn 1872 emend.Stackebrandt et al 1995) 名为灰色微球菌 (*Micrococcus cinereus* von Lingelsheim 1906)。菌种名称 "*cinerea*" 为拉丁语阴性形容词，指灰色的 (cinerea gray)。

细菌 DNA 的 G+C mol% 为 49.0 ～ 50.9(T_m，Bd)；模式株：ATCC 14685，CCUG 2156，CIP 73.16，DSM 4630，LMG 8380，NCTC 10294[8]。

3.1.1　生物学性状

灰色奈瑟氏球菌为肥厚的球状、成双或更多的成簇排列。通常表现菌落小 (直径在 1.0 ～ 1.5mm)、边缘整齐、淡灰白色、轻微的颗粒状；在巧克力琼脂培养基上，形成光滑、米色 - 灰棕色 - 淡黄色、半透明、直径多为 1.0 ～ 2.0mm 的菌落。

灰色奈瑟氏球菌在 MTM、ML、NYC 培养基上的生长不定，在巧克力培养基或血液营养琼脂培养基上 22℃培养不能生长，在普通营养琼脂培养基上 35℃培养能够生长。不能分解葡萄糖、麦芽糖、乳糖、蔗糖、果糖产酸，硝酸盐还原阴性，多聚糖 (碘试验法) 试验阴性，丁酸甘油酯酶、DNA 酶阴性，碳酸酐酶 (Carbonic anhydrase) 阳性[8, 9]。

3.1.2　病原学意义

灰色奈瑟氏球菌主要寄居于人的鼻咽部，属于机会病原菌 (opportunistic pathogen) 的范畴[8]。作为医院感染病原菌的检出，牡丹江医学院红旗医院的张玉芹等 (2013) 报告，调查该医院在 2012 年 10 月 11 日早 8 点至 12 日早 8 点 (24h) 住院患者 744 例的医院感染现患率，发生医院感染 8 例 (现患率 1.08%)。从 8 例医院感染患者的痰液和呼吸道分泌物标本材料分离到病原菌 3 株，其中肺炎克雷伯氏菌 2 株 (构成比 66.67%)、灰色奈瑟氏球菌 1 株 (构成比 33.33%)[13]。

3.1.3 微生物学检验

对灰色奈瑟氏球菌的微生物学检验，目前还主要是依赖于对细菌分离鉴定的细菌学检验。

3.2 干燥奈瑟氏球菌 (*Neisseria sicca*)

干燥奈瑟氏球菌 [*Neisseria sicca*(von Lingelsheim 1908)Bergey，Harrison，Breed，Hammer and Huntoon 1923] 也被称为干燥奈瑟氏菌，最早被分类于双球菌属 (*Diplococcus* Weichselbaum 1886) 名为干燥双球菌 (*Diplococcus siccus* von Lingelsheim 1908)。菌种名称"*sicca*"为拉丁语阴性形容词，指干燥的 (sicca dry)。

细菌 DNA 的 G+C mol% 为 49.0 ～ 51.5(T_m，Bd，chromatography)；模式株：ATCC 29256，CCUG 23929，CCUG 24959，CIP 103345，LMG 5290，NRL 30,016[8]。

3.2.1 生物学性状

干燥奈瑟氏球菌为成双的和四联状的球菌，菌落通常较大 (可达 3.0mm)、淡灰白色、不透明、干燥、有皱纹、黏于培养基，一些菌株有变化；在盐水中有自凝 (spontaneous agglutination) 特性。有一些菌株，能够产生黄色的叶黄素色素 (xanthophyll pigment)。

干燥奈瑟氏球菌不能在 MTM、ML、NYC 培养基上生长，在巧克力培养基或血液营养琼脂培养基上 22℃ 培养能生长，在普通营养琼脂培养基上 35℃ 培养能生长。能分解葡萄糖、麦芽糖、蔗糖、果糖产酸，不能分解乳糖，硝酸盐还原阴性，多聚糖 (碘试验法) 试验阳性，丁酸甘油酯酶、DNA 酶阴性；在巧克力琼脂培养基上，形成白色、不透明、直径多在 1.0 ～ 3.0mm 的黏性菌落，老龄培养物起皱、干燥 [8, 9]。

3.2.2 病原学意义

干燥奈瑟氏球菌普遍存在于人的鼻咽部、唾液、痰液中，属于机会病原菌的范畴[8]。作为医院感染病原菌的检出，四川省珙县人民医院的牟洪 (2012) 报告，回顾性分析该医院在 2010 年 1 月至 2011 年 9 月间出院的 5000 例患者。结果为从发生医院感染患者送检的各类标本材料 276 份中，分离到病原菌 122 株 (标本阳性检出率 44.20%)。排在前 5 位的主要病原菌，依次为：白色念珠菌、肺炎克雷伯氏菌、大肠埃希氏菌、铜绿假单胞菌、干燥奈瑟氏球菌[14]。

3.2.3 微生物学检验

对干燥奈瑟氏球菌的微生物学检验，目前还主要是依赖于对细菌分离鉴定的细菌学检验。

(陈翠珍)

参 考 文 献

[1] 贾辅忠 , 李兰娟 . 感染病学 . 南京 : 江苏科学技术出版社 , 2010: 459~472.

[2] 李梦东 . 实用传染病学 . 2 版 . 北京 : 人民卫生出版社 , 1998: 454~460.

[3] 罗海波 , 张福森 , 何浙生 , 等 . 现代医学细菌学 . 北京 : 人民卫生出版社 , 1995: 18~25.

[4] 杨正时 , 房海 . 人及动物病原细菌学 . 石家庄 : 河北科学技术出版社 , 2003: 378~391.

[5] 张立 , 于有山 , 武彦香 . 295 例糖尿病患者并发医院感染资料分析 . 预防医学论坛 , 2005, 11(3):347~348.

[6] 张晓明 , 田永刚 , 李海波 .ICU 病原菌分布及耐药性分析 . 中华医院感染学杂志 , 2012, 22(7):1500~1502.

[7] 代淑兰 . 综合医院妇产科医院感染病原菌及耐药情况分析 . 中国病原生物学杂志 , 2013, 8(5):462~464.

[8] George M G. Bergey's Manual of Systematic Bacteriology.Second Edition.Volume Two.Part C.Springer, New York, 2005: 777~798.

[9] 叶应妩 , 王毓三 , 申子瑜 . 全国临床检验操作规程 . 3 版 . 南京 : 东南大学出版社 , 2006: 778~782.

[10] 马珊 , 张瞿璐 . 医院气管切开盘细菌学调查 . 中国消毒学杂志 , 2009, 26(4):456~457.

[11] 林小菊 , 邓玉丽 , 梁一波 .2004—2006 年我院妇科阴道分泌物检验结果及影响阴道感染的因素分析 . 广东医学院学报 , 2008, 26(4):402~403.

[12] 张克良 , 刘二平 . 医院感染革兰氏阴性杆菌分布及耐药性分析 . 江苏医药 , 2013, 39(20):2454~2455.

[13] 张玉芹 , 陈立宏 , 魏秀梅 . 牡丹江市某三甲医院感染现患率调查分析 . 中国消毒学杂志 , 2013, 30(8):745~746.

[14] 牟洪 . 医院感染耐药性分析 . 现代临床医学 , 2012, 38(3):217~218.

第36章 脲支原体属 (*Ureaplasma*)

脲支原体属 (*Ureaplasma* Shepard，Lunceford，Ford et al 1974) 也被称为脲原体属，其中的解脲脲支原体 (*Ureaplasma urealyticum*) 可引起人的泌尿生殖系统感染病 (infectious diseases)，也是一种重要的病原菌 [1~3]。

脲支原体属微生物亦属于真细菌 (eubacteria) 的范畴，在一般的微生物学书籍中，常是按传统习惯将脲支原体类微生物作为一大类或与支原体属 (*Mycoplasma* Nowak 1929) 一同记述于"其他微生物"的章节中。

在医院感染 (hospital infection，HI) 的脲支原体属细菌中，在我国已有明确报告仅涉及解脲脲支原体 1 个种，在所有医院感染细菌中也还属于比较少见的。

● 在第 31 章衣原体属 (*Chlamydia*) 中有记述，浙江省温州医学院附属第三医院妇幼分院的杜文君等 (2010) 报告，对该医院妇产科在 2006 年 7 月至 2008 年 12 月间，从门诊及住院患者各类标本材料中分离的病原体，进行分布特点及耐药性分析。从 4131 份标本材料中，共检出病原体 5 种 (类)3621 株 (检出率 87.65%)。其中包括解脲脲支原体 1431 株 (构成比 39.52%) 居第 1 位 [4]。

● 在第 34 章"支原体属" (*Mycoplasma*) 中有记述，上海市黄浦区中心医院的缪瑾等 (2013) 报告，在 2006 年 9 月至 2011 年 11 月间，对 1 113 例类风湿关节炎 (rheumatoid arthritis，RA) 住院患者，进行了医院感染的回顾性调查分析，结果为 226 例 (感染率 20.31%) 发生医院感染 238 例次。从 238 例次感染患者的 234 例次 (检出率 98.32%) 中，检出细菌、真菌 (fungi)、支原体 3 大类病原体共 298 株。在 3 种 69 株支原体类微生物中，包括解脲脲支原体 36 株 (构成比 52.17%) 居第 1 位 [5]。

1　菌属定义与分类位置

脲支原体属 (脲原体属) 为支原体科 (Mycoplasmataceae Freundt 1955 emend.Tully，Bové，Laigret and Whitcomb 1993) 细菌的成员。菌属 (genus) 名称 "*Ureaplasma*" 为新拉丁语中性名词，指尿素形式 (urea form)[6]。

1.1　菌属定义

脲支原体属细菌为直径约 0.5μm 的球状，在对数生长期 (exponential growth phase) 有的菌体类似于球杆菌，罕见丝状菌体，无动力。菌落很小，呈煎蛋 (fried-egg) 状的、花椰菜头 (cauliflower head) 状的菌落，都是很小的 (tiny，T)。兼性厌氧菌，生长需要 pH 为 6.0 ~ 6.5，适宜生长温度为 35 ~ 37℃，有机化能营养，水解尿素为 CO_2 和 NH_3 作为生长繁殖的能量，脉冲场凝胶电泳 (pulsed-field gel electrophoresis，PFGE) 分析基因组的大小为 760 ~ 1170kb。在脊椎动物作为正常菌丛 (commensals) 或机会病原菌 (opportunistic pathogen)，主要是寄居于鸟类和哺乳动物 (灵长类、有蹄类、肉食动物等)。

脲支原体属细菌 DNA 的 G+C mol% 为 25 ~ 32(Bd，T_m)；模式种 (type species)：解脲脲支原体 (*Ureaplasma urealyticum* Shepard，Lunceford，Ford et al 1974 emend.Robertson，Stemke，Davis et al 2002)[6]。

1.2　分类位置

按伯杰氏 (Bergey) 细菌分类系统，在第二版《伯杰氏系统细菌学手册》(*Bergey's Manual of Systematic Bacteriology*) 第 4 卷 (2010) 中，脲支原体属分类于支原体科。

支原体科包括支原体属、脲支原体属两个菌属。

支原体科细菌 DNA 的 G+C mol% 为 23 ~ 40(Bd，T_m)；模式属 (type genus)：支原体属。

脲支原体属内共记载了 7 个种，依次为：解脲脲支原体 (也称为解脲脲原体)、犬生殖道脲支原体 (*Ureaplasma canigenitalium*) 也称为犬生殖道脲原体、猫尿脲支原体 (*Ureaplasma cati*) 也称为猫尿脲原体、差异脲支原体 (*Ureaplasma diversum*) 也称为差异脲原体、猫科脲支原体 (*Ureaplasma felinum*) 也称为猫科脲原体、鸡咽脲支原体 (*Ureaplasma gallorale*) 也称为鸡咽脲原体、细小脲支原体 (*Ureaplasma parvum*) 也称为细小脲原体 [6]。

2　解脲脲支原体 (*Ureaplasma urealyticum*)

解脲脲支原体 (*Ureaplasma urealyticum* Shepard，Lunceford，Ford et al 1974 emend. Robertson，Stemke，Davis et al 2002) 也称为解脲脲原体。菌种名称 "*urealyticum*" 为新拉丁语中性形容词，指分解尿素的 (urea-dissolving or urea-digesting)。

解脲脲支原体 DNA 的 G+C mol% 为 25.5 ~ 27.8(T_m；type strain)，27.7 ~ 28.5(Bd；serovars 2、4、5、7)；模式株 (type strain)：T960，(CX8)，ATCC 27618，NCTC 10177。

基因序列号：模式株 16S rRNA 的为 M23935、AF073450，模式株 16S ～ 23S rRNA 的为 AB028088、AF059330。

几个不同血清型 (serovar) 菌株，其完全和接近完全 (>99%) 基因组的模式株、基因序列号，分别如表 36-1 所示 [6]。

表 36-1　不同血清型解脲脲支原体的模式株及基因序列号

血清型	模式株	序列号	血清型	模式株	序列号
2	ATCC 27814	NZ_ABFL00000000	9	ATCC 33175	NZ_AAYQ00000000
4	ATCC 27816	NZ_AAYO00000000	10	ATCC 33699	NC_011374
5	ATCC 27817	NZ_AAZR00000000	11	ATCC 33695	NZ_AAZS00000000
7	ATCC 27819	NZ_AAYP00000000	12	ATCC 33696	NZ_AAZT00000000
8	ATCC 27618	NZ_AAYN00000000	13	ATCC 33698	NZ_ABEV00000000

2.1　生物学性状

解脲脲支原体与支原体属微生物相类似，与临床比较常见的肺炎支原体 (*Mycoplasma pneumoniae*)、人支原体 (*Mycoplasma hominis*)、生殖道支原体 (*Mycoplasma genitalium*)、穿透支原体 (*Mycoplasma penetrans*) 等病原性支原体，可通过发酵葡萄糖、水解精氨酸和尿素方面的特征予以鉴别，可见在第 34 章 "支原体属" (*Mycoplasma*) 中表 34-1 的记述。

2.1.1　形态特征

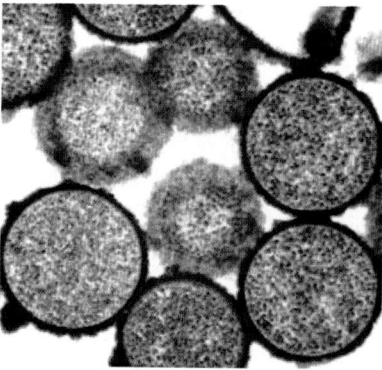

图 36-1　解脲脲支原体的形态特征

解脲脲支原体的形态为直径约 0.5μm 的球状，在对数生长期有的菌体类似于球杆菌（通常直径小于 0.15μm）。液体培养物在相差显微镜下观察，可见菌体以球形为主、单个存在或成双排列、不呈现长丝状或长链状，能够通过微孔滤膜。革兰氏染色阴性但不易着色，姬姆萨染色 (Giemsa staining) 呈紫蓝色。无细胞壁，细胞膜由 3 层膜构成，内外两层由蛋白质组成、中层为脂类（主要为磷脂）。胆固醇位于磷脂之间，对保持细胞膜的完整性具有一定的作用。图 36-1(Robertson 和 Smook 1976) 为解脲脲支原体的透射电子显微镜照片 (transmission electron micrograph)，血清型 4 菌株 381/74 的菌体形态，显示球形（菌体直径为 485 ～ 585nm) 特征 [6]。

解脲脲支原体的特点是生长快、菌落小、需要尿素。生长温度为 20 ～ 40℃，适宜温度为 30 ～ 35℃、最好温度为 36 ～ 37℃。在含有 95% N_2、5% CO_2 的环境中生长良好，生长速度快（通常在 16 ～ 48h）、在液体培养基中 16 ～ 24h 即可达到增殖高峰（使加入培养基中的酸碱指示剂出现颜色变化），生长最为适宜的 pH 为 5.5 ～ 6.5(对 pH 要求较低)。

菌落很小，直径通常为 15 ～ 50μm，所以称为 "T" 株 (tiny strain)，呈颗粒状；在营养条件好的情况下，菌落呈"煎蛋"状，营养条件差时、周边变窄。培养生长除了需要胆固醇外，还需要尿素。

2.1.2 理化特性

解脲脲支原体的主要生化特性，是能够产生尿素酶，水解尿素产生氨；不能发酵葡萄糖，也不能水解精氨酸。这些，也是与一些比较常见病原支原体的重要鉴别指征。

解脲脲支原体具有特殊的 IgA 水解酶 (IgA-specific protease) 活性，能够水解人的 IgA1 但不能水解 IgA2。存在特征性的 SDS- 聚丙烯酰胺凝胶电泳 (SDS-polyacrylamide gelelectrophoresis，SDS-PAGE) 型、限制性酶切片段长度多态性分析 (restriction fragment length polymorphism analysis，RFLP) 型。模式株基因组的大小为 890kb，但脉冲场凝胶电泳分析 10 个血清型标准菌株的范围为 840 ～ 1140kb。

解脲脲支原体对重金属盐类、苯酚 (苯酚)、煤酚皂溶液 (煤酚皂溶液) 及一些表面活性剂，比细菌敏感；对热的抵抗力较差，不耐干燥，在低温或冷冻干燥条件下可长期保存；环境中渗透压的突然改变，可导致菌体破裂。

2.1.3 抗原与血清型

解脲脲支原体的抗原物质存在于细胞膜，主要成分为膜蛋白及脂多糖 (lipopolysaccharide，LPS)，在脂多糖结构中的 3 个残基组成的重复片段具有抗原特异性，使每个血清型均含有一种独特的脂多糖。以免疫荧光方法证实有 14 个血清型，其中的 2 型和 5 型存在共同抗原成分；在各不同血清型的菌株间存在致病性的差异性，以血清型 4 引起感染病的频率最高。根据蛋白电泳、DNA 杂交、DNA 酶切图及对锰的敏感性等多方面分析，又将 14 个血清型分为 A、B 两个基因组群，A 群包括 2、4、5、7、8、9、10、11、12 等 9 个血清型，基因组为 880 ～ 1140kb，各型均含有 16kDa、17kDa 多肽；B 群包括 1、3、6、14 等 4 个血清型，基因组在 760kb，各型均含有 17kDa 多肽；13 型仅含有 16kDa 多肽，不属于 A、B 群。能够识别 16kDa、17kDa 多肽的单克隆抗体，可作为区别解脲脲支原体血清群的鉴别方法。近年来的研究发现解脲脲支原体存在一个主抗原，此抗原基因存在于所有菌株中，在连续培养时，此抗原常会发生相对分子质量大小的变异，SDS- 聚丙烯酰胺凝胶电泳分析表现为多条带，所以被称为多条带抗原 (multiple banded antigen，MBAg)，具有种的特异性，是人体感染解脲脲支原体时被识别的突出抗原，此抗原所诱导机体产生的相应抗体是抑制解脲脲支原体生长的主要抗体。14 个血清型中仅 3 型标准菌株的菌落，能够吸附豚鼠红细胞。进一步经认定不同抗原的 10 个血清型，分别为 2、4、5、7 ～ 13(表 36-1)[1 ～ 3、6、7]。

2.2 病原学意义

解脲脲支原体首先从非淋病奈瑟氏球菌 (*Neisseria gonorrhoeae*) 性尿道炎 (nongonococcal urethritis) 患者分离到，主要寄居于人的泌尿生殖道。最初菌株主要源于人的泌尿生殖道，也偶尔分离于呼吸道、口腔、直肠。

作为人的机会病原菌，解脲脲支原体主要通过性行为传播。主要是引起人的非淋病奈瑟氏球菌性尿道炎，以及前列腺炎、附睾炎、阴道炎、盆腔炎等；可通过胎盘感染胎儿，引起早产、流产、新生儿呼吸道感染等感染病。解脲脲支原体还可吸附于精子表面，阻碍精子与卵子的结合；与精子存在共同的抗原成分，可导致精子的免疫损伤[1～3,6]。

2.2.1 临床常见感染类型

近些年来发现解脲脲支原体感染与一些新生儿的疾病、成人泌尿生殖道系统疾病有关，现已将泌尿生殖道感染病列为性传播疾病。其主要感染类型包括如下几种。①泌尿系统感染：解脲脲支原体可直接引起感染或引起发生相关疾病 (膀胱及肾脏等部位的结石、不孕不育等)，主要感染类型包括非淋病奈瑟氏球菌性尿道炎、慢性前列腺炎、附睾炎、不孕不育等。②妊娠期感染：主要包括子宫内膜炎、绒毛膜羊膜炎、胎儿宫内发育迟缓等，可导致流产、死胎、围生期疾病等。③新生儿疾病：主要表现在呼吸道感染及支气管、肺发育不良，肺炎，也可构成新生儿脑膜炎的病原菌。④其他感染病：在免疫功能低下、低丙种球蛋白症患者，可引起关节炎、肺炎、尿路感染、脊髓炎、鼻窦炎等。盆腔炎、尿路结石、传染性肾结石 (infectious kidney stones)、反复自然流产、早产、出生低体重儿、免疫功能低下者的全身性感染 (systemic infection) 等,也与另外多种类型的泌尿生殖道感染 (urogenital infections) 有关。

2.2.2 医院感染基本情况

在前面有记述浙江省温州医学院附属第三医院妇幼分院的杜文君等 (2010) 报告，从该医院妇产科门诊及住院患者各类标本材料中分离到病原体 5 种 (类)3621 株 (检出率 87.65%)，其中解脲脲支原体 1431 株 (构成比 39.52%) 居第 1 位[4]。

在前面有记述上海市黄浦区中心医院的缪瑾等 (2013) 报告，对 1113 例类风湿关节炎住院患者，进行了医院感染的回顾性调查分析，从发生医院感染 238 例次感染患者的 234 例次 (检出率 98.32%) 中，检出细菌、真菌、支原体 3 大类病原体共 298 株。其中的支原体 3 种 (类)69 株 (构成比 23.15%)，解脲脲支原体 36 株 (构成比 52.17%) 居第 1 位[5]。

2.3 微生物学检验

对解脲脲支原体的微生物学检验，目前还主要是依赖于对其进行分离鉴定的细菌学检验。可采集患者的精液、前列腺液、分泌物、尿沉渣、羊水、胎盘、血液等作为被检材料，进行解脲脲支原体的分离培养。获得纯培养后，需进行尿素酶、代谢抑制试验、生长抑制试验等主要指标的鉴定。在固体培养基中加入锰指示剂后的菌落呈现暗褐色，提示有尿素酶活性，可利用此点作为对解脲脲支原体的鉴定指标[1,3、7]。

2.3.1 主要鉴定指征

对解脲脲支原体的鉴定，常用如下方法。①生化试验：水解尿素产生氨 (使培养基碱化），不能发酵葡萄糖，不能水解精氨酸。②代谢抑制试验：根据特异性抗体可以阻止解脲脲支原体的生长及代谢这一特性，可采用已知高效价的免疫血清进行代谢抑制试验 (metabolic inhibition test，MIT) 进行鉴定。试验中利用解脲脲支原体水解尿素的特性，当加入特异性抗血清后，可抑制相应血清型菌株的生长，培养基中的指示剂酚红不显色。试验时通常是加入血清的量占总量的 1/8(即相当于原血清做 1 ∶ 8 稀释)，血清应做 56℃ 经 30min 的灭能处理；菌液浓度一般为 10^3 ～ 10^5CFU/ml，加量为总量的 1/4；试验时，多是用微孔板进行微量法试验。③生长抑制试验 (grouth inhibition test，GIT)：原理是解脲脲支原体在固体培养基上生长，可被相应特异抗血清所抑制。方法是用直径 6 ～ 8mm 的圆形无菌滤纸片，用未经稀释的已知支原体抗血清浸透后置于无菌平皿内并于 4℃ 干燥备用。取待检解脲脲支原体菌液 0.5ml 涂布接种于固体培养基表面，待接种表面稍干燥后无菌操作取纸片平贴于培养基表面后培养，待解脲脲支原体呈良好生长后置显微镜下检查在抗血清纸片周围是否有特异性抑菌圈形成。试验时，需设立标准阳性和阴性对照。

2.3.2　其他检验方法

在分子生物学检测核酸方面，可使用相应基因探针技术、PCR 检测方法、限制性片段长度多态性分析等方法检验解脲脲支原体；检测的基因主要有 3 个，即尿素酶基因、多条带抗原 (MBAg) 基因、16S rRNA 基因，后两个基因可区分两个生物群。出于快速诊断是否存在解脲脲支原体感染之目的，在不必进行细菌分离的情况下，可用敏感的血清学方法检测被检材料中是否存在相应的抗原成分，比较常用的方法包括反向间接血凝试验、免疫荧光抗体技术、酶联免疫吸附试验等，具有快速、敏感、准确等优点 [1, 3, 7]。

（陈翠珍）

参 考 文 献

[1] 贾辅忠 , 李兰娟 . 感染病学 . 南京 : 江苏科学技术出版社 ,2010: 619~624.

[2] 李梦东 . 实用传染病学 . 2 版 . 北京 : 人民卫生出版社 , 1998: 322~328.

[3] 杨正时 , 房海 . 人及动物病原细菌学 . 石家庄 : 河北科学技术出版社 , 2003: 1206~1261.

[4] 杜文君 , 孙庆丰 , 蔡微微 , 等 . 妇幼保健院妇产科病原体分布特点及耐药性分析 . 中华医院感染学杂志 , 2010, 20(8):1183~1185.

[5] 缪瑾 , 何东仪 .226 例类风湿关节炎患者医院感染临床分析与预防对策 . 中华医院感染学杂志 , 2013, 23(4):803~805.

[6] Aidan C P. Bergey's Manual of Systematic Bacteriology.Second Edition.Volume Four.Springer, New York.2010: 613~622.

[7] 叶应妩 , 王毓三 , 申子瑜 . 全国临床检验操作规程 . 3 版 . 南京 : 东南大学出版社 , 2006: 886~887.

第 37 章　弧菌属 (*Vibrio*)

弧菌属 (*Vibrio* Pacini 1854) 的多个种 (species)，均具有医学临床意义。其中的霍乱弧菌 (*Vibrio cholerae*)，能引起人的霍乱 (cholera)，是一种呈全球性分布、古老且重要的烈性肠道传染病。霍乱的典型临床表现为腹泻、呕吐，以及由此引起的体液丢失、脱水、肌肉痉挛、周围循环衰竭、电解质紊乱、低钾综合征等，不及时抢救的病死率较高。

另外，弧菌属的多个种，也是人、水生动物或人与水生动物共染的病原菌，可引起多种不同类型的相应感染病 (infectious diseases)，因此也被视为在广义上人畜共患病 (zoonoses) 的病原菌范畴。例如，副溶血弧菌 (*Vibrio parahaemolyticus*)，既能引起多种水生动物发病、又可引起人的副溶血弧菌肠炎 (*Vibrio parahaemolyticus* enteritis)；其也属于食源性疾病 (foodborne diseases) 的病原菌，也称食源性病原菌 (foodborne pathogen)，是食物中毒 (food poisoning) 的常见病原菌，并在细菌性食物中毒 (bacterial food poisoning) 方面占据着重要位置，在我国的表现尤为突出 [1～5]。

在医院感染 (hospital infection，HI) 的弧菌属细菌中，在我国已有记述的仅涉及霍利斯氏弧菌 (*Vibrio hollisae*)1 个种，且在所有医院感染细菌中也属于很少见的。

● 张家港市澳洋医院的江佳佳等 (2009) 报告在 2008 年 3 月至 4 月间，发现 1 例由霍利斯氏弧菌引起的医院感染病例。记述 1 例 82 岁男性腹泻患者 (记为病例 1)，因腹泻 6 日不止，于 2008 年 3 月 30 日就诊，无发热症状，在发病前曾食用咸鱼。发病初期为水样便，到该医院就诊时已转为血便，临床诊断为感染性腹泻。在就诊当天取大便检验，检出了霍利斯氏弧菌，未检出其他肠道致病菌。经使用头孢吡肟治疗，在 1 周痊愈。另外是 1 例 53 岁女性患者 (记为病例 2)，因腹痛、腹泻伴发热于 2008 年 4 月 4 日就诊，该患者在发病前未曾食用过各类海产品及不洁食品，曾因护理前述患者 (病例 1) 在 1 天后即发病，表现为水样便，临床诊断为急性肠炎；在就诊当天取大便检验，检出了霍利斯氏弧菌，未检出其他肠道致病菌。经使用依替米星治疗，在 1 周痊愈。报告者通过分析认为，病例 1 因食用咸鱼引起感染；病例 2(是一名护理员) 因未注意洗手等防护措施被感染，属于较为典型的医院感染病例 [6]。

1　菌属定义与分类位置

弧菌属是弧菌科 (Vibrionaceae Véron 1965) 细菌的成员，近些年来在弧菌属内种的数量增加较多；另外是种的变动也较大，有一些种归入了新建立的菌属 (genus)、有的种已易属、还有的生物型 (biovars) 升至了种的位置。菌属名称"Vibrio"为现代拉丁语阳性名词，指颤动、快速运动的生物体 (the vibrating，darting organism)[7]。

1.1　菌属定义

弧菌属细菌为直或弯曲的杆菌，大小为 (0.5 ～ 0.8)μm×(1.4 ～ 2.6)μm，革兰氏阴性，陈旧培养物或在不利的条件下常可出现衰老型 (involution forms)，不形成芽孢或小孢囊 (microcysts)；在液体培养基中以一根或几根极生鞭毛运动，一些种在固体培养基中可形成多根短波长的侧毛 (lateral flagella)，鞭毛由细胞壁外膜延伸的鞘所包被。

弧菌属细菌为兼性厌氧，化能异养菌，具有呼吸和发酵两种代谢类型，分子氧为电子受体，不能脱硝 (denitrification) 或固氮 (fix molecular nitrogen)，少数菌株需要有机生长因子；适宜生长的温度范围较大，所有的种均能在 20℃生长，大多数的种在 30℃生长，有的种可在 4℃生长，多数的种在 35 ～ 37℃生长。多数能以 D- 葡萄糖为碳源及以 NH^+ 为氮源，均能发酵 D- 葡萄糖产酸、不产气，一些种能产生 3- 羟基丁酮 (acetion) 和乙酰甲基甲醇 (acetyl methyl carbinol) 使伏 - 波试验 (Voges-Proskauer test，V-P) 阳性。氧化酶阳性，还原硝酸盐，大多数的种能发酵 D- 果糖、麦芽糖和甘油。Na^+ 能刺激生长，并且是大多数种所必需的，最低的需要浓度范围为 5 ～ 700mmol/L(0.029% ～ 4.1%)，多数的种在含海水培养基中良好生长。大多数的种 , 均对弧菌抑制剂 O/129 [2,4- 二氨基 -6,7- 二异丙基喋啶 (2,4-diamino-6,7-diisopropyl pteridine)O/129] 敏感。

弧菌属细菌被发现于广泛盐度范围的水生境，最常见于海洋、海湾地带及海生动物体表与肠内容物中，有的种也发现于低钠 (Na^+) 的淡水。有 12 个种常见于人的临床标本中，其中的 11 个种是已明确对人致病的，引起腹泻及多种肠道外感染；另外有些种，能引起其他脊椎动物或无脊椎动物感染发病。在人的感染中，最重要的是霍乱弧菌，为霍乱的病原菌；副溶血弧菌是通过污染的鱼和贝类等，引起人食物中毒的主要病原菌。

弧菌属细菌 DNA 的 G+C mol% 为 38 ～ 51(Bd，T_m)；模式种 (type species)：霍乱弧菌 (Vibrio cholerae Pacini 1854)[7]。

1.2　分类位置

按伯杰氏 (Bergey) 细菌分类系统，在第二版《伯杰氏系统细菌学手册》(Bergey's Manual

of Systematic Bacteriology) 第 2 卷 (2005)B 部分中，弧菌属分类于弧菌科。

弧菌科包括 3 个菌属，依次为：弧菌属、发光杆菌属 (*Photobacterium* Beijerinck 1889)、盐弧菌属 (*Salinivibrio* Mellado et al 1996)。

弧菌科细菌 DNA 的 G+C mol% 为 38 ～ 51(Bd，T_m)；模式属 (type genus)：弧菌属 [7]。

弧菌属内共记载了 44 个种，依次为：霍乱弧菌、产气弧菌 (*Vibrio aerogenes*)、港湾弧菌 (*Vibrio aestuarianus*)、溶藻弧菌 (*Vibrio alginolyticus*)、鳗弧菌 (*Vibrio anguillarum*)、坎氏弧菌 (*Vibrio campbellii*)、辛辛那提弧菌 (*Vibrio cincinnatiensis*)、嗜芳环弧菌 (*Vibrio cyclitrophicus*)、美人鱼弧菌(*Vibrio damsela*)、恶魔弧菌 (*Vibrio diabolicus*)、双氮养弧菌 (*Vibrio diazotrophicus*)、费氏弧菌 (*Vibrio fischeri*)、河流弧菌 (*Vibrio fluvialis*)、弗尼斯氏弧菌 (*Vibrio furnissii*)、产气体弧菌 (*Vibrio gazogenes*)、鲍肠弧菌 (*Vibrio halioticoli*)、哈维氏弧菌 (*Vibrio harveyi*)、霍利斯氏弧菌、鱼肠道弧菌 (*Vibrio ichthyoenteri*)、火神弧菌 (*Vibrio logei*)、地中海弧菌 (*Vibrio mediterranei*)、梅氏弧菌 (*Vibrio metschnikovii*)、拟态弧菌 (*Vibrio mimicus*)、贻贝弧菌 (*Vibrio mytili*)、需纳弧菌 (*Vibrio natriegens*)、纳瓦拉弧菌 (*Vibrio navarrensis*)、海蛹弧菌 (*Vibrio nereis*)、黑美人弧菌 (*Vibrio nigripulchritudo*)、奥氏弧菌 (*Vibrio ordalii*)、东方弧菌 (*Vibrio orientalis*)、副溶血弧菌、杀扇贝弧菌 (*Vibrio pectenicida*)、海弧菌 (*Vibrio pelagius*)、杀对虾弧菌 (*Vibrio penaeicida*)、解蛋白弧菌 (*Vibrio proteolyticus*)、留萌弧菌 (*Vibrio rumoiensis*)、杀鲑弧菌 (*Vibrio salmonicida*)、大菱鲆弧菌 (*Vibrio scophthalmi*)、灿烂弧菌 (*Vibrio splendidus*)、蛤弧菌 (*Vibrio tapetis*)、竹筴鱼弧菌 (*Vibrio trachuri*)、塔氏弧菌 (*Vibrio tubiashii*)、创伤弧菌 (*Vibrio vulnificus*)、渥顿弧菌 (*Vibrio wodanis*)。

其中的美人鱼弧菌 (*Vibrio damsela* Love，Teebken-Fisher，Hose et al 1981)，现已转入发光杆菌属，名为美人鱼发光杆菌美人鱼亚种 [*Photobacterium damselae* subsp.*damselae*(Love，Teebken-Fisher，Hose et al 1981)Gauthier，Lafay，Ruimy et al 1995 emend.Kimura，Hokimoto，Takahashi and Fujii 2000][7]。

2 霍利斯氏弧菌 (*Vibrio hollisae*)

霍利斯氏弧菌 (*Vibrio hollisae* Hickman,Farmer,Hollis et al 1982) 也被称为霍氏弧菌、豪氏弧菌。菌种名称"*hollisae*"为现代拉丁语属格名词，是以细菌学家霍利斯 (Dannie G Hollis) 的姓氏 (Hollis) 命名的。

细菌 DNA 的 G+C mol% 为 49.3 ～ 51.0；模式株：ATCC 33564，CDC 0075-80，IMET 12291。GenBank 登录号 (16S rRNA)：X56583，X74707[7]。

霍利斯氏弧菌由霍利斯最早收集研究，由美国疾病预防控制中心 (Center for Disease Control and Prevention，CDC) 细菌学专业实验室取名为 EF-13 群 (Group EF-13) 菌；Hickman 等 (1982) 对保存的菌株重新研究，认为是一种与腹泻有关的新种 (sp.nov.) 弧菌，为纪念最早发现此菌的 Hollis(霍利斯)，命名为"*Vibrio hollisae*"(霍利斯氏弧菌)。

2.1 生物学性状

霍利斯氏弧菌为弧状及杆状的革兰氏阴性嗜盐菌 (halophilic bacteriae)，大小多为

0.5μm×(1.5 ~ 2.0)μm，极个别菌体可呈较大的长丝状 (菌体直径多为 0.5 ~ 0.8μm)，生长在液体培养基中有 1 根端生鞭毛但运动缓慢和微弱 (图 37-1)。在绵羊血液营养琼脂 (blood nutrient agar，BNA) 培养基的菌落 1 ~ 2mm、溶血，在硫代硫酸钠柠檬酸钠胆酸钠蔗糖琼脂 (thiosulfate citrate bile salt sucrose agar，TCBS)、麦康凯琼脂 (MacConkey agar) 培养基上不能生长。甲基红试验 (methyl red test，MR)、伏 - 波试验、柠檬酸盐利用 (Simmons)、在三糖铁琼脂 (triple sugar iron agar，TSI) 培养基上产生 H_2S 试验、尿素酶、苯丙氨酸脱氨酶、以 Moellers 方法测定的 3 种氨基酸 (赖氨酸、精氨酸、鸟氨酸) 脱羧酶、在 36℃的动力试验、明胶液化 (22℃)、在含有 KCN 培养基中生长试验、丙二酸盐利用等均为阴性，绝大多数菌株能够产生吲哚。从 D- 葡萄糖产酸、不产气；可从 D- 半乳糖、D- 甘露糖产酸，绝大多数菌株可从 L- 阿拉伯糖产酸，不能从 D- 阿东醇、D- 阿拉伯糖醇、卫矛醇、赤藓醇、甘油、myo- 肌醇、D- 甘露醇、蜜二糖、α- 甲基 -D- 葡萄糖苷、棉籽糖、L- 鼠李糖、D- 山梨醇、D- 木糖等碳水化合物产酸，氧化酶、硝酸盐还原等试验阳性，七叶苷水解、醋酸盐利用、DNA 酶 (25℃)、邻硝基苯 -β-D-半乳糖苷 (O-nitrophenyl-β-D-galactopyranoside，ONPG)、产生黄色素 (25℃) 试验均阴性。在不含有 NaCl 的培养基中不能生长，在含 1.0% ~ 3.5%NaCl 的肉汤培养基中生长良好、绝大多数菌株可在含 1.0%NaCl 和含 6.0%NaCl 的培养基中生长 [7]。

做磷钨酸负染色标本的透射电子显微镜 (transmission electron microscope，TEM) 观察，可见菌体弧状或杆状、表面不平整、端生单鞭毛或偶有侧毛 (图 37-2)。在普通营养琼脂 (nutrient agar，NA) 培养基上 25 ~ 30℃培养 24h 的菌落为圆形、光滑、边缘整齐、稍隆起、无色或呈很浅的橘黄色、闪光、湿润的露滴状小菌落，直径多在 1.0mm 左右，培养 48h 的多在 1.5mm 左右 (图 37-3)；在含 5% ~ 7%家兔血液营养琼脂培养基上的生长情况，与在普通营养琼脂培养基上的相一致，呈 β- 型溶血 (图 37-4)；在海水营养琼脂培养基上可见较透明与不透明的两种菌落，但生化反应相同。

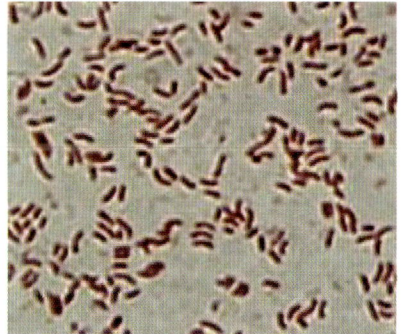

图 37-1　霍利斯氏弧菌基本形态

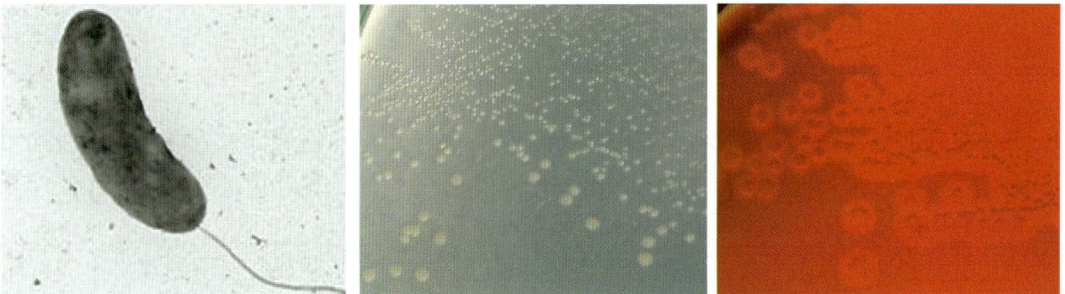

图 37-2　霍利斯氏弧菌形态 (TEM)　图 37-3　霍利斯氏弧菌菌落 (NA)　图 37-4　霍利斯氏弧菌菌落 (BNA)

另外，在第二版《伯杰氏系统细菌学手册》第 2 卷 (2005)A 部分中有记述，霍利斯氏弧菌现已归入格里蒙特氏菌属 (Grimontia Thompson et al 2003)，名为霍利斯氏格里蒙特氏菌 [Grimontia hollisae(Hickman et al 1982)Thompson et al 2003]；格里蒙特氏菌属，是在弧菌科内新建立的第Ⅴ属 (genus Ⅴ)[8]。

2.2 病原学意义

霍利斯氏弧菌出现在人的腹泻病例或分离于血液，很少从人的其他样品或环境分离到，模式株分离于人的粪便，与人的腹泻密切相关[7]。主要是能在一定条件下引起人的胃肠道感染发生腹泻，也已有引起食物中毒的报告。

2.2.1 基本感染类型

据美洲资料介绍，霍利斯氏弧菌引起的感染多与生吃海产品 (牡蛎、蛤等) 有关。患者有发热、腹部绞痛、恶心、呕吐、水样腹泻等症状，大部分为自限性的[5]。

天津市宁河县中医医院的郭红 (2004) 报告在 2003 年 6 月至 9 月，从 2 例腹泻患者粪便中分离到 2 株相应病原霍利斯氏弧菌[9]。

2.2.2 食物中毒

由霍利斯氏弧菌引起的食物中毒事件，还是很少见的。江苏省连云港市灌南县疾病预防控制中心的徐晓红等 (2009) 报告，在 2007 年 6 月 10 日，灌南县某饭店发生 1 起由霍利斯氏弧菌引起的食物中毒事件。报告在就餐的 9 人中发病 7 人 (罹患率 77.78%)，潜伏期 4 ~ 10h，患者表现腹痛、腹泻、水样便 (无里急后重和无黏液脓血便)，恶心、呕吐等症状，重症患者严重脱水、发热。经治疗后康复，无不良预后。经调查分析，中毒食物疑为牡蛎和醉虾 (鲜活虾)[10]。

2.2.3 医院感染情况

在前面有记述张家港市澳洋医院的江佳佳等 (2009) 报告在 2008 年 3 月至 4 月间，发现 1 例由霍利斯氏弧菌引起的医院感染病例，是因护理由霍利斯氏弧菌引起的腹泻患者被感染的，属于较为典型的医院感染病例[6]。

2.3 微生物学检验

对霍利斯氏弧菌的微生物学检验，主要是依据其生化反应特性，对分离菌株进行细菌学的有效鉴定。与其他弧菌的主要鉴别特征，除蔗糖阴性外，还有精氨酸、赖氨酸、鸟氨酸脱羧酶均阴性，伏 - 波试验阴性，通常吲哚试验阳性。

在由霍利斯氏弧菌引起的食物中毒病例，可通过对发病初期和恢复期的双份血清抗体检测协助诊断；如在上述江苏省连云港市灌南县疾病预防控制中心徐晓红等 (2009) 报告的食物中毒病例中，用分离菌株与患者双份血清做定量凝集试验，结果均发生强凝集且 2 次效价之比均在 6 ~ 8 倍[10]。

（陈翠珍）

参 考 文 献

[1] 贾辅忠 , 李兰娟 . 感染病学 . 南京 : 江苏科学技术出版社 , 2010: 515~518.

[2] 李梦东 . 实用传染病学 . 2 版 . 北京 : 轻工业出版社 , 1998: 424~443.

[3] 聂青和 . 感染性腹泻病 . 北京 : 人民卫生出版社 , 2002: 365~433.

[4] 房海 , 陈翠珍 . 中国食物中毒细菌 . 北京 : 科学出版社 , 2014: 388~442.

[5] 杨正时 , 房海 . 人及动物病原细菌学 . 石家庄 : 河北科学技术出版社 , 2003: 595~629.

[6] 江佳佳 , 王晓秋 , 金琰 . 霍利斯弧菌引起医院感染的报道 . 中华医院感染学杂志 . 2009, 19(2): 240.

[7] George M G. Bergey's Manual of Systematic Bacteriology.Second Edition.Volume Two.Part B.Springer, New York, 2005, 494~546.

[8] George M G. Bergey's Manual of Systematic Bacteriology.Second Edition.Volume Two.Part A.Springer, New York, 2005, 189, 193, 213.

[9] 郭红 . 从腹泻患者粪便中分离出 2 株霍利斯弧菌 . 华北煤炭医学院学报 , 2004, 6(6):707~708.

[10] 徐晓红 , 贾硕柱 . 一起由霍利斯弧菌引起食物中毒的调查分析 . 中国当代医药 , 2009, 16(23):144~145.

第5篇　医院感染革兰氏阳性球菌

在我国已有明确报告引起医院感染 (hospital infection，HI) 的革兰氏阳性球菌，涉及 7 个菌科 (Family)、8 个菌属 (genus) 的 25 个菌种 (species) 及亚种 (subspecies)。为便于一并了解各相应菌科、菌属，分别将其各自名录按各菌科学名的字母顺序排列、记述于此表 (医院感染革兰氏阳性球菌的各菌科与菌属) 中。

医院感染革兰氏阳性球菌的各菌科与菌属

序号	菌科	菌属数	菌属名称
1	气球菌科 (Aerococcaceae)	1	气球菌属 (*Aerococcus*)
2	皮生球菌科 (Dermacoccaceae)	2	皮生球菌属 (*Dermacoccus*), 皮肤球菌属 (*Kytococcus*)
3	肠球菌科 (Enterococcaceae)	1	肠球菌属 (*Enterococcus*)
4	微球菌科 (Micrococcaceae)	1	微球菌属 (*Micrococcus*)
5	诺卡氏菌科 (Nocardiaceae)	1	红球菌属 (*Rhodococcus*)
6	葡萄球菌科 (Staphylococcaceae)	1	葡萄球菌属 (*Staphylococcus*)
7	链球菌科 (Streptococcaceae)	1	链球菌属 (*Streptococcus*)
合计		8	

第 38 章　气球菌属 (*Aerococcus*)

　　气球菌属 (*Aerococcus* Williams，Hirch and Cowan 1953) 的浅绿气球菌 (*Aerococcus viridans*)、脲气球菌 (*Aerococcus urinae*)、栖血气球菌 (*Aerococcus sanguinicola*) 等，是与医学临床有关的，可作为机会病原菌 (opportunistic pathogen，亦称为条件病原菌)，在一定条件下引起人的多种不同类型感染病 (infectious diseases)[1, 2]。

　　在医院感染 (hospital infection，HI) 的气球菌属细菌中，在我国已有明确报告的涉及浅绿气球菌、脲气球菌两个种，但还都是罕见的。

　　● 北京市大兴区人民医院的刘国英等 (2005) 报告在 2004 年 2 月至 7 月间，连续监测在该医院行剖宫产手术治疗患者 849 例，其中有 8 例发生了不同程度的表浅切口感染 (感染率 0.94%)。对其中的 7 例进行了切口感染分泌物的细菌检验，有 2 例检出了病原菌，分别为模仿葡萄球菌 (*Staphylococcus simulans*)、脲气球菌 [3]。

　　● 在第 8 章 "摩根氏菌属" (Morganella) 中有记述，陕西省西电集团医院的杨小青 (2006) 报告，该医院在 2004 年 1 月至 2006 年 5 月间，从住院及门诊患者分离到病原菌 1076 株，其中细菌共 947 株 (构成比 88.01%)，属于真菌 (fungi) 的念珠菌属 (*Candida* Berkhout 1923) 真菌 129 株 (构成比 11.99%)。在 947 株细菌中，革兰氏阴性细菌 602 株 (构成比 63.57%)、革兰氏阳性细菌 345 株 (构成比 36.43%)。其中有气球菌属细菌 4 株，在 947 株细菌的构成比为 0.42%、在 345 株革兰氏阳性细菌的构成比为 1.16%[4]。

● 云南省肿瘤医院的郭凤丽等 (2009) 报告在 2009 年 3 月，检出了 1 例食管癌术后患者医院感染浅绿气球菌病例。该患者 60 岁、女性，于 2009 年 3 月 11 日到云南省肿瘤医院就诊并以食管癌收住院。3 月 17 日进行手术治疗，在手术后 3 天患者诉手术伤口仍疼痛，并咳嗽、痰多、咯陈旧血痰。在 3 月 23 日和 24 日不同时间段，取手术切口分泌物和胸腔引流液进行细菌检验，均检出了浅绿气球菌 [5]。

1　菌属定义与分类位置

气球菌属是新建立的气球菌科 (Aerococcaceae fam. nov. Ludwig et al 2010) 细菌的成员，菌属 (genus) 名称 "*Aerococcus*" 为现代拉丁语阳性名词，指气球菌 (air coccus)[6]。

1.1　菌属定义

气球菌属细菌的菌体呈卵圆形 (ovoid)，直径为 1.0 ~ 2.0μm，呈成双、单个存在，在适宜的液体培养基中可呈四联体 (tetrad) 和成簇 (cluster) 排列，革兰氏染色阳性，无动力，无芽孢。

气球菌属细菌为兼性厌氧菌，在降低气压下生长最好、在空气和厌氧条件下生长差，好氧生长时产 H_2O_2，在血液营养琼脂上 α 型溶血 (α-hemolytic)、显著变绿。最适生长温度为 30℃，在 10℃能生长、45℃不生长，在含有 6.5%NaCl 的培养基中能生长。呼吸型代谢的化能异养菌，可从葡萄糖和其他一些碳水化合物产酸、不产气，氧化酶阴性，接触酶阴性或极弱阳性，许多菌株能够水解马尿酸盐 (hippurate)，许多菌株能够产生或不能产生亮氨酸氨肽酶 (Leucine aminopeptidase) 和 β- 葡萄糖醛酸苷酶 (β-glucuronidase)，许多菌株不能对精氨酸 (arginine) 脱氨 (deaminated)；不能产生尿素酶 (urease)，伏 - 波试验 (Voges-Proskauer test，V-P) 阴性，不液化明胶，不还原硝酸盐。对万古霉素敏感，常为医院的气生菌及与龙虾疾病有关。

气球菌属细菌 DNA 的 G+C mol% 为 35 ~ 44(T_m)；模式种 (type species)：浅绿气球菌 (*Aerococcus viridans* Williams，Hirch and Cowan 1953)[6]。

1.2　分类位置

按伯杰氏 (Bergey) 细菌分类系统，在第二版《伯杰氏系统细菌学手册》(*Bergey's Manual of Systematic Bacteriology*) 第 3 卷 (2009) 中，气球菌属分类于新建立的气球菌科。

气球菌科共包括 7 个菌属，依次为：气球菌属、乏样菌属 [*Abiotrophia*(Bouvet，Grimonet and Grimont 1989)Kawamura，Hou，Sultana et al 1995]、诡计球菌属 (*Dolosicoccus* Collins，Rodriguez Jovita et al 1999)、孤独球菌属 (*Eremococcus* Collins，Rodriguez Jovita et al 1999)、法克兰氏菌属 (*Facklamia* Collins，Falsen，Lemosy et al 1997)、球短链菌属 (*Globicatella* Collins，Aguirre，Facklam，Shallcross and Williams 1995)、慢长粒球菌属 (*Ignavigranum* Collins，Lawson，Monasterio et al 1999)。

气球菌科的模式属 (type genus)：气球菌属。

气球菌属内共记载了 5 个种，依次为：浅绿气球菌、克氏气球菌 (*Aerococcus christensenii*)、栖血气球菌、脲气球菌、人尿气球菌 (*Aerococcus urinaehominis*)[6]。

2　浅绿气球菌 (*Aerococcus viridans*)

浅绿气球菌 (*Aerococcus viridans* Williams，Hirch and Cowan 1953) 也被称为绿色气球菌，也有的称其为浅绿气球菌螯龙虾变种 (*Aerococcus viridans* var. *homari*)。菌种名称 "*viridans*" 为拉丁语分词形容词，指产生绿色的球菌 (producing a green color)。

细菌 DNA 的 G+C mol% 不清楚；模式株 (type strain)：ATCC 11563，CCM 1914，CCUG 4311，CIP 54.145，DSM 20340，HAMBI 1583，LMG 17931，NBRC 12219，NCAIM B.01070，NCTC 8251。GenBank 登录号 (16S rRNA)：M58797[6]。

浅绿气球菌在最初曾被鉴定为加夫基氏菌属 (*Gaffkya* Trevisan 1885) 的细菌，同时因其是由 Snieszko 和 Tayler(1947)、Hitchner 和 Snieszko(1947) 在发病的美洲螯龙虾 (*Homarus americanus*) 中首先发现，所以同时被命名为龙虾加夫基氏菌 (*Gaffkya homari* Hitchner and Snieszko 1947)；是 Stewart 和 Zwicker(1974)、Snieszko 和 Taylor(1947)、Williams 等 (1953) 报告可引起龙虾 (lobsters) 败血症或红尾病 (red tail disease)、在当时专门称这种败血症为加夫基氏败血症 (Gaffkemia)，并进一步探讨了此菌的特征，认为其应归于气球菌属，1953 年由 Williams 和 Hirch 及 Cowan 将其正式命名为 "*Aerococcus viridans*"（浅绿气球菌）。当时的加夫基氏菌属 (现已不再使用)，是以德国细菌学家格奥尔格·特奥多尔·奥古斯特·加夫基 (Georg Theodor August Gaffky，1850 ~ 1918) 的姓氏 (Gaffky) 命名的 [7]。

在第 1 章 "病原细菌的发现与致病作用" 中有记述，加夫基是在 1884 年，首先从伤寒 (typhoid fever) 患者的脾脏分离获得了伤寒沙门氏菌 (*Salmonella typhi*) 的科学家。

2.1　生物学性状

在气球菌属细菌中，对浅绿气球菌的一些主要生物学性状研究较多，这也是与其具有的病原学意义相关联的。

2.1.1　形态与培养特征

浅绿气球菌的细胞球形，直径 1.0 ~ 2.0μm，单个、成对、四联或成群，或短链排列 (四联状排列常见于生长于丰富营养液体培养基中的幼龄培养物)，革兰氏阳性球菌，无芽孢，无动力，存在多糖 (polysaccharide) 荚膜。在血液中可见四联状排列的存在较宽的假荚膜 (pseudocapsule)、菌体多为 0.5μm × 2.7μm。

细胞壁的胞壁质不含中间肽键桥，D- 丙氨酸的羧基直接与相邻肽的 L- 赖氨酸的氨基相连。Stewart 等 (2004) 报告，以涂片自然干燥标本检查培养物荚膜，以阿辛兰 (alcian blue) 染色 (染色液为以 3% 乙酸配制 1% 阿辛兰溶液)15min，经水冲洗后以 1% 中性红 (neutral red) 复染 1min，多糖荚膜呈青绿色，其他部位为红色。

浅绿气球菌兼性厌氧但更微好氧，当振荡培养或在含糖的软琼脂中近培养基下生成有一夹层的分散菌落，厌氧培养常不生长 (即使生长也延迟且常常仅生成几个稀疏分散的菌落)。在固体培养基上通常生成稀疏和小的分散菌落 (直径为 0.5 ～ 1mm)，在血液营养琼脂 (blood nutrient agar，BNA) 或胰蛋白胨大豆胨琼脂 (tryptone soytone agar，TSA) 培养基的菌落通常在 1.0mm，α 型溶血，圆形、隆起、灰白色；在石蕊牛乳 (Litmus milk) 培养基不改变。在血液营养琼脂培养基上生长的菌落较大且在周围形成绿色圈 (α 型溶血)，推测可能是产生 H_2O_2 的结果。40% 胆汁、10%NaCl、0.01% 亚碲酸钾或 pH 9.6 都不妨碍其生长，大多数菌株可在 10℃生长但不能在 45℃生长 [1, 2, 7]。

2.1.2 理化特性

浅绿气球菌无接触酶活性或微弱，缺乏卟啉呼吸酶，在好氧生长时可产生 H_2O_2；通常表现发酵葡萄糖、果糖、半乳糖、甘露糖、右旋糖 (dextrose)、麦芽糖和蔗糖等产酸不产气，通常也可从乳糖、海藻糖和甘露醇产酸，葡萄糖培养液的最终 pH 为 5.0 ～ 5.5，不产生乙酰甲基甲醇 (伏 - 波试验阴性)，不液化明胶，不能从精氨酸产氨，多数菌株水解马尿酸盐 (hippurate)[1,2, 7]。

气球菌属细菌各种的一些主要特性，分别如表 38-1 和表 38-2 所示 [6]。

表 38-1 气球菌属的种间鉴别特征

项目	浅绿气球菌	克氏气球菌	栖血气球菌	脲气球菌	人尿气球菌
麦芽糖	d	−	+	−	+
甘露醇	d	−	−	+	−
核糖	d	−	+	d	d
蔗糖	d	−	+	+	+
海藻糖	d	−	+	−	−
七叶苷	+	−	+	d	+
PYRA	+	−	+	−	+
LAP	−	+	+	+	+
BE	d	−	d	−	−
6.5%NaCl	+	−	+	+	+
马尿酸盐	d	+	+	+	+
伏 - 波试验	−	+	−	−	−

注：表中符号的＋表示阳性率大于 85%，—表示阳性率在 0 ～ 15%，d 表示 16% ～ 84% 阳性；PYRA 为吡咯烷酮芳基酰胺酶 (pyrrolidonylarylamidase)，LAP 为亮氨酸氨肽酶 (leucine amino peptidase)，BE 为 Bile- 七叶苷。

表 38-2　气球菌属的种间鉴别特征 (API 快速 ID32 鉴定系统)

项目	浅绿气球菌	克氏气球菌	栖血气球菌	脲气球菌	人尿气球菌
产酸：D- 阿糖醇	−	−	−	d	−
乳糖	+	−	−	−	−
甘露醇	d	−	−	+	−
麦芽糖	+	−	+	−	+
MBDG	d	−	d	−	+
核糖	d	−	−	d	+
山梨醇	d	−	−	d	−
蔗糖	+	−	+	+	−
海藻糖	+	−	+	−	−
产生：β-GLUR	−	−	+	+	+
PYR	d	−	+	−	−

注：表中符号的 + 表示阳性率大于 85%， − 表示阳性率在 0 ～ 15%，d 表示 16% ～ 84% 阳性；MBDG 为甲基 β-D-吡喃葡萄糖苷 (methyl β-D-glucopyranoside)；β-GLUR 为 β- 葡萄糖醛酸苷酶 (β-glucuronidase)，PYR 为焦谷氨酸芳基酰胺酶 (pyroglutamic acid arylamidase)。

2.1.3　生境与抗性

气球菌最初是从空气、尘埃、牛奶中分离到的，也广泛分布于咸肉、生肉和植物上、腌肉的盐水中、新鲜和加工过的蔬菜上。

在对抗菌类药物的敏感性方面，通常表现是对头孢菌素类抗生素、万古霉素具有敏感性，对其他多种抗生素具有耐药性 [1]。在不同来源的菌株间，常常会表现出对某种抗菌类药物的不同敏感性。

在前面有记述云南省肿瘤医院的郭凤丽等 (2009) 报告在 2009 年 3 月，检出了 1 例食管癌术后患者医院感染浅绿气球菌病例。对分离的浅绿气球菌菌株进行了对临床常用抗菌类药物的敏感性测定，结果为对供试的 11 种药物表现了不同的敏感性；其抑菌圈直径，从大到小依次为：亚胺培南 (26mm)、头孢噻肟 (24mm)、利奈唑胺 (22mm)、左氧氟沙星 (21mm)、万古霉素 (19mm)、奎奴普丁 / 达福普丁 (19mm)、头孢吡肟 (19mm)、青霉素 (19mm)、红霉素 (6mm)、克拉霉素 (6mm)、复方新诺明 (6mm)[5]。

中国水产科学研究院珠江水产研究所的可小丽等 (2011) 报告，对从发病罗非鱼 (Orechromis niloticus) 分离到的相应病原浅绿气球菌，进行了对 29 种抗菌类药物的敏感性测定。结果为除了对链霉素表现为 1 株中度敏感、1 株敏感外，对另外 28 种的结果一致；分别为对头孢曲松、头孢克洛、头孢唑啉、头孢哌酮钠、米诺四环素、诺氟沙星、氧氟沙星、恩诺沙星、萘啶酸、洛美沙星、依诺沙星、氟罗沙星、卡那霉素、妥布霉素、庆大霉素等 15 种敏感，对麦迪霉素、大观霉素、新霉素等 3 种中度敏感，对红霉素、乙酰螺旋霉素、罗红霉素、头孢噻吩、头孢氨苄、阿莫西林、苯唑西林、青霉素、氨苄西林、四环素等 10 种耐药 [8]。

2.2　病原学意义

浅绿气球菌广泛存在于土壤、环境、腐物中，是人的机会病原菌。另外，主要是作为某些水生动物 (尤其是在龙虾) 的病原菌 [6, 7]。

2.2.1　人的浅绿气球菌感染病

浅绿气球菌作为重要的条件致病菌，主要是能在一定条件下引起人的心内膜炎、菌血症、败血症、软组织感染、淋巴结炎、脑膜炎等类型的感染病 [1, 2]。

浅绿气球菌作为引起医院感染的病原菌已有检出，但其检出频率还是很低的，举例如下。①在前面有记述陕西省西电集团医院的杨小青 (2006) 报告，在从该医院住院及门诊患者分离到病原细菌 947 株中，有气球菌属细菌 4 株 (构成比为 0.42%)[4]。②在前面有记述云南省肿瘤医院的郭凤丽等 (2009) 报告，检出了 1 例食管癌术后患者医院感染浅绿气球菌病例，临床表现为伤口和呼吸系统感染病 [5]。

2.2.2　动物的浅绿气球菌感染病

由浅绿气球菌引起的定位感染病，还主要是在水生动物。浅绿气球菌 (以绿气球菌螯龙虾变种记述) 可感染人工养殖的美洲螯龙虾及欧洲螯龙虾 (*Homarus vulgaris*) 发病，患病虾最初在外表无明显病变，但病情逐渐严重时则虾变得不活泼、无食欲、腹部的肌肉变成粉红色，因此该症有时也被称为红尾病，虾在濒死时会自割其螯足 [9]。中华人民共和国张家港出入境检验检疫局的姚永华等 (2001) 报告，浅绿气球菌是龙虾群体的常驻菌群之一，因此龙虾感染此细菌的概率就比较大 [10]。在前面有记述中国水产科学研究院珠江水产研究所的可小丽等 (2011) 报告在 2010 年 9 月 15 日至 18 日，从广东省茂名市茂南区某养殖场采集发病罗非鱼 (*Orechromis niloticus*) 样品检验，检出了相应病原浅绿气球菌 [8]。

2.3　微生物学检验

对气球菌的微生物学检验，目前还是依赖于对细菌分离鉴定的细菌性检验。通常是用血液营养琼脂培养基进行分离培养，于 35℃培养 24h 形成针尖大小的菌落、溶血不明显；培养 48h 后的菌落直径约在 1.0mm，灰白色、α- 溶血明显。在普通营养琼脂培养基上培养 48h 后，才可见到菌落生长。

对气球菌进行鉴定时需要注意的是，气球菌是介于葡萄球菌属 (*Staphylococcus* Rosenbach 1884) 细菌与链球菌属 (*Streptococcus* Rosenbach 1884) 细菌之间的细菌，更接近于链球菌属细菌。与葡萄球菌属细菌和肠球菌属 [*Enterococcus*(ex Thiercelin and Jouhaud 1903)Schleifer and Kilpper-Bälz 1984] 细菌的相似之处，是其能够在含有 6.5%NaCl 的营养肉汤培养基中生长，但其接触酶阴性、菌落小、呈现 α- 溶血等性状更接近于链球菌属细菌。对从临床分离的菌株，要有效鉴别气球菌、肠球菌、链球菌、微球菌属 (*Micrococcus* Cohn 1872 emend. Stackebrandt et al 1995 emend. Wieser et al 2002) 细菌等，还需要通过生化试验予以区分 [11]。

3 脲气球菌 (*Aerococcus urinae*)

脲气球菌 (*Aerococcus urinae* Aguirre and Collins 1992) 也被称为尿道气球菌、尿气球菌，菌种名称 "*urinae*" 为拉丁语阴性名词，指与尿液有关的 (pertaining to urine)。

细菌 DNA 的 G+C mol% 不清楚；模式株：E2，ATCC 51268，CCUG 29291，CCUG 29564，CCUG 34223，CCUG 36881，CIP 104688，DSM 7446，NBRC 15544，NCFB 2893，NCIMB 702893，NCTC 12142。GenBank 登录号 (16S rRNA)：M77819[6]。

丹麦细菌学家 Christensen 等 (1991) 报告从患尿道感染的 63 例患者尿样中分离到在表型性状上类似于气球菌样细菌 (*Aerococcus*-like organisms，ALO)，研究发现大多数患者具有临床症状 (尿道感染症状明显) 且反复发作，认为此菌属于一种机会致病菌，但对其分类的确切位置仍不清楚。英国学者 Aguirre 和 Collins(1992) 报告又从尿道感染患者分离到类似于气球菌的 5 株菌，研究了它们在系统发育 (16S rRNA 序列分析) 上的明确地位，表明在气球菌中具有某些异源性。Bosley 等 (1990) 报道在其研究的一些来自临床样品的气球菌中，依据 DNA-DNA 的杂交试验可辨别出在浅绿气球菌种内有两群，全面综合其 DNA 序列，这两群具有高度的相似性，而在表型上又可区分开；从 16S rRNA 序列研究中，对比了数目相同的 1486 核苷酸序列显示类似气球菌的菌株有 74 个碱基不同于浅绿气球菌的模式株。因此提出 Christensen 等首先分离的类似气球菌，依据上述的一些研究结果应作为气球菌属的新种，由 Aguirre 和 Collins 于 1992 年将其命名为 "*Aerococcus urinae*" (脲气球菌)[1, 2]。

3.1 生物学性状

脲气球菌的特征为大多数细胞生长成群的革兰氏阳性球菌，也有成对和四联排列的，不产生色素，无动力。微需氧，接触酶阴性。在 10℃ 和 45℃ 不能生长，在含有 5% 马血液的营养琼脂培养基上产生 α- 溶血反应。

脲气球菌分解阿拉伯醇、D- 葡萄糖、甘露醇、核糖 (反应缓慢)、山梨醇、蔗糖、木糖醇产酸，不能分解阿拉伯糖、半乳糖、甘油、肌醇、乳糖、麦芽糖、D- 棉籽糖、蕈糖。水解马尿酸，不能水解七叶苷，产生 β- 葡糖苷酸酶、亮氨酸氨基肽酶，不能产生 α- 半乳糖苷酶、β- 半乳糖苷酶、吡咯烷酮芳基酰胺酶、碱性磷酸酶、精氨酸双水解酶，不产生 H_2S，不还原硝酸盐。脲气球菌的一些主要特性，可见前面表 38-1 和表 38-2 所示 [1, 2, 6]。已确定脲气球菌存在两个生物型 (biovar)，主要是它们在水解七叶苷上存在差异性 [6]。

3.2 病原学意义

在前面有记述气球菌在自然界中分布广泛，且常常可作为机会致病菌。就脲气球菌来讲，引起的主要感染类型为尿道感染、败血症、心内膜炎等。

作为引起医院感染的病原菌，其检出频率还是很低的，举例如下。①在前面有记述北京市大兴区人民医院的刘国英等 (2005) 报告在该医院行剖宫产手术治疗患者中，从 1 例发生表浅切口感染患者检出了相应病原脲气球菌 [3]。②在前面有记述陕西省西电集团医院的杨小青 (2006) 报告，在从该医院住院及门诊患者分离到病原细菌 947 株 (构成比 88.01%) 中，有气球菌属细菌 4 株 (构成比为 0.42%)[4]。

3.3　微生物学检验

在上面有记述对气球菌的微生物学检验，目前还是依赖于对细菌分离鉴定的细菌性检验。要特别注意的是，与其他革兰氏阳性球菌 (尤其是肠球菌、链球菌、微球菌) 相鉴别。

（房　海）

参 考 文 献

[1] 李仲兴，赵建宏，杨敬芳 . 革兰氏阳性球菌与临床感染 . 北京：科学出版社，2007: 455~464.

[2] 凌代文，东秀珠 . 乳酸细菌分类鉴定及实验方法 . 北京：中国轻工业出版社，1999: 52~54.

[3] 刘国英，李雅琴，郭立英 . 剖宫产术后切口感染原因及对策 . 中华医院感染学杂志，2005, 15(8):897~898.

[4] 杨小青 . 1076 株临床细菌的菌种分布 . 实用医技杂志，2006, 13(16):2812~2813.

[5] 郭凤丽，周友全，顾瑛 . 1 例食管癌术后患者医院感染绿色气球菌 . 临床检验杂志，2009, 27(4):306.

[6] Aidan C P. Bergey's Manual of Systematic Bacteriology. Second Edition. Volume Three. Springer, New York, 2009, 533~536.

[7] Nicky B B. Bacteria and Fungi from Fish and Other Aquatic Animals. 2nd Edition. London, UK, 2014, 399.

[8] 可小丽，卢迈新，黎炯，等 . 罗非鱼绿色气球菌的鉴定及致病性研究 . 水生生物学报，2011, 35(5): 796~802.

[9] 孟庆显 . 海水养殖动物病害学 . 北京：中国农业出版社，1996: 252~253.

[10] 姚永华，戴先礼 . 内陆储养龙虾的疾病防治 . 中国动物检疫，2001, 18(10):36.

[11] 叶应妩，王毓三，申子瑜 . 全国临床检验操作规程 . 3 版 . 南京：东南大学出版社，2006, 775~778.

第39章 皮生球菌属 (*Dermacoccus*)

皮 生 球 菌 属 (*Dermacoccus* Stackebrandt，Koch，Gvozdiak and Schumann 1995) 细菌，还均缺乏病原学意义的明确记述。相关信息显示，西宫皮生球菌 (*Dermacoccus nishinomiyaensis*) 可能会作为机会病原菌 (opportunistic pathogen，亦称为条件病原菌)，显示一定的致病作用。

在医院感染 (hospital infection，HI) 的皮生球菌属细菌中，在我国已有明确报告的涉及西宫皮生球菌，但还是罕见的。

● 湖北医科大学附一医院的江应安等 (1998) 报告，回顾性总结该医院在 1992 年至 1995 年间，125 例肝病 (活动性肝炎肝硬化的 65 例、重型肝炎的 60 例) 患者发生医院感染 42 例 (构成比 33.60%)，从其中的 18 例分离到病原菌 18 株，分别为：腹腔感染的 9 株 (构成比 50.00%)、肠道感染的 5 株 (构成比 27.78%)、胸腔感染的 2 株 (构成比 11.11%)、泌尿道感染的 1 株 (构成比 5.56%)、皮肤软组织感染的 1 株 (构成比 5.56%)。18 株病原菌分别为：腹腔感染的 9 株为腐生葡萄球菌 (*Staphylococcus saprophyticus*)2 株，水生棒杆菌 (*Corynebacterium aquaticum*)、西宫微球菌 (*Micrococcus nishinomiyaensis*)、不动微球菌 (*Micrococcus sedentarius*)、沙雷氏菌属 (*Serratia* Bizio 1823) 细菌、金黄色葡萄球菌 (*Staphylococcus aureus*)、表皮葡萄球菌 (*Staphylococcus epidermidis*)、其他细菌各 1 株；肠道感染的 5 株，均为霉菌 (mold)；胸腔感染的 2 株，分别为金黄色葡萄球菌 L 型 (L form of *Staphylococcus aureus*)、马棒杆菌 (*Corynebacterium equi*) 各 1 株；泌尿道感染的 1 株为大肠埃希氏菌 (*Escherichia coli*)，皮肤软组织感染的 1 株为金黄色葡萄球菌 (*Staphylococcus aureus*)[1]。

本书作者注：①文中记述的西宫微球菌，即现在分类于皮生球菌属的西宫皮生球菌；

②不动微球菌，即现在分类于皮肤球菌属 (*Kytococcus* Stackebrandt，Koch，Gvozdiak and Schumann 1995) 的坐皮肤球菌 (*Kytococcus sedentarius*) 亦被称为栖息皮肤球菌、不动皮肤球菌；③马棒杆菌，即现在分类于红球菌属 (*Rhodococcus* Zopf 1891 emend.Goodfellow，Alderson and Chun 1998) 的马红球菌 (*Rhodococcus equi*)。

1　菌属定义与分类位置

皮生球菌属是新建立的皮生球菌科 (Dermacoccaceae Stackebrandt and Schumann 2000 emend. Zhi，Li and Stackebrandt 2009) 的成员。菌属 (genus) 名称"*Dermacoccus*"为新拉丁语阳性名词，指借皮肤生长的球菌 (coccus living on skin)[2]。

1.1　菌属定义

皮生球菌属细菌为球形，革兰氏阳性、无荚膜、无芽孢。有机化能营养，需氧菌，在微嗜氧环境中偶发生弱生长，接触酶阳性，不嗜盐，嗜温 (mesophilic) 菌，胞壁酸 (muramic acid) 是乙酰化物 (acetylated)，无分枝菌酸 (mycolic acids) 和磷壁酸类 (teichoic acids)，主要的细胞壁多糖 (cell wall polysaccharide) 是半乳糖胺 (Galactosamine) 类，主要的甲基萘醌类 (menaquinones) 是 MK-8(H_2)，细胞色素类 (cytochromes) 是 aa_3，c_{549}，c_{555}，b_{559}，b_{564}，d_{626} (通过一个型的菌株分析)，极性脂质 (polar lipids) 包括二磷脂酰甘油 (diphosphatidylglycerol)、磷脂酰甘油 (phosphatidylglycerol)、磷脂酰肌醇 (phosphatidylinositol)，主要的脂肪酸类 (fatty acids) 是 *iso*-$C_{15：0}$、*iso*-$C_{16：0}$、*iso*-$C_{17：0}$、*ante*-$C_{17：0}$，长链脂肪族烃 (long-chain aliphatic hydrocarbons) 是 C_{22} 和 C_{23} 烃类 (hydrocarbons)，还有主要的 C_{25} 和 C_{26} 及 C_{27}。

皮生球菌属细菌 DNA 的 G+C mol% 为 62.5 ~ 71.1；模式种 (type species)：西宫皮生球菌 [*Dermacoccus nishinomiyaensis*(Oda 1935)Stackebrandt，Koch，Gvozdiak and Schumann 1995][2]。

1.2　分类位置

按伯杰氏 (Bergey) 细菌分类系统，在第二版《伯杰氏系统细菌学手册》(*Bergey's Manual of Systematic Bacteriology*) 第 5 卷 (2012) 中，皮生球菌属分类于新建立的皮生球菌科。

皮生球菌科共包括 3 个菌属，依次为：皮生球菌属、肥沃菌属 (*Demetria* Groth et al 1997)、皮肤球菌属 (*Kytococcus* Stackebrandt，Koch，Gvozdiak and Schumann 1995)。

皮生球菌科细菌 DNA 的 G+C mol% 为 66 ~ 71；模式属 (type genus)：皮生球菌属。

皮生球菌属内共记载了 4 个种，依次为：西宫皮生球菌、深渊皮生球菌 (*Dermacoccus abyssi*)、深洼皮生球菌 (*Dermacoccus barathri*)、深处皮生球菌 (*Dermacoccus profundi*)[2]。

2 西宫皮生球菌 (*Dermacoccus nishinomiyaensis*)

西宫皮生球菌 [*Dermacoccus nishinomiyaensis*(Oda 1935)Stackebrandt，Koch，Gvozdiak and Schumann 1995] 在早期分类于微球菌属 (*Micrococcus* Cohn 1872 emend. Stackebrandt，Koch，Gvozdiak，Schumann 1995 emend. Wieser，Denner，Kämpfer et al 2002)，名为西宫微球菌 (*Micrococcus nishinomiyaensis* Oda 1935)。菌种名称"*nishinomiyaensis*"为新拉丁语阳性形容词，是以此菌分离地，日本的城市"Nishinomiya"（西宫）命名的。

细菌 DNA 的 G+C mol% 为 67.8(T_m)；模式株 (type strain)：Oda no.59，ATCC 29093，CCM 2140，CCUG 33028，CIP 81.71，DSM 20448，IEGM 393，NBRC 15356，JCM 11613，LMG 14222，NCTC 11039，VKM B-1818。GenBank 登录号 (16S rRNA)：X87757[2]。

2.1 生物学性状

西宫皮生球菌的菌细胞球形（直径为 0.9 ~ 1.6μm)，成双 (pairs)、四联 (tetrads) 或不规则的四联。菌落直径可达 2.0mm、圆形、边缘整齐、轻度隆起、表面光滑 (smooth，S)、鲜橙色 (bright orange)、少见无光泽的，不溶血；随龄菌落的形态、色泽会有所不同；菌细胞形态与菌龄、培养基成分无明显关系；一些菌株产生水溶性橙色 (water-soluble orange)；在营养肉汤培养基中轻度浑浊生长，在葡萄糖肉汤 (glucose broth) 中生长的最终 pH 为 5.4 ~ 6.9，在无机氮琼脂培养基生长弱或不能生长（所测定 32 株的 85%)，不能在柠檬酸盐 (Simmons) 琼脂培养基生长（所测定 32 株的 85%)。生长需要半胱氨酸或甲硫氨酸 (methionine) 和烟酸 (niacin are)，色氨酸、缬氨酸、天门冬氨酸、谷氨酸、脯氨酸、赖氨酸对生长有刺激作用。

西宫皮生球菌的联苯胺试验 (benzidine test) 阳性，游离或固定凝固酶 (free or bound coagulase)、磷酸酶 (phosphatase)、卵磷脂酶 (lecithinase)、精氨酸双水解酶 (arginine dihydrolase)、鸟氨酸和赖氨酸脱羧酶 (ornithine and lysine decarboxylases)、苯丙氨酸脱氨酶 (phenylalanine deaminase)、β- 半乳糖苷酶 (β-galactosidase)、DNA 酶 (DNase) 阴性；水解明胶、不能水解七叶苷。所测定 32 株的 80% 菌株产生尿素酶 (urease)、35% 菌株水解淀粉、60% 菌株水解吐温 80(tween 80)、67% 菌株还原硝酸盐。不能产生 3- 羟基丁酮 (acetoin)、吲哚、H_2S，不能利用蔗糖、乳糖、鼠李糖、木糖、甘油、甘露醇，多数菌株不能利用果糖、甘露糖，利用葡萄糖、半乳糖是不定的；不能还原亚硝酸盐，甲基红试验 (methyl red test，MR) 阴性。

对新生霉素、新霉素敏感，多数菌株对红霉素、青霉素、链霉素、氯霉素敏感，对呋喃唑酮抗性，对溶菌酶 (lysozyme) 有轻微抗性、对甲氧西林有弱抗性。在 5%NaCl 生长良好、不能在 7%NaCl 生长，在 25 ~ 37℃生长良好，腐物寄生 (saprophytic)，模式菌株分离于酿造业 (brewing sake) 的水，其他菌株分离于人的皮肤及其他样品[2]。

皮生球菌属各种（模式株）间鉴别特征，如表 39-1 所示[2]。

表 39-1　皮生球菌属各种（模式株）间鉴别特征

项目	西宫皮生球菌 (DSM20448)	深渊皮生球菌 (DSM17573)	深洼皮生球菌 (MT2.1)	深处皮生球菌 (MT2.2)
产生 H$_2$S	−	−	−	+
水解尿素	−	−	+	+
降解：熊果苷	−	+	+	−
DNA	+	+	+	−
明胶	+	−	+	−
淀粉	+	+	−	−
吐温 80	−	+	−	−
API-ZYM 系统：α- 岩藻糖苷酶	+	+	+	−
β- 葡萄糖苷酶	+	+	+	−
脂肪酶 (C14)	+	+	+	−
胰蛋白酶	+	−	+	+
生长于：10℃	−	+	+	+
含有 10.0% 的 NaCl	−	+	+	+
含有 12.5% 的 NaCl	−	−	−	−

注：表中符合的 + 表示大于 85% 的菌株阳性，− 表示 0 ～ 15% 的菌株阳性。

2.2　病原学意义

对西宫皮生球菌的病原学意义，尚需要比较系统的认识。作为医院感染对西宫皮生球菌的检出，也还是属于罕见的。在前面有记述湖北医科大学附一医院的江应安等 (1998) 报告从肝病患者发生医院感染 42 例中分离到病原菌 18 株，在从腹腔感染患者分离到的 9 株（共 8 种类）中包括西宫皮生球菌（文中以西宫微球菌记述）1 株（构成比 11.11%）[1]。

2.3　微生物学检验

对西宫皮生球菌的微生物学检验，目前还主要是依赖于对细菌进行分离鉴定的细菌学检验。检验中，要特别注意与微球菌属细菌相鉴别。

（房　海）

参 考 文 献

[1] 江应安，杨丽华 .125 例活动性肝炎肝硬化和重型肝炎患者医院感染的分析 . 湖北医科大学学报，1998，19(1):49~51.

[2] Aidan C P. Bergey's Manual of Systematic Bacteriology.Second Edition.Volume Five. Springer, New York.2012: 738~742.

第 40 章　肠球菌属 (*Enterococcus*)

肠球菌属 [*Enterococcus*(ex Thiercelin and Jouhaud 1903)Schleifer and Kilpper-Bälz 1984] 的某些种 (species)，是人或动物，或人及动物的病原菌。可在一定条件下引起人的多种组织器官炎性感染，以及败血症等感染病 (infectious diseases)，其中以粪肠球菌 (*Enterococcus faecalis*) 和屎肠球菌 (*Enterococcus faecium*) 的检出率高，且此两种肠球菌的检出频率很相近，以引起尿道感染 (urinary tract infection，UTI) 为常见。其中的粪肠球菌，也是食物中毒 (food poisoning) 的病原菌。在陆生动物，已有能引起家畜、家禽等感染发病的报告[1~4]。

在医院感染 (hospital infection，HI) 的肠球菌属细菌中，在我国已有明确报告的涉及多个种 (其中主要是粪肠球菌和屎肠球菌)。由肠球菌属细菌引起的医院感染，在所有医院感染细菌中一直占据着前 10 位的位置。就由革兰氏阳性细菌引起的医院感染来讲，肠球菌似乎是一直处于前 3 位的位置。

● 在第 4 章 "肠杆菌属" (*Enterobacter*) 中有记述，江苏省无锡市第四人民医院的黄朝晖等 (2013) 报告，回顾性总结该医院在 5 年 (2007 年至 2011 年) 间从住院患者送检标本材料中分离获得的各种病原菌 38 037 株，其中明确菌种的革兰氏阴性细菌共 8 种 23 995 株 (构成比 63.08%)、革兰氏阳性细菌共 4 种 8395 株 (构成比 22.07%)，其他的病原菌 5647 株 (构成比 14.85%)。在明确菌种的革兰氏阴性细菌和革兰氏阳性细菌共 12 种 32 390 株 (构成比 85.15%) 中，包括屎肠球菌 733 株 (构成比 2.26%) 居第 9 位 [5]。

● 在第 4 章 "肠杆菌属"(*Enterobacter*) 中有记述，江苏省中医院的孙慧等 (2014) 报告，回顾性总结该医院 3 年 (2010 年 1 月 1 日至 2012 年 12 月 31 日) 从医院感染病例分离获得的各种病原菌 15 028 株，其中革兰氏阴性细菌 11 698 株 (构成比 77.84%)、革兰氏阳性细菌 3092 株 (构成比 20.57%)，真菌 (fungi)238 株 (构成比 1.58%)。明确菌种 (属) 的细菌共 11 个种 (属)13 649 株，其中革兰氏阴性细菌 7 个种 (属)10 683 株 (构成比 78.27%)、革兰氏阳性细菌 4 个种 (属)2966 株 (构成比 21.73%)。在明确菌种 (属) 的细菌共 11 个种 (属)13 649 株中，包括屎肠球菌 795 株 (构成比 5.82%) 居第 7 位、粪肠球菌 272 株 (构成比 1.99%) 居第 9 位；在明确菌种 (属) 的 4 种革兰氏阳性细菌 2966 株中，屎肠球菌 795 株 (构成比 25.59%) 居第 2 位、粪肠球菌 272 株 (构成比 9.17%) 居第 3 位 [6]。

● 湖北省武汉市汉阳医院的宁立芬等 (2014) 报告，回顾性总结该医院在 2011 年 1 月至 2012 年 12 月间，从各科室发生医院感染患者分离获得的病原菌 2470 株，其中革兰氏阴性细菌 7 种 (类)1680 株 (构成比 68.02%)、革兰氏阳性细菌 5 种 (类)444 株 (构成比 17.98%)、真菌 (fungi)346 株 (构成比 14.01%)。其中的 12 种 (类) 细菌共 2124 株，各种 (类) 细菌的出现频率依次为：大肠埃希氏菌 681 株 (构成比 32.06%)、肺炎克雷伯氏菌 467 株 (构成比 21.99%)、铜绿假单胞菌 291 株 (构成比 13.70%)、金黄色葡萄球菌 153 株 (构成比 7.20%)、屎肠球菌 127 株 (构成比 5.98%)、其他非发酵菌 (nonfermenters) 类 91 株 (构成比 4.28%)、粪肠球菌 71 株 (构成比 3.34%)、凝固酶阴性葡萄球菌 (coagulase-negative staphylococci，CNS) 类 62 株 (构成比 2.92%)、阴沟肠杆菌 57 株 (构成比 2.68%)、鲍氏不动杆菌 55 株 (构成比 2.59%)、嗜麦芽寡养单胞菌 38 株 (构成比 1.79%)、肺炎链球菌 (*Streptococcus pneumoniae*)31 株 (构成比 1.46%)，屎肠球菌居第 5 位、粪肠球菌居第 7 位。在 5 种 (类)444 株革兰氏阳性细菌中，各菌种出现频率依次为：金黄色葡萄球菌 153 株 (构成比 34.46%)、屎肠球菌 127 株 (构成比 28.60%)、粪肠球菌 71 株 (构成比 15.99%)、凝固酶阴性葡萄球菌类 62 株 (构成比 13.96%)、肺炎链球菌 31 株 (构成比 6.98%)，屎肠球菌居第 2 位、粪肠球菌居第 3 位 [7]。

1　菌属定义与分类位置

肠球菌属为新建立的肠球菌科 (Enterococcaceae fam. nov. Ludwig et al 2010) 细菌的成员，菌属 (genus) 名称 "*Enterococcus*" 为新拉丁语阳性名词，指肠道内球菌 (intestinal coccus)。

肠球菌属最早由 Thiercelin 于 1899 年提出，当时描述为来源于肠道的革兰氏阳性球菌，相继由 Thiercelin 和 Jouhaud(1903) 命名。在 1984 年被 Schleifer 和 Kilpper-Bälz 所接受、并成为了被合法认定的新的菌属名称，同时提出将当时分类于链球菌属 (*Streptococcus* Rosenbach 1884) 内兰斯菲尔德氏 (Lancefield, 简称兰氏) 血清 D 群的粪链球菌 (*Streptococcus faecalis*)、屎链球菌 (*Streptococcus faecium*) 列出，重新分类在肠球菌属内，分别命名为 "*Enterococcus faecalis*"（粪肠球菌）、"*Enterococcus faecium*"（屎肠球菌）；同年，Collins 等又将链球菌属内几个兰氏血清 D 群的链球菌转入了肠球菌属。随着细菌分类学的发展，属内菌种也在变动，其新种 (sp.nov.) 也有所增加 [1, 2, 4, 8]。

1.1　菌属定义

肠球菌属细菌为革兰氏阳性的卵圆形，单个、成对或短链状排列，菌体顺链方向延长；不产生芽孢，有些种的菌株借少量鞭毛 (scanty flagella) 运动，有的种产生黄色色素 (yellow pigmented)，没有明显的荚膜；兼性厌氧，有机化能异养，通常需要复杂营养；发酵型代谢，可发酵的碳水化合物范围比较广泛，发酵葡萄糖主要产生 L(+)- 乳酸、不产气，最终 pH 4.2 ~ 4.6；营养需要复杂，接触酶阴性，但有的菌株在含血液的琼脂培养基上可形成假接触酶 (pseudocatalase)，溶血活性不定，通常在 10 ~ 45℃ 能生长（适宜为 35 ~ 37℃），多数的种能在 42℃ 甚至 45℃ 生长，以及在 10℃ 能缓慢生长，对干燥有耐性。

肠球菌属细菌能产生 β- 葡糖苷酶、亮氨酸芳基酰胺酶，水解七叶苷，从 *N*- 乙酰氨基葡萄糖 (*N*-acetylglucosamine)、苦杏仁苷、熊果苷、纤维二糖、D- 果糖、半乳糖、β- 龙胆二糖、葡萄糖、乳糖、麦芽糖、D- 甘露糖、甲基 β-D- 葡萄糖苷 (β-D-glucoside)、核糖、水杨苷、海藻糖产酸；大部分菌株不能从 D- 阿拉伯糖、赤藓醇、D- 和 L- 岩藻糖、甲基 α-D- 木糖醇 (methyl α-D-xyloside)、L- 木糖产酸及尿素酶阴性。在 pH 9.6 及 6.5%NaCl 和 40% 胆汁中也能生长，能够抵抗 0.4% 的叠氮化钠 (sodium azide)，很少还原硝酸盐，通常为兰氏 (Lancefield) 血清 D 群。

肠球菌属细菌广泛存在于环境中（特别是在脊椎动物的粪便中），有的种可构成哺乳动物、禽类及其他一些动物的部分菌群，有的种与植物有关，有的种分离于水，还有时可引起化脓感染。

肠球菌属细菌 DNA 中 G+C mol% 为 35.1 ~ 44.9；模式种 (type species)：粪肠球菌 [*Enterococcus faecalis*(Andrewes and Horder 1906)Schleifer and Kilpper-Bälz 1984][8]。

1.2　分类位置

按伯杰氏 (Bergey) 细菌分类系统，在第二版《伯杰氏系统细菌学手册》(*Bergey's Manual of Systematic Bacteriology*) 第 3 卷 (2009) 中，肠球菌属分类于新建立的肠球菌科。

肠球菌科包括 4 个菌属，依次为：肠球菌属、蜜蜂球菌属 (*Melissococcus* Bailey and Collins 1983)、四联球菌属 (*Tetragenococcus* Collins，Williams and Wallbanks 1993)、漫游球菌属 (*Vagococcus* Collins et al 1990)。

肠球菌科的模式属 (type genus)：肠球菌属。

肠球菌属共记载了 34 个种，依次为：粪肠球菌、海水肠球菌 (*Enterococcus aquimarinus*)、驴肠球菌 (*Enterococcus asini*)、鸟肠球菌 (*Enterococcus avium*)、粪便肠球菌 (*Enterococcus caccae*)、茶肠球菌 (*Enterococcus camelliae*)、狗肠肠球菌 (*Enterococcus canintestini*)、狗肠球菌 (*Enterococcus canis*)、铅黄肠球菌 (*Enterococcus casseliflavus*)、盲肠肠球菌 (*Enterococcus cecorum*)、鸽肠球菌 (*Enterococcus columbae*)、德氏肠球菌 (*Enterococcus devriesei*)、殊异肠球菌 (*Enterococcus dispar*)、耐久肠球菌 (*Enterococcus durans*)、屎肠球菌、鸡肠球菌 (*Enterococcus gallinarum*)、浅黄肠球菌 (*Enterococcus gilvus*)、血过氧化物肠球菌 (*Enterococcus haemoperoxidus*)、赫曼尼肠球菌 (*Enterococcus hermanniensis*)、小肠肠球菌 (*Enterococcus hirae*)、意大利肠球菌 (*Enterococcus italicus*)、病臭肠球菌 (*Enterococcus malodoratus*)、摩拉维亚肠球菌 (*Enterococcus moraviensis*)、蒙氏肠球菌 (*Enterococcus mundtii*)、微黄肠球菌 (*Enterococcus pallens*)、啄木鸟肠球菌 (*Enterococcus phoeniculicola*)、假鸟肠球菌 (*Enterococcus pseudoavium*)、棉籽糖肠球菌 (*Enterococcus raffinosus*)、鼠肠球菌 (*Enterococcus ratti*)、解糖肠球菌 (*Enterococcus saccharolyticus*)、塞利西亚肠球菌 (*Enterococcus silesiacus*)、硫黄色肠球菌 (*Enterococcus sulfureus*)、白蚁肠球菌 (*Enterococcus termitis*)、绒毛肠球菌 (*Enterococcus villorum*)[8]。

2　粪肠球菌 (*Enterococcus faecalis*)

粪肠球菌 [*Enterococcus faecalis*(Andrewes and Horder 1906)Schleifer and Kilpper-Bälz 1984]，即原来分类在链球菌属的粪链球菌 (*Streptococcus faecalis* Andrewes and Hordet 1906)。菌种名称 "*faecalis*" 为新拉丁语形容词，指与粪便有关的 (relating to feces)。

细菌 DNA 的 G+C mol% 为 37.0 ～ 40.0(T_m)；模式株 (type strain)：ATCC 19433，ATCC 19433-U，CCM 7000，CCUG 19916，CIP 103015，DSM 2O478，HAMBI 1711，JCM 5803，LMG 7937，NBRC 100480，NBRC 100481，NCAIM B.01312，NCIMB 775，NCTC 775。GenBank 登录号 (16S rRNA)：AB012212，AJ301831[8]。

2.1　生物学性状

在肠球菌属细菌的生物学性状方面，对粪肠球菌的研究相对较多，也是在所有肠球菌中具有代表性的。

2.1.1　形态与培养特征

粪肠球菌的菌体呈卵圆形、可顺链的方向延长，直径 0.5 ～ 1.0μm，大多数成对或成短链排列，通常不运动 (有 11% ～ 20% 的菌株有动力)；特征性地生长在含 0.04% 亚碲酸盐 (tellurite) 的培养基中，将亚碲酸盐还原成碲。在碳酸盐缓冲培养基中当 pH 为 10 ～ 10.5 时能生长，在含 0.1% 亚铊乙酸盐、0.02% 叠氮钠、0.1% 亚甲蓝牛乳、0.5 ～ 1.0U/ml 青霉素等的培养基中能生长；在血液营养琼脂培养基中通常不溶血或 α- 溶血，有时为 β-溶血，并能够产生假接触酶 (pseudocatalase)；可在 10℃、45℃ 及含 6.5%NaCl 环境中生长，有 11% ～ 20% 菌株能够在 50℃ 生长。生长在含有四唑 (tetrazolium) 的选择性培养基 (tetrazolium-containing selective media) 中，可将无色的四唑还原成为红色的 α- 苯基偶氮 -α-苯肼甲苯 (triphenylformazan)，使菌落红色。

2.1.2 生化特性

粪肠球菌在葡萄糖培养液中最终 pH 为 4.1 ~ 4.6，葡萄糖发酵主要形成乳酸，若培养基维持中性能形成大量的甲酸盐、乙酸盐和乙醇。许多菌株能发酵葡萄糖、蔗糖、D- 甘露糖、D- 果糖、半乳糖、麦芽糖、纤维二糖、海藻糖、乳糖、甘油、甘露醇、核糖、苦杏仁苷、熊果苷、β- 龙胆二糖等产酸，通常不发酵阿拉伯糖、菊糖、蜜二糖、棉子糖、侧金盏花醇、L- 山梨醇、阿拉伯糖、卫茅醇、岩藻糖、肌醇、糖原、D- 来苏糖、蜜二糖、D- 棉子糖、D- 松二糖、木糖醇、D- 木糖、α- 甲基 -D- 葡糖苷等，有 21% ~ 79% 的菌株能够分解 L- 鼠李糖，有 80% ~ 89% 的菌株能够分解松三塘、山梨醇。许多菌株能使酪氨酸脱羧形成酪氨和 CO_2，能利用丙酮酸盐；产生精氨酸水解酶，不产生碱性磷酸酶。水解七叶苷和马尿酸盐、不水解明胶和淀粉不产生黄色素，属于兰氏分类的 D 群 [8,9]。

2.1.3 抗原结构与免疫学特性

目前对肠球菌的抗原记述，还是按链球菌的。已知链球菌的抗原主要来自于细胞壁成分，细胞壁的多糖成分为群 (group) 特异性抗原 (简称 C 抗原)，细胞壁的蛋白质成分为型 (type) 特异性抗原。1933 年，Lancefield(兰斯菲尔德) 曾根据 C 抗原的不同将链球菌分成了 A、B、C、D、E、F、G、H、K、L、M、N、O、P、Q、R、S、T 等 18 个群 (其中未用 I 和 J 这两个字母作分群代号)，此即所谓的链球菌"兰氏血清学分类 (群)"；近年来又增加了 U、V 群，如此现在共 20 个群。型特异性抗原是位于 C 抗原外层的蛋白质，又称表面抗原，具有 M、T、R、S 等 4 种不同性质的抗原成分，在 C 抗原分群的基础上，又可根据型特异性抗原将链球菌分成 100 多个型，如 A 群根据其 M 抗原不同可分成 100 多个型、B 群可分成 4 个型、C 群可分成 13 个型等。按兰氏血清分群方法，肠球菌通常是属于 D 群的。

发生粪肠球菌食物中毒后，通常其血清抗体有时会在一定时限内出现和效价明显升高，或许也可作为辅助诊断的参考。例如，山东省淄博市卫生防疫站的张一水等 (1990) 报告在 1987 年 7 月，淄博市某村村民聚餐后发生食物中毒 30 余人，潜伏期 2 ~ 12h；临床表现恶心、呕吐、腹痛、腹泻，伴有头晕、乏力、发热 (38 ~ 39℃)、寒战、口干、脱水等症状，经治疗 3 ~ 4 天痊愈；检验证实，是由粪肠球菌 (文中以粪链球菌记述) 污染熟猪肉、豆腐等食品引起的。以分离菌株对 8 例患者的双份血清 (发病初期和恢复期) 进行凝集试验；结果在发病初期的血清抗体均阴性，有 2 例在发病初期和恢复期的血清抗体均阴性，在恢复期的血清抗体有 1 例为 1 ∶ 10、1 例为 1 ∶ 20、3 例为 1 ∶ 40、1 例为 1 ∶ 80[10]。

2.1.4 基因型

对肠球菌基因分型的研究相对较少，目前主要包括毒力基因型及染色体的 DNA 分子分型等；总体来讲，迄今国际上尚无对肠球菌进行基因分型的标准方法，所以在不同实验室间的分型结果重复性还较差。但从一些实践应用效果和发展趋势分析，对肠球菌的基因分型可从遗传进化的角度来认识肠球菌，从分子水平对肠球菌进行分类与鉴定，能为在流行病学调查中寻找传染源和传播途径、确定菌株间的遗传亲缘关系、研究肠球菌地理和宿主分布等提供更为有力的证据。

2.1.4.1　毒力基因型

首都医科大学附属北京友谊医院的马立艳等 (2005) 报告，对在 2002 年至 2004 年从首都医科大学附属北京友谊医院临床患者的尿、痰、血液、腹腔液、胆汁分离的 145 株肠球菌 (其中粪肠球菌 96 株、屎肠球菌 49 株)，进行了包括溶解素激活基因 (*cylA*)、明胶酶基因 (*gelE*)、肠球菌表面蛋白基因 (*esp*)、胶原蛋白黏附素基因 (*ace*)、聚集物质基因 (*agg*)、粪肠球菌心内膜炎抗原基因 (*efaA*) 等 6 种致病基因的检测。结果 96 株粪肠球菌各基因阳性检出率，依次为：*efaA* 基因 76 株 (构成比 79.2%)，*gelE* 基因 70 株 (构成比 72.9%)，*cylA* 基因 52 株 (构成比 54.2%)，*esp* 基因 33 株 (构成比 34.4%)，*ace* 基因 27 株 (构成比 28.1%)，*agg* 基因 18 株 (构成比 18.8%)。49 株屎肠球菌各基因阳性检出率，依次为：*efaA* 基因 18 株 (构成比 36.7%)，*esp* 基因 18 株 (构成比 36.7%)，*cylA* 基因 17 株 (构成比 34.7%)，*gelE* 基因 15 株 (构成比 30.6%)，*ace* 和 *agg* 基因未检出。6 种致病基因在 96 株粪肠球菌的分布，表现为：*gelE* 和 *efaA* 的 55 株 (构成比 57.3%)，*gelE* 和 *cylA* 的 29 株 (构成比 30.2%)，*gelE* 和 *ace* 的 24 株 (构成比 25.0%)，*gelE* 和 *esp* 的 21 株 (构成比 21.9%)，*efaA* 和 *esp* 的 24 株 (构成比 25.0%)；*gelE*、*efaA*、*ace* 均携带的 21 株 (构成比 21.9%)，*gelE*、*efaA*、*cylA* 均携带的 21 株 (构成比 21.9%)，*gelE*、*efaA*、*esp* 均携带的 16 株 (构成比 16.7%)。结果表明，在不同标本间、粪肠球菌和屎肠球菌间，其致病基因的检出率存在较大差异；从泌尿道感染的重症患者分离的菌株多携带 3 ~ 4 种致病基因，以 *esp* 和 *gelE* 的检出率最高；粪肠球菌较屎肠球菌中致病基因的种类多，认为粪肠球菌比屎肠球菌更具有致病性；在半数以上的粪肠球菌中检出了 *gelE*、*efaA*、*cylA* 基因，认为它们可能在粪肠球菌致病中发挥主要作用 [11]。

2.1.4.2　随机扩增多态性 DNA 型

武汉大学人民医院的陈亮等 (2001) 报告采用随机扩增多态性 DNA 分析 (randomly amplified polymorphic DNA analysis，RAPD) 方法，对 7 株肠球菌进行了基因分型，结果分为了 6 个型。其中 5 株表现出了基因多态性，2 株表现为基因同源性；经做病历调查发现，表现为基因同源性的 2 株先后分离于同一病室，为流行病学同源性菌株 [12]。

2.1.4.3　DNA 脉冲场凝胶电泳型

上海市疾病预防控制中心的王颖等 (2002) 报告采用脉冲场凝胶电泳 (pulsed-field gel electrophoresis，PFGE) 方法，使用 DNA 内切酶 *Sma* I 对 12 株粪肠球菌进行了基因分型，结果发现 12 株粪肠球菌的 DNA 片段排列均不相同，即分为了 12 个型，表明此 12 株粪肠球菌在流行病学上是来源不同的 [13]。

2.1.5　生境与抗性

肠球菌主要栖居于人和动物的胃肠道，在蔬菜和一些植物中也常见。在对常用抗菌类药物的敏感性方面，也比较容易产生耐药性。相对比较耐热，有的菌株在 60℃ 经 30min 还能存活。

2.1.5.1　生境

粪肠球菌来源于人和温血动物的粪便，也分离于医学、兽医学临床样品，偶尔出现于人感染的尿道及亚急性心内膜炎；常见于许多食品但与直接的粪便污染无关，常见于植物并寄生于植物上。也见于环境,与人、动物肠道相关[8]。

山东省汶上县卫生防疫站的江希武等 (1994) 报告,对从市场熟肉摊点采样感官新鲜、无异味变质的熟肉 88 份 (牛肉 46 份、羊肉 21 份、猪杂 9 份、鸡肉 5 份、兔肉 7 份) 及肉汤 38 份 (共 126 份),进行了肠球菌污染的调查;结果在 126 份样品中 96 份检出肠球菌 (阳性率 76.2%),其中 88 份各类熟肉中 76 份检出肠球菌 (阳性率 86.4%)、38 份肉汤中 20 份检出肠球菌 (阳性率 52.6%);根据检验结果,认为肠球菌作为食物中毒的病原菌应引起重视[14]。

苏州出入境检验检疫局的陈雨欣等 (2014) 报告,对送检的水产品冷冻多春鱼籽进行副溶血弧菌 (*Vibrio parahaemolyticus*) 检测,经检测样品中未检出副溶血性弧菌,但检出了粪肠球菌,且在多次送检的水产品中经常检出。试验样品为冷冻多春鱼籽,来自企业送检样品。粪肠球菌在冷冻产品、果汁及热处理不够彻底的食品中常常能被检出。本文从送检水产品中检出粪肠球菌,且在长期的检测工作中发现,该菌的检出率较高,可能与产品本身的处理方式有关。由于粪肠球菌具有一定的危害性,因此还需要企业建立良好的生产条件,加强内部完善的质量控制措施,彻底提高产品的卫生状况。本文通过对水产品中粪肠球菌的检测,以期为监管部门对食品中尤其水产品中粪肠球菌的监督提供参考[15]。

在第 4 章 "肠杆菌属" (*Enterobacter*) 中有记述,湖北省随州市中心医院的刘杨等 (2013) 报告,对该医院重症监护室 (intensive care unit,ICU) 住院患者使用的留置导尿管 (接口处内壁)、氧气湿化瓶 (内壁)、冷凝水集水瓶 (内壁)、呼吸机螺纹管 (接口处内壁)、中心供氧壁管出口、气管插管 (内壁)、呼吸机湿化罐 (内壁)、留置针连接管三通口、输液泵 (接口处内壁)、微量注射泵 (接口处内壁)、深静脉置管 (接口处内壁) 等 11 种医疗器具,采集使用 (48±2)h 的样本共 300 份进行了微生物学检验。结果其中 217 份阳性 (阳性率 72.33%),共检出病原菌 19 种 (属)242 株,其中革兰氏阴性菌 11 种 184 株 (构成比 76.03)、革兰氏阳性菌 6 种 41 株 (构成比 16.94%)、真菌 2 个菌属 17 株 (构成比 7.02%)。在 19 种 (属)242 株病原菌中,包括粪肠球菌 9 株 (构成比 3.72%)、屎肠球菌 4 株 (构成比 1.65%)。报告者认为对患者各种诊疗性侵入性操作的应用 (如气管插管、留置导尿、中心静脉置管、引流管留置等),可破坏机体黏膜保护屏障,从而导致患者呼吸系统、泌尿系统、导管相关性血流感染的发生,造成医院感染率升高[16]。

2.1.5.2 抗性

浙江省疾病预防控制中心的阮卫等 (2008) 报告应用从临床标本分离的 61 株粪肠球菌,进行了肠球菌表面蛋白 (Enterococcus surface protein,Esp) 基因 *esp* 的携带与耐药的相关性研究,结果在 61 株中有 26 株携带 (阳性率 42.6%)。在对氨苄西林、环丙沙星、高浓度庆大霉素、红霉素的耐药菌株中,*esp* 的阳性率分别为 33.3%、54.8%、70.6%、51.0%;在敏感菌株中,*esp* 的阳性率分别为 43.6%、30.0%、7.4%、8.3%。根据研究结果认为 *esp* 的存在状况与粪肠球菌对氨苄西林的耐药无明显相关性,与对环丙沙星、红霉素、高浓度庆大霉素的耐药存在显著相关性,并认为基因 *esp* 有可能成为粪肠球菌耐药菌株的分子表面标志物[17]。

广东省佛山市第一人民医院的李宗良等 (2014) 报告在 2011 年 1 月至 2012 年 12 月间,从该医院住院患者不同标本材料中分离到 5 种肠球菌 735 株,其中粪肠球菌 427 株 (构成比 58.09%)、屎肠球菌 268 株 (构成比 36.46%)、鸡肠球菌 24 株 (构成比 3.27%)、鸟肠球菌 15 株 (构成比 2.04%)、耐久肠球菌 1 株 (构成比 0.14%)。经对 427 株粪肠球菌进行对 16 种临床常用抗菌类药物的耐药性测定，结果显示除对替加环素均表现敏感外，对其他 15 种均具有不同程度的耐药性。其中耐药率在 50% 以上的依次为红霉素、利福平、四环素、克拉霉素、奎奴普丁 5 种 (耐药率为 63.93% ~ 99.77%)，在 50% 以下的依次为万古霉素、利奈唑胺、呋喃妥因、莫西沙星、左氧氟沙星、环丙沙星、青霉素、氨苄西林、氯霉素、庆大霉素 10 种 (耐药率在 2.34% ~ 49.18%)[18]。

近年来，耐万古霉素肠球菌 (Vancomycin-resistant *Enterococci*，VRE) 常可被检出，且在多种肠球菌均有分布，也给临床治疗带来了一定的麻烦。浙江省东阳市人民医院的卢希平等 (2012) 报告在 2009 年 1 月至 2011 年 6 月间，从该医院住院患者分离到肠球菌 453 株。检出了耐万古霉素肠球菌 (VRE) 的 30 株 (构成比 6.62%)，其中在屎肠球菌 224 株中有 20 株 (构成比 8.93%)、在粪肠球菌 222 株中有 5 株 (构成比 2.25%)、在鸡肠球菌 5 株中有 3 株 (构成比 60.00%)、铅黄肠球菌 2 株均为耐万古霉素肠球菌 (VRE)(构成比 100.00%)[19]。

2.2　病原学意义

已有的资料显示，在致病性肠球菌中主要是粪肠球菌和屎肠球菌，可在一定条件下作为人及某些动物的病原菌。

在我国，已有报告从临床 (尤其是医院感染) 检出了多种肠球菌，其中也是以粪肠球菌和屎肠球菌的出现频率最高 (占绝对优势)；在感染类型方面，以引起尿道感染为多见。以下记述的一些报告，是具有一定代表性的。

在上面有记述浙江省东阳市人民医院的卢希平等 (2012) 报告从该医院住院患者分离到的肠球菌 453 株，其中屎肠球菌 224 株 (构成比 49.45%)、粪肠球菌 222 株 (构成比 49.01%)、鸡肠球菌 5 株 (构成比 1.10%)、铅黄肠球菌 2 株 (构成比 0.44%)；来源于尿液的 233 株 (构成比 51.43%)、胆汁的 68 株 (构成比 15.01%)、腹水的 36 株 (构成比 7.95%)、血液的 31 株 (构成比 6.84%)、体液的 30 株 (构成比 6.62%)、CVC 管尖的 12 株 (构成比 2.65%)、切口的 8 株 (构成比 1.77%)、其他标本材料的 35 株 (构成比 7.73%)[19]。

浙江省绍兴市第二医院的王灵红等 (2013) 报告在 2010 年 1 月至 2011 年 12 月间，从该医院 301 例医院感染患者分离到肠球菌 261 株 (非重复分离菌株)。其中粪肠球菌 131 株 (构成比 50.19%)、屎肠球菌 73 株 (构成比 27.97%)、耐久肠球菌 37 株 (构成比 14.18%)、其他肠球菌 20 株 (构成比 7.66%)；来源于尿液的 113 株 (构成比 43.29%)、痰液的 97 株 (构成比 37.16%)、创面及伤口分泌物的 27 株 (构成比 10.34%)、胸腹腔积液的 11 株 (构成比 4.21%)、其他分泌物的 8 株 (构成比 3.07%)、血液的 5 株 (构成比 1.92%)[20]。

浙江省余姚市人民医院的朱立军等 (2014) 报告在 2008 年 7 月至 2012 年 8 月间，从余姚地区各医院、乡镇卫生院住院患者分离到肠球菌 932 株 (非重复分离菌株)。其中屎肠球菌 475 株 (构成比 50.97%)、粪肠球菌 399 株 (构成比 42.81%)、鸟肠球菌 25 株 (构成比 2.68%)、鸡肠球菌 23 株 (构成比 2.47%)、小肠肠球菌 4 株 (构成比 0.43%)、棉籽糖肠球菌 4 株 (构成比 0.43%)、耐久肠球菌 2 株 (构成比 0.21%)；来源于尿液的 411 株 (构成比 44.09%)、分泌物的 156 株 (构成比 16.73%)、血液的 144 株 (构成比 15.45%)、穿刺液或引流液的 90 株 (构成比 9.66%)、痰液及咽拭子的 68 株 (构成比 7.29%)、渗出液的 55 株 (构成比 5.90%)、静脉导管的 8 株 (构成比 0.86%)[21]。

2.2.1 人的粪肠球菌感染病

人的粪肠球菌感染有多种类型,主要是引起某些组织器官的局部炎性感染,也能引起菌血症、败血症等全身性感染病。另外,也能引起食物中毒的暴发。

2.2.1.1 胃肠道感染

由肠球菌引起的胃肠道感染,主要指的是食物中毒,其中主要涉及粪肠球菌。在我国,近年来也常见有因粪肠球菌污染食物引起食物中毒发生的报告。临床表现主要为腹痛、腹泻、恶心、呕吐等胃肠道症状,有的伴有头晕、发热、乏力、头痛等。缺乏明显的发生季节特征,主要为集体就餐场所 (聚餐、食堂等)。相关中毒食物,主要为含蛋白类高的肉类[3]。

广东省东莞市常平医院的单金华等 (2001) 报告的 1 起,在发病情况方面记述的比较详细,也有一定的代表性。报告在 2001 年 8 月 7 日,东莞市常平镇某公司食堂 800 人就餐后,相继有人出现腹痛、腹泻、恶心、呕吐、发热等症状,共发病 143 人 (罹患率 17.88%),年龄在 18 ~ 41 岁。潜伏期最短的 10h,最长的 34h,平均在 14h;临床以胃肠道症状为主,表现不同程度的头痛、发热、恶心、呕吐、腹泻、腹痛、头晕、发冷等症状。143 名患者中,表现有头痛的 84 例 (构成比 58.7%)、发热的 76 例 (构成比 53.1%)、恶心的 66 例 (构成比 46.2%)、腹泻的 60 例 (构成比 42%)、呕吐的 33 例 (构成比 23.1%)、头晕的 9 例 (构成比 6.3%)、发冷的 7 例 (构成比 4.9%)、腹痛的 6 例 (构成比 4.2%)、痉挛的 3 例 (构成比 2.1%);经抗菌与对症治疗,均于 1 ~ 2 天内康复。检验证实,是由粪肠球菌污染熟猪肉引起的食物中毒[22]。

2.2.1.2 胃肠道外感染

在肠球菌属现包括的 34 个种中,有许多是从人的感染部位分离到的。粪肠球菌是最为常见的 (构成比为 82% ~ 87%),其次是屎肠球菌 (构成比为 8% ~ 16%),其余的包括鸟肠球菌、铅黄肠球菌、耐久肠球菌、小肠肠球菌、鸡肠球菌、棉子糖肠球菌等。

肠球菌可引起尿路感染、菌血症、败血症、心内膜炎、脑膜炎、腹腔感染、盆腔感染、伤口感染、软组织感染、新生儿脓毒血症、骨髓炎、导管相关感染等,也有引起下呼吸道感染的报告。近年来,肠球菌对多种抗菌药物的耐药性已对临床治疗构成了严重威胁,尤其是耐万古霉素肠球菌菌株的感染已被引起高度重视[1,2,4]。

2.2.1.3 医院感染特点

由粪肠球菌引起的医院感染,所表现的特点是感染缺乏区域特征、感染部位宽泛、感染类型复杂、感染发生频率也比较高。

(1)科室分布特点:综合一些相关的文献分析,由粪肠球菌引起的医院感染,主要分布于外科和重症监护室。以下记述的一些报告,是具有一定代表性的。

河南省新乡医学院第三附属医院的王伟等 (2013) 报告,回顾性总结在 2009 年 1 月至 2011 年 12 月间,从该院住院患者分离到肠球菌 92 株 (非重复分离菌株),其中粪肠球菌 52 株 (构成比 56.52%)、屎肠球菌 23 株 (构成比 25.00%)、其他肠球菌 17 株 (构成比

18.48%)。92 株肠球菌在各科室的分布，依次为：外科 53 株（构成比 57.61%）、内科 29 株（构成比 31.52%）、重症监护室 10 株（构成比 10.87%）[23]。

中国医科大学附属盛京医院的周秀珍等 (2013) 报告，回顾性总结在 1999 年 1 月至 2011 年 12 月间，从该院住院及门诊患者分离到肠球菌 1944 株，其中屎肠球菌 1161 株（构成比 59.72%）、粪肠球菌 714 株（构成比 36.73%）、其他肠球菌 69 株（构成比 3.55%）。1944 株肠球菌在各科室的分布，依次为：外科 618 株（构成比 31.79%）、内科 507 株（构成比 26.08%）、儿科 263 株（构成比 13.53%）、重症监护室 241 株（构成比 12.39%）、新生儿科 161 株（构成比 8.28%）、妇产科 66 株（构成比 3.39%）、其他科室 88 株（构成比 4.53%）[24]。

山东省菏泽市立医院的李淑敏 (2012) 报告，回顾性总结在 2008 年 8 月至 2011 年 6 月间，从该院住院及门诊患者分离到肠球菌 185 株，其中粪肠球菌 134 株（构成比 72.43%）、屎肠球菌 28 株（构成比 15.14%）、鸟肠球菌 14 株（构成比 7.57%）、耐久肠球菌 9 株（构成比 4.86%）。185 株肠球菌在各科室的分布，依次为：重症监护室 31 株（构成比 16.76%）、泌尿外科 29 株（构成比 15.68%）、肾内科 17 株（构成比 9.19%）、妇产科 12 株（构成比 6.49%）、呼吸道分泌物 9 株（构成比 4.86%）、血液内科 8 株（构成比 4.32%）、脑外科 8 株（构成比 4.32%）、特检科 7 株（构成比 3.78%）、其他科室 64 株（构成比 34.59%）[25]。

(2) 感染部位特点：综合一些相关的文献分析，由粪肠球菌引起的医院感染，主要分布于泌尿道和呼吸道。以下记述的一些报告，是具有一定代表性的。

在上面有记述河南省新乡医学院第三附属医院的王伟等 (2013) 报告的 52 株粪肠球菌，在各感染部位的分布依次为：尿液 21 株（构成比 40.38%）、腹水 12 株（构成比 23.08%）、脓肿 9 株（构成比 17.31%）、皮肤感染 7 株（构成比 13.46%）、其他标本材料 3 株（构成比 5.77%）[23]。

安徽省蚌埠医学院第一附属医院的翟蕙 (2014) 报告，回顾性总结在 2011 年至 2014 年间，从该院住院患者分离到革兰氏阳性球菌 1765 株。其中金黄色葡萄球菌 657 株（构成比 37.22%）、表皮葡萄球菌 449 株（构成比 25.44%）、溶血葡萄球菌 226 株（构成比 12.80%）、屎肠球菌 218 株（构成比 12.35%）、肺炎链球菌 113 株（构成比 6.40%）、粪肠球菌 102 株（构成比 5.78%）。102 株粪肠球菌在各感染部位的分布，依次为：痰液 66 株（构成比 64.71%）、分泌物 17 株（构成比 16.67%）、尿液 11 株（构成比 10.78%）、血液 8 株（构成比 7.84%）[26]。

山东省泰安市中心医院的魏绪廷等 (2014) 报告，回顾性总结在 2012 年 1 月至 12 月间，从该院的医院送检标本材料分离到屎肠球菌 184 株（构成比 55.59%）、粪肠球菌 147 株（构成比 44.41%）共 331 株。其中的 147 株粪肠球菌在各感染部位的分布，依次为：尿液 75 株（构成比 51.02%）、分泌物 29 株（构成比 19.73%）、痰液 19 株（构成比 12.93%）、血液 13 株（构成比 8.84%）、冲刺夜 7 株（构成比 4.76%）、其他标本材料 4 株（构成比 2.72%）[27]。

2.2.2 动物的粪肠球菌感染病

在动物中，肠球菌大多表现与其他病原菌混合感染，如在多菌感染中常有粪肠球菌引发狗的外耳炎。在某种肠球菌的单菌感染中，包括有家禽的败血症、腹泻、心内膜炎、低丙种球蛋白血症，食肉兽的慢性气管炎，犬的尿道感染，牛的乳腺炎，新生犊牛的关节炎和败血症等，其中主要是粪肠球菌[4,28]。

2.2.3 毒力因子与致病机制

对肠球菌毒力因子与致病机制方面的研究，是相对较少的。近年来在肠球菌中毒力岛 (pathogenicity island，PAI) 及一些与毒力相关基因的发现，使肠球菌的一些毒力因子与致病机制被进一步揭示[29]。

2.2.3.1 黏附作用

肠球菌具有对宿主细胞黏附作用的物质，主要包括肠球菌表面蛋白、肠球菌胶原蛋白黏附素、聚集物质、粪肠球菌心内膜炎抗原等。

肠球菌表面蛋白是肠球菌表达的一种表面蛋白 (由 1873 个氨基酸组成)，是一种具有黏附素功能的毒力因子，与肠球菌在内置导管表面形成生物膜 (biofilm) 有关，在肠球菌对宿主细胞的黏附定植和逃避宿主免疫清除方面具有重要作用，尤其在尿道感染中有利于肠球菌定植和延长肠球菌在膀胱内的停留时间，但其本身并不损伤宿主组织；另外，如前面有记述浙江省疾病预防控制中心的阮卫等 (2008) 报告肠球菌表面蛋白基因 esp 的存在，也是与对某些抗生素的耐药相关的[17]。

江苏省临床检验中心的程梅等 (2006) 报告为探讨肠球菌表面蛋白基因 esp 的表达与致病性的相关性，对从临床不同感染标本 (尿液、引流液、血液、脓液、痰液等) 中分离的 112 株致病性肠球菌 (粪肠球菌 100 株、屎肠球菌 12 株) 及从肠道和环境中分离的 20 株非致病性肠球菌 (粪肠球菌 18 株、屎肠球菌 2 株)，采用 PCR 方法检测 esp 基因，结果在 112 株致病性肠球菌中 68 株阳性 (阳性率 60.7%)；在从尿液分离的 48 株肠球菌中 40 株阳性 (阳性率 83.3%)，esp 基因携带率均明显高于其他感染标本分离株；在 20 株非致病性肠球菌，均未检出 esp 基因[30]。

首都医科大学附属北京儿童医院的吕萍等 (2008) 报告为探讨肠球菌表面蛋白基因 esp 的表达与致病性的相关性，对从临床不同感染标本 (尿液、阴道分泌物、痰液、血液、脐分泌物等) 中分离的 152 株致病性肠球菌 (粪肠球菌 88 株、屎肠球菌 64 株) 及从无腹泻症状的正常粪便分离的 30 株非致病性肠球菌 (粪肠球菌 16 株、屎肠球菌 14 株)，采用 PCR 方法检测 esp 基因，结果在 152 株致病性肠球菌中 98 株阳性 (阳性率 64.5%)，其中 88 株粪肠球菌 80 株阳性 (阳性率 90.9%)、64 株屎肠球菌 18 株阳性 (阳性率 28.1%)，粪肠球菌的 esp 基因携带率明显高于屎肠球菌；在从尿液分离的 86 株肠球菌中 72 株阳性 (阳性率 83.7%)，esp 基因携带率均明显高于其他感染标本分离株；在 30 株非致病性肠球菌，均未检出 esp 基因[31]。

肠球菌的胶原蛋白黏附素是肠球菌分泌在菌体表面的一种黏附素 (由 721 个氨基酸组成)，介导肠球菌黏附于宿主细胞表面，引起感染的发生。聚集物质是在肠球菌表面具有聚集作用一种蛋白黏附素，可介导肠球菌间及肠球菌与宿主细胞间的黏附，促进致病质粒的转移和感染的发生。粪肠球菌心内膜炎抗原是粪肠球菌在血清中生长后在菌体表面表达的一种具有黏附作用的抗原成分，是一种脂蛋白。

2.2.3.2 细胞溶解及感染扩散

细胞溶解素属于一种外毒素类，具有细胞溶解作用，是肠球菌感染的致病物质之一，可以加重肠球菌感染的严重程度。明胶酶 E 是一种金属蛋白酶类 (由 721 个氨基酸组成)，能溶解宿主细胞壁和细胞间质中的胶原蛋白等，与肠球菌向感染灶周围扩散有关。另外，肠球菌可诱发血小板聚集及组织因子依赖性纤维蛋白的产生，与导致心内膜炎有关。

在前面有记述首都医科大学附属北京友谊医院的马立艳等 (2005) 报告，通过对从不同临床标本中分离的 145 株肠球菌 (其中粪肠球菌 96 株、屎肠球菌 49 株)6 种致病基因 (*cylA*、*gelE*、*esp*、*ace*、*agg*、*efaA*) 的检测，认为它们与肠球菌的致病性均有一定的相关性，其中的 *gelE*、*efaA*、*cylA* 可能发挥主要致病作用 [11]。

2.3 微生物学检验

对粪肠球菌的微生物学检验，目前仍主要是依赖于对其进行做分离鉴定的细菌学检验；在对肠球菌的检验中也是需要做血清群检定的，有助于与链球菌属细菌相区分。

2.3.1 细菌分离培养与鉴定

肠球菌为化能异养菌，其复杂的营养要求通常使用含蛋白胨和其类似物的培养基可满足需要，它们也可培养于脑心浸液和其他丰富营养培养基；在通常应用的选择使肠球菌生长的培养基，叠氮化钠是最为广泛应用的选择剂。由于肠球菌一般抗 20μg/ml 氨基苷抗生素卡那霉素，因此可将此平均数量的抗生素结合叠氮化钠作分离用，Mossel 等 (1978) 提出一种卡那霉素七叶苷培养基 (液体及琼脂固体) 即为这类培养基 [4]。

2.3.2 血清群检定

目前对肠球菌及链球菌进行兰氏血清群检定的方法较多，如琼脂扩散法、荧光抗体法、葡萄球菌 A 蛋白协同凝集试验，以及经典的 Lancefield 的毛细管沉淀法等。

2.3.3 免疫血清学检验

对粪肠球菌食物中毒的检验，可结合免疫血清学方法。通常情况下，用分离的菌株与患者的双份血清 (发病初期和恢复期) 进行凝集试验，其血清抗体有时会在一定时限内出现和效价变化，具有一定的辅助诊断价值。例如，在前面记述山东省淄博市卫生防疫站的张一水等 (1990) 报告的 1 起食物中毒，以分离菌株对 8 例患者的双份血清检验，结果在发病初期的血清抗体均阴性，有 6 例的恢复期血清抗体在 1 ∶ (10 ～ 80) 倍 [10]。

3 其他致医院感染肠球菌 (*Enterococcus* spp.)

在致医院感染肠球菌中，除了比较常见的粪肠球菌、屎肠球菌外，还有鸟肠球菌、铅黄肠球菌、耐久肠球菌、鸡肠球菌、小肠肠球菌、棉籽糖肠球菌等的报告，但这些肠球菌还均是少见的。

3.1 鸟肠球菌 (*Enterococcus avium*)

鸟肠球菌 [*Enterococcus avium*(ex Nowlan and Deibel 1967)Collins，Jones， Farrow et al

1984]，即原来分类在链球菌属的鸟链球菌 (*Streptococcus avium* Nowlan and Deibel 1967)。种名 "*avium*" 为拉丁语属格复数名词，指鸟类 (birds)。

细菌 DNA 的 G+C mol% 为 39.0 ~ 40.0(T_m)；模式株：Guthof E6844，ATCC 14025，CCM 4049，CCUG 44928，CIP 103019，DSM 20679，JCM 8722，LMG 10744，NBRC 100477，NCIMB 702369，NCTC 9938，VKMB-1673。GenBank 登录号 (16S rRNA)：Y18274，AJ301825，AF133535[8]。

3.1.1　生物学性状

鸟肠球菌为革兰氏阳性球菌，有时成对或短链状排列，无动力。在血液营养琼脂培养基上，可形成 α- 溶血、光滑的小菌落，不产生色素。不能水解精氨酸和淀粉，能产生 H_2S，不能还原硝酸盐。在含有 0.04% 亚碲酸钾的培养基或 0.5% 亚甲蓝牛乳培养基中不能生长。鸟肠球菌和病臭肠球菌均能产生 H_2S，其他肠球菌通常则均不能产生。通常在 45℃能生长，经 60℃作用 30min 能存活。

属于鸟肠球菌群 (*Enterococcus avium* group) 的鸟肠球菌、假鸟肠球菌、病臭肠球菌、棉籽糖肠球菌，其主要鉴别特征如表 40-1 所示 [1, 4]。

表 40-1　鸟肠球菌群各种间的鉴别特征

项目	鸟肠球菌	假鸟肠球菌	病臭肠球菌	棉籽糖肠球菌
产酸自：L- 阿拉伯糖	+	−	−	+
L- 阿拉伯糖醇	+	−	+	+
卫矛醇	V	−	D +	−
甘油	+	−	V	+
松三糖	+	−	−	+
蜜二糖	− a	−	+	+
棉籽糖	−	−	+	+
鼠李糖	+	−	+	+
D- 塔格糖	+	−	+	+
肌醇	−	−	−	+ b

注：表中符号的 + 为阳性，− 为阴性，V 为不同或可变，D + 为通常为阳性；上角标的 a 表示 Facklaim 和 Collins(1989) 报告鸟肠球菌的蜜二糖为 V，b 表示延迟阳性 (2 天后)。

在前面有记述山东省菏泽市立医院的李淑敏 (2012) 报告从住院及门诊患者分离到的肠球菌 185 株，其中包括鸟肠球菌 14 株 (构成比 7.57%)。经对临床常用的 6 种抗菌类药物敏感性测定，14 株鸟肠球菌均表现有不同程度的耐药性。分别为万古霉素、利奈唑烷各 7 株 (耐药率各 50.00%)，呋喃妥因 4 株 (耐药率 28.57%)，氨苄西林、青霉素各 3 株 (耐药率各 21.43%)，氯霉素 1 株 (耐药率 7.14%)[25]。

3.1.2　病原学意义

在前面的粪肠球菌中有记述，肠球菌可引起人的多种类型感染病，但其中主要是粪肠球菌和屎肠球菌。鸡肠球菌、鸟肠球菌、铅黄肠球菌、耐久肠球菌、棉籽糖肠球菌等，也从临床的心内膜炎患者分离到；它们通常来源于生殖泌尿道而引发心内膜炎，这涉及医院的检测设备和导液管的问题，肠球菌的尿道感染在大多数情况下是无症状的。在国外，也有由鸟肠球菌引起菌血症、败血症、心内膜炎、脑脓肿等病例的报告，也都是罕见的[1, 2, 4]。

在引起医院感染方面，近年来我国已有由鸟肠球菌引起的报告。以下记述的一些报告，是具有一定代表性的。

在前面有记述山东省菏泽市立医院的李淑敏 (2012) 报告从住院及门诊患者分离到的肠球菌 185 株，其中包括鸟肠球菌 14 株 (构成比 7.57%)[25]。

江苏省苏北人民医院的郑瑞强等 (2007) 报告在 2005 年 1 月 1 日至 12 月 31 日间，从该医院综合性重症监护室住院患者分离到病原菌 74 株，其中来源于痰液的 50 株 (构成比 67.57%)、腹腔的 11 株 (构成比 14.86%)、血液的 10 株 (构成比 13.51%)、胸腔的 3 株 (构成比 4.05%)。74 株中的革兰氏阴性菌 57 株 (构成比 77.03%)、革兰氏阳性菌 17 株 (构成比 22.97%)；在 17 株革兰氏阳性菌中，金黄色葡萄球菌 5 株 (构成比 29.41%)、表皮葡萄球菌 4 株 (构成比 23.53%)、鸟肠球菌 4 株 (构成比 23.53%)、屎肠球菌 2 株 (构成比 11.76%)、中间链球菌 (Streptococcus intermedius) 2 株 (构成比 11.76%)[32]。

在前面有记述广东省佛山市第一人民医院的李宗良等 (2014) 报告从住院患者不同标本材料中分离到 5 种肠球菌 735 株，其中包括鸟肠球菌 15 株 (构成比 2.04%)[18]。

在前面有记述浙江省余姚市人民医院的朱立军等 (2014) 报告从余姚地区各医院、乡镇卫生院住院患者分离到的肠球菌 932 株 (非重复分离菌株)，其中包括鸟肠球菌 25 株 (构成比 2.68%)[21]。

3.1.3 微生物学检验

对鸟肠球菌的微生物学检验，目前还主要是依赖于对细菌进行分离与鉴定的细菌学检验，尤其注意与同属于鸟肠球菌群的假鸟肠球菌、病臭肠球菌、棉籽糖肠球菌相鉴别。检测 H_2S 产生时，可用营养琼脂中加入 0.05% 盐酸半胱氨酸培养基，以乙酸铅试纸方法检测。与能够产生 H_2S 的病臭肠球菌的主要鉴别点，是病臭肠球菌通常在 45℃ 不能生长、经 60℃ 作用 30min 不能存活。

3.2 铅黄肠球菌 (Enterococcus casseliflavus)

铅黄肠球菌 [Enterococcus casseliflavus(ex Vaughan，Riggsby and Mundt 1979)Collins，Jones，Farrow，Kilpper-Bälz and Schleifer 1984] 也称为酪黄肠球菌、黄色肠球菌，即原来分类在链球菌属的铅黄链球菌 (Streptococcus casseliflavus Vaughan，Riggsby and Mundt 1979)。种名 "casseliflavus" 为拉丁语形容词，指黄色的 (yellow-colored)。

细菌 DNA 的 G+C mol% 为 40.5 ～ 44.9(T_m)；模式株：ATCC 25788，CCUG 18657，CIP 103018，CCM 2478，DSM 20680，JCM 8723，LMG 10745，NBRC 100478，NCIMB 11449，NCTC 12361，NRRL B-3502，MUTK 20。GenBank 登录号 (16S rRNA)：AJ301826，Y18161[8]。

3.2.1　生物学性状

　　铅黄肠球菌为革兰氏阳性球菌，成对或短链状排列，有动力。可产生黄色色素使菌落呈黄色，在含有 0.04% 亚碲酸钾的培养基上可形成灰白色点状菌落。不能产生 H_2S，不能水解马尿酸盐，能产生 α- 半乳糖苷酶和 β- 半乳糖苷酶，不能产生 β- 葡萄糖苷酸酶。可分解 L- 阿拉伯糖、菊糖、甘露醇、蜜二糖、α- 甲基 -D- 甘露糖苷、α- 甲基 -D- 葡萄糖苷、鼠李糖、蔗糖、蕈糖、D- 木糖产酸；不能分解 L- 阿拉伯醇、D- 阿拉伯醇、甘油、糖原、卫矛醇、2- 酮基葡萄糖酸盐、5- 酮基葡萄糖酸盐、来苏糖、松三糖、D- 棉籽糖、山梨醇、山梨糖、L- 木糖。

　　属于鸡肠球菌群 (*Enterococcus gallinarum* group) 的鸡肠球菌和铅黄肠球菌，其主要鉴别特征如表 40-2 所示 [1, 4]。

表 40-2　鸡肠球菌群的种间鉴别特征

项目	鸡肠球菌	铅黄肠球菌
产生黄色色素	−	+ [a]
水解马尿酸盐	D +	−
产酸自：山梨醇	V	−
甘油	−	V
糖原	V	−
D- 环状糊精	+	D −
D- 塔格糖	+	D −
在马血液营养琼脂培养基上 β- 溶血	D +	−
在羊血液营养琼脂培养基上 α- 溶血	−	+

　　注：表中符号的 + 为阳性，− 为阴性，V 为不同或可变，D + 为通常为阳性，D − 通常为阴性；上角标的 a 表示有的菌株不能产生色素。

　　近年来，耐万古霉素肠球菌常可被检出，且在多种肠球菌均有分布，也给临床治疗带来了一定的麻烦。例如，在前面有记述浙江省东阳市人民医院的卢希平等 (2012) 报告从该医院住院患者分离到肠球菌 453 株，检测耐万古霉素肠球菌菌株，其中的铅黄肠球菌 2 株均为耐万古霉素肠球菌 [19]。

3.2.2　病原学意义

　　在前面的粪肠球菌中有记述，肠球菌可引起人的多种类型感染病，但其中主要是粪肠球菌和屎肠球菌。鸡肠球菌、鸟肠球菌、铅黄肠球菌、耐久肠球菌、棉籽糖肠球菌等，也从临床的心内膜炎患者分离到；它们通常来源于生殖泌尿道而引发心内膜炎，这涉及医院的检测设备和导液管的问题，肠球菌的尿道感染在大多数情况下是无症状的。也有由铅黄肠球菌引起菌血症、败血症、脑膜炎等病例的报告，但还都是罕见的 [1, 2, 4]。

　　在引起医院感染方面，近年来我国已有检出铅黄肠球菌的报告，但还是比较少见的。以下记述的一些报告，是具有一定代表性的。

在上面有记述浙江省东阳市人民医院的卢希平等 (2012) 报告从该医院住院患者分离到的肠球菌 453 株，其中包括铅黄肠球菌 2 株 (构成比 0.44%)[19]。

武汉亚洲心脏病医院的吴克慧等 (2007) 报告，对 2005 年度 2981 例心脏外科手术患者在手术部位发生感染情况进行监测，结果为发生了手术部位感染的 9 例 (感染率 0.30%)、10 例次 (例次感染率 0.34%)。其中的 5 例次感染发生在医院内，5 例次感染发生在患者出院后。对 10 例次中的 7 例进行了病原学检验，有 6 例 (构成比 85.71%) 检出了病原菌，分别为：耐甲氧西林的溶血葡萄球菌 (Staphylococcus haemolyticus)、人葡萄球菌 (Staphylococcus hominis)、铅黄肠球菌、鲍氏不动杆菌、约 - 凯二氏棒杆菌 (Corynebacterium jeikeium)、诺卡氏菌属 (Nocardia Trevisan 1889) 微生物各 1 例 [33]。

3.2.3　微生物学检验

对铅黄肠球菌的微生物学检验，目前还主要是依赖于对细菌进行分离与鉴定的细菌学检验，尤其注意与同属于鸡肠球菌群的鸡肠球菌相鉴别。铅黄肠球菌有动力、能产生黄色色素，可作为与其他肠球菌的鉴别特征。

3.3　耐久肠球菌 (Enterococcus durans)

耐久肠球菌 [Enterococcus durans(ex Sherman and Wing 1937)Collins，Jones，Farrow，Kilpper-Bälz and Schleifer 1984] 也称为坚忍肠球菌、坚强肠球菌，即原来分类在链球菌属的耐久链球菌 (Streptococcus durans Sherman and Wing 1937)。种名 "durans" 为拉丁语分词形容词，指耐得住的 (resisting)。

细菌 DNA 的 G+C mol% 为 38.0 ～ 40.0(T_m)；模式株：98D，ATCC 19432，CCM 5612，CCUG 7972，CIP 55.125，DSM 20633，JCM 8725，LMG 10746，NBRC 100479，NCIMB 700596，NCTC 8307。GenBank 登录号 (16S rRNA)：AJ276354[8]。

3.3.1　生物学性状

耐久肠球菌为革兰氏阳性球菌，成对或短链状排列。在血液营养琼脂培养基上形成 α- 溶血、光滑的小菌落，有少数菌株呈 β- 溶血或不溶血，不产生色素，在含有 0.04% 亚碲酸钾的培养基上不能生长。不产生 H_2S，不能水解马尿酸盐，不分解甘露醇、蕈糖。

属于屎肠球菌群 (Enterococcus faecium group) 的屎肠球菌、耐久肠球菌、小肠肠球菌、蒙氏肠球菌，其主要鉴别特征如表 40-3 所示 [1, 4]。

表 40-3　屎肠球菌群各种间的鉴别特征

项目	屎肠球菌	耐久肠球菌	小肠肠球菌	蒙氏肠球菌
产生黄色色素	−	−		+
水解马尿酸盐	D +	V	V	−
产酸自：L- 阿拉伯糖	+	−	−	+
葡萄糖酸盐	V	−	−	−

续表

项目	屎肠球菌	耐久肠球菌	小肠肠球菌	蒙氏肠球菌
甘露醇	D +	−	−	+
蜜二糖	D +	− a	+	+
α- 甲基 -D- 甘露糖苷	D −	−	−	D +
D- 棉籽糖	− b	−	D −	D +
鼠李糖	D −	−	−	D +
山梨醇	− c	−	−	V
蔗糖	D +	− d	D +	+
D- 木糖	D −	−	−	+

注：表中符合的 + 为阳性，− 为阴性，V 为不同或可变，D + 为通常为阳性，D − 通常为阴性；上角标的 a 表示蜜二糖阳性的菌株鉴定为耐久肠球菌 (Facklam and Collins 1989)，与小肠肠球菌的鉴别不明确；b 为来源于家禽的屎肠球菌的菌株，通常棉籽糖为阳性；c 为来源于人的屎肠球菌的菌株罕见山梨醇为阳性的，但分离于狗的大多数菌株山梨醇为阳性；d 为耐久肠球菌在 API 细菌鉴定系统中蔗糖为阳性，与小肠肠球菌的鉴别不明确。

　　在前面有记述山东省菏泽市立医院的李淑敏 (2012) 报告从住院及门诊患者分离到的肠球菌 185 株，其中包括耐久肠球菌 9 株 (构成比 4.86%)。经对临床常用的 6 种抗菌类药物敏感性测定，9 株耐久肠球菌均表现有不同程度的耐药性。分别为万古霉素 9 株 (耐药率各 100.00%)、利奈唑烷 3 株 (耐药率 33.33%)，呋喃妥因、氨苄西林、青霉素各 2 株 (耐药率各 22.22%)，氯霉素 1 株 (耐药率 11.11%)[25]。

　　在前面有记述浙江省绍兴市第二医院的王灵红等 (2013) 报告从 301 例医院感染患者分离到肠球菌 261 株 (非重复分离菌株)，其中包括耐久肠球菌 37 株 (构成比 14.18%)。经对临床常用的 13 种抗菌类药物敏感性测定，37 株耐久肠球菌均表现有不同程度的耐药性。除对万古霉素、替考拉宁均敏感外，耐药率在 50% 以上的依次为青霉素、红霉素、环丙沙星、庆大霉素等 4 种 (耐药率为 62.16% ～ 94.59%)，耐药率在 50% 以下的依次为利福平、阿米卡星、米诺环素、左氧氟沙星、氨苄西林、呋喃妥因、阿奇霉素等 7 种 (耐药率为 10.81% ～ 48.65%)[20]。

3.3.2　病原学意义

　　耐久肠球菌在病原性肠球菌中，也是检出频率相对比较高的。可在人的一些类型中检出，也是一些动物的病原菌。

3.3.2.1　人的耐久肠球菌感染病

　　在前面的粪肠球菌中有记述，肠球菌可引起人的多种类型感染病，但其中主要是粪肠球菌和屎肠球菌。鸡肠球菌、鸟肠球菌、铅黄肠球菌、耐久肠球菌、棉籽糖肠球菌等，也从临床的心内膜炎患者分离到；它们通常来源于生殖泌尿道而引发心内膜炎，这涉及医院的检测设备和导液管的问题，肠球菌的尿道感染在大多数情况下是无症状的。也有由耐久肠球菌引起心内膜炎的报告，但属于罕见的 [1,2, 4]。

　　在引起医院感染方面，近年来我国已有检出耐久肠球菌的报告。以下记述的一些报告，是具有一定代表性的。

在前面有记述山东省菏泽市立医院的李淑敏 (2012) 报告从住院及门诊患者分离到的肠球菌 185 株，其中包括耐久肠球菌 9 株 (构成比 4.86%)[25]。

在前面有记述浙江省绍兴市第二医院的王灵红等 (2013) 报告从 301 例医院感染患者分离到的肠球菌 261 株 (非重复分离菌株)，其中包括耐久肠球菌 37 株 (构成比 14.18%)[20]。

在前面有记述广东省佛山市第一人民医院的李宗良等 (2014) 报告从住院患者分离到的 5 种肠球菌 735 株，其中包括耐久肠球菌 1 株 (构成比 0.14%)[18]。

在前面有记述浙江省余姚市人民医院的朱立军等 (2014) 报告从住院患者分离到的肠球菌 932 株 (非重复分离菌株)，其中耐久肠球菌 2 株 (构成比 0.21%)[21]。

3.3.2.2　动物的耐久肠球菌感染病

耐久肠球菌作为动物的病原菌，主要是可引起禽类的败血症，新生家畜 (犊、犬、驹、猪等) 的腹泻，牛腹泻等[28]。

3.3.3　微生物学检验

对耐久肠球菌的微生物学检验，目前还主要是依赖于对细菌进行分离与鉴定的细菌学检验，尤其注意与同属于屎肠球菌群的屎肠球菌、小肠肠球菌、蒙氏肠球菌相鉴别。常常是不易与屎肠球菌相区分，但屎肠球菌能够在含有 0.1% 葡萄糖的营养肉汤中 50℃ 培养生长、耐久肠球菌不能生长。

3.4　屎肠球菌 (Enterococcus faecium)

屎肠球菌 [Enterococcus faecium(Orla-Jensen 1919)Schleifer and Kilpper-Bälz 1984]，即原来的屎链球菌 (Streptococcus faecium Orla-Jensen 1919)。种名 "faecium" 为拉丁语属格复数名词，指在粪便废物 (the dregs，of feces)。

细菌 DNA 的 G+C mol% 为 37.0 ～ 40.0(T_m)；模式株：ATCC 19434，CCM 7167，CCUG 542，CIP 103014，CFBP 4248，DSM 20477，LMG 11423，HAMBI 1710，JCM 5804，JCM 8727，NBRC 100485，NCIMB 11508，NCTC 7171。GenBank 登 录 号 (16S rRNA)：AB012213，AJ276355，AJ301830，Y18294[8]。

3.4.1　生物学性状

在肠球菌属细菌的生物学性状方面，对屎肠球菌的研究也是相对较多的，这也是与其具有的病原学意义相关联的。

3.4.1.1　理化特性

屎肠球菌为革兰氏阳性球菌，成对或短链状排列，某些菌株有动力，能够在 45℃ 生长、多数菌株能在 10℃ 和 50℃ 生长。在血液营养琼脂培养基上形成 α- 溶血或不溶血、圆形、光滑、凸起的菌落，不产生色素。能够在含有 6.5%NaCl 的营养肉汤培养基中生长，在 pH 9.6 能够生长，不能在含有 0.04% 亚碲酸盐、0.01% 四氮唑等培养基中生长 (不能还原亚碲酸盐、四氮唑)，菌细胞不含有甲基萘醌类 (menaquinones)，不产生黄色素，属于兰氏分类的 D 群。

屦肠球菌可分解核糖、半乳糖、D- 葡萄糖、D- 果糖、D- 甘露糖、N- 乙酰氨基葡萄糖苷、苦杏仁苷、熊果苷、水杨苷、纤维二糖、麦芽糖、乳糖、β- 龙胆二糖、L- 阿拉伯糖、蕈糖、甘油等产酸，有 80% ～ 89% 的菌株能够分解甘露醇，有 21% ～ 79% 的菌株能够分解蔗糖、蜜二糖，不分解 D- 木糖、L- 木糖、阿东醇、L- 山梨糖、L- 鼠李糖、卫矛醇、山梨醇、D- 棉籽糖、D- 松二糖、D- 塔格糖、D- 阿拉伯糖、肌醇、松三糖。可利用丙酮酸盐、水解精氨酸、七叶苷、马脲酸盐。柠檬酸盐、苹果酸盐、丝氨酸利用及明胶液化均阴性。

另外，屦肠球菌不能发酵 D- 木糖产酸，但 Devriese 等 (1987) 报告分离于犬、牛的一些菌株阳性；不能发酵棉籽糖、山梨醇产酸，但 Devriese 等 (1992)、Devriese 等 (1995) 报告分离于家禽的一些菌株棉籽糖阳性、犬的菌株和少见分离于人的菌株是山梨醇阳性[8,9]。

在前面有记述属于屦肠球菌群的屦肠球菌、耐久肠球菌、小肠肠球菌、蒙氏肠球菌，其主要鉴别特征见表 40-3 所示。1995 年，Teixeira 等利用分解甘露醇、甘油、棉籽糖、山梨醇产酸试验，将屦肠球菌分成了 10 个生物型，这些生物型与对万古霉素的敏感性有关 (表 40-4)[1, 4]。

表 40-4　屦肠球菌的生物型

生物型	甘露醇	甘油	棉籽糖	山梨醇	对万古霉素的敏感性
1	+	−	−	−	S
2	+	−	−	−	R
3	+	−	+	−	S
4	+	−	+	−	R
5	+	−	+	+	S
6	+	−	+	+	R
7	+	+	+	+	S
8	+	+	+	+	R
9	+	+	−	−	R
10	−	−	−	−	S

注：表中符合的 + 为阳性，− 为阴性；S 为敏感，R 为抗性。

3.4.1.2　生境与抗性

屦肠球菌与粪肠球菌的基本相同，也可分离于医学、兽医学临床样品，食物、环境。相对比较耐热，加热 60℃能够存活 30min[8, 9]。

中国海洋大学的王树峰等 (2010) 报告，对 40 份乳粉食品、10 份婴儿辅助食品 (骨泥、蔬菜泥)、22 份婴儿米粉、18 份婴儿磨牙棒类 (饼干)、5 份奶粉伴侣共 95 份婴儿食品，进行了细菌学检验。结果检出了 10 种 (属)29 株细菌，其中包括屦肠球菌 3 株 (构成比 10.34%)、鸡肠球菌 2 株 (构成比 6.89%)[34]。

在前面有记述浙江省绍兴市第二医院的王灵红等 (2013) 报告从 301 例医院感染患者分离到肠球菌 261 株 (非重复分离菌株)，其中包括屦肠球菌 73 株 (构成比 27.97%)。经对临床常用的 13 种抗菌类药物敏感性测定，73 株屦肠球菌均表现有不同程度的耐药性。除对万古霉素均敏感外，耐药率在 50% 以上的依次为阿奇霉素、左氧氟沙星、米诺环素、环丙沙星、氨苄西林、红霉素、阿米卡星、青霉素、庆大霉素等 9 种 (耐药率为 50.68% ~ 89.04%)，耐药率在 50% 以下的依次为替考拉宁、呋喃妥因、利福平等 3 种 (耐药率为 2.73% ~ 46.58%)[20]。

在前面有记述广东省佛山市第一人民医院的李宗良等 (2014) 报告从住院患者分离的 5 种肠球菌 735 株，其中屎肠球菌 268 株 (构成比 36.46%)。经对 268 株屎肠球菌进行对 16 种临床常用抗菌类药物的耐药性测定，结果显示除对替加环素均表现敏感外，对其他 15 种均具有不同程度的耐药性。其中耐药率在 50% 以上的依次为链霉素、四环素、庆大霉素、红霉素、左氧氟沙星、环丙沙星、利福平、克拉霉素、青霉素、氨苄西林、莫西沙星等 11 种 (耐药率为 51.87% ~ 85.82%)，在 50% 以下的依次为利奈唑胺、万古霉素、奎奴普丁、呋喃妥因等 4 种 (耐药率为 2.24% ~ 47.39%)[18]。

近年来，耐万古霉素肠球菌常可被检出，且在多种肠球菌均有分布，也给临床治疗带来了一定的麻烦。例如，在前面有记述浙江省东阳市人民医院的卢希平等 (2012) 报告从该医院住院患者分离到肠球菌 453 株，检测耐万古霉素肠球菌菌株，其中在屎肠球菌 224 株中有 20 株 (构成比 8.93%) 为耐万古霉素肠球菌[19]。

3.4.2　病原学意义

在病原学意义方面，屎肠球菌和粪肠球菌基本相同，可在一定条件下引起人及某些动物的感染发病。

3.4.2.1　人的屎肠球菌感染病

在人的屎肠球菌感染方面，与在上面有记述粪肠球菌基本是相同的，其临床检出频率也基本是平行的。但就作为食物中毒的病原菌来讲，屎肠球菌尚不像粪肠球菌那样突出。

在引起医院感染方面，相关信息显示，屎肠球菌比粪肠球菌的检出频率可能还稍高些。如在前面有记述江苏省无锡市第四人民医院的黄朝晖等 (2013) 的报告[5]、江苏省中医院的孙慧等 (2014) 的报告[6]。

在前面有记述中国医科大学附属盛京医院的周秀珍等 (2013) 的报告，从该院住院及门诊患者分离到肠球菌 1944 株，其中屎肠球菌 1161 株 (构成比 59.72%)、粪肠球菌 714 株 (构成比 36.73%)、其他肠球菌 69 株 (构成比 3.55%)[24]。

在前面有记述安徽省蚌埠医学院第一附属医院的翟蕙 (2014) 的报告，从该院住院患者分离到革兰氏阳性球菌 1765 株，其中包括屎肠球菌 218 株 (构成比 12.35%)、粪肠球菌 102 株 (构成比 5.78%)[26]。

华中科技大学同济医学院附属同济医院的简翠等 (2014) 报告，该医院在 2012 年从住院及门诊患者分离病原菌 8191 株 (非重复分离菌株)，其中革兰氏阴性菌 5376 株 (构成比 65.63%)、革兰氏阳性菌 2815 株 (构成比 34.37%)。其中所涉及肠球菌属细菌共 729 株 (构成比 8.90%)，包括主要的屎肠球菌 257 株 (构成比 35.25%)、粪肠球菌 219 株 (构成比 30.04%)[35]。

在上面有记述浙江省东阳市人民医院的卢希平等 (2012) 报告从该医院住院患者分离到的肠球菌 453 株，其中屎肠球菌 224 株 (构成比 49.45%)、粪肠球菌 222 株 (构成比 49.01%)、鸡肠球菌 5 株 (构成比 1.10%)、铅黄肠球菌 2 株 (构成比 0.44%)[19]。

在上面有记述浙江省余姚市人民医院的朱立军等 (2014) 报告从余姚地区各医院、乡镇卫生院住院患者分离到肠球菌 932 株 (非重复分离菌株)。其中屎肠球菌 475 株 (构成比 50.97%)、粪肠球菌 399 株 (构成比 42.81%)、鸟肠球菌 25 株 (构成比 2.68%)、鸡肠球菌 23 株 (构成比 2.47%)、小肠肠球菌 4 株 (构成比 0.43%)、棉籽糖肠球菌 4 株 (构成比 0.43%)、耐久肠球菌 2 株 (构成比 0.21%)[21]。

(1) 科室分布特点：综合一些相关的文献分析，由屎肠球菌引起的医院感染，主要分布于外科和重症监护室。以下记述的一些报告，是具有一定代表性的。

在前面有记述河南省新乡医学院第三附属医院的王伟等 (2013) 报告，回顾性总结在 2009 年 1 月至 2011 年 12 月间，从该院住院患者分离到肠球菌 92 株 (非重复分离菌株)，其中粪肠球菌 52 株 (构成比 56.52%)、屎肠球菌 23 株 (构成比 25.00%)、其他肠球菌 17 株 (构成比 18.48%)。92 株肠球菌在各科室的分布，依次为：外科 53 株 (构成比 57.61%)、内科 29 株 (构成比 31.52%)、重症监护室 10 株 (构成比 10.87%)[23]。

在前面有记述中国医科大学附属盛京医院的周秀珍等 (2013) 报告，回顾性总结在 1999 年 1 月至 2011 年 12 月间，从该院住院及门诊患者分离到肠球菌 1944 株，其中屎肠球菌 1161 株 (构成比 59.72%)、粪肠球菌 714 株 (构成比 36.73%)、其他肠球菌 69 株 (构成比 3.55%)。1944 株肠球菌在各科室的分布，依次为：外科 618 株 (构成比 31.79%)、内科 507 株 (构成比 26.08%)、儿科 263 株 (构成比 13.53%)、重症监护室 241 株 (构成比 12.39%)、新生儿科 161 株 (构成比 8.28%)、妇产科 66 株 (构成比 3.39%)、其他科室 88 株 (构成比 4.53%)[24]。

武汉华润武钢总医院的吴小娟等 (2013) 报告，回顾性总结在 2010 年 9 月至 2012 年 8 月间，从该院临床分离到屎肠球菌 198 株。在各科室的分布依次为：重症监护室 55 株 (构成比 27.78%)、泌尿外科 40 株 (构成比 20.20%)、呼吸内科 29 株 (构成比 14.65%)、肾病内科 24 株 (构成比 12.12%)、干部病房 23 株 (构成比 11.62%)、神经内科 14 株 (构成比 7.07%)、血液内科 8 株 (构成比 4.04%)、心血管内科 5 株 (构成比 2.53%)[36]。

(2) 感染部位特点：综合一些相关的文献分析，由屎肠球菌引起的医院感染，主要分布于泌尿道和呼吸道。以下记述的一些报告，是具有一定代表性的。

在前面有记述安徽省蚌埠医学院第一附属医院的翟蕙 (2014) 报告的 1765 株革兰氏阳性球菌，其中屎肠球菌 218 株 (构成比 12.35%)。218 株屎肠球菌在各感染部位的分布，依次为：尿液 153 株 (构成比 70.18%)、痰液 49 株 (构成比 22.48%)、分泌物 13 株 (构成比 5.96%)、血液 3 株 (构成比 1.38%)[26]。

在前面有记述山东省泰安市中心医院的魏绪廷等 (2014) 报告屎肠球菌 184 株，在各感染部位的分布依次为：尿液 101 株 (构成比 54.89%)、分泌物 27 株 (构成比 14.67%)、痰液 18 株 (构成比 9.78%)、冲刺夜 17 株 (构成比 9.24%)、血液 11 株 (构成比 5.98%)、其他标本材料 10 株 (构成比 5.43%)[27]。

在上面有记述武汉市华润武钢总医院的吴小娟等 (2013) 报告的屎肠球菌 198 株，在各感染部位的分布依次为：尿液 99 株 (构成比 50.00%)、痰液 61 株 (构成比 30.81%)、粪便 15 株 (构成比 7.58%)、分泌物 12 株 (构成比 6.06%)、胆汁 7 株 (构成比 3.54%)、血液 4 株 (构成比 2.02%)[36]。

3.4.2.2 动物的粪肠球菌感染病

在陆生动物的屎肠球菌感染方面，与在上面有记述粪肠球菌的基本是相同。在屎肠球菌的单菌感染中，可引起禽类的败血症[28]。

另外是在水生动物，宁波大学的胡广洲等 (2010) 报告，在对养殖中华鳖 (*Trionyx sinensis*) 病害的病原检验中，也检出了屎肠球菌[37]。

3.4.3 微生物学检验

对屎肠球菌的微生物学检验，目前还主要是依赖于对细菌进行分离与鉴定的细菌学检验，尤其注意与同属于屎肠球菌群的耐久肠球菌、小肠肠球菌、蒙氏肠球菌相鉴别。常常是不易与耐久肠球菌区分，但屎肠球菌能够在含有 0.1% 葡萄糖的营养肉汤中 50℃ 培养生长、耐久肠球菌不能生长。

3.5 鸡肠球菌 (*Enterococcus gallinarum*)

鸡肠球菌 [*Enterococcus gallinarum*(Bridge and Sneath 1982)Collins et al 1984] 也称为鹑鸡肠球菌，即原来分类在链球菌属的鸡链球菌 (*Streptococcus gallinarum* Bridge and Sneath 1982)。种名 "*gallinarum*" 为拉丁语阴性属格复数名词，指雌禽类 (hens)。

细菌 DNA 的 G+C mol% 为 39 ~ 40(T_m)；模式株：F87/276，ATCC 49573，CCM 4054，CCUG 18658，CIP 103013，DSM 20628，HAMBI 1717，JCM 8728，LMG 13129，NBRC 100675=NCIMB 702313，NCTC 1142，NCTC 11428，NCTC 12359，PB 218。GenBank 登录号 (16S rRNA)：AJ301833[8]。

3.5.1 生物学性状

鸡肠球菌为革兰氏阳性球菌，有动力。在血液营养琼脂培养基平板上可形成圆形、扁平的光滑型菌落，在马血液营养琼脂培养基中可呈 β- 溶血；在乙酸铊四唑盐琼脂培养基中于室温下可缓慢生长，可形成深粉红色的菌落；大多数菌株在 60℃ 经 15min 能存活，经 30min 不能存活；可在含 6.5%NaCl 的营养肉汤中生长。能分解 D- 葡萄糖、乳糖、麦芽糖、甘露醇、蜜二糖、棉籽糖、水杨苷、核糖、纤维二糖、半乳糖、L- 阿拉伯糖、苦杏仁苷等产酸，不分解 D- 阿拉伯醇、卫茅醇、岩藻糖、D- 来苏糖、鼠李糖等；水解精氨酸产氨，水解七叶苷，产生 α- 及 β- 半乳糖苷酶，不液化明胶，不产生 H_2S，不产生色素。可从家禽的肠道中分离到。属于鸡肠球菌群的鸡肠球菌和铅黄肠球菌，其主要鉴别特征如表 40-2 所示[1, 4]。

在前面有记述中国海洋大学的王树峰等 (2010) 报告，对 95 份婴儿食品，进行了细菌学检验。结果检出了 10 种 (属)29 株细菌，其中包括屎肠球菌 3 株 (构成比 10.34%)、鸡肠球菌 2 株 (构成比 6.89%)[34]。

在前面有记述广东省佛山市第一人民医院的李宗良等 (2014) 报告从住院患者分离的 5 种肠球菌 735 株，其中鸡肠球菌 24 株 (构成比 3.27%)。经对 24 株鸡肠球菌进行对 16 种临床常用抗菌类药物的耐药性测定，结果显示除对替加环素均表现敏感外，对其他 15 种均具有不同程度的耐药性。其中耐药率在 50% 以上的依次为奎奴普丁、万古霉素、四环素、利福平、庆大霉素、克拉霉素等 6 种 (耐药率为 54.17% ～ 95.83%)，在 50% 以下的依次为利奈唑胺、呋喃妥因、红霉素、左氧氟沙星、莫西沙星、环丙沙星、链霉素、青霉素、氨苄西林等 9 种 (耐药率为 4.17% ～ 20.83%)[18]。

近年来，耐万古霉素肠球菌常可被检出，且在多种肠球菌均有分布，也给临床治疗带来了一定的麻烦。例如，在前面有记述浙江省东阳市人民医院的卢希平等 (2012) 报告从该医院住院患者分离到肠球菌 453 株，检测耐万古霉素肠球菌菌株，其中在鸡肠球菌 5 株中有 3 株 (构成比 60.00%) 为耐万古霉素肠球菌菌株[19]。

3.5.2 病原学意义

在前面的粪肠球菌中有记述，肠球菌可引起人的多种类型感染病，但其中主要是粪肠球菌和屎肠球菌。鸡肠球菌、鸟肠球菌、铅黄肠球菌、耐久肠球菌、棉籽糖肠球菌等，也从临床的心内膜炎患者分离到；它们通常来源于生殖泌尿道而引发心内膜炎，这涉及医院的检测设备和导液管的问题，肠球菌的尿道感染在大多数情况下是无症状的。也有由鸡肠球菌引起菌血症、败血症、腹膜炎、中枢神经系统感染等病例的报告，但还都是罕见的[1, 2, 4]。

鸡肠球菌也可引起的食物中毒，但为很少见的。河南省郑州市卫生监督所的杨东霞等 (2005) 报告在 2003 年 9 月 2 日，郑州市某大学生活园区学生食堂发生 1 起学生集体食物中毒，在就餐的 1720 人中发生中毒的 367 人 (罹患率 21.34%)，潜伏期 4 ～ 27h(平均 11.5h)；367 名患者中表现腹痛的 326 人 (构成比 88.83%)、腹泻的 314 人 (构成比 85.56%)、恶心的 195 人 (构成比 53.13%)、呕吐的 102 人 (构成比 27.79%)、发热的 52 人 (构成比 14.17%)、其他的 99 人 (构成比 26.98%)，经治疗均在 6 天内 (多在 2 天内) 康复；检验证实，是由鸡肠球菌污染芹菜炒肉、凉拌包菜、包菜炒肉等食品引起的[38]。

在引起医院感染方面，近年来我国已有检出鸡肠球菌的报告。以下记述的一些报告，是具有一定代表性的。

在前面有记述广东省佛山市第一人民医院的李宗良等 (2014) 报告从该医院住院患者不同标本材料中分离到 5 种肠球菌 735 株，其中包括鸡肠球菌 24 株 (构成比 3.27%)[18]。

在上面有记述浙江省东阳市人民医院的卢希平等 (2012) 报告从该医院住院患者分离到的肠球菌 453 株，其中包括鸡肠球菌 5 株 (构成比 1.10%)[19]。

在前面有记述浙江省余姚市人民医院的朱立军等 (2014) 报告从余姚地区各医院、乡镇卫生院住院患者分离到肠球菌 932 株 (非重复分离菌株)，其中包括鸡肠球菌 23 株 (构成比 2.47%)[21]。

3.5.3 微生物学检验

对鸡肠球菌的微生物学检验，目前还主要是依赖于对细菌进行分离与鉴定的细菌学检验，尤其注意与同属于鸡肠球菌群的铅黄肠球菌相鉴别。铅黄肠球菌有动力、能产生黄色色素，可作为与其他肠球菌的鉴别特征。

3.6 小肠肠球菌 (*Enterococcus hirae*)

小肠肠球菌 (*Enterococcus hirae* Farrow and Collins 1985) 也称为海氏肠球菌,是由 Farrow 和 Collins(1985) 报告肠球菌属的一个新种 (sp. nov.)。菌种名称"*hirae*"为拉丁语属格单数名词,指在肠道 (the intestine or gut)。

细菌 DNA 的 G+C mol% 为 37.0 ~ 38.0(T_m);模式株:E. E. Snell strain R,ATCC 8043,ATCC 9790,CCM 2423,CCUG 1332,CCUG 18659,CCUG 19917,CIP 53.48,CFBP 4250,DSM 20160,HAMBI 644,HAMBI 1709,NBRC 3181,JCM 8729,LMG 6399,NCCB 46070,NCCB 58005,NCIMB 6459,NCTC 12367。GenBank 登录号 (16S rRNA):AF061011,AJ276356,AJ301834,Y17302[8]。

3.6.1 生物学性状

小肠肠球菌为革兰氏阳性球菌,成对或短链状排列,无动力。能在 10℃、45℃生长,不能够在 50℃生长,能够在含有 6.5%NaCl 的培养基中生长,不能够在含有 0.04% 亚碲酸盐培养基中生长。在血液营养琼脂培养基上形成不溶血、圆形、光滑、边缘整齐的菌落。能够在 pH 9.6 生长,无甲基萘醌类。

小肠肠球菌兼性厌氧,发酵葡萄糖的终末代谢产物主要是乳酸,接触酶阴性。能够水解七叶苷、精氨酸,伏 - 波试验 (Voges-Proskauer test,V-P)、β- 半乳糖苷酶、亮氨酸芳胺酶、吡咯烷酮芳基酰胺酶 (pyrrolidonylarylamidase,PYRA) 阳性,可分解苦杏仁苷、熊果苷、N- 乙酰氨基葡萄糖苷、纤维二糖、果糖、半乳糖、葡萄糖、β- 龙胆二糖、乳糖、麦芽糖、甘露糖、蜜二糖、水杨苷、蔗糖、蕈糖等产酸,有 11% ~ 20% 的菌株能够分解松三糖、甘油,有 21% ~ 79% 的菌株能够分解棉籽糖,不能够分解阿东醇、D- 葡萄糖、L- 阿拉伯糖、D- 阿拉伯醇、卫矛醇、D- 岩藻糖、糖原、葡萄糖酸盐、肌醇、菊糖、D- 来苏糖、D- 木糖、甘露醇、鼠李糖、山梨醇、山梨糖、L- 木糖。另外是可从蜜二糖、蔗糖发酵产酸,但 Facklam 和 Collins(1989)、Devriese 等 (2002) 报告存在阴性菌株。不能水解马尿酸盐。属于兰氏分类的 D 群。

在前面有记述属于屎肠球菌群的屎肠球菌、耐久肠球菌、小肠肠球菌、蒙氏肠球菌,其主要鉴别特征见表 40-3 所示 [1, 4, 8,9]。

3.6.2 病原学意义

小肠肠球菌可分离于医学、兽医学临床样品、食物、环境 [8]。与其他病原性肠球菌相比较,尽管小肠肠球菌也可从临床标本材料中分离到,但其出现频率是很低的。

3.6.2.1 人的小肠肠球菌感染病

在人的小肠肠球菌感染方面,与在上面有记述粪肠球菌基本是相同的,但其临床检出频率是很低的。就引起医院感染的肠球菌来讲,小肠肠球菌也是很少见的。在前面有记述浙江省余姚市人民医院的朱立军等 (2014) 报告从余姚地区各医院、乡镇卫生院住院患者分离到肠球菌 932 株 (非重复分离菌株),其中包括小肠肠球菌 4 株 (构成比 0.43%)[21]。

3.6.2.2　动物的小肠肠球菌感染病

小肠肠球菌可引起多种畜禽的感染发病，包括鸡的败血症、脑感染，猫的肝脏及胰腺感染，鹦鹉的败血症感染等[28]。

另外是在上面有记述宁波大学的胡广洲等(2010)报告，从患病中华鳖分离到的病原菌，包括小肠肠球菌[37]。

3.6.3　微生物学检验

对小肠肠球菌的微生物学检验，目前还主要是依赖于对细菌进行分离与鉴定的细菌学检验，尤其注意与同属于屎肠球菌群的屎肠球菌、耐久肠球菌、蒙氏肠球菌相鉴别。

3.7　棉籽糖肠球菌 (*Enterococcus raffinosus*)

棉籽糖肠球菌 (*Enterococcus raffinosus* Collins，Facklam，Farrow and Williamson 1989)，是由 Collins 等 (1989) 报告肠球菌属的一个新种。种名 "*raffinosus*" 为新拉丁语形容词，指代谢棉籽糖的 (metabolize raffinose)。

细菌 DNA 的 G+C mol% 为 39.0 ～ 40.0(T_m)；模式株：1789/79，ATCC 49427，CCM 4216，CCUG 29292，CIP 103329，DSM 5633，JCM 8733，LMG 12888，NBRC 100492，NCTC 12192。GenBank 登录号 (16S rRNA)：Y18296[8]。

3.7.1　生物学性状

棉子糖肠球菌为革兰氏阳性球菌，可成对或短链状排列，无动力。在血液营养琼脂培养基上形成有光泽的菌落，不产生色素。可分解阿拉伯糖、甘露醇、山梨糖、山梨醇、棉籽糖、蔗糖产酸，不能水解精氨酸，能利用丙酮酸盐。属于鸟肠球菌群的鸟肠球菌、假鸟肠球菌、病臭肠球菌、棉籽糖肠球菌，其主要鉴别特征如表 40-1 所示[1, 4]。

3.7.2　病原学意义

棉籽糖肠球菌的自然宿主尚不清楚，但其为家猫口咽部的正常菌群。已知棉子糖肠球菌可引起人的心内膜炎，也可从尿液、伤口处分离到，但引起感染还属于罕见的[1]。

就引起医院感染的肠球菌来讲，棉籽糖肠球菌也是很少见的。在前面有记述浙江省余姚市人民医院的朱立军等 (2014) 报告从余姚地区各医院、乡镇卫生院住院患者分离到的肠球菌 932 株 (非重复分离菌株)，其中包括棉籽糖肠球菌 4 株 (构成比 0.43%)[21]。

3.7.3　微生物学检验

对棉籽糖肠球菌的微生物学检验，目前还主要是依赖于对细菌进行分离与鉴定的细菌学检验，尤其注意与同属于鸟肠球菌群的鸟肠球菌、假鸟肠球菌、病臭肠球菌相鉴别。

（房　海）

参 考 文 献

[1] 李仲兴，赵建宏，杨敬芳．革兰氏阳性球菌与临床感染．北京：科学出版社，2007: 323~423.

[2] 贾辅忠，李兰娟．感染病学．南京：江苏科学技术出版社，2010: 456~459.

[3] 房海，陈翠珍．中国食物中毒细菌．北京：科学出版社，2014: 616~628.

[4] 凌代文．乳酸细菌分类鉴定及实验方法．北京：中国轻工业出版社，1999: 38~45, 98~99.

[5] 黄朝晖，范晓玲，胡瑜．2007—2011 年医院感染主要病原菌的耐药趋势分析．中华医院感染学杂志，2013, 23(8):1911~1913.

[6] 孙慧，吴荣华，胡钢，等．医院感染病原菌分布及耐药性分析．疾病监测与控制杂志，2014, 8(1):4~6.

[7] 宁立芬，马红玲，汪玉珍．2011—2012 年医院感染病原菌分布及耐药性分析．中华医院感染学杂志，2014, 24(6):1344~1346.

[8] Aidan C P. Bergey's Manual of Systematic Bacteriology.Second Edition.Volume Three.Springer, New York, 2009: 594~618.

[9] Holt J G, Krieg N R, Sneath P H A, et al. Bergey's Manual of Determinative Bacteriology. Ninth Edition. Baltimore, Williams and Wilkins, 1994, 528, 538~539.

[10] 张一水，王秀香，尹茂荣，等．一起由粪链球菌引起的食物中毒．卫生研究，1990, 19(6): 39~41.

[11] 马立艳，许淑珍，马纪平．肠球菌部分致病基因和表型的检测．中华检验医学杂志，2005, 28(5): 529~532.

[12] 陈亮，彭少华，李丛荣，等．随机扩增多态性 DNA 分型法用于肠球菌基因分型．上海医学检验杂志，2001, 16(6): 343~345.

[13] 王颖，陈敏，顾其芳，等．应用脉冲凝胶电泳分析粪肠球菌基因的方法研究．上海预防医学杂志，2002, 14(6): 263~264.

[14] 江希武，郭素琴，胡克雨，等．市场熟肉肠球菌污染调查研究．中国食品卫生杂志，1994, 6(2): 44~46.

[15] 陈雨欣，石建华．水产品中粪肠球菌的分离与鉴定．农产品加工 (学刊)，2014, (8): 46~47.

[16] 刘杨，张秋莹，殷玉华．重症监护室常用医疗器具使用中病原菌携带情况．中国感染控制杂志，2013, 12(1):64~65.

[17] 阮卫，杨祚升，吴移谋，等．esp 基因存在与粪肠球菌耐药的相关性分析．中华医院感染学杂志，2008, 18(1): 5~7.

[18] 李宗良，马均宝，梁敏锋，等．住院患者肠球菌属感染的临床分布及耐药性分析．中华医院感染学杂志，2014, 24(3): 552~553, 556.

[19] 卢希平，楼丽君，李国刚，等．医院感染肠球菌属的分布及耐药性．中华医院感染学杂志，2012, 22(19): 4369~4371.

[20] 王灵红，黄正．肠球菌属医院感染监测及耐药性分析．中华医院感染学杂志，2013, 23(22): 5567~5568, 5571.

[21] 朱立军，朱春兰，干迪郁，等．932 株肠球菌医院感染分布及药物敏感性分析．中国药物与临床，2014, 14(4): 547~549.

[22] 单金华，袁钦华．一起粪肠球菌食物中毒的调查．实用预防医学，2001, 8(5): 394.

[23] 王伟，马冰，王妍妍，等．2009—2011 年住院患者临床分离肠球菌耐药性分析．中国民康医学，2013,

25(7): 24~25, 83.

[24] 周秀珍, 刘建华, 张智洁, 等 .1999—2011 年医院感染肠球菌属的临床分布与耐药性变迁 . 中华医院感染学杂志 , 2013, 23(21): 5313~5315.

[25] 李淑敏 . 肠球菌 185 株临床分布及耐药性分析 . 临床合理用药 , 2012, 5(12A): 47~48.

[26] 翟蕙 . 安徽蚌埠地区医院患者革兰氏阳性球菌耐药监测分析 . 中外医学研究 , 2014, 12(25): 130~131.

[27] 魏绪廷, 卢会青, 高静 . 屎肠球菌与粪肠球菌的耐药性分析 . 中华医院感染学杂志 , 2014, 24(20): 4970~4972.

[28] 陆承平 . 兽医微生物学 . 4 版 . 北京 : 中国农业出版社 , 2007: 94~95.

[29] 马立艳, 许淑珍, 马纪平 . 肠球菌致病机制的研究进展 . 中华医院感染学杂志 , 2005, 15(3): 356~360.

[30] 程梅, 高良, 梅亚林 . 肠球菌 Esp 基因检测及其致病作用 . 江西医学检验 , 2006, 24(3): 217~218.

[31] 吕萍, 徐樨巍, 宋文琪, 等 . 儿童分离肠球菌表面蛋白基因的检测 . 中国感染与化疗杂志 , 2008, 8(3): 222~224.

[32] 郑瑞强, 林华, 陈齐红, 等 . 综合性 ICU 医院感染细菌流行病学及耐药性分析 . 医学理论与实践 , 2007, 20(4): 484~486.

[33] 吴克慧, 魏凌华 . 心脏外科手术部位感染目标监测分析 . 中国感染控制杂志 , 2007, 6(2):106~108.

[34] 王树峰, 雷质文, 梁成珠, 等 . 我国婴幼儿食品致病细菌的耐药性监测 . 食品安全质量检测学报 , 2010, 27(2): 73~78.

[35] 简翠, 孙自镛, 张蓓, 等 .2012 年武汉同济医院细菌耐药性监测 . 中国感染与化疗杂志 , 2014, 14(4):280~285.

[36] 吴小娟, 汪泓 .198 株屎肠球菌的临床分布及耐药性分析 . 现代诊断与治疗 , 2013, 24(17): 3844~3846.

[37] 胡广洲, 李登峰, 苏秀榕, 等 . 患暴发性败血症中华鳖体内细菌的分离与鉴定 . 中国水产科学 , 2010, 17(4): 859~868.

[38] 杨东霞, 何全安, 李新庆, 等 . 一起由鸡肠球菌引起 367 名学生食物中毒事故的调查分析 . 河南预防医学杂志 , 2005, 16(2): 108~109.

第41章 皮肤球菌属 (*Kytococcus*)

皮肤球菌属 (*Kytococcus* Stackebrandt, Koch, Gvozdiak and Schumann 1995) 的坐皮肤球菌 (*Kytococcus sedentarius*) 是机会病原菌 (opportunistic pathogen，亦称为条件病原菌)，可在一定条件下引起心内膜炎、角膜炎等感染病 (infectious diseases)[1]。

在医院感染 (hospital infection, HI) 的皮肤球菌属细菌中，在我国已有明确报告的仅涉及坐皮肤球菌 1 个种 (species)，但还属于罕见的。

● 在第 39 章 "皮生球菌属" (*Dermacoccus*) 中有记述，湖北医科大学附属第一医院的江应安等 (1998) 报告，回顾性总结该医院在 1992 年至 1995 年间，125 例肝病 (活动性肝炎肝硬化的 65 例、重型肝炎的 60 例) 患者发生医院感染 42 例 (构成比 33.60%)。从其中的 18 例分离到病原菌 18 株，包括分离于腹腔感染的不动微球菌 (*Micrococcus sedentarius*)1 株 [2]。

本书作者注：文中记述的不动微球菌，即现在分类于皮肤球菌属的坐皮肤球菌。

1 菌属定义与分类位置

皮肤球菌属是新建立的皮生球菌科 (Dermacoccaceae Stackebrandt and Schumann 2000 emend.Zhi，Li and Stackebrandt 2009) 细菌的成员，菌属 (genus) 名称 "*Kytococcus*" 为新拉丁语阳性名词，指在皮肤上的球菌 (a coccus from skin)[3]。

1.1 菌属定义

皮肤球菌属细菌为球形，革兰氏阳性，无荚膜、芽孢，无动力。有机化能营养

(chemoorganotrophic)，严格的呼吸型代谢，需氧菌，接触酶 (Catalase) 阳性，不嗜盐、嗜温。其无分枝菌酸 (mycolic acids)、磷壁酸 (teichoic acids) 类，甲基萘醌 (menaquinones) 类为完全不饱和的异戊二烯单元 (isoprene units) 的 MK-7、MK-8、MK-9、MK-10 占优势，主要的细胞脂肪酸类 (fatty acids) 为 iso-$C_{17:1}$、$anteiso$-$C_{17:0}$、iso-$C_{17:0}$，其中重要的是 iso-$C_{15:0}$ 或 $C_{17:0}$、$C_{15:0}$；细胞色素类 (cytochromes) 在模式种 (type species) 为 aa_3、c_{626}、c_{550}、b_{557}、b_{561}、b_{564}；模式种 (type species) 含有极性脂质 (polar lipids) 二磷脂酰甘油 (diphosphatidylglycerol)、磷脂酰甘油 (phosphatidylglycerol)、磷脂酰肌醇 (phosphatidylinositol)；主要的脂族烃类 (aliphatic hydrocarbons) 在模式种为 C_{30} ~ C_{33}。

皮肤球菌属细菌 DNA 的 G+C mol% 为 68 ~ 69；模式种：坐皮肤球菌 [*Kytococcus sedentarius*(ZoBell and Upham 1944)Stackebrandt，Koch，Gvozdiak and Schumann 1995][3]。

1.2 分类位置

按伯杰氏 (Bergey) 细菌分类系统，在第二版《伯杰氏系统细菌学手册》(*Bergey's Manual of Systematic Bacteriology*) 第 5 卷 (2012) 中，皮肤球菌属分类于新建立的皮生球菌科。

皮生球菌科共包括 3 个菌属，依次为：皮生球菌属 (*Dermacoccus* Stackebrandt，Koch，Gvozdiak and Schumann 1995)、肥沃菌属 (*Demetria* Groth et al 1997)、皮肤球菌属。

皮生球菌科细菌 DNA 的 G+C mol% 为 66 ~ 71；模式属 (type genus)：皮生球菌属。

皮肤球菌属内共记载了 2 个种，依次为：坐皮肤球菌、斯氏皮肤球菌 (*Kytococcus schroeteri*) 亦称为锡伦特皮肤球菌 [3]。

2 坐皮肤球菌 (*Kytococcus sedentarius*)

坐皮肤球菌 [*Kytococcus sedentarius*(ZoBell and Upham 1944)Stackebrandt, Koch, Gvozdiak and Schumann 1995] 亦被称为栖息皮肤球菌、不动皮肤球菌。在早期分类于微球菌属 (*Micrococcus* Cohn 1872 emend. Stackebrandt et al 1995 emend. Wieser et al 2002)， 名 为 "*Micrococcus sedentarius*"（坐微球菌）或称为不动微球菌。菌种名称 "*sedentarius*" 为拉丁语阳性形容词，指久坐、土生的 (sitting，sedentary)。

细菌 DNA 的 G+C mol% 为 68 ~ 69(T_m)；模式株 (type strain)：541，ATCC 14392，CCM 314，CCUG 33030，CIP 81.72，DSM 20547，NBRC 15357，JCM 11482，LMG 14228，NCTC 11040，VKM B-1316。GenBank 登录号 (16S rRNA)：X87755[3]。

2.1 生物学性状

坐皮肤球菌的主要生物学性状菌菌属的描述：菌体球形（直径为 0.8 ~ 1.1μm)，多数成四联 (tetrads) 或立方体 (cubical) 排列，涂片染色检查常常是有黏液 (slimy) 包裹、革兰氏阴性；菌体形态与菌龄或培养基无关。菌落直径可达 3.5mm、圆形、隆起到稍隆起、边缘整齐、光滑(smooth，S) 或缓慢发展成为光滑的、乳白色(cream white) 或深的金凤花黄色(deep buttercup yellow), 菌落形态、色泽与菌龄有关, 一些菌株为褐色菌落。NaCl 达 10% 也能生长, 不能在无机氮琼脂 (inorganic nitrogen agar) 和西蒙氏柠檬酸盐琼脂 (Simmons' citrate agar) 培养基生长。

坐皮肤球菌的联苯胺试验 (benzidine test) 阳性, 多数菌株的氧化酶 (oxidase) 阴性, 精氨酸双水解酶 (arginine dihydrolase) 阳性, 尿素酶 (urease)、卵磷脂酶 (lecithinase)、β-半乳糖苷酶 (β-galactosidase)、磷酸酶 (phosphatase) 阴性, 有的菌株还原硝酸盐, 不能还原亚硝酸盐, 水解明胶, 但不能水解七叶苷、淀粉、吐温 80(tween 80), 不能产生 3-羟基丁酮 (acetoin); 代谢碳水化合物产酸迟缓, 不能从葡萄糖、半乳糖、鼠李糖、木糖、甘露糖、麦芽糖、蔗糖、核糖、棉籽糖、蜜二糖、阿拉伯糖、核糖醇 (ribitol)、葡萄糖醇 (glucitol)、半乳糖醇 (galactitol)、甘露醇、甘油产酸, 一些菌株不能利用果糖、乳糖。其生长需要甲硫氨酸 (methionine), 一些菌株需要酪氨酸 (tyrosine)、精氨酸 (arginine)、缬氨酸 (valine)、赖氨酸 (lysine)、亮氨酸 (leucine)、泛酸 (pantothenic acid), 在 28 ~ 36℃ 生长良好, 不能溶血。

坐皮肤球菌的甲基萘醌 (menaquinones) 类为 MK-8、MK-9、MK-10, 主要的细胞脂肪酸类 (fatty acids) 为 *anteiso*-$C_{17:0}$、$C_{15:0}$、$C_{17:0}$、*iso*-$C_{10:0}$、*iso*-$C_{17:1}$, 次要的是 $C_{15:1}$、$C_{16:0}$、$C_{16:1}$、*iso*-$C_{15:0}$; 细胞色素类 (cytochromes) 在模式种为 aa_3、c_{626}、c_{550}、b_{557}、b_{561}、b_{564}; 对甲氧西林、青霉素有抗性, 对链霉素、新生霉素、四环素、新霉素、万古霉素、多黏菌素 B 敏感, 许多菌株对红霉素、卡那霉素、氯霉素敏感[3]。

2.2　病原学意义

对坐皮肤球菌的病原学意义, 尚缺乏比较系统的认识。临床从心内膜炎、角膜炎等患者, 可以检出坐皮肤球菌[1]。

作为引起医院感染的病原菌, 坐皮肤球菌还是属于很少见的。在前面有记述江应安等 (1998) 报告从肝病患者发生医院感染 42 例中分离到病原菌 18 株, 在从腹腔感染患者分离到的 9 株中包括坐皮肤球菌 1 株 (构成比 11.11%)[2]。

2.3　微生物学检验

对坐皮肤球菌的微生物学检验, 目前还主要是依赖于对细菌进行分离鉴定的相应细菌学检验。检验中, 需特别注意与微球菌属细菌相鉴别。

（房　海）

参 考 文 献

[1] 李仲兴, 赵建宏, 杨敬芳. 革兰氏阳性球菌与临床感染. 北京: 科学出版社, 2007: 427~434.

[2] 江应安, 杨丽华. 125 例活动性肝炎肝硬化和重型肝炎患者医院感染的分析. 湖北医科大学学报, 1998, 19(1):49~51.

[3] Aidan C P. Bergey's Manual of Systematic Bacteriology.Second Edition.Volume Five. Springer, New York.2012, 744~746.

第 42 章　微球菌属 (*Micrococcus*)

微球菌属 (*Micrococcus* Cohn 1872 emend.Stackebrandt，Koch，Gvozdiak，Schumann 1995 emend. Wieser，Denner，Kämpfer et al 2002) 的藤黄微球菌 (*Micrococcus luteus*)、里拉微球菌 (*Micrococcus lylae*)，具有一定的医学临床意义，可作为重要的机会病原菌 (opportunistic pathogen，亦称为条件病原菌)，引起人的多种类型感染病 (infectious diseases)[1]。

在医院感染 (hospital infection，HI) 的微球菌属细菌中，在我国已有明确报告的仅涉及藤黄微球菌 1 个种 (species)，但还属于罕见的。

● 中国人民解放军西藏军区总医院的王洪斌等 (2005) 报告，回顾性总结从医院感染患者分离的病原菌 22 种 (类)355 株，其中革兰氏阳性菌 9 种 (类)259 株 (构成比 72.96%)、革兰氏阴性菌 10 种 (类)89 株 (构成比 25.07%)、真菌 (fungi)3 种 (类)7 株 (构成比 1.97%)。在 259 株革兰氏阳性菌中，有微球菌属细菌 13 株 (构成比 5.02%)。13 株微球菌属细菌分离于外科系统的 12 株 (构成比 92.31%)，内科系统的 1 株 (构成比 7.69%)[2]。

● 陕西省西电集团医院的杨小青 (2006) 报告，该医院在 2004 年 1 月至 2006 年 5 月间，从住院及门诊患者分离到病原菌 1076 株，其中细菌共 947 株 (构成比 88.01%)，属于真菌的念珠菌属 (*Candida* Berkhout 1923) 真菌 129 株 (构成比 11.99%)。在 947 株细菌中，革兰氏阴性细菌 602 株 (构成比 63.57%)、革兰氏阳性细菌 345 株 (构成比 36.43%)。其中有藤黄微球菌 15 株，在 947 株细菌的构成比为 1.58%、在 345 株革兰氏阳性细菌的构成比为 4.35%[3]。

1　菌属定义与分类位置

微球菌属是微球菌科 (Micrococcaceae Pribham 1929 emend. Stackebrandt，Rainey and

Ward-Rainey 1997) 细菌的成员，菌属 (genus) 名称 "*Micrococcus*" 为现代拉丁语阳性名词，指微球菌 (small coccus)[4]。

1.1　菌属定义

微球菌属细菌为球形，无动力，无芽孢，革兰氏阳性。该菌属细菌为需氧菌，有机化能营养，严格呼吸型代谢，氧化酶 (oxidase)、接触酶 (Catalase) 阳性，嗜温、不嗜盐，以 L- 赖氨酸 (L-lysine) 作为肽聚糖 (peptidoglycan) 中的二氨基酸 (diamino acid) 是特征性的，肽聚糖型 (peptidoglycan type) 或为 A2 型 (具有肽亚单位组成肽桥)，或为 A4α 型；优势的甲基萘醌类 (menaquinones) 为 MK-8 和 MK-8(H$_2$)，或 MK-8(H$_2$)，或 MK-7(H$_2$) 和 MK-8(H$_2$)，细胞色素类 (cytochromes) 为 aa$_3$、b$_{557}$、b$_{567}$、d$_{626}$，另外是 c$_{550}$、c$_{551}$、b$_{563}$、b$_{564}$、b$_{567}$ 也可存在；极性脂质类 (polar lipids) 是磷脂酰甘油 (phosphatidylglycerol)、二磷脂酰甘油 (diphosphatidylglycerol)、磷脂酰肌醇 (phosphatidylinositol) 及一种不明的糖脂 (glycolipid)、一种茚三酮 (ninhydrin) 阴性的不明磷脂 (phospholipid)，细胞脂肪酸是 *iso-*、*anteiso-* 支链脂肪酸 (branched fatty acids)，以 *anteiso-*C$_{15:0}$ 和 *iso-*C$_{15:0}$ 为主，主要的脂肪烃 (aliphatic hydrocarbons) 为 C$_{27}$ 至 C$_{29}$，无分枝菌酸 (mycolic acids)、磷壁酸 (teichoic acids)，可有糖醛酸磷壁质 (teichuronic acids)，甘露糖胺 - 糠醛酸 (mannosamine-uronic acid) 在细胞壁多糖中可作为氨基糖 (amino sugar) 存在，不能同化 (assimilated)D- 阿拉伯糖、p- 熊果苷、D- 纤维二糖、D- 半乳糖、D- 蜜二糖、D- 核糖、水杨苷。

微球菌属细菌 DNA 的 G+C mol% 为 69 ～ 76；模式种 (type species)：藤黄微球菌 [*Micrococcus luteus*(Schroeter 1872)Cohn 1872 emend. Wieser et al 2002][4]。

1.2　分类位置

按伯杰氏 (Bergey) 细菌分类系统，在第二版《伯杰氏系统细菌学手册》(*Bergey's Manual of Systematic Bacteriology*) 第 5 卷 (2012) 中，微球菌属分类于微球菌科。

微球菌科共包括 10 个菌属，依次为：微球菌属、伴螨菌属 (*Acaricomes* Pukall et al 2006)、节杆菌属 (*Arthrobacter* Conn and Dimmick 1947 emend.Koch，Schumann and Stackbrandt 1995)、柠檬球菌属 (*Citricoccus* Altenburger et al 2002)、考克氏菌属 (*Kocuria* Stackebrandt，Koch，Gvozdiak and Schumann 1995)、涅斯特连科氏菌属 (*Nesterenkonia* Stackebrandt et al 1995 emend. Collins et al 2002 emend. Li et al 2005)、肾杆菌属 (*Renibacterium* Sanders and Fryer 1980)、罗斯菌属 (*Rothia* Georg and Brown 1967)、闫逊初氏菌属 [*Yaniella*(Li et al 2004)Li，Zhi and Euzéby 2008]、刘志恒氏菌属 (*Zhihengliuella* Zhang et al 2007 emend. Tang et al 2009)。

微球菌科的模式属 (type genus)：微球菌属。

微球菌属内共记载了 6 个种，依次为：藤黄微球菌、南极微球菌 (*Micrococcus antarcticus*)、植物内生微球菌 (*Micrococcus endophyticus*)、黄色微球菌 (*Micrococcus flavus*)、里拉微球菌、云南微球菌 (*Micrococcus yunnanensis*)。

其中的藤黄微球菌包括 3 个生物型 (biovars)，分别为：藤黄微球菌生物型

Ⅰ (*Micrococcus luteus* biover Ⅰ)、藤黄微球菌生物型Ⅱ (*Micrococcus luteus* biover Ⅱ)、藤黄微球菌生物型Ⅲ (*Micrococcus luteus* biover Ⅲ)[4]。

2 藤黄微球菌 (*Micrococcus luteus*)

藤黄微球菌 [*Micrococcus luteus*(Schroeter 1872)Cohn 1872 emend. Wieser et al 2002] 最初被分类于无芽孢杆菌属 (*Bacteridium*)，名为藤黄无芽孢杆菌 (*Bacteridium luteum* Schroeter 1872)。菌种名称 "*luteus*" 为拉丁语形容词，指金黄的 (golden yellow)。

细菌 DNA 的 G+C mol% 为 70 ~ 75.5(T_m，Bd，HPLC)；模式株 (type strain)：ATCC 4698，CCM 169，CCUG 5858，CIP A270，DSM 20030，HAMBI 26，HAMBI 1399，IEGM 391，NBRC3333，JCM 1464，LMG 4050，NCCB 78001，NCTC 2665，NRRL B-287，VKM B-1314。GenBank 登录号：AJ536198(16S rRNA)，CP001628(2.5MB)(全基因组)，AF214783(*recA* gene)。

藤黄微球菌生物型 Ⅰ 的参考菌株 (reference strain) 为 DSM 20030，是藤黄微球菌这个种的指定模式株。

藤黄微球菌生物型 Ⅱ，DNA 的 G+C mol% 为 71(HPLC)；参考菌株：D7，DSM 14234，CCM 4959。GenBank 登录号 (16S rRNA)：AJ409095。

藤黄微球菌生物型 Ⅲ，DNA 的 G+C mol% 为 70(HPLC)；参考菌株：Ballarat 株，DSM 14235，CCM 4960。GenBank 登录号 (16S rRNA)：AJ409096[4]。

2.1 生物学性状

在微球菌属细菌中，对藤黄微球菌的一些主要生物学性状认识是比较清楚的，这也是与其常常会作为病原菌检出相关联的。

2.1.1 形态与培养特征

藤黄微球菌为直径 1 ~ 2μm 的革兰氏阳性球菌，单个、成双和向几个方面分裂形成四联体、不规则的堆团或规则的立方堆形排列，不运动。其生成四联或不规则堆团排列的菌株形成光滑、凸起并具有整齐边缘的菌落，生成立方堆形排列的菌株的菌落表面常呈颗粒状和无光泽，菌落呈黄色、黄绿色或橙色，有些菌株形成一种能扩散到培养基中的紫色素 (violet pigment)；在血液营养琼脂培养基，形成圆形、隆起、光滑、不透明、黄色菌落 (图 42-1)。在液体培养基中均匀混浊生长、随之变清、产生一些细的像颗粒状或黏液状的沉淀。

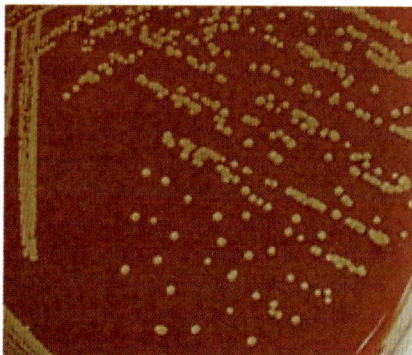

图 42-1 藤黄微球菌的菌落
资料来源：周庭银、赵虎. 临床微生物学诊断与图解 .2001

藤黄微球菌专性好氧，呈严格呼吸型代谢。其适宜生长温度为 25 ~ 37℃，大多数菌株可在 10℃生长、有些菌株能在 45℃生长或微弱生长，能在 pH 10 条件下生长，在含 10%NaCl 的营养培养基中能够生长或微弱生长，但常不能在含 15% 的 NaCl 营养培养基中生长，抗溶葡萄球菌素 (1.0U/ml) 的溶解，大多数菌株对溶菌酶和新生霉素 (最低抑制浓度 <1μg/ml) 敏感 [1, 4,5]。

2.1.2　生化特性

藤黄微球菌通常从多种碳水化合物不能够产生可察觉的酸，在葡萄糖培养基中最终 pH 为 6.4 ~ 8.2，含碳化合物包括乙酸盐、乳酸盐、丙酮酸盐、琥珀酸盐、半乳糖、葡萄糖、甘油、麦芽糖、蔗糖等均可被氧化成 CO_2 和水，对甘露醇、山梨醇、阿拉伯糖、鼠李糖、核糖、木糖和淀粉的氧化作用是可变的，不能氧化卫芧醇。藤黄微球菌可水解蛋白质、多肽和脂肪，通常不水解精氨酸和不还原硝酸盐，有些菌株能生长在含有丙酮酸 (作为碳源和能源)、谷氨酸、生物素和无机盐的培养基上，另有些菌株生长时需含有某些氨基酸的更复杂培养基。

藤黄微球菌的氧化酶阳性，接触酶阳性，产生尿素酶的能力可变。可同化 D- 葡萄糖、蔗糖、D- 甘露糖；不能同化 D- 果糖、*N*- 乙酰 -D- 葡萄糖胺 (*N*-acetyl-*D*-glucosamine)、L- 鼠李糖、葡萄糖酸盐 (gluconate)、顺式乌头酸盐 (*cis*-aconitate)、反式乌头酸盐 (*trans*-aconitate)、己二酸盐 (adipate)、壬二酸盐 (azelate)、衣康酸盐 (itaconate)、中康酸盐 (mesaconate)、辛二酸盐 (suberate)、*β*- 丙氨酸、L- 鸟氨酸、L- 色氨酸、L- 亮氨酸、3- 羟苯酸盐 (3-hydroxybenzoate)、4- 羟苯酸盐。

能够水解 *p*- 硝基苯基 -*α*- 吡喃葡萄糖苷 [*p*-nitrophenyl(PNP)-*α*-glucopyranoside]、L- 丙氨酸 -*p*- 硝基苯胺 [L-alanine-*p*-nitroanilide(PNA)]；不能水解 *p*- 硝基苯酚 -D- 吡喃半乳糖苷 (*p*-PNP-D-glucopyranoside)、*p*- 硝基苯基 -D- 葡萄糖苷酸 (*p*-PNP-D-glucuronide)、*p*- 硝基苯基 -D- 吡喃葡萄糖苷 (*p*-PNP-D-glycopyranoside)、*bis*- 硝基苯基磷酸盐 (*bis*-*p*-nitroanilide phosphate)、*p*- 硝基苯基磷酸苯酯 (*p*-PNP phenylphosphate)、*p*- 硝基苯基磷酸胆碱 (*p*-PNP phosphorylcholine)、2- 脱氧胸苷 -5'- 硝基苯基磷酸盐 (2-deoxythymidine-5'-PNP phosphate)、L- 谷氨酸盐 -3- 羟基 - 硝基苯胺 (L-glutamate-3-carboxy-*p*-PNA)。肽聚糖为 A2 或 A4*α*；优势的甲基萘醌类为 MK-8 和 MK-8(H_2)，或仅为 MK-8(H_2)，MK-7 或 MK-7(H_2)、MK-9(H_2)、MK-6(H_2) 为低含量成分 [1, 4,5]。

Wieser 等 (2002) 报告，建议将藤黄微球菌分为 3 个生物型 (Ⅰ、Ⅱ、Ⅲ)。3 个生物型的主要鉴别特征，如表 42-1 所示 [1]。

表 42-1　藤黄微球菌 3 个生物型的主要鉴别特征

项目	生物型 Ⅰ	生物型 Ⅱ	生物型 Ⅲ	项目	生物型 Ⅰ	生物型 Ⅱ	生物型 Ⅲ
产生色素	黄	黄	黄	乙酸盐	−	+	−
尿素酶	+	V	+	柠檬酸盐	−	V	−
同化：甘露糖	+	+	+	乳酸盐	−	+	+
麦芽糖	−	+	+	苹果酸盐	−	V	−
海藻糖	−	+	+	丙酮酸盐	−	+	+
木糖	−	V	−	L- 丙氨酸	−	V	−
侧金盏花醇	−	V	−	L- 天门冬氨酸盐	+	V	−
肌醇	−	V	−	L- 丝氨酸	−	+	−
甘露醇	−	V	−	水解：吐温 20	+	V	+
山梨醇	−	V	−	吐温 80	−	V	−
丙酸盐	+	+	−	酪蛋白	−	+	+

注：表中符号的＋表示阳性，－表示阴性，Ⅴ 表示可变。

2.1.3 生境

微球菌属的细菌广泛存在于土壤、水、人及哺乳类动物的皮肤和呼吸道，其中以藤黄微球菌比较多见，也更常见于人体。在医院工作人员带菌，也可构成医院感染的来源。以下的记述，是有一定代表性的。

在第7章"克雷伯氏菌属"(*Klebsiella*) 中有记述，在医院医护人员的检出情况，吉林大学第一医院的姜赛琳等 (2007) 报告在 2006 年 8 月，对该医院呼吸科、心内科、消化科、妇产科、胸外科、器官移植中心共 6 个科室 (中心) 的 27 名护理人员，在进行静脉输液操作过程中其手部携带病原菌检验，结果检出 12 种 (类)53 株，在不同科室 (中心) 均有检出。在 12 种 (类)53 株病原菌中，包括微球菌属细菌 6 株 (构成比 11.32%) 居第 5 位 [6]。

中国人民解放军济南军区综合训练基地门诊部的姜建萍等 (2013) 报告，听诊器是医院医护人员使用最广、频次最高的医疗器械之一。每位住院、就诊的患者均可接触听诊器，听诊头膜部直接与患者皮肤接触，带菌量较大，种类也较繁杂，如不重视易造成交叉感染和医源性院内感染。为了解听诊器的污染情况，对该医院内部分科室听诊器头膜进行了微生物检测，并探讨了有效的消毒方法。随机采集该医院医护人员使用过的听诊器 60 具，先在消毒前进行微生物检测；再随机均分为 2 组，分别用 75% 乙醇溶液、0.5% 的 84 消毒液消毒后，进行微生物检测。结果 60 具听诊器头膜，在消毒前有细菌污染的 52 具 (污染率为 86.67%)；消毒后有细菌污染的 8 具 (污染率为 13.33%)。两种消毒液消毒后，其菌落数均达标。从听诊器头膜上分离出条件致病菌共 6 种 (类)，其中包括微球菌属细菌，分别为在消毒前的 10 具 (污染率 16.67%)、消毒后的 2 具 (污染率 3.33%)。报告者根据检验结果，认为被测听诊器的微生物污染较严重，用 75% 乙醇溶液或用 0.5% 的 84 消毒液消毒听诊器，是简便、快捷、行之有效的方法 [7]。

2.2 病原学意义

藤黄微球菌广存在于自然环境、人及哺乳类动物的皮肤表面与呼吸道，但一般情况下是不致病的，当机体抵抗力下降时，则可作为机会病原菌出现。

藤黄微球菌可在一定条件下，引起人的脑膜炎、肺炎、菌血症、非卧床连续腹膜透析所致的腹膜炎、脑脊髓液体分流感染、败血症、脓毒性关节炎、脑脓肿等多种类型的感染病 [1,8]。

作为引起医院感染的病原菌检出，藤黄微球菌还是属于很少见的。在前面有记述陕西省西电集团医院的杨小青 (2006) 报告从该医院住院及门诊患者分离到的病原细菌 947 株，其中有藤黄微球菌 15 株 (构成比为 1.58%)[3]。

2.3 微生物学检验

对藤黄微球菌的微生物学检验，目前还主要是依赖于对其进行分类鉴定的细菌性检验。通常情况下是根据引起人的感染病类型，取感染部位的浓汁、关节液、痰液、脑脊液、血液等作为检验材料，进行常规的细菌学检验。

在对藤黄微球菌的微生物学检验中，要特别注意与考克氏菌属的细菌相鉴别。氧化酶、柠檬酸盐 (Simmions) 利用、在 Kloos 等 (1974) 无机氮琼脂培养基上生长等，是重要的鉴别指标。

（房　海）

参 考 文 献

[1] 李仲兴 , 赵建宏 , 杨敬芳 . 革兰氏阳性球菌与临床感染 . 北京 : 科学出版社 , 2007: 427~434.

[2] 王洪斌 , 何代平 , 蒋红梅 , 等 . 高原地区医院感染的细菌学研究 . 西南军医 , 2005, 7(2):1~2.

[3] 杨小青 . 1076 株临床细菌的菌种分布 . 实用医技杂志 , 2006, 13(16):2812~2813.

[4] Aidan C P. Bergey's Manual of Systematic Bacteriology. Second Edition. Volume Five. Springer, New York. 2012: 571~577.

[5] Holt J G, Krieg N R, Sneath P H A, et al. Bergey's Manual of Determinative Bacteriology. Ninth Edition. Baltimore, Williams and Wilkins, 1994, 530, 534, 542.

[6] 姜赛琳 , 詹亚梅 , 吴景芳 . 综合医院护理人员手部病原菌调查分析 . 中华医院感染学杂志 , 2007, 17(11):1385~1386.

[7] 姜建萍 , 姜丽 , 高素珍 , 等 . 听诊器微生物监测与消毒的临床观察 . 临床合理用药 , 2013, 6(7):106~107.

[8] 刘恭植 . 微生物学和微生物学检验 . 北京 : 人民卫生出版社 , 1988: 268.

第43章　红球菌属 (*Rhodococcus*)

红球菌属 (*Rhodococcus* Zopf 1891 emend. Goodfellow, Alderson and Chun 1998) 的马红球菌 (*Rhodococcus equi*)，可以作为机会病原菌 (opportunistic pathogen，亦称为条件病原菌)，引起人的多种类型感染病 (infectious diseases)。在动物，其主要是可引起幼驹传染性支气管肺炎 (foal infectious bronchopneumonia)。从某种意义上讲，也可认为马红球菌为人畜共患病 (zoonoses) 的病原菌[1~4]。

在医院感染 (hospital infection, HI) 的红球菌属细菌中，在我国已有明确报告的仅涉及马红球菌 1 个种 (species)，但还是罕见的。

● 在第 39 章"皮生球菌属" (*Dermacoccus*) 中有记述，湖北医科大学附一医院的江应安等 (1998) 报告，回顾性总结该医院在 1992 年至 1995 年间，125 例肝病 (活动性肝炎肝硬化的 65 例、重型肝炎的 60 例) 患者发生医院感染 42 例 (构成比 33.60%)。从其中的 18 例分离到病原菌 18 株，包括分离于胸腔感染的马棒杆菌 (*Corynebacterium equi*)1 株[5]。

本书作者注：文中记述的马棒杆菌，即现在分类于红球菌属的马红球菌。

1　菌属定义与分类位置

红球菌属是诺卡氏菌科 (Nocardiaceae Castellani and Chalmers 1919 emend. Zhi, Li and Stackebrandt 2009) 细菌的成员，菌属 (genus) 名称"*Rhodococcus*"为新拉丁语阳性名词，指红色的球菌 (a red coccus)[6]。

1.1　菌属定义

红球菌属细菌可形成杆状到蔓延的分枝的营养菌丝体，所有的菌株形态发生周期是从球形或短杆状时期开始的，因菌种的不同表现出复杂程度不一的、连续的形态变化以完成生长周期，即球菌发芽成短杆状，形成边缘突起的丝状体 (filaments)，产生蔓延的分枝菌丝 (branched substrate mycelium may)，由于杆菌、丝状体及菌丝的断裂再次形成球菌或短杆菌。有的菌株产生薄弱的、在显微镜下可见的气生菌丝 (aerial hyphae)，它可分枝或是由不分枝的菌丝体结合，并向上伸出形成气生菌丝束。革兰氏染色阳性到可变，无动力，常常在生长周期中部分有抗酸性 (acid–alcohol-fast)。菌落可呈粗糙 (rough，R)、光滑 (smooth，S) 或黏液性 (mucoid，M) 的，颜色可为浅黄色、奶油色、黄色、橙色或红色，也有无色的变异发生。

红球菌属细菌有机化能营养、氧化型代谢，接触酶 (Catalase) 阳性，芳基硫酸酯酶 (arylsulfatase) 阴性。其为需氧菌，不能形成分枝杆菌 (Mycobacterium) 生长素，对溶菌酶 (lysozyme) 敏感，多数菌株生长可在 15℃ 及 40℃，可利用多种有机化合物作为碳源、能源生长。细胞壁被膜含有 30 ～ 54 碳原子和多至 4 个双键 (double bonds) 的分枝菌酸 (mycolic acids) 及大量直链饱和、不饱和及 10 个甲基分枝的脂肪酸，枝菌酸酯经热解气相色谱法 (pyrolysis gas chromatography) 释放的脂肪酸酯含 12 ～ 16 个碳原子。菌细胞以二磷脂酰甘油 (diphosphatidylglycerol)、磷脂酰乙醇胺 (phosphatidylethanolamine) 和磷脂酰肌醇甘露糖苷 (phosphatidylinositol mannosides) 作为主要磷脂类 (phospholipids)，具有 8 个异戊二烯 (isoprene) 单位的二氢甲基萘醌 [MK-8(H_2)] 构成了主要的呼吸醌类。

红球菌属细菌广泛分布于水生动物及陆生动物，尤其是在土壤、食草动物的粪便、海洋沉积物中更丰富，一些菌株是机会病原菌 (opportunistic pathogens)，对包括人类在内的动物具有病原性，也有的对植物是病原菌。

红球菌属细菌 DNA 的 G+C mol% 为 63 ～ 73(HPLC，T_m)；模式种 (type species)：玫瑰色红球菌 [*Rhodococcus rhodochrous*(Zopf 1891)Tsukamura 1974][6]。

1.2　分类位置

按伯杰氏 (Bergey) 细菌分类系统，在第二版《伯杰氏系统细菌学手册》(*Bergey's Manual of Systematic Bacteriology*) 第 5 卷 (2012) 中，红球菌属分类于诺卡氏菌科。

诺卡氏菌科共包括 7 个菌属，依次为：诺卡氏菌属 (*Nocardia* Trevisan 1889)、戈登氏菌属 [*Gordonia*(Tsukamura 1971)Stackebrandt，Smida and Collins 1988]、米利斯氏菌属 (*Millisia* Soddell et al 2006)、红球菌属、斯克尔曼氏菌属 (*Skermania* Chun et al 1997)、孔雀绿球菌属 (*Smaragdicoccus* Adachi et al 2007)、威廉氏菌属 (*Williamsia* Kämpfer et al 1999)。

诺卡氏菌科细菌 DNA 的 G+C mol% 为 63 ～ 73；模式属 (type genus)：诺卡氏菌属[6]。

红球菌属内共记载了 30 个种，依次为：玫瑰色红球菌、食醚红球菌 (*Rhodococcus aetherivorans*)、拜科罗尔红球菌 (*Rhodococcus baikonurensis*)、嗜粪红球菌 (*Rhodococcus coprophilus*)、类棒杆菌红球菌 (*Rhodococcus corynebacterioides*)、马红球菌、红城红球菌 (*Rhodococcus erythropolis*)、束红球菌 (*Rhodococcus fascians*)、圆红球菌 (*Rhodococcus globerulus*)、戈氏红球菌 (*Rhodococcus gordoniae*)、微研所红球菌 (*Rhodococcus imtechensis*)、约氏红球菌 (*Rhodococcus jostii*)、韩国红球菌 (*Rhodococcus koreensis*)、克

氏红球菌 (*Rhodococcus kroppenstedtii*)、昆明红球菌 (*Rhodococcus kunmingensis*)、京都红球菌 (*Rhodococcus kyotonensis*)、马鞍山红球菌 (*Rhodococcus maanshanensis*)、海生红球菌 (*Rhodococcus marinonascens*)、浑浊红球菌 (*Rhodococcus opacus*)、渗滤红球菌 (*Rhodococcus percolatus*)、酚红球菌 (*Rhodococcus phenolicus*)、食吡啶红球菌 (*Rhodococcus pyridinivorans*)、樊庆生氏红球菌 (*Rhodococcus qingshengii*)、椿象红球菌 (*Rhodococcus rhodnii*)、赤红球菌 (*Rhodococcus ruber*)、臭虫红球菌 (*Rhodococcus triatomae*)、月寒红球菌 (*Rhodococcus tukisamuensis*)、罗克劳红球菌 (*Rhodococcus wratislaviensis*)、云南红球菌 (*Rhodococcus yunnanensis*)、佐氏红球菌 (*Rhodococcus zopfii*)。

2 马红球菌 (*Rhodococcus equi*)

马红球菌 [*Rhodococcus equi*(Magnusson 1923)Goodfellow and Alderson 1977] 最初被分类于棒杆菌属 (*Corynebacterium* Lehmann and Neumann 1896 emend.Bernard, Wiebe, Burdz et al 2010)，名为霍氏棒杆菌 (*Corynebacterium hoagii* Eberson 1918)，又相继命名为马棒杆菌 (*Corynebacterium equi* Magnusson 1923)；也曾被分类于诺卡氏菌属，名为局限诺卡氏菌 (*Nocardia restricta* McClung 1974)。菌种名称 "*equi*" 为拉丁语名词所有格，指马的 (the horse)。

细菌 DNA 的 G+C mol% 为 58.5(T_m)；模式株 (type strain)：ATCC 25729，ATCC 6939，CCUG 892，CIP 54.72，DSM 20307，HAMBI 2061，NBRC 14956，JCM 1311，JCM 3209，LMG 18452，NBRC 101255，NCTC 1621，NRRL B-16538，VKM Ac-953。GenBank 登录号 (16S rRNA) 为 X80614，GenBank 登录号 (*gyrB*) 为 AB014110[6]。

2.1 生物学性状

马红球菌为革兰氏阳性、卵圆形短杆菌，无鞭毛、芽孢，抗酸染色有部分阳性；用改良的 Kinyoun 抗酸染色，所有来自临床标本材料的马红球菌均呈弱的抗酸反应。其形态发育，表现为杆菌 - 球菌生长周期 (rod–coccus life cycle)，在生长的早期可见有单个菌体分支的痕迹；显微镜检查在组织、脓肿物等病变标本材料中的此菌，可见在细胞内、细胞间均有杆状或球杆状的马红球菌。在心浸液琼脂培养基 35℃ 培养 6h 的生长物呈杆状、培养 24h 后变为球状；在液体培养基中的早期培养物，可出现初期的分枝菌丝。在葡萄糖酵母浸膏琼脂 (glucose-yeast extract agar) 培养基的生长物多是呈丝状，且可迅速断裂为杆状、球状或多形体，其菌落为边缘整齐、光滑、闪亮、橙色至橙红色。在血液营养琼脂培养基上 35℃ 培养 18 ~ 24h 的菌落为橙红色，表面光滑、湿润，边缘整齐，在培养 48h 后色素更加明显、菌落增大，无溶血性，某些菌株在能够产生大量黏液。马红球菌生长在 10 ~ 40℃，不能产生毒素，能够产生粉红色色素。其在液体培养基中生长，常是在培养基表面形成菌膜、下部培养基澄清。

马红球菌的氧化酶阴性，不发酵糖类，能够分解腺嘌呤、半乳糖，分解鼠李糖不定，不能分解酪氨酸、肌醇、山梨醇、蔗糖，不能利用柠檬酸盐，不产生吲哚，不液化明胶，产生尿素酶，还原硝酸盐，不能降解酪氨酸 [3, 7]。

马红球菌的乙酰胺酶 (acetamidase)、尿囊素酶 (allantoinase)、烟酰胺酶 (nicotinamidas) 阴性；不能水解熊果苷、纤维素、壳多糖 (chitin)、吐温 20(tween 20)、吐温 40、吐温 60，不能从 L- 阿拉伯糖、肌醇、甘露醇、鼠李糖、山梨醇产酸。

马红球菌可利用戊醇 (amyl alcohol)、butane-1, 3-diol、butan-1-ol、丙二醇 (propylene glycol)、癸酸盐 (caprate)、延胡索酸盐 (fumarate)、戊二酸盐 (glutarate)、3- 羟基苯酸盐 (3-hydroxybenzoate)、4- 羟基苯酸盐、*m*- 对羟基苯甲酸 (*m*-hydroxybenzoic acid)、*p*- 对羟基苯甲酸、2- 羟基缬氨酸 (2-hydroxyvalerate)、辛酸盐 (octanoate)、苯乙酸盐 (phenylacetate)、丙酮酸盐 (pyruvate)、睾酮 (testosterone) 等作为碳源；但不能利用侧金盏花醇、D- 阿糖醇、丁羟 -1, 4- 二醇 (butane-1, 4-diol)、2，3- 丁二醇 (2, 3-butylene glycol)、纤维二糖、赤藓醇、半乳糖、糖原 (glycogen)、菊糖、松三糖、异丙醇 (propan-2-ol)、水杨苷、松二糖、D- 木糖、己二酸盐 (adipate)、*N*- 乙酰葡萄糖胺 (*N*-acetyl-d-glucosamine)、葡萄糖酸盐 (gluconate)、马尿酸盐 (hippurate)、丙二酸盐 (malonate)、黏液酸盐 (mucate)、苯乙酸盐 (phenylacetate)、庚二酸盐 (pimelate)、癸二酸盐 (sebacate)、奎尼酸 (quinate)、乳糖、麦芽糖、丁烷 -2, 3- 二醇、柠康酸、柠檬酸钠、D- 扁桃酸作为碳源；有 26% ~ 75% 的菌株能够以甘露糖、雄 (甾) 酮、苯甲酸钠盐、庚二酸、精胺、睾 (甾) 酮等化合物作为生长的唯一碳源。可利用乙酰胺 (Acetamide)、L- 天门冬氨酸 (L-aspartate)、D- 葡萄糖胺 (D-glucosamine)、L- 亮氨酸 (L-leucine)、L- 酪氨酸 (L-tyrosine) 作为氮源；不能利用 L- 丙氨酸 (L-alanine)、L- 脯氨酸 (L-proline)、腐胺 (putrescine)、D- 丝氨酸 (D-serine)、L- 丝氨酸、鸟氨酸 (ornithine)、三甲烯二胺 (trimethylenediamine)、酪胺 (tyramine)、缬氨酸 (valine) 作为氮源；不能以 L- 天 (门) 冬酰胺作为生长唯一碳源和氮源，有 26% ~ 75% 的菌株能够以乙酰胺作为生长的唯一碳源和氮源 [2,6,7]。

2.2　病原学意义

马红球菌存在于土壤，草食动物的粪便，乳牛、马、绵羊、猪等家畜的肠道内。在人及多种动物，均具有不同程度的病原学意义 [3, 6, 7]。

2.2.1　人的马红球菌感染病

马红球菌可在一定条件下，引起人的不同部位、不同类型感染，感染的发生非常隐蔽。其主要是可引起呼吸道感染，也可引起胸膜炎、败血症等感染病，尤其在使用免疫抑制药物治疗 (immunosuppressive drug therapy) 的患者，获得性免疫缺陷综合征 (acquired immunodeficiency syndrome，AIDS) 或淋巴 (组织) 瘤 (lymphoma) 患者 [1,2,6]。

马红球菌作为引起医院感染的病原菌检出，还是罕见的。在前面有记述湖北医科大学附一医院的江应安等 (1998) 报告的肝病患者发生医院感染 42 例，从其中的 18 例分离到病原菌 18 株，包括作为胸腔感染病原菌、从胸腔积液检出的马红球菌 (文中以马棒杆菌记述)1 株 (构成比 5.56%)[5]。

2.2.2　动物的马红球菌感染病

马红球菌主要是可引起幼驹传染性支气管肺炎 (bronchopneumonia)，主要表现为化脓性的；还可引起幼驹的肠炎、淋巴结化脓性感染病。另外，可引起猪的化脓性肺炎和淋巴结脓肿、牛和绵羊的化脓性肺炎等感染病[3, 4, 6]。

2.3　微生物学检验

对马红球菌的微生物学检验，目前尚依赖于对细菌分离鉴定的细菌学检查。分离此菌时，需注意其生长较缓慢，以致要培养较长时间。

在对红球菌属细菌的鉴定中，需要注意与其比较相近的革兰氏阳性菌相鉴别，主要包括分枝杆菌属 (*Mycobacterium* Lehmann and Neumann 1896)、诺卡氏菌属 (*Nocardia* Trevisan 1889)、棒杆菌属细菌。它们均为革兰氏阳性菌，主要鉴别特征如表43-1所示[8]。

表 43-1　红球菌属与相似菌属间的鉴别特性

项目	分枝杆菌属	红球菌属	诺卡氏菌属	棒杆菌属
形态：杆状	有	有	有	有
分断菌丝	无	有	有	无
气生菌丝	无	无	有	无
抗酸性	强	弱	部分有	有时存在（弱）
DNA 的 G+C mol%	60～70	57～70	60～72	51～63
分枝菌酸碳原子数	60～88	34～66	46～58	32～36
革兰氏染色反应	弱	强	强	强
生长速度（天）	2～60	1～2	1～5	1～2
对青霉素反应	通常耐药	敏感	耐药	敏感
芳基硫酸脂酶反应	阳性	阴性	少见	阴性

（房　海）

参 考 文 献

[1] 贾辅忠,李兰娟.感染病学.南京:江苏科学技术出版社,2010: 473~475.

[2] 叶应妩,王毓三,申子瑜.全国临床检验操作规程.3版.南京:东南大学出版社,2006: 789~791.

[3] 陆承平.兽医微生物学.3版.北京:中国农业出版社,2001: 343.

[4] 蔡宝祥.家畜传染病学.4版.北京:中国农业出版社,2001: 103~106.

[5] 江应安,杨丽华.125例活动性肝炎肝硬化和重型肝炎患者医院感染的分析.湖北医科大学学报,1998, 19(1):49~51.

[6] Aidan C P. Bergey's Manual of Systematic Bacteriology.Second Edition.Volume Five. Springer, New York.2012: 437~464.

[7] Holt J G, Krieg N R, Sneath P H A, et al.Bergey's Manual of Determinative Bacteriology. Ninth Edition. Baltimore, Williams and Wilkins, 1994, 626, 638~640.

[8] 叶应妩,王毓三,申子瑜.全国临床检验操作规程.3版.南京:东南大学出版社,2006: 791~798.

第 44 章　葡萄球菌属 (*Staphylococcus*)

葡萄球菌属 (*Staphylococcus* Rosenbach 1884) 的多个种 (species) 及亚种 (subspecies)，均具有不同程度的病原学意义，其中尤以金黄色葡萄球菌金黄色亚种 (*Staphylococcus aureus* subsp. *aureus*) 即通常所指的金黄色葡萄球菌 (*Staphylococcus aureus*) 最为重要。葡萄球菌在人及多种动物所引起的感染病 (infectious diseases)，常被统称为葡萄球菌感染 (staphylococcal infections) 或葡萄球菌病 (staphylococcosis)，临床主要有某些组织器官的局部感染 (尤其是化脓性感染) 及败血症、脓毒败血症 (septicopyemia)、食物中毒 (food poisoning) 等类型，亦属于人畜共患病 (zoonoses) 的范畴[1~4]。

在医院感染 (hospital infection，HI) 的葡萄球菌属细菌中，在我国已有明确记述和报告的涉及金黄色葡萄球菌金黄色亚种 (金黄色葡萄球菌)、表皮葡萄球菌 (*Staphylococcus epidermidis*)、溶血葡萄球菌 (*Staphylococcus haemolyticus*)、人葡萄球菌人亚种 [*Staphylococcus hominis* subsp. *hominis*，即通常所指的人葡萄球菌 (*staphylococcus hominis*)]、里昂葡萄球菌 (*Staphylococcus lugdunensis*)、解糖葡萄球菌 (*Staphylococcus saccharolyticus*)、模仿葡萄

球菌 (*Staphylococcus simulans*) 等 7 个种及亚种，以及按凝固酶阴性葡萄球菌 (coagulase-negative staphylococci，CNS) 名义记述的葡萄球菌。其中，主要是金黄色葡萄球菌金黄色亚种 (金黄色葡萄球菌)，在所有医院感染革兰氏阳性细菌中似乎是一直处于第一位、在所有医院感染细菌中似乎是一直处于前 3 位左右的重要位置。

● 在第 4 章 "肠杆菌属" (*Enterobacter*) 中有记述，江苏省无锡市第四人民医院的黄朝晖等 (2013) 报告，回顾性总结该医院在 5 年 (2007 年至 2011 年) 间从住院患者送检标本材料中分离获得的各种病原菌 38 037 株，其中明确菌种的革兰氏阴性细菌共 8 种 23 995 株 (构成比 63.08%)、革兰氏阳性细菌共 4 种 8395 株 (构成比 22.07%)，其他的病原菌 5647 株 (构成比 14.85%)。在明确菌种的革兰氏阴性细菌和革兰氏阳性细菌共 12 种 32 390 株 (构成比 85.15%) 中，金黄色葡萄球菌 5993 株 (构成比 18.50%) 第 3 位、溶血葡萄球菌 888 株 (构成比 2.74%) 居第 7 位、表皮葡萄球菌 781 株 (构成比 2.41%) 居第 8 位[5]。

● 在第 4 章 "肠杆菌属" (*Enterobacter*) 中有记述，江苏省中医院的孙慧等 (2014) 报告，回顾性总结该医院 3 年 (2010 年 1 月 1 日至 2012 年 12 月 31 日) 从医院感染 (HI) 病例分离获得的各种病原菌 15 028 株，其中革兰氏阴性细菌 11 698 株 (构成比 77.84%)、革兰氏阳性细菌 3092 株 (构成比 20.57%)，真菌 (fungi)238 株 (构成比 1.58%)。明确菌种 (属) 的细菌共 11 个种 (属)13 649 株，其中革兰氏阴性细菌 7 个种 (属)10 683 株 (构成比 78.27%)、革兰氏阳性细菌 4 个种 (属)2966 株 (构成比 21.73%)。在明确菌种 (属) 的细菌共 11 个种 (属)13 649 株中，金黄色葡萄球菌及其他葡萄球菌 (*Staphylococcus* spp.)1751 株 (构成比 12.83%) 居第 5 位[6]。

● 在第 5 章 "埃希氏菌属" (*Escherichia*) 中有记述，中国人民解放军第四军医大学西京医院全军临床检验医学研究所的陈潇等 (2014) 报告，回顾性总结该医院 11 年 (2002 年 1 月至 2012 年 6 月) 从医院感染 (HI) 病例共分离获得各种病原菌 32 472 株 (非重复菌种)，其中革兰氏阴性细菌 21 107 株 (构成比 65.0%)、革兰氏阳性细菌 9742 株 (构成比 30.0%)，真菌 1 623 株 (构成比 5.0%)。明确菌种的细菌共 5 种 16 543 株，其中革兰氏阴性细菌 4 种 13 143 株 (构成比 79.45%)、革兰氏阳性的金黄色葡萄球菌 3400 株 (构成比 20.55%) 居第 3 位[7]。

1　菌属定义与分类位置

葡萄球菌属为葡萄球菌科 (Staphylococcaceae fam. nov. Schleifer and Bell 2010) 细菌的成员，近些年来葡萄球菌属内种的变动较大，主要是增加较多，也有个别种已转为了相应的亚种。菌属 (genus) 名称 "*Staphylococcus*" 为现代拉丁语阳性名词，指葡萄串状排列的球菌 (the grape-like coccus)[8]。

1.1　菌属定义

葡萄球菌属细菌为直径 0.5 ~ 1.5μm 的革兰氏阳性球形，单个、成对、四联、短链 (3 ~ 4 个菌体) 状等，特征为多于一个平面分裂而形成不规则的团聚 (葡萄串状) 排列；无动力，无芽孢。细胞壁含有肽聚糖 (peptidoglycan) 和磷壁酸 (teichoic acid)，肽聚糖中的二氨基酸

33332

(diamino acid) 为 L- 赖氨酸。

除了金黄色葡萄球菌厌氧亚种 (*Staphylococcus aureus* subsp. *anaerobius*) 和解糖葡萄球菌外，葡萄球菌属细菌为兼性厌氧；在有氧条件下生长快且丰盛。其通常为接触酶阳性，存在细胞色素但氧化酶阴性；多数的种在 10%NaCl 环境中可生长，可在 18 ~ 40℃生长 (适宜生长温度为 30 ~ 37℃)。菌落不透明，白色或奶酪色、有时黄到橙色；硝酸盐常可被还原到亚硝酸盐。

葡萄球菌属细菌化能异养，有呼吸和发酵两种代谢类型。某些种主要为呼吸型，另有些种主要为发酵型；电子传递系统中有不饱和甲基萘醌 (menaquinones) 和细胞色素 a(cytochromes a)、细胞色素 b，另外，在弗氏葡萄球菌 (*Staphylococcus fleurettii*)、缓慢葡萄球菌 (*Staphylococcus lentus*)、松鼠葡萄球菌 (*Staphylococcus sciuri*)、犊葡萄球菌 (*Staphylococcus vitulinus*) 还有细胞色素 c；多数的种，有类胡萝卜色素 (carotenoid pigments)。在厌氧环境下，可从葡萄糖产生 D- 和 (或)L- 乳酸。因种的不同，乳糖或 D- 半乳糖通过 D- 塔格糖 -6- 磷酸盐途径 (D-tagatose-6-phosphate pathway) 或 Leloir 途径代谢。利用碳水化合物和 (或) 氨基酸为能源，可需氧利用碳水化合物产酸；多数的种发酵葡萄糖的主要产物为乳酸，存在空气时的主要产物为乙酸和 CO_2；多数的种，具有 I 类果糖 1,6-二磷酸醛缩酶 (fructose-1,6-biphosphate aldolase of class I)。

葡萄球菌属细菌营养需要是可变的，多数的种需要一种有机氮源 (某种氨基酸和 B 组维生素)；另有些种可用硫酸铵作为主要的底物氮。有的种在厌氧生长时，需要尿嘧啶和 (或) 可发酵性碳源。

葡萄球菌属细菌对溶葡萄球菌素 (lysostaphin) 敏感，但对溶菌酶 (lysozyme) 不敏感。在肽聚糖中，有较大量 L- 丝氨酸或 L- 丙氨酸取代甘氨酸的种，比主要以甘氨酸为肽桥 (interpeptide bridge) 的对溶葡萄球菌素较不敏感。某些种抗新生霉素，另有些种则表现敏感；相对普遍易敏感的是呋喃唑酮、硝基呋喃类抗菌药物，对红霉素和杆菌肽有抗性。通常敏感的消毒剂为酚及其衍生物类、水杨酰苯胺类、二苯脲类、卤素 (包括氯和碘) 及其衍生物。

葡萄球菌属细菌是具有或窄或宽宿主范围的各种细菌噬菌体 (bacteriophages) 的宿主。在某些种，可通过转导 (transduction)、转化 (transformation) 及菌细胞 - 菌细胞间接触的方式，传递遗传特征。

葡萄球菌属细菌主要自然栖居在温血动物的皮肤、皮肤腺体和黏膜上，宿主范围或窄或宽 (种间有差异)。有的可分离于动物产品 (肉、乳、奶酪) 或自然环境 (带菌杂物、土壤、沙、尘、空气或水体)，有的种是人和 (或) 动物的机会病原菌 (opportunistic pathogens)。

葡萄球菌属细菌 DNA 的 G+C mol% 为 27 ~ 41(T_m，Bd)；模式种 (type species)：金黄色葡萄球菌 (*Staphylococcus aureus* Rosenbach 1884)[8]。

1.2 分类位置

按伯杰氏 (Bergey) 细菌分类系统，在第二版《伯杰氏系统细菌学手册》(*Bergey's Manual of Systematic Bacteriology*) 第 3 卷 (2009) 中，葡萄球菌属分类于新建立的葡萄球菌科。

葡萄球菌科内包括 4 个菌属，依次为：葡萄球菌属、咸海鲜球菌属 (*Jeotigalicoccus*

Yoon，Lee，Weiss et al 2003）、巨大球菌属（*Macrococcus* Kloos，Ballard，George et al 1998）、盐水球菌属（*Salinicoccus* Ventosa，Márquez，Ruiz-Berraquero and Kocur 1990）。

葡萄球菌科细菌 DNA 的 G+C mol% 为 30 ~ 51(T_m，Bd)；模式属 (type genus)：葡萄球菌属。

在葡萄球菌属内，共记载了 37 个种、21 个亚种。

37 个种，依次为：金黄色葡萄球菌、阿氏葡萄球菌 (*Staphylococcus arlettae*)、耳葡萄球菌 (*Staphylococcus auricularis*)、头状葡萄球菌 (*Staphylococcus capitis*)、山羊葡萄球菌 (*Staphylococcus caprae*)、肉葡萄球菌 (*Staphylococcus carnosus*)、产色葡萄球菌 (*Staphylococcus chromogenes*)、科氏葡萄球菌 (*Staphylococcus cohnii*)、香料葡萄球菌 (*Staphylococcus condimenti*)、海豚葡萄球菌 (*Staphylococcus delphini*)、表皮葡萄球菌、马葡萄球菌 (*Staphylococcus equorum*)、猫葡萄球菌 (*Staphylococcus felis*)、弗氏葡萄球菌、鸡葡萄球菌 (*Staphylococcus gallinarum*)、溶血葡萄球菌、人葡萄球菌、猪葡萄球菌 (*Staphylococcus hyicus*)、中间葡萄球菌 (*Staphylococcus intermedius*)、克氏葡萄球菌 (*Staphylococcus kloosii*)、缓慢葡萄球菌、里昂葡萄球菌、水獭葡萄球菌 (*Staphylococcus lutrae*)、蝇葡萄球菌 (*Staphylococcus muscae*)、尼泊尔葡萄球菌 (*Staphylococcus nepalensis*)、巴氏葡萄球菌 (*Staphylococcus pasteuri*)、鱼发酵葡萄球菌 (*Staphylococcus piscifermentans*)、普氏葡萄球菌 (*Staphylococcus pulvereri*)、解糖葡萄球菌、腐生葡萄球菌 (*Staphylococcus saprophyticus*)、施氏葡萄球菌 (*Staphylococcus schleiferi*)、松鼠葡萄球菌、模仿葡萄球菌、琥珀葡萄球菌 (*Staphylococcus succinus*)、牸葡萄球菌、沃氏葡萄球菌 (*Staphylococcus warneri*)、木糖葡萄球菌 (*Staphylococcus xylosus*)。

21 个亚种，依次为：金黄色葡萄球菌含 2 个亚种——金黄色葡萄球菌金黄色亚种，金黄色葡萄球菌厌氧亚种；头状葡萄球菌含 2 个亚种——头状葡萄球菌头状亚种 (*Staphylococcus capitis* subsp. *capitis*)，头状葡萄球菌解脲亚种 (*Staphylococcus capitis* subsp.*urealyticus*)；肉葡萄球菌含 2 个亚种——肉葡萄球菌肉亚种 (*Staphylococcus carnosus* subsp.*carnosus*)，肉葡萄球菌有益亚种 (*Staphylococcus carnosus* subsp. *utilis*)；科氏葡萄球菌含 2 个亚种——科氏葡萄球菌科氏亚种 (*Staphylococcus cohnii* subsp. *cohnii*)，科氏葡萄球菌解脲亚种 (*Staphylococcus cohnii* subsp. *urealyticus*)；马葡萄球菌含 2 个亚种——马葡萄球菌马亚种 (*Staphylococcus equorum* subsp. *equorum*)，马葡萄球菌涂散亚种 (*Staphylococcus equorum* subsp. *linens*)；人葡萄球菌含 2 个亚种——人葡萄球菌人亚种，人葡萄球菌抗新生霉素败血症亚种 (*Staphylococcus hominis* subsp.*novobiosepticus*)；腐生葡萄球菌含 2 个亚种——腐生葡萄球菌腐生亚种 (*Staphylococcus saprophyticus* subsp. *saprophyticus*)，腐生葡萄球菌牛亚种 (*Staphylococcus saprophyticus* subsp. *bovis*)；施氏葡萄球菌含 2 个亚种——施氏葡萄球菌施氏亚种 (*Staphylococcus schleiferi* subsp. *schleiferi*)，施氏葡萄球菌凝聚亚种 (*Staphylococcus schleiferi* subsp. *coagulans*)；松鼠葡萄球菌含 3 个亚种——松鼠葡萄球菌松鼠亚种 (*Staphylococcus sciuri* subsp. *sciuri*)，松鼠葡萄球菌肉亚种 (*Staphylococcus sciuri* subsp. *carnaticus*)，松鼠葡萄球菌啮齿亚种 (*Staphylococcus sciuri* subsp. *rodentium*)；琥珀葡萄球菌含 2 个亚种——琥珀葡萄球菌琥珀亚种 (*Staphylococcus succinus* subsp. *succinus*)，琥珀葡萄球菌奶酪亚种 (*Staphylococcus succinus* subsp. *casei*)。

另外，还在附录中记载了假中间葡萄球菌 (*Staphylococcus pseudintermedius*)、猴葡萄球菌 (*Staphylococcus simiae*) 两个种 [8]。

2　金黄色葡萄球菌金黄色亚种 (*Staphylococcus aureus* subsp.*aureus*)

在前面有述金黄色葡萄球菌 (*Staphylococcus aureus* Rosenbach 1884) 包括两个亚种，即金黄色葡萄球菌金黄色亚种 (*Staphylococcus aureus* subsp. *aureus* Rosenbach 1884)、金黄色葡萄球菌厌氧亚种 (*Staphylococcus aureus* subsp. *anaerobius* De La Fuente，Suarez and Schleifer 1985)。

通常所记述的金黄色葡萄球菌，即指金黄色葡萄球菌金黄色亚种 (以下均按金黄色葡萄球菌记述)。菌种 (亚种) 名称 "*aureus*" 为拉丁语阳性形容词，指菌落为金黄色的 (golden)。此菌 DNA 的 G+C mol% 为 32 ~ 36(T_m，Bd)；模式株 (type strain)：ATCC 12600，ATCC 12600-U，CCM 885，CCUG 1800，CIP 65.8，DSM 20231，HAMBI 66，NCAIM B.01065，NCCB 72047，NCTC 8532。GenBank 登录号 (16S rRNA)：D83357，L37597，X68417。

金黄色葡萄球菌厌氧亚种，即原归在消化球菌属 (*Peptococcus* Kluyver and van Niel 1936) 的厌氧消化球菌 [*Peptococcus anaerobius*(Hamm 1912)Douglas 1957]；种名 "*anaerobius*" 为新拉丁语形容词，指不能生活在空气中的 (not living in air)。此菌 DNA 中 G+C mol% 为 31.5 ~ 32.7(T_m)；模式株：AVF-7，ATCC 35844，CCUG 37246，CIP 103780，DSM 20714。GenBank 登录号 (16S rRNA)：D83355[8]。金黄色葡萄球菌厌氧亚种，可引起绵羊发生干酪性淋巴结炎。

2.1　发现历史简介

国内外在早期对葡萄球菌病原学意义的认识，均主要是人的化脓性感染或败血症；相继，认识了金黄色葡萄球菌在食物中毒的病原学意义。

2.1.1　国外简况

根据埃莱克 (Elek) 的意见，葡萄球菌是在 1871 年由德国病理学家弗里德里希·丹尼尔·冯·雷克林豪森 (Friedrich Daniel von Recklinghausen，1833 ~ 1910) 和解剖学家海因里希·威廉·戈特弗里德·冯·瓦尔代尔 (Heinrich Wilhelm Gottfried von Waldeyer-Hartz，1836 ~ 1921；)，首次从化脓性病灶中发现的；雷克林豪森 (图 44-1) 和瓦尔代尔 (图 44-2) 在当时发现的葡萄球菌，当是常见致病的金黄色葡萄球菌。随后，德国医生、细菌学家罗伯特·科赫 (Robert Koch，1843 ~ 1910) 于 1878 年首次在脓汁中发现了葡萄球菌；1880 年，法国化学家、微生物学家、免疫学家路易斯·巴斯德 (Louis Pasteur，1822 ~ 1895) 在一患者疖肿的脓汁中发现排列似葡萄串状的细菌后，首次将其给家兔注射并发现可引起发生脓疡；1881 年，苏格兰外科医生亚历山大·奥格

图 44-1　雷克林豪森　　　图 44-2　瓦尔代尔

斯顿爵士 (Sir Alexander Ogston，1844 ~ 1929) 确证了化脓过程是由葡萄球菌所致。至此，葡萄球菌的致病作用被确认，并在化脓性感染中的重要作用日益被引起关注。早在 19 世纪后期，就发现在手术后由葡萄球菌引起的感染经常发生，但被治愈较快；相继这样的感染变得非常严重，当时在英国阿伯丁 (Aberden) 大学的手术室就挂着"准备去见上帝"这样的标语，主要指的是常会因葡萄球菌感染手术创口引起患者死亡，现在知道了那是由于葡萄球菌产生抗药性所造成的结果。

葡萄球菌的命名者是奥格斯顿，他在 1881 年基于此类细菌易形成葡萄串状排列，选用了希腊语"Staphyle"（葡萄）来命名这种细菌。1883 年，Becker 首先获得了葡萄球菌的纯培养；1884 年，由德国医学家、微生物学家弗里德里希·尤里乌斯·罗森巴赫 (Friedrich Julius Rosenbach，1842 ~ 1923) 又发现了白色葡萄球菌 (*Staphylococcus albus*)，还对化脓性葡萄球菌的主要培养特征做了首次描述，并指明了葡萄球菌与创伤感染和骨髓炎的关系，同时取意于希腊语名词 "*staphylo*"（葡萄串）和 "*coccus*"（颗粒或果实）合用作为菌属名称，建立了葡萄球菌属及命名了金黄色葡萄球菌、白色葡萄球菌两个种。1895 年，由 Pusset 又发现了柠檬色葡萄球菌 (*Staphylococcus citreus*)[9]。

2.1.2　国内简况

在我国，对葡萄球菌及葡萄球菌病的研究也是比较早的。早在 1949 年，文中进等论述了在马匹中发生的葡萄球菌病以后，多有在人及不同种动物发生葡萄球菌病的报告[10]。

原南京中央医院的徐采等 (1950) 报告自 1947 年 7 月至 1949 年 11 月，在南京中央医院诊治的败血症患者 65 例中，由金黄色葡萄球菌引起的 18 例（构成比 27.69%），其中死亡 7 例（病死率 38.89%），这当是我国对金黄色葡萄球菌引起感染发病最早的明确描述[11]。在由葡萄球菌引起的食物中毒方面，黄炯元 (1954)、中国医科大学的康白等 (1954) 分别发表文章，对有葡萄球菌引起的食物中毒作了临床特征、传播途径、细菌检验、预防等方面较详细的介绍[12, 13]。相继，上海市卢湾区卫生防疫站的徐凤山 (1958) 最早报告了 1957 年 7 月发生在上海市某机器零件五金生产合作社，因食用因金黄色葡萄球菌污染荷包蛋引起的 58 人食物中毒的 1 起事件[14]。此后，多有由葡萄球菌（主要是金黄色葡萄球菌）引起食物中毒事件发生的报告[4]。

2.2　生物学性状

对葡萄球菌的主要生物学性状研究与描述，是在革兰氏阳性球菌中相对较多的，尤其是对金黄色葡萄球菌。本书作者陈翠珍等 (1989)，也曾对分离于动物的病原金黄色葡萄球菌进行了主要理化性状检验[15]。现综合一些相关资料，做如下简要记述。

2.2.1　形态与培养特征

典型的葡萄球菌形态呈球形，有时略呈椭圆形，菌体直径多数为 0.4 ~ 1.2μm（平均为 0.8μm），其大小常不一致；革兰氏阳性（图 44-3），但当衰老、死亡或被中性粒细胞吞噬后的则常转为革兰氏阴性；在某些抗菌类药物（如青霉素）的影响下，可诱导成 L 型。由于细菌发育繁殖时作多个平面不规则的分裂，其排列呈堆积的葡萄串状并因此得名，但在脓汁或液体培养基中的生长物常排列成双或短链状，易被误认为是链球菌 (Streptococcus)；无鞭毛、无芽孢，除极幼龄的培养物可见到荚膜外则一般不形成荚膜。做磷钨酸负染色标本，置透射电子显微镜 (transmission electron microscope，TEM) 下观察可见菌体呈球状 (图 44-4，原 ×7000)。

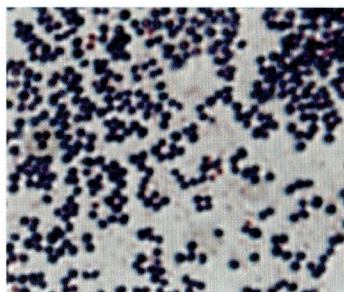

图 44-3　金黄色葡萄球菌形态

葡萄球菌的生长繁殖对营养要求不高，在普通营养培养基中可良好生长，若加入血液或葡萄糖则生长更佳；多数葡萄球菌为需氧或兼性厌氧，在有 20% 的 CO_2 环境中有利于毒素的产生；最适生长温度为 37℃，最适 pH 为 7.4；耐盐性强，在含 10% ~ 15%NaCl 的培养基中仍能生长，因此可用含高盐的选择性培养基分离培养葡萄球菌。其在普通营养肉汤中生长迅速，经 37℃培养 24h 后呈均匀混浊生长，管底稍有沉淀，摇动时易消散。在普通营养琼脂 (nutrient agar，NA) 培养基上培养 24 ~ 48h 后，形成圆形、凸起、边缘整齐、表面光滑 (smooth，S)、湿润有光泽、不透明、直径通常为 1 ~ 2mm 的菌落 (图 44-5)，菌落初呈白色，随后因菌种不同发展呈金黄色、白色或柠檬色等 (金黄色葡萄球菌的菌落则为金黄色)，该色素为脂溶性的胡萝卜素类 (carotenoids) 位于菌细胞膜中以致仅为菌落着色，22℃室温、CO_2、光线及培养基中的葡萄糖或牛乳等有利于色素的形成；在血液营养琼脂 (blood nutrient agar，BNA) 培养基 (常用家兔血液) 上，形成的菌落较大些，且多数致病性葡萄球菌能形成明显的 β- 溶血 (图 44-6)；由于致病性的葡萄球菌能产生卵磷脂酶，所以在卵黄高盐琼脂培养基上的菌落周围可形成白色沉淀环，易于辨认且可用于筛选具有致病性的葡萄球菌。

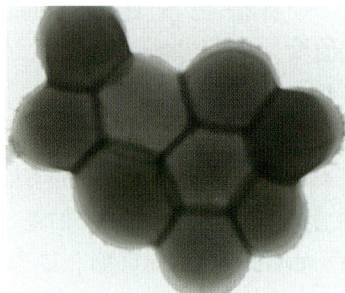

图 44-4　金黄色葡萄球菌形态 (TEM)

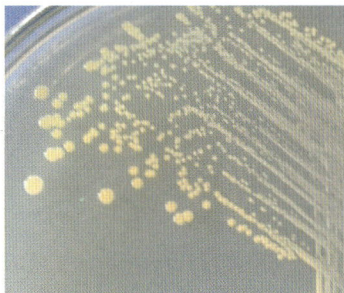

图 44-5　金黄色葡萄球菌菌落 (NA)

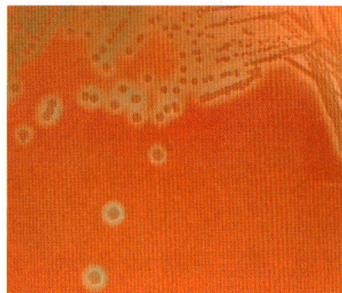

图 44-6　金黄色葡萄球菌菌落 (BNA)

葡萄球菌的接触酶阳性，对糖的发酵反应不规则，多数的种能分解葡萄糖、麦芽糖及蔗糖产酸 (不产气)，多数致病性的葡萄球菌能分解甘露醇产酸、液化明胶和产生血浆凝固酶 (plasma coagulase)，多数菌株分解尿素产氨，还原硝酸盐。所有金黄色葡萄球菌能产生大量的核酸酶 (nuclease)，所以有人认为测定 DNA 酶和测定血浆凝固酶具有同等的鉴定价值。

金黄色葡萄球菌为球形，直径为 0.5 ~ 1.0μm，个别菌体成双 (pairs)、成簇 (clusters) 排列，菌落光滑、隆起、半透明、边缘整齐，颜色为灰白色、黄色、橙色；可产生荚膜的菌株，菌落通常更为隆起和较小。肽聚糖 (peptidoglycan) 为 l-Lys–Gly5–6 型，磷壁酸 (teichoic acid) 含有核糖醇 (ribitol) 和 N- 乙酰氨基葡萄糖 (N-acetylglucosamine)，主要的菌细胞脂肪酸 (fatty acids) 为 CBr-15、C20、C18、CBr-17；主要的不饱和甲基萘醌类 (menaquinones) 为 MK-8、MK-7 及少量的 MK-9。荚膜多糖 (capsular polysaccharides) 包括 N- 乙酰 -D- 氨基 - 半乳糖醛酸 (N-acetyl-D-amino-galacturonic acid)、N- 乙酰 -D- 岩藻糖胺 (N-acetyl-d-fucosamine)、牛磺酸 (taurine)。金黄色葡萄球菌兼性厌氧，生长最好在好氧条件下，在 10 ~ 45℃生长、适宜在 30 ~ 37℃，在含有 10%NaCl 的培养基中生长良好、在含有 15%NaCl 培养基中表现生长弱。其能够产生葡萄球菌 A 蛋白 (staphylococcal protein A，SPA)，但在不同菌株间存在产生量的差异性 [8]。

2.2.2　生化特性

金黄色葡萄球菌厌氧生长，可从葡萄糖产生 D- 乳酸盐 (D-lactate) 和 L- 乳酸盐，在培养基中添加葡萄糖具有抑制三羧酸循环 (tricarboxylic acid cycle) 的作用、结果导致乙酸盐 (acetate) 和 CO_2 的蓄积。

阳性反应的项目，主要包括：碱性磷酸酶 (alkaline phosphatase)、接触酶 (catalase)、凝固酶 (coagulase)、耐热核酸酶 (heat-stable nuclease，thermonuclease)、溶血素 (hemolysin)、透明质酸酶 (hyaluronidase)，产生 3- 羟基丁酮 (acetoin)、精氨酸双水解酶 (arginine dihydrolase)、聚集因子 (clumping factor)、纤维蛋白溶酶 (fibrinolysin)、明胶酶 (gelatinase)、β- 葡萄糖苷酶 (β-glucosidase)、脂肪酶 (lipase)、酯酶类 (esterases)、尿素酶 (urease)、硝酸盐还原 (nitrate reduction)。

阴性反应的项目，主要包括：氧化酶 (oxidase)、β- 半乳糖苷酶 (β-galactosidase)、β- 葡萄糖醛酸苷酶 (β-glucuronidase)、淀粉酶 (amylase)、鸟氨酸脱羧酶 (ornithine decarboxylase)、赖氨酸脱羧酶 (lysine decarboxylase)；从阿拉伯糖、纤维二糖、松三糖、棉籽糖、水杨苷、木糖、木糖醇产酸；需氧培养从果糖、麦芽糖、蔗糖产酸。

金黄色葡萄球菌通常不能水解七叶苷、淀粉，好氧培养从果糖、半乳糖、葡萄糖、甘油、乳糖、麦芽糖、甘露醇、甘露糖、核糖、蔗糖、海藻糖、松二糖产酸；少许的菌株不能从乳糖、半乳糖、松二糖、甘露醇产生可测定到的酸；不能从侧金盏花醇、阿糖醇、阿拉伯糖、纤维二糖、糊精 (dextrin)、卫矛醇、赤藓醇 (erythritol)、赤藓糖 (erythrose)、棉籽糖、鼠李糖、水杨苷、山梨醇 (sorbitol)、山梨糖 (sorbose)、木糖醇 (xylitol)、木糖 (xylose) 产酸 [8]。

2.2.3　凝固酶阴性葡萄球菌

国际葡萄球菌和微球菌 (micrococcus) 分类委员会，在 1965 年依据凝固酶试验，将当时葡萄球菌属内包括的金黄色葡萄球菌和表皮葡萄球菌两个种，分为了凝固酶阳性葡萄球菌 (coagulase-positive staphylococci)，即金黄色葡萄球菌；凝固酶阴性葡萄球菌，即表皮葡萄球菌。此后，在从人、动物分离的大量葡萄球菌中，发现凝固酶阳性的并不仅限于金黄色葡萄球菌，也有更多的葡萄球菌属于凝固酶阴性葡萄球菌。现在，凝固酶试验并不作为葡萄球菌的分类学指征，仅仅是出于在对临床分离菌株进行致病性推测判定时采用的。

凝固酶试验，现在常常是被用于对葡萄球菌进行区分致病性与非致病性菌株的方法。

凝固酶阳性的菌株，几乎均为致病性的；多种葡萄球菌都属于凝固酶阴性葡萄球菌，但其中也有不少的种是具有致病作用的，仅仅是通常表现不如凝固酶阳性的菌株毒力那样强或致病性范围那样广泛。

一些比较常见的凝固酶阴性葡萄球菌，其主要特性如表 44-1 所示[16]。

表 44-1　人体内检出的 13 种凝固酶阴性葡萄球菌的主要鉴别特征

菌种	三羟基丁酮	溶血（小牛）	硝酸盐还原	需 O₂ 条件下产酸											尿素酶	磷酸酶	精氨酸脱羧酶	β-葡萄糖苷酶	β-葡萄糖醛酸苷酶	β-半乳糖苷酶	新生霉素
				果糖	麦芽糖	蔗糖	甘露糖	乳糖	甘露醇	海藻糖	木糖	木糖醇	松二糖	核糖							
表皮葡萄球菌	+	−	+	+	+	+	d	+	+	+	−	d	d	d	+	+	d	−	−		S
人葡萄球菌	d		d	+	+	+	−	−	d	−	−	−	d	−	+	d		d	−	−	S
溶血葡萄球菌	d	+		d	d	d	−	d	d	+	−	−	d	d	−	d	−	d	−	−	S
沃氏葡萄球菌	+	d		+	+	−	−	d	+	−	−	−	d	d	−	+	d	+	d	−	S
解糖葡萄球菌	ND	−	−	−	−	−	−	−	−	ND	ND	ND	d	+	ND	ND	ND				S
耳葡萄球菌	d		d	+	+	−	−	−	−	(+)	−	−	−	−	d	d	−	−	d		S
模仿葡萄球菌	−	d	+	+	−	d	+	d	−	−	−	d	−	d	+	−	d	+			S
腐生葡萄球菌	+	−	−	+	+	+	−	−	−	−	d	+	−	−	−	−	−	−	d		R
科氏葡萄球菌	d	−	+	+	−	−	−	d	−	−	−	−	−	−	−	−	−	−			R
木糖葡萄球菌	d	−	+	+	−	−	d	d	ND	d	d	d	d	−	d	d	+				R
头状葡萄球菌	d	−	d	+	+	−	−	−	−	−	−	−	d	−	−	−	−	−			S
里昂葡萄球菌	+	+ (W)	+	+	+	+	+	−	−	−	−	−	+	−	+	−	−	−			S
施氏葡萄球菌	+	+ (W)	+	+	−	−	d	−	−	−	−	−	−	−	+	−	−	−			S

注：表中符号的 + 表示阳性，− 表示阴性，(＋) 表示迟缓阳性，＋(W) 表示微弱阳性，d 表示可疑，ND 表示未试，S 表示敏感，R 表示抵抗。

另外，在以往较长的一个时期里，常是按 Baird-Parker(1974) 所提出的根据凝固酶的产生、对葡萄糖的厌氧分解、对甘露醇的需氧和厌氧产酸、α- 毒素的产生、耐热核酸内切酶的产生和生长时对生物素的需要、细胞壁中磷壁酸的类型、葡萄球菌 A 蛋白 (staphylococcal protein A，SPA) 的产生、对新生霉素的敏感性等，将葡萄球菌分为金黄色葡萄球菌、表皮葡萄球菌、腐生葡萄球菌的 3 种；直到第八版《伯杰氏鉴定细菌学手册》(*Bergey's Manual of Determinative Bacteriology*)(1974)，在葡萄球菌属内还仅是记载了此 3 个种。其中金黄色葡萄球菌多为致病菌、表皮葡萄球菌偶可致病、腐生葡萄球菌通常是不致病的。此 3 种葡萄球菌的主要生物学性状，如表 44-2 所示[17]。

表 44-2　3 种葡萄球菌的主要性状表

项目	金黄色葡萄球菌	表皮葡萄球菌	腐生葡萄球菌	项目	金黄色葡萄球菌	表皮葡萄球菌	腐生葡萄球菌
菌落色素	金黄色	白色	白色或柠檬色	耐热核酸酶	+		
凝固酶	+	−	−	A 蛋白	+		
葡萄糖	+	+	−	磷壁酸类型	核糖醇型	甘油型	两者兼有
甘露醇	+	−	−	噬菌体分型	多数能分	不能	不能
α- 溶血素	+	−	−	致病性	强	弱或无	无

2.2.4　抗原结构与免疫学特性

已发现的葡萄球菌抗原在 30 种以上，但对其化学组成和生物学活性等所了解的仅在少数，其细胞壁和表面的主要包括葡萄球菌 A 蛋白抗原和多糖抗原两类[18, 19]。

2.2.4.1　葡萄球菌 A 蛋白

葡萄球菌 A 蛋白是存在于葡萄球菌表面、结合在细胞壁黏肽部分的一种表面蛋白，为完全抗原，具有种属特异性、无型别特异性，具有抗吞噬细胞的吞噬作用。90% 以上的金黄色葡萄球菌菌株具有此抗原 (但在不同菌株间的含量差异悬殊)，表皮葡萄球菌和腐生葡萄球菌一般无此抗原。由于葡萄球菌 A 蛋白能与人及一些动物的 IgG 的 Fc 段非特异性结合，所以可借此进行多种免疫学测定，其中最为常用的是协同凝集试验 (coagglutination)。

2.2.4.2　多糖抗原

多糖抗原是半抗原，具有型特异性，存在于细胞壁，包括 A、B、C 三种。A 型多糖抗原是带有 β-N- 乙酰葡萄糖胺的核糖醇，存在于绝大多数金黄色葡萄球菌的菌株中；B 型多糖抗原是甘油磷壁酸，分离自非致病性葡萄球菌；C 型多糖抗原，可分离自致病性菌株和非致病性菌株。

2.2.4.3　血清型

葡萄球菌的抗原成分非常复杂，有菌细胞上的抗原，也有分泌到菌细胞外的抗原，如葡萄球菌肽聚糖和磷壁酸、金黄色葡萄球菌的荚膜成分、葡萄球菌 A 蛋白、结合血浆凝固酶 (bound coagulase) 又称为凝集因子 (clumping factor)、游离血浆凝固酶 (free coagulase)、葡萄球菌溶血素 (staphylolysin)、杀白细胞素 (leukocidin)、葡萄球菌肠毒素 (Staphylococcal enterotoxin，SE) 和表皮剥脱毒素 (exfoliative toxin，exfoliatin) 等，表皮葡萄球菌和腐生葡萄球菌产生的葡激酶 (staphylokinase) 亦称葡萄球菌溶纤维蛋白酶 (staphylococcal fibrinolysin)、磷酸酶、DNA 酶和透明质酸酶 (hyaluronidase) 等，表皮葡萄球菌产生的溶葡萄球菌素和 α- 溶血素 (α-hemolysin) 等都是抗原。

Oeding(1957) 用特异性吸收葡萄球菌免疫血清的方法，制备了金黄色葡萄球菌的 8 种单因子血清 (ac、a、b、c、e、h、i、k)，做玻片凝集试验将收集的 223 株金黄色葡萄球菌中的 209 株分成了 4 个型和若干个亚型；其中能与 e 或同时与 i 因子血清起反应的定为 I 型，不能与 e、i、k 因子血清起反应的定为 II 型，能与 i 但不能与 e 因子血清起反应的定为Ⅲ型，能同 k 因子血清反应的定为Ⅳ型；尚有 14 株菌不能分型。Hochkeppel 等用 5 型和 8 型菌株荚膜多糖的单克隆抗体，对 295 株金黄色葡萄球菌进行分型，结果有 26% 的菌株是荚膜多糖 5 型，55% 的菌株为荚膜多糖 8 型，19% 的菌株不能分型。Krikeler 等用免疫印迹法对金黄色葡萄球菌的细胞外蛋白质进行免疫学分析，比较在流行病学上有关的菌株，结果表明这种印迹型和噬菌体型 (bacteriophage type) 有明显的一致性。金黄色葡萄球菌的血清学分型已证实，其表面有 30 种以上的凝集原或型抗原存在。

2.2.4.4　免疫学特性

金黄色葡萄球菌抗原具有良好的免疫原性，被金黄色葡萄球菌感染后耐过或接种免疫动物，其机体能产生相应的免疫应答，主要为体液免疫抗体反应。不过，金黄色葡萄球菌致病作用最常表现的是局部感染，免疫抗体所表现的抗感染保护作用常常是并不很明显。

2.2.5　葡萄球菌肠毒素型

葡萄球菌肠毒素主要由凝固酶阳性的金黄色葡萄球菌产生，在 20℃ 以上经 8 ～ 10h 培养即可产生大量的葡萄球菌肠毒素。按葡萄球菌肠毒素的抗原性、等电点 (isoelectric point，pI) 等的不同，可将葡萄球菌肠毒素分为 A、B、C、D、E 和 F 共 6 个免疫型或血清型 (分别称为 SEA、SEB、SEC、SED、SEE 和 SEF)，同一菌株能产生 1 型或 2 型以上的葡萄球菌肠毒素，一般是以其中的 1 个型为主。葡萄球菌肠毒素是一种可溶性蛋白质，呈单一的多肽链，含有较多的赖氨酸、酪氨酸、天冬氨酸和谷氨酸，不含糖和脂类，分子质量为 27.5 ～ 30kDa，耐热 (经 100℃ 煮沸 30min 不被破坏)，也不受胰蛋白酶的影响。其中的葡萄球菌肠毒素 C(SEC) 包括 C1、C2、C3 三个亚型，它们之间的抗原决定簇差异较小，免疫反应性相同，分子质量接近 (均约在 27kDa)。在这些肠毒素 (enterotoxins) 中，最为常见的是 A 型。

在 1978 年，美国学者 Todd 首次报告了中毒性休克综合征 (toxic shock syndrome，TSS)，研究证明其病原为金黄色葡萄球菌，所产生的葡萄球菌肠毒素被命名为葡萄球菌肠毒素 F(SEF)，也被称为与中毒性休克综合征相关的类肠毒素蛋白 (enterotoxin-like protein) 和热源性外毒素 C(pyrogenic exotoxin C，PEC)；在 1984 年由 Igarashi 证明 SEF 和 PEC 是同一种毒素，同年在美国威斯康星大学召开的中毒性休克综合征国际专题学术会议上将其定名为中毒性休克综合征毒素 1(toxic shock syndrome toxin-1，TSST-1)。此外，在近些年还发现了 SEG、SEH、SEI、SEJ、SEK、SEL、SEM、SEN、SEO、SEP、SEQ、SEU 等新型的葡萄球菌肠毒素[1, 8, 20 ~ 23]。

2.2.6　噬菌体型

自 1952 年始在国际上就开展了对金黄色葡萄球菌的噬菌体分型 (bacteriophage typing) 工作，并建立了国际噬菌体分型方法。1953 年，国际微生物学会建议用 4 组共 19 株噬菌体作为金黄色葡萄球菌分型的基本噬菌体，即 I 组为 29、52、52A、79；II 组为 3A、3B、3C、55；III 组为 6、7、42E、47、53、54、70、73、75、77；IV 组为 420。在后来，Anderson 等建议增加了 71 和 80 株。1958 年，国际微生物学会建议用 5 组共 21 ～ 22 株噬菌体作为对金黄色葡萄球菌分型的基本噬菌体，即 I 组为 29、52、52A、79、80；II 组为 3A、3B、3C、55、71；III 组为 6、7、42E、47、53、54、75、77；IV 组为 420；不定组：81、187；或者在第 III 组中，增加 83A。目前用于对金黄色葡萄球菌分型的国际基本噬菌体是 4 组共 23 株，即 I 组为 29、52、52A、79、80；II 组为 3A、3C、55、71；III 组为 6、42E、47、53、54、75、77、83A、84、85；M(混合) 组为 81、94、95、96。

按照对菌株的基本噬菌体溶解谱不同，可将金黄色葡萄球菌分为 4 ~ 5 个组和若干个型。因为金黄色葡萄球菌是常见的病原菌，所以在国外有许多大医院和地方保健所的实验室都开展了金黄色葡萄球菌的噬菌体分型工作，其中有半数以上的国家中心报告用国际基本噬菌体可以对 80% 的金黄色葡萄球菌菌株进行分型。Jette 对 13 579 株金黄色葡萄球菌临床分离株和环境分离株进行噬菌体分型，发现有 25% 的菌株对噬菌体 94、95 和 96 株敏感；Collins 等发现有 25% 的耐新青霉素 I 的金黄色葡萄球菌菌株是 6/47/54/81 型，80/81 型、52A/79 型、94 型和 96 型是流行最广的病原性菌株[19]。

2.2.7 质粒型

用琼脂糖凝胶电泳法测定菌株质粒的大小和数量，是对葡萄球菌分型的一种有用的方法。金黄色葡萄球菌、表皮葡萄球菌、中间葡萄球菌、模仿葡萄球菌、溶血葡萄球菌、沃氏葡萄球菌、人葡萄球菌、头状葡萄球菌、科氏葡萄球菌和腐生葡萄球菌等许多种葡萄球菌，都有复杂的质粒种类和不同数量的质粒。菌株之间质粒也有显著差异，一些菌株可携带 5 ~ 10 个不同的质粒。葡萄球菌的质粒，可通过接合方式在种间和种内传递。Kloos 等测定了 13 种共 342 株葡萄球菌的质粒成分，结果表明 $Mr \geq 30 \times 10^8$ 的大质粒在葡萄球菌中并不普遍存在；Mr 为 15×10^3 ~ 29×10^6 的中等大小质粒在松鼠葡萄球菌、中间葡萄球菌、鸡葡萄球菌和模仿葡萄球菌中不存在或仅偶然存在，但存在于 55% 的金黄色葡萄球菌菌株、79% 的表皮葡萄球菌菌株和 86% 的腐生葡萄球菌菌株中；大多数种类的葡萄球菌都普遍存在小质粒，由此可以证实某些种类或某些菌株的葡萄球菌是不同的质粒型。金黄色葡萄球菌的中等大小的质粒其 Mr 为 20×10^6，这种质粒与 β- 内酰胺酶 (β-lactamases) 的产生和对红霉素的耐药性有关，其复制与细菌染色体的复制同步，因此每个细菌通常只含 1 个。金黄色葡萄球菌的小质粒的 Mr 是 3×10^6，携带对四环素和氯霉素的耐药基因，质粒独自复制，因此 1 个细菌可含多个这种质粒。Archer 等对分离于 15 个人的表皮葡萄球菌进行质粒分型表明，没有 1 株菌存在相同的质粒型；相反，对从 36 个表皮葡萄球菌感染患者分离的表皮葡萄球菌进行质粒型分析，却有 32 个患者的表皮葡萄球菌分离株是相同的质粒型。Parisi 等和 Mickelsen 等对一些表皮葡萄球菌株的质粒型分析，也获得了类似结果[19]。

2.2.8 生境与抗性

葡萄球菌在自然界广泛存在，如空气、土壤、水及日用物品，人或动物的皮肤表面和鼻、咽、肠道也经常有葡萄球菌的存在，在健康人的外耳道、鼻腔的带菌率为 40% ~ 44%；葡萄球菌对外界因素的抵抗力，通常强于其他无芽孢细菌。

2.2.8.1 生境

浙江医科大学的何南祥等 (1959) 较早报告了金黄色葡萄球菌在正常人鼻腔的带菌情况及对抗菌类药物的耐药性，在受检验的浙江医科大学第一医院医护人员 102 人中有 14 人阳性 (阳性率 13.73%)、杭州某中学 72 名学生中有 5 人阳性 (阳性率 6.94%)[24]。

在我国多有对葡萄球菌在食品中分布情况的检验报告，且金黄色葡萄球菌在多种食品的污染广泛，其中检出率高的主要是肉类食品，也是容易导致发生食物中毒的主要食品类。例如，上海交通大学的李自然等 (2013) 报告，对在 2010 年 8 月至 2011 年 1 月间采集的食品样品 505 份，进行了金黄色葡萄球菌分布情况的检验；结果在各类被检的食品样品中均有检出，总检出率 23.17%(117/505)。按检出率，依次为：生鲜肉 32.86%(23/70)，速冻食品 26.67%(12/45)，生牛乳 26.25%(63/240)，水产品 16.0%(4/25)，果蔬 13.75%(11/80)，豆制品 8.89%(4/45)[25]。

在医院，葡萄球菌可见于多种临床材料、环境及物体表面。以下记述的一些报告，是具有一定代表性的。

吉林省卫生监测检验中心消毒所的刘晓杰等 (2013) 报告，在 2010 年 6 月至 2012 年 12 月间，对两所三级甲等医院的血液透析科、重症监护室 (intensive care unit，ICU)、新生儿病房、感染科等重点科室的环境和物体 (处置台、床头柜、水龙头、电脑鼠标、呼吸机键盘等) 表面，进行了医院感染常见病原菌污染情况的回顾性调查分析。结果在所采集的 291 份样本中共检出病原菌 88 株 (检出率 30.24%)，其中革兰氏阴性细菌 19 种 63 株 (构成比 71.59%)；革兰氏阳性球菌 25 株 (构成比 28.41%)，主要为凝固酶阴性葡萄球菌的一些种[26]。

在第 4 章 "肠杆菌属"(*Enterobacter*) 中有记述，湖北省随州市中心医院的刘杨等 (2013) 报告，对该医院重症监护室住院患者使用的留置导尿管 (接口处内壁)、氧气湿化瓶 (内壁)、冷凝水集水瓶 (内壁)、呼吸机螺纹管 (接口处内壁)、中心供氧壁管出口、气管插管 (内壁)、呼吸机湿化罐 (内壁)、留置针连接管三通口、输液泵 (接口处内壁)、微量注射泵 (接口处内壁)、深静脉置管 (接口处内壁) 等 11 种医疗器具，采集使用的 (48±2)h 的样本共 300 份进行了微生物学检验。结果其中 217 份阳性 (阳性率 72.33%)。其中以留置导尿管 (接口处内壁) 阳性率最高，检验 19 份中 17 份阳性 (阳性率 89.47%%)。在 217 份阳性样本中，共检出病原菌 19 种 (属)242 株，其中革兰氏阴性菌 11 种 184 株 (构成比 76.03%)、革兰氏阳性菌 6 种 41 株 (构成比 16.94%)、真菌 2 个菌属 17 株 (构成比 7.02%)。在 19 种 (属)242 株病原菌中，包括金黄色葡萄球菌 13 株 (构成比 5.37%)、表皮葡萄球菌 9 株 (构成比 3.72%)、溶血葡萄球菌 3 株 (构成比 1.24%)、木糖葡萄球菌 3 株 (构成比 1.24%)。报告者认为对患者各种诊疗性侵入性操作的应用 (如气管插管、留置导尿、中心静脉置管、引流管留置等)，可破坏机体黏膜保护屏障，从而导致患者呼吸系统、泌尿系统、导管相关性血流感染的发生，造成医院感染率升高[27]。

2.2.8.2　抗性

葡萄球菌在干燥脓汁、痰液中可存活 2 ~ 3 个月，60℃加热 1h 或 80℃加热 30min 才被杀死，在 2% 石炭酸中 15min 或 1% 升汞中 10min 始死亡，耐盐性强 (在含 10% ~ 15%NaCl 的培养基中仍能生长)；同其他革兰氏阳性菌一样，对碱性染料敏感，如 1：(100 000 ~ 200 000) 的龙胆紫溶液可抑制其生长。通常表现对新生霉素敏感，对青霉素、甲氧西林有抗性；近年来由于广泛应用抗生素类药物，耐药菌株逐年增多，目前金黄色葡萄球菌对青霉素耐药的菌株高达 90% 以上[8, 17]。

浙江省舟山医院的李春儿等 (2013) 报告，在 2010 年 1 月至 2012 年 12 月间，从该医院住院患者分离 1085 株金黄色葡萄球菌，进行耐药性分析的结果为耐甲氧西林金黄色葡萄球菌 (Methicillin-resistant *Staphylococcus aureus*，MRSA) 菌株 714 株 (构成比 65.81%)，并有逐年上升的趋势。耐甲氧西林金黄色葡萄球菌菌株对供试多数常用抗菌类药物的耐药性，明显高于对甲氧西林敏感的菌株 (Methicillin-sensitivity *Staphylococcus aureus*，MSSA)，对红霉素、克林霉素的耐药率分别为 62.6% 和 49.8%。未检出对万古霉素、替考拉宁、利奈唑胺耐药的菌株，对呋喃妥因、夫西地酸、奎奴普汀 - 达福普汀的耐药率均低于 3%。所有菌株对苯唑西林、红霉素、克林霉素的耐药率，均呈逐年上升的趋势[28]。

2.3 病原学意义

葡萄球菌是一种持久性的病原菌，在公共场所和医院表现尤为突出。其中以金黄色葡萄球菌的致病作用最强，且在临床感染中也最为常见；其次是表皮葡萄球菌，其他种葡萄球菌也可偶尔作为病原菌被检出。

2.3.1 人的金黄色葡萄球菌金黄色亚种感染病

人的金黄色葡萄球菌感染病是比较多见的，包括食物中毒及多种类型的局部组织器官化脓性、炎性感染和败血症等。金黄色葡萄球菌主要分离于温血动物的鼻前孔及鼻咽部黏膜、皮肤[8]。

2.3.1.1 临床常见感染类型

葡萄球菌仍是当今医院和公共场所的一种主要病原菌，其中主要是金黄色葡萄球菌，是对人类最有破坏性的病原菌之一。在医学临床主要包括脓毒血症、脓疱病、脓肿、皮肤软组织感染、创伤化脓性感染、中毒性休克综合征、葡萄球菌烫伤样皮肤综合征 (staphylococcal scalded skin syndrome，SSSS)、菌血症、败血症、心内膜炎、肺炎及脓胸、肠炎、脑膜炎、骨髓炎及关节炎、尿道感染 (urinary tract infection，UTI)、疖、痈、内毒素休克症等多种类型，以临床表现某些局部组织器官的化脓性、炎性感染及胃肠道感染 (腹泻) 为特征，在医院感染中表现尤为突出[1,2]。

美国疾病预防控制中心 (Center for Disease Control and Prevention，CDC) 报告在引起医院获得性感染中，葡萄球菌占据第 2 位，仅次于大肠埃希氏菌 (*Escherichia coli*)。现已知其引起的主要感染病类型，如表 44-3 所示[19]。

表 44-3 葡萄球菌引起的主要感染病

疾病	金黄色葡萄球菌	表皮葡萄球菌	腐生葡萄球菌	疾病	金黄色葡萄球菌	表皮葡萄球菌	腐生葡萄球菌
败血症	+	+	·	骨髓炎	+	+	·
心内膜炎	+	+	·	肺炎	+	·	·
尿道感染	+	+	+	关节炎	+	·	·
脓疱病	+	·	·	肠炎	+	·	·
脓肿	+	·	·	中毒性休克综合征	+	·	·
疖	+	·	·	内眼炎	+	·	·
痈	+	·	·	脓胸	+	+	·
脑膜炎	+	·	·				

注：表中符号的 + 表示阳性，· 表示未记载。

2.3.1.2　食物中毒

金黄色葡萄球菌为食源性疾病 (foodborne diseases) 的病原菌，也称为食源性病原菌 (foodborne pathogen)。在细菌性食物中毒 (bacterial food poisoning) 方面，我国多有由金黄色葡萄球菌引起的事件发生，且地域分布广泛，也一直在细菌性食物中毒事件中占据着重要地位；另外，其常常表现出较高的罹患率，但中毒规模在多数情况下不是很大，也很少有中毒死亡事件。发生场所主要是在分食某种被金黄色葡萄球菌污染食物的情况下，以及集体 (聚) 餐 (宴) 场所。中毒食物主要涉及被金黄色葡萄球菌 (或其毒素) 污染的肉类食品，其次为奶及奶制品，另外为米、面食品类[4]。

金黄色葡萄球菌食物中毒的病程具有一定的自限性，一般为 1 ~ 3 天，轻者数小时即症状消失；病后的免疫力不强，可重复发生。初步统计 102 起事件，在不同年龄、性别的均有发生；发病表现急骤，潜伏期多在 1 ~ 10h，最短的为 20min，最长的达 16.5h。临床表现几乎均有腹痛、腹泻、恶心、呕吐等消化道症状，有的伴有发热、头痛、头晕、全身不适等[4]。

2.3.1.3　医院感染特点

由金黄色葡萄球菌引起的医院感染，所表现的特点是感染缺乏区域特征、感染部位宽泛、感染类型复杂、感染发生频率高、有效预防控制难度大，一直是在医院感染控制中最为烦人的医院感染。

(1) 科室分布特点：综合一些相关的文献分析，由金黄色葡萄球菌引起的医院感染，主要分布于重症监护室和外科。以下记述的一些报告，是具有一定代表性的。

在上面有记述浙江省舟山医院的李春儿等 (2013) 报告的 1085 株金黄色葡萄球菌，在各科室的分布依次为：重症监护室 343 株 (构成比 31.61%)、神经外科 271 株 (构成比 24.98%)、骨科 196 株 (构成比 18.06%)、呼吸内科 151 株 (构成比 13.92%)、肾脏内科 52 株 (构成比 4.79%)、肝胆外科 37 株 (构成比 3.41%)、其他科室 35 株 (构成比 3.23%)[28]。

湖北省咸宁市咸安区妇幼保健院的余梦学 (2013) 报告，在 2010 年 1 月至 2012 年 12 月间，从该医院住院患者分离到 229 株金黄色葡萄球菌。这些菌株在各科室的分布，依次为：重症监护室 71 株 (构成比 31.00%)、脑外科 47 株 (构成比 20.52%)、儿科 39 株 (构成比 17.03%)、普通外科 26 株 (构成比 11.35%)、妇科 21 株 (构成比 9.17%)、呼吸内科 16 株 (构成比 6.99%)、其他科室 9 株 (构成比 3.93%)[29]。

浙江省绍兴市人民医院的王凯等 (2012) 报告，在 2010 年 1 月至 2011 年 6 月间，从该医院住院患者分离到 265 株金黄色葡萄球菌。这些菌株在各科室的分布，依次为：重症监护室 83 株 (构成比 31.32%)、耳鼻喉科 38 株 (构成比 14.34%)、内分泌科 28 株 (构成比 10.57%)、呼吸内科 26 株 (构成比 9.81%)、关节脊柱科 15 株 (构成比 5.66%)、血管疝气科 14 株 (构成比 5.28%)、神经内科 14 株 (构成比 5.28%)、肝胆外科 12 株 (构成比 4.53%)、心胸外科 11 株 (构成比 4.15%)、其他科室 24 株 (构成比 9.06%)[30]。

(2) 感染部位特点：综合一些相关的文献分析，由金黄色葡萄球菌引起的医院感染，主要分布于呼吸道和脓液。以下记述的一些报告，是具有一定代表性的。

在上面有记述浙江省舟山医院的李春儿等 (2013) 报告的 1085 株金黄色葡萄球菌，在各感染部位的分布依次为：呼吸道 596 株 (构成比 54.93%)、分泌物 314 株 (构成比

28.94%）、中段尿液73株（构成比6.73%）、血液61株（构成比5.62%）、其他标本材料41株（构成比3.78%）[28]。

在上面有记述湖北省咸宁市咸安区妇幼保健院的余梦学 (2013) 报告的 229 株金黄色葡萄球菌，在各感染部位的分布依次为：痰或咽拭子95株（构成比41.48%）、脓液63株（构成比27.51%）、分泌物41株（构成比17.90%）、血液13株（构成比5.68%）、尿液10株（构成比4.37%）、其他标本材料7株（构成比3.06%）[29]。

在上面有记述浙江省绍兴市人民医院的王凯等 (2012) 报告的 265 株金黄色葡萄球菌，在各感染部位的分布依次为：痰液120株（构成比45.28%）、脓液37株（构成比13.96%）、手术切口缘34株（构成比12.83%）、伤口分泌物33株（构成比12.45%）、渗出液9株（构成比3.39%）、尿液9株（构成比3.39%）、血液8株（构成比3.02%）、引流液5株（构成比1.89%）、胸腔积液4株（构成比1.51%）、咽拭子4株（构成比1.51%）、留置针2株（构成比0.75%）[30]。

2.3.2　动物的金黄色葡萄球菌感染病

对动物致病的葡萄球菌亦主要是金黄色葡萄球菌，可寄生于马、牛、猪、兔、鸡等多种动物，感染类型多表现为某些组织器官的化脓性疾患和炎性感染及败血症等，如马的创伤性感染、脓肿、蜂窝织炎，牛及羊的急性与慢性乳腺炎，鸡的葡萄球菌病，猪的皮炎、流产，羊的皮炎及羔羊败血症等，在实验动物中以家兔最易感 [4]。

在水生动物，Shah 和 Tyagi(1986) 报告在 1982 年和 1983 年间，在印度养殖的白鲢鱼出现发病死亡，从病死鱼分离到相应病原金黄色葡萄球菌 [31]。中山大学的叶巧真等 (2000) 报告，从广东省东莞市、南海市患白底板病和红底板病的中华鳖组织内分离到 5 种病原菌，经人工感染试验表明其中的金黄色葡萄球菌，是所检中华鳖红底板病例的病原菌之一 [32]。

2.3.3　毒力因子与致病机制

葡萄球菌可产生与致病相关的多种毒力因子，已经明确的主要包括毒素和毒性酶类，这些毒力因子主要由金黄色葡萄球菌产生，常见的主要有：葡激酶（葡萄球菌溶纤维蛋白酶）、葡萄球菌溶血素、杀白细胞素、葡萄球菌肠毒素、表皮剥脱毒素、中毒性休克综合征毒素 1、血浆凝固酶、耐热核酸酶 (heat-stable nuclease)、透明质酸酶、脂酶 (lipase)、由表皮葡萄球菌及其他一些凝固酶阴性葡萄球菌产生的细胞外黏质物 (extracellar slime substance，ESS) 等 [1, 3, 19, 21]。

2.3.3.1　菌体表面结构物质

葡萄球菌的许多菌体表面结构物质，均在构成毒力因子方面发挥着重要作用，主要包括细胞外黏附物质和葡萄球菌 A 蛋白。

(1) 黏附物质：在葡萄球菌的菌体表面存在的血纤维蛋白原结合蛋白 (fibrinogen-binding protein) 即结合血浆凝固酶（凝聚因子）、胶原黏附素 (collagen adhesin)、纤维连接蛋白结合蛋白 (fibronectin-binding protein)、糖萼 (glycocalyx) 等细胞外黏附物质，易黏附于医疗器械、人工装置、宿主组织细胞表面，介导细菌的定植、初步感染或感染的扩散等。

有不少的研究结果表明糖萼与致病性也密切相关，如表皮葡萄球菌侵入机体后，可在一定的支持物上形成微菌落 (microcolony) 或生物膜 (biofilm)，这是通过糖萼使细菌与支持物、细菌与细菌连接，以及菌细胞的繁殖形成的；糖萼既与黏附性有关，又可增强细菌的侵袭力或毒力。

(2) 葡萄球菌 A 蛋白：为单链多肽，其一端与细胞壁肽聚糖共价连接；另一端伸出于细胞壁表面并呈一定的立体构型，是细胞壁的组成部分，分子质量为 1.2 ~ 1.5kDa，是多数金黄色葡萄球菌的表面结构物质 (分离于人的菌株均存在)，每个菌体表面可有 8000 个葡萄球菌 A 蛋白分子。

葡萄球菌 A 蛋白具有多种生物学活性，当葡萄球菌 A 蛋白与体内 IgG 的 Fc 段结合后，可封闭吞噬细胞的调理吞噬作用，从而使金黄色葡萄球菌免受攻击，有利于其在宿主体内的生存；因此，葡萄球菌 A 蛋白可通过这种抗吞噬作用赋予细菌的侵袭力，在金黄色葡萄球菌感染中起重要作用。另外，葡萄球菌 A 蛋白还可损伤血小板，葡萄球菌 A 蛋白与 IgG 的复合物能激活补体系统引起实验动物的变态反应等。

2.3.3.2 葡萄球菌胞外蛋白物质

葡萄球菌可产生 30 多种不同性状和功能的胞外蛋白物质，其中的多数胞外蛋白物质具有增强细菌侵袭力或对机体直接产生致病作用的功能。

(1) 协同亲膜毒素 (synergohymentropic toxins)：亦称为膜损伤毒素 (membranedamaging toxins)，包括分别含几种不同组分的葡萄球菌杀白细胞素和葡萄球菌溶血素。杀白细胞素可杀死中性粒细胞、单核细胞及巨噬细胞，在局部化脓性感染、特别是皮肤感染中起重要作用。葡萄球菌溶血素至少有 α、β、γ、δ、ε 等 5 种，过去认为对人致病的主要是 α 毒素，现已发现 β 和 γ 毒素同样能赋予细菌的侵袭力，在临床分离的金黄色葡萄球菌中有 99% 的菌株能产生 γ 溶血素。α 溶血素是可溶解绵羊和家兔红细胞的一种外毒素，能引起小血管收缩、导致局部缺血和坏死，并能引起平滑肌痉挛，还可损伤血小板、巨噬细胞和白细胞，使细菌被吞噬后仍可在细胞内生长繁殖；对动物有致病性的葡萄球菌均可产生 β 溶血素，它只能溶解绵羊和牛的红细胞，在含有绵羊血液的营养琼脂培养基平板上，可出现大而不完全透明的溶血环，当置于室温或 4℃ 冰箱中过夜后可呈完全溶血，所以也称为冷 - 热溶血现象，人源性菌株仅有 20% 产生 β 溶血；γ 溶血素与 α 溶血素相似，但抗原性不同；对人、动物有致病性的葡萄球菌均可产生 δ 溶血素，可溶解家兔、绵羊及人的红细胞。

杀白细胞素和 β 溶血素均为双组分蛋白，任何单一组分蛋白都不能单独发挥毒性作用，而且均对白细胞膜及其他生物膜 (如溶酶体膜等) 具有亲和性，并能引起损伤，因此这些葡萄球菌胞外蛋白也被称为协同亲膜毒素。

(2) 葡萄球菌肠毒素：主要由凝固酶阳性的金黄色葡萄球菌产生，是引起食物中毒的主要致病因子。当产生葡萄球菌肠毒素的菌株污染了食品被误食后，葡萄球菌肠毒素会在肠道作用于内脂神经受体，传入中枢神经系统可刺激呕吐中枢，引起剧烈的呕吐，产生急性胃肠炎症状；一般表现为发病急、病程短、恢复快，潜伏期多在 1 ~ 6h，出现头晕、呕吐、腹泻等症状，发病 1 ~ 2 天能自行恢复，预后良好。

江苏省扬州市疾病预防控制中心的巢国祥等 (2006) 报告，对在 2003 年至 2005 年间从采集于 8 类食品 1243 份样品中检出的 87 株金黄色葡萄球菌，进行葡萄球菌肠毒素检测，其中 49 株为阳性 (阳性率 56.32%)[33]。黑龙江省鹤岗市疾病预防控制中心的姜秀杰等 (2009) 报告指出，金黄色葡萄球菌引起食物中毒的主要原因是产生耐热肠毒素 (heat-stable enterotoxin，ST)，经 100℃加热 1.5h 仍不失去其活性。因此，金黄色葡萄球菌一旦污染食品并产生肠毒素，普通的烹饪方法不能将其破坏，因而食品一旦被金黄色葡萄球菌污染则极易引起食源性疾病的暴发。认为金黄色葡萄球菌中毒的实质是耐热肠毒素引起的中毒，只有检测出肠毒素，才能为金黄色葡萄球菌中毒下最后的结论[34]。

(3) 表皮剥脱毒素：葡萄球菌表皮剥脱毒素也称为葡萄球菌表皮溶解性毒素 (epidermolytic toxins)，由 Von Ritter 和 Rittershan(1978) 首次提出，其所引起的疾病被称为 "Ritter 病"，在 20 年后证明此毒素与金黄色葡萄球菌有关；与葡萄球菌有关的其他类似脓疱病，包括毒性表皮溶解性坏死 (roxic epidermal necrolysis)、大脓疱、同由 A 群乙型溶血性链球菌 (β-hemolytic streptococcus) 引起的猩红热 (scarlet fever) 样皮疹亦得到阐明，这些疾病现在统称为葡萄球菌烫伤样皮肤综合征，主要见于新生儿和婴幼儿，表现皮肤出现全身扩散性红斑、鳞片状脱皮。

葡萄球菌表皮剥脱毒素分为 A 和 B 两种，均为蛋白质，对酸不稳定 (pH 4.0 时可被灭活)，可耐受 60℃作用 1h、经 100℃作用 20min 失去活性；毒素 A 由细菌染色体基因编码，毒素 B 的基因由质粒 (pRW002) 携带；是主要由噬菌体 II 型金黄色葡萄球菌产生的一种蛋白质，相对分子质量为 24 000，具有抗原性，可用福尔马林脱毒成类毒素 (toxoid)。

(4) 中毒性休克综合征毒素 1：是引起中毒性休克综合征的主要致病物质，早在 20 世纪 20 年代末期有类似中毒性休克综合征的散发病例记载，在 1978 年由 Todd 报告了首批病例并首次使用中毒性休克综合征这一名称，同时明确了中毒性休克综合征与凝固酶阳性葡萄球菌的关系，相继在两年后有报告引起中毒性休克综合征的是中毒性休克综合征相关金黄色葡萄球菌产生的中毒性休克综合征毒素 1。

中毒性休克综合征毒素 1 由噬菌体 II 型金黄色葡萄球菌产生，可引起发热及增强对内毒素的敏感性，增强毛细血管的通透性，引起毛细血管功能紊乱后导致休克。

(5) 葡萄球菌超抗原：在微生物超抗原 (superantigens，SAg) 方面，以对金黄色葡萄球菌超抗原的研究最多，如属于超抗原的葡萄球菌肠毒素、中毒性休克综合征毒素 1 等。对葡萄球菌超抗原的发现和研究，不仅对葡萄球菌感染相关性自身免疫疾病、葡萄球菌性中毒性休克综合征和葡萄球菌性食物中毒等有了进一步的认识，而且还进一步揭示了葡萄球菌感染与免疫错综复杂的、多层次的交叉网络性相互关系。

(6) 血浆凝固酶：包括结合凝固酶和游离凝固酶两种，结合凝固酶与菌细胞壁结合 (又称为凝聚因子)，起纤维蛋白原的特异受体作用，纤维蛋白原与菌体表面凝固酶交联使细菌被凝聚；游离凝固酶是分泌于菌细胞外的，其作用类似凝血酶原物质，可被人或家兔血浆中的协同因子 (cofactor) 激活变成凝血酶样物质后，使液态的纤维蛋白原变成固态的纤维蛋白，从而使血浆凝固。所有产生毒素的葡萄球菌均具有血浆凝固酶，从感染部位分离的金黄色葡萄球菌有 97% 的菌株均能产生血浆凝固酶。所以，血浆凝固酶是判断致病性葡萄球菌的重要指标之一，它是保护细菌不被吞噬细胞吞噬或被吞噬后不被消灭的一种保护机制。

2.4　微生物学检验

对金黄色葡萄球菌的微生物学检验,主要依赖于做细菌分离培养与鉴定的细菌学检验;但因葡萄球菌广泛存在于自然界,因此常需对所检出的葡萄球菌做病原性检验。

2.4.1　细菌学检验

对金黄色葡萄球菌的细菌学检验,主要内容是对细菌的准确分离与鉴定。在对葡萄球菌的检验中,有些专用项目及注意事项等,下面予以简述以供参考。

2.4.1.1　形态特征检查

在对标本材料直接做涂(抹、触)片进行革兰氏染色检查时,需注意常表现出的并非典型的葡萄串状排列,可散在、成双或几个在一起的短链状排列。另外,在固体培养基上的培养物常表现为典型葡萄串状排列,在液体培养基中的培养物则常不典型。

2.4.1.2　分离培养与鉴定

通常分离金黄色葡萄球菌可将被检材料直接接种于普通营养琼脂及含血营养琼脂培养基,37℃培养 24h 后依据其菌落特征及做形态特征检查等判定是否为葡萄球菌。对于含菌少的液体材料等,可先接种于普通营养肉汤培养基做 37℃的 24h 增菌培养后,再接种于营养琼脂培养基做细菌分离。对混有杂菌或污染的标本,可使用选择性较强的高盐甘露醇培养基或卵黄高盐甘露醇培养基进行选择性分离。在分离获得葡萄球菌并做纯培养后,再按金黄色葡萄球菌的生物学特性予以种的鉴定。

需要注意的是所分离的金黄色葡萄球菌,会有个别菌株不产生金黄色色素。例如,德化县卫生防疫站的许美凤等 (1996) 报告在 1995 年 6 月,福建省德化县有 6 名居民因食用某面包店生产的奶油蛋糕和面包发生食物中毒,检验证实是由奶油被金黄色葡萄球菌污染引起的,分离的菌株产生白色色素 [35]。

2.4.1.3　菌株致病性检验

通过对一些相关特性的检验,一般可以初步确定分离菌株是致病性或非致病性的;但在有的菌株,会出现异常情况。

(1) 凝固酶和凝聚因子试验:葡萄球菌凝固酶试验,被广泛用于对金黄色葡萄球菌与其他葡萄球菌的常规鉴定中。通常常用的试管法凝固酶试验,是用于检测葡萄球菌的凝固酶;玻片法试验,是用于检测凝聚因子。这是一种用于区分致病性与非致病性葡萄球菌菌株的常用且主要的试验,凝固酶阳性的菌株几乎均为致病性的 [36]。

(2) 甘露醇厌氧发酵试验:致病性葡萄球菌能在无氧条件下分解甘露醇产酸、不产气,非致病性菌株则无此特性。但需注意的是,有个别致病性分离株是不分解甘露醇的。例如,甘肃省庆阳地区卫生防疫站的王平林等 (1995) 报告在 1992 年 6 月 1 日,甘肃庆阳地区某厂职工食堂 70 名职工就餐,60 人食用猪肉炒包心菜后发生食物中毒,经检验证实是由生猪肉被金黄色葡萄球菌污染引起的,分离的菌株不分解甘露醇 [37]。

(3) 耐热 DNA 酶测定:金黄色葡萄球菌能产生耐热 DNA 酶,非致病性的葡萄球菌虽亦能产生 DNA 酶但不耐热,因此常以耐热 DNA 酶测定和凝固酶试验一起作为鉴定致病性金黄色葡萄球菌的指标。南昌市疾病预防控制中心的彭国华等 (2008) 报告采用 PCR 方法,检测从 1 起食物中毒标本检出的金黄色葡萄球菌 SE 基因及耐热 DNA 酶基因 (nuc)，取得了具有可应用价值的效果 [38]。

(4) 肠毒素测定：目前用于测定葡萄球菌肠毒素的方法较多，主要有免疫血清学和动物实验方法。其中的动物实验是传统方法，具体是将可疑食物中毒的标本 (如患者的呕吐物或剩余食物)，接种于含 60 ~ 100g/L 的 NaCl 的高盐肉汤管中，37℃培养 48h 后将其煮沸 30min 以杀灭细菌以及其他毒素，取此热处理培养液经 3000r/min 离心 1h 后，取上清液 2ml 注入体重为 500g 左右的幼猫腹腔或静脉内，或口服 15 ~ 20ml(但一般不敏感)，于 4h 内观察是否出现呕吐、腹泻、体温升高、畏寒或死亡等中毒现象；通常在 15min 到 2h 内出现症状，4 ~ 5h 后恢复正常。也有记述猫对葡萄球菌肠毒素 C 不敏感，用恒河猴做喂食试验是测定葡萄球菌肠毒素最为可靠的方法 [3, 18, 39]。

现在多采用全自动荧光酶标免疫测试系统，检测肠毒素。浙江省宁波市疾病预防控制中心的章丹阳等 (2005) 报告通过实践认为此方法的优点是灵敏度高、特异性强、操作方便、自动化程度高，还可直接检测食品、呕吐物等样品中的肠毒素，使检测时间进一步缩短、检测效力提高明显，但存在不能分型的缺陷 [40]。

对肠毒素的分型检测，常用金黄色葡萄球菌肠毒素分型 PCR 试剂盒检测肠毒素基因的方法。章丹阳等 (2005) 报告通过实践认为此方法的优点是敏感、快速、特异性强，有利于明确实验室诊断，并认为在食物中毒等应急突发事件中，可作为对病原菌的快速筛检方法，与细菌常规培养结合，两者互补，可以减少漏检，保证实验室检测结果的准确、可靠 [40]。上海市卢湾区疾病预防控制中心的宋黎黎等 (2010) 报告采用 PCR 方法，对临床分离的 54 株金黄色葡萄球菌做肠毒素检测与基因分型，表明有 44 株检测到 SEA ~ SEJ 基因 (检出率 81.48%)，其中同时携带 2 种及以上毒素基因的 24 株 (构成比 44.44%)，以携带葡萄球菌肠毒素 D 基因的 (24 株) 最多 (构成比 44.44%)[22]。

另外，还可采用反向被动乳胶凝集试验方法检测金黄色葡萄球菌肠毒素型。

(5) 细胞外黏附物质的检测：对由表皮葡萄球菌及其他一些凝固酶阴性葡萄球菌所产生的细胞外黏附物质的检测，对鉴定其是否致病性菌株也有一定的意义。常采用黏附试验方法，即将分离鉴定后的待检菌株接种于 5ml 的胰蛋白胨大豆胨肉汤 (tryptone soytone broth，TSB) 管中，35℃静置培养 24 ~ 48h 后吸出菌液，沿管壁加入 3% 阿辛蓝 (alcian blue，此系一种对黏液多糖具有选择性着色的染料) 水溶液，如管壁出现明显的蓝色薄膜则为阳性，表明有细胞外黏附物质存在，需注意的是此检测方法的重复性较差 [16]。

(6) 溶血性检查：采用直接检查溶血性的方法，最常用的是使用加有血液的营养琼脂培养基，将菌株接种后置于 37℃培养 24 ~ 48h 检查溶血情况确定，需注意以下两点。①要根据检验目的，选择使用相应的不同动物血液。②有的菌株，不具有溶血性。例如，黄岛卫生检疫局的张庆芳 (1994) 报告的 1 起由金黄色葡萄球菌污染熟马肉引起的食物中毒，为非溶血性金黄色葡萄球菌 [41]。因此，现在更多是采用直接检测溶血素基因的方法。

2.4.2 噬菌体分型

通常用于对葡萄球菌噬菌体分型的常规试验稀释度 (routine test dilution，RTD) 不能低于 10^{-3}，在求得常规试验稀释度后即可作分型试验。方法是将要分型的菌株转种于普通营养琼脂培养基平板上 (均匀涂布接种)，待干后分别滴加各型已稀释的常规试验稀释度噬菌体 1 滴并记录滴加于平板上的位置，自然干后置 37℃培养 6h 取出置 4℃冰箱中过夜或直接于 30℃培养过夜判定结果，以 "－" 表示无噬菌斑 (无裂解反应)、"±" 表示少于 20 个噬菌斑 (弱裂解反应)、"＋" 表示 20～50 个噬菌斑 (弱裂解反应)、"＋＋" 表示多于 50 个噬菌斑 (强裂解反应)、"＋＋＋" 表示呈半融合裂解 (强裂解反应)、"＋＋＋＋" 表示呈全融合裂解 (强裂解反应)，结果报告是以 "＋＋" 以上判为阳性 (即属于何噬菌体型)，若某一菌株可被数个分型噬菌体裂解，则应将所有呈阳性反应的噬菌体列出 (之间隔以斜线表示)，如对噬菌体 3A、55、71 呈强裂解，则其噬菌体分型谱为 3A/55/71[42,43]。

2.4.3　血清型检定

常用 Oeding(1957) 分型方法对金黄色葡萄球菌进行血清分型，具体方法是将被检菌株接种于普通营养琼脂培养基，37℃培养 5h 后以无菌生理盐水洗下制成麦氏比浊 50 亿 / 毫升的菌悬液 (此液即为凝集原)，分别与 8 种因子血清做玻片凝集试验检定，将凝集原与各因子血清分别等量混匀，37℃作用 15min(轻摇 3 次混合)，然后按前面所述作Ⅰ、Ⅱ、Ⅲ、Ⅳ的型别判定，同时以阴性血清做对照；与因子血清不发生凝集反应的，暂作为不凝集株 (不能定型)。本书作者陈翠珍等 (1989) 曾按此方法对分离于家兔的 41 株金黄色葡萄球菌进行分型，结果有 38 株能被分型 (分型率为 92.68%)；其中Ⅰ型的 24 株 (构成比 63.16%)、Ⅱ型的 2 株 (构成比 5.26%)、Ⅲ型的 12 株 (构成比 31.58%)[15, 44]。

2.4.4　病原菌株溯源检验

对临床分离的菌株，尤其是从食物中毒患者及食物样品中分离的菌株，做同源性检验，在传染源追踪、传播途径的确定、分子流行病学方面，具有重要的作用和意义；目前可采用的方法较多，包括脉冲场凝胶电泳 (pulsed-field gel electrophoresis，PFGE) 分型、随机扩增多态性 DNA 分析 (randomly amplified polymorphic DNA analysis，RAPD) 方法、限制性酶切片段长度多态性分析方法 (restriction fragment length polymorphisms，RFLP)、多位点序列分析 (multilocus sequencing typing，MLST)、基于葡萄球菌 A 蛋白基因多态性发展的 spa 分型技术、重复序列 PCR(repetitive sequence-based PCR，rep-PCR) 等，各有其特点和优势[45,46]。

天津医科大学第二医院的孔秀凤等 (2008) 报告指出，在这些分型系统中，脉冲场凝胶电泳、多位点序列分析分型方法，仍然是进行长期流行病学研究及种群遗传学研究的首选。在分型研究中，通常可应用 2 种以上的方法，以一种方法的优点弥补另一种方法的缺点，来确保更高的分型率。一般情况下，在进行病原菌暴发流行的分析时，需要采用高分辨力的脉冲场凝胶电泳、重复序列 PCR 等分型方法；具有较低分辨力的多位点序列分析和随机扩增多态性 DNA 分析等分型方法，更适合于长期研究[45]。

3　其他致医院感染葡萄球菌 (*Staphylococcus* spp.)

在前面有提及，凝固酶常常被用于对葡萄球菌进行区分致病性与非致病性菌株的方法。

凝固酶阳性的菌株，几乎均为致病性的；多种葡萄球菌都属于凝固酶阴性葡萄球菌，在其中也有不少的种是具有致病作用的。就作为引起医院感染的病原菌来讲，在我国凝固酶阴性葡萄球菌的出现频率也是比较高的，也属于比较常见的革兰氏阳性细菌。

● 陕西省西电集团医院的杨小青 (2006) 报告，该医院在 2004 年 1 月至 2006 年 5 月间，从住院及门诊患者分离到病原菌 1076 株，其中细菌共 947 株 (构成比 88.01%)，属于真菌的念珠菌属 (Candida Berkhout 1923) 真菌 129 株 (构成比 11.99%)。在 947 株细菌中，革兰氏阴性细菌 602 株 (构成比 63.57%)、革兰氏阳性细菌 345 株 (构成比 36.43%)。在从痰液标本材料中分离的 14 种 (属)586 株病原菌中，细菌共 13 种 (属)524 株 (构成比 89.42%)，属于真菌的念珠菌属真菌 62 株 (构成比 10.58%)。在 13 种 (属)524 株细菌中，革兰氏阴性细菌 8 种 (属)366 株 (构成比 69.85%)、革兰氏阳性细菌 5 种 (属)158 株 (构成比 30.15%)。在 13 种 (属)524 株细菌中，包括凝固酶阴性葡萄球菌 56 株 (构成比 10.69%) 居第 4 位 [47]。

● 在第 22 章"莫拉氏菌属"(Moraxella) 中有记述，太原钢铁 (集团) 公司总医院的宋丽芳等 (2009) 报告，该医院在 2004 年 1 月至 2007 年 12 月间，从住院及门诊患者分离到病原菌 3176 株，其中细菌共 15 种 (属)2644 株 (构成比 83.25%)，属于真菌的白色念珠菌 (Candida albican)532 株 (构成比 16.75%)。在 15 种 (属)2644 株细菌中，革兰氏阳性细菌 5 种 1 369 株 (构成比 51.78%)、革兰氏阴性细菌 10 种 (属)1275 株 (构成比 48.22%)，其中包括凝固酶阴性葡萄球菌 137 株 (构成比 5.18%) 居第 8 位 [48]。

● 重庆市急救医疗中心的李科等 (2013) 报告，从该医院住院患者各种送检标本材料 7326 份中，分离到病原菌 4380 株 (检出率 59.79%)。其中细菌 4131 株 (构成比 94.32%)、真菌 249 株 (构成比 5.68%)。在 4131 株细菌中，革兰氏阴性杆菌 3300 株 (构成比 79.88%)、革兰氏阳性球菌 831 株 (构成比 20.12%)。在 831 株革兰氏阳性球菌中，凝固酶阴性葡萄球菌 278 株 (构成比 33.45%)、金黄色葡萄球菌 212 株 (构成比 25.51%)、肠球菌属 [Enterococcus(ex Thiercelin and Jouhaud 1903)Schleifer and Kilpper-Bälz 1984] 细菌 145 株 (构成比 17.45%)、肺炎链球菌 (Streptococcus pneumoniae)70 株 (构成比 8.42%)、其他革兰氏阳性球菌 126 株 (构成比 15.16%)，凝固酶阴性葡萄球菌居第 1 位 [49]。

在此章记述涉及引起医院感染的 7 种 (亚种) 葡萄球菌中，除了在上面记述的金黄色葡萄球菌 (凝固酶阳性) 外，其他 6 种 (表皮葡萄球菌、溶血葡萄球菌、人葡萄球菌人亚种、里昂葡萄球菌、解糖葡萄球菌、模仿葡萄球菌) 都属于凝固酶阴性葡萄球菌。

3.1 表皮葡萄球菌 (Staphylococcus epidermidis)

表皮葡萄球菌 [Staphylococcus epidermidis(Winslow and Winslow 1908)Evans 1916 emend. Schleifer and Kloos 1975] 最早被分类于白球菌属 (Albococcus Winslow and Winslow 1908)，名为表皮白球菌 (Albococcus epidermidis Winslow and Winslow 1908)。菌种名称"epidermidis"为新拉丁语属格名词，指表皮 (the epidermis)。

细菌 DNA 的 G+C mol% 为 30 ~ 37(T_m)；模式株：Fussel, 2466, ATCC 14990, CCUG 18000 A, CCUG 39508, CIP 81.55, DSM 20044, LMG 10474, NCTC 11047；

GenBank 登录号 (16S rRNA)：D83363，L37605[8]。

3.1.1　生物学性状

表皮葡萄球菌的一些主要生物学性状，也是认知比较多的，这也是与其在临床比较常见且重要的病原凝固酶阴性葡萄球菌相关联的。

3.1.1.1　理化特性

表皮葡萄球菌为凝固酶阴性葡萄球菌，无动力，不形成芽孢，菌体为直径 0.8 ~ 1.0μm 的革兰氏阳性球形，成对或四联状 (tetrads) 排列、偶有单个的。表皮葡萄球菌主要脂肪酸为 CBr-15，C18，C20；主要甲基萘醌类为 MK-7。在普通营养培养基中生长良好，形成光滑或黏液状 (mucoid，M)、圆形、凸起、边缘整齐、直径在 2.5 ~ 4.0mm 的菌落 (大多数菌落颜色为灰白色、淡灰白色)；在液体培养基中，可黏附于培养基管壁。在血液营养琼脂培养基，溶血性不定。

表皮葡萄球菌兼性厌氧，好氧生长好，好氧培养代谢葡萄糖的终产物主要是乙酸盐 (acetate) 和 CO_2；接触酶阳性；在含有 7.5%NaCl 的培养基中能良好生长，在含有 10.0%NaCl 的培养基中生长较弱；在 15 ~ 45℃ 均能良好生长，最为适宜的温度范围为 30 ~ 37℃。

在有氧条件下，表皮葡萄球菌能分解葡萄糖、果糖、麦芽糖、蔗糖、甘油、甘露糖 (弱) 等产酸，多数 (70% ~ 90%) 菌株能分解乳糖、半乳糖、甘露糖、松二糖等产酸。不能分解甘露醇、侧金盏花醇、赤藓醇、赤藓糖、岩藻糖 (fucose)、来苏糖 (lyxose)、塔格糖 (tagatose)、海藻糖、鼠李糖、木糖、木糖醇、阿拉伯糖、龙胆二糖、纤维二糖、山梨醇、肌醇、阿糖醇、水杨苷、卫矛醇、棉籽糖、蜜二糖、山梨糖等。其通常表现的阳性反应，包括产生 3- 羟基丁酮 (acetoin)、碱性磷酸酶、精氨酸双水解酶、硝酸盐还原为亚硝酸盐和氨、尿素酶；通常表现的阴性反应，包括聚集因子、凝固酶、水解七叶苷、β- 半乳糖苷酶、β- 葡萄糖醛酸苷酶、鸟氨酸脱羧酶、氧化酶、水解淀粉、在含有 15%NaCl 的培养基中生长、产生 DNA 酶 (DNase) 的能力弱。反应不定的包括产生 β- 葡萄糖苷酶、透明质酸酶、纤维蛋白溶酶、蛋白酶 (proteases)、脂肪酶 (lipases)，从乳糖、松三糖、核糖产酸等特性[3, 8.50]。

3.1.1.2　生境与抗性

表皮葡萄球菌广泛分布于自然环境，也广泛存在于医院环境及医护人员，是引起医院感染的重要来源。其通常表现对新生霉素敏感，对溶菌酶抗性；另外是对临床常用的抗菌类药物，常常会表现出不同程度的耐药性[8]。

(1) 生境：在前面有记述吉林省卫生监测检验中心消毒所的刘晓杰等 (2013) 报告，对两所三级甲等医院的血液透析科、重症监护室、新生儿病房、感染科等重点科室的环境和物体 (处置台、床头柜、水龙头、电脑鼠标、呼吸机键盘等) 表面，进行了医院感染常见病原菌污染情况的回顾性调查分析。结果在所采集的 291 份样本中共检出病原菌 88 株 (检出率 30.24%)，在其中的革兰氏阳性球菌 25 株中主要为凝固酶阴性葡萄球菌的一些种[26]。

在第 42 章 “微球菌属”(*Micrococcus*) 中有记述，吉林大学第一医院的姜赛琳等 (2007) 报告在 2006 年 8 月，对该医院呼吸科、心内科、消化科、妇产科、胸外科、器官移植中心共 6 个科室 (中心) 的 27 名护理人员，在进行静脉输液操作过程中其手部携带病原菌检验，结果检出 12 种 (类)53 株，在不同科室 (中心) 均有检出。在 12 种 (类)53 株病原菌中，包括凝固酶阴性葡萄球菌 9 株 (构成比 16.98%)，与真菌并列居第 1 位 [51]。

中国人民解放军济南军区综合训练基地门诊部的姜建萍等 (2013) 报告，听诊器是医院医护人员使用最广、频次最高的医疗器械之一。每位住院、就诊的患者均可接触听诊器，听诊头膜部直接与患者皮肤接触，带菌量较大，种类也较繁杂，如不重视易造成交叉感染和医源性院内感染。为了解听诊器的污染情况，对该医院内部分科室听诊器头膜进行了微生物检测，并探讨了有效的消毒方法。随机采集该医院医护人员使用过的听诊器 60 具，先在消毒前进行微生物检测；再随机均分为 2 组，分别用 75% 乙醇溶液、0.5% 的 84 消毒液消毒后，进行微生物检测。结果 60 具听诊器头膜，在消毒前有细菌污染的 52 具 (污染率为 86.67%)；消毒后有细菌污染的 8 具 (污染率 13.33%)。两种消毒液消毒后，其菌落数均达标。从听诊器头膜上分离出条件致病菌共 6 种 (类)，其中包括表皮葡萄球菌在消毒前的 15 具 (污染率 25.00%)、消毒后的 3 具 (污染率 5.00%) 居第 1 位。报告者根据检验结果，认为被测听诊器的微生物污染较严重，用 75% 乙醇溶液或用 0.5% 的 84 消毒液消毒听诊器，是简便、快捷、行之有效的方法 [52]。

(2) 抗性：自 Jevons 在 1961 年首次报告存在耐甲氧西林金黄色葡萄球菌以来，在不少国家均先后发现了耐甲氧西林金黄色葡萄球菌的存在；由于对耐甲氧西林金黄色葡萄球菌感染的治疗困难，被引起了广泛关注。近年来，又发现了耐甲氧西林表皮葡萄球菌 (methicillin-resistant *Staphylococcus epidermidis*，MRSE) 的出现，也已被引起高度重视 [50]。

浙江省永康市第一人民医院的黄金莲等 (2005) 报告在 4 年 (2000 年 1 月至 2003 年 12 月) 间，从该医院住院患者发生医院感染病例不同标本材料中分离的病原菌中，包括表皮葡萄球菌 68 株。经对 68 株表皮葡萄球菌进行 18 种药物敏感性测定，结果除对万古霉素均敏感外，对其他 17 种均存在不同程度的耐药性。耐药率在不同年度分离株间存在一定的差异性，总体耐药率分别为：青霉素 (96.2% ~ 100%)、氨苄西林 (80.0% ~ 93.8%)、苯唑西林 (92.3% ~ 100%)、阿莫西林 / 克拉维酸 (81.3% ~ 92.3%)、头孢唑林 (87.5% ~ 100%)、头孢噻肟 (28.6% ~ 100%)、亚胺培南 (87.5% ~ 100%)、美罗培南 (87.5% ~ 96.0%)、庆大霉素 (50.0% ~ 77.8%)、诺氟沙星 (68.8% ~ 88.9%)、环丙沙星 (20.0% ~ 81.8%)、氧氟沙星 (68.8% ~ 73.1%)、红霉素 (68.8% ~ 73.1%)、四环素 (45.5% ~ 75.0%)、复方新诺明 (50.0% ~ 88.9%)、克林霉素 (25.0% ~ 73.3%)、利福平 (0.0% ~ 20.0%)[53]。

3.1.2 病原学意义

表皮葡萄球菌是除了金黄色葡萄球菌以外，最为常见的病原性葡萄球菌，也是在凝固酶阴性葡萄球菌中主要的致病种别。

3.1.2.1 人的表皮葡萄球菌感染病

表皮葡萄球菌在人的皮肤存在，也偶存在于其他哺乳类动物皮肤；作为机会病原菌 (opportunistic pathogen)，存在于医疗器械，可引起术后感染、泌尿道及创伤感染。

(1) 基本感染特征：表皮葡萄球菌可在一定条件下，引起心内膜炎、骨髓炎、脓胸、尿道感染 (urinary tract infection，UTI)、膀胱炎、尿道炎、肾盂肾炎、菌血症、败血症等多种类型的感染病。在医院感染方面，也是引起肿瘤患者及新生儿医院感染的重要病原菌。

表皮葡萄球菌在医院获得性菌血症患者中的检出率为 74% ~ 92%，可引起心瓣膜手术和心血管手术及心脏切开术的术后感染、永久性的起搏器感染、血管移植物感染、瓣膜修复术后心内膜炎 (prosthetic valve endocarditis，PVE) 和二尖瓣瓣膜脱出等感染病，也常常作为非卧床的腹膜透析患者腹膜炎、脊髓液分流术感染及其菌血症的主要致病菌。表皮葡萄球菌在所有修复术后关节感染致病菌中占 40%，是各种整形术后感染和无诱因关节感染最为主要的致病菌。表皮葡萄球菌的某些菌株可产生黏附物质 (可能是一种多糖物质)，可使表皮葡萄球菌易于黏附在人工心瓣膜、导管等，在致病过程中发挥作用[8, 50]。

(2) 医院感染特点：在引起医院感染的革兰氏阳性球菌中，以葡萄球菌最为常见；在葡萄球菌中，表皮葡萄球菌和金黄色葡萄球菌的出现频率是最高的。以下记述的一些报告，是具有一定代表性的。

在上面有记述浙江省永康市第一人民医院的黄金莲等 (2005) 报告，回顾性总结在 4 年 (2000 年 1 月至 2003 年 12 月) 间，从该医院住院患者发生医院感染病例不同标本材料中分离的病原菌 1560 株，其中细菌 1292 株 (构成比 82.82%)、真菌 268 株 (构成比 17.18%)。在 1292 株细菌中排在前 8 位的 8 种主要病原菌共 948 株 (构成比 73.37%)，其中革兰氏阴性菌 5 种 650 株 (构成比 68.57%)、革兰氏阳性菌 3 种 298 株 (构成比 31.43%)。此 8 种病原菌 948 株的出现频率，依次为：鲍氏不动杆菌 (Acinetobacter baumannii)204 株 (构成比 21.52%)、大肠埃希氏菌 (Escherichia coli)183 株 (构成比 19.30%)、金黄色葡萄球菌 136 株 (构成比 14.35%)、肺炎克雷伯氏菌 (Klebsiella pneumoniae)112 株 (构成比 11.81%)、铜绿假单胞菌 (Pseudomonas aeruginosa)98 株 (构成比 10.34%)、类白喉棒杆菌 (Corynebacterium pseudodiphtheriae)94 株 (构成比 9.92%)、表皮葡萄球菌 68 株 (构成比 7.17%)、阴沟肠杆菌 (Enterobacter cloacae)53 株 (构成比 5.59%)，表皮葡萄球菌居第 7 位[53]。

在前面有记述江苏省无锡市第四人民医院的黄朝晖等 (2013) 报告该医院 5 年 (2007 年至 2011 年) 间从住院患者送检标本材料中分离获得的各种病原菌 38 037 株，其中明确菌种的革兰氏阴性细菌共 8 种 23 995 株 (构成比 63.08%)、革兰氏阳性细菌共 4 种 8395 株 (构成比 22.07%)，其他的病原菌 5647 株 (构成比 14.85%)。在明确菌种的革兰氏阴性细菌和革兰氏阳性细菌共 12 种 32 390 株 (构成比 85.15%) 中，表皮葡萄球菌 781 株 (构成比 2.41%)居第 8 位[5]。

中南大学湘雅医院的文细毛等 (2012) 报告，对在 2010 年 3 月 1 日至 12 月 31 日间，卫生部医院感染监测网医院上报的医院感染横断面调查资料中，病原体分布及其耐药性数据进行统计分析。结果为 740 所医院共调查住院患者 407 208 例，发生医院感染患者 14 674 例 (感染率 3.60%)、15 701 例次 (例次感染率 3.86%)。从下呼吸道、泌尿道、手术部位、皮肤软组织等标本材料中，检出医院感染细菌、严氧微生物 (anaerobe)、真菌、病毒 (virus)、支原体 (Mycoplasma)、其他等共 6 类病原体 (pathogen)6965 株，其中细菌 22 种 (属) 及其他细菌 6040 株 (构成比 86.72%)。在 6040 株细菌中，革兰氏阳性细菌 1441 株 (构成比 23.86%)、革兰氏阴性细菌 4599 株 (构成比 76.14%)。在 1441 株革兰氏阳性细菌中，包括金黄色葡萄球菌 615 株 (构成比 42.68%) 居第 1 位、表皮葡萄球菌 182 株 (构成比 12.63%) 居第 2 位[54]。

由表皮葡萄球菌引起的医院感染，可分布于多种感染部位。例如，在第 29 章 "气单胞菌属"(*Aeromonas*)中有记述，中国人民解放军第九八医院的刘桂玲等(2010)报告，回顾性总结在 3 年(2005 年 1 月至 2007 年 12 月)间，从该医院各科室送检发生医院感染病例 1417 例(感染例次 1596 次)不同标本材料中分离的病原菌 1186 株，其中革兰氏阴性菌 10 种 639 株(构成比 53.88%)、革兰氏阳性菌 7 种 360 株(构成比 30.35%)、念珠菌属(*Candida Berkhout 1923*)真菌 2 种 67 株(构成比 5.65%)、其他病真菌 120 株(构成比 10.12%)。在革兰氏阴性菌 10 种 639 株、革兰氏阳性菌 7 种 360 株共 17 种 999 株中，包括金黄色葡萄球菌 198 株(构成比 19.82%)居第 2 位、表皮葡萄球菌 36 株(构成比 3.60%)居第 8 位、溶血葡萄球菌和里昂葡萄球菌各 2 株(构成比各为 0.20%)居并列第 16 位。36 株表皮葡萄球菌在各感染部位的出现频率，依次为：下呼吸道 11 株(构成比 30.56%)、手术切口 10 株(构成比 27.78%)、皮肤与软组织 8 株(构成比 22.22%)、血液 3 株(构成比 8.33%)、泌尿道 1 株(构成比 2.78%)、烧伤创面 1 株(构成比 2.78%)、颅内 1 株(构成比 2.78%)、穿刺部位 1 株(构成比 2.78%)[55]。

3.1.2.2 动物的表皮葡萄球菌感染病

表皮葡萄球菌作为水生动物病原菌的早期报告来自于日本，Kusuda 和 Sugiyama(1981)报道在 1976 年 7 月到 1977 年 9 月，日本养殖的五条鰤(*Seriola quinquiradiata*)和真鲷(*Chrysophrys major*)发生了严重的流行病，病鱼典型症状是突眼、充血及尾部溃疡；从病原分离的 6 株细菌，被鉴定为表皮葡萄球菌。另据 Wang 等(1996)报告，从台湾养殖的濒死草鱼分离到表皮葡萄球菌，病鱼表现为鳃盖和腹鳍出血、解剖可见内脏斑点出血和血性腹水，尽管肠腔存在绦虫，但涂片检查可见卵圆形细菌，并经分离检验为表皮葡萄球菌[31]。

3.1.3 微生物学检验

对表皮葡萄球菌的微生物学检验，目前还主要是依赖于对细菌进行分离鉴定的细菌学检验。在上面金黄色葡萄球菌中记述的内容，可供参考。

3.2 溶血葡萄球菌 (*Staphylococcus haemolyticus*)

溶血葡萄球菌(*Staphylococcus haemolyticus* Schleifer and Kloos 1975)由 Schleifer 和 Kloos 于 1975 年首次报告，菌种名称"*haemolyticus*"新拉丁语形容词，是根据其能够溶解血液(blood-dissolving)命名的。

细菌 DNA 的 G+C mol% 为 34～36(T_m)；模式株：ATCC 29970，CCUG 7323，CIP 81.56，DSM 20263，JCM 2416，LMG 13349，NCTC 11042，NRRL B-14755。GenBank 登录号(16S rRNA)：D83367，L37600[8]。

3.2.1 生物学性状

溶血葡萄球菌为凝固酶阴性葡萄球菌，无动力，不形成芽孢，菌体直径为 0.8～1.3μm 的革兰氏阳性球形，单个、成对或四联状排列。在非选择性培养基上，可形成光滑、凸起、直径为 5～9mm 的菌落，菌落的颜色不定，大多数菌株不产生色素(呈灰白色或白色)

或略带有黄色。

溶血葡萄球菌为兼性厌氧菌，在有氧环境条件下生长良好，接触酶阳性。在含有 10% 的 NaCl 培养基中生长良好，在含有 15% 的 NaCl 培养基中生长较差或不能生长；大多数菌株在 18 ~ 45℃均能生长，最为适宜的温度范围为 30 ~ 40℃。

溶血葡萄球菌在有氧和无氧条件下均能分解葡萄糖产酸，在有氧条件下可分解麦芽糖、蔗糖、海藻糖、甘油产酸，有 50% 的菌株可分解乳糖、半乳糖、果糖、松二糖、甘露醇产酸，不能分解鼠李糖、木糖、木糖醇、阿拉伯糖、龙胆二糖、纤维二糖、山梨醇、阿东醇、卫矛醇、阿拉伯醇、棉籽糖、蜜二糖、山梨醇等。大部分菌株能还原硝酸盐，不能产生磷酸酶、DNA 酶，大多数菌株能产生精氨酸双水解酶，不能产生尿素酶，有 40% 以上的菌株 β- 葡萄糖苷酶和葡萄糖醛酸酶强阳性，大多数菌株的精氨酸脱羧酶、鸟氨酸脱羧酶阴性[8, 50]。

3.2.2 病原学意义

溶血葡萄球菌是在凝固酶阴性葡萄球菌中，仅次于表皮葡萄球菌的病原菌。其可引起自然瓣膜心内膜炎、尿道感染、败血症、腹膜炎、伤口感染等类型的感染病[50]。

在医院感染方面，溶血葡萄球菌还是比较少见的。法国学者 Renaud 等 (1991) 报告在阿尔巴尼亚首都地拉那 (Tirana) 的一所医院儿科，发生一起急性脱屑性红皮病的暴发流行，在同一病房的儿童及工作人员中溶血葡萄球菌具有很高的检出频率[56]。

在我国，近年来也有从医院感染患者检出的报告，举例如下。①在上面有记述中国人民解放军第九八医院的刘桂玲等 (2010) 报告从该医院各科室送检发生医院感染病例 1417 例 (感染例次 1596 次) 不同标本材料中分离的革兰氏阴性菌 10 种 639 株、革兰氏阳性菌 7 种 360 株共 17 种 999 株中，包括溶血葡萄球菌 2 株 (构成比 0.20%) 居并列第 16 位。2 株溶血葡萄球菌，均是从下呼吸道检出的[55]。②武汉市亚洲心脏病医院的吴克慧等 (2007) 报告，对 2005 年度 2981 例心脏外科手术患者在手术部位发生感染情况进行监测，结果为发生了手术部位感染的 9 例 (感染率 0.30%)、10 例次 (例次感染率 0.34%)。其中的 5 例次感染发生在医院内，5 例次感染发生在患者出院后。对 10 例次中的 7 例进行了病原学检验，有 6 例 (构成比 85.71%) 检出了病原菌，分别为：耐甲氧西林溶血葡萄球菌 (methicillin-resistant *Staphylococcus haemolyticus*，MRSH)、人葡萄球菌、铅黄肠球菌 (*Enterococcus casseliflavus*) 也称为酪黄肠球菌 (黄色肠球菌)、鲍氏不动杆菌、约 - 凯二氏棒杆菌 (*Corynebacterium jeikeium*) 也简称 JK 棒杆菌、诺卡氏菌属 (*Nocardia* Trevisan 1889) 细菌各 1 例[57]。

3.2.3 微生物学检验

对溶血葡萄球菌的微生物学检验，目前还主要是依赖于对细菌进行分离鉴定的细菌学检验。在上面金黄色葡萄球菌中记述的内容，可供参考。

3.3 人葡萄球菌人亚种 (*Staphylococcus hominis* subsp.*hominis*)

人葡萄球菌 (*Staphylococcus hominis* Kloos and Schleifer 1975 emend. Kloos，George，

Olgiate et al 1998) 主要存在于人的皮肤，菌种名称 "*hominis*" 为拉丁语属格名词，指人的 (humans)。

细菌 DNA 的 G+C mol% 为 30 ～ 36(T_m)；模式株：ATCC 27844，CCUG 35516，CIP 102258，CIP 81.57，DM 122，DSM 20328，JCM 2419，LMG 13348，NCTC 11320，NRRL B-14737。GenBank 登录号 (16S rRNA)：L37601，X66101[8]。

人葡萄球菌人亚种 (*Staphylococcus hominis* subsp. *hominis* Kloos and Schleifer 1975 emend. Kloos，George，Olgiate et al 1998)，即人葡萄球菌。

人葡萄球菌抗新生霉素败血症亚种 (*Staphylococcus hominis* subsp. *novobiosepticus* Kloos，George，Olgiate et al 1998) 对新生霉素具有耐药性，由 Kloos(1998) 报告首先从败血症患者的血液中分离到，也因此得名。亚种名 "*novobiosepticus*" 为新拉丁语形容词，指从血液分离到的抗新生霉素的种 (intended to mean resistant to novobiocin and growing in blood)。

细菌 DNA 的 G+C mol% 为 35(T_m)；模式株：R22，ATCC 700236，CCUG 42399，CIP 105719。GenBank 登录号 (16S rRNA)：AB233326[8]。

3.3.1 生物学性状

人葡萄球菌为凝固酶阴性葡萄球菌，无动力，不形成芽孢，菌体直径为 1.0 ～ 1.5μm 的革兰氏阳性球形，单个、成对或四联状排列。在 P 琼脂培养基、胰蛋白胨大豆胨琼脂 (tryptone soytone agar，TSA) 培养基上，形成光滑、圆形、凸起、边缘整齐、直径为 4 ～ 6mm 的菌落。与其他葡萄球菌相比较，不同的是通常在培养基内需要加入血液刺激其生长，但不溶血；菌落的颜色不定，多数菌株是无色的，有的在菌落中心可为淡黄色、橘黄色。

人葡萄球菌为兼性厌氧菌，在有氧环境条件下生长良好。在含有 7.5% 的 NaCl 培养基中生长良好，在含有 10% 的 NaCl 培养基中生长很弱；在 20 ～ 45℃均能生长，最为适宜的温度范围在 35℃。

人葡萄球菌能分解葡萄糖产酸，在有氧条件下可分解 D- 葡萄糖、β-D- 果糖、麦芽糖、蔗糖、甘油产酸，大多数菌株可分解 D- 蕈糖、N- 乙酰葡糖胺，有半数以上的菌株分解 D- 松三糖和 α- 乳糖产生弱到中等量的酸，几乎是所有菌株均能分解尿素，有半数以上的菌株伏 - 波试验 (Voges-Proskauer test，V-P) 阳性。不能分解 D- 木糖、L- 阿拉伯糖、D- 纤维二糖、D- 山梨醇、水杨苷、棉籽糖 [8，52]。

3.3.2 病原学意义

人葡萄球菌在凝固酶阴性葡萄球菌中，是属于比较少见的病原菌。可在一定条件下 (尤其是存在基础疾病患者) 引起心内膜炎、结膜炎、伤口感染、尿道感染、败血症等类型的感染病 [52]。

在医院感染方面，人葡萄球菌还是比较少见的。在上面有记述武汉市亚洲心脏病医院的吴克慧等 (2007) 报告，对心脏外科手术患者在手术部位发生感染的 9 例、10 例次中的 7 例进行病原学检验，有 6 例检出了病原菌，其中包括因人葡萄球菌引起的感染 1 例 [57]。

3.3.3　微生物学检验

对人葡萄球菌的微生物学检验，目前还主要是依赖于对细菌进行分离鉴定的细菌学检验。在上面金黄色葡萄球菌中记述的内容，可供参考。

3.4　里昂葡萄球菌 (*Staphylococcus lugdunensis*)

里昂葡萄球菌 (*Staphylococcus lugdunensis* Freney，Brun，Bes et al 1988) 亦有的称其为路邓葡萄球菌，菌种名称 "*lugdunensis*" 为取自拉丁语名词 "*lugdunum*" 的拉丁语形容词，意为法国城市里昂 (Lyon)，是在里昂首先分离到此菌。

DNA 的 G+C mol% 为 32(T_m)；模式株：N860297，ATCC 43809，CCUG 25348，CIP 103642，DSM 4804，LMG 13346，NCTC 1221，NRRL B-14774。GenBank 登录号 (16S rRNA)：AB009941[8]。

3.4.1　生物学性状

里昂葡萄球菌为武汉市亚洲心脏病医院报告的，无动力，不形成芽孢，菌体直径为 0.8 ~ 1.0μm 的革兰氏阳性球形，单个、成对、成簇或短链状排列。其在含有 10% 的 NaCl 的 P 琼脂培养基上，经 24h 培养生长良好，在含有 15% 的 NaCl 时经 96h 培养可生长；在脑心浸液培养基中经 30 ~ 45℃ 培养生长良好，但在 20℃ 培养生长较弱；在硫乙醇酸盐肉汤培养基中，生长良好。里昂葡萄球菌在羊血液营养琼脂培养基上经培养 2 天后可出现很弱的溶血现象，在家兔血液营养琼脂培养基上能够溶血，不被抗葡萄球菌 α- 毒素血清所中和。

里昂葡萄球菌为兼性厌氧菌，在厌氧环境条件下可使葡萄糖产酸。其氧化酶阴性，接触酶阳性，凝固酶阴性 (用牛或兔血浆试验)，以人的血浆做凝聚因子试验阳性，耐热核糖核酸酶阴性。里昂葡萄球菌能够还原硝酸盐，产生鸟氨酸脱羧酶、吡咯烷基氨基肽酶、N-乙酰葡糖胺酶，不能产生碱性磷酸酶、β- 半乳糖苷酶。可分解葡萄糖、D- 果糖、D- 甘露糖、麦芽糖、α- 乳糖、蕈糖、蔗糖、甘油等产酸，不能分解 D- 甘露醇、D- 棉籽糖、核糖、L-阿拉伯糖、D- 纤维二糖、D- 木糖、木糖醇、D- 蜜二糖、α- 甲基 -D- 葡萄糖苷、七叶苷、L-精氨酸双水解酶阴性[8, 50]。

3.4.2　病原学意义

里昂葡萄球菌，是属于相对比较多见的病原菌，可在一定条件下 (尤其是存在基础疾病患者) 引起自然及人工瓣膜修复术后的心内膜炎、败血性休克、脑脓肿、深部组织感染、骨炎、慢性骨关节炎、脉管修复感染、伤口和皮肤感染、软组织感染等多种类型的感染病[50]。

另外，作为食物中毒的病原菌，广东省东莞市常平医院的单金华等 (2003) 报告在 2002 年 8 月 22 日，东莞市常平镇某公司发生因食用被里昂葡萄球菌污染四季豆炒猪肝引起的食物中毒，在 270 名于食堂就餐的员工中有 40 名发病 (罹患率 14.81%)；潜伏期 3 ~ 13h，平均 10h；临床以胃肠道症状为主，表现为不同程度的头痛、恶心、呕吐、腹泻、腹痛、发热等[58]。

在医院感染方面，常可因透析液、导管等被里昂葡萄球菌污染引起感染，但也属于比较少见的。在上面有记述中国人民解放军第九八医院的刘桂玲等 (2010) 报告从该医院各科室送检发生医院感染病例 1417 例 (感染例次 1596 次) 不同标本材料中分离的革兰氏阴性菌 10 种 639 株、革兰氏阳性菌 7 种 360 株共 17 种 999 株中，包括里昂葡萄球菌 2 株 (构成比 0.20%) 居并列第 15 位。在 7 种 360 株革兰氏阳性菌中，里昂葡萄球菌 2 株 (构成比 0.56%) 居第 6 位。2 株里昂葡萄球菌，均是从下呼吸道检出的 [55]。

3.4.3 微生物学检验

对里昂葡萄球菌的微生物学检验，目前还主要是依赖于对细菌进行分离鉴定的细菌学检验。在上面金黄色葡萄球菌中记述的内容，可供参考。

3.5 解糖葡萄球菌 (*Staphylococcus saccharolyticus*)

解糖葡萄球菌 [*Staphylococcus saccharolyticus*(Foubert and Douglas 1948)Kilpper-Bälz and Schleifer 1984] 最初被分类于微球菌属 (*Micrococcus* Cohn 1872 emend. Stackebrandt, Koch, Gvozdiak, Schumann 1995 emend.Wieser, Denner, Kämpfer et al 2002)，名为解糖微球菌 (*Micrococcus saccharolyticus* Foubert and Douglas 1948)；相继被划归于消化球菌属，名为解糖消化球菌 [*Peptococcus saccharolyticus*(Foubert and Douglas 1948)Douglas 1957]。菌种名称 "*saccharolyticus*" 现代拉丁语形容词，指能消化糖的 (sugar-digesting)。

细菌 DNA 的 G+C mol% 为 33 ～ 34(T_m)；模式株：ATCC 14953，CCUG 9989，CCUG 24040，CIP 103275，DSM 20359，NCTC 11807，NRRL B-14778。GenBank 登录号 (16S rRNA)：L37602[8]。

3.5.1 生物学性状

解糖葡萄球菌为凝固酶阴性葡萄球菌，无动力，不形成芽孢，菌体直径为 0.6 ～ 1.0μm 的革兰氏阳性球形，单个、成对、成簇、四联状排列。解糖葡萄球菌为厌氧菌 (anaerobe)，在厌氧环境条件下生长良好，可形成圆形、凸起、扁平、灰白色、直径为 0.5 ～ 2.0mm 的菌落；在有氧环境条件下，生长很弱 (菌落直径＜ 0.5mm) 或不生长。其最为适宜的生长温度范围在 30 ～ 37℃，在 45℃能够缓慢生长。

解糖葡萄球菌在加有氯化血红素培养基中的生长物接触酶阳性，在无氯化血红素培养基中生长物的接触酶弱阳性或阴性。其能分解葡萄糖、α-D- 果糖、D- 甘露糖、甘油等产酸 (但产酸反应较弱或中等度)，不分解 D- 木糖、L- 阿拉伯糖、蔗糖、麦芽糖、α- 乳糖、D- 蕈糖、木糖醇、D- 甘露醇、D- 纤维二糖等，能够还原硝酸盐，可水解精氨酸，凝固酶、凝聚因子试验均阴性 [8, 52]。

3.5.2 病原学意义

解糖葡萄球菌在凝固酶阴性葡萄球菌中，是属于很少见的病原菌。Westblom 等 (1990) 曾最早报告了 1 例由解糖葡萄球菌引起的心内膜炎病例 [59]。

在医院感染方面，河南省新乡市传染病医院的刘爱丽等 (2012) 报告在 5 年 (2007 年 1 月至 2011 年 12 月) 间，该医院 5 个病区收治慢性重症肝炎患者 540 例、失代偿期肝硬化患者 2100 例共 2640 例，其中发生医院感染的 262 例 (感染率 9.92%)。从感染患者的血液、腹水、尿液、粪便、痰液、咽拭子、脓液等标本材料中分离到病原菌 212 株，其中细菌 177 株 (构成比 83.49%)、真菌 35 株 (构成比 16.51%)。在 177 株细菌中，革兰氏阴性细菌 125 株 (构成比 70.62%)，主要为大肠埃希氏菌、阴沟肠杆菌、空肠弯曲杆菌 (Campylobacter jejuni)、小肠结肠炎耶尔森氏菌 (Yersinia enterocolitica)；革兰氏阳性细菌 52 株 (构成比 29.38%)，主要为凝固酶阴性葡萄球菌、金黄色葡萄球菌、表皮葡萄球菌、解糖葡萄球菌[60]。

3.5.3　微生物学检验

对解糖葡萄球菌的微生物学检验，目前还主要是依赖于对细菌进行分离鉴定的细菌学检验。在上面金黄色葡萄球菌中记述的内容，可供参考。

3.6　模仿葡萄球菌 (Staphylococcus simulans)

模仿葡萄球菌 (Staphylococcus simulans Kloos and Schleifer 1975)，是指类似于金黄色葡萄球菌那样凝固酶阳性的葡萄球菌。菌种名称 "simulans" 为拉丁语过去分词形容词，指模仿 (imitating)。

细菌 DNA 的 G+C mol% 为 34 ~ 38(T_m)；模式株：MK 148，ATCC 27848，CCUG 7327，CIP 81.64，DSM 20322，HAMBI 2058，JCM 2424，NCTC 11046，NRRL B-14753。GenBank 登录号 (16S rRNA)：D83373[8]。

3.6.1　生物学性状

模仿葡萄球菌为凝固酶阴性葡萄球菌，无动力，不形成芽孢，菌体直径为 0.8 ~ 1.5μm 的革兰氏阳性球形，成对、四联状排列，偶有单个存在的。在非选择性培养基上，可形成光滑、凸起、圆形、有光泽、扁平、直径为 5 ~ 7.5mm 的菌落。模仿葡萄球菌为兼性厌氧菌，在有氧环境条件下生长良好，在含有 10% 的 NaCl 培养基中生长良好，最为适宜的温度范围在 25 ~ 40℃。

模仿葡萄球菌的接触酶阳性，能分解葡萄糖，在有氧环境条件下可分解果糖、蔗糖、甘油等，大多数菌株可分解乳糖、甘露糖、蕈糖产酸；不能分解鼠李糖、木糖、阿拉伯糖、松二糖、龙胆二糖、纤维二糖、松三糖、山梨醇、肌醇、水杨苷。大多数菌株能还原硝酸盐，有的菌株能够产生耐热 DNA 酶，凝固酶阴性，尿素酶阳性，β- 半乳糖苷酶强阳性[8, 50]。

3.6.2　病原学意义

模仿葡萄球菌在凝固酶阴性葡萄球菌中，是属于比较多见的病原菌。其可在一定条件下引起尿道感染、伤口感染、心内膜炎、菌血症，以及骨髓炎、关节感染、败血症等多种类型的感染病[52]。

在医院感染方面，北京市大兴区人民医院的刘国英等 (2005) 报告在 2004 年 2 月至 7

月间，连续监测在该医院行剖宫产手术治疗患者 849 例，其中有 8 例发生了不同程度的术后表浅切口感染 (感染率 0.94%)。对其中的 7 例进行了切口感染分泌物的细菌检验，有 2 例检出了病原菌，分别为模仿葡萄球菌、脲气球菌 (*Aerococcus urinae*)[61]。

3.6.3　微生物学检验

对模仿葡萄球菌的微生物学检验，目前还主要是依赖于对细菌进行分离鉴定的细菌学检验。在上面金黄色葡萄球菌中记述的内容，可供参考。

（房　海）

参 考 文 献

[1] 贾辅忠 , 李兰娟 . 感染病学 . 南京 : 江苏科学技术出版社 , 2010: 438~445.

[2] 李梦东 . 实用传染病学 . 2 版 . 北京 : 人民卫生出版社 , 1998: 372~378.

[3] 杨正时 , 房海 . 人及动物病原细菌学 . 石家庄 : 河北科学技术出版社 , 2003: 315~331.

[4] 房海 , 陈翠珍 . 中国食物中毒细菌 . 北京 : 科学出版社 , 2014: 555~583.

[5] 黄朝晖 , 范晓玲 , 胡瑜 .2007—2011 年医院感染主要病原菌的耐药趋势分析 . 中华医院感染学杂志 , 2013, 23(8):1911~1913.

[6] 孙慧 , 吴荣华 , 胡钢 , 等 . 医院感染病原菌分布及耐药性分析 . 疾病监测与控制杂志 , 2014, 8(1):4~6.

[7] 陈潇 , 徐修礼 , 杨佩红 , 等 .2002—2012 年医院感染主要病原菌耐药性分析 . 中华医院感染学杂志 , 2014, 24(3):557~559.

[8] Aidan C P. Bergey's Manual of Systematic Bacteriology.Second Edition.Volume Three.Springer, New York, 2009: 392~421.

[9] 房海 , 陈翠珍 . 病原细菌科学的丰碑 . 北京 : 科学出版社 , 2015: 181~182.

[10] 于恩庶 , 徐秉锟 . 中国人兽共患病学 . 福州 : 福建科学技术出版社 , 1988: 181~196.

[11] 徐采 , 邓耀先 , 尉迟静 . 金黄色葡萄球菌败血症 . 内科学报 , 1950, 2(3):218~222.

[12] 黄炯元 . 对食物中毒的认识和预防 . 中级医刊 , 1954, (第 8 号):8~10.

[13] 康白 , 阎佩珩 . 细菌性食物中毒之实验诊断 . 中级医刊 , 1954, (第 8 号):32~38.

[14] 徐凤山 . 对荷包蛋引起的一次食物中毒的初步分析 . 中华卫生杂志 , 1958, (第 3 号):170~171.

[15] 陈翠珍 , 房海 . 家兔源金黄色葡萄球菌的血清型别检定 . 微生物学研究与应用 , 1989, (2):35~36.

[16] 罗海波 , 张福森 , 何浙生 , 等 . 现代医学细菌学 . 北京 : 人民卫生出版社 , 1995: 1~10.

[17] 陆德源 . 医学微生物学 . 4 版 . 北京 : 人民卫生出版社 , 2000: 79~85.

[18] 唐珊熙 . 微生物学及微生物学检验 . 北京 : 人民卫生出版社 , 1998: 133~138.

[19] 闻玉梅 . 现代医学微生物学 . 上海 : 上海医科大学出版社 , 1999: 223~239.

[20] 张兆山 . 病原细菌生物学研究与应用 . 北京 : 化学工业出版社 , 2007: 66.

[21] 杨东亮 , 叶嗣颖 . 感染免疫学 . 武汉 : 湖北科学技术出版社 , 1998: 19~29.

[22] 宋黎黎 , 杨兰萍 , 朱斌 .PCR 技术在金黄色葡萄球菌肠毒素基因分型中的运用 . 安徽预防医学杂志 , 2010, 16(2):150~151.

[23] 王营 , 于宏伟 , 郭润芳 , 等 . 金黄色葡萄球菌肠毒素基因分布的研究 . 河北农业大学学报 , 2010, 33(5):84~88.

[24] 何南祥，朱建国，马亦林．金黄色葡萄球菌带菌者的调查研究．浙医学报，1959，2(2):118~120.

[25] 李自然，施春雷，宋明辉，等．上海市食源性金黄色葡萄球菌分布状况．食品科学，2013，34(1):268~271.

[26] 刘晓杰，孙利群，王艳秋，等．医院环境表面病原菌分布调查．中华医院感染学杂志，2013，23(18):4454~4455.

[27] 刘杨，张秋莹，殷玉华．重症监护室常用医疗器具使用中病原菌携带情况．中国感染控制杂志，2013，12(1):64~65.

[28] 李春儿，林奇龙，陈琼娜．2010 至 2012 年金黄色葡萄球菌医院感染的临床分布及耐药性变迁．检验医学，2013，28(6):560~562.

[29] 余梦学．金黄色葡萄球菌的分布与耐药性调查．保健医学研究与实践，2013，10(4):14~15,18.

[30] 王凯，梅玉南．265 株金黄色葡萄球菌对常用抗菌药物耐药性监测．中国消毒学杂志，2012，29(6):493~495.

[31] Austin B, Austin D A.Bacterial Fish Pathogens:Disease of Farmed and Wild Fish.Third Edition.Praxis Publishing Ltd, Chichester, UK.1999, 18, 61~62, 203.

[32] 叶巧真，何建国，邱德全，等．中华鳖白底板病和红底板病细菌的分离鉴定及致病性．微生物学通报，2000, 27(6):407~413.

[33] 巢国祥，焦新安，周丽萍，等．食源性金黄色葡萄球菌流行特征、产肠毒素特性及耐药性研究．中国卫生检验杂志，2006, 16(8):904~907.

[34] 姜秀杰，孙伟，王广廷，等．金黄色葡萄球菌食物中毒病原检测及方法比较．中国中医药，2009, 7(7):48.

[35] 许美凤，陈建才．产生白色色素的金黄色葡萄球菌引起的食物中毒．海峡预防医学杂志，1996, 2(3):64.

[36] 叶应妩，王毓三，申子瑜．全国临床检验操作规程．3 版．南京：东南大学出版社，2006, 763~770.

[37] 王平林，王彩云．不分解甘露醇的金黄色葡萄球菌引起食物中毒．中华医学检验杂志，1995, 18(1):59.

[38] 彭国华，胡主花，薛琳，等．食物中毒样品中金黄色葡萄球菌及肠毒素检测．现代预防医学，2008, 35(20):3943~3945.

[39] 罗海波，鲍行豪．细菌毒素研究进展．北京：人民卫生出版社，1983: 41~54.

[40] 章丹阳，徐景野，沈玄艺，等．一起产 A 型肠毒素金黄色葡萄球菌引起食物中毒的分析．中国卫生检验杂志，2005, 15(12):1514~1515.

[41] 张庆芳．港口某单位一起非溶血性金黄色葡萄球菌引起食物中毒的调查．中国国境卫生检疫杂志，1994, 17(5):160~161.

[42] 刘恭植．微生物学和微生物学检验．北京：人民卫生出版社，1988: 261~268.

[43] 孟昭赫．食品卫生检验方法注解微生物学部分．北京：人民卫生出版社，1990: 102~115.

[44] 王润芝，徐敏华，张顺玉．金黄色葡萄球菌血清型及其分布的研究．微生物学通报，1981, 8(4):168~171.

[45] 孔秀凤，祁伟．金黄色葡萄球菌基因分型方法的研究进展．国外医药抗生素分册，2008, 29(3):104~107.

[46] 倪春霞，蒲万霞，胡永浩，等．金黄色葡萄球菌基因分型方法研究进展．中国动物检疫，2009, 26(10):64~68.

[47] 杨小青．1076 株临床细菌的菌种分布．实用医技杂志，2006, 13(16):2812~2813.

[48] 宋丽芳，陈松涛．医院病原菌分布及其耐药谱分析．中华医院感染学杂志，2009, 19(10):1286~1288.

[49] 李科，杨晏，陈华剑，等.4380 株医院感染病原菌的临床分布及耐药性分析.检验医学与临床，2013，10(14):1799~1801, 1803.

[50] 李仲兴，赵建宏，杨敬芳.革兰氏阳性球菌与临床感染.北京：科学出版社，2007: 34~130.

[51] 姜赛琳，詹亚梅，吴景芳.综合医院护理人员手部病原菌调查分析.中华医院感染学杂志，2007，17(11):1385~1386.

[52] 姜建萍，姜丽，高素珍，等.听诊器微生物监测与消毒的临床观察.临床合理用药，2013，6(7):106~107.

[53] 黄金莲，朱彦仁，应福余，等.主要医院感染病原菌的变迁及其耐药性分析.中国微生态学杂志，2005，17(4):290~292.

[54] 文细毛，任南，吴安华.2010 年全国医院感染横断面调查感染病例病原分布及其耐药性.中国感染控制杂志，2012，11(1):1~6.

[55] 刘桂玲，史亚红，盛以泉，等.3 年医院病原菌分布调查分析.中华医院感染学杂志，2010，20(5):719~721.

[56] Renaud F, Etienne J, Bertrand A.Molecular eoidemiology of *Staphylococcus haemolyticus* strains isolated in an Albanian hospital.J Clin Microbiol, 1991, 29(7):1493~1497.

[57] 吴克慧，魏凌华.心脏外科手术部位感染目标监测分析.中国感染控制杂志，2007，6(2):106~108.

[58] 单金华，袁钦发，肖满华，等.一起路邓葡萄球菌食物中毒的调查.实用预防医学，2003，10(2):215~216.

[59] Westblom T U, Gorse G J, Milligan T W, et al.Anaerobic endocarditis by *Staphylococcus saccharolyticus*.J Clin Microbiol, 1990, 28(12):2818~2819.

[60] 刘爱丽，杨梅，苏希风.2640 例慢性重症肝炎及失代偿期肝硬化医院内感染分析.中国民康医学，2012, 24(15):1828~1830.

[61] 刘国英，李雅琴，郭立英.剖宫产术后切口感染原因及对策.中华医院感染学杂志，2005，15(8):897~898.

第45章 链球菌属 (*Streptococcus*)

链球菌属 (*Streptococcus* Rosenbach 1884) 的多个种 (species)、亚种 (subspecies)，都是人或动物，或人及动物的病原菌。主要是作为人化脓性感染的重要病原菌，可引起人的急性咽喉炎、猩红热 (scarlet fever)、丹毒 (erysipelas)、心内膜炎、脑膜炎、肺炎、链球菌中毒性休克综合征 (streptococcal toxic shock syndrome，STSS)、败血症等感染病 (infectious diseases)；并可诱发感染后的风湿性心脏病、关节炎、肾小球肾炎等变态反应性疾患。链球菌的致病性及感染后的临床表现，在很大程度上与菌种有关；其中的 α 型 (甲型) 溶血性链球菌 (α-hemolytic streptococcus)，是感染性心内膜炎的主要病原菌；β 型 (乙型) 溶血性链球菌 (β-hemolytic streptococci) 的致病力强，其中的 A 群链球菌 (Group A streptococci，GAS) 在人的链球菌感染病中可占到 90%。有的链球菌，亦可列入人畜共患病 (zoonoses) 的病原菌范畴[1~3]。

在医院感染 (hospital infection，HI) 的链球菌属细菌中，在我国已有明确记述和报告的涉及肺炎链球菌 (*Streptococcus pneumoniae*)、无乳链球菌 (*Streptococcus agalactiae*)、中间链球菌 (*Streptococcus intermedius*)、口腔链球菌 (*Streptococcus oralis*)4 个种，另外则是以链球菌属细菌、β 型 (乙型) 溶血性链球菌等名义 (未具体到种) 记述的；其中具体到种的主要是肺炎链球菌，在所有医院感染细菌中一直占据着前 10 位的位置。就由革兰氏阳性细菌引起的医院感染来讲，链球菌似乎是一直处于前 5 位的位置。

● 在第 22 章"莫拉氏菌属"(*Moraxella*) 中有记述，太原钢铁 (集团) 公司总医院的宋丽芳等 (2009) 报告，该医院在 2004 年 1 月至 2007 年 12 月间，从住院及门诊患者分离到病原菌 3176 株，其中细菌共 15 种 (属)2644 株 (构成比 83.25%)，属于真菌 (fungi) 的白色念珠菌 (*Candida albican*)532 株 (构成比 16.75%)。在 15 种 (属)2644 株细菌中，革兰氏阳性细菌 5 种 1369 株 (构成比 51.78%)、革兰氏阴性细菌 10 种 (属)1275 株 (构成比 48.22%)。其中包括 β- 溶血性链球菌 566 株 (构成比 21.41%) 居第 1 位、肺炎链球菌 191 株 (构成比 7.22%) 居第 5 位；在革兰氏阳性的 β- 溶血性链球菌、金黄色葡萄球菌 (*Staphylococcus aureus*)、肺炎链球菌、凝固酶阴性葡萄球菌 (coagulase-negative *Streptococcus*，CNS)、粪肠球菌 (*Enterococcus faecalis*) 共 5 种 1369 株中，β- 溶血性链球菌 566 株 (构成比 41.34%) 居第 1 位、肺炎链球菌 191 株 (构成比 13.95%) 居第 3 位 [4]。

● 四川省人民医院的林健梅等 (2013) 报告，回顾性总结该医院 2011 年 1 月至 12 月间，从住院患者分离获得的 6 种革兰氏阳性球菌 1927 株，其中金黄色葡萄球菌 816 株 (构成比 42.35%)、表皮葡萄球菌 (*Staphylococcus epidermidis*)554 株 (构成比 28.75%)、屎肠球菌 (*Enterococcus faecium*)241 株 (构成比 12.51%)、肺炎链球菌 107 株 (构成比 5.55%)、溶血葡萄球菌 (*Staphylococcus haemolyticus*)105 株 (构成比 5.45%)、粪肠球菌 104 株 (构成比 5.39%)，肺炎链球菌居第 4 位 [5]。

● 河南省洛阳北方企业集团有限公司职工医院的胡玺慧 (2014) 报告，在该医院 3 年 (2011 年 1 月 1 日至 2013 年 12 月 31 日) 间，从住院患者分离到 13 种 (类) 病原菌共 2983 株，其中细菌 12 种 (类) 共 2803 株 (构成比 93.97%)、真菌 180 株 (构成比 6.03%)。明确菌种 (属) 的细菌共 10 个种 (属)2248 株，其中革兰氏阴性细菌 6 种 1392 株 (构成比 61.92%)、革兰氏阳性细菌 4 个种 (属)856 株 (构成比 38.08%)。其中包括链球菌属细菌 263 株 (构成比 11.69%) 居第 4 位；在革兰氏阳性的链球菌属细菌、金黄色葡萄球菌、肠球菌属细菌、溶血葡萄球菌)4 革兰氏阳性的链球菌属细菌、金黄色葡萄球菌、肠球菌属 [*Enterococcus*(ex Thiercelin and Jouhaud 1903)Schleifer and Kilpper-Bälz 1984] 细菌、溶血葡萄球菌共 4 个种 (属)856 株中，链球菌属细菌 263 株 (构成比 30.72%) 居第 1 位 [6]。

1 菌属定义与分类位置

链球菌属是链球菌科 (Streptococcaceae Deibel and Seeley 1974) 细菌的成员，近年来在链球菌属细菌种的变动较大，有不少的种已分别移入了肠球菌属 [*Enterococcus*(ex Thiercelin and Jouhaud 1903)Schleifer and Kilpper-Bälz 1984] 或乳球菌属 (*Lactococcus* Schleifer, Kraus, Dvorak et al 1986)，也有一些新种 (sp. nov.) 增加。菌属 (genus) 名称 "*Streptococcus*" 为现代拉丁语阳性名词，意为柔软的球菌 (pliant coccus)[7]。

1.1 菌属定义

链球菌属细菌为直径小于 2.0μm 的革兰氏阳性球形或卵圆形细菌，在液体培养基中以成对或链状排列，有时以链的轴延伸成两端尖形；无动力，无芽孢，一些种能形成荚膜。

链球菌属细菌兼性厌氧，发酵型代谢，化能异养，生长需要营养丰富的培养基（但在不同的菌种有差异），有时需要 CO_2 环境。有机化能营养、发酵型代谢，发酵碳水化合物主要是产乳酸但不产气，接触酶 (catalase) 阴性。不产生甲基萘醌类 (menaquinones)，通常具有溶血活性、溶血区呈绿色 (α 型溶血) 或完全透明 (β 型溶血)；生长温度范围为 25 ~ 45℃，适温通常约为 37℃，但最高与最低温度在不同菌种有差异。

许多的种是人或动物的共栖或寄生菌，主要栖居于口腔和上呼吸道；一些种对人和动物致病，有的种为强致病菌 (highly pathogenic)。与链球菌血清型有关的各种抗原是一些种的特性，细胞壁多糖 (polysaccharides) 是兰斯菲尔德氏 (Lancefield) 血清学分型的基础。

链球菌属细菌 DNA 中 G+C mol% 为 34 ~ 46(T_m，Bd)；模式种 (type species)：酿脓链球菌 (*Streptococcus pyogenes* Rosenbach 1884)[7]。

1.2　分类位置

按伯杰氏 (Bergey) 细菌分类系统，在第二版《伯杰氏系统细菌学手册》(*Bergey's Manual of Systematic Bacteriology*) 第 3 卷 (2009) 中，链球菌属分类于链球菌科。

链球菌科包括 3 个菌属，依次为：链球菌属、乳球菌属、乳卵形菌属 (*Lactovum* Matthies，Gössner，Acker et al 2005)。

链球菌科细菌 DNA 中 G+C mol% 为 33 ~ 46；模式属 (type genus)：链球菌属。

链球菌属内共记载了 55 个种、8 个亚种，以及 1 个位置未定的种 (species incertae sedis)。

55 个种，依次为：酿脓链球菌、少酸链球菌 (*Streptococcus acidominimus*)、无乳链球菌、非解乳糖链球菌 (*Streptococcus alactolyticus*)、咽峡炎链球菌 (*Streptococcus anginosus*)、南部链球菌 (*Streptococcus australis*)、狗链球菌 (*Streptococcus canis*)、星群链球菌 (*Streptococcus constellatus*)、仓鼠链球菌 (*Streptococcus criceti*)、嵴链球菌 (*Streptococcus cristatus*)、德夫里耶斯链球菌 (*Streptococcus devriesei*)、袋鼠链球菌 (*Streptococcus didelphis*)、道恩链球菌 (*Streptococcus downei*)、停乳链球菌 (*Streptococcus dysgalactiae*)、肠链球菌 (*Streptococcus entericus*)、马链球菌 (*Streptococcus equi*)、马肠链球菌 (*Streptococcus equinus*)、野鼠链球菌 (*Streptococcus ferus*)、鸡棚链球菌 (*Streptococcus gallinaceus*)、解没食子酸链球菌 (*Streptococcus gallolyticus*)、戈氏链球菌 (*Streptococcus gordonii*)、猪肠链球菌 (*Streptococcus hyointestinalis*)、猪阴道链球菌 (*Streptococcus hyovaginalis*)、小儿链球菌 (*Streptococcus infantarius*)、婴儿链球菌 (*Streptococcus infantis*)、海豚链球菌 (*Streptococcus iniae*)、中间链球菌、巴黎链球菌 (*Streptococcus lutetiensis*)、猕猴链球菌 (*Streptococcus macacae*)、小链球菌 (*Streptococcus minor*)、缓症链球菌 (*Streptococcus mitis*)、变异链球菌 (*Streptococcus mutans*)、寡发酵链球菌 (*Streptococcus oligofermentans*)、口腔链球菌、鼠口腔链球菌 (*Streptococcus orisratti*)、羊链球菌 (*Streptococcus ovis*)、副血链球菌 (*Streptococcus parasanguinis*)、副乳房链球菌 (*Streptococcus parauberis*)、巴斯德研究院链球菌 (*Streptococcus pasteurianus*)、泛口腔链球菌 (*Streptococcus peroris*)、海豹链球菌 (*Streptococcus phocae*)、多动物源链球菌 (*Streptococcus pluranimalium*)、肺炎链球菌、豕链球菌 (*Streptococcus*

porcinus)、鼠链球菌 (*Streptococcus ratti*)、唾液链球菌 (*Streptococcus salivarius*)、血链球菌 (*Streptococcus sanguinis*)、中国链球菌 (*Streptococcus sinensis*)、表兄链球菌 (*Streptococcus sobrinus*)、猪链球菌 (*Streptococcus suis*)、嗜热链球菌 (*Streptococcus thermophilus*)、托尔豪特镇链球菌 (*Streptococcus thoraltensis*)、乳房链球菌 (*Streptococcus uberis*)、脲链球菌 (*Streptococcus urinalis*)、前庭链球菌 (*Streptococcus vestibularis*)。

8 个亚种,分别为:星群链球菌 2 个亚种——星群链球菌星群亚种 (*Streptococcus constellatus* subsp. *constellatus*)、星群链球菌咽炎亚种 (*Streptococcus constellatus* subsp. *pharyngis*);停乳链球菌 2 个亚种——停乳链球菌停乳亚种 (*Streptococcus dysgalactiae* subsp.*dysgalactiae*)、停乳链球菌马样亚种 (*Streptococcus dysgalactiae* subsp. *equisimilis*);马链球菌 2 个亚种——马链球菌马亚种 (*Streptococcus equi* subsp. *equi*)、马链球菌兽瘟亚种 (*Streptococcus equi* subsp. *zooepidemicus*);解没食子酸链球菌 2 个亚种——解没食子酸链球菌解没食子酸亚种 (*Streptococcus gallolyticus* subsp. *gallolyticus*)、解没食子酸盐链球菌马其顿亚种 (*Streptococcus gallolyticus* subsp. *macedonicus*)。

位置未定的 1 个种:多形链球菌 (*Streptococcus pleomorphus*)。

值此说明,肠链球菌 (*Streptococcus intestinalis*) 即现在分类定名的非解乳糖链球菌的次异名 (junior synonym)[7]。但肠链球菌的名称,于现在的一些文献中还有使用。

2 肺炎链球菌 (*Streptococcus pneumoniae*)

肺炎链球菌 [*Streptococcus pneumoniae*(Klein 1884)Chester 1901],即早期被分类于微球菌属 (*Micrococcus* Cohn 1872 emend. Stackebrandt,Koch,Gvozdiak et al 1995 emend. Wieser,Denner,Kämpfer et al 2002) 的肺炎微球菌 (*Micrococcus pneumoniae* Klein 1884);又在后来分类于双球菌属 (*Diplococcus* Weichselbaum 1886),名为肺炎双球菌 [*Diplococcus pneumoniae*(Klein 1884)Weichselbaum 1886],也称为胸膜炎双球菌,也常是简称为肺炎球菌 (pneumococci)。菌种名称"pneumoniae"为现代拉丁语属格名词,指肺炎的 (pneumonia)。

细菌 DNA 的 G+C mol% 为 30(T_m) 和 42(Bd);模式株 (type strain):SV 1,ATCC 33400,CCUG 28588,CIP 102911,DSM 20566,LMG 14545,NCTC 7465。GenBank 登录号 (16S rRNA):AF003930,AY485600,X58312[7]。

2.1 生物学性状

在链球菌的生物学性状方面,对肺炎链球菌的研究是相对比较多的,这是与肺炎链球菌作为常见的病原性链球菌相关的 [1, 3, 7 ~ 12]。

2.1.1 理化特性

肺炎链球菌为革兰氏阳性卵圆形或球菌,呈矛头状,凹面相对,尖端朝外,典型的是成双排列,所以也被称为肺炎双球菌,简称肺炎球菌,直径在 0.5 ~ 1.25μm;也有时呈单个存在或短链状排列,在痰液、浓汁、肺组织病变等标本材料中,单个存在的较多。在培养基上连续传代培养，多会呈链状排列。在培养生长的晚期，会出现革兰氏阴性菌体。有毒力的菌株在机体内可产生荚膜，具有抵抗粒细胞的吞噬作用；经人工培养后荚膜消失，但有少数菌株在含有牛乳、血液或血清的培养基中可形成荚膜（图 45-1）。培养基中添加血液、血清、腹水等会促进生长，尤其在初代分离时更为明显。肺炎链球菌产生大量的荚膜多糖（capsular polysaccharide）会形成黏液（mucoid，M）样菌落，荚膜多糖产生的少会形成光滑（smooth，S）、圆形的菌落，罕见粗糙（rough，R）型菌落、有皱纹。无鞭毛，不形成芽孢，经亚甲蓝染色后可见菌体周围有不着色的半透明环。容易被普通碱性染料着色，但在陈旧培养物常常会表现为革兰氏阴性，或因其能产生的自溶酶（autolysin）作用仅见有革兰氏阴性菌体残骸。主要的细胞壁多糖类（polysaccharides）是葡萄糖、N- 乙酰半乳糖胺（*N*-acetylgalactosamine）、核糖醇（ribitol），以及痕迹量的半乳糖。图 45-2 显示肺炎患者痰标本革兰氏染色的肺炎链球菌；图 45-3 显示肺炎链球菌纯培养革兰氏染色形态。

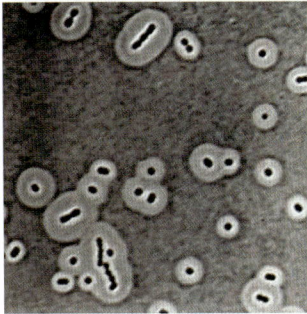

图 45-1　肺炎链球菌

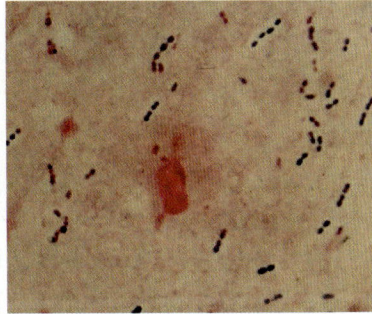

图 45-2　痰液中的肺炎链球菌
资料来源：赵乃昕，蔡文城 . 细菌名称及分类鉴定 .2015

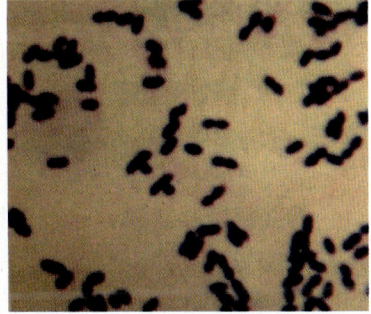

图 45-3　肺炎链球菌纯培养
资料来源：周庭银，赵虎 . 临床微生物学诊断与图解 .2001

肺炎链球菌为需氧或兼性厌氧菌，初代分离时在含有 5% ～ 10% 的 CO_2 环境中生长良好，适宜生长温度为 35℃，适宜生长 pH 为 7.6 ～ 8.0。生长对营养的要求较高，在普通营养琼脂（nutrient agar，NA）培养基中不能生长或生长不良，在培养基中进入血液或血清生长良好。在血液营养琼脂（blood nutrient agar，BNA）培养基上，经 35℃培养 18 ～ 24h，可形成细小、圆形、略扁平、表面光滑、灰白色、半透明、直径为 0.5 ～ 1.5mm 的菌落，与 α 型溶血链球菌的相似，呈现草绿色溶血现象；菌落中心凹陷，继续培养可因自溶酶的作用出现菌落自溶现象，仅留下菌落痕迹。在好氧环境培养产生 α- 溶血（α-hemolysis），但在厌氧环境会因产生与链球菌溶血素 O(streptolysin O) 相同的肺炎链球菌溶血素 O(pneumolysin O) 的活性导致 β- 溶血。在液体培养基中，经 35℃培养 18 ～ 24h 呈均匀混浊生长，加入血清、腹水或葡萄糖可促进生长，以加入 3% ～ 5% 家兔血清的液体培养基最适宜其生长；培养时间稍久，可因自溶酶的作用，使培养基变为澄清，仅在培养基管底留有沉淀。

肺炎链球菌的自溶酶是一种 L- 丙氨酸 -N- 乙酰胞壁酰胺酶，能够切断肽聚糖上 L- 丙氨酸与 N- 乙酰胞壁酸间的连接键，从而破坏菌细胞壁，使菌体溶解。自溶酶在肺炎链球菌生长的稳定期被激活，也可被胆汁或胆盐等活性物质激活，从而促进培养物中的菌体溶解。自溶酶不耐热，经 65℃作用 30min 可失去活性。肺炎链球菌可分解葡萄糖、半乳糖、果糖、棉籽糖、糖原 (glycogen)、海藻糖、菊糖、麦芽糖、乳糖、蔗糖等多种糖类，产酸、不产气。常常会发酵 N- 乙酰氨基葡萄糖 (N-acetylglucosamine)、水杨苷；缓慢从甘油、木糖、阿拉伯糖、赤藓醇产酸，但从甘油需供氧培养 (aerobic incubation)；一些菌株能发酵甘露醇；不能从苦杏仁苷、熊果苷、核糖、塔格糖 (tagatose)、卫矛醇、山梨醇产酸。

肺炎链球菌为发酵型代谢，最初主要是产生少量乳酸，在葡萄糖肉汤 (glucose broth) 培养基的终末 pH 约为 5.0；产生 α- 半乳糖苷酶 (α-galactosidase)、β- 半乳糖苷酶 (β-galactosidase)、甘氨酰基色氨酸芳基酰胺酶 (glycyl-tryptophan arylamidase)、α- 葡萄糖苷酶 (α-glucosidase)、N- 乙酰 -β- 半乳糖胺酶 (N-acetyl-β-galactosaminidase)、唾液酸酶 (sialidase) 属于神经氨酸苷酶 (neuraminidase)、透明质酸酶 (hyaluronidase)。产生过氧化氢 (hydrogen peroxide)，不能产生 3- 羟基丁酮 (acetoin) 使伏 - 波试验 (Voges-Proskauer test，V-P) 阴性。

肺炎链球菌不能液化明胶，不能产生吲哚，不能在含有 6.5%NaCl 的营养肉汤培养基中生长，胆汁、胆盐或其他表面活性物质具有溶菌作用。胆汁溶菌试验阳性、奥普托欣 (optochin) 抑菌试验阳性、多数菌株能分解菊糖，此 3 项指标是与其他 α 型溶血链球菌的主要鉴别点。

2.1.2　根据溶血活性分类

1903 年，Schottmiller 曾根据链球菌在血液营养琼脂培养基上的溶血情况，将链球菌分为溶血性链球菌 (简称溶链菌)、草绿色链球菌、非溶血性链球菌。此后，Brown(1919) 报告根据溶血能力，即在血液营养琼脂培养基上的溶血相，将链球菌分为 3 类 (均不是种的概念)：① α 型 (甲型) 溶血性链球菌，在菌落周围形成 1 ~ 2mm 宽的草绿色溶血环 (其中的红细胞未完全被溶解)，又称为草绿色链球菌 (Streptococcus viridans)；② β 型 (乙型) 溶血性链球菌，在菌落周围有较宽 (2 ~ 4mm)、界限明了的无色透明溶血环 (其中的红细胞被完全溶解)，又称为溶血性链球菌 (Streptococcus hemolyticus)；③ γ 型 (丙型) 溶血性链球菌 (γ-hemolytic streptococcus)，无溶血环 (不能溶解红细胞)，又称为非溶血性链球菌 (Streptococcus non-hemolyticus)。

按此溶血性特征，肺炎链球菌可列为 α 型 (甲型) 溶血性链球菌的范畴，也常被归为非 β 型 (乙型) 溶血性链球菌。

另外，Facklam(2002) 报告主要根据链球菌的溶血特征、致病作用等，将链球菌分为了 4 类，即：β 型 (乙型) 溶血性链球菌、非 β 型 (乙型) 溶血性链球菌、草绿色链球菌、罕见的链球菌。这种分类方法，无论从认识链球菌的感染特性、还是对链球菌的鉴定来讲，还都是比较方便的。

2.1.3　抗原结构与免疫学特性

链球菌的抗原结构比较复杂，主要来自于细胞壁成分，主要包括 3 种。①核蛋白抗原：或称为 P 抗原，在各种链球菌均有，无特异性，并与葡萄球菌属 (Staphylococcus Rosenbach 1884) 细菌存在交叉反应。②多糖抗原：或称为 C- 多糖抗原 (C-polysaccharide antigen)、C- 抗原，是细胞壁的多糖成分，可用稀 HCl 等提取，是群 (group) 特异性抗原；另外，C- 抗原与心脏瓣膜糖蛋白抗原存在交叉抗原性，可能与风湿病瓣膜疾病存在关联性。

③蛋白质抗原：或称为表面抗原，位于 C- 抗原外层，是细胞壁的蛋白质成分，是型 (type) 特异性抗原。

2.1.3.1　链球菌的兰氏血清群

1933 年，Lancefield(兰斯菲尔德) 曾根据 β 型 (乙型) 溶血性链球菌 C 抗原的不同，采用免疫血清学的沉淀反应，将链球菌分成了 A、B、C、D、E、F、G、H、K、L、M、N、O、P、Q、R、S、T 等 18 个群 (其中未用 I 和 J 这两个字母作分群代号)，此即所谓的链球菌兰氏血清学分类 (群)；近年来又增加了 U、V 群，如此现在共 20 个群。对各群链球菌常常使用简称，如 A 群 β 型 (乙型) 溶血性链球菌简称为 A 群链球菌、B 群 β 型 (乙型) 溶血性链球菌简称为 B 群链球菌 (group B streptococci，GBS) 等。

2.1.3.2　链球菌的血清型

位于链球菌 C 抗原外层的蛋白质抗原 (型特异性抗原) 即表面抗原，具有 M、T、R、S 等 4 种不同性质的抗原成分。在 C 抗原分群的基础上，又可根据型特异性抗原将链球菌分成 100 多个血清型。M 抗原耐热，主要见于 A 群 β 型 (乙型) 溶血性链球菌，具有阻止补体系统的调理作用，并使纤维蛋白原沉着于菌体表面，进一步加强抗吞噬作用，与对组织细胞的侵袭力和致病性存在密切关系；根据 M 抗原的不同，可将 A 群 β 型 (乙型) 溶血性链球菌分为 1、2、3 等 60 多个血清型。T 抗原不耐热，也为型特异性抗原，但可存在于数种菌型中，为数种菌型所共有；与链球菌的毒力无关，但用含有 T 抗原菌苗接种的人可发生风湿热，其免疫复合物能引起肾炎。

2.1.3.3　肺炎链球菌的血清型

按兰氏血清分群方法，肺炎链球菌缺乏明确的归群。尽管如此，肺炎链球菌仍可借多种抗原成分予以分型。①菌体种属特异性抗原：为存在于肺炎链球菌细胞壁的菌体多糖抗原，具有菌属特异性，也称为 C- 反应性蛋白 (C-reactive protein，CRP)。②型特异性抗原：是存在于肺炎链球菌荚膜中的一种多糖成分，为可溶性物质，具有型特异性；根据此抗原，可用凝集反应、沉淀反应、荚膜肿胀试验等方法，将肺炎链球菌分为 1、2、3 等 85 个血清型，其中的 1、2、3 型都是致病性菌株，是引起人大叶性肺炎的病原菌。另外，可根据荚膜多糖的微小差异性，又可将某种血清型分为不同的亚型，如 7 型可分为 7A、7B、7C、7D 的 4 个亚型。③菌体核蛋白抗原：存在于菌体内部，为蛋白质成分，无特异性。

在肺炎链球菌的某些血清型间，或个别血清型菌株与大肠埃希氏菌 (*Escherichia coli*)、 克 雷 伯 氏 菌 属 (*Klebsiella* Trevisan 1885 emend. Drancourt，Bollet，Carta and Roussselier 2001) 细菌间存在共同抗原成分，以致会出现交叉反应；另外是 14 型荚膜多糖抗原，与人类 A 型血型抗原也存在交叉反应。

2.1.3.4　肺炎链球菌的感染免疫保护

肺炎链球菌感染耐过后，可以建立比较牢固的型特异性免疫保护，所有在同型肺炎链球菌的二次感染是比较少见的。其免疫保护机制，主要是产生荚膜多糖型特异性抗体，这种抗体在被感染发病后的 5 ~ 6 天就可以出现。这种抗体主要是发挥调理作用，从而增强吞噬细胞对肺炎链球菌的吞噬功能。另外，1 型、4 型、25 型荚膜多糖还能直接激活补体旁路途径，这种功能在特异性抗体尚未产生之前，对侵入体内肺炎链球菌的杀灭更具有重要意义。

2.1.4 肺炎链球菌的遗传转化

最早被认识的细菌遗传转化 (genetic transformation) 现象，就是从肺炎链球菌开始的。1928 年，英国医生、细菌学家弗里德里希·格里菲斯 (Friderick Griffith，1879 ~ 1941) 进行了著名的格里菲斯实验 (Griffith's experiment)，又被称为格里菲斯转化实验。他发表了一篇文章，描述了在实验中的肺炎链球菌的转化 (transformation) 现象，这个实验构成了细菌遗传学的发端。格里菲斯 (图 45-4) 的实验，是分别用产生荚膜、具有毒力的 S Ⅲ 型及失去产生荚膜和毒力的 R Ⅱ 型 (由 S Ⅱ 型突变来的) 肺炎链球菌，对敏感实验动物小鼠做接种感染，结果发现：①接种 R Ⅱ 型活菌，小鼠不发病；②接种 S Ⅲ 型活菌，小鼠发病死亡，并能分离出感染菌；③接种经加热杀死的 S Ⅲ 型菌，小鼠不发病；④同时接种 R Ⅱ 型活菌和加热杀死的 S Ⅲ 型菌，小鼠发病死亡，并能分离出 S Ⅲ 型菌。显然，加热杀死的 S Ⅲ 型菌在小鼠体内能使 R Ⅱ 型菌转变为 S Ⅲ 型菌，格里菲斯在当时将这种现象称为 "transformation" (转化)。

图 45-4 格里菲斯　　图 45-5 埃弗里

美国生物化学家奥斯瓦尔德·西奥多·埃弗里 (Oswald Theodore Avery，1877 ~ 1955) 等科学家们，为弄清格里菲斯实验中转化因子 (transforming factor) 的本质，进行了大量精密的实验，花了近 10 年时间，终于在 1944 年才找到了这种转化因子。当时使埃弗里等大吃一惊的是，这种转化因子竟然是在当时谁也不清楚有什么生物学功能的 DNA。埃弗里 (图 45-5) 等对转化因子化学本质的研究，已被公认为是生物学中一个具有划时代意义的伟大实验，因为它是描述遗传物质是 DNA 的第一个直接证据，是生物学发展的一个重要的里程碑。自此，DNA 作为遗传信息的载体已充分获得证实，使生物学界迅速认识到 DNA 的重要性，并促使对其结构和功能研究的迅速发展 [12]。

2.1.5 生境与抗性

肺炎链球菌广泛分布于自然界，常常是寄居于正常人的鼻咽部，有的可持续数月之久，所以从健康人群鼻咽部分离此菌的阳性率可达 40% ~ 60%。肺炎链球菌的抵抗力较弱，加热 56℃经 20min 即被杀死，对常用消毒剂敏感。具有荚膜的菌株抵抗干燥的能力较强，在无直射阳光照射的干燥痰中可存活 1 ~ 2 个月。

长期以来，肺炎链球菌一直保持着对青霉素的敏感性。但在近年来，也出现了耐青霉素肺炎链球菌 (penicillin-resistant *Streptococcus pneumoniae*) 或青霉素低敏感性肺炎链球菌 (penicillin-insensitive *Streptococcus pneumoniae*) 菌株、甚至多重耐药肺炎链球菌 (muti-drug resistant *Streptococcus pneumoniae*) 菌株，表现为耐药率和耐药谱在不断加大，对氟喹诺酮的耐药或低敏感菌株已有不少报告，多重耐药菌株对万古霉素、米诺环素也耐药。这些耐药菌株的出现，给临床治疗带来了一定的麻烦，也使由此类菌株引起的老年人和免疫力低下患者被感染后的病死率增高。

在前面有记述四川省人民医院的林健梅等 (2013) 报告从住院患者分离获得的 6 种革兰氏阳性球菌 1927 株，其中包括肺炎链球菌 107 株 (构成比 5.55%)。经对 107 株肺炎链球菌进行对 9 种临床常用抗菌类药物的敏感性测定，结果除对万古霉素、替加环素均敏感外，对另外 7 种的耐药率 (从高到低) 依次为：复方新诺明 (93.82%)、青霉素 (60.62%)、头孢噻肟 (32.10%)、阿莫西林 (16.57%)、氯霉素 (11.10%)、左氧氟沙星 (9.67%)、奎奴普丁 / 达福普丁 (0.72%)[5]。

2.2 病原学意义

各种不同链球菌的致病力有较大差异，通常 α 型 (甲型) 溶血性链球菌多为条件性病原菌，β 型 (乙型) 溶血性链球菌具有强致病性 (可引起人或人及动物的多种类型感染病)，γ 型 (丙型) 溶血性链球菌通常无致病性。如果按兰氏血清群，对人致病的链球菌有 90% 为 A 群菌株，A 群链球菌也被称为化脓性链球菌 (pyogenic streptococcus)[8, 9]。

2.2.1 人的肺炎链球菌感染病

肺炎链球菌是社区获得性肺炎、中耳炎、鼻窦炎、脑膜炎的常见病原菌，也是医院感染中的重要病原菌，当存在基础疾病或因医源性因素导致抗感染免疫功能低下时，则可发生由肺炎链球菌引起的肺炎、败血症等感染病[1]。

2.2.1.1 基本感染类型

由肺炎链球菌引起的感染病，其临床表现大致可分为以下两大类型。①下呼吸道感染类型：表现为大叶性肺炎、急性支气管炎、慢性呼吸道感染急性发作。②肺外感染类型：表现为鼻窦炎、中耳炎、脑膜炎、菌血症、败血症、心内膜炎、腹膜炎、脓胸、关节炎等。

肺炎链球菌虽然分布广泛，但其中的多数菌株对人不致病或致病力弱，仅有少数血清型菌株是致病性的，且在小儿与成人有所不同。就肺炎来讲，成人以血清型 1 ~ 8 型菌株为多，在幼儿和儿童常常是 3 型、6 型、14 型、18 型、19 型菌株，在乳儿则是以 14 型菌株为主。肺炎链球菌感染可以是原发呼吸道感染，也可是继发于某些病毒感染。肺炎链球菌常常是由呼吸道播散到其他组织器官，然后引起菌血症、败血症、心内膜炎、脑膜炎、腹膜炎等。此外，肺炎链球菌也可引起腰肌脓肿、咽部脓肿、盆腔脓肿、卵巢脓肿、腹股沟脓肿、硬膜外脓肿、脑脓肿、脊椎骨髓炎等感染病，但这些感染类型还是比较少见的[1 ~ 3]。

2.2.1.2 医院感染特点

由肺炎链球菌引起的医院感染，所表现的特点是感染缺乏区域特征、感染部位宽泛、感染类型复杂，出现频率也是比较高的。

(1) 感染频率：由肺炎链球菌引起的医院感染，一直是表现比较普遍的。以下记述的一些报告，是具有一定代表性的。

在前面有记述太原钢铁 (集团) 公司总医院的宋丽芳等 (2009) 报告，从该医院住院及门诊患者分离到病原菌 3176 株，其中细菌共 15 种 (属)2644 株 (构成比 83.25%)，白色念珠菌 (Candida albican)532 株 (构成比 16.75%)。在 15 种 (属)2644 株细菌中，肺炎链球菌

191 株 (构成比 7.22%) 居第 5 位 [4]。

在前面有记述四川省人民医院的林健梅等 (2013) 报告，从该医院住院患者分离获得的 6 种革兰氏阳性球菌 1927 株，其中肺炎链球菌 107 株 (构成比 5.55%) 居第 4 位 [5]。

在第 40 章 "肠球菌属" (Enterococcus) 中有记述，湖北省武汉市汉阳医院的宁立芬等 (2014) 报告，回顾性总结该医院在 2011 年 1 月至 2012 年 12 月间，从各科室发生医院感染患者分离获得的病原菌 2470 株，其中革兰氏阴性细菌 7 种 (类)1680 株 (构成比 68.02%)、革兰氏阳性细菌 5 种 (类)444 株 (构成比 17.98%)、真菌 346 株 (构成比 14.01%)。在其中的 12 种 (类) 细菌共 2124 株中，包括肺炎链球菌 31 株 (构成比 1.46%) 居第 12 位 [13]。

华中科技大学同济医学院附属同济医院的简翠等 (2014) 报告，该医院在 2012 年从住院及门诊患者分离病原菌 8191 株 (非重复分离菌株)，其中革兰氏阴性菌 5376 株 (构成比 65.63%)、革兰氏阳性菌 2815 株 (构成比 34.37%)。其中包括肺炎链球菌 227 株，在所有病原菌 8191 株中的构成比为 2.77%，在革兰氏阳性菌 2815 株中的构成比为 8.06% [14]。

(2) 感染部位特点：综合一些相关的文献分析，由肺炎链球菌引起的医院感染，主要分布于呼吸道和泌尿道。以下记述的一些报告，是具有一定代表性的。

中国人民解放军成都军区昆明总医院的张彦等 (2003) 报告，回顾性总结在 1992 年 1 月至 2001 年 12 月间，从该院医院感染患者分离到 6 种 (类) 革兰氏阳性球菌 267 株。其中肺炎链球菌 120 株 (构成比 44.94%)、D 群肠球菌属细菌 77 株 (构成比 28.84%)、甲型溶血性链球菌 36 株 (构成比 13.48%)、D 群非肠球菌属细菌 24 株 (构成比 8.99%)、乙型溶血性链球菌 6 株 (构成比 2.25%)、其他链球菌 (Streptococcus spp.)4 株 (构成比 1.49%)。120 株肺炎链球菌在各感染部位的分布，依次为：下呼吸道 97 株 (构成比 80.83%)、上呼吸道 20 株 (构成比 16.67%)、泌尿道 2 株 (构成比 1.67%)、切口 1 株 (构成比 0.83%)[15]。

山西医科大学第二医院的武卫东等 (2011) 报告，回顾性总结在 2005 年 1 月至 2009 年 12 月间，从该院医院感染患者分离到革兰氏阳性球菌 3 696 株。其中居前 5 位的共 2952 株，依次为：凝固酶阴性葡萄球菌类 1 213 株 (构成比 32.82%)、金黄色葡萄球菌 649 株 (构成比 17.56%)、屎肠球菌 550 株 (构成比 14.88%)、粪肠球菌 475 株 (构成比 12.85%)、肺炎链球菌 65 株 (构成比 1.76%)。65 株肺炎链球菌在各感染部位的分布，依次为：痰液 49 株 (构成比 75.38%)、血液 8 株 (构成比 12.31%)、伤口分泌物 4 株 (构成比 6.15%)、脓液 1 株 (构成比 1.54%)、尿液 1 株 (构成比 1.54%)、无菌体液 1 株 (构成比 1.54%)、其他标本材料 1 株 (构成比 1.54%)[16]。

安徽省蚌埠医学院第一附属医院的翟蕙 (2014) 报告，回顾性总结在 2011 年至 2014 年间，从该院住院患者分离到革兰氏阳性球菌 1765 株。其中金黄色葡萄球菌 657 株 (构成比 37.22%)、表皮葡萄球菌 449 株 (构成比 25.44%)、溶血葡萄球菌 226 株 (构成比 12.80%)、屎肠球菌 218 株 (构成比 12.35%)、肺炎链球菌 113 株 (构成比 6.40%)、粪肠球菌 102 株 (构成比 5.78%)。113 株肺炎链球菌在各感染部位的分布，依次为：痰液 71 株 (构成比 62.83%)、尿液 21 株 (构成比 18.58%)、分泌物 15 株 (构成比 13.27%)、血液 6 株 (构成比 5.31%)[17]。

2.2.2　动物的肺炎链球菌感染病

肺炎链球菌可引起犊牛、羔羊、仔猪发病，主要表现为急性败血性感染病，也被称为肺炎双球菌感染病。尤其是在生后数日内的仔畜，被感染发病后的病死率很高[18]。

2.2.3　毒力因子与致病机制

关于链球菌的主要毒力因子 (virulence factors) 及致病机制等问题，诸多已经明了，其中比较明确的致病物质主要包括链球菌溶血素 (streptolysin)、致热外毒素 (pyrogenic exotoxin)、透明质酸酶 (hyaluronidase)、链激酶 (streptokinase，SK) 又称为链球菌纤维蛋白溶酶 (streptococcal fibrinolysin)、链道酶 (streptodornase，SD) 又称为链球菌 DNA 酶 (streptococcal deoxyribonuclease)、M 蛋白等。

通常肺炎链球菌基本上不产生毒素，但能够有效逃避宿主吞噬细胞的消化和杀伤，在组织中迅速生长繁殖，并诱导宿主产生强烈的炎症反应而致病。肺炎链球菌具有较强的侵袭力，其感染的发生和发展与宿主抗感染免疫功能低下密切相关。肺炎链球菌荚膜的抗吞噬作用，构成了肺炎链球菌的主要侵袭力；当具有荚膜的光滑型菌株失去产生荚膜的能力，变异成为粗糙型菌株时，其毒力则随之减低或消失。肺炎链球菌的细胞壁及其亚组分，在介导细胞黏附、炎症反应的发生与发展过程中具有重要作用。肺炎链球菌产生的溶解素 (pneumolysin)，是能够破坏细胞膜的巯基激活毒素类，位于细胞内，可通过自溶释放出来，具有溶解真核细胞、抑制多形核白细胞的杀菌作用、抑制淋巴细胞的增殖、通过激活补体系统来增强炎症反应等多种生物学活性。另外，新分离的菌株能够产生神经氨酸酶 (neuraminidase)，具有分解细胞膜糖蛋白和糖脂的 *N*- 乙酰神经氨酸 (*N*-acetylneuraminic acid，NANA)，可能与肺炎链球菌在鼻咽部和支气管黏膜的定居、繁殖和扩散有关[1, 9 ~ 11]。

2.3　微生物学检验

对链球菌的微生物学检验，目前仍主要是依赖于对细菌进行分离鉴定的细菌学检验。虽说对链球菌从形态上较易辨认，但鉴定到种也是相对困难和麻烦的。在链球菌的生化反应特性、溶血特征、兰氏血清分群三者间，没有明确的对应关系；所以在临床检验从患者分离的链球菌时，常常是仅检验指出其为某群 (A 群、B 群等) 或某种溶血性 (甲型、乙型、丙型等) 链球菌。

需注意在进行链球菌的形态检查时，有的并非很规则的球状，这与相应的种、所用培养基、培养条件等均有一定关系，再者是一般情况下于液体中的培养物能使链状排列更典型。

2.3.1　按生化特性进行菌属间区别

经革兰氏染色检查，呈链状排列、接触酶阴性的革兰氏阳性球菌，涉及链球菌属、肠球菌属、乳球菌属、漫游球菌属 (*Vagococcus* Collins，Ash，Farrow et al 1990)、明串珠菌属 (*Leuconostoc* van Tieghem 1878)、球短链菌属 (*Globicatella* Collins et al 1995)，在对链球菌进行鉴定时，必须予以鉴别（表 45-1）[3]。

表 45-1 链状排列的接触酶阴性的革兰氏阳性球菌的鉴别

菌属	万古霉素	葡萄糖产气	PYR	LAP	6.5%NaCl生长	胆汁七叶苷	10℃生长	45℃生长	动力	溶血
链球菌属	S	−	−	+	V	V	−	V	−	α, β, N
肠球菌属	S	−	+	+	+	+	+	+	V	α, β, N
乳球菌属	S	−	+	+	V	+	+	V	−	α, N
漫游球菌属	S	−	+	+	+	+	+	−	V	α, N
明串珠菌属	R	+	−	−	+	V	V	V	−	α, N
球短链菌属	S	−	+	−	+	V	V	V	−	α

注：表中符号的＋表示阳性，−表示阴性，V 表示不定，R 表示耐药，S 表示敏感；PYR 为 L- 吡咯烷酮 -β- 萘胺 (L-pyrrolidonyl-β-naphthylamide，PYR) 水解试验，LAP 为亮氨酸氨基肽酶 (leucine aminopeptidase，LAP) 试验。

2.3.2 临床常见链球菌各主要血清群的推测性鉴定

临床常见的 β- 溶血性链球菌、肺炎链球菌、D 群链球菌等的确切鉴定，是采用检测细菌的兰氏分群抗原 (A、B、C、D、F、G 群) 或荚膜多糖抗原 (肺炎链球菌)。对 D 群链球菌、草绿色链球菌的鉴定，可先进行一些理化特性检验，然后结合血清学方法进行推测性鉴定 (表 45-2)[3]。

表 45-2 临床常见重要链球菌的推测性鉴别

种类	杆菌肽敏感性	SXT敏感性	CAMP	马尿酸盐	PYR	胆汁七叶苷	6.5%NaCl生长	optochin敏感性	胆汁溶菌	溶血
A 群链球菌	S	R	−	−	+	−		R	−	β
B 群链球菌	R	R	+	+	−	−	V	R	−	β, N
C、F、G 群链球菌	V	S	−	−	−	−		R	−	β
D 群链球菌：肠球菌	R	R	−	V	+	+	+	R	−	α, β, N
非肠球菌	R	S	−	−	−	+	−	R	−	α, N
草绿色链球菌	V	S	−	V	V	V	−	R	−	α, N
肺炎链球菌	V	S	−	−	−	−	−	S	+	α

注：表中符号的＋表示阳性，−表示阴性，V 表示不定，R 表示耐药，S 表示敏感；SXT 为磺胺甲基异噁唑 -TMP，CAMP 为由 Christis、Atkins、Munch-Peterson 首先描述的 CAMP 因子，optochin 为奥普托欣。

另外，有些试验是常用或专用于对链球菌鉴定的，值此简要记述如下几项以供参考 [19 ~ 21]。

2.3.3 奥普托欣敏感试验

奥普托欣 (optochin) 即乙基氢化羟基奎宁 (ethylhydrocupreine HCl，EHC) 的商品名称，是能强烈抑制肺炎链球菌生长 (干扰叶酸的生物合成) 的一种药剂，能以此试验对肺炎链球菌与其他链球菌 (主要是 α- 溶血性链球菌) 相鉴别。试验方法是在被检菌株涂布接种于血液营养琼脂培养基平板后，将含有 5μg/ 片奥普托欣的纸片 (直径 6mm) 平贴其上，37℃ 培养 18h 检查，若出现直径在 15mm 以上 (一般 >20mm) 的抑菌圈则可推测为肺炎链球菌，其他链球菌一般无抑菌圈或抑菌圈直径 <15mm。

2.3.4 杆菌肽敏感试验

此试验主要用于兰氏 A 群链球菌与其他 β- 溶血性链球菌的鉴别，方法是将被检 β- 溶血性链球菌密涂布接种于血液琼脂培养基平板后，将含有 0.04U/ 片杆菌肽 (bacitracin) 的纸片平贴其上，37℃ 培养 18h 后检查，若产生抑菌圈则表明为对杆菌肽敏感，对杆菌肽敏感的链球菌菌株有 99.5% 的为兰氏 A 群链球菌。另外，也有 6% 的兰氏 B 群、7.5% 的兰氏 C 群和 G 群链球菌也对杆菌肽敏感，所以当此试验阳性时只能初步推测为 β- 溶血的兰氏 A 群链球菌。

2.3.5 CAMP 试验

已知兰氏 B 群链球菌亦即无乳链球菌能产生一种"CAMP 因子"，该因子于 1944 年由 Christis、Atkins、Munch-Peterson 首先描述,因此根据他们姓氏的字首定名为CAMP因子，这是一种胞外物质，能增强葡萄球菌 (*Staphylococcus*) 的 β- 溶血毒素溶解红细胞的活性，因此可在 B 群链球菌和葡萄球菌这两种细菌生长的交界处出现箭头状的溶血区 (显示溶血活力增强)。

2.3.5.1 试验方法

常用的试验方法是使用平板培养基垂直接种法，于含血液营养琼脂培养基平板上，先以产 β- 溶血毒素的金黄色葡萄球菌菌株 (如 ATCC 25923 株) 划一条线接种，再将被检链球菌离金黄色葡萄球菌接种线 3mm 处作垂直接种一短线，并以同样方法接种标准阳性 (B 群链球菌) 和阴性 (A 群或 D 群链球菌) 的对照；35℃ 培养 18 ~ 24h 作结果判定，以在两菌划线交界处出现箭头状 (半月形) 的加强溶血区的判为阳性（图 45-6）。图 45-7 显示 CAMP 阳性结果；图 45-8 显示 CAMP 加强溶血区阳性结果。

图 45-6 CAMP 试验示意图
A.接种方法；B.试验的阳性结果 (箭头状溶血区)；a、b. 被检菌；c. 阳性对照菌；d. 阴性对照菌

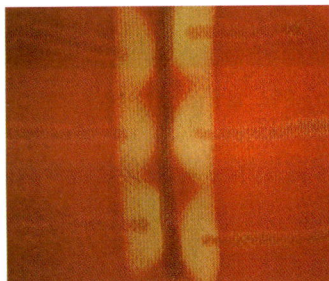

图 45-7 CAMP 试验阳性结果
资料来源：赵乃昕、苑广盈 . 医学细菌名称及分类鉴定 . 3 版 . 2013

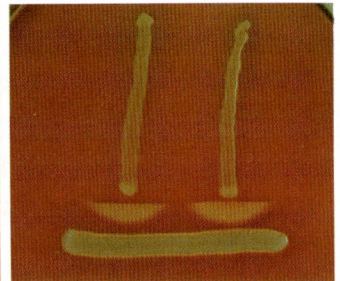

图 45-8 CAMP 试验加强溶血区
资料来源：周庭银、赵虎 . 临床微生物学诊断与图解 . 2001

2.3.5.2 应用与注意事项

CAMP 试验用于鉴定 B 群

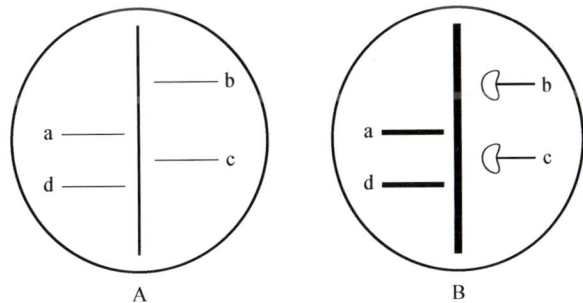

链球菌（阳性），其他链球菌为阴性。此试验不应在厌氧条件下培养，因为 A 群 β- 溶血性链球菌的某些菌株在厌氧条件下也能产生 CAMP 试验阳性反应。此试验方法简单，而且特异性较强，但此试验可因所用血液不同使结果有差异，以羊或牛血为宜，若用无菌生理盐水洗涤 3 次的羊红细胞则效果更好；另外，所用的基础培养基以胰蛋白胨肉汤琼脂较好。

2.3.6 胆汁 - 七叶苷试验

因 D 群链球菌能在含 40% 胆汁的培养基中生长，并可分解七叶苷，所以其胆汁 - 七叶苷试验为阳性。试验中使用胆汁七叶苷琼脂 (bile aesculin agar) 培养基（其中的 10g/L 胆汁粉亦可用胆盐为 40g/L），通常为将待检链球菌接种于胆汁七叶苷琼脂平板或斜面，35 ～ 37℃培养 24 ～ 48h 做结果判定，以培养基变黑判为阳性（一般经 4h 培养即可显示阳性结果）。试验中接种细菌的量不宜过大，因该试验是测定细菌在胆汁中生长情况及同时分解七叶苷的能力，若接种量过大则细菌不需要生长而其本身固有的酶足以造成七叶苷分解，出现假阳性结果。据 Facklam(1979) 报告，该试验对鉴定 D 群链球菌具有 100% 的敏感性和特异性。

2.3.7 溶血性检查

溶血性检查是鉴定链球菌常用的项目，也是鉴定过程中重要的一步，α、β、γ 溶血性是由 Brown 于 1919 年所描述的。对链球菌溶血性的观察除了对羊血液琼脂培养基平板菌落（周围）的直接观察外，亦可采用以下方法进行，即在含羊血的营养琼脂培养基平板上用接种针做扎眼接种使细菌被接种到琼脂深处，35℃培养过夜观察 α、β、γ 溶血情况。

2.3.8 色素试验

色素试验在鉴定 B 群链球菌的几个方法中的特异性最强，这是由 Noble 改良的 Islam 法。具体为：在培养基中接种待检链球菌，35℃培养过夜后观察，若菌落及周围的培养基呈黄色则为阳性反应。培养基的制备方法：淀粉 10g、蛋白胨 23g、NaH_2PO_4 为 1.48g、Na_2HPO_4 为 5.75g、琼脂 10g、蒸馏水 1 000ml，pH 7.4，121℃高压蒸气灭菌并待冷至 55℃左右时加入 10ml 灭活的无菌马血清并混匀，倾注平板或高层琼脂供用。

2.3.9 荚膜肿胀试验

荚膜肿胀试验亦称荚膜肿胀反应 (capsule swelling reaction) 或荚膜肿胀现象 (quellung phenomenon)，常用于对肺炎链球菌荚膜多糖抗原型的检定。试验中可将被检病料（制备成生理盐水悬液）或感染小鼠的腹腔液滴于玻片上，混入未稀释的抗肺炎链球菌荚膜血清，加少量碱性亚甲蓝染液后覆以盖片并用油镜检查，若遇同型免疫血清则肺炎链球菌的荚膜显著肿胀（菌体周围呈无色且宽的环状带）为阳性，菌体无变化且被染成蓝色。

2.3.10 胆汁溶菌试验

已知胆盐或胆汁能使肺炎链球菌溶解，其机制目前尚未定论，有人认为其能降低肺炎链球菌细胞膜表面张力并使其损坏或使菌体裂解，也有人认为其能激活肺炎链球菌的自溶酶以使菌体发生溶解。常用的胆汁溶解试验 (bile-solubility test) 方法，有以下两种。

2.3.10.1　平板法

在生长有待检链球菌的血液营养琼脂培养基的菌落上，加 10% 去氧胆酸钠水溶液 (内含 0.02% 的硫柳汞) 或无菌牛 (或猪、兔等动物) 胆汁 1 接种环 (或 1 小滴)，置 35 ~ 37℃作用 30min，菌落消失为阳性 (阴性的菌落仍存在)。

2.3.10.2　试管法

取待检链球菌的血清营养肉汤 18h 培养物 0.8ml，分装两小试管 0.4ml/ 管，其中 1 管加入 0.1ml 上述 10% 去氧胆酸钠水溶液或无菌牛 (或猪、兔等动物) 胆汁，另 1 管加 0.1ml 生理盐水为对照，置 37℃水浴作用 10 ~ 30min，试验管培养液由浊变清为阳性，对照管应仍混浊 (无变化)。

2.3.11　链激酶试验

链激酶试验即溶纤维蛋白酶试验，此酶能激活血液中的溶纤维蛋白酶原 (亦称胞质原) 使其成为有活性的溶纤维蛋白酶，以溶解纤维蛋白。A 群链球菌及 C 和 G 群等的链球菌能产生此酶，试验为阳性。

试验方法为取人血液 10ml 置于已加有无菌的 0.02g 草酸钾试管内并混匀，2000r/min 离心 10min，吸取血浆用于试验。取此血浆 0.2ml 加 0.8ml 无菌生理盐水混匀，再加入待检链球菌 18 ~ 24h 培养的营养肉汤培养物 0.5ml，混匀后再加入 0.25% 氯化钙 (分析纯) 水溶液 0.25ml，混匀后置 37℃水浴中，注意血浆完全凝固的时间 (需 10 ~ 15min)；凝固后每隔 30min 观察 1 次结果，记录完全凝固和溶解的时间，共观察 2h，不溶的则于水浴中 24h 再观察 1 次；另用 0.5ml 同批营养肉汤作为阴性对照，用已知链激酶阳性菌株的营养肉汤培养物 0.5ml 作为阳性对照。致病的溶血性链球菌的此酶为阳性，表现为血浆先凝固后又转为溶化，血浆溶化时间的长短与激活酶含量有关 (链激酶越多则血浆溶化所需时间越短)，强阳性的可在 15min 内使凝固的血浆完全溶化，24h 仍不溶化的为阴性，试验中须使用新鲜的人血浆。

2.3.12　兰氏血清群检定

目前对链球菌进行兰氏血清群检定的方法较多，如琼脂扩散法、荧光抗体法、葡萄球菌 A 蛋白协同凝集试验等，但经典的方法还是下述的 Lancefield 毛细管沉淀法。

2.3.12.1　群多糖抗原制备

用于对链球菌的群多糖抗原提取的方法较多，有 Lancefield 热盐酸提取法、甲酰胺提取法、高压提取法、酶提取法、亚硝酸提取法等，下面介绍的是两种较常用的方法。

(1) 热盐酸提取法：将待检链球菌接种于含 5% 血清 (羊或兔) 的营养肉汤中，35 ~ 37℃培养 6h 后取 1ml 转接于 100ml 含 0.2% 葡萄糖的肉汤 (Todd-Hewitt 氏肉汤) 中，35 ~ 37℃培养 24h，10 000r/min 离心 20min 弃上清，沉淀菌体用生理盐水同样离心洗涤 1 次，将沉淀菌体悬浮于 0.05mol/l 的盐酸 0.2ml 中，沸水浴作用 15min，4000r/min 离心 10min 沉淀，取出上清液加入 0.04% 溴麝香草酚蓝水溶液指示剂 1 滴，混匀后用 0.2mol/l 的 NaOH 水溶液中和使溶液由黄变成淡蓝绿色为止，若有沉淀出现则再经离心处理，其上清液即为 C 多糖抗原。

(2) 高压提取法：将待检链球菌接种于 Todd-Hewitt 氏肉汤中，35 ～ 37℃培养 24h 后同上述离心沉淀菌体，弃上清后将菌体悬浮于 0.5ml 无菌生理盐水中，121℃高压蒸气处理 15min，离心沉淀后取上清即为 C 多糖抗原。

2.3.12.2　沉淀试验方法

先将抗血清加入内径 2 ～ 4mm 的毛细小试管内，再沿管壁徐徐加入上述的 C 抗原提取物 (可用无菌生理盐水做 1 ∶ 10、1 ∶ 20、1 ∶ 40、1 ∶ 80、1 ∶ 160 倍稀释)，10 ～ 20min 后观察结果，若在两液重叠面出现明显的白色沉淀环则为阳性，否则为阴性。

2.3.13　动物感染试验

实验动物小鼠对肺炎链球菌极为敏感，小量具有毒力的肺炎链球菌即可引起小鼠死亡，借此可进行肺炎链球菌的分离及毒力试验。可直接使用病料 (制成生理盐水悬液) 或培养液，以 0.5 ～ 1ml/ 只经腹腔或皮下注射体重 18 ～ 20g 健康小鼠，有毒力菌株可使其在 4 ～ 8h 出现症状、18 ～ 24h 后发生败血症死亡；取死亡小鼠心血接种可获得肺炎链球菌的纯培养，若用心血或腹腔液作涂片后经革兰或荚膜染色，可见典型具有荚膜的肺炎链球菌。

3　其他致医院感染链球菌 (*Streptococcus* spp.)

除了肺炎链球菌外，在其他致医院感染链球菌中，涉及明确到种的链球菌，包括无乳链球菌、中间链球菌、口腔链球菌 3 个种。

3.1　无乳链球菌 (*Streptococcus agalactiae*)

无乳链球菌 (*Streptococcus agalactiae* Lehmann and Neumann 1896) 是链球菌属细菌较早的成员，难辨链球菌 (*Streptococcus difficile* Eldar et al 1995) 是其同物异名 (synonym)。菌种名称 "*agalactiae*" 为新拉丁语属格名词，指无乳 (agalactia)。

细菌 DNA 中 G+C mol% 为 34.0(T_m)；模式株 (type strain)：G19，ATCC 13813，CCUG 4208，CIP 103227，DSM 2134，JCM 5671，LMG 14694，NCTC 8181。GenBank 登录号 (16S rRNA)：AB002479，AB175037，X59032[7]。

值此，简要记述无乳链球菌与难辨链球菌、海豚链球菌与希氏链球菌 (*Streptococcus shiloi*) 间的关系。首先是难辨链球菌，Eldar 等 (1994) 报告，曾被描述为与在以色列于 1984 年首次发生的养殖鱼类脑膜脑炎 (meningoencephalitis) 的鱼类病原菌的一个新种是相一致的。Eldar 等 (1994) 报告对病鱼的最初研究导致了对两个不同群链球菌的认识，方法是使用细菌鉴定的 API 50 CH 和 API 20 STREP 系统及生长、溶血特性等进行检定，根据结果将无反应、不溶血、甘露醇阴性的菌群命名为 "*Streptococcus difficile*" (难辨链球菌)，又由 Euzéby(1998) 将这个种名改为 "*difficilis*" 即 "*Streptococcus difficilis*" (难辨链球菌)；另外，将表现反应强、*α*- 溶血、甘露醇阳性的菌群，命名为 "*Streptococcus shiloi*" (希氏链球菌)。对无乳链球菌在病原学意义方面的认识，最初也是 Eldar 等 (1994) 报告于 1984

年在以色列引起罗非鱼和虹鳟鱼感染病的暴发，除希氏链球菌（是现在海豚链球菌的同物异名）外还有无乳链球菌（当时记作的难辨链球菌）。

Eldar 等 (1994) 报告此菌的分离株属于一个独立的 DNA 同源群（株间 DNA 相关性为 89% ~ 100%)，与上面有述的希氏链球菌的 DNA 相关性仅为 17%；Vandamme 等 (1997) 报告此菌的全菌蛋白质电泳分析表明其模式株与无乳链球菌无差异，并明确了此菌与 B 群链球菌荚膜多糖 Ib 型抗原能发生交叉反应；此菌与无乳链球菌存在生化特性上的差异，据生化特性此菌与其他 B 群的 Ib 型链球菌相似。

Eldar 等 (1994) 报告无乳链球菌（以难辨链球菌记述）为革兰氏染色阳性球菌，小链直径可变化；在 10℃、37℃、45℃不能生长，在含 40% 的胆汁或 6.5%NaCl 中不能生长，pH9.6 时能生长，不能溶解牛血液；在脑心浸液琼脂 (brian heart infusion agar，BHIA) 培养基上的菌落直径为 1mm，30℃有氧培养 24h 不产生色素；发酵型代谢，接触酶阴性。能分解并产酸的糖类包括 N- 乙酰 - 葡糖胺、D- 果糖、D- 葡萄糖、麦芽糖、D- 甘露糖、核糖及蔗糖 (saccharose)，不能分解侧金盏花醇、七叶苷、苦杏仁苷、阿拉伯糖、阿拉伯糖醇、熊果苷、纤维二糖、卫茅醇、赤藓醇、岩藻糖、半乳糖、龙胆二糖、M-D- 葡糖苷、甘油、糖原、肌醇、菊粉、乳糖、蜜二糖、D- 棉子糖、鼠李糖、七叶苷、山梨醇、L- 山梨糖、淀粉、松二糖、木糖、木糖醇、M- 木糖苷；能产生碱性磷酸酶、精氨酸双水解酶、亮氨酸芳基酰胺酶，不能产生 α- 或 β- 半乳糖苷酶、吡咯烷酮芳基酰胺酶 (pyrrolidonylarylamidase) 及 β- 葡糖苷酸酶。另外，该菌的伏 - 波试验 (Voges-Proskauer test，V-P) 阳性[22]。

难辨链球菌作为无乳链球菌的同物异名、希氏链球菌作为海豚链球菌的同物异名，还是应以使用无乳链球菌、海豚链球菌的菌名为妥。若使用难辨链球菌、希氏链球菌，最好是标明其分别为无乳链球菌、海豚链球菌的同物异名。

3.1.1　生物学性状

无乳链球菌为球形或卵圆形、菌体直径 0.6 ~ 1.2μm，链状排列，或少见少于 4 个菌体短链的革兰氏阳性球菌，属于兰氏 (Lancefield's，1933) 分类的 B 群链球菌 (group B streptococci)。

无乳链球菌兼性厌氧，在血液营养琼脂培养基上形成不同的溶血，典型的是呈 β- 溶血（溶血环狭窄），或 α- 双重 (double zone) 溶血或不能溶血；一些菌株产生半透明的 β- 溶血，可能是产生可溶性溶血素 (soluble hemolysin) 的能力低 (low hemolytic activity)，这种溶血素源于溶血素 O(hemolysin O) 和溶血素 S(图 45-9)。

无乳链球菌的接触酶阴性，能够分解核糖、海藻糖、水解精氨酸、马尿酸盐 (hippurate)、碱性磷酸酶 (alkaline phosphatase) 等阳性，不能水解七叶苷；不能分解菊糖、甘露醇、棉籽糖、山梨醇，吡咯烷酮芳胺酶阴性，能水解马尿酸盐；对乳糖、水杨苷的分解，α- 半乳糖苷酶 (α-galactosidase)、β- 葡萄糖醛酸苷酶 (β-glucuronidase)

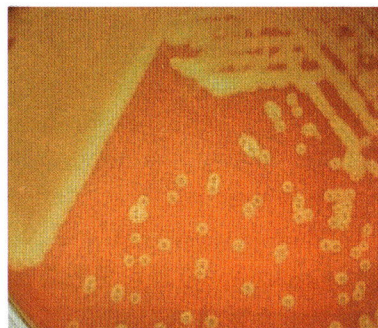

图 45-9　无乳链球菌 β- 溶血
资料来源：周庭银，赵虎 . 临床微生物学诊断与图解 .2001

等，反应不定；多数菌株能够在含有 40% 胆汁的培养基中生长，一些菌株产生黄色、橙色、棕红色色素，在培养基中添加淀粉或厌氧环境培养可增强色素产生；从葡萄糖、麦芽糖、核糖、蔗糖、海藻糖产酸，仅在好氧条件下发酵甘油，不能从木糖、阿拉伯糖、棉籽糖、菊糖、甘露醇、山梨醇产酸。

B 群链球菌特异性的多糖抗原 (polysaccharide antigen) 由鼠李糖、N- 乙酰氨基葡萄糖 (N-acetylglucosamine)、半乳糖组成，血清型交叉反应会发生在 G 群菌株的多糖类抗原免疫显性基团存在鼠李糖的时候；基于荚膜多糖抗原 (capsular polysaccharide antigen) 和表面蛋白抗原 (surface protein antigen)，血清型分为 I a，I b，II，III，IV，V 和 VI 型；荚膜多糖 (capsular polysaccharide) 是致病因素，I，II，III 和 V 型多是新生儿疾病 (neonatal disease) 的病原菌，其中新生儿感染 (neonatal infections) 的约有 60% 为 III 型菌株 [7]。

在致病性与毒力因子 (pathogenicity and virulence factors) 方面，最初公认的是产后脓毒病 (puerperal sepsis) 的病原菌，B 群链球菌可引起多种临床感染类型，疾病表现侵袭性 (invasive) 的 (可从血液、脑脊液分离到) 或非侵袭性 (non-invasive) 的 [1~3, 7]。

3.1.2 病原学意义

无乳链球菌作为病原菌，自 1922 年首先从 1 例乳腺炎患牛分离出来，一直被认为是牛乳腺炎的病原菌，所以也被命名为乳腺炎链球菌。在 20 世纪 70 年代后，成为新生儿败血症和脑膜炎的重要病原菌之一。

3.1.2.1 人的无乳链球菌感染病

有报告显示无乳链球菌在成年人下部肠道及妇女阴道带菌率为 5% ~ 35%，医院男性工作人员鼻咽部带菌率在 15.8%。新生儿、孕产妇及存在基础疾病者、老年人为易感人群。通常可将人的无乳链球菌感染病，分为新生儿感染病和成年人感染病 [1, 3, 11]。

(1) 新生儿感染病：新生儿感染可分为早发型感染 (early-onset infection) 和迟发型感染 (late-onset infection)。早发型感染也称为早期发病，是指在出生后 7 天之内 (感染多是发生在胎儿出生的第 1 天)，受到母体产道细菌感染引起，多是表现为肺部感染、菌血症、脑膜炎、败血症等类型；其血清型多为 I (尤其是 I a 型)、II、III 型菌株，伴有脑膜炎的患儿主要为 III 型菌株。迟发型感染也称为晚期发病，是指在出生 7 天至 3 个月期间，病原菌源于母体产后并发症，常常是以 III 型菌株多见，约有 1/3 的患儿表现为脑膜炎感染类型，其中有 90% 由 III 型菌株引起；还可发生心内膜炎、关节炎、骨髓炎、蜂窝织炎、败血症等感染类型。

(2) 成年人感染病：通常是在围产期、产妇感染，可发生绒毛羊膜炎、子宫内膜炎、泌尿系统感染等，亦可发生脑膜炎、心内膜炎、败血症等感染类型；成年人的脑膜炎，主要由 II 型菌株引起。

(3) 医院感染情况：由无乳链球菌引起的医院感染，还是比较少见的。在第 32 章 "加德纳氏菌属"(Gardnerella) 中有记述，湖北省武汉市东西湖区人民医院的代淑兰 (2013) 报告，分析了该医院妇产科医院感染的病原菌分布及耐药情况。收集在 2010 年 1 月至 2011 年 12 月间，从该医院门诊和住院患者的生殖道分泌物、咽拭子、尿液、血液及其他体液等标本材料，检出病原菌 2156 株，其中细菌 1670 株 (构成比 77.46%)、真菌 486 株 (构成比 22.54%)。在 1670 株细菌中,革兰氏阴性细菌 896 株 (构成比 53.65%)、革兰氏阳性细菌 774 株 (构成比 46.35%)。涉及出现频率较高的 10 种 1443 株 (构成比 86.41%)、其他病原菌 227 株 (构成比 13.59%)。在 10 种 1443 株主要病原菌中,包括无乳链球菌 63 株 (构成比 4.37%) 居第 8 位 [23]。

3.1.2.2　动物的无乳链球菌感染病

无乳链球菌、停乳链球菌、乳房链球菌,都是牛乳腺炎的病原菌;另外也是山羊和绵羊乳腺炎的病原菌,其中最为常见的是无乳链球菌 [18]。

作为水生动物的病原菌,近年来在我国已多有由无乳链球菌引起罗非鱼 (*Oreochromis niloticus*)、红尾皇冠鱼 (*Aequidens rivulatus*)、齐口裂腹鱼 (*Schizothorax prenanti*)、大菱鲆、卵形鲳鲹 (*Trachinotus ovatus*) 等多种不同鱼类 (主要是在罗非鱼) 感染病的报告,其感染类型也是比较复杂的。除了单独引起感染外,也有的是与其他病原链球菌引起混合感染 [24 ~ 30]。

3.1.3　微生物学检验

对无乳链球菌的微生物学检验,目前还主要是依赖于对细菌进行分离鉴定的细菌学检验。在肺炎链球菌项下有记述,实践中常常是仅鉴定到某群 (A 群、B 群等) 或某种溶血性 (甲型、乙型、丙型等) 链球菌。另外,要注意与停乳链球菌、乳房链球菌相鉴别,主要鉴别内容是溶血性、水解马尿酸钠、CAMP、伏 - 波试验等。

3.2　中间链球菌 (*Streptococcus intermedius*)

中间链球菌 (*Streptococcus intermedius* Prévot 1925 emend.Whiley and Beighton 1991),菌种名称 "*intermedius*" 为拉丁语形容词,指中间的 (intermediate)。

细菌 DNA 的 G+C mol% 为 34 ~ 38(T_m);模式株:ATCC 27335,CCUG 17827,CCUG 32759,CIP 103248,DSM 20573,HAMBI 1571,LMG 17840,NCTC 11324。GenBank 登录号 (16S rRNA):AF104671,X58311[7]。

3.2.1　生物学性状

中间链球菌为草绿色链球菌 (*Streptococcus viridans*),也被划分为咽峡炎链球菌群 (*Streptococcus anginosus* group),由 Prévot 于 1925 年首先报告。为直径 0.5 ~ 1.0μm 的革兰氏阳性球菌,不形成芽孢,无动力,可形成短链状排列。在血液营养琼脂培养基上,可形成白色、圆形、凸起、半透明、边缘整齐、直径为 0.5 ~ 2.0mm 的菌落,大多数菌株不溶血或 α 型溶血 (马或绵羊血液),也偶有菌株 β- 溶血 (β-hemolysis),常常是发生在加有人血液的琼脂培养基;一些菌株的菌落为 0.5 ~ 1.0mm,不光滑。在有氧环境条件下生长较弱,在有 CO_2 的环境中生长较好,也有些菌株需要生长在厌氧环境中。

中间链球菌的接触酶阴性、伏 - 波试验阳性,能够水解精氨酸和七叶苷,不分解尿素,马尿酸盐阴性。能够产生碱性磷酸酶 (alkaline phosphatase)、β- 岩藻糖苷酶 (β-fucosidase)、β- 半乳糖苷酶 (β-galactosidase)、α- 葡萄糖苷酶 (α-glucosidase)、β-*N*- 乙酰氨基半乳糖苷

酶 (*β*-N-acetylgalactosaminidase)、*β*-*N*- 乙酰氨基葡萄糖苷酶 (*β*-*N*-acetylglucosaminidase)、亮氨酸芳胺酶 (leucine arylamidase)、神经氨酸苷酶 (neuraminidase) 即唾液酸酶 (sialidase)；*β*- 葡萄糖苷酶 (*β*- glucosidase) 不定，不能够产生 *α*- 半乳糖苷酶 (*α*-Galactosidase)、*β*- 葡萄糖醛酸苷酶 (*β*-glucuronidase)、吡咯烷酮芳基酰胺酶 (pyrrolidonylarylamidase，PYRA)。均能从葡萄糖、海藻糖、乳糖产酸，大多数菌株分解苦杏仁苷、纤维二糖、水杨苷产酸，有少数菌株分解甘露醇、蜜二糖、棉籽糖产酸，从阿拉伯糖、甘油、菊糖、山梨醇不能产酸。产生 3- 羟基丁酮使伏 - 波试验阳性，水解精氨酸、七叶苷，不能水解尿素、马尿酸盐 (hippurate)，均能产生透明质酸酶 (hyaluronidase)，不能产生过氧化氢 (hydrogen peroxide)。多数菌株不能用兰氏血清进行分群 [3,7]。

3.2.2　病原学意义

中间链球菌的菌株主要分离于人的脓性感染 (purulent infections)，尤其是在肝脏和脑脓肿 (liver and brain abscesses) 中。主要栖息于口腔和上呼吸道，还缺乏在致病作用方面的明确、系统记述 [3,7]。

中间链球菌在引起医院感染方面，也是罕见的。江苏省苏北人民医院的郑瑞强等 (2007) 报告在 2005 年 1 月 1 日至 12 月 31 日间，从该医院综合性重症监护室 (intensive care unit，ICU) 住院患者分离到病原菌 74 株，其中来源于痰液的 50 株 (构成比 67.57%)、腹腔的 11 株 (构成比 14.86%)、血液的 10 株 (构成比 13.51%)、胸腔的 3 株 (构成比 4.05%)。74 株中的革兰氏阴性菌 57 株 (构成比 77.03%)、革兰氏阳性菌 17 株 (构成比 22.97%)；在 17 株革兰氏阳性菌中，金黄色葡萄球菌 5 株 (构成比 29.41%)、表皮葡萄球菌 4 株 (构成比 23.53%)、鸟肠球菌 (*Enterococcus avium*)4 株 (构成比 23.53%)、屎肠球菌 2 株 (构成比 11.76%)、中间链球菌 2 株 (构成比 11.76%)[31]。

3.2.3　微生物学检验

对中间链球菌的微生物学检验，目前还主要是依赖于对细菌进行分离鉴定的细菌学检验。在肺炎链球菌项下有记述，实践中常常是仅鉴定到某群 (A 群、B 群等) 或某种溶血性 (甲型、乙型、丙型等) 链球菌。

3.3　口腔链球菌 (*Streptococcus oralis*)

口腔链球菌 (*Streptococcus oralis* Bridge and Sneath 1982 emend.Kilpper-Bälz，Wenzig and Schleifer 1985 emend. Kilian，Mikkelsen and Henrichsen 1989)，菌种名称 "*oralis*"，为新拉丁语形容词，指口腔的 (mouth)。

细菌 DNA 的 G+C mol% 为 38 ～ 42(T_m)；模式株：LVG1，SK23，PB 182，ATCC 35037，CCUG 13229，CCUG 24891，CIP 102922，DSM 20627，LMG 14532，NCTC 11427。GenBank 登录号 (16S rRNA)：AF003932，AY485602，X58308[7]。

3.3.1　生物学性状

口腔链球菌为草绿色链球菌，也被划分为缓症链球菌群 (*Streptococcus mitis* group)。

为革兰氏阳性球菌，在血清营养肉汤中生长通常可形成长链状排列，无动力、无荚膜，无芽孢。兼性厌氧，接触酶阴性。

在马血液营养琼脂培养基上口腔链球菌呈 α- 溶血（草绿色明显），在有氧、厌氧、含有 5%CO_2 的环境条件下均能够生长，不能在 10℃ 及 45℃ 生长，在含有 0.0004% 结晶紫 (crystal violet) 能够生长，但在 3.0% NaCl 营养肉汤中不能生长，不能水解精氨酸、七叶苷和马尿酸盐，不能使赖氨酸脱羧。能发酵乳糖和海藻糖，分解棉籽糖不定，不能分解山梨醇、甘露醇、菊糖、水杨苷。能产生 β- 半乳糖苷酶，不产生 β- 葡萄糖苷酸酶，产生 α- 半乳糖苷酶不定，不产生吡咯烷酮芳基酰胺酶，伏 - 波试验结果不定。

口腔链球菌不能氧化利用葡萄糖酸盐 (gluconate)，通常产生四硫化物还原酶 (tetrathionate reductase)，不能产生脱氧核糖核酸酶 (deoxyribonuclease)，发酵型代谢，从果糖、半乳糖、葡萄糖、N- 乙酰氨基葡萄糖 (N-acetylglucosamine)、乳糖、麦芽糖、支链淀粉 (pullulan)、蔗糖产酸，从棉籽糖、塔格糖 (tagatose)、赤藓醇产酸不定，少数菌株从 D- 海藻糖、松三糖产酸，不能从苦杏仁苷、阿拉伯糖、阿糖醇、熊果苷、纤维二糖、环糊精 (cyclodextrin)、卫矛醇、七叶苷、糖原、菊糖、甘露醇、甲基 -D- 葡萄糖苷 (methyl D-glucoside)、鼠李糖、山梨醇、山梨糖产酸；产生碱性磷酸酶 (alkaline phosphatase)、酸性磷酸酶 (acid phosphatase)、亮氨酸氨肽酶 (leucine aminopeptidase)、缬氨酸氨肽酶 (valine aminopeptidase)、糜蛋白酶 (chymotrypsin)、α-D- 葡萄糖苷酶 (α-d-glucosidase)、唾液酸酶 (sialidase) 即神经氨酸苷酶 (neuraminidase)、N- 乙酰基 -β-D- 氨基葡萄糖苷酶 (N-acetyl-β-D-glucosaminidase)、N- 乙酰基 -β-D- 半乳糖胺酶 (N-acetyl-β-D-galactosaminidase)、甘氨酸色氨酸芳基酰胺酶 (glycyl tryptophan arylamidase)、β- 氨基葡萄糖苷酶 (β- glucosaminidase)；不能水解尿素、马尿酸钠，产生过氧化氢 (hydrogen peroxide)，甲基红试验、在叠氮化钠 (sodium azide) 生长、产生右旋糖酐 (dextran) 的性状不定，产生 IgA1 蛋白水解酶 (IgA1 protease)，细胞壁含有核糖醇壁酸 (ribitol teichoic acid) 和胆碱 (choline)，主要的糖组分为半乳糖或葡萄糖（或两者），和半乳糖胺 (galactosamine) 或葡萄糖胺 (glucosamine)（或两者），不存在鼠李糖或很少 [3, 7]。

3.3.2　病原学意义

口腔链球菌的菌株主要分离于人的口腔，很少作为病原菌被检出。Beighton 等 (1994) 报告口腔链球菌对免疫功能低下者可导致严重感染 (life-threatening infections)，Douglas 等 (1993) 报告口腔链球菌可分离于由链球菌引起的感染性心内膜炎 (infective endocarditis)，Fransen 等 (1991) 报告口腔链球菌最初分离于牙菌斑 (dental plaque)，Alam 等 (2000) 报告口腔链球菌是公认的龋齿 (dental caries) 的病原菌。

口腔链球菌在引起医院感染方面，也是不多见的。广州中医药大学附属南海妇产儿童医院的黄妙珠等 (2010) 报告，回顾性分析该医院在 2008 年 1 月至 2009 年 9 月间，在小儿神经康复科治疗出院的脑瘫患儿 1816 例，其中发生医院感染的 544 例（感染率 29.96%）。分离出 8 种 380 株病原菌，其中革兰氏阴性细菌 5 种 211 株（构成比 55.53%）、革兰氏阳性细菌 3 种 169 株（构成比 44.47%）。各种细菌的出现频率，依次为：口腔链球菌 131 株（构成比 34.47%）、黏膜炎莫拉氏菌 (*Moraxella catarrhalis*)114 株（构成比 30.00%）、肺炎克雷伯氏菌 44 株 (构成比 11.58%)、大肠埃希氏菌 30 株 (构成比 7.89%)、金黄色葡萄球菌 27 株 (构成比 7.11%)、鲍氏不动杆菌 12 株 (构成比 3.16%)、表皮葡萄球菌 11 株 (构成比 2.89%)、铜绿假单胞菌 11 株 (构成比 2.89%)，口腔链球菌居第 1 位 [32]。

　　本书作者注：其中的黏膜炎莫拉氏菌，在原文中是以卡他布兰汉姆氏菌 (Branhamella catarrhalis) 记述的。

3.3.3　微生物学检验

　　对口腔链球菌的微生物学检验，目前还主要是依赖于对细菌进行分离鉴定的细菌学检验。在肺炎链球菌项下有记述，实践中常常是仅鉴定到某群 (A 群、B 群等) 或某种溶血性 (甲型、乙型、丙型等) 链球菌。

（房　　海）

参 考 文 献

[1] 贾辅忠 , 李兰娟 . 感染病学 . 南京 : 江苏科学技术出版社 , 2010: 446~456.

[2] 李梦东 . 实用传染病学 . 2 版 . 北京 : 人民卫生出版社 , 1998: 329~354.

[3] 李仲兴 , 赵建宏 , 杨敬芳 . 革兰氏阳性球菌与临床感染 . 北京 : 科学出版社 , 2007: 151~321.

[4] 宋丽芳 , 陈松涛 . 医院病原菌分布及其耐药谱分析 . 中华医院感染学杂志 , 2009, 19(10):1286~1288.

[5] 林健梅 , 杨兴祥 , 喻华 , 等 . 2011 年住院患者革兰氏阳性球菌耐药监测分析 . 海南医学 , 2013, 24(5):732~734.

[6] 胡玺惠 . 抗菌药物分级管理对医院感染病原菌分布及其耐药性的影响 . 中国消毒学杂志 , 2014, 31(12):1316~1318, 1321.

[7] Aidan C P. Bergey's Manual of Systematic Bacteriology. Second Edition. Volume Three. Springer, New York, 2009, 655~711.

[8] 唐珊熙 . 微生物学及微生物学检验 . 北京 : 人民卫生出版社 , 1998: 138~145.

[9] 闻玉梅 . 现代医学微生物学 . 上海 : 上海医科大学出版社 , 1999: 240~255.

[10] 陆德源 . 医学微生物学 . 4 版 . 北京 : 人民卫生出版社 , 2000: 85~93.

[11] 杨正时 , 房海 . 人及动物病原细菌学 . 石家庄 : 河北科学技术出版社 , 2003: 332~358.

[12] 房海 , 陈翠珍 . 病原细菌科学的丰碑 . 北京 : 科学出版社 , 2015: 103~106.

[13] 宁立芬 , 马红玲 , 汪玉珍 . 2011—2012 年医院感染病原菌分布及耐药性分析 . 中华医院感染学杂志 , 2014, 24(6):1344~1346.

[14] 简翠 , 孙自镛 , 张蓓 , 等 . 2012 年武汉同济医院细菌耐药性监测 . 中国感染与化疗杂志 , 2014, 14(4):280~285.

[15] 张彦 , 张树荣 . 链球菌属细菌在医院感染患者中的分布及耐药状况调查分析 . 中国煤炭工业医学杂志 , 2003, 6(2): 180~181.

[16] 武卫东 , 王秀哲 , 燕喜娇 , 等 . 2005—2009 年医院感染阳性球菌的临床分布及耐药性分析 . 中国药物与临床 , 2011, 11(3): 354~356.

[17] 翟蕙 . 安徽蚌埠地区医院患者革兰氏阳性球菌耐药监测分析 . 中外医学研究 , 2014, 12(25): 130~131.

[18] 陆承平 . 兽医微生物学 . 3 版 . 北京 : 中国农业出版社 , 2001: 204~212.

[19] 孟昭赫 . 食品卫生检验方法注解微生物学部分 . 北京 : 人民卫生出版社 , 1990: 116~123.

[20] 叶应妩 , 王毓三 , 申子瑜 . 全国临床检验操作规程 . 3 版 . 南京 : 东南大学出版社 , 2006: 763~770.

[21] 李仲兴 , 郑家齐 , 李家宏 , 等 . 临床细菌学 . 北京 : 人民卫生出版社 , 1986: 106~116.

[22] Austin B, Austin D A. Bacterial Fish Pathogens:Disease of Farmed and Wild Fish. Third (Revised) Edition. Praxis Publishing Ltd, Chichester, UK. 1999, 14~15, 45~48.

[23] 代淑兰 . 综合医院妇产科医院感染病原菌及耐药情况分析 . 中国病原生物学杂志 , 2013, 8(5):462~464.

[24] 柯剑 , 赵飞 , 罗理 , 等 . 广东省罗非鱼主养区无乳链球菌的分离、鉴定与致病性 . 广东海洋大学学报 , 2010, 30(3): 22-27.

[25] 卢迈新 , 黎炯 , 叶星 , 等 . 广东与海南养殖罗非鱼无乳链球菌的分离、鉴定与特性分析 . 微生物学通报 , 2010, 37(5): 766~774.

[26] 谭晶晶 , 陈昌福 , 高宇 , 等 . 奥尼罗非鱼无乳链球菌的鉴定、致病性及药物敏感性研究 . 华中农业大学学报 , 2010, 29(6): 745~751.

[27] 姚学良 , 徐晓丽 , 李贺密 , 等 . 红尾皇冠鱼 (Aequidens rivulatus) 病原无乳链球菌的分离、鉴定与特性分析 . 渔业科学进展 , 2015, 36(2): 106~111.

[28] 黄婷 , 李莉萍 , 王瑞 , 等 . 卵形鲳鲹感染无乳链球菌与海豚链球菌的研究 . 大连海洋大学学报 , 2014, 29(2): 161~166.

[29] 余泽辉 , 张佳 , 耿毅 , 等 . 齐口裂腹鱼无乳链球菌的分离鉴定及其感染的病理损伤 . 中国水产科学 , 2014, 21(6): 1244~1252.

[30] 许乐乐 , 倪张丽 , 李永芹 . 无乳链球菌致大菱鲆凸眼及腹水案例分析 . 当代水产 , 2014, (1): 69~70.

[31] 郑瑞强 , 林华 , 陈齐红 , 等 . 综合性 ICU 医院感染细菌流行病学及耐药性分析 . 医学理论与实践 , 2007, 20(4): 484~486.

[32] 黄妙珠 , 关倩雅 , 陈汉斌 , 等 . 脑瘫患儿院内感染发病情况分析 . 中国医药导报 , 2010, 7(16):175~176.

第6篇　医院感染革兰氏阳性杆菌

在我国已有明确报告引起医院感染 (hospital infection，HI) 的革兰氏阳性杆菌，涉及 5 个菌科 (Family)、5 个菌属 (genus) 的 12 个菌种 (species) 及亚种 (subspecies)。为便于一并了解各相应菌科、菌属，分别将其各自名录按各菌科学名的字母顺序排列、记述于此表 (医院感染革兰氏阳性杆菌的各菌科与菌属) 中。

医院感染革兰氏阳性杆菌的各菌科与菌属

序号	菌科	菌属数	菌属名称
1	高温单孢菌科 (Thermomonosporaceae)	1	马杜拉放线菌属 (Actinomadura)
2	芽孢杆菌科 (Bacillaceae)	1	芽孢杆菌属 (Bacillus)
3	棒杆菌科 (Corynebacteriaceae)	1	棒杆菌属 (Corynebacterium)
4	李斯特氏菌科 (Listeriaceae fam.nov.)	1	李斯特氏菌属 (Listeria)
5	分枝杆菌科 (Mycobacteriaceae)	1	分枝杆菌属 (Mycobacterium)
合计		5	

第46章 马杜拉放线菌属 (*Actinomadura*)

　　马杜拉放线菌属 (*Actinomadura* Lechevalier and Lechevalier 1970 emend. Kroppenstedt，Stackebrandt and Goodfellow 1990) 的马杜拉马杜拉放线菌 (*Actinomadura madurae*)，是人足分枝菌病 (mycetoma) 的病原菌[1]。

　　在医院感染 (hospital infection，HI) 的马杜拉放线菌属细菌中，在我国已有明确报告的仅涉及马杜拉马杜拉放线菌 1 个种 (species)，且为很少见的。

　　● 山东省高唐县人民医院的宿洪英等 (2004) 报告在 2002 年 11 月 29 日，到该医院住院治疗的某 48 岁男性患者，曾于半月前因感冒发热，在当地卫生院行肌内注射治疗，在 5 天后臀部出现硬结，又经局部以消肿化瘀药物外敷和口服抗感冒药物治疗，但包块无明显消退且症状逐渐加重。入该医院的当时经检查体温在 38.6℃，包块在右侧臀部呈 3.0cm×4.0cm 大小、红肿、质地硬、有压痛感、局限可移动、B 超显示呈脓性。以脓肿穿刺液做病原菌检验，检出了病原马杜拉放线菌 (Actinomadura)。经以氯霉素治疗 2 天后，体温转为正常，肿块蔓延得到控制，在 10 天后痊愈出院[2]。

　　本书作者注：文中记述的马杜拉放线菌，认为其种当是现在分类于马杜拉放线菌属的马杜拉马杜拉放线菌，所以在此予以记述。

1 菌属定义与分类位置

　　马杜拉放线菌属是高温单孢菌科 (Thermomonosporaceae Rainey，Ward-Rainey and Stackebrandt 1997 emend. Zhang，Wang and Ruan 2001 emend. Zhi，Li and Stackebrandt 2009) 的成员，菌属 (genus) 名称 "*Actinomadura*" 为新拉丁语名词，是以印度马都拉岛

(Madura) 命名的 (Madura，name of a province in India)，这种微生物最先被描述为"马杜拉足"病 ("Madura foot" disease) 的致病因子 (causative agent)[3]。

1.1　菌属定义

马杜拉放线菌属细菌，为革兰氏阳性、无动力、酸 - 乙醇非抗性 (non-acid–alcohol-fast) 的放线菌类 (Actinomycetes)，有分枝 (branched) 但不断裂 (non-fragmenting) 的基内菌丝体 (substrate mycelium)，无或有适度发育的气生菌丝体 (aerial mycelium)，成熟气生菌丝体的节孢子 (arthrospores) 呈短或偶尔长的链状形式存在，孢子链 (spore chains) 呈直、钩状，或为 1 ~ 4 圈的不规则螺旋形态，孢子表面呈折叠、不整齐、多皱纹、光滑、尖刺、瘤状等不同特征，发育成熟孢子的气生菌丝体呈蓝色、棕色、奶油色、灰色、绿色、粉红色、红色、白色、黄色等不同颜色；无气生菌丝体的菌落，外表呈皮质 (leathery)、或软骨质 (cartilaginous) 状。

马杜拉放线菌属细菌为需氧菌，有机化能营养，氧化型代谢；在 10 ~ 60℃生长，细胞壁含有的主要二氨基酸(diamino acid) 为 *meso*-2,6- 二氨基庚二酸(*meso*-2,6-diaminopimelic acid) 和 *N*- 乙酰胞壁酸 (*N*-acetylated muramic acid)，全细胞水解液含有半乳糖、葡萄糖、北美放线菌黏糖 (madurose)、甘露糖、核糖；主要的磷脂类 (phospholipids) 为双磷脂酰甘油 (diphosphatidylglycerol) 和磷脂酰肌醇 (phosphatidylinositol)；复合脂肪酸 (fatty acid) 为富含饱和及不饱和的支链脂肪酸 (branched saturated and unsaturated fatty acids)，包括结核菌硬脂酸 (tuberculostearic acid)；不存在分枝菌酸 (mycolic acids)。广泛分布于土壤，一些菌株对人、动物具有致病作用。

马杜拉放线菌属细菌 DNA 的 G+C mol% 为 66 ~ 73(T_m，HPLC)；模式种 (type species)：马杜拉马杜拉放线菌 [*Actinomadura madurae*(Vincent 1894)Kroppenstedt，Goodfellow and Stackebrandt 1990][3]。

1.2　分类位置

按伯杰氏 (Bergey) 细菌分类系统，在第二版《伯杰氏系统细菌学手册》(*Bergey's Manual of Systematic Bacteriology*) 第 5 卷 (2012) 中，马杜拉放线菌属分类于高温单孢菌科。

高温单孢菌科共包括 4 个菌属 (genus)，依次为：高温单孢菌属 (*Thermomonospora* Henssen 1957 emend. Zhang，Wang and Ruan 1998)、珊瑚状放线菌属 (*Actinocorallia* Iinuma，Yokota，Hasegawa and Kanamuru 1994 emend.Zhang，Kudo，Nakajima and Wang 2001)、马杜拉放线菌属、螺孢菌属 (*Spirillospora* Couch 1963)。

高温单孢菌科细菌 DNA 的 G+C mol% 为 63 ~ 73；模式属 (type genus)：高温单孢菌属 [3]。

马杜拉放线菌属内共记载了 35 个种，以及 4 个位置未确定的种 (species incertae sedis)。

35 个种，依次为：马杜拉马杜拉放线菌、墨棕色马杜拉放线菌 (*Actinomadura atramentaria*)、小链马杜拉放线菌 (*Actinomadura catellatispora*)、柠檬黄色马杜拉放线菌

(*Actinomadura citrea*)、青蓝马杜拉放线菌 (*Actinomadura coerulea*)、乳脂马杜拉放线菌 (*Actinomadura cremea*)、棘孢马杜拉放线菌 (*Actinomadura echinospora*)、纤维状马杜拉放线菌 (*Actinomadura fibrosa*)、台湾马杜拉放线菌 (*Actinomadura formosensis*)、微暗黄马杜拉放线菌 (*Actinomadura fulvescens*)、浅蓝绿马杜拉放线菌 (*Actinomadura glauciflava*)、汉拿山马杜拉放线菌 (*Actinomadura hallensis*)、木槿马杜拉放线菌 (*Actinomadura hibisca*)、青色马杜拉放线菌 (*Actinomadura kijaniata*)、拉丁马杜拉放线菌 (*Actinomadura latina*)、铅紫青马杜拉放线菌 (*Actinomadura livida*)、藤黄荧光马杜拉放线菌 (*Actinomadura luteofluorescens*)、贫瘠马杜拉放线菌 (*Actinomadura macra*)、墨西哥马杜拉放线菌 (*Actinomadura mexicana*)、迈氏马杜拉放线菌 (*Actinomadura meyerae*)、纳米比亚马杜拉放线菌 (*Actinomadura namibiensis*)、内皮尔马杜拉放线菌 (*Actinomadura napierensis*)、产亚硝酸盐马杜拉放线菌 (*Actinomadura nitritigenes*)、寡孢马杜拉放线菌 (*Actinomadura oligospora*)、派氏马杜拉放线菌 (*Actinomadura pelletieri*)、暗红褐马杜拉放线菌 (*Actinomadura rubrobrunea*)、绳索状马杜拉放线菌 (*Actinomadura rudentiformis*)、皱双孢马杜拉放线菌 (*Actinomadura rugatobispora*)、核桃色马杜拉放线菌 (*Actinomadura spadix*)、赭褐马杜拉放线菌 (*Actinomadura umbrina*)、疣孢马杜拉放线菌 (*Actinomadura verrucosospora*)、酒红马杜拉放线菌 (*Actinomadura vinacea*)、绿黄马杜拉放线菌 (*Actinomadura viridilutea*)、绿色马杜拉放线菌 (*Actinomadura viridis*)、尤马马杜拉放线菌 (*Actinomadura yumaensis*)。

4 个位置未确定的种，分别为：天青马杜拉放线菌 (*Actinomadura azurea*)、吕宋马杜拉放线菌 (*Actinomadura luzonensis*)、粉末马杜拉放线菌 (*Actinomadura pulveracea*)、白藤黄马杜拉放线菌 (*Actinomadura albolutea*)。

2 马杜拉马杜拉放线菌 (*Actinomadura madurae*)

马杜拉马杜拉放线菌 [*Actinomadura madurae*(Vincent 1894)Kroppenstedt, Goodfellow and Stackebrandt 1990], 也被称为足肿马杜拉放线菌。菌种名称 "*madurae*" 为新拉丁语属格名词，是以印度马都拉岛 (Madura) 命名的 (Madura, name of a district in India)。最初被分类于链丝菌属 (*Streptothrix* Cohn et al 1875)，名为马杜拉链丝菌 (*Streptothrix madurae* Vincent 1894)[3]。

细菌 DNA 的 G+C mol% 为 66.0 ~ 68.2(T_m)；模式株 (type strain)：ATCC 19425，CCM 136，CCUG 32944，CECT 3043，CIP 105487，DSM 43067，HAMBI 1926，IAM 14277，IFM 0585，NBRC 14623，JCM 7436，IMET 9585，IMRU 1190，KCTC 9192，NCIMB 13469，NCTC 5654，NRRL B-3843，VKM Ac-809。GenBank 登录号 (16S rRNA)：U58527，X97889。GenBank 登录号 (23S rRNA)：AF1162290。GenBank 登录号 (16S ~ 23S rRNA ITS)：AF134103[3]。

2.1 生物学性状

马杜拉马杜拉放线菌的孢子链短 (由 3 ~ 12 个孢子组成)，呈钩状或卷曲的，在培养基琼脂表面成簇或形成长气生菌丝。孢子椭圆形到圆形，孢子表面瘤状。

马杜拉马杜拉放线菌在无机盐 - 淀粉琼脂 (inorganic salts-starch agar) 培养基发育不良,表面颗粒状、不形成气生菌丝,基内菌丝体淡灰色、不产生扩散性色素;在燕麦粉琼脂 (oatmeal agar) 培养基生长良好,外表呈皮质状,气生菌丝无或稀疏白色,基内菌丝体的中心无色、通常在边缘为红色,不能形成可扩散色素 (diffusible pigment);在蛋白胨葡萄糖培养基 (peptone glucose medium) 发育不良,外表呈软骨质状,无气生菌丝,基内菌丝体从暗粉红色到红色,不能形成可扩散色素;在酵母浸液 - 麦芽浸膏琼脂 (yeast extract-malt extract agar) 培养基生长中度,外表呈软骨质状,无气生菌丝,基内菌丝体从暗粉红色到褐紫色,不能形成可扩散色素。在 10 ~ 45℃生长、适宜在 28 ~ 37℃生长。

马杜拉马杜拉放线菌能够降解吐温 20(tweens 20)、吐温 40、吐温 60;对氨苄西林 (5μg/ml)、羧苄西林 (5μg/ml) 有抗性,对林可霉素 (10μg/ml)、妥布霉素 (1μg/ml) 敏感 [3]。

2.2　病原学意义

马杜拉马杜拉放线菌在最初分离于人的足菌肿的临床样品,也存在于土壤 [3]。作为医院感染病原菌检出马杜拉马杜拉放线菌,还是罕见的。在前面有记述山东省高唐县人民医院的宿洪英等 (2004) 报告的病例,报告者认为由于卫生院条件简陋,医护人员无菌操作意识淡薄,给患者造成医院感染,同时也给患者带来巨大的精神痛苦和经济损失。针对这种情况,提示医护工作人员 (特别是卫生院和医疗诊所) 在为患者治疗前,必须对治疗部位进行彻底消毒处理,对医疗器械要严格消毒灭菌,以防医院感染的发生 [2]。

2.3　微生物学检验

对马杜拉马杜拉放线菌的微生物学检验,目前还主要是依赖于对其进行分离鉴定的细菌学检验。主要包括取病变部位浓汁检查马杜拉马杜拉放线菌、进行分离培养和鉴定。

（陈翠珍）

参 考 文 献

[1] 唐珊熙 . 微生物学及微生物学检验 . 北京 : 人民卫生出版社 , 1998: 327.

[2] 宿洪英 , 陈洪山 . 马杜拉放线菌致患者臀部感染 1 例 . 中华医院感染学杂志 , 2004, 14(1):69.

[3] Aidan C P. Bergey's Manual of Systematic Bacteriology.Second Edition.Volume Five.Springer, New York.2012: 1940~1959.

第 47 章　芽孢杆菌属 (*Bacillus*)

芽孢杆菌属 (*Bacillus* Cohn 1872) 的重要病原菌是炭疽芽孢杆菌 (*Bacillus anthracis*)，能引起人及多种动物发生炭疽 (anthrax)，表现为急性、热性、败血性感染病 (infectious diseases)，以组织和器官的出血性浸润、坏死、水肿等病变为特征，是一种呈全球分布、古老且重要、典型的人畜共患病 (zoonoses)，也是最先被科学证知的传染病。其次是蜡样芽孢杆菌 (*Bacillus cereus*)，主要是作为食物中毒 (food poisoning) 的重要病原菌 [1~4]。

在医院感染 (hospital infection，HI) 的芽孢杆菌属细菌中，在我国已有明确记述和报告的涉及蜡样芽孢杆菌、枯草芽孢杆菌枯草亚种 (*Bacillus subtilis* subsp. *subtilis*) 即枯草芽孢杆菌 (*Bacillus subtilis*) 两个种 (species) 及亚种 (subspecies)，但在所有医院感染细菌中均属于很少见的。

● 中国人民解放军西藏军区总医院的王洪斌等 (2005) 报告，回顾性总结从医院感染患者分离的病原菌 22 种 (类)355 株，其中革兰氏阳性菌 9 种 (类)259 株 (构成比 72.96%)、革兰氏阴性菌 10 种 (类)89 株 (构成比 25.07%)、真菌 (fungi)3 种 (类)7 株 (构成比 1.97%)。在 259 株革兰氏阳性菌中，包括蜡样芽孢杆菌 6 株 (构成比 2.32%)，均分离于外科系统 [5]。

● 浙江省宁波市第一医院的赵姬卿等 (2014) 报告，回顾性总结该医院在 2010 年 1

月至 2013 年 1 月间，接受手术治疗的 328 例患者发生手术室医院感染 66 例 (构成比 20.12%)。从患者手术切口部位分离到病原菌 5 种 (类)44 株，其中有 4 种 (类)42 株为革兰氏阳性菌 (构成比 95.45%)，各种 (类) 病原菌分别为：金黄色葡萄球菌 (*Staphylococcus aureus*)19 株 (构成比 43.18%)、表皮葡萄球菌 (*Staphylococcus epidermidis*)15 株 (构成比 34.09%)、枯草芽孢杆菌 5 株 (构成比 11.36%)、厌氧芽孢杆菌 (anaerobic *Bacillus*)3 株 (构成比 6.82%)、铜绿假单胞菌 (*Pseudomonas aeruginosa*)2 株 (构成比 4.55%)[6]。

1　菌属定义与分类位置

芽孢杆菌属为芽孢杆菌科 (Bacillaceae Fischer 1895) 细菌的成员，在菌属 (genus) 内一直含有多个种及亚种，但其中有不少的种在近年来已易属。菌属名称"*Bacillus*"为现代拉丁语阳性名词，意为小杆菌 (a rodlet)[7]。

1.1　菌属定义

芽孢杆菌属细菌为直或微弯曲的杆状，大小为 (0.5 ~ 2.5)μm×(1.2 ~ 10.0)μm；散在、成对或链状排列，偶见长丝状菌体，具有圆端或方端；革兰氏阳性，或仅在生长的早期阳性或阴性；以周鞭毛或退化的周鞭毛 (peritrichous or degenerately peritrichous flagella) 运动，或无动力；芽孢卵圆或有时呈圆形、柱状，能抵抗热、辐射、干燥等多种不良环境及消毒剂的作用，常常会污染医院手术室、外科敷料、药剂及食物等，带来很大的麻烦；每个菌细胞产生一个芽孢，生孢不被氧所抑制。

芽孢杆菌属细菌好氧或兼性厌氧 (有少数的种厌氧)，氧这一终电子受体在某些种可通过替代物代替；多数的种能在普通营养琼脂 (nutrient agar，NA) 或血液营养琼脂 (blood nutrient agar，BNA) 培养基上生长，菌落大小和特征在不同的种、不同的培养基上存在差异；具有对温度、pH 和盐等多种多样性的生理特性，从嗜冷到耐热、从嗜酸到嗜碱等，有些菌株嗜盐；有机化能营养菌 (有两个种可无机化能营养生长)，具有发酵或呼吸代谢类型，通常多数种的接触酶 (catalase) 阳性，氧化酶 (oxidase) 阳性或阴性。

芽孢杆菌属细菌可被发现于不同的生境，多数菌株分离于土壤或被污染的环境 (间接来自于土壤)，也可分离于水、食物和临床标本；少数的种对脊椎动物和无脊椎动物具有致病性，除炭疽芽孢杆菌引起人和多种动物发生炭疽外，有的种是食物中毒的病原菌、机会致病菌 (opportunistic infections) 亦称为条件致病菌，苏云金芽孢杆菌是无脊椎动物的病原菌。有的种对人及动物无致病性或仅具有致病潜能，或罕见与疾病有关。

芽孢杆菌属细菌 DNA 的 G+C mol% 为 32 ~ 66(T_m)；模式种 (type species)：枯草芽孢杆菌 [*Bacillus subtilis*(Ehrenberg 1835)Cohn 1872][7]。

1.2　分类位置

按伯杰氏 (Bergey) 细菌分类系统，在第二版《伯杰氏系统细菌学手册》(*Bergey's*

Manual of Systematic Bacteriology) 第 3 卷 (2009) 中, 芽孢杆菌属分类于芽孢杆菌科。

芽孢杆菌科包括 19 个菌属, 依次为: 芽孢杆菌属、碱芽孢杆菌属 (*Alkalibacillus* Jeon, Lim, Lee, Xu, Jiang and Kim 2005)、兼 性 芽 孢 杆 菌 属 (*Amphibacillus* Niimura, Koh, Yanagida, Suzuki, Komagata and Kozaki 1990 emend. An, Ishikawa, Kasai, Goto and Yokota 2007)、无氧芽孢杆菌属 (*Anoxybacillus* Pikuta, Lysenko, Chuvilskaya et al 2000 emend. Pikuta, Cleland and Tang 2003)、 樱桃样芽孢杆菌属 (*Cerasibacillus* Nakamura, Haruta, Ueno, Ishii, Yokota and Igarashi 2004)、线 芽 孢 杆 菌 属 (*Filobacillus* Schlesner, Lawson, Collins et al 20010、地芽孢杆菌属 (*Geobacillus* Nazina, Tourova, Poltaraus et al 2001)、纤细芽孢杆菌属 (*Gracilibacillus* Wainø, Tindall, Shumann and Ingvorsen 1999)、喜盐芽孢杆菌属 (*Halobacillus* Spring, Ludwig, Marquez, Ventosa and Schleifer 1996)、盐乳杆菌属 (*Halolactibacillus* Ishikawa, Nakajima, Itamiya, Furukawa, Yamamoto and Yamasato 2005)、慢生芽孢杆菌属 (*Lentibacillus* Yoon, Kang and Park 2002 emend. Jeon, Lim, Lee et al 2005)、海球菌属 (*Marinococcus* Hao, Kocur and Komagata 1985)、大洋芽孢杆菌属 (*Oceanobacillus* Lu, Nogi and Takami 2002 emend. Yumoto, Hirota, Nodasaka and Nakajima 2005 emend. Lee, Lim, Lee et al 2006)、 海 境 芽 孢 杆 菌 属 (*Paraliobacillus* Ishikawa, Ishizaki, Yamamoto and Yamasato 2003)、海芽孢杆菌属 (*Pontibacillus* Lim, Jeon, Song and Kim 2005 emend.Lim, Jeon, Park, Kim, Yoon and Kim 2005)、糖球菌属 (*Saccharococcus* Nystrand 1984)、细纤芽孢杆菌属 (*Tenuibacillus* Ren and Zhou 2005)、深海芽孢杆菌属 (*Thalassobacillus* Garcia, Gallego, Ventosa and Mellado 2005)、枝芽孢杆菌属 (*Virgibacillus* Heyndrickx, Lebbe, Kersters, De Vos, Forsyth and Logan 1998 emend. Wainø, Tindall, Schumann and Ingvorsen 1999 emend. Heyrman, Logan, Busse et al 2003)。

芽孢杆菌科的模式属 (type genus): 芽孢杆菌属。

芽孢杆菌属内共记载了明确的 95 个种、2 个亚种, 另外是 6 个位置未定的种 (species incertae sedis) 和一些未系统研究的种。

95 个种, 依次为: 枯草芽孢杆菌、伊奥利亚岛芽孢杆菌 (*Bacillus aeolius*)、黏琼脂芽孢杆菌 (*Bacillus agaradhaerens*)、嗜碱芽孢杆菌 (*Bacillus alcalophilus*)、栖藻芽孢杆菌 (*Bacillus algicola*)、解淀粉芽孢杆菌 (*Bacillus amyloliquefaciens*)、炭疽芽孢杆菌、海水芽孢杆菌 (*Bacillus aquimaris*)、黄硒芽孢杆菌 (*Bacillus arseniciselenatis*)、风井芽孢杆菌 (*Bacillus asahii*)、深褐芽孢杆菌 (*Bacillus atrophaeus*)、产氮芽孢杆菌 (*Bacillus azotoformans*)、栗褐芽孢杆菌 (*Bacillus badius*)、罕见芽孢杆菌 (*Bacillus barbaricus*)、巴达维亚芽孢杆菌 (*Bacillus bataviensis*)、食苯芽孢杆菌 (*Bacillus benzoevorans*)、嗜碳芽孢杆菌 (*Bacillus carboniphilus*)、蜡样芽孢杆菌、环状芽孢杆菌 (*Bacillus circulans*)、克氏芽孢杆菌 (*Bacillus clarkii*)、克劳斯氏芽孢杆菌 (*Bacillus clausii*)、凝结芽孢杆菌 (*Bacillus coagulans*)、科氏芽孢杆菌 (*Bacillus cohnii*)、脱色芽孢杆菌 (*Bacillus decolorationis*)、钻特省芽孢杆菌 (*Bacillus drentensis*)、植物内芽孢杆菌 (*Bacillus endophyticus*)、混料芽孢杆菌 (*Bacillus farraginis*)、苛求芽孢杆菌 (*Bacillus fastidiosus*)、坚强芽孢杆菌 (*Bacillus firmus*)、弯曲芽孢杆菌 (*Bacillus flexus*)、福氏芽孢杆菌 (*Bacillus fordii*)、强壮芽孢杆菌 (*Bacillus fortis*)、气孔芽孢杆菌 (*Bacillus fumarioli*)、绳索状芽孢杆菌 (*Bacillus funiculus*)、梭形芽孢杆菌 (*Bacillus fusiformis*)、解

半乳糖苷芽孢杆菌 (*Bacillus galactosidilyticus*)、明胶芽孢杆菌 (*Bacillus gelatini*)、吉氏芽孢杆菌 (*Bacillus gibsonii*)、盐敏芽孢杆菌 (*Bacillus halmapalus*)、耐盐芽孢杆菌 (*Bacillus halodurans*)、嗜盐芽孢杆菌 (*Bacillus halophilus*)、堀越氏芽孢杆菌 (*Bacillus horikoshii*)、花园芽孢杆菌 (*Bacillus horti*)、花津滩芽孢杆菌 (*Bacillus hwajinpoensis*)、印度芽孢杆菌 (*Bacillus indicus*)、深层芽孢杆菌 (*Bacillus infernus*)、异常芽孢杆菌 (*Bacillus insolitus*)、咸海鲜芽孢杆菌 (*Bacillus jeotgali*)、克鲁氏芽孢杆菌 (*Bacillus krulwichiae*)、迟缓芽孢杆菌 (*Bacillus lentus*)、地衣芽孢杆菌 (*Bacillus licheniformis*)、坎德玛斯岛芽孢杆菌 (*Bacillus luciferensis*)、马氏芽孢杆菌 (*Bacillus macyae*)、黄海芽孢杆菌 (*Bacillus marisflavi*)、巨兽 (巨大) 芽孢杆菌 (*Bacillus megaterium*)、甲醇芽孢杆菌 (*Bacillus methanolicus*)、莫哈维芽孢杆菌 (*Bacillus mojavensis*)、蕈状芽孢杆菌 (*Bacillus mycoides*)、长野芽孢杆菌 (*Bacillus naganoensis*)、尼氏芽孢杆菌 (*Bacillus nealsonii*)、内氏芽孢杆菌 (*Bacillus neidei*)、烟酸芽孢杆菌 (*Bacillus niacini*)、休闲地芽孢杆菌 (*Bacillus novalis*)、奥德赛芽孢杆菌 (*Bacillus odysseyi*)、奥飞騨芽孢杆菌 (*Bacillus okuhidensis*)、蔬菜芽孢杆菌 (*Bacillus oleronius*)、假嗜碱芽孢杆菌 (*Bacillus pseudalcaliphilus*)、假坚强芽孢杆菌 (*Bacillus pseudofirmus*)、假蕈状芽孢杆菌 (*Bacillus pseudomycoides*)、耐冷芽孢杆菌 (*Bacillus psychrodurans*)、冷解糖芽孢杆菌 (*Bacillus psychrosaccharolyticus*)、忍冷芽孢杆菌 (*Bacillus psychrotolerans*)、短小芽孢杆菌 (*Bacillus pumilus*)、厚壁芽孢杆菌 (*Bacillus pycnus*)、施氏芽孢杆菌 (*Bacillus schlegelii*)、还原硒酸盐芽孢杆菌 (*Bacillus selenitireducens*)、沙氏芽孢杆菌 (*Bacillus shackletonii*)、森林芽孢杆菌 (*Bacillus silvestris*)、简单芽孢杆菌 (*Bacillus simplex*)、青贮窖芽孢杆菌 (*Bacillus siralis*)、史氏芽孢杆菌 (*Bacillus smithii*)、土壤芽孢杆菌 (*Bacillus soli*)、索诺拉沙漠芽孢杆菌 (*Bacillus sonorensis*)、球形芽孢杆菌 (*Bacillus sphaericus*)、耐热孢芽孢杆菌 (*Bacillus sporothermodurans*)、地下芽孢杆菌 (*Bacillus subterraneus*)、热噬淀粉芽孢杆菌 (*Bacillus thermoamylovorans*)、热阴沟芽孢杆菌 (*Bacillus thermocloacae*)、苏云金芽孢杆菌 (*Bacillus thuringiensis*)、多斯加尼芽孢杆菌 (*Bacillus tusciae*)、死谷芽孢杆菌 (*Bacillus vallismortis*)、威氏芽孢杆菌 (*Bacillus vedderi*)、越南芽孢杆菌 (*Bacillus vietnamensis*)、原野芽孢杆菌 (*Bacillus vireti*)、韦施泰凡芽孢杆菌 (*Bacillus weihenstephanensis*)。

枯草芽孢杆菌包括 2 个亚种，分别为：枯草芽孢杆菌枯草亚种、枯草芽孢杆菌斯氏亚种 (*Bacillus subtilis* subsp.*spizizenii*)。

6 个位置未定的种，依次为：乡间芽孢杆菌 (*Bacillus agrestis*)、噬胺芽孢杆菌 (*Bacillus aminovorans*)、费氏芽孢杆菌 (*Bacillus freudenreichii*)、延长芽孢杆菌 (*Bacillus macroides*)、太平洋芽孢杆菌 (*Bacillus pacificus*)、耐干热芽孢杆菌 (*Bacillus xerothermodurans*)[7]。

2　蜡样芽孢杆菌 (*Bacillus cereus*)

蜡样芽孢杆菌 (*Bacillus cereus* Frankland and Frankland 1887) 亦称蜡状芽孢杆菌，简称蜡样 (状) 杆菌。菌种名称 "*cereus*" 为拉丁语形容词，指蜡样的、蜡色的 (waxen, wax-colored)。

细菌 DNA 的 G+C mol% 在所测定的 11 株为 31.7 ~ 40.1(T_m) 和 34.7 ~ 38.0(Bd)，模

式株 (type strain) 为 35.7(T_m) 和 36.2(Bd)；模式株：ATCC 14579，DSM 31，JCM 2152，LMG 6923，NCIMB 9373，NRRL B-3711，IAM 12605。GenBank 登录号 (16S rRNA)：D16266(菌株 IAM 12605)[7]。

2.1 发现历史简介

相关资料显示，蜡样芽孢杆菌由 Frankland 于 1887 年首先发现，但在早期一直被认为是非致病性的腐生菌。从 1898 年起，有了由蜡样芽孢杆菌引起人泌尿系统感染及胃肠炎的记载，并相继出现了引起发生食物中毒的报告 [8 ~ 11]。

2.1.1 国外简况

Lubenau(1906) 首先描述了发生在一家医院的食物中毒事件，300 名医务人员及患者在用餐后出现急性胃肠炎，对剩余的食物检验发现含有大量的好氧芽孢杆菌；从原文中的描述分析此污染菌应为蜡样芽孢杆菌,但原作者将其定名为 "*Bacillus peptonificans*"。1913 年，Seitz 从一例肠炎和腹泻患者分离到蜡样芽孢杆菌。Brekenfeld 分别于 1926 年和 1929 年，报告了两起由蜡样芽孢杆菌引起的食物中毒事件。瑞典卫生部对在 1936 年至 1942 年间发生的 367 起食物中毒事件综合分析，证实有 117 起是由蜡样芽孢杆菌引起的，且认识到有蜡样芽孢杆菌污染的食物在储藏温度不当时，则可能会造成食物中毒。但总体来看，按照当今的流行病学标准来衡量，在早期对有关芽孢杆菌引起食物中毒的描述都不够详细，大多都缺乏完整的实验依据，很少有对食物等病检标本的污染菌做过计数；对污染菌的鉴定、命名也不很确切，将所分离获得的细菌统归于 "*subtilis-mesentericus* group"（枯草 - 肠系膜菌群），或 "*Bacillus anthracoid*"（类炭疽芽孢杆菌），或 "*Bacillus pseudoanthrax*"（假炭疽芽孢杆菌）等，从而导致了不少的混乱，以致未能引起人们的广泛关注，也致在很长的一个时期内，使蜡样芽孢杆菌仅被视为与食物中毒存在一定的关联。

1950 年，Hauge 通过对挪威首都奥斯陆某医院职工和患者进食甜食后引起食物中毒的研究，开始明确指出了蜡样芽孢杆菌的致病作用；Hauge 用分离菌复制的含菌食物给 6 名志愿者进食，有 4 人发病，其本人进食后也出现了胃肠炎症状。相继于 1950 年和 1955 年，Hauge 对奥斯陆 4 起暴发的约 600 余例胃肠炎患者研究后，发表了由蜡样芽孢杆菌引起食物中毒的第一个报告，从此进一步明确了此菌在食品中繁殖后可引起胃肠道疾病；其污染食品为香草精酱油，由其制造成分之一的谷类淀粉所污染，酱油检样中蜡样芽孢杆菌的含量达 (25 ~ 110)×10⁴CFU/ml。其后，在丹麦 (1951)、意大利 (1952)、荷兰 (1957)、匈牙利 (1962)、瑞典 (1962)、罗马尼亚 (1968)、美国 (1970)、苏联 (1970)、德国 (1971)、加拿大 (1974)、英国 (1974)、澳大利亚 (1975)、芬兰 (1976)、日本 (1978) 等国均有由蜡样芽孢杆菌引起类似疾病暴发的报告。另外，蜡样芽孢杆菌早在 1937 年就已从血液中分离到。

2.1.2 国内简况

有记述在 1970 年夏季，某一幼儿园发生因食用蛋糕引起的蜡样芽孢杆菌食物中毒数十例，表现恶心、呕吐、腹痛、腹泻、发热等症状；发病来势猛，但恢复较快，病程仅

10 多小时，多在第二天痊愈 [12]。此事件，是我国对由芽孢杆菌引起食物中毒的最早记载。迄今已几乎在全国各地，都曾有蜡样芽孢杆菌食物中毒事件的发生与报告。

在蜡样芽孢杆菌的生物学性状研究方面，南京市卫生防疫站的吴光先 (1985) 在国外学者相关研究基础上，首先用淀粉水解、尿素分解、伏 - 波试验 (Voges-Proskauer test，V-P)、蔗糖发酵、DNA 分解的 5 项生化指标，建立了对蜡样芽孢杆菌的生物型 (biovar) 分型方法 (简称吴氏法)，实践应用表明具有简便、实用和可行性的特点，在对蜡样芽孢杆菌食物中毒的流行病学调查、蜡样芽孢杆菌肠道外感染的传染源追踪等方面，具有重要意义和实用价值 [9]。

2.2　生物学性状

在芽孢杆菌属细菌中，对蜡样芽孢杆菌的生物学性状研究是较多和认识比较清楚的，我国学者也从事了大量并卓有成效的研究工作。

2.2.1　基本特征

蜡样芽孢杆菌为 $(1.0 \sim 1.2)\mu m \times (3.0 \sim 5.0)\mu m$ 的革兰氏阳性大杆菌，菌体两端较平整，多呈链状排列，无荚膜，有鞭毛；芽孢位于菌体中央或近端，呈椭圆形，不使菌体膨胀，在生长 6h 后即可形成芽孢 (图 47-1)。

蜡样芽孢杆菌生长对营养要求不高，在普通营养培养基中即可良好生长，需氧或兼性厌氧，在 10 ~ 45℃均可生长、适宜为 37℃、耐冷的菌株可在 6℃生长，在 pH 4.9 ~ 9.3 均能生长繁殖。菌落通常带有白色或奶酪样，一些菌株粉红色，一些菌株产生可扩散的黄色色素或黄绿色荧光色素 (fluorescent pigment)。通常在普通营养琼脂培养基经 35℃培养 18 ~ 24h，形成圆形、隆起、不透明、边缘不整齐 (常呈扩展状)、表面粗糙似毛玻璃状或融蜡状并有蜡样光泽、直径 2 ~ 7mm 的灰白色大菌落 (图 47-2)，各菌落常沿划线蔓延扩展呈长片状，荧光观察呈白蜡状 (也因此得名)，偶有产生黄绿色色素的 (但从食物中毒标本检出的菌株多不产色素)，少见光滑、湿润的菌落；在血液营养琼脂培养基上的菌落呈浅灰或灰绿色，α- 溶血、少数菌株可有 β- 溶血 (图 47-3)；在卵黄琼脂培养基上生长迅速，并呈现出强烈的磷脂酶作用，在培养 3h 后尽管尚观察不到菌落，但能见到由于卵

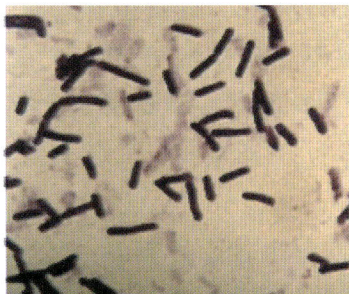

图 47-1　蜡样芽孢杆菌形态
资料来源：周庭银，赵虎 . 临床微生物学诊断与图解 .2001

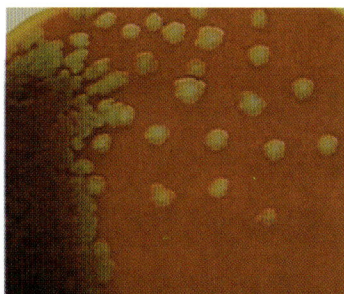

图 47-2　蜡样芽孢杆菌菌落 (NA)
资料来源：周庭银，赵虎 . 临床微生物学诊断与图解 .2001

图 47-3　蜡样芽孢杆菌菌落 (BNA)
资料来源：周庭银，赵虎 . 临床微生物学诊断与图解 .2001

磷脂酶 (通常均能产生此酶) 分解卵磷脂所形成的白色混浊环，这种现象被称为乳光反应或卵黄反应 (egg yolk reaction)。在普通营养肉汤中呈均匀混浊生长，管底常有散在沉淀，表面有菌膜或菌环，摇动后易乳化。

蜡样芽孢杆菌的接触酶阳性，氧化酶阴性，水解酪蛋白 (casein)、明胶、淀粉，伏 - 波试验阳性，可利用柠檬酸盐作为碳源，一些菌株还原硝酸盐，分解酪氨酸 (tyrosine)，对苯丙氨酸无脱氨 (deaminated) 作用，对 0.001% 浓度溶菌酶 (lysozyme) 有抗性。分解葡萄糖及其他一些碳水化合物产酸、不产气，一些菌株可从水杨苷和淀粉产酸，但与呕吐型食物中毒 (emetic food poisoning) 相关的血清型 (serovars)1、血清型 3、血清型 5、血清型 8 菌株不能利用水杨苷和淀粉产酸；胞外产物 (extracellular products) 包括溶血素 (hemolysin)、肠毒素 (enterotoxin)、耐热呕吐型毒素 (heat-stable emetic toxin)、细胞毒素 (cytotoxin)、蛋白水解酶 (proteolytic enzymes)、硫酸酯酶 (phospholipase)；耐冷的菌株，也可产生毒素 (toxins)。

Kramer 和 Gilbert(1992) 报告以鞭毛抗原 (H-antigens) 分为不同血清型，目前 Ripabelli 等 (2000) 报告公认的有 42 个；Nishikawa 等 (1996) 及 Ripabelli 等 (2000) 报告以质粒带型 (plasmid banding patterns)、质粒扩增片段长度多态性分析 (amplified fragment length polymorphism)，在区分不同血清型菌株也是有价值的 [7]。

2.2.2　生化特性及生物型

蜡样芽孢杆菌经在实验室的培养基上多次传代后，有的生化项目反应结果有时会发生变化，新分离菌株的生化特性是较恒定的。主要为能分解葡萄糖、麦芽糖、糊精、果糖等产酸不产气，不分解乳糖、甘露醇、阿拉伯糖、鼠李糖、木糖、肌醇、山梨醇、半乳糖、侧金盏花醇等，不产生吲哚和 H_2S，接触酶阳性，MR 试验阴性，硝酸盐还原不稳定，还原亚甲蓝，石蕊牛乳迅速蛋白胨化。

根据蜡样芽孢杆菌在某些主要生化特性方面的差异，实践中可将其分为若干个不同的生物型。日本学者村上在 1977 年曾将该菌按 5 项生化试验分为 15 个 (1 ~ 15) 生物型，继之由小佐等 (1978) 和 Jinbo(1982) 又分别用一些生化试验将该菌分为了 12 个 (Ⅰ ~ Ⅻ) 和 8 个 (1 ~ 8) 生物型。在前面有记述南京市卫生防疫站的吴光先等 (1985) 用在前面有述以 5 项生化指标建立的吴氏法，通过对 494 株蜡样芽孢杆菌进行分型，结果分成了 32 个 (1 ~ 32) 生物型 (表 47-1)，其中 113 株分离于食物中毒的菌株分布在 1 ~ 23 型内，以 1 型为多、5 型次之；381 株分离于食品的菌株，有 121 株分布在 24 ~ 32 型内，分布在 1 ~ 23 型内的 260 株 (以 1 型和 6 型较多)。进一步通过对已知血清型 (serovar) 分别为 5、12、20 和 21 的 4 个食物中毒源菌株，以村上法、小佐法、Jinbo 法和吴氏法做生物分型对比，结果仅吴氏法能较详细地将其全部分型。这些结果表明吴氏法分型较细，在暴发蜡样芽孢杆菌食物中毒时，用吴氏分型法做流行病学调查，以及通过对同一起中毒事件的发病食物、患者呕吐物或腹泻物分离菌株证明为同一生物型，来为对蜡样芽孢杆菌引起食物中毒的诊断提供依据，将更具有意义 [9]。

表 47-1　吴光先对蜡样芽孢杆菌的生物分型

生物型	生化项目					菌株来源		生物型	生化项目					菌株来源	
	淀粉	尿素	伏-波试验	蔗糖	DNA	食物中毒(113)	食品(381)		淀粉	尿素	伏-波试验	蔗糖	DNA	食物中毒(113)	食品(381)
1	−	−	+	+	+	23	42	17	−	+	−	−	+	1	9
2	−	−	+	+	−	4	8	18	−	+	−	+	+	7	6
3	−	−	+	−	−	3	12	19	−	+	−	+	−	5	0
4	−	−	−	−	+	2	1	20	+	+	−	+	+	1	2
5	−	−	−	+	+	12	22	21	+	+	−	+	+	2	1
6	+	−	+	+	+	9	54	22	+	+	−	+	−	4	0
7	+	−	+	−	+	6	21	23	+	+	−	+	−	1	1
8	−	−	−	−	+	2	4	24	+	+	−	+	+	0	5
9	−	+	−	+	+	2	0	25	+	+	−	+	−	0	18
10	+	−	−	−	−	3	17	26	+	+	−	−	+	0	37
11	−	−	+	−	+	4	23	27	+	+	−	−	+	0	26
12	+	−	+	+	+	7	10	28	+	+	−	−	+	0	23
13	+	−	−	+	−	7	0	29	+	+	−	−	−	0	3
14	−	−	−	+	−	3	17	30	+	+	−	−	+	0	4
15	+	−	−	+	+	3	1	31	−	+	+	+	+	0	4
16	−	+	−	−	−	2	9	32	+	+	+	+	−	0	1

2.2.3　抗原结构与免疫学特性

蜡样芽孢杆菌的抗原结构，在目前尚不很明晰；对其血清学分型，还主要是依赖于鞭毛 (hauch，H) 抗原。实践表明其菌体 (ohne hauch，O) 抗原也有良好的抗原性，并具有研究明确的必要。

2.2.3.1　抗原与血清型

根据英国学者 Taylor 和 Gilbert(1975) 的报告，蜡样芽孢杆菌可按其鞭毛 (H) 抗原的不同分成 18 个 (1 ~ 18) 血清型，从腹泻型食物中毒样品分得的菌株为 2、6、8、9 和 10 型，从呕吐型食物中毒样品分得的菌株为 1、3 和 5 型，来源于与食物中毒无关的菌株则往往不能被有效分型；随着食物中毒菌株诊断血清研制工作的开展，在英国伦敦公共卫生中心实验室食品卫生实验室的蜡样芽孢杆菌血清分型表，现已包括 23 种 (1 ~ 23) 凝集血清。日本东京京都公共卫生研究实验室曾根据英国 1 ~ 18 型发展了一个类似的血清型表，并补充了附加的 12 个日本菌株抗血清 [9]。

我国卫生与计划生育委员会兰州生物制品研究所，用国内菌株研制成有 16 个型别的蜡样芽孢杆菌诊断血清。在前面有记述的吴光先等 (1986) 曾用其对分离于国内 13 个不同地区的 110 株食物中毒源菌株进行了分型实验，结果能被分型的 103 株 (分型率 93.64%)，分布于 7 种不同血清型；其中 5 型 (91 株) 最多 (在可分型菌株的构成比为 88.35%)，其他依次为 27 型 (3 株)、12 型 (2 株)、20 型 (2 株)、21 型 (2 株)、22 型 (2 株)、2 型 (1 株)，不能被分型的 7 株 (构成比 6.36%)[9,13]。这一结果显示我国研制的诊断血清，对蜡样芽孢杆菌的分型是有效的。

2.2.3.2　免疫学特性

蜡样芽孢杆菌抗原具有良好的免疫原性，被蜡样芽孢杆菌感染后耐过或接种免疫动物，其机体能产生相应的免疫应答，主要为体液免疫抗体反应。

在发生蜡样芽孢杆菌食物中毒后，一般情况下其血清抗体会在一定的时限内出现和效价明显升高，也可作为辅助诊断的依据。例如，辽宁省大连市金州区卫生防疫站的孙械华等 (1993) 报告在 1990 年 9 月 16 日，金州区七顶山某罐头厂食堂午餐供应的大米饭，在出锅前掺入了前一天中午剩的大米饭，40 人就餐发病 37 人 (罹患率 92.5%)，潜伏期 0.5 ~ 1.5h；主要症状为恶心、呕吐和头晕，无发热和腹泻；经检验确定，是由蜡样芽孢杆菌污染大米饭引起的食物中毒；用从大米饭分离的蜡样芽孢杆菌为抗原，对 10 例患者发病后 4 天及 17 天的双份血清做定量凝集试验，结果 4 天的血清效价在 1 ： 20 倍的 8 份、1 ： 40 倍的 2 份，17 天的血清效价在 1 ： 320 倍的 3 份、1 ： 640 倍的 7 份 [14]。

2.2.4 基因型

基因 vrrA 是炭疽芽孢杆菌的一个多态性位点，具有串联重复序列和可变区域等特点。深圳市疾病预防控制中心的扈庆华等 (2003) 采用 vrrA 基因 PCR 扩增技术研究了蜡样芽孢杆菌的 DNA 多态性，通过对 15 株蜡样芽孢杆菌的传统生化分型和分子分型，结果将其中的 12 株分为了 3 个生化型，通过分子分型的 15 株均可分为 7 个型 (MT1 ~ MT7)；认为 vrrA 基因可作为对蜡样芽孢杆菌分子分型的一个多态性遗传标记，并具有简便、快速、准确的优点，可做到对蜡样芽孢杆菌引起食物中毒的快速溯源 [15]。

相继，深圳市疾病预防控制中心的林一曼等 (2011) 对 47 株蜡样芽孢杆菌进行了生化分型和 vrrA 基因 PCR 扩增后的分子分型，结果 47 株可分为 13 个基因型 (MT1 ~ MT13)；进一步表明了 vrrA 基因可作为蜡样芽孢杆菌分子分型的一个多态性遗传标记，可用于对蜡样芽孢杆菌 DNA 分子分型的研究，对蜡样芽孢杆菌食物中毒的溯源有重要意义 [16]。

2.2.5 噬菌体型

在前面有记述南京市卫生防疫站的吴光先等 (1986) 曾用 8 个 (1 ~ 8) 蜡样芽孢杆菌分型噬菌体对前述 110 株食物中毒源菌株作分型试验，结果表明能被分型的为 95 株 (分型率 86.36%)，其中以 5 型 (16 株) 最多 (在被分型菌株的构成比为 16.86%)，其次为 7 型的 9 株、3 型和 6/7 型的各 8 株、2 型和 6 型的各 7 株，余在 1 ~ 5 株，有 15 株 (构成比 13.64%) 不能分型 [9,13]。这一结果显示，对蜡样芽孢杆菌进行噬菌体分型是有意义的，但目前尚缺乏比较系统的研究。

2.2.6 生境与抗性

蜡样芽孢杆菌的分布比较广泛，常存在于土壤、灰尘和污水中，植物和许多生 (熟) 食品中亦常见；其芽孢广泛分布于土壤、奶和其他食物，以及多种环境中；可引起呕吐型食物中毒综合征 (emetic food poisoning syndromes)，在人、动物可作为机会病原菌引起感染。食品中蜡样芽孢杆菌的来源，主要为外界所污染，由于食品在加工、运输、保藏及销售过程中的不卫生情况以致该菌在食品上大量污染传播。也有记述在粪便中存在蜡样芽孢杆菌，有报告健康成人和儿童的粪便带菌率分别为 14.5% 和 15.5%，Turnbull 报告检出阳性率为 0 ~ 46%，随食物品种和季节有所差异 [7,9,10]。

蜡样芽孢杆菌耐热，其 37℃ 的 16h 营养肉汤培养物的 D80℃ 值 (在 80℃ 条件下使活菌数减少 90% 所需的时间) 为 10 ~ 15min，使营养肉汤中细菌 (2.4×10⁷ 个 / 毫升) 转为阴性 (全部杀死) 需 100℃ 处理 20min；食物中毒菌株的游离芽孢能耐受 100℃ 作用 30min，干热 120℃ 需经 60min 才能杀灭 [9]。

浙江省富阳县卫生防疫站的任金法 (1992) 综述指出，蜡样芽孢杆菌经次氯酸钠浸泡 1min 可被杀灭，氯化苯扎溴铵浸泡 30min 的最高杀菌率仅为 86.7%，0.25% 的过氧乙酸 5min 可全部将其杀灭，3% ~ 7% 的来苏儿和 1% ~ 3% 的苯扎溴铵溶液作用 45min 仍有存活；经试表明 100℃ 处理 25min 不能被全部杀灭，30min 可全部杀灭；对紫外线的抵抗力不强 [17]。

蜡样芽孢杆菌通常对氯霉素、红霉素、卡那霉素和庆大霉素敏感，一般对青霉素、四环素、磺胺噻唑和呋喃西林耐药；因该菌能合成青霉素酶，所以对青霉素有很强的抗性。南昌市青山湖区疾病预防控制中心的李鹏等 (2009) 报告对 2008 年 9 月从 1 起食物中毒分离的菌株进行药敏试验，结果对供试的 15 种药物表现为环丙沙星、庆大霉素、林可霉素、氧氟沙星、妥布霉素、红霉素、阿米卡星敏感，呋喃妥因、新生霉素中度敏感，氨苄西林、头孢唑林、头孢唑林钠、复方新诺明、磺胺噻唑、头孢噻肟耐药 [18]。

2.3 病原学意义

蜡样芽孢杆菌为食源性疾病 (foodborne diseases) 的病原菌，也称食源性病原菌 (foodborne pathogen)，可引起人的食物中毒及肠道外感染。也可在一定条件下引起某些动物的感染发病，或发生饲料中毒。

2.3.1 人的蜡样芽孢杆菌感染病

最早对蜡样芽孢杆菌致病作用的明确记述，主要是作为人的食物中毒病原菌，且至今仍是在细菌性食物中毒事件中占据前位的；但食品中蜡样芽孢杆菌的含量与其能否引起中毒有着密切的关系，因此对可疑中毒食品做活菌计数，对确定该菌引起的食物中毒具有一定的诊断意义。至于由其引起的肠道外感染，一直是比较少见的。

2.3.1.1 食物中毒

综合相关的记载和报告，由蜡样芽孢杆菌引起的食物中毒，临床可分为呕吐型、腹泻型两种类型 [9, 19]。①呕吐型——潜伏期一般在 0.5 ~ 6h，症状以恶心、呕吐为主；头昏、四肢无力、口干、寒战、结膜充血和腹泻等症状亦有发生，Gutkin(1975) 报告的体温升高、手足抽搐和表现为Ⅲ型 (免疫复合物型) 变态反应的两侧眶骨膜水肿现象则较为少见。②腹泻型——潜伏期一般在 6 ~ 15h，以腹痛、腹泻最为多见；恶心、呕吐、胃痉挛和发热等症状间或发生。

在我国多有由蜡样芽孢杆菌引起食物中毒的报告，其中以呕吐型的为主。例如，武汉工业学院的周帼萍等 (2009) 对我国 1986 年至 2007 年文献报告的 299 起蜡样芽孢杆菌食物中毒统计分析，在明确呕吐型、腹泻型的 261 起中，呕吐型的 227 起 (构成比 86.97%)、腹泻型的 34 起 (构成比 13.03%)[19]。缺乏明显的区域分布特征，主要发生于 5 月至 10 月间，此季节是蜡样芽孢杆菌生长繁殖的适期，也是人们常食剩饭的季节。明确或相关的中毒食物，主要涉及被蜡样芽孢杆菌污染的（剩）米饭类，其次为面食及肉类（猪、牛、鸡、鹅肉和火腿肠等），以及豆制品，米酒类等；初步看来，主要是淀粉含量高的食品类。主要发生在集体（聚）餐（宴）场所，更多是在单位食堂，这与在食堂较多直接食用或掺和剩饭是有相关的。其临床表现一般常是先出现胃（腹）部不适，继之出现恶心、呕吐、头晕、头昏、头痛、腹痛（多为阵发性绞痛）、腹泻、发热、乏力等症状，在有的重症患者还会出现不同程度的神志不清、胡语、舌麻、心慌、呼吸困难、抽搐、休克等症状[3]。

2.3.1.2　肠道外感染病

蜡样芽孢杆菌除主要是引起食物中毒外，还因菌株不同可造成多种肠道外的局部感染病并呈上升趋势。在一定的条件下，尤其是对免疫功能低下者，可在创伤后引起皮肤和软组织感染、坏死性筋膜炎，角膜炎、眼内炎、全眼球炎等眼部感染，菌血症、败血症等全身性感染，心内膜炎、支气管炎、脑膜炎和脑脓肿、骨髓炎等，肺炎、肺脓肿、胸膜炎等肺部感染；据世界卫生组织（World Health Organization，WHO）流行病学周报（1981）报告，在 1979 年 8 月至 9 月英国某产院暴发了由蜡样芽孢杆菌引起的新生儿上呼吸道感染和脐带炎共 11 例，并从新生儿保温箱中检出了菌型相同的菌株，这是该菌在人群中于胃肠道外感染的首次暴发流行[1, 9,20]。

在国内自胡运贵（1991）报告从 1 例习惯性流产妇女的配偶精液中分离到蜡样芽孢杆菌 L 型，此后国内多次从产妇血、羊水、心肌炎、脑膜炎、尿路感染患者的血及尿中检出该菌 L 型，显示消化、呼吸、泌尿生殖系统皆可被蜡样芽孢杆菌感染[10]。

山东省济南千佛山医院的傅爱玲等（2002）报告在 2000 年 11 月，从 1 例（女性 68 岁）右侧咽痛患者的咽部分离到蜡样芽孢杆菌，这还是比较少见的。患者右侧咽部侧壁充血肿胀、黏膜慢性充血、右侧扁桃体肿大并充血、会厌右侧有几片溃疡面，诊断为下咽溃疡[20]。

2.3.1.3　医院感染特点

由蜡样芽孢杆菌引起的医院感染，在我国还是比较少见的，更缺乏比较系统的记述。在前面有记述中国人民解放军西藏军区总医院的王洪斌等（2005）报告，从医院感染患者分离的病原菌中，包括分离于外科系统的蜡样芽孢杆菌 6 株（在 259 株革兰氏阳性菌中的构成比 2.32%）[5]。

2.3.2　动物的蜡样芽孢杆菌感染病

有记述在一定条件下，蜡样芽孢杆菌可引起猪的饲料中毒、牛乳腺炎、驴的皮下水肿，犬和猫的腹泻等[21]。

近年来，我国已陆续有由蜡样芽孢杆菌引起猪的中毒、骆驼身体各部严重化脓性"脓疱病"、梅花仔鹿排血便等症状等感染病的报告[22～27]。其中以猪比较多见，还常常是与人的食物中毒相关联的，举例如下。①广西壮族自治区南宁市卫生防疫站的周月珍等（1983）报告在 1980 年 8 月 17 日，南宁市郊区某大队周村和木村群众，因购食郊区某公社米粉厂生产的米粉（多是作为主食凉拌食用）后发生食物中毒，在进食的 587 人中发病 306 人（罹患率 52.13%）；经检验确定，是由蜡样芽孢杆菌污染米粉引起的。发现在当时有 2 头仔猪（体重分别为 10kg 和 30kg）因吃了患者呕吐物或剩余米粉（未加入其他饲料）约 1kg，在 2h 后出现呕吐（1～2 次），呕吐后厌食，未经治疗在 4h 后又恢复进食[22]。②安徽省岳西县防

疫站的吉辉等 (1995) 报告在 1995 年 1 月 29 日至 2 月 13 日，岳西县黄尾乡黄尾村一农户连续发生 3 次食物中毒，先后中毒 8 人次、迁延 16 天，死亡 1 人；检验表明，是因食用被蜡样芽孢杆菌污染的病死猪肉引起的。患者的呕吐物被新买的 2 头仔猪吃了，均发病死亡[24]。

另外，在水生动物，有记述蜡样芽孢杆菌与普通鲤、条纹石鮨等鱼类的鳃坏死病有关[28]。

2.3.3　毒力因子与致病机制

对蜡样芽孢杆菌毒力因子与致病机制研究不是很广泛和深入，目前比较明确的还主要是蜡样芽孢杆菌的毒素；另外，蜡样芽孢杆菌本身也存在致病作用。

2.3.3.1　细菌的致病作用

从蜡样芽孢杆菌能够在人引起除食物中毒外的多种肠道外感染，以及能引起多种动物的感染来看，蜡样芽孢杆菌的致病作用与机制，绝不仅仅在于其产生的毒素作用。就食物中毒来讲，除了主要是毒素的作用外，也可能存在菌体本身的作用且为不可忽视的，如临床表现的发热、中毒后血清中抗菌抗体的出现与在一定时限内的升高、有的患者潜伏期长等；这些，当考虑蜡样芽孢杆菌本身对机体的感染作用，也是很值得探讨的问题。

蜡样芽孢杆菌能产生多种酶和胞外毒性物质，具有溶血、蛋黄混浊、皮肤血管通透性改变、肠黏膜和皮肤组织坏死、细胞毒性、致死小鼠、致腹泻及呕吐等生物学活性，其中肠毒素 (enterotoxin) 是主要的[10,11]。

2.3.3.2　毒素及其致病作用

在蜡样芽孢杆菌的致病机制方面，根据许多研究者的实验结果，可以认为由此菌引起的食物中毒是因其能产生肠毒素；大量活菌的存在不仅可使毒素量增高，且可促进中毒的发生；据 Melling(1976) 研究，蜡样芽孢杆菌有产生和不产生肠毒素的菌株之分；在产生肠毒素的菌株中，又有产生致呕吐型综合征和致腹泻型综合征两类不同肠毒素的菌株之别，致呕吐型综合征的肠毒素具有耐热性，可在米饭中形成；致腹泻型综合征的肠毒素不耐热，可于包括米饭在内的多种食品中产生[9]。表 47-2 所列，为蜡样芽孢杆菌产生的腹泻肠毒素和呕吐肠毒素的主要性质、作用原理、检测方法和中毒的临床表现等[10]。

表 47-2　蜡样芽孢杆菌腹泻和呕吐肠毒素的性质

项目	腹泻肠毒素	呕吐肠毒素
组成 /Mr	多组分蛋白质 /(38 ~ 40)×10³	肽 / < 5000
等电点	4.9 ~ 5.3	无记载
稳定性：热	45℃作用 30min 及 56℃作用 5min 失活	120℃作用 90min 稳定
pH	< 4 及 > 11 不稳定	2 ~ 11 稳定
酶等	对链霉蛋白酶及胰酶敏感，对 EDTA 和 β- 葡糖醛酸酶及碱有抗性	对胃酶及胰酶有抗性
生产条件：食物中	有时事先合成	事先合成
实验室中培养基	脑心浸液或氨基酸等复合培养基	大米培养液
最适温度	32 ~ 37℃	25 ~ 30℃

续表

项目	腹泻肠毒素	呕吐肠毒素
合成时期	在对数生长后期合成释放	无记载
生物学活性：猴子攻击	0.5 ~ 3.5h 后腹泻	1 ~ 5h 后呕吐
家兔回肠襻	＋（约 150μg），较高浓度时可致坏死	－
皮肤实验 (VPR)	＋（皮内 1μg），严重坏死	－
乳鼠	导致死亡	未测
小鼠致死性	导致死亡（静脉注射 30μg）	未测
细胞毒性：HFS 和 MRC-5 及 Vero	＋ (0.1 ~ 0.5μg)	－
HEp-2	－	空泡形成
BHK 和 MDCK	－	－
抗原性	有（特异性抗体针对多种成分）	无
作用原理	体液钠离子、钾离子吸收倒置；黏膜和其他组织损伤，严重坏死；刺激腺苷环化酶活性，环磷酸腺苷系统受损，降低细胞活力；葡萄糖和氨基酸吸收障碍；毛细血管通透性改变	不详
基因控制	游离基因介导 bceT 基因编码	不详
实验室检测	家兔回肠襻，血管通透性试验，细胞毒性试验，免疫凝胶扩散，反向被动乳胶凝集试验（有商品盒）	喂猴试验，喂猫试验，HEp-2 细胞毒性试验
临床特征	腹泻型综合征	呕吐型综合征
潜伏期	8 ~ 16h	0.5 ~ 5h
病程	16 ~ 36h	8 ~ 24h
症状	腹痛、腹泻、不发热	恶心、呕吐、偶有腹痛、不发热

南京市卫生防疫站的贾力敏等 (1999) 报告对分离于食物中毒的蜡样芽孢杆菌，进行了溶血性肠毒素的研究，表明溶血素 (haemolysin) 由 3 种 (B、L_1、L_2) 成分组成，分子质量分别为 35kDa、36kDa、45kDa，协同作用在血液琼脂培养基上能引起靶状溶血、使兔皮肤血管通透性增加、兔小肠肠段结扎产生积液反应、Vero 细胞形态学变化，提示其具有肠毒素的性质，同时试验证实其具有抗原性[29]。

2.4 微生物学检验

由于蜡样芽孢杆菌的广泛存在，加之其常需要在一定的条件下才能呈现致病作用，因此对蜡样芽孢杆菌的微生物学检验不仅仅是对细菌的分离与鉴定，更重要的是病原学意义的明确。

2.4.1 细菌学检验

对蜡样芽孢杆菌的细菌学检验，主要包括对细菌的分离与鉴定、生物型检验和血清型检定等内容。另外，在食物中毒检验中，对检样 (主要是可疑食品) 中细菌的计数 (直接制备涂片染色标本检查有助于估计菌数和诊断参考)，也属于细菌学检验的范畴；但因其主要是用于确立对蜡样芽孢杆菌食物中毒的诊断，所以未在此项下做专门记述。

2.4.1.1　细菌分离与鉴定

蜡样芽孢杆菌对营养要求不高，可用普通营养培养基进行分离，获得纯培养物进行鉴定。需注意有的菌株可能会产生色素，如在前面有记述的山东省济南千佛山医院傅爱玲等 (2002) 报告在 2000 年 11 月，从一例右侧咽痛患者的咽部分离到的蜡样芽孢杆菌能产生黄绿色色素[20]。另外，湖南农业大学的赵振宇等 (2014) 报告，从暴发哺乳仔猪腹泻仔猪分离的病原蜡样芽孢杆菌，具有兼性厌氧特性[25]。这些，都是很少见的。

在对蜡样芽孢杆菌的鉴定中，须注意与一些在生化特性方面相近的几种类似菌相鉴别，表 47-3 所列为主要内容[9]。

表 47-3　蜡样芽孢杆菌与其他类似菌的鉴别特征

项目	巨兽芽孢杆菌	蜡样芽孢杆菌	苏云金芽孢杆菌	蕈状芽孢杆菌	炭疽芽孢杆菌	项目	巨兽芽孢杆菌	蜡样芽孢杆菌	苏云金芽孢杆菌	蕈状芽孢杆菌	炭疽芽孢杆菌
接触酶	+	+	+	+	+	甘露醇			−	−	−
动力	+/-	+/-	+/-	+	-	木糖	+/-				
硝酸盐还原	-/+	+	+	+	+	溶血	-	+	+	-/+	-/+
酪蛋白分解	+/-	+	+/-	+/-	-/+	已知致病特性	·	产肠毒素	对昆虫致病的内毒素结晶	假根样生长	对动物和人致病
卵黄反应	-	+	+	+	+						
葡萄糖 (厌氧)	+	+	+	+	+						

注：表中符号的＋表示 ≥ 90% 的菌株阳性，−表示 ≥ 90% 的菌株阴性，＋/−表示大多数菌株阳性，−/＋表示大多数菌株阴性；·为本书作者加注，表示原表中无记载。

另外，以下所列几项试验方法，是主要用于对芽孢杆菌属细菌鉴定的，并具有鉴别意义。

(1) 动力和硝酸盐还原试验：取待检菌穿刺接种于含硝酸盐的半固体高层琼脂培养基，37℃培养 48h 后检查，若细菌呈沿穿刺线向周围扩散生长的混浊状则表示有动力，再按常规加入硝酸盐还原试剂进行试验。蜡样芽孢杆菌为动力阳性、硝酸盐还原阳性。

(2) 厌氧葡萄糖发酵试验：蜡样芽孢杆菌呈阳性反应，方法是将待检菌接种于常规的葡萄糖肉汤培养基后在表面覆盖一层无菌液体石蜡，37℃培养并在每天观察，最迟应于第 7 天发酵产酸使培养基变黄色。

(3) 芽孢耐热试验：分离于食物中毒的蜡样芽孢杆菌菌株，其芽孢大多数能抵抗 100℃湿热处理 30min 或 105℃湿热处理 5min。试验方法是将分离菌株接种于葡萄糖琼脂培养基，于 37℃培养 10 天使其形成芽孢，然后制备成含 $10^6 \sim 10^7$ 个 / 毫升的芽孢悬液，分装于若干小试管 1ml/ 管，经不同温度加热处理后，用普通营养琼脂接种培养测定其活菌数进行比较。

(4) 与苏云金芽孢杆菌的染色鉴别：蜡样芽孢杆菌在生化特性上与苏云金芽孢杆菌很相似，可通过染色对菌细胞内蛋白质结晶的检出加以鉴别，苏云金芽孢杆菌的菌细胞内含有对昆虫致病的蛋白质毒素结晶体。检查方法是取在普通营养琼脂上的纯培养物少许置载玻片上少量蒸馏水中涂成薄片，待自然干燥后用弱火焰固定，加甲醇于玻片上 0.5min 后倾去甲醇并置火焰上干燥，滴加 0.5% 碱性复红染液于玻片上并置酒精灯火焰上加热至微见蒸气后维持 1min(注意勿使染液沸腾)，再于自然条件下放置 0.5min 后倾去染液并以洁净水彻底清洗，自然晾干后置普通光学显微镜下检查，若见有比游离的芽孢稍小、似菱形或带方形的红色结晶小体则表明为苏云金芽孢杆菌 (若游离芽孢未形成则应将培养物于室温再置 1 ~ 2 天后检查)。

2.4.1.2 生物分型

如前有述可根据某些生化试验项目的结果，将蜡样芽孢杆菌分为若干个生物型，且目前已有多个这种生物分型系统。相比之下，其中的吴氏法更较详细和实用，其中所用 5 项生化试验及方法为：将被检菌株分别接种于淀粉琼脂 (测淀粉水解)、葡萄糖缓冲蛋白胨水 (伏 - 波试验)、pH7.2 的尿素半固体琼脂 (测尿素分解)、pH6.8 的蔗糖肉汤 (测蔗糖发酵) 和甲苯胺蓝 DNA 琼脂 (测 DNA 分解)，按常规方法进行试验，以所得结果按前面的表 47-1 进行相应的生物型判定 [9]。

2.4.1.3 血清型检定

对蜡样芽孢杆菌进行血清型检定，是将被检菌株分别与各型诊断血清致敏的葡萄球菌蛋白 A(Staphylococcal protein A，SPA) 菌体试剂在玻片上做协同凝集试验，以确定其相应血清型别 [9, 30]。

(1) 被检抗原的制备：在普通营养琼脂斜面培养基的表面先加入无菌蒸馏水 0.5ml(若为小管则用 0.2ml) 使之湿润，然后以接种环从普通营养琼脂平板上取待检菌的菌落接种于此斜面，35℃培养 14 ~ 18h 后用大接种环 (直径约 3mm) 从斜面底部取 1 环液体培养物 (扩散生长到凝集水中的) 至 2ml 普通营养肉汤管中，继续于 35℃培养 5 ~ 6h 即为玻片协同凝集试验用抗原。

(2) 协同凝集试验：将用于本试验的冻干葡萄球菌 A 蛋白菌体试剂安瓿打开，加入 1ml 无菌蒸馏水并使之溶匀，再加入已知型别的蜡样芽孢杆菌诊断血清 0.1ml，充分摇匀并于 37℃致敏 30min，然后用 0.01mol/L、pH 7.1 ~ 7.3 的 PBS 离心沉淀洗涤 2 次，最后向沉淀致敏菌体中加入 1ml 同样 PBS 并混匀即为相应标记试剂。取此标记试剂和上述待检菌抗原液各 1 小滴置洁净玻片上混匀，于 1min 左右观察结果，以在 0.5 ~ 1min 内呈现出显著凝集 (＋＋＋至＋＋＋＋) 者判为阳性 (即为相应血清型)，同时用抗原液与上述 PBS 做对照试验应为阴性。

2.4.2 腹泻毒素的检验

对从食物中毒分离鉴定的菌株进行腹泻毒素的检验，包括家兔肠袢结扎试验、血管通透性反应 (皮肤蓝斑试验)、毒素致死试验、免疫反应检查等方法。

2.4.2.1 家兔肠袢结扎试验

在成年家兔的回肠 (小肠) 部，于每 10 ~ 15cm 的间隔进行结扎 (共可结扎 6 段)，在所结扎的回肠袢内注入培养物无菌滤液 2ml/ 段，6 ~ 8h 后剖腹检查其中水分潴留情况，一般来讲若积累的液体量 (ml) 对肠袢长度 (cm) 的比例 (V/L) 在 0.5 以上即有诊断价值 [9]。

2.4.2.2 毒素致死试验

从体重 20 ~ 25g 的小鼠尾静脉注入培养物无菌滤液 0.1 ~ 0.4ml/ 只，做 1 ~ 2h 观察其是否死亡，在毒素含量高时则于 0.5 ~ 1min 内即可致死小鼠 [9]。

2.4.3　毒力试验

从食物中毒样品检出的菌株对实验动物小鼠有毒力，用分离的菌株普通营养肉汤 37℃的 24h 培养物，经腹腔接种小鼠 0.3 ~ 0.5ml/ 只 (2 ~ 4 只)，接种后通常于 12 ~ 18h 死亡，并可从其心血中分离回收到感染菌。

3　枯草芽孢杆菌枯草亚种 (*Bacillus subtilis* subsp.*subtilis*)

枯草芽孢杆菌 [*Bacillus subtilis*(Ehrenberg 1835)Cohn 1872] 最初被分类于弧菌属 (*Vibrio* Pacini 1854)，名为枯草弧菌 (*Vibrio subtilis* Ehrenberg 1835)。种名 "*subtilis*" 为拉丁语形容词，意为细长的 (subtilis slender)。现在新分类命名的枯草芽孢杆菌，包括枯草芽孢杆菌枯草亚种、枯草芽孢杆菌斯氏亚种两个亚种。

枯草芽孢杆菌枯草亚种 (*Bacillus subtilis* subsp.*subtilis* Nakamura，Roberts and Cohan 1999) 即枯草芽孢杆菌 (以下均按枯草芽孢杆菌记述)。细菌 DNA 中 G+C mol% 在所测定的 31 株为 41.5 ~ 47.5(T_m)，在所测定的 34 株为 41.8 ~ 46.3(Bd)，在所测定的模式株为 42.9(T_m)；模式株：ATCC 6051，IAM 12118，CCM 2216，DSM 10，IFO 12210,NCIMB 3610，NCTC 3610，NRRL NRS-744。GenBank 登录号 (16S rRNA)：AB042061(菌株 IAM 12118)。

枯草芽孢杆菌斯氏亚种 (*Bacillus subtilis* subsp. *spizizenii* Nakamura，Roberts and Cohan 1999) 的亚种名称 "*spizizenii*" 为拉丁语属格名词，是以美国细菌学家斯皮宰曾 (J. Spizizen) 的姓氏 (Spizizen) 命名的。细菌 DNA 中 G+C mol% 无记载；模式株：NRRL B-23049，DSM 15029，LMG 19156，KCTC 3705。GenBank 登录号 (16S rRNA)：AF074970(菌株 NRRL B-23049)[7]。

3.1　生物学性状

在芽孢杆菌属细菌中，对枯草芽孢杆菌的生物学性状认知是最早的，也是认识相对比较清楚的 [7]。

3.1.1　形态与培养特征

枯草芽孢杆菌为 (0.7 ~ 0.8)μm ×(2.0 ~ 3.0)μm 的正直或微弯曲、两端钝圆的革兰氏阳性大杆菌，散在、成双或少见呈短链状排列，8 ~ 12 根周鞭毛运动；芽孢位于菌体中央或近末端 (卵圆形)，芽孢形成后的菌体不变形 (图 47-4)。

枯草芽孢杆菌在普通营养琼脂培养基 37℃培养 24h，菌落不规则，不透明、灰白色、扁平、边缘不整齐、直径多在 3mm×5mm，沿划线生长尖端状 (图 47-5)；在含有 7% 家兔血液琼脂培养基上，菌落与在普通营养琼脂培养基上相同，β 型溶血 (图 47-6)。在普通营养肉汤中呈均匀混浊状生长，常形成带皱的不透明菌膜；也有时培养液呈均等或颗粒状混浊，无菌膜。在厌氧条件下不能生长，在 30 ～ 40℃生长良好 (有的菌株能在 10℃ 及 50℃ 生长)。

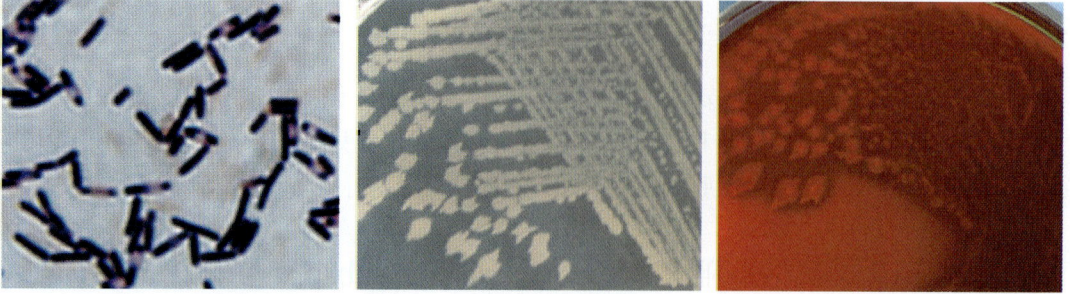

图 47-4 枯草芽孢杆菌形态　　图 47-5 枯草芽孢杆菌菌落 (NA)　　图 47-6 枯草芽孢杆菌菌落 (BNA)

枯草芽孢杆菌在马铃薯或含有葡萄糖的琼脂培养基，产生黄色、橙色、粉红色、红色到棕色、黑色等不同色素；产生棕色或黑色色素的菌株是通常在以前被称为的枯草芽孢杆菌深黑亚种 (*Bacillus subtilis* subsp. *aterrimus*)，在有酪氨酸 (tyrosine) 的培养基产生棕黑色色素 (brownish-black pigment)，以及通常在以前被称为的枯草芽孢杆菌黑色亚种 (*Bacillus subtilis* subsp. *niger*)。此两个亚种分别曾是从枯草芽孢杆菌、深褐芽孢杆菌分出的。适宜生长在 28 ～ 30℃，在 5 ～ 20℃、45 ～ 55℃ 能够生长；在 pH 5.5 ～ 8.5 能够生长。在含有葡萄糖或少量硝酸盐的复合培养基 (complex media) 可厌氧生长，可在基本培养基 (minimal medium) 利用葡萄糖和铵盐 (ammonium salt) 作为碳源和氮源，在含有 7% NaCl 的培养基可生长、一些菌株可在含有 10% NaCl 培养基生长。

3.1.2　生化特性

枯草芽孢杆菌的接触酶阳性、氧化酶不定，伏 - 波试验阳性，甲基红试验 (methyl red test，MR) 阴性，还原硝酸盐，还原亚甲蓝，吲哚和 H_2S 试验均阴性。水解酪蛋白、七叶苷、明胶、淀粉，不能水解苯丙氨酸、尿素，分解植物组织果胶 (pectin)、多糖 (polysaccharides)，从蔗糖可产生右旋糖酐 (dextran)、果聚糖 (levan)，一些菌株可利用柠檬酸盐作为碳源；从葡萄糖、麦芽糖、甘露醇、蔗糖、果糖、木糖、阿拉伯糖、甘露糖、半乳糖、水杨苷、糊精及甘油等多种碳水化合物 (carbohydrates) 产酸 (不产气)，对鼠李糖和菊糖的分解在菌株间有差异。与深褐芽孢杆菌、莫哈维芽孢杆菌、死谷芽孢杆菌的鉴别，是深褐芽孢杆菌在酪氨酸琼脂 (tyrosine agar) 培养基产生棕黑色色素。

枯草芽孢杆菌枯草亚种同种的描述，从常规表观性状难以与莫哈维芽孢杆菌、枯草芽孢杆菌斯氏亚种、死谷芽孢杆菌相鉴别。Gibson(1944)、Smith 等 (1946) 报告深黑芽孢杆菌 (*Bacillus aterrimus*)、肠膜芽孢杆菌 (*Bacillus mesentericus*)、纳豆芽孢杆菌 (*Bacillus natto*)、黑芽孢杆菌 (*Bacillus niger*)、产黑芽孢杆菌 (*Bacillus nigrificans*)、面包芽孢杆菌 (*Bacillus panis*)，是现在枯草芽孢杆菌的同物异名 (synonyms)；纳豆芽孢杆菌的名称是指与纳豆 (natto) 相关的，纳豆是在日本一种用纳豆芽孢杆菌发酵的黄豆食物；以前的枯草芽孢杆菌解淀粉亚种 (*Bacillus amyloliquefaciens* subsp. *amyloliquefaciens*) 菌株，是现在的解淀粉芽孢杆菌。

3.1.3　生境与抗性

枯草芽孢杆菌广泛存在于尘埃、土壤、干草、水、空气、奶及动物体表、植物、环境。

芽孢具有强抵抗力，经煮沸 2h 或 120℃ 处理 15min 才能被杀灭，在干燥状态下可存活数年，常用的消毒剂需长时间作用才能将其杀灭 [7,31]。

吉林大学第一医院的姜赛琳等 (2007) 报告在 2006 年 8 月，对该医院呼吸科、心内科、消化科、妇产科、胸外科、器官移植中心共 6 个科室 (中心) 的 27 名护理人员，在进行静脉输液操作过程中其手部携带病原菌检验，结果检出 12 种 (类)53 株，在不同科室 (中心) 均有检出。在 53 株病原菌中，包括真菌 9 株 (构成比 16.98%)、细菌 44 株 (构成比 83.02%)。在 44 株细菌中，枯草芽孢杆菌 3 株 (构成比 6.82%)[32]。

中国人民解放军广州军区武汉总医院的马珊等 (2009) 报告，为了解医院气管切开盘内盐水罐的细菌污染情况，采集在使用中的无菌盐水罐样品 71 份进行检验，其中合格的 45 份 (合格率 63.38%)。从 71 份无菌盐水罐内的盐水溶液中分离出细菌 56 株，其中枯草芽孢杆菌 11 株 (构成比 19.64%)。认为在气管切开盘中的无菌盐水罐易被污染，其罐内溶液是导致医院感染的危险因素，应对盘内各物品在每天进行灭菌 [33]。

中国人民解放军济南军区综合训练基地门诊部的姜建萍等 (2013) 报告，听诊器是医院医护人员使用最广、频次最高的医疗器械之一。每位住院、就诊的患者均可接触听诊器，听诊头膜部直接与患者皮肤接触，带菌量较大，种类也较繁杂，如不重视易造成交叉感染和医源性院内感染。为了解听诊器的污染情况，对该医院内部分科室听诊器头膜进行了微生物检测，并探讨了有效的消毒方法。随机采集该医院医护人员使用过的听诊器 60 具，先在消毒前进行微生物检测；再随机均分为 2 组，分别用 75% 乙醇溶液、0.5% 的 84 消毒液消毒后，进行微生物检测。结果 60 具听诊器头膜，在消毒前有细菌污染的 52 具 (污染率为 86.67%)；消毒后有细菌污染的 8 具 (污染率 13.33%)。两种消毒液消毒后，其菌落数均达标。从听诊器头膜上分离出条件致病菌共 6 种 (类)，其中包括枯草芽孢杆菌在消毒前的 9 具 (污染率 15.00%)、消毒后的未检出。报告者根据检验结果，认为被测听诊器的微生物污染较严重，用 75% 乙醇溶液或用 0.5% 的 84 消毒液消毒听诊器，是简便、快捷、行之有效的方法 [34]。

3.2　病原学意义

近些年来，已有枯草芽孢杆菌作为病原菌检出的报告。对枯草芽孢杆菌的病原学意义，还缺乏比较系统的认识。

3.2.1　人的枯草芽孢杆菌感染病

在通常情况下，枯草芽孢杆菌属于非致病性的。在免疫功能极度低下的患者中可引起菌血症，有的菌株还可引起结膜炎、虹膜炎及全眼球炎 [35]。

另外，枯草芽孢杆菌作为食物中毒的病原菌，在我国也有个别事件的报告。例如，上海市卫生防疫站 (1972)，记述了两起由枯草芽孢杆菌引起的食物中毒事件。①某面包厂生产的面包，放置 2 天后内部发黏，剥开后有黏丝和烂黄金瓜气味，食用后发生中毒。②某托儿所将放置了 1 天的剩饭掺入粥内烧，吃粥的大部分儿童发生了中毒；发病最快的在粥未吃完就感到不适，接着出现恶心、呕吐等中毒症状；因剩饭无明显的发馊现象，未被引起足够的重视，误认为在上午发生的中毒现象是剩饭未烧透所致，又将另一部分剩饭经充分蒸透后给另一些儿童当晚饭，结果又引起了中毒[36]。再者是云南大学微生物研究所的张崇声等 (1985) 报告在 1982 年，湖南省怀化地区发现由枯草芽孢杆菌污染甜白酒引起的食物中毒，患者表现呕吐和腹泻[37]。

在医院感染方面，在前面有记述的浙江宁波市第一医院赵姬卿等 (2014) 报告，从患者手术切口部位分离到的 4 种 (类) 42 株革兰氏阳性菌，其中包括枯草芽孢杆菌 5 株 (构成比 11.36%)[6]。

3.2.2　动物的枯草芽孢杆菌感染病

枯草芽孢杆菌在动物的感染病，还主要是在水生动物，也是很少见的。Pychynski 等 (1982) 的报告，此菌与普通鲤鱼鳃坏死病有关[28]。在我国，广西大学的李庆乐等 (1998) 报告，对鳖甲溃疡和穿孔病具有典型病症和濒死病鳖 (取自广西水产研究所养鳖场) 进行病原学检验，结果提出了勒氏假单胞菌 (*Pseudomonas lemoignei*)、一种产碱菌 (*Alcaligenes* sp.)、枯草芽孢杆菌 3 种病原菌，并认为此 3 种病原菌协同作用造成鳖甲溃疡和穿孔病[38]。

本书作者注：文中记述的勒氏假单胞菌，即现在分类于寡食单胞菌属 (*Paucimonas* Jendrossek 2001) 的勒氏寡食单胞菌 (*Paucimonas lemoignei*)。

3.3　微生物学检验

对枯草芽孢杆菌的微生物学检验，主要依赖于对细菌分离、鉴定的细菌性检验；由于枯草芽孢杆菌在自然环境中的广泛存在，加之其缺乏明确的致病作用，要确定分离菌株的病原学意义，还须进行综合判定。

（陈翠珍）

参 考 文 献

[1] 贾辅忠 , 李兰娟 . 感染病学 . 南京 : 江苏科学技术出版社 , 2010: 476~479.

[2] 李梦东 . 实用传染病学 . 2 版 . 北京 : 人民卫生出版社 , 1998: 489~491.

[3] 房海 , 陈翠珍 . 中国食物中毒细菌 . 北京 : 科学出版社 , 2014: 527~554.

[4] 蔡宝祥 . 家畜传染病学 . 4 版 . 中国农业出版社 , 2001: 114~117.

[5] 王洪斌 , 何代平 , 蒋红梅 , 等 . 高原地区医院感染的细菌学研究 . 西南军医 , 2005, 7(2):1~2.

[6] 赵姬卿 , 陈群英 , 严海霞 . 手术患者医院感染病原菌分布及危险因素分析 . 中华医院感染学杂志 , 2014, 24(11):2752~2753, 2756.

[7] Aidan C P. Bergey's Manual of Systematic Bacteriology. Second Edition. Volume Three. Springer, New York, 2009: 21~128, 305~316.

[8] 蒋原 . 食源性病原微生物检测指南 . 北京 : 中国标准出版社 , 2010: 304~317.

[9] 孟昭赫 . 食品卫生检验方法注解微生物学部分 . 北京 : 人民卫生出版社 , 1990: 272~288, 408~411.

[10] 闻玉梅 . 现代医学微生物学 . 上海 : 上海医科大学出版社 , 1999: 448~452.

[11] 杨正时 , 房海 . 人及动物病原细菌学 . 石家庄 : 河北科学技术出版社 , 2003: 926~931.

[12] 韦启伶 , 张志良 . 常见食物中毒及预防 . 成都 : 四川科学技术出版社 , 1988: 14~17.

[13] 吴光先 , 封幼玲 , 濮存顺 , 等 . 我国若干地区 110 株蜡样芽胞杆菌食物中毒菌株生化、血清和噬菌体型别的分析 . 中国公共卫生 , 1986, 5(5):21~22, 20.

[14] 孙械华 , 庄子彬 , 李军 . 一起卵磷脂酶丙迟缓阳性蜡状芽胞杆菌食物中毒的实验报告 . 中国卫生检验杂志 , 1993, 3(1):10~12.

[15] 扈庆华 , 石晓路 , 庚蕾 , 等 . 蜡样芽胞杆菌 DNA 分子分型研究 . 中华微生物学和免疫学杂志 , 2003, 23(11):840~843.

[16] 林一曼 , 石晓路 , 邱亚群 , 等 . 蜡样芽胞杆菌食物中毒分离株分子分型分析 . 中国公共卫生 , 2011, 27(8):998~999.

[17] 任金法 . 蜡样芽胞杆菌食物中毒 . 中国食品卫生杂志 , 1992, 4(4):35~38.

[18] 李鹏 , 徐廷富 . 一起蜡样芽胞杆菌引起食物中毒的病原学分析 . 现代医药卫生 , 2009, 25(14):2229.

[19] 周帼萍 , 梁天光 , 丁淑娟 . 1986~2007 年中国 299 起蜡样芽胞杆菌食物中毒案例分析 . 中国食品卫生杂志 , 2009, 21(5):450~454.

[20] 傅爱玲 , 李希华 . 蜡样芽胞杆菌致咽部感染实验研究 . 实用医技杂志 , 2002, 9(1):21~22.

[21] 吴信法 . 兽医细菌学 . 北京 : 中国农业出版社 , 1996, 211~214.

[22] 周月珍 , 李翠音 , 项恩鸿 , 等 . 米粉污染蜡样芽胞杆菌引起食物中毒调查报告 . 广西医学 , 1983, 5(3):144~145.

[23] 魏建功 , 王梅岩 , 马进忠 , 等 . 猪蜡状芽胞杆菌中毒的诊断 . 中国畜禽传染病 , 1990, (5)30~31.

[24] 吉辉 , 肖德文 , 袁修利 . 一起食物中毒的调查报告 . 安徽预防医学杂志 , 1995, (1):121~122.

[25] 赵振宇 , 戴荣四 , 刘东友 , 等 . 一株猪源致病性蜡样芽胞杆菌的分离与鉴定 . 湖南农业大学学报 (自然科学版), 2014, 40(3): 311~315.

[26] 魏建功 , 王梅岩 , 蔡妙英 , 等 . 蜡状芽胞杆菌对骆驼致病性的研究 . 中国兽医杂志 , 1990, 16(4): 10~12.

[27] 阎新华 , 严忠诚 , 栾凤英 . 梅花鹿蜡状芽胞杆菌的分离鉴定 . 中国兽医杂志 , 1993, 19(6): 10~11.

[28] Austin B, Austin D A. Bacterial Fish Pathogens:Disease of Farmed and Wild Fish. Third(Revised) Edition. Praxis Publishing Ltd, Chichester, UK. 1999: 15~16.

[29] 贾力敏 , 蒋兆英 , 陈晓蔚 , 等 . 蜡样芽胞杆菌溶血性肠毒素的提取及生物学活性分析 . 中国人兽共患病杂志 , 1999, 15(5):43~45.

[30] 李仲兴 , 郑家齐 , 李家宏 . 临床细菌学 . 北京 : 人民卫生出版社 , 1986: 141~144.

[31] 杨本升 , 刘玉斌 , 苟仕金 , 等 . 动物微生物学 . 长春 : 吉林科学技术出版社 , 1995: 606~617.

[32] 姜赛琳 , 詹亚梅 , 吴景芳 . 综合医院护理人员手部病原菌调查分析 . 中华医院感染学杂志 , 2007, 17(11):1385~1386.

[33] 马珊 , 张瞿璐 . 医院气管切开盘细菌学调查 . 中国消毒学杂志 , 2009, 26(4):456~457.

[34] 姜建萍 , 姜丽 , 高素珍 , 等 . 听诊器微生物监测与消毒的临床观察 . 临床合理用药 , 2013, 6(7):106~107.

[35] 陆德源 . 医学微生物学 . 4 版 . 北京 : 人民卫生出版社 , 2000: 153~156.

[36] 上海市卫生防疫站 . 食物中毒的防治 . 上海 : 上海人民出版社 , 1972, 48~50.

[37] 张崇声 , 黄亚连 . 甜白酒食物中毒细菌性病原菌株的分离鉴定 . 云南大学学报 (自然科学版), 1985(1):5~6.

[38] 李庆乐 , 施军 , 何为 . 鳖甲溃疡和穿孔病的病原及其防治 . 湛江海洋大学学报 , 1998, 18(2):10~14.

第48章 棒杆菌属 (*Corynebacterium*)

棒杆菌属 (*Corynebacterium* Lehmann and Neumann 1896 emend. Bernard, Wiebe, Burdz et al 2010) 的白喉棒杆菌 (*Corynebacterium diphtheriae*) 也简称为白喉杆菌，是人白喉 (diphtheria) 的病原菌。另外还有约 - 凯二氏棒杆菌 (*Corynebacterium jeikeium*)、极小棒杆菌 (*Corynebacterium minutissimum*)、假白喉棒杆菌 (*Corynebacterium pseudodiphtheriticum*)、假结核棒杆菌 (*Corynebacterium pseudotuberculosis*)、纹带棒杆菌 (*Corynebacterium striatum*)、溃疡棒杆菌 (*Corynebacterium ulcerans*)、解脲棒杆菌 (*Corynebacterium urealyticum*)、干瘪棒杆菌 (*Corynebacterium xerosis*) 等多种棒杆菌，也均具有医学临床意义，能引起多种不同类型的感染病 (infectious diseases)[1, 2]。

除了白喉棒杆菌外的其他棒杆菌，常常是习惯上被统一称为类白喉棒杆菌 (*Corynebacterium pseudodiphtheriae*，*Corynebacterium diphtheroides*，diphtheroid bacilli)。在一些文献中，常有以类白喉棒杆菌名义记述的。

在医院感染 (hospital infection，HI) 的棒杆菌属细菌中，在我国已有明确记述和报告的涉及约 - 凯二氏棒杆菌、极小棒杆菌、假白喉棒杆菌、水生棒杆菌 (*Corynebacterium aquaticum*)4 个种 (species)，但还都是相对比较少见的。另外有不少报告，是以棒杆菌属细菌或类白喉棒杆菌的名义 (未明确到种) 记述的。

● 中国人民解放军第二一一医院的赵晓红 (2004) 报告，该医院在 2002 年 1 月至 10

月间发生医院感染的老年人患者 394 例，对其中 70 岁以上的 186 例进行病原学检验。结果在 114 例 (构成比 61.29%) 中检出相应病原菌，分别为属于真菌 (fungi) 的白色念珠菌 (*Candida albican*) 感染的 46 例 (构成比 40.35%)、金黄色葡萄球菌 (*Staphylococcus aureus*) 感染的 14 例 (构成比 12.28%)、鲍氏不动杆菌 (*Acinetobacter baumannii*) 感染的 8 例 (构成比 7.02%)、铜绿假单胞菌 (*Pseudomonas aeruginosa*) 感染的 4 例 (构成比 3.51%)、棒杆菌属细菌感染的 4 例 (构成比 3.51%)、克雷伯氏菌属 (*Klebsiella* Trevisan 1885 emend. Drancourt et al 2001) 细菌感染的 2 例 (构成比 1.75%)、混合感染的 36 例 (构成比 31.58%)，棒杆菌属细菌在非混合感染病例中居并列第 4 位 [3]。

● 在第 44 章 "葡萄球菌属" (*Staphylococcus*) 中有记述，浙江省永康市第一人民医院的黄金莲等 (2005) 报告，回顾性总结在 4 年 (2000 年 1 月至 2003 年 12 月) 间，从该医院住院患者发生医院感染病例不同标本材料中分离的病原菌 1560 株，其中细菌 1292 株 (构成比 82.82%)、真菌 268 株 (构成比 17.18%)。在 1292 株细菌中排在前 8 位的 8 种主要病原菌共 948 株 (构成比 73.37%)，其中革兰氏阴性菌 5 种 650 株 (构成比 68.57%)、革兰氏阳性菌 3 种 298 株 (构成比 31.43%)。在 8 种主要病原菌 948 株中，包括类白喉棒杆菌 94 株 (构成比 9.92%) 居第 6 位 [4]。

● 在第 29 章 "气单胞菌属" (*Aeromonas*) 中有记述，中国人民解放军第九八医院的刘桂玲等 (2010) 报告，回顾性总结在 3 年 (2005 年 1 月至 2007 年 12 月) 间，从该医院各科室送检发生医院感染病例 1417 例 (感染例次 1596 次) 不同标本材料中，分离的病原菌 1186 株，其中革兰氏阴性菌 10 种 639 株 (构成比 53.88%)、革兰氏阳性菌 7 种 360 株 (构成比 30.35%)、念珠菌属 (*Candida* Berkhout 1923) 真菌 2 种 67 株 (构成比 5.65%)、其他病原真菌 120 株 (构成比 10.12%)。在革兰氏阴性菌 10 种 639 株、革兰氏阳性菌 7 种 360 株共 17 种 999 株中，包括极小棒杆菌 100 株 (构成比 10.01%) 居第 4 位 [5]。

1 菌属定义与分类位置

棒杆菌属也称为棒状杆菌属，是棒杆菌科 (Corynebacteriaceae Lehmann and Neumann 1907 emend. Stackebrandt，Rainey and Ward-Rainey 1997 emend. Zhi，Li and Stackebrandt 2009) 细菌的成员。菌属 (genus) 名称 "*Corynebacterium*" 为现代拉丁语中性名词，指棒杆菌 (a club bacterium)[6]。

1.1 菌属定义

棒杆菌属细菌为直的或稍弯曲、具有尖端的纤细杆菌，有时具有棒状 (club-shaped) 末端，有时可少见椭圆形、卵圆形的，特殊的分裂可产生角度或栅栏状 (palisades) 排列，大小为 (0.3 ~ 0.8)μm×(1.5 ~ 8.0)μm，其中的马氏棒杆菌 (*Corynebacterium matruchotii*) 具有鞭杆 (whip handles) 形的；菌体常单个或成双排列，或呈 V 字形，或几个平行细胞呈栅状排列。革兰氏染色阳性，有些细菌染色不均匀 (呈串珠状)。一些种的菌细胞内能形成多聚磷酸盐 (polyphosphate) 异染颗粒 (metachromatic granules)，无动力，不形成芽孢，不抗酸。

棒杆菌属中多数的种兼性厌氧、有一些为需氧菌。通常需要富营养培养基（如血清或血液培养基），菌落常隆起且半透明，表面无光泽。有机化能营养，发酵代谢，大多数的种能分解葡萄糖和其他碳水化合物产酸不产气。发酵的代谢产物含有少量的乙酸 (acetic acids)、琥珀酸 (succinic acids)、乳酸 (lactic acids)，产生丙酸 (propionic acid) 是具有种的特征。一些种具有亲脂性 (lipophilic)，过氧化氢酶 (catalase) 阳性，除了牛棒杆菌 (*Corynebacterium bovis*)、金色黏液棒杆菌 (*Corynebacterium aurimucosum*)、斗山棒杆菌 (*Corynebacterium doosanense*)、海洋棒杆菌 (*Corynebacterium maris*) 外的氧化酶 (oxidase) 阴性，常能还原硝酸盐和亚碲酸盐。多数的种在蛋白胨培养基 (peptone media) 中能够从葡萄糖及一些其他糖类产酸，有的种能以柠檬酸盐为碳源使其碱化 (alkalinize)；很少酸化乳糖、棉子糖，很少液化明胶。

细胞壁肽聚糖 (peptidoglycan) 含有 *meso*- 二氨基庚二酸 (*meso*-diaminopimelic acid, *meso*-DAP)，细胞壁的典型聚糖 (glycan type) 含有乙酰残基 (acetyl residues)，主要的细胞壁糖类为阿拉伯糖 (arabinose) 和半乳糖 (galactose)、也是通常所指的阿拉伯半乳聚糖 (arabinogalactan)；存在 2236 个短链分枝菌酸 (mycolic acids)，长链细胞脂肪酸 (cellular fatty acids) 是饱和及不饱和的直链 (straight-chain) 型；甲基萘醌类 (menaquinones) 是主要的呼吸醌，主要成分是具有 8 个 [MK-8(H$_2$)] 和（或）9 个 [MK-9(H$_2$)] 异戊二烯 (isoprene) 单位的二氢甲基萘醌；另外，在浅蓝灰棒杆菌 (*Corynebacterium glaucum*)、冷却剂棒杆菌 (*Corynebacterium lubricantis*) 可检测到 MK-7(H$_2$)，在梢氏棒杆菌 (*Corynebacterium thomssenii*) 可检测到少量的 MK-10(H$_2$)；磷脂类 (phospholipids) 包括单一的磷脂酰肌醇 (phosphatidylinositol)、磷脂酰肌醇二甘露糖苷 (phosphatidylinositol dimannoside)、磷脂酰甘油 (phosphatidylglycerol)、海藻糖霉菌酸酯 (trehalose dimycolates)，以及其他不同的糖酯类 (glycolipids)。

棒杆菌属细菌是哺乳动物黏膜及皮肤的主要专性寄生菌，但偶尔在其他来源也可被发现，一些种对哺乳动物具有病原性。

棒杆菌属细菌 DNA 的 G+C mol% 为 46 ~ 74；模式种 (type species)：白喉棒杆菌 [*Corynebacterium diphtheriae*(Kruse 1886)Lehmann and Neumann 1896][6]。

1.2　分类位置

按伯杰氏 (Bergey) 细菌分类系统，在第二版《伯杰氏系统细菌学手册》(*Bergey's Manual of Systematic Bacteriology*) 第 5 卷 (2012) 中，棒杆菌属分类于棒杆菌科。

棒杆菌科共包括两个菌属，分别为：棒杆菌属、苏黎士胞菌属 (*Turicella* Funke, Stubbs, Altwegg, Carlotti and Collins 1994)。

棒杆菌科细菌 DNA 的 G+C mol% 为 46 ~ 74；模式属 (type genus)：棒杆菌属。

棒杆菌属内共记载了 84 个种、2 个亚种 (subspecies)。

84 个种，依次为：白喉棒杆菌、拥挤棒杆菌 (*Corynebacterium accolens*)、非发酵棒杆菌 (*Corynebacterium afermentans*)、产氨棒杆菌 (*Corynebacterium ammoniagenes*)、无枝菌

酸棒杆菌 (*Corynebacterium amycolatum*)、阑尾炎棒杆菌 (*Corynebacterium appendicis*)、鹰棒杆菌 (*Corynebacterium aquilae*)、斯特拉斯堡棒杆菌 (*Corynebacterium argentoratense*)、非典型棒杆菌 (*Corynebacterium atypicum*)、金色黏液棒杆菌、耳棒杆菌 (*Corynebacterium auris*)、狗耳棒杆菌 (*Corynebacterium auriscanis*)、牛棒杆菌、石南棒杆菌 (*Corynebacterium callunae*)、勘坡瑞欧棒杆菌 (*Corynebacterium camporealensis*)、狗棒杆菌 (*Corynebacterium canis*)、羊头棒杆菌 (*Corynebacterium capitovis*)、干酪棒杆菌 (*Corynebacterium casei*)、黑海棒杆菌 (*Corynebacterium caspium*)、黑鹳棒杆菌 (*Corynebacterium ciconiae*)、混淆棒杆菌 (*Corynebacterium confusum*)、犒氏棒杆菌 (*Corynebacterium coyleae*)、膀胱炎棒杆菌 (*Corynebacterium cystitidis*)、斗山棒杆菌、坚硬棒杆菌 (*Corynebacterium durum*)、有效棒杆菌 (*Corynebacterium efficiens*)、斐氏棒杆菌 (*Corynebacterium falsenii*)、猫棒杆菌 (*Corynebacterium felinum*)、微黄棒杆菌 (*Corynebacterium flavescens*)、弗赖堡棒杆菌 (*Corynebacterium freiburgense*)、弗氏棒杆菌 (*Corynebacterium freneyi*)、浅蓝灰棒杆菌 (*Corynebacterium glaucum*)、解谷氨酸棒杆菌 (*Corynebacterium glucuronolyticum*)、谷氨酸棒杆菌 (*Corynebacterium glutamicum*)、耐盐棒杆菌 (*Corynebacterium halotolerans*)、汉森氏棒杆菌 (*Corynebacterium hansenii*)、模拟棒杆菌 (*Corynebacterium imitans*)、约-凯二氏棒杆菌、克氏棒杆菌 (*Corynebacterium kroppenstedtii*)、库氏棒杆菌 (*Corynebacterium kutscheri*)、喜脂黄色棒杆菌 (*Corynebacterium lipophiloflavum*)、冷却剂棒杆菌、麦氏棒杆菌 (*Corynebacterium macginleyi*)、海棒杆菌 (*Corynebacterium marinum*)、海洋棒杆菌、马赛棒杆菌 (*Corynebacterium massiliense*)、乳腺炎棒杆菌 (*Corynebacterium mastitidis*)、马氏棒杆菌、极小棒杆菌、产黏棒杆菌 (*Corynebacterium mucifaciens*)、鼬棒杆菌 (*Corynebacterium mustelae*)、蕈状棒杆菌 (*Corynebacterium mycetoides*)、海豹棒杆菌 (*Corynebacterium phocae*)、皮尔巴拉棒杆菌 (*Corynebacterium pilbarense*)、多毛棒杆菌 (*Corynebacterium pilosum*)、接近棒杆菌 (*Corynebacterium propinquum*)、假白喉棒杆菌、假结核棒杆菌、产丙酮酸棒杆菌 (*Corynebacterium pyruviciproducens*)、牛肾盂炎棒杆菌 (*Corynebacterium renale*)、抗逆棒杆菌 (*Corynebacterium resistens*)、芮氏棒杆菌 (*Corynebacterium riegelii*)、模仿棒杆菌 (*Corynebacterium simulans*)、单一棒杆菌 (*Corynebacterium singulare*)、企鹅源棒杆菌 (*Corynebacterium sphenisci*)、企鹅棒杆菌 (*Corynebacterium spheniscorum*)、痰液棒杆菌 (*Corynebacterium sputi*)、停滞棒杆菌 (*Corynebacterium stationis*)、纹带棒杆菌、猪心棒杆菌 (*Corynebacterium suicordis*)、松兹瓦尔棒杆菌 (*Corynebacterium sundsvallense*)、解萜烯棒杆菌 (*Corynebacterium terpenotabidum*)、龟口腔棒杆菌 (*Corynebacterium testudinoris*)、梢氏棒杆菌、蒂莫棒杆菌 (*Corynebacterium timonense*)、解结核硬脂酸棒杆菌 (*Corynebacterium tuberculostearicum*)、托斯卡纳棒杆菌 (*Corynebacterium tuscaniense*)、溃疡棒杆菌、牛溃疡棒杆菌 (*Corynebacterium ulceribovis*)、解脲棒杆菌、快速食脲棒杆菌 (*Corynebacterium ureicelerivorans*)、变异棒杆菌 (*Corynebacterium variabile*)、居瘤胃棒杆菌 (*Corynebacterium vitaeruminis*)、干瘪棒杆菌。

　　2 个亚种，分别为：非发酵棒杆菌非发酵亚种 (*Corynebacterium afermentans* subsp. *afermentans*)、非发酵棒杆菌嗜脂亚种 (*Corynebacterium afermentans* subsp. *lipophilum*)[6]。

2 假白喉棒杆菌 (*Corynebacterium pseudodiphtheriticum*)

假白喉棒杆菌 [*Corynebacterium pseudodiphtheriticum*(Lehmann and Neumann 1896) Bergey et al 1925] 也称为假白喉棒状杆菌，曾在当时被称为假白喉杆菌 (*Bacillus pseudodiphtheriticus* Lehmann and Neumann 1896)、假白喉杆菌 (*Bacterium pseudodiphtheriticum* Lehmann and Neumann 1896)，以及后来的假白喉分枝杆菌 [*Mycobacterium pseudodiphthericum*(Lehmann and Neumann 1896)Chester 1901]，另外是也被称为霍夫曼氏棒杆菌 (*Corynebacterium hofmannii* Holland 1920)，这些名称均可视为同物异名 (synonyms)。菌种名称"*pseudodiphtheriticum*"为新拉丁语中性形容词，指与白喉有关的 (relating to false diphtheria)。

细菌 DNA 的 G+C mol% 为 54.9 ~ 56.8(T_m)；模式株 (type strain)：ATCC 10700，CCUG 27539，CIP 103420，DSM 44287，JCM 11665，NBRC 15362，NCTC 11136。GenBank 登录号 (16S rRNA)：AJ439343，X81918，X84258[6]。

2.1 生物学性状

在棒杆菌属细菌中，对假白喉棒杆菌一些主要生物学性状的认识还相对不是很全面，也还有待于进行比较系统的检定明确。

2.1.1 理化特性

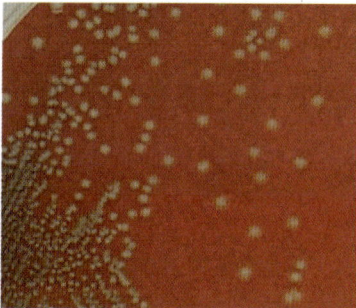

图 48-1　假白喉棒杆菌菌落
资料来源：周庭银，赵虎. 临床微生物
学诊断与图解 .2001

假白喉棒杆菌为 (0.3 ~ 0.5) μm × (0.5 ~ 2.0) μm 的革兰氏阳性短杆菌，可见棒状的，染色除横过中间不着色的横隔外呈均匀着色，没有或很少有异染颗粒，菌体常常是与长轴平行成排的排列。在培养基生长良好，在血液营养琼脂培养基上的生长物为白色到乳脂色，菌落光滑 (smooth，S)、规则、质地呈奶油状、不溶血 (图 48-1)。其兼性厌氧，不能从所试验过的任何碳水化合物产酸，最为适宜的生长温度为 37℃。可寄居于人的鼻咽部黏膜，分离于人的多种临床样品，不能产生毒素。

假白喉棒杆菌的氧化 - 发酵试验为氧化型，不具有嗜脂性，还原硝酸盐，不能水解七叶苷，吡嗪酰胺酶 (pyrazinamidase) 阳性，不能产生磷酸酶 (phosphatase)，不能利用葡萄糖、麦芽糖、蔗糖、甘露醇、木糖等多种碳水化合物。能够利用多种酰胺类 (amides)、酯类 (esters)、氨基酸类 (amino acids)，以及其他的有机化合物，水解马尿酸盐 (hippurate)、尿素。细胞壁的糖类为阿拉伯糖、半乳糖、葡萄糖，含有 *meso*- 二氨基庚二酸。细胞脂肪酸同菌属中的描述，代谢产物不能产生丙酸 [6, 7]。

2.1.2 生境

除了白喉棒杆菌外的其他棒杆菌，在动物、植物体的分布比较广泛，也可定殖于人的皮肤、上呼吸道和泌尿生殖道黏膜，多数可作为机会病原菌 (opportunistic pathogen) 或称为条件病原菌[1]。在医护人员、医疗器械也有存在。以下记述的一些报告，是有一定代表性的。

吉林大学第一医院的姜赛琳等 (2007) 报告在 2006 年 8 月，对该医院呼吸科、心内科、消化科、妇产科、胸外科、器官移植中心共 6 个科室 (中心) 的 27 名护理人员，在进行静脉输液操作过程中其手部携带病原菌检验，结果检出 12 种 (类)53 株，在不同科室 (中心) 均有检出。在 12 种 (类)53 株病原菌中，包括棒杆菌属细菌 7 株 (构成比 13.21%) 居第 3 位[8]。

中国人民解放军济南军区综合训练基地门诊部的姜建萍等 (2013) 报告，听诊器是医院医护人员使用最广、频次最高的医疗器械之一。每位住院、就诊的患者均可接触听诊器，听诊头膜部直接与患者皮肤接触，带菌量较大，种类也较繁杂，如不重视易造成交叉感染和医源性院内感染。为了解听诊器的污染情况，对该医院内部分科室听诊器头膜进行了微生物检测，并探讨了有效的消毒方法。随机采集该医院医护人员使用过的听诊器 60 具，先在消毒前进行微生物检测；再随机均分为 2 组，分别用 75% 乙醇溶液、0.5% 的 84 消毒液消毒后，进行微生物检测。结果 60 具听诊器头膜，在消毒前有细菌污染的 52 具 (污染率为 86.67%)；消毒后有细菌污染的 8 具 (污染率为 13.33%)。两种消毒液消毒后，其菌落数均达标。从听诊器头膜上分离出条件致病菌共 6 种 (类)，其中包括类白喉棒杆菌，分别为在消毒前的 6 具 (污染率 10.00%)、消毒后的未检出。报告者根据检验结果，认为被测听诊器的微生物污染较严重，用 75% 乙醇溶液或用 0.5% 的 84 消毒液消毒听诊器，是简便、快捷、行之有效的方法[9]。

2.2　病原学意义

假白喉棒杆菌可在一定条件下引起人的心内膜炎，呼吸系统感染 (气管炎、支气管炎、支气管肺炎、肺脓肿等)，尿道感染 (urinary tract infection，UTI)，其他炎性感染 (化脓性淋巴结炎、关节炎、脊柱炎等) 等多种类型的感染病[1]。

作为引起医院感染的病原菌，比较多的报告是以类白喉棒杆菌 (未明确菌种) 的名义记述的，以某种棒杆菌记述的相对较少。江苏省溧阳市中医院的郑亚萍 (2008) 报告在 2007 年 1 月，该医院妇科病房 2 例患者在同时接受手术前灌肠操作后，于手术后第一天相继出现感染性腹泻症状，其发病时间、症状、过程极其相似，从 2 例患者的直肠假膜和灌肠液均分离到假白喉棒杆菌。事发后进一步调查，灌肠使用了蒸馏水，并即刻对蒸馏水检验，发现其细菌数量严重超标，并检出了假白喉棒杆菌，被证实为灌肠液 (蒸馏水) 受到假白喉棒杆菌污染引起的医院内感染急性侵袭性肠炎[10]。

2.3　微生物学检验

对假白喉棒杆菌的微生物学检验，目前还主要是依赖于对细菌进行分离鉴定的细菌学检验。检验项目除了形态特征外，主要包括硝酸盐还原试验、产生尿素酶、碳水化合物分解试验等生化指标[7]。

在对棒杆菌属细菌的鉴定中，需要注意与其比较相近的革兰氏阳性菌相鉴别。主要包括红球菌属 (*Rhodococcus* Zopf 1891 emend. Goodfellow, Alderson and Chun 1998)、诺卡氏菌属 (*Nocardia* Trevisan 1889)、分枝杆菌属 (*Mycobacterium* Lehmann and Neumann 1896) 细菌。它们均为革兰氏阳性菌，主要鉴别特征记述在了第 43 章 "红球菌属" (*Rhodococcus*) 表 43-1(红球菌属与相似菌属间的鉴别特性)[7]。

3 其他致医院感染棒杆菌 (*Corynebacterium* spp.)

作为医院感染的病原棒杆菌，也有检出约 - 凯二氏棒杆菌、极小棒杆菌、水生棒杆菌的报告，但还都是很少见的。

3.1 约 - 凯二氏棒杆菌 (*Corynebacterium jeikeium*)

约 - 凯 二 氏 棒 杆 菌 (*Corynebacterium jeikeium* Jackman, Pitcher, Pelczynska and Borman 1988) 是根据 W.D.Johnson 和 D.Kaye 两位医师，在 1970 年首先描述了由此菌引起的感染予以分类命名的。菌种名称 "*jeikeium*" 为新拉丁语中性形容词，是根据由约翰逊 (W. D. Johnson) 和凯 (D. Kaye) 医师最早作为病原感染菌描述并被公认而命名的。

细菌 DNA 的 G+C mol% 为 58 ～ 61(T_m)；模式株：ATCC 43734，CCUG 27192，CIP 103337，DSM 7171，JCM 9384，NCTC 11913。GenBank 登录号 (16S rRNA)：X84250。GenBank 登录号 (*rpoB*)：AY492231[6]。

3.1.1 生物学性状

约 - 凯二氏棒杆菌为 (～ 0.5)μm × 2.0μm 的革兰氏阳性杆菌，具有多形性 (pleomorphic)，偶尔有棒形的，呈 V 型或栅栏状排列的。菌细胞含有异染颗粒。菌落小 (1 ～ 2mm)、边缘整齐、淡灰白色 (grayish-white)、不溶血。专性好氧生长，具有亲脂性，在 30 ～ 42℃ 生长良好，在 22℃ 生长贫瘠；能够在含有 0.03% 亚碲酸盐琼脂 (tellurite agar)、胆盐琼脂 (bile salt agar) 培养基生长。

约 - 凯二氏棒杆菌氧化 - 发酵试验为氧化型，具有嗜脂性。能够水解吐温 20(Tweens 20)、吐温 80，但不能水解吐温 40 和吐温 60；从葡萄糖、半乳糖产酸，一些菌株可从麦芽糖产酸，不能从侧金盏花醇、阿拉伯糖、纤维二糖、卫矛醇、糊精、赤藓醇、果糖、甘油、糖原、肌醇、乳糖、甘露醇、甘露糖、蜜二糖、棉籽糖、鼠李糖、水杨苷、山梨醇、蔗糖、海藻糖、木糖产酸。甲基红试验 (methyl red test, MR) 阴性，不能产生 H_2S、3- 羟基丁酮 (acetoin)、吲哚；不能水解酪氨酸、酪蛋白、明胶、尿素、七叶苷、淀粉；不能利用柠檬酸盐，不能还原硝酸盐；不能转化葡萄糖酸盐 (gluconate) 为 2- 酮葡萄糖酸盐 (2-ketogluconate)，吡嗪酰胺酶阳性，产生碱性磷酸酶；精氨酸双水解酶、赖氨酸脱羧酶、鸟氨酸脱羧酶阴性 [6, 7]。

3.1.2 病原学意义

约 - 凯二氏棒杆菌主要存在于人的体表及临床标本材料，可引起人的心内膜炎，较多的是侵犯人工瓣膜。也可在一定条件下，引起菌血症、败血症、肺炎、骨髓炎、腹膜炎、肝脓肿、皮肤感染等多种类型的感染病 [1, 6]。

作为引起医院感染的病原菌，明确以约-凯二氏棒杆菌引起感染的报告，还是不多见的。武汉亚洲心脏病医院的吴克慧等 (2007) 报告，对 2005 年度 2981 例心脏外科手术患者在手术部位发生感染情况进行监测，结果为发生了手术部位感染的 9 例 (感染率 0.30%)、10 例次 (例次感染率 0.34%)。其中的 5 例次感染发生在医院内，5 例次感染发生在患者出院后。对 10 例次中的 7 例进行了病原学检验，有 6 例 (构成比 85.71%) 检出了相应病原菌，分别为耐甲氧西林溶血葡萄球菌 (methicillin-resistant *Staphylococcus haemolyticus*，MRSH)、人葡萄球菌 (*Staphylococcus hominis*)、铅黄肠球菌 (*Enterococcus casseliflavus*)、鲍氏不动杆菌、约 - 凯二氏棒杆菌、诺卡氏菌属 (*Nocardia* Trevisan 1889) 细菌各 1 例 [11]。

3.1.3　微生物学检验

对约 - 凯二氏棒杆菌的微生物学检验，目前还主要是依赖于对细菌进行分离鉴定的细菌学检验。

3.2　极小棒杆菌 (*Corynebacterium minutissimum*)

极小棒杆菌 [*Corynebacterium minutissimum*(ex Sarkany，Taplin and Blank 1962)Collins and Jones 1983 emend. Yassin，Steiner and Ludwig 2002] 也被称为最小棒杆菌、微小棒杆菌，菌种名称 "*minutissimum*" 为拉丁语中性形容词，指很小的 (very small)。

细菌 DNA 的 G+C mol% 为 56 ～ 58(HPLC)；模式株：ATCC 23348，CCUG 541，CIP 100652，DSM 20651，JCM 9387，NBRC 15361，NCTC 10288。GenBank 登录号 (16S rRNA)：X82064，X84678，X84679[6]。

3.2.1　生物学性状

极小棒杆菌为革兰氏阳性短杆菌或稍弯曲，大小为 (0.3 ～ 0.6)μm×(1.0 ～ 2.0)μm，有呈 V 型排列，菌细胞含有异染颗粒。适宜生长在 37℃，对营养要求是严格的，但在需氧条件下，在含有组织培养基质和 20% 胎牛血清的固体培养基 (营养丰富) 上能够生长，菌落呈现类似于皮肤病灶的粉红至橙色荧光，荧光需要以 Wood 氏灯 (Wood's lamp) 在 365nm 光线照射；在血液营养琼脂培养基上生长，培养 24h 的菌落圆形、稍隆起、湿润、有光泽、直径约在 1.0mm，不溶血，特征性的荧光可能不明显 (无色素)。在加有 1.0% 吐温 80 的脑心浸液琼脂 (brain heart infusion agar，BHIA) 培养基生长，可形成珊瑚状色素沉着 (coralloid precipitin) 于琼脂中；

极小棒杆菌兼性厌氧，氧化 - 发酵试验为发酵型，不具有嗜脂性，不能还原硝酸盐，尿素酶阴性，吡嗪酰胺酶阳性，产生碱性磷酸酶 (alkaline phosphatase)、吡嗪酰胺酶 (pyrazinamidase)、亮氨酸芳基酰胺酶 (leucine arylamidase)，能利用葡萄糖、果糖、甘露糖、麦芽糖，利用蔗糖、甘露醇不定，不能利用木糖、乳糖、棉籽糖、海藻糖、侧金盏花醇、苦杏仁苷、阿拉伯糖、纤维二糖、甘油、糖原 (glycogen) 菊糖、甘露醇、松三糖、鼠李糖、

核糖 (ribose)、水杨苷、山梨醇等多种碳水化合物。水解马尿酸盐 (hippurate)、酪氨酸，不能水解七叶苷、明胶、淀粉。产生 3- 羟基丁酮，吲哚阴性，甲基红试验阴性[7]。

3.2.2 病原学意义

极小棒杆菌作为病原菌，主要是在腋窝和会阴部皮肤部位引起表面感染，以呈现鳞片状斑为特征。在皮肤感染损伤部位或在 Mueller-Hinton 二氏培养基上的培养物，用紫外线照射，此菌呈现粉红色荧光[2]。

作为引起医院感染的病原菌，明确以小棒杆菌引起感染的报告，还是不多见的。在前面有记述中国人民解放军第九八医院的刘桂玲等 (2010) 报告，从该医院各科室发生医院感染病例不同标本材料中分离的病原细菌 999 株中，极小棒杆菌 100 株 (构成比 10.01%) 居第 4 位。此 100 株极小棒杆菌，其感染部位分别为：下呼吸道 89 株 (构成比 89.0%)、手术切口 2 株 (构成比 2.0%)、泌尿道 1 株 (构成比 1.0%)、血液 1 株 (构成比 1.0%)、皮肤与软组织 7 株 (构成比 7.0%)[5]。

3.2.3 微生物学检验

对极小棒杆菌的微生物学检验，目前还主要是依赖于对细菌进行分离鉴定的细菌学检验。

3.3 水生棒杆菌 (*Corynebacterium aquaticum*)

水生棒杆菌 [*Corynebacterium aquaticum*(Dopfer et al)Leifson] 还一直未被收录于《伯杰氏系统细菌学手册》中。

3.3.1 生物学性状

水生棒杆菌具有动力，不产生芽孢，不抗酸 (non-acid fast)，呈典型的棒状 (club-shaped) 和存在角度排列 (angular arrangements)，革兰氏阳性杆菌 [大小为 $(1.0 \sim 3.0)\mu m \times (0.5 \sim 0.8)\mu m$]。在血液营养琼脂 (blood nutrient agar，BNA)、胰蛋白胨大豆胨琼脂 (tryptone soytone agar，TSA) 培养基上，25℃培养 48h 的菌落直径在 1 ～ 3mm、黄色、圆形、隆起、边缘整齐、不透明、有轻微黏性，产生不扩散黄色色素，在 37℃培养可 β- 溶血。

水生棒杆菌兼性厌氧，不发酵、也不氧化碳水化合物，能够产生碱性磷酸酶、过氧化氢酶、β- 半乳糖苷酶、α- 葡糖苷酶、吡嗪酰胺酶，不能产生 N- 乙酰基 -β- 氨基葡糖苷酶、精氨酸双水解酶、β- 葡糖醛酸酶、H_2S、吲哚、赖氨酸脱羧酶、鸟氨酸脱羧酶、氧化酶、磷脂酶；能够降解七叶苷、血液 (在 37℃培养可 β- 溶血)、酪蛋白和明胶，不分解尿素；不还原硝酸盐，不利用柠檬酸盐，所检验的碳水化合物都不能产酸，伏 - 波试验 (Voges-Proskauer test，V-P) 阳性。在 4 ～ 42℃生长，在含有氯化钠为 0% ～ 5%(W/V) 的培养基能生长，但在氯化钠为 8%(W/V) 时不生长。

使用 API-Coryne 系统鉴定，从条纹狼鲈的分离菌株与水生棒杆菌典型培养物 (ATCC 14665) 比较，分离菌株的硝酸盐还原阳性但模式株阴性，分离菌株水解明胶和酪蛋白，但模式株阴性；分离菌株与典型培养物 (ATCC 14665)，均与用两个菌株制备的抗血清凝集。

分离菌株与典型培养物 (ATCC 14665) 在膜蛋白的组成上存在差异 (由蛋白质印迹法确定)，但两株菌均具有一个 68kDa 的主要抗原蛋白质。

水生棒杆菌在冷冻保藏 6 个月后的毒力消失，通常表现对青霉素、红霉素、土霉素、增效磺胺敏感，在化学治疗中有效 [12,13]。

3.3.2　病原学意义

水生棒杆菌主要是作为养殖条纹鲈 (striped bass，*Morone saxatilis*) 的病原菌，发病特征为突眼症 (exophthalmia)。另外，对人也可能具有一定的病原学意义。总体来讲，还都是很少见的。

3.3.2.1　人的水生棒杆菌感染病

Funke 等 (1994) 报告，从住院患者感染和败血症患者分离到水生棒杆菌，通常是在免疫功能低下者；但与金杆菌属 (*Aureobacterium* Collins et al 1983) 细菌的种，还缺乏明确的鉴别依据支持 [14]。

在第 39 章 "皮生球菌属"(*Dermacoccus*) 中有记述，湖北医科大学附一医院的江应安等 (1998) 报告，回顾性总结该医院在 1992 年至 1995 年间，125 例肝病 (活动性肝炎肝硬化的 65 例、重型肝炎的 60 例) 患者发生医院感染 42 例 (构成比 33.60%)，从其中的 18 例分离到病原菌 18 株，分别为：腹腔感染的 9 株 (构成比 50.00%)、肠道感染的 5 株 (构成比 27.78%)、胸腔感染的 2 株 (构成比 11.11%)、泌尿道感染的 1 株 (构成比 5.56%)、皮肤软组织感染的 1 株 (构成比 5.56%)。在 18 株病原菌中，从腹腔感染分离的 9 株包括水生棒杆菌 1 株 [15]。

3.3.2.2　动物的水生棒杆菌感染病

水生棒杆菌与在 1990 年 12 月美国马里兰实验水产养殖设备里的条纹鲈疾病有关，病鱼表现明显的两眼突出，在脑组织含有该菌；病鱼停止摄食，游动缓慢，最后死亡 (此时眼破裂)；内部器官仅有的病变是脑出血，脑颅充血。除了鱼，该菌也能从水中及在水槽壁上气 - 水界面形成的浮垢中分离到 [12,13]。

3.3.3　微生物学检验

对水生棒杆菌的微生物学检验，目前还主要是依赖于对细菌进行分离鉴定的细菌学检验。

(陈翠珍)

参 考 文 献

[1] 贾辅忠 , 李兰娟 . 感染病学 . 南京 : 江苏科学技术出版社 , 2010: 473~475.

[2] 杨正时 , 房海 . 人及动物病原细菌学 . 石家庄 : 河北科学技术出版社 , 2003: 875~883.

[3] 赵晓红 . 186 例老年人在住院期间感染的分析 . 中国民康医学杂志 , 2004, 16(12):756.

[4] 黄金莲 , 朱彦仁 , 应福余 , 等 . 主要医院感染病原菌的变迁及其耐药性分析 . 中国微生态学杂志 , 2005, 17(4):290~292.

[5] 刘桂玲 , 史亚红 , 盛以泉 , 等 . 3 年医院病原菌分布调查分析 . 中华医院感染学杂志 , 2010,

20(5):719~721.

[6] Aidan C P. Bergey's Manual of Systematic Bacteriology. Second Edition.Volume Five. Springer, New York. 2012, 244~289.

[7] 叶应妩，王毓三，申子瑜.全国临床检验操作规程.3版.南京：东南大学出版社，2006,785~788, 785~793.

[8] 姜赛琳，詹亚梅，吴景芳.综合医院护理人员手部病原菌调查分析.中华医院感染学杂志，2007, 17(11):1385~1386.

[9] 姜建萍，姜丽，高素珍，等.听诊器微生物监测与消毒的临床观察.临床合理用药，2013,6(7):106~107.

[10] 郑亚萍.灌肠致医院假白喉棒状杆菌急性侵袭性肠炎2例.中国感染控制杂志，2008,7(2):138~139.

[11] 吴克慧，魏凌华.心脏外科手术部位感染目标监测分析.中国感染控制杂志，2007,6(2):106~108.

[12] Austin B, Austin D A. Fish Pathogens:Disease of Farmed and Wild Fish. Third(Revised) Edition.Praxis Publishing Ltd, Chichester, UK. 1999: 16, 50, 199, 320.

[13] Nicky B B. Bacteria and Fungi from Fish and Other Aquatic Animals. 2nd Edition. London, UK. 2014, 366~367.

[14] Funke G, von Graevenitz A, Weiss N. Primary identification of *Aureobacterium* spp. isolated from clinical specimens as '*Corynebacterium aquaticum*'. Journal of Clinical Microbiology. 1994, 32(11): 2686~2691.

[15] 江应安，杨丽华.125例活动性肝炎肝硬化和重型肝炎患者医院感染的分析.湖北医科大学学报，1998, 19(1):49~51.

第49章　李斯特氏菌属 (Listeria)

李斯特氏菌属 (Listeria Pirie 1940) 的单核细胞增生李斯特氏菌 (Listeria monocytogenes)，能引起人及多种动物的李斯特氏菌病 (listeriosis)，属于人畜共患病 (zoonoses) 的范畴。其特征为主要表现神经症状，人及家畜的感染主要表现为脑膜炎、败血症、流产、单核细胞增多等，家禽和啮齿动物主要表现为坏死性肝炎、心肌炎等；多呈局部散发，一般发病率不高但死亡率较高[1,2]。

在医院感染 (hospital infection，HI) 的李斯特氏菌属细菌中，在我国已有明确记述和报告的仅涉及单核细胞增生李斯特氏菌 1 个种 (species)，且其检出频率也是很低的。

● 中国人民解放军西藏军区总医院的王洪斌等 (2005) 报告，回顾性总结从医院感染患者分离的病原菌 22 种 (类)355 株，其中革兰氏阳性菌 9 种 (类)259 株 (构成比72.96%)、革兰氏阴性菌 10 种 (类)89 株 (构成比 25.07%)、真菌 (fungi)3 种 (类)7 株 (构成比 1.97%)。在 259 株革兰氏阳性菌中，包括李斯特氏菌属细菌 2 株 (构成比 0.77%)，均分离于外科系统[3]。

● 广州市海珠区妇幼保健院的郑虹等 (2008) 报告在 2003 年 1 月至 2008 年 4 月间，从该医院新生儿重症监护室 (intensive care unit，ICU) 送检的不同标本材料中检出病原菌 277株，其中包括单核细胞增生李斯特氏菌 2 株 (构成比 0.72%)，均分离于血液材料[4]。

1　菌属定义与分类位置

李斯特氏菌属亦称李斯忒氏菌属、利斯特氏菌属等，为李斯特氏菌科 (Listeriaceae fam.

nov.) 细菌的成员。菌属 (genus) 名称 "*Listeria*" 为现代拉丁语阴性名词，是以英国外科医生、防腐消毒创始人约瑟夫·利斯特男爵 (Joseph Baron Lister，1827 ~ 1912) 的姓氏命名的 [5]。

1.1 菌属定义

李斯特氏菌属细菌为规则的短杆菌，大小为 (0.4 ~ 0.5)μm × (1.0 ~ 2.0)μm，两端是钝和平的，有的弯曲；单个、短链或呈 V 型排列，或沿长轴平行排列；陈旧或粗糙 (rough，R) 培养物，可见 6.0 ~ 20.0μm 或更长的丝状体。革兰氏阳性，但在有的菌体 (特别是陈旧培养物) 着染能力差；不抗酸，不形成荚膜，不产生芽孢，当培养在低于 30℃ 时以少数周毛运动，需氧和兼性厌氧。

李斯特氏菌属细菌在普通营养琼脂培养基上，培养 24 ~ 48h 的菌落直径 0.5 ~ 1.5mm，圆形、半透明似露滴状，稍隆起，表面结构精细，边缘整齐；从培养基上取菌时有黏性但易乳化，除去菌落后在平板上留有痕迹；陈旧培养物 (3 ~ 7 天) 的菌落较大 (直径 3.0 ~ 5.0mm)，中心更浊，可发育出粗糙型的。在含 0.25%(W/V) 琼脂、8.0%(W/V) 明胶和 1.0%(W/V) 葡萄糖的半固体培养基中，37℃ 培养 24h 沿穿刺线生长，随之出现不规则的云雾状扩展于培养基，并可慢慢布满整个培养基，呈现一伞状的环，在表面 3.0 ~ 5.0mm 处呈最丰盛生长。有的种具有 β- 溶血性。可生长在低于 0℃、45℃，最适生长于 30 ~ 37℃，在 60℃ 经 30min 后不能存活；可生长于 pH 6 ~ 9，在普通营养肉汤中添加 10%(W/V) 的 NaCl 可生长。

李斯特氏菌属细菌氧化酶阴性，接触酶阳性，产生细胞色素。厌氧发酵葡萄糖主要产生 L-(+) 乳酸、乙酸及其他终产物，发酵产酸不产气；甲基红试验 (methyl red test，MR)、伏 - 波试验 (Voges-Proskauer test，V-P) 阳性，不能利用外源性柠檬酸盐，需要有机生长因子，不产生吲哚，水解七叶苷和马尿酸钠，不水解尿素、明胶、酪蛋白和牛乳。菌细胞壁以 *meso-* 二氨基庚二酸 (*meso*-diaminopimelic acid，*meso*-DAP) 直接交联，不含阿拉伯糖，无分枝菌酸 (mycolic acid)；长链脂肪酸主要是直链饱和的 *anteiso-* 和 *iso-* 甲基支链型 (straight-chain saturated *anteiso*-and *iso*-methyl-branched-chain type)，生长于 37℃ 时主要的脂肪酸是 14- 甲基十六烷酸 (*anteiso*-$C_{17:0}$) 和 12- 甲基十四烷酸 (*anteiso*-$C_{15:0}$)；主要的呼吸醌 (respiratory quinones) 是甲基萘醌 (menaquinones)MK-7。

李斯特氏菌属细菌广泛存在于自然界，在水、泥、污水、植物、土壤、动物饲料、家禽、屠宰场废料、动物和人的粪便中存在，容易存在于冷食物中，有的种对人和动物具有致病性。

李斯特氏菌属细菌 DNA 的 G+C mol% 为 36 ~ 42.5(T_m)；模式种 (type species)：单核细胞增生李斯特氏菌 [*Listeria monocytogenes*(Murray et al 1926)Pirie 1940]。

1.2 分类位置

按伯杰氏 (Bergey) 细菌分类系统，在第二版《伯杰氏系统细菌学手册》(*Bergey's Manual of Systematic Bacteriology*) 第 3 卷 (2009) 中，李斯特氏菌属分类于新建立的李斯特氏菌科。

李斯特氏菌科内含 2 个菌属，依次为：李斯特氏菌属、索丝菌属 (*Brochothrix* Sneath and Jones 1976)。

李斯特氏菌科细菌的模式属 (type genus)：李斯特氏菌属。

李斯特氏菌属内共记载了 6 个种、4 个亚种 (subspecies)。

6 个种，依次为：单核细胞增生李斯特氏菌、格氏李斯特氏菌 (*Listeria grayi*)、无害李斯特氏菌 (*Listeria innocua*)、伊氏李斯特氏菌 (*Listeria ivanovii*)、斯氏李斯特氏菌 (*Listeria seeligeri*)、威氏李斯特氏菌 (*Listeria welshimeri*)。

4 个亚种，依次为：格氏李斯特氏菌 2 个亚种——格氏李斯特氏菌格氏亚种 (*Listeria grayi* subsp.*grayi*)、格氏李斯特氏菌莫氏亚种 (*Listeria grayi* subsp.*murrayi*)；伊氏李斯特氏菌 2 个亚种——伊氏李斯特氏菌伊氏亚种 (*Listeria ivanovii* subsp.*ivanovii*)、伊氏李斯特氏菌伦敦亚种 (*Listeria ivanovii* subsp.*londoniensis*)[5]。

2　单核细胞增生李斯特氏菌 (*Listeria monocytogenes*)

单核细胞增生李斯特氏菌 [*Listeria monocytogenes*(Murray，Webb and Swann 1926) Pirie 1940]，最早被命名为单核细胞增生杆菌 (*Bacterium monocytogenes* Murray，Webb and Swann 1926)；菌种名称 “*monocytogenes*” 为新拉丁语形容词，指产生单核细胞的 (monocyteproducing)。

细菌 DNA 的 G+C mol% 为 37 ~ 39(T_m)；模式株 (type strain)：ATCC 15313，CIP 82.110，DSM 20600，NCTC 10357，SLCC 53，53 X XII。GenBank 登录号 (16S rRNA)：U84148[5]。

2.1　发现历史简介

在早期对单核细胞增生李斯特氏菌的认识，主要是能引起单核细胞增生的组织病理变化。国外对单核细胞增生李斯特氏菌及李斯特氏菌病的发现与研究较早，在我国的起步相对较晚。

2.1.1　国外简况

有关资料显示，早在 1885 年俄国的儿科医生费拉托夫首先记述了 “李斯特氏菌病”；1889 年德国的 Pfeiffer 以 “glandular fever”（腺热）为名报告了 4 例患者，并对此病的症状、体征及传染性质作了明确记述；1920 年，Sprunt 和 Evans 强调患者血常规中异常淋巴细胞的意义，命名此病为 “infectious mononucleosis”（传染性单核细胞增多症）；1923 年，Downey 等详细研究了此病的血液学变化，将异常淋巴细胞作了详细描述与分型，奠定了对此病的血液学诊断基础。1955 年，高尔捷夫曾最早主张将此病称为 “listeriosis”（李斯特氏菌病）。

在对病原的研究中，法国学者 Hayem(1891)、德国学者 Henle(1893) 曾分别在患者的病理组织切片中观察到一种革兰氏阳性杆菌，该菌与现在描述的单核细胞增生李斯特氏菌相似；

1911 年，瑞典学者 Hülphers 首先从兔的肝脏病灶中分离出一种革兰氏阳性杆菌，当时命名为 "*Bacillus hepatis*"（肝杆菌）。李斯特氏菌感染，作为英国剑桥大学实验动物室中豚鼠和家兔的一个问题，最初由 Murray 在 1924 年发现，在家兔的表现是以突然死亡（缺乏特定的病理损伤）为特征，从心血和浆膜腔渗出液中均未分离培养到细菌；但经传代后，却在 1 只豚鼠和 1 只家兔的新生仔腹腔渗出液中，查出了这种革兰氏阳性杆菌。1926 年，Murray、Webb 和 Swann 首先从患病 5 天的妊娠家兔心血及腹腔渗出液中分离到该菌，以此分离菌接种家兔引起了致死性败血症感染；同样的细菌，也从自然发病的豚鼠肠系膜淋巴结中分离出来；单核细胞增生是家兔自然和实验感染该菌的病理特征，所以 Murray 等在当时将其命名为 "*Bacterium monocytogenes*"（单核细胞增生杆菌），这也是最早对该菌以致病特征的命名。

1925 年，单核细胞增生李斯特氏菌在南非虎河地区鼠类中流行，南非的 Pirie 研究了一种南非野生沙鼠 (*Tatera lobengulae*) 的流行病，表现以局灶性肝坏死为特征的全身性感染，将其称为 "虎河病"(tiger river disease)；于 1927 年从患这种 "虎河病" 的非洲沙鼠 (*African jumping mouse*) 肝脏中分离出同上的革兰氏阳性杆菌，并提议建立了李斯特氏小菌属 (*Listerella* Pirie 1927)，同时将此菌命名为溶肝李斯特氏小菌 (*Listerella hepatolytica* Pirie 1927)。

1929 年，Nyfeldt 在丹麦首次证实并报告了人的单核细胞增生病例，从患者血液分离到此菌，命名为人体单核细胞增生杆菌 (*Bacterium monocytogenes hominis* Nyfeldt 1932)。在美国，Burn 于 1933 年首先发现并报告了由此菌引起人的围产期感染和脑膜炎病例；此后的 20 年里，共报告了 64 个病例。

在新西兰，Gill(1937) 首先在患脑炎的绵羊间脑组织切片中发现了革兰氏阳性杆菌，从脑脊液中分离到了此菌，并通过以分离菌进行静脉接种复制了这种绵羊的 "circling disease"（旋转病）；在美国，Graham 首先描述了由此菌引起的脑炎和流产。以后又相继发现该菌可引起绵羊和牛的流产、鸡等禽类的败血症、绵羊脑炎和牛的乳腺炎等。1940 年，Pirie 建议为纪念在前面提及的李斯特男爵，用 "*Listeria*"（李斯特氏菌）作为菌属名称，并按 1926 年 Murry 等提出的种名 "*monocytogenes*" 进行命名，称为单核细胞增生李斯特氏菌。

另外，在早期对 "李斯特氏菌病" 的研究中，有的学者认为其病原为病毒。首先是 Berghe 等将感染猴血清经病毒过滤器滤过后接种于健康猴，亦能引起感染；相继，Wising(1942)、Evans(1947)、大城俊彦 (1956) 等一些学者亦先后进行了对动物及人体实验感染的研究，认为其病原是病毒，能通过病毒过滤器，但并未能成功分离到病毒；Reagan 等 (1953) 曾报告，用电子显微镜观察到了吸附在此病红细胞表面病毒的形态，但尚无其他学者加以证实。

单核细胞增生李斯特氏菌可引起多种动物的李斯特氏菌病，常散发，一般不会发生大规模流行，人的感染多与接触感染的动物或动物粪便有关，或与食入污染食品有关。在 1978 年以前，李斯特氏菌病很少在人群中暴发，后来突然多了起来。1978 年在美国、1981 年在加拿大，分别暴发了由单核细胞增生李斯特氏菌污染食品引起的食物中毒，此后改变了人们对单核细胞增生李斯特氏菌的看法，并在全球范围内开始被引起关注，也从而增加了该菌的检出机会；且感染的暴发，基本上都是食源性的。1983 年以后，单核细胞增生李斯特氏菌被确证为引起食物中毒的病原菌[6~12]。

2.1.2　国内简况

中国人民解放军第二军医大学的楼方岑和叶天星 (1958) 报告指出，我国早在 1901 年即已在广东省汕头市发现有李斯特氏菌病的流行，在 1914 年发现福建省上杭县流行此病，均是以"腺热"记述的；1940 年在天津市及上海市有个别病例发生的报告，均是以"传染性单核细胞增多症"记述的；1942 年在上海市曾发现在儿童中有此病的流行，是以"腺热"记述的[12]。

楼方岑等 (1958) 报告在 1954 年 10 月始，在上海市发现有"传染性单核细胞增多症"的流行，尤以在北郊发生严重。报告他们在此病流行开始后，在重点单位进行了流行情况调查及临床学、血液学、血清学等方面的观察研究。此病流行开始于 10 月中旬，首先在北郊的一所中等学校中发现，10 月 20 日在该校两个不同的班级各有 1 名学生发病，主要症状为发冷、发热、头痛、咽痛、咳嗽、全身不适及肌痛等，相继至 11 月 2 日全校有明显症状的师生 469 名，罹患率 19.72%(469/2 378)。在该校流行开始后的数天，附近其他学校、工厂、部队、幼儿园等单位亦陆续出现病例；因病情较重而住院的 159 人中，来自于 32 个不同的单位，包括工厂、学校、机关、部队及部分市民，在北郊区整个流行约于 1954 年底达高峰，1955 年 2 月后开始明显减少。报告者通过在病原方面的研究，认为系由特种病毒引起，不能支持细菌为此病病原的说法[12]。现在来看，楼方岑和叶天星 (1958) 在当时报告的"传染性单核细胞增多症"，即是现在记述的"李斯特氏菌病"。

在动物的"李斯特氏菌病"方面，中国农业科学院西北畜牧兽医研究所的王焕新等 (1963) 最早较详细明确报告了绵羊的"李斯特氏菌病"。报告在 1955 年 12 月至 1961 年 4 月间，某地牧场发生羔羊脑炎及母羊流产，经细菌学检验及对绵羊、家兔的感染试验，证明是由单核细胞增生李斯特氏菌引起的"李斯特氏菌病"。分别为：1955 年 12 月以来，在一群当年生的羔羊群中散发一种脑炎型疾病，从病死羊的脑组织中分离到单核细胞增生李斯特氏菌；1956 年 8 月至 10 月间，另一羊场的当年生羔羊及 1 岁羊、成年母羊发病 (成年母羊发生流产)，先后死亡和流产羔羊 200 多只，在病死羊的脑组织中发现革兰氏阳性的细长杆菌；1960 年 9 月至 12 月间，在某公社羊场 1~2 岁羊群中发生死亡快、具有神经症状的疾病，从 2 只病羊的脾脏和肝脏中均分离到单核细胞增生李斯特氏菌；1961 年 3 月至 4 月间，在此公社的附近一些地区 2~3 月龄小羔羊中又有同样的疾病流行，表现为一般无明显症状即死亡，共有羊 760 余只，死亡约 180 多只，从 1 只死亡羊的脾脏中分离到单核细胞增生李斯特氏菌[13]。相继，王焕新和原西北农学院的刘玉年 (1963) 又报告了发生在家兔的"李斯特氏菌病"。报告在 1957 年，某家兔饲养场在养殖的 100 余只兔群中，于 1 月 12 日起的十几天中陆续发病死亡 12 只，以幼龄兔发病较多，神经症状为主要发病特征；经检验证实，是由单核细胞增生李斯特氏菌引起的"李斯特氏菌病"[11]。此后，国营新浦农场的任希平等 (1966)，较早报告了发生在猪的"李斯特氏菌病"，从 1960 年 11 月至 1963 年 9 月在新浦农场共发病 143 头，死亡 96 头 (病死率 67.13%)[14]；新疆生产建设兵团农八师兽医站的赵煊等 (1975) 较早报告了于 1963 年夏季，发生在石河子垦区某山羊群中山羊羔的"李斯特氏菌病"[15]。迄今，有记述在我国多个省 (地) 已均有多种动物"李斯特氏菌病"的发生，涉及有绵羊、山羊、牛、兔、鸡、鸭、鹅、鹦鹉、孔雀、鹿、北极熊等，平均死亡率达 32% 以上，对畜牧业造成了较大的危害[16]。

2.2 生物学性状

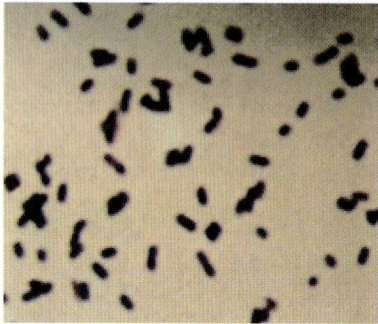

图 49-1 单核细胞增生李斯特氏菌
资料来源：周庭银，赵虎 . 临床微生物学诊断与图解 .2001

在李斯特氏菌属中对单核细胞增生李斯特氏菌的研究是较多的，其理化特性、抗原结构、生态分布等都已比较清楚。

2.2.1 形态与培养特征

单核细胞增生李斯特氏菌为革兰氏阳性短小杆菌，大小为 $(0.4 \sim 0.5)\mu m \times (0.5 \sim 2)\mu m$，两端钝圆，常两两相串成弯曲及 V 形，偶有球状、双球状、短链状，但很少呈长链状排列 (图 49-1)。其兼性厌氧、无芽孢，一般不形成荚膜，但在营养丰富的环境中也可形成荚膜，在陈旧培养物中的菌体可呈丝状及革兰氏阴性。通常有4 根周毛和 1 根端毛，但周毛易脱落，所以在一般情况下常是仅可见到 1 根端毛；亦有报告指出，在 20℃培养后置电子显微镜下可见到许多鞭毛；在 20 ~ 25℃培养有动力，半固体琼脂穿刺培养 2 ~ 5 天可见倒立伞状生长物；在显微镜下观察该菌新鲜的室温肉汤培养物可见其翻筋斗状运动，在 37℃培养时动力消失。

单核细胞增生李斯特氏菌生长温度为 –1.5 ~ 45℃，冷藏条件不能阻止此菌的生长，是一种典型的耐冷性细菌，因此可根据这一特性将污染被检材料置 4℃进行冷增菌，有利于对此菌的分离；适宜的生长温度为 30 ~ 37℃，在 42.8℃条件下培养多可形成长丝 (可达 60μm)。粗糙型菌落的菌体要比光滑 (smooth，S) 型菌落的菌体耐热 1 ~ 2 倍，粗糙型菌无毒力，但粗糙型突变株仍有黏附和侵入人直肠上皮肿瘤细胞 (CaCo-2) 的能力。在易感人群中，粗糙型突变株是否有潜在的致病性，仍然尚不清楚。在 pH 7 ~ 9.6、氧分压略低、二氧化碳张力略高的条件下生长良好，在 pH 3.8 ~ 4.4 条件下仍能缓慢生长；具有耐盐性，在 6.5%NaCl 肉汤内也能良好生长。

单核细胞增生李斯特氏菌对营养要求不高，在普通营养琼脂平板上呈细小、半透明、边缘整齐、微带珠光的露水样小菌落，直径为 0.2 ~ 0.4mm，斜射光观察呈现特征性的蓝绿色光泽。在绵羊血琼脂平板上培养 24 ~ 96h，菌落灰白色、圆润、周围呈狭窄的 β- 溶血圈。将细菌接种至半固体琼脂培养基 25℃培养，由于动力强，细菌自穿刺接种线向四周弥漫性生长，在离琼脂表面数毫米处出现一个倒伞形状生长区，是此菌的特征之一[1, 6]。

2.2.2 生化特性

单核细胞增生李斯特氏菌的接触酶阳性，氧化酶阴性，能发酵多种碳水化合物产酸不产气，如发酵葡萄糖、水杨素、麦芽糖、鼠李糖、七叶苷、海藻糖、果糖等，不发酵木糖、甘露醇、肌醇、侧金盏花醇、棉籽糖、卫矛醇、纤维二糖等，在 3 ~ 10 天可发酵乳糖、蔗糖、阿拉伯糖、半乳糖、鼠李糖、山梨醇、甘油等产酸，吲哚阴性，不利用柠檬酸盐，不产生尿素酶及明胶酶，硝酸盐还原试验及 H_2S 产生阴性，甲基红试验、伏 - 波试验、精氨酸双水解酶等阳性[6, 8, 17, 18]。

　　为简便区分属内的 6 个种，将"李斯特氏菌属细菌种间特征鉴别表"列出 (表 49-1)供用[5]。

表 49-1　李斯特氏菌属细菌种间特征鉴别 [a, b]

项目	单核细胞增生李斯特氏菌	格氏李斯特氏菌	无害李斯特氏菌	伊氏李斯特氏菌	斯氏李斯特氏菌	威氏李斯特氏菌
β- 溶血	+	−	−	+	+	−
CAMP 试验：马红球菌 (Rhidococcus equi)	−	−	−	+	−	−
金黄色葡萄球菌 (Staphylococcus aureus)	+	−	−	−	+	−
卵磷脂酶 (lecithinase)	+	−	−	+	d	−
产酸：葡糖酸盐 (gluconate)	−	d	−	−	−	−
1- 磷酸葡萄糖 (glucose 1-phosphate)	−	−	−	+	−	−
D- 甘露醇	−	+	−	−	−	−
松三糖	+	−	d	+	+	+
α- 甲基 -D- 葡萄糖苷	+	+[c]	+	+	+	+
α- 甲基 -D- 甘露糖苷	+	+	+	+	−	+
L- 鼠李糖	+	+	d	−	−	d
核糖	−	+	−	+[d]	−	−
蔗糖	+	−	+	+	−	+
可溶性淀粉	−	−	−	−	d	+
D- 木糖	−	−	−	+	+	+
硝酸盐还原	−	−[e]	−	−	−	−
酸性磷酸酶 (acid phosphatase)	+	+	+	+	+	+
缩氨基酸酶 (amino acid peptidase)：D- 丙氨酸	−	+	+	+	+	+
赖氨酸	−	+	+	+	+	+
胱氨酸芳基氨酶 (cystine arylamidase)	−	+	+	+	+	+
磷酰胺酶 (phosphoamidase)	+	−	+	+	+	+
脂酶 (吐温 80)	+	+[f]	+	d	d	+
生长：10μg/ml 吖啶黄 (trypaflavine)	+	−	+	+	−	+
10%NaCl(W/V) 蛋白胨水 (peptone water)	d	+	+	d	d	+

注：上角标 a 指表中符号的 + 表示 85% 以上菌株阳性，− 表示 0 ~ 15% 的菌株阳性，d 表示在菌株间存在差异 (16% ~ 84% 的菌株阳性)；上角标 b 指资料源于 Seeliger 和 Jones(1986)，Känpfer 等 (1991)，Rocourt 和 Catimel(1985)；上角标 c 指在格氏李斯特氏菌莫氏亚种不能观察到产酸；上角标 d 指在伊氏李斯特氏菌伦敦亚种不能观察到产酸；上角标 e 指格氏李斯特氏菌莫氏亚种还原硝酸盐；上角标 f 指格氏李斯特氏菌莫氏亚种以吐温 80(tween 80) 测定不能产生脂酶 (esterase)。

2.2.3 抗原结构与免疫学特性

根据菌体 (ohne hauch，O) 抗原因子和鞭毛 (hauch，H) 抗原因子，可将单核细胞增生李斯特氏菌和其他李斯特氏菌分成 16 个血清型；分别为 1/2a、1/2b、1/2c、3a、3b、3c、4a、4b、4ab、4c、4d、4e、5、6a、6b、7，其中单核细胞增生李斯特氏菌有 13 个。菌体抗原因子分别用Ⅰ、Ⅱ、Ⅲ、Ⅳ、Ⅴ、Ⅵ、Ⅶ、Ⅷ、Ⅸ、Ⅹ、Ⅻ、Ⅹ Ⅲ、ⅩⅣ、ⅩⅤ、ⅩⅪ 表示，H 抗原因子分别用 A、B、C、D 表示 (表 49-2)[5]。

表 49-2　李斯特氏菌属细菌的血清型 [a]

菌种	血清型	O 抗原[b, c]	H 抗原[b]
单核细胞增生李斯特氏菌	1/2a	Ⅰ，Ⅱ，Ⅲ	A，B
	1/2b	Ⅰ，Ⅱ，Ⅲ	A，B，C
	1/2c	Ⅰ，Ⅱ，Ⅲ	B，D
	3a	Ⅱ，Ⅲ，Ⅳ，(Ⅻ)，(ⅩⅢ)	A，B
	3b	Ⅱ，Ⅲ，Ⅳ，(Ⅻ)，(ⅩⅢ)	A，B，C
	3c	Ⅱ，Ⅲ，Ⅳ，(Ⅻ)，(ⅩⅢ)	B，D
	4a	Ⅲ，(Ⅴ)，Ⅶ，Ⅸ	A，B，C
	4ab	Ⅲ，Ⅴ，Ⅵ，Ⅶ，Ⅸ，Ⅹ	A，B，C
	4b	Ⅲ，Ⅴ，Ⅵ	A，B，C
	4c	Ⅲ，Ⅴ，Ⅶ	A，B，C
	4d	Ⅲ，(Ⅴ)，Ⅵ，Ⅷ	A，B，C
	4e	Ⅲ，Ⅴ，Ⅵ，(Ⅷ)，Ⅹ	A，B，C
	7	Ⅲ，Ⅻ，ⅩⅢ	A，B，C
格氏李斯特氏菌	非特定的	Ⅲ，Ⅻ，ⅩⅣ	A，B，C
无害李斯特氏菌[d]	4ab	Ⅲ，(Ⅴ)，Ⅵ，Ⅶ，Ⅸ	A，B，C
	6a	Ⅲ，Ⅴ，(Ⅵ)，(Ⅶ)，(Ⅸ)，ⅩⅤ	A，B，C
	6b	Ⅲ，(Ⅴ)，(Ⅵ)，(Ⅶ)，(Ⅸ)，ⅩⅪ	A，B，C
伊氏李斯特氏菌	5	Ⅲ，Ⅴ，Ⅵ，(Ⅶ)，Ⅹ	
斯氏李斯特氏菌[d]	1/2b	Ⅰ，Ⅱ，Ⅲ	A，B，C
	4c	Ⅲ，Ⅴ，Ⅻ	A，B，C
	4d	Ⅲ，(Ⅴ)，Ⅵ，Ⅷ	A，B，C
	6b	Ⅲ，(Ⅴ)，(Ⅵ)，(Ⅶ)，(Ⅸ)，ⅩⅪ	A，B，C
威氏李斯特氏菌	6a	Ⅲ，Ⅴ，(Ⅵ)，(Ⅶ)，(Ⅸ)，ⅩⅤ	A，B，C
	6b	Ⅲ，(Ⅴ)，(Ⅵ)，(Ⅶ)，(Ⅸ)，ⅩⅪ	A，B，C

注：上角标 a 指在 () 内的抗原因子不常出现，b 指资料源于 Seeliger 和 Hohne(1979)，c 指抗原因子Ⅱ是不耐热的，d 指存在其他 O 抗原因子。

一般认为单核细胞增生李斯特氏菌的抗原结构与毒力无明显相关，血清型 1/2a、1/2b、1/2c、3a、3b、3c、4a、4b、5 被认为是致病菌株，引起人类疾病的主要血清型为 1/2a、1/2b、4b 型 (可占所有病例的 90%)。在美国和加拿大，65% ~ 80% 的人的李斯特氏菌病是由 4b 血清型菌株引起的；在东欧、西非、德国中部、芬兰、瑞典等地区报告最多的是血清型 1/2a 菌株。已知单核细胞增生李斯特氏菌与葡萄球菌属 (*Staphylococcus* Rosenbach 1884) 细菌、链球菌属 (*Streptococcus* Rosenbach 1884) 细菌、大肠埃希氏菌 (*Escherichia coli*) 等具有共同抗原成分，所以做血清学诊断是无意义的 [1, 18, 19]。

从一些检测结果分析，在我国食品污染菌株主要为 1/2a、1/2b 和 1/2c 型，这对有效目的性预防单核细胞增生李斯特氏菌食源性传播，具有一定的指导意义。以下记述的一些报告，是具有一定代表性的。

福建省疾病预防控制中心的陈伟伟等 (2005) 报告在 2000 年至 2003 年，对从不同食品类分离的 30 株单核细胞增生李斯特氏菌，进行了血清型检定，其中以 1/2a 型菌株 (15 株) 最多 (构成比 50.0%)，其次为 1/2c 型的 9 株 (构成比 30.0%)、1/2b 型的 6 株 (构成比 20.0%)[20]。

浙江省疾病预防控制中心的梅玲玲等 (2006) 报告，选择在 2000 年至 2005 年从杭州、宁波、衢州等市农贸市场、超市采集的生肉、散装熟肉制品、水产品等 5 大类食品分离的 152 株单核细胞增生李斯特氏菌，进行了血清型检定，其中以 1/2b 型菌株 (76 株) 最多 (构成比 50.0%)，其次为 1/2a 型 46 株 (构成比 30.26%)，1/2c 型 20 株 (构成比 13.16%)，3a 和 3b 型的各 4 株 (构成比各 2.63%)，3c 和 4b 型的各 1 株 (构成比各 0.66%)[19]。

2.2.4　基因型

在单核细胞增生李斯特氏菌的基因型方面，近年来研究较多的是脉冲场凝胶电泳 (pulsed-field gel electrophoresis，PFGE)DNA 型，其次是毒力基因型。

2.2.4.1　脉冲场凝胶电泳 DNA 型

脉冲场凝胶电泳分型方法，已广泛应用于常见食源性致病菌感染的散发、暴发调查和溯源研究。在对单核细胞增生李斯特氏菌的脉冲场凝胶电泳分型方面，我国已多有研究报告。例如，山东大学的贾静等 (2011) 报告对在 2007 年至 2009 年从山东省济南、青岛、淄博、烟台、济宁、临沂等 6 个市的不同食品 (生畜禽肉、熟肉制品、水产品、蔬菜等) 分离的 100 株单核细胞增生李斯特氏菌，进行了脉冲场凝胶电泳分型。结果为采用 *Asc* I 酶切 DNA 后经脉冲场凝胶电泳分型，各菌株 DNA 共得到 10 ~ 15 个条带，基因片段大小为 21 ~ 1388kb；共分为 31 个脉冲场凝胶电泳型，以 4 型的菌株 (32 株) 最多 (构成比 32.0%)，其次为 8 型的 20 株 (构成比 20.0%)、1 型的 12 株 (构成比 12.0%)、25 型和 26 型的各 4 株 (构成比各 4.0%)、18 型的 3 株 (构成比 3.0%)、余 25 种型别的各 1 株 (构成比各 1.0%)。在区域分布特征方面，济南菌株以 4 型和 8 型为优势菌株，烟台和临沂菌株均以 4 型为优势菌株，在青岛、淄博、济宁菌株缺乏明显优势脉冲场凝胶电泳型菌株。研究结果表明在山东省食品中的单核细胞增生李斯特氏菌来源于不同的克隆株，但在部分菌株间存在不同程度的相关性；脉冲场凝胶电泳是分析单核细胞增生李斯特氏菌同源性的有效方法，对单核细胞增生李斯特氏菌的流行趋势、分布特点和分子流行病学研究，具有重要的意义[21]。

2.2.4.2 毒力基因型

宫照龙等 (2007) 报告对在 2000 年至 2005 年从北京、浙江、河南、福建、重庆、吉林、江苏、湖北、山西等 9 个省 (市) 食品 (生肉、肉制品、蔬菜、冷饮、水产品) 及患者分离的 116 株单核细胞增生李斯特氏菌，以及 2 个标准菌株，进行了 *hly*、*prfA*、*plcB*、*inlA*、*actA*、*iap* 等 6 个毒力基因的 PCR 检测。结果表明除 2 株菌不含 *prfA* 外，其余 116 株菌均含有此 6 个毒力基因[22]。

2.2.5 生境与抗性

李斯特氏菌广泛分布于自然界，如土壤、污水、屠宰场、青饲料、食品生产加工器具及多种食品，动物和人体也可带菌。在外环境的适应能力强，对不利因素如低温、高渗、抗菌物质有抵抗能力，还能在物体表面形成生物膜 (biofilm)。

2.2.5.1 生境

有报告 4% ～ 8% 的水产品、5% ～ 10% 的奶及奶产品、30% 以上的肉制品及 15% 以上的家禽均可被李斯特氏菌污染，即食食品 (ready-to-eat food) 和冷藏、冷冻食品易受污染。正常人粪便中李斯特氏菌的带菌率为 0.6% ～ 16%，有 70% 的人可短期带菌。

动物是李斯特氏菌病的重要储存宿主，人可能是主要的传染源。单核细胞增生李斯特氏菌不易被强烈的光照所灭活，亦耐受冻融，因此在土壤，污水，植物性饲料甚至是从未开垦的土地中也发现有此菌。已在牛、羊、野生反刍动物、猫、狗、猪、马、狐狸、鼠类等 42 种哺乳动物和鸡、野生鸟类等 22 种禽类及昆虫中均发现过单核细胞增生李斯特氏菌，另外在鱼类、蜱类、蝇类及甲壳动物中也分离到；在屠宰场工作的人员有 10% ～ 20% 的为无症状带菌者，但因单核细胞增生李斯特氏菌较难从大便中分离出来，所以实际的带菌率可能高达 20% ～ 25%，从事单核细胞增生李斯特氏菌研究的人员的带菌率可高达 77%[1,6]。

在前面有述的陈伟伟等 (2005) 报告，为系统了解福建省食品中单核细胞增生李斯特氏菌的污染状况及分布特征等，在 2000 年至 2003 年以福州、泉州、龙岩和尤溪 4 个地区为监测点，对生肉、熟肉、水产品和生牛奶等 4 大类共 1369 份食品进行了检测，结果总检出率为 6.14%(84/1 369)。其中以生肉类的检出率最高，在 667 份在检出 83 份 (检出率 12.44%)；在 323 份熟肉中检出 1 份 (检出率 0.31%)，在 195 份水产品及 184 份生牛奶中均未检出；在生肉类中以冻鸡肉的检出率最高，156 份中 60 份阳性 (检出率 38.46%)；其次为冻猪、牛、羊肉，在 33 份中检出 10 份 (检出率 30.3%)。另外为鲜生猪肉，在 172 份中检出 7 份 (检出率 4.07%)；鲜生牛肉，在 131 份中检出 5 份 (检出率 3.82%)；鲜生羊肉，在 93 份中检出 1 份 (检出率 1.08%)；在 82 份鲜生羊肉中未检出[20]。显然，单核细胞增生李斯特氏菌主要污染于肉类食品 (尤其是在冷冻肉类)，这也是与此菌的耐冷性直接相关的；同时提示，肉类食品是单核细胞增生李斯特氏菌造成食源性传播的主要媒介。

2.2.5.2 抗性

单核细胞增生李斯特氏菌的抵抗力强，在土壤、粪便、青储饲料和干草内能长期存活，在粪便中可存活 2 年以上，在干酪中可存活 1 年以上，在尸体中可存活 4 ～ 8 个月，在食品和植物屑片中可存活几个月，在冰箱中储藏的肉、蛋、食品中可生存或生长。对酸和碱的耐受性大，在 pH 5.0 ~ 9.6 及 10% 盐溶液中仍能生长，在 20% 盐溶液中经久不死亡；对热有抵抗力，100℃经 15min、70℃经 30min 才能将其杀死，因此经巴氏消毒的羊奶仍有单核细胞增生李斯特氏菌存活。在常用的消毒剂中，5% 的煤酚皂溶液经 10min、2.5% 的 NaOH 或福尔马林经 20min、0.1% 的升汞经 5min、2.5% 的石炭酸和 70% 的乙醇溶液经 5min、10% 的石灰乳作用 10min，能杀死单核细胞增生李斯特氏菌 [2, 23]。

在对常用抗菌类药物的耐药性方面，从一些对大量菌株的耐药性测定结果总体分析，在我国单核细胞增生李斯特氏菌的耐药率还是不高的；推测其是与李斯特氏菌病在我国并不普遍，以致临床使用抗生素类药物不广泛相关联的。以下记述的一些报告，是具有一定代表性的。

在前面有述浙江省疾病预防控制中心的梅玲玲等 (2006) 报告，对在 2000 年至 2005 年从 5 大类食品分离的 186 株单核细胞增生李斯特氏菌进行了耐药性检测。结果显示对供试的多数抗生素耐药性不高，尤其是对甲氧苄啶均敏感，但对目前我国治疗李斯特氏菌病的首选药物氨苄西林的耐药性却在逐年增高 (2005 年达到了 78.33%)；186 株菌对万古霉素、阿米卡星、头孢噻吩、环丙沙星、红霉素、庆大霉素、利福平的耐药性小于 5%，对四环素的耐药性占 8.97%，对头孢噻肟的耐药性占 39.74%，对呋喃妥因的耐药性占 49.36%，对氨苄西林的耐药性占 53.21%，对克林霉素的耐药性占 76.28%，对头孢西丁的耐药性占 76.96%[19]。

中国疾病预防控制中心营养与食品安全所的赵悦等 (2012) 报告检测了我国 22 个省 (地)2007 年至 2009 年从 9 类食物分离的食源性单核细胞增生李斯特氏菌 1069 株的耐药性。结果表现为 74 株耐药 (耐药率 6.92%)，其耐受的抗生素有四环素、多西环素、红霉素、氯霉素、环丙沙星、左旋氧氟沙星；耐受 2 种抗生素的 37 株，占总菌株数的 3.46% 及耐药菌 74 株的 50.0%；耐受 3 种抗生素的 3 株，占总菌株数的 0.28% 及耐药菌 74 株的 4.05%；表现多重耐药的 2 株，占总菌株数的 0.19% 及耐药菌 74 株的 2.70%。这些耐药菌株存在区域特征，表现耐药率在前 5 位的是甘肃分离株为 27.27%(6/22)、吉林分离株为 20.45%(9/44)、福建分离株为 17.39%(4/23)、江苏分离株为 12.99%(10/77)、湖南分离株为 12.50%(2/16)，从河南 (55 株)、山东 (67 株)、广东 (12 株)、广西 (4 株)、辽宁 (10 株)、重庆 (18 株)、安徽 (6 株) 等 7 个省 (自治区、直辖市) 分离的共 172 株均未检测到耐药菌株 [24]。

2.3　病原学意义

单核细胞增生李斯特氏菌可引起人及多种动物的李斯特氏菌病，常散发，通常不会发生大规模流行；人的感染多与接触感染的动物或动物粪便，或与食入被污染的食品有关 [6]。

2.3.1　人的李斯特氏菌病

单核细胞增生李斯特氏菌是一种重要的食源性病原菌，在绝大多数的食品中都有存在，如肉类、蛋类、海产品、乳制品、蔬菜等都已被证实易被此菌污染。人类李斯特氏菌病的感染对象主要是新生儿、孕妇、免疫功能低下者及老年人群。因单核细胞增生李斯特氏菌在 4℃ 的环境下仍可生长繁殖，是冷藏食品威胁人类健康的主要病原菌之一；在许多国家都已采取措施来控制食品中此菌的污染，并制定了相应的标准[1]。

2.3.1.1　基本感染类型

李斯特氏菌病的潜伏期为 3 ~ 70 天，发病初期多表现为腹泻、发热、剧烈头痛、恶心、呕吐，进而发展为败血症、脑膜炎，孕妇可出现流产；感染后约有 60% 患者出现中枢神经系统感染，大多为脑膜炎，少数可出现以脑干多发脓肿为典型表现的脑炎。感染包括妊娠感染、新生儿败血性肉芽肿病、败血症、脑膜炎、脑炎、化脓性结膜炎及皮肤感染的局部感染，以及肝炎、肝脓肿、心内膜炎、关节炎、骨髓炎、脑脓肿、胆囊炎等类型[1]。

2.3.1.2　食物中毒

由单核细胞增生李斯特氏菌引起的食源性疾病，一直以来主要发生在国外；从 20 世纪 80 年代始，在世界上已有多起因食入污染食品引起李斯特氏菌病暴发的事件，死亡率接近 30%。例如，1978 年在波士顿暴发了 1 起食源性李斯特氏菌病，有 23 人发病，5 人死亡，与食入芹菜、西红柿、生菜有关，分离的菌株为 4b 型；1981 年在加拿大沿海各省暴发了李斯特氏菌病，有 34 例孕妇和（或）新生儿发病，因食入被单核细胞增生李斯特氏菌污染的卷心菜沙拉引起，用于生产沙拉的卷心菜在生长期间被感染单核细胞增生李斯特氏菌病羊的粪便所污染，分离的菌株为 4b 型；1983 年美国的马萨诸塞州暴发了由巴氏消毒奶引起的李斯特氏菌病，发病 49 人，有 29% 的死亡，分离的菌株为 4b 型；1985 年春在美国加利福尼亚暴发了大规模的李斯特氏菌病，有 181 对母 - 婴发病和 133 例其他人发病，总死亡率为 33.4%，与食入墨西哥软酪有关，分离的菌株为 4b 型；1992 年在法国暴发了 1 起由污染食品引起的李斯特氏菌病，约有 60 人死亡；2000 年初在法国又暴发了由污染猪舌胨引起的李斯特氏菌病，有 30 人住院，7 人死亡[6]。

在我国由单核细胞增生李斯特氏菌引起的食源性疾病，目前还尚不多见。在食物中毒方面，浙江省台州市疾病预防控制中心的葛素君等（2006）报告在 2003 年 10 月，台州市某小学 140 余名 8 ~ 12 岁学生在课间营养餐，食用熟食喜蛋后有 82 人（罹患率 58.57%）群体暴发食物中毒，潜伏期 8 ~ 10h，临床主要表现为寒战、头痛、头昏、恶心、呕吐；有 4 例严重的出现了神志不清、不安、谵妄、脑膜刺激征，甚至出现神志昏迷等神经系统症状。检验证实，是由单核细胞增生李斯特氏菌污染熟食喜蛋引起的[25]。

2.3.1.3　医院感染特点

由单核细胞增生李斯特氏菌引起的医院感染，在我国还是比较少见的，更缺乏比较系统的记述。在前面有记述中国人民解放军西藏军区总医院的王洪斌等（2005）报告，从医院感染患者分离的病原菌中，包括分离于外科系统的李斯特氏菌属细菌 2 株（构成比 0.77%）[3]。在前面有记述广州市海珠区妇幼保健院的郑虹等（2008）报告，在从该医院新生儿重症监护室送检的不同标本材料中检出的病原菌中，包括分离于血液材料的单核细胞增生李斯特氏菌 2 株（构成比 0.72%）[4]。

2.3.2　动物的李斯特氏菌病

有多种动物均能发生李斯特氏菌病，自然发病在家畜以绵羊、猪、家兔的报告较多，其次是在牛和山羊，在马、犬、猫的很少；在家禽中以鸡、火鸡、鹅的较多，在鸭的较少；许多野兽、野禽、啮齿动物 (尤其是鼠类) 都易感染，且常为单核细胞增生李斯特氏菌的储存宿主。该病一般为散发，在家畜主要表现为脑膜脑炎、败血症及妊娠畜的流产；在家禽和啮齿动物主要为坏死性肝炎和心肌炎 [26]。

2.3.3 毒力因子与致病机制

对单核细胞增生李斯特氏菌毒力因子与致病机制的研究较多，而且在诸多方面都是比较明晰的；现择一些主要的简要予以记述，主要涉及单核细胞增生李斯特氏菌对靶细胞的侵袭及内化、逃逸吞噬细胞吞噬体的作用等 [8]。

2.3.3.1 毒力岛

单核细胞增生李斯特氏菌为典型的兼性细胞内寄生菌，编码与细胞内寄生生活循环有关的毒力基因有 2 簇，为单核细胞增生李斯特氏菌毒力岛 LIPI-1 和 LIPI-2。

(1)LIPI-1：位于 9kb 大小的染色体上，其两侧分别为 prs 和 ldh 位点。LIPI-1 有 prfA、plcA、hly、mpl、actA、plcB 共 6 个基因，其中的 plcA 编码 plcA 磷脂酰肌醇 - 特异性磷脂酶 C；plcB 编码磷脂酶 C，包括性质不同的磷脂酰肌醇磷脂酶 C 和磷脂酰胆碱磷脂酶 C 两类，磷脂酰肌醇磷脂酶 C 可辅助细菌逸出初级吞噬体，磷脂酰胆碱磷脂酶 C 有助于细菌在细胞间的扩散；actA 基因编码表面 actA 蛋白，可通过诱导细胞肌动蛋白分子的聚合作用促使细菌在细胞间的传递，同时也与细菌被宿主细胞内化有关；mpl 的基因产物 mpl 蛋白加工酶，为锌依赖蛋白酶，具有外毒素的作用；prfA 为转录激活调节蛋白基因，编码 prfA 蛋白，是一种转录因子，是单核细胞增生李斯特氏菌所有基因簇 (包括 prfA 本身) 转录激活所必需的，也是迄今鉴定出的单核细胞增生李斯特氏菌的唯一毒力调节蛋白，在感染宿主细胞的过程中，对于许多毒力因子的等位表达起着关键调控因子的作用。

李斯特氏菌溶血素 O 基因 (hly) 编码李斯特氏菌溶血素 O(listeriolysin O，LLO)，分子质量为 58 ~ 60kDa，对热不稳定，在血液营养琼脂培养基上能产生溶血区，也是被主要研究的抗原物质。溶血素 O 是一种依赖胆固醇、可在细胞膜上形成孔的毒素家族的成员，此类溶血素在结构上有 70% 以上的相似性，分解细胞的活性是由于在溶血素上的一个半胱氨酸残基；溶血素 O 与破坏吞噬体、促进菌体进入细胞溶胶有关，是细菌得以在细胞溶胶内增殖的先决条件，是单核细胞增生李斯特氏菌分泌的主要毒力因子；hly 的表达，受 prfA 的调控。溶血素 O 可与靶细胞膜上的胆固醇结合，30 ~ 40 个溶血素 O 分子可分解 1 个红细胞。尽管所有具有毒力的菌株带有溶血性，但有些无毒力菌株也可产生溶血素 O，不产生溶血素 O 的菌株虽可在非吞噬细胞的细胞溶胶中生存一段时间，但却不能繁殖，并因无法逃逸吞噬体而不能对其他细胞感染，此外是溶血素 O 还参与同单核细胞增生李斯特氏菌致病性有关的其他反应。

(2)LIPI-2：也称为内化素小岛 (internalin islets)，是一个富含亮氨酸重复序列的蛋白质家族。单核细胞增生李斯特氏菌的内化素分为 2 个型，其一由相对分子质量大的蛋白质组成，通过其 C- 末端区附于菌细胞壁上，此亚族的代表是由 InlAB 编码的 InlA 和 InlB 多肽；另一亚族由相对分子质量较小的蛋白质组成，它们缺乏 C- 末端区菌细胞壁锚定区，释放于菌细胞外环境中。内化素是分子质量为 80kDa 的外膜蛋白，参与细菌侵袭宿主细胞并在细菌侵入宿主细胞过程中起关键作用。InlA 是在单核细胞增生李斯特氏菌被认定的第一个表面蛋白，对于单核细胞增生李斯特氏菌穿入非吞噬细胞（如上皮细胞）是必需的；InlB 在对肝细胞的侵袭过程中起着重要作用，即 InlA 和 InlB 是单核细胞增生李斯特氏菌被非吞噬细胞内化所必需的。另外，小的分泌性亚族，在体内对传染过程具有明显的影响。

2.3.3.2　李斯特氏菌 p60 蛋白

由 *iap* 基因编码的 p60 蛋白，是由李斯特氏菌产生的胞外蛋白，分子质量为 60kDa，是由 484 个氨基酸残基组成的多肽链，具有水解酶和酰胺酶活性，与李斯特氏菌的侵袭性有密切关系，在单核细胞增生李斯特氏菌的抗吞噬细胞溶解作用上及对机体的感染过程，p60 蛋白是一个重要的因素。目前分离到的所有李斯特氏菌均含有 p60 蛋白或其同系物，但在不同种的李斯特氏菌编码的 p60 蛋白 N 端和 C 端区域都具有高度的保守性，不同种 p60 蛋白的中间区域各具特异性；有研究表明在对单核细胞增生李斯特氏菌的保护性免疫中，p60 蛋白也是一个重要的抗原成分，是刺激机体 B、T 淋巴细胞产生免疫反应的主要抗原分子。

2.4　微生物学检验

对单核细胞增生李斯特氏菌的微生物学检验，目前还主要是依赖于对细菌分离与鉴定的细菌学检验；免疫学方法、分子生物学方法等，可作为辅助性检验手段。

2.4.1　细菌分离与鉴定

在对单核细胞增生李斯特氏菌的分离与鉴定中，形态特征为革兰氏阳性杆菌、传代培养物常呈球菌状趋势（需要与革兰氏阳性球菌相区别），陈旧培养物的革兰氏染色反应可变为阴性；在脑心浸液、血液营养琼脂或巧克力琼脂培养基上生长良好，菌落小、圆、透明，在血液营养琼脂培养基平板上可呈狭窄的 β- 溶血（有时需要在刮去菌落后才能见到），此特征可与其他革兰氏阳性小杆菌相鉴别。单核细胞增生李斯特氏菌的动力阳性，是唯一的在临床标本中可见的革兰氏阳性小杆菌，若将其穿刺接种于高层半固体培养基在室温(25℃最宜)培养，则呈伞状生长特征。由于单核细胞增生李斯特氏菌具有在 4℃ 生长的特征，当遇到有杂菌污染严重的标本时，分离培养可采用接种于营养肉汤培养基后置 4℃ 的"冷增菌"方法。单核细胞增生李斯特氏菌的接触酶阳性、能在 4℃ 生长、发酵 D- 葡萄糖及水杨苷和海藻糖产酸、水解七叶苷、伏 - 波试验及甲基红试验阳性，甘露醇和 H_2S 阴性等，是具有鉴别意义的项目 [17, 18, 27]。

2.4.2　血清型检定

用 pH 7.2 的 0.85% 缓冲生理盐水将生长于营养琼脂培养基上的细菌洗下，置沸水浴中煮沸 1h，与李斯特氏菌多价及单因子菌体抗血清做玻片凝集反应检定菌体抗原，鞭毛抗原需以不经热处理的菌液做试管凝集反应检定，以确定分离菌株的血清型 [19, 28]。

2.4.3　动物接种试验

利用易感动物做接种试验，对鉴定单核细胞增生李斯特氏菌具有实用价值，主要包括如下几种试验。①用单核细胞增生李斯特氏菌的 24h 肉汤培养物 1 滴，滴入幼兔或豚鼠的一侧结膜囊内，另一侧为对照，观察 5 天；一般在接种后的 24 ～ 36h 内，出现化脓性结膜炎。②用 0.5ml 菌悬液注射接种于幼兔耳静脉，在 3 ～ 5 天内，幼兔血液内的单核细胞可迅速上升到 40% 以上。③用 0.2ml 肉汤培养物经腹腔注射接种于 16 ～ 20g 的小鼠，在 5 天内将其致死，可见其肝脏、脾脏有坏死灶；如进行分离培养，可检出单核细胞增生李斯特氏菌[28]。

2.4.4　免疫血清学检验

1992 年，Bessesen 等利用淋巴细胞杂交瘤技术，首次制备了 1 株能稳定分泌抗单核细胞增生李斯特氏菌特异性单克隆抗体的细胞株 EM-7G1，以特异性的单克隆抗体建立的夹心酶联免疫吸附试验 (enzyme-linked immunosorbent assay，ELISA) 方法，能在 20 ～ 24h 检出 8 ～ 10CFU/g(ml)；焦新安等于 1994 年在国内首次报告研制出 3 株针对单核细胞增生李斯特氏菌特异表位单克隆抗体，建立了快速检测单核细胞增生李斯特氏菌的单克隆抗体夹心酶联免疫吸附试验方法[29]。

2.4.5　分子生物学检验

对单核细胞增生李斯特氏菌的分子生物学检验，目前还主要是在溶血素基因方面。Datta 等克隆出单核细胞增生李斯特氏菌 β- 溶血素基因的 1 个 500bp 大小的 DNA 片段，根据其序列合成了 4 种寡聚核苷酸探针，各为 20 个碱基，以 ^{32}P 标记探针经斑点杂交试验证实具有良好的特异性。Bessesen 等利用克隆出的单核细胞增生李斯特氏菌溶血素基因片段 (606bp)，设计出长度为 24bp 的引物，以 PCR 方法检测了 95 株单核细胞增生李斯特氏菌，显示了良好的特异性，当样品中单核细胞增生李斯特氏菌的浓度达到 10^5 个 / 毫升时，即可成功地进行此基因片段的扩增[30]。

（陈翠珍）

参 考 文 献

[1] 贾辅忠，李兰娟．感染病学．南京：江苏科学技术出版社，2010: 475～476.

[2] 陈为民，唐利军，高忠明．人兽共患病．武汉：湖北科学技术出版社，2006: 197～201.

[3] 王洪斌，何代平，蒋红梅，等．高原地区医院感染的细菌学研究．西南军医，2005, 7(2):1～2.

[4] 郑虹，李观定．新生儿监护室医院感染的病原菌分布及耐药性分析．中国医药导报，2008, 5(27):81～83.

[5] Aidan C P. Bergey's Manual of Systematic Bacteriology. Second Edition. Volume Three. Springer, New York, 2009: 244～257.

[6] 杨正时，房海．人及动物病原细菌学．石家庄：河北科学技术出版社，2003: 884～894.

[7] 休伯特 W T, 麦卡洛克 W F, 施努伦贝格尔 P R. 人兽共患病．魏羲，刘瑞三，范明远，译．上海：上海科学技术出版社，1985: 170～175.

[8] 蒋原．食源性病原微生物检测指南．北京：中国标准出版社，2010: 110～129.

[9] 文心田，于恩庶，徐建国，等．当代世界人兽共患病学．成都：四川科学技术出版社，2011: 529～537.

[10] 齐素瑛，郝士海．李斯特氏菌属的研究进展．肉品卫生，1997, (7):26～29.

[11] 王焕新, 刘玉年. 家兔李氏杆菌病病例诊断报告. 中国兽医杂志, 1963, (5):8~9.

[12] 楼方岑, 叶天星. 上海流行传染性单核细胞增多症的研究——流行病学调查分析. 中华医学杂志, 1958, (第 10 号):939~945.

[13] 王焕新, 张志坚. 绵羊李氏杆菌病调查研究报告. 中国兽医杂志, 1963, (1):11~13.

[14] 任希平, 贺天笙, 殷力生. 猪李氏杆菌病病例诊断报告. 中国兽医杂志, 1966, (3):7~9.

[15] 赵煊, 苟国兰, 姜景文. 山羊羔李氏杆菌病. 新疆农业科技, 1975, (2):34, 32.

[16] 黄翠丽, 王玲. 李氏杆菌病研究进展. 山东畜牧兽医, 2006, (2):44~46.

[17] 闻玉梅. 现代医学微生物学. 上海: 上海医科大学出版社, 1999, 556~560.

[18] 唐珊熙. 微生物学及微生物学检验. 北京: 人民卫生出版社, 1998, 244~246.

[19] 梅玲玲, 骆丽巧, 朱敏, 等. 食品中单增李斯特氏菌血清型及耐药性研究. 中国卫生检验杂志, 2006, 16(10):1165~1166.

[20] 陈伟伟, 洪锦春, 杨毓环, 等. 福建省 2000~2003 年食品中单核细胞增生李斯特氏菌的监测与分析. 中国食品卫生杂志, 2005, 17(2):112~115.

[21] 贾静, 毕振旺, 陈玉贞, 等. 山东省食品中单核细胞增生李斯特氏菌脉冲场凝胶电泳分型. 山东大学学报 (医学版), 2011, 49(8):153~160.

[22] 宫照龙, 祝仁发, 叶长芸, 等. 118 株单核细胞增生李斯特氏菌的毒力基因检测. 疾病监测, 2007, 22(5):299~301.

[23] 张彦明, 邹世品. 人兽共患病. 西安: 西北大学出版社, 1994: 199~204.

[24] 赵悦, 付萍, 裴晓燕, 等. 中国食源性单核细胞增生李斯特氏菌耐药特征分析. 中国食品卫生杂志, 2012, 24(1):5~8.

[25] 葛素君, 许际华, 冯济富, 等. 运用"染片指引法"对产单核李斯特氏菌暴发食物中毒的诊断及其意义. 中国卫生检验杂志, 2006, 16(1):94~95.

[26] 蔡宝祥. 家畜传染病学. 4 版. 北京: 中国农业出版社, 2001: 100~103.

[27] 叶应妩, 王毓三. 全国临床检验操作规程. 2 版. 南京: 东南大学出版社, 1997: 499~500.

[28] 李仲兴, 郑家齐, 李家宏. 临床细菌学. 北京: 人民卫生出版社, 1986: 129~133.

[29] 李翠云. 单核细胞李斯特氏菌研究近况. 中国热带医学, 2010, 10(1):120~122.

[30] 金宁一, 胡仲明, 冯书章. 新编人兽共患病学. 北京: 科学出版社, 2007: 600~615.

第 50 章　分枝杆菌属 (*Mycobacterium*)

　　分枝杆菌属 (*Mycobacterium* Lehmann and Neumann 1896) 的结核分枝杆菌 (*Mycobacterium tuberculosis*，简称结核杆菌，tubercle bacilli)、麻风分枝杆菌 (*Mycobacterium leprae*)，是两种最为重要的病原分枝杆菌。由结核分枝杆菌引起的结核病 (tuberculosis)，是一种全身各脏器均可受累的慢性传染病，但以肺结核 (pulmonary tuberculosis) 最为常见；是一种重要的人畜共患病 (zoonoses)，并已成为重要的公共卫生和社会问题。由麻风分枝杆菌引起的麻风 (leprosy)，是人的慢性肉芽肿性传染病，主要侵害皮肤、外周神经组织、眼及上呼吸道黏膜，少数病例可累及深部组织及内脏器官 [1,2]。

　　除了结核分枝杆菌复合群 (*Mycobacterium tuberculosis* clade，*Mycobacterium tuberculosis* complex) 外的其他分枝杆菌，常是被统称为非结核分枝杆菌 (non-tuberculous mycobacteria，NTM)，在以往也曾被统称为除结核分枝杆菌外的分枝杆菌 (*Mycobacterium* other than *tuberculosis*，MOTT) 或非典型分枝杆菌 (atypical mycobacteria)，但非结核分枝杆菌，通常是指结核分枝杆菌复合群和麻风分枝杆菌以外的其他分枝杆菌。结核分枝杆菌复合群包括 6 个种 (species)，分别为：结核分枝杆菌、非洲分枝杆菌 (*Mycobacterium africanum*)、牛分枝杆菌 (*Mycobacterium bovis*)、山羊分枝杆菌 (*Mycobacterium caprae*)、田鼠分枝杆菌 (*Mycobacterium microti*)、鳍脚亚目动物分枝杆菌 (*Mycobacterium pinnipedii*)[3]。

　　非结核分枝杆菌的菌落有光滑型 (smooth，S) 和粗糙型 (rough，R)，有的菌种会随着环境发生改变，两者可以互相出现，如属于生长缓慢分枝杆菌 (slow-growing species of the genus *Mycobacterium*，SGM) 类型的堪萨斯分枝杆菌 (*Mycobacterium kansasii*)、海分枝杆菌 (*Mycobacterium marinum*)，以及属于生长快速分枝杆菌 (rapid-growing species of the genus *Mycobacterium*，RGM) 类型的偶发分枝杆菌 (*Mycobacterium fortuitum*) 等菌种 (species)。能够产生色素的菌种有灰色、白色、柠檬色、乳酪色、黄色、橘黄色、橘红色等。在生长温度方面，若将接种后的培养基分别置于 22 ～ 25℃、32 ～ 33℃、35 ～ 39℃、41 ～ 43℃ 等不同恒温环境中培养，绝大多数的非结核分枝杆菌均能在 22 ～ 37℃ 条件下生长；但属于生长缓慢类型的鸟分枝杆菌 (*Mycobacterium avium*)、蟾分枝杆菌 (*Mycobacterium xenopi*)、胞内分枝杆菌 (*Mycobacterium intracellulare*) 部分菌株，可在 41 ～ 43℃ 条件下生长。属于生长缓慢类型的结核分枝杆菌、牛分枝杆菌，在 22 ～ 25℃ 条件下不能生长、仅能在 37℃ 左右的条件下生长 [1,3]。

在医院感染 (hospital infection，HI) 的分枝杆菌属细菌中，在我国已有明确记述和报告的涉及 4 个种及亚种 (subspecies)，分别为：结核分枝杆菌，以及属于非结核分枝杆菌类的脓肿分枝杆菌 (*Mycobacterium abscessus*)、龟分枝杆菌 (*Mycobacterium chelonae*)、偶发分枝杆菌偶发亚种 (*Mycobacterium fortuitum* subsp. *fortuitum*)，其中以结核分枝杆菌相对比较多见。这些分枝杆菌，在所有医院感染革兰氏阳性细菌中也是不少见的。

● 上海市肺科医院的张莹蓉等 (2000) 报告在 1998 年 4 月 1 日至 5 月 31 日的两个月内，深圳市妇儿医院发生一起由非结核分枝杆菌所致的术后感染。在行手术治疗的 292 例患者中，有 154 例发生术后感染 (感染率 52.74%)。大部分患者的潜伏期较长 (30 天左右)，有的长达 90 天左右；以深部感染为主，形成脓肿 (有脓性分泌物)，在部分患者有局部淋巴结肿大，有的患者出现低热，抗生素治疗的效果不明显。上海市肺科医院实验室受该医院之邀，采集了感染患者的伤口分泌物、淋巴结渗出液等标本材料进行细菌学检验，鉴定此起术后感染是由脓肿分枝杆菌引起的。引起感染的原因，主要是用于浸泡手术器械的消毒剂未达到规定浓度，致使非结核分枝杆菌得以传播 [4]。

● 江苏省东台市人民医院的储旭东等 (2004) 报告在 2000 年 9 月 12 日至 10 月 15 日间，东台市某乡镇医院门诊部共接受臀部肌内注射治疗患者 194 例，从 10 月 4 日出现首例臀部皮肤感染患者，到 2001 年 3 月 4 日共有 63 例患者出现臀部医院非结核分枝杆菌皮肤感染 (感染率 32.47%)。以患者感染伤口渗出物进行细菌学检验，结果检出了非结核分枝杆菌 38 株 (构成比 60.32%)，经鉴定为龟分枝杆菌；在检验材料中有 8 份 (构成比 21.05%) 合并存在表皮葡萄球菌 (*Staphylococcus epidermidis*)、5 份 (构成比 13.16%) 合并存在木糖葡萄球菌 (*Staphylococcus xylosus*)、3 份 (构成比 7.89%) 合并存在铜绿假单胞菌 (*Pseudomonas aeruginosa*)。根据流行病学资料和检验结果，认为龟分枝杆菌是引起此次患者臀部皮肤医院感染暴发流行的病原菌 [5]。

● 复旦大学附属华东医院的谢伟林等 (2014) 报告，对上海市 12 所医院 (长海医院、长征医院、仁济医院、华山医院、中山医院、光华医院、龙华医院、岳阳医院、市一医院、市中医院、市六医院、宝钢医院)，在 2009 年 1 月至 2011 年 2 月间收住院治疗的 2452 例活动性类风湿关节炎 (rheumatoid arthritis，RA) 患者，进行了医院感染的前瞻性调查。结果为 503 例 (感染率 20.51%) 发生医院感染 721 例次，其中 362 例 (构成比 71.97%) 患者发生 1 次医院感染、141 例 (构成比 28.03%) 患者发生 2 次以上的医院感染。从感染患者的咽拭子、痰液、血液、尿液、粪便、脓液、分泌物、脑脊液等标本材料，检出细菌、真菌 (fungi)、病毒 (virus)3 大类 17 种病原体 (pathogen) 共 721 株，分别为：细菌 11 种 631 株 (构成比 87.52%)、真菌 5 种 74 株 (构成比 10.26%)、病毒 1 种 16 株 (构成比 2.22%)。在 11 种 631 株细菌中，革兰氏阴性细菌 6 种 382 株 (构成比 60.54%)、革兰氏阳性细菌 5 种 249 株 (构成比 39.46%)，各菌种的出现频率依次为：大肠埃希氏菌 (*Escherichia coli*)226 株 (构成比 35.82%)、粪肠球菌 (*Enterococcus faecalis*)120 株 (构成比 19.02%)、金黄色葡萄球菌 (*Staphylococcus aureus*)53 株 (构成比 8.39%)、鲍氏不动杆菌 (*Acinetobacter baumannii*)48 株 (构成比 7.61%)、肺炎克雷伯氏菌 (*Klebsiella pneumoniae*)44 株 (构成比 6.97%)、表皮葡萄球菌 44 株 (构成比 6.97%)、铜绿假单胞菌 40 株 (构成比 6.34%)、屎肠球菌 (*Enterococcus faecium*)24 株 (构成比 3.80%)、阴沟肠杆菌 (*Enterobacter cloacae*)12 株 (构成比 1.90%)、变形菌属 (*Proteus* Hauser 1885) 细菌 12 株 (构成比 1.90%)、结核分枝杆菌 8 株 (构成比 1.27%)，结核分枝杆菌居第 11 位。在 5 种 249 株革兰氏阳性细菌 (粪肠球菌、金黄色葡萄球菌、表皮葡萄球菌、屎肠球菌、结核分枝杆菌) 中，结核分枝杆菌 8 株 (构成比 3.21%) 居第 5 位 [6]。

1　菌属定义与分类位置

分枝杆菌属是分枝杆菌科 (Mycobacteriaceae Chester 1897) 细菌的成员，近些年来在分枝杆菌属内种的变动较大。菌属 (genus) 名称"*Mycobacterium*"为现代拉丁语中性名词，指小杆状真菌 (a fungus rodlet)[3]。

1.1　菌属定义

分枝杆菌属细菌为平直或稍弯曲杆菌，大小为 (0.2 ~ 0.6)μm × (1.0 ~ 10.0)μm，有时分枝；可发现丝状或类似于菌丝体 (filamentous or mycelium-like) 状生长，但很快分段成杆状或球状体。在生长的一定时期，可表现出耐酸性乙醇 (acid–alcohol-fast) 特性；不易被革兰氏染液着色，通常呈微弱革兰氏阳性。无肉眼可见的气生菌丝 (aerial hyphae)，不能运动，无芽孢，无分生孢子 (conidia) 或荚膜 (capsules)。

分枝杆菌属细菌为好氧或微需氧菌，化能有机营养，生长缓慢或非常缓慢，在适宜温度下 2 ~ 60 天可见菌落出现。菌落经常是白色到奶油色、橘黄色或黄色，特别是暴露在光下，色素不扩散，表面通常暗淡或粗糙。全菌体水解液中富含 *meso-* 二氨基庚二酸 (*meso*-diaminopimelic acid)、阿拉伯糖、半乳糖，肽聚糖 (peptidoglycan) 是 A1g 型，胞壁酸 (Muramic acid) 的 50% 是 *N-* 羟基乙酸盐 (*N*-glycolated)；细胞和细胞壁富含脂类 (lipids)，包括蜡质 (waxes)、可溶性氯仿 (chloroform-soluble)、长 60 ~ 90 个碳原子的支链分枝菌酸 (mycolic acids)。高温裂解脂肪酸酯类 (fatty acid esters) 释放长 22 ~ 26 个碳原子的分枝菌酸酯类 (mycolic acid esters)；细胞含有占优势的二磷脂酰甘油 (diphosphatidylglycerol)、磷脂酰乙醇胺 (phosphatidylethanolamine)、磷脂酰肌醇 (phosphatidylinositol)、磷脂酰肌醇甘

露糖苷 (phosphatidylinositol mannoside) 等极性脂质 (polar lipids)。有些种生长需要复杂营养，需要特殊的添加物（如副结核分枝杆菌）或是不能人工培养（如麻风分枝杆菌）。接触酶阳性，芳基硫酸酯酶阳性，抗溶菌酶。

分枝杆菌属细菌广泛存在于土壤及水中，一些种是专性寄生物和脊椎动物病原菌，包括专性寄生菌 (obligate parasites)、腐生菌 (saprophytes)、机会病原菌 (opportunistic pathogen)。

分枝杆菌属细菌 DNA 的 G+C mol% 为 57 ~ 73(T_m，HPLC)；模式种 (type species)：结核分枝杆菌 [*Mycobacterium tuberculosis*(Zopf 1883)Lehmann and Neumann 1896][3]。

1.2 分类位置

按伯杰氏 (Bergey) 细菌分类系统，在第二版《伯杰氏系统细菌学手册》(*Bergey's Manual of Systematic Bacteriology*) 第 5 卷 (2012) 中，分枝杆菌属分类于分枝杆菌科。

分枝杆菌科内仅包括一个分枝杆菌属，也是模式属 (type genus)。

分枝杆菌属内共记载了 126 个种、5 个亚种 (subspecies)，习惯上常常是根据培养生长速度，将其划分为生长缓慢的分枝杆菌、生长快速的分枝杆菌两大类。在 126 种、5 个亚种分枝杆菌中，包括生长缓慢的分枝杆菌 57 个种、3 个亚种；生长快速的分枝杆菌 69 个种、2 个亚种。

生长缓慢的分枝杆菌 57 个种，分别为：结核分枝杆菌、非洲分枝杆菌、牛分枝杆菌、山羊分枝杆菌、田鼠分枝杆菌、鳍脚亚目动物分枝杆菌、嗜血分枝杆菌 (*Mycobacterium haemophilum*)、玛尔摩分枝杆菌 (*Mycobacterium malmoense*)、波西米亚高地分枝杆菌 (*Mycobacterium bohemicum*)、堪萨斯分枝杆菌、胃分枝杆菌 (*Mycobacterium gastri*)、内布拉斯加分枝杆菌 (*Mycobacterium nebraskense*)、鸟分枝杆菌、胞内分枝杆菌、混兽分枝杆菌 (*Mycobacterium chimaera*)、哥伦比亚分枝杆菌 (*Mycobacterium colombiense*)、溃疡分枝杆菌 (*Mycobacterium ulcerans*)、海分枝杆菌、夏氏分枝杆菌 (*Mycobacterium shottsii*)、假夏氏分枝杆菌 (*Mycobacterium pseudoshottsii*)、戈登氏分枝杆菌 (*Mycobacterium gordonae*)、亚洲分枝杆菌 (*Mycobacterium asiaticum*)、中庸分枝杆菌 (*Mycobacterium interjectum*)、萨斯喀彻温分枝杆菌 (*Mycobacterium saskatchewanense*)、沼泽分枝杆菌 (*Mycobacterium palustre*)、副瘰病分枝杆菌 (*Mycobacterium parascrofulaceum*)、库比卡氏分枝杆菌 (*Mycobacterium kubicae*)、猿分枝杆菌 (*Mycobacterium simiae*)、佛罗伦萨分枝杆菌 (*Mycobacterium florentinum*)、海德堡分枝杆菌 (*Mycobacterium heidelbergense*)、三重分枝杆菌 (*Mycobacterium triplex*)、蒙特医学中心分枝杆菌 (*Mycobacterium montefiorense*)、日内瓦分枝杆菌 (*Mycobacterium genavense*)、帕尔马分枝杆菌 (*Mycobacterium parmense*)、慢生黄分枝杆菌 (*Mycobacterium lentiflavum*)、隐藏分枝杆菌 (*Mycobacterium celatum*)、德氏分枝杆菌 (*Mycobacterium branderi*)、蟾分枝杆菌、柏林半岛分枝杆菌 (*Mycobacterium heckeshornense*)、波特尼亚分枝杆菌 (*Mycobacterium botniense*)、土分枝杆菌 (*Mycobacterium terrae*)、熊本分枝杆菌 (*Mycobacterium kumamotonense*)、爱尔兰分枝杆菌 (*Mycobacterium hiberniae*)、临床病理所分枝杆菌 (*Mycobacterium arupense*)、无色分枝杆菌 (*Mycobacterium nonchromogenicum*)、麻风分枝杆菌、鼠麻风分枝杆菌 (*Mycobacterium lepraemurium*)、斯氏分枝杆菌 (*Mycobacterium szulgai*)、首尔分枝杆菌 (*Mycobacterium seoulense*)、瘰疬分枝杆菌 (*Mycobacterium scrofulaceum*)、出众分枝杆菌 (*Mycobacterium conspicuum*)、湖泊分枝杆菌 (*Mycobacterium lacus*)、中间分枝杆菌 (*Mycobacterium intermedium*)、库氏分枝杆菌 (*Mycobacterium cookii*)、次要分枝杆菌 (*Mycobacterium triviale*)、托斯卡纳分枝杆菌 (*Mycobacterium tusciae*)、下出氏分枝杆菌 (*Mycobacterium shimoidei*)。

其中的鸟分枝杆菌包括 3 个亚种，分别为：鸟分枝杆菌鸟亚种 (*Mycobacterium avium* subsp. *avium*)、鸟分枝杆菌副结核亚种 (*Mycobacterium avium* subsp. *paratuberculosis*)、鸟分枝杆菌唾液亚种 (*Mycobacterium avium* subsp. *silvaticum*)。

生长快速的分枝杆菌 69 个种，分别为：知多分枝杆菌 (*Mycobacterium chitae*)、假误分枝杆菌 (*Mycobacterium fallax*)、科莫斯分枝杆菌 (*Mycobacterium komossense*)、爱知分枝杆菌 (*Mycobacterium aichiense*)、荷尔斯泰因分枝杆菌 (*Mycobacterium holsaticum*)、壁分枝杆菌 (*Mycobacterium murale*)、东海分枝杆菌 (*Mycobacterium tokaiense*)、南非分枝杆菌 (*Mycobacterium austroafricanum*)、范巴伦氏分枝杆菌 (*Mycobacterium vanbaalenii*)、母牛分枝杆菌 (*Mycobacterium vaccae*)、金色分枝杆菌 (*Mycobacterium aurum*)、食芘分枝杆菌 (*Mycobacterium pyrenivorans*)、安科纳分枝杆菌 (*Mycobacterium doricum*)、慕尼黑分枝杆菌 (*Mycobacterium monacense*)、微黄分枝杆菌 (*Mycobacterium flavescens*)、新城分枝杆菌 (*Mycobacterium novocastrense*)、杜氏分枝杆菌 (*Mycobacterium duvalii*)、田野分枝杆菌 (*Mycobacterium agri*)、抗热分枝杆菌 (*Mycobacterium thermoresistibile*)、耻垢分枝杆菌 (*Mycobacterium smegmatis*)、古德氏分枝杆菌 (*Mycobacterium goodii*)、草分枝杆菌 (*Mycobacterium phlei*)、冬天分枝杆菌 (*Mycobacterium brumae*)、汇合分枝杆菌 (*Mycobacterium confluentis*)、象分枝杆菌 (*Mycobacterium elephantis*)、灰尘分枝杆菌 (*Mycobacterium pulveris*)、外来分枝杆菌 (*Mycobacterium peregrinum*)、沃氏分枝杆菌 (*Mycobacterium wolinskyi*)、马德里分枝杆菌 (*Mycobacterium mageritense*)、泥炭藓分枝杆菌 (*Mycobacterium sphagni*)、氯酚红分枝杆菌 (*Mycobacterium chlorophenolicum*)、楚布医院分枝杆菌 (*Mycobacterium chubuense*)、海绵分枝杆菌 (*Mycobacterium poriferae*)、耐冷分枝杆菌 (*Mycobacterium psychrotolerans*)、副偶发分枝杆菌 (*Mycobacterium parafortuitum*)、浅黄分枝杆菌 (*Mycobacterium gilvum*)、大府分枝杆菌 (*Mycobacterium obuense*)、偶发分枝杆菌、罗得西亚分枝杆菌 (*Mycobacterium rhodesiae*)、休斯顿分枝杆菌 (*Mycobacterium houstonense*)、康塞医院分枝杆菌 (*Mycobacterium conceptionense*)、塞内加尔分枝杆菌 (*Mycobacterium senegalense*)、鼻疽分枝杆菌 (*Mycobacterium farcinogenes*)、血液分枝杆菌 (*Mycobacterium septicum*)、河床分枝杆菌 (*Mycobacterium alvei*)、猪分枝杆菌 (*Mycobacterium porcinum*)、波氏分枝杆菌 (*Mycobacterium boenickei*)、新奥尔良分枝杆菌 (*Mycobacterium neworleansense*)、新金色分枝杆菌 (*Mycobacterium neoaurum*)、布里斯班分枝杆菌 (*Mycobacterium brisbanense*)、腓特烈斯堡分枝杆菌 (*Mycobacterium frederiksbergense*)、食荧蒽分枝杆菌 (*Mycobacterium fluoranthenivorans*)、迪氏分枝杆菌 (*Mycobacterium diernhoferi*)、加那利群岛分枝杆菌 (*Mycobacterium canariasense*)、美容品分枝杆菌 (*Mycobacterium cosmeticum*)、产黏液分枝杆菌 (*Mycobacterium mucogenicum*)、欧

巴涅分枝杆菌 (*Mycobacterium aubagnense*)、弗卡分枝杆菌 (*Mycobacterium phocaicum*)、龟分枝杆菌、脓肿分枝杆菌、免疫应答分枝杆菌 (*Mycobacterium immunogenum*)、博氏分枝杆菌 (*Mycobacterium bolletii*)、马赛分枝杆菌 (*Mycobacterium massiliense*)、嗜鲑鱼分枝杆菌 (*Mycobacterium salmoniphilum*)、黑森分枝杆菌 (*Mycobacterium hassiacum*)、马达加斯加分枝杆菌 (*Mycobacterium madagascariense*)、盛冈分枝杆菌 (*Mycobacterium moriokaense*)、加的斯分枝杆菌 (*Mycobacterium gadium*)、霍氏分枝杆菌 (*Mycobacterium hodleri*)。

其中的偶发分枝杆菌包括 2 个亚种，分别为：偶发分枝杆菌偶发亚种、偶发分枝杆菌解乙酰胺亚种 (*Mycobacterium fortuitum* subsp. *acetamidolyticum*)[3]。

2　结核分枝杆菌 (*Mycobacterium tuberculosis*)

结核分枝杆菌 [*Mycobacterium tuberculosis*(Zopf 1883)Lehmann and Neumann 1896] 简称 "tubercle bacilli"（结核杆菌），早期是分类于杆菌属 (*Bacterium* Ehrenberg 1828) 名为结核杆菌 (*Bacterium tuberculosis* Zopf 1883)。菌种名称 "*tuberculosis*" 为现代拉丁语属格名词，指结核病 (tuberculosis)。

图 50-1　科赫

细菌 DNA 的 G+C mol% 为 65.6；模式株 (type strain)：ATCC 27294。GenBank 登录号 (16S rRNA)：X58890[3]。

结核分枝杆菌是由德国医生、细菌学家罗伯特·科赫 (Robert Koch，1843 ～ 1910) 首先发现的。科赫 (图 50-1) 在对结核病的研究中，在 1881 年的一开始便采用效果最好的显微镜观察死于结核病的人的病变组织材料 (结核结节)，但并没有多少有意义的发现。到 1882 年，科赫设计采用了碱性亚甲蓝 (methylene blue) 配合只能使组织染色的俾斯麦棕 (bismarck brown) 进行染色的方法，并经加热强化染色处理，结果收到了预想的染色效果，在结核病变组织中看到了一堆堆细小的蓝色杆菌 (即结核分枝杆菌)，组织细胞被染成浅褐色。为确证这些蓝色杆菌就是结核病的 "隐身杀手"，他又对从不同尸体、不同部位来源的结核结节进行染色检查，结果均能发现有这些小杆菌，这使科赫终于第一个看到了结核分枝杆菌。1882 年 3 月 14 日，在德国柏林的一次生理学会会议上，科赫宣布了他的发现，并得到了与会者的认可；当晚这个消息就通过无线电报传到了世界各地，引起了全世界的震动，《纽约时报》称这一发现为 "当代最伟大的科学发现之一"，但科赫却谦虚地说 "我的这个发现，并不是这么大的一种进步"。

图 50-2，显示的是科赫当年描绘的结核分枝杆菌，其中的 a 是肺组织

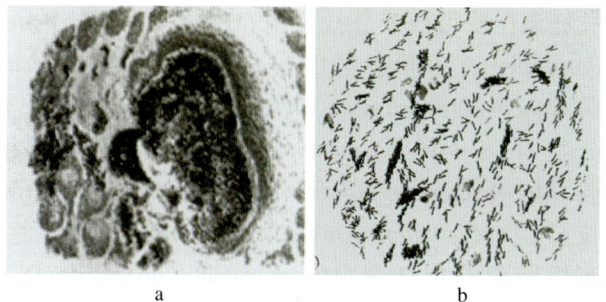

图 50-2　结核分枝杆菌
资料来源：[美] 马迪根 M T，马丁克 J M，帕克 J，等 . 微生物生物学 . 杨文博等译 .2001

结核的切片，结核分枝杆菌染成蓝色，肺组织染成褐色；b 是在结核患者痰样品中的结核分枝杆菌。

科赫为了确认他所发现的细菌就是结核的病原菌，又进行了严谨的试验。经过反复试验，他成功地用凝固血清培养了结核分枝杆菌并获得了纯培养，他用这种纯培养物接种实验动物豚鼠诱发了结核，并还能从发病豚鼠病变组织中分离到感染的结核分枝杆菌。另外，他还对结核分枝杆菌的生长情况进行了研究，发现这种细菌很难培养且生长很慢，需要 15 天或更长的时间才能看到生长的菌落，属于生长缓慢的分枝杆菌。也正是因科赫对结核病研究的贡献，其摘取了 1905 年诺贝尔生理学或医学奖的桂冠 [7]。

2.1　生物学性状

结核分枝杆菌是结核分枝杆菌复合群的代表种，属于是生长缓慢的分枝杆菌，也是在分枝杆菌属细菌中最早发现和研究最多的。

2.1.1　形态与培养特征

结核分枝杆菌为细长、微弯曲或直、两端钝圆、大小为 $(0.3 \sim 0.6)\mu m \times (1.0 \sim 4.0)\mu m$ 的革兰氏阳性 (弱) 杆菌，无鞭毛 (flagellum)、芽孢 (spore)，不能运动，存在分支生长的倾向；在痰液标本材料中可见有长 $10\mu m$ 或更为细长的菌体，也可见有短球状的杆菌；单个存在或分枝状排列，有时呈 V、Y、Y 字形排列，有时菌体细胞常扭集在一起呈绳索状、束状、丛状、短链状等排列形式，或菌体堆积一团时类似于"菊花冠"状杆菌团；多数学者认为无荚膜 (capsule)，但在近年来应用明胶处理后的固定标本通过电镜观察发现在菌细胞壁外有一层荚膜，荚膜对菌体有保护作用。不易被染色，经抗酸染色 (acid-fast staining) 呈红色 (阳性)，也是分枝杆菌的特征，所以也常常是将分枝杆菌称为抗酸杆菌 (acid-fast bacillus) 或抗酸性细菌 (acid-fast bacteria)。抗酸染色常用齐埃尔 - 尼尔森抗酸细菌染色法 (Ziehl-Neelsen acid-fast staining) 也简称为齐 - 尼染色法 (Ziehl-Neelsen staining)，结核分枝杆菌呈红色、其他非抗酸性细菌及细胞质等呈蓝色。多数菌体均含有一至数个异染颗粒，位于菌体次极端或中心部位。

结核分枝杆菌为专性需氧菌，对营养的要求高，在含有蛋黄、马铃薯、甘油、天门冬酰胺 (天门冬素) 或动物血清等的固体培养基上才能生长。常用的培养基有洛 - 詹二氏培养基 (Lowenstein-Jensen medium)、小川氏结核分枝杆菌培养基 (Ogawa tubercle bacilli medium)、油酸血清 (白蛋白) 琼脂培养基、苏通氏 (Souton) 液体培养基等，通常在接种培养 2 ~ 4 周才出现肉眼可见的菌落。在固体培养基上生长缓慢，约需 4 周时间才能形成直径在 1.0mm 左右的菌落，菌落特征为致密、较干燥、常呈淡黄色或黄色、表面粗糙、隆起、厚实、质地硬、有皱纹，边缘不整齐，培养时若供氧充分可促进其生长；初期为乳白色，以后会略显黄色或乳酪色，培养较久的菌落会互相融合似菜花状。在液体培养基中能形成皱褶状的菌膜，生长较快，尤其是在培养的早期，在 Dubos 吐温白蛋白液体培养基中可分散均匀生长，在苏通液体培养基内呈粗糙皱纹状菌膜生长 (表面生长)；有毒力的菌株在液体培养基中可呈索状生长，无毒力菌株则无此现象。适宜的 pH 为 6.4 ~ 7.0，在 35 ~ 40℃可生长，适宜的温度范围为 35 ~ 37℃ (也有少数菌株为 30 ~ 34℃)，在有 5% ~ 10% 的 CO_2 环境中及含有 5%(W/V) 甘油的培养基可促进其生长，在无氧条件下则很快会死亡。结核分枝杆菌的增殖周期也称为代期 (generation time)，在固体培养基上为 15 ~ 20h、在液体培养基上约为 14 ~ 15h，而大肠埃希氏菌通常仅为 1.3h。通常培养需要 8 天至 8 周的时间。结核分枝杆菌对营养要求较高，对某些营养成分有特殊需求，其特点之一是以甘油作为碳源；天门冬酰胺是最好的氮源，钾、镁、铁、磷等能够促进其生长。

结核分枝杆菌生长缓慢，需要 2 ~ 3 周的培养时间才能长出菌落；经抗结核药物治疗后的菌株，通常活力较弱，需要 6 ~ 8 周 (甚至更长) 的培养时间才能形成菌落[1~3, 8~12]。

2.1.2　生化特性

结核分枝杆菌的生物活性较低，不能够发酵糖类。接触酶活性很弱，经 68℃加热作用后失去接触酶活性，此特点可与非结核分枝杆菌区分。吐温 80 水解试验阴性，耐热磷酸酶试验阴性，尿素酶试验阳性，烟酸试验阳性，烟酰胺酶试验阳性，硝酸盐还原能力强[3, 11, 12]。

2.1.3　变异性

结核分枝杆菌在不利的环境 (体内、体外) 中，受物理、化学 (包括药物) 及机体免疫因素等的影响，其生物学性状会发生改变，遗传表型有别于结核分枝杆菌野生型 (*Mycobacterium tuberculosis* wild type) 菌株。主要的变异，包括形态特征、抗酸性状、菌落特征、耐药性、毒力强度、L 型变异等[12]。

2.1.3.1　抗酸染色反应变异

结核分枝杆菌的抗酸染色反应可发生变异，即当处于特定或不良环境 (闭合性干酪病灶内、寒性脓肿内、培养基中缺少甘油或其他有机物质、在培养基中加有某些糖苷类物质、过期的培养基等) 中，可失去其抗酸染色特性，以致不易被检测到；结核分枝杆菌的 L 型 (细胞壁缺陷型)，也会丧失其抗酸染色特性[1]。

2.1.3.2　形态特征变异

结核分枝杆菌的形态也可发生变异，在早年就有人发现于淋巴结结核病变中的结核分枝杆菌，可呈球状、颗粒状。穆赫 (Much) 在 1907 年采用穆赫 - 魏斯 (Much-Weis) 染色方法，发现在淋巴结结核、寒性脓肿内存在革兰氏染色阳性的颗粒，相应称为"穆赫颗粒"。苏联学者 Khomenko 曾对实验性豚鼠结核及空洞性肺结核患者进行了观察，发现经化学治疗后，痰中结核分枝杆菌及培养均为阴性，但经以电镜检查空洞未获闭合患者，在洞壁病变中仍存在小于正常 20 倍的结核分枝杆菌，并可通过生物滤膜，相应被称为滤过型菌，至于其致病性尚无定论。另外，在陈旧的病灶和培养物中，形态常常是不典型的，可呈颗粒状、串球状、短棒状、长丝形等[1,8]。

2.1.3.3　耐药性变异

结核分枝杆菌在复制过程中，有极少数菌体可自发地发生染色体突变 (自然突变株)，使其对异烟肼、利福平、链霉素、乙胺丁醇等一些抗结核药物产生耐药性。在治疗过程中若是单一用药，在病变内绝大多数的菌体会被杀死，但少数的这种自然突变耐药株会得以继续生长、繁殖并成为优势群体，以致抗结核药物难以奏效，成为耐药结核病，这就是在当前被普遍接受的选择性突变学说。其他有关耐药性产生机制的学说，还有适应性学说、药物通透性降低学说等[1]。

2.1.3.4　毒力变异

结核分枝杆菌的毒力不是十分稳定的，经在体外培养基上多次传代培养可导致毒力的降低乃至成为无毒菌株，卡介苗 (Bacillus Calmette Guérin，BCG) 和无毒菌株 H37Ra 就分别是由牛分枝杆菌和有毒结核分枝杆菌 H37Rv 经过多次培养获得的无毒菌株，毒力有所下降的菌株经通过动物接种可恢复其毒力。从世界各地分离的结核分枝杆菌菌株，其毒力也不一致[1]。

2.1.3.5　L 型变异

自 1935 年 Klienberger 发表了在念珠状链杆菌 (*Streptobacillus moniliformis*) 的陈旧培养物中存在 L 型细菌 (L-form of bacteria) 以来，大量的临床与实验资料表明，有许多种细菌存在 L 型变异，属于菌细胞壁缺陷型变异现象。因 Klienberger 的工作单位是英国 Lister 医学研究所，则以此第一个字母 "L" 予以命名这种变异细菌为 "L-form bacteria"（L 型细菌）。这种 L 型细菌在体内、体外，均可诱导出现。结核分枝杆菌的 H37Ra 菌株，在含有 D- 环丝氨酸 (50μg/ml) 的改良 TSA-L 培养基中培养 2 周，会出现少数成熟的 L 型菌落，培养 4 周会出现各种形态的 L 型菌落，多数是成熟的、呈典型的 "荷包蛋" 样、直径在 0.02 ~ 0.045mm 大小，菌落的中心与周边分界较清楚，位于培养基内。结核分枝杆菌的 L 型，在实验动物豚鼠体内也可诱导形成。另外，结核分枝杆菌的 L 型在患者体内也容易发生，并常可被检出，在结核病中的存在非常普遍；在一些治疗过程较长的患者中，特别是有空洞病变的患者，L 型可能是优势菌型[12,13]。

2.1.4　抵抗力

结核分枝杆菌含有大量的脂类物质，其抵抗力较强。在室内阴暗潮湿处可存活 6 个月，在干燥痰液中可存活 6 ~ 8 个月，若干燥痰液附着于尘埃上，飞扬在空气中可保持传染能力 8 ~ 10 天，对紫外线的抵抗力较差，经日光直射 4h 左右即可死亡，紫外线照射 10 ~ 20min 即可死亡，对湿热敏感，经 65℃作用 30min、70℃作用 10min、80℃作用 5min 或煮沸 1min 即可被杀灭 (痰液材料中的需要 5min)，对低温的抵抗力强，在 3℃可存活 6 ~ 12 个月，经干热 100℃作用在 20min 以上才能被杀死。结核分枝杆菌具有疏水性，对水溶性化学试剂的抵抗力也较强，通常在痰液中的结核分枝杆菌，需要用 5% 苯酚溶液或 2% 煤酚皂溶液与痰液等量混合作用 24h 才能将其杀死，一般实验室可用甲醛熏蒸处理，对于带菌物品需要经 121℃高压蒸汽灭菌 60min 才能彻底灭菌。用 1% 甲醛溶液直接处理结核分枝杆菌 5min，可杀死；用 5% 甲醛溶液与痰液等量混合，在室温作用 12h 或更长时间，才能达到杀菌效果。结核分枝杆菌对酸、碱均有一定的抵抗力，临床上采用酸和碱处理标本材料以除去混有的其他细菌，提高对结核分枝杆菌的分离培养率。对 1 ：75 000 结晶紫或 1 ：13 000 孔雀绿均有一定的抵抗力，在培养基中加入这些物质也可抑制其他细菌生长，有利于结核分枝杆菌的分离培养。用 70% ~ 75% 乙醇溶液经 20 ~ 30min 即可杀死[2, 8, 9, 11,12]。

结核分枝杆菌对链霉素、异烟肼、利福平、环丝氨酸、乙胺丁醇、卡那霉素、对氨基水杨酸等药物具有敏感性。但长期用药容易出现耐药性，近年来结核分枝杆菌的多重耐药性 (multi-drug resistance，MDR) 菌株也逐渐增多。目前已研究明确的耐药性相关基因，主要包括 *katG* 基因、*inhA* 基因、*kasA* 基因、*ahpC* 基因、*ndh* 基因等 [13, 14]。

2.2 病原学意义

结核由结核分枝杆菌引起，是一种危害人类健康历史久远的慢性传染病。远在 6000 年前的埃及木乃伊里，即可见人体结核病的病理变化。中国出土的长沙马王堆汉墓女尸，其肺部也有结核病的钙化灶。结核病是历史上患病率和死亡率最高的疾病之一，曾有着白色瘟疫 (white pestilence) 之称；在科赫于 1881 年开始研究结核时，在人类所有死亡报告中的 1/7 是由于结核引起的。结核属于全身性传染病，但由于结核分枝杆菌多通过呼吸道侵入体内，且肺部有着其生长繁殖的适宜条件，因此以肺结核 (pulmonary tuberculosis) 最为常见。

2.2.1 人的结核病

结核分枝杆菌可引起人的肺结核、肺外结核 (extrapulmonary tuberculosis)，通常主要是肺结核，肺外结核占 15% 左右。

2.2.1.1 临床常见感染类型

肺结核的临床表现，主要有咳嗽、咳痰、数量不等的咯血、胸痛、呼吸困难等。典型的全身症状主要有疲乏、食欲减退、消瘦、低热、盗汗、月经不调等；在少数急性发展的病例，可出现高热等急性发病症状。

肺外结核多是由肺内原发病灶经淋巴或血行播散灶的"复燃"导致发病，也可是全身播散结核病的一个组成部分，有少数则可能是由于结核病的直接蔓延引起，肺外结核主要包括结核性胸膜炎、骨关节结核、结核性心包炎、泌尿生殖系统结核、结核性脑膜炎 (tuberculous meningitis)、体表淋巴结结核、脑结核、属于腹腔结核的肠结核 (tuberculosis of intestine) 和结核性腹膜炎 (tuberculous peritonitis) 及肠系膜淋巴结核等，其中以淋巴结结核、结核性胸膜炎、骨关节结核、泌尿生殖系统结核等较为多见，结核性脑膜炎、脑结核、结核性心包炎等属于临床重症类型 [1, 8]。

2.2.1.2 医院感染特点

在医院感染方面，近年来也有一些由结核分枝杆菌引起的报告。以下记述的一些报告，是具有一定代表性的。

在前面有记述复旦大学附属华东医院的谢伟林等 (2014) 报告，对上海市 12 所医院收住院治疗的活动性类风湿关节炎 (RA) 患者进行的医院感染调查。结果在检出的细菌 11 种 631 株中，包括结核分枝杆菌 8 株 (构成比 1.27%) 居第 11 位 [6]。

中国人民解放军成都军区昆明总医院的胡灯明等 (1997) 报告，该医院在 1982 年至 1996 年 8 月间，收治血液系统肿瘤患者 311 例，其中有 10 例 (均无既往结核病史) 在住院治疗后的 30 ~ 186 天内并发了结核分枝杆菌感染。10 例中的 7 例存在合并其他细菌感染，其中有 2 例并发了败血症。感染部位分别为肺结核、胸膜结核的各 3 例，血行播散性结核、泌尿系结核的各 2 例。检测结核分枝杆菌在胸腔积液阳性的 3 例、尿液阳性的 2 例、血液及痰液的各 1 例，痰液涂片检出抗酸杆菌的 2 例，经尸检证实为全身血行播散性结核的 1 例 [15]。

中国人民解放军第一七四医院的尹秀英等 (2010) 报告，系统性红斑狼疮 (systemic lupus erythematosus，SLE) 多可并发肾脏损害，称为狼疮肾炎 (lupus nephritis，LN)。该医院在 3 年 (2005 年 1 月至 2008 年 1 月) 间有住院狼疮肾炎患者 89 例，其中 16 例 (感染率 17.98%)、20 例次并发了医院感染，主要为肺部感染 8 例 (例次构成比 40.00%)。感染的病原体 (pathogen) 主要是细菌，共 13 例次 (例次构成比 65.00%)，包括：革兰氏阳性的肺炎链球菌 (*Streptococcus pneumoniae*)、金黄色葡萄球菌、溶血葡萄球菌 (*Staphylococcus haemolyticus*)、表皮葡萄球菌、肠球菌属 [*Enterococcus*(ex Thiercelin and Jouhaud 1903) Schleifer and Kilpper-Bälz 1984] 细菌、结核分枝杆菌，革兰氏阴性的铜绿假单胞菌、沙门氏菌属 (*Salmonella* Lignières 1900) 细菌、大肠埃希氏菌、肺炎克雷伯氏菌。其中结核分枝杆菌感染的 1 例次患者，表现为活动性浸润型肺结核 [16]。

在引起人结核病的细菌中，主要是结核分枝杆菌 (约占 90%)，其次是少见的牛分枝杆菌 (约占 5% 左右)。由于多种抗结核药物的问世与广泛使用，使结核病成为可治之症，对结核病治愈率的提升也让人们在 20 世纪 80 年代初甚至认为到 20 世纪末可以消灭结核病，遗憾的是自 20 世纪 90 年代以来，被人们认为已经是得到了有效控制并且在一些地区已近于绝迹的结核病，在沉寂了若干年后又卷土重来，并以极为迅猛的势头肆虐全球。结核病已成为在传染病中的头号杀手，人类与结核病的抗争必将长期进行下去 [2, 8, 12]。

2.2.2 动物的结核病

在牛、猪、羊、鹿、貂、猴、鸡和火鸡等多种动物，均可被分枝杆菌感染发生结核病，其中主要涉及属于生长缓慢的结核分枝杆菌、牛分枝杆菌、鸟分枝杆菌。通常表现在不同种动物，对某种分枝杆菌的易感程度有一定的差异性，如牛结核病主要由牛分枝杆菌引起，结核分枝杆菌、鸟分枝杆菌对牛的致病作用较弱；猪对结核分枝杆菌、牛分枝杆菌、鸟分枝杆菌均有感受性，对鸟分枝杆菌的易感性比其他哺乳类动物为高 [17]。

2.2.3 毒力因子与致病机制

结核分枝杆菌是能够侵入机体任何组织器官 (主要侵害肺脏)，引起进行性疾病的病原菌。结核分枝杆菌不能产生外毒素 (exotoxin)，也未证实存在内毒素 (endotoxin)，也不具有侵袭性酶类。菌体能够在组织细胞内 (特别是在巨噬细胞中) 增殖引起局部炎症反应，机体的免疫损伤可引起全身性血行播散。其致病性的物质基础在目前尚未十分明了，可能与其菌体表面结构、某些菌体成分有关，如索状因子 (cord factor)、蜡质 D、分枝菌酸 (mycolic acid)、双分枝菌酸海藻糖脂、硫酯、脂阿拉伯甘露糖、磷脂、相对分子质量为 25 000 的蛋白等。目前研究较多的结核分枝杆菌毒力相关基因，主要包括编码过氧化氢酶 - 过氧化物酶的基因 (以抵抗宿主吞噬细胞的活性氧)、编码 sigma 因子的 *SigA* 基因 [1, 2, 8, 11]。

2.2.3.1 索状因子

索状因子存在于有毒力菌株的菌细胞壁中，是由分枝菌酸和海藻糖结合的一种糖酯。

其能破坏细胞线粒体膜，抑制氧化磷酸化过程，干扰细胞呼吸，抑制中性粒细胞游走，导致慢性肉芽肿病理变化，对中性多核白细胞具有趋化性作用。

2.2.3.2 分枝菌酸

分枝菌酸是在结核分枝杆菌菌体内的重要成分，为含有分枝 β- 羟基脂肪酸 (碳原子数量为 60 ~ 68 个)。分枝杆菌呈现抗酸性的特征，就在于菌体中分枝菌酸的作用。在分枝菌酸的合成量减少、菌细胞壁完整性损害时，菌体的这种抗酸性则减弱或消失，这种抗酸性减弱或消失的程度与分枝菌酸合成量的减少程度相关。

2.2.3.3 磷脂

存在于结核分枝杆菌的磷脂，在酶的烷基转化反应中起着重要作用。磷脂以结合的形式存在于分枝杆菌的细胞壁中，主要有磷酰肌醇甘露醇、磷脂酰乙烷胺、磷脂酰肌醇和心脂等。具有刺激宿主单核细胞增生的作用，促进吞噬结核分枝杆菌的巨噬细胞体积增大、逐渐转变为上皮样细胞，形成结核结节。

2.2.3.4 硫酸脑苷脂

硫酸脑苷脂 (sulfatide) 是有毒力结核分枝杆菌的细胞壁成分，能够抑制吞噬细胞内溶酶体与吞噬体的结合，阻止溶酶体酶对结核分枝杆菌的降解与杀伤作用，有助于结核分枝杆菌在巨噬细胞内的长期存活。

2.2.3.5 蜡质

蜡质是结核分枝杆菌菌体内类脂质的重要组成部分 (占类脂质总量的 48%)，包括 4 种 (A、B、C、D) 成分。其中的蜡质 C 是分枝菌酸组合形成的脂肪酸酯，是结核分枝杆菌生物学活性物质的携带者，能够对机体细胞产生毒性作用，动物实验产生结核性变态反应。蜡质 D 是肽糖酯和分枝菌酸的复合物，具有佐剂作用，可提高机体非特异性免疫应答功能，能够激发机体的Ⅳ型变态反应，可能对结核性病变的干酪性病灶的液化、坏死、结核空洞的形成起着重要作用。

2.2.3.6 多糖类

多糖类物质是结核分枝杆菌的重要物质 (在菌细胞壁中的含量占 30% ~ 40%)，大部分与磷脂、蜡质、蛋白质、核酸等相结合存在和发挥作用，可使机体产生体液免疫与细胞免疫。

2.2.3.7 菌体蛋白质

菌体蛋白质存在于菌细胞壁和细胞质中，部分为分泌性蛋白，为主要的抗原物质 (是完全抗原)，可诱导被感染或经免疫接种宿主机体，产生Ⅳ型变态反应。

2.3 微生物学检验

对结核分枝杆菌的微生物学检验，目前还主要是对细菌进行分离鉴定的细菌学检验，主要是与非结核分枝杆菌的有效鉴别 [1, 10 ~ 12]。

对结核分枝杆菌的细菌学检验，主要包括：①抗酸染色，与非抗酸细菌鉴别；②进行耐热接触酶试验，对结核分枝杆菌、牛分枝杆菌间与 NTM 间的初步筛选；③生长速度试验，确定属于生长缓慢或生长快速类型的分枝杆菌；④色素产生能力；⑤进行硝酸盐还原试验、吐温 80 水解试验、尿素酶试验、芳香硫酸酯酶试验、烟酸试验等生化试验，进行种的鉴定。

通常情况下，在营养丰富的适宜培养基上，接种少量分枝杆菌新鲜培养物后，置于适宜的温度、环境条件下，在培养 7 天以上生长出现肉眼可见单一菌落的分枝杆菌，此类即生长缓慢的分枝杆菌。在临床上具有致病性的分枝杆菌大多数为此类，结核分枝杆菌属于此类。相应的是在这种条件下，在 7 天内能够生长出现肉眼可见单一菌落的分枝杆菌，此类即生长快速的分枝杆菌，它们中的大多数为非致病性的。

2.3.1 理化特性检验

采用抗酸染色方法，具有快速、简便、阳性率高的特点，但仅可提供初步的诊断依据。要确定分枝杆菌的种类，还需要进行对细菌的培养特征检查与理化特性鉴定的检验。

分离培养分枝杆菌，要在接种培养后的第 3 天、第 7 天分别观察一次培养结果。若在第 3 天发现有菌落生长，经抗酸染色方法证实后，可先报告有属于生长快速类型的分枝杆菌。此后在每隔 1 周的时间观察一次结果，记录菌落生长及被污染的情况；对阳性培养物经抗酸染色方法证实后，可报告有属于生长缓慢类型的分枝杆菌存在。在培养检查满 8 周后，即在第 9 周开始时检查仍无菌落生长的情况下，才能报告培养阴性结果。

在对分枝杆菌属细菌的鉴定中，需要注意与比较相近的革兰氏阳性菌相区别，主要包括红球菌属 (Rhodococcus Zopf 1891 emend. Goodfellow，Alderson and Chun 1998)、诺卡氏菌属 (Nocardia Trevisan 1889)、棒杆菌属 (Corynebacterium Lehmann and Neumann 1896 emend. Bernard, Wiebe, Burdz et al 2010) 细菌，主要鉴别特征记述在了第 43 章 "红球菌属" (Rhodococcus) 表 43-1(红球菌属与相似菌属间的鉴别特性)[10]。

2.3.2 分子生物学检验

在对分枝杆菌的分子生物学分类鉴定方面，目前可用的分枝杆菌靶基因序列主要有 65 000Da 热休克蛋白基因 (heat shock protein gene，hsp65) 序列、16S rRNA 基因 (16S rRNA gene) 序列、16S ~ 23S rDNA 间隔区基因 (16S ~ 23S rDNA spacer region gene) 序列等。由于从分类学的角度来看，通常认为 rRNA 是研究系统进化关系的最好材料，以致 16S rRNA 基因序列分析最常被采用。在第二版《伯杰氏系统细菌学手册》中，均是采用了 16S rRNA 基因序列分析的分类方法 [3]。

3 其他致医院感染分枝杆菌 (Mycobacterium spp.)

在半个多世纪以前，由于结核病的肆虐横行，人们对由非结核分枝杆菌引起的感染病 (infectious diseases)，未能予以足够的重视。自 20 世纪 70 年代以来，随着对结核病的有效控制，以及新的诊断技术水平不断提升，使对非结核分枝杆菌感染病的重要性有了重新认识，并确认了非结核分枝杆菌中的某些种是肺部感染病等的一类重要病原菌。就引起医院感染来讲，已有明确报告的涉及脓肿分枝杆菌、龟分枝杆菌、偶发分枝杆菌偶发亚种 3 个种 (亚种)。

3.1 脓肿分枝杆菌 (*Mycobacterium abscessus*)

脓肿分枝杆菌 (*Mycobacterium abscessus*(Kubica et al 1972)Kusunoki and Ezaki 1992)，即原分类的龟分枝杆菌脓肿亚种 (*Mycobacterium chelonae* subsp. *abscessus* Kubica et al 1972)。菌种名称 "*abscessus*" 为拉丁语属格名词，是指形成脓肿的 (form abscesses)。龟分枝杆菌脓肿亚种这一名称，在许多文献中还均有使用。

细菌 DNA 的 G+C mol% 为 64.1(T_m)；模式株：ATCC 19977，CCUG 20993，CIP 104536，DSM 44196，JCM 13569，NCTC 13031。GenBank 登录号 (16S rRNA)：X82235[3]。

3.1.1 生物学性状

脓肿分枝杆菌属于生长快速的非结核分枝杆菌类型，大小为 0.5μm×(1.0 ~ 2.5)μm 的革兰氏阳性 (弱) 抗酸性 (acid-fast) 杆菌，无鞭毛、芽孢，不能运动。在鸡蛋培养基 (egg medium) 上培养 7 天，形成介于光滑型与粗糙型之间的菌落，在无光照条件下的菌落无色到灰白色。生长的温度范围为 28 ~ 37℃，在 43℃不生长；在麦康凯琼脂 (MacConkey agar) 培养基、含有 5%NaCl(*W/V*) 培养基中均能生长。不产生色素，芳香硫酸脂酶 (pyrazhnamidase) 阳性，硝酸盐还原阴性，铁、甘露醇、肌醇、柠檬酸盐、山梨醇的利用均阴性。

脓肿分枝杆菌最初由 Moore 和 Frerichs(1953) 描述，分离于患者的膝滑膜和臀肌脓肿 (gluteal abscesses)，是创伤和软组织感染 (soft tissue infections) 的病原菌，也存在于土壤 [1, 3, 10]。

3.1.2 病原学意义

脓肿分枝杆菌属于非结核分枝杆菌类型，已知有多种非结核分枝杆菌都能够引起人的非结核分枝杆菌病，尤其是作为肺部疾病等的重要病原菌。由生长快速的非结核分枝杆菌引起的肺病，其中有 80% 是由脓肿分枝杆菌引起的，有少数是由偶发分枝杆菌所致。

3.1.2.1 人的脓肿分枝杆菌感染病

由非结核分枝杆菌引起的感染病，在临床表现上具有与结核病相似的全身中毒症状和局部损害特征，主要是侵害肺脏，在尚缺乏菌种鉴定结果的情况下，常可被误诊为结核病。由于感染非结核分枝杆菌菌种和受累组织器官的不同，其临床表现和病变特征等也存在差异性 [1]。以下述及由非结核分枝杆菌引起的常见感染病类型，都涉及脓肿分枝杆菌。

(1) 非结核分枝杆菌肺病：为类似于肺结核的慢性肺部疾病，其全身中毒症状等较肺结核病的轻。临床表现差异性很大，有的是由体检发现 (无症状)、有的则是已进展到肺空洞阶段 (病情严重)。多数表现发病缓慢，常常是表现为慢性肺部疾病的恶化，亦可急性起病，可有咳嗽、咳痰、咯血、气急、盗汗、低热、乏力、消瘦等症状。

引起非结核分枝杆菌肺病的非结核分枝杆菌菌种，主要的有属于生长缓慢类型的鸟分枝杆菌复合群 (*Mycobacterium avium* clade，*Mycobacterium avium* complex；MAC) 的菌种、堪萨斯分枝杆菌、蟾分枝杆菌，属于生长快速类型的脓肿分枝杆菌；其中的鸟分枝杆菌复合群，包括鸟分枝杆菌、胞内分枝杆菌、混兽分枝杆菌、哥伦比亚分枝杆菌 4 个种。次要的菌种有属于生长缓慢类型的猿分枝杆菌、斯氏分枝杆菌、玛尔摩分枝杆菌，属于生长快速类型的偶发分枝杆菌、龟分枝杆菌等。

(2) 非结核分枝杆菌皮肤病：非结核分枝杆菌可引起皮肤组织感染，也包括局部脓肿病变类型。引起皮肤病变的主要菌种，包括属于生长缓慢类型的海分枝杆菌、溃疡分枝杆菌，属于生长快速类型的偶发分枝杆菌、脓肿分枝杆菌、龟分枝杆菌；次要的菌种有属于生长缓慢类型的鸟分枝杆菌复合群、堪萨斯分枝杆菌、土分枝杆菌、嗜血分枝杆菌等。导致局部脓肿的，多是由属于生长快速类型的偶发分枝杆菌、脓肿分枝杆菌、龟分枝杆菌引起。

(3) 非结核分枝杆菌淋巴结炎：由非结核分枝杆菌引起的淋巴结炎多是见于儿童的颈淋巴结炎，其中以 1 ~ 5 岁儿童最为多见，在 10 岁以上儿童中比较少见，也有成人发生的病例报告。最常被累及的部位是上颈部和颌下淋巴结，以发生在单侧的多见、少见在双侧发生的。大多数病例缺乏全身症状和体征，仅有局部淋巴结受累的表现，无或有轻度压痛，可很快即软化、破溃形成慢性窦道。

引起非结核分枝杆菌淋巴结炎的非结核分枝杆菌菌种，主要的有属于生长缓慢类型的 MAC 和瘰疬分枝杆菌，其中尤以鸟分枝杆菌复合群更为常见；次要的菌种有属于生长缓慢类型的堪萨斯分枝杆菌，属于生长快速类型的偶发分枝杆菌、龟分枝杆菌、脓肿分枝杆菌。

(4) 播散性非结核分枝杆菌病：由非结核分枝杆菌引起的播散性非结核分枝杆菌病 (disseminated non-tuberculous mycobacteria，DNTM)，可表现为播散性骨病、肝病、胃肠道感染病、心内膜炎、心包炎、脑膜炎等类型。其典型临床表现即所谓的"迟发性"机会感染病，常会并发其他机会病原菌感染或肿瘤。病程常常会表现为迁延起伏、呈渐进性发展。在一些患者，常常是表现无明显临床症状；但大多数患者表现为持续性或间歇性发热，进行性体重减轻、寒战、夜间盗汗等；胃肠道症状的表现为轻度腹痛，甚至持续性腹痛、腹泻不易缓解，消化不良等。

引起播散性非结核分枝杆菌病的非结核分枝杆菌菌种，主要有属于生长缓慢类型的鸟分枝杆菌复合群、堪萨斯分枝杆菌、嗜血分枝杆菌，属于生长快速类型的龟分枝杆菌、脓肿分枝杆菌；次要的菌种有属于生长缓慢类型的蟾分枝杆菌，属于生长快速类型的偶发分枝杆菌。

(5) 其他非结核分枝杆菌感染病：由非结核分枝杆菌引起的其他非结核分枝杆菌病，主要包括由属于生长缓慢类型的鸟分枝杆菌复合群、堪萨斯分枝杆菌引起的滑膜炎、滑囊炎、腱鞘炎、关节炎、手深部感染和腰椎感染、骨髓炎等；由属于生长缓慢类型的土分枝杆菌引起的滑膜炎、骨髓炎；由属于生长缓慢类型的次要分枝杆菌引起的化脓性关节炎；由属于生长快速类型的偶发分枝杆菌、龟分枝杆菌引起的牙周感染病；由属于生长缓慢类型的鸟分枝杆菌复合群引起的泌尿生殖系统感染病；由属于生长快速类型的偶发分枝杆菌，引起的眼部感染病等。

在医院感染方面，近年来也有由脓肿分枝杆菌引起的报告，但还是很少见的。例如，在前面有记述上海市肺科医院的张莹蓉等 (2000) 报告，深圳市妇儿医院发生一起由非结核分枝杆菌所致的术后感染。经细菌学检验，表明是由脓肿分枝杆菌引起的 [4]。

3.1.2.2　动物的脓肿分枝杆菌感染病

脓肿分枝杆菌可引起某些鱼类及陆生动物（牛、猪、猴、猫等）的感染病，主要表现为组织器官发生脓肿、肉芽肿病变 [18,19]。

3.1.3 微生物学检验

对脓肿分枝杆菌的微生物学检验，目前还主要是对细菌进行分离鉴定的细菌学检验。非结核分枝杆菌是一组与结核分枝杆菌完全不同的分枝杆菌，主要依赖于细菌学方法予以鉴别。若培养出分枝杆菌后，在进行抗结核药物敏感性测定的同时，将菌株接种于对硝基苯甲酸钠培养基或盐酸羟胺培养基，作为对结核分枝杆菌的初步筛选，在此培养基上不生长的为结核分枝杆菌、生长的为非结核分枝杆菌。然后再进行生长温度、生长速度、生化特性检验鉴定。

另外，由不同种非结核分枝杆菌提取制备的纯蛋白衍化物 (purified protein derivative，PPD) 具有一定的特异性，以其做皮肤试验可作为由非结核分枝杆菌引起感染病的辅助诊断、鉴别诊断和流行病学调查。目前使用的非结核分枝杆菌皮试抗原，主要有 PPD-A(鸟分枝杆菌)、PPD-B(胞内分枝杆菌)、PPD-F(偶发分枝杆菌)、PPD-G(瘰疬分枝杆菌)、PPD-Y(堪萨斯分枝杆菌) 等。但由于在许多分枝杆菌的种间存在相同的表面抗原，可导致出现交叉反应，所以这种皮试结果在种间判定是困难的 [1]。

3.2 龟分枝杆菌 (*Mycobacterium chelonae*)

龟分枝杆菌 (*Mycobacterium chelonae* Bergey，Harrison，Breed，Hammer and Huntoon 1923) 即原分类的龟分枝杆菌龟亚种 (*Mycobacterium chelonae* subsp. *chelonae* Bergey，Harrison，Breed，Hammer and Huntoon 1923)。菌种名称"chelonae"为现代拉丁语名词所有格，指龟 (a tortoise)。龟分枝杆菌龟亚种这一名称，在许多文献中还均有使用。

细菌 DNA 的 G+C mol% 不清楚；模式株：ATCC 35752，CCUG 47445，CIP 104535，DSM 43804，JCM 6388，NCTC 946。GenBank 登录号 (16S rRNA)：AF480594[3]。

3.2.1 生物学性状

龟分枝杆菌属于生长快速的非结核分枝杆菌类型，为细长或短粗、大小多为 (0.2 ~ 0.5) μm × (1.0 ~ 6.0)μm 的多形性杆菌，也有报告呈球形的 (直径 0.5μm)，幼龄培养物 (培养在 5 天内) 的抗酸性强、培养时间长的不抗酸 (non-acid-fast)。生长的温度范围为 22 ~ 40℃，有的菌株在高于 37℃ 不能生长或生长不良，在 42℃ 不能生长。菌落为湿润、光滑型或粗糙的。在一些适宜培养基上培养 3 ~ 4 天后，菌落光滑、湿润、有光泽，不产生色素或呈乳脂淡黄色；在油酸卵蛋白培养基上，菌落光滑、有光泽、下面粗糙。

龟分枝杆菌不产生色素，芳香硫酸脂酶阳性，硝酸盐还原、铁利用、甘露醇利用、肌醇利用、山梨醇利用均阴性，柠檬酸盐利用阳性，不能耐受 5% NaCl 生长。在经 100℃ 作用后失去磷酸酯酶活性，不能以烟酰胺或亚硝酸盐作为唯一氮源，在 0.2% 苦味酸或含有 5% NaCl 鸡蛋培养基上不生长；脓肿分枝杆菌则相反，可区分两个种。

龟分枝杆菌很少分离于痰液，也存在于土壤。是颈淋巴结炎 (cervical adenitis)、角膜感染 (corneal infections)、人工瓣膜心内膜炎 (prosthetic valve endocarditis)、伤口感染 (wound infections) 包括术后感染 (post-operative infections) 的病原菌 [1,3,10,12]。

3.2.2 病原学意义

在上面脓肿分枝杆菌中记述的常见非结核分枝杆菌感染病类型,都涉及龟分枝杆菌,也属于人及动物共染的分枝杆菌。

3.2.2.1 人的龟分枝杆菌感染病

龟分枝杆菌可引起肺部感染病,皮肤组织感染(也包括局部脓肿病变类型),淋巴结炎(多是见于颈淋巴结炎及以 1 ~ 5 岁儿童最为多见),骨病、肝病、胃肠道感染病、心内膜炎、心包炎、脑膜炎等感染类型的播散性非结核分枝杆菌病,滑膜炎、滑囊炎、腱鞘炎、关节炎、手深部感染和腰椎感染、骨髓炎等多种类型的感染病[1]。

在医院感染方面,近年来也有较多由龟分枝杆菌引起的报告。以下记述的一些报告,是具有一定代表性的。

在前面有记述江苏省东台市人民医院的储旭东等 (2004) 报告的患者臀部医院非结核分枝杆菌皮肤感染事件,根据经细菌学检验、流行病学资料分析等结果,认为龟分枝杆菌是引起此次患者臀部皮肤医院感染暴发流行的病原菌[5]。

辽宁省营口市疾病预防控制中心的潘玲玲等 (2009) 报告,通过现场流行病学调查和采样检测方法,对在营口市某村个体医疗诊所发生的 14 例龟分枝杆菌感染患者,进行了调查。结果为自调查当年的 6 月开始,在该诊所接受注射、针灸治疗的患者中,陆续出现症状相似的感染患者 30 余例,其中的 14 例患者在营口市接受治疗。患者表现在该诊所接受注射治疗后的 30 天左右,皮下出现大小不同、伴有红肿和压痛的硬结,局部皮肤逐渐变黑、变软,破溃后流出黄白色脓液、形成不规则的瘘道,有的患者在经手术引流切除后的伤口不愈合,经使用多种药物进行抗菌、消炎治疗的效果都不理想。从流行病学调查的结果分析,病原菌可能源于该诊所使用的未经消毒处理过的井水(该诊所使用自家井水配制消毒药物)[20]。

湖北省公安县第二人民医院的熊昌平等 (2010) 报告在 2003 年 11 月 19 日至 12 月 19 日的 30 天内,该医院共行腹腔镜手术治疗患者 46 例,结果在手术后发生手术切口感染 28 例(感染率 60.87%)。感染患者均是在手术后 3 ~ 4 周内发病,相继出现多处切口红肿、疼痛、破溃,有少许脓性分泌物溢出,伴有周围淋巴结肿大(呈有触痛的串珠状),切口经搔刮后缝合不愈合,或在短期愈合后又复发、迁延不愈,其中有 3 例出现切口区域大片硬结(范围为 15 ~ 20cm);全身症状多不严重,其中有 3 例(构成比 10.71%)出现低热(体温约 37.8℃)、12 例(构成比 42.86%)表现精神状态和食欲差、4 例(构成比 14.29%)存在轻度贫血。取 28 例感染患者的脓液及坏死组织为检验材料,经分别送华中科技大学同济医学院、武汉市传染病医院进行细菌学检验及病理切片检查,鉴定其病原菌为龟分枝杆菌。根据调查及检验结果,认为此起感染是因龟分枝杆菌污染腹腔镜所致;污染源是用于浸泡消毒腹腔镜的戊二醛液,因使用了经戊二醛液浸泡过的腹腔镜手术患者均被感染。28 例感染患者经规范治疗和精心护理,均痊愈出院[21]。

中国人民解放军第二〇二医院的李海峰等 (2014) 报告在 2009 年 5 月 11 日至 7 月 22 日间,该医院妇科在行腹腔镜手术治疗的 36 例患者中,先后发生手术切口感染的 13 例(感染率 36.11%)。切口感染发生的时间在术后 9 ~ 30 天(平均在 19.54 天),感染患者无明显发热,切口表现轻度红肿、有渗出液、无脓性分泌物、边缘组织的质地稍硬,在个别切口形成窦道。取患者深层切口分泌物进行细菌学检验，在其中 8 例 (构成比 61.54%) 检出了龟分枝杆菌。另外，在 8 份腹腔镜专用低温灭菌器检样中，有 7 份 (构成比 87.50%) 检出了龟分枝杆菌。根据检验结果，认为是因腹腔镜专用低温灭菌器灭菌无效，导致的腹腔镜术后切口龟分枝杆菌医院感染暴发事件 [22]。

3.2.2.2 动物的龟分枝杆菌感染病

龟分枝杆菌可引起某些鱼类及陆生动物 (牛、猪、猴、猫等) 的感染病，主要表现为组织器官发生脓肿、肉芽肿病变 [18,19]。

3.2.3 微生物学检验

对龟分枝杆菌的微生物学检验，目前还主要是对细菌进行分离鉴定的细菌学检验。龟分枝杆菌与偶发分枝杆菌在生物学性状、引起人类疾病方面相似，但偶发分枝杆菌的硝酸盐还原试验阳性，在玉米粉琼脂培养基上，小菌落周围伸延出广泛丝状体网状物小根样形态，菌落光滑，有光泽，细颗粒状；这些，在龟分枝杆菌均呈阴性。

3.3 偶发分枝杆菌偶发亚种 (*Mycobacterium fortuitum* subsp. *fortuitum*)

偶发分枝杆菌 (*Mycobacterium fortuitum* da Costa Cruz 1938) 包括偶发分枝杆菌偶发亚种 (*Mycobacterium fortuitum* subsp. *fortuitum* da Costa Cruz 1938)、偶发分枝杆菌解乙酰胺亚种 (*Mycobacterium fortuitum* subsp. *acetamidolyticum* Tsukamura，Yano and Imaeda 1986)。

偶发分枝杆菌偶发亚种即通常所指的偶发分枝杆菌 (以下均按偶发分枝杆菌记述)，菌种 (亚种) 名称 "*fortuitum*" 为拉丁语中性形容词，指偶然的、意外的 (casual，accidental)。细菌 DNA 的 G+C mol% 不清楚；模式株：ATCC 6841，CCUG 20994，CIP 104534，DSM 46621，JCM 6387，NCTC 10394。GenBank 登录号 (16S rRNA)：X52933。

偶发分枝杆菌解乙酰胺亚种的亚种名称 "*acetamidolyticum*" 为新拉丁语中性形容词，指 "分解乙酰胺的" (digesting acetamide)。细菌 DNA 的 G+C mol% 不清楚；模式株：ATCC 35931，CIP 105423，DSM 44220，JCM 6368。GenBank 登录号 (16S rRNA)：AF547923[3]。

3.3.1 生物学性状

偶发分枝杆菌为生长快速分枝杆菌，形态特征是具有多形性 (球杆状、丝状、颗粒状等)，多为长 1.0 ~ 3.0μm 的抗酸性杆菌，也存在球形和更长的菌体，偶有不抗酸的呈串珠状 (beaded) 排列或较大的单个卵圆形菌体，在浓汁标本材料中可见长丝菌体、有分枝倾向。在 28℃培养 5 天的抗酸性不同 (在菌体的 10% ~ 100%)，在洛 - 詹二氏培养基 (Lowenstein–Jensen medium) 上培养 2 ~ 4 天，可形成圆形、光滑型、乳酪状菌落，也有粗糙型的。菌落通常为灰白色或淡黄色。可在不含结晶紫 (crystal violet)、含有 5% NaCl 的麦康凯琼脂 (MacConkey agar) 培养基生长。

偶发分枝杆菌的生长温度范围为 22 ~ 42℃，在 45℃不能生长；大部分菌株可在 22℃和 42℃生长，适宜生长温度为 37℃。在 25 ~ 37℃培养 3 天可见菌落生长，在油酸卵蛋白琼脂培养基上，菌落光滑型、中央暗色、边缘整齐。不产生色素，芳香硫酸脂酶、耐热接触酶、硝酸盐还原、尿素酶试验均为阳性；多数菌株不能水解吐温 80，铁利用阳性，甘露醇利用、肌醇利用、柠檬酸盐利用、山梨醇利用均阴性，能耐受 5% NaCl 生长 [3, 5, 10, 12, 13, 20]。

　　偶发分枝杆菌最初分离于人的注射部位脓肿，以及丰胸手术 (augmentation mammaplasties)、心内膜炎 (endocarditis)、局部脓肿 (local abscesses)、脑脊膜炎 (meningitis)、骨髓炎 (osteomyelitis)、术后胸骨伤口感染 (post-operative sternal wound infections)、肺疾病 (pulmonary disease)，也存在于土壤 [3, 9, 10, 12]。

3.3.2　病原学意义

　　偶发分枝杆菌与龟分枝杆菌在生物学性状、引起人类疾病方面很是相似，所以在一些文献中常常是将两者记述在一起为偶发 - 龟分枝杆菌，现在也还仍有这样记述的。

3.3.2.1　人的偶发分枝杆菌感染病

　　偶发分枝杆菌广泛存在于土壤和灰尘中，属于在环境中最为常见的分枝杆菌。人感染后可引起肺病，皮肤组织感染 (也包括局部脓肿病变类型)，淋巴结炎 (多是见于颈淋巴结炎及 1 ~ 5 岁儿童最为多见)，骨病、肝病、胃肠道感染病、心内膜炎、心包炎、脑膜炎等感染类型的播散性非结核分枝杆菌病，滑膜炎、滑囊炎、腱鞘炎、关节炎、手深部感染和腰椎感染、骨髓炎等多种类型的感染病 [1]。在上面脓肿分枝杆菌记述的常见非结核分枝杆菌感染病类型，都涉及偶发分枝杆菌。

　　在医院感染方面，近年来也有由偶发分枝杆菌引起的报告，但还是很少见的。福建省南平市卫生防疫站的缪伟等 (2001) 报告在 1998 年 8 月至 11 月间，南平市某卫生所由于使用的玻璃注射器消毒处理不彻底，导致 59 例患者发生注射部位的偶发分枝杆菌感染。此 59 例患者因初诊为感冒、过敏、腰肌劳损、外伤、红眼病、哮喘、尿路感染、疖肿、胃肠炎等疾患接受治疗，结果均有发生注射部位的感染。发病潜伏期为 2 ~ 80 天，早期检查发现在注射局部皮下有球状硬块 (边界较清、压痛不明显)，硬块增大缓慢 (15 天增大 0.5 ~ 1.0cm)；到后期硬块出现波动感、压痛明显，B 超显示在硬块中央有 0.5 ~ 3.0cm 的液化区，在破溃或抽出液可见水样脓液，患者均无明显全身症状。在 59 例患者中共有 72 处出现硬肿，其中在左上肢的 1 处、左右双臂的 67 处、继发到腹股沟淋巴结的 4 处。以患者封闭硬块中央无菌操作抽取脓液样品，以及在治疗中经手术切除的病灶组织为检验材料，结果从 43 份检验材料中共有 33 份检出细菌 (检出率 76.74%)，经鉴定均为偶发分枝杆菌。根据检验结果，认为引起感染的病原菌是偶发分枝杆菌，感染途径是所使用被偶发分枝杆菌污染的玻璃注射器 [23]。

3.3.2.2　动物的偶发分枝杆菌感染病

　　偶发分枝杆菌可引起某些鱼类及陆生动物 (牛、猪、犬、猫等) 的感染病，主要表现为组织器官发生脓肿、肉芽肿病变。另外，其可引起实验动物 (豚鼠、小鼠、猴、家兔等) 的局部感染损伤，在小鼠可损害中耳引起眩晕病 (spinning disease)，在蛙类可引起结节性感染 [3, 18, 19]。

3.3.3　微生物学检验

　　对偶发分枝杆菌的微生物学检验，目前还主要是对细菌进行分离鉴定的细菌学检验，需要注意与龟分枝杆菌相鉴别。

（陈翠珍）

参 考 文 献

[1] 贾辅忠, 李兰娟. 感染病学. 南京: 江苏科学技术出版社, 2010: 531~554.

[2] 李梦东. 实用传染病学. 2 版. 北京: 人民卫生出版社, 1998: 499~523.

[3] Aidan C P. Bergey's Manual of Systematic Bacteriology. Second Edition. Volume Five. Springer, New York. 2012: 312~364.

[4] 张莹蓉, 桂晓虹, 李静. 非结核分枝杆菌引起医院感染的分析. 中华医院感染学杂志, 2000, 10(6):425~426.

[5] 储旭东, 周玉贵, 张亚娟, 等. 龟分枝杆菌医院感染的诊断和治疗. 中国交通医学杂志, 2004, 18(6):651~652.

[6] 谢伟林, 管剑龙. 上海市活动性类风湿关节炎患者医院感染的流行病学调查. 中国感染与化疗杂志, 2014, 14(2):135~141.

[7] 房海, 陈翠珍. 病原细菌科学的丰碑. 北京: 科学出版社, 2015: 160~162, 318~320.

[8] 赵铠, 章以浩, 李河民. 医学生物制品学. 2 版. 北京: 人民卫生出版社, 2007: 1016~1024, 488~510.

[9] 唐珊熙. 微生物学及微生物学检验. 北京: 人民卫生出版社, 1998: 251~262.

[10] 叶应妩, 王毓三, 申子瑜. 全国临床检验操作规程. 3 版. 南京: 东南大学出版社, 2006: 791~798.

[11] 杨正时, 房海. 人及动物病原细菌学. 石家庄: 河北科学技术出版社, 2003: 995~1009.

[12] 闻玉梅. 现代医学微生物学. 上海: 上海医科大学出版社, 1999: 504~525.

[13] 张兆山. 病原细菌生物学研究与应用. 北京: 化学工业出版社, 2007: 49~54.

[14] 陆德源. 医学微生物学. 4 版. 北京: 人民卫生出版社, 2000: 135~143.

[15] 胡灯明, 张学美, 尹波. 血液系统肿瘤患者院内结核感染. 中华医院感染学杂志, 1997, 7(3):182.

[16] 尹秀英, 许树根, 梁萌. 狼疮肾炎并发医院感染 89 例临床分析. 临床军医杂志, 2010, 38(2):254~255.

[17] 蔡宝祥. 家畜传染病学. 4 版. 北京: 中国农业出版社, 2001: 110~114.

[18] 陆承平. 兽医微生物学. 3 版. 北京: 中国农业出版社, 2001: 332~339.

[19] 房海, 陈翠珍, 张晓君. 水产养殖动物病原细菌学. 北京: 中国农业出版社, 2010: 110~114.

[20] 潘玲玲, 许宏, 林德智. 医院龟分枝杆菌感染流行病学调查. 中国消毒学杂志, 2009, 26(6):695.

[21] 熊昌平, 周先蓉, 杨元国. 一起非结核性分枝杆菌导致医院感染的调查分析. 中华医院感染学杂志, 2010, 20(2):225.

[22] 李海峰, 郑东春, 段利平, 等. 妇科患者腹腔镜术后切口龟分枝杆菌感染暴发调查. 中华医院感染学杂志, 2014, 24(20):5127~5128.

[23] 缪伟, 林光宇, 庄宝玲. 消毒失败导致偶发分枝杆菌暴发感染的调查. 实用预防医学, 2001, 8(3):221~222.

第7篇　医院感染革兰氏阳性厌氧梭菌

　　本篇仅记述了 1 章内容，涉及引起医院感染的革兰氏阳性厌氧梭菌 1 个菌科 (Family)、1 个菌属 (genus) 的 2 个种 (species)，即：梭菌科 (Clostridiaceae)、梭菌属 (*Clostridium* Prazmowski 1880) 的产气荚膜梭菌 (*Clostridium perfringens*) 和艰难梭菌 (*Clostridium difficile*)。

　　本篇记述了梭菌属细菌的主要生物学性状 (菌属定义)、按伯杰氏 (Bergey) 细菌分类系统的分类位置，含在菌属内所包括的菌种、亚种 (subspecies)。对可作为引起医院感染病原菌的产气荚膜梭菌、艰难梭菌，记述了相应的主要生物学性状、以医院感染为主的病原学意义、微生物学检验等内容。

第51章　梭菌属 (*Clostridium*)

　　梭菌属 (*Clostridium* Prazmowski 1880) 细菌为厌氧菌 (anaerobe)，其中的多个种 (species) 都具有病原学意义，可引起人或动物、人及动物发生相应的感染病 (infectious diseases)。感染病主要包括由外毒素 (exotoxin) 引起的中毒症 (toxinosis)，如破伤风梭菌 (*Clostridium tetani*) 产生的破伤风毒素 (tetanus toxin) 引起的人及动物破伤风 (tetanus)、肉毒梭菌 (*Clostridium botulinum*) 产生的肉毒毒素 (botulinus toxin，BTX) 引起的人及动物肉毒中毒 (botulism) 等；还包括由某些梭菌引起的组织坏死或坏疽，如产气荚膜梭菌 (*Clostridium perfringens*) 引起的人及动物气性坏疽 (gas gangrene)、诺氏梭菌 (*Clostridium novyi*) 引起的羊黑疫 (black disease) 又称为传染性坏死性肝炎 (infectious necrotic hepatitis) 等。其常统一被列为厌氧菌感染 (anaerobic infection) 的范畴，也属于一类呈全球性分布、重要的人畜共患病 (zoonoses)[1,2]。

　　此外，还有一些梭菌其本身并不构成单独感染，但却可能与其他病原性梭菌一起酿成混合感染，起着助长作用并加重病变，属于"边缘"致病菌，如在气性坏疽病灶中时而出现的双酶梭菌 (*Clostridium bifermentans*)、谲诈梭菌 (*Clostridium fallax*)、溶组织梭菌 (*Clostridium histolyticum*)、索氏梭菌 (*Clostridium sordellii*)、生孢梭菌 (*Clostridium sporogenes*) 等。

　　在医院感染 (hospital infection，HI) 的梭菌属细菌中，在我国已有明确报告的涉及产气荚膜梭菌、艰难梭菌 (*Clostridium difficile*) 两个种 (species)，但在所有医院感染细菌中均属于很少见的。

● 四川大学华西医院的王晓辉等 (2013) 报告，该医院综合重症监护室 (intensive care unit，ICU) 在 2012 年 4 月至 11 月间，共发生医院感染腹泻 135 例，其中有 102 例 (构成比 75.56%) 为不属于艰难梭菌相关性腹泻 (*Clostridium difficile* associated diarrhea，CDAD) 的医院感染。检出了携带 *pehX* 基因的产毒素的产酸克雷伯氏菌 (*Klebsiella oxytoca*)、产 A 型毒素的产气荚膜梭菌各 4 例，在 102 例非艰难梭菌相关性腹泻医院感染腹泻的构成比各为 3.92%[3]。

● 武汉大学人民医院的徐亚青等 (2013) 报告，对在 2010 年 6 月至 2012 年 6 月间 54 例医院感染腹泻患者的粪便标本材料，采用实时荧光定量 PCR(real-time fluorescent PCR) 方法检测艰难梭菌毒素，结果为 19 例阳性 (构成比 35.19%)，确定为艰难梭菌感染[4]。

● 浙江省宁波市第一医院的赵姬卿等 (2014) 报告，回顾性总结该医院在 2010 年 1 月至 2013 年 1 月间，接受手术治疗的 328 例患者发生手术室医院感染 66 例 (构成比 20.12%)。从患者手术切口部位分离到病原菌 5 种 (类)44 株，其中有 4 种 (类)42 株为革兰氏阳性菌 (构成比 95.45%)，各种 (类) 病原菌分别为：金黄色葡萄球菌 (*Staphylococcus aureus*)19 株 (构成比 43.18%)、表皮葡萄球菌 (*Staphylococcus epidermidis*)15 株 (构成比 34.09%)、枯草芽孢杆菌 (*Bacillus subtilis*)5 株 (构成比 11.36%)、厌氧芽孢杆菌 (anaerobic *Bacillus*)3 株 (构成比 6.82%)，革兰氏阴性的铜绿假单胞菌 (*Pseudomonas aeruginosa*)2 株 (构成比 4.55%)[5]。

本书作者注：文中记述的厌氧芽孢杆菌，当是梭菌属细菌。

1　菌属定义与分类位置

梭菌属亦称为梭状芽孢杆菌属，是梭菌科 (Clostridiaceae Pribram 1933) 细菌的成员。菌属 (genus) 名称 "*Clostridium*" 为新拉丁语中性名词，指小梭状的 (a small spindle)[6]。

1.1　菌属定义

梭菌属细菌为 (0.3 ～ 2.0)μm×(1.5 ～ 20.0)μm 的杆状细菌，常可成对或短链排列，呈圆的或渐尖的末端，一般呈多形性，幼龄培养物通常为革兰氏阳性，也有的种见不到阳性；通常以周鞭毛 (peritrichous) 运动或无动力，多数的种能形成椭圆或球形芽孢并常使菌细胞膨大，细胞壁通常含有 *meso*- 二氨基庚二酸 (*meso*-diaminopimelic acid，*meso*-DAP)。

梭菌属细菌通常为有机化能营养菌 (chemoorganotrophic)，一些种为化能自养菌 (chemoautotrophi) 或无机化能营养 (chemolithotrophic)。通常从碳水化合物 (carbohydrates) 或蛋白胨类 (peptones) 产生有机酸和醇类的混合物，可以使糖分解菌、蛋白分解菌，或两者均分解，或两者均不分解；不能异化性还原硫酸盐。尽管在有的菌株能检测到微量接触酶 (catalase)，但通常接触酶试验为阴性；大多数的种为专性厌氧菌 (obligately anaerobic)，对氧的耐受性差别很大，有的种在大气中可微弱生长但生孢被抑制。代谢极富多样性，可分解碳水化合物、醇类、氨基酸、嘌呤 (purines)、类固醇 (steroids) 或其他有机化合物，有的种能同化大气氮；适宜的生长温度为 10 ~ 65℃，多数的种在 30 ~ 37℃ 和 pH 6.5 ~ 7.0 的环境中生长迅速。

梭菌属细菌广泛分布于环境中，许多的种可产生有效的外毒素；有的种由于感染伤口或其毒素被吸收，对动物有病原性。

梭菌属细菌 DNA 中 G+C mol% 为 22 ~ 53(T_m)；模式种 (type species)：丁酸梭菌 (*Clostridium butyricum* Prazmowski 1880)[6]。

1.2 分类位置

按伯杰氏 (Bergey) 细菌分类系统，在第二版《伯杰氏系统细菌学手册》(*Bergey's Manual of Systematic Bacteriology*) 第 3 卷 (2009) 中，梭菌属分类于梭菌科。

梭菌科包括 13 个菌属，依次为：梭菌属、嗜碱菌属 (*Alkaliphilus* Takai，Moser，Onstott et al 2001 emend. Cao，Liu and Dong 2003)、厌氧杆菌属 (*Anaerobacter* Duda，Lebedinsky，Mushegjan and Mitjushina 1996)、无氧碱菌属 (*Anoxynatronum* Garnova，Zhilina and Tourova 2003)、喜热菌属 (*Caloramator* Collins，Lawson，Willems et al 1994 emend. Chrisostomos，Patel，Dwivedi and Denman 1996)、喜热厌氧菌属 (*Caloranaerobacter* Wery，Moricet，Cueff et al 2001)、热水口胞菌属 (*Caminicella* Alain，Pignet，Zbinden et al 2002)、本地碱菌属 (*Natronincola* Zhilina，Detkova，Rainey et al 1999)、产醋杆菌属 (*Oxobacter* Collins，Lawson，Willems et al 1994)、八叠球菌属 (*Sarcina* Goodsir 1842)、热分枝菌属 (*Thermobrachium* Engle，Li，Rainey et al 1996)、热嗜盐杆菌属 (*Thermohalobacter* Cayol，Ducerf，Patel et al 2000)、丁达尔氏菌属 (*Tindallia* Kevbrin，Zhilina，Rainey and Zavarzin 1999)。

梭菌科细菌的模式属 (type genus)：梭菌属。

在梭菌属内，共记载了 168 个种，5 个亚种 (subspecies)；在某些种内还常根据所产毒素的不同，分为若干个相应的型 (type)。

168 个种，依次为：丁酸梭菌、醋酸梭菌 (*Clostridium aceticum*)、醋酸还原梭菌 (*Clostridium acetireducens*)、丙酮丁醇梭菌 (*Clostridium acetobutylicum*)、酸土梭菌 (*Clostridium acidisoli*)、耐酸梭菌 (*Clostridium aciditolerans*)、尿酸梭菌 (*Clostridium aciduric*)、耐氧梭菌 (*Clostridium aerotolerans*)、潮平梭菌 (*Clostridium aestuarii*)、阿卡氏梭菌 (*Clostridium akagii*)、阿尔顿梭菌 (*Clostridium aldenense*)、阿氏梭菌 (*Clostridium aldrichii*)、冷肉梭菌 (*Clostridium algidicarnis*)、冷解木聚糖梭菌 (*Clostridium algidixylanolyticum*)、碱纤维梭菌 (*Clostridium alkalicellulosi*)、嗜氨基酸梭菌 (*Clostridium aminophilum*)、氨基戊酸梭菌 (*Clostridium aminovalericum*)、杏仁香梭菌 (*Clostridium amygdalinum*)、北极梭菌 (*Clostridium arcticum*)、阿根廷梭菌 (*Clostridium argentinense*)、芦笋状梭菌 (*Clostridium asparagiforme*)、橘黄丁酸梭菌 (*Clostridium aurantibutyricum*)、巴拉特氏梭菌 (*Clostridium baratii*)、巴特勒特氏梭菌 (*Clostridium bartlettii*)、拜氏梭菌 (*Clostridium beijerinckii*)、双酶梭菌、鲍氏梭菌 (*Clostridium bolteae*)、肉毒梭菌、鲍曼氏梭菌 (*Clostridium bowmanii*)、尸

毒梭菌 (*Clostridium cadaveris*)、热液口梭菌 (*Clostridium caminithermale*)、食一氧化碳梭菌 (*Clostridium carboxidivorans*)、肉梭菌 (*Clostridium carnis*)、隐藏梭菌 (*Clostridium celatum*)、速生梭菌 (*Clostridium celerecrescens*)、产纤维二糖梭菌 (*Clostridium cellobioparum*)、纤维素发酵梭菌 (*Clostridium cellulofermentans*)、解纤维素梭菌 (*Clostridium cellulolyticum*)、纤维素梭菌 (*Clostridium cellulosi*)、噬细胞梭菌 (*Clostridium cellulovorans*)、解纸梭菌 (*Clostridium chartatabidum*)、肖氏梭菌 (*Clostridium chauvoei*)、奇特龙梭菌 (*Clostridium citroniae*)、梭状梭菌 (*Clostridium clostridioforme*)、球形梭菌 (*Clostridium coccoides*)、匙形梭菌 (*Clostridium cochlearium*)、螺蜗形梭菌 (*Clostridium cocleatum*)、狗肠梭菌 (*Clostridium colicanis*)、鹌鹑梭菌 (*Clostridium colinum*)、噬胶原梭菌 (*Clostridium collagenovorans*)、柱孢梭菌 (*Clostridium cylindrosporum*)、艰难梭菌、二元醇梭菌 (*Clostridium diolis*)、双孢梭菌 (*Clostridium disporicum*)、德雷克氏梭菌 (*Clostridium drakei*)、酯化梭菌 (*Clostridium estertheticum*)、谲诈梭菌、费新尼亚梭菌 (*Clostridium felsineum*)、居粪肥梭菌 (*Clostridium fimetarium*)、蚁酸醋酸梭菌 (*Clostridium formicaceticum*)、冷冻肉梭菌 (*Clostridium frigidicarnis*)、冷梭菌 (*Clostridium frigoris*)、江华岛梭菌 (*Clostridium ganghwense*)、产气梭菌 (*Clostridium gasigenes*)、革氏梭菌 (*Clostridium ghonii*)、乙二醇梭菌 (*Clostridium glycolicum*)、解甘草皂苷梭菌 (*Clostridium glycyrrhizinilyticum*)、革兰特氏梭菌 (*Clostridium grantii*)、溶血梭菌 (*Clostridium haemolyticum*)、嗜盐梭菌 (*Clostridium halophilum*)、哈氏梭菌 (*Clostridium hathewayi*)、食植物梭菌 (*Clostridium herbivorans*)、平野氏梭菌 (*Clostridium hiranonis*)、溶组织梭菌、同型丙酸梭菌 (*Clostridium homopropionicum*)、亨氏梭菌 (*Clostridium hungatei*)、海氏梭菌 (*Clostridium hylemonae*)、吲哚梭菌 (*Clostridium indolis*)、无害梭菌 (*Clostridium innocuum*)、肠梭菌 (*Clostridium intestinale*)、不规则梭菌 (*Clostridium irregulare*)、菘蓝梭菌 (*Clostridium isatidis*)、济州岛梭菌 (*Clostridium jejuense*)、约氏梭菌 (*Clostridium josui*)、科氏梭菌 (*Clostridium kluyveri*)、发酵乳糖梭菌 (*Clostridium lactatifermentans*)、弗里克塞尔湖梭菌 (*Clostridium lacusfryxellense*)、缓纤维梭菌 (*Clostridium lentocellum*)、柔嫩梭菌 (*Clostridium leptum*)、泥渣梭菌 (*Clostridium limosum*)、海滨梭菌 (*Clostridium litorale*)、象牙海岸梭菌 (*Clostridium lituseburense*)、李氏梭菌 (*Clostridium ljungdahlii*)、伦德梭菌 (*Clostridium lundense*)、大梭菌 (*Clostridium magnum*)、坏名梭菌 (*Clostridium malenominatum*)、芒氏梭菌 (*Clostridium mangenotii*)、马永贝梭菌 (*Clostridium mayombei*)、食甲氧苯梭菌 (*Clostridium methoxybenzovorans*)、甲基戊糖梭菌 (*Clostridium methylpentosum*)、新丙酸梭菌 (*Clostridium neopropionicum*)、系结梭菌 (*Clostridium nexile*)、硝醛酚梭菌 (*Clostridium nitrophenolicum*)、诺氏梭菌、海梭菌 (*Clostridium oceanicum*)、环切梭菌 (*Clostridium orbiscindens*)、乳清酸梭菌 (*Clostridium oroticum*)、解溶纸梭菌 (*Clostridium papyrosolvens*)、争论梭菌 (*Clostridium paradoxum*)、类腐败梭菌 (*Clostridium paraputrificum*)、牧场梭菌 (*Clostridium pascui*)、巴氏梭菌 (*Clostridium pasteurianum*)、食肽梭菌 (*Clostridium peptidivorans*)、产气荚膜梭菌、发酵植物多糖梭菌 (*Clostridium phytofermentans*)、聚孢梭菌 (*Clostridium polyendosporum*)、解多糖梭菌 (*Clostridium polysaccharolyticum*)、杨木梭菌 (*Clostridium populeti*)、丙酸梭菌 (*Clostridium propionicum*)、解蛋白梭菌 (*Clostridium proteoclasticum*)、解朊梭菌 (*Clostridium proteolyticum*)、嗜冷梭菌 (*Clostridium psychrophilum*)、浅紫色梭菌 (*Clostridium puniceum*)、

解嘌呤梭菌 (*Clostridium purinilyticum*)、腐化梭菌 (*Clostridium putrefaciens*)、奎氏梭菌 (*Clostridium quinii*)、多枝梭菌 (*Clostridium ramosum*)、直梭菌 (*Clostridium rectum*)、玫瑰色梭菌 (*Clostridium roseum*)、糖产丁醇梭菌 (*Clostridium saccharobutylicum*)、嗜糖梭菌 (*Clostridium saccharogumia*)、解糖梭菌 (*Clostridium saccharolyticum*)、糖产丁醇丙酮梭菌 (*Clostridium saccharoperbutylacetonicum*)、撒丁岛梭菌 (*Clostridium sardiniense*)、煎盘形梭菌 (*Clostridium sartagoforme*)、粪味梭菌 (*Clostridium scatologenes*)、西玛克梭菌 (*Clostridium schirmacherense*)、裂解梭菌 (*Clostridium scindens*)、败毒梭菌 (*Clostridium septicum*)、索氏梭菌、楔状梭菌 (*Clostridium sphenoides*)、螺状梭菌 (*Clostridium spiroforme*)、生孢梭菌、球孢梭菌 (*Clostridium sporosphaeroides*)、粪堆梭菌 (*Clostridium stercorarium*)、斯氏梭菌 (*Clostridium sticklandii*)、解草秸梭菌 (*Clostridium straminisolvens*)、近端梭菌 (*Clostridium subterminale*)、共生梭菌 (*Clostridium symbiosum*)、大洋温层梭菌 (*Clostridium tepidiprofundi*)、白蚁梭菌 (*Clostridium termitidis*)、第三梭菌 (*Clostridium tertium*)、破伤风梭菌、破伤风形梭菌 (*Clostridium tetanomorphum*)、嗜热碱梭菌 (*Clostridium thermoalcaliphilum*)、热丁酸梭菌 (*Clostridium thermobutyricum*)、热解纤维梭菌 (*Clostridium thermocellum*)、热棕榈梭菌 (*Clostridium thermopalmarium*)、嗜热解纸莎草梭菌 (*Clostridium thermopapyrolyticum*)、热产琥珀酸梭菌 (*Clostridium thermosuccinogenes*)、硫代硫酸盐还原梭菌 (*Clostridium thiosulfatireducens*)、酪丁酸梭菌 (*Clostridium tyrobutyricum*)、沼泽梭菌 (*Clostridium uliginosum*)、突那梭菌 (*Clostridium ultunense*)、文氏梭菌 (*Clostridium vincentii*)、绿色梭菌 (*Clostridium viride*)、解木聚糖梭菌 (*Clostridium xylanolyticum*)、嗜木聚糖梭菌 (*Clostridium xylanovorans*)。

5 个亚种，分别为：酯化梭菌 2 个——酯化梭菌酯化亚种 (*Clostridium estertheticum* subsp.*estertheticum*)、酯化梭菌拉勒米亚种 (*Clostridium estertheticum* subsp.*laramiense*)；粪堆梭菌 3 个——粪堆梭菌粪堆亚种 (*Clostridium stercorarium* subsp.*stercorarium*)、粪肥梭菌细绳亚种 (*Clostridium stercorarium* subsp.*leptospartum*)、粪堆梭菌热乳亚种 (*Clostridium stercorarium* subsp.*thermolacticum*)[6]。

2 产气荚膜梭菌 (*Clostridium perfringens*)

产气荚膜梭菌 [*Clostridium perfringens*(Veillon and Zuber 1898)Haudurog，Ehringer，Urbain，Guillot and Magrou 1937] 最早被命名为产气荚膜杆菌 (*Bacillus perfringens* Veillon and Zuber 1898)，也在早期被称为魏氏杆菌 (*Bacterium welchii* Migula 1900) 及在后来的魏氏梭菌 (*Clostridium welchii*)。菌种名称 "*perfringens*" 为拉丁语分词形容词，指突破的、穿透的 (breaking through)。

细菌 DNA 的 G+C mol% 为 24 ~ 27(T_m)；模式株：ATCC 13124，BCRC(原 CCRC) 10913，CCUG 1795,CIP 103409，DSM 756，JCM 1290，LMG 11264，NCAIM B.01417,NCCB 89165，NCIMB 6125，NCTC 8237。参考株：B 型 (type B) 为 ATCC 3626，NCIB 10691；C 型 (type C) 为 ATCC 3628，NCIB 10662；D 型 (type D) 为 ATCC 3629，NCIB 10663；E 型 (type E) 为 ATCC 27324，NCIB 10748。GenBank 登录号 (16S rRNA)：M59103[6]。

产气荚膜梭菌最早由英国的 Welch 和 Nuttall 于 1892 年首先从一具腐败人尸体产生气

泡的血管中分离到，当时命名为 *Bacillus aerogenes capsulatus*(产气荚膜杆菌)，相当于现在的 A 型菌；在最初，仅被认为对人是一种创伤感染 (气性坏疽) 的病原菌。在第一次世界大战期间，有英国和法国受伤士兵感染此菌的报告，这种感染通常可导致死亡，或因不明原因的局部组织坏死导致截肢。1917 年，Bull 和 Pritchett 发现此菌可产生一种引起组织坏死的可溶性毒素，此毒素可被特异性免疫血清中和。早在 1899 年，Andrewes 就怀疑此菌可能引起人的食物中毒；1924 年，Kahn 在腹泻和肠毒血症患者病料中分离到此菌。后经 McClung(1945) 通过对 4 起由鸡肉引起的食物中毒事件研究证实，此菌可经消化道引起人的感染发病，是食物中毒的病原之一；英国的 Hobbs 等 (1953) 首次详细报告了此菌引起食物中毒的症状。由其引起的食物中毒在国外较为多见，如 Shandera 等 (1983) 报告，美国在 1976 年至 1980 年间发生 62 次；坂井千三 (1984) 报告日本在 1981 年至 1983 年间发生 49 次，其中渡边昭宣等 (1981) 报告在琦玉县发生的 1 起中毒患者达 3610 人。

相继，Dalling(1926) 从羔羊痢疾分离到 B 型菌，定名为 *Bacillus agni*；McEwen(1929) 从羊猝狙 (struck) 分离到 C 型菌，定名为沼泽芽孢杆菌 (*Bacillus paludis*)；Wilsdon(1931 和 1932) 及 Bennetts(1932) 分别从羊肠毒血症分离到 D 型菌，定名为 *Bacillus ovitoxicus*；Bosworth(1943) 分离到 E 型菌；人的坏死性肠炎病原菌在原先曾被定为 F 型，后被划归在了 C 型中 [6~10]。

2.1 生物学性状

在梭菌属细菌中，对产气荚膜梭菌的一些主要生物学性状认识是比较全面的，这也是与其所具有的重要病原学意义相关联的 [6, 7, 11, 12]。

2.1.1 形态与培养特征

产气荚膜梭菌在蛋白胨 - 酵母浸出物 - 葡萄糖 (peptone-yeast extract-glucose，PYG) 肉汤培养基中的菌体为平端的革兰氏阳性直杆菌，大小为 (0.6 ~ 2.4)μm × (1.3 ~ 19.0)μm，单个或成双排列，无鞭毛、不能运动，多数菌株在体内可形成荚膜；通常是在体外培养可形成芽孢，但也很少见到有芽孢 (在无糖培养基中易形成)，芽孢卵圆形、位于菌体中央或次极端并宽于菌幅以致菌细胞膨大。在体内培养的菌体，芽孢是罕见的。图 51-1 显示伤口分泌物革兰氏染色的产气荚膜梭菌；图 51-2 显示革兰氏染色的产气荚膜梭菌纯培养菌。

多数产气荚膜梭菌能在 20 ~ 50℃生长，A、D、E 型菌能在 45℃良好生长，B、C 型在 37℃及 45℃能良好生长；

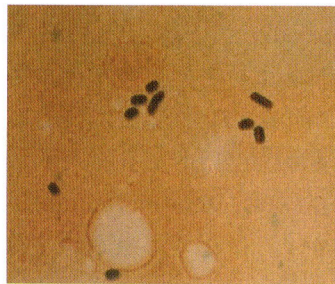

图 51-1 伤口分泌物的产气荚膜梭菌
资料来源：赵乃昕，蔡文城 . 细菌名称及分类鉴定 .2015

图 51-2 纯培养产气荚膜梭菌形态
资料来源：赵乃昕，蔡文城 . 细菌名称及分类鉴定 .2015

偶尔有的菌株可在 6℃ 生长，但它们并非真正的嗜冷 (psychrophilic) 菌；在 pH 为 5.5 ～ 8.0 时能正常生长。在普通营养琼脂培养基上形成中心紧密、周边疏松、边缘不整齐呈锯齿状的菌落；在同样培养条件下也偶有粗糙 (rough, R) 的小菌落；在血液 (兔、绵羊、乳牛、马、人的血液) 营养琼脂培养基上的菌落直径 2 ～ 5mm，圆形、边缘整齐、淡灰黄色、有光泽、半透明、圆顶状，有 β 型溶血，多数菌株能形成双重溶血现象 (内环由 θ 毒素作用形成完全溶血、外环由 α 毒素作用形成不完全溶血)。在蛋黄琼脂培养基上，菌落周围出现乳白色混浊圈，是因细菌产生的 α 毒素 (卵磷脂酶) 分解蛋黄中的卵磷脂所致，这一现象被称为纳格勒氏反应 (Nagler's reaction) 或称为卵磷脂酶反应。在蛋白胨 - 酵母浸出物 - 葡萄糖肉汤培养 7 天均匀浑浊生长、形成光滑或偶尔带有黏性的菌体沉淀物、pH 至 4.8 ～ 5.6；在含有 2.0%NaCl 培养基可生长，但在 6.5%NaCl 培养基不能生长。

2.1.2 生化特性

产气荚膜梭菌能分解多种糖类，产酸、产气。分解葡萄糖、乳糖、果糖、麦芽糖、甘露糖、蔗糖，不分解阿拉伯糖、甘露醇、松三糖、鼠李糖、水杨苷、木糖；液化明胶，产生 H_2S，产生乙酰甲基甲醇 (acetyl methyl carbinol)，多数菌株水解马尿酸盐 (hippurate)，吲哚阴性，95% 以上的菌株发酵蔗糖、产生卵磷脂酶 (lecithinase)，脂酶阴性；消化牛乳并凝固，多数菌株能消化肉。在牛乳培养基中培养 18 ～ 24h，发酵乳糖产生大量的酸类和气体 (H_2 和 CO_2)，酸类可将牛乳中酪蛋白凝固，气体可将凝固的酪蛋白冲成蜂窝状，将液面上的凡士林层向上推挤，甚至冲开管口的棉塞，气势凶猛，称为汹涌发酵 (stormy fermentation) 现象，是产气荚膜梭菌的特征。

2.1.3 菌型

产气荚膜梭菌能产生多种毒素，包括主要的 α 毒素 (具有致死和卵磷脂酶活性)、β 毒素 (具有致死和致坏死作用)、ε 毒素 (具有致死和通透酶活性)、ι 毒素 (具有致死和致皮肤坏死作用)，次要的 γ 毒素 (具有致死作用)、δ 毒素 (溶血素)、η 毒素 (具有致死作用)、θ 毒素 (具有溶血素和溶细胞活性)、κ 毒素 (具有胶原酶和出血因子活性)、λ 毒素 (具有蛋白酶活性)、μ 毒素 (具有透明质酸酶活性)、ν 毒素 (具有 DNA 酶活性)，另外还有神经氨酸酶活性的毒素、具有肠毒素和杀细胞素活性产气荚膜梭菌肠毒素 (*Clostridium perfringens* enterotoxin，CPE)。根据产气荚膜梭菌产生毒素的情况，可将其分为 A、B、C、D、E 的 5 个型，A 型产生主要的 α 毒素，B 型产生主要的 α、β、ε 毒素，C 型产生主要的 α、β 毒素，D 型产生主要的 α、ε 毒素，E 型产生主要的 α、ι 毒素；5 个型均能产生 α 毒素，ι 毒素仅 E 型菌产生。一些 B 型和 C 型菌株可在绵羊或乳牛血液培养基产生很宽的溶血环 (zone of hemolysis)，是由于 δ 毒素的作用。无乳链球菌 (*Streptococcus agalactiae*) 的存在，可在此两种菌间产生溶血的协同作用，称为 CAMP 现象 (CAMP phenomenon)[6]。

2.1.4 生境

山东农业大学的蔡玉梅等 (2009) 报告，产气荚膜梭菌在污染的水体及水底沉积物中分布较多，有建议将此菌作为水污染的指示菌。淡水鱼的生活环境容易受到人类生活的影响被污染，理论上此菌在淡水鱼体内的分布是必然的。以常见淡水鱼为材料，通过细菌学方法分离肠内容物中的产气荚膜梭菌，PCR 检测分离株产生的毒素基因，扩增产物克隆后进行核苷酸序列测定并与参考菌株进行同源性比较，以期为鱼类产气荚膜梭菌的进一步研究及人类的食品安全提供基础资料。在 2007 年 10 月，从泰安胜利水库取健康活鲤鱼 (*Cyprinus carpio*)100 尾、鲢鱼 (*Hypophthalmichthys molitrix*)60 尾、鲫鱼 (*Carassius auratus*)100 尾、鲶鱼 (*Silurus asotus*)60 尾、黄鳝 (*Monopterus albus*)100 尾共 420 尾进行检验，区肠内容物样品在厌氧环境下分离产气荚膜梭菌，结果为 420 份肠内容物样品中有 75 份 (构成比 17.86%) 分离出产气荚膜梭菌，以黄鳝分离率最高 (40 尾占 40%)；其中的 59 株为 C 型 (构成比 78.67%)，12 株为 A 型 (构成比 16.0%)，4 株为 B 型 (构成比 5.33%)。经多重 PCR 扩增检测分离菌株的 α、β、ε、ι、$\beta2$、肠毒素基因，以及肠内容物分离产气荚膜梭菌为阳性的鱼肉组织中的 α 毒素基因，结果所有分离菌株均出现了特异性的 325bp 的 α 条带；此三型 (A 型、B 型、C 型) 分离菌株均能扩增出 $\beta2$ 条带，从 A 型、C 型菌株均检出了肠毒素基因；鱼肉中毒素基因检测结果为阴性 [13]。

2.2　病原学意义

产气荚膜梭菌广泛存在于土壤、人及动物肠道、环境及多种临床标本中。能引起人及多种动物的感染病 (infectious diseases)，是梭菌属细菌中重要的病原菌，包括引起人及动物的气性坏疽、坏死性肠炎 (necrotic enteritis)、人的食物中毒 (food poisoning)，多种动物的肠毒血症 (enterotoxaemia) 等。

2.2.1　人的产气荚膜梭菌感染病

产气荚膜梭菌在人的感染病，主要见于大面积创伤，局部供血不足，组织缺氧坏死，芽孢发芽繁殖产生大量及多种毒素和具有侵袭性的酶致病，另外是引起食物中毒，主要由 A 型菌引起；另外，C 型菌还能引起坏死性肠炎。

2.2.1.1　临床常用感染类型

产气荚膜梭菌主要的感染类型是气性坏疽，以局部水肿、水气夹杂、触摸有捻发感并产生恶臭、组织坏死、全身毒血症甚至休克为特征；濒死前，产气荚膜梭菌还能侵入血流引起败血症。另外，也能引起坏死性肠炎，主要由 β 毒素引起；也可经肠穿孔或子宫破裂进入盆腔或腹腔引起感染 [6, 10, 11]。

2.2.1.2　食物中毒

肉毒梭菌和产气荚膜梭菌，均为食源性疾病 (foodborne diseases) 的病原菌，也称食源性病原菌 (foodborne pathogen)，可引起人的细菌性食物中毒 (bacterial food poisoning)。其中由产气荚膜梭菌引起的食物中毒，通常表现发病急，以胃肠道症状为主，多数出现腹痛、腹泻、呕吐，有的伴有恶心、发热；腹泻频繁，多为水样便，有的会伴有黏液甚至血样便。

近些年来在我国也多有由产气荚膜梭菌引起食物中毒事件的报告，涉及中毒相关食物主要为牛肉、马肉、鸡肉、鸭肉、狗肉、卤肉等肉类；病程一般不长，多在 1 ~ 7 天。在发生中毒死亡的事件中，统计 3 起共中毒 3411 人、死亡 5 人，病死率 0.15%；其中的 1 起为中毒 11 人、死亡 2 人 (病死率 18.18%)，1 起为中毒 459 人、死亡 2 人 (病死率 0.44%)，1 起为中毒 2 491 人、死亡 1 人 (病死率 0.034%)[14]。

2.2.1.3 医院感染特点

由产气荚膜梭菌引起的医院感染事件，还是很少见的。在前面有记述四川大学华西医院的王晓辉等 (2013) 报告发生在重症监护室病房医院感染腹泻 135 例中，不属于艰难梭菌相关性腹泻的其中有 102 例 (构成比 75.56%)，其中由产气荚膜梭菌引起的 4 例 (构成比各为 3.92%)[3]。

2.2.2 动物的产气荚膜梭菌感染病

产气荚膜梭菌在动物的感染，在不同的菌型存在一定的致病性差异。A 型菌可引起多种动物的气性坏疽，还可引起牛、羔羊、新生羊驼、野山羊、驯鹿、仔猪、犬、家兔等动物的肠毒血症；B 型菌主要是引起羔羊痢疾，还可引起驹、犊牛、羔羊、绵羊、山羊的肠毒血症或坏死性肠炎；C 型菌主要是引起绵羊猝狙和新生仔猪的梭菌性肠炎 (Clostridial enteritis of piglets)，还可引起羔羊、犊牛、绵羊的肠毒血症和坏死性肠炎；D 型菌可致羔羊、绵羊、山羊、牛及灰鼠的肠毒血症；E 型菌可致犊牛、羔羊的肠毒血症。在实验动物，以豚鼠、小鼠、鸽和幼猫最易感，家兔次之 [2,15]。

在水生动物，Greenwood 和 Taylor(1978) 报告，产气荚膜梭菌是包括鳍足类 (pinnipeds) 海洋哺乳动物 (marine mammals) 肠毒血症 (enterotoxaemia)、腹膜炎 (peritonitis)、梭菌性肌炎 (clostridial myositis) 的病原菌，包括虎鲸(killer whale，*Orcinus orca*)、海豹 (seal)、海狮 (sea lion)、海豚 (dolphin) 等。在这些感染病，存在产气荚膜梭菌 A 型毒素 [16]。

2.2.3 毒力因子与致病机制

产气荚膜梭菌可产生强烈的外毒素和具有毒性作用的酶类 (卵磷脂酶、纤维蛋白酶、透明质酸酶、胶原酶、DNA 酶等)，对人和动物致病。引起食物中毒主要是产气荚膜梭菌肠毒素的作用，这是一种芽孢特异性的蛋白质，在芽孢形成时合成，现已知食物中毒都是由 A 型菌株引起的；虽已发现有的 C 型菌株能够产生产气荚膜梭菌肠毒素，但其致病作用尚不很清楚。

A 型菌的产气荚膜梭菌肠毒素由 Duncan 和 Strong(1969) 首先发现，纯化的产气荚膜梭菌肠毒素分子质量为 35.0kDa、等电点为 4.3，包含 319 个氨基酸；对热敏感，60℃经 10min 可被灭活。在芽孢形成的末期产生，产生的高峰期在芽孢囊裂解前，与芽孢一同释放，有利于芽孢产生的环境也同时有利于毒素的生成。产气荚膜梭菌肠毒素的产生由 cpe 基因控制，在可导致食物中毒的 A 型菌株中，此基因位于染色体上；在不能导致食物中毒的菌株中，此基因位于质粒上 [7, 9]。

2.3 微生物学检验

对产气荚膜梭菌的微生物学检验，在 A 型菌引起的气性坏疽和人的食物中毒病例主要依靠对细菌的分离与鉴定。在肠毒血症及坏死性肠炎等病例，对肠内容物中毒素的检出是重要的。在与其他梭菌鉴别方面，在体外培养能形成芽孢、不形成荚膜，在体内能形成荚膜、不形成芽孢，在牛乳培养基中的"汹涌发酵"现象，是产气荚膜梭菌的重要特征。

　　发生由产气荚膜梭菌引起的食物中毒后，其血清抗体效价会在一定的时限内明显升高，可用于辅助性诊断。例如，湖北省十堰市卫生防疫站的李兆林等 (1997) 报告在 1996 年 10 月 2 日，十堰市某餐馆承办 1 起婚宴，就餐的 428 人发病 217 人 (罹患率 50.7%)，潜伏期 2.5 ~ 39h(平均 13.91h)；临床表现腹痛的 217 例 (构成比 100.0%)、腹泻的 178 例 (构成比 82.03%)、呕吐的 107 例 (构成比 49.31%)、发热的 30 例 (构成比 13.82%)，腹痛多为下腹部或脐周绞痛，腹泻多为黄色水样便，粪便腥臭，大部分病例腹泻数次至 10 余次 / 天 (有的达 20 余次)，部分病例有黏液便；经治疗，预后良好，平均病程 1.5 天。用分离的产气荚膜梭菌与 5 例患者急性期和恢复期血清做凝集试验，结果为急性期的抗体效价在 1 ∶ 80 的 3 例、在 1 ∶ 160 和 1 ∶ 320 的各 1 例，恢复期的为 1 ∶ 2560 的 3 例、1 ∶ 5120 的 2 例[17]。

3　艰难梭菌 (*Clostridium difficile*)

　　艰难梭菌 [*Clostridium difficile*(Hall and O'Toole 1935)Prévot 1938] 最早被分类于芽孢杆菌属 (*Bacillus* Cohn 1872)，名为艰难杆菌 (*Bacillus difficile* Hall and O'Toole 1935)。菌种名称"*difficile*"为拉丁语中性形容词，指困难的 (difficult)，意为分离和研究此菌曾遇到很大困难 (the unusual difficulty that was encountered in its isolation and study)。

　　细菌 DNA 的 G+C mol% 为 28；模式株：AS 1.2184，ATCC 9689，BCRC 10642，CCUG 4938，CIP 104282，DSM 1296，JCM 1296，LMG 15861，NCIB 10666，NCIMB 10666，NTCC 11209。GenBank 登录号 (16S rRNA)：AB075770[6]。

　　艰难梭菌由 Hall 和 O'Toole(1935) 报告从一新生儿的粪便中分离到，但在较长时间里一直未了解其病原学意义，被视为非致病性的肠道菌群之一。随着抗生素的广泛应用，假膜性结肠炎 (pseudomembranous colitis，PMC) 患者逐渐增多，人们开始注意和研究此菌与抗生素、肠道疾病间的关系。经临床观察和动物实验，到了 1978 年终于确认此菌是抗生素诱发的假膜性结肠炎的病原菌[8]。

3.1　生物学性状

　　艰难梭菌为专性厌氧菌，大小为 (0.5 ~ 1.9)μm × (3.0 ~ 16.9)μm 的革兰氏阳性杆菌，常可见 2 ~ 6 个菌体相接成链状排列，以周生鞭毛 (peritrichous) 运动或存在无动力菌株，大多数菌株产生芽孢，芽孢卵圆形、次端生、很少端生，菌细胞膨胀，许多菌株需要在布氏血液琼脂 (Brucella blood agar) 培养基培养 2 天产生芽孢。

　　艰难梭菌的菌落圆形、边缘整齐、低隆起、半透明、灰白色。在营养肉汤培养基中生长中度，形成颗粒状菌体沉淀；但培养 2 天后会出现菌体溶融现象，使成革兰氏染色趋向于阴性。发酵产物包括少量乙酸、异丁酸、异戊酸、戊酸、丁酸、异己酸、异丁醇、己醇；

在血液营养琼脂培养基上，大多数菌株不溶血，牛奶不变，一些菌株产生弱毒素。适宜生长温度为 30 ~ 37℃，可在 25 ~ 45℃生长。发现于人的感染部位、肠道内容物。在环丝氨酸 - 头孢西丁 - 果糖 - 琼脂 (cycloserine-cefoxitin-fructose-agar，CCFA) 培养基上可生长，在厌氧环境条件下培养 24 ~ 48h，可生长为黄色 (因分解果糖)、圆形、扁平、有脐凹、表面毛玻璃状、边缘不整齐、直径多在 2 ~ 4mm(48h 后可达 7.5mm) 的菌落；置于紫外线照射下发金黄色荧光，其周围 2 ~ 3mm 处呈现黄色。生长在添加有氯化血红素 (hemin) 和维生素 K₁ 布氏血液琼脂 (Brucella blood agar) 培养基上，培养 48h 可形成表面湿润、圆形、扁平或低隆起、不透明、淡灰色或灰白色、偶尔有假根 (rhizoid) 状、不溶血、直径在 2 ~ 5mm 的菌落，置于落射光线照射下，菌落中心灰白色、边缘不整齐、存在连串状菌苔，菌落较扁平、中央稍隆起；置于紫外线照射下，菌落发黄绿色荧光。在蛋白胨 - 酵母浸出物 - 葡萄糖肉汤培养 5 天均匀浑浊生长、有光滑的菌体沉淀物、pH 至 5.0 ~ 5.5。

艰难梭菌可利用脯氨酸、天门冬氨酸、丝氨酸、亮氨酸、丙氨酸、苏氨酸、缬氨酸、苯丙氨酸、甲硫氨酸 (methionine)、异亮氨酸生长，在深层 PYG 培养基 (PYG deep agar) 培养大量产气，在 PYG broth 产生大量 H_2；产氨；试验的 17 株菌有 8 株产生 H_2S；研究的 1 株菌产生透明质酸酶 (Hyaluronidase)、软骨素硫酸酯酶 (chondroitin sulfatase)、胶原酶 (collagenase)；试验 2 株中有 1 株产生 β- 葡萄糖醛酸苷酶 (β-glucuronidase)；不能利用尿嘧啶 (Uracil)；产生两种大蛋白毒素 (large protein toxins)，毒素 A、毒素 B；毒素 A 经口服对试验动物仓鼠 (hamsters) 是致死性的、毒素 B 不能；但经腹腔注射接种，则两种毒素都是致死性的。两种毒素对小鼠都是致死性的。因试验证明毒素 A 具有肠道积液作用，所以认为具有肠毒素 (enterotoxin) 活性，但作用机制不是通过刺激腺苷酸环化酶 (adenyl cyclase) 的原因；毒素 B 不能引起肠道积液，但组织细胞培养显示能够产生明显细胞病变。

艰难梭菌的菌细胞含有 meso- 二氨基庚二酸，卵磷脂酶、脂酶阴性，液化明胶，牛乳、吲哚试验阴性，发酵葡萄糖，不发酵麦芽糖、乳糖、蔗糖，不利用水杨苷或为弱反应，发酵甘露醇不定。存在于海洋沉积物、土壤、沙滩、医院环境，骆驼、马、驴、犬、猫、家禽等动物粪便，人的生殖道，人除了腹泻粪便外的粪便，罕见于人和动物的血液、化脓性感染 (pyogenic infections)[1, 6, 8, 18]。

3.2 病原学意义

艰难梭菌的芽孢广泛存在于自然界、人及多种动物的生活环境中，尤其医院病房是其常栖处；在健康人的下部消化道内容物或粪便中，也常有此菌存在。在特定的情况下，可引起肠道感染病[1.8]。

3.2.1 临床常见感染病

艰难梭菌是抗菌药物相关性腹泻的主要病原菌，随着抗菌药物的普遍应用，艰难梭菌相关性腹泻或艰难梭菌相关性结肠炎 (*Clostridium difficile* associated colitis，CDAC) 也日益成为常见感染病。其临床表现多样，轻度患者为无症状携带或为自限性结肠炎性腹泻，重症患者可出现假膜性结肠炎即所谓的抗生素相关性假膜性结肠炎 (antibiotics associated pseudomembranous colitis)。更严重患者，可出现暴发性结肠炎，表现炎症严重，并可累及肌层。局部肌层受累可出现结肠穿孔，发生腹膜炎；大范围的肌层受累可使结肠失去张力、扩张，表现为中毒性巨结肠，并可迅速出现肠穿孔、腹膜炎、菌血症。

3.2.2　医院感染特点

尽管艰难梭菌常可存在于医院环境，但引起医院感染的事件还是很少见的，这可能是与通常认为艰难梭菌感染是内源性的及与抗生素使用相关联的有关。在前面有记述武汉大学人民医院的徐亚青等 (2013) 报告对 54 例医院感染腹泻患者的粪便标本材料检验，确定为艰难梭菌感染的 19 例。此 19 例患者在各科室的分布，分别为：神经内科重症监护室 7 例 (构成比 36.84%)、心内科重症监护室 1 例 (构成比 5.26%)、肿瘤科 5 例 (构成比 26.32%)、中心重症监护室 2 例 (构成比 10.53%)、呼吸内科重症监护室 2 例 (构成比 10.53%)、消化内科 1 例 (构成比 5.26%)、其他科室 1 例 (构成比 5.26%)[4]。

3.2.3　毒素与致病机制

艰难梭菌能够产生肠毒素 (毒素 A) 和细胞毒素 (毒素 B)，引起假膜性结肠炎需要这两种毒素的同时存在，可能是一种协同作用的结果。动物实验证明，A 毒素具有致死活性和毛细血管渗透亢进作用，能够引起肠道的大量液体潴留；B 毒素除了具有致死活性外，主要是能够引起细胞病变。毒素 A 和毒素 B 分别由基因 *tcdA* 和 *tcdB* 编码，这两个基因与两个调节基因 (*tcdC* 和 *tcdD*)，以及一个孔蛋白基因 (*tcdE*) 共同构成染色体致病位点；此外，艰难梭菌还有一种二元毒素 (binary toxin)，它们由单独于染色体致病位点之外的两个基因 (*cdtA* 和 *cdtB*) 编码。毒素 A、毒素 B、二元毒素，共同作用导致发生腹泻。

可以认为艰难梭菌是一种机会病原菌 (opportunistic pathogen)，尽管在不少健康人的消化道内存在，甚至有致病性的菌株存在，但也并无疾病征兆。抗生素的大量频繁使用，可能会导致肠道菌群失调，存在于肠道且对多种抗生素具有抗药性的、产毒素的艰难梭菌就有可能乘机繁殖，产生毒素，引起结肠炎与腹泻，严重的可发展为假膜性结肠炎。

3.3　微生物学检验

对艰难梭菌的微生物学检验，还主要是依赖于对细菌进行分离鉴定、毒素检测的细菌学检验。分离艰难梭菌，可使用环丝氨酸 - 头孢西丁 - 果糖 - 琼脂培养基，需要注意的是艰难梭菌在环丝氨酸 - 头孢西丁 - 果糖 - 琼脂培养基上不产生芽孢。对毒素的检验，可直接检测毒素或检测毒素基因[18]。

（房　海）

参 考 文 献

[1] 贾辅忠 , 李兰娟 . 感染病学 . 南京 : 江苏科学技术出版社 , 2010: 554~563.

[2] 蔡宝祥 . 家畜传染病学 . 4 版 . 北京 : 中国农业出版社 , 2001: 117~121.

[3] 王晓辉，蔡琳，胡田雨，等.ICU病房的非艰难梭菌相关性医院感染腹泻.四川大学学报（医学版），2013, 44(4):637~640.

[4] 徐亚青，邓敏.难辨梭状芽孢杆菌医院感染的流行病学特征及感染控制现状分析.中华医院感染学杂志，2013, 23(20):5073~5075.

[5] 赵姬卿，陈群英，严海霞.手术患者医院感染病原菌分布及危险因素分析.中华医院感染学杂志，2014, 24(11):2752~2753, 2756.

[6] Aidan C P. Bergey's Manual of Systematic Bacteriology. Second Edition. Volume Three. Springer, New York, 2009: 736~828.

[7] 蒋原.食源性病原微生物检测指南.北京：中国标准出版社，2010: 254~273, 317~330.

[8] 杨正时，房海.人及动物病原细菌学.石家庄：河北科学技术出版社，2003: 954~994.

[9] [美] Jay J M, Loessner M J, Golden D A. 现代食品微生物学.7版.何国庆，丁立孝，宫春波，等译.北京：中国农业大学出版社，2008, 477~486.

[10] 吴光先.产气荚膜梭菌与食物中毒.中华预防医学杂志，1985, 19(5):297~298.

[11] 闻玉梅.现代医学微生物学.上海：上海医科大学出版社，1999: 394~413.

[12] 陆德源.医学微生物学.4版.北京：人民卫生出版社，2000: 117~127.

[13] 蔡玉梅，柴同杰，蔡春梅，等.淡水鱼产气荚膜梭菌的分离及毒素型的鉴定.农业生物技术学报，2009, 17 (3):476~481.

[14] 房海，陈翠珍.中国食物中毒细菌.北京：科学出版社，2014: 584~613.

[15] 陆承平.兽医微生物学.4版.北京：中国农业出版社，2007: 191~197.

[16] Nicky B B. Bacteria and Fungi from Fish and Other Aquatic Animals. 2nd Edition. London, UK. 2014: 391.

[17] 李兆林，刘海波，张龙山，等.一起产气荚膜杆菌食物中毒的调查报告.中国卫生监督杂志，1997, 4(6):253~254.

[18] 叶应妩，王毓三，申子瑜.全国临床检验操作规程.3版.南京：东南大学出版社，2006: 763~770.

第8篇 医院感染真菌与病毒简介

在我国已有明确报告引起医院感染(hospital infection, HI)的真菌(fungi)，涉及4个属(genus)，20个种(species)；病毒(virus)涉及11个属，9个种。为便于一并了解各相应属、种，分别将其各自名录记述于表A(真菌)、表B(病毒)中。

表A 医院感染真菌的属和种

菌属	菌种数	菌种
念珠菌属 (Candida)	11	白色念珠菌 (Candida albican)、光滑念珠菌 (Candida glabrata)、季也蒙 (高里氏) 念珠菌 (Candida guilliermondii)、克柔氏念珠菌 (Candida krusei)、葡萄牙念珠菌 (Candida lusitaniae)、近平滑念珠菌 (Candida parapsilosis)、皱褶 (皱落) 念珠菌 (Candida rugosa)、清酒念珠菌 (Candida sake)、热带念珠菌 (Candida tropicalis)、葡萄酒念珠菌 (Candida vini)、涎沫念珠菌 (Candida zeylanoides)
隐球菌属 (Cryptococcus)	4	土生隐球菌 (Cryptococcus humicolus)、罗伦特隐球菌 (Cryptococcus laurentii)、新生隐球菌 (Cryptococcus neoformans)、地生隐球菌 (Cryptococcus terreus)
曲霉属 (Aspergillus)	5	黄曲霉 (Aspergillus flavus)、烟曲霉 (Aspergillus fumigatus)、黑曲霉 (Aspergillus niger)、聚多曲霉 (Aspergillus sydowii)、土曲霉 (Aspergillus terreus)
毛霉属 (Mucor)	未明确种类	
合计	20	

表B 医院感染病毒的属和种

核酸型	病毒属	种类数	病毒种类
RNA 病毒	轮状病毒属 (Rotavirus，RV)	1	轮状病毒 (rotavirus，RV)
	哺乳动物星状病毒属 (Mamastrovirus)	未明确种类	
	丙型肝炎病毒属 (Hepacivirus)	1	丙型肝炎病毒 (hepatitis C virus，HCV)
	诺如病毒属 (Norovirus，NV)	1	诺如病毒 (norovirus，NV)
	甲型流感病毒属 (Influenza virus A)	1	甲型流感病毒 (influenza A virus)

核酸型	病毒属	种类数	病毒种类
RNA 病毒	乙型流感病毒属 (Influenza virus B)	1	乙型流感病毒 (influenza B virus)
	麻疹病毒属 (Morbillivirus)	1	麻疹病毒 (measles virus)
	副黏病毒属 (Paramyxovirus)	1	副流感病毒 (parainfluenza virus)
	肺病毒属 (Pneumovirus)	1	呼吸道合胞病毒 (respiratory syncytial virus，RSV)
DNA 病毒	哺乳动物腺病毒属 (Mastadenovirus)	未明确种类	
	水痘病毒属 (Varicellovirus)	1	水痘-带状疱疹病毒 (varicella-zoster virus，VZV)
合计		9	

第 52 章　医院感染真菌简介

在属于真菌 (fungi) 类微生物 (microorganism) 的酵母菌 (yeast)、霉菌 (mold，mould) 中，有的种 (species) 是在人、动物、植物具有病原学意义的，也被称为致病性真菌 (pathogenic fungi)。其中有的是直接寄生于宿主体表或体内，生长繁殖引起致病，常是被统称为真菌病 (mycosis)，属于感染病 (infectious diseases) 的范畴。也有的可产生属于外毒素 (exotoxin) 类的真菌毒素 (mycotoxin)，污染粮食及其制品、食物、果蔬及动物饲料等，在人误食此类食品、动物误食此类饲料后，可引起相应的急性或慢性中毒症 (toxinosis)、亦称为真菌毒素病 (mycotoxicosis)。在植物，表面有明显真菌菌丝 (hypha) 生长的霉菌病害，常是通称为植物的霉菌病 (mildew)。

在医院感染 (hospital infection，HI) 方面，我国也多有由真菌 (酵母菌、霉菌) 引起的记述和报告。初步统计通过中国知识资源总库 (CNKI) 学术文献总库等检出的由真菌引起的医院感染文献，至目前我国明确报告的共涉及 4 个菌属 (genus)，20 个种 (各菌属及种的名录记述在了第 8 篇 "医院感染真菌与病毒简介" 扉页上的表 A 中)。从这些文献来看，不同种类真菌 (酵母菌、霉菌) 的出现频率在不同医院存在一定的差异性，但总体上是以属于酵母菌类真菌的念珠菌属 (*Candida* Berkhout 1923) 真菌表现突出。

● 在第 44 章 "葡萄球菌属" (*Staphylococcus*) 中有记述，浙江省永康市第一人民医院的黄金莲等 (2005) 报告，回顾性总结在 4 年 (2000 年 1 月至 2003 年 12 月) 间，从该医院住院患者发生医院感染病例不同标本材料中分离的病原菌 1560 株，其中细菌 1292 株 (构成比 82.82%)、真菌 (未明确种类)268 株 (构成比 17.18%)[1]。

● 在第 35 章"奈瑟氏球菌属"(*Neisseria*) 中有记述，哈尔滨医科大学附属第二医院的张晓明等 (2012) 报告，该医院在 2008 年 1 月至 2011 年 1 月间，在重症监护室 (intensive care unit，ICU) 住院患者 4600 例中发生医院感染的 921 例 (发生率 20.02%)。从下呼吸道、泌尿道医院感染患者分离到病原菌 885 株，其中细菌共 7 种 (属)649 株 (构成比 73.33%)，真菌 (未明确种类)236 株 (构成比 26.67%)[2]。

● 在第 5 章"埃希氏菌属"(*Escherichia*) 中有记述，中国人民解放军第四军医大学西京医院全军临床检验医学研究所的陈潇等 (2014) 报告，回顾性总结该医院 11 年 (2002 年 1 月至 2012 年 6 月) 间，从由于感染病例不同标本材料中共分离获得各种病原菌 32 472 株 (非重复菌种)，其中革兰氏阴性细菌 21 107 株 (构成比 65.0%)、革兰氏阳性细菌 9742 株 (构成比 30.0%)，真菌 (未明确种类)1623 株 (构成比 5.0%)[3]。

1 真菌的基本特征

真菌是不含有叶绿素、化能有机营养、具有真正的细胞核的一类真核微生物 (eukaryotic microorganism)，在其细胞质中含有线粒体 (mitochondrion) 等细胞器 (organelle)、内质网 (endoplasmic reticulum) 等内膜结构。其基本特征是种类繁多 (约有十几万种)，形态各异，大小相差悬殊，菌细胞结构复杂、多样。真菌能够产生丰富的酶系，具有很强的分解复杂有机物的能力，所以在营养物质极其贫乏的环境中也能生长；能在黑暗、潮湿，以及存在有机物的环境中良好生长；在土壤中生长的同时，也能使土壤中的元素得以循环利用，对人类生活是很有益的。

通常多根据真菌的基本形态特征，将所有的真菌分为酵母菌、霉菌、蕈菌 (mushroom) 三大类。真菌这类真核生物 (eukaryote)，与细菌 (bacteria) 等原核生物 (prokaryote) 间的细胞结构，存在很大差异。在结构方面，真核生物与原核生物相比 (表 52-1)，表现为比较复杂，有核膜 (具有典型的细胞核)，有线粒体、高尔基体 (Golgi apparatus)、内质网等细胞器；细胞表层、细胞壁比原核生物简单，不存在细菌细胞壁那样的肽聚糖 (peptidoglycan) 成分 [4]。

表 52-1 原核生物与真核生物的细胞结构对比表

细胞结构		原核生物	真核生物
细胞壁		由肽聚糖、其他多糖、蛋白质和糖蛋白组成	通常为多糖组成，包括纤维素
细胞质：	质膜	不含固醇	含固醇
	内膜	简单，仅存在于某些细菌中	复杂，内质网，高尔基体
	核糖体 (亚基)	70S(50S、30S)	80S(60S、40S)，在线粒体和叶绿体中为 70S
	具单位膜的细胞器	无	有几种细胞器
	呼吸系统	在部分质膜和内膜中	在线粒体中
	光合色素	在内膜或绿色体中，无叶绿体	在叶绿体中
	气囊	某些细菌具备	不具备

续表

细胞结构		原核生物	真核生物
细胞核和核质:	核膜	无	有
	核仁	无	有
	DNA	通常为一个环状大分子, 也存在于质粒中	同组蛋白结合, 存在于染色体中
细胞分裂		缺有丝分裂	进行有丝分裂
有性生殖		不具备	具备, 进行减数分裂
基因中的内含子		一般没有	普遍存在
细胞骨架		无	有

1.1　酵母菌的基本特征

　　酵母菌是一群单细胞真菌 (真核微生物) 的通称, 这个术语属于无分类学意义的普通名称, 通常用于以芽殖 (budding) 或裂殖 (fission, schizogenesis) 进行无性繁殖的单细胞真菌, 以与霉菌相区别。酵母菌的芽殖, 是指母细胞通过出芽形成子代细胞进行增殖的繁殖方式; 酵母菌的裂殖, 是指母细胞通过分裂或断裂进行增殖的繁殖方式。也有的酵母菌存在有性繁殖方式, 是通过子囊孢子 (ascospore) 的方式进行, 两个性别不同的酵母菌细胞融合, 经质配、核配, 减数分裂后可产生子囊 (ascus), 在子囊内生成 4 ~ 8 个单倍体的子囊孢子, 子囊孢子可萌发长成新的酵母菌细胞。

　　酵母菌的基本形态特征, 通常为卵圆形、圆形、圆柱形或柠檬形, 大小为在 (1.0 ~ 5.0)μm × (5.0 ~ 30.0)μm (最长的可达 100.0μm)。通常情况下在不同种的酵母菌, 分别有其相对恒定的形态和大小, 但也常常可随不同菌龄、环境条件而异。即使是在纯培养物中, 各个菌细胞的形态、大小也有差别 (图 52-1)。有些酵母菌细胞在芽殖后, 与其子代细胞的细胞壁不完全分开, 形成首尾相连在一起的菌细胞链, 被称为假菌丝体 (pseudomycelium)。

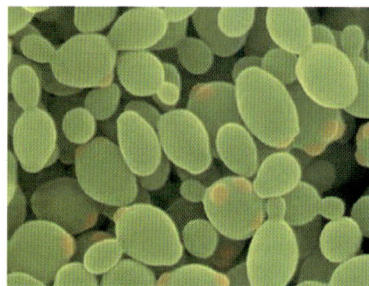

图 52-1　酵母菌细胞形态特征

　　酵母菌在自然界的分布广泛, 但主要是分布在含有糖 (水果、花类、树皮上等部位) 的环境中, 也有的酵母菌可与昆虫类共生。酵母菌与人类生活的关系非常密切, 如在酿造、食品、医药工业等方面具有重要地位。另外, 酵母菌细胞的蛋白质含量高达细胞干重的 50.0% 以上, 并含有人体必需的氨基酸, 所以酵母菌可以成为食品, 以及动物饲料的重要补充。

　　另外, 也有的酵母菌常会给人类带来危害。例如, 一些腐生型的酵母菌, 能使食品、纺织品及其他原料的腐败变质; 鲁氏酵母菌 (Saccharomyces rouxii)、蜂蜜酵母菌 (Saccharomyces mellis) 等少数嗜高渗透压的酵母菌, 可使蜂蜜、果酱等败坏; 有的酵母菌可引起人、动物、植物发生病害, 如念珠菌属的一些病原念珠菌, 可在一定条件下引起人的皮肤、黏膜、呼吸系统、消化系统、泌尿生殖系统、中枢神经系统、心血管系统、骨骼肌肉系统等多种类型的感染病，也称为念珠菌病 (candidiasis)；隐球菌属 (*Cryptococcus Kützing* 1833) 的一些病原隐球菌，主要侵害中枢神经系统，或肺脏、皮肤、骨骼的组织，引起相应的感染病，也称为隐球菌病 (cryptococcosis)[4~9]。

1.2 霉菌的基本特征

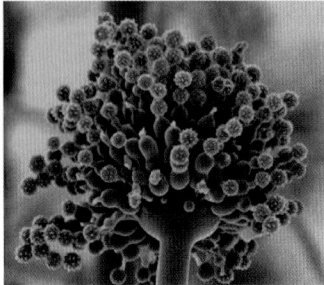

图 52-2　曲霉菌的形态特征

霉菌是一群丝状真菌 (filamentous fungi) 的统称，它不属于分类学上的名词。霉菌的菌体均由分枝或不分枝的菌丝 (hypha) 构成，许多菌丝交织在一起称为菌丝体 (mycelium)。菌丝呈管状，通常直径多为 2.0 ~ 10.0μm，比一般的细菌大几到几十倍。图 52-2 显示曲霉菌的基本形态特征。

通常是根据霉菌的菌丝是否存在隔膜 (septum)，将霉菌的菌丝分为无隔膜菌丝、有隔膜菌丝两类，也是对霉菌进行鉴定的基本性状指标。无隔膜菌丝：整个菌丝为长管状单细胞，在细胞质内含有多个细胞核，其生长过程仅表现为菌丝体的延长、细胞核的裂殖增多、细胞质的增加，如根霉属 (*Rhizopus* Ehrenberg)、毛霉属 (*Mucor* Micheli and Fries)、犁头霉属 (*Absidia* van Tieghem) 等的霉菌。有隔膜菌丝：菌丝由横隔膜分隔成串多细胞，在每个细胞内含有一个或多个细胞核。也有些菌丝，从外观看虽然像是多细胞的，但在横隔膜上有小孔，使细胞质和细胞核可以自由流通，而且每个细胞的功能也都相同，如青霉属 (*Penicillium* Link)、曲霉属 (*Aspergillus* Micheli)、白地霉 (*Geotrichum candidum*) 等绝大多数霉菌，其菌丝均属于此类的。

在固体培养基上生长的霉菌，有部分菌丝伸入培养基内吸收养分，被称为营养菌丝 (vegetative hypha)；另一部分则是向空气中生长，被称为气生菌丝 (aerial hypha)，形成绒毛状、蜘蛛网状或棉絮状的菌丝体。其中有的气生菌丝发育到一定阶段后，分化成为繁殖菌丝。不同的霉菌可以产生节孢子 (arthrospore)、厚垣孢子 (chlamydospore)、孢囊孢子 (sporangiospore)、分生孢子 (conidiospore) 等 4 类无性孢子 (imperfect spore)；孢囊孢子多是呈黑褐色，分生孢子会具有黑色、黄绿色、红色、黄色、褐色等不同颜色，当孢子成熟时，白色的菌丝其颜色也会发生变化，以致其菌落会呈现出同孢子相一致的颜色，常常可以作为对真菌鉴定的基本性状指标。不同霉菌的有性孢子 (sexual spore)，包括卵孢子 (oospore)、接合孢子 (zygospore)、子囊孢子 (ascospore)、担孢子 (basidiospore)。霉菌中的任何一种无性孢子、有性孢子，在适宜的环境条件下，均能萌发并发育成为新的菌丝和菌丝体。另外是根霉属的真菌，生长过程中在匍匐枝与基质接触处可分化形成根状菌丝，被称为假根 (rhizine)，具有固着和吸收营养的作用。

霉菌在自然界的分布极其广泛，在土壤、水域、空气、动植物体内外均有它们的踪迹。许多霉菌都具有重要的经济意义，同人类的生产、生活关系密切，是人类在实践活动中最早认识和利用的一类微生物。现在，霉菌在发酵工业上广泛被用来生产乙醇、某些抗生素、有机酸、酶制剂、维生素、麦角碱等生物碱、真菌多糖、甾体激素等；在农业生产上用于饲料发酵、生产某些植物生长刺激素、杀虫农药、除草剂等，也在堆肥腐熟过程中具有强大功能。有些腐生型霉菌，在自然界物质转化中也有重要作用。另外，某些霉菌也是造成许多食品、农副产品、衣物、器材等发霉变质的主要原因，造成相应的经济损失。

　　作为病原性霉菌，有的霉菌能够在人或动植物的体表或体内寄生，引起相应的真菌病。例如，由曲霉属真菌引起人的曲霉病 (aspergillosis)，包括一系列的感染病或非感染病；其中的感染病包括浅表感染和深部组织感染，几乎任何脏器均可被感染，其中以肺脏为常见部位。有的霉菌是通过产生真菌毒素，被人或动物误食后引起相应的中毒症，如由黄曲霉 (*Aspergillus flavus*) 产生的黄曲霉毒素 (aflatoxin，AFT) 为剧毒物质，具有很强的急性毒性，也有明显的慢性毒性和致癌作用，对人及多种动物均具有强烈的毒性 [4～10]。

1.3　蕈菌的基本特征

　　蕈菌又称为蘑菇，属于大型真菌类；因其通常多是呈伞状，所以也被称为伞菌 (agaric)，也是蘑菇目 (Agaricales) 真菌的通称。蕈菌最为突出的特征，是具有颜色各异、形态多样的子实体 (fruit body) 结构。蕈菌生长在含有机物质丰富的森林土壤中或树干上，有诸多蕈菌的子实体营养丰富、味美可食。蕈菌的有性繁殖方式，是通过在担子上着生出外生孢子 (exospore) 即担孢子 (basidiospore) 来进行的。

　　有许多原为野生的蕈菌，现在已经能够进行大规模的人工栽培，如比较常见的香菇、草菇、猴头菇、灵芝等。蕈菌的子实体，不仅仅是作为传统的美味食品，更重要的还在于蕈菌中的多糖类物质，已被证实具有增强机体的免疫功能、抑制肿瘤细胞增生等生物学活性，呈现出相应的药用价值。另外，有的蕈菌能够引起木材腐烂。图 52-3 显示一种蕈菌的基本形态特征。

　　另外，也有不少的蕈菌具有对机体的毒性作用，它们能够产生多种类型的毒素 (toxin)，误食后可引起中毒，此类蕈菌也被称为毒蘑菇或毒菌 (toadstool)。例如，

图 52-3　蕈菌的基本形态

毒伞 (*Amanita phalloides*) 也称为绿帽伞、蒜叶伞，其产生的毒肽 (phallotoxins) 和毒伞肽 (amatoxins) 具有很强的毒性，发生中毒后的死亡率很高；毒蝇伞 (*Amanita muscaria*) 也称为毒蝇菌、扑蝇菌、蛤蟆菌，产生的毒蝇碱 (muscarine) 对蝇类具有毒性作用，也可引起人的中毒 (主要是引起副交感神经兴奋)[5, 7, 11]。

2　医院感染酵母菌

　　在已有的一些报告中，明确记述的医院感染酵母菌样真菌，涉及念珠菌属、隐球菌属的多个种，其中以念珠菌属的白色念珠菌 (*Candida albican*) 最为多见，其次为热带念珠菌 (*Candida tropicalis*)；另外是在隐球菌属真菌中，以新生隐球菌 (*Cryptococcus neoformans*) 的检出频率较高，但相对于念珠菌属真菌来讲还是属于不常见的。

2.1 念珠菌属 (*Candida*)

念珠菌属也称为假丝酵母菌属，广泛存在于自然环境中，也是构成人及多种动物 (野生或养殖动物) 消化道、泌尿生殖道正常菌群的真菌，通常情况下并不致病；但在机体生理功能发生特别改变时，可以导致发生不同程度的感染，属于机会病原菌 (opportunistic pathogen，亦称为条件病原菌) 的范畴。由念珠菌属真菌引起的感染病，常是统称为念珠菌病、又称为假丝酵母菌病 [9, 12 ~ 14]。

2.1.1 人的念珠菌感染病

念珠菌属的病原念珠菌，可在一定条件下引起人的原发或继发感染，除皮肤和黏膜的浅表感染外，还可累及到脏器形成系统性感染，更严重的还可造成累及到多个器官的播散性感染，是危害免疫功能受损高危人群的重要病原真菌。

早在 19 世纪中叶就认识到了发生在人口腔黏膜的一种疾病，俗称鹅口疮 (thrush)，当时即发现在病变部位有真菌生长。在 1858 年，在羔羊口腔病变内也发现了同样的真菌。直到 1923 年，此真菌才被定名为白色念珠菌。此后的研究证明，此真菌可引起人、多种禽类和哺乳类动物的感染发病。

白色念珠菌具有双相菌的形态特征，酵母相的菌体为圆形或椭圆形，通常大小为 3 ~ 5μm，主要以芽生方式繁殖。芽生孢子伸长可成类似菌丝状的假菌丝，在特殊环境中可形成菌丝。白色念珠菌为需氧菌，在病变组织和普通培养基中产生芽生孢子和假菌丝，不形成有性孢子。芽生孢子为传播形式，不引起临床症状，产生菌丝的芽生孢子通常为组织入侵形式。图 52-4 显示白色念珠菌的孢子和假菌丝体 (不染色标本)；图 52-5 显示白色念珠菌的在沙氏琼脂 (Sabouraud dextrose agar，SDA) 培养基的菌落特征 (培养 3 ~ 5 天)；图 52-6 显示白色念珠菌的在 CHROM 琼脂 (CHROM agar) 培养基的菌落特征 (培养 3 ~ 5 天)。

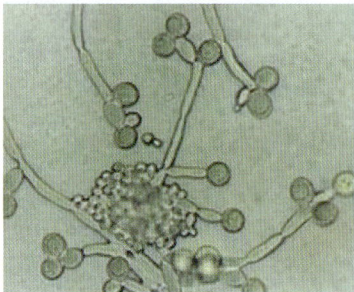

图 52-4　白色念珠菌孢子及假菌丝

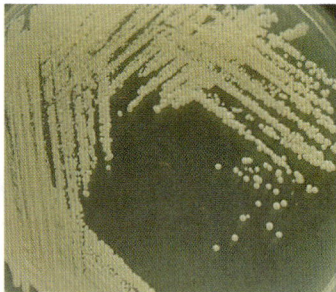

图 52-5　白色念珠菌菌落 (SDA)
资料来源：周庭银，赵虎 . 临床微生物学诊断与图解 .2001

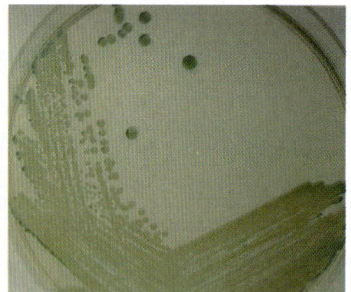

图 52-6　白色念珠菌菌落 (CHROM)
资料来源：周庭银，赵虎 . 临床微生物学诊断与图解 .2001

念珠菌广泛存在于自然界中，是人及多种家养或野生动物消化道和泌尿生殖道的正常存在菌，在正常健康人群的皮肤、口腔、胃肠道、阴道等处，常有念珠菌的存在，并可构成内源性感染的来源，大多数深部念珠菌病患者是由于内源性感染所致。但在通常情况下并不致病，当机体生理状态发生特别改变时，可导致不同程度的感染发病，严重时甚至可危害生命。白色念珠菌多见于消化道和黏膜处，其他念珠菌则是多见于皮肤。在海水和污水、动物饲料、水果和乳制品等食品上常有念珠菌存在，人常可因误食被污染的食品导致被感染。

念珠菌对干燥、日光、紫外线及一般消毒剂的抵抗力较强。不耐热，经60℃加热处理 1h 后其孢子、菌丝均可被杀死。通常对常用的抗细菌类药物均不敏感，对制霉菌素、两性霉素 B、氟胞嘧啶 (flucytosine，5-FC) 等抗真菌类药物，具有不同程度的敏感性。

2.1.1.1　临床基本感染类型

在人的消化道、阴道、肛门、口咽部、皮肤等部位，均有不同程度的念珠菌定殖，其中以在消化道的带菌率最高，其次为阴道，常常会成为内源性感染 (endogenous infection) 念珠菌的来源；相对来讲，来源于自然环境（食品、医院环境等）的念珠菌，则可构成外源性感染 (exogenous infection)。有很多的念珠菌都可以引起皮肤、指甲、口腔消化道和泌尿生殖道黏膜等的浅表部位感染；在一些免疫机能低下患者可引起在支气管、肺部、消化道或中枢神经系统感染，以及腹膜炎、心内膜炎、菌血症等深部感染或播散性的系统感染。另外，广谱抗生素、糖皮质激素、免疫抑制剂的应用，以及医疗留置装置的使用，也增加了念珠菌这类条件性病原菌引起感染的机会。

2.1.1.2　医院感染特征

由念珠菌属真菌引起的医院感染，在我国多有报告。相关的记载和报告显示，涉及白色念珠菌、热带念珠菌、光滑念珠菌 (Candida glabrata)、近平滑念珠菌 (Candida parapsilosis)、克柔氏念珠菌 (Candida krusei)、季也蒙（高里氏）念珠菌 (Candida guilliermondii)、皱褶（皱落）念珠菌 (Candida rugosa)、涎沫念珠菌 (Candida zeylanoides)、葡萄酒念珠菌 (Candida vini)、葡萄牙念珠菌 (Candida lusitaniae)、清酒念珠菌 (Candida sake) 等 11 个种。临床表现主要是引起呼吸系统、泌尿系统感染病，以及相对比较不常见的消化系统感染、创口感染、胸腹腔内感染、菌血症及败血症等。

下面主要以在医院感染患者检出频率高的白色念珠菌、热带念珠菌为代表，分别记述一些相应的报告。其中涉及念珠菌属真菌的不同被检材料、主要的医院科室分布、不同种念珠菌的检出频率等。

(1) 白色念珠菌：也称为白色假丝酵母菌，不仅是在临床检出频率最高的深部感染病原真菌，更是一直在所有医院感染真菌中处于首位的，具有分布广泛的特征。以下选择记述的一些报告内容，是具有一定区域、医院科室、被检材料代表性的。

● 广东省潮州市中心医院的李扬等 (2005) 报告，探讨了引起医院感染的酵母菌样真菌的类型及其耐药性特征。在 2000 年 1 月至 2004 年 1 月间，从该医院住院发生医院感染患者的不同标本材料中，分离到酵母菌样真菌 245 株，其中念珠菌属真菌 5 种 237 株（构成比 96.73%）、隐球菌属的新生隐球菌 4 株（构成比 1.63%）、其他酵母菌样真菌 4 株（构成比 1.63%）。念珠菌属真菌 5 种 237 株，依次为：白色念珠菌 126 株（构成比 53.16%）、热带念珠菌 42 株（构成比 17.72%）、近平滑念珠菌 34 株（构成比 14.35%）、克柔氏念珠菌 21 株（构成比 8.86%）、光滑念珠菌 14 株（构成比 5.91%）。245 株酵母菌样真菌的来源、临床科室分布，分别如表 52-2、表 52-3 所示 [15]。

表 52-2　245 株真菌的来源分布

菌种	血液（株）	尿液（株）	粪便（株）	痰液（株）	留置导管（株）	穿刺液（株）	伤口分泌物（株）	合计（株）	构成比（%）
白色念珠菌	5	42	13	34	19	8	5	126	51.43
热带念珠菌	1	16	5	10	6	2	2	42	17.14
近平滑念珠菌	1	6	1	8	9	6	3	34	13.88
克柔氏念珠菌	1	1	0	6	8	3	2	21	8.57
光滑念珠菌	0	2	0	2	5	1	4	14	5.71
新生隐球菌	1	0	0	0	0	3	0	4	1.63
其他酵母样真菌	1	1	0	0	1	0	1	4	1.63
合计	10	68	19	60	48	23	17	245	100.00

表 52-3　245 株真菌的临床科室分布

科室	株数（株）	构成比（%）	科室	株数（株）	构成比（%）
内分泌肾科	68	27.76	神经内科	32	13.06
肿瘤科	48	19.59	其他科室	14	5.71
呼吸内科	43	17.55			
神经外科	40	16.33	合计	245	100.00

● 浙江大学医学院附属第一医院的叶忠亮等 (2008) 报告，分析住院患者深部真菌感染的发生率日趋上升。该医院在 6 年 (2002 年 1 月至 2007 年 12 月) 间有感染症状的患者 2040 例，其中有 2 种真菌感染的 101 例、3 种真菌感染的 17 例。从患者深部痰液、引流尿液、血液、胆汁、胸腔积液、腹水、穿刺液、引流液等标本材料，检出真菌 2175 株，从 2002 年的 3 种增加至 2007 年的 16 种。检出率排在前 7 位的共 2141 株 (构成比 98.44%)，其中涉及念珠菌属真菌 6 种 2086 株 (构成比 97.43%)、烟曲霉 (*Aspergillus fumigatus*)55 株 (构成比 2.57%)。念珠菌属真菌 6 种 2086 株，依次为：白色念珠菌 1765 株 (构成比 84.61%)、热带念珠菌 224 株 (构成比 10.74%)、近平滑念珠菌 57 株 (构成比 2.73%)、季也蒙 (高里氏) 念珠菌 15 株 (构成比 0.72%)、土生念珠菌 (*Candida humicola*)14 株 (构成比 0.67%)、光滑念珠菌 11 株 (构成比 0.53%)[16]。

本书作者注：其中的土生念珠菌现已转入隐球菌属，名为土生隐球菌 (*Cryptococcus humicolus*)。

● 福建医科大学附属第一医院的翁名相等 (2009) 报告，回顾性分析该医院 2008 年 1 月至 12 月间，综合重症监护室住院患者医院感染 900 次病原菌检验阳性的情况。从患者痰液、尿液、血液、脑脊液、胆道、伤口分泌物等标本材料中，分离到病原菌 900 株，其中细菌 515 株 (构成比 57.22%)、真菌 385 株 (构成比 42.78%)。真菌 385 株均为念珠菌属真菌 (5 种)，其中白色念珠菌 220 株 (构成比 57.14%)、光滑念珠菌 98 株 (构成比 25.45%)、近平滑念珠菌 33 株 (构成比 8.57%)、热带念珠菌 20 株 (构成比 5.19%)、克柔氏念珠菌 14 株 (构成比 3.64%)[17]。

● 浙江省温州医学院附属第三医院妇幼分院的杜文君等 (2010) 报告，对该医院妇产科在 2006 年 7 月至 2008 年 12 月间，从门诊及住院患者各类标本材料中分离的病原体 (pathogen)，进行分布特点及耐药性分析。从 4131 份标本材料中，共检出病原体 3621 株 (检出率 87.65%)。其中细菌 4 种 652 株 (构成比 18.01%)、支原体 (Mycoplasma)2 种 2135 株 (构成比 58.96%)、衣原体 (Chlamydia)294 株 (构成比 8.12%)、白色念珠菌 540 株 (构成比 14.91%)[18]。

● 中国人民解放军第一五〇中心医院的李华信等 (2010) 报告，回顾性分析医院深部真菌感染情况，该医院在 2009 年 1 月至 12 月间共发生医院深部真菌感染 900 例。从各科室住院患者感染的痰液、血液、尿液、大便、生殖道分泌物、创面分泌物、肺泡灌洗液、引流液等标本材料 6025 份中，共检出 (非重复分离菌株) 真菌 13 种 (属)900 株 (检出率 14.94%)，以痰液的检出率最高 (表 52-4)。其中念珠菌属真菌 10 种 854 株 (构成比 94.89%)、曲霉属真菌 19 株 (构成比 2.11%)、毛霉属真菌 14 株 (构成比 1.56%)、隐球菌属的新生隐球菌 13 株 (构成比 1.44%)。在念珠菌属真菌 10 种 854 株中，白色念珠菌 470 株 (构成比 55.04%)、近平滑念珠菌 81 株 (构成比 9.48%)、热带念珠菌 77 株 (构成比 9.02%)、光滑念珠菌 70 株 (构成比 8.19%)、克柔氏念珠菌 52 株 (构成比 6.09%)、季也蒙 (高里氏) 念珠菌 33 株 (构成比 3.86%)、皱褶 (皱落) 念珠菌 28 株 (构成比 3.28%)、涎沫念珠菌 19 株 (构成比 2.22%)、葡萄酒念珠菌 16 株 (构成比 1.87%)、葡萄牙念珠菌 8 株 (构成比 0.94%)[19]。

表 52-4　900 株真菌的来源分布

被检验材料	菌株数 (株)	构成比 (%)	被检验材料	菌株数 (株)	构成比 (%)
痰液	493	54.78	创面分泌物	30	3.33
尿液	121	13.44	肺泡灌洗液	19	2.11
血液	70	7.78	引流液	12	1.33
大便	69	7.67	其他材料	25	2.78
生殖道分泌物	61	6.78	合计	900	100.00

● 南方医科大学附属南方医院的陈晶等 (2010) 报告，该医院在 2008 年 1 月至 2009 年 6 月间，从医院感染患者的痰液、咽拭子、血液、大便、尿液、分泌物、体液、静脉插管等标本材料中分离到真菌 816 株，其中念珠菌属真菌 5 种 797 株 (构成比 97.67%)、新生隐球菌 7 株 (构成比 0.86%)、其他真菌 12 株 (构成比 1.47%)。念珠菌属真菌 5 种 797 株，依次为：白色念珠菌 434 株 (构成比 54.45%)、热带念珠菌 176 株 (构成比 22.08%)、光滑念珠菌 127 株 (构成比 15.93%)、近平滑念珠菌 41 株 (构成比 5.14%)、克柔氏念珠菌 19 株 (构成比 2.38%)，白色念珠菌居第 1 位。816 株真菌的来源、临床科室分布，分别如表 52-5、表 52-6 所示 [20]。

表 52-5　816 株真菌的来源分布

菌种	痰液 (株)	血液 (株)	尿液 (株)	粪便 (株)	拭子 (株)	其他 (株)	合计 (株)	构成比 (%)
白色念珠菌	217	10	41	53	25	88	434	53.19
热带念珠菌	62	12	29	29	1	43	176	21.57
光滑念珠菌	44	9	36	13	4	21	127	15.56

菌种	痰液（株）	血液（株）	尿液（株）	粪便（株）	拭子（株）	其他（株）	合计（株）	构成比 (%)
近平滑念珠菌	7	3	7	4	1	19	41	5.02
克柔氏念珠菌	4	1	4	6	0	4	19	2.33
新生隐球菌	1	3	1	0	0	2	7	0.86
其他真菌	3	2	0	2	0	5	12	1.47
合计	338	40	118	107	31	182	816	100.00

表 52-6　816 株真菌的临床科室分布

科室	株数（株）	构成比 (%)	科室	株数（株）	构成比 (%)	科室	株数（株）	构成比 (%)
呼吸科	149	18.26	胸外科	51	6.25	消化科	32	3.92
神经内科	90	11.03	泌外科	48	5.88	烧伤科	25	3.06
脑外科	63	7.72	外科 ICU	45	5.51	妇产科	16	1.96
门诊	61	7.48	心内科	36	4.41	小儿科	10	1.23
血液肿瘤科	58	7.11	肾内科	35	4.29	五官科	10	1.23
普外科	53	6.49	内分泌科	34	4.17	合计	816	100.00

● 浙江省绍兴市人民医院的蒋景华 (2010) 报告，对所在医院的医院感染临床标本材料进行念珠菌属真菌检验，结果在 2008 年 1 月至 12 月间从住院患者送检的各种标本材料共检出念珠菌属真菌 7 种 895 株。各种念珠菌的出现频率，依次为：白色念珠菌 505 株（构成比 56.42%）、热带念珠菌 222 株（构成比 24.80%）、光滑念珠菌 127 株（构成比 14.19%）、近平滑念珠菌 26 株（构成比 2.91%）、季也蒙（高里氏）念珠菌 10 株（构成比 1.12%）、克柔氏念珠菌 4 株（构成比 0.45%）、皱褶（皱落）念珠菌 1 株（构成比 0.11%）。

895 株念珠菌在各种被检标本材料中的分布，依次为：痰液 480 株（构成比 53.63%）、尿液 237 株（构成比 26.48%）、粪便 81 株（构成比 9.05%）、咽拭子 55 株（构成比 6.15%）、引流液分泌物 16 株（构成比 1.79%）、血液 10 株（构成比 1.12%）、导管脓液 9 株（构成比 1.01%）、手术切缘 7 株（构成比 0.78%）[21]。

● 重庆医科大学药学院的张琳等 (2012) 报告，回顾性总结重庆市第九人民医院近 10 年 (2001 年至 2010 年) 间从医院感染病例分离获得的各种病原菌 11 942 株，其中革兰氏阴性细菌 7289 株（构成比 61.04%）、革兰氏阳性细菌 2582 株（构成比 21.62%），真菌 2071 株（构成比 17.34%）。其中白色念珠菌 1275 株，在所有病原菌中的构成比为 10.68%(居第 1 位)、在 2071 株真菌中的构成比为 61.56%[22]。

● 广西壮族自治区人民医院的李元晖等 (2012) 报告，该医院在 2001 年至 2010 年的 10 年间，所有 31 个临床科室 (含病区) 共有住院治疗患者 317 572 例，发生医院感染 10 763 例 (感染率 3.39%)、11 138 例次 (例次感染率 3.51%)。从感染患者检出病原体 4234 株，其中白色念珠菌 575 株（构成比 13.58%) 居第 2 位 [23]。

● 甘肃省第二人民医院的李玮等 (2013) 报告，回顾性调查该医院在 2010 年 8 月至 2012 年 8 月间，住院老年患者发生念珠菌属真菌感染情况，从各科室 768 例患者痰液、尿液、咽拭子等标本材料,检出念珠菌属真菌 617 株,其中明确种类的念珠菌 5 种 606 株 (构成比 98.22%)、其他念珠菌 11 株 (构成比 1.78%)。明确种类的念珠菌 5 种 606 株,依次为:白色念珠菌 418 株 (构成比 68.98%)、克柔氏念珠菌 93 株 (构成比 15.35%)、热带念珠菌 46 株 (构成比 7.59%)、光滑念珠菌 37 株 (构成比 6.11%)、近平滑念珠菌 12 株 (构成比 1.98%)[24]。

● 甘肃省第二人民医院的李文波等 (2013) 报告,回顾性调查该医院 3 年 (2010 年 1 月至 2012 年 12 月) 间住院患者发生真菌感染的相关情况,并对 1789 例医院真菌感染进行分析。3 年间从 10 620 份标本材料中检出念珠菌属、毛霉属、曲霉属真菌 1789 株 (检出率 16.85%),其中念珠菌属涉及 5 个种及其他念珠菌共 1626 株 (构成比 90.89%)、毛霉属真菌 107 株 (构成比 5.98%)、曲霉属真菌 56 株 (构成比 3.13%)。念珠菌属 5 个种及其他念珠菌 1626 株,依次为:白色念珠菌 1068 株 (构成比 65.68%)、热带念珠菌 192 株 (构成比 11.81%)、克柔氏念珠菌 144 株 (构成比 8.86%)、光滑念珠菌 94 株 (构成比 5.78%)、近平滑念珠菌 68 株 (构成比 4.18%)、其他念珠菌 60 株 (构成比 3.69%)。

1789 株真菌的被检材料来源、在各科室的分布,分别为临床标本以痰液为主共 1373 株 (构成比 76.75%)、尿液 139 株 (构成比 7.77%)、粪便 108 株 (构成比 6.04%)、咽拭子 69 株 (构成比 3.86%)、分泌物 28 株 (构成比 1.57%)、血液 2 株 (构成比 0.11%)、其他标本 70 株 (构成比 3.91%);重要科室分布,是以呼吸内科 1019 株 (构成比 56.96)、重症监护室病房 194 株 (构成比 10.84%)、老年病科 218 株 (构成比 12.19%)、心血管科 78 株 (构成比 4.36%) 为主。另外,在 1789 例医院真菌感染的患者中,大多数患有慢性基础疾病[25]。

● 湖北省武汉市东西湖区人民医院的代淑兰 (2013) 报告,分析了该医院妇产科医院感染的病原菌分布及耐药情况。收集在 2010 年 1 月至 2011 年 12 月间,从该医院门诊和住院患者的生殖道分泌物、咽拭子、尿液、血液及其他体液等标本材料,检出病原菌 2156 株,其中细菌 1670 株 (构成比 77.46%)、真菌 486 株 (构成比 22.54%)。在 486 株真菌中,明确的白色念珠菌 301 株 (构成比 61.93%)[26]。

(2) 热带念珠菌:也称为热带假丝酵母菌,在医院感染病原念珠菌中的检出频率仅次于白色念珠菌,且分布也是很广泛的。除了在上面白色念珠菌中涉及的相应记述外,以下的记述进一步表明热带念珠菌在医院感染中的重要地位。

图 52-7 显示热带念珠菌的在沙氏琼脂培养基的菌落特征 (培养 3 ～ 5 天);图 52-8 显示热带念珠菌的在 CHROM 琼脂培养基的菌落特征 (培养 3 ～ 5 天)。

● 陕西省西电集团医院的杨小青 (2006) 报告,该医院在 2004 年 1 月至 2006 年 5 月间,从住院及门诊患者分离到病原菌 1076 株,其中细菌共 947 株 (构成比 88.01%),属于真菌的念珠菌属真菌 129 株 (构成比 11.99%)。在 129 株念珠菌属真菌

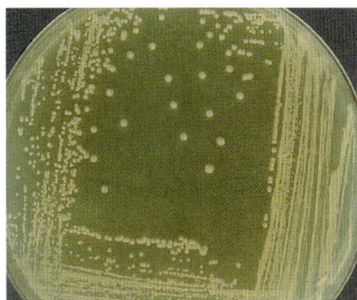
图 52-7　热带念珠菌菌落 (SDA)
资料来源:周庭银,赵虎.临床微生物学诊断与图解.2001

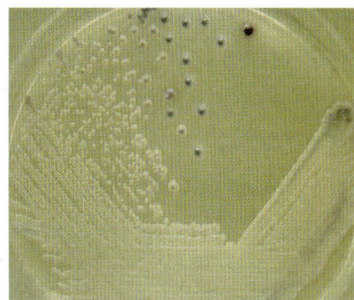
图 52-8　热带念珠菌菌落 (CHROM)
资料来源:周庭银,赵虎.临床微生物学诊断与图解.2001

中，白色念珠菌 106 株 (构成比 82.17%)、热带念珠菌 19 株 (构成比 14.72%)，其他念珠菌仅 4 株 (构成比 3.10%)；其中，从痰液分离的念珠菌 62 株 (构成比 10.58%)[27]。

● 中国人民解放军第九八医院的刘桂玲等 (2010) 报告，回顾性总结在 3 年 (2005 年 1 月至 2007 年 12 月) 间，从该医院各科室送检发生医院感染病例 1417 例 (感染例次 1596 次) 不同标本材料中分离的病原菌 1186 株，其中革兰氏阴性菌 10 种 639 株 (构成比 53.88%)、革兰氏阳性菌 7 种 360 株 (构成比 30.35%)、明确的真菌 2 种 67 株 (构成比 5.65%)、其他病原真菌 120 株 (构成比 10.12%)。其中明确的 2 种真菌 67 株，为白色念珠菌 38 株 (构成比 56.72%)、热带念珠菌 29 株 (构成比 43.28%)[28]。

● 复旦大学附属华东医院的谢伟林等 (2014) 报告，对上海市 12 所医院 (长海医院、长征医院、仁济医院、华山医院、中山医院、光华医院、龙华医院、岳阳医院、市一医院、市中医院、市六医院、宝钢医院)，在 2009 年 1 月至 2011 年 2 月间收住院治疗的 2452 例活动性类风湿关节炎 (rheumatoid arthritis，RA) 患者，进行了医院感染的前瞻性调查。结果为 503 例 (感染率 20.51%) 发生医院感染 721 例次，其中 362 例 (构成比 71.97%) 患者发生 1 次医院感染、141 例 (构成比 28.03%) 患者发生 2 次以上的医院感染。从感染患者的咽拭子、痰液、血液、尿液、粪便、脓液、分泌物、脑脊液等标本材料，检出细菌、真菌、病毒 (virus)3 大类 17 种病原体共 721 株，分别为：细菌 11 种 631 株 (构成比 87.52%)、真菌 5 种 74 株 (构成比 10.26%)、病毒 1 种 16 株 (构成比 2.22%)。其中的真菌 5 种 74 株，分别为：热带念珠菌 24 株 (构成比 32.43%)、近平滑念珠菌 24 株 (构成比 32.43%)、克柔氏念珠菌 12 株 (构成比 16.22%)、白色念珠菌 3 株 (构成比 4.05%)，新生隐球菌 11 株 (构成比 14.86%)[29]。

(3) 其他念珠菌：在前面有记述，在我国相关文献 (报告) 中记述引起医院感染的病原念珠菌属真菌，涉及以白色念珠菌、热带念珠菌为主的 11 种念珠菌。在上面以白色念珠菌、热带念珠菌为代表记述的内容中，已涉及其中除清酒念珠菌外的 10 种。

以下记述的两份报告文献，其一是对光滑念珠菌的单独记述 (在上面的内容中已涉及)，也是在医院感染中检出频率相对比较高的念珠菌；另一是涉及在上面记述的文献报告中没有涉及的、在医院感染中检出频率比较低的清酒念珠菌。

● 广州中山大学附属一院东山院区的黄健宇等 (2010) 报告，对该医院在 3 年 (2007 年 1 月至 2009 年 12 月) 间，各科室医院感染光滑念珠菌进行回顾性临床分布和耐药性分析。从痰液、尿液、大便、分泌物等标本材料中，共分离到真菌 3 436 株，其中光滑念珠菌 618 株 (构成比 17.99%)，有逐年递增的趋势。光滑念珠菌 618 株的来源，分别为：痰液 223 株 (构成比 36.08%)、尿液 118 株 (构成比 19.09%)、大便 101 株 (构成比 16.34%)、分泌物 67 株 (构成比 10.84%)、引流液 24 株 (构成比 3.88%)、血液 14 株 (构成比 2.27%)、肺泡灌洗液 13 株 (构成比 2.10%)、腹水 11 株 (构成比 1.78%)、脓液 8 株 (构成比 1.29%)、穿刺液 4 株 (构成比 0.65%)、导管 4 株 (构成比 0.65%)、其他标本材料 31 株 (构成比 5.02%)，其中以痰液的检出率最高、其次为尿液，提示光滑念珠菌主要引起呼吸系统、泌尿系统的医院感染。

药物敏感性试验结果显示，3 年各菌株的平均敏感率，分别为对供试的两性霉素 B(敏感率 100%)、氟胞嘧啶 (敏感率 97.9%)、伏立康唑 (敏感率 95.8%) 的较高，对氟康唑 (敏感率 87.3%) 的相对较低，对伊曲康唑 (敏感率 55.4%) 的最低[30]。

● 南方医科大学附属佛山市妇幼保健院的王兆莉等 (2014) 报告，回顾性调查分析该医院在 2010 年 1 月至 2013 年 7 月间，在新生儿病房共收治新生儿 9432 例，其中发生医院感染败血症的 51 例（发生率 0.54%）。在 51 例新生儿医院感染败血症病例中，确诊病例 43 例（构成比 84.31%）、临床诊断 8 例（构成比 15.69%）。对 51 例新生儿医院感染败血症病例进行病原菌检验，阳性的 43 例（构成比 84.31%），共分离出病原菌 12 种 44 株，其中细菌 8 种 33 株（构成比 75.00%）、念珠菌属真菌 4 种 11 株（构成比 25.00%）。其中的 4 种 11 株念珠菌属真菌，依次为光滑念珠菌 5 株（构成比 45.45%）、季也蒙（高里氏）念珠菌 2 株（构成比 18.18%）、近平滑念珠菌 2 株（构成比 18.18%）、清酒念珠菌 2 株（构成比 18.18%）[31]。

2.1.2　动物的念珠菌感染病

念珠菌属真菌可引起家禽尤其是雏禽的感染病，其病原主要是白色念珠菌，主要表现是在消化道黏膜形成白色的伪膜和溃疡，常是被称为鹅口疮或家禽念珠菌病，或家禽消化道真菌病 (mycosis of the digestive tract)。另外，牛、猪、犬及啮齿类动物，也可能会被感染发病 [32,33]。

2.2　隐球菌属 (*Cryptococcus*)

隐球菌属真菌亦称隐球酵母菌，在隐球菌属内包括多个种，其中的多数为机会（条件）病原菌。临床最为常见的是新生隐球菌（也称为新型隐球菌），另外是浅白隐球菌 (*Cryptococcus albidus*)、罗伦特隐球菌 (*Cryptococcus laurentii*) 等 [9, 12~14]。

隐球菌属真菌不同于其他酵母菌的特征是缺乏假菌丝，对糖类和硝酸盐有同化作用，产生盐酸苯丙醇胺、黑色素和尿素酶等。新生隐球菌呈圆形或卵圆形，其在组织中的较大（直径 5.0~20.0μm）、人工培养物的较小（直径 2.0~5.0μm），以芽生方式进行繁殖，不产生菌丝体。多是在寄生状态下能形成多糖类厚荚膜，并与新生隐球菌的致病性直接相关。图 52-9 显示新生隐球菌的基本形态特征（用墨汁染色显示菌体及荚膜）；图 52-10 显示新生隐球菌的基本形态特征及芽生情况（芽生子细胞将脱离母细胞）。新生隐球菌在沙氏琼脂培养基上生长的菌落，呈白色或奶油状、黏稠、不透明（图 52-11）。

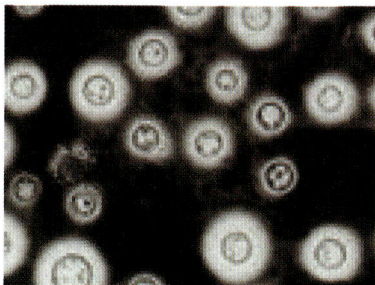

图 52-9　新生隐球菌形态　　图 52-10　新生隐球菌细胞芽生　　图 52-11　新生隐球菌菌落 (SDA)

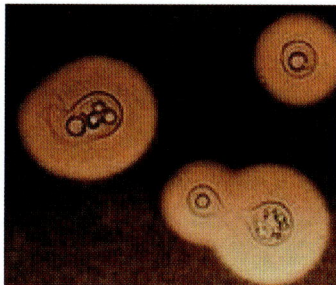

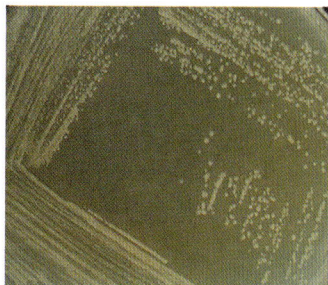

资料来源：周庭银，赵虎.临床微生物学诊断与图解.2001

新生隐球菌首先由 Sanfelice 于 1894 年在桃汁中发现，是 Busse 和 Buschke 在 1895 年分别证实了对人、动物的致病性。新生隐球菌的分布非常广泛，主要存在于土壤、腐烂的水果及蔬菜、植物表皮、多种动物（马、牛、犬、猫、鸟类等）皮肤表面、牛奶、胃肠道及粪便中，属于腐生或寄生性真菌。尤其是在鸽子的粪便中存在大量新生隐球菌，在干燥的鸽子粪便中可存活数年之久。新生隐球菌对外界环境具有较强的抵抗力，经日光照射 5 天仍然具有活力，经 80℃加热 10min 才可被杀死。

2.2.1 人的隐球菌感染病

由隐球菌属的某种病原隐球菌引起的感染病，常是被统称为隐球菌病 (cryptococcosis)，但主要指的是由新生隐球菌引起的人及多种哺乳类动物均可被感染的真菌病。

2.2.1.1 临床基本感染类型

由新生隐球菌引起的隐球菌病，在人多是表现为全身感染，但主要是侵害中枢神经系统，其次为肺部、皮肤、骨骼等部位。通常情况下，正常健康者对新生隐球菌具有较强的抵抗力，暴露于存在新生隐球菌的环境中也极少被感染发病。常常是在机体抵抗力下降时（尤其是存在基础疾病者），新生隐球菌才易侵入体内引起感染。

感染可发生于任何年龄组，通常均是呈散发性存在。根据临床表现，可分为以下几种主要类型。①中枢神经系统隐球菌病：是新生隐球菌在临床最为常见的感染类型，属于一种中枢神经系统亚急性或慢性深部真菌病。根据主要临床症状、体征等，可分为新生隐球菌脑膜炎 (cryptococcal neoformans meningitis，CNM) 型、脑膜脑炎型、肉芽肿型。其中以新生隐球菌脑膜炎最为常见，也是最为常见的真菌性脑膜炎。②肺隐球菌病：肺部常常是隐球菌的侵入门户，所以肺部症状可能为隐球菌病的最早表现。有半数以上患者会出现咳嗽、咳痰、胸痛、体重减轻、发热等症状，肺组织出现程度不同的病变，也可经血行播散引起中枢神经系统或全身各系统感染。免疫受损的患者表现病程短，且往往是很快出现播散性感染。③皮肤隐球菌病：多数为继发性感染，原发性感染是少见的。有的播散性感染患者可发生皮肤黏膜损害，皮肤损害常常是发生于头部，也可累及到躯干或四肢。④骨骼隐球菌病：有的播散性感染患者可发生骨髓炎，全身骨骼皆可受累，但多是出现单一的局限性损害，病变多是发生于骨的突出部，以颅骨、脊椎骨为多见。

2.2.1.2 医院感染特点

由隐球菌属真菌引起的医院感染，在我国也有较多的报告。明确的种涉及新生隐球菌、土生隐球菌、罗伦特隐球菌、地生隐球菌 (*Cryptococcus terreus*) 等 4 个种，其中以新生隐球菌的检出频率较高。在感染类型方面，似乎是比念珠菌属真菌更易导致血液、深部组织器官的感染。

(1) 新生隐球菌：也是在临床（包括医院感染）检出频率较高的深部感染病原真菌，但与同是属于酵母菌样真菌的念珠菌属真菌（尤其是白色念珠菌、热带念珠菌）相比较，还是比较少见的。以下选择记述的一些报告内容，是具有一定区域、医院科室、被检材料代表性的。

● 在前面有记述广东省潮州市中心医院的李扬等 (2005) 报告，在 2000 年 1 月至 2004 年 1 月间，从该医院住院发生医院感染患者的不同标本材料中，分离到酵母菌样真菌 245 株，其中新生隐球菌 4 株（构成比 1.63%），分别为分离于穿刺液的 3 株（构成比 75.00%）、血液的 1 株 (25.00%)[15]。

● 在前面有记述中国人民解放军第一五〇中心医院的李华信等 (2010) 报告，回顾性分析该医院在 2009 年 1 月至 12 月间发生的医院深部真菌感染 900 例。从不同科室住院患者感染的 6025 份不同被检材料中，共检出真菌 13 种 (属)900 株 (检出率 14.94%)，其中包括新生隐球菌真菌 13 株 (构成比 1.44%)[19]。

● 在前面有记述南方医科大学附属南方医院的陈晶等 (2010) 报告，在 2008 年 1 月至 2009 年 6 月间，从医院感染患者的不同标本材料中分离到真菌 816 株。其中包括新生隐球菌 7 株 (构成比 0.86%)，分别为分离于血液的 3 株 (构成比 42.86%)、痰液的 1 株 (构成比 14.29%)、尿液的 1 株 (构成比 14.29%)、其他材料的 2 株 (构成比 28.57%)[20]。

● 在前面有记述复旦大学附属华东医院的谢伟林等 (2014) 报告，对上海市 12 所医院在 2009 年 1 月至 2011 年 2 月间收住院治疗的 2452 例活动性类风湿关节炎患者，进行了医院感染的前瞻性调查。结果为 503 例 (感染率 20.51%) 发生医院感染 721 例次。从感染患者的不同标本材料中，检出细菌、真菌、病毒 3 大类 17 种病原体共 721 株，真菌 5 种 74 株 (构成比 10.26%)。在真菌 5 种 74 株中，包括新生隐球菌 11 株 (构成比 14.86%)[29]。

● 中国人民解放军西藏军区总医院的王洪斌等 (2005) 报告，回顾性总结从医院感染患者分离的病原菌 22 种 (类)355 株，其中革兰氏阳性菌 9 种 (类)259 株 (构成比 72.96%)、革兰氏阴性菌 10 种 (类)89 株 (构成比 25.07%)、真菌 3 种 (类)7 株 (构成比 1.97%)。在 259 株革兰氏阳性菌中，有蜡样芽孢杆菌 (*Bacillus cereus*)6 株 (构成比 2.32%)，均分离于外科系统。在 7 株真菌中，分别为白色念珠菌 3 株 (构成比 42.86%)、霉菌 2 株 (构成比 28.57%)、新型隐球菌 2 株 (构成比 28.57%)[34]。

(2) 其他致病隐球菌：作为医院感染的病原隐球菌属真菌，除了相对比较多见的新生隐球菌外，也有作为深部组织器官感染病原真菌检出土生隐球菌、罗伦特隐球菌、地生隐球菌的报告，但还属于罕见的。

● 在前面有记述浙江大学医学院附属第一医院的叶忠亮等 (2008) 报告，分析住院患者深部真菌感染的发生率日趋上升。该医院在 6 年 (2002 年 1 月至 2007 年 12 月) 间有感染症状的患者 2040 例，从患者深部不同标本材料中，检出真菌 2175 株。检出率排在前 7 位的共 2141 株 (构成比 98.44%)，其中包括土生隐球菌 (文中以土生念珠菌记述)14 株[16]。

● 中国人民解放军成都军区昆明总医院的王湘平等 (2000)，报告了由罗伦特隐球菌、地生隐球菌引起的医院感染各 1 例。其中病例 1 为 4 岁女性患儿，因发热、肝脾肿大已 3 月余，伴有黄疸已 1 月余时间，急诊收住院治疗。当时以血液进行细菌培养检验，检出了亚利桑那沙门氏菌 (*Salmonella arizonae*) 和酵母菌样真菌。经治疗 3 天后再行血液进行细菌培养检验，检出了纯一的酵母菌样真菌；同时对痰液、咽拭子、大便等标本材料进行细菌培养检验，均检出了酵母菌样真菌；病理检查发现在肝脏和脾脏中均存在大量酵母菌样真菌，进行细菌培养也均检出了酵母菌样真菌。经对检出的这种酵母菌样真菌进行鉴定，结果为罗伦特隐球菌。病例 2 为 67 岁男性患者，因受凉、咳嗽、心脏前区疼痛 3 天后住院治疗。在 1 个月后头疼加剧，伴有恶心和呕吐，经腰穿刺脑脊液检查发现存在大量的酵母菌样真菌，经鉴定为地生隐球菌。病程中又经 3 次抽取脑脊液、2 次血液进行细菌培养检验，均检出了酵母菌样真菌，并经鉴定为地生隐球菌[35]。

2.2.2　动物的隐球菌感染病

新生隐球菌可引起马的呼吸道疾病，牛、羊的乳腺炎。鸟类（尤其是鸽子）是新生隐球菌的自然宿主，但在通常情况下是不致病的[32]。

3　医院感染霉菌

在已有的一些报告中，明确记述的医院感染霉菌，涉及曲霉属、毛霉属真菌的一些种，其中以曲霉属真菌的检出频率高。另外，在一些记载和报告中，其多是以霉菌属（未明确到种）的名义记述的。

3.1　曲霉属 (Aspergillus)

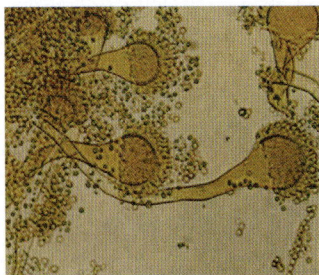

图 52-12　烟曲霉形态
资料来源：赵乃昕，蔡文城.细菌
名称及分类鉴定 .2015

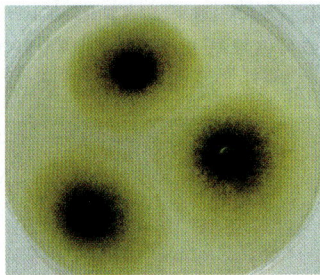

图 52-13　烟曲霉菌落 (PDA)
资料来源：周庭银，赵虎 .临床微
生物学诊断与图解 .2001

曲霉属真菌广泛存在于谷物、土壤、空气、腐烂植物及水果中，多数都是腐生菌。它们是发酵工业和食品加工业方面的重要菌种，可用于酿酒、制酱、制造酶制剂和有机酸等。但有的曲霉菌是具有致病作用的，引起相应的曲霉病 (aspergillosis)。临床比较常见的，主要包括烟曲霉、黄曲霉、黑曲霉 (Aspergillus niger)、土曲霉 (Aspergillus terreus)、构巢曲霉 (Aspergillus nidulans) 等，其中以烟曲霉最为多见 [9, 10, 13,14]。图 52-12 显示烟曲霉形态；图 52-13 显示烟曲霉在马铃薯葡萄糖琼脂 (potato dextrose agar，PDA) 培养基的菌落特征。

3.1.1　人的曲霉菌感染病

曲霉属真菌引起人的曲霉病，属于感染病类型的包括浅表感染和深部组织感染；另外，属于非感染类型的真菌毒素中毒症，如黄曲霉产生的黄曲霉毒素为剧毒物质，对人及多种动物均具有强烈的毒性。

3.1.1.1　临床基本感染类型

曲霉属真菌引起的感染病，包括浅表感染和深部感染，几乎所有脏器均可发生曲霉菌感染，其中肺脏是发生深部曲霉菌感染的常见部位，侵袭性感染时常常会播散到脑、皮肤、眼、心脏等器官。

(1) 曲霉菌感染病：临床表现的曲霉菌感染病，包括呼吸道曲霉病（支气管曲霉病及肺曲霉病）、皮肤黏膜曲霉病、眼曲霉病、外耳道曲霉病、脑曲霉病、骨曲霉病、播散性曲霉病、过敏性曲霉病等感染类型。另外，曲霉菌还可侵袭食管、胃肠道黏膜，引起食管炎、急性胃肠溃疡、上消化道出现等病变。再者是在机体免疫力低下者，曲霉菌可在上颚、会厌、鼻窦等部位引起坏死性病变。

(2) 毒素中毒症：有的曲霉菌能产生真菌毒素，属于细胞外毒素，主要污染粮食及其制品、水果、蔬菜、啤酒、调味品及动物饲料等。人在进食被毒素污染的食品或动物进食被毒素污染的饲料后，可发生急性或慢性中毒症。其中最为常见和重要的，是由黄曲霉、寄生曲霉 (Aspergillus parasiticus) 和少数集蜂曲霉 (Aspergillus nominus) 产生的黄曲霉毒素，能引起人及多种动物发生食源性中毒症。在粮食中，以玉米和花生最易被黄曲霉污染并产生黄曲霉毒素。

黄曲霉毒素进入人体内主要经消化道吸收，大部分是分布于肝脏和肾脏，少部分在血液、肌肉、脂肪组织中，是一种强烈的肝脏毒素。在体内的代谢过程，主要为羟基化作用、去甲基作用和环氧化作用。其具有很强的急性毒性，也有明显的慢性毒性和致癌作用。

3.1.1.2 医院感染特点

由曲霉属真菌引起的医院感染，在我国也多有报告。相关的记载和报告显示，涉及烟曲霉、黄曲霉、土曲霉、黑曲霉、聚多曲霉 (Aspergillus sydowii) 等 5 个种。以下选择记述的一些报告内容，是具有一定区域、医院科室、被检材料代表性的。

● 在前面有记述中国人民解放军第一五〇中心医院的李华信等 (2010) 报告，回顾性分析医院深部真菌感染情况，该医院在 2009 年 1 月至 12 月间共发生医院深部真菌感染 900 例。从各种被检标本材料 6025 份中，共检出 (非重复分离菌株) 真菌 13 种 (属)900 株 (检出率 14.94%)，以痰液的检出率最高 (表 52-4)。其中曲霉属真菌 19 株 (构成比 2.11%)[19]。

● 在前面有记述甘肃省第二人民医院的李文波等 (2013) 报告，回顾性调查该医院 3 年 (2010 年 1 月至 2012 年 12 月) 间住院患者发生真菌感染的相关情况，并对 1789 例医院真菌感染进行分析。3 年间从 10 620 份标本材料中检出念珠菌属、毛霉属、曲霉属真菌 1789 株 (检出率 16.85%)，其中包括曲霉属真菌 56 株 (构成比 3.13%)[25]。

● 在前面有记述浙江大学医学院附属第一医院的叶忠亮等 (2008) 报告，分析住院患者深部真菌感染的发生率日趋上升。该医院在 6 年 (2002 年 1 月至 2007 年 12 月) 间有感染症状的患者 2040 例，其中有 2 种真菌感染的 101 例、3 种真菌感染的 17 例。从患者深部痰液、引流尿液、血液、胆汁、胸腔积液、腹水、穿刺液、引流液等标本材料，检出真菌 2175 株，从 2002 年的 3 种增加至 2007 年的 16 种。检出率排在前 7 位的共 2141 株 (构成比 98.44%)，其中涉及烟曲霉 (Aspergillus fumigatus)55 株 (构成比 2.57%)[16]。

● 重庆市第四人民医院的马珍等 (2006) 报告，回顾性调查分析重庆市某市级综合性医院在 5 年 (2001 年 1 月 1 日至 2005 年 12 月 31 日) 间发生肺部医院获得性丝状真菌感染情况，各科在住院患者中发生肺部医院感染患者共 1138 例，其中丝状真菌感染 36 例 (构成比 3.16%)。在 36 例感染患者中，曲霉菌属真菌感染患者 34 例 (构成比 94.44%)、毛霉菌属真菌感染患者 2 例 (构成比 5.56%)。在 34 例曲霉菌属真菌感染患者中，烟曲霉菌感染患者 12 例 (构成比 35.29%)、黄曲霉菌感染患者 9 例 (构成比 26.47%)、土曲霉菌感染患者 5 例 (构成比 14.71%)、黑曲霉菌感染患者 5 例 (构成比 14.71%)、聚多曲霉菌感染患者 3 例 (构成比 8.82%)[36]。

3.1.2 动物的曲霉菌感染病

烟曲霉也是动物的霉菌病的主要病原真菌，主要是能够引起家禽的曲霉菌性肺炎及呼吸器官组织炎症，并形成肉芽肿结节。马、牛、羊、猪等家畜，也可被感染发病。黄曲霉毒素对多种动物均有毒性作用，但在不同种动物存在敏感性差异，以鸭、兔、猫、猪、犬比较敏感[32, 33]。

3.2 毛霉属 (Mucor)

毛霉属真菌广泛存在于自然界，尤其是在粮食和水果上为多见，主要通过空气、尘埃、饮食播散。病原毛霉菌以吸入为主要感染途径，或通过皮肤黏膜交界处、消化道、手术或医疗插管及被损皮肤侵入，引起相应的毛霉病 (mucormycosis)[9, 13,14]。

3.2.1 毛霉菌感染病

毛霉病通常是指由毛霉目 (Mucorales) 真菌引起的疾病，包括毛霉属、根霉属、犁头霉属、根毛霉属、被毛霉属等多个霉菌属及种。在毛霉属中比较常见的病原菌，包括冻土毛霉菌 (Mucor heimalis)、卷曲毛霉菌 (Mucor circinelloides)、多分枝毛霉菌 (Mucor ramosissimus)、总状毛霉菌 (Mucor racemosus) 等。

3.2.1.1 临床基本感染类型

毛霉病的临床表现多种多样，不同临床类型常常是与基础疾病有关。如糖尿病患者，最常发生鼻脑型毛霉病；中性粒细胞缺乏者易患肺型，其次是鼻脑型；蛋白质缺乏、营养不良者，易患胃肠型；严重免疫受损者，可发生全身播散型毛霉病。全身播散型毛霉病，主要原发于鼻、肺、胃肠道等处，可引起脑及其他组织器官的病变，病情严重。

3.2.1.2 医院感染特点

由毛霉属真菌引起的医院感染，已有的报告显示还都是以毛霉属 (未明确种类) 记述的。在由真菌引起的医院感染中，也是属于检出频率较低的。

● 在前面有记述中国人民解放军第一五〇中心医院的李华信等 (2010) 报告，回顾性分析医院深部真菌感染情况，该医院在 2009 年 1 月至 12 月间共发生医院深部真菌感染 900 例。从各种被检标本材料 6025 份中，共检出 (非重复分离菌株) 真菌 13 种 (属)900 株 (检出率 14.94%)，以痰液的检出率最高 (表 52-4)。其中包括毛霉属真菌 14 株 (构成比 1.56%)[19]。

● 在前面有记述甘肃省第二人民医院的李文波等 (2013) 报告，回顾性调查该医院 3 年 (2010 年 1 月至 2012 年 12 月) 间住院患者发生真菌感染的相关情况，并对 1789 例医院真菌感染进行分析。3 年间从 10 620 份标本材料中检出念珠菌属、毛霉属、曲霉属真菌 1789 株 (检出率 16.85%)，其中包括毛霉属真菌 107 株 (构成比 5.98%)[25]。

● 武警总医院的李爱民等 (2009) 报告在 2002 年 4 月至 2007 年 12 月间，该医院肝移植科共完成原位肝脏移植手术 750 例，有 8 例发生毛霉菌属真菌感染 (感染率 1.07%)。8 例感染患者中的 6 例为伤口感染 (构成比 75.00%)，2 例为肺部感染 (构成比 25.00%)。6 例伤口感染患者表现为伤口延迟不愈及表面分泌物迅速增多，经抗真菌治疗后均痊愈；经对 2 例肺部感染患者气道分泌物进行病原菌检验，证实为毛霉菌属真菌与其他细菌引起的混合性肺部感染，该 2 例并发多器官功能衰竭后死亡[37]。

（房 海）

参 考 文 献

[1] 黄金莲，朱彦仁，应福余，等．主要医院感染病原菌的变迁及其耐药性分析．中国微生态学杂志，2005，17(4):290~292.

[2] 张晓明，田永刚，李海波．ICU 病原菌分布及耐药性分析．中华医院感染学杂志，2012, 22(7):1500~1502.

[3] 陈潇，徐修礼，杨佩红，等．2002—2012 年医院感染主要病原菌耐药性分析．中华医院感染学杂志，2014, 24(3):557~559.

[4] 李阜棣，胡正嘉．微生物学．5 版．北京：中国农业出版社，2000: 24~25, 145~162.

[5] 沈萍，陈向东．微生物学．2 版．北京：高等教育出版社，2006: 34~35, 382~384.

[6] 黄秀梨．微生物学．2 版．北京：高等教育出版社，2003: 42~61.

[7] 路福平．微生物学．北京：中国轻工业出版社，2005: 42~69.

[8] 诸葛健，李华钟．微生物学．北京：科学出版社，2004: 73~139.

[9] 贾辅忠，李兰娟．感染病学．南京：江苏科学技术出版社，2010: 578~601.

[10] 蒋原．食源性病原微生物检测指南．中国标准出版社，2010: 497~564.

[11] 孟昭赫．食品卫生检验方法注解 (微生物学部分). 人民卫生出版社，1990: 542~553.

[12] 杨正时，房海．人及动物病原细菌学．石家庄：河北科学技术出版社，2003: 1109~1122.

[13] 李梦东．实用传染病学．2 版．北京：人民卫生出版社，1998: 553~580.

[14] 张永信．感染病学．2 版．北京：人民卫生出版社，2009: 356~373.

[15] 李扬，陈默蕊，宋锦煌．245 株酵母样真菌的培养鉴定及其耐药性分析．实用医技杂志，2005，12(6):1422~1423.

[16] 叶忠亮，方强．浙江丽水地区 2002~2007 年医院感染真菌耐药性分析．临床内科杂志，2008，25(12):824~826.

[17] 翁名相，林建东，廖秀玉．重症监护病房医院感染病原菌分布及耐药性分析．医学研究杂志，2009，38(12):85~88.

[18] 杜文君，孙庆丰，蔡微微，等．妇幼保健院妇产科病原体分布特点及耐药性分析．中华医院感染学杂志，2010, 20(8):1183~1185.

[19] 李华信，高春芳，李晓冰，等．医院深部真菌感染 900 例病原菌分布及耐药性监测．中华医院感染学杂志，2010, 20(13):1980~1983.

[20] 陈晶，耿穗娜，芮勇宇，等．816 株真菌感染分布及药敏分析．热带医学杂志，2010, 10(1):51~53.

[21] 蒋景华．895 例假丝酵母菌属分布及耐药性研究．中国消毒学杂志，2010, 27(1):31~32.

[22] 张琳，路晓钦，董志，等．我院 2001—2010 年医院感染常见致病菌分布及耐药变迁分析．中国药房，2012, 23(22):2039~2044.

[23] 李元晖，陈解语，茹健，等．2001~2010 年我院医院感染的调查和长期趋势分析．中国临床新医学，2012, 5(4):308~312.

[24] 李玮，郑光敏，霍建敏，等．老年患者感染假丝酵母菌的临床特点及耐药性分析．甘肃医药，2013，32(6):443~444.

[25] 李文波，刘丽华，张玉娟，等．2010~2012 年医院感染真菌的临床分布及耐药性分析．国际检验医学杂志，2013, 34(18):2409~2410, 2412.

[26] 代淑兰 . 综合医院妇产科医院感染病原菌及耐药情况分析 . 中国病原生物学杂志 , 2013, 8(5):462~464.

[27] 杨小青 . 1076 株临床细菌的菌种分布 . 实用医技杂志 , 2006, 13(16):2812~2813.

[28] 刘桂玲 , 史亚红 , 盛以泉 , 等 . 3 年医院病原菌分布调查分析 . 中华医院感染学杂志 , 2010, 20(5):719~721.

[29] 谢伟林 , 管剑龙 . 上海市活动性类风湿关节炎患者医院感染的流行病学调查 . 中国感染与化疗杂志 , 2014, 14(2):135~141.

[30] 黄健宇 , 赖在真 , 杜玲 , 等 . 医院感染光滑念珠菌临床分布及其耐药性分析 . 中国现代药物应用 , 2010, 4(18):152~154.

[31] 王兆莉 , 谢建宁 , 戴怡蘅 , 等 . 新生儿医院感染败血症临床分析 . 中华医院感染学杂志 , 2014, 24(21):5390~5392.

[32] 陆承平 . 兽医微生物学 . 4 版 . 中国农业出版社 , 2007: 271~281.

[33] 蔡宝祥 . 家畜传染病学 . 4 版 . 中国农业出版社 , 2001: 301~304.

[34] 王洪斌 , 何代平 , 蒋红梅 , 等 . 高原地区医院感染的细菌学研究 . 西南军医 , 2005, 7(2):1~2.

[35] 王湘平 , 田梅兰 , 郭风丽 . 不常见隐球菌的医院感染两例报告 . 中华医院感染学杂志 , 2000, 10(5):395.

[36] 马珍 , 吴丽娟 . 肺部医院获得性丝状真菌感染及其相关危险因素分析 . 重庆医学 , 2006, 35(24):2209~2210.

[37] 李爱民 , 曹力 , 赵海平 . 肝移植手术后并发毛霉菌属医院感染的临床分析 . 中华医院感染学杂志 , 2009, 19(6):697~698.

第 53 章　医院感染病毒简介

病毒 (virus) 是一类重要病原体 (pathogens)，由某些病毒引起的人类、动物、植物感染病 (infectious diseases)，也还一直是比较常见且难以控制的。有的病毒仅引起人的相应感染病，如由天花病毒 (smallpox virus) 引起的天花 (smallpox，variola)，是一种烈性传染病，具有传染性极强、病情严重、病死率高的特点；曾引起全球的广泛流行，在世界各地流行已有数千年的历史，几乎无一国家能避免天花的侵袭。有的病毒仅引起动物的相应感染病，如由牛瘟病毒 (rinderpest virus) 引起的牛瘟 (rinderpest)，是记录最久的家畜传染病之一，牛、羊、猪及一些野生反刍动物均可被感染发病；牛瘟起源于亚洲，1920 年在欧洲暴发的牛瘟导致在法国巴黎建立了国际兽疫局 (Office International des Epizooties，OIE) 即世界动物卫生组织。有的病毒能引起人及动物的相应感染病，被列为人畜共患病 (zoonoses) 的范畴，如由狂犬病病毒 (rabies virus) 引起的狂犬病 (rabies)，人及多种温血动物均有易感性，具有症状明显且严重及病死率高的特点，属于自然疫源性传染病。有的病毒仅引起植物的感染病，如由烟草花叶病毒 (tobacco mosaic virus，TMV) 引起的烟草花叶病 (tobacco mosaic disease)[1~4]。

在医院感染 (hospital infection，HI) 方面，我国也多有由病毒引起的记述和报告。初步统计通过中国知识资源总库 (CNKI) 学术文献总库等检出的病毒性医院感染 (viral hospital infection) 文献，至目前我国共涉及明确的 8 个病毒科 (Family)、11 个病毒属 (genus)、9 个种 (species) 的病毒 (各病毒属及种的名录记述在了第 8 篇 "医院感染真菌与病毒简介" 扉页上的表 B 中)；其中多是以病毒属的名义记述的，明确到病毒种的较少。从这些文献来看，不同种类病毒的出现频率在不同医院存在一定的差异性，但总体上是 RNA 病毒 (RNA virus) 比 DNA 病毒 (DNA virus) 的出现频率高。

● 在第 34 章 "支原体属" (*Mycoplasma*) 中有记述，中南大学湘雅医院的文细毛等 (2012) 报告，对在 2010 年 3 月 1 日至 12 月 31 日间，卫生部医院感染监测网医院上报的医院感染横断面调查资料中，病原体分布及其耐药性数据进行统计分析。结果为 740 所医院共调查住院患者 407 208 例，发生医院感染患者 14 674 例 (感染率 3.60%)、15 701 例次 (例次感染率 3.86%)。从下呼吸道、泌尿道、手术部位、皮肤软组织等标本材料中，检出医院感染 6 类病原体共 6965 株，其中包括病毒 98 株 (构成比 1.41%) 居第 4 位 [5]。

● 江苏省南通市中医院的陈燕 (2012) 报告，该医院在 2009 年 1 月至 2010 年 12 月间，共收治住院患者 23 013 例，其中发生医院感染 229 例 (感染率 0.99%)、626 例次 (例次感染率 2.72%)。从血液、尿液、粪便等标本材料中，检出医院感染细菌、真菌 (fungi)、病毒等 3 类病原体 602 株，其中细菌 12 种及其他细菌共 342 株 (构成比 56.81%)、真菌 166 株 (构成比 27.57%)、病毒 94 株 (构成比 15.61%)，病毒的检出率居第 3 位 [6]。

● 在第 31 章 "衣原体属" (*Chlamydia*) 中有记述，河南省三门峡市中心医院的张英波等 (2014) 报告，分析了医院感染常见病原体的分布及耐药性情况。该医院在 2012 年 3 月至 2013 年 3 月间，从各种感染标本材料 236 份中，检出病原体 216 株 (检出率 91.53%)，包括病毒 7 种 (类)40 株 (构成比 18.52%)。其中的 7 种 (类)40 株病毒，分别为：呼吸道合胞病毒 (respiratory syncytial virus，RSV)11 株 (构成比 27.50%)、腺病毒 (Adenovirus，Adv)6 株 (构成比 15.00%)、甲型流感病毒 (influenza A virus)7 株 (构成比 17.50%)、乙型流感病毒 (influenza B virus)5 株 (构成比 12.50%)、Ⅰ 型副流感病毒 (parainfluenza virus)4 株 (构成比 10.00%)、Ⅱ 型副流感病毒 4 株 (构成比 10.00%)、Ⅲ 型副流感病毒 3 株 (构成比 7.50%)[7]。

1　病毒的基本特征

病毒是一类特殊的微生物 (microorganism)，体积很小，通常其直径仅为 18 ～ 350nm；病毒不具有细胞结构，自身不能进行代谢。

病毒的种类繁多，其形态、结构各具特点。在基本形态方面，有的呈棒状、杆状，有的为球形或多角形、还有的呈蝌蚪形等。在同一种病毒，有的也具有不同的形态。一个结构完整的病毒也称为病毒颗粒 (viral particle) 或病毒子 (virion)，均具有由蛋白质 (或多肽) 组成的衣壳 (capsid) 或称为壳体，在衣壳内包裹着由核酸 (RNA 或 DNA) 构成的核心 (core)[1, 3, 8]。

1.1　病毒的基本形态

病毒的基本形态特征，通常是与其衣壳 (壳体) 的基本结构存在密切相关联的。例如，杆状病毒的衣壳 (壳体) 为螺旋对称 (helical symmetry) 的，流感病毒 (influenza virus)、副流感病毒、麻疹病毒 (Measles virus)、狂犬病病毒、烟草花叶病毒等均为这类螺旋对称的病毒 (图 53-1)；球形病毒的衣壳 (壳体) 通常为二十面体对称 (icosahedral symmetry) 的，腺病毒、脊髓灰质炎病毒 (poliovirus)、人乳头瘤病毒 (human papillomavirus，HPV) 等均为此类二十面体对称的病毒，其中的腺病毒是最为典型的 (图 53-2)；复杂形状病毒的衣壳(壳体)为复合对称(complex symmetry) 的，噬菌体 (phage) 为典型的此类复合对称病毒 (图 53-3)。

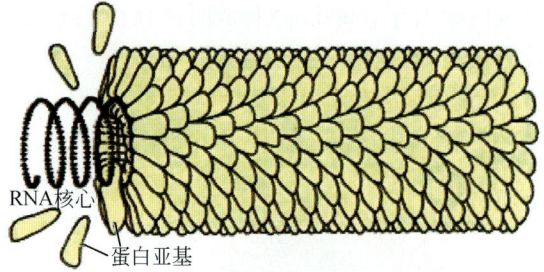

图 53-1　烟草花叶病毒的形态结构模式图

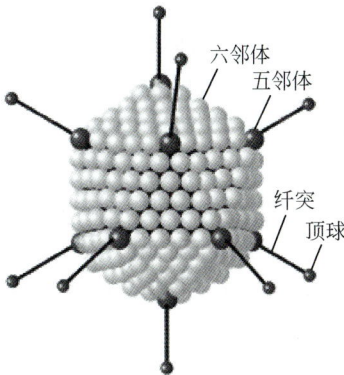

图 53-2　腺病毒的形态结构模式图

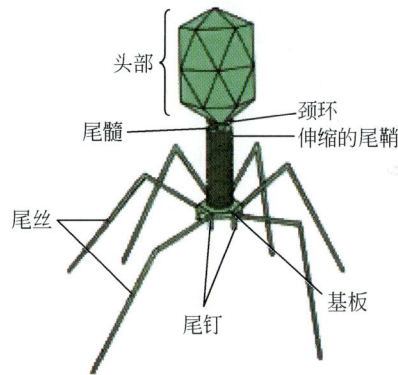

图 53-3　噬菌体的形态结构模式图

1.2　病毒的基本结构

病毒的基本结构比较简单，由蛋白衣壳与核酸两部分组成，两者一起被称为核衣壳 (nucleocapsid)。病毒与其他生物的重要区别特征，是一种病毒仅含有一种核酸，或为 RNA，或为 DNA。衣壳由一定数量的壳粒 (capsomer) 组成，每个壳粒又由一个或多个多肽分子组成，不同种类病毒衣壳所含的壳粒数量不同。另外，在许多病毒的衣壳外，还包裹一层囊膜 (envelope，peplos)。

1.2.1　病毒的囊膜

病毒的囊膜也被称为包膜，此类具有囊膜的病毒也被称为囊膜病毒 (enveloped virus) 或称为包膜病毒。例如，披膜病毒科 (Togaviridae)、正黏病毒科 (Orthomyxoviridae)、副黏病毒科 (Paramyxoviridae)、反转录病毒科 (Retroviridae)、弹状病毒科 (Rhabdoviridae)、疱疹病毒科 (Herpesviridae) 等的病毒，均具有囊膜 (包膜)。相对于有囊膜的病毒来讲，无囊膜的病毒也被称为裸露病毒 (naked virus)。

1.2.1.1　病毒囊膜的化学组成

病毒的囊膜来自于宿主的细胞膜 (cell membrane)，或内质网 (endoplasmic reticulum)、高尔基体 (Golgi apparatus) 等细胞器 (organelle) 的膜 (内膜) 成分，是在病毒成熟期从细胞

膜或内膜出芽 (budding) 释放时所获得的 (成为完整的成熟病毒粒子)。因此，病毒的囊膜具有宿主细胞膜或内膜的特性。

所有病毒的囊膜，其结构基本一致。囊膜的化学组成类似于宿主的细胞膜，除了镶嵌在囊膜上或突出于囊膜外的蛋白质成分外，主要由脂质构成，其中以磷脂和胆固醇为主。有许多具有囊膜的病毒，在其囊膜表面存在囊膜突起，被称为膜粒 (peplomer) 或纤突 (spike)，其化学本质大多是糖蛋白，即由碳水化合物与囊膜蛋白质分子连接而成。现在对一些病毒的囊膜糖蛋白突起已认识的比较清楚，如在流感病毒 (图 53-4) 囊膜上存在两种生物学活性的糖蛋白 (glycoprotein) 突起，其一为血凝素 (hemagglutinin，HA)，另一种为神经氨酸酶 (neuraminidase，NA)。

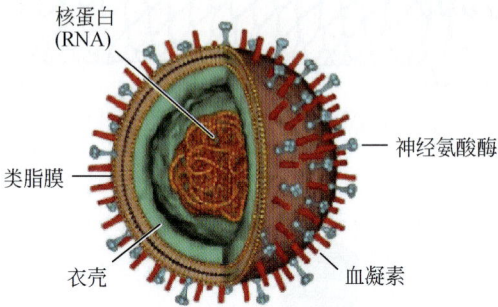

图 53-4　流感病毒的形态结构模式图

（图中标注：核蛋白 (RNA)、类脂膜、衣壳、神经氨酸酶、血凝素）

1.2.1.2　病毒囊膜的生物学功能

病毒囊膜的生物学功能，除了保护其病毒粒子免受外界环境的不利因素影响外，其糖蛋白突起还在病毒吸附、被感染宿主细胞的融合、抗原性质等方面，具有不同的功能。

病毒的囊膜主要是作为病毒吸附蛋白 (virus attachment protein，VAP) 发挥作用，与病毒发生的吸附 - 感染密切相关。例如，流感病毒的血凝素突起，可与病毒特异性的细胞受体结合、并相互作用，从而启动病毒的感染，另外，其还具有血细胞凝集活性。

病毒囊膜的糖蛋白突起是病毒的主要抗原成分，可诱导机体产生保护性的中和抗体，如流感病毒的血凝素、神经氨酸酶突起，分别具有不同的抗原性。

1.2.2　病毒的衣壳

病毒的衣壳 (壳体)，是由衣壳蛋白亚基 (protein subunits) 通过一定的方式聚集而成的，衣壳蛋白形成保护病毒基因组的壳体或外壳。在有囊膜的病毒中，其衣壳蛋白与病毒基因组紧密结合，形成核糖核蛋白 (ribonucleoprotein，RNP) 或核衣壳，而通过基质蛋白使囊膜与核衣壳联系在一起。

1.2.2.1　病毒衣壳蛋白的组成

有的病毒衣壳仅由一种蛋白亚基组成，有的则是由几种不同蛋白亚基组成的。与其他生物蛋白一样，病毒衣壳蛋白也是由在自然界中常见的 20 种氨基酸组成的，还尚未发现病毒存在特有的氨基酸。但在不同病毒的衣壳蛋白中，每种氨基酸组成的百分比和氨基酸的排列顺序的不相同的，甚至在同一种病毒的不同变异株间也存在差异性。

1.2.2.2　病毒衣壳蛋白的功能

衣壳蛋白的主要功能，是保护病毒基因组免受各种理化因子 (核酸酶、化学诱变剂、环境中的各种不利因素等) 的破坏。衣壳蛋白也是病毒粒子的主要抗原蛋白，能够刺激机体产生相应中和抗体。

无囊膜病毒的衣壳蛋白，还能作为病毒吸附蛋白与宿主细胞表面的病毒受体 (virus receptor，VR) 蛋白相互识别、结合，使病毒粒子吸附于宿主细胞表面。另外，有的病毒衣壳蛋白，还具有对宿主细胞毒性作用的功能；有些裸露病毒的衣壳蛋白，具有凝集红细胞的能力。

1.2.3 病毒的核酸

在一种病毒，仅含有 RNA 或 DNA 一种核酸，实践中也常是据此将所有病毒分为 RNA 病毒、DNA 病毒两大类；在某意义上，也很是类似于按革兰氏染色将所有细菌分为革兰氏阳性菌、革兰氏阴性菌的两大类。在不同种病毒核酸的相对分子质量差别很大，且反映了不同病毒在基因组结构和功能方面的差异性。另外，病毒核酸的形态可为线形 (linear) 或环形 (circular)。

病毒核酸，有的是单链 (single stranded)、有的是双链 (double stranded) 的；有的分节段 (segmented) 被称为多分子的，不分节段的称为单分子的。在病毒学中，通常是将 mRNA 的碱基序列作为标准，在单链病毒中凡与此相同的核酸称为正链 (positive stranded)，与其互补的则称为负链 (negative stranded)。如此，通常可根据病毒的核酸结构，将所有的病毒分为 4 种核酸类型，即：双链 DNA 病毒 (dsDNA virus)、单链 DNA 病毒 (ssDNA virus)，双链 RNA 病毒 (dsRNA virus)、单链 RNA 病毒 (ssRNA virus)。另外，在病毒单链 DNA、单链 RNA 中，又可按正链、负链区分为：正链单链 DNA 病毒 (positive stranded ssDNA virus)，负链单链 DNA 病毒 (negative stranded ssDNA virus)；正链单链 RNA 病毒 (positive stranded ssRNA virus)，负链单链 RNA 病毒 (negative stranded ssRNA virus)。

1.2.3.1 双链 DNA 病毒

绝大部分的动物 DNA 病毒，均为双链 DNA 病毒，有些病毒的双链 DNA 为环形，如乳头瘤病毒科 (Papillomaviridae) 的病毒双链 DNA；另一些病毒的双链 DNA 为线形，如疱疹病毒科、虹彩病毒科 (Lridoviridae)、腺病毒科 (Adenoviridae)、痘病毒科 (Poxviridae) 的病毒双链 DNA。

1.2.3.2 单链 DNA 病毒

在动物的 DNA 病毒中，细小病毒科 (Parvoviridae) 的病毒基因组为线形单链 DNA。细小病毒科病毒的这种单链 DNA，在有的病毒为正链单链 DNA、有的为负链单链 DNA。此外，在有些噬菌体，也仅是含有单链 DNA。

1.2.3.3 双链 RNA 病毒

在动物病毒中的呼肠孤病毒科 (Reoviridae) 病毒，为双链 RNA 病毒。双链 RNA 病毒的核酸均分节段 (呼肠孤病毒含有 10 ～ 12 个核酸节段)，每个节段均可分别转录、并编码不同的多肽链。

1.2.3.4 单链 RNA 病毒

绝大多数的动物 RNA 病毒，均为线形、单链 RNA 病毒。单链 RNA 病毒的核酸长度为 1 ～ 17kb，可由一条完整的 RNA 链组成、也可是分为几个节段的。

正链单链 RNA 病毒的基因组均为线形分子，但有单一分子基因组 (不分节段)、多分子 (分节段) 基因组之分。黄病毒科 (Flaviviridae)、小 RNA 病毒科 (Picornaviridae)、披膜病毒科、杯状病毒科 (Caliciviridae)、冠状病毒科 (Coronaviridae) 病毒的基因组，均为单一 RNA 分子；反转录病毒科病毒基因组的 RNA 为正链单链 RNA，但其基因组由两个相同的正链单链 RNA 分子组成，所以也被称为二倍体 RNA 基因组。

多数的负链单链 RNA 病毒基因组，均为线形分子。而且这种线形、负链单链 RNA 分子，也有单一分子基因组、分段基因组之分，如：副黏病毒科、弹状病毒科、丝状病毒科 (Filoviridae) 的病毒，含有不分段的负链单链 RNA 基因组；沙粒病毒科 (Arenaviridae)、布尼亚病毒科 (Bunyaviridae)、正黏病毒科的病毒，其基因组为分段的负链单链 RNA。

1.2.4　病毒的酶类

病毒的酶类，是由病毒基因编码的一类蛋白质。某些动物病毒，特别是结构复杂的一些病毒所含酶的种类较多。然而，尽管一些病毒粒子含有较多种酶，但并不具有病毒核酸、蛋白质合成等所需要的酶系统。因此，病毒不能进行独立代谢、生长繁殖。已有研究明确某些酶类是与病毒致病作用相关联的，如流感病毒的神经氨酸酶，可水解 N-乙酰神经氨酸，在病毒侵入机体时，对穿过黏多糖层具有重要作用。

2　医院感染 RNA 病毒

在已有的一些报告中，明确记述的医院感染 RNA 病毒，涉及多个病毒科、病毒属的病毒，多是以病毒属 (未明确病毒的种) 的名义记述的。其中以呼肠孤病毒科的轮状病毒属 (rotavirus，RV) 病毒表现突出，其次为杯状病毒科的诺如病毒属 (norovirus，NV) 的病毒。

2.1　双链 RNA 病毒 (dsRNA virus)

在引起医院感染的双链 RNA 病毒中，已有的记述和报告仅涉及轮状病毒属的病毒。

2.1.1　轮状病毒的基本特征

轮状病毒属为呼肠孤病毒科的成员，属于双链 RNA 病毒，其模式种 (type species) 为轮状病毒 A 型 (rotavirus A)[1,2, 9 ~ 12]。

通常所记述的轮状病毒，即指的是轮状病毒属病毒。轮状病毒是在 1966 年至 1968 年间，由 Mebus 等在美国内布拉斯加 (Nebraska) 州一个农场的腹泻犊牛病例粪便中首先发现的，并采用传代细胞分离培养成功。1973 年，澳大利亚学者 Bishop 等在墨尔本研究婴幼儿胃肠炎时，从急性腹泻儿童十二指肠黏膜细胞内发现了轮状病毒，并认为是婴幼儿胃肠炎的病因，这也是首次将轮状病毒与人的胃肠道感染疾病联系在一起。1975 年，国际病毒分类学委员会 (International Committee on Taxonomy of Viruses，ICTV) 正式将此病毒命名为 "rotavirus" (轮状病毒；rota 在拉丁文中的意思是轮子)，同时确定由 Mebus 等从内布拉斯加州犊牛腹泻分离的轮状病毒 (NCDV) 为标准毒株。

轮状病毒呈圆球状 (图 53-5)，直径在 70 ~ 75nm；无囊膜，有 3 层结构，即由病毒核心 (dsRNA) 及外围双层衣壳 (内衣壳、外衣壳) 构成。内衣壳呈二十面体对称结构，由 VP1、VP2、VP3、VP6 等病毒蛋白组成；外衣壳由病毒蛋白 VP4、VP7 组成，其中的 VP4 是病毒表面刺状突起的成分；病毒核心 (dsRNA) 部分，包括由 11 个片段双链 RNA

组成的基因组 (图 53-6)。因该病毒的形态颇似车轮，其表面有许多呈放射状排列的短的、类似车轮的幅条 (spoke) 状结构 (长 10nm、宽 6nm)，所以被称为轮状病毒。

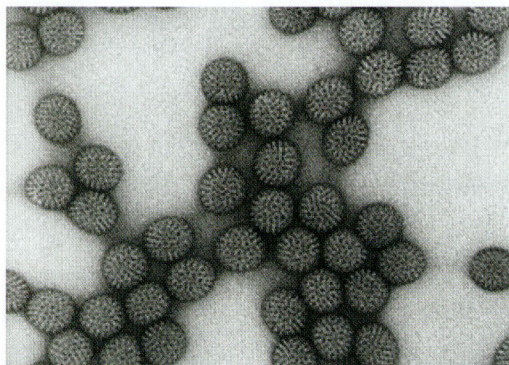

图 53-5　轮状病毒形态特征

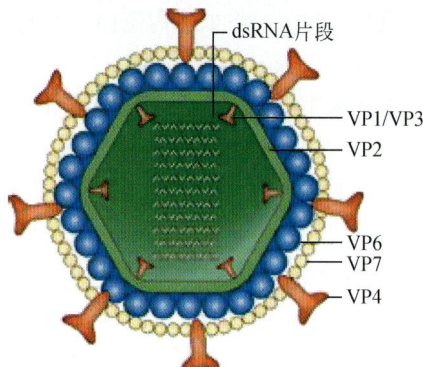

图 53-6　轮状病毒结构模式图

轮状病毒的衣壳蛋白 VP6 占整个病毒粒子质量的 50%，是主要的抗原成分。在实践中常是根据衣壳蛋白 VP6 的抗原型，将轮状病毒分为 A、B、C、D、E、F、G 的 7 个组。其中的 A、B、C 三组轮状病毒，即可感染人类、也可感染动物；D、E、F、G 四个组轮状病毒，仅感染动物。根据 A 组轮状病毒外衣壳蛋白 VP4、VP7 的血清学反应不同，可将其分为不同的血清型，因 VP7 蛋白为糖蛋白，所以也被称为 G 血清型；VP4 蛋白为对蛋白酶敏感 (protease-sensitive) 的蛋白质，所以被称为 P 血清型。目前已经被确认的相同或不同血清型轮状病毒有 14 种 G 血清型和 12 种 P 血清型，导致婴幼儿感染性腹泻流行的轮状病毒主要是 G1 ～ G4 型。A 组轮状病毒也被称为典型轮状病毒，其他各组常被称为非典型轮状病毒或副轮状病毒 (pararotavirus)。

轮状病毒对理化因子的作用，具有较强的抵抗力。经乙醚、氯仿、反复冻融、超声波、37℃作用 1h 或室温 (25℃) 作用 24h 等处理后，还仍具有感染性。在外界环境中比较稳定，在室温条件下可存活 7 个月，在粪便中可存活数日或数周。比较耐酸和耐碱，胃酸不能将其灭活，在 pH 3.5 ～ 10.0 都不丧失感染性。比较耐冷，在 –20℃ 可长期保存。不耐热，经 56℃ 加热 30min 可被灭活，但在有硫酸镁存在的情况下经 50℃ 不能被灭活。95% 的乙醇溶液，是对此病毒最为有效的灭活剂。

被轮状病毒感染后，不论是否出现临床症状，均可产生相应的抗体。其中的免疫球蛋白 M(IgM) 在感染后 2 ～ 3 天即可产生，持续 4 ～ 5 周后消失；免疫球蛋白 G(IgG) 在晚数日后产生，持续的时间较长。在小肠局部产生的免疫球蛋白 A(IgA) 有抵抗病毒作用，但持续时间较短，所以在患病痊愈后还可再感染。通常情况下，再感染时的症状多表现较轻。

2.1.2　轮状病毒的病原学意义

轮状病毒属于食源性疾病 (foodborne diseases) 的病毒范畴，能引起人及多种动物的感染病。其是人的非细菌性腹泻的主要病原体之一，在全世界均有分布，也是在发展中国家导致婴幼儿腹泻死亡的主要原因之一。

2.1.2.1　人的轮状病毒感染病

与感染人有关的轮状病毒，包括 A 组、B 组和 C 组，其中主要是 A 组。轮状病毒主要在十二指肠黏膜细胞中增殖，破坏十二指肠黏膜细胞后引起腹泻。轮状病毒感染为自限性疾病，不喂乳类的患儿恢复更快，病程为 3 ~ 8 天，少数的较长，住院平均天数为 5 ~ 7 天。轮状病毒的一类非结构蛋白，对轮状病毒引起胃肠炎是重要成分，被认为是一种属于肠毒素 (enterotoxin) 类的物质。

(1) 临床主要感染类型：A 组轮状病毒感染的潜伏期为 1 ~ 3 天，表现突然发病。6 个月龄至两三岁的婴幼儿对其最易感，更多见于 6 ~ 24 个月龄的。在全世界因急性胃肠炎住院治疗的儿童中，有 40% ~ 50% 为轮状病毒所引起。在我国每年大约有 1000 万婴幼儿患轮状病毒感染性胃肠炎，约占婴幼儿总人数的 25%。在我国的婴幼儿轮状病毒腹泻，主要发生在每年的秋冬寒冷季节，所以又称为"秋季腹泻"。

B 组轮状病毒感染，由我国病毒学专家洪涛等首先发现。在 1982 年至 1983 年间，他们在我国锦州和兰州暴发流行的急性胃肠炎患者粪便中发现了与 A 组抗原性不同的轮状病毒，由于患者多为成年人，所以命名为成人腹泻轮状病毒 (adult diarrhea rotavirus，ADRV)，后经国内外学者的进一步研究，确定为 B 组轮状病毒。B 组轮状病毒感染，仅在我国引起暴发流行。其多为成人感染，潜伏期 2 ~ 3 天，表现起病急，突然出现严重腹泻，每天在 3 ~ 10 次，为黄色或米汤样便，无脓血。伴有呕吐、腹痛、恶心、腹胀、肠鸣、乏力等症状，多数无发热或仅有低热。多数病程在 5 ~ 6 天后缓和，少数持续 2 周左右。

C 组轮状病毒，主要是感染猪。亦在人群中有检出，主要是引起成人感染发生腹泻，表现为散发病例。近年来有多个国家 (包括我国) 从腹泻儿童粪便中有检出，也从牛、鸡、鸭粪便中有检出。

人的轮状病毒感染，除了主要是引起急性胃肠炎以外，也存在肠道外感染。肠道外感染主要包括脑膜炎、心肌炎、无热惊厥，以及对肝脏、肾脏、胰腺等的损伤。

(2) 医院感染特征：由轮状病毒引起的医院感染，缺乏明显的区域分布特征。在感染类型方面，同样是主要表现为临床腹泻的胃肠道感染。以下记述的一些报告，是具有一定代表性的。

● 福建省妇幼保健院的马笑影等 (2011) 报告，该医院儿科病房在 2010 年 8 月至 2011 年 7 月间共收治患者 7879 例，期间有 81 例发生胃肠道医院感染 (感染率 1.03%)，其中的 70 例 (构成比 86.42%) 为轮状病毒肠炎 (年龄在 29 天至 3 岁)[13]。

● 福建医科大学教学医院福州儿童医院的陈凤钦等 (2013) 报告，医院感染性腹泻 (infections diarrhea，ID) 是由多种病原体引起的肠道传染病，住院患儿是易感染人群，通常表现是病毒感染多于细菌感染。通过在 2010 年 1 月至 12 月间对 10 067 例住院患儿的检测，其中发生医院内感染性腹泻的 156 例 (感染率 1.55%)，年龄在 1 个月至 3 岁。取 156 例患儿的粪便标本材料进行病原体检验，其中有 106 例 (构成比 67.95%) 检出了 4 种病毒、10 例 (构成比 6.41%) 检出了 4 种 (类) 病原细菌、5 例 (构成比 3.21%) 检出了属于真菌的白色念珠菌 (Candida albican)，病毒的检出率居第 1 位。在检出病毒的 4 种 106 例中，分别为：以免疫胶体金标记方法检测轮状病毒抗原，检出 74 例 (构成比 69.81%)；以反转录聚合酶链反应方法分别检测诺如病毒、星状病毒 (Astrovirus)、肠道腺病毒 (enteric adenovirus，EAd) 的核酸，结果为分别检出诺如病毒的 24 例 (在检出病毒的构成比 22.64%)、星状病毒的 2 例 (构成比 1.89%)、肠道腺病毒的 6 例 (构成比 5.66%)，其中轮状病毒与诺如病毒混合感染的 3 例 (在病毒感染病例的构成比 2.83%)[14]。

● 浙江省宁波市妇女儿童医院的姜红英 (2014) 报告，该医院 6 个小儿内科相关科室病房在 2012 年度共有住院患儿 12 130 例，检出发生医院感染的 285 例 (感染率 2.35%)，其中胃肠道感染的 79 例 (构成比 27.72%)。在 79 例胃肠道感染患者中，检出轮状病毒感染的 62 例 (构成比 78.48%)，主要分布在 6 月龄至 2 岁的患儿中 [15]。

● 苏州大学附属儿童医院的彭寒玲等 (2014) 报告在 2012 年 1 月至 12 月间，该医院手足口病 (hand-foot-mouth disease，HFMD) 病房在收治住院的 1512 例手足口病患儿中，发生医院感染的 72 例 (感染率 4.76%)，年龄最大的 7 岁、最小的 50 天，住院时间为 7 ～ 19 天。主要表现为呼吸道感染 44 例 (构成比 61.11%)，其次为胃肠道感染 18 例 (构成比 25.00%)。对其中 46 例 (构成比 63.89%) 的血液、尿液、痰液、粪便等不同标本材料检验，分离到病原体 53 株，其中轮状病毒 40 株 (构成比 75.47%)、肠道病毒 71 型 (Enterovirus 71，EV71)13 株 (构成比 24.53%)[16]。

本书作者注：肠道病毒 71 型，主要是引起手足口病，还可引起无菌性脑膜炎、脑干脑炎等多种中枢神经系统感染病 [2,17]。

● 湖北省荆门市中医医院的梁红梅 (2014) 报告，该医院在 2010 年至 2012 年的 3 年间共有住院患者 50 163 例，其中发生医院感染的 415 例 (感染率 0.83%)、453 例次 (例次感染率 0.90%)。从 453 例次医院感染患者不同标本材料中检出病原体 236 株，其中细菌 179 株 (构成比 75.85%)、真菌 37 株 (构成比 15.68%)、轮状病毒 20 株 (构成比 8.47%)[18]。

2.1.2.2　动物的轮状病毒感染病

由轮状病毒引起的动物感染病，主要是发生在幼龄动物，牛、猪、驹、羔羊、鸡等均可被感染发病。主要是限于消化道感染，发生腹泻、并常出现肠道病变 [4]。

2.2　单链 RNA 病毒 (ssRNA virus)

在引起医院感染的单链 RNA 病毒中，已有的报告涉及正链单链 RNA 病毒和负链单链 RNA 病毒的多个病毒科、病毒属的病毒，多是以病毒属 (未明确病毒的种) 的名义记述的。

2.2.1　正链单链 RNA 病毒

在引起医院感染的正链单链 RNA 病毒中，已有的报告涉及星状病毒科 (Astroviridae) 的哺乳动物星状病毒属 (Mamastrovirus)、黄病毒科的丙型肝炎病毒属 (Hepacivirus)、杯状病毒科的诺如病毒属病毒，其中以诺如病毒属病毒的检出频率高。

2.2.1.1　哺乳动物星状病毒属

哺乳动物星状病毒属为星状病毒科的成员，属于正链单链 RNA 病毒。通常多是直接记为星状病毒，其模式种为人星状病毒 1 型 (human astrovirus 1)[1,2, 10]。

(1) 星状病毒的基本特征：星状病毒是一种无囊膜的正链单链 RNA 病毒，病毒颗粒直径为 27 ～ 34nm；因通过电子显微镜观察可见在约 10% 的病毒颗粒表面有 5 ～ 6 个尖三角形突出呈星芒状排列，因此被命名为 "Astrovirus" (星状病毒；astron 在希腊文中的意

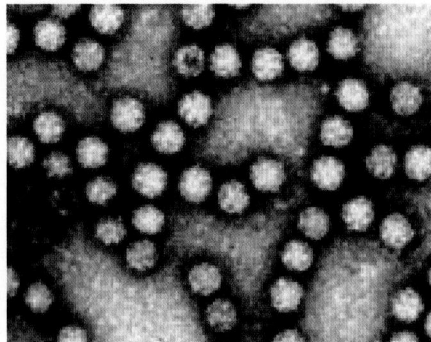

图 53-7　星状病毒形态特征

思是星)。

星状病毒的基因和抗原变异比较频繁，根据其蛋白抗原的差异性，可将星状病毒分为 8 个血清型 (1 ~ 8)。Noel 等将星状病毒分为了 7 个基因型 (1 ~ 7)，同时证实此 7 个基因型与血清型 1 ~ 7 型基本一致。星状病毒的衣壳蛋白结构尚不很清楚，因宿主、血清型的不同存在差异性。动物星状病毒的衣壳蛋白，由 2 ~ 5 个蛋白组成；人星状病毒的衣壳蛋白，由 2 ~ 3 个蛋白组成 (图 53-7)。

星状病毒对外界环境因素的抵抗力较强，能耐酸 (在 pH 为 3.0 时还能保持活性)，耐热 (加热到 50℃经 1h 或 60℃经 10min 才能将其灭活)；乙醇、氯仿等化学物质，不能将其灭活。对紫外线照射、含氯消毒剂等有较强的耐受性，但对 70% ~ 90% 的甲醇敏感。

(2) 星状病毒的病原学意义：星状病毒广泛存在于自然界中，在人及多种动物 (鸟类、禽类、牛、羊、猪、犬、猫等) 均存在星状病毒感染，主要表现为胃肠道感染 (腹泻)。人星状病毒是由 Appleton 和 Higgins 于 1975 年，通过电子显微镜检测儿童病毒性腹泻粪便材料时首先发现的。

1) 人的星状病毒感染病：在不同地区、不同环境条件下，各种不同血清型星状病毒的感染率存在差异性，但以 1 型的出现频率高。

A.临床主要感染类型：星状病毒感染可见于各年龄组人群，但以在 5 岁以下的儿童，尤其是在 1 岁以内的婴幼儿多见，是引起婴幼儿、老年人及免疫机能低下者腹泻的重要病原体之一。有学者认为星状病毒是婴幼儿病毒性腹泻的第二位病原体，仅次于轮状病毒。

星状病毒感染的临床表现与 A 组轮状病毒感染的相似。主要为水样腹泻，可伴有呕吐、腹痛，但通常其症状较轻、并发症少见、预后良好。

B.医院感染特征：有记述星状病毒也是在小儿科病房导致医院感染性腹泻的主要病原体，就医药感染来讲的危险性似乎大于 A 组轮状病毒。但在我国由星状病毒引起的医院感染，还是不多见的。

● 在前面有记述福建医科大学教学医院福州儿童医院的陈凤钦等 (2013) 报告，通过在 2010 年 1 月至 12 月间对 10 067 例住院患儿的检测，其中发生医院内感染性腹泻的 156 例 (感染率 1.55%)。从其中 106 例 (构成比 67.95%) 的粪便标本材料检出了 4 种病毒，包括星状病毒的 2 例 (构成比 1.89%)[14]。

2) 动物的星状病毒感染病：星状病毒可引起多种幼龄动物发病，通常是引起自限性胃肠炎 (腹泻)，有的可能为亚临床感染。不同种动物在密切接触的情况下，仅在一种动物发生腹泻，显示星状病毒具有一定的宿主特异性。其中的鸭星状病毒比较特殊，可引起 6 周龄以内的雏鸭发生急性坏死性肝炎，死亡率较高[3]。

2.2.1.2　丙型肝炎病毒属

丙型肝炎病毒属为黄病毒科的成员，属于正链单链 RNA 病毒，其模式种为丙型肝炎病毒 (hepatitis C virus，HCV)[1，2,10，12,17,19]。

(1) 丙型肝炎病毒的基本特征：由肝炎病毒 (hepatitis virus) 引起的病毒性肝炎 (viral hepatitis)，是一种以肝炎为主的全身性疾病。甲型肝炎病毒 (hepatitis A virus，HAV)、乙型肝炎病毒 (hepatitis B virus，HBV)、丙型肝炎病毒 (HCV)、丁型肝炎病毒 (hepatitis D virus，HDV)、戊型肝炎病毒 (hepatitis E virus，HEV)，分别引起甲型病毒性肝炎 (viral hepatitis type A)、乙型病毒性肝炎 (viral hepatitis type B)、丙型病毒性肝炎 (viral hepatitis type C)、丁型病毒性肝炎 (viral hepatitis type D)、戊型病毒性肝炎 (viral hepatitis type E)，也常常是分别简称为甲型肝炎 (hepatitis A)、乙型肝炎 (hepatitis B)、丙型肝炎 (hepatitis C)、丁型肝炎 (hepatitis D)、戊型肝炎 (hepatitis E)。

在此 5 型肝炎病毒中，乙型肝炎病毒为 DNA 病毒，分类于嗜肝 DNA 病毒科 (Hepadnaviridae)、正嗜肝 DNA 病毒属 (Orthohepadnavirus)，也是此病毒属的模式种。其他 4 型肝炎病毒均为 RNA 病毒，并分属于不同的病毒科、病毒属。在此 5 型肝炎病毒间不存在交叉免疫，可发生重复感染和重叠感染。

丙型肝炎病毒分类于黄病毒科、丙型肝炎病毒属，也是此病毒属的模式种。丙型肝炎病毒为正链单链 RNA 病毒，呈圆球形，直径在 50 ～ 60nm；在病毒的结构外有含脂质的糖蛋白囊膜，内含由核心蛋白组成的核衣壳及单链 RNA (图 53-8)。丙型肝炎病毒极易发生变异，根据其基因序列同源性的不同可进行分型、亚型、准种 (quasispecies) 和株，目前分为了 11 个型、100 多个亚型。在不同地区的基因型分布也存在差异性，在我国 (大陆和台湾地区) 及日本主要为 1b、2a、2b 型，我国香港、澳门地区以 6a 型为主。

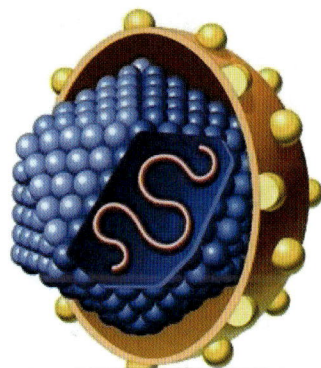

图 53-8　丙型肝炎病毒结构模式图

由于丙型肝炎病毒的多变异性，由自然变异及人体的免疫压力等因素引起，丙型肝炎病毒感染者可存在多种变异株同时存在的病毒群，被称为 "quasispecies" (准种)。由于准种的存在，可影响到感染的复杂性，也易发展为慢性丙型肝炎和肝硬化，以及影响到抗病毒治疗的效果。

丙型肝炎病毒含有脂质囊膜，所以对脂溶剂敏感。以 0.1% 的甲醛溶液在 37℃ 处理 6h，加热处理 (60℃经 10h，100℃经 5min)，可使其传染性消失及被灭活。

(2) 丙型肝炎病毒感染病：丙型肝炎病毒引起人的丙型病毒性肝炎 (丙型肝炎)，在以往称为 "肠道外传播性非甲非乙型病毒性肝炎"。主要经血液、血液制品传播，也存在其他传播途径。凡未感染过丙型肝炎病毒的人群均易被感染，丙型肝炎病毒的不同基因型可混合感染。

急性和慢性丙型肝炎患者、丙型肝炎病毒携带者，均为丙型肝炎的传染源。在丙型肝炎病毒携带者中，尤以献血员作为传染源的意义更大。

1) 临床主要感染类型：丙型肝炎的潜伏期为 2 ～ 26 周，平均在 6 ～ 8 周；输血后丙型肝炎的潜伏期较短 (2 ～ 16 周)，平均在 7 周。通常缺乏明显临床症状，但亦可有乏力、食欲缺乏、恶心、黄疸、肝脾肿大等不同表现。根据不同的临床表现，可分为急性丙型肝炎、慢性丙型肝炎、肝衰竭、慢性丙型肝炎病毒携带者、丙型肝炎病毒与乙型肝炎病毒重叠感染、丙型肝炎病毒感染的肝外表现等多种临床类型。

急性丙型肝炎的临床表现轻，甚至缺乏明显症状，肝功能改变较重，前驱期发热的不常见，黄疸期的肝大患者可达 1/3；在少数患者可出现肝炎表现，多为无黄疸型，亦可表现黄疸型但较少见。慢性丙型肝炎，为急性丙型肝炎持续不愈、病程超过 6 个月，患者多是表现症状轻或无。单纯丙型肝炎引起肝衰竭的比较少见，多是与乙型肝炎病毒重叠感染引起。在部分丙型肝炎病毒感染患者，可出现肝外表现伴发其他疾病，比较常见的有冷球蛋白血症、类风湿关节炎、干燥综合征、肾小球肾炎、迟发性皮肤卟啉症、淋巴组织增生症等。

2) 医院感染特征：由于丙型肝炎病毒主要经血液、血液制品传播，以致引起医院感染的机会更多。另外，通过不安全注射、医疗器械、牙科检查、针灸 (刺) 等，引起医源性传播。

● 暨南大学医学院附属清远医院的曾石养等 (2011) 报告，选取该医院肾内科在 2005 年 1 月至 2009 年 12 月间行规律性血液透析治疗的患者 212 例，另外是选取同期在肾内科 71 例慢性肾衰竭尿毒症非透析治疗的患者作为对照，回顾性分析丙型肝炎病毒感染情况。结果为透析治疗患者 212 例感染丙型肝炎病毒 47 例 (感染率 22.17%)，对照组非透析治疗患者 71 例感染丙型肝炎病毒 5 例 (感染率 7.04%)。报告者认为血液透析治疗患者是丙型肝炎病毒感染的高危人群，透析时间、输血及透析器复用是血液透析治疗患者感染丙型肝炎病毒的高危因素，专机专用、减少输血次数、加强透析治疗环节交叉感染的质量控制可减少丙型肝炎病毒感染。透析治疗患者丙型肝炎病毒感染率明显高于非透析治疗患者，提示医院感染是危险因素之一 [20]。

● 中国人民武装警察部队福建省总队医院的曾国彬等 (2013) 报告，为调查血液透析治疗患者丙型肝炎病毒感染情况及影响因素，选取该医院在同期诊治的尿毒症患者分为血液透析治疗组 (86 例) 和非血液透析治疗组 (55 例)，分别对患者采用酶联免疫吸附试验方法检测丙型肝炎病毒抗体、反转录 - 巢式 PCR 技术检测丙型肝炎病毒的 RNA。结果为在 86 例血液透析治疗组的患者中丙型肝炎病毒感染 13 例 (感染率 15.12%)、在 55 例非血液透析治疗组的患者中丙型肝炎病毒感染 2 例 (感染率 3.64%)。报告者根据分析结果认为输血量和透析治疗的年限是丙型肝炎病毒感染的主要危险因素，输血量越大、透析治疗时间越长则丙型肝炎病毒的感染率越高，在透析治疗过程中的医院感染也是不容忽视的重要因素 [21]。

● 山东省德州市中医院的张红等 (2014) 报告，检索 2009 年至 2013 年的相关官方媒介信息，进行回顾性调查分析。发现有卫生行政部门等官方媒体通报处理的医院感染丙型肝炎暴发事件 12 起 436 例，涉及 7 个省市，除其中发生在 1 所医院为三级医院外的 11 起事件均发生在二级及二级以下医院。436 例中因血液透析感染的 170 例 (构成比 38.99%)、不安全注射感染的 266 例 (构成比 61.01%)，最大的 1 起事件感染 123 例。12 起事件均存在明确的医源性血液暴露，由医疗器械器具消毒、灭菌不当或手卫生不良的直接或间接接触血液传播造成，血液接触传播与医源性传播是感染暴发的主要传播途径。在 12 起事件中，有 2 起因重复使用一次性血液透析器造成、2 起因透析机未一人一用一消毒，3 起因手卫生执行差，2 起因复用透析器清洗、消毒、灭菌不达标；另外 3 起是因不安全注射引起的丙型肝炎暴发事件，是由共用针具或注射溶媒及针头灭菌方法错误引起 [22]。

2.2.1.3 诺如病毒属

诺如病毒属为杯状病毒科的成员，属于正链单链 RNA 病毒，其模式种为诺沃克病毒

(norwalk virus)[1, 2,9 ~ 11]。

(1) 诺如病毒的基本特征：通常所称的诺如病毒，即指的是诺如病毒属的病毒，属于人类杯状病毒 (human calicivirus，HuCV)。诺如病毒的形态特征为具有典型的羽状外缘、表面有 32 个杯状凹陷的小圆球形，无包膜，呈二十面体对称结构，在宿主细胞核中复制。属于人类杯状病毒的，还有同是属于杯状病毒科的札幌病毒属 (sapovirus，SV)，其模式种为札幌病毒 (sapporo virus，SV)。图 53-9 为诺如病毒的基本形态特征；图 53-10 为诺如病毒结构模式图。

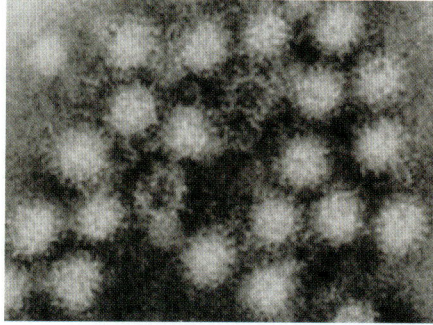

图 53-9　诺如病毒形态特征

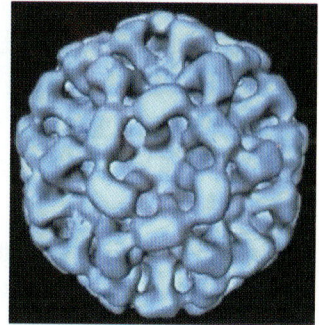

图 53-10　诺如病毒结构模式图

诺如病毒属病毒在 1968 年被发现，是在美国俄亥俄州诺沃克 (Norwalk) 市一所小学内暴发的一起急性胃肠炎的病原；相继在 1972 年，Kapikan 等通过以免疫电镜技术对此起急性胃肠炎进行的研究，从患者的粪便样品中观察到这种病毒，并根据此起急性胃肠炎的发生地将其命名为 "Norwalk virus"（诺沃克病毒）。此后，有不少国家陆续报告了与急性胃肠炎有关的类似这种病毒，均是按发现的地区命名的，包括美国的蒙哥马利县病毒 (Montgomery county virus)、雪山病毒 (Snow mountain virus，SMV)、夏威夷病毒 (Hawaii virus，HV)，以及英国的南安普敦病毒 (Southampton virus，SV) 和汤顿病毒 (Taunton virus，TV) 等，在早期被统称为小圆结构病毒 (small round structural virus，SRSV)，后又改称为诺沃克样病毒 (Norwalk-like virus，NLV)。这些病毒的共同特征，是均发现于急性非细菌性胃肠炎患者的粪便、直径为 26 ~ 35nm 的小圆结构、为单链正链 RNA 病毒、不能在细胞或组织中进行体外培养。

在继诺如病毒被发现之后的 1976 年，在对急性胃肠炎的流行病学研究中，还发现了一种形态特征与诺如病毒无法区别，但不能与诺如病毒属抗体发生反应的病毒；直到 1982 年，千叶 (Chiba) 等在日本札幌 (Sapporo) 地区婴幼儿腹泻粪便中鉴定了这种病毒，当时称之为 "Sapporo virus"（札幌病毒），也被称为札幌样病毒 (Sapporo-like virus，SLV)。2002 年 8 月，第八届国际病毒分类学委员会 (International Committee on Taxonomy of Viruses，ICTV)，批准将诺沃克样病毒定名为 "norovirus"（诺如病毒）、札幌样病毒定名为 "sapovirus"（札如病毒）。

诺如病毒耐热、耐酸和耐冷冻，在宿主细胞外非常稳定。在冷冻食品中可存活 6 个月以上，可在纸张、衣物、餐具、塑料等物品上存活 10 天以上。在室温环境经 pH 2.7 的条件处理 3h、在 4℃ 条件下经 20% 的乙醚处理 18h、经 60℃ 作用 30min 后仍有感染性，在 –70℃ 冷冻保存数年后仍保持有活力。对处理污水用浓度为 10mg/L 的氯敏感，但对处理饮用水的浓度为 3.75 ~ 6.25mg/L 的氯能耐受。

诺如病毒有 4 个血清型，分别为诺沃克型、夏威夷型、雪山型、汤顿型。感染诺如病毒后，血清中特异性抗体水平上升，通常在第 3 周达到高峰，维持到第 6 周左右下降。低龄儿童的抗体阳性率低、大龄儿童及成年人的抗体阳性率高。诺如病毒的抗体没有明显的抗感染保护作用，仅有约半数患者病愈后可在短期内对相同血清型病毒株有免疫保护，所以很容易出现反复感染。

(2) 诺如病毒感染病：诺如病毒为食源性疾病的病毒范畴，可引起人的感染发生胃肠炎，也被认为是近年来在食源性疾病暴发中最为重要的病原体之一，广泛分布于世界各地。

1) 临床主要感染类型：诺如病毒常常是引起成人和较大年龄儿童发生急性胃肠炎，极少波及婴儿及幼龄儿童，但在社区发病时常会累及各年龄人群。因其具有传染性强的特点，所以也常被比喻为"肠道流感"。诺如病毒具有很强的感染力和致病力，10 个病毒颗粒即可引起感染发病。诺如病毒感染常常表现与宿主组织血型抗原 (histo-blood group antigens，HBGAs) 有关，如最早发现的诺沃克毒株以 O 型血人群最易被感染、A 型血人群次之、B 型血人群不感染。

诺如病毒是继轮状病毒之后，又一引发病毒性胃肠炎的主要病毒。有统计显示由诺如病毒引起的胃肠炎，在各种非细菌性胃肠炎中占 30% ~ 50%；在由食物造成的病毒性胃肠炎中，有 90% 是由诺如病毒引起的。我国自 1995 年报告了首例诺如病毒感染以来，在全国有多个地区先后发生多起诺如病毒感染性腹泻暴发疫情。

诺如病毒的传染源主要是感染者，以及受到污染的水、食物和环境。被感染者的呕吐物在形成浮质后，病毒则可随空气广泛传播。诺如病毒进入胃肠道与胃、十二指肠的上皮细胞结合后，遗传物质进入细胞内增殖病毒，然后再感染十二指肠和空肠上段并破坏细胞，引起呕吐和腹泻。潜伏期通常为 10 ~ 48h，病程一般为 24 ~ 72h(通常老年患者的病程较长)。表现为起病突然，主要症状为恶心、呕吐、腹泻、腹痛等，有的还伴有低热、头痛、肌痛、流涕、咳嗽、咽痛、乏力、食欲减退等症状，还可见寒战及少数有眼痛等。儿童发病后多见呕吐，而年长患者的腹泻症状表现严重，大便为黄色稀水样或水样，每日数次至数十次，无黏液和脓血。患者还有的仅表现有呕吐症状，也因此曾被称为"冬季呕吐病"。

2) 医院感染特征：由诺如病毒引起的医院感染，缺乏明显的区域分布特征。在感染类型方面，同样是主要表现为临床腹泻的胃肠道感染。以下记述的一些报告，是具有一定代表性的。

● 在前面有记述福建医科大学教学医院福州儿童医院的陈凤钦等 (2013) 报告，通过在 2010 年 1 月至 12 月间对 10 067 例住院患儿的检测，其中发生医院内感染性腹泻的 156 例 (感染率 1.55%)，取 156 例患儿的粪便标本材料进行病原体检验，其中有 106 例 (构成比 67.95%) 检出了 4 种病毒。在检出病毒的 4 种 106 例中，包括诺如病毒的 24 例 (在检出病毒的构成比 22.64%)，其中轮状病毒与诺如病毒混合感染的 3 例 (在病毒感染病例的构成比 2.83%)[14]。

● 中国人民解放军总医院的刘运喜等 (2011) 报告在 2007 年 10 月 31 日至 11 月 12 日间，北京某所三甲医院老年病区暴发 1 起由诺如病毒引起的胃肠炎医院感染 24 例，在 3 周内得到完全控制。24 例感染者中包括当时在该病区 25 例住院患者中的 17 例 (罹患率 68.00%)，年龄为 68 ~ 95 岁；5 名医务人员，年龄为 25 ~ 36 岁；另外 2 例，是该科护士长 1.5 岁的儿子和 60 岁的婆婆。指示病例于 2007 年 10 月 31 日晚因不明原因的腹泻和恶心入院治疗，此前在该病区未有患者、医务人员出现腹泻病症；继发病例的平均潜伏期是24h，所有感染者均出现恶心、呕吐、发热（≤38℃），其中的13例有腹泻症状。对13例腹泻感染者的粪便标本材料，采用实时定量PCR(real-time PCR，RT-PCR)方法检测诺如病毒核酸，其中9例阳性，且均属于GⅡ-4基因型。报告者根据流行病学和分子生物学检验证据，认为此起由诺如病毒引起的胃肠炎医院感染暴发，是由指示病例传了二代病例（护士），再传给了三代病例（患者及护士的家属），提示暴发是由人与人之间传播所致，医务人员可能作为了传播者在指示病例和继发病例之间传播了诺如病毒[23]。

●广东省江门市第三人民医院的钟文龙等(2012)报告在2011年6月17日至22日间，广东省某精神专科医院老年精神三科在住院患者69例中，发生10例由诺如病毒引起的急性胃肠炎医院感染暴发（罹患率14.49%），感染患者的年龄为50～97岁。在6月18日老年精神三科医生向医院的医院感染部报告了该病区多个病例发生腹泻、呕吐的情况后，通过即刻采取隔离治疗患者等综合措施，疫情得到控制。分别采集10例感染患者大便或肛拭子标本材料，送当地疾病预防控制中心检验，经以实时定量PCR方法检测诺如病毒核酸，其中6例阳性[24]。

●上海市嘉定区中心医院的陈红等(2012)报告在2010年12月18日至25日间，上海市某郊区综合性医院老年病区的住院患者中，先后有10例患者出现恶心、呕吐，轻微腹痛及腹泻（黄色水样便）症状。以肛拭子标本材料检验诺如病毒均阳性，确诊为诺如病毒感染。通过采取有效措施，感染者全部治愈，成功遏制了感染的进一步扩散[25]。

●广西中医药大学第一附属医院的唐旭丽(2013)报告在2012年7月26日至31日间，在该医院高干老年科发生23例诺如病毒感染患者（年龄为20～85岁）。其中在该病区50例住院患者中，发生感染的15例（感染率30.00%）；陪护人员36名，发生感染的2例（感染率4.00%）；医护人员30名，发生感染的5例（感染率16.67%）；保洁员1例。发病潜伏期为24～72h，病程1～6天。均有腹泻（黄色水样便）症状，其中有6例呕吐（构成比26.09%）、4例伴有发热（构成比17.39%）、3例腹痛较明显（构成比13.04%）。采集感染患者肛拭子8份检验，均为诺如病毒抗原阳性。通过采取有效措施，患者预后良好，未出现并发症[26]。

2.2.2 负链单链 RNA 病毒

在引起医院感染的负链单链RNA病毒中，已有的报告涉及正黏病毒科(Orthomyxoviridae)的甲型流感病毒属(Influenza virus A)、乙型流感病毒属(Influenza virus B)，副黏病毒科(Paramyxoviridae)的麻疹病毒属(Morbillivirus)、副黏病毒属(Paramyxovirus)、肺病毒属(Pneumovirus)病毒。相对于正链单链RNA病毒来讲，其检出频率是较低的。

2.2.2.1 流感病毒

流感病毒(Influenza virus)为正黏病毒科的成员，属于负链单链RNA病毒。通常所称的流感病毒，包括：甲型流感病毒属(Influenzavirus A)，其代表种为甲型流感病毒(influenza A virus)；乙型流感病毒属(Influenzavirus B)，其代表种为乙型流感病毒(influenza B virus)；丙型流感病毒属(Influenzavirus C)，其代表种为丙型流感病毒

(influenza C virus)[1 ~ 3, 12,17,19]。

(1) 流感病毒的基本特征：1933 年，Smith 等从雪貂体内分离出了甲型流感病毒，流感的病因开始得以确定。1940 年，Francis 和 Magill 分离出了乙型流感病毒；1947 年，Taylor 首次从呼吸道患者身上分离到丙型流感病毒。在我国，中国医学科学院病毒学研究所的郭元吉等 (1982) 报告在 1981 年 1 月，在北京市肉联加工厂用棉拭从外表健康的猪咽喉和气管采集的标本材料中，分离出了猪的丙型流感病毒[27]。

流感病毒为负链单链 RNA 病毒，分类于正黏病毒科。流感病毒的形态特征为直径 80 ~ 120nm 的球状或长达数千纳米 (nm) 的丝状。在病毒颗粒的最外层为双层类脂囊膜，在囊膜上有两种形态不一、长度为 10 ~ 20nm 的糖蛋白突起，即血凝素和神经氨酸酶，在囊膜上两者的比例为 4 : 1，均具有抗原性 (图 53-4)；在甲型流感病毒还有另外一种突起为属于膜蛋白 (membrane，M) 的基质蛋白 (M2)，是一种完整的膜蛋白，在病毒复制中起重要作用。血凝素和神经氨酸酶均易发生变异，而且变异是各自独立的，其抗原特异性是流感病毒亚型的划分依据；但在丙型流感病毒颗粒的表面突起内，见不到神经氨酸酶。病毒基因组 RNA 呈线状，其中的甲型流感病毒、乙型流感病毒分别为 8 个基因节段，丙型流感病毒为 7 个基因节段。

根据流感病毒核蛋白 (nucleoprotein，NP) 和类脂膜下面属于膜蛋白的基质蛋白 (membrane 1，M1) 的抗原性不同，可将流感病毒分为三型 (甲型流感病毒、乙型流感病毒、丙型流感病毒)；按照血凝素和神经氨酸酶的抗原性不同，又可将同型的两个病毒分别划分为若干个亚型。甲型流感病毒的血凝素抗原共有 16 个亚型 (H1 ~ H16)，神经氨酸酶抗原共有 9 个亚型 (N1 ~ N9)。膜蛋白的基质蛋白可能在子代病毒装配中起重要作用，同时对核糖核蛋白的颗粒起保护作用，具有型特异性，是流感病毒血清型分型的主要依据之一。

流感病毒的一大特点是变异进化迅速，主要是由于血凝素和神经氨酸酶抗原结构的改变。流感病毒基因组自发的点突变聚集到一定程度时，即引起抗漂移 (antigenic drift)，这种在较小程度上发生的基因变异，每年或每几年均在甲型流感病毒或乙型流感病毒中频繁发生；若是两种不同亚型的毒株感染细胞，使其基因组发生重组，则可引起抗原位移 (antigenic shift)，导致新血清型毒株的出现。血凝素及神经氨酸酶的各自变异，不断组合成新的变异毒株，足够大的变异可使人群中对原有流行毒株所建立起的免疫屏障不再能够发挥有效的免疫保护作用，只要是人群免疫力下降到足够的程度，变异毒株攻击侵入已是充分易感的人群，则可引起疫情暴发，这是导致流感大流行反复发生的重要原因。显著的变异主要发生于甲型流感病毒，在乙型流感病毒很少见，丙型流感病毒一般不发生。甲型流感病毒自 1918 年以来，已经历了 H1N1、H2N2、H3N2、新 H1N1 等几次大的变异，导致出现新的亚型。

流感病毒在 pH 为 6.5 ~ 7.9 时最为稳定，在 pH 为 3.0 以下或 10.0 以上其感染力很快被破坏。对高温的抵抗力弱，通常加热到 56℃经 30min 即可使多数毒株被灭活 (也有些毒株在 56℃需经 90min 才被灭活)、100℃经 1min 即被灭活；在低温环境较为稳定，在 4℃能够存活 30 天以上、在 –70℃左右可存活 150 天以上。对干燥、紫外线照射、乙醚、甲醛等，都很敏感。

(2) 流感病毒的病原学意义：甲型流感病毒，可感染人类及多种动物 (禽类、马、猪、海洋哺乳类动物等)的流感;乙型流感病毒、丙型流感病毒,主要是引起人类的流感。

1) 人的流感病毒感染病:流感病毒引起人的流行性感冒(influenza)简称流感,是一种急性呼吸道传染病。主要通过带有流感病毒的飞沫传播,具有高度传染性,其发病率居法定传染病的首位,每年都会在世界某个地区暴发流行。通常情况下,甲型流感常呈暴发或小流行、甚至可引起大流行或世界性大流行,乙型流感可引起局限性小流行,丙型流感一般仅为散发。

A.临床主要感染类型:流感的主要临床特点,表现为急性高热、全身酸痛、乏力、轻度呼吸道症状,病程短、自限性。小儿、老年人、存在肺脏疾病或其他慢性疾病患者、机体免疫功能低下者,患流感时容易并发肺炎或其他并发症。潜伏期 1 ~ 3 天,最短的仅在数小时。

根据临床表现,流感可分为三种(单纯型、肺炎型、中毒型和胃肠型)不同的流行。以单纯型的最为常见,发热是最重要的初发体征,可伴有畏寒或寒战、头痛、关节痛、肌痛、全身不适及食欲减退等中毒症状,在部分病例也可有畏光、流泪、灼热及动眼时疼痛的症状,也常可出现鼻塞、流涕、咽痛及声嘶等呼吸道症状,全身症状较重,但咳嗽症状可并不显著。肺炎型的可直接发生或可由单纯型的转成,系因流感病毒感染自上呼吸道继续向下呼吸道蔓延引起,主要发生在婴幼儿、老年或体弱者。典型的肺炎型流感发病后,高热持续不退,迅速出现呼吸困难、发绀、剧烈咳嗽,有少量泡沫痰或泡沫黏液痰或在痰中带血等症状。在中毒型和胃肠型流感中,中毒型的极为少见,病毒侵入神经系统和心血管系统引起中毒性症状,临床表现有脑炎或脑膜炎的症状;胃肠型流感在儿童中比较常见,以恶心、呕吐、腹泻、腹痛为主要临床症状,通常经 2 ~ 3 天即可恢复。

B.医院感染特点:由流感病毒引起的医院感染,缺乏明显的区域分布特征,其中以甲型流感病毒的检出频率较高。以下记述的一些报告,是具有一定代表性的。

● 在前面有记述河南省三门峡市中心医院的张英波等(2014)报告,分析了医院感染常见病原体的分布及耐药性情况。该医院在 2012 年 3 月至 2013 年 3 月间,从不同感染标本材料 236 份中,检出病原体 216 株(检出率 91.53%),其中病毒 7 种(类)40 株(构成比 18.52%)。在 7 种(类)40 株病毒中,甲型流感病毒 7 株(构成比 17.50%)、乙型流感病毒 5 株(构成比 12.50%)[7]。

● 广州市疾病预防控制中心的陈建东等(2010)报告在 2009 年 8 月 11 日至 18 日间,广州市某医院暴露于小儿外科病区的人群 132 人,发生甲型 H1N1 流感患者 35 例(罹患率 26.52),其中疑似的 23 例(构成比 65.71%)、确诊的 12 例(构成比 34.29%)。首发病例为 9 岁女性,于 8 月 11 日因“左锁骨血管瘤术后复发”收入该病区,该患者此前于 8 月 7 日起出现咳嗽、咳痰,体温不详;其他 34 例发生于 11 至 17 日,因疫情于 17 日关闭病区后未在出现新发病例。在 8 月 16 日至 17 日间对 25 份咽拭子标本材料,由广州市疾病预防控制中心实验室(国家流感病毒网络实验室)检测甲型 H1N1 流感病毒、甲型和乙型季节性流感病毒核酸,结果从 12 例检出甲型 H1N1 流感病毒核酸,未检出甲型和乙型季节性流感病毒核酸。在甲型 H1N1 流感病毒核酸阳性的 12 例中,患儿 7 例(构成比 58.33%)、陪护 1 例(构成比 8.33%)、医师 3 例(构成比 25.00%)、护士 1 例(构成比 8.33%)。报告者认为此为发生在综合医院小儿外科的甲型 H1N1 流感事件,暴发原因是首例在医院外感染甲型 H1N1 流感病毒，在入住小儿外科病区后导致了甲型 H1N1 流感医院感染，患病坚持在岗的医护人员导致了病毒传播，是国内首起甲型 H1N1 流感医院感染暴发事件[28]。

● 中山大学附属第一医院的刘建明等 (2011) 报告在 2010 年 7 月 26 日，某三甲医院骨肿瘤病区发生 1 起医务人员混合甲型 H1N1 流感病毒及季节性 B 型流感病毒感染疫情。通过采取综合有效的预防控制措施，使疫情得到较快控制。具体为调查在 2010 年 7 月 26 日至 30 日间，暴露于该病区的 111 人 (医师 25 人、护士 20 人、护工 4 人、清洁工 2 人、住院患者 60 人)，发生感染的 12 例 (罹患率 10.81%)，其中确诊的 8 例 (构成比 66.67%)、临床诊断的 4 例 (构成比 33.33%)，医师 3 例 (构成比 25.00%)、护士 9 例 (构成比 75.00%)。首发病例为 1 名 35 岁男性进修医师，在 7 月 25 日到澳门游玩，26 日上班时有咽喉发痒、咳嗽、头痛和发热等症状，体温最高达 39.5℃，同时在本病区接受治疗。12 例感染者均始发咽喉痒和咳嗽症状，另外，头痛的 8 例 (构成比 66.67%)、咽痛的 7 例 (构成比 58.33%)、发热的 7 例 (构成比 58.33%)、全身酸痛的 3 例 (构成比 25.00%)，无重症病例。共采集咽拭子标本材料 8 份 (护士的 7 人、医师的 1 人) 检验，均检出了甲型 H1N1 流感病毒核酸、在其中 1 人同时检出了甲型 H1N1 流感病毒和乙型季节性流感病毒核酸。报告者认为，此次疫情是一起由甲型 H1N1 流感病毒和 B 型流感病毒混合感染引起的医务人员医院感染[29]。

● 河南省巩义市人民医院的李会晓 (2014) 报告，对在 2011 年 1 月至 2013 年 1 月间，该医院神经内科收治的 253 例急性脑出血患者，进行了医院感染病原体分布及耐药性情况分析。在 253 例患者分别采集的痰液、血液、咽拭子标本材料检出病原体的共 136 例 (检出率 53.75%)，检出细菌、病毒、支原体、衣原体共 4 种类病原体 145 株。在 4 种类 145 株病原体中，检出细菌 6 种及其他细菌 77 株 (构成比 53.10%)、病毒 4 种 33 株 (构成比 22.76%)、肺炎支原体 25 株 (构成比 17.24%)、肺炎衣原体 10 株 (构成比 6.89%)，病毒的检出率居第 2 位。在检出的 4 种 33 株病毒中，呼吸道合胞病毒 14 株 (构成比 42.42%)、副流感病毒 8 株 (构成比 24.24%)、腺病毒 6 株 (构成比 18.18%)、流感病毒 5 株 (构成比 15.15%)[30]。

2) 动物的流感病毒感染病：甲型流感病毒，可感染禽类、马、猪等，貂、海豹、鲸等动物也可被感染。常是突然发生，传播迅速，呈流行性或大流行性。发病动物是主要的传染源，康复动物和隐性感染的在一定时间内也可带毒、排毒，以空气飞沫传播为主。另外，丙型流感病毒也可感染猪，但极少引起严重感染。在动物的流行性感冒 (流感) 中，以禽流行性感冒 (avian influenza，AI) 简称禽流感表现突出，由甲型流感病毒引起，也常是直接称为禽流感病毒 (avian influenza virus，AIV)，在家禽中以鸡、火鸡最为易感，鸭、鹅及其他水禽的易感性较低，在鸽的自然发病不常见，某些野禽也可被感染。禽流感在最初称为鸡瘟 (fowl plague)，现在常是称为高致病性禽流感 (highly pathogenic avian influenza，HPAI)；其高致病性毒株，主要有 H5N1 和 H7N7 血清亚型的某些毒株[3, 4]。

2.2.2.2 麻疹病毒属

麻疹病毒属为副黏病毒科的成员，属于负链单链 RNA 病毒，其模式种为麻疹病毒 (Measles virus)[1, 2, 12, 17,19]。

(1) 麻疹病毒的基本特征：通常所称的麻疹病毒，即指的是麻疹病毒属病毒。麻疹病毒具有多形态特征，呈球形或丝状，直径为 120 ~ 270nm。病毒外层为一含有脂类的双层囊膜（厚为 10 ~ 22nm），表面有 8 ~ 10nm 的、呈放射状排列、带有血凝素的突起结构物（突起结构物的间距约在 5nm），内部为呈螺旋对称的核衣壳。

作为麻疹病毒的结构蛋白，至少包括 6 种蛋白多肽，如下所述。① H 蛋白（也称为 G 蛋白），是具有血细胞凝集（hemagglutination，HA）活性的血凝蛋白，存在于病毒颗粒表面（囊膜蛋白），在病毒颗粒吸附于宿主细胞表面受体方面发挥着重要作用。② P 蛋白即磷蛋白，是核外壳相关蛋白，与核衣壳相连，为 RNA 聚合酶结合蛋白。③ N 蛋白，是病毒的核蛋白（nucleoprotein，NP），为病毒的主要蛋白，与病毒 RNA 结合形成螺旋对称的核衣壳，发挥稳定基因的作用，也是病毒属的特异性抗原。④ F 蛋白，即融合蛋白（fusion protein），与麻疹病毒的溶血特性及细胞融合活性有关，在病毒穿入宿主细胞引起感染过程中发挥作用；F 蛋白原型为 F0，在经宿主细胞的特异蛋白酶裂解为 F1 和 F2 两个片段后，才具有生物学活性。其溶血活性是在经裂解后暴露出具有溶血活性的亚基，才能发挥，这种具有溶血活性的 F 蛋白片段也称为溶血素（hemolysin，HL）蛋白。⑤ M 蛋白，是病毒体的膜蛋白（membrane protein），位于囊膜脂质内，与病毒的复制、装配及出芽有关。⑥ L 蛋白，为 RNA 聚合酶。另外是病毒颗粒还含有较多糖类，H 蛋白即为主要的糖蛋白。根据全球多年的观察，麻疹病毒仅存在一个抗原血清型（图 53-11）。

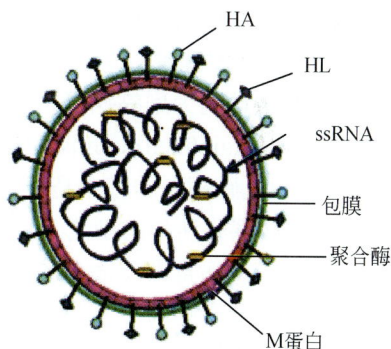

图 53-11　麻疹病毒结构模式图

麻疹病毒对外界环境因素的抵抗力不强，热、紫外线、乙醚和氯仿等脂溶剂，均可将病毒杀灭。经 56℃作用 30min、37℃作用 5 天、室温经 26 天可使病毒灭活。能够耐受寒冷，在 4℃能够存活数周，-70℃可存活数年，冷冻干燥可保存 20 年。过酸（pH 低于 4.5）、过碱（pH 高于 10.5），均可灭活麻疹病毒。

(2) 麻疹病毒感染病：麻疹病毒引起人的麻疹（measles），是一种急性呼吸道传染病。麻疹的传染性强，易感者在接触后有 90% 以上会发病。但在 6 ~ 8 月龄以下的婴儿极少患病，此与具有母体抗体有关。

1) 临床主要感染类型：麻疹的主要临床特征，表现为发热、流涕、眼结膜炎、咳嗽，出现柯氏斑（Koplik's spots）即口腔麻疹黏膜斑和全身皮肤斑丘疹。典型麻疹的潜伏期为 10 天左右（6 ~ 18 天），临床过程可分为三期（前驱期、出疹期、恢复期）。前驱期从发热至出疹为 3 ~ 4 天，表现起病急，以发热、咳嗽、喷嚏、流涕、流泪、畏光、眼结膜充血、眼睑水肿为主要症状；出疹期出现皮疹，伴有体温增高、症状加重；恢复期在出疹 3 ~ 5 天后，体温开始下降，全身症状明显减轻，皮疹随之消退。

非典型麻疹，包括轻型麻疹、重型麻疹、成人麻疹、异型麻疹。轻型麻疹的前驱期缩短，麻疹症状不很典型；重型麻疹多见于并发严重继发感染或免疫力低下者，包括中毒性麻疹、休克性麻疹、出血性麻疹等；成人麻疹的病程经过也较为典型，病情多较重；异型麻疹多是发生于接种麻疹灭活疫苗后 6 个月至 6 年，当再接触麻疹患者或再接种麻疹灭活疫苗时出现，原因不明，可能是一种迟发型变态反应。

急性麻疹患者是唯一的传染源，无症状感染和带病毒者少见。主要经呼吸道传播，麻疹病毒随飞沫经鼻咽部或眼结膜侵入，在儿童也可通过密切接触经污染病毒的手传播，经衣服、用具等间接传播的机会极少。

2) 医院感染特点：由麻疹病毒引起的医院感染，就已有的报告显示，相对来讲还是很少见的，也缺乏明确的流行病学特征。

● 山东大学附属省立医院的李卫光等 (2013) 报告在 2008 年 12 月 6 日至 30 日间，某医院儿科病房发生 4 例麻疹病例。第 1 例男性患儿 (年龄 6.4 个月) 于 2008 年 12 月 6 日以患支气管肺炎入院治疗，在 2 ～ 3 天后出现发热、皮疹，于 11 日确诊为麻疹。相继至 30 日，又确诊 3 例 (年龄分别为 6.9 个月、10 个月、1.5 岁)。报告者认为此 4 例麻疹病例，第 1 例为首发病例、后 3 例均与第 1 例存在流行病学关联 (接触史)，检测麻疹病毒抗体 (IgM) 均阳性，属于 1 起由麻疹病毒引起的医院感染暴发事件 [31]。

2.2.2.3 副黏病毒属

副黏病毒属为副黏病毒科的成员，属于负链单链 RNA 病毒，其模式种为人副流感病毒 (human parainfluenza virus，HPIV)[1, 2]。

(1) 副流感病毒的基本特征：副流感病毒的种类繁多，对人类具有致病性的称为人副流感病毒。通常所称的副流感病毒 (parainfluenza virus)，多是指的人副流感病毒。

人副流感病毒即原命名的仙台病毒 (sendai virus)，是首先从日本仙台一例因肺炎死亡患儿肺液中分离到的。人副流感病毒呈多形性、有囊膜，直径为 125 ～ 250nm；病毒颗粒的最外层为类脂质囊膜，表面有两种突起的表面抗原蛋白，即具有血凝素 - 神经氨酸酶活性的糖蛋白及融合蛋白。融合蛋白包括 F1 和 F2 两种亚型，具有促进宿主细胞融合及溶血活性。囊膜内层由维持结构完整性的非糖基化蛋白组成，即基质蛋白。核心部分，为核衣壳包绕的负链单链 RNA。人副流感病毒分为 4 个血清型 (Ⅰ ～ Ⅳ 型)，其中的 Ⅳ 型又分为 A、B 两个亚型，在各不同型间具有交叉抗原性。

人副流感病毒较不稳定，在物体表面可存活几个小时，肥皂水可使其失去活性。对乙醚、氯仿、酸 (pH 在 3.0 以下) 均很敏感，但可在 –70℃ 以下储存。

(2) 副流感病毒感染病：由副流感病毒引起的感染病，也称为副流感病毒感染 (parainfluenza virus infection)，是一种常见的急性病毒性呼吸道感染病。患者及隐性感染者为主要传染源。主要存在于呼吸道分泌物中，通过空气中的气溶胶传播，也可通过与感染者密切接触或接触污染物传播。人群普遍易感，但在儿童中尤为常见。

1) 临床主要感染类型：人副流感病毒的感染，在婴幼儿主要表现为下呼吸道感染，在成人主要表现为上呼吸道感染。在 1 岁以内婴儿常是感染 Ⅲ 型病毒，常常是表现为婴儿气管炎和肺炎；在 1 岁以上的幼儿常是感染 Ⅰ 型和 Ⅱ 型病毒，可表现为哮吼或喉气管支气管炎。Ⅳ 型病毒，其感染很少引起发病。在大龄儿童和成人感染后，常常是无症状或病情较轻、类似于普通感冒 (common cold)。

2) 医院感染特点：由副流感病毒引起的医院感染，缺乏明显的区域分布特征。就已有的报告显示，涉及 Ⅰ 型副流感病毒、Ⅱ 型副流感病、Ⅲ 型副流感病毒。以下记述的一些报告，是具有一定代表性的。

● 在前面有记述河南省三门峡市中心医院的张英波等 (2014) 报告，分析了医院感染常见病原体的分布及耐药性情况。该医院在 2012 年 3 月至 2013 年 3 月间，从不同感染标本材料 236 份中，检出病原体 216 株 (检出率 91.53%)，其中病毒 7 种 (类)40 株 (构成比 18.52%)。在 7 种 (类)40 株病毒中，包括 Ⅰ 型副流感病毒 4 株 (构成比 10.00%)、Ⅱ 型副流感病毒 4 株 (构成比 10.00%)、Ⅲ 型副流感病毒 3 株 (构成比 7.50%)[7]。

● 在前面有记述河南省巩义市人民医院的李会晓 (2014) 报告，对在 2011 年 1 月至 2013 年 1 月间，该医院神经内科收治的 253 例急性脑出血患者，进行了医院感染病原体分布及耐药性情况分析。从 253 例患者不同被检材料中检出细菌、病毒、支原体、衣原体共 4 种类病原体 145 株。在 4 种类 145 株病原体中，包括病毒 4 种 33 株 (构成比 22.76%)。在检出的 4 种 33 株病毒中，包括副流感病毒 8 株 (构成比 24.24%)[30]。

2.2.2.4　肺病毒属

肺病毒属为副黏病毒科的成员，属于负链单链 RNA 病毒，其模式种为人类呼吸道合胞病毒 (human respiratory syncytial virus)[1, 2, 12]。

(1) 呼吸道合胞病毒的基本特征：呼吸道合胞病毒，是在 1956 年由 Morris 首先从一只有感冒症状的实验动物 (黑猩猩) 的鼻咽分泌物中分离到的。相继是 Chanock 在 1957 年，先后从 Baltimore 市 2 例分别患肺炎和有喘息症状患儿的咽拭子材料分离到。因其在组织培养中能够形成特殊的细胞融合病变，以致被命名为合胞病毒。

呼吸道合胞病毒具有囊膜，但缺乏在副黏病毒科中其他病毒所具有的红细胞凝集、红细胞吸附、溶解红细胞、神经氨酸酶等活性。呈球形或丝状，直径为 120 ~ 200nm；完整的病毒颗粒由囊膜、核衣壳、核心构成。在囊膜表面，有长 12 ~ 15nm 的穗状突起物 (图 53-12)。病毒的主要结构为糖蛋白，包括黏附蛋白 (attachment protein，G) 和融合蛋白。

呼吸道合胞病毒通过黏附蛋白与宿主细胞表面受体结合，融合蛋白介导宿主细

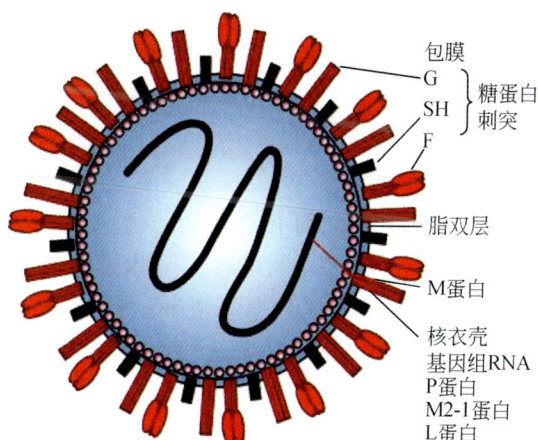

图 53-12　呼吸道合胞病毒结构模式图

胞与病毒囊膜融合；抗黏附蛋白、融合蛋白的抗体，能够中和病毒的感染性。融合蛋白诱导产生的交叉反应性的、保护性的抗体，可防止不同抗原亚型的病毒感染；抗黏附蛋白的中和抗体，只能保护机体免受相同抗原亚型病毒的感染，具有型特异性。迄今已检定的呼吸道合胞病毒，具有两个主要血清型 (A 型、B 型) 和 9 个亚型，人群中的呼吸道合胞病毒流行以 A 型为主。

呼吸道合胞病毒的抵抗力弱，不能耐受乙醚、氯仿、酸、热及冻融，pH 在 3.0 以下或经 55℃作用 5min 即可被灭活。

(2) 呼吸道合胞病毒感染病：呼吸道合胞病毒，是婴幼儿和体弱成人下呼吸道感染的主要病原体。呼吸道合胞病毒感染的特征之一是每次感染只能调节以后感染的严重程度，其相应抗体不能提供永久的保护。

1) 临床主要感染类型：呼吸道合胞病毒感染呈世界性分布，多见于 2 岁以内的小儿、尤以 2 ～ 6 个月的小儿易被感染。在呼吸道合胞病毒流行期，首次感染的婴幼儿，约有 40% 会发生肺炎；在第二次感染的，仅约有 10% 会发生肺炎。感染潜伏期，通常在 3 ～ 5 天。成人感染，常是呈普通感冒症状。婴幼儿的症状明显，会出现发热、鼻炎、咽炎症状；病情进展至细支气管炎、肺炎时，则会出现呼吸急促、喘憋、鼻翼扇动和三凹征等，并可有发绀等低氧血症的症状。

呼吸道合胞病毒感染，可引起一些肺外组织器官损伤。如中枢神经系统的脑膜炎、脊髓炎、运动失调、偏瘫等，心脏的心肌炎、复杂性传导阻滞等，皮肤的皮疹等。

2) 医院感染特点：由呼吸道合胞病毒引起的医院感染，缺乏明显的区域分布特征，也是检出频率相对较高的。以下记述的一些报告，是具有一定代表性的。

● 在前面有记述河南省三门峡市中心医院的张英波等 (2014) 报告，分析了医院感染常见病原体的分布及耐药性情况。该医院在 2012 年 3 月至 2013 年 3 月间，从不同感染标本材料 236 份中，检出病原体 216 株 (检出率 91.53%)，其中病毒 7 种 (类)40 株 (构成比 18.52%)。在 7 种 (类)40 株病毒中，包括呼吸道合胞病毒 11 株 (构成比 27.50%)[7]。

● 在前面有记述河南省巩义市人民医院的李会晓 (2014) 报告，对在 2011 年 1 月至 2013 年 1 月间，该医院神经内科收治的 253 例急性脑出血患者，进行了医院感染病原体分布及耐药性情况分析。从 253 例患者不同被检材料中检出细菌、病毒、支原体、衣原体共 4 种类病原体 145 株。在 4 种类 145 株病原体中，包括病毒 4 种 33 株 (构成比 22.76%)。在检出的 4 种 33 株病毒中，包括呼吸道合胞病毒 14 株 (构成比 42.42%)[30]。

● 复旦大学附属儿科医院的胡晓静等 (2011) 报告，为探索呼吸道合胞病毒的传播途径，制订出切实可行切断传播途径的措施，并评价该措施的效果。该医院新生儿科在 2007 年 1 月至 2008 年 12 月间确诊为呼吸道合胞病毒感染的患儿 157 例，其中 2007 年度 92 例 (构成比 58.59%)、2008 年度 65 例 (构成比 41.40%)，早产儿 17 例 (构成比 10.83%)、足月儿 140 例 (构成比 89.17%)。在 2007 年度的 92 例中发生医院感染的 34 例 (感染率 36.96%)，在 2008 年度 65 例中发生医院感染的 5 例 (感染率 7.69%)。对所有与 2007 年度呼吸道合胞病毒感染患儿接触前和接触后各类物品表面等标本材料，采用反转录 PCR 方法进行呼吸道合胞病毒检测，以寻找呼吸道合胞病毒的传播途径，根据检测结果重新制订消毒隔离措施，并应用于 2008 年，比较 2007 年和 2008 年呼吸道合胞病毒感染患儿医院感染情况，以评价措施的有效性。结果为在接触呼吸道合胞病毒感染患儿前的物品表面、患儿大小便及护士护理前咽部样品，均为阴性。在接触了呼吸道合胞病毒感染患儿 1 天后的样品，分别为在接触患儿后的工作人员手 262 例中，检出呼吸道合胞病毒 162 例 (阳性率 61.83%)；在接触患儿后的布类用品 (早产包、床单等)109 份中，检出呼吸道合胞病毒 42 例 (阳性率 38.53%)；在工作人员的帽子 133 份中，检出呼吸道合胞病毒 81 份 (阳性率 60.90%)；在患儿粪便标本材料 36 份中，检出呼吸道合胞病毒 14 份 (阳性率 38.89%)；在患儿尿液标本材料 52 份中，检出呼吸道合胞病毒 21 份 (阳性率 40.38%)。结果显示在严格的消毒隔离措施制定后应用于 2008 年对呼吸道合胞病毒感染的预防与控制，与 2007 年度的病例进行比较，使呼吸道合胞病毒的医院感染率明显下降。报告者认为呼吸道合胞病毒可通过呼吸道及接触传播，呼吸道合胞病毒存在于所有与患儿接触过的物品上，所以应做好严格的消毒隔离措施，有效的控制可显著降低呼吸道合胞病毒的医院内传播[32]。

3　医院感染 DNA 病毒

在已有的一些报告中，明确记述的医院感染 DNA 病毒，仅涉及腺病毒科 (Adenoviridae) 的哺乳动物腺病毒属 (Mastadenovirus)、疱疹病毒科 (Herpesviridae) 的水痘病毒属 (Varicellovirus) 病毒。相对于 RNA 病毒来讲，其检出频率是比较低的。

3.1　哺乳动物腺病毒属 (Mastadenovirus)

哺乳动物腺病毒属为腺病毒科的成员，属于双链 DNA 病毒，其模式种为人腺病毒 C 型 (human adenovirus C)[1, 2, 11]。

3.1.1　腺病毒的基本特征

腺病毒没有囊膜，具有独特的外部结构。病毒颗粒呈球形，直径为 70 ～ 90nm；内为病毒核心，外为病毒衣壳。衣壳是一个由 252 个蛋白亚单位、也称为壳粒排列组成含有 20 个等边三角形和 12 个顶的二十面立体对称。其中 240 个壳粒与各自相邻的 6 个壳粒构成六邻体 (hexon)，在二十面体的 12 个顶角上均各有 1 个壳粒与相邻的壳粒构成五邻体 (penton)。在每个顶角壳粒的基部伸出一根带有顶球的纤维，使病毒体类似于通信卫星样的构型。此外，还有 4 个小的衣壳蛋白与六邻体或五邻体相连 (图 53-2)。

腺病毒的主要免疫反应是六邻体和五邻体蛋白质引起的。六邻体蛋白质是主要抗原成分，有两种抗原决定簇，即群特异性抗原决定簇和型特异性抗原决定簇；在五邻体纤维末端的顶球，具有群特异性抗原决定簇。迄今已陆续发现了腺病毒的 100 多个血清型，其中的人腺病毒有 47 个，分为 A、B、C、D、E、F 六个亚群 (subgroup)。

由于腺病毒的基因组结构相对比较简单，因此其分子生物学特征是在所有病毒中已知最为完善的之一，同时也是目前用来解决许多重要生命现象的最好研究对象。

3.1.2　腺病毒感染病

腺病毒能够引起呼吸系统和结膜的急性感染，也可在人类扁桃体、腺样的其他淋巴组织中呈现隐性持续感染。在半数以上的腺病毒血清型毒株，不引起疾病。人类腺病毒对动物不易感，也不能在鸡胚中生长繁殖。

人的腺病毒感染普遍存在，但在大部分是无症状感染，感染后可获得一定的免疫力，在同型腺病毒引起第二次感染的情况是罕见的。初次感染多是发生在婴幼儿期，到 10 岁多已有一种以上血清型毒株的感染。

3.1.2.1　临床主要感染类型

腺病毒感染的临床表现，包括呼吸道感染、咽眼结合膜热 (pharyngoconjunctival fever)、流行性角膜结膜炎 (epidemic keratoconjunctivitis)、肠道感染、中枢神经系统感染等。

急性咽炎是腺病毒感染的最常见呼吸道综合征，典型患者在 3 ～ 5 天后发生上呼吸道急性炎症，通常病程较短、呈自限性。咽眼结合膜热的潜伏期 5 ~ 8 天，临床可有发热、倦怠、头痛、肌痛、食欲缺乏等症状，局部以双侧眼结膜炎、并伴有无分泌物的轻度咽炎为特征。流行性角膜结膜炎的潜伏期 4 ~ 24 天，起病缓慢，大多数病例为单侧眼部疾病，是一种严重的眼部疾病，通常不伴有咽痛、发热或全身症状。在肠道感染，胃肠炎主要发生于 2 岁以下儿童，主要表现水样腹泻、呕吐，但在成人极少发生。中枢神经系统感染见于散发病例，亦可以是流行性腺病毒呼吸道感染的并发症。

另外，腺病毒感染还可能引起心包炎、心肌炎、由风疹病毒 (rubella virus) 引起的风疹 (rubella) 样疾病、肝炎、先天性畸形等。

3.1.2.2　医院感染特点

由腺病毒引起的医院感染，缺乏明显的区域分布特征，也是检出频率相对较高的。以下记述的一些报告，是具有一定代表性的。

● 在前面有记述河南省三门峡市中心医院的张英波等 (2014) 报告，分析了医院感染常见病原体的分布及耐药性情况。该医院在 2012 年 3 月至 2013 年 3 月间，从不同感染标本材料 236 份中，检出病原体 216 株 (检出率 91.53%)，其中病毒 7 种 (类)40 株 (构成比 18.52%)。在 7 种 (类)40 株病毒中，包括腺病毒 6 株 (构成比 15.00%)[7]。

● 在前面有记述福建医科大学教学医院福州儿童医院的陈凤钦等 (2013) 报告，通过在 2010 年 1 月至 12 月间对 10 067 例住院患儿的检测，其中发生医院内感染性腹泻的 156 例 (感染率 1.55%)，取 156 例患儿的粪便标本材料进行病原体检验，其中有 106 例 (构成比 67.95%) 检出了 4 种病毒，其中包括肠道腺病毒的 6 例 (构成比 5.66%)[14]。

● 在前面有记述河南省巩义市人民医院的李会晓 (2014) 报告，对在 2011 年 1 月至 2013 年 1 月间，该医院神经内科收治的 253 例急性脑出血患者，进行了医院感染病原体分布及耐药性情况分析。从 253 例患者不同被检材料中检出细菌、病毒、支原体、衣原体共 4 种类病原体 145 株。在 4 种类 145 株病原体中，包括病毒 4 种 33 株 (构成比 22.76%)，其中腺病毒 6 株 (构成比 18.18%)[30]。

3.2　水痘病毒属 (Varicellovirus)

水痘病毒属为疱疹病毒科的成员，属于双链 DNA 病毒，其模式种为人疱疹病毒 3 型 (human herpesvirus 3)[1，2，12,17,19]。

3.2.1　水痘 - 带状疱疹病毒的基本特征

人疱疹病毒 3 型，即通称的水痘 - 带状疱疹病毒 (varicella-zoster virus，VZV)。其是最小的人类疱疹病毒，呈圆形、直径为 150 ~ 210nm；核心为线性双链 DNA，由 162 个壳粒组成的立体对称二十面体核衣壳包裹，外层为针状脂蛋白囊膜。在囊膜与核衣壳之间的空间称为皮层 (tegument)，含有蛋白质和酶类 (图 53-13)。

水痘 - 带状疱疹病毒编码 gE(gpⅠ)、gB(gpⅡ)、gH(gpⅢ)、gI(gpⅣ)、gC(gpⅤ)、gL(gpⅥ)、gK、gM 等 8 种糖蛋白，主要存在于病毒囊膜和被感染细胞的细胞膜中，与病毒的致病性和免疫原性存在密切关系。其中的 gE(gpⅠ) 糖蛋白是水痘 - 带状疱疹病毒囊膜和在感染宿主细胞膜上含量最为丰富、抗原性最强的，能够诱导机体细胞免疫和体液免疫，并具有高度的保守性。

　　水痘 - 带状疱疹病毒在体外的抵抗力弱，不耐酸（在 pH 低于 6.2 或高于 7.8 时即丧失感染性）、不耐热（在 60℃ 条件下可迅速被灭活），对乙醚、乙醇、氯仿、胃蛋白酶等敏感；不能在痂皮或污染物中长期存活，但在疱液中于 -65℃ 可长期存活。

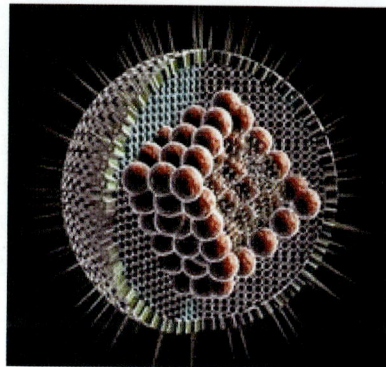

图 53-13　疱疹病毒结构模式图

3.2.2　水痘 - 带状疱疹病毒感染病

　　水痘 - 带状疱疹病毒仅有一个血清型，就已有的信息显示，人是水痘 - 带状疱疹病毒唯一的已知自然宿主。

3.2.2.1　临床主要感染类型

　　水痘 - 带状疱疹病毒，可分别引起人的水痘 (varicella，chickenpox)、带状疱疹 (herpes zoster)，属于两种不同表现的感染病。水痘是水痘 - 带状疱疹病毒的原发感染类型，潜伏在感觉神经节的水痘 - 带状疱疹病毒再激活则引起带状疱疹。水痘是在小儿常见的急性感染病，临床特征是分批出现的皮肤黏膜的斑疹、丘疹、疱疹及结痂，全身症状轻微；带状疱疹多见于成人，其特征为沿身体单侧感觉神经相应皮肤节段出现成簇的疱疹，常会伴有局部较严重的疼痛。

　　(1) 水痘：潜伏期为 12 ～ 21 天（平均 14 天），临床过程可分为前驱期和出疹期。前驱期可无症状或仅有轻微症状，如表现低热或中等度的发热及头痛、全身不适、乏力、食欲减退、咽痛、咳嗽等；在持续 1 ～ 2 天后，即迅速进入出疹期。皮疹在初时为红色斑丘疹，数小时后即发展为深红色丘疹，再经数小时则发展为疱疹；位置表浅，椭圆形，形态似露珠水滴，大小在 3 ～ 8mm，壁薄易破，周围有红晕。

　　(2) 带状疱疹：潜伏期难以确定，可长达数年至数十年。最为突出的特征是成簇的水疱疹沿周围神经排列呈带状，并伴有剧烈的神经痛。初为红斑，数小时内发展为丘疹、水疱，数个或更多成集簇状，数簇连接成片，簇间皮肤正常；多是仅限于身体一侧，皮肤损伤很少见超过躯干中线。5 ～ 8 天后水疱内容物浑浊或部分破裂，局部糜烂渗液，最后干燥结痂；第二周痂皮脱落，一般不留瘢痕，仅暂时留存淡黄的色斑或色素沉着，日久即可消退，病程在 2 ～ 4 周。

3.2.2.2　医院感染特点

　　由水痘 - 带状疱疹病毒引起的医院感染，缺乏明显的区域分布特征，也在检出频率方面不是很少见的。以下记述的一些报告，是具有一定代表性的。

　　● 中国人民解放军第一七四医院的尹秀英等 (2010) 报告，系统性红斑狼疮 (systemic lupus erythematosus，SLE) 多可并发肾脏损害，称为狼疮肾炎 (lupus nephritis，LN)。该医院在 3 年 (2005 年 1 月至 2008 年 1 月) 间有住院狼疮肾炎患者 89 例，其中 16 例（感染率 17.98%)20 例次并发了医院感染，主要为肺部感染 8 例（例次构成比 40.00%)。感染的病原体主要是细菌 13 例次（例次构成比 65.00%)，其次为真菌感染的 5 例次（例次构成比

25.00%)，由水痘 - 带状疱疹病毒感染引起的带状疱疹 2 例次 (例次构成比 10.00%)[33]。

● 复旦大学附属华东医院的谢伟林等 (2014) 报告，对上海市 12 所医院 (长海医院、长征医院、仁济医院、华山医院、中山医院、光华医院、龙华医院、岳阳医院、市一医院、市中医院、市六医院、宝钢医院)，在 2009 年 1 月至 2011 年 2 月间收住院治疗的 2 452 例活动性类风湿关节炎 (rheumatoid arthritis，RA) 患者，进行了医院感染的前瞻性调查。结果为 503 例 (感染率 20.51%) 发生医院感染 721 例次，其中 362 例 (构成比 71.97%) 患者发生 1 次医院感染、141 例 (构成比 28.03%) 患者发生 2 次以上的医院感染。从感染患者的咽拭子、痰液、血液、尿液、粪便、脓液、分泌物、脑脊液等标本材料，检出细菌、真菌、病毒 3 大类 17 种病原体共 721 株。在 271 株病原体中，包括水痘 - 带状疱疹病毒 16 株 (构成比 2.22%)[34]。

(房　海)

参 考 文 献

[1] 贾辅忠, 李兰娟. 感染病学. 南京: 江苏科学技术出版社, 2010: 287~330, 337~342, 363~380, 416~418, 484~472, 838.

[2] 李梦东. 实用传染病学. 2 版. 北京: 人民卫生出版社, 1998: 51~56, 59~67, 74~81, 127~134, 158~164, 258~264.

[3] 陆承平. 兽医微生物学. 4 版. 北京: 中国农业出版社, 2007: 285~298, 412~413, 417~418, 423~426, 458~459.

[4] 蔡宝祥. 家畜传染病学. 4 版. 北京: 中国农业出版社, 2001: 159~165, 169~176, 240~241.

[5] 文细毛, 任南, 吴安华. 2010 年全国医院感染横断面调查感染病例病原分布及其耐药性. 中国感染控制杂志, 2012, 11(1):1~6.

[6] 陈燕. 2009—2010 年中医院医院感染病例分析及对策. 中华医院感染学杂志, 2012, 22(3):512~513.

[7] 张英波, 荆菁华, 郎少磊. 医院感染病原体分布及耐药性研究. 中华医院感染学杂志, 2014, 24(18):4432~4433, 4438.

[8] 沈萍, 陈向东. 微生物学. 2 版. 北京: 高等教育出版社, 2006: 163~175.

[9] 蒋原. 食源性病原微生物检测指南. 北京: 中国标准出版社, 2010: 360~377.

[10] 李蓉. 食源性病原学. 北京: 中国林业出版社, 2008: 119~135.

[11] 聂青和. 感染性腹泻病. 北京: 人民卫生出版社, 2000: 230~241.

[12] 赵铠, 章以浩, 李河民. 医学生物制品学. 2 版. 北京: 人民卫生出版社, 2007: 733~749, 784~819, 857~875, 1059~1079.

[13] 马笑影, 陈英姿. 轮状病毒肠炎医院感染预防控制措施探讨. 福建医药杂志, 2011, 33(5):46~47.

[14] 陈凤钦, 翁绳风, 卓玲. 156 例儿童医院感染性腹泻病原学分析. 中国医疗前沿, 2013, 8(15):6~7.

[15] 姜红英. 儿科病房医院感染轮状病毒的调查. 中国消毒学杂志, 2014, 31(1):84~85.

[16] 彭寒玲, 严向明, 王秀珍. 手足口病患儿合并医院感染的特征与干预措施. 齐鲁护理杂志, 2014, 20(20):22~24.

[17] 张永信. 感染病学. 2 版. 北京: 人民卫生出版社, 2009: 1~86.

[18] 梁红梅 . 某医院住院患者医院感染病例调查 . 中国消毒学杂志 , 2014, 31(9):989~990.

[19] 王占国 , 李金成 . 传染病学 . 北京 : 高等教育出版社 , 2006: 16~79.

[20] 曾石养 , 薛志强 , 罗国平 . 血液透析患者丙型肝炎病毒医院感染的危险因素及预防 . 中国中西医结合肾病杂志 , 2011, 12(4):318~320.

[21] 曾国彬 , 吴碧青 , 王梅林 . 血液透析患者 86 例丙型肝炎病毒感染的临床分析 . 福建医药杂志 , 2013, 35(2):84~86.

[22] 张红 , 张丽敏 , 张炳华 , 等 . 2009—2013 年医院感染丙型肝炎暴发流行调查分析 . 中华医院感染学杂志 , 2014, 24(10):2503~2504, 2507.

[23] 刘运喜 , 刘丽娟 , 索继江 , 等 . 一起老年病区诺如病毒医院感染暴发的调查 . 中华医院感染学杂志 , 2011, 21(6):1136~1138.

[24] 钟文龙 , 傅深省 , 王莉 , 等 . 1 起老年精神病区诺如病毒感染暴发的调查 . 中国民康医学 , 2012, 24(13):1635~1636, 1642.

[25] 陈红 , 姚静珠 . 老年病区诺如病毒感染暴发流行的控制与处理 . 护理学杂志 , 2012, 27(1):86~87.

[26] 唐旭丽 . 1 起诺如病毒感染延迟诊断致暴发流行的报道 . 护理学报 , 2013, 20(9B):65~68.

[27] 郭元吉 , 金粉根 , 王敏 , 等 . 从我国猪中分离到丙型流感病毒 . 科学通报 , 1982, (3):186~188.

[28] 陈建东 , 袁俊 , 杨智聪 , 等 . 国内首起甲型 H1N1 流感医院感染暴发调查分析 . 中华医院感染学杂志 , 2010, 20(2):177~179.

[29] 刘建明 , 刘大钺 , 杨永洁 , 等 . 医务人员混合感染甲型 H1N1 及 B 型流感病毒的调查 . 中华医院感染学杂志 , 2011, 21(15):3198~3200.

[30] 李会晓 . 急性脑出血患者医院感染的病原菌分布及耐药性分析 . 中国临床研究 , 2014, 27(3):289~290.

[31] 李卫光 , 徐华 , 朱其凤 , 等 . 儿科病房 4 例麻疹医院感染暴发流行病学调查 . 中国感染控制杂志 , 2013, 12(1):41~43.

[32] 胡晓静 , 袁琳 , 张玉侠 , 等 . 降低呼吸道合胞病毒医院感染的对策及效果评价 . 中华医院感染学杂志 , 2011, 21(4):682~684.

[33] 尹秀英 , 许树根 , 梁萌 . 狼疮肾炎并发医院感染 89 例临床分析 . 临床军医杂志 , 2010, 38(2):254~255.

[34] 谢伟林 , 管剑龙 . 上海市活动性类风湿关节炎患者医院感染的流行病学调查 . 中国感染与化疗杂志 , 2014, 14(2):135~141.